国家科学技术学术著作出版基金资助出版

东北—内蒙古高原沼泽湿地鱼类多样性

杨富亿　文波龙　著

科学出版社

北　京

内 容 简 介

本书是在总结著者多年来在湿地鱼类资源调查工作中所积累资料的基础上，参考有关文献撰写而成的。其主要目的在于加强湿地生物多样性保护，促进生态文明建设和中国内陆鱼类多样性监测网络的形成。全书共6章，内容涉及湖泊沼泽鱼类物种多样性、湖泊沼泽鱼类群落多样性、河流沼泽鱼类多样性、沼泽湿地国家级自然保护区鱼类多样性、鱼类多样性比较及鱼类多样性持续健康发展。书末附有东北—内蒙古高原沼泽湿地鱼类物种名录。

本书可供从事湿地研究的科研人员、自然保护区的管理人员及生物学、生态学、环境科学领域的工作者参考。

图书在版编目（CIP）数据

东北—内蒙古高原沼泽湿地鱼类多样性／杨富亿，文波龙著. —北京：科学出版社，2019.6

ISBN 978-7-03-059240-8

Ⅰ. ①东… Ⅱ. ①杨… ②文… Ⅲ. ①沼泽-鱼类-生物多样性-研究-东北地区 ②内蒙古高原-沼泽-鱼类-生物多样性-研究 Ⅳ. ①Q959.408

中国版本图书馆CIP数据核字（2018）第299458号

责任编辑：张 震 孟莹莹 韩书云／责任校对：严 娜
责任印制：张欣秀／封面设计：无极书装

科学出版社出版
北京东黄城根北街16号
邮政编码：100717
http://www.sciencep.com
北京九州迅驰传媒文化有限公司 印刷
科学出版社发行 各地新华书店经销
*
2019年6月第 一 版 开本：787×1092 1/16
2019年6月第一次印刷 印张：34
字数：800 000

定价：239.00元

（如有印装质量问题，我社负责调换）

中国科学院东北地理与农业生态研究所建所60周年

序

湿地是地球表层系统的重要组成部分，是自然界较具生产力的生态系统和人类文明的发祥地之一，它与森林和海洋一起被称为全球三大生态系统。湿地具有调蓄洪水、调节气候、净化水环境等巨大的环境调节功能，有“地球之肾”之称；它还具有多种供给、支持与文化服务功能，是人类重要的生存环境和资源资本。沼泽湿地是地表陆域与水域双向生态演化的表现形式，是在多水（或过湿）条件下，由水、土壤和沼生、湿生植物构成的独特的自然生态系统，是内陆自然湿地的主要类型之一。科学地保护与合理利用沼泽湿地资源是当前社会、经济可持续发展的重要内容。

人类活动对沼泽湿地发生和演变的影响越来越大，甚至超过自然变化。持续的围垦、改造、污染和生物资源过度利用等人类活动与气候干旱等自然因素的共同影响，使得一些地区的沼泽湿地不断退化乃至消失，目前我国湿地面临的威胁十分严峻。联合国千年生态系统评估报告也指出，湿地退化和消失的速度超过了其他生态系统退化和消失的速度。我国政府十分重视湿地的保护与合理利用，自 1992 年加入《关于特别是作为水禽栖息地的国际重要湿地公约》以来，相继采取了一系列重大举措来加强湿地保护与恢复，初步形成了以湿地自然保护区为主体的湿地保护体系，湿地保护率达 45%（2013 年）。2005 年，国家编制和实施了《全国湿地保护工程实施规划（2005—2010 年）》，在全球范围内率先完成了国家湿地资源调查。2016 年《湿地保护修复制度方案》的出台，进一步完善了湿地保护管理制度体系，推动湿地保护。在目前全国十分重视湿地保护、恢复与研究的形势下，该书的出版具有特殊意义。

在人类活动和气候变化双重作用的影响下，湿地生态系统发生着剧烈的变化，急需更新湿地鱼类等生物多样性现状和变化的相关信息，满足湿地保护与管理的需求。由中国科学院完成的“中国湖沼系统调查与分类（1993—1996）”并于 1999 年出版的《中国沼泽志》，国家林业局主持并于 1995～2003 年完成的首次全国湿地资源调查、2009～2013 年完成的第二次全国湿地资源调查，都对我国主要湿地的类型、面积、分布、植被等信息进行了收集；由中华人民共和国科学技术部牵头正在实施的国家科技基础性工作专项“中国沼泽湿地资源及其主要生态环境效益综合调查”在沼泽面积调查的基础上，进一步开展沼泽水资源、泥炭资源和生物资源的调查，这些都极大地加深了对我国沼泽等湿地资源状况的了解程度，推动了湿地保护工作的开展。但这些工作中还缺少较为重要的湿地鱼类资源调查。

湿地生物多样性是湿地生态系统的重要生态特征。湿地为众多濒危野生动植物提供栖息与繁衍地，被誉为“物种基因库”。鱼类是湿地生态系统有机组成、维持湿地生态平衡不可或缺的因素，对湿地生物多样性持续健康发展起着重要作用。20 世纪 90 年代以来，该书著者先后参与了多项全国性和区域性湿地资源综合调查工作，在湿地鱼类资源方面积累了大量第一手资料，该书即以这些资料为基础，系统地整理了东北—内蒙古高原沼泽湿地的鱼类多样性现状，不仅为中国内陆水体鱼类多样性监测提供了基础资料，更重要的是弥补了我国目前开展的湿地资源调查中鱼类资源信息的不足，对于从事沼泽等湿地研究的科研人员、湿地保护管理人员及生物学、生态学、环境科学领域的工作者具有重要的参考价值。该书作为目前少有的介绍沼泽湿地鱼类多样性的专著，对促进我国沼泽湿地研究向更高层次发展、丰富我国湿地生态学的知识宝库、推动沼泽湿地生态保护与资源合理利用具有重要的理论和现实意义，所述内容还对研究我国寒区、旱区及国际边界水域的渔业发展战略有较大的科学价值。

中国工程院院士

刘兴土

2018 年 5 月 17 日

前　　言

根据我国湿地保护中长期规划《全国湿地保护工程规划（2002—2030 年）》、各期《全国湿地保护工程实施规划》及《湿地保护修复制度方案》的要求，为促进湿地生物多样性保护、恢复与持续健康发展，摸清我国沼泽湿地鱼类资源多样性现状，满足新时期推进生态文明建设的需要，作者基于国家科技基础性工作专项“中国湖泊水质、水量和生物资源调查”（2006FY110600）、“中国沼泽湿地资源及其主要生态环境效益综合调查”（2013FY111800）和“中国湖泊沉积物底质调查”（2014FY110400）成果中的相关资料，撰写了本书。

由于湿地具有生态、经济、社会等多种功能，对湿地科学认识的需求不断加强，自 1949 年以来，沼泽湿地相关科研工作得到迅速发展。早在 20 世纪 50 年代，我国就已经建立了沼泽湿地科研机构，一些科研单位和高等院校的专业科研队伍应运而生，并先后对一些地区的沼泽湿地进行了综合性或专题性的调查研究，从不同侧面开展沼泽湿地研究。1958 年建立的中国科学院长春地理研究所（现中国科学院东北地理与农业生态研究所），即以沼泽湿地作为科研主攻方向之一，并于 20 世纪六七十年代完成了三江平原、松嫩平原、大兴安岭、小兴安岭、长白山区等地区沼泽湿地的科学考察；20 世纪 80 年代开始，以松嫩平原和三江平原为基地，开展沼泽湿地生态保护、恢复与可持续利用研究，还建立了黑龙江洪河沼泽湿地生态观测站（现中国科学院三江平原沼泽湿地生态试验站），开始了沼泽湿地生态系统的定位研究；2000 年以来，在松嫩平原西部开展盐碱沼泽湿地的生态恢复与可持续利用工程模式研究与示范，并建立松嫩平原西部盐碱湿地生态研究站，为国家沼泽湿地恢复与持续利用提供科技支持。

沼泽湿地是地球上独特的生态系统，是广泛存在的自然湿地重要类型之一。本书中的沼泽湿地主要包括基于《关于特别是作为水禽栖息地的国际重要湿地公约》建立的我国湿地分类系统中的藓类沼泽、草本沼泽、灌丛沼泽、森林沼泽、内陆盐沼、季节性咸水沼泽、沼泽化草甸等多种湿地类型。2009～2013 年完成的第二次全国湿地资源调查显示，我国面积≥8hm^2 的沼泽湿地共有 2173.29 万 hm^2，占全国湿地总面积的比例最大，达 40.68%，主要分布在青海、内蒙古、黑龙江、西藏、新疆、甘肃、四川、吉林、河北和辽宁 10 省（自治区），其面积之和占全国沼泽湿地面积的 98.39%。

沼泽湿地是地球上生物多样性最丰富的生态系统。它是介于水体与陆地之间的过渡性自然综合体，是水陆相兼的、独特的生态系统，这种独特的生态环境决定其植物、动物和微生物类群具有明显的水陆相兼性和过渡性。沼泽湿地生物多样性包括景观多样性、生态系统多样性、物种多样性和遗传多样性 4 个层次。在鱼类物种多样性方面，《中国沼泽志》描述了已调查到的全国沼泽区鱼类物种约 82 种，其中三江平原沼泽区约 64 种，若尔盖高原沼泽区约 20 种。

沼泽等湿地是内陆自然鱼类物种的主要栖息地。1949 年以后，科研机构和高等院校的科技人员对我国内陆鱼类组成及渔业资源做了大量的基础性调查研究工作，并出版了相关论著。1955 年《东北习见淡水鱼类》记述了我国东北地区 40 种鱼类（由本书著者重新整理，后文同）；1959 年《黑龙江流域水产资源的现状和黑龙江中上游径流调节后的渔业利用》列出了中国境内鱼类 86 种，归并同种异名后为 84 种，其中松花江水系河流 74 种（实为 72 种），湖泊 46 种；1959 年《松花江流域鱼类初步调查》记录了鱼类 68 种（实为 62 种）；基于 1980～1983 年全国渔业资源调查成果出版的《黑龙江省渔业资源》《黑龙江省鱼类志》《黑龙江水系渔业资源调查报告》所记录的湖泊鱼类合计 71 种，其中呼伦湖（旧称呼伦池、达赉湖，本书后文统一称为呼伦湖）21 种、贝尔湖（中国侧）15 种、乌兰泡 9 种、达里湖及其附属湖泊 13 种、连环湖 41 种、扎龙湖 20 种、茂兴湖 23 种、五大连池 39 种、镜泊湖 53 种、兴凯湖（中国侧）17 种、小兴凯湖 27 种、龙湾湖 11 种；1981 年《黑龙江鱼类》记录了湖泊鱼类 53 种，其中连环湖 40 种、五大连池 37 种、镜泊湖 44 种、呼伦湖 28 种、兴凯湖 14 种、小兴凯湖 27 种；1984 年《第二松花江鱼类区系分布特征的调查研究》记述了第二松花江水系河流鱼类 73 种；1994 年《黑龙江的鱼类区系》记述了黑龙江水系河流鱼类 87 种，湖泊鱼类 57 种；2004 年《黑龙江 · 绥芬河 · 兴凯湖渔业资源》记录了兴凯湖鱼类 46 种。

有关内蒙古高原鱼类物种的记载，除了上述呼伦湖和贝尔湖之外，2011 年《内蒙古动物志（第 1 卷圆口纲 鱼纲）》还记录了内蒙古高原湖泊鱼类 58 种，其中呼伦湖 20 种、岱海 22 种、达里湖 4 种、乌梁素海与哈素海合计 20 种、索果诺尔（居延海）水系 14 种；2005 年《内蒙古水生经济动植物原色图文集》记载了内蒙古自治区自然分布于湖泊的鱼类有 29 种。

1949 年以来，尽管针对沼泽湿地的鱼类资源专题调查尚未开展，但由于我国沼泽区大都河湖相连，泡沼星罗棋布，常常形成“河流—沼泽”“湖泊—沼泽”“河流—湖泊—沼泽”复合湿地生态系统，《中国沼泽志》所述的“河流沼泽”“湖泊沼泽”也均属此类复合湿地。目前河流沼泽化、湖泊沼泽化的趋势仍然在持续。实际调查显示，历史上曾进行过鱼类（渔业）资源调查的河流、湖泊，如今已有相当一部分演变为河流沼泽和湖泊沼泽。因此，本书作者在沼泽湿地鱼类资源调查和整理中，也参考、分析和整理了上述河流、湖泊鱼类资源调查的部分成果。沼泽湿地已成为内陆自然鱼类物种除河流与湖泊之外的另一种重要栖息地，特别是作为鱼类的繁殖场与索饵场生境，具有河流与湖泊无法比拟的优良性。

东北—内蒙古高原是我国沼泽湿地的主要分布区，就鱼类多样性调查而言，系统性、综合性的实地考察、采样工作尚少，文献编纂也大多是以引用资料、小区域尺度的概括性描述为主。2006 年以来，国家设立了科技基础性工作专项“中国湖泊水质、水量和生物资源调查”“中国沼泽湿地资源及其主要生态环境效益综合调查”“中国湖泊沉积物底质调查”等湿地综合调查项目，分别由中国科学院南京地理与湖泊研究所、中国科学院东北地理与农业生态研究所和中国科学院南京地理与湖泊研究所主持，对全国面积≥$10km^2$ 的湖泊、面积≥$8hm^2$ 的沼泽展开大规模调查，这是 1949 年以来第二次全国性湖泊资源、第三次全国性沼泽资源综合调查。鱼类多样性具有生物多样性层面的物种资源和可供利用的自然渔业资源双层含义，鱼类多样性及其群落结构动态是湖泊沉积物质量与沼泽湿地生态系统健康评价的重要指标之一，因而结合上述“专项”实施，进行鱼类多样性调查就显得十分必要和重要。

此外，20 世纪 60 年代以来，养殖鱼类的引入与其他鱼类的非目的性带入、外来鱼类从养殖水域向自然水域逃逸、宗教放生习俗等多种原因，使东北—内蒙古高原湿地已知的外来鱼类达到 21 种，占土著种的 13.6%。目前这些鱼类已全部扩散到沼泽湿地中，占土著种的 15.9%，其中已建群的有 19 种，在渔获物中均占一定比例。水产养殖业和水利工程建设的不断发展，引种、宗教放生活动的日益频繁，将引起外来鱼类物种数目增加、种群规模与分布范围扩大，进而增强了入侵种对当地生态系统的影响甚至会带来生态灾难。及时掌握外来物种的资源状况，是有效预测、鉴别入侵种和进行引种风险评估的重要依据，是区域生物多样性保护研究的一项重要课题。

本书作者以野外实地调查所获取的资料为基础，同时广泛搜集专家学者发表在专著、期刊上的有关文献，编纂成籍。全书由 6 章 27 节组成，涉及东北—内蒙古高原 64 片湖泊沼泽、21 片河流沼泽，其中的 58 片沼泽包含于《中国沼泽志》所列 48 片重点沼泽范围内，调查与整理出的鱼类物种合计 11 目 24 科 99 属 190 种（包括亚种）。第 1 章通过 3 个湖泊沼泽区（松嫩平原、三江平原及内蒙古高原）、9 个湖泊沼泽群（吉林西部、齐齐哈尔、大庆、低山丘陵区、呼伦贝尔高原、锡林郭勒高原、乌兰察布高原、巴彦淖尔—阿拉善—鄂尔多斯高原及三江平原），记述了东北—内蒙古高原 64 片湖泊沼泽鱼类群落的物种多样性，其中的 37 片包含于《中国沼泽志》所列 16 片重点湖泊沼泽范围内。第 2 章通过松嫩湖泊沼泽群、火山堰塞湖泊沼泽群、三江湖泊沼泽群及除此之外的 38 片湖泊沼泽，探讨东北地区湖泊沼泽鱼类群落 α-多样性、β-多样性，并提出“松嫩湖泊沼泽群的鱼类区系形成于松嫩古大湖”的思想。第 3 章通过 5 个水系（大兴安岭、小兴安岭、长白山区、松嫩平原及三江平原）的河流沼泽区，记述了东北—内蒙古高原 21 片河流沼泽鱼类群落的物种多样性，这些河流沼泽全部包含于《中国沼泽志》所列 32 片重点河流沼泽范围内。第 4 章通过 7 个沼泽湿地国家级自然保护区（呼伦湖、达里诺尔、查干湖、莫莫格、扎龙、兴凯湖和三江—洪河），记述了东北—内蒙古高原沼泽湿地国家级自然保护区的鱼类多样性特征，提出了自然保护区鱼类多样性评估和不同地域间自然保护区鱼类多样性状况比较的快捷方法——等级多样性指数法。第 5 章从群落物种多样性、区系生态类群、保护与濒危物种及冷水种的构成和群落关联性等方面，对东北—内蒙古高原河流沼泽、湖泊沼泽群、湖泊沼泽群与河流水系及沼泽湿地与河流水系之间的鱼类物种多样性进行了比较。第 6 章从鱼类多样性下降的驱动因素、提高鱼类多样性的途径、鱼类多样性合理利用与科学管理等方面，阐述了沼泽湿地鱼类多样性持续健康发展的途径。

本书所采用的渔获物样本，其采集与统计的方法，除特殊环境外，均按照原国家水产总局制定的《内陆水域渔业自然资源调查手册》、中华人民共和国国家环境保护标准《生物多样性观测技术导则 内陆水域鱼类》（HJ 710.7—2014）进行。鱼类的中文名、拉丁名与分类系统，以 2007 年版《东北地区淡水鱼类》和 2016 年版《中国内陆鱼类物种与分布》为蓝本，兼顾习惯性。编写体系和架构大部分采用了 HJ 710.7—2014 的相关规定。

与本书内容相关的项目、课题、专题的负责人有中国科学院南京地理与湖泊研究所薛滨、张恩楼、姚书春、鲍琨山、吴艳宏，中国科学院东北地理与农业生态研究所吕宪国、姜明、阎百兴、杨富亿、文波龙、娄彦景、王强，哈尔滨师范大学肖海丰。参加野外调查工作的人员有中国科学院南京地理与湖泊研究所姚书春、陶井奎、鲍琨山、吴艳宏，中国科学院东北地理与农业生态研究所杨富亿、文波龙、张继涛、李晓宇、娄彦景、娄晓楠，哈尔滨师范大学肖海丰。虽然他们所承担的任务不尽相同，但对鱼类调查工作都做出了贡献。此外，上述单位的在读学生也参与了部分工作。

非常感谢中国工程院院士刘兴土先生为本书作序，感谢地方水利（水务）、水产、环保、图书馆部门和自然保护区管理机构及工作区广大群众的大力支持与热情协助，同时也向参考文献中的诸位作者深表感谢。

本书的出版，旨在为中国内陆水体鱼类多样性监测提供基础资料，弥补我国湿地资源调查中鱼类资源信息的缺失，丰富我国湿地生态学内容，推进我国湿地学科体系建设，同时为我国寒区、旱区渔业的持续健康发展提供科技支持。

限于著者学识浅薄，对问题的认识和研究还比较粗浅，书中不妥之处实难避免，敬请读者不吝指正。

杨富亿

2018 年 7 月 31 日

目　录

序
前言
1　湖泊沼泽鱼类物种多样性……1
1.1　松嫩平原湖泊沼泽区……1
1.1.1　吉林西部湖泊沼泽群……1
1.1.2　齐齐哈尔湖泊沼泽群……17
1.1.3　大庆湖泊沼泽群……34
1.1.4　低山丘陵区湖泊沼泽群……51
1.2　三江平原湖泊沼泽区……72
1.2.1　自然概况……72
1.2.2　总述……73
1.2.3　分述……74
1.2.4　渔获物组成……76
1.2.5　主要物种个体生物学及种群结构……79
1.3　内蒙古高原湖泊沼泽区……81
1.3.1　呼伦贝尔高原湖泊沼泽群……81
1.3.2　锡林郭勒高原湖泊沼泽群……86
1.3.3　乌兰察布高原湖泊沼泽群……89
1.3.4　巴彦淖尔—阿拉善—鄂尔多斯高原湖泊沼泽群……92
2　湖泊沼泽鱼类群落多样性……96
2.1　松嫩湖泊沼泽群……96
2.1.1　群落物种结构……97
2.1.2　α-多样性……109
2.1.3　β-多样性……121
2.1.4　鱼类区系的形成及特征……128
2.2　火山堰塞湖泊沼泽群……129
2.2.1　自然概况……130
2.2.2　α-多样性……130
2.2.3　β-多样性……135
2.2.4　群落多样性探讨……136
2.3　三江湖泊沼泽群……140
2.3.1　群落物种结构……140

2.3.2　群落生态多样性……147
2.3.3　群落结构特征……150
2.4　东北地区 38 片湖泊沼泽鱼类群落 α-多样性……152
2.4.1　群落物种结构……152
2.4.2　α-多样性指数……156
2.4.3　多样性指数与水环境因子的关系……158
2.4.4　群落多样性的探讨……164
3　河流沼泽鱼类多样性……166
3.1　大兴安岭水系河流沼泽区……166
3.1.1　鱼类多样性概况……166
3.1.2　内蒙古大兴安岭水系……177
3.1.3　哈拉哈河上游……180
3.1.4　绰尔河上游……182
3.1.5　呼玛河水系……183
3.2　小兴安岭水系河流沼泽区……191
3.2.1　逊别拉河……192
3.2.2　沾河……194
3.2.3　汤旺河……195
3.2.4　嫩江县水系……198
3.2.5　小兴安岭水系河流沼泽鱼类多样性概况……200
3.3　长白山区水系河流沼泽区……204
3.3.1　牡丹江中上游水系……204
3.3.2　第二松花江河源区水系……214
3.3.3　第二松花江三湖江段水系……217
3.3.4　长白山区水系河流沼泽鱼类多样性概况……227
3.4　松嫩平原水系河流沼泽区……228
3.4.1　嫩江吉林省段……228
3.4.2　洮儿河下游……236
3.4.3　绰尔河下游……242
3.4.4　松花江哈尔滨段……243
3.4.5　三岔河口河流沼泽……244
3.4.6　松嫩平原水系河流沼泽鱼类多样性概况……246
3.5　三江平原水系河流沼泽区……247
3.5.1　黑龙江中游抚远段……247
3.5.2　黑龙江中游同江段……250
3.5.3　松花江下游富锦段……252
3.5.4　乌苏里江……258

3.5.5 挠力河—七星河水系……262
3.5.6 三江平原水系河流沼泽鱼类多样性概况……266
4 沼泽湿地国家级自然保护区鱼类多样性……268
4.1 呼伦湖国家级自然保护区……268
4.1.1 鱼类多样性概况……268
4.1.2 河流沼泽鱼类多样性……281
4.1.3 湖泊沼泽鱼类多样性……284
4.2 达里诺尔国家级自然保护区……295
4.2.1 生境多样性……295
4.2.2 物种多样性……296
4.2.3 渔业资源……300
4.2.4 主要物种个体生物学及种群结构……301
4.2.5 主要物种遗传多样性……306
4.3 查干湖国家级自然保护区……306
4.3.1 物种多样性……307
4.3.2 群落多样性指数……312
4.3.3 群落结构……313
4.3.4 盐碱地开发对鱼类多样性的影响……317
4.4 莫莫格国家级自然保护区……319
4.4.1 自然概况……319
4.4.2 物种多样性……320
4.4.3 群落多样性……323
4.4.4 问题探讨……326
4.5 扎龙国家级自然保护区……329
4.5.1 鱼类多样性概况……329
4.5.2 河流沼泽鱼类多样性……332
4.5.3 湖泊沼泽鱼类多样性……335
4.5.4 鱼类多样性与鸟类的关系……336
4.6 兴凯湖国家级自然保护区……336
4.6.1 自然概况……337
4.6.2 物种多样性……337
4.6.3 群落多样性特征……339
4.6.4 鱼类多样性评价……342
4.6.5 与邻近湿地鱼类多样性比较……344
4.6.6 自然保护区鱼类多样性评价方法……345
4.6.7 渔业资源……346
4.7 三江—洪河国家级自然保护区……351

4.7.1 物种多样性……352
4.7.2 种类组成……354
4.7.3 区系生态类群……354
5 鱼类多样性比较……355
5.1 河流沼泽……355
5.1.1 兴安岭与长白山区水系……355
5.1.2 松嫩平原水系与三江平原水系……360
5.2 湖泊沼泽群……364
5.2.1 松嫩平原与三江平原……364
5.2.2 内蒙古高原……369
5.2.3 东北平原与内蒙古高原……376
5.3 湖泊沼泽群与河流水系……385
5.3.1 松嫩平原与松花江—嫩江河流水系……385
5.3.2 三江平原与黑龙江—乌苏里江河流水系……390
5.3.3 东北平原与黑龙江水系河流……396
5.3.4 东北平原与毗邻河流水系……401
5.3.5 东北地区湖泊沼泽群与其所在河流水系……413
5.3.6 内蒙古高原湖泊沼泽群与其所在河流水系……424
5.4 东北—内蒙古高原沼泽湿地与该区河流水系……434
5.4.1 鱼类物种多样性……434
5.4.2 物种多样性比较……440
6 鱼类多样性持续健康发展……443
6.1 鱼类多样性下降的驱动因素……443
6.1.1 湿地萎缩……443
6.1.2 生境稳定性下降……444
6.1.3 湿地盐碱化……444
6.1.4 水环境污染……445
6.1.5 兴凯湖鱼类多样性下降的原因……446
6.2 提高鱼类多样性的途径……447
6.2.1 生境改良……447
6.2.2 放流增殖……449
6.2.3 鱼类区系改造……451
6.2.4 盐碱湿地生境改良-放流增殖……453
6.2.5 经济鱼类繁殖保护……457
6.2.6 特定湿地提高鱼类多样性的综合措施……460
6.3 鱼类多样性合理利用……471
6.3.1 鱼类多样性与渔业利用的关系……471

6.3.2　鱼类资源量估算……472
6.3.3　鱼类资源利用程度评估……480
6.3.4　合理捕捞……481
6.3.5　特定湿地鱼类资源合理利用综合措施……486
6.4　鱼类多样性科学管理……489
6.4.1　鱼类多样性监测……489
6.4.2　鱼类多样性评估……494
6.4.3　渔业限制……497
6.4.4　鱼类资源群体的管理……498
参考文献……508
附录　东北—内蒙古高原沼泽湿地鱼类物种名录……517
索引……524

1 湖泊沼泽鱼类物种多样性

1.1 松嫩平原湖泊沼泽区

在《中国沼泽志》[1]“沼泽分区”中，松嫩平原湖泊沼泽区隶属于“松嫩—蒙新盐沼、苔草、芦苇沼泽区”之下“松辽平原苔草—芦苇沼泽亚区”，范围包括黑龙江省、吉林省的西部平原及内蒙古自治区兴安盟、通辽市的东部平原。

该沼泽区的沼泽类型由盐碱草本沼泽、苔草沼泽、小叶樟—苔草沼泽和芦苇沼泽构成。松花江（别称“松花江干流”“东流松花江”“松花江黑龙江省段”）、第二松花江（别称“北流松花江”“松花江吉林省段”）、嫩江及其支流洮儿河、霍林河（季节性河流）在平原上汇聚，洪泛面积广阔，平原上分布着数十条古河道，夏季普遍积水。河网水系间，湖泊沼泽发育。按照分布密度的相对大小，本书将这些湖泊沼泽划分为 4 个湖泊沼泽群，即吉林西部、齐齐哈尔、大庆和低山丘陵区湖泊沼泽群，合并称为“松嫩平原湖泊沼泽区”或“松嫩湖泊沼泽群”。

松嫩湖泊沼泽群中，进行过采样调查的湖泊沼泽有 50 片，其中 25 片包含于《中国沼泽志》所列重点沼泽：青肯泡沼泽（中国沼泽编号：232302-034。下同）、月亮泡水库沼泽（220882-036）、查干湖沼泽（220721-038）、莫莫格沼泽（220821-035）、扎龙沼泽（230200-027）、哈拉海沼泽（230221-028）及龙沼盐沼（220882-037）。

1.1.1 吉林西部湖泊沼泽群

1.1.1.1 自然概况

吉林西部湖泊沼泽群地处松嫩平原吉林西部，由 15 片湖泊沼泽构成，其中盐碱沼泽 7 片，淡水沼泽 8 片，自然概况见表 1-1。其中，哈尔挠泡、莫什海泡、鹅头泡、茨勒泡及洋沙泡包含于莫莫格沼泽；牛心套保泡、张家泡及花敖泡包含于龙沼盐沼；新庙泡、查干湖及大库里泡包含于查干湖沼泽；月亮泡、新荒泡及他拉红泡包含于月亮泡水库沼泽。

表 1-1 吉林西部湖泊沼泽群自然概况

编号	湖泊沼泽	经纬度	所在地区	面积/km^2	平均水深/m	水质盐度分类	年平均鱼产量/(kg/hm^2)
(1)	张家泡	44°57′N～44°59′N, 123°37′E～123°59′E	吉林乾安	8.0	0.93	咸	
(2)	他拉红泡	45°37′N～45°39′N, 123°54′E～123°58′E	吉林大安	9.0	0.90	咸	13.6
(3)	波罗泡	44°22′N～44°29′N, 124°42′E～124°50′E	吉林农安	90.0	0.65	咸	
(4)	莫什海泡	45°48′N～45°49′N, 123°55′E～123°56′E	吉林镇赉	7.5	1.20	淡	129.6
(5)	鹅头泡	45°54′N～45°56′N, 123°38′E～123°44′E	吉林镇赉	18.0	0.25	咸	

续表

编号	湖泊沼泽	经纬度	所在地区	面积/km²	平均水深/m	水质盐度分类	年平均鱼产量/(kg/hm²)
（6）	茨勒泡	45°56′N～45°58′N，123°49′E～123°53′E	吉林镇赉	8.0	0.70	淡	
（7）	洋沙泡	46°14′N～46°18′N，123°00′E～123°07′E	吉林镇赉	30.0	0.60	咸	
（39）	牛心套保泡	45°13′N～45°16′N，123°15′E～123°21′E	吉林大安	28.6	0.73	咸	193.6
（40）	月亮泡	45°39′N～45°48′N，123°42′E～124°02′E	吉林大安	206.0	2.37	淡	107.8
（41）	新荒泡	45°38′N～45°42′N，123°46′E～123°49′E	吉林大安	14.6	0.84	淡	68.6
（42）	新庙泡	45°08′N～45°14′N，124°26′E～124°32′E	吉林前郭	24.2	1.82	淡	73.6
（43）	花敖泡	44°57′N～45°02′N，123°49′E～123°55′E	吉林乾安	28.7	0.83	咸	98.2
（44）	哈尔挠泡	45°51′N～45°54′N，123°31′E～123°37′E	吉林镇赉	29.2	1.39	淡	117.4
（45）	查干湖	45°10′N～45°21′N，124°04′E～124°27′E	吉林前郭	347.4	1.56	淡	142.5
（46）	大库里泡	45°21′N～45°24′N，124°27′E～124°31′E	吉林前郭	26.2	1.03	淡	143.7

注：“年平均鱼产量”由当地渔场历年捕捞量资料统计得出。后文同

1.1.1.2　总述

1. 物种多样性

采集到吉林西部湖泊沼泽群的鱼类物种 3 目 8 科 35 属 45 种（表 1-2）。其中，移入种 2 目 2 科 6 属 6 种，包括青鱼、草鱼、团头鲂、鲢、鳙和斑鳜；土著鱼类 3 目 8 科 30 属 39 种。

表 1-2　吉林西部湖泊沼泽群鱼类物种组成

种类	a	b	c	d	e	f	g	h	i	j	k	l	m	n	o
一、鲤形目 Cypriniformes															
（一）鲤科 Cyprinidae															
1. 青鱼 *Mylopharyngodon piceus*▲		+		+				+	+	+	+		+	+	+
2. 草鱼 *Ctenopharyngodon idella*▲		+		+				+	+	+	+	+	+	+	+
3. 真鲅 *Phoxinus phoxinus*															+
4. 湖鲅 *Phoxinus percnurus*										+					
5. 拉氏鲅 *Phoxinus lagowskii*			+				+			+	+				
6. 鳡 *Elopichthys bambusa*														+	
7. 䱗 *Hemiculter leucisculus*		+						+	+	+	+	+	+	+	+
8. 贝氏䱗 *Hemiculter bleekeri*													+		
9. 红鳍原鲌 *Cultrichthys erythropterus*		+							+		+			+	+
10. 蒙古鲌 *Culter mongolicus mongolicus*														+	
11. 翘嘴鲌 *Culter alburnus*														+	+

续表

种类	a	b	c	d	e	f	g	h	i	j	k	l	m	n	o
12. 鳊 *Parabramis pekinensis*		+		+							+				+
13. 团头鲂 *Megalobrama amblycephala*▲				+				+	+	+	+	+	+	+	+
14. 银鲴 *Xenocypris argentea*									+				+		
15. 大鳍鱊 *Acheilognathus macropterus*								+		+	+				
16. 黑龙江鳑鲏 *Rhodeus sericeus*								+	+				+		+
17. 彩石鳑鲏 *Rhodeus lighti*										+					
18. 花䱻 *Hemibarbus maculatus*													+	+	
19. 麦穗鱼 *Pseudorasbora parva*		+		+	+	+	+	+	+	+	+	+	+	+	+
20. 平口鮈 *Ladislavia taczanowskii*														+	
21. 东北鳈 *Sarcocheilichthys lacustris*	+	+	+		+			+		+					
22. 克氏鳈 *Sarcocheilichthys czerskii*						+			+						
23. 棒花鱼 *Abbottina rivularis*										+	+		+		+
24. 凌源鮈 *Gobio lingyuanensis*								+	+	+			+		
25. 犬首鮈 *Gobio cynocephalus*								+	+	+			+		
26. 东北颌须鮈 *Gnathopogon mantschuricus*						+									
27. 银鮈 *Squalidus argentatus*						+									
28. 蛇鮈 *Saurogobio dabryi*									+				+		
29. 鲤 *Cyprinus carpio*		+		+		+		+	+	+	+	+	+	+	+
30. 银鲫 *Carassius auratus gibelio*	+	+	+	+	+	+	+	+	+	+	+	+	+	+	+
31. 鲢 *Hypophthalmichthys molitrix*▲		+		+				+	+	+	+	+	+	+	+
32. 鳙 *Aristichthys nobilis*▲		+		+				+	+	+	+	+	+	+	+
（二）鳅科 Cobitidae															
33. 黑龙江泥鳅 *Misgurnus mohoity*	+	+	+	+	+	+	+	+		+		+	+		
34. 北方泥鳅 *Misgurnus bipartitus*										+		+			
35. 黑龙江花鳅 *Cobitis lutheri*		+			+	+		+					+		
36. 花斑副沙鳅 *Parabotia fasciata*		+				+		+	+				+		
二、鲇形目 Siluriformes															
（三）鲿科 Bagridae															
37. 黄颡鱼 *Pelteobagrus fulvidraco*		+				+		+	+	+	+	+	+	+	+
（四）鲇科 Siluridae															
38. 鲇 *Silurus asotus*		+		+		+		+	+	+	+	+	+	+	+
39. 怀头鲇 *Silurus soldatovi*										+				+	

续表

种类	a	b	c	d	e	f	g	h	i	j	k	l	m	n	o
三、鲈形目 Perciformes															
（五）鮨科 Serranidae															
40. 鳜 *Siniperca chuatsi*										+		+			
41. 斑鳜 *Siniperca scherzeri*▲								+							
（六）塘鳢科 Eleotridae															
42. 葛氏鲈塘鳢 *Perccottus glehni*	+	+	+	+	+	+	+	+	+	+	+	+	+	+	+
43. 黄黝鱼 *Hypseleotris swinhonis*													+		
（七）斗鱼科 Belontiidae															
44. 圆尾斗鱼 *Macropodus chinensis*														+	
（八）鳢科 Channidae															
45. 乌鳢 *Channa argus*								+	+	+	+	+			+

注：a. 张家泡，b. 他拉红泡，c. 波罗泡，d. 莫什海泡，e. 鹅头泡，f. 茨勒泡，g. 洋沙泡，h. 牛心套保泡，i. 月亮泡，j. 新荒泡，k. 新庙泡，l. 花敖泡，m. 哈尔挠泡，n. 查干湖，o. 大库里泡。▲代表移入种。后文同

土著种中，彩石鳑鲏、凌源鮈、东北颌须鮈、银鮈和黄黝鱼为《东北地区淡水鱼类》[2]所述的中国特产鱼类（下文简称“中国特有种”）；真鲅、拉氏鲅、平口鮈和黑龙江花鳅为《中国淡水冷水性鱼类》[3]所述的冷水性鱼类（下文简称“冷水种”）；怀头鲇为《中国濒危动物红皮书·鱼类》[4]所述的易危物种（下文简称“中国易危种”）。

2. 种类组成

采集到的鱼类中，鲤形目 36 种，占 80%；鲈形目 6 种、鲇形目 3 种，分别占 13.33%及 6.67%。科级分类单元中，鲤科 32 种、鳅科 4 种，分别占 71.11%及 8.89%；鲇科、鮨科、塘鳢科均 2 种，各占 4.44%；鲿科、斗鱼科和鳢科均 1 种，各占 2.22%①。

3. 区系生态类群

吉林西部湖泊沼泽群的土著鱼类群落，由 5 个区系生态类群构成。

1）江河平原区系生态类群：鳡、红鳍原鲌、蒙古鲌、翘嘴鲌、鳊、䱗、贝氏䱗、银鲴、花䱻、蛇鮈、银鮈、东北鳈、克氏鳈、棒花鱼、花斑副沙鳅和鳜，占 41.03%。

2）北方平原区系生态类群：拉氏鲅、湖鲅、凌源鮈、犬首鮈、平口鮈、东北颌须鮈和黑龙江花鳅，占 17.95%。

3）新近纪区系生态类群：鲤、银鲫、麦穗鱼、黑龙江鳑鲏、彩石鳑鲏、大鳍鱊、黑龙江泥鳅、北方泥鳅、鲇和怀头鲇，占 25.64%。

4）北方山地区系生态类群：真鲅，占 2.56%。

5）热带平原区系生态类群：乌鳢、圆尾斗鱼、黄颡鱼、黄黝鱼和葛氏鲈塘鳢，占 12.82%。

① 因四舍五入，各组分占比加和可能与 100%稍有偏差

以上北方区系生态类群（北方区系生态类群包括北方平原、北方山地、北极淡水及北极海洋区系生态类群，后文同）8 种，占 20.51%。

1.1.1.3 分述

1. 张家泡

（1）物种多样性 采集到鱼类 2 目 3 科 4 属 4 种，均为土著种。

（2）种类组成 鲤形目 3 种、鲈形目 1 种，分别占 75%及 25%。科级分类单元中，鲤科 2 种，占 50%；鳅科、塘鳢科均 1 种，各占 25%。

（3）区系生态类群 由 3 个区系生态类群构成。

1）江河平原区系生态类群：东北鳈，占 25%。

2）新近纪区系生态类群：银鲫和黑龙江泥鳅，占 50%。

3）热带平原区系生态类群：葛氏鲈塘鳢，占 25%。

2. 他拉红泡

（1）物种多样性 采集到鱼类 3 目 5 科 17 属 17 种。其中，移入种 1 目 1 科 4 属 4 种，即青鱼、草鱼、鲢和鳙；土著种 3 目 5 科 13 属 13 种，其中包括冷水种黑龙江花鳅。

（2）种类组成 鲤形目 14 种、鲇形目 2 种、鲈形目 1 种，分别占 82.35%、11.76%及 5.88%。科级分类单元中，鲤科 11 种、鳅科 3 种，分别占 64.71%及 17.65%；鲿科、鲇科、塘鳢科均 1 种，各占 5.88%。

（3）区系生态类群 由 4 个区系生态类群构成。

1）江河平原区系生态类群：鳘、红鳍原鲌、东北鳈、鳊和花斑副沙鳅，占 38.46%。

2）北方平原区系生态类群：黑龙江花鳅，占 7.69%。

3）新近纪区系生态类群：麦穗鱼、鲤、银鲫、黑龙江泥鳅和鲇，占 38.46%。

4）热带平原区系生态类群：黄颡鱼和葛氏鲈塘鳢，占 15.38%。

以上北方区系生态类群 1 种，占 7.69%。

3. 波罗泡

（1）物种多样性 采集到鱼类 2 目 3 科 5 属 5 种，均为土著种，其中包括冷水种拉氏鲅。

（2）种类组成 鲤形目 4 种、鲈形目 1 种，分别占 80%和 20%。科级分类单元中，鲤科 3 种，占 60%；鳅科、塘鳢科均 1 种，各占 20%。

（3）区系生态类群 由 4 个区系生态类群构成。

1）江河平原区系生态类群：东北鳈，占 20%。

2）北方平原区系生态类群：拉氏鲅，占 20%。

3）新近纪区系生态类群：银鲫和黑龙江泥鳅，占 40%。

4）热带平原区系生态类群：葛氏鲈塘鳢，占 20%。

以上北方区系生态类群 1 种，占 20%。

4. 莫什海泡

（1）物种多样性 采集到鱼类3目4科12属12种。其中，移入种1目1科5属5种，包括青鱼、草鱼、鲢、鳙和团头鲂；土著种3目4科7属7种。

（2）种类组成 鲤形目10种，占83.33%；鲇形目和鲈形目均1种，各占8.33%。科级分类单元中，鲤科9种，占75%；鳅科、鲇科和塘鳢科均1种，各占8.33%。

（3）区系生态类群 由3个区系生态类群构成。

1）江河平原区系生态类群：鳊，占14.29%。

2）新近纪区系生态类群：鲤、银鲫、麦穗鱼、黑龙江泥鳅和鲇，占71.43%。

3）热带平原区系生态类群：葛氏鲈塘鳢，占14.29%。

5. 鹅头泡

（1）物种多样性 采集到鱼类2目3科6属6种，均为土著种，其中包括冷水种黑龙江花鳅。

（2）种类组成 鲤形目5种、鲈形目1种，分别占83.33%及16.67%。科级分类单元中，鲤科3种、鳅科2种、塘鳢科1种，分别占50%、33.33%及16.67%。

（3）区系生态类群 由4个区系生态类群构成。

1）江河平原区系生态类群：东北鳈，占16.67%。

2）北方平原区系生态类群：黑龙江花鳅，占16.67%。

3）新近纪区系生态类群：麦穗鱼、银鲫和黑龙江泥鳅，占50%。

4）热带平原区系生态类群：葛氏鲈塘鳢，占16.67%。

以上北方区系生态类群1种，占16.67%。

6. 茨勒泡

（1）物种多样性 采集到鱼类3目5科12属12种，均为土著种，其中包括中国特有种东北颌须鮈和银鮈、冷水种黑龙江花鳅。

（2）种类组成 鲤形目9种、鲇形目2种、鲈形目1种，分别占75%、16.67%和8.33%。科级分类单元中，鲤科6种、鳅科3种，分别占50%及25%；鲇科、鲿科和塘鳢科均1种，各占8.33%。

（3）区系生态类群 由4个区系生态类群构成。

1）江河平原区系生态类群：银鮈、克氏鳈和花斑副沙鳅，占25%。

2）北方平原区系生态类群：东北颌须鮈和黑龙江花鳅，占16.67%。

3）新近纪区系生态类群：麦穗鱼、鲤、银鲫、黑龙江泥鳅和鲇，占41.67%。

4）热带平原区系生态类群：黄颡鱼和葛氏鲈塘鳢，占16.67%。

以上北方区系生态类群2种，占16.67%。

7. 洋沙泡

（1）物种多样性 采集到鱼类2目3科5属5种，均为土著种，其中包括冷水种拉氏鲅。

（2）种类组成 鲤形目 4 种、鲈形目 1 种，分别占 80%及 20%。科级分类单元中，鲤科 3 种，占 60%；鳅科、塘鳢科均 1 种，各占 20%。

（3）区系生态类群 由 3 个区系生态类群构成。

1）北方平原区系生态类群：拉氏鲅，占 20%。

2）新近纪区系生态类群：麦穗鱼、银鲫和黑龙江泥鳅，占 60%。

3）热带平原区系生态类群：葛氏鲈塘鳢，占 20%。

以上北方区系生态类群 1 种，占 20%。

8. 牛心套保泡

（1）物种多样性 采集到鱼类 3 目 7 科 21 属 22 种。其中，移入种 2 目 2 科 6 属 6 种，包括青鱼、草鱼、鲢、鳙、团头鲂和斑鳜；土著种 3 目 6 科 15 属 16 种，其中包括中国特有种凌源鮈、冷水种黑龙江花鳅。

（2）种类组成 鲤形目 17 种、鲈形目 3 种、鲇形目 2 种，分别占 77.27%、13.64%及 9.09%。科级分类单元中，鲤科 14 种、鳅科 3 种，分别占 63.64%及 13.64%；鲿科、鲇科、鮨科、塘鳢科和鳢科均 1 种，各占 4.55%。

（3）区系生态类群 由 4 个区系生态类群构成。

1）江河平原区系生态类群：𩽾、东北鳈和花斑副沙鳅，占 18.75%。

2）北方平原区系生态类群：凌源鮈、犬首鮈和黑龙江花鳅，占 18.75%。

3）新近纪区系生态类群：鲤、大鳍鱊、黑龙江鳑鲏、麦穗鱼、银鲫、黑龙江泥鳅和鲇，占 43.75%。

4）热带平原区系生态类群：乌鳢、黄颡鱼和葛氏鲈塘鳢，占 18.75%。

以上北方区系生态类群 3 种，占 18.75%。

9. 月亮泡

（1）物种多样性 《中国湖泊志》[5]记载 4 目 9 科 36 种，调查期间采集到 3 目 6 科 20 属 21 种。采集到的鱼类中，移入种 1 目 1 科 5 属 5 种，包括青鱼、草鱼、鲢、鳙和团头鲂；土著种 3 目 6 科 15 属 16 种，其中包括中国特有种凌源鮈。

（2）种类组成 《中国湖泊志》[5]记载鲤形目 28 种，鲈形目 4 种，鲇形目 3 种，七鳃鳗目 1 种；鲤科 25 种，鳅科 3 种，鲇科 2 种，鲿科、鮨科、塘鳢科、七鳃鳗科、斗鱼科和鳢科均 1 种。采集到的鱼类中，鲤形目 17 种，占 80.95%；鲇形目和鲈形目均 2 种，各占 9.52%。鲤科 16 种，占 76.19%；鳅科、鲿科、鲇科、塘鳢科和鳢科均 1 种，各占 4.76%。

（3）区系生态类群 由 4 个区系生态类群构成。

1）江河平原区系生态类群：𩽾、红鳍原鲌、银鲴、蛇鮈、克氏鳈和花斑副沙鳅，占 37.5%。

2）北方平原区系生态类群：凌源鮈和犬首鮈，占 12.5%。

3）新近纪区系生态类群：黑龙江鳑鲏、麦穗鱼、鲤、银鲫和鲇，占 31.25%。

4）热带平原区系生态类群：乌鳢、黄颡鱼和葛氏鲈塘鳢，占 18.75%。

以上北方区系生态类群 2 种，占 12.5%。

10. 新荒泡

（1）物种多样性　采集到鱼类3目7科21属25种。其中，移入种1目1科5属5种，包括青鱼、草鱼、鲢、鳙和团头鲂；土著种3目7科16属20种，其中包括冷水种拉氏鲅、中国特有种凌源鮈和彩石鳑鲏、中国易危种怀头鲇。

（2）种类组成　鲤形目19种，占76%；鲇形目和鲈形目均3种，各占12%。科级分类单元中，鲤科17种，占68%；鳅科和鲇科均2种，各占8%；鲿科、鮨科、鳢科和塘鳢科均1种，各占4%。

（3）区系生态类群　由4个区系生态类群构成。

1）江河平原区系生态类群：鳘、棒花鱼、东北鳈和鳜，占20%。

2）北方平原区系生态类群：拉氏鲅、湖鲅、凌源鮈和犬首鮈，占20%。

3）新近纪区系生态类群：大鳍鱊、彩石鳑鲏、麦穗鱼、鲤、银鲫、黑龙江泥鳅、北方泥鳅、鲇和怀头鲇，占45%。

4）热带平原区系生态类群：乌鳢、黄颡鱼和葛氏鲈塘鳢，占15%。

以上北方区系生态类群4种，占20%。

11. 新庙泡

（1）物种多样性　采集到鱼类3目5科18属18种。其中，移入种1目1科5属5种，包括青鱼、草鱼、鲢、鳙和团头鲂；土著种3目5科13属13种，其中包括冷水种拉氏鲅。

（2）种类组成　鲤形目14种，占77.78%；鲇形目和鲈形目均2种，各占11.11%。科级分类单元中，鲤科14种，占77.78%；鲿科、鲇科、塘鳢科和鳢科均1种，各占5.56%。

（3）区系生态类群　由4个区系生态类群构成。

1）江河平原区系生态类群：鳘、鳊、红鳍原鲌和棒花鱼，占30.77%。

2）北方平原区系生态类群：拉氏鲅，占7.69%。

3）新近纪区系生态类群：大鳍鱊、麦穗鱼、鲤、银鲫和鲇，占38.46%。

4）热带平原区系生态类群：乌鳢、黄颡鱼和葛氏鲈塘鳢，占23.08%。

以上北方区系生态类群1种，占7.69%。

12. 花敖泡

（1）物种多样性　采集到鱼类3目7科14属15种。其中，移入种1目1科4属4种，包括草鱼、鲢、鳙和团头鲂；土著种3目7科10属11种。

（2）种类组成　鲤形目10种、鲈形目3种、鲇形目2种，分别占66.67%、20%及13.33%。科级分类单元中，鲤科8种、鳅科2种，分别占53.33%及13.33%；鲿科、鲇科、鮨科、塘鳢科和鳢科均1种，各占6.67%。

（3）区系生态类群　由3个区系生态类群构成。

1）江河平原区系生态类群：鳘和鳜，占18.18%。

2）新近纪区系生态类群：麦穗鱼、鲤、银鲫、黑龙江泥鳅、北方泥鳅和鲇，占54.55%。

3）热带平原区系生态类群：乌鳢、黄颡鱼和葛氏鲈塘鳢，占 27.27%。

13. 哈尔挠泡

（1）物种多样性　采集到鱼类 3 目 5 科 22 属 24 种。其中，移入种 1 目 1 科 5 属 5 种，包括青鱼、草鱼、鲢、鳙和团头鲂；土著种 3 目 5 科 17 属 19 种，其中包括中国特有种凌源鮈和黄黝鱼、冷水种黑龙江花鳅。

（2）种类组成　鲤形目 20 种，占 83.33%；鲇形目和鲈形目均 2 种，各占 8.33%。科级分类单元中，鲤科 17 种、鳅科 3 种、塘鳢科 2 种，分别占 70.83%、12.5%及 8.33%；鲿科、鲇科均 1 种，各占 4.17%。

（3）区系生态类群　由 4 个区系生态类群构成。

1）江河平原区系生态类群：䱗、贝氏䱗、花䱻、银鮈、棒花鱼、蛇鮈和花斑副沙鳅，占 36.84%。

2）北方平原区系生态类群：凌源鮈、犬首鮈和黑龙江花鳅，占 15.79%。

3）新近纪区系生态类群：黑龙江鳑鲏、麦穗鱼、鲤、银鲫、黑龙江泥鳅和鲇，占 31.58%。

4）热带平原区系生态类群：黄颡鱼、黄黝鱼和葛氏鲈塘鳢，占 15.79%。

以上北方区系生态类群 3 种，占 15.79%。

14. 查干湖

（1）物种多样性　《中国湖泊志》[5]记载 9 科 29 种，调查采集到 3 目 5 科 18 属 20 种。采集到的鱼类中，移入种 1 目 1 科 5 属 5 种，包括青鱼、草鱼、鲢、鳙和团头鲂；土著种 3 目 5 科 13 属 15 种，其中包括中国易危种怀头鲇、冷水种平口鮈。

（2）种类组成　鲤形目 15 种、鲇形目 3 种、鲈形目 2 种，分别占 75%、15%及 10%。科级分类单元中，鲤科 15 种、鲇科 2 种，分别占 75%及 10%；鲿科、塘鳢科和斗鱼科均 1 种，各占 5%。

（3）区系生态类群　由 4 个区系生态类群构成。

1）江河平原区系生态类群：鳡、䱗、蒙古鲌、翘嘴鲌、红鳍原鲌和花䱻，占 40%。

2）北方平原区系生态类群：平口鮈，占 6.67%。

3）新近纪区系生态类群：麦穗鱼、鲤、银鲫、鲇和怀头鲇，占 33.33%。

4）热带平原区系生态类群：圆尾斗鱼、黄颡鱼和葛氏鲈塘鳢，占 20%。

以上北方区系生态类群 1 种，占 6.67%。

15. 大库里泡

（1）物种多样性　采集到鱼类 3 目 5 科 19 属 19 种。其中，移入种 1 目 1 科 5 属 5 种，包括青鱼、草鱼、鲢、鳙和团头鲂；土著种 3 目 5 科 14 属 14 种，其中包括冷水种真鱥。

（2）种类组成　鲤形目 15 种，占 78.95%；鲇形目和鲈形目均 2 种，各占 10.53%。科级分类单元中，鲤科 15 种，占 78.95%；鲿科、鲇科、塘鳢科和鳢科均 1 种，各占 5.26%。

（3）区系生态类群　由 4 个区系生态类群构成。

1）江河平原区系生态类群：鳊、鳘、蒙古鲌、红鳍原鲌和棒花鱼，占 35.71%。

2）新近纪区系生态类群：黑龙江鳑鲏、麦穗鱼、鲤、银鲫和鲇，占 35.71%。

3）北方山地区系生态类群：真鲂，占 7.14%。

4）热带平原区系生态类群：乌鳢、黄颡鱼和葛氏鲈塘鳢，占 21.43%。

以上北方区系生态类群 1 种，占 7.14%。

1.1.1.4 渔获物组成

（1）张家泡　非渔业湿地（没有渔业管理的湿地，下同），土著鱼类来自洮儿河。银鲫为群落优势种（群落优势种的确定参见第 2 章，下同）。渔获物中，土著经济鱼类银鲫约占 66.67%（重量比例，下同）；小型非经济鱼类葛氏鲈塘鳢、黑龙江泥鳅、东北鳈约占 33.33%（表 1-3）。

表 1-3　张家泡渔获物组成（2008-07-06）

种类	重量/kg	数量/尾	平均体重/g	重量比例/%	数量比例/%	种类	重量/kg	数量/尾	平均体重/g	重量比例/%	数量比例/%
葛氏鲈塘鳢	0.8	73	11.0	12.12	16.29	东北鳈	0.2	59	3.4	3.03	13.17
银鲫	4.4	214	20.6	66.67	47.77						
黑龙江泥鳅	1.2	102	11.8	18.18	22.77	合计	6.6	448			

（2）他拉红泡　捕捞型渔业湿地（渔业管理方式是以捕捞野生鱼类为主的渔业湿地，下同），土著鱼类来自洮儿河。鲤为群落优势种。渔获物中，土著经济鱼类银鲫、红鳍原鲌、鳘、鲤、鲇、黄颡鱼约占 98.49%；小型非经济鱼类葛氏鲈塘鳢、麦穗鱼约占 1.51%（表 1-4）。

表 1-4　他拉红泡渔获物组成（2007-09-11）

种类	重量/kg	数量/尾	平均体重/g	重量比例/%	数量比例/%	种类	重量/kg	数量/尾	平均体重/g	重量比例/%	数量比例/%
葛氏鲈塘鳢	1.5	76	19.7	0.45	2.17	鲇	11.2	29	386.2	3.38	0.83
银鲫	13.1	128	102.3	3.95	3.65	黄颡鱼	1.9	72	26.4	0.57	2.05
红鳍原鲌	28.4	1273	22.3	8.56	36.32	麦穗鱼	3.5	493	7.1	1.06	14.07
鳘	10.9	969	11.2	3.29	27.65						
鲤	261.1	465	561.5	78.74	13.27	合计	331.6	3505			

（3）波罗泡　非渔业湿地，土著鱼类来自第二松花江。银鲫为群落优势种。渔获物中，土著经济鱼类银鲫约占 82.87%；小型非经济鱼类葛氏鲈塘鳢、黑龙江泥鳅、东北鳈、拉氏鲅约占 17.12%（表 1-5）。

（4）莫什海泡　放养型渔业湿地（渔业管理方式是以放养为主的渔业湿地，下同），土著鱼类来自嫩江。渔获物中，放养的经济鱼类鲢、鳙、草鱼、青鱼、团头鲂约占69.55%；土著经济鱼类鲤、银鲫、鲇、鳊约占29.99%；小型非经济鱼类葛氏鲈塘鳢、黑龙江泥鳅、麦穗鱼占0.45%（表1-6）。

表1-5 波罗泡渔获物组成

种类	重量/kg	数量/尾	平均体重/g	重量比例/%	数量比例/%	种类	重量/kg	数量/尾	平均体重/g	重量比例/%	数量比例/%
葛氏鲈塘鳢	1.2	84	14.3	6.63	10.01	东北鳈	0.2	93	2.2	1.10	11.08
银鲫	15.0	462	32.5	82.87	55.07	拉氏鲹	0.1	51	2.0	0.55	6.08
黑龙江泥鳅	1.6	149	10.7	8.84	17.76	合计	18.1	839			

表1-6 莫什海泡渔获物组成（2010-12-26）

种类	重量/kg	数量/尾	平均体重/g	重量比例/%	数量比例/%	种类	重量/kg	数量/尾	平均体重/g	重量比例/%	数量比例/%
葛氏鲈塘鳢	0.3	17	17.6	0.15	4.52	青鱼	3.3	2	1650.0	1.67	0.53
银鲫	4.4	44	100.0	2.23	11.70	鲤	48.8	121	403.3	24.72	32.18
鲢	81.1	72	1126.4	41.08	19.15	鲇	5.6	11	509.1	2.84	2.93
鳙	38.8	22	1763.6	19.66	5.85	鳊	0.4	1	400.0	0.20	0.27
草鱼	13.5	8	1687.5	6.84	2.13	麦穗鱼	0.4	49	8.2	0.20	13.03
团头鲂	0.6	2	300.0	0.30	0.53						
黑龙江泥鳅	0.2	27	7.4	0.10	7.18	合计	197.4	376			

（5）鹅头泡 非渔业湿地，土著鱼类来自嫩江。银鲫为群落优势种。渔获物中，土著经济鱼类银鲫约占60.78%；小型非经济鱼类葛氏鲈塘鳢、麦穗鱼、东北鳈、黑龙江泥鳅、黑龙江花鳅约占39.21%（表1-7）。

表1-7 鹅头泡渔获物组成

种类	重量/kg	数量/尾	平均体重/g	重量比例/%	数量比例/%	种类	重量/kg	数量/尾	平均体重/g	重量比例/%	数量比例/%
葛氏鲈塘鳢	1.3	74	17.6	25.49	23.79	黑龙江花鳅	0.0	3	0.0	0	0.96
银鲫	3.1	123	25.2	60.78	39.55	麦穗鱼	0.6	89	6.7	11.76	28.62
黑龙江泥鳅	0.1	17	5.9	1.96	5.47						
东北鳈	0.0	5	0.0	0	1.61	合计	5.1	311			

（6）茨勒泡 非渔业湿地，土著鱼类来自嫩江。银鮈首次见于莫莫格湖泊沼泽群及嫩江。银鲫和麦穗鱼为群落优势种。渔获物中，土著经济鱼类银鲫、鲤、鲇、黄颡鱼约占

84.99%；小型非经济鱼类葛氏鲈塘鳢、银鮈、东北颌须鮈、克氏鰁、黑龙江泥鳅、黑龙江花鳅、花斑副沙鳅、麦穗鱼约占 15.02%（表 1-8）。

表 1-8　茨勒泡渔获物组成

种类	重量/kg	数量/尾	平均体重/g	重量比例/%	数量比例/%	种类	重量/kg	数量/尾	平均体重/g	重量比例/%	数量比例/%
葛氏鲈塘鳢	1.3	92	14.1	6.62	13.14	花斑副沙鳅	0.01	2	5.0	0.05	0.29
银鲫	8.4	269	31.2	42.75	38.43	鲤	6.3	41	153.7	32.06	5.86
银鮈	0.03	6	5.0	0.15	0.88	鲇	1.7	7	242.9	8.65	1.00
东北颌须鮈	0.01	3	3.3	0.05	0.43	黄颡鱼	0.3	12	25.0	1.53	1.71
克氏鰁	0.2	62	3.2	1.02	8.86	麦穗鱼	1.0	131	7.6	5.09	18.71
黑龙江泥鳅	0.3	44	6.8	1.53	6.29						
黑龙江花鳅	0.1	31	3.2	0.51	4.43	合计	19.65	700			

（7）洋沙泡　非渔业湿地，土著鱼类来自嫩江。银鲫为群落优势种。渔获物中，土著经济鱼类银鲫约占 60.53%；小型非经济鱼类葛氏鲈塘鳢、黑龙江泥鳅、麦穗鱼、拉氏鲹约占 39.47%（表 1-9）。

表 1-9　洋沙泡渔获物组成

种类	重量/kg	数量/尾	平均体重/g	重量比例/%	数量比例/%	种类	重量/kg	数量/尾	平均体重/g	重量比例/%	数量比例/%
葛氏鲈塘鳢	2.5	131	19.1	32.89	25.24	麦穗鱼	0.3	92	3.3	3.95	17.73
银鲫	4.6	246	18.7	60.53	47.40	拉氏鲹	0.0	14	0.0	0	2.70
黑龙江泥鳅	0.2	36	5.6	2.63	6.94	合计	7.6	519			

（8）新庙泡　放养型渔业湿地，土著鱼类来自第二松花江。红鳍原鲌和鳘为群落优势种。渔获物中，放养的经济鱼类草鱼、青鱼、团头鲂约占 31.69%；土著经济鱼类鲤、红鳍原鲌、鳘、鳊、银鲫约占 60.96%；小型非经济鱼类拉氏鲹、麦穗鱼、棒花鱼、黑龙江鳑鲏约占 7.37%（表 1-10）。

表 1-10　新庙泡渔获物组成（2008-01-22）

种类	重量/kg	数量/尾	平均体重/g	重量比例/%	数量比例/%	种类	重量/kg	数量/尾	平均体重/g	重量比例/%	数量比例/%
拉氏鲹	1.9	259	7.3	1.39	2.01	麦穗鱼	1.8	137	13.1	1.31	1.06
草鱼	9.2	30	306.7	6.72	0.23	团头鲂	7.2	183	39.3	5.26	1.42
青鱼	27.0	210	128.6	19.71	1.63	棒花鱼	0.4	30	13.3	0.29	0.23
鳊	2.2	61	36.1	1.61	0.47	鲤	11.0	167	65.9	8.03	1.30

续表

种类	重量/kg	数量/尾	平均体重/g	重量比例/%	数量比例/%	种类	重量/kg	数量/尾	平均体重/g	重量比例/%	数量比例/%
银鲫	16.6	107	155.1	12.12	0.83	黑龙江鳑鲏	6.0	411	14.6	4.38	3.19
䱗	20.3	1750	11.6	14.82	13.59						
红鳍原鲌	33.4	9528	3.5	24.38	74.02	合计	137.0	12 873			

（9）牛心套保泡　放养型渔业湿地，土著鱼类来自洮儿河。䱗和银鲫为群落优势种。在 2008 年 9 月 26 日的渔获物中，放养的经济鱼类青鱼、草鱼、鲢、鳙、团头鲂约占 78.94%；土著经济鱼类鲤、银鲫、鲇、䱗约占 14.82%；小型非经济鱼类葛氏鲈塘鳢、黑龙江泥鳅、大鳍鱊、彩石鳑鲏、麦穗鱼、东北鳈约占 6.25%。在 2009 年 10 月 5 日的渔获物中，放养的经济鱼类草鱼、鳙、斑鳜约占 78.33%；土著经济鱼类鲤、银鲫、䱗约占 20.02%；小型非经济鱼类葛氏鲈塘鳢、黑龙江泥鳅、大鳍鱊、东北鳈约占 1.66%（表 1-11）。

表 1-11　牛心套保泡渔获物组成

种类	2008-09-26					2009-10-05				
	重量/kg	数量/尾	平均体重/g	重量比例/%	数量比例/%	重量/kg	数量/尾	平均体重/g	重量比例/%	数量比例/%
鲢	2.9	7	414.3	6.71	1.56					
鳙	1.2	2	600.0	2.78	0.44	94.1	72	1306.9	17.62	3.25
草鱼	27.5	29	948.3	63.66	6.44	250.9	168	1493.5	46.97	7.58
青鱼	1.7	3	566.7	3.94	0.67					
鲤	2.5	11	227.3	5.79	2.44	28.4	57	498.2	5.32	2.57
银鲫	2.5	79	31.6	5.79	17.55	57.4	462	124.2	10.75	20.85
团头鲂	0.8	4	200.0	1.85	0.89					
鲇	0.5	3	166.7	1.16	0.67					
䱗	0.9	52	17.3	2.08	11.55	21.1	671	31.4	3.95	30.28
葛氏鲈塘鳢	0.4	28	14.3	0.93	6.22	5.8	193	30.1	1.09	8.71
黑龙江泥鳅	0.3	32	9.4	0.69	7.11	1.3	47	27.7	0.24	2.12
斑鳜						73.4	372	197.3	13.74	16.79
大鳍鱊	0.6	47	12.8	1.39	10.44	0.5	37	13.5	0.09	1.67
彩石鳑鲏	0.2	19	10.5	0.46	4.22					
麦穗鱼	0.7	81	8.6	1.62	18.00					
东北鳈	0.5	53	9.4	1.16	11.78	1.3	137	9.2	0.24	6.18
合计	43.2	450				534.2	2216			

（10）月亮泡　放养型渔业湿地，土著鱼类来自嫩江和洮儿河。红鳍原鲌、䱗和银鲫为群落优势种。渔获物中，放养的经济鱼类鲢、鳙、青鱼约占 43.69%；土著经济鱼类鲤、银鲫、鲇、黄颡鱼、乌鳢、红鳍原鲌、䱗、银鮈、蛇鮈约占 49.41%；小型非经济鱼类葛氏鲈塘鳢、麦穗鱼、黑龙江鳑鲏、克氏鳈、花斑副沙鳅、黑龙江泥鳅约占 6.90%（表 1-12）。

表 1-12 月亮泡渔获物组成（2009-01-20）

种类	重量/kg	数量/尾	平均体重/g	重量比例/%	数量比例/%	种类	重量/kg	数量/尾	平均体重/g	重量比例/%	数量比例/%
鲤	27.6	76	363.2	10.83	2.98	鳙	40.3	27	1492.6	15.83	1.06
银鲫	19.2	213	90.1	7.54	8.34	青鱼	14.2	11	1290.9	5.57	0.43
鲇	9.1	31	293.5	3.57	1.21	银鮈	3.2	54	59.3	1.26	2.12
黄颡鱼	7.8	197	39.6	3.06	7.72	蛇鮈	0.9	31	29.0	0.35	1.21
乌鳢	8.0	6	1333.3	3.14	0.24	黑龙江鳑鲏	1.2	92	13.0	0.47	3.60
红鳍原鲌	27.4	431	63.6	10.75	16.88	克氏鰁	0.6	78	7.7	0.24	3.06
䱗	22.7	594	38.2	8.91	23.27	花斑副沙鳅	0.7	50	14.0	0.27	1.96
葛氏鲈塘鳢	10.1	339	29.8	3.96	13.28	黑龙江泥鳅	1.3	75	17.3	0.51	2.94
麦穗鱼	3.7	193	19.2	1.45	7.56						
鲢	56.8	55	1032.7	22.29	2.15	合计	254.8	2553			

（11）花敖泡 放养型渔业湿地，土著鱼类来自洮儿河。银鲫和麦穗鱼为群落优势种。渔获物中，放养的经济鱼类鲢、鳙约占 34.35%；土著经济鱼类鲤、银鲫约占 60.39%；小型非经济鱼类麦穗鱼、葛氏鲈塘鳢、黑龙江泥鳅约占 5.25%（表 1-13）。

表 1-13 花敖泡渔获物组成（2008-10-29）

种类	重量/kg	数量/尾	平均体重/g	重量比例/%	数量比例/%	种类	重量/kg	数量/尾	平均体重/g	重量比例/%	数量比例/%
鲢	4.7	8	587.5	10.28	1.71	麦穗鱼	1.4	146	9.6	3.06	31.20
鳙	11.0	13	846.2	24.07	2.78	葛氏鲈塘鳢	0.9	39	23.1	1.97	8.33
鲤	20.9	53	394.3	45.73	11.33	黑龙江泥鳅	0.1	17	5.9	0.22	3.63
银鲫	6.7	192	34.9	14.66	41.03	合计	45.7	468			

（12）新荒泡 放养型渔业湿地，土著鱼类来自嫩江和洮儿河。麦穗鱼、银鲫和葛氏鲈塘鳢为群落优势种。渔获物中，放养的经济鱼类鲢、鳙、草鱼、青鱼、团头鲂约占 37.07%；土著经济鱼类乌鳢、鳜、黄颡鱼、鲤、银鲫、鲇、怀头鲇、䱗约占 49.17%；小型非经济鱼类麦穗鱼、葛氏鲈塘鳢、黑龙江泥鳅、拉氏鲹、大鳍鱊、彩石鳑鲏、东北鰁、棒花鱼约占 13.77%（表 1-14）。

表 1-14 新荒泡渔获物组成（2008-09-25）

种类	重量/kg	数量/尾	平均体重/g	重量比例/%	数量比例/%	种类	重量/kg	数量/尾	平均体重/g	重量比例/%	数量比例/%
鲢	10.9	23	473.9	7.81	1.32	青鱼	1.5	2	750.0	1.08	0.12
鳙	25.6	38	673.7	18.36	2.19	乌鳢	35.4	19	1863.2	25.37	1.09
草鱼	12.4	11	1127.3	8.89	0.63	鳜	0.8	3	266.7	0.57	0.17

续表

种类	重量/kg	数量/尾	平均体重/g	重量比例/%	数量比例/%	种类	重量/kg	数量/尾	平均体重/g	重量比例/%	数量比例/%
黄颡鱼	2.7	31	87.1	1.94	1.78	黑龙江泥鳅	0.9	73	12.3	0.65	4.20
鲤	16.1	74	217.6	11.54	4.26	拉氏鲅	1.1	153	7.2	0.79	8.81
银鲫	8.3	262	31.7	5.95	15.08	大鳍鱊	0.9	47	19.1	0.65	2.71
团头鲂	1.3	7	185.7	0.93	0.40	彩石鳑鲏	0.2	13	15.4	0.14	0.75
鲇	0.7	5	140.0	0.50	0.29	麦穗鱼	9.1	469	19.4	6.52	27.00
怀头鲇	0.7	2	350.0	0.50	0.12	东北鳈	1.0	127	7.9	0.72	7.31
䱗	3.9	143	27.3	2.80	8.23	棒花鱼	2.3	73	31.5	1.65	4.20
葛氏鲈塘鳢	3.7	162	22.8	2.65	9.33	合计	139.5	1737			

（13）哈尔挠泡　放养型渔业湿地，土著鱼类来自嫩江。䱗、麦穗鱼和黑龙江鳑鲏为群落优势种。渔获物中，放养的经济鱼类青鱼、草鱼、鲢、鳙、团头鲂约占67.90%；土著经济鱼类鲤、银鲫、鲇、黄颡鱼、䱗、贝氏䱗、银鲴、花䱻、蛇鮈约占27.80%；小型非经济鱼类黑龙江鳑鲏、麦穗鱼、棒花鱼、黑龙江花鳅、黑龙江泥鳅、花斑副沙鳅、葛氏鲈塘鳢、黄黝鱼约占4.30%（表1-15）。

表1-15　哈尔挠泡渔获物组成（2009-09-10～15）

种类	重量/kg	数量/尾	平均体重/g	重量比例/%	数量比例/%	种类	重量/kg	数量/尾	平均体重/g	重量比例/%	数量比例/%
青鱼	14.5	7	2071.4	9.90	0.80	黑龙江鳑鲏	0.4	142	22.8	0.27	16.30
草鱼	51.5	22	2340.9	35.18	2.53	花䱻	4.9	19	257.9	3.35	2.18
鲢	14.4	19	757.9	9.84	2.18	麦穗鱼	1.2	89	13.5	0.82	10.22
鳙	16.1	13	1238.5	11.00	1.49	棒花鱼	0.4	13	30.8	0.27	1.49
鲤	5.5	8	687.5	3.76	0.92	蛇鮈	0.4	9	44.4	0.27	1.03
银鲫	8.9	72	123.6	6.08	8.27	黑龙江花鳅	0.7	52	13.5	0.48	5.97
鲇	4.0	13	307.7	2.73	1.49	黑龙江泥鳅	1.8	72	25.7	1.23	8.27
黄颡鱼	2.5	21	119.0	1.71	2.41	花斑副沙鳅	0.1	3	33.3	0.07	0.34
䱗	5.2	139	37.4	3.55	15.96	葛氏鲈塘鳢	0.8	19	42.1	0.55	2.18
贝氏䱗	0.6	22	27.2	0.41	2.53	黄黝鱼	0.9	32	28.1	0.61	3.67
团头鲂	2.9	12	241.7	1.98	1.38						
银鲴	8.7	73	119.2	5.94	8.38	合计	146.4	871			

（14）大库里泡　放养型渔业湿地，土著鱼类来自嫩江和第二松花江。䱗和银鲫为群

落优势种。渔获物中，放养的经济鱼类草鱼、青鱼、团头鲂、鲢、鳙约占57.18%；土著经济鱼类鳊、鲤、银鲫、鳘、蒙古鲌、红鳍原鲌约占40.05%；小型非经济鱼类麦穗鱼、棒花鱼、黑龙江鳑鲏、真鲅约占2.78%（表1-16）。

表1-16 大库里泡渔获物组成（2009-01-25）

种类	重量/kg	数量/尾	平均体重/g	重量比例/%	数量比例/%	种类	重量/kg	数量/尾	平均体重/g	重量比例/%	数量比例/%
真鲅	0.7	107	6.5	0.35	7.15	银鲫	23.6	227	104.0	11.93	15.17
草鱼	17.8	37	481.1	9.00	2.47	鲢	46.6	61	763.9	23.56	4.08
青鱼	23.2	73	317.8	11.73	4.88	鳙	18.6	13	1430.8	9.40	0.87
鳊	2.9	42	69.0	1.47	2.81	鳘	12.7	263	48.3	6.42	17.58
麦穗鱼	1.6	107	15.0	0.81	7.15	蒙古鲌	4.6	52	88.5	2.33	3.48
团头鲂	6.9	103	67.0	3.49	6.89	红鳍原鲌	21.7	114	190.4	10.97	7.62
棒花鱼	0.5	23	21.7	0.25	1.54	黑龙江鳑鲏	2.7	147	18.4	1.37	9.83
鲤	13.7	127	107.9	6.93	8.49	合计	197.8	1496			

（15）查干湖 放养型渔业湿地，土著鱼类来自第二松花江。红鳍原鲌和鳘为群落优势种。在2009年1月8日的渔获物中，放养的经济鱼类鲢、鳙、团头鲂约占38.16%；土著经济鱼类鲤、银鲫、花䱻、红鳍原鲌、蒙古鲌、鳘、怀头鲇、黄颡鱼约占60.48%；小型非经济鱼类麦穗鱼约占1.35%。2009年1月16日的渔获物中，放养的经济鱼类鲢、鳙约占75.00%；土著经济鱼类鲤、银鲫、鳡、红鳍原鲌、蒙古鲌约占25.01%（表1-17）。

表1-17 查干湖渔获物组成

种类	2009-01-08					2009-01-16				
	重量/kg	数量/尾	平均体重/g	重量比例/%	数量比例/%	重量/kg	数量/尾	平均体重/g	重量比例/%	数量比例/%
鲤	4.7	27	174.1	9.20	3.32	15.7	17	923.5	8.40	7.36
银鲫	9.4	346	27.2	18.40	42.51	13.3	117	113.7	7.12	50.65
鳙	15.4	45	342.2	30.14	5.53	89.4	32	2793.8	47.86	13.85
鲢	2.8	13	215.4	5.48	1.60	50.7	37	1370.3	27.14	16.02
花䱻	0.3	1	300.0	0.59	0.12					
鳡						1.8	1	1800.0	0.97	0.43
红鳍原鲌	2.6	78	33.3	5.09	9.58	9.8	19	515.8	5.25	8.23
麦穗鱼	0.7	69	10.1	1.35	8.48					
蒙古鲌	8.2	62	132.3	16.05	7.62	6.1	8	762.5	3.27	3.46
鳘	3.5	152	23.0	6.85	18.67					
团头鲂	1.3	13	100.0	2.54	1.60					
怀头鲇	1.6	1	1600.0	3.13	0.12					
黄颡鱼	0.6	7	85.7	1.17	0.86					
合计	51.1	814				186.8	231			

1.1.2 齐齐哈尔湖泊沼泽群

1.1.2.1 自然概况

齐齐哈尔湖泊沼泽群位于松嫩平原黑龙江省西部的齐齐哈尔—泰康，由 9 片盐碱湖泊沼泽和 4 片淡水湖泊沼泽构成，自然概况见表 1-18。其中，龙江湖、鸿雁泡包含于哈拉海沼泽；扎龙湖、克钦湖、南山湖、齐家泡、大龙虎泡、小龙虎泡及连环湖包含于扎龙沼泽。

表 1-18 齐齐哈尔湖泊沼泽群自然概况

编号	湖泊沼泽	经纬度	所在地区	面积/km²	平均水深/m	水质盐度分类	年平均鱼产量/(kg/hm²)
（8）	龙江湖	46°50′N～46°52′N，123°07′E～123°10′E	黑龙江龙江	12.5	2.48	咸	28.2
（9）	鸿雁泡	47°20′N～47°22′N，123°22′E～123°25′E	黑龙江龙江	10.0	0.65	咸	
（10）	月饼泡	46°26′N～46°28′N，124°21′E～124°31′E	黑龙江杜尔伯特	23.0	2.48	咸	7.6
（11）	乌尔塔泡	46°01′N～46°05′N，124°18′E～124°22′E	黑龙江杜尔伯特	24.0	1.10	咸	
（47）	扎龙湖	47°11′N～47°13′N，124°12′E～124°15′E	黑龙江齐齐哈尔	6.8	0.91	淡	76.4
（48）	克钦湖	47°17′N～47°19′N，124°16′E～124°19′E	黑龙江齐齐哈尔	11.4	1.98	淡	128.2
（52）	南山湖	46°48′N～46°55′N，123°52′E～123°57′E	黑龙江泰来	26.4	1.07	咸	43.9
（53）	齐家泡	46°48′N～46°50′N，124°15′E～124°19′E	黑龙江杜尔伯特	9.6	1.47	咸	142.7
（54）	石人沟泡	46°02′N～46°04′N，124°02′E～124°06′E	黑龙江杜尔伯特	16.7	1.49	淡	156.4
（55）	喇嘛寺泡	46°14′N～46°20′N，124°02′E～124°09′E	黑龙江杜尔伯特	39.2	0.84	淡	83.4
（56）	大龙虎泡	46°40′N～46°47′N，124°19E～124°26′E	黑龙江杜尔伯特	56.3	1.87	咸	104.2
（57）	小龙虎泡	46°36′N～46°41′N，124°24′E～124°29′E	黑龙江杜尔伯特	13.8	1.02	咸	127.4
（58）	连环湖	46°30′N～46°50′N，123°59′E～124°15′E	黑龙江杜尔伯特	536.8	1.83	咸	102.2

1.1.2.2 总述

1. 物种多样性

采集到齐齐哈尔湖泊沼泽群的鱼类物种 4 目 9 科 33 属 43 种（表 1-19）。其中，移入种 2 目 2 科 6 属 6 种，包括青鱼、草鱼、团头鲂、鲢、鳙和大银鱼；土著鱼类 4 目 8 科 27 属 37 种，其中包括中国特有种彩石鳑鲏、凌源鮈和黄黝鱼，冷水种真鲅、拉氏鲅、平口鮈、黑龙江花鳅和黑斑狗鱼，中国易危种怀头鲇。

表 1-19　齐齐哈尔湖泊沼泽群鱼类物种组成

种类	a	b	c	d	e	f	g	h	i	j	k	l	m
一、鲤形目 Cypriniformes													
（一）鲤科 Cyprinidae													
1. 青鱼 *Mylopharyngodon piceus*▲	+								+				
2. 草鱼 *Ctenopharyngodon idella*▲	+				+	+	+	+	+	+	+	+	+
3. 真鲅 *Phoxinus phoxinus*		+											+
4. 湖鲅 *Phoxinus percnurus*				+	+			+		+			
5. 拉氏鲅 *Phoxinus lagowskii*	+	+	+	+			+			+			
6. 𩾌 *Hemiculter leucisculus*	+		+	+	+	+	+	+	+	+	+	+	+
7. 贝氏𩾌 *Hemiculter bleekeri*								+					
8. 红鳍原鲌 *Cultrichthys erythropterus*	+		+		+	+		+			+	+	+
9. 翘嘴鲌 *Culter alburnus*									+	+			
10. 蒙古鲌 *Culter mongolicus mongolicus*	+												+
11. 鳊 *Parabramis pekinensis*									+				
12. 团头鲂 *Megalobrama amblycephala*▲	+		+		+	+			+	+	+		+
13. 银鲴 *Xenocypris argentea*								+					
14. 大鳍鱊 *Acheilognathus macropterus*			+	+		+	+			+	+		+
15. 黑龙江鳑鲏 *Rhodeus sericeus*		+			+								
16. 彩石鳑鲏 *Rhodeus lighti*						+	+			+	+		+
17. 花䱻 *Hemibarbus maculatus*	+					+							
18. 唇䱻 *Hemibarbus laboe*	+												
19. 条纹似白鮈 *Paraleucogobio strigatus*	+												
20. 麦穗鱼 *Pseudorasbora parva*	+		+	+	+	+	+	+	+	+	+	+	+
21. 平口鮈 *Ladislavia taczanowskii*			+				+	+					+
22. 东北鳈 *Sarcocheilichthys lacustris*	+			+							+		+
23. 克氏鳈 *Sarcocheilichthys czerskii*													+
24. 棒花鱼 *Abbottina rivularis*			+	+	+	+	+				+		+
25. 凌源鮈 *Gobio lingyuanensis*					+	+	+	+		+	+		+
26. 犬首鮈 *Gobio cynocephalus*					+	+	+	+		+	+		+
27. 蛇鮈 *Saurogobio dabryi*	+				+								+
28. 鲤 *Cyprinus carpio*	+		+		+	+	+	+	+	+	+	+	+
29. 银鲫 *Carassius auratus gibelio*	+	+	+	+	+	+	+	+	+	+	+	+	+
30. 鲢 *Hypophthalmichthys molitrix*▲	+		+		+	+	+	+	+	+	+	+	+
31. 鳙 *Aristichthys nobilis*▲	+		+		+	+	+	+	+	+	+	+	+
（二）鳅科 Cobitidae													
32. 黑龙江泥鳅 *Misgurnus mohoity*	+			+	+		+						+
33. 北方泥鳅 *Misgurnus bipartitus*						+	+						

续表

种类	a	b	c	d	e	f	g	h	i	j	k	l	m
34. 黑龙江花鳅 *Cobitis lutheri*	+	+	+	+									
二、鲇形目 Siluriformes													
（三）鲿科 Bagridae													
35. 黄颡鱼 *Pelteobagrus fulvidraco*	+	+			+	+	+	+	+	+			+
（四）鲇科 Siluridae													
36. 鲇 *Silurus asotus*	+				+	+	+	+	+	+			+
37. 怀头鲇 *Silurus soldatovi*													+
三、鲑形目 Salmoniformes													
（五）银鱼科 Salangidae													
38. 大银鱼 *Protosalanx hyalocranius*▲											+		+
（六）狗鱼科 Esocidae													
39. 黑斑狗鱼 *Esox reicherti*	+												
四、鲈形目 Perciformes													
（七）鮨科 Serranidae													
40. 鳜 *Siniperca chuatsi*										+			
（八）塘鳢科 Eleotridae													
41. 葛氏鲈塘鳢 *Perccottus glehni*		+	+	+	+	+	+	+	+	+	+		+
42. 黄黝鱼 *Hypseleotris swinhonis*			+								+		+
（九）鳢科 Channidae													
43. 乌鳢 *Channa argus*	+				+	+	+		+				

注：a. 龙江湖，b. 鸿雁泡，c. 月饼泡，d. 乌尔塔泡，e. 扎龙湖，f. 克钦湖，g. 南山湖，h. 齐家泡，i. 石人沟泡，j. 喇嘛寺泡，k. 大龙虎泡，l. 小龙虎泡，m. 连环湖

2. 种类组成

齐齐哈尔湖泊沼泽群鱼类群落中，鲤形目 34 种、鲈形目 4 种、鲇形目 3 种、鲑形目 2 种，分别占 79.07%、9.30%、6.98%及 4.65%。科级分类单元中，鲤科 31 种、鳅科 3 种，分别占 72.09%及 6.98%；鲇科和塘鳢科均 2 种，各占 4.65%；狗鱼科、银鱼科、鲿科、鮨科和鳢科均 1 种，各占 2.33%。

3. 区系生态类群

齐齐哈尔湖泊沼泽群的土著鱼类群落，由 5 个区系生态类群构成。

1）江河平原区系生态类群：鳊、䱗、贝氏䱗、红鳍原鲌、蒙古鲌、翘嘴鲌、银鲴、花䱻、唇䱻、棒花鱼、蛇鮈、东北鳈、克氏鳈和鳜，占 37.84%。

2）北方平原区系生态类群：黑斑狗鱼、拉氏鲅、湖鲅、平口鮈、凌源鮈、犬首鮈、条纹似白鮈和黑龙江花鳅，占 21.62%。

3）新近纪区系生态类群：鲤、银鲫、大鳍鱊、黑龙江鳑鲏、彩石鳑鲏、麦穗鱼、黑龙江泥鳅、北方泥鳅、鲇和怀头鲇，占 27.03%。

4）北方山地区系生态类群：真鲅，占 2.70%。

5）热带平原区系生态类群：葛氏鲈塘鳢、黄黝鱼、乌鳢和黄颡鱼，占 10.81%。

以上北方区系生态类群 9 种，占 24.32%。

1.1.2.3　分述

1. 龙江湖

（1）物种多样性　采集到鱼类 4 目 6 科 22 属 23 种。其中，移入种 1 目 1 科 5 属 5 种，包括青鱼、草鱼、鲢、鳙和团头鲂；土著鱼类 4 目 6 科 17 属 18 种，其中包括冷水种拉氏鲅、黑斑狗鱼和黑龙江花鳅（占土著鱼类物种数的 16.67%）。

（2）种类组成　鲤形目 19 种、鲇形目 2 种，分别占 82.61%及 8.70%；鲑形目和鲈形目均 1 种，各占 4.35%。科级分类单元中，鲤科 17 种、鳅科 2 种，分别占 73.91%及 8.70%；鳢科、鲿科、鲇科、狗鱼科均 1 种，各占 4.35%。

（3）区系生态类群　由 4 个区系生态类群构成。

1）江河平原区系生态类群：红鳍原鲌、蒙古鲌、䱗、花䱻、唇䱻、蛇𬶋和东北鳈，占 38.89%。

2）北方平原区系生态类群：黑斑狗鱼、拉氏鲅、条纹似白𬶋和黑龙江花鳅，占 22.22%。

3）新近纪区系生态类群：麦穗鱼、鲤、银鲫、黑龙江泥鳅和鲇，占 27.78%。

4）热带平原区系生态类群：乌鳢和黄颡鱼，占 11.11%。

以上北方区系生态类群 4 种，占 22.22%。

2. 鸿雁泡

（1）物种多样性　采集到鱼类 3 目 4 科 6 属 7 种，均为土著种，其中包括冷水种拉氏鲅、真鲅和黑龙江花鳅。

（2）种类组成　鲤形目 5 种，占 71.43%；鲇形目和鲈形目均 1 种，各占 14.29%。科级分类单元中，鲤科 4 种，占 57.14%；鳅科、塘鳢科和鲿科均 1 种，各占 14.29%。

（3）区系生态类群　由 4 个区系生态类群构成。

1）北方平原区系生态类群：拉氏鲅和黑龙江花鳅，占 28.57%。

2）新近纪区系生态类群：黑龙江鳑鲏和银鲫，占 28.57%。

3）北方山地区系生态类群：真鲅，占 14.29%。

4）热带平原区系生态类群：葛氏鲈塘鳢和黄颡鱼，占 28.57%。

以上北方区系生态类群 3 种，占 42.86%。

3. 月饼泡

（1）物种多样性　采集到鱼类 2 目 3 科 15 属 15 种。其中，移入种 1 目 1 科 3 属 3 种，包括团头鲂、鲢和鳙；土著鱼类 2 目 3 科 12 属 12 种，其中包括冷水种拉氏鲅、平口𬶋和黑龙江花鳅，以及中国特有种黄黝鱼。

（2）种类组成 鲤形目 13 种、鲈形目 2 种，分别占 86.67%及 13.33%。科级分类单元中，鲤科 12 种、塘鳢科 2 种、鳅科 1 种，分别占 80%、13.33%及 6.67%。

（3）区系生态类群 由 4 个区系生态类群构成。

1）江河平原区系生态类群：䱗、红鳍原鲌和棒花鱼，占 25%。

2）北方平原区系生态类群：拉氏鲅、平口鮈和黑龙江花鳅，占 25%。

3）新近纪区系生态类群：大鳍鱊、麦穗鱼、鲤和银鲫，占 33.33%。

4）热带平原区系生态类群：葛氏鲈塘鳢和黄黝鱼，占 16.67%。

以上北方区系生态类群 3 种，占 25%。

4. 乌尔塔泡

（1）物种多样性 采集到鱼类 2 目 3 科 10 属 11 种，均为土著种，其中包括冷水种拉氏鲅和黑龙江花鳅。

（2）种类组成 鲤形目 10 种、鲈形目 1 种，分别占 90.91%及 9.09%。科级分类单元中，鲤科 8 种、鳅科 2 种、塘鳢科 1 种，分别占 72.73%、18.18%及 9.09%。

（3）区系生态类群 由 4 个区系生态类群构成。

1）江河平原区系生态类群：棒花鱼、䱗和东北鳈，占 27.27%。

2）北方平原区系生态类群：拉氏鲅、湖鲅和黑龙江花鳅，占 27.27%。

3）新近纪区系生态类群：大鳍鱊、麦穗鱼、银鲫和黑龙江泥鳅，占 36.36%。

4）热带平原区系生态类群：葛氏鲈塘鳢，占 9.09%。

以上北方区系生态类群 3 种，占 27.27%。

5. 扎龙湖

（1）物种多样性 采集到鱼类 3 目 6 科 19 属 20 种。其中，移入种 1 目 1 科 4 属 4 种，包括鲢、鳙、草鱼和团头鲂；土著鱼类 3 目 6 科 15 属 16 种，其中包括中国特有种凌源鮈。

（2）种类组成 鲤形目 16 种，占 80%；鲇形目和鲈形目均 2 种，各占 10%。科级分类单元中，鲤科 15 种，占 75%；鳅科、鲿科、鲇科、塘鳢科和鳢科均 1 种，各占 5%。

（3）区系生态类群 由 4 个区系生态类群构成。

1）江河平原区系生态类群：棒花鱼、蛇鮈、䱗和红鳍原鲌，占 25%。

2）北方平原区系生态类群：湖鲅、凌源鮈和犬首鮈，占 18.75%。

3）新近纪区系生态类群：黑龙江鳑鲏、麦穗鱼、鲤、银鲫、黑龙江泥鳅和鲇，占 37.5%。

4）热带平原区系生态类群：葛氏鲈塘鳢、乌鳢和黄颡鱼，占 18.75%。

以上北方区系生态类群 3 种，占 18.75%。

6. 克钦湖

（1）物种多样性 采集到鱼类 3 目 6 科 19 属 20 种。其中，移入种 1 目 1 科 4 属 4 种，包括鲢、鳙、草鱼和团头鲂；土著种 3 目 6 科 15 属 16 种，其中包括中国特有种凌源鮈。

（2）种类组成　鲤形目 16 种，占 80%；鲇形目和鲈形目均 2 种，各占 10%。科级分类单元中，鲤科 15 种，占 75%；鳅科、鲿科、鲇科、塘鳢科和鳢科均 1 种，各占 5%。

（3）区系生态类群　由 4 个区系生态类群构成。

1）江河平原区系生态类群：𩽾、红鳍原鲌、花䱻和棒花鱼，占 25%。

2）北方平原区系生态类群：凌源鮈和犬首鮈，占 12.5%。

3）新近纪区系生态类群：大鳍鱊、彩石鳑鲏、麦穗鱼、鲤、银鲫、北方泥鳅和鲇，占 43.75%。

4）热带平原区系生态类群：葛氏鲈塘鳢、乌鳢和黄颡鱼，占 18.75%。

以上北方区系生态类群 2 种，占 12.5%。

7. 南山湖

（1）物种多样性　采集到鱼类 3 目 6 科 18 属 20 种。其中，移入种 1 目 1 科 3 属 3 种，包括鲢、鳙和草鱼；土著鱼类 3 目 6 科 15 属 17 种，其中包括冷水种拉氏鲅和平口鮈、中国特有种彩石鳑鲏和凌源鮈。

（2）种类组成　鲤形目 16 种，占 80%；鲇形目和鲈形目均 2 种，各占 10%。科级分类单元中，鲤科 14 种、鳅科 2 种，分别占 70%及 10%；鲿科、鲇科、塘鳢科和鳢科均 1 种，各占 5%。

（3）区系生态类群　由 4 个区系生态类群构成。

1）江河平原区系生态类群：𩽾和棒花鱼，占 11.76%。

2）北方平原区系生态类群：拉氏鲅、平口鮈、凌源鮈和犬首鮈，占 23.53%。

3）新近纪区系生态类群：大鳍鱊、彩石鳑鲏、麦穗鱼、鲤、银鲫、黑龙江泥鳅、北方泥鳅和鲇，占 47.06%。

4）热带平原区系生态类群：葛氏鲈塘鳢、乌鳢和黄颡鱼，占 17.65%。

以上北方区系生态类群 4 种，占 23.53%。

8. 齐家泡

（1）物种多样性　采集到鱼类 3 目 4 科 15 属 17 种。其中，移入种 1 目 1 科 3 属 3 种，包括鲢、鳙和草鱼；土著鱼类 3 目 4 科 12 属 14 种，其中包括冷水种平口鮈、中国特有种凌源鮈。

（2）种类组成　鲤形目 14 种、鲇形目 2 种、鲈形目 1 种，分别占 82.35%、11.76%和 5.88%。科级分类单元中，鲤科 14 种，占 82.35%；鲿科、鲇科、塘鳢科均 1 种，各占 5.88%。

（3）区系生态类群　由 4 个区系生态类群构成。

1）江河平原区系生态类群：𩽾、贝氏𩽾、红鳍原鲌和银鲴，占 28.57%。

2）北方平原区系生态类群：湖鲅、平口鮈、凌源鮈和犬首鮈，占 28.57%。

3）新近纪区系生态类群：麦穗鱼、鲤、银鲫和鲇，占 28.57%。

4）热带平原区系生态类群：葛氏鲈塘鳢和黄颡鱼，占 14.29%。

以上北方区系生态类群 4 种，占 28.57%。

9. 石人沟泡

（1）物种多样性 采集到鱼类 3 目 5 科 15 属 15 种。其中，移入种 1 目 1 科 5 属 5 种，包括鲢、鳙、青鱼、草鱼和团头鲂；土著鱼类 3 目 5 科 10 属 10 种。

（2）种类组成 鲤形目 11 种，占 73.33%；鲇形目和鲈形目均 2 种，各占 13.33%。科级分类单元中，鲤科 11 种，占 73.33%；鲿科、鲇科、塘鳢科和鳢科均 1 种，各占 6.67%。

（3）区系生态类群 由 3 个区系生态类群构成。

1）江河平原区系生态类群：鳊、䱗和翘嘴鲌，占 30%。

2）新近纪区系生态类群：麦穗鱼、鲤、银鲫和鲇，占 40%。

3）热带平原区系生态类群：葛氏鲈塘鳢、乌鳢和黄颡鱼，占 30%。

10. 喇嘛寺泡

（1）物种多样性 采集到鱼类 3 目 5 科 17 属 19 种。其中，移入种 1 目 1 科 4 属 4 种，包括鲢、鳙、草鱼和团头鲂；土著鱼类 3 目 5 科 13 属 15 种，其中包括冷水种拉氏鲅、中国特有种彩石鳑鲏和凌源鮈。

（2）种类组成 鲤形目 15 种，占 78.95%；鲇形目和鲈形目均 2 种，各占 10.53%。科级分类单元中，鲤科 15 种，占 78.95%；鲿科、鲇科、塘鳢科和鮨科均 1 种，各占 5.26%。

（3）区系生态类群 由 4 个区系生态类群构成。

1）江河平原区系生态类群：䱗、翘嘴鲌和鳜，占 20%。

2）北方平原区系生态类群：拉氏鲅、湖鲅、凌源鮈和犬首鮈，占 26.67%。

3）新近纪区系生态类群：大鳍鱊、彩石鳑鲏、麦穗鱼、鲤、银鲫和鲇，占 40%。

4）热带平原区系生态类群：葛氏鲈塘鳢和黄颡鱼，占 13.33%。

以上北方区系生态类群 4 种，占 26.67%。

11. 大龙虎泡

（1）物种多样性 采集到鱼类 3 目 3 科 17 属 18 种。其中，移入种 2 目 2 科 5 属 5 种，包括大银鱼、鲢、鳙、草鱼和团头鲂；土著鱼类 2 目 2 科 12 属 13 种，其中包括中国特有种彩石鳑鲏、凌源鮈和黄黝鱼。

（2）种类组成 鲤形目 15 种、鲈形目 2 种、鲑形目 1 种，分别占 83.33%、11.11%及 5.56%。科级分类单元中，鲤科 15 种、塘鳢科 2 种、银鱼科 1 种，分别占 83.33%、11.11%及 5.56%。

（3）区系生态类群 由 4 个区系生态类群构成。

1）江河平原区系生态类群：䱗、红鳍原鲌、棒花鱼和东北鳈，占 30.77%。

2）北方平原区系生态类群：凌源鮈和犬首鮈，占 15.38%。

3）新近纪区系生态类群：大鳍鱊、彩石鳑鲏、麦穗鱼、鲤和银鲫，占 38.46%。

4）热带平原区系生态类群：葛氏鲈塘鳢和黄黝鱼，占 15.38%。

以上北方区系生态类群 2 种，占 15.38%。

12. 小龙虎泡

（1）物种多样性　采集到鱼类 1 目 1 科 8 属 8 种。其中，移入种 1 目 1 科 3 属 3 种，包括鲢、鳙和草鱼；土著鱼类 1 目 1 科 5 属 5 种。

（2）种类组成　8 种鱼类均隶属鲤形目鲤科。

（3）区系生态类群　由 2 个区系生态类群构成。

1）江河平原区系生态类群：䱗和红鳍原鲌，占 40%。

2）新近纪区系生态类群：鲤、银鲫和麦穗鱼，占 60%。

13. 连环湖

（1）物种多样性　采集到鱼类 4 目 6 科 23 属 27 种。其中，移入种 2 目 2 科 5 属 5 种，包括大银鱼、鲢、鳙、草鱼和团头鲂；土著鱼类 3 目 5 科 18 属 22 种，其中包括冷水种真鱥和平口鮈，中国特有种彩石鳑鲏、凌源鮈和黄黝鱼，中国易危种怀头鲇。

（2）种类组成　鲤形目 21 种、鲇形目 3 种、鲈形目 2 种、鲑形目 1 种，分别占 77.78%、11.11%、7.41%及 3.70%。科级分类单元中，鲤科 20 种，占 74.07%；塘鳢科、鲇科均 2 种，各占 7.41%；银鱼科、鳅科和鲿科均 1 种，各占 3.70%。

（3）区系生态类群　由 5 个区系生态类群构成。

1）江河平原区系生态类群：䱗、红鳍原鲌、蒙古鲌、棒花鱼、蛇鮈、东北鳈和克氏鳈，占 31.82%。

2）北方平原区系生态类群：平口鮈、凌源鮈和犬首鮈，占 13.64%。

3）新近纪区系生态类群：大鳍鱊、彩石鳑鲏、麦穗鱼、鲤、银鲫、鲇、怀头鲇和黑龙江泥鳅，占 36.36%。

4）北方山地区系生态类群：真鱥，占 4.55%。

5）热带平原区系生态类群：葛氏鲈塘鳢、黄黝鱼和黄颡鱼，占 13.64%。

以上北方区系生态类群 4 种，占 18.18%。

1.1.2.4　渔获物组成

（1）月饼泡　放养型渔业湿地，土著鱼类来自嫩江。银鲫、䱗、麦穗鱼为群落优势种。渔获物中，放养的经济鱼类鲢、鳙、团头鲂约占 15.96%；土著经济鱼类鲤、银鲫、䱗、红鳍原鲌约占 65.80%；小型非经济鱼类麦穗鱼、大鳍鱊、葛氏鲈塘鳢、拉氏鱥、黑龙江花鳅、平口鮈、棒花鱼、黄黝鱼约占 18.21%（表 1-20）。

（2）鸿雁泡　非渔业湿地，土著鱼类来自嫩江。银鲫、葛氏鲈塘鳢为群落优势种。渔获物中，土著经济鱼类银鲫、黄颡鱼约占 50.80%；小型非经济鱼类葛氏鲈塘鳢、黑龙江花鳅、黑龙江鳑鲏、真鱥、拉氏鱥约占 49.20%（表 1-21）。

表 1-20 月饼泡渔获物组成（2010-09-27～30）

种类	重量/kg	数量/尾	平均体重/g	重量比例/%	数量比例/%	种类	重量/kg	数量/尾	平均体重/g	重量比例/%	数量比例/%
䱗	17.2	1536	11.2	16.33	28.88	葛氏鲈塘鳢	3.7	237	15.6	3.51	4.46
银鲫	23.4	860	27.2	22.22	16.48	团头鲂	5.4	44	122.7	5.13	0.83
鲤	8.9	48	185.4	8.45	0.90	拉氏鲅	1.3	191	6.8	1.23	3.59
红鳍原鲌	19.8	500	39.6	18.80	9.40	黑龙江花鳅	2.1	286	7.3	1.99	5.38
麦穗鱼	7.9	1076	7.3	7.50	20.23	平口鮈	0.1	8	12.5	0.09	0.15
鲢	3.6	9	400.0	3.42	0.17	棒花鱼	0.6	26	23.1	0.57	0.49
鳙	7.8	19	410.5	7.41	0.36	黄黝鱼	2.9	426	6.8	2.75	8.01
大鳍鱊	0.6	52	11.5	0.57	0.98	合计	105.3	5318			

表 1-21 鸿雁泡渔获物组成（2010-09-20～22，2010-10-10～13）

种类	重量/kg	数量/尾	平均体重/g	重量比例/%	数量比例/%	种类	重量/kg	数量/尾	平均体重/g	重量比例/%	数量比例/%
银鲫	12.6	314	40.1	40.51	18.46	真鲅	1.2	187	6.4	3.86	10.99
葛氏鲈塘鳢	9.4	439	21.4	30.23	25.81	拉氏鲅	1.7	298	5.7	5.47	17.52
黑龙江花鳅	2.1	269	7.8	6.75	15.81	黄颡鱼	3.2	62	51.6	10.29	3.64
黑龙江鳑鲏	0.9	132	6.8	2.89	7.76	合计	31.1	1701			

（3）龙江湖 放养型渔业湿地，土著鱼类来自绰尔河（嫩江支流）。银鲫、䱗、麦穗鱼为群落优势种。渔获物中，放养的经济鱼类鲢、鳙、草鱼、青鱼、团头鲂约占 81.19%；土著经济鱼类银鲫、䱗、红鳍原鲌、鲤、鲇、黄颡鱼、乌鳢、蛇鮈、黑斑狗鱼、花䱻、唇䱻、蒙古鲌约占 18.33%；小型非经济鱼类黑龙江泥鳅、黑龙江花鳅、拉氏鲅、麦穗鱼、东北鳈、条纹似白鮈约占 0.47%（表 1-22）。

（4）扎龙湖 放养型渔业湿地，土著鱼类来自乌裕尔河和乌双河（均为嫩江支流）。渔获物中，土著经济鱼类鲤、银鲫、鲇、黄颡鱼、䱗、乌鳢、红鳍原鲌、蛇鮈约占 57.62%；放养的经济鱼类鲢、鳙、草鱼、团头鲂约占 26.40%；小型非经济鱼类麦穗鱼、湖鲅、犬首鮈、凌源鮈、棒花鱼、葛氏鲈塘鳢、黑龙江花鳅、黑龙江鳑鲏约占 15.96%（表 1-23）。

表 1-22 龙江湖渔获物组成（2010-09-25～28，2011-01-09～15）

种类	重量/kg	数量/尾	平均体重/g	重量比例/%	数量比例/%	种类	重量/kg	数量/尾	平均体重/g	重量比例/%	数量比例/%
银鲫	35.0	375	93.3	4.63	17.84	鲢	239.0	276	865.9	31.64	13.13
䱗	3.7	199	18.6	0.49	9.47	鳙	309.0	313	987.2	40.91	14.89
蒙古鲌	2.4	62	38.7	0.32	2.95	草鱼	50.5	43	1174.4	6.69	2.05

续表

种类	重量/kg	数量/尾	平均体重/g	重量比例/%	数量比例/%	种类	重量/kg	数量/尾	平均体重/g	重量比例/%	数量比例/%
青鱼	7.7	7	1000.0	1.02	0.33	乌鳢	5.7	4	1425.0	0.75	0.19
团头鲂	7.0	19	368.4	0.93	0.90	麦穗鱼	1.9	292	6.5	0.25	13.87
黑龙江泥鳅	0.1	17	5.9	0.01	0.81	蛇鮈	0.3	9	33.3	0.04	0.43
黑龙江花鳅	0.3	29	10.3	0.04	1.38	东北鳈	0.1	11	9.1	0.01	0.52
红鳍原鲌	4.0	57	70.2	0.53	2.71	黑斑狗鱼	3.4	3	1133.3	0.45	0.14
鲤	64.7	163	396.9	8.56	7.75	条纹似白鮈	0.3	13	23.1	0.04	0.62
鲇	9.4	32	293.8	1.24	1.52	花䱻	1.6	5	320.0	0.21	0.24
黄颡鱼	1.9	21	90.5	0.25	1.00	唇䱻	6.5	3	2166.7	0.86	0.14
拉氏鲅	0.9	149	6.0	0.12	7.08	合计	755.4	2102			

表 1-23　扎龙湖渔获物组成（2009-08-29～31）

种类	重量/kg	数量/尾	平均体重/g	重量比例/%	数量比例/%	种类	重量/kg	数量/尾	平均体重/g	重量比例/%	数量比例/%
鲤	23.6	70	337.1	5.53	0.94	红鳍原鲌	43.6	1483	29.4	10.22	19.86
银鲫	137.2	1464	93.7	32.17	19.60	湖鲅	1.3	102	12.7	0.30	1.37
鲢	49.3	168	293.5	11.56	2.25	犬首鮈	8.2	371	22.1	1.92	4.97
鳙	17.4	41	424.4	4.08	0.55	凌源鮈	11.7	557	21.0	2.74	7.46
草鱼	42.1	55	765.5	9.87	0.74	棒花鱼	1.7	61	27.9	0.40	0.82
团头鲂	3.8	33	115.2	0.89	0.44	葛氏鲈塘鳢	17.4	469	37.1	4.08	6.28
鲇	4.7	31	151.6	1.10	0.42	蛇鮈	2.1	48	43.8	0.49	0.64
黄颡鱼	7.2	116	62.1	1.69	1.55	黑龙江花鳅	8.4	718	11.7	1.97	9.61
䱗	15.8	485	32.6	3.70	6.49	黑龙江鳑鲏	2.2	175	12.6	0.52	2.34
乌鳢	11.6	22	527.3	2.72	0.29						
麦穗鱼	17.2	1000	17.2	4.03	13.39	合计	426.5	7469			

（5）乌尔塔泡　非渔业湿地，土著鱼类来自嫩江。渔获物中，土著经济鱼类银鲫、䱗约占 72.54%；小型非经济鱼类葛氏鲈塘鳢、大鳍鱊、黑龙江泥鳅、黑龙江花鳅、麦穗鱼、东北鳈、湖鲅、拉氏鲅、棒花鱼约占 27.46%（表 1-24）。

（6）克钦湖　放养型渔业湿地，土著鱼类来自嫩江。䱗、麦穗鱼和银鲫为群落优势种。渔获物中，放养鱼类鲢、鳙、草鱼、团头鲂约占 64.24%；土著鱼类鲤、银鲫、黄颡鱼、䱗、花䱻、鲇、乌鳢约占 33.94%；小型非经济鱼类麦穗鱼、棒花鱼约占 1.82%（表 1-25）。

表 1-24　乌尔塔泡渔获物组成

种类	重量/kg	数量/尾	平均体重/g	重量比例/%	数量比例/%	种类	重量/kg	数量/尾	平均体重/g	重量比例/%	数量比例/%
银鲫	9.6	132	72.7	67.61	20.31	麦穗鱼	0.7	147	4.8	4.93	22.62
䱗	0.7	42	16.7	4.93	6.46	东北鳈	0.1	17	5.9	0.70	2.62
葛氏鲈塘鳢	1.4	86	16.3	9.86	13.23	湖鲹	0.1	13	7.7	0.70	2.00
大鳍鱊	0.4	27	14.8	2.82	4.15	拉氏鲹	0.3	49	6.1	2.11	7.54
黑龙江泥鳅	0.6	107	5.6	4.23	16.46	棒花鱼	0.1	7	14.3	0.70	1.08
黑龙江花鳅	0.2	23	8.7	1.41	3.54	合计	14.2	650			

表 1-25　克钦湖渔获物组成（2009-08-26）

种类	重量/kg	数量/尾	平均体重/g	重量比例/%	数量比例/%	种类	重量/kg	数量/尾	平均体重/g	重量比例/%	数量比例/%
鲤	17.1	43	397.7	13.53	7.69	花鲋	0.9	9	100.0	0.71	1.61
银鲫	9.5	92	103.3	7.52	16.46	麦穗鱼	1.9	95	20.0	1.50	16.99
鲢	33.3	57	584.2	26.34	10.20	鲇	1.7	7	242.9	1.34	1.25
鳙	26.2	31	845.2	20.73	5.55	乌鳢	3.8	3	1266.7	3.01	0.54
草鱼	19.4	13	1492.3	15.35	2.33	棒花鱼	0.4	13	30.8	0.32	2.33
黄颡鱼	1.7	19	89.5	1.34	3.40	团头鲂	2.3	4	575.0	1.82	0.72
䱗	8.2	173	47.4	6.49	30.95	合计	126.4	559			

（7）南山湖　放养型渔业湿地，土著鱼类来自嫩江。鲤、银鲫和葛氏鲈塘鳢为群落优势种。在 2008 年 7 月 8 日的渔获物中，土著经济鱼类鲤、银鲫约占 86.70%；小型非经济鱼类大鳍鱊、彩石鳑鲏、葛氏鲈塘鳢、麦穗鱼、北方泥鳅、棒花鱼、黑龙江泥鳅、拉氏鲹约占 13.30%。在 2008 年 11 月 8 日的渔获物中，土著经济鱼类鲤、银鲫、䱗约占 86.22%；小型非经济鱼类彩石鳑鲏、棒花鱼、葛氏鲈塘鳢、麦穗鱼、平口鮈约占 13.77%（表 1-26）。南山湖为盐碱湿地，部分银鲫、鲤患有九江头槽绦虫病。

表 1-26　南山湖渔获物组成

种类	夏季（2008-07-08）					秋季（2008-11-08）				
	重量/kg	数量/尾	平均体重/g	重量比例/%	数量比例/%	重量/kg	数量/尾	平均体重/g	重量比例/%	数量比例/%
鲤	28.1	162	173.5	64.45	16.95	10.8	76	142.1	55.10	14.81
银鲫	9.7	369	26.3	22.25	38.60	5.9	202	29.2	30.10	39.38
大鳍鱊	0.6	42	14.3	1.38	4.39					
彩石鳑鲏	0.9	83	10.8	2.06	8.68	0.2	26	7.7	1.02	5.07
棒花鱼	0.4	23	17.4	0.92	2.41	0.2	17	11.8	1.02	3.31
麦穗鱼	0.9	92	9.8	2.06	9.62	0.5	69	7.2	2.55	13.45

续表

种类	夏季（2008-07-08）					秋季（2008-11-08）				
	重量/kg	数量/尾	平均体重/g	重量比例/%	数量比例/%	重量/kg	数量/尾	平均体重/g	重量比例/%	数量比例/%
北方泥鳅	0.8	41	19.5	1.83	4.29					
黑龙江泥鳅	0.1	13	7.7	0.23	1.36					
葛氏鲈塘鳢	1.6	77	20.8	3.67	8.05	1.6	92	17.4	8.16	17.93
餐						0.2	17	11.8	1.02	3.31
拉氏鲹	0.5	54	9.3	1.15	5.65					
平口鮈						0.2	14	14.3	1.02	2.73
合计	43.6	956				19.6	513			

（8）齐家泡　放养型渔业湿地，土著鱼类来自嫩江。红鳍原鲌和银鲫为群落优势种。渔获物中，放养的经济鱼类鲢、鳙、草鱼约占67.84%；土著经济鱼类鲤、银鲫、红鳍原鲌、餐、黄颡鱼、鲇约占32.15%；小型非经济鱼类平口鮈约占0.01%（表1-27）。

表1-27　齐家泡渔获物组成（2008-12-26）

种类	重量/kg	数量/尾	平均体重/g	重量比例/%	数量比例/%	种类	重量/kg	数量/尾	平均体重/g	重量比例/%	数量比例/%
鲤	28.8	33	872.7	9.06	5.91	餐	0.6	29	20.7	0.19	5.20
银鲫	9.2	126	73.0	2.89	22.58	黄颡鱼	2.2	24	91.7	0.69	4.30
鲢	16.1	12	1341.7	5.07	2.15	鲇	30.3	51	594.1	9.53	9.14
鳙	169.9	39	4356.4	53.46	6.99	平口鮈	0.02	1	20.0	0.01	0.18
红鳍原鲌	31.1	237	131.2	9.79	42.47						
草鱼	29.6	6	4933.3	9.31	1.08	合计	426.5	7469			

（9）喇嘛寺泡　放养型渔业湿地，土著鱼类来自嫩江。麦穗鱼和葛氏鲈塘鳢为群落优势种。在2008年10月21日的渔获物中，土著经济鱼类黄颡鱼、鲤、银鲫、鲇、餐约占30.77%；放养的经济鱼类鲢、鳙、草鱼、团头鲂约占34.44%；小型非经济鱼类葛氏鲈塘鳢、拉氏鲹、大鳍鱊、彩石鳑鲏、麦穗鱼、平口鮈、东北鳈约占34.77%。在2008年12月27日的渔获物中，土著经济鱼类鲤约占6.25%；放养的经济鱼类鲢、鳙、草鱼约占93.76%（表1-28）。

表1-28　喇嘛寺泡渔获物组成

种类	2008-10-21					2008-12-27				
	重量/kg	数量/尾	平均体重/g	重量比例/%	数量比例/%	重量/kg	数量/尾	平均体重/g	重量比例/%	数量比例/%
鲢	5.8	13	446.2	9.29	0.72	1.7	42	40.5	0.78	32.56
鳙	9.4	18	522.2	15.06	1.00	156.1	57	2738.6	71.18	44.19

续表

种类	2008-10-21					2008-12-27				
	重量/kg	数量/尾	平均体重/g	重量比例/%	数量比例/%	重量/kg	数量/尾	平均体重/g	重量比例/%	数量比例/%
草鱼	4.5	6	750.0	7.21	0.33	47.8	12	3983.3	21.80	9.30
黄颡鱼	0.7	17	41.2	1.12	0.95					
鲤	7.1	27	263.0	11.38	1.51	13.7	18	761.1	6.25	13.95
银鲫	3.3	89	37.1	5.29	4.96					
团头鲂	1.8	12	150.0	2.88	0.67					
鲇	3.1	23	134.8	4.97	1.28					
鳘	5.0	192	26.0	8.01	10.70					
葛氏鲈塘鳢	5.9	262	22.5	9.46	14.60					
拉氏鲅	0.9	137	6.6	1.44	7.64					
大鳍鱊	1.0	87	11.5	1.60	4.85					
彩石鳑鲏	0.2	17	11.8	0.32	0.95					
麦穗鱼	11.1	763	14.5	17.79	42.53					
平口鮈	0.8	24	33.3	1.28	1.34					
东北鳈	1.8	107	16.8	2.88	5.96					
合计	62.4	1794				219.3	129			

（10）石人沟泡　放养型渔业湿地，土著鱼类来自嫩江。渔获物中，土著经济鱼类鲤、银鲫、翘嘴鲌、鲇、黄颡鱼、乌鳢、鳊、鳘约占 29.41%；放养的经济鱼类鲢、鳙、草鱼、青鱼、团头鲂约占 70.59%（表 1-29）。

表 1-29　石人沟泡渔获物组成（2009-12-28～29）

种类	重量/kg	数量/尾	平均体重/g	重量比例/%	数量比例/%	种类	重量/kg	数量/尾	平均体重/g	重量比例/%	数量比例/%
鲤	30.9	21	1471.4	11.43	10.99	鲇	11.2	9	1244.4	4.14	4.71
银鲫	6.4	49	130.6	2.37	25.65	黄颡鱼	0.7	4	175.0	0.26	2.09
鲢	18.2	12	1516.7	6.73	6.28	乌鳢	18.5	10	1850.0	6.84	5.24
鳙	83.8	27	3103.7	31.00	14.14	团头鲂	33.1	34	973.5	12.25	17.80
草鱼	49.3	13	3792.3	18.24	6.81	鳊	2.0	2	1000.0	0.74	1.05
青鱼	6.4	3	2133.3	2.37	1.57	鳘	7.0	5	1400.0	2.59	2.62
翘嘴鲌	2.8	2	1400.0	1.04	1.05	合计	270.3	191			

（11）小龙虎泡　放养型渔业湿地，土著鱼类来自嫩江。红鳍原鲌、鳘为群落优势种。渔获物中，土著经济鱼类鲤、银鲫、鳘、红鳍原鲌约占 44.39%；放养的经济鱼类鲢、鳙、草鱼约占 55.07%；小型非经济鱼类麦穗鱼约占 0.53%（表 1-30）。

表 1-30　小龙虎泡渔获物组成（2009-12-22）

种类	重量/kg	数量/尾	平均体重/g	重量比例/%	数量比例/%	种类	重量/kg	数量/尾	平均体重/g	重量比例/%	数量比例/%
鲤	11.3	53	213.2	12.06	5.14	红鳍原鲌	16.7	473	35.3	17.82	45.83
银鲫	5.5	127	43.3	5.87	12.31	麦穗鱼	0.5	29	17.2	0.53	2.81
䱗	8.1	292	27.7	8.64	28.29	草鱼	10.4	7	1485.7	11.10	0.68
鲢	27.7	37	748.6	29.56	3.59						
鳙	13.5	14	964.3	14.41	1.36	合计	93.7	1032			

（12）大龙虎泡　放养型渔业湿地，土著鱼类来自嫩江。黄黝鱼、䱗和麦穗鱼为群落优势种。在 2008 年 10 月 28 日的渔获物中，放养的经济鱼类鲢、鳙、草鱼、团头鲂约占 21.71%；土著经济鱼类鲤、银鲫、红鳍原鲌、䱗约占 35.04%；小型非经济鱼类黄黝鱼、麦穗鱼、葛氏鲈塘鳢、东北鳈、大鳍鱊、棒花鱼、彩石鳑鲏约占 43.27%。在 2009 年 9 月 21～22 日的渔获物中，驯化移殖种类大银鱼约占 40.20%；土著经济鱼类鲤、银鲫、䱗约占 50.89%；小型非经济鱼类黄黝鱼约占 8.90%（表 1-31）。大龙虎泡为盐碱湿地，银鲫大都患有红线虫病和九江头槽绦虫病。

表 1-31　大龙虎泡渔获物组成

种类	2008-10-28					2009-09-21～22				
	重量/kg	数量/尾	平均体重/g	重量比例/%	数量比例/%	重量/kg	数量/尾	平均体重/g	重量比例/%	数量比例/%
鲢	6.1	13	469.2	9.13	0.60					
鳙	6.6	12	550.0	9.88	0.55					
草鱼	1.0	2	500.0	1.50	0.09					
黄黝鱼	2.0	83	24.1	2.99	3.84	19.8	925	21.4	8.90	32.94
鲤	10.0	43	232.6	14.97	1.99	8.7	18	483.3	3.91	0.64
银鲫	4.5	137	32.8	6.74	6.33	47.2	329	143.5	21.22	11.72
团头鲂	0.8	7	114.3	1.20	0.32					
红鳍原鲌	4.8	71	67.6	7.19	3.28					
䱗	4.1	149	27.5	6.14	6.89	57.3	581	98.6	25.76	20.69
葛氏鲈塘鳢	4.2	242	17.4	6.29	11.18					
棒花鱼	0.9	31	29.0	1.35	1.43					
大鳍鱊	2.5	132	18.9	3.74	6.10					
大银鱼						89.4	955	93.6	40.20	34.01
彩石鳑鲏	1.2	83	14.5	1.80	3.84					
麦穗鱼	14.0	797	17.6	20.96	36.83					
东北鳈	4.1	362	11.3	6.14	16.73					
合计	66.8	2164				222.4	2808			

（13）连环湖 连环湖由 18 个大小不同的湖泊沼泽组成，均为放养型渔业湿地，土著鱼类均来自嫩江和乌裕尔河。以下为其中 6 个主要湖泊沼泽的渔获物组成情况。

1）西葫芦泡：采集到鱼类 3 目 3 科 13 属 13 种。红鳍原鲌和䱗为群落优势种。渔获物中，土著经济鱼类鲤、银鲫、红鳍原鲌、蒙古鲌、䱗、怀头鲇约占 45.29%；放养的经济鱼类鲢、鳙约占 42.48%；小型非经济鱼类黄黝鱼、葛氏鲈塘鳢、麦穗鱼、棒花鱼、平口鮈约占 12.21%（表 1-32）。

表 1-32 西葫芦泡渔获物组成（2008-07-10）

种类	重量/kg	数量/尾	平均体重/g	重量比例/%	数量比例/%	种类	重量/kg	数量/尾	平均体重/g	重量比例/%	数量比例/%
鲤	31.3	107	292.5	14.44	2.61	黄黝鱼	10.5	563	18.7	4.84	13.75
银鲫	5.7	207	27.5	2.63	5.05	葛氏鲈塘鳢	7.1	309	23.0	3.27	7.54
鲢	64.8	113	573.5	29.89	2.76	麦穗鱼	5.6	604	9.3	2.58	14.75
鳙	27.3	37	737.8	12.59	0.90	棒花鱼	1.1	83	13.3	0.51	2.03
红鳍原鲌	34.2	721	47.4	15.77	17.60	平口鮈	2.2	147	15.0	1.01	3.59
蒙古鲌	1.2	11	109.1	0.55	0.27	怀头鲇	0.1	2	50.0	0.05	0.05
䱗	25.7	1192	21.6	11.85	29.10	合计	216.8	4096			

2）阿木塔泡：采集到鱼类 4 目 5 科 17 属 18 种。在 2008 年 11 月 6 日的渔获物中，放养的经济鱼类鲢、鳙、草鱼、团头鲂和驯化移殖种类大银鱼约占 42.41%；土著经济鱼类鲤、银鲫、鲇、黄颡鱼、红鳍原鲌、䱗约占 42.50%；小型非经济鱼类黄黝鱼、麦穗鱼、大鳍鱊、彩石鳑鲏、黑龙江泥鳅约占 15.10%。在 2009 年 9 月 29～30 日的渔获物中，放养的经济鱼类鲢、鳙和驯化移殖种类大银鱼约占 32.55%；土著经济鱼类银鲫、红鳍原鲌、䱗约占 20.28%；小型非经济鱼类黄黝鱼、麦穗鱼、平口鮈约占 47.16%（表 1-33）。

表 1-33 阿木塔泡渔获物组成

种类	2008-11-06					2009-09-29～30				
	重量/kg	数量/尾	平均体重/g	重量比例/%	数量比例/%	重量/kg	数量/尾	平均体重/g	重量比例/%	数量比例/%
鲤	10.8	47	229.8	11.17	2.74					
银鲫	4.7	194	24.2	4.86	11.33	13.4	210	63.8	10.41	4.08
鲢	14.0	29	482.8	14.48	1.69	21.2	64	331.3	16.47	1.24
鳙	21.0	41	512.2	21.72	2.39	13.5	48	281.3	10.49	0.93
草鱼	3.2	7	457.1	3.31	0.41					
鲇	3.5	19	184.2	3.62	1.11					
黄颡鱼	0.6	13	46.2	0.62	0.76					
红鳍原鲌	8.8	241	36.5	9.10	14.07	7.1	181	39.2	5.52	3.52
团头鲂	1.4	13	107.7	1.45	0.76					
䱗	12.7	459	27.7	13.13	26.80	5.6	246	22.8	4.35	4.78

续表

种类	2008-11-06					2009-09-29～30				
	重量/kg	数量/尾	平均体重/g	重量比例/%	数量比例/%	重量/kg	数量/尾	平均体重/g	重量比例/%	数量比例/%
黄黝鱼	3.9	213	18.3	4.03	12.43	29.8	2310	12.9	23.15	44.93
大银鱼	1.4	109	12.8	1.45	6.36	7.2	102	70.6	5.59	1.98
麦穗鱼	2.3	212	10.8	2.38	12.38	17.7	1292	13.7	13.75	25.13
大鳍鱊	1.7	61	27.9	1.76	3.56					
彩石鳑鲏	6.5	33	197.0	6.72	1.93					
平口鮈						13.2	688	19.2	10.26	13.38
黑龙江泥鳅	0.2	22	9.1	0.21	1.28					
合计	96.7	1713				128.7	5141			

3）二八股泡：采集到鱼类 2 目 2 科 9 属 9 种。银鲫为群落优势种。渔获物中，放养的经济鱼类鲢、鳙、草鱼及驯化移殖的大银鱼约占 85.52%；土著经济鱼类鲤、银鲫、鳘约占 14.40%；小型非经济鱼类平口鮈、大鳍鱊约占 0.09%（表 1-34）。

表 1-34　二八股泡渔获物组成（2008-12-28）

种类	重量/kg	数量/尾	平均体重/g	重量比例/%	数量比例/%	种类	重量/kg	数量/尾	平均体重/g	重量比例/%	数量比例/%
鲢	43.5	57	763.2	30.20	16.91	鳘	0.14	1	140.0	0.10	0.30
鳙	63.8	92	693.5	44.29	27.30	平口鮈	0.08	1	80.0	0.06	0.30
鲤	17.1	41	417.1	11.87	12.17	大银鱼	0.08	1	80.0	0.06	0.30
银鲫	3.5	129	27.1	2.43	38.28	大鳍鱊	0.05	2	25.0	0.03	0.59
草鱼	15.8	13	1215.4	10.97	3.86	合计	144.05	337			

4）牙门喜泡：采集到鱼类 3 目 4 科 11 属 11 种。渔获物中，放养的经济鱼类鲢、鳙、草鱼及驯化移殖种类大银鱼约占 44.72%；土著经济鱼类鳘、银鲫、红鳍原鲌、鲤约占 40.94%；小型非经济鱼类黑龙江泥鳅、麦穗鱼、黄黝鱼约占 14.35%（表 1-35）。

5）他拉红泡：采集到鱼类 2 目 2 科 7 属 7 种。银鲫和真鱥为群落优势种。渔获物中，土著经济鱼类银鲫、鳘约占 51.21%；放养鱼类鲢、鳙约占 34.65%；小型非经济鱼类真鱥、葛氏鲈塘鳢、黄黝鱼约占 14.13%（表 1-36）。

表 1-35　牙门喜泡渔获物组成（2009-09-26～28）

种类	重量/kg	数量/尾	平均体重/g	重量比例/%	数量比例/%	种类	重量/kg	数量/尾	平均体重/g	重量比例/%	数量比例/%
鳘	9.2	1278	7.2	13.90	31.30	麦穗鱼	1.2	343	3.5	1.81	8.40
大银鱼	7.3	541	13.5	11.03	13.25	黄黝鱼	7.5	1042	7.2	11.33	25.52
黑龙江泥鳅	0.8	79	10.1	1.21	1.93	银鲫	12.3	436	28.2	18.58	10.68

续表

种类	重量/kg	数量/尾	平均体重/g	重量比例/%	数量比例/%	种类	重量/kg	数量/尾	平均体重/g	重量比例/%	数量比例/%
红鳍原鲌	2.9	165	17.6	4.38	4.04	草鱼	4.6	36	127.8	6.95	0.88
鲢	7.2	77	93.5	10.88	1.89	鲤	2.7	13	207.7	4.08	0.32
鳙	10.5	73	143.8	15.86	1.79	合计	66.2	4083			

表 1-36 他拉红泡渔获物组成（2009-09-23～25）

种类	重量/kg	数量/尾	平均体重/g	重量比例/%	数量比例/%	种类	重量/kg	数量/尾	平均体重/g	重量比例/%	数量比例/%
银鲫	163.2	2757	59.2	35.52	33.13	真鲹	17.6	2347	7.5	3.83	28.20
鲢	93.6	251	372.9	20.37	3.02	葛氏鲈塘鳢	19.6	1126	17.4	4.27	13.53
鳙	65.6	139	471.9	14.28	1.67	黄黝鱼	27.7	1174	23.6	6.03	14.11
鳌	72.1	529	136.3	15.69	6.36	合计	459.4	8323			

6）霍烧黑泡：采集到鱼类 4 目 5 科 17 属 17 种。在 2008 年 11 月 8 日的渔获物中，土著经济鱼类鲤、银鲫、红鳍原鲌、鳌、鲇约占 70.12%；放养的经济鱼类鲢、鳙及驯化移殖种类大银鱼约占 23.04%；小型非经济鱼类黄黝鱼、葛氏鲈塘鳢、麦穗鱼、棒花鱼、平口鉤约占 6.85%。2008 年 7 月 10 日的渔获物中，土著经济鱼类鲤、银鲫、红鳍原鲌、鳌、黄颡鱼、蒙古鲌约占 45.62%；放养的经济鱼类鲢、鳙约占 35.31%；小型非经济鱼类黄黝鱼、葛氏鲈塘鳢、麦穗鱼、棒花鱼、平口鉤约占 19.08%（表 1-37）。2009 年 9 月 19～20 日的渔获物中，放养的经济鱼类鲢、鳙、草鱼及驯化移殖种类大银鱼约占 71.19%；土著经济鱼类银鲫、红鳍原鲌约占 14.08%；小型非经济鱼类葛氏鲈塘鳢、麦穗鱼、黄黝鱼、棒花鱼、东北鳈约占 14.74%（表 1-38）。

表 1-37 霍烧黑泡渔获物组成

种类	大榆树（2008-11-08）					温德沟（2008-07-10）				
	重量/kg	数量/尾	平均体重/g	重量比例/%	数量比例/%	重量/kg	数量/尾	平均体重/g	重量比例/%	数量比例/%
鲤	11.9	49	242.9	19.87	3.51	7.8	33	236.4	17.11	3.87
银鲫	3.2	123	26.0	5.34	8.80	2.3	97	23.7	5.04	11.38
鲢	6.9	17	405.9	11.52	1.22	9.0	23	391.3	19.74	2.70
鳙	4.9	8	612.5	8.18	0.57	7.1	10	710.0	15.57	1.17
黄黝鱼	1.6	96	16.7	2.67	6.87	1.9	107	17.8	4.17	12.56
葛氏鲈塘鳢	0.7	23	30.4	1.17	1.65	0.8	31	25.8	1.75	3.64
红鳍原鲌	17.3	462	37.4	28.88	33.05	8.9	239	37.2	19.52	28.05
麦穗鱼	0.8	73	11.0	1.34	5.22	0.4	43	9.3	0.88	5.05
棒花鱼	0.6	41	14.6	1.00	2.93	0.5	22	22.7	1.10	2.58
鳌	7.5	317	23.7	12.52	22.68	0.6	36	16.7	1.32	4.23

续表

种类	大榆树（2008-11-08）					温德沟（2008-07-10）				
	重量/kg	数量/尾	平均体重/g	重量比例/%	数量比例/%	重量/kg	数量/尾	平均体重/g	重量比例/%	数量比例/%
平口鮈	0.4	22	18.2	0.67	1.57	5.1	187	27.3	11.18	21.95
鲇	2.1	11	190.9	3.51	0.79					
黄颡鱼						0.8	21	38.1	1.75	2.46
蒙古鲌						0.4	3	133.3	0.88	0.35
大银鱼	2.0	156	12.8	3.34	11.16					
合计	59.9	1398				45.6	852			

表 1-38　霍烧黑泡渔获物组成（2009-09-19～20）

种类	重量/kg	数量/尾	平均体重/g	重量比例/%	数量比例/%	种类	重量/kg	数量/尾	平均体重/g	重量比例/%	数量比例/%
大银鱼	17.6	224	78.6	8.31	6.79	棒花鱼	3.1	157	19.2	1.46	4.76
银鲫	28.2	536	52.6	13.32	16.24	东北鳈	1.3	127	10.2	0.61	3.85
葛氏鲈塘鳢	3.7	123	30.1	1.75	3.73	鲢	63.2	216	292.6	29.86	6.54
红鳍原鲌	1.6	54	29.6	0.76	1.64	鳙	49.7	84	591.7	23.48	2.55
麦穗鱼	9.2	713	12.9	4.35	21.60	草鱼	20.2	14	1442.9	9.54	0.42
黄黝鱼	13.9	1053	13.2	6.57	31.91	合计	211.7	3301			

1.1.3　大庆湖泊沼泽群

1.1.3.1　自然概况

大庆湖泊沼泽群位于松嫩平原黑龙江省西部大庆—安达—肇源，由 13 片盐碱湖泊沼泽和 5 片淡水湖泊沼泽构成，自然概况见表 1-39。其中，老江身泡和青肯泡包含于青肯泡沼泽。

表 1-39　大庆湖泊沼泽群自然概况

编号	湖泊沼泽	经纬度	所在地区	面积/km^2	平均水深/m	水质盐度分类	年平均鱼产量/(kg/hm^2)
(16)	中内泡	46°17′N～46°21′N, 125°01′E～125°06′E	黑龙江安达	33	1.67	咸	
(17)	涝洲泡	46°26′N～46°28′N, 125°02′E～125°04′E	黑龙江安达	8	1.50	淡	187.5
(18)	七才泡	46°14′N～46°15′N, 125°04′E～125°06′E	黑龙江安达	7	1.37	咸	214.3
(19)	八里泡	46°23′N～46°25′N, 125°13′E～125°15′E	黑龙江安达	10	0.55	咸	
(20)	红旗泡	46°35′N～46°39′N, 125°11′E～125°16′E	黑龙江肇源	35	2.50	淡	23.7
(21)	王花泡	46°32′N～46°36′N, 125°18′E～125°23′E	黑龙江肇源	40	0.30	咸	

续表

编号	湖泊沼泽	经纬度	所在地区	面积/km^2	平均水深/m	水质盐度分类	年平均鱼产量/(kg/hm^2)
(22)	库里泡	45°46′N～45°52′N，124°46′E～124°51′E	黑龙江肇源	18.5	1.73	咸	
(23)	鸭木蛋格泡	45°45′N～45°47′N，124°14′E～124°19′E	黑龙江肇源	12	0.40	咸	
(24)	新华湖	46°06′N～46°08′N，124°33′E～124°35′E	黑龙江大庆	9	4.83	淡	166.7
(25)	东大海	46°05′N～46°08′N，124°37′E～124°41′E	黑龙江大庆	18.5	1.35	咸	
(26)	西大海	46°04′N～46°09′N，124°02′E～124°05′E	黑龙江大庆	26.5	1.13	咸	
(27)	三勇湖	46°33′N～46°34′N，125°06′E～125°07′E	黑龙江大庆	3.5	2.60	淡	129.4
(28)	八百垧泡	46°30′N～46°31′N，125°52′E～125°53′E	黑龙江大庆	6	1.10	咸	16.3
(29)	碧绿泡	46°27′N～46°29′N，124°47′E～124°50′E	黑龙江大庆	8	1.15	咸	28.6
(30)	北二十里泡	46°25′N～46°32′N，125°05′E～125°16′E	黑龙江大庆	72	0.95	咸	
(49)	老江身泡	46°01′N～46°04′N，125°04′E～125°06′E	黑龙江安达	12.4	1.27	咸	64.6
(50)	青肯泡	46°20′N～46°24′N，125°28′E～125°32′E	黑龙江安达	72.3	0.92	咸	39.6
(51)	茂兴湖	45°33′N～45°36′N，124°23′E～124°31′E	黑龙江肇源	14.7	1.13	淡	195.7

1.1.3.2 总述

1. 物种多样性

采集到大庆湖泊沼泽群鱼类 4 目 8 科 35 属 39 种（表 1-40）。其中，移入种 2 目 2 科 6 属 6 种，包括青鱼、草鱼、团头鲂、鲢、鳜和鳙；土著鱼类 4 目 7 科 29 属 33 种，其中包括中国特有种东北颌须𬶋、凌源𬶋和黄黝鱼，冷水种拉氏鲅、瓦氏雅罗鱼、平口𬶋、黑龙江花鳅和黑斑狗鱼。

2. 种类组成

采集到的鱼类中，鲤形目 32 种，占 82.05%；鲈形目 4 种、鲇形目 2 种、鲑形目 1 种，分别占 10.26%、5.13%及 2.56%。科级分类单元中，鲤科 28 种、鳅科 4 种、塘鳢科 2 种，分别占 71.79%、10.26%及 5.13%；狗鱼科、鲇科、鲿科、鮨科和鳢科均 1 种，各占 2.56%。

3. 区系生态类群

大庆湖泊沼泽群土著鱼类群落，由 4 个区系生态类群构成。

1）江河平原区系生态类群：鳊、𩷶、红鳍原鲌、翘嘴鲌、银鲴、花䱻、棒花鱼、东北鳈、克氏鳈、兴凯银𬶋和花斑副沙鳅，占 33.33%。

2）热带平原区系生态类群：葛氏鲈塘鳢、黄黝鱼、乌鳢和黄颡鱼，占 12.12%。

3）北方平原区系生态类群：黑斑狗鱼、拉氏鲅、湖鲅、瓦氏雅罗鱼、平口𬶋、凌源𬶋、犬首𬶋、突吻𬶋、东北颌须𬶋和黑龙江花鳅，占 30.30%。

4）新近纪区系生态类群：鲤、银鲫、大鳍鱊、黑龙江鳑鲏、麦穗鱼、黑龙江泥鳅、北方泥鳅和鲇，占 24.24%。

以上北方区系生态类群 10 种，占 30.30%。

表 1-40　大庆湖泊沼泽群鱼类物种组成

种类	a	b	c	d	e	f	g	h	i	j	k	l	m	n	o	p	q	r
一、鲤形目 Cypriniformes																		
（一）鲤科 Cyprinidae																		
1. 青鱼 *Mylopharyngodon piceus* ▲																		+
2. 草鱼 *Ctenopharyngodon idella* ▲	+	+	+		+	+			+			+	+	+		+	+	+
3. 湖鲅 *Phoxinus percnurus*	+																	
4. 拉氏鲅 *Phoxinus lagowskii*	+	+	+		+				+						+			
5. 瓦氏雅罗鱼 *Leuciscus waleckii waleckii*					+													
6. 𩽾 *Hemiculter leucisculus*	+	+			+				+	+	+		+	+	+	+	+	+
7. 红鳍原鲌 *Cultrichthys erythropterus*		+	+		+				+				+	+				+
8. 翘嘴鲌 *Culter alburnus*					+				+									+
9. 鳊 *Parabramis pekinensis*		+			+							+						
10. 团头鲂 *Megalobrama amblycephala* ▲		+			+				+			+	+	+		+		+
11. 银鲴 *Xenocypris argentea*					+													
12. 大鳍鱊 *Acheilognathus macropterus*	+								+					+	+			+
13. 黑龙江鳑鲏 *Rhodeus sericeus*					+										+			
14. 花䱻 *Hemibarbus maculatus*					+													
15. 麦穗鱼 *Pseudorasbora parva*	+	+	+		+	+			+	+	+		+	+		+	+	+
16. 平口鮈 *Ladislavia taczanowskii*														+				+
17. 东北鳈 *Sarcocheilichthys lacustris*	+		+															
18. 克氏鳈 *Sarcocheilichthys czerskii*							+		+									
19. 棒花鱼 *Abbottina rivularis*	+	+	+						+					+	+			+
20. 凌源鮈 *Gobio lingyuanensis*																		+

续表

种类	a	b	c	d	e	f	g	h	i	j	k	l	m	n	o	p	q	r
21. 犬首鮈 *Gobio cynocephalus*															+			+
22. 东北颌须鮈 *Gnathopogon mantschuricus*		+																
23. 兴凯银鮈 *Squalidus chankaensis*		+																
24. 突吻鮈 *Rostrogobio amurensis*			+															
25. 鲤 *Cyprinus carpio*	+	+	+		+	+	+		+			+	+	+	+	+	+	+
26. 银鲫 *Carassius auratus gibelio*	+	+	+	+	+	+	+	+	+	+	+	+	+	+	+	+	+	+
27. 鲢 *Hypophthalmichthys molitrix*▲	+	+			+	+			+			+	+	+		+	+	+
28. 鳙 *Aristichthys nobilis*▲						+						+	+	+		+	+	+
（二）鳅科 Cobitidae																		
29. 黑龙江泥鳅 *Misgurnus mohoity*	+	+	+	+	+		+	+	+	+	+				+	+		
30. 北方泥鳅 *Misgurnus bipartitus*		+														+		
31. 黑龙江花鳅 *Cobitis lutheri*		+					+	+							+			
32. 花斑副沙鳅 *Parabotia fasciata*		+	+												+			
二、鲇形目 Siluriformes																		
（三）鲿科 Bagridae																		
33. 黄颡鱼 *Pelteobagrus fulvidraco*	+		+						+	+	+				+	+		+
（四）鲇科 Siluridae																		
34. 鲇 *Silurus asotus*		+	+		+				+		+		+	+	+	+		+
三、鲑形目 Salmoniformes																		
（五）狗鱼科 Esocidae																		
35. 黑斑狗鱼 *Esox reicherti*					+													
四、鲈形目 Perciformes																		
（六）鮨科 Serranidae																		
36. 鳜 *Siniperca chuatsi*▲												+						
（七）塘鳢科 Eleotridae																		
37. 葛氏鲈塘鳢 *Perccottus*	+	+				+	+	+				+				+	+	+

续表

种类	a	b	c	d	e	f	g	h	i	j	k	l	m	n	o	p	q	r
glehni																		
38. 黄黝鱼 *Hypseleotris swinhonis*																	+	+
（八）鳢科 Channidae																		
39. 乌鳢 *Channa argus*		+							+			+		+				+

注：a. 中内泡，b. 涝洲泡，c. 七才泡，d. 八里泡，e. 红旗泡，f. 王花泡，g. 库里泡，h. 鸭木蛋格泡，i. 新华湖，j. 东大海，k. 西大海，l. 三勇湖，m. 八百垧泡，n. 碧绿泡，o. 北二十里泡，p. 老江身泡，q. 青肯泡，r. 茂兴湖

1.1.3.3 分述

1. 中内泡

（1）物种多样性　采集到鱼类 3 目 4 科 13 属 14 种。其中，移入种 1 目 1 科 2 属 2 种，即草鱼和鲢；土著鱼类 3 目 4 科 11 属 12 种，其中包括冷水种拉氏鲅。

（2）种类组成　鲤形目 12 种，占 85.71%；鲈形目和鲇形目均 1 种，各占 7.14%。科级分类单元中，鲤科 11 种，占 78.57%；鳅科、塘鳢科和鲿科均 1 种，各占 7.14%。

（3）区系生态类群　由 4 个区系生态类群构成。

1）江河平原区系生态类群：䱗、棒花鱼和东北鳈，占 25%。

2）北方平原区系生态类群：拉氏鲅和湖鲅，占 16.67%。

3）新近纪区系生态类群：鲤、银鲫、大鳍鱊、麦穗鱼和黑龙江泥鳅，占 41.67%。

4）热带平原区系生态类群：葛氏鲈塘鳢和黄颡鱼，占 16.67%。

以上北方区系生态类群 2 种，占 16.67%。

2. 涝洲泡

（1）物种多样性　采集到鱼类 3 目 5 科 19 属 20 种。其中，移入种 1 目 1 科 3 属 3 种，包括草鱼、鲢和团头鲂；土著鱼类 3 目 5 科 16 属 17 种，其中包括冷水种拉氏鲅和黑龙江花鳅、中国特有种东北颌须鮈。

（2）种类组成　鲤形目 17 种、鲈形目 2 种、鲇形目 1 种，分别占 85%、10%及 5%。科级分类单元中，鲤科 13 种、鳅科 4 种，分别占 65%及 20%；鲇科、塘鳢科和鳢科均 1 种，各占 5%。

（3）区系生态类群　由 4 个区系生态类群构成。

1）江河平原区系生态类群：鳊、䱗、红鳍原鲌、棒花鱼、兴凯银鮈和花斑副沙鳅，占 35.29%。

2）北方平原区系生态类群：拉氏鲅、东北颌须鮈和黑龙江花鳅，占 17.65%。

3）新近纪区系生态类群：鲤、银鲫、麦穗鱼、黑龙江泥鳅、北方泥鳅和鲇，占 35.29%。

4）热带平原区系生态类群：葛氏鲈塘鳢和乌鳢，占 11.76%。

以上北方区系生态类群 3 种，占 17.65%。

3. 七才泡

（1）物种多样性 采集到鱼类 2 目 4 科 13 属 13 种。其中，草鱼为移入种；土著鱼类 2 目 4 科 12 属 12 种，其中包括冷水种拉氏鲅。

（2）种类组成 鲤形目 11 种、鲇形目 2 种，分别占 84.62%及 15.38%。科级分类单元中，鲤科 9 种、鳅科 2 种，分别占 69.23%及 15.38%；鲿科、鲇科均 1 种，各占 7.69%。

（3）区系生态类群 由 4 个区系生态类群构成。

1）江河平原区系生态类群：红鳍原鲌、棒花鱼、东北鳈和花斑副沙鳅，占 33.33%。

2）北方平原区系生态类群：拉氏鲅和突吻鮈，占 16.67%。

3）新近纪区系生态类群：鲤、银鲫、麦穗鱼、黑龙江泥鳅和鲇，占 41.67%。

4）热带平原区系生态类群：黄颡鱼，占 8.33%。

以上北方区系生态类群 2 种，占 16.67%。

4. 八里泡

2006～2011 年调查时，八里泡还是非渔业的高盐碱湖沼，2013 年以来已由个人承包养鱼。当年只发现银鲫和黑龙江泥鳅 2 种鱼类，分别隶属于鲤形目鲤科和鳅科，均为新近纪区系生态类群的种类。

5. 红旗泡

（1）物种多样性 采集到鱼类 3 目 4 科 18 属 18 种。其中，移入种 1 目 1 科 3 属 3 种，包括鲢、草鱼和团头鲂；土著种 3 目 4 科 15 属 15 种，其中拉氏鲅、瓦氏雅罗鱼和黑斑狗鱼为冷水种。

（2）种类组成 鲤形目 16 种，占 88.89%；鲇形目和鲑形目均 1 种，各占 5.56%。科级分类单元中，鲤科 15 种，占 83.33%；狗鱼科、鳅科和鲇科均 1 种，各占 5.56%。

（3）区系生态类群 由 3 个区系生态类群构成。

1）江河平原区系生态类群：花䱻、鳊、䱗、红鳍原鲌、翘嘴鲌和银鲴，占 40%。

2）北方平原区系生态类群：黑斑狗鱼、拉氏鲅和瓦氏雅罗鱼，占 20%。

3）新近纪区系生态类群：鲤、银鲫、麦穗鱼、黑龙江鳑鲏、黑龙江泥鳅和鲇，占 40%。

以上北方区系生态类群 3 种，占 20%。

6. 王花泡

（1）物种多样性 采集到鱼类 2 目 2 科 7 属 7 种。其中，移入种 1 目 1 科 3 属 3 种，即草鱼、鳙和鲢，是从邻近放养水域逃入的；土著鱼类 2 目 2 科 4 属 4 种。

（2）种类组成 鲤形目、鲤科均为 6 种，各占 85.71%；鲈形目、塘鳢科均为 1 种，各占 14.29%。

（3）区系生态类群 由 2 个区系生态类群构成。

1）新近纪区系生态类群：麦穗鱼、鲤和银鲫，占 75%。

2）热带平原区系生态类群：葛氏鲈塘鳢，占 25%。

7. 库里泡

（1）物种多样性　采集到鱼类 2 目 3 科 6 属 6 种，均为土著种，其中包括冷水种黑龙江花鳅。

（2）种类组成　鲤形目 5 种、鲈形目 1 种，分别占 83.33%及 16.67%。科级分类单元中，鲤科 3 种、鳅科 2 种、塘鳢科 1 种，分别占 50%、33.33%及 16.67%。

（3）区系生态类群　由 4 个区系生态类群构成。

1）江河平原区系生态类群：克氏鳈，占 16.67%。

2）北方平原区系生态类群：黑龙江花鳅，占 16.67%。

3）新近纪区系生态类群：鲤、银鲫和黑龙江泥鳅，占 50%。

4）热带平原区系生态类群：葛氏鲈塘鳢，占 16.67%。

以上北方区系生态类群 1 种，占 16.67%。

8. 鸭木蛋格泡

（1）物种多样性　采集到鱼类 2 目 3 科 4 属 4 种，均为土著种，其中包括冷水种黑龙江花鳅。

（2）种类组成　鲤形目 3 种、鲈形目 1 种，分别占 75%及 25%。科级分类单元中，鳅科 2 种，占 50%；鲤科和塘鳢科均 1 种，各占 25%。

（3）区系生态类群　由 3 个区系生态类群构成。

1）北方平原区系生态类群：黑龙江花鳅，占 25%。

2）新近纪区系生态类群：银鲫和黑龙江泥鳅，占 50%。

3）热带平原区系生态类群：葛氏鲈塘鳢，占 25%。

以上北方区系生态类群 1 种，占 25%。

9. 新华湖

（1）物种多样性　采集到鱼类 3 目 5 科 17 属 17 种。其中，移入种 1 目 1 科 3 属 3 种，包括草鱼、鲢和团头鲂；土著鱼类 3 目 5 科 14 属 14 种，其中包括冷水种拉氏鲅。

（2）种类组成　鲤形目 14 种、鲇形目 2 种、鲈形目 1 种，分别占 82.35%、11.76%及 5.88%。科级分类单元中，鲤科 13 种，占 76.47%；鳅科、鲿科、鲇科和鳢科均 1 种，各占 5.88%。

（3）区系生态类群　由 4 个区系生态类群构成。

1）江河平原区系生态类群：䱗、红鳍原鲌、翘嘴鲌、棒花鱼和克氏鳈，占 35.71%。

2）北方平原区系生态类群：拉氏鲅，占 7.14%。

3）新近纪区系生态类群：鲤、银鲫、麦穗鱼、大鳍鱊、黑龙江泥鳅和鲇，占 42.86%。

4）热带平原区系生态类群：乌鳢和黄颡鱼，占 14.29%。

以上北方区系生态类群 1 种，占 7.14%。

10. 东大海

（1）物种多样性　采集到鱼类2目3科5属5种，均为土著种。

（2）种类组成　鲤形目4种、鲇形目1种，分别占80%及20%。科级分类单元中，鲤科3种，占60%；鳅科、鲿科均1种，各占20%。

（3）区系生态类群　由3个区系生态类群构成。

1）江河平原区系生态类群：䱗，占20%。

2）新近纪区系生态类群：银鲫、麦穗鱼和黑龙江泥鳅，占60%。

3）热带平原区系生态类群：黄颡鱼，占20%。

11. 西大海

（1）物种多样性　采集到鱼类2目4科6属6种，均为土著种。

（2）种类组成　鲤形目4种、鲇形目2种，分别占66.67%及33.33%。科级分类单元中，鲤科3种，占50%；鳅科、鲿科和鲇科均1种，各占16.67%。

（3）区系生态类群　由3个区系生态类群构成。

1）江河平原区系生态类群：䱗，占16.67%。

2）新近纪区系生态类群：银鲫、麦穗鱼、黑龙江泥鳅和鲇，占66.67%。

3）热带平原区系生态类群：黄颡鱼，占16.67%。

12. 三勇湖

（1）物种多样性　采集到鱼类2目4科10属10种。其中，移入种2目2科5属5种，包括草鱼、鲢、鳙、团头鲂和鳜；土著鱼类2目3科5属5种。

（2）种类组成　鲤形目7种、鲈形目3种，分别占70%及30%。科级分类单元中，鲤科7种，占70%；鮨科、塘鳢科和鳢科均1种，各占10%。

（3）区系生态类群　由3个区系生态类群构成。

1）江河平原区系生态类群：鳊，占20%。

2）新近纪区系生态类群：鲤和银鲫，占40%。

3）热带平原区系生态类群：葛氏鲈塘鳢和乌鳢，占40%。

13. 八百垧泡

（1）物种多样性　采集到鱼类2目2科10属10种。其中，移入种1目1科4属4种，包括草鱼、鳙、鲢和团头鲂；土著鱼类2目2科6属6种。

（2）种类组成　鲤形目、鲤科均9种，各占90%；鲇形目、鲇科均1种，各占10%。

（3）区系生态类群　由2个区系生态类群构成。

1）江河平原区系生态类群：䱗和红鳍原鲌，占33.33%。

2）新近纪区系生态类群：鲤、银鲫、麦穗鱼和鲇，占66.67%。

14. 碧绿泡

（1）物种多样性　采集到鱼类 3 目 3 科 14 属 14 种。其中，移入种 1 目 1 科 4 属 4 种，包括草鱼、鳙、鲢和团头鲂；土著鱼类 3 目 3 科 10 属 10 种，其中包括冷水种平口鮈。

（2）种类组成　鲤形目 12 种，占 85.71%；鲇形目和鲈形目均 1 种，占 7.14%。科级分类单元中，鲤科 12 种，占 85.71%；鲇科和鳢科均 1 种，各占 7.14%。

（3）区系生态类群　由 4 个区系生态类群构成。

1）江河平原区系生态类群：䱗、红鳍原鲌和棒花鱼，占 30%。

2）北方平原区系生态类群：平口鮈，占 10%。

3）新近纪区系生态类群：鲤、银鲫、大鳍鱊、麦穗鱼和鲇，占 50%。

4）热带平原区系生态类群：乌鳢，占 10%。

以上北方区系生态类群 1 种，占 10%。

15. 北二十里泡

（1）物种多样性　采集到鱼类 2 目 4 科 13 属 13 种，均为土著种，其中包括冷水种拉氏鲹和黑龙江花鳅。

（2）种类组成　鲤形目 11 种、鲇形目 2 种，分别占 84.62%及 15.38%。科级分类单元中，鲤科 8 种、鳅科 3 种，分别占 61.54%及 23.08%；鲿科和鲇科均 1 种，各占 7.69%。

（3）区系生态类群　由 4 个区系生态类群构成。

1）江河平原区系生态类群：䱗、棒花鱼和花斑副沙鳅，占 23.08%。

2）北方平原区系生态类群：拉氏鲹、黑龙江花鳅和犬首鮈，占 23.08%。

3）新近纪区系生态类群：鲤、银鲫、大鳍鱊、黑龙江鳑鲏、黑龙江泥鳅和鲇，占 46.15%。

4）热带平原区系生态类群：黄颡鱼，占 7.69%。

以上北方区系生态类群 3 种，占 23.08%。

16. 老江身泡

（1）物种多样性　采集到鱼类 3 目 5 科 12 属 13 种。其中，移入种 1 目 1 科 4 属 4 种，包括草鱼、团头鲂、鲢和鳙；土著鱼类 3 目 5 科 8 属 9 种。

（2）种类组成　鲤形目 10 种、鲇形目 2 种、鲈形目 1 种，分别占 76.92%、15.38%及 7.69%。科级分类单元中，鲤科 8 种、鳅科 2 种，分别占 61.54%及 15.38%；鲿科、鲇科和塘鳢科均 1 种，各占 7.69%。

（3）区系生态类群　由 3 个区系生态类群构成。

1）江河平原区系生态类群：䱗，占 11.11%。

2）新近纪区系生态类群：鲤、银鲫、麦穗鱼、黑龙江泥鳅、北方泥鳅和鲇，占 66.67%。

3）热带平原区系生态类群：葛氏鲈塘鳢和黄颡鱼，占 22.22%。

17. 青肯泡

（1）物种多样性　采集到鱼类 2 目 2 科 9 属 9 种。其中，移入种 1 目 1 科 3 属 3 种，包括草鱼、鲢和鳙；土著鱼类 2 目 2 科 6 属 6 种，其中包括中国特有种黄黝鱼。

（2）种类组成 鲤形目、鲤科均 7 种，各占 77.78%；鲈形目、塘鳢科均 2 种，各占 22.22%。

（3）区系生态类群 由 3 个区系生态类群构成。

1）江河平原区系生态类群：䱗，占 16.67%。

2）新近纪区系生态类群：鲤、银鲫和麦穗鱼，占 50%。

3）热带平原区系生态类群：葛氏鲈塘鳢和黄黝鱼，占 33.33%。

18. 茂兴湖

（1）物种多样性 采集到鱼类 3 目 5 科 20 属 21 种。其中，移入种 1 目 1 科 5 属 5 种，包括青鱼、草鱼、鲢、鳙和团头鲂；土著鱼类 3 目 5 科 15 属 16 种，其中包括中国特有种凌源鮈和黄黝鱼、冷水种平口鮈。

（2）种类组成 鲤形目 16 种、鲈形目 3 种、鲇形目 2 种，分别占 76.19%、14.29%及 9.52%。科级分类单元中，鲤科 16 种、塘鳢科 2 种，分别占 76.19%及 9.52%；鲿科、鲇科和鳢科均 1 种，各占 4.76%。

（3）区系生态类群 由 4 个区系生态类群构成。

1）江河平原区系生态类群：䱗、翘嘴鲌、棒花鱼和红鳍原鲌，占 25%。

2）北方平原区系生态类群：平口鮈、凌源鮈和犬首鮈，占 18.75%。

3）新近纪区系生态类群：大鳍鱊、麦穗鱼、鲤、银鲫和鲇，占 31.25%。

4）热带平原区系生态类群：葛氏鲈塘鳢、黄黝鱼、乌鳢和黄颡鱼，占 25%。

以上北方区系生态类群 3 种，占 18.75%。

1.1.3.4 渔获物组成

（1）中内泡 为大庆市的一个蓄滞洪区，非渔业湿地。渔获物中，土著经济鱼类银鲫、䱗、鲤、黄颡鱼、草鱼约占 88.85%；小型非经济鱼类麦穗鱼、葛氏鲈塘鳢、黑龙江泥鳅、黑龙江花鳅、湖鲂、拉氏鲅约占 11.15%（表 1-41）。

（2）涝洲泡 放养型渔业湿地。土著鱼类来自嫩江。渔获物中，放养的经济鱼类鲢、鳙、草鱼、团头鲂约占 62.67%；土著经济鱼类银鲫、䱗、鲤、鲇、鳊、红鳍原鲌、乌鳢约占 36.77%；小型非经济鱼类麦穗鱼、葛氏鲈塘鳢、拉氏鲅约占 0.57%（表 1-42）。

表 1-41 中内泡渔获物组成

种类	重量/kg	数量/尾	平均体重/g	重量比例/%	数量比例/%	种类	重量/kg	数量/尾	平均体重/g	重量比例/%	数量比例/%
银鲫	14.4	252	57.1	46.97	33.07	麦穗鱼	0.88	137	6.4	2.87	17.98
䱗	1.3	47	27.7	4.24	6.17	黄颡鱼	0.44	9	48.9	1.44	1.18
鲤	6.7	49	137.7	21.85	6.43	葛氏鲈塘鳢	1.7	126	13.5	5.54	16.54

续表

种类	重量/kg	数量/尾	平均体重/g	重量比例/%	数量比例/%	种类	重量/kg	数量/尾	平均体重/g	重量比例/%	数量比例/%
黑龙江泥鳅	0.30	29	10.3	0.98	3.81	草鱼	4.4	7	628.6	14.35	0.92
黑龙江花鳅	0.09	11	8.2	0.29	1.44	拉氏鲅	0.30	82	3.7	0.98	10.76
湖鲅	0.15	13	11.5	0.49	1.71	合计	30.66	762			

表 1-42　涝洲泡渔获物组成

种类	重量/kg	数量/尾	平均体重/g	重量比例/%	数量比例/%	种类	重量/kg	数量/尾	平均体重/g	重量比例/%	数量比例/%
银鲫	13.7	139	98.6	13.76	35.73	红鳍原鲌	1.8	42	42.9	1.81	10.80
䱗	0.10	31	3.2	0.10	7.97	鳊	1.4	4	350.0	1.41	1.03
鲤	11.4	22	518.2	11.45	5.66	鲢	33.0	43	767.4	33.14	11.05
鲇	1.6	4	400.0	1.61	1.03	鳙	21.7	17	1276.5	21.79	4.37
麦穗鱼	0.09	17	5.3	0.09	4.37	草鱼	3.5	2	1750.0	3.52	0.51
葛氏鲈塘鳢	0.37	21	17.6	0.37	5.40	乌鳢	6.6	7	942.9	6.63	1.80
拉氏鲅	0.11	31	3.5	0.11	7.97						
团头鲂	4.2	9	466.7	4.22	2.31	合计	99.57	389			

（3）七才泡　为大庆市的一处防洪承泄区，放养型渔业湿地。渔获物中，土著经济鱼类银鲫、黄颡鱼、鲤、鲇、红鳍原鲌约占 15.23%；放养的经济鱼类鲢、鳙、草鱼约占 83.04%；小型非经济鱼类麦穗鱼、黑龙江泥鳅、棒花鱼约占 1.73%（表 1-43）。

表 1-43　七才泡渔获物组成

种类	重量/kg	数量/尾	平均体重/g	重量比例/%	数量比例/%	种类	重量/kg	数量/尾	平均体重/g	重量比例/%	数量比例/%
银鲫	15.1	148	102.0	6.27	23.57	黑龙江泥鳅	0.67	57	11.8	0.28	9.08
黄颡鱼	0.47	9	52.2	0.20	1.43	鲢	62.2	63	987.3	25.81	10.03
鲤	15.0	29	517.2	6.23	4.62	鳙	115.0	81	1419.8	47.73	12.90
鲇	5.5	11	500.0	2.28	1.75	草鱼	22.9	17	1347.1	9.50	2.71
麦穗鱼	0.60	90	6.7	0.25	14.33	棒花鱼	2.9	102	28.4	1.20	16.24
红鳍原鲌	0.61	21	29.0	0.25	3.34	合计	240.95	628			

（4）八里泡　为高污染、高盐碱湿地，调查期间只发现银鲫和黑龙江泥鳅 2 种鱼类，而以银鲫的数量较大，约占渔获物的 90.10%（表 1-44）。

表 1-44 八里泡渔获物组成

种类	重量/kg	数量/尾	平均体重/g	重量比例/%	数量比例/%
银鲫	5.1	173	29.5	98.08	90.10
黑龙江泥鳅	0.10	19	5.3	1.92	9.90
合计	5.2	192			

（5）库里泡 也称哭泪泡，为大庆市的一个防洪承泄区，非渔业湿地，在调查湖泊期间尚未被开发利用。土著鱼类来自嫩江。银鲫和葛氏鲈塘鳢为群落优势种。渔获物中，土著经济鱼类银鲫、鲤约占 91.63%；小型非经济鱼类黑龙江泥鳅、黑龙江花鳅、克氏鲶、葛氏鲈塘鳢约占 8.37%（表 1-45）。

表 1-45 库里泡渔获物组成

种类	重量/kg	数量/尾	平均体重/g	重量比例/%	数量比例/%	种类	重量/kg	数量/尾	平均体重/g	重量比例/%	数量比例/%
银鲫	4.1	146	28.1	20.20	36.23	克氏鲶	0.08	16	5.0	0.39	3.97
鲤	14.5	73	198.6	71.43	18.11	葛氏鲈塘鳢	1.2	87	13.8	5.91	21.59
黑龙江泥鳅	0.27	57	4.7	1.33	14.14						
黑龙江花鳅	0.15	24	6.3	0.74	5.96	合计	20.3	403			

（6）王花泡 为大庆市的一个蓄滞洪区，非渔业湿地。土著鱼类来自双阳河、大庆水库及黑鱼泡。渔获物中，土著经济鱼类银鲫、鲤约占 45.70%；从放养水域逃逸进入的经济鱼类鲢、鳙、草鱼约占 51.98%；小型非经济鱼类葛氏鲈塘鳢、麦穗鱼约占 2.31%（表 1-46）。

表 1-46 王花泡渔获物组成

种类	重量/kg	数量/尾	平均体重/g	重量比例/%	数量比例/%	种类	重量/kg	数量/尾	平均体重/g	重量比例/%	数量比例/%
银鲫	28.6	231	123.8	24.99	43.10	鳙	8.9	7	1271.4	7.77	1.31
鲤	23.7	49	483.7	20.71	9.14	草鱼	15.9	14	1135.7	13.89	2.61
葛氏鲈塘鳢	2.1	125	16.8	1.83	23.32	麦穗鱼	0.55	74	7.4	0.48	13.81
鲢	34.7	36	963.9	30.32	6.72	合计	114.45	536			

（7）红旗泡 放养型渔业湿地。渔获物中，土著经济鱼类银鲫、鳘、鲤、翘嘴鲌、红鳍原鲌、瓦氏雅罗鱼、银鲴、花䱻约占 48.98%；放养的经济鱼类鲢、鳙、草鱼、青鱼约占 50.62%；小型非经济鱼类黑龙江鳑鲏、麦穗鱼、拉氏鲅约占 0.40%（表 1-47）。曾移殖过高背鲫鱼、加州鲈和大银鱼，但这 3 种鱼在调查期间均未见到。

（8）鸭木蛋格泡 非渔业湿地，土著鱼类来自嫩江。土著经济鱼类银鲫约占 28.71%；小型非经济鱼类葛氏鲈塘鳢、黑龙江泥鳅、黑龙江花鳅约占 71.28%（表 1-48）。

表 1-47 红旗泡渔获物组成

种类	重量/kg	数量/尾	平均体重/g	重量比例/%	数量比例/%	种类	重量/kg	数量/尾	平均体重/g	重量比例/%	数量比例/%
银鲫	16.5	146	113.0	10.65	23.36	瓦氏雅罗鱼	1.8	17	105.9	1.16	2.72
䱗	1.1	87	12.6	0.71	13.92	银鲴	0.31	22	14.1	0.20	3.52
鲤	52.2	92	567.4	33.70	14.72	花䱻	0.26	1	260.0	0.17	0.16
翘嘴鲌	1.6	3	533.3	1.03	0.48	鲢	32.2	42	966.7	20.79	6.72
黑龙江鳑鲏	0.10	13	7.7	0.06	2.08	鳙	30.5	19	1605.3	19.69	3.04
麦穗鱼	0.38	66	5.8	0.25	10.56	草鱼	12.3	7	1757.1	7.94	1.12
拉氏鲅	0.14	31	4.5	0.09	4.96	青鱼	3.4	2	1700.0	2.20	0.32
红鳍原鲌	2.1	77	27.3	1.36	12.32	合计	154.89	625			

表 1-48 鸭木蛋格泡渔获物组成

种类	重量/kg	数量/尾	平均体重/g	重量比例/%	数量比例/%	种类	重量/kg	数量/尾	平均体重/g	重量比例/%	数量比例/%
银鲫	0.29	17	17.1	28.71	16.67	葛氏鲈塘鳢	0.37	43	8.6	36.63	42.16
黑龙江泥鳅	0.29	31	9.4	28.71	30.39						
黑龙江花鳅	0.06	11	5.5	5.94	10.78	合计	1.01	102			

（9）新华湖 为新华电厂的蓄水池，放养型渔业湿地。渔获物中，放养的经济鱼类团头鲂、草鱼、鲢、鳙约占 86.04%；土著经济鱼类翘嘴鲌、银鲫、䱗、鲤、鲇、红鳍原鲌、黄颡鱼、乌鳢约占 13.74%；小型非经济鱼类棒花鱼、麦穗鱼约占 0.24%（表 1-49）。

表 1-49 新华湖渔获物组成

种类	重量/kg	数量/尾	平均体重/g	重量比例/%	数量比例/%	种类	重量/kg	数量/尾	平均体重/g	重量比例/%	数量比例/%
棒花鱼	0.07	5	14.0	0.02	0.74	红鳍原鲌	3.9	82	47.6	1.10	12.20
团头鲂	3.4	7	485.7	0.96	1.04	鲢	138.8	122	1137.7	39.00	18.15
翘嘴鲌	0.89	1	890.0	0.25	0.15	鳙	160.8	73	2202.7	45.18	10.86
草鱼	3.2	2	1600.0	0.90	0.30	黄颡鱼	0.50	9	55.6	0.14	1.34
银鲫	10.5	92	114.1	2.95	13.69	乌鳢	2.7	1	2700.0	0.76	0.15
䱗	3.0	132	22.7	0.84	19.64	麦穗鱼	0.77	104	7.4	0.22	15.48
鲤	20.9	31	674.2	5.87	4.61						
鲇	6.5	11	590.9	1.83	1.64	合计	355.9	672			

（10）东大海　非渔业湿地，土著鱼类来自嫩江。䱗、麦穗鱼为群落优势种。渔获物中，土著经济鱼类银鲫、䱗、黄颡鱼约占 66.59%；小型非经济鱼类麦穗鱼、黑龙江泥鳅约占 33.42%（表 1-50）。

表 1-50　东大海渔获物组成

种类	重量/kg	数量/尾	平均体重/g	重量比例/%	数量比例/%	种类	重量/kg	数量/尾	平均体重/g	重量比例/%	数量比例/%
银鲫	1.5	67	22.4	36.59	16.22	黄颡鱼	0.13	4	32.5	3.17	0.97
䱗	1.10	94	11.7	26.83	22.76	麦穗鱼	0.89	172	5.2	21.71	41.65
黑龙江泥鳅	0.48	76	6.3	11.71	18.40	合计	4.10	413			

（11）三勇湖　放养型渔业湿地。渔获物中，放养的经济鱼类鲢、鳙、草鱼、团头鲂、鳜约占 84.63%；土著经济鱼类鲤、银鲫、鳊、乌鳢约占 15.12%；小型非经济鱼类葛氏鲈塘鳢约占 0.24%（表 1-51）。

表 1-51　三勇湖渔获物组成（2010-12-29）

种类	重量/kg	数量/尾	平均体重/g	重量比例/%	数量比例/%	种类	重量/kg	数量/尾	平均体重/g	重量比例/%	数量比例/%
银鲫	3.9	45	86.7	0.86	7.58	鲢	124.3	129	963.6	27.48	21.72
鳜	3.5	7	500.0	0.77	1.18	鳙	126.1	101	1248.5	27.88	17.00
鲤	47.8	96	497.9	10.57	16.16	草鱼	120.9	73	1656.2	26.73	12.29
鳊	3.2	12	266.7	0.71	2.02	团头鲂	8.0	23	347.8	1.77	3.87
葛氏鲈塘鳢	1.1	91	12.1	0.24	15.32						
乌鳢	13.5	17	794.1	2.98	2.86	合计	452.3	594			

（12）西大海　非渔业湿地，土著鱼类来自嫩江。䱗、银鲫为群落优势种。渔获物中，土著经济鱼类银鲫、䱗、鲇、黄颡鱼约占 95.45%；小型非经济鱼类麦穗鱼、黑龙江泥鳅约占 4.55%（表 1-52）。

表 1-52　西大海渔获物组成

种类	重量/kg	数量/尾	平均体重/g	重量比例/%	数量比例/%	种类	重量/kg	数量/尾	平均体重/g	重量比例/%	数量比例/%
银鲫	17.9	572	31.3	70.20	54.22	黄颡鱼	0.64	22	29.1	2.51	2.09
䱗	3.3	249	13.3	12.94	23.60	麦穗鱼	0.77	142	5.4	3.02	13.46
黑龙江泥鳅	0.39	53	7.4	1.53	5.02						
鲇	2.5	17	147.1	9.80	1.61	合计	25.5	1055			

（13）八百垧泡　放养型渔业湿地。渔获物中，放养的经济鱼类团头鲂、鲢、鳙、草

鱼约占 60.08%；土著经济鱼类银鲫、鲤、鲇、红鳍原鲌、䱗约占 39.48%；小型非经济鱼类麦穗鱼约占 0.43%（表 1-53）。

表 1-53　八百垧泡渔获物组成

种类	重量/kg	数量/尾	平均体重/g	重量比例/%	数量比例/%	种类	重量/kg	数量/尾	平均体重/g	重量比例/%	数量比例/%
银鲫	25.3	246	102.8	11.81	29.08	鲢	40.6	47	863.8	18.95	5.56
团头鲂	1.3	6	216.7	0.61	0.71	鳙	79.6	82	970.7	37.16	9.69
鲤	52.1	98	531.6	24.32	11.58	草鱼	7.2	8	900.0	3.36	0.95
鲇	3.5	13	269.2	1.63	1.54	䱗	1.7	131	13.0	0.79	15.48
麦穗鱼	0.92	148	6.2	0.43	17.49						
红鳍原鲌	2.0	67	29.9	0.93	7.92	合计	214.22	846			

（14）碧绿泡　放养型渔业湿地。渔获物中，土著经济鱼类银鲫、鲤、鲇、红鳍原鲌、乌鳢、䱗约占 29.97%；放养的经济鱼类团头鲂、鲢、鳙、草鱼约占 69.34%；小型非经济鱼类麦穗鱼、棒花鱼、平口鮈、大鳍鱊约占 0.69%（表 1-54）。

表 1-54　碧绿泡渔获物组成

种类	重量/kg	数量/尾	平均体重/g	重量比例/%	数量比例/%	种类	重量/kg	数量/尾	平均体重/g	重量比例/%	数量比例/%
银鲫	6.9	74	93.2	5.49	13.94	平口鮈	0.03	2	15.0	0.02	0.38
团头鲂	1.7	7	242.9	1.35	1.32	大鳍鱊	0.18	13	13.8	0.14	2.45
鲤	17.9	37	483.8	14.23	6.97	鲢	55.8	52	1073.1	44.37	9.79
鲇	3.1	9	344.4	2.46	1.69	鳙	12.6	13	969.2	10.02	2.45
麦穗鱼	0.49	66	7.4	0.39	12.43	草鱼	17.1	12	1425.0	13.60	2.26
红鳍原鲌	5.5	147	37.4	4.37	27.68	䱗	1.0	86	11.6	0.80	16.20
乌鳢	3.3	2	1650.0	2.62	0.38						
棒花鱼	0.17	11	15.5	0.14	2.07	合计	125.77	531			

（15）茂兴湖　由若干个湖泊沼泽构成，土著鱼类均来自嫩江。以下为其中几个主要渔业湿地的渔获物组成情况。

1）靠山湖：放养型渔业湿地，年平均鱼产量 122.1kg/hm^2。采集到鱼类 3 目 5 科 16 属 16 种。在 2008 年 12 月 18 日的渔获物中，土著经济鱼类鲤、银鲫、红鳍原鲌、翘嘴鲌、䱗、鲇约占 46.36%；放养的经济鱼类鲢、鳙约占 38.69%；小型非经济鱼类黄黝鱼、葛氏鲈塘鳢、麦穗鱼、棒花鱼、平口鮈约占 14.94%（表 1-55）。

表 1-55　靠山湖渔获物组成（2008-12-18）

种类	重量/kg	数量/尾	平均体重/g	重量比例/%	数量比例/%	种类	重量/kg	数量/尾	平均体重/g	重量比例/%	数量比例/%
鲤	29.7	112	265.2	14.08	2.64	鲢	50.3	119	422.7	23.85	2.81
银鲫	7.2	241	29.9	3.41	5.69	鳙	31.3	47	666.0	14.84	1.11

续表

种类	重量/kg	数量/尾	平均体重/g	重量比例/%	数量比例/%	种类	重量/kg	数量/尾	平均体重/g	重量比例/%	数量比例/%
红鳍原鲌	30.5	819	37.2	14.46	19.34	麦穗鱼	7.4	597	12.4	3.51	14.10
翘嘴鲌	1.7	13	130.8	0.81	0.31	棒花鱼	1.1	92	12.0	0.52	2.17
𩾌	27.3	1219	22.4	12.94	28.78	平口鮈	1.7	152	11.2	0.81	3.59
黄黝鱼	12.4	509	24.4	5.88	12.02	鲇	1.4	2	700.0	0.66	0.05
葛氏鲈塘鳢	8.9	313	28.4	4.22	7.39	合计	210.9	4235			

在 2009 年 1 月 6 日的渔获物中，土著经济鱼类鲤、银鲫、𩾌、鲇约占 99.89%；小型非经济鱼类大鳍鱊约占 0.11%（表 1-56）。2009 年 1 月 11 日的渔获物中，土著经济鱼类鲤、银鲫、乌鳢、𩾌、鲇、黄颡鱼约占 61.61%；放养的经济鱼类鳙约占 38.31%；小型非经济鱼类大鳍鱊、麦穗鱼、平口鮈约占 0.08%（表 1-56）。

表 1-56　靠山湖渔获物组成

种类	2009-01-06					2009-01-11				
	重量/kg	数量/尾	平均体重/g	重量比例/%	数量比例/%	重量/kg	数量/尾	平均体重/g	重量比例/%	数量比例/%
鲤	50.6	73	693.2	54.29	16.44	47.3	92	514.1	28.86	16.20
银鲫	12.6	292	43.2	13.52	65.76	12.4	375	33.1	7.56	62.71
鳙						62.8	22	2854.5	38.31	3.68
乌鳢						2.2	1	2200.0	1.34	0.17
大鳍鱊	0.1	7	14.3	0.11	1.58	0.1	12	8.3	0.06	2.01
麦穗鱼						0.01	2	5.0	0.01	0.33
𩾌	0.6	23	26.1	0.64	5.18	0.4	16	25.0	0.24	2.68
平口鮈						0.01	1	10.0	0.01	0.17
鲇	29.3	49	598.0	31.44	11.04	38.2	73	523.3	23.30	12.21
黄颡鱼						0.5	4	125.0	0.31	0.67
合计	93.2	444				163.92	598			

2）大庙泡：放养型渔业湿地。2008 年 12 月 20 日的渔获物中，共见到鱼类 2 目 3 科 5 属 5 种。渔获物中，放养的经济鱼类鲢、鳙、草鱼约占 98.85%；土著经济鱼类鲇、黄颡鱼约占 1.15%（表 1-57）。

表 1-57　大庙泡渔获物组成（2008-12-20）

种类	重量/kg	数量/尾	平均体重/g	重量比例/%	数量比例/%	种类	重量/kg	数量/尾	平均体重/g	重量比例/%	数量比例/%
鲢	40.7	32	1271.9	21.32	26.45	鲇	2.1	3	700.0	1.10	2.48
鳙	117.1	71	1649.3	61.34	58.68	黄颡鱼	0.1	1	100.0	0.05	0.83
草鱼	30.9	14	2207.1	16.19	11.57	合计	190.9	121			

3）南湖：放养型渔业湿地。采集到鱼类 1 目 1 科 7 属 7 种。在 2009 年 1 月 5 日的渔获物中，放养的经济鱼类鲢、鳙、青鱼、团头鲂约占 66.63%；土著经济鱼类鲤、银鲫约占 33.37%。2009 年 12 月 20 日的渔获物中，放养的经济鱼类鲢、鳙、青鱼、草鱼约占 88.59%；土著经济鱼类鲤、银鲫约占 11.41%（表 1-58）。

表 1-58　南湖渔获物组成

种类	2009-01-05					2009-12-20				
	重量/kg	数量/尾	平均体重/g	重量比例/%	数量比例/%	重量/kg	数量/尾	平均体重/g	重量比例/%	数量比例/%
鲢	36.8	37	994.6	18.69	23.57	31.1	21	1481.0	18.78	19.09
鳙	78.4	33	2375.8	39.82	21.02	83.1	33	2518.2	50.18	30.00
鲤	62.0	52	1192.3	31.49	33.12	15.9	23	691.3	9.60	20.91
银鲫	3.7	22	168.2	1.88	14.01	3.0	13	230.8	1.81	11.82
青鱼	14.6	12	1216.7	7.41	7.64	10.0	7	1428.6	6.04	6.36
团头鲂	1.4	1	1400.0	0.71	0.64					
草鱼						22.5	13	1730.8	13.59	11.82
合计	196.9	157				165.6	110			

4）白银中花泡：放养型渔业湿地。调查期间见到的鱼类有鲢、鳙、草鱼、青鱼、鲤（野生种类和杂交品种混合种群）、银鲫和团头鲂 7 种。根据该渔场提供的情况，鳙和鲤构成鱼产量的主要成分，约占 65%；其次是鲢和青鱼，约占 25%；小型非经济鱼类约占 10%。

（16）青肯泡　放养型高盐碱渔业湿地。银鲫和葛氏鲈塘鳢为群落优势种。渔获物中，放养的经济鱼类鲢、鳙、草鱼约占 81.84%；土著经济鱼类鲤、银鲫约占 14.69%；小型非经济鱼类麦穗鱼、葛氏鲈塘鳢约占 3.47%（表 1-59）。部分银鲫和鲤鱼患有九江头槽绦虫病。

表 1-59　青肯泡渔获物组成（2008-10-23）

种类	重量/kg	数量/尾	平均体重/g	重量比例/%	数量比例/%	种类	重量/kg	数量/尾	平均体重/g	重量比例/%	数量比例/%
鲢	30.3	52	582.7	17.80	7.02	麦穗鱼	1.6	117	13.7	0.94	15.79
鳙	84.3	96	878.1	49.53	12.96	葛氏鲈塘鳢	4.3	149	28.9	2.53	20.11
鲤	18.7	57	328.1	10.99	7.69	草鱼	24.7	31	796.8	14.51	4.18
银鲫	6.3	239	26.4	3.70	32.25	合计	170.2	741			

（17）北二十里泡　为大庆市的一个蓄滞洪区，非渔业湿地。土著鱼类来自嫩江。渔获物中，土著经济鱼类银鲫、䱗、鲤、鲇、黄颡鱼约占 92.57%；小型非经济鱼类黑龙江鳑鲏、大鳍鱊、黑龙江泥鳅、黑龙江花鳅、花斑副沙鳅、拉氏鲹、棒花鱼、犬首鮈约占 7.41%（表 1-60）。

（18）老江身泡　放养型渔业湿地，土著鱼类来自嫩江（通过渠道）、松花江（通过呼兰河）。渔获物中，放养的经济鱼类鲢、鳙、草鱼、团头鲂约占 74.53%；土著经济鱼类鲤、银鲫约占 20.73%；小型非经济鱼类麦穗鱼、葛氏鲈塘鳢约占 4.73%（表 1-61）。

表 1-60 北二十里泡渔获物组成

种类	重量/kg	数量/尾	平均体重/g	重量比例/%	数量比例/%	种类	重量/kg	数量/尾	平均体重/g	重量比例/%	数量比例/%
银鲫	12.2	362	33.7	41.16	35.67	鲤	11.3	146	77.4	38.12	14.38
䱗	1.2	73	16.4	4.05	7.19	鲇	1.8	22	81.8	6.07	2.17
黑龙江鳑鲏	0.04	12	3.3	0.13	1.18	黄颡鱼	0.94	29	32.4	3.17	2.86
大鳍鱊	0.12	13	9.2	0.40	1.28	拉氏鲅	0.3	59	5.1	1.01	5.81
黑龙江泥鳅	0.93	198	4.7	3.14	19.51	棒花鱼	0.17	11	15.5	0.57	1.08
黑龙江花鳅	0.09	26	3.5	0.30	2.56	犬首鮈	0.53	57	9.3	1.79	5.62
花斑副沙鳅	0.02	7	2.9	0.07	0.69	合计	29.64	1015			

表 1-61 老江身泡渔获物组成（2008-10-25）

种类	重量/kg	数量/尾	平均体重/g	重量比例/%	数量比例/%	种类	重量/kg	数量/尾	平均体重/g	重量比例/%	数量比例/%
鲢	19.6	26	753.8	22.58	6.03	团头鲂	1.3	9	144.4	1.50	2.09
鳙	37.6	39	964.1	43.31	9.05	麦穗鱼	1.1	73	15.1	1.27	16.94
鲤	14.1	41	343.9	16.24	9.51	葛氏鲈塘鳢	3.0	98	30.6	3.46	22.74
银鲫	3.9	139	28.1	4.49	32.25						
草鱼	6.2	6	1033.3	7.14	1.39	合计	86.8	431			

1.1.4 低山丘陵区湖泊沼泽群

1.1.4.1 自然概况

低山丘陵区湖泊沼泽群地处小兴安岭—张广才岭—老爷岭的低山丘陵区及其与松嫩平原的过渡地带，由 4 片湖泊沼泽构成，自然概况见表 1-62。

表 1-62 低山丘陵区湖泊沼泽群自然概况

编号	湖泊沼泽	经纬度	所在地区	面积/km^2	平均水深/m	水质盐度分类	年平均鱼产量/(kg/hm^2)
（12）	五大连池	48°40′N～48°47′N，126°06′E～126°15′E	黑龙江五大连池	21.3	10.50	淡	48.4
（13）	跃进泡	45°58′N～46°00′N，129°00′E～129°02′E	黑龙江通河	12.0	1.67	淡	62.5
（14）	哈什哈泡	45°59′N～46°01′N，129°03′E～129°05′E	黑龙江通河	8.0	1.49	淡	21.9
（31）	镜泊湖	43°46′N～44°03′N，128°37′E～129°03′E	黑龙江宁安	90.3	13.80	淡	4.4

1.1.4.2 总述

1. 物种多样性

采集到低山丘陵区湖泊沼泽群的鱼类物种 5 目 10 科 36 属 43 种（表 1-63）。其中，移入种 1 目 1 科 5 属 5 种，包括青鱼、草鱼、鲢、鳙和团头鲂；土著鱼类 5 目 10 科 31 属 38 种。土著种中，细鳞鲑、黑龙江茴鱼、黑斑狗鱼、瓦氏雅罗鱼、拉氏鲅、黑龙江花鳅和江鳕为冷水种，占 18.42%；东北颌须鮈、达氏鲌和银鮈为中国特有种；黑龙江茴鱼为中国易危种。

2. 种类组成

采集到的鱼类中，鲤形目 34 种，占 79.07%；鲈形目和鲑形目均 3 种，各占 6.98%；鲇形目 2 种、鳕形目 1 种，分别占 4.65%和 2.33%。科级分类单元中，鲤科 32 种，占 74.42%；鲑科、鳅科均 2 种，各占 4.65%；塘鳢科、鮨科、鳢科、鳕科、狗鱼科、鲿科和鲇科均 1 种，各占 2.33%。

3. 区系生态类群

低山丘陵区湖泊沼泽群的土著鱼类群落由 6 个区系生态类群构成。

1）江河平原区系生态类群：鳊、䱗、红鳍原鲌、蒙古鲌、达氏鲌、翘嘴鲌、银鲴、细鳞鲴、唇䱻、花䱻、棒花鱼、蛇鮈、银鮈、克氏鳈和鳜，占 39.47%。

2）北方平原区系生态类群：黑斑狗鱼、瓦氏雅罗鱼、湖鲅、拉氏鲅、花江鲅、细体鮈、犬首鮈、东北颌须鮈和黑龙江花鳅，占 23.68%。

3）新近纪区系生态类群：鲤、银鲫、赤眼鳟、黑龙江鳑鲏、大鳍鱊、麦穗鱼、黑龙江泥鳅和鲇，占 21.05%。

4）北方山地区系生态类群：细鳞鲑和黑龙江茴鱼，占 5.26%。

5）热带平原区系生态类群：葛氏鲈塘鳢、乌鳢和黄颡鱼，占 7.89%。

6）北极淡水区系生态类群：江鳕，占 2.63%。

以上北方区系生态类群 12 种，占 31.58%。

表 1-63 低山丘陵区湖泊沼泽群鱼类物种组成

种类	a	b	c	d	种类	a	b	c	d
一、鲤形目 Cypriniformes					7. 赤眼鳟 *Squaliobarbus curriculus*				+
（一）鲤科 Cyprinidae					8. 䱗 *Hemiculter leucisculus*	+	+	+	+
1. 青鱼 *Mylopharyngodon piceus*▲	+	+	+		9. 红鳍原鲌 *Cultrichthys erythropterus*	+			+
2. 草鱼 *Ctenopharyngodon idella*▲	+	+	+		10. 达氏鲌 *Culter dabryi*	+			
3. 湖鲅 *Phoxinus percnurus*	+	+	+	+	11. 翘嘴鲌 *Culter alburnus*		+	+	+
4. 拉氏鲅 *Phoxinus lagowskii*	+				12. 蒙古鲌 *Culter mongolicus mongolicus*	+			+
5. 花江鲅 *Phoxinus czekanowskii*			+						
6. 瓦氏雅罗鱼 *Leuciscus waleckii waleckii*	+			+	13. 鳊 *Parabramis pekinensis*		+	+	

续表

种类	a	b	c	d
14. 团头鲂 *Megalobrama amblycephala*▲	+	+	+	
15. 银鲴 *Xenocypris argentea*				+
16. 细鳞鲴 *Xenocypris microleps*				+
17. 大鳍鱊 *Acheilognathus macropterus*	+	+		
18. 黑龙江鳑鲏 *Rhodeus sericeus*	+			+
19. 花䱻 *Hemibarbus maculatus*	+			
20. 唇䱻 *Hemibarbus laboe*				+
21. 麦穗鱼 *Pseudorasbora parva*	+	+	+	+
22. 克氏鳈 *Sarcocheilichthys czerskii*				+
23. 棒花鱼 *Abbottina rivularis*	+			
24. 犬首鮈 *Gobio cynocephalus*			+	+
25. 细体鮈 *Gobio tenuicorpus*				+
26. 东北颌须鮈 *Gnathopogon mantschuricus*				+
27. 银鮈 *Squalidus argentatus*				+
28. 蛇鮈 *Saurogobio dabryi*	+			+
29. 鲤 *Cyprinus carpio*	+	+	+	+
30. 银鲫 *Carassius auratus gibelio*	+	+	+	+
31. 鲢 *Hypophthalmichthys molitrix*▲	+	+	+	+
32. 鳙 *Aristichthys nobilis*▲	+	+	+	+
（二）鳅科 Cobitidae				
33. 黑龙江泥鳅 *Misgurnus mohoity*	+	+	+	
34. 黑龙江花鳅 *Cobitis lutheri*	+	+	+	+
二、鲇形目 Siluriformes				
（三）鲿科 Bagridae				
35. 黄颡鱼 *Pelteobagrus fulvidraco*	+	+	+	+
（四）鲇科 Siluridae				
36. 鲇 *Silurus asotus*	+	+	+	+
三、鲑形目 Salmoniformes				
（五）鲑科 Salmonidae				
37. 细鳞鲑 *Brachymystax lenok*				+
38. 黑龙江茴鱼 *Thymallus arcticus*				+
（六）狗鱼科 Esocidae				
39. 黑斑狗鱼 *Esox reicherti*	+			+
四、鳕形目 Gadiformes				
（七）鳕科 Gadidae				
40. 江鳕 *Lota lota*				+
五、鲈形目 Perciformes				
（八）鮨科 Serranidae				
41. 鳜 *Siniperca chuatsi*		+		+
（九）塘鳢科 Eleotridae				
42. 葛氏鲈塘鳢 *Perccottus glehni*	+	+	+	+
（十）鳢科 Channidae				
43. 乌鳢 *Channa argus*			+	+

注：a. 五大连池，b. 跃进泡，c. 哈什哈泡，d. 镜泊湖

1.1.4.3 分述

1. 五大连池

（1）物种多样性　采集到鱼类 4 目 6 科 24 属 26 种。其中，移入种 1 目 1 科 5 属 5 种，包括青鱼、草鱼、鲢、鳙和团头鲂；土著鱼类 4 目 6 科 19 属 21 种，其中包括冷水种黑斑狗鱼、瓦氏雅罗鱼、拉氏鲅和黑龙江花鳅及中国特有种达氏鲌。

（2）种类组成　鲤形目 22 种、鲇形目 2 种，分别占 84.62%及 7.69%；鲑形目和鲈形目均 1 种，各占 3.85%。科级分类单元中，鲤科 20 种、鳅科 2 种，分别占 76.92%及 7.69%；狗鱼科、鲇科、鲿科和塘鳢科均 1 种，各占 3.85%。

（3）区系生态类群　由 4 个区系生态类群构成。

1）江河平原区系生态类群：鳘、红鳍原鲌、蒙古鲌、达氏鲌、花䱻、棒花鱼和蛇鮈，占 33.33%。

2）北方平原区系生态类群：黑斑狗鱼、瓦氏雅罗鱼、湖鲂、拉氏鲂和黑龙江花鳅，占 23.81%。

3）新近纪区系生态类群：鲤、银鲫、黑龙江鳑鲏、大鳍鱊、麦穗鱼、黑龙江泥鳅和鲇，占 33.33%。

4）热带平原区系生态类群：葛氏鲈塘鳢和黄颡鱼，占 9.52%。

以上北方区系生态类群 5 种，占 23.81%。

2. 跃进泡

（1）物种多样性　采集到鱼类 3 目 6 科 19 属 19 种。其中，移入种 1 目 1 科 5 属 5 种，包括青鱼、草鱼、鲢、鳙和团头鲂；土著鱼类 3 目 6 科 14 属 14 种，其中包括冷水种黑龙江花鳅。

（2）种类组成　鲤形目 15 种，占 78.95%；鲇形目和鲈形目均 2 种，各占 10.53%。科级分类单元中，鲤科 13 种、鳅科 2 种，分别占 68.42%及 10.53%；鮨科、鲇科、鲿科和塘鳢科均 1 种，各占 5.26%。

（3）区系生态类群　由 4 个区系生态类群构成。

1）江河平原区系生态类群：鳊、䱗、鳜和翘嘴鲌，占 28.57%。

2）北方平原区系生态类群：湖鲂和黑龙江花鳅，占 14.29%。

3）新近纪区系生态类群：鲤、银鲫、大鳍鱊、麦穗鱼、黑龙江泥鳅和鲇，占 42.86%。

4）热带平原区系生态类群：葛氏鲈塘鳢和黄颡鱼，占 14.29%。

以上北方区系生态类群 2 种，占 14.29%。

3. 哈什哈泡

（1）物种多样性　采集到鱼类 3 目 6 科 19 属 20 种。其中，移入种 1 目 1 科 5 属 5 种，包括青鱼、草鱼、鲢、鳙和团头鲂；土著鱼类 3 目 6 科 14 属 15 种，其中包括冷水种黑龙江花鳅。

（2）种类组成　鲤形目 16 种，占 80%；鲇形目和鲈形目均 2 种，各占 10%。科级分类单元中，鲤科 14 种、鳅科 2 种，分别占 70%及 10%；鲇科、鲿科、鳢科和塘鳢科均 1 种，各占 5%。

（3）区系生态类群　由 4 个区系生态类群构成。

1）江河平原区系生态类群：鳊、䱗和翘嘴鲌，占 20%。

2）北方平原区系生态类群：湖鲂、花江鲂、犬首𬶋和黑龙江花鳅，占 26.67%。

3）新近纪区系生态类群：鲤、银鲫、麦穗鱼、黑龙江泥鳅和鲇，占 33.33%。

4）热带平原区系生态类群：葛氏鲈塘鳢、乌鳢和黄颡鱼，占 20%。

以上北方区系生态类群 4 种，占 26.67%。

4. 镜泊湖

（1）物种多样性　采集到鱼类 5 目 10 科 30 属 32 种。其中，移入种 1 目 1 科 2 属 2 种，即鲢和鳙；土著鱼类 5 目 10 科 28 属 30 种。土著种中，细鳞鲑、黑龙江茴鱼、黑斑狗鱼、瓦氏雅罗鱼、黑龙江花鳅和江鳕为冷水种，占 20%；东北颌须鮈和银鮈为中国特有种；黑龙江茴鱼为中国易危种。

（2）种类组成　鲤形目 23 种，占 71.88%；鲈形目和鲑形目均 3 种，各占 9.38%；鲇形目 2 种、鳕形目 1 种，分别占 6.25%和 3.13%。科级分类单元中，鲤科 22 种、鲑科 2 种，分别占 68.75%及 6.25%；鳅科、塘鳢科、鮨科、鳢科、鳕科、狗鱼科、鲿科和鲇科均 1 种，各占 3.13%。

（3）区系生态类群　由 6 个区系生态类群构成。

1）江河平原区系生态类群：䱗、红鳍原鲌、蒙古鲌、翘嘴鲌、银鲴、细鳞鲴、唇䱻、蛇鮈、银鮈、克氏鳈和鳜，占 36.67%。

2）北方平原区系生态类群：黑斑狗鱼、瓦氏雅罗鱼、湖鲂、细体鮈、犬首鮈、东北颌须鮈和黑龙江花鳅，占 23.33%。

3）新近纪区系生态类群：鲤、银鲫、赤眼鳟、黑龙江鳑鲏、麦穗鱼和鲇，占 20%。

4）北方山地区系生态类群：细鳞鲑和黑龙江茴鱼，占 6.67%。

5）热带平原区系生态类群：葛氏鲈塘鳢、乌鳢和黄颡鱼，占 10%。

6）北极淡水区系生态类群：江鳕，占 3.33%。

以上北方区系生态类群 10 种，占 33.33%。

1.1.4.4 渔获物组成

（1）跃进泡　放养型渔业湿地。渔获物中，放养的经济鱼类青鱼、鲢、鳙、草鱼、团头鲂约占 89.65%；土著经济鱼类银鲫、䱗、鲤、鲇、黄颡鱼、鳜约占 9.86%；小型非经济鱼类葛氏鲈塘鳢、黑龙江泥鳅、麦穗鱼约占 0.49%（表 1-64）。

表 1-64　跃进泡渔获物组成（2010-08-10～12）

种类	重量/kg	数量/尾	平均体重/g	重量比例/%	数量比例/%	种类	重量/kg	数量/尾	平均体重/g	重量比例/%	数量比例/%
银鲫	3.5	31	112.9	2.85	10.84	鳜	0.5	1	500.0	0.41	0.35
䱗	1.1	44	25.0	0.90	15.38	麦穗鱼	0.4	62	6.5	0.33	21.68
鲤	3.5	7	500.0	2.85	2.45	鳙	17.8	13	1369.2	14.51	4.55
鲇	3.4	11	309.1	2.77	3.85	鲢	84.5	72	1173.6	68.87	25.17
黄颡鱼	0.1	3	33.3	0.08	1.05	草鱼	3.0	2	1500.0	2.44	0.70
葛氏鲈塘鳢	0.1	9	11.1	0.08	3.15	团头鲂	1.2	3	400.0	0.98	1.05
青鱼	3.5	2	1750.0	2.85	0.70						
黑龙江泥鳅	0.1	26	3.8	0.08	9.09	合计	122.7	286			

（2）哈什哈泡　放养型渔业湿地。渔获物中，放养的经济鱼类鲢、鳙、草鱼、团头鲂约占 86.84%；土著经济鱼类银鲫、鲤、鲇、黄颡鱼、乌鳢、翘嘴鲌、鳊约占 13.17%（表 1-65）。

表 1-65　哈什哈泡渔获物组成（2010-09-13～15）

种类	重量/kg	数量/尾	平均体重/g	重量比例/%	数量比例/%	种类	重量/kg	数量/尾	平均体重/g	重量比例/%	数量比例/%
银鲫	3.9	42	92.9	2.08	19.35	鳊	1.0	5	200.0	0.53	2.30
鲤	10.8	21	514.3	5.76	9.68	鳙	35.9	17	2111.8	19.15	7.83
鲇	6.6	17	388.2	3.52	7.83	鲢	108.8	82	1326.8	58.03	37.79
黄颡鱼	0.1	10	60.0	0.05	4.61	草鱼	14.3	9	1588.9	7.63	4.15
乌鳢	1.7	1	1700.0	0.91	0.46	团头鲂	3.8	11	345.5	2.03	5.07
翘嘴鲌	0.6	2	300.0	0.32	0.92	合计	187.5	217			

（3）镜泊湖　放养型渔业湿地，土著鱼类来自牡丹江及松花江。2009 年 9 月 8 日的渔获物中，土著经济鱼类细鳞鲑、黑斑狗鱼、瓦氏雅罗鱼、银鲴、赤眼鳟、唇䱻、䱗、红鳍原鲌、蒙古鲌、鲤、银鲫、鲇、黄颡鱼、乌鳢约占 93.03%；小型非经济鱼类黑龙江茴鱼、湖鲂、麦穗鱼、银鮈、克氏鳈、黑龙江花鳅、葛氏鲈塘鳢约占 6.98%。2010 年 1 月 10 日的渔获物中，土著经济鱼类黑斑狗鱼、瓦氏雅罗鱼、银鲴、细鳞鲴、䱗、蒙古鲌、鲤、银鲫、鲇、鳜、黄颡鱼约占 92.81%；放养的经济鱼类鲢、鳙约占 7.19%（表 1-66）。2010 年 1 月 14 日的渔获物中，土著经济鱼类黑斑狗鱼、蒙古鲌、红鳍原鲌、细鳞鲴、翘嘴鲌、瓦氏雅罗鱼、银鲴、蛇鮈、唇䱻、江鳕、银鲫、䱗、鲤约占 99.59%；放养的经济鱼类鲢约占 0.38%；小型非经济鱼类黑龙江鳑鲏约占 0.03%（表 1-67）。2008 年 9 月 3 日的渔获物，均为土著经济鱼类；2008 年 9 月 18 日的渔获物中，除小型非经济鱼类黑龙江鳑鲏约占 0.80%外，其余均为土著经济鱼类（表 1-68）。

表 1-66　镜泊湖渔获物组成（2009-09-08，2010-01-10）

种类	2009-09-08					2010-01-10				
	重量/kg	数量/尾	平均体重/g	重量比例/%	数量比例/%	重量/kg	数量/尾	平均体重/g	重量比例/%	数量比例/%
细鳞鲑	2.7	2	1 372.2	2.05	0.19					
黑龙江茴鱼	1.3	5	252.3	0.99	0.47					
黑斑狗鱼	6.3	7	896.7	4.78	0.66	22.8	31	735.5	0.43	0.10
瓦氏雅罗鱼	7.4	42	176.9	5.61	3.94	59.2	592	100.0	1.11	1.88
湖鲂	2.0	73	27.3	1.52	6.85					
银鲴	2.0	21	93.6	1.52	1.97	207.1	2 761	75.0	3.87	8.76
细鳞鲴						242.1	1 073	225.6	4.52	3.40
赤眼鳟	1.2	6	201.2	0.91	0.56					
唇䱻	4.7	13	362.9	3.57	1.22					
麦穗鱼	2.3	132	17.2	1.75	12.39					
鲢						116.7	52	2 244.2	2.18	0.17
鳙						268.0	67	4 000.0	5.01	0.21
银鮈	1.4	42	32.6	1.06	3.94					

续表

种类	2009-09-08					2010-01-10				
	重量/kg	数量/尾	平均体重/g	重量比例/%	数量比例/%	重量/kg	数量/尾	平均体重/g	重量比例/%	数量比例/%
克氏鲦	0.2	12	16.9	0.15	1.13					
鳘	4.3	102	42.3	3.26	9.58	49.1	654	75.1	0.92	2.08
红鳍原鲌	13.2	92	143.6	10.02	8.64					
蒙古鲌	46.1	149	309.2	34.98	13.99	2 644.8	17 632	150.0	49.43	55.95
鲤	5.9	19	312.7	4.48	1.78	618.0	499	1 238.5	11.55	1.58
银鲫	22.4	243	92.3	17.00	22.82	94.0	943	99.7	1.76	2.99
鲇	2.7	11	243.2	2.05	1.03	269.2	673	400.0	5.03	2.14
鳜						121.7	162	751.2	2.27	0.51
黄颡鱼	1.1	9	119.7	0.83	0.85	637.6	6 376	100.0	11.92	20.23
黑龙江花鳅	0.9	49	19.2	0.68	4.60					
葛氏鲈塘鳢	1.1	33	32.7	0.83	3.10					
乌鳢	2.6	3	863.2	1.97	0.28					
合计	131.8	1 065				5 350.3	31 515			

表 1-67 镜泊湖渔获物组成（2010-01-14）

种类	重量/kg	数量/尾	平均体重/g	重量比例/%	数量比例/%	种类	重量/kg	数量/尾	平均体重/g	重量比例/%	数量比例/%
黑斑狗鱼	91.8	81	1 133.3	1.06	0.13	蛇鮈	3.2	44	72.7	0.04	0.07
蒙古鲌	4 384.6	37 962	115.5	50.48	61.69	唇䱻	1.1	17	64.7	0.01	0.03
红鳍原鲌	65.7	932	70.5	0.76	1.51	江鳕	5.4	27	200.0	0.06	0.04
细鳞鲴	1 570.8	7 127	220.4	18.09	11.58	鲢	33.2	103	322.3	0.38	0.17
翘嘴鲌	1 066.1	1 939	549.8	12.27	3.15	银鲫	538.2	3 288	163.7	6.20	5.34
瓦氏雅罗鱼	626.9	6 364	98.5	7.22	10.34	鳘	243.4	3 344	72.8	2.80	5.43
黑龙江鳑鲏	2.3	57	40.4	0.03	0.09	鲤	44.6	193	231.1	0.51	0.31
银鲴	8.2	54	151.9	0.09	0.09	合计	8 685.5	61 532			

表 1-68 镜泊湖渔获物组成（2008-09-03，2008-09-18）

种类	2008-09-03					2008-09-18				
	重量/kg	数量/尾	平均体重/g	重量比例/%	数量比例/%	重量/kg	数量/尾	平均体重/g	重量比例/%	数量比例/%
蒙古鲌	9.3	62	150.0	42.66	33.51	252.1	2017	125.0	80.24	69.91
细鳞鲴	3.3	24	137.5	15.14	12.97	8.0	53	150.9	2.55	1.84
瓦氏雅罗鱼	1.6	21	76.2	7.34	11.35	1.1	22	50.0	0.35	0.76
鲤	1.1	7	157.1	5.05	3.78	8.9	13	684.6	2.83	0.45
银鲫	0.6	5	120.0	2.75	2.70	1.3	9	144.4	0.41	0.31

续表

种类	2008-09-03					2008-09-18				
	重量/kg	数量/尾	平均体重/g	重量比例/%	数量比例/%	重量/kg	数量/尾	平均体重/g	重量比例/%	数量比例/%
银鲴	1.7	23	73.9	7.80	12.43	5.4	54	100.0	1.72	1.87
䱗	1.1	19	57.9	5.05	10.27	28.1	382	73.6	8.94	13.24
唇䱻	2.1	21	100.0	9.63	11.35	2.9	37	78.4	0.92	1.28
鳜	1.0	3	333.3	4.59	1.62					
黄颡鱼						3.2	32	100.0	1.02	1.11
黑龙江鳑鲏						2.5	253	9.9	0.80	8.77
蛇鮈						0.3	12	25.0	0.10	0.42
黑斑狗鱼						0.4	1	400.0	0.13	0.03
合计	21.8	185				314.2	2885			

（4）五大连池　放养型渔业湿地，土著鱼类来自嫩江及其支流讷莫尔河，其中的达氏鲌是仅见于该湿地的鱼类。银鲫、䱗、麦穗鱼和葛氏鲈塘鳢为群落优势种。渔获物中，放养的经济鱼类团头鲂、鲢、鳙、草鱼、青鱼约占52.31%；土著经济鱼类鲤、银鲫、鲇、黄颡鱼、黑斑狗鱼、红鳍原鲌、蒙古鲌、达氏鲌、瓦氏雅罗鱼、花䱻、䱗、蛇鮈约占46.91%；小型非经济鱼类葛氏鲈塘鳢、黑龙江鳑鲏、大鳍鱊、棒花鱼、黑龙江泥鳅、黑龙江花鳅、拉氏鲅、湖鲅、麦穗鱼约占0.79%（表1-69）。

表1-69　五大连池渔获物组成（2010-09-24～30）

种类	重量/kg	数量/尾	平均体重/g	重量比例/%	数量比例/%	种类	重量/kg	数量/尾	平均体重/g	重量比例/%	数量比例/%
瓦氏雅罗鱼	3.5	31	112.9	0.59	1.43	花䱻	3.3	9	366.7	0.56	0.41
黑斑狗鱼	91.9	103	892.2	15.50	4.74	䱗	8.1	294	27.6	1.37	13.53
红鳍原鲌	17.4	95	183.2	2.93	4.37	鲢	62.3	57	1093.0	10.51	2.62
蒙古鲌	11.9	73	163.0	2.01	3.36	鲇	10.8	22	490.9	1.82	1.01
达氏鲌	2.9	23	126.1	0.49	1.06	鲤	76.6	151	507.3	12.92	6.95
黄颡鱼	7.0	92	76.1	1.18	4.23	银鲫	41.5	496	83.7	7.00	22.83
团头鲂	3.9	7	557.1	0.66	0.32	蛇鮈	3.2	52	61.5	0.54	2.39
葛氏鲈塘鳢	1.3	94	13.8	0.22	4.33	鳙	205.9	123	1674.0	34.73	5.66
黑龙江鳑鲏	0.1	17	7.4	0.02	0.78	草鱼	30.0	14	2142.9	5.06	0.64
大鳍鱊	0.5	29	17.6	0.08	1.33	青鱼	8.0	3	2666.7	1.35	0.14
麦穗鱼	0.9	149	5.9	0.15	6.86	拉氏鲅	0.8	129	6.3	0.13	5.94
棒花鱼	0.3	12	28.3	0.05	0.55	湖鲅	0.2	11	14.5	0.03	0.51
黑龙江泥鳅	0.5	63	7.1	0.09	2.90						
黑龙江花鳅	0.1	24	5.8	0.02	1.10	合计	592.9	2173			

1.1.4.5　主要物种个体生物学及种群结构

1. 五大连池达氏鲌

（1）生态习性与食性　达氏鲌生活于湖泊、水库静水水体的中上层，平时多栖息于水草丛生的浅水湾内，集群于草丛中产卵，冬季到深水区越冬；是以肉食性为主的杂食性鱼类，其食物组成随着个体大小的不同而有所差异；体长为20cm以下的幼鱼，主要以桡足类、枝角类、水生昆虫、虾和小鱼为食，食物中也有植物碎屑。体长为20cm以上的个体主要摄食小鱼和虾，食物构成中多为鮈亚科种类、鰕虎鱼科种类等。五大连池达氏鲌的食物组成出现率见表1-70。

表 1-70　五大连池达氏鲌的食物组成出现率（%）[2]

食物组成	月份				食物组成	月份			
	5	7	8	12		5	7	8	12
鱼类	100	0	30	0	轮虫	0	0	0	11
水生昆虫	100	0	25	28.5	植物碎屑	50	0	50	22
桡足类	25	0	10	44.4	原生动物	0	0	0	22
枝角类	0	0	20	55.5	腐殖质	50	25	25	44.4

注：5月所用样本8尾，7月所用样本14尾，8月所用样本10尾，12月所用样本17尾

（2）年龄与生长　目前见到的达氏鲌最大个体体长38cm，体重574g，常见个体体长25cm以下，体重250g左右[2]。五大连池达氏鲌实测体长、实测体重和退算体长见表1-71。由表可知五大连池达氏鲌生长速率较为缓慢，年均增长量2～3龄14.6g，6龄以后23.51g[6]。体长（L/cm）与体重（W/g）的关系为$W = 2.76\times10^{-2} L^{2.768}$。

表 1-71　五大连池达氏鲌的生长速率[6]

年龄/龄	样本数/尾	实测体长/cm		实测体重/g		退算体长/cm					
		范围	平均	范围	平均	L_1	L_2	L_3	L_4	L_5	L_6
2	3	12.5～14.0	13.5	37～44	39.7	7.13	11.71				
3	94	14.3～18.3	15.9	38～80	54.3	7.08	10.00	15.70			
4	65	16.5～20.8	18.2	60～120	77.0	6.68	10.44	13.76	17.01		
5	18	19.2～25.5	22.5	105～220	157.8	6.39	9.55	12.88	16.60	20.30	
6	4	25.0～28.0	26.1	205～300	262.8	6.97	9.90	13.91	17.29	21.42	24.67

达氏鲌在不同水域的生长速率也有所差异，在长江水系中快于北方水系（表1-72）。

表 1-72 不同水域达氏鲌的生长速率[2]

水域	指标	年龄/龄					
		1	2	3	4	5	6
黑龙江五大连池	体长/cm		13.5	15.9	18.2	22.5	26.1
	体重/g		39.7	54.3	77.0	157.8	262.8
天津于桥水库	体长/cm	12.0	18.2	21.7			
	体重/g						
湖北梁子湖	体长/cm	13.0	19.0	22.9	26.8	30.5	
	体重/g	29.0	75.0	146.6	248.6	416.0	

（3）种群结构　五大连池达氏鲌种群年龄、体长和体重构成见表 1-73 和表 1-74。

（4）繁殖和发育　东北地区的达氏鲌性成熟年龄为 3～4 龄，长江以南地区的 2 龄性成熟。长江水系的达氏鲌性成熟最小个体，雌性体长 12.0cm，体重 18.3g；雄性体长 10.7cm，体重 15g。五大连池达氏鲌最小性成熟个体，雌性体长 14.7cm，体重 38g。达氏鲌在东北地区的产卵期为 6～7 月，在长江流域为 4～7 月。

表 1-73 五大连池达氏鲌种群年龄和体长分布[2]

年龄/龄	体长分布/cm							
	12.0～13.0	13.1～14.0	14.1～15.0	15.1～16.0	16.1～17.0	17.1～18.0	18.1～19.0	19.1～20.0
2	1	2						
3			15	42	28	5	2	9
4					12	26	15	1
5								
6								
合计/尾	1	2	15	42	40	31	17	10
所占比例/%	0.52	1.06	7.94	22.22	21.16	16.40	8.99	5.29

年龄/龄	体长分布/cm							总计
	20.1～21.0	21.1～22.0	22.1～23.0	23.1～24.0	24.1～25.0	25.1～26.0	26.1～28.0	
2								
3	3							
4	4	3	4	5		2		
5					1	2	1	
6					1	4	1	
合计/尾	7	3	4	5	2	8	2	189
所占比例/%	3.70	1.59	2.12	2.65	1.06	4.23	1.06	100

注：引用时经过整理

表 1-74 五大连池达氏鲌种群体重分布[2]

指标	体重分布/g					
	30.0～40.0	40.1～50.0	50.1～60.0	60.1～70.0	70.1～80.0	80.1～90.0
样本数/尾	8	60	97	77	49	18
所占比例/%	2.33	17.44	28.20	22.38	14.24	5.23
指标	体重分布/g					
	90.1～100.0	100.1～110.0	110.1～120.0	120.1～270.0	270.1～280.0	
样本数/尾	17	6	5	1	6	
所占比例/%	4.94	1.74	1.45	0.29	1.74	

注：引用时经过整理

长江水系的达氏鲌卵巢发育期从 9 月至翌年 3 月处于第II期，持续半年以上。第III期发育历时短暂，仅在 4 月上半月，4 月下旬转入第Ⅳ期，在产卵场可见到第V期的亲鱼。6 月上旬可见到第Ⅳ～Ⅵ期的亲鱼，为分批产卵鱼类。绝对繁殖力在 8000～97 000 粒，随着年龄和体长的增加而增多，一般在 2 万～5 万粒卵。五大连池达氏鲌的绝对繁殖力见表 1-75。

表 1-75 五大连池达氏鲌绝对繁殖力[2]

体长/cm	体重/g	卵巢重/g	卵密度/(粒卵/g)	绝对繁殖力/粒卵	相对繁殖力/(粒卵/g)
17.3	58	10	2 059	20 590	355
18.5	75	5	1 768	8 840	118
19.0	83	11	1 950	21 450	258
19.8	93	7	1 719	12 033	129
19.9	98	7.5	1 016	7 620	154
20.0	85	4.0	2 009	8 036	95
20.1	106	7	1 685	11 795	111
20.2	113	15	2 150	32 250	285
20.5	148	20	1 075	21 500	145
22.0	186	15	1 545	23 175	124
平均				17 479	177

达氏鲌的产卵场多位于杂草丛生的浅水区，也可在敞水区漂浮物上产卵。产卵水温 18～23℃。最先进入产卵场的群体中，最初雄鱼相对居多，之后雌性个体所占比例逐渐增大。成熟卵的卵径为 0.9～1.0mm，受精后，卵膜吸水膨胀，卵径为 1.37～1.42mm。卵具黏性，黏附于植物体或其他物体上发育。水温在 23～28℃时，受精卵大约经过 36h 即可孵化出仔鱼。刚孵化出的仔鱼体长 4mm，身体无色透明，头部稍带黄色，眼下缘有一黑点，4 日龄的仔鱼卵黄囊基本消失，口开启，有一椭圆形鳔，下咽齿开始形成，开始摄食外界食物，由前仔鱼期过渡到后仔鱼期。14 日龄的后期仔鱼，能捕食浮游动物。经过 45d 左右，体长达到 30mm，各器官形成，形态上已具成鱼特征，进入幼鱼期[2]。

在五大连池，繁殖季节的达氏鲌常常集群于产卵场，渔民在产卵场用 1 张撒网每天可捕获产卵亲鱼 150～200kg，由此可见其产卵鱼群之大。达氏鲌产卵鱼群的另一特点是忌雷雨、闪电。该鱼对雷雨、闪电反应敏感，当有雷雨或闪电时，产卵鱼群便全部游离产卵场，这时渔民全天也捕捞不到 1 条鱼。

（5）物种分布　在东北地区，达氏鲌的自然物种在湖泊的分布仅限于五大连池，在河流的分布仅限于嫩江。此外，东北地区的辽宁大伙房水库也有分布，为投放鲢、鳙时从长江水系带入而繁衍成种群的。在中国除东北地区外，达氏鲌还分布于永定河、天津于桥水库、河北官厅水库、山东东平湖、淮河、长江、钱塘江、闽江、韩江、珠江水系及一些附属湖泊[2]。

（6）资源状况　达氏鲌属中小型经济鱼类，是五大连池的特产鱼类和主要捕捞对象，其产量仅次于银鲫。20 世纪 80 年代，达氏鲌在五大连池渔获物中所占的比例在 15%左右，年产量 20t 左右。90 年代以来，随着放养鱼类的不断增加，再加上持续的过度利用，其资源量逐渐减少，在渔获物中所占比例甚微。在大伙房水库，1976 年、1977 年和 1978 年年渔获量分别为 25.23t、32.45t 和 56.65t；由于大量捕捞产卵繁殖群体，1979 年渔获量下降到 11.35t[2]。

达氏鲌主要捕食小型杂鱼，虽然也吞食放养鱼的鱼种，但能把经济价值低且与放养鱼类竞争饵料的小型杂鱼转化为优质鱼产品，对提高湖泊渔业经济效益还是利大于弊的。因此，应在合理利用的基础上，采取资源繁殖保护措施，使该鱼在渔获物中保持一定的比例，以维持湖泊鱼类物种多样性平衡。

2. 镜泊湖蒙古鲌

（1）食性　蒙古鲌（别名蒙古红鲌）是凶猛肉食性鱼类，口裂较大，掠食迅速。不同大小的个体食性有所差别。体长为 10～15cm 时，食物组成中以枝角类为主，20cm 以上则以小型成鱼为主[7]。不同季节镜泊湖蒙古鲌的食物组成出现率见表 1-76。

表 1-76　不同季节镜泊湖蒙古鲌的食物组成出现率（%）[7]

季节	食物组成										
	鱼类	枝角类	桡足类	介形类	虾类	轮虫	摇蚊幼虫	藻类	植物碎屑	昆虫幼虫	腐屑
春季（5 月）	85.7	14.4	14.3	0	14.3	0	0	28.6	0	0	28.6
夏季（8 月）	90.0	38.1	9.5	4.8	9.5	4.8	14.9	42.9	14.3	23.8	9.5
秋季（9 月）	32.0	80.0	10.0	0	0	0	0	50.0	50.0	0	80.0
冬季（3 月）	5.9	0	0	5.9	0	0	0	0	11.8	0	11.8

据研究，兴凯湖蒙古鲌体长 40cm 以下时，主要以枝角类和桡足类为食，也食昆虫幼虫；40cm 以上时主要以小型鱼类为食，摄食的鱼类有鮈亚科种类、虾虎鱼科种类、䱗、银鲫、黄颡鱼、鲴属种类等。此外，虾和植物碎片也在食物中出现[8]。不同体长的兴凯湖蒙古鲌的食物组成出现率如表 1-77 所示。

表 1-77 不同体长的兴凯湖蒙古鲌的食物组成出现率（%）[2]

体长/cm	样本数/尾	食物组成						
		鱼类	枝角类	桡足类	线虫类	十足目甲壳动物	摇蚊蛹	昆虫幼虫
3.0～4.0	5	0	100	80	0	0	0	0
4.1～5.0	5	0	100	60	0	0	0	0
5.1～6.0	7	0	100	100	0	28.5	28.5	0
6.1～7.0	5	20	100	100	0	60	60	0
7.1～8.0	4	0	100	100	0	2.5	0	0
8.1～9.0	5	20	80	80	80	20	0	20
9.1～11.0	4	75	50	50	0	50	25	25

放养型湖泊中蒙古鲌经常猎食放养的鱼种。体重 250g 左右的蒙古鲌可猎食体长为 6～7cm 的鲢、鳙鱼种，体重 750g 左右的蒙古鲌可猎食体长为 12cm 的鲢、鳙鱼种。8～9 月是产卵后的蒙古鲌摄食旺季，摄食强度最大。产卵期和冬季减食或基本停食[2, 7]。

（2）年龄与生长　目前所见到的蒙古鲌最大个体体长 70cm，体重 4.05kg，常见个体体长 30～50cm，体重 0.25～1.5kg[2]。镜泊湖蒙古鲌的生长速率见表 1-78。可知镜泊湖蒙古鲌性成熟前生长较快，第 1 年体长达 11.59cm，第 2 年增长 7.37cm，自第 3 年后生长速率明显减慢。比较不同水域的蒙古鲌生长速率可知（表 1-79），钱塘江的快于长江的，长江的快于黑龙江的[8]。对 355 尾样本鱼的实测结果表明，镜泊湖蒙古鲌体长（L/cm）与体重（W/g）的关系为[7] $W = 4.388 \times 10^{-2} L^{2.580}$ 。

（3）繁殖

1）性成熟年龄：蒙古鲌性成熟年龄南北方相差很大，长江以南 2 龄性成熟，黑龙江为 4 龄[2]。兴凯湖的蒙古鲌，有资料认为其是 4^+龄首次性成熟，还有的认为 5^+龄、体长约为 30cm 的个体首次性成熟[6]。镜泊湖蒙古鲌种群 3^+龄、体长约 21cm 开始性成熟，约占 29.6%（多数为雄性个体），4^+龄全部达到性成熟[7]。

表 1-78 镜泊湖蒙古鲌的生长速率[7]

年龄/龄	样本数/尾	实测体长/cm		实测体重/g		退算体长/cm						丰满度/%
		范围	平均	范围	平均	L_1	L_2	L_3	L_4	L_5	L_6	
1^+	29	16～21.5	19.16	65～105	7	12.37						1.66
2^+	103	17～24.3	20.89	70～200	115	11.36	18.23					1.26
3^+	27	21～29	25.38	110～300	200	11.01	17.66	23.02				1.22
4^+	10	24～36	31.40	180～550	390	11.32	20.53	23.76	28.64			1.26
5^+	10	34～45	36.60	550～1300	630	10.70	19.20	23.00	28.80	34.95		1.28
6^+	3	44～45	44.00	750～1250	875	12.80	19.20	25.10	29.70	33.90	38.95	1.03
平均						11.59	18.96	23.72	29.05	34.43	38.95	1.29
年增长						11.59	7.37	4.76	5.33	5.38	4.52	

表 1-79　不同水域蒙古鲌的生长速率[2]

水域	指标	年龄/龄							
		1^+	2^+	3^+	4^+	5^+	6^+	7^+	8^+
黑龙江博朗湖（俄罗斯境内）	体长/cm	11.1	17.0	23.2	28.6	36.3	39.7	42.8	47.0
	体重/g	18.1	62.9	171.1	344.8	675.0	955.0	1182.0	1915
镜泊湖	体长/cm	19.2	20.9	25.4	31.4	36.6	44.0		
	体重/g	70.0	115	200	390	630	875		
长江湖口	体长/cm	24.4	36.5	39.6					
	体重/g	180	600	900					
钱塘江	体长/cm	28.8	39.3	43.6	53.0				
	体重/g	310	710	1190	1730				

2）繁殖力：6 月下旬产卵前期，镜泊湖蒙古鲌的卵巢发育处于第Ⅳ期，成熟系数为 6.17%～17.6%，平均为 11.62%。雄鱼性腺发育达第Ⅴ期，成熟系数为 2.00%～4.89%，平均为 3.34%。

镜泊湖蒙古鲌绝对繁殖力 31 922～64 036 粒卵，平均 45 296 粒卵；相对繁殖力 135～312 粒卵/g，平均 171 粒卵/g（表 1-80）。可知镜泊湖蒙古鲌绝对繁殖力随着体长的增加而增多，体长 21.0～39.0cm 雌鱼的绝对繁殖力为 1.2 万～12.3 万粒卵；钱塘江体长 32.0～39.0cm 雌鱼的绝对繁殖力为 4.9 万～17.5 万粒卵；梁子湖体长 20.4～41.0cm 雌鱼的绝对繁殖力为 2.0 万～39.0 万粒卵[2]。

表 1-80　不同体长镜泊湖蒙古鲌的繁殖力[7]

体长/cm	样本数/尾	绝对繁殖力/粒卵		相对繁殖力/(粒卵/g)	
		幅度	平均	幅度	平均
21.0～25.0	10	12 360～31 129	23 732	124～198	181
25.1～29.0	10	14 248～123 012	34 820	81～546	164
29.1～33.0	15	38 463～87 124	56 055	171～249	204
33.1～37.0	20	31 535～97 123	54 911	113～278	178
37.1～39.0	13	64 789～72 471	68 627	185～290	172
合计	68	31 922～64 036	45 296	135～312	171

3）繁殖习性：蒙古鲌的产卵期，在黑龙江为 6～7 月，长江、钱塘江为 5～7 月。产卵时有明显向河口集群洄游的习性。产卵地点多在入湖河口附近或湖泊沿岸砂石底质或有水草处。产卵水温 22～24℃，分批产卵，卵径 0.8～1.1mm，受精后卵径 1.5～1.7mm。卵具黏性，黏附于砂石等物体上发育，但黏性不大，容易脱落于水底发育[2]。

镜泊湖的蒙古鲌具有产卵洄游习性。从历年冬季捕捞生产情况来看，镜泊湖的蒙古鲌一般在该湖的桦树沟和鹿圈等湖湾深水处越冬。3 月下旬或 4 月初，水温升高，蒙古鲌开始向湖外产卵洄游，5 月中旬在湖外河口水域可以采集到上溯的产卵群体样本。产卵期一般为 6 月下旬至 7 月上旬，水温 20℃以上。蒙古鲌的产卵场通常随着产卵期水位涨落与否而有所区别。若繁殖期水位较稳定，则仅在老鸹碾子、阎王鼻子水域产卵；若遇到水位上涨，则洄游到河口或上溯至浅水区产卵[3, 7]。

镜泊湖的蒙古鲌具有集群产卵习性。产卵期常常可看到湖面出现鱼群相互追逐、水花飞溅的壮观景象，有时可以看到水面一片红。产卵时间多在傍晚，卵产于沿岸的水草或石头上。这时，可在河口的砾石上采集到蒙古鲌的卵。

（4）种群数量与结构　镜泊湖原为牡丹江上游一江段，其鱼类区系组成无疑与牡丹江相似，也就是说河道被堰塞之前，湖中现存的这些鱼类就已经分布于此。其经济种类有蒙古鲌、翘嘴鲌、鲤、银鲫、银鲴、细鳞鲴、红鳍原鲌、唇䱻、瓦氏雅罗鱼、鳜、鲇、鳘等，这些定居型鱼类是镜泊湖鱼类区系的主体，是湖中的优势种，因而也是渔业生产的对象。

因网具、网场的不同，明水期与冰下捕捞时间的差异，渔获物的成分也不尽相同。虽然如此，但无论从历年渔获物上，还是从不同季节的渔获物统计结果来看，蒙古鲌的数量一直占优势，占渔获量的一半以上（表 1-81）。例如，在 1980 年 6 月 20 日的拖网渔获量 1013.5kg 中，蒙古鲌所占比例达 88.8%，可见蒙古鲌种群数量之大，所占比例之高，由于捕捞期集中，构成了镜泊湖渔业特色[7]。

表 1-81　镜泊湖历年渔获物成分[7]

时间	蒙古鲌/%	银鲫/%	鳜/%	翘嘴鲌/%	鳘/%	细鳞鲴/%	鲇/%	银鲴/%	鲢、鳙/%	鳑鲏类/%	鲤/%	其他/%	总产量/t
1950-12～1951-04	47	9.0	0.8		0.5						5.5	37.2	300
1951-11～1952-04	56	5.8	0.6		18.0						6.7	12.9	310
1953-12～1954-04	50.2	2.1	0.4	24.6	2.4	8.5	1.2	1.3		0.17	1.9	7.1	245
1957-12～1958-02	45.9	7.5	0.07	1.3			0.7		2.1		0.5	42.0	180
1973	66.0	1.6	0.15	0.3	10.0	4.0	0.4	2.5	1.0		13.0	1.09	301
1976	69.0	1.4	0.03	0.3	8.3	0.1	0.5	14.7	0.2	1.5	3.1	20.0	493
1978	67.0	0.3	0.04	0.2	10.0	0.01	0.2	14.0	4.1	0.6	6.2	0.45	402
1981-01～1981-02	53.0	0.01		0.1	0.8				37.7			2.7	137

镜泊湖蒙古鲌捕捞群体由 6 个年龄组构成，各年龄组所占比例分别为 1^+龄 15.9%，2^+龄 56.9%，3^+龄 14.8%，4^+龄 5.5%，5^+龄 5.4%，6^+龄 1.7%；可见 2^+龄为主体。捕捞群体体长由 10～40cm 构成，15～20cm 体长组为主体（约占 53.81%），平均体重仅 119.4g（表 1-82）。表 1-83 为黑龙江博朗湖蒙古鲌种群体长构成情况。这批渔获物由 1^+～9^+龄构成，4^+～5^+龄为主体[2]。

（5）种群数量与放养鱼种的关系　从鱼类区系组成、渔获物组成及资源生物学特性上看，镜泊湖蒙古鲌种群数量大，能够自然繁殖，产量高，是湖中重要的经济鱼类，渔业效益较好。该鱼以小型非经济鱼类为主要食物，这些杂鱼类不但没有经济利用价值，而且消耗了经济鱼类饵料。蒙古鲌摄食这些鱼类不仅对鲤、银鲫等其他经济鱼类资源无不良影响，还可以有效地调节湖中鱼类群落结构。所以蒙古鲌产量波动直接影响到镜泊湖鱼类现存资源量的构成和鱼产量的升降（表 1-84）。

表 1-82　镜泊湖蒙古鲌种群体长、体重构成情况[6]

指标	体长分布/cm					
	10.0～15.0	15.1～20.0	20.1～25.0	25.1～30.0	30.1～35.0	35.1～40.0
样本数/尾	66	6165	4066	990	90	80
所占比例/%	0.58	53.81	35.49	8.64	0.79	0.70
样本/kg	2.3	462.4	569.3	237.3	40.5	55.9
所占比例/%	0.17	33.81	41.62	17.35	2.96	4.09
平均体重/g	34.8	75.0	140.0	239.7	450.0	698.8

注：引用时经过整理

表 1-83　黑龙江博朗湖蒙古鲌种群体长构成情况[2]

指标	体长分布/cm									
	10.0～15.0	15.1～20.0	20.1～25.0	25.1～30.0	30.1～35.0	35.1～40.0	40.1～45.0	45.1～50.0	50.1～55.0	55.1～60.0
样本数/尾	29	34	51	47	39	61	28	10	2	3
所占比例/%	9.5	11.2	16.8	15.5	12.8	20.1	9.2	3.3	0.7	1.0

注：样本平均体长 32.93cm，平均体重 581.1g

表 1-84　镜泊湖蒙古鲌在渔获量中所占比例[7]

指标	统计时间						
	1950-11～1951-04	1953-12～1954-04	1957-12～1958-02	1961-12～1962-04	1973-12～1974-04	1976-12～1977-04	1981-01～02
总渔获量/t	300	245	182	139	301	493	137
所占比例/%	47.0	50.2	45.9	56.1	66.0	68.0	53.0

另外，蒙古鲌是湖中主要的凶猛鱼类，口裂较大，猎食迅速，能吞食小于其口裂的放养鱼类的苗种，即使个体略大于其口裂的鱼种也难免被其咬伤。因此，也要对镜泊湖蒙古鲌种群进行控制。原则上就是既要保证蒙古鲌具有一定的产量，又要确保其对放养鱼种的危害程度最小[7]。

已有研究表明，湖泊中凶猛鱼类体长与放养鱼类的鱼种体长之间的相互关系为：当放养的鱼种体长为 8.3～16.5cm 时，能够危害鱼种的蒙古鲌体长与鱼种体长的比值最低为 3.6。如果镜泊湖放养的鱼种个体体长控制在 13.3cm 左右，则蒙古鲌体长应控制在 48cm 以下，这样不仅可以防止蒙古鲌对放养鱼种的危害，而且经过合理捕捞留下的较小个体还能捕食小型杂鱼，并获得蒙古鲌的一定产量。从抽样调查结果可知，镜泊湖蒙古鲌捕捞群体中，体长在 15～26cm 的个体数量约占 90%，体长达到 48cm 的个体极少见到。这样，只要保证放养鱼种个体达到 4.2～7.2cm 就不会受到蒙古鲌的危害[7]。

放养型湖泊中，由于蒙古鲌可能捕食放养的鱼种，但权衡其渔业效益，宜采取产卵群体捕捞强度调控措施，科学调控其种群数量。对于镜泊湖，根据蒙古鲌生长快、生殖潜力大、适应性强等特点，首先应采取充分利用的对策，制定切实可行的资源保护措施；其次应将蒙古鲌捕捞个体限定在20cm左右，捕大留小，使其种群数量保持在一定水平，利用该鱼大量吞食小型杂鱼，把经济价值低的鱼类转化为经济价值较高的鱼产品，提高湖中天然饵料的利用率，这样既能保障蒙古鲌合理的资源量，又能使放养鱼类不受危害[2, 7]。

3. 镜泊湖细鳞鲴

（1）生态习性　细鳞鲴为江河湖泊中下层鱼类，常以下颌角质缘刮取食物。喜栖息于流水环境中，产卵时集群上溯，至上游有急流浅滩处产卵。有江湖洄游习性，湖水上涨时由江河顶水入湖。由于该鱼体重每增长100g就要吞食近3kg的蓝藻，被称为“生态鱼”，已被太湖、南京玄武湖等湖泊引进，用于解决水域富营养化问题。

（2）食性　细鳞鲴为植食性鱼类。仔稚鱼主要摄食浮游动物，如枝角类、桡足类，也食昆虫幼虫、植物碎屑和藻类。幼鱼主要摄食植物碎屑和藻类（硅藻、蓝藻、绿藻、丝状藻类等），由于经常摄食大量的腐屑，其食物中的泥沙重量常常占到食物总重的95%以上。食物组成中也有浮游动物、昆虫幼虫、虾，个别的也食小鱼[2]。

镜泊湖细鳞鲴的食物组成中，种类和数量最多的均为浮游植物；其次是高等植物碎片和腐屑。此外，浮游动物、底栖动物也经常出现（表1-85，表1-86）。

表1-85　镜泊湖细鳞鲴食物组成[6]

样本数/尾	体长/cm	食物组成	主要食物
4	10～15	枝角类+++，浮游植物++，植物碎片++，腐屑+	枝角类
11	15～20	植物碎片+++，浮游植物++，枝角类++，桡足类+，腐屑+，虾类+	植物碎片
19	20～25	枝角类+++，浮游植物++，植物碎片++，腐屑+，桡足类+，轮虫+	枝角类
7	25～30	浮游植物+++，枝角类++，植物碎片++，腐屑+，原生动物+，藓类+	浮游植物
8	30～40	浮游植物+++，植物碎片++，腐屑++，枝角类++，昆虫幼虫+，原生动物+	浮游植物

注：“+”表示不同食物的多度

表1-86　镜泊湖细鳞鲴食物组成出现率（%）[6]

季节	食物组成								
	藻类	植物碎片	枝角类	桡足类	轮虫	原生动物	腐屑	昆虫幼虫	虾类
春（5月）	92.9	78.6	50	14.3	14.3	24.4	71.4	14.3	7.1
夏（7月）	100	66.7	100	0	0	0	100	33.3	0
秋（9月）	87.5	100	87.5	37.5	37.5	0	87.5	12.5	0
冬（3月）	55.6	55.6	11.1	0	0	0	66.7	11.1	0

（3）年龄与生长

1）种群体长与体重构成：调查结果显示，镜泊湖细鳞鲴捕捞群体最小体长为11cm，体重为20g；最大个体体长为40cm，体重为650g（表1-87，表1-88）。

表 1-87 镜泊湖细鳞鲴种群体长构成[6]

网具	指标	体长分布/cm							
		10.0～12.0	12.1～14.0	14.1～16.0	16.1～18.0	18.1～20.0	20.1～22.0	22.1～24.0	24.1～26.0
拖网	样本数/尾	5	7	22	11	27	14	15	22
	所占比例/%	3.68	5.15	16.18	8.09	19.85	10.29	11.03	16.18
冰下拉网	样本数/尾	0	6	31	5	15	16	28	31
	所占比例/%	0	2.35	12.16	1.96	5.88	6.27	10.98	12.16

网具	指标	体长分布/cm							总样本数/尾
		26.1～28.0	28.1～30.0	30.1～32.0	32.1～34.0	34.1～36.0	36.1～38.0	38.1～40.0	
拖网	样本数/尾	5	3	0	3	2	0	0	136
	所占比例/%	3.68	2.21	0	2.21	1.47	0	0	
冰下拉网	样本数/尾	62	39	17	3	0	1	1	255
	所占比例/%	24.31	15.29	6.67	1.18	0	0.39	0.39	

注：引用时经过整理

表 1-88 镜泊湖细鳞鲴种群体重构成[6]

网具	指标	体重分布/g						
		10.0～25.0	25.1～50.0	50.1～100.0	100.1～150.0	150.1～200.0	200.1～250.0	250.1～300.0
拖网	样本数/尾	3	31	34	30	29	13	13
	所占比例/%	1.85	19.14	20.99	18.52	17.90	8.02	8.02
冰下拉网	样本数/尾	0	27	32	23	25	38	55
	所占比例/%	0	10.23	12.12	8.71	9.47	14.39	20.83

网具	指标	体重分布/g					总样本数/尾
		300.1～350.0	350.1～400.0	400.1～450.0	450.1～500.0	500.1～550.0	
拖网	样本数/尾	0	5	2	1	1	162
	所占比例/%	0	3.09	1.23	0.62	0.62	
冰下拉网	样本数/尾	31	16	11	4	2	264
	所占比例/%	11.74	6.06	4.17	1.52	0.76	

注：引用时经过整理

2）种群年龄构成：镜泊湖细鳞鲴捕捞群体由 5 个年龄组构成，各年龄组所占比例分别为：1^+龄 24.21%，2^+龄 28.42%，3^+龄 18.95%，4^+龄 18.95%，5^+龄 9.47%。实测体长、体重和退算体长见表 1-89。由表 1-89 可知，低龄阶段的镜泊湖细鳞鲴同龄个体的大小差异较明显，随着年龄的增长，其个体大小差异变小。总体上，从低龄到高龄生长速率呈递减趋势。

据文献[2]报道，钱塘江细鳞鲴最大个体为 7 龄，体长 40cm，体重 1250g；常见个体体长 25～37cm，体重 150～500g。兴凯湖最大个体体长 70cm，体重 2kg 以上。细鳞鲴生长速率南方和北方差异较大，总体上由北向南递增；生长特征相似，即性成熟前（3 龄）生长较快，性成熟后生长逐渐减慢（表 1-90）。

表 1-89　镜泊湖细鳞鲴实测体长、体重和退算体长[6]

年龄/龄	样本数/尾	实测		退算体长/cm				
		平均体长/cm	平均体重/g	L_1	L_2	L_3	L_4	L_5
1^+	69	14.50	45	9.75				
2^+	81	21.23	150	10.25	16.81			
3^+	54	26.46	280	10.79	16.81	24.07		
4^+	54	29.00	380	10.42	16.84	22.28	27.14	
5^+	27	32.22	550	11.33	17.56	22.57	25.80	29.10
平均				10.51	17.01	22.97	26.47	29.10
年增长				10.51	6.49	5.96	3.50	2.63

表 1-90　不同水域细鳞鲴的生长速率[2]

水域	退算体长/cm						水域	退算体长/cm					
	L_1	L_2	L_3	L_4	L_5	L_6		L_1	L_2	L_3	L_4	L_5	L_6
兴凯湖	9.4	17.4	23.9	30.4	34.6	36.6	长江	15.6	24.8	32.5	39.2	40.1	
镜泊湖	10.5	17.0	23.0	26.5	29.1		钱塘江	16.6	25.1	30.0	33.3	36.0	

3）体长与体重的关系：镜泊湖细鳞鲴体长（L/cm）与体重（W/g）的关系为$W=3.01\times10^{-3}L^{3.485}$[9]、$W=1.288\times10^{-2}L^{3.055}$[10]；钱塘江细鳞鲴体长与体重的关系为$W=2.827\times10^{-5}L^{2.885}$[2]。经比较可知镜泊湖细鳞鲴为等速生长，文献[10]报道其体长与体重关系模型$W=aL^b$中的b值非常接近于3，具有体形和体重不变的特征。

文献[11]也曾介绍过镜泊湖细鳞鲴生长情况。对58尾样本鱼的年龄鉴定结果显示，捕捞群体由6个年龄组构成，平均体长、平均体重为：1^+龄13.5cm、26g；2^+龄19.2cm、100g；3^+龄22.6cm、173g；4^+龄27.2cm、272g；5^+龄30.3cm、414g；6^+龄31.7cm、493g（表1-91）。

表 1-91　镜泊湖细鳞鲴的生长数据[11]

年龄/龄	样本数/尾	实测体长/cm		实测体重/g		退算体长/cm					
		幅度	平均	幅度	平均	L_1	L_2	L_3	L_4	L_5	L_6
1^+	14	11.0～16.0	13.5	15～60	26	5.5					
2^+	6	16.4～21.5	19.2	60～150	100	6.2	13.9				
3^+	18	19.0～25.4	22.6	135～258	173	5.7	13.0	18.6			
4^+	9	24.8～29.3	27.2	200～355	272	5.2	12.4	19.8	24.4		
5^+	8	27.1～35.2	30.3	325～550	414	5.0	11.2	17.8	23.2	27.7	
6^+	3	30.11～32.0	31.7	450～560	493	5.6	12.4	16.7	21.8	26.0	29.0
平均						5.5	12.6	18.2	23.1	26.9	29.0
理论体重/g						2.4	30.0	91	189	297	378

注：理论体重根据$W=1.288\times10^{-2}L^{3.055}$计算

4）体长与体重生长方程：文献[11]根据 303 尾样本实测体重、体长数据，计算出 von Bertalanffy 生长方程中的参数 $L_\infty=40.8\text{cm}$，$W_\infty=1024\text{g}$，$k=0.224$，$t_0=0.332$，进而得出镜泊湖细鳞鲴体长、体重生长方程：

$$L_t = 40.8[1-\mathrm{e}^{-0.224(t-0.332)}] \tag{1-1}$$

$$W_t = 1024[1-\mathrm{e}^{-0.224(t-0.332)}]^{3.055} \tag{1-2}$$

对式（1-1）、式（1-2）中的 t 求一阶导数、二阶导数，分别得其生长速率方程及生长加速度方程（著者整理所得），分别为

$$\mathrm{d}L/\mathrm{d}t = 9.139\mathrm{e}^{-0.224(t-0.332)} \tag{1-3}$$

$$\mathrm{d}W/\mathrm{d}t = 700.812\mathrm{e}^{-0.224(t-0.332)}[1-\mathrm{e}^{-0.224(t-0.332)}]^{2.055} \tag{1-4}$$

$$\mathrm{d}^2L/\mathrm{d}t^2 = -2.047\mathrm{e}^{-0.224(t-0.332)} \tag{1-5}$$

$$\mathrm{d}^2W/\mathrm{d}t^2 = 156.982\mathrm{e}^{-0.224(t-0.332)}[1-\mathrm{e}^{-0.224(t-0.332)}]^{1.055} \times[3.055\mathrm{e}^{-0.224(t-0.332)}-1] \tag{1-6}$$

上述生长方程表现出镜泊湖细鳞鲴理论上的生长变化规律和特征。

1）体长生长曲线不具有拐点，随着年龄的增大生长速率逐渐减慢，至 10 龄后趋向渐近体长。体重生长曲线为不对称的 S 形曲线，随着年龄的增大，体重增长开始缓慢，稍后加快，至拐点年龄 5.2 龄时增长最快，拐点处体重为 300g。拐点大约位于 $0.293W_\infty$ 处。拐点之后体重增长速度减慢，逐渐趋向极限值。

2）随着年龄的逐渐增加，体长生长速率呈递减下降。开始生长较快，至 5.2 龄时减慢，生长速率逐渐趋向于 0。体重生长速率以 5.2 龄作为分界线，前为上升，后为逐年下降。

3）体重生长加速度，第 1 年为上升，从第 2 年即开始下降，至 5.2 龄时为 0，之后即为负值，至 9 龄后又开始上升，趋向极值。

上述的钱塘江细鳞鲴 $L_\infty=41.58\text{cm}$，$W_\infty=1004.1\text{g}$，生长拐点年龄为 2.5 龄，较实际性成熟年龄稍有落后。

关于镜泊湖细鳞鲴年龄和生长，1985 年吉林省延边朝鲜族自治州水产技术推广站对分布在镜泊湖上游大山水库、小山水库中的个体也进行过研究，结果为：大山水库细鳞鲴捕捞群体由 1^+～5^+龄构成，退算体长 L_1、L_2、L_3、L_4、L_5 分别为 7.4cm、13.7cm、19.8cm、24.4cm 和 28.2cm；小山水库由 1^+～6^+龄构成，退算体长 L_1、L_2、L_3、L_4、L_5、L_6 分别为 6.6cm、13.4cm、19.6cm、23.9cm、27.6cm 和 31.0cm，均与文献[11]相近。文献[11]还对照人工繁殖、池塘饲养的细鳞鲴秋片鱼种规格（平均体长、平均体重分别为 3.5cm、0.7g，4.7cm、1.4g，4.6cm、1.6g，6.4cm、3.5g），与 1 龄鱼的退算体长、退算体重基本吻合。根据以上资料，文献[11]认为镜泊湖细鳞鲴第 1 年的平均体长达到先前记录过的 10.5cm 的可能性不大。

（4）繁殖

1）性成熟年龄与性别比：和黑龙江水系一样，镜泊湖细鳞鲴也为 4^+龄性成熟，而钱塘江为 2～3 龄。最小性成熟个体体长，雌鱼 22cm，雄鱼 21cm。雌、雄比例及其体长均与其是否处于产卵状态有关。镜泊湖 10～25cm 体长组中雌、雄比例接近 1∶1，而 30～35cm 体长组雄性比例下降至 8%。整个群体，雄性约占 36.5%（表 1-92）。钱塘江细鳞鲴产卵群体中雄性占 92.9%，非产卵群体中雄性占 43.3%[2]。

表 1-92 镜泊湖细鳞鲴不同体长的性别比[6]

体长组/cm	雌性数量/尾	雄性数量/尾	雌+雄数量/尾	雄性所占比例/%	体长组/cm	雌性数量/尾	雄性数量/尾	雌+雄数量/尾	雄性所占比例/%
10.0～15.0	5	4	9	44.4	25.1～30.0	75	37	112	33.0
15.1～20.0	15	14	29	48.3	30.1～35.0	23	2	25	8.0
20.1～25.0	30	28	58	48.3	合计	148	85	233	

2）繁殖力：体长 28～34.5cm、体重 325～525g 的镜泊湖细鳞鲴个体绝对繁殖力为 17 333～109 325 粒卵，平均 46 210 粒卵；相对繁殖力为 43～243 粒卵/g，平均 114 粒卵/g（表 1-93）。相比之下，体长 24.5～40cm 的钱塘江细鳞鲴个体绝对繁殖力为 4.2 万～28 万粒卵[2]。

表 1-93 镜泊湖细鳞鲴繁殖力[6]

体长/cm	体重/g	绝对繁殖力/粒卵	相对繁殖力/(粒卵/g)	体长/cm	体重/g	绝对繁殖力/粒卵	相对繁殖力/(粒卵/g)
30.5	390	40 914	105	28.0	325	22 176	68
30.5	425	18 358	43	29.0	360	41 752	116
32.5	525	35 438	79	29.5	390	30 118	77
28.8	360	47 880	133	31.5	425	36 807	87
29.0	440	70 000	159	34.5	325	17 333	53
30.4	430	84 412	196	平均	403.8	46 210	114
31.0	450	109 325	243				

3）产卵习性：细鳞鲴的产卵期，在镜泊湖为 5 月下旬至 7 月；在长江水系为 4～7 月，盛产期为 5 月，汛期涨水是刺激产卵的因素。产卵鱼群溯流至上游，洄游过程中卵巢由Ⅳ期末过渡到产卵状态，在有水流的浅滩处产卵。钱塘江细鳞鲴产卵群体中，3 龄为补充群体，占 73.5%，4 龄以上为剩余群体，占 26.5%。产卵水温 19～22℃[2]。

镜泊湖细鳞鲴，4 月下旬就已零星出现在河口，5 月下旬可观察到上溯鱼群，从湖区向河口至上游产卵场所洄游，洄游过程中，性腺发育成熟，进入产卵状态。5 月 8 日解剖体长为 28～32.5cm 的雌鱼，卵巢已达到第Ⅳ期，但尚未产卵。5 月 28 日和 6 月 5 日解剖相同个体的雌鱼，发现均已产过卵。此时水温 18～21℃，并在河口岸边砂石上采集到鱼卵。受精卵具有黏性，但黏性很小，青灰色，无油球，卵径 1.6mm，黏于石砾、植物体上或沉于水底或流水条件下呈半漂浮状态发育。水温 18～20℃条件下大约经过 75h，水温 26℃条件下约经 37h，孵化出仔鱼[2, 6]。

镜泊湖细鳞鲴的产卵场分布在河口至西崴子水库江段。这段水域多为砂砾和砾石底质，水流湍急，多弯曲，具有“深汀”，适宜细鳞鲴产卵繁殖。该江段出现细鳞鲴上溯鱼群的时间大多在 5 月下旬至 6 月初[6, 11]。

（5）资源状况　细鳞鲴是中国江河、湖泊的重要经济鱼类之一，占有一定比例的产量。它以植物碎屑、蓝藻和绿藻为食，这类食物一般分布水域较为丰富而又很少被其他经济鱼类利用。该鱼的生长速率、繁殖力和个体大小都高于鲴亚科其他鱼类，也是鲴亚科鱼类中食用品质最高的一种，是湖泊、水库、池塘较好的增养殖对象。20 世纪 70 年代以来，人工繁育和增养殖都取得了良好的效果[2]。

文献[11]认为镜泊湖细鳞鲴的生长速率较慢，尤其是第 1 年的生长，体长平均仅 6cm 左右，体重 3g 左右。这种规格的幼鱼很难适应长达 5 个月的冰下越冬生活，存活率不可能很高，这也可能是镜泊湖乃至黑龙江水系细鳞鲴资源不丰的主要原因之一。20 世纪 50 年代在江河中尚能捕获到细鳞鲴，80 年代江河中的细鳞鲴已面临绝迹，即便是镜泊湖，细鳞鲴群体资源也已锐减，在渔获量中所占比例已不足 4%，且呈下降趋势。

利用细鳞鲴集群溯流产卵、形成汛期的特点，人们往往大量捕捞其产卵群体。近年来许多地区天旱少雨，湖、库水位低下，且不出现涨水期，致使细鳞鲴产卵繁殖条件恶化，一些水域自然种群和放养群体急剧衰败或绝迹。应采取繁殖保护措施，修复该经济物种资源。

在镜泊湖，要想保护和增殖细鳞鲴的物种资源，除了在繁殖期严禁捕捞产卵群体外，今后还应根据该鱼群体生产力较高、能充分利用“剩余饵料”等生物学特性，采取合理措施增殖其资源，作为镜泊湖底层鱼类进行大力发展。主要措施是进行人工繁殖，利用电厂余热或塑料大棚增温延长饲养期，进行集约化的强化饲养，提高当年幼鱼的质量，增强越冬能力，提高存活率，来年春季再向湖中放流，增加其种群资源量[2, 6, 11]。

1.2 三江平原湖泊沼泽区

三江平原位于黑龙江省东北隅，由黑龙江、松花江和乌苏里江冲积而成。范围北起黑龙江，南达兴凯湖，西至小兴安岭，东抵乌苏里江，包括完达山北侧的狭义三江平原和南侧的穆棱—兴凯平原两部分。三江平原是我国最大的沼泽湿地集中分布区。

在《中国沼泽志》“沼泽分区”中，三江平原湖泊沼泽区隶属于“东北三江平原苔草沼泽区”。在该湖泊沼泽区的 21 片湖泊沼泽中，进行过采样调查的有大力加湖、兴凯湖、小兴凯湖与东北泡，后文合并称为“三江湖泊沼泽群”。该湖泊沼泽群地处黑龙江—乌苏里江水系（中国侧），其中兴凯湖、小兴凯湖与东北泡包含于《中国沼泽志》所列重点沼泽兴凯湖沼泽（231082-026）。

1.2.1 自然概况

三江湖泊沼泽群自然概况见表 1-94。

表 1-94 三江湖泊沼泽群自然概况

编号	湖泊沼泽	经纬度	所在地区	面积/km^2	平均水深/m	水质盐度分类	年平均鱼产量/(kg/hm^2)
（15）	大力加湖	48°12′N～48°18′N，134°04′E～134°17′E	黑龙江抚远	19.0	3.50	淡	16.3
（32）	兴凯湖	44°30′N～45°30′N，132°00′E～132°50′E	黑龙江密山	1080.0	4.00	淡	3.8
（33）	小兴凯湖	45°16′N～45°22′N，132°20′E～132°46′E	黑龙江密山	140.0	1.15	淡	29.4
（34）	东北泡	45°18′N～45°38′N，132°35′E～132°51′E	黑龙江密山	19.5	1.72	淡	64.7

1.2.2　总述

1.2.2.1　物种多样性

采集到三江湖泊沼泽群的鱼类物种 5 目 11 科 32 属 38 种（表 1-95）。其中，移入种 3 目 3 科 5 属 5 种，包括草鱼、鲢、鳙、梭鲈和大银鱼；土著鱼类 5 目 9 科 27 属 33 种，其中包括冷水种黑龙江花鳅、瓦氏雅罗鱼、亚洲公鱼、江鳕和黑斑狗鱼（占 15.15%），中国特有种扁体原鲌。

表 1-95　三江湖泊沼泽群鱼类物种组成

种类	a	b	c	d
一、鲤形目 Cypriniformes				
（一）鲤科 Cyprinidae				
1. 马口鱼 *Opsariichthys bidens*				+
2. 草鱼 *Ctenopharyngodon idella*▲	+		+	+
3. 湖鲹 *Phoxinus percnurus*	+			
4. 瓦氏雅罗鱼 *Leuciscus waleckii waleckii*	+			
5. 䱗 *Hemiculter leucisculus*	+			+
6. 兴凯䱗 *Hemiculter lucidus lucidus*		+	+	+
7. 红鳍原鲌 *Cultrichthys erythropterus*	+	+		+
8. 扁体原鲌 *Cultrichthys compressocorpus*				+
9. 翘嘴鲌 *Culter alburnus*		+	+	
10. 蒙古鲌 *Culter mongolicus mongolicus*		+		
11. 兴凯鲌 *Culter dabryi shinkainensis*		+	+	
12. 鳊 *Parabramis pekinensis*	+			
13. 银鲴 *Xenocypris argentea*	+	+	+	+
14. 兴凯鱊 *Acheilognathus chankaensis*				+
15. 黑龙江鳑鲏 *Rhodeus sericeus*	+			
16. 花䱻 *Hemibarbus maculatus*		+	+	+
17. 唇䱻 *Hemibarbus laboe*		+		
18. 麦穗鱼 *Pseudorasbora parva*	+	+	+	+
19. 东北鳈 *Sarcocheilichthys lacustris*	+			
20. 棒花鱼 *Abbottina rivularis*			+	+
21. 蛇鮈 *Saurogobio dabryi*	+	+		
22. 鲤 *Cyprinus carpio*	+	+	+	+
23. 银鲫 *Carassius auratus gibelio*	+	+	+	+
24. 鲢 *Hypophthalmichthys molitrix*▲	+	+	+	
25. 鳙 *Aristichthys nobilis*▲		+	+	
（二）鳅科 Cobitidae				
26. 黑龙江泥鳅 *Misgurnus mohoity*	+			+
27. 黑龙江花鳅 *Cobitis lutheri*	+			+
二、鲇形目 Siluriformes				
（三）鲿科 Bagridae				
28. 黄颡鱼 *Pelteobagrus fulvidraco*	+	+	+	+
29. 光泽黄颡鱼 *Pelteobagrus nitidus*		+		
30. 乌苏拟鲿 *Pseudobagrus ussuriensis*		+	+	+
（四）鲇科 Siluridae				
31. 鲇 *Silurus asotus*	+	+		+
三、鲑形目 Salmoniformes				
（五）银鱼科 Salangidae				
32. 大银鱼 *Protosalanx hyalocranius*▲		+	+	+
（六）胡瓜鱼科 Osmeridae				
33. 亚洲公鱼 *Hypomesus transpacificus nipponensis*	+			
（七）狗鱼科 Esocidae				
34. 黑斑狗鱼 *Esox reicherti*	+		+	+
四、鳕形目 Gadiformes				
（八）鳕科 Gadidae				
35. 江鳕 *Lota lota*		+		+
五、鲈形目 Perciformes				
（九）鲈科 Percidae				
36. 梭鲈 *Lucioperca lucioperca*▲		+		
（十）塘鳢科 Eleotridae				
37. 葛氏鲈塘鳢 *Perccottus glehni*	+			+
（十一）鳢科 Channidae				
38. 乌鳢 *Channa argus*	+		+	+

注：a. 大力加湖，b. 兴凯湖，c. 小兴凯湖，d. 东北泡

1.2.2.2　种类组成

采集到的鱼类中，鲤形目 27 种、鲇形目 4 种，分别占 71.05%及 10.53%；鲈形目和鲑形目均 3 种，各占 7.89%；鳕形目 1 种，占 2.63%。科级分类单元中，鲤科 25 种、鲿科 3 种、鳅科 2 种，分别占 65.79%、7.89%及 5.26%；塘鳢科、狗鱼科、鲇科、银鱼科、胡瓜鱼科、鲈科、鳕科和鳢科均 1 种，各占 2.63%。

1.2.2.3　区系生态类群

三江湖泊沼泽群的土著鱼类群落，由 5 个区系生态类群构成。

1）江河平原区系生态类群：马口鱼、鳊、𩷶、兴凯𩷶、2 种原鲌、蒙古鲌、翘嘴鲌、兴凯鲌、银鲴、花䱗、唇䱗、棒花鱼、蛇𬶋和东北鳈，占 45.45%。

2）北方平原区系生态类群：黑斑狗鱼、湖鲂、瓦氏雅罗鱼和黑龙江花鳅，占 12.12%。

3）新近纪区系生态类群：鲤、银鲫、兴凯鱊、黑龙江鳑鲏、麦穗鱼、黑龙江泥鳅和鲇，占 21.21%。

4）热带平原区系生态类群：黄颡鱼、光泽黄颡鱼、乌苏拟鲿、葛氏鲈塘鳢和乌鳢，占 15.15%。

5）北极淡水区系生态类群：江鳕和亚洲公鱼，占 6.06%。

以上北方区系生态类群 6 种，占 18.18%。

1.2.3　分述

1.2.3.1　大力加湖

（1）物种多样性　采集到鱼类 4 目 8 科 22 属 22 种。其中，移入种 1 目 1 科 2 属 2 种，包括草鱼和鲢；土著鱼类 4 目 8 科 20 属 20 种，其中包括冷水种黑斑狗鱼、亚洲公鱼、瓦氏雅罗鱼和黑龙江花鳅（占 20%）。

（2）种类组成　鲤形目 16 种，占 72.73%；鲑形目、鲇形目和鲈形目均 2 种，各占 9.09%。科级分类单元中，鲤科 14 种、鳅科 2 种，分别占 63.64%及 9.09%；狗鱼科、胡瓜鱼科、鲿科、鲇科、塘鳢科和鳢科均 1 种，各占 4.55%。

（3）区系生态类群　由 5 个区系生态类群构成。

1）江河平原区系生态类群：鳊、𩷶、红鳍原鲌、银鲴、蛇𬶋和东北鳈，占 30%。

2）北方平原区系生态类群：黑斑狗鱼、湖鲂、瓦氏雅罗鱼和黑龙江花鳅，占 20%。

3）新近纪区系生态类群：鲤、银鲫、麦穗鱼、黑龙江鳑鲏、黑龙江泥鳅和鲇，占 30%。

4）热带平原区系生态类群：黄颡鱼、葛氏鲈塘鳢和乌鳢，占 15%。

5）北极淡水区系生态类群：亚洲公鱼，占 5%。

以上北方区系生态类群 5 种，占 25%。

1.2.3.2 兴凯湖

（1）物种多样性 采集到鱼类 5 目 6 科 17 属 21 种。其中，移入种 3 目 3 科 4 属 4 种，包括大银鱼、鲢、鳙和梭鲈；土著鱼类 3 目 4 科 13 属 17 种，其中包括冷水种江鳕。移入种中，大银鱼原本为小兴凯湖的驯化移殖种类，鲢、鳙为放养鱼类，它们均通过泄洪闸而逃逸至兴凯湖；梭鲈为俄罗斯放流而扩散到中国境内的种类。

（2）种类组成 鲤形目 14 种、鲇形目 4 种，分别占 66.67%及 19.05%；鲑形目、鳕形目和鲈形目均 1 种，各占 4.76%。科级分类单元中，鲤科 14 种、鲿科 3 种，分别占 66.67%及 14.29%；银鱼科、鲇科、鲈科和鳕科均 1 种，各占 4.76%。

（3）区系生态类群 由 4 个区系生态类群构成。

1）江河平原区系生态类群：兴凯鱎、红鳍原鲌、蒙古鲌、翘嘴鲌、兴凯鲌、银鲴、花䱻、唇䱻和蛇鮈，占 52.94%。

2）新近纪区系生态类群：鲤、银鲫、麦穗鱼和鲇，占 23.53%。

3）热带平原区系生态类群：黄颡鱼、光泽黄颡鱼和乌苏拟鲿，占 17.65%。

4）北极淡水区系生态类群：江鳕，占 5.88%。

以上北方区系生态类群 1 种，占 5.88%。

1.2.3.3 小兴凯湖

（1）物种多样性 采集到鱼类 4 目 5 科 16 属 17 种。其中，移入种 2 目 2 科 4 属 4 种，包括大银鱼、草鱼、鲢和鳙；土著鱼类 4 目 4 科 12 属 13 种，其中包括冷水种黑斑狗鱼。

（2）种类组成 鲤形目 12 种，占 70.59%；鲇形目、鲑形目均 2 种，各占 11.76%；鲈形目 1 种，占 5.88%。科级分类单元中，鲤科 12 种、鲿科 2 种，分别占 70.59%及 11.76%；狗鱼科、银鱼科和鳢科均 1 种，各占 5.88%。

（3）区系生态类群 由 4 个区系生态类群构成。

1）江河平原区系生态类群：兴凯鱎、翘嘴鲌、兴凯鲌、银鲴、花䱻和棒花鱼，占 46.15%。

2）北方平原区系生态类群：黑斑狗鱼，占 7.69%。

3）新近纪区系生态类群：鲤、银鲫和麦穗鱼，占 23.08%。

4）热带平原区系生态类群：黄颡鱼、乌苏拟鲿和乌鳢，占 23.08%。

以上北方区系生态类群 1 种，占 7.69%。

1.2.3.4 东北泡

（1）物种多样性 采集到鱼类 5 目 9 科 21 属 23 种。其中，移入种 2 目 2 科 2 属 2 种，包括大银鱼和草鱼；土著鱼类 5 目 8 科 19 属 21 种，其中包括冷水种黑斑狗鱼、黑龙江花鳅和江鳕，中国特有种扁体原鲌。

（2）种类组成　鲤形目 15 种、鲇形目 3 种，分别占 65.22%及 13.04%；鲑形目和鲈形目均 2 种，占 8.70%；鳕形目 1 种，占 4.35%。科级分类单元中，鲤科 13 种，占 56.52%；鳅科和鮠科均 2 种，各占 8.70%；狗鱼科、银鱼科、鲇科、鳕科、塘鳢科和鳢科均 1 种，各占 4.35%。

（3）区系生态类群　由 5 个区系生态类群构成。

1）江河平原区系生态类群：马口鱼、鳘、兴凯鳘、2 种原鲌、银鲴、花䱻和棒花鱼，占 38.10%。

2）北方平原区系生态类群：黑斑狗鱼和黑龙江花鳅，占 9.52%。

3）新近纪区系生态类群：鲤、银鲫、兴凯鱊、麦穗鱼、黑龙江泥鳅和鲇，占 28.57%。

4）热带平原区系生态类群：黄颡鱼、乌苏拟鲿、葛氏鲈塘鳢和乌鳢，占 19.05%。

5）北极淡水区系生态类群：江鳕，占 4.76%。

以上北方区系生态类群 3 种，占 14.29%。

1.2.4　渔获物组成

（1）小兴凯湖　放养型渔业湿地。渔获物中，放养鱼类草鱼、鲢、鳙及驯化移殖种类大银鱼重量约占渔获物总重量的 44.90%；土著经济鱼类黑斑狗鱼、银鲴、花䱻、鲤、银鲫、兴凯鳘、翘嘴鲌、兴凯鲌、黄颡鱼、乌苏拟鲿、乌鳢约占 41.78%；小型非经济鱼类麦穗鱼、棒花鱼约占 13.33%（表 1-96）。

表 1-96　小兴凯湖渔获物组成（2009-10-18～20）

种类	重量/kg	数量/尾	平均体重/g	重量比例/%	数量比例/%	种类	重量/kg	数量/尾	平均体重/g	重量比例/%	数量比例/%
黑斑狗鱼	6.6	13	507.4	2.06	0.32	鳙	40.5	108	375.0	12.64	2.66
草鱼	29.3	23	1273.1	9.15	0.57	兴凯鳘	46.4	501	92.6	14.49	12.36
银鲴	1.5	16	93.2	0.47	0.39	翘嘴鲌	4.2	23	183.6	1.31	0.57
麦穗鱼	28.6	1946	14.7	8.93	48.01	兴凯鲌	2.7	17	159.6	0.84	0.42
花䱻	6.2	61	101.6	1.94	1.50	黄颡鱼	4.7	14	332.2	1.47	0.35
棒花鱼	14.1	467	30.2	4.40	11.52	乌苏拟鲿	4.2	24	175.0	1.31	0.59
鲤	16.2	59	274.6	5.06	1.46	乌鳢	11.4	17	670.6	3.56	0.42
银鲫	29.7	378	78.6	9.27	9.33	大银鱼	17.8	243	73.3	5.56	5.99
鲢	56.2	143	393.0	17.55	3.53	合计	320.3	4053			

（2）东北泡　捕捞型渔业湿地。2009 年 7 月 6～9 日的渔获物中，从小兴凯湖逃逸进入该湿地的放养种类草鱼和驯化移殖种类大银鱼重量约占总重量 11.38%；小型非经济鱼类葛氏鲈塘鳢、麦穗鱼约占 7.35%；其余为土著经济鱼类，约占 81.27%。2009 年 10 月 21～23 日的渔获物中，大银鱼、草鱼约占 19.79%；小型非经济鱼类葛氏鲈塘鳢、麦穗鱼、黑龙江花鳅、黑龙江泥鳅、棒花鱼约占 4.15%；其余为土著经济鱼类，约占 76.08%（表 1-97）。

表 1-97 东北泡渔获物组成

种类	2009-07-06～09					2009-10-21～23				
	重量/kg	数量/尾	平均体重/g	重量比例/%	数量比例/%	重量/kg	数量/尾	平均体重/g	重量比例/%	数量比例/%
鲤	23.9	19	1257.9	10.34	0.89	32.9	42	782.6	13.54	2.80
银鲫	43.6	342	127.5	18.86	16.04	11.4	131	86.9	4.69	8.73
鲇	17.6	41.0	429.3	7.61	1.92	23.6	42	562.2	9.71	2.80
乌鳢	23.7	16	1481.3	10.25	0.75	45.1	42	1073.6	18.55	2.80
黄颡鱼	16.3	142	114.8	7.05	6.66	3.7	23	162.7	1.52	1.53
红鳍原鲌	27.6	216	127.8	11.94	10.13	25.7	212	121.4	10.57	14.13
扁体原鲌						4.2	22	192.3	1.73	1.47
䱗	12.7	388	32.7	5.49	18.20	10.1	189	53.2	4.16	12.60
兴凯䱗						2.0	46	43.5	0.82	3.07
葛氏鲈塘鳢	9.8	331	29.6	4.24	15.52	2.7	72	37.6	1.11	4.80
麦穗鱼	7.2	526	13.7	3.11	24.67	3.2	149	21.7	1.32	9.93
乌苏拟鲿	2.6	14	185.7	1.12	0.66	0.8	5	167.2	0.33	0.33
江鳕	5.7	13	438.5	2.47	0.61	2.2	7	312.7	0.91	0.47
兴凯鱊						1.5	62	23.7	0.62	4.13
黑龙江花鳅						2.1	122	17.4	0.86	8.13
大银鱼	2.7	62	43.5	1.17	2.91	13.4	192	69.9	5.51	12.80
黑斑狗鱼	14.2	11	1290.9	6.14	0.52	14.8	17	869.4	6.09	1.13
黑龙江泥鳅						1.3	42	31.2	0.53	2.8
银鲴						2.3	29	79.8	0.95	1.93
花鲋						4.5	17	262.3	1.85	1.13
草鱼	23.6	11	2145.5	10.21	0.52	34.7	17	2042.0	14.28	1.13
马口鱼						0.09	1	92.6	0.04	0.07
棒花鱼						0.8	19	43.6	0.33	1.27
合计	231.2	2132				243.1	1500			

（3）兴凯湖 捕捞型渔业湿地。在 2009 年 10 月 13～16 日的渔获物中，从小兴凯湖逃逸至该湖的放养鱼类鲢、鳙、驯化移殖种类大银鱼重量约占总重量的 12.75%，其余均为土著经济鱼类，约占 87.24%。2010 年 1 月 17～19 日的渔获物中，除俄罗斯移殖种类梭鲈约占 0.66%之外，其余均为土著经济鱼类，约占 99.35%（表 1-98）。

表 1-98 兴凯湖渔获物组成

种类	2009-10-13～16					2010-01-17～19				
	重量/kg	数量/尾	平均体重/g	重量比例/%	数量比例/%	重量/kg	数量/尾	平均体重/g	重量比例/%	数量比例/%
翘嘴鲌	47.2	199	237.2	8.77	3.60	27.2	33	824.2	22.35	4.52
兴凯鲌	53.9	378	142.6	10.01	6.85	11.7	29	403.4	9.61	3.97

续表

种类	2009-10-13～16					2010-01-17～19				
	重量/kg	数量/尾	平均体重/g	重量比例/%	数量比例/%	重量/kg	数量/尾	平均体重/g	重量比例/%	数量比例/%
蒙古鲌	19.4	186	104.3	3.60	3.37	7.6	44	172.7	6.24	6.03
红鳍原鲌	23.2	319	72.7	4.31	5.78	8.3	66	125.8	6.82	9.04
花䱻	19.7	210	93.8	3.66	3.80	9.4	49	191.8	7.72	6.71
唇䱻						2.1	6	350.0	1.73	0.82
黄颡鱼	8.2	92	89.1	1.52	1.67	12.3	83	148.2	10.11	11.69
光泽黄颡鱼	7.5	97	77.3	1.39	1.76					
鲤	13.6	67	203.0	2.53	1.21	5.9	9	655.6	4.85	1.23
兴凯䱗	193.2	2311	83.6	35.88	41.85	32.6	373	87.4	26.79	51.10
蛇鮈	5.6	129	43.4	1.04	2.34	0.8	24	33.3	0.66	3.29
鲇	39.7	249	159.4	7.37	4.51					
银鲫	28.4	570	49.8	5.27	10.32					
银鮈	10.2	266	38.3	1.89	4.82					
乌苏拟鲿						1.7	14	121.3	1.40	1.92
鲢	16.7	59	283.1	3.10	1.07					
鳙	23.6	67	352.2	4.38	1.21					
大银鱼	28.4	324	87.7	5.27	5.87					
梭鲈						0.8	2	400.0	0.66	0.03
江鳕						1.3	4	325.0	1.07	0.06
合计	538.5	5523				121.7	736			

（4）大力加湖　放养型渔业湿地，土著鱼类来自黑龙江中游。渔获物中，放养的经济鱼类鲢、草鱼重量约占总重量的 26.64%；土著经济鱼类银鲫、䱗、鲤、鲇、黄颡鱼、黑斑狗鱼、红鳍原鲌、鳊、银鮈、乌鳢约占 71.50%；小型非经济鱼类葛氏鲈塘鳢、黑龙江泥鳅、黑龙江花鳅约占 1.84%（表 1-99）。

表 1-99　大力加湖渔获物组成（2009-09-11～14）

种类	重量/kg	数量/尾	平均体重/g	重量比例/%	数量比例/%	种类	重量/kg	数量/尾	平均体重/g	重量比例/%	数量比例/%
银鲫	5.7	59	97.4	11.68	12.91	红鳍原鲌	5.7	98	58.6	11.68	21.44
䱗	5.0	132	37.6	10.25	28.88	鳊	2.7	11	249.5	5.53	2.41
鲤	8.0	17	468.2	16.39	3.72	银鮈	1.1	33	33.4	2.25	7.22
鲇	3.5	9	383.7	7.17	1.97	黑龙江花鳅	0.1	14	6.4	0.20	3.06
黄颡鱼	0.5	11	43.4	1.02	2.41	鲢	7.5	13	573.4	15.37	2.84
葛氏鲈塘鳢	0.6	27	23.5	1.23	5.91	草鱼	5.5	7	983.7	11.27	1.53
黑斑狗鱼	1.0	2	498.4	2.05	0.44	乌鳢	1.7	2	862.7	3.48	0.44
黑龙江泥鳅	0.2	22	7.2	0.41	4.81	合计	48.8	457			

1.2.5　主要物种个体生物学及种群结构

兴凯鲌（别名兴凯青梢红鲌，地方名罗锅鱼），在中国仅分布于兴凯湖，为中小型经济鱼类，但数量多，是兴凯湖的主要捕捞对象，约占捕捞量的40%[12]。

1. 捕捞群体构成

兴凯鲌是典型的湖沼定居鱼类，经常活动在水体中上层，在兴凯湖具有明显的洄游规律。据2001年5～7月调查[12]，捕捞群体体长15.3～26.3cm，平均20.6cm；17.1～21.0cm体长组为主体，占55.1%；其次为21.1～23.0cm体长组，占15.3%（表1-100）。捕捞群体体重50.0～276.0g，平均125.0g；75.1～125.0g体重组为主体，占51.8%；其次为50.0～75.0g体重组，占15.3%（表1-101）。捕捞群体年龄由2^+～7^+龄构成，5^+龄组为主体，占32.5%；其次为4^+龄组，占27.5%（表1-102）。

表1-100　兴凯湖兴凯鲌捕捞群体体长构成[12]

指标	体长分布/cm						变幅/cm	平均/cm
	15.0～17.0	17.1～19.0	19.1～21.0	21.1～23.0	23.1～25.0	25.1～27.0		
样本数/尾	22	50	62	31	21	11	15.3～26.3	20.6
所占比例/%	10.8	24.6	30.5	15.3	13.3	5.4		

表1-101　兴凯湖兴凯鲌捕捞群体体重构成[12]

指标	体重分布/g					
	50.0～75.0	75.1～100.0	100.1～125.0	125.1～150.0	150.1～175.0	175.1～200.0
样本数/尾	31	59	46	19	13	21
所占比例/%	15.3	29.1	22.7	9.4	6.4	10.3

指标	体重分布/g			变幅/g	平均/g
	200.1～225.0	225.1～250.0	250.1～276.0		
样本数/尾	6	4	4	50～270	125
所占比例/%	3.0	2.0	2.0		

表1-102　兴凯湖兴凯鲌捕捞群体年龄构成[12]

年龄/龄	样本数/尾	所占比例/%	平均体长/cm	平均体重/g	年龄/龄	样本数/尾	所占比例/%	平均体长/cm	平均体重/g
2^+	4	5.0	16.5	50.0	5^+	26	32.5	23.3	176.6
3^+	15	18.8	17.7	78.1	6^+	11	13.8	24.7	205.0
4^+	22	27.5	20.7	124.3	7^+	2	2.5	27.4	275.0

2. 生长

根据体长与鳞长退算的兴凯鲌体长、生长速率分别见表1-103和表1-104。

表 1-103　兴凯湖兴凯鲌退算体长[12]

年龄/龄	样本数/尾	平均体长/cm	平均体重/g	退算体长/cm						
				L_1	L_2	L_3	L_4	L_5	L_6	L_7
2^+	4	16.5	50.0	7.4	13.9					
3^+	15	17.7	78.1	7.0	11.7	16.1				
4^+	22	20.7	124.3	7.0	11.0	15.6	19.6			
5^+	26	23.3	176.6	6.7	10.8	14.6	18.3	22.4		
6^+	11	24.7	205.0	6.5	10.0	13.3	17.0	20.6	23.5	
7^+	2	27.4	275.0	4.8	8.0	11.1	14.3	19.1	22.3	26.5

表 1-104　兴凯湖兴凯鲌生长速度[12]

年龄/龄	理论体长/cm	相对增长率/(%/年)	生长比速	生长常数	生长指标
1^+	4.8				
2^+	8.0	66.7	0.5108	0.7662	2.2419
3^+	11.1	38.7	0.3274	0.8185	2.6192
4^+	14.3	28.8	0.2533	0.8865	2.8116
5^+	19.1	33.6	0.2894	1.3023	4.1387
6^+	22.3	21.9	0.1548	0.8514	2.9566
7^+	26.5	18.8	0.1725	1.1212	3.8467

3. 体长与体重的关系

文献[12]根据 45 尾样本鱼实测体长、体重，得出兴凯鲌体长（L/cm）与体重（W/g）的关系：$W = 5\times10^{-3} L^{3.312}$ 。

4. 繁殖发育

（1）繁殖习性　文献[12]中，兴凯鲌产卵期为 6 月中旬至 7 月中旬，水温平均为 22.5℃，产卵场位于湖北侧沿岸地带的砂砾底质水域，为分批产卵类型。卵为浮性，有水流时则漂浮发育，静水时则沉于底部发育。另据观察，繁殖季节兴凯鲌常与翘嘴鲌一起向湖北端上溯，寻找产卵场，产卵结束后，洄游到水草丰富的湖湾静水区育肥。

（2）繁殖力　文献[2]中体长为 16.0～27.3cm 的雌鱼绝对繁殖力为 2 万～4 万粒卵。文献[12]测定 28 尾雌鱼的相对繁殖力为 8.30～127.5 粒卵/g，平均为 62.7 粒卵/g；绝对繁殖力为 750～3 万粒卵，平均为 10 756 粒卵。

（3）性腺成熟系数　文献[12]中兴凯鲌性腺成熟系数雌性群体为 0.56%～7.88%，平均为 4.48%；雄性群体为 0.60%～1.88%，平均为 1.24%。

5. 种群数量

兴凯鲌渔获量常常与翘嘴鲌混合一并统计。文献[12]中，2001 年兴凯湖作业渔船数量为 170 只，网具总量为 2550～3400 片，单片网长度为 200～260m，网高为 3.5～4.0m，网目规格为 3.5～4.0cm，全年渔获量为 400t，按兴凯鲌所占渔获物比例 40%计算，兴凯鲌渔获量为 160t。另据兴凯湖渔场记载，1949～1985 年兴凯湖年平均渔获量为 586t，兴凯鲌约为 234t；1983 年渔获量最高，为 1053t，兴凯鲌约为 421t。可见兴凯鲌资源呈明显下降趋势。

1.3 内蒙古高原湖泊沼泽区

在《中国沼泽志》“沼泽分区”中，内蒙古高原湖泊沼泽区隶属于“松嫩—蒙新盐沼、苔草、芦苇沼泽区”之下“内蒙古高原—黄土高原苔草、芦苇沼泽亚区”，包括呼伦贝尔高原、锡林郭勒高原、乌兰察布高原及巴彦淖尔—阿拉善—鄂尔多斯高原湖泊沼泽群。该湖泊沼泽区中进行过采样调查的湖泊沼泽有 9 片，其中 8 片包含于《中国沼泽志》所列出的重点沼泽：呼伦湖沼泽（152129-061）、乌拉盖沼泽（152525-067）、查干诺尔盐沼（152523-068）、达里诺尔沼泽（150425-069）、岱海沼泽（152629-071）、乌梁素海沼泽（152824-072）、居延海盐沼（152923-073）和红碱淖秃尾河沼泽（612722-298）。

1.3.1 呼伦贝尔高原湖泊沼泽群

1.3.1.1 自然概况

呼伦贝尔高原湖泊沼泽群地处内蒙古大兴安岭西侧，包括呼伦湖、贝尔湖和乌兰泡，自然概况见表 1-105。该湖泊沼泽群包含于呼伦湖沼泽。

表 1-105 呼伦贝尔高原湖泊沼泽群自然概况

编号	湖泊沼泽	经纬度	所在地区	面积/km^2	平均水深/m	水质盐度/(g/L)	水质化学类型	水面海拔/m
（35）	呼伦湖 1)	48°40′N～49°20′N，116°58′E～117°47′E	内蒙古满洲里	2267.0	5.7	2.40	碳酸盐	540.5
（36）	贝尔湖 2)	47°36′N～47°58′N，117°30′E～117°58′E	内蒙古满洲里	40.3	9.0	0.35	碳酸盐	584.0
（37）	乌兰泡 2)	48°16′N～48°22′N，117°22′E～117°32′E	内蒙古满洲里	75.0	1.5	1.45	碳酸盐	560.0

资料来源：1）文献[13]和[14]；2）文献[5]和[15]

1.3.1.2 总述

1. 物种多样性

采集到的和文献[13]中记载的呼伦贝尔高原湖泊沼泽群的鱼类物种合计 5 目 8 科 32 属 41 种（表 1-106）。其中，移入种 1 目 1 科 4 属 4 种，包括草鱼、团头鲂、鲢和鳙；土著鱼类 5 目 8 科 28 属 37 种。土著种中，哲罗鲑、细鳞鲑、黑斑狗鱼、真鲅、拉氏鲅、瓦氏雅罗鱼、拟赤梢鱼、北方花鳅、黑龙江花鳅和江鳕为冷水种，占 27.03%；哲罗鲑为中国易危种；凌源鮈为中国特有种。

表 1-106　呼伦贝尔高原湖泊沼泽群鱼类物种组成

种类	a	b	c
一、鲑形目 Salmoniformes			
（一）鲑科 Salmonidae			
1. 哲罗鲑 _Hucho taimen_*	+		
2. 细鳞鲑 _Brachymystax lenok_*	+		
（二）狗鱼科 Esocidae			
3. 黑斑狗鱼 _Esox reicherti_	+	+	
二、鲤形目 Cypriniformes			
（三）鲤科 Cyprinidae			
4. 草鱼 _Ctenopharyngodon idella_▲	+		
5. 真鲹 _Phoxinus phoxinus_		+	
6. 湖鲹 _Phoxinus percnurus_		+	
7. 拉氏鲹 _Phoxinus lagowskii_	+	+	
8. 瓦氏雅罗鱼 _Leuciscus waleckii waleckii_	+	+	
9. 拟赤梢鱼 _Pseudaspius leptocephalus_*	+		
10. 贝氏䱗 _Hemiculter bleekeri_*	+		
11. 蒙古䱗 _Hemiculter lucidus warpachowsky_	+		+
12. 鳊 _Parabramis pekinensis_*	+		
13. 团头鲂 _Megalobrama amblycephala_*▲	+		
14. 红鳍原鲌 _Cultrichthys erythropterus_	+		+
15. 蒙古鲌 _Culter mongolicus mongolicus_	+		+
16. 大鳍鱊 _Acheilognathus macropterus_	+	+	
17. 黑龙江鳑鲏 _Rhodeus sericeus_	+		
18. 花䱻 _Hemibarbus maculatus_*	+		
19. 唇䱻 _Hemibarbus laboe_	+	+	
20. 条纹似白鮈 _Paraleucogobio strigatus_	+	+	
21. 麦穗鱼 _Pseudorasbora parva_	+	+	
22. 克氏鳈 _Sarcocheilichthys czerskii_	+	+	
23. 凌源鮈 _Gobio lingyuanensis_		+	
24. 高体鮈 _Gobio soldatovi_	+		
25. 犬首鮈 _Gobio cynocephalus_*	+		
26. 细体鮈 _Gobio tenuicorpus_*	+		
27. 兴凯银鮈 _Squalidus chankaensis_*	+		
28. 突吻鮈 _Rostrogobio amurensis_*	+		
29. 蛇鮈 _Saurogobio dabryi_	+		
30. 鲤 _Cyprinus carpio_	+	+	+
31. 鲫 _Carassius auratus_	+		
32. 银鲫 _Carassius auratus gibelio_	+	+	+
33. 鲢 _Hypophthalmichthys molitrix_▲	+		
34. 鳙 _Aristichthys nobilis_▲	+		
（四）鳅科 Cobitidae			
35. 黑龙江泥鳅 _Misgurnus mohoity_	+		
36. 北方花鳅 _Cobitis granoci_*	+		
37. 黑龙江花鳅 _Cobitis lutheri_	+	+	+
三、鲇形目 Siluriformes			
（五）鲇科 Siluridae			
38. 鲇 _Silurus asotus_	+	+	+
（六）鲿科 Bagridae			
39. 乌苏拟鲿 _Pseudobagrus ussuriensis_*	+		
四、鲈形目 Perciformes			
（七）塘鳢科 Eleotridae			
40. 葛氏鲈塘鳢 _Perccottus glehni_	+	+	
五、鳕形目 Gadiformes			
（八）鳕科 Gadidae			
41. 江鳕 _Lota lota_*	+		

注：a. 呼伦湖，b. 贝尔湖，c. 乌兰泡。*代表文献中有记录但在调查湖泊期间未采集到样本的种类

采集到的鱼类 4 目 5 科 23 属 27 种。其中，移入种 1 目 1 科 3 属 3 种，包括草鱼、鲢及鳙；土著鱼类 4 目 5 科 20 属 24 种，其中包括冷水种真鲹、拉氏鲹、黑龙江花鳅、瓦氏雅罗鱼和黑斑狗鱼（占 20.83%），中国特有种凌源鮈。

2. 种类组成

采集到的和文献[13]中记载的鱼类中，鲤形目 34 种，占 82.93%；鲑形目 3 种、鲇形目 2 种，分别占 7.32%及 4.88%；鲈形目和鳕形目均 1 种，各占 2.44%。科级分类单元中，

鲤科 31 种，占 75.61%；鳅科 3 种、鲑科 2 种，分别占 7.32%及 4.88%；狗鱼科、鮨科、鲇科、塘鳢科和鳕科均 1 种，各占 2.44%。

采集到的 27 种鱼类中，鲤形目 24 种，占 88.89%；鲇形目、鲈形目和鲑形目均 1 种，各占 3.70%。鲤科 22 种、鳅科 2 种，分别占 81.48%及 7.41%；塘鳢科、狗鱼科和鲇科均 1 种，各占 3.70%。

3. 区系生态类群

采集到的和文献[13]中记载的呼伦贝尔高原湖泊沼泽群的土著鱼类由 6 个区系生态类群构成。

1）江河平原区系生态类群：蒙古𩷶、贝氏𩷶、红鳍原鲌、鳊、蒙古鲌、唇䱻、花䱻、克氏鳈、蛇鮈和兴凯银鮈，占 27.03%。

2）北方平原区系生态类群：瓦氏雅罗鱼、拟赤梢鱼、湖鲂、拉氏鲂、凌源鮈、高体鮈、犬首鮈、细体鮈、条纹似白鮈、突吻鮈、北方花鳅、黑龙江花鳅和黑斑狗鱼，占 35.14%。

3）新近纪区系生态类群：鲤、鲫、银鲫、麦穗鱼、黑龙江鳑鲏、大鳍鱊、黑龙江泥鳅和鲇，占 21.62%。

4）北方山地区系生态类群：哲罗鲑、细鳞鲑和真鲂，占 8.11%。

5）热带平原区系生态类群：乌苏拟鲿和葛氏鲈塘鳢，占 5.41%。

6）北极淡水区系生态类群：江鳕，占 2.70%。

以上北方区系生态类群 17 种，占 45.95%。

调查采集到的 24 种土著鱼类由 5 个区系生态类群构成。

1）江河平原区系生态类群：蒙古𩷶、红鳍原鲌、蒙古鲌、唇䱻、蛇鮈和克氏鳈，占 25%。

2）北方平原区系生态类群：黑斑狗鱼、湖鲂、拉氏鲂、瓦氏雅罗鱼、条纹似白鮈、凌源鮈、高体鮈和黑龙江花鳅，占 33.33%。

3）新近纪区系生态类群：鲤、银鲫、鲫、大鳍鱊、黑龙江鳑鲏、麦穗鱼、黑龙江泥鳅和鲇，占 33.33%。

4）北方山地区系生态类群：真鲂，占 4.17%。

5）热带平原区系生态类群：葛氏鲈塘鳢，占 4.17%。

以上北方区系生态类群 9 种，占 37.5%。

1.3.1.3 分述

1. 呼伦湖

（1）物种多样性　采集到的和文献[13]中记载的呼伦湖的鱼类物种合计 5 目 8 科 32 属 38 种。其中，移入种 1 目 1 科 4 属 4 种，包括草鱼、团头鲂、鲢和鳙；土著鱼类 5 目 8 科 28 属 34 种。土著种中，哲罗鲑为中国易危种，哲罗鲑、细鳞鲑、黑斑狗鱼、拉氏鲂、瓦氏雅罗鱼、拟赤梢鱼、北方花鳅、黑龙江花鳅和江鳕为冷水种，占 26.47%。

调查采集到的鱼类 4 目 5 科 23 属 24 种。其中，移入种 1 目 1 科 3 属 3 种，包括草鱼、鲢和鳙；土著鱼类 4 目 5 科 20 属 21 种，其中包括冷水种拉氏鲅、黑龙江花鳅、瓦氏雅罗鱼和黑斑狗鱼（占 19.05%）。

（2）种类组成　采集到的和文献[13]中记载的呼伦湖鱼类中，鲤形目 31 种、鲑形目 3 种、鲇形目 2 种，分别占 81.58%、7.89%及 5.26%；鲈形目和鳕形目均 1 种，各占 2.63%。科级分类单元中，鲤科 28 种、鳅科 3 种、鲑科 2 种，分别占 73.68%、7.89%及 5.26%；狗鱼科、鮠科、鲇科、塘鳢科和鳕科均 1 种，各占 2.63%。

采集到的 24 种鱼类中，鲤形目 21 种，占 87.5%；鲇形目、鲈形目和鲑形目均 1 种，各占 4.17%。科级分类单元中，鲤科 19 种、鳅科 2 种，分别占 79.17%及 8.33%；塘鳢科、狗鱼科和鲇科均 1 种，各占 4.17%。

（3）区系生态类群　采集到的和文献[13]中记载的呼伦湖的土著鱼类由 6 个区系生态类群构成。

1）江河平原区系生态类群：蒙古鳘、贝氏鳘、红鳍原鲌、鳊、蒙古鲌、唇䱻、花䱻、克氏鳈、蛇鮈和兴凯银鮈，占 29.41%。

2）北方平原区系生态类群：瓦氏雅罗鱼、拟赤梢鱼、拉氏鲅、高体鮈、犬首鮈、细体鮈、条纹似白鮈、突吻鮈、北方花鳅、黑龙江花鳅和黑斑狗鱼，占 32.35%。

3）新近纪区系生态类群：鲤、鲫、银鲫、麦穗鱼、黑龙江鳑鲏、大鳍鱊、黑龙江泥鳅和鲇，占 23.53%。

4）北方山地区系生态类群：哲罗鲑和细鳞鲑，占 5.88%。

5）热带平原区系生态类群：乌苏拟鲿和葛氏鲈塘鳢，占 5.88%。

6）北极淡水区系生态类群：江鳕，占 2.94%。

以上北方区系生态类群 14 种，占 41.18%。

采集到的 21 种土著鱼类由 4 个区系生态类群构成。

1）江河平原区系生态类群：蒙古鳘、红鳍原鲌、蒙古鲌、唇䱻、蛇鮈和克氏鳈，占 28.57%。

2）北方平原区系生态类群：黑斑狗鱼、拉氏鲅、瓦氏雅罗鱼、条纹似白鮈、高体鮈和黑龙江花鳅，占 28.57%。

3）新近纪区系生态类群：鲤、银鲫、鲫、大鳍鱊、黑龙江鳑鲏、麦穗鱼、黑龙江泥鳅和鲇，占 38.1%。

4）热带平原区系生态类群：葛氏鲈塘鳢，占 4.76%。

以上北方区系生态类群 6 种，占 28.57%。

2. 贝尔湖

（1）物种多样性　采集到鱼类 4 目 5 科 14 属 16 种，均为土著种，其中包括冷水种真鲅、拉氏鲅、黑龙江花鳅、瓦氏雅罗鱼和黑斑狗鱼（占 31.25%）。

（2）种类组成　鲤形目 13 种，占 81.25%；鲇形目、鲈形目和鲑形目均 1 种，各占 6.25%。科级分类单元中，鲤科 12 种，占 75%；鳅科、塘鳢科、狗鱼科和鲇科均 1 种，各占 6.25%。

（3）区系生态类群　由 5 个区系生态类群构成。

1）江河平原区系生态类群：唇䱻和克氏鳈，占12.5%。

2）北方平原区系生态类群：湖鲅、拉氏鲅、瓦氏雅罗鱼、黑斑狗鱼、条纹似白鮈、凌源鮈和黑龙江花鳅，占43.75%。

3）新近纪区系生态类群：鲤、银鲫、麦穗鱼、大鳍鱊和鲇，占31.25%。

4）北方山地区系生态类群：真鲅，占6.25%。

5）热带平原区系生态类群：葛氏鲈塘鳢，占6.25%。

以上北方区系生态类群8种，占50%。

3. 乌兰泡

（1）物种多样性　采集到鱼类2目3科7属7种，均为土著种，其中包括冷水种黑龙江花鳅。

（2）种类组成　鲤形目6种、鲇形目1种，分别占85.71%及14.29%。科级分类单元中，鲤科5种，占71.43%；鳅科和鲇科均1种，各占14.29%。

（3）区系生态类群　由3个区系生态类群构成。

1）江河平原区系生态类群：蒙古䱗、红鳍原鲌和蒙古鲌，占42.86%。

2）北方平原区系生态类群：黑龙江花鳅，占14.29%。

3）新近纪区系生态类群：鲤、银鲫和鲇，占42.86%。

以上北方区系生态类群1种，占14.29%。

1.3.1.4 渔获物组成

（1）贝尔湖　捕捞型渔业湿地。渔获物中，土著经济鱼类瓦氏雅罗鱼、黑斑狗鱼、鲇、鲤、银鲫、唇䱻约占90.25%；其余为小型非经济鱼类（黑龙江花鳅、条纹似白鮈、真鲅、湖鲅、拉氏鲅、葛氏鲈塘鳢、大鳍鱊、麦穗鱼、克氏鳈、凌源鮈）约占9.75%（表1-107）。

表1-107　贝尔湖渔获物组成（2010-06-29～07-02）

种类	重量/kg	数量/尾	平均体重/g	重量比例/%	数量比例/%	种类	重量/kg	数量/尾	平均体重/g	重量比例/%	数量比例/%
瓦氏雅罗鱼	51.2	279	183.5	22.50	10.03	拉氏鲅	1.7	198	8.6	0.75	6.12
黑斑狗鱼	76.4	82	931.7	33.57	2.95	唇䱻	7.2	34	211.8	3.16	1.22
鲇	29.5	43	686.0	12.96	1.55	葛氏鲈塘鳢	3.8	97	39.2	1.67	3.49
鲤	16.4	97	169.1	7.21	3.49	大鳍鱊	1.4	109	12.8	0.61	3.92
银鲫	24.7	191	129.3	10.85	6.87	麦穗鱼	11.8	1192	9.9	5.18	42.85
黑龙江花鳅	0.2	19	10.5	0.09	0.68	克氏鳈	1.1	143	7.7	0.48	5.14
条纹似白鮈	0.7	83	8.4	0.31	2.98	凌源鮈	0.3	36	8.3	0.13	1.29
真鲅	0.8	136	5.9	0.35	4.89						
湖鲅	0.4	43	9.3	0.18	1.55	合计	227.6	2782			

（2）呼伦湖　放养型渔业湿地。蒙古韰为群落优势种。渔获物中，放养的经济鱼类鳙约占 0.51%；土著经济鱼类花䱻、鲤、银鲫、蒙古韰、红鳍原鲌、鲇约占 73.85%；小型非经济鱼类麦穗鱼、棒花鱼、葛氏鲈塘鳢、黑龙江泥鳅约占 25.63%（表 1-108）。

（3）乌兰泡　捕捞型渔业湿地。渔获物中，土著经济鱼类鲤、银鲫、鲇、红鳍原鲌、蒙古鲌、蒙古韰约占 99.31%；小型非经济鱼类黑龙江花鳅约占 0.69%（表 1-109）。

表 1-108　呼伦湖渔获物组成（2010-12-29，2011-01-12）

种类	重量/kg	数量/尾	平均体重/g	重量比例/%	数量比例/%	种类	重量/kg	数量/尾	平均体重/g	重量比例/%	数量比例/%
麦穗鱼	28.6	1946	14.7	16.15	21.48	葛氏鲈塘鳢	1.1	93	12.2	0.62	1.03
花䱻	6.2	61	101.6	3.50	0.67	黑龙江泥鳅	1.6	243	6.7	0.90	2.68
棒花鱼	14.1	467	30.2	7.96	5.16	红鳍原鲌	19.8	1704	18.4	11.18	18.81
鲤	16.2	59	274.6	9.15	0.65	鳙	0.9	1	886.4	0.51	0.01
银鲫	29.7	378	78.6	16.77	4.17	鲇	2.7	4	673.6	1.52	0.04
蒙古韰	56.2	4102	13.7	31.73	45.29	合计	177.1	9058			

表 1-109　乌兰泡渔获物组成（2010-09-10～14）

种类	重量/kg	数量/尾	平均体重/g	重量比例/%	数量比例/%	种类	重量/kg	数量/尾	平均体重/g	重量比例/%	数量比例/%
鲤	58.6	113	518.6	33.64	9.75	蒙古鲌	17.6	105	167.6	10.10	9.06
银鲫	49.7	399	124.6	28.53	34.43	蒙古韰	9.8	263	37.3	5.63	22.69
鲇	23.9	51	468.6	13.72	4.40	黑龙江花鳅	1.2	125	9.6	0.69	10.79
红鳍原鲌	13.4	103	130.1	7.69	8.89	合计	174.2	1159			

1.3.2　锡林郭勒高原湖泊沼泽群

1.3.2.1　自然概况

锡林郭勒高原湖泊沼泽群包括达里湖（包括其附属湖泊鲤鱼湖、岗更湖）和查干淖尔，自然概况见表 1-110。达里湖包含于达里诺尔沼泽；查干淖尔包含于查干淖尔沼泽和乌拉盖沼泽。

表 1-110　锡林郭勒高原湖泊沼泽群自然概况

湖泊沼泽	经纬度	所在地区	面积/km^2	平均水深/m	水质盐度/(g/L)	水质化学类型	水面海拔/m
达里湖 1)	43°13′N～43°23′N，116°26′E～116°45′E	内蒙古克什克腾旗	213	6.7	6.46	碳酸盐	1227
查干淖尔 2)	44°41′N～44°42′N，114°01′E～114°02′E	内蒙古阿巴嘎旗	33	2.5	1.02	碳酸盐	

资料来源：1）文献[16]，调查编号为（38）；2）文献[5]、[17]和[18]

1.3.2.2 总述

1. 物种多样性

文献[2]、[13]、[17]及[19]～[22]记载锡林郭勒高原湖泊沼泽群的鱼类物种为2目3科19属24种（表1-111）。其中，移入种1目1科4属4种，包括草鱼、团头鲂、鲢和鳙；土著种2目3科15属20种，其中包括冷水种拉氏鲅、瓦氏雅罗鱼、北鳅、北方须鳅、北方花鳅和九棘刺鱼（占30%）。查干淖尔的鲤鱼为土著种，达里湖的鲤鱼为移入种。

表1-111 锡林郭勒高原湖泊沼泽群鱼类物种组成

种类	a	b	种类	a	b
一、鲤形目 Cypriniformes			14. 鲫 *Carassius auratus*	+	+
（一）鲤科 Cyprinidae			15. 鲢 *Hypophthalmichthys molitrix*▲	+	+
1. 瓦氏雅罗鱼 *Leuciscus waleckii waleckii*	+	+	16. 鳙 *Aristichthys nobilis*▲	+	+
2. 草鱼 *Ctenopharyngodon idella*▲	+	+	（二）鳅科 Cobitidae		
3. 拉氏鲅 *Phoxinus lagowskii*	+		17. 泥鳅 *Misgurnus anguillicaudatus*	+	+
4. 花江鲅 *Phoxinus czekanowskii*	+		18. 北方泥鳅 *Misgurnus bipartitus*	+	
5. 团头鲂 *Megalobrama amblycephala*▲		+	19. 北鳅 *Lefua costata*	+	
6. 红鳍原鲌 *Cultrichthys erythropterus*		+	20. 北方须鳅 *Barbatula barbatula nuda*	+	
7. 棒花鱼 *Abbottina rivularis*	+		21. 弓背须鳅 *Barbatula gibba*	+	
8. 麦穗鱼 *Pseudorasbora parva*	+	+	22. 北方花鳅 *Cobitis granoci*	+	+
9. 凌源鮈 *Gobio lingyuanensis*	+		23. 达里湖高原鳅 *Triplophysa dalaica*	+	
10. 高体鮈 *Gobio soldatovi*	+		二、刺鱼目 Gasterosteiformes		
11. 似铜鮈 *Gobio coriparoides*	+		（三）刺鱼科 Gasterosteidae		
12. 兴凯银鮈 *Squalidus chankaensis*	+		24. 九棘刺鱼 *Pungitius pungitius*	+	+
13. 鲤 *Cyprinus carpio*	▲	+			

注：a. 达里湖，依据文献[2]、[13]及[19]～[22]；b. 查干淖尔，依据文献[17]

2. 种类组成

锡林郭勒高原湖泊沼泽群鱼类群落中，鲤形目23种、刺鱼目1种，分别占95.83%及4.17%。科级分类单元中，鲤科16种、鳅科7种、刺鱼科1种，分别占66.67%、29.17%及4.17%。

3. 区系生态类群

锡林郭勒高原湖泊沼泽群的土著鱼类群落由5个区系生态类群构成。

1）江河平原区系生态类群：红鳍原鲌、棒花鱼和兴凯银鮈，占15%。

2）北方平原区系生态类群：瓦氏雅罗鱼、拉氏鲅、花江鲅、凌源鮈、高体鮈、似铜鮈、北鳅、北方须鳅、弓背须鳅和北方花鳅，占 50%。

3）新近纪区系生态类群：鲤、鲫、麦穗鱼、泥鳅和北方泥鳅，占 25%。

4）北极海洋区系生态类群：九棘刺鱼，占 5%。

5）中亚高山区系生态类群：达里湖高原鳅，占 5%。

以上北方区系生态类群 11 种，占 55%。

1.3.2.3　分述

1. 达里湖

（1）物种多样性　调查采集到和文献[2]、[13]及[19]～[22]中记载的达里湖的鱼类物种合计 2 目 3 科 17 属 22 种。其中，移入种 1 目 1 科 4 属 4 种，包括草鱼、鲤、鲢和鳙；土著鱼类 2 目 3 科 13 属 18 种，其中包括冷水种拉氏鲅、瓦氏雅罗鱼、北鳅、北方须鳅、北方花鳅和九棘刺鱼（占 33.3%）。

（2）种类组成　鲤形目 21 种、刺鱼目 1 种，分别占 95.45%及 4.55%。科级分类单元中，鲤科 14 种、鳅科 7 种、刺鱼科 1 种，分别占 63.64%、31.82%及 4.55%。

（3）区系生态类群　由 5 个区系生态类群构成。

1）江河平原区系生态类群：棒花鱼和兴凯银鮈，占 11.11%。

2）北方平原区系生态类群：瓦氏雅罗鱼、拉氏鲅、花江鲅、凌源鮈、高体鮈、似铜鮈、北鳅、北方须鳅、弓背须鳅和北方花鳅，占 55.56%。

3）新近纪区系生态类群：鲫、麦穗鱼、泥鳅和北方泥鳅，占 22.22%。

4）北极海洋区系生态类群：九棘刺鱼，占 5.56%。

5）中亚高山区系生态类群：达里湖高原鳅，占 5.56%。

以上北方区系生态类群 11 种，占 61.11%。

2. 查干淖尔

（1）物种多样性　文献[17]中记录 1999～2000 年调查采集到的鱼类物种 2 目 3 科 12 属 12 种。其中，移入种 1 目 1 科 4 属 4 种，包括草鱼、团头鲂、鲢和鳙；土著鱼类 2 目 3 科 8 属 8 种，其中包括冷水种瓦氏雅罗鱼、北方花鳅和九棘刺鱼（占 37.5%）。

（2）种类组成　鲤形目 11 种、刺鱼目 1 种，分别占 91.67%及 8.33%。科级分类单元中，鲤科 9 种、鳅科 2 种、刺鱼科 1 种，分别占 75%、16.67%及 8.33%。

（3）区系生态类群　由 4 个区系生态类群构成。

1）江河平原区系生态类群：红鳍原鲌，占 12.5%。

2）北方平原区系生态类群：瓦氏雅罗鱼和北方花鳅，占 25%。

3）新近纪区系生态类群：鲤、鲫、麦穗鱼和泥鳅，占 50%。

4）北极海洋区系生态类群：九棘刺鱼，占 12.5%。

以上北方区系生态类群 3 种，占 37.5%。

1.3.3 乌兰察布高原湖泊沼泽群

1.3.3.1 自然概况

乌兰察布高原湖泊沼泽群包括岱海和哈素海，自然概况见表 1-112。其中岱海包含于岱海沼泽。

表 1-112 乌兰察布高原湖泊沼泽群自然概况

湖泊沼泽	经纬度	所在地区	水域面积/km^2	平均水深/m	水质盐度/(g/L)	水质化学类型	湖面海拔/m
岱海	40°12′N～40°18′N，112°17′E～112°54′E	内蒙古凉城	133	7.0	4.92	氯化物	1224
哈素海	40°34′N～40°39′N，110°57′E～111°00′E	内蒙古土默特左旗	29.7	1.5	0.71	氯化物	

资料来源：当地渔业部门提供

1.3.3.2 总述

1. 物种多样性

综合渔业部门提供的资料和文献[13]中的记载，得出乌兰察布高原湖泊沼泽群的鱼类物种为 6 目 10 科 39 属 44 种（表 1-113）。其中，移入种 3 目 4 科 10 属 11 种，包括池沼公鱼、大银鱼、鲢、鳙、团头鲂、鲂、草鱼、青鱼、鯮、鳡和鳜；土著鱼类 5 目 7 科 29 属 33 种。哈素海的红鳍原鲌为移入种，岱海的红鳍原鲌为土著种。

乌兰察布高原湖泊沼泽群的土著鱼类包括中国特有种黄黝鱼；冷水种瓦氏雅罗鱼、北方须鳅、北方花鳅和九棘刺鱼（占 12.12%）；陕西省地方重点保护水生野生动物鳡、翘嘴鲌和尖头鲌；甘肃省地方重点保护水生野生动物赤眼鳟、极边扁咽齿鱼和兰州鲇；同为陕西、甘肃两省地方重点保护水生野生动物的多鳞白甲鱼。

表 1-113 乌兰察布高原湖泊沼泽群鱼类物种组成

种类	a	b	种类	a	b
一、鲑形目 Salmoniformes			6. 赤眼鳟 *Squaliobarbus curriculus*		+
（一）胡瓜鱼科 Osmeridae			7. 鯮 *Luciobrama macrocephalus*▲	+	
1. 池沼公鱼 *Hypomesus olidus*▲	+		8. 鳡 *Ochetobius elongatus*▲	+	
（二）银鱼科 Salangidae			9. 鳡 *Elopichthys bambusa*	+	
2. 大银鱼 *Protosalanx hyalocranius*▲	+		10. 鰲 *Hemiculter leucisculus*	+	+
二、鲤形目 Cypriniformes			11. 鳊 *Parabramis pekinensis*	+	+
（三）鲤科 Cyprinidae			12. 鲂 *Megalobrama skolkovii*▲		+
3. 瓦氏雅罗鱼 *Leuciscus waleckii waleckii*	+	+	13. 团头鲂 *Megalobrama amblycephala*▲		+
4. 青鱼 *Mylopharyngodon piceus*▲		+	14. 红鳍原鲌 *Cultrichthys erythropterus*	+	▲
5. 草鱼 *Ctenopharyngodon idella*▲	+	+	15. 蒙古鲌 *Culter mongolicus*	+	

续表

种类	a	b	种类	a	b
mongolicus			35. 北方花鳅 *Cobitis granoci*		+
16. 翘嘴鲌 *Culter alburnus*	+		36. 达里湖高原鳅 *Triplophysa dalaica*	+	+
17. 尖头鲌 *Culter oxycephalus*	+	+	37. 大鳞副泥鳅 *Paramisgurnus dabryanus*		+
18. 寡鳞飘鱼 *Pseudolaubuca engraulis*		+	三、鲇形目 Siluriformes		
19. 银鲴 *Xenocypris argentea*	+		（五）鲇科 Siluridae		
20. 黑龙江鳑鲏 *Rhodeus sericeus*	+		38. 鲇 *Silurus asotus*		+
21. 高体鳑鲏 *Rhodeus ocellatus*		+	39. 兰州鲇 *Silurus lanzhouensis*		+
22. 大鳍鱊 *Acheilognathus macropterus*		+	四、鲈形目 Perciformes		
23. 花䱻 *Hemibarbus maculatus*	+		（六）鮨科 Serranidae		
24. 棒花鱼 *Abbottina rivularis*		+	40. 鳜 *Siniperca chuatsi*▲	+	
25. 麦穗鱼 *Pseudorasbora parva*	+	+	（七）塘鳢科 Eleotridae		
26. 华鳈 *Sarcocheilichthys sinensis*		+	41. 黄黝鱼 *Hypseleotris swinhonis*		+
27. 鲤 *Cyprinus carpio*	+	+	（八）鰕虎鱼科 Gobiidae		
28. 鲫 *Carassius auratus*	+	+	42. 波氏吻鰕虎鱼 *Rhinogobius cliffordpopei*		+
29. 鲢 *Hypophthalmichthys molitrix*▲		+	五、刺鱼目 Gasterosteiformes		
30. 鳙 *Aristichthys nobilis*▲	+	+	（九）刺鱼科 Gasterosteidae		
31. 多鳞白甲鱼 *Onychostoma macrolepis*		+	43. 九棘刺鱼 *Pungitius pungitius*		+
32. 极边扁咽齿鱼 *Platypharodon extremus*		+	六、鳉形目 Cyprinodontiformes		
（四）鳅科 Cobitidae			（十）青鳉科 Oryziatidae		
33. 泥鳅 *Misgurnus anguillicaudatus*	+	+	44. 中华青鳉 *Oryzias latipes sinensis*		+
34. 北方须鳅 *Barbatula barbatula nuda*		+			

注：a. 岱海，b. 哈素海

2. 种类组成

乌兰察布高原湖泊沼泽群鱼类群落中，鲤形目 35 种、鲈形目 3 种，分别占 79.55%及 6.82%；鲑形目和鲇形目均 2 种，各占 4.55%；刺鱼目和鳉形目均 1 种，各占 2.27%。科级分类单元中，鲤科 30 种、鳅科 5 种、鲇科 2 种，分别占 68.18%、11.36%及 4.55%；胡瓜鱼科、银鱼科、鮨科、塘鳢科、鰕虎鱼科、刺鱼科和青鳉科均 1 种，各占 2.27%。

3. 区系生态类群

乌兰察布高原湖泊沼泽群的土著鱼类群落由 6 个区系生态类群构成。

1）江河平原区系生态类群：鳡、𩾌、花䱻、鳊、寡鳞飘鱼、蒙古鲌、翘嘴鲌、尖头鲌、银鲴、棒花鱼、华鳈和鳜，占 36.36%。

2）热带平原区系生态类群：黄黝鱼、中华青鳉和多鳞白甲鱼，占 9.09%。

3）北方平原区系生态类群：瓦氏雅罗鱼、北方须鳅、北方花鳅和波氏吻鰕虎鱼，占 12.12%。

4）新近纪区系生态类群：鲤、鲫、麦穗鱼、赤眼鳟、黑龙江鳑鲏、高体鳑鲏、大鳍鱊、泥鳅、大鳞副泥鳅、鲇和兰州鲇，占 33.33%。

5）北极海洋区系生态类群：九棘刺鱼，占 3.03%。

6）中亚高山区系生态类群：极边扁咽齿鱼和达里湖高原鳅，占 6.06%。

以上北方区系生态类群 5 种，占 15.15%。

1.3.3.3　分述

1. 岱海

（1）物种多样性　文献[13]中记载岱海的鱼类物种为 3 目 5 科 21 属 23 种。其中，移入种 2 目 3 科 7 属 7 种，包括池沼公鱼、大银鱼、草鱼、鳜、鯮、鳍和鳙；土著鱼类 1 目 2 科 14 属 16 种，其中包括陕西省地方重点保护水生野生动物鱤、翘嘴鲌和尖头鲌及冷水种瓦氏雅罗鱼。

（2）种类组成　鲤形目 20 种、鲑形目 2 种、鲈形目 1 种，分别占 86.96%、8.70%及 4.35%。科级分类单元中，鲤科 18 种、鳅科 2 种，分别占 78.26%及 8.70%；胡瓜鱼科、银鱼科和鮨科均 1 种，各占 4.35%。

（3）区系生态类群　由 4 个区系生态类群构成。

1）江河平原区系生态类群：鱤、𩽾、红鳍原鲌、蒙古鲌、翘嘴鲌、尖头鲌、银鲴、花䱻和鳊，占 56.25%。

2）北方平原区系生态类群：瓦氏雅罗鱼，占 6.25%。

3）新近纪区系生态类群：鲤、鲫、麦穗鱼、黑龙江鳑鲏和泥鳅，占 31.25%。

4）中亚高山区系生态类群：达里湖高原鳅，占 6.25%。

以上北方区系生态类群 1 种，占 6.25%。

2. 哈素海

（1）物种多样性　文献[13]中记载哈素海的鱼类物种为 5 目 7 科 31 属 33 种。其中，移入种 1 目 1 科 6 属 7 种，包括鲢、鳙、红鳍原鲌、团头鲂、鲂、草鱼和青鱼；土著鱼类 5 目 7 科 25 属 26 种。土著种中，赤眼鳟、极边扁咽齿鱼和兰州鲇为甘肃省地方重点保护水生野生动物；多鳞白甲鱼为陕西、甘肃两省地方重点保护水生野生动物；瓦氏雅罗鱼、北方须鳅、北方花鳅及九棘刺鱼为冷水种，占 15.38%。

（2）种类组成　鲤形目 27 种，占 81.82%；鲇形目和鲈形目均 2 种，各占 6.06%；刺鱼目和鳉形目均 1 种，各占 3.03%。科级分类单元中，鲤科 22 种、鳅科 5 种、鲇科 2 种，分别占 66.67%、15.15%及 6.06%；塘鳢科、鰕虎鱼科、刺鱼科和青鳉科均 1 种，各占 3.03%。

（3）区系生态类群　由 6 个区系生态类群构成。

1）江河平原区系生态类群：鳊、𩽾、寡鳞飘鱼、尖头鲌、棒花鱼和华鳈，占 23.08%。

2）北方平原区系生态类群：瓦氏雅罗鱼、北方须鳅、北方花鳅和波氏吻鰕虎鱼，占 15.38%。

3）新近纪区系生态类群：鲤、鲫、麦穗鱼、赤眼鳟、高体鳑鲏、大鳍鱊、泥鳅、大鳞副泥鳅、鲇和兰州鲇，占 38.46%。

4）热带平原区系生态类群：黄黝鱼、中华青鳉和多鳞白甲鱼，占 11.54%。

5）北极海洋区系生态类群：九棘刺鱼，占 3.85%。

6）中亚高山区系生态类群：极边扁咽齿鱼和达里湖高原鳅，占 7.69%。

以上北方区系生态类群 5 种，占 19.23%。

1.3.4 巴彦淖尔—阿拉善—鄂尔多斯高原湖泊沼泽群

1.3.4.1 自然概况

巴彦淖尔—阿拉善—鄂尔多斯高原湖泊沼泽群，包括乌梁素海、居延海及红碱淖，自然概况见表 1-114。其中，乌梁素海包含于乌梁素海沼泽；居延海包含于居延海盐沼；红碱淖包含于红碱淖秃尾河沼泽。

表 1-114 巴彦淖尔—阿拉善—鄂尔多斯高原湖泊沼泽群自然概况

湖泊沼泽	经纬度	所在地区	水域面积/km²	平均水深/m	水质盐度/(g/L)	水质化学类型	湖面海拔/m
乌梁素海	40°47′N～41°03′N，108°43′E～108°57′E	内蒙古乌拉特前旗	293	0.95	2.55	氯化物	1018.5
居延海	42°16′N～42°29′N，100°30′E～101°18′E	内蒙古额济纳旗	38				902.0
红碱淖	39°04′N～39°08′N，109°50′E～110°56′E	内蒙古伊金霍洛旗与陕西省神木交界处	40	8.20	4.30	氯化物	1200.0

资料来源：当地渔业部门提供及文献[5]

1.3.4.2 总述

1. 物种多样性

综合渔业部门提供的资料和文献[13]中的记载，巴彦淖尔—阿拉善—鄂尔多斯高原湖泊沼泽群的鱼类物种为 6 目 10 科 37 属 47 种（表 1-115）。其中，移入种 2 目 3 科 7 属 8 种，包括池沼公鱼、大银鱼、鲢、鳙、团头鲂、鲂、草鱼和青鱼；土著鱼类 5 目 8 科 30 属 39 种。土著种中，黄黝鱼为中国特有种；花斑裸鲤，极边扁咽齿鱼和兰州鲇为甘肃省地方重点保护水生野生动物；尖头鲌为陕西省地方重点保护水生野生动物；多鳞白甲鱼同为陕西、甘肃两省地方重点保护水生野生动物；瓦氏雅罗鱼、花斑裸鲤、北方须鳅、北方花鳅及九棘刺鱼为冷水种，占 12.82%。乌梁素海的红鳍原鲌和红碱淖的鲤为移入种。

2. 种类组成

巴彦淖尔—阿拉善—鄂尔多斯高原湖泊沼泽群鱼类群落中，鲤形目 38 种、鲇形目 3 种，分别占 80.85%及 6.38%；鲑形目和鲈形目均 2 种，各占 4.26%；刺鱼目和鳉形目均

1 种，各占 2.13%。科级分类单元中，鲤科 25 种、鳅科 13 种、鲇科 2 种，分别占 53.19%、27.66%及 4.26%；胡瓜鱼科、银鱼科、鲿科、塘鳢科、鰕虎鱼科、刺鱼科和青鳉科均 1 种，各占 2.13%。

表 1-115 巴彦淖尔—阿拉善—鄂尔多斯高原湖泊沼泽群鱼类物种组成

种类	a	b	c
一、鲑形目 Salmoniformes			
（一）胡瓜鱼科 Osmeridae			
1. 池沼公鱼 *Hypomesus olidus* ▲		+	
（二）银鱼科 Salangidae			
2. 大银鱼 *Protosalanx hyalocranius* ▲			+
二、鲤形目 Cypriniformes			
（三）鲤科 Cyprinidae			
3. 马口鱼 *Opsariichthys bidens*		+	+
4. 瓦氏雅罗鱼 *Leuciscus waleckii waleckii*	+	+	+
5. 青鱼 *Mylopharyngodon piceus* ▲	+		+
6. 草鱼 *Ctenopharyngodon idella* ▲	+	+	+
7. 赤眼鳟 *Squaliobarbus curriculus*	+		
8. 䱗 *Hemiculter leucisculus*	+	+	+
9. 鳊 *Parabramis pekinensis*	+		+
10. 鲂 *Megalobrama skokovii* ▲	+		+
11. 团头鲂 *Megalobrama amblycephala* ▲	+		+
12. 红鳍原鲌 *Cultrichthys erythropterus*	▲	+	+
13. 尖头鲌 *Culter oxycephalus*			+
14. 寡鳞飘鱼 *Pseudolaubuca engraulis*	+		
15. 高体鳑鲏 *Rhodeus ocellatus*	+		
16. 大鳍鱊 *Acheilognathus macropterus*	+		
17. 棒花鱼 *Abbottina rivularis*	+	+	
18. 麦穗鱼 *Pseudorasbora parva*	+	+	+
19. 华鳈 *Sarcocheilichthys sinensis*	+		+
20. 似鮈 *Pseudogobio vaillanti*	+		
21. 鲤 *Cyprinus carpio*	+	+	▲
22. 鲫 *Carassius auratus*	+	+	+
23. 鲢 *Hypophthalmichthys molitrix* ▲	+	+	+
24. 鳙 *Aristichthys nobilis* ▲	+	+	+
25. 多鳞白甲鱼 *Onychostoma macrolepis*	+		
26. 极边扁咽齿鱼 *Platypharodon extremus*	+		
27. 花斑裸鲤 *Gymnocypris eckloni*		+	
（四）鳅科 Cobitidae			
28. 泥鳅 *Misgurnus anguillicaudatus*	+	+	+
29. 北方须鳅 *Barbatula barbatula nuda*	+		
30. 北方花鳅 *Cobitis granoci*	+		
31. 中华花鳅 *Cobitis sinensis*			+
32. 达里湖高原鳅 *Triplophysa dalaica*	+		+
33. 梭形高原鳅 *Triplophysa leptosoma*		+	
34. 酒泉高原鳅 *Triplophysa hsutschouensis*		+	
35. 东方高原鳅 *Triplophysa orientalis*		+	
36. 河西叶尔羌高原鳅 *Triplophysa macroptera yarkandensis*		+	
37. 重穗唇高原鳅 *Triplophysa papillososlabiata*		+	
38. 短尾高原鳅 *Triplophysa brevicauda*		+	
39. 粗壮高原鳅 *Triplophysa robusta*			+
40. 大鳞副泥鳅 *Paramisgurnus dabryanus*	+		
三、鲇形目 Siluriformes			
（五）鲿科 Bagridae			
41. 黄颡鱼 *Pelteobagrus fulvidraco*	+		
（六）鲇科 Siluridae			
42. 鲇 *Silurus asotus*	+		
43. 兰州鲇 *Silurus lanzhouensis*	+		
四、鲈形目 Perciformes			
（七）塘鳢科 Eleotridae			
44. 黄黝鱼 *Hypseleotris swinhonis*	+	+	
（八）鰕虎鱼科 Gobiidae			
45. 波氏吻鰕虎鱼 *Rhinogobius cliffordpopei*	+	+	+
五、刺鱼目 Gasterosteiformes			
（九）刺鱼科 Gasterosteidae			
46. 九棘刺鱼 *Pungitius pungitius*	+		
六、鳉形目 Cyprinodontiformes			
（十）青鳉科 Oryziatidae			
47. 中华青鳉 *Oryzias latipes sinensis*	+		

注：a. 乌梁素海，b. 居延海，c. 红碱淖

3. 区系生态类群

巴彦淖尔—阿拉善—鄂尔多斯高原湖泊沼泽群的土著鱼类群落由 6 个区系生态类群构成。

1）江河平原区系生态类群：马口鱼、𩶧、红鳍原鲌、尖头鲌、鳊、寡鳞飘鱼、棒花鱼、华鳈和似鮈，占 23.08%。

2）北方平原区系生态类群：瓦氏雅罗鱼、北方须鳅、中华花鳅、北方花鳅和波氏吻𫚥虎鱼，占 12.82%。

3）新近纪区系生态类群：鲤、鲫、麦穗鱼、赤眼鳟、高体鳑鲏、大鳍鱊、泥鳅、大鳞副泥鳅、鲇和兰州鲇，占 25.64%。

4）热带平原区系生态类群：黄颡鱼、黄黝鱼、中华青鳉和多鳞白甲鱼，占 10.26%。

5）北极海洋区系生态类群：九棘刺鱼，占 2.56%。

6）中亚高山区系生态类群：极边扁咽齿鱼、花斑裸鲤、梭形高原鳅、酒泉高原鳅、东方高原鳅、河西叶尔羌高原鳅、重穗唇高原鳅、短尾高原鳅、粗壮高原鳅和达里湖高原鳅，占 25.63%。

以上北方区系生态类群 6 种，占 15.38%。

1.3.4.3　分述

1. 乌梁素海

（1）物种多样性　文献[13]中记载乌梁素海的鱼类 5 目 8 科 32 属 34 种。其中，移入种 1 目 1 科 6 属 7 种，包括鲢、鳙、红鳍原鲌、团头鲂、鲂、草鱼和青鱼；土著鱼类 5 目 8 科 26 属 27 种。土著种中，黄黝鱼为中国特有种，极边扁咽齿鱼和兰州鲇为甘肃省地方重点保护水生野生动物，多鳞白甲鱼同为陕西、甘肃两省地方重点保护水生野生动物，瓦氏雅罗鱼、北方须鳅、北方花鳅及九棘刺鱼为冷水种，占 14.81%。

（2）种类组成　鲤形目 27 种、鲇形目 3 种、鲈形目 2 种，分别占 79.41%、8.82%及 5.88%；刺鱼目和鳉形目均 1 种，各占 2.94%。科级分类单元中，鲤科 22 种、鳅科 5 种、鲇科 2 种，分别占 64.71%、14.71%及 5.88%；鲿科、塘鳢科、𫚥虎鱼科、刺鱼科和青鳉科均 1 种，各占 2.94%。

（3）区系生态类群　由 6 个区系生态类群构成。

1）江河平原区系生态类群：𩶧、鳊、寡鳞飘鱼、棒花鱼、华鳈和似鮈，占 22.22%。

2）北方平原区系生态类群：瓦氏雅罗鱼、北方须鳅、北方花鳅和波氏吻𫚥虎鱼，占 14.81%。

3）新近纪区系生态类群：鲤、鲫、麦穗鱼、赤眼鳟、高体鳑鲏、大鳍鱊、泥鳅、大鳞副泥鳅、鲇和兰州鲇，占 37.04%。

4）热带平原区系生态类群：黄颡鱼、黄黝鱼、中华青鳉和多鳞白甲鱼，占 14.81%。

5）北极海洋区系生态类群：九棘刺鱼，占 3.70%。

6）中亚高山区系生态类群：极边扁咽齿鱼和达里湖高原鳅，占 7.41%。

以上北方区系生态类群 5 种，占 18.52%。

2. 居延海

（1）物种多样性　文献[13]记载居延海的鱼类物种 3 目 5 科 17 属 22 种。其中，移入种 2 目 2 科 4 属 4 种，包括池沼公鱼、草鱼、鲢和鳙；土著鱼类 2 目 4 科 13 属 18 种，其中包括中国特有种黄黝鱼，甘肃省地方重点保护水生野生动物花斑裸鲤，冷水种瓦氏雅罗鱼及花斑裸鲤。

（2）种类组成　鲤形目 19 种、鲈形目 2 种、鲑形目 1 种，分别占 86.36%、9.09%及 4.55%。科级分类单元中，鲤科 12 种、鳅科 7 种，分别占 54.55%及 31.82%；胡瓜鱼科、塘鳢科和鰕虎鱼科均 1 种，各占 4.55%。

（3）区系生态类群　由 5 个区系生态类群构成。

1）江河平原区系生态类群：马口鱼、䱗、红鳍原鲌和棒花鱼，占 22.22%。

2）北方平原区系生态类群：瓦氏雅罗鱼和波氏吻鰕虎鱼，占 11.11%。

3）新近纪区系生态类群：鲤、鲫、麦穗鱼和泥鳅，占 22.22%。

4）热带平原区系生态类群：黄黝鱼，占 5.56%。

5）中亚高山区系生态类群：花斑裸鲤、梭形高原鳅、酒泉高原鳅、东方高原鳅、河西叶尔羌高原鳅、重穗唇高原鳅和短尾高原鳅，占 38.89%。

以上北方区系生态类群 2 种，占 11.11%。

3. 红碱淖

（1）物种多样性　文献[13]记载红碱淖的鱼类物种为 3 目 4 科 20 属 22 种。其中，移入种 2 目 2 科 7 属 8 种，包括大银鱼、青鱼、草鱼、鲢、鳙、鲤、团头鲂和鲂；土著鱼类 2 目 3 科 13 属 14 种，其中包括陕西省地方重点保护水生野生动物尖头鲌和冷水种瓦氏雅罗鱼。

（2）种类组成　鲤形目 20 种，占 90.91%；鲑形目和鲈形目均 1 种，各占 4.55%。科级分类单元中，鲤科 16 种、鳅科 4 种，分别占 72.73%及 18.18%；银鱼科和鰕虎鱼科均 1 种，各占 4.55%。

（3）区系生态类群　由 4 个区系生态类群构成。

1）江河平原区系生态类群：马口鱼、䱗、鳊、红鳍原鲌、尖头鲌和华鳈，占 42.86%。

2）北方平原区系生态类群：瓦氏雅罗鱼、中华花鳅和波氏吻鰕虎鱼，占 21.43%。

3）新近纪区系生态类群：鲫、麦穗鱼和泥鳅，占 21.43%。

4）中亚高山区系生态类群：达里湖高原鳅和粗壮高原鳅，占 14.29%。

以上北方区系生态类群 3 种，占 21.43%。

2 湖泊沼泽鱼类群落多样性

第 1 章介绍的物种多样性是群落结构特征的重要因素之一。湿地鱼类群落多样性不仅由湿地形成及其演化过程中物种形成的历史因素决定，还与现代生态因素和渔业经营有关，但截至目前我们对此了解得并不多。同时，鱼类群落结构的变化也是评估湿地生态环境演变过程及其结果的重要方法之一[23-25]。

20 世纪 60 年代末，中国科学院水生生物研究所在湖北省梁子湖建立了中国第一个湖泊鱼类生态学研究站，首次开展湖泊鱼类群落系统性定位研究[26-28]。之后，又建立了武汉东湖生态观测站，系统地研究了东湖生态系统[29, 30]，鱼类群落是其重要内容之一。

有关东北地区湖泊沼泽鱼类群落多样性的研究工作，最早始于 1957～1958 年中国和苏联联合进行的黑龙江流域综合考察，其中涉及中国境内的湖泊沼泽包括：呼伦湖（时称呼伦池）、小兴凯湖、兴凯湖（时称大兴凯湖）、五大连池和镜泊湖[31]。之后是 1980～1983 年进行的全国渔业资源调查和区划研究，其间涉及东北地区的湖泊沼泽除了上述 5 片之外，还有扎龙湖、茂兴湖、连环湖、乌兰泡、贝尔湖、达里湖、岗更湖（时称犴牛泡）和龙湾湖[32]。

以往的湿地鱼类群落多样性研究大都集中在长江中下游地区[33-39]，涉及的北方地区的湿地鱼类群落多样性研究相对较少。而且，目前所报道的东北—内蒙古高原湖泊沼泽鱼类群落多样性研究工作，也大都致力于物种组成与个体生物学方面，较为系统的湿地鱼类群落多样性研究工作还相对较少。本章基于湿地调查期间所积累的资料，拟从群落 α-多样性、β-多样性两方面来进一步充实这方面的工作。

2.1 松嫩湖泊沼泽群

松嫩湖泊沼泽群是我国北温带亚湿润地区的一个低平原湖泊沼泽群，超过 1km^2 的湖泊沼泽总面积约 2570km^2，鱼类物种多样性的孕育与涵养是湖泊沼泽渔业生态功能的重要体现[40, 41]。松嫩湖泊沼泽群是松嫩湿地的重要组成部分，孕育了松嫩湿地丰富的鱼类物种多样性，维系着区域湿地生物多样性的平衡，对区域湿地持续健康发展起到重要作用。由于该湖泊沼泽群同时也是我国东北地区淡水渔业的重要生产区之一，对鱼类资源长期过度利用，加之湿地生态退化，多种效应的叠加使得湖泊沼泽群的鱼类资源受到破坏，逐渐发展成为目前的“过度利用型湖泊沼泽群”。以往对该区湖泊沼泽鱼类群落的研究，仅见于 1980～1983 年全国渔业资源调查期间进行的扎龙湖、茂兴湖和连环湖的鱼类资源调查[6]，其中只涉及湿地鱼类物种资源，缺少群落生态多样性特征方面的探讨。

本书以湿地调查资料为基础，探讨松嫩湖泊沼泽群中 20 片主要渔业湖泊沼泽鱼类群落多样性的特征，为松嫩平原发展多种群湖泊沼泽渔业、促进鱼类物种多样性的保护与健康发展提供科学依据[42]。这 20 片湖泊沼泽的总面积约 1521km^2，约占松嫩湖泊沼泽群总面积的 59.19%，可基本反映松嫩湖泊沼泽群鱼类群落多样性的现状。

2.1.1 群落物种结构

2.1.1.1 群落样本的采集

（1）采集时间　结合当地的渔业捕捞生产，进行鱼类群落样本的采集。采样时间为 2008～2010 年，每年的明水期（5～10 月）和冬季（12 月至翌年 1 月）。

（2）采样网具　采样所使用的网具，明水期主要有三层刺网、拖网、网箔和拉网；冬季为冰下大拉网。

1）刺网：网目规格，外层 15～20cm，内层 5～10cm，每片长 20～30m，高 1～1.5m，每次采样投放 10～15 片，总长 200～450m，持续时间 12h。

2）拖网：网口直径 1.5～2.5m，网目规格 1～2cm，每次采样时间 2～4h。

3）网箔：网目规格 1～2cm，每次采样覆盖水面 1～2hm^2，持续时间 12h。

4）拉网：明水期使用的拉网网目规格 2～4cm，长 200～300m，每次采样时间 1～2h。冬季使用的冰下大拉网网目规格有 1～2cm 和 5～10cm 两种，长 500～750m，每次采样行程 1～1.5km。

（3）采样频率　每一片湖泊沼泽均实行不定期的定点采样与渔获物随机抽样结合。整个调查期间采样 3～5 次。

（4）采样点设置　50～500km^2 的湖泊沼泽设置 3～5 个点，50km^2 以下的设置 1～2 个点。

采集样本时，按照初次性成熟年龄时的个体平均体重是否达到 50g，将样本鱼划分为小型鱼类（≤50g）和大型鱼类（＞50g）两部分。3 年累计采样 392 次，获取样本生物量 7407.6kg，个体数量 80 307 尾。

2.1.1.2 群落优势种的确定

1. 优势度指数法[24]

优势度指数（D_Y）的计算公式为 $D_Y = 100\,000 \times f_i / [m(n_i N + w_i W)]$。式中，$m$ 为采样次数；f_i 为 m 次采样中第 i 种出现的频度；n_i、w_i、N 和 W 分别为 m 次采样中第 i 种样本个体数（尾）、生物量（kg）、群落样本总个体数（尾）和总生物量（kg）。群落优势种的确定标准为：$D_Y > 10\,000$。

2. 相对丰度法[35]

采用物种相对丰度（relative abundance，R_A）确定群落优势种的方法，是将个体数量相对丰度 R_{AI} 或生物量相对丰度 $R_{AB} \geqslant 10\%$ 的物种确定为群落优势种。其计算公式分别为

$R_{AI}=100\%\times n_i/N$ 及 $R_{AB}=100\%\times w_i/W$ 。式中，n_i 、w_i 、N 和 W 分别为群落中第 i 种样本个体数、生物量、群落样本总个体数和总生物量。

2.1.1.3　群落结构特征

1. 物种多样性

（1）物种组成与分布　采集到 20 片湖泊沼泽的鱼类物种合计 4 目 9 科 34 属 46 种（表 2-1）。其中，移入种 3 目 3 科 7 属 7 种，包括大银鱼、斑鳜、鲢、鳙、青鱼、草鱼和团头鲂；土著鱼类 3 目 8 科 27 属 39 种，其中包括中国特有种彩石鳑鲏、凌源鮈及黄黝鱼，中国易危种怀头鲇，冷水种真鲹、拉氏鲹、平口鮈、黑龙江花鳅和北方花鳅（占 12.82%）。

20 片湖泊沼泽的土著鱼类中，以定居型类群相对居多，它们都能在湖泊沼泽中完成生命周期，包括鲤、银鲫、鲇、黄颡鱼、䱗、红鳍原鲌、乌鳢、翘嘴鲌、蒙古鲌、鳜、银鲴和花䱻12 种经济鱼类；其次是江-湖洄游型类群，其中较有价值的仅鳡和鳊两种，但因其数量均较少，目前已无渔业意义。

表 2-1　20 片湖泊沼泽的鱼类物种组成及群落样本

种类	A	B	C	D	E	F	G	H	I	J
一、鲑形目 Salmoniformes										
（一）银鱼科 Salangidae										
1. 大银鱼 *Protosalanx hyalocranius*▲										
二、鲤形目 Cypriniformes										
（二）鲤科 Cyprinidae										
2. 青鱼 *Mylopharyngodon piceus*▲	3	11	2	210	210	73		7		
3. 草鱼 *Ctenopharyngodon idella*▲	197	43	11	30	30	37	7	22	55	13
4. 真鲹 *Phoxinus phoxinus*						14				
5. 湖鲹 *Phoxinus percnurus*			13						102	
6. 拉氏鲹 *Phoxinus lagowskii*			153	259	259					
7. 鳡 *Elopichthys bambusa*					1					
8. 䱗 *Hemiculter leucisculus*	723	594	143	1750	1902	263	39	139	485	173
9. 贝氏䱗 *Hemiculter bleekeri*								22		
10. 翘嘴鲌 *Culter alburnus*					1					
11. 蒙古鲌 *Culter mongolicus mongolicus*					70	52				
12. 鳊 *Parabramis pekinensis*					61					
13. 团头鲂 *Megalobrama amblycephala*▲	4	47	7	183	196	103	14	12	33	4
14. 红鳍原鲌 *Cultrichthys erythropterus*		431	27	3528	9327	114			1483	
15. 银鲴 *Xenocypris argentea*		54						73		
16. 大鳍鱊 *Acheilognathus macropterus*	84		47	9						7
17. 黑龙江鳑鲏 *Rhodeus sericeus*	3	92		411	417	147		142	175	

续表

种类	A	B	C	D	E	F	G	H	I	J
18. 彩石鳑鲏 *Rhodeus lighti*	19		13							12
19. 花䱻 *Hemibarbus maculatus*					1	7		19		9
20. 麦穗鱼 *Pseudorasbora parva*	81	193	469	137	206	107	146	89	1000	95
21. 平口鮈 *Ladislavia taczanowskii*					17					
22. 棒花鱼 *Abbottina rivularis*			73	30	30	23		13	61	13
23. 蛇鮈 *Saurogobio dabryi*		31						9	48	
24. 东北鳈 *Sarcocheilichthys lacustris*	190		127							
25. 克氏鳈 *Sarcocheilichthys czerskii*		78								
26. 凌源鮈 *Gobio lingyuanensis*	14	17	21					49	557	34
27. 犬首鮈 *Gobio cynocephalus*	3	30	11					73	371	41
28. 细体鮈 *Gobio tenuicorpus*									4	
29. 鲤 *Cyprinus carpio*	68	76	74	167	211	127	53	8	70	43
30. 银鲫 *Carassius auratus gibelio*	541	213	262	117	463	227	192	72	1464	92
31. 鲢 *Hypophthalmichthys molitrix*▲	7	55	23	107	157	61	8	19	168	57
32. 鳙 *Aristichthys nobilis*▲	74	27	38	58	77	13	13	13	41	31
（三）鳅科 Cobitidae										
33. 黑龙江花鳅 *Cobitis lutheri*	43							52	718	
34. 北方花鳅 *Cobitis granoei*									19	
35. 黑龙江泥鳅 *Misgurnus mohoity*	79	75	73				43	72	129	
36. 北方泥鳅 *Misgurnus bipartitus*			19				17			
37. 花斑副沙鳅 *Parabotia fasciata*		50						3		
三、鲇形目 Siluriformes										
（四）鲿科 Bagridae										
38. 黄颡鱼 *Pelteobagrus fulvidraco*	21	197	31	19	7	19	12	21	116	19
（五）鲇科 Siluridae										
39. 怀头鲇 *Silurus soldatovi*			2		1					
40. 鲇 *Silurus asotus*	13	31	5	32	22	41	18	13	31	7
四、鲈形目 Perciformes										
（六）鮨科 Serranidae										
41. 鳜 *Siniperca chuatsi*			3				6			
42. 斑鳜 *Siniperca scherzeri*▲	372									
（七）塘鳢科 Eleotridae										
43. 葛氏鲈塘鳢 *Perccottus glehni*	221	339	162	46	39	14	39	19	469	9
44. 黄黝鱼 *Hypseleotris swinhonis*								32		
（八）斗鱼科 Belontiidae										
45. 圆尾斗鱼 *Macropodus chinensis*					1					

续表

种类	A	B	C	D	E	F	G	H	I	J
（九）鳢科 Channidae										
46. 乌鳢 *Channa argus*	7	6	19	33	9	13	11	13	22	3
种类	K	L	M	N	O	P	Q	R	S	T
一、鲑形目 Salmoniformes										
（一）银鱼科 Salangidae										
1. 大银鱼 *Protosalanx hyalocranius*▲								955		1133
二、鲤形目 Cypriniformes										
（二）鲤科 Cyprinidae										
2. 青鱼 *Mylopharyngodon piceus*▲			19			3				17
3. 草鱼 *Ctenopharyngodon idella*▲	6	31	27	17	6	13	18	2	7	70
4. 真鲅 *Phoxinus phoxinus*										2347
5. 湖鲅 *Phoxinus percnurus*					7		5			
6. 拉氏鲅 *Phoxinus lagowskii*				54			13			39
7. 鳡 *Elopichthys bambusa*										
8. 䱗 *Hemiculter leucisculus*	17	29	1258	17	34	126	192	730	292	4058
9. 贝氏䱗 *Hemiculter bleekeri*					31					
10. 翘嘴鲌 *Culter alburnus*						2	7			
11. 蒙古鲌 *Culter mongolicus mongolicus*			13							14
12. 鳊 *Parabramis pekinensis*						2				2
13. 团头鲂 *Megalobrama amblycephala*▲	9		1			34	12	7		13
14. 红鳍原鲌 *Cultrichthys erythropterus*	39		819		237			71	473	2063
15. 银鲴 *Xenocypris argentea*					15					
16. 大鳍鱊 *Acheilognathus macropterus*			19	42			87	132		63
17. 黑龙江鳑鲏 *Rhodeus sericeus*										9
18. 彩石鳑鲏 *Rhodeus lighti*				109			17	83		33
19. 花䱻 *Hemibarbus maculatus*										3
20. 麦穗鱼 *Pseudorasbora parva*	73	117	599	161	43	29	63	797	29	3280
21. 平口鮈 *Ladislavia taczanowskii*			153	14	1		24			45
22. 棒花鱼 *Abbottina rivuluris*			92	40				31		303
23. 蛇鮈 *Saurogobio dabryi*										9
24. 东北鳈 *Sarcocheilichthys lacustris*							107	362		2
25. 克氏鳈 *Sarcocheilichthys czerskii*				13						127
26. 凌源鮈 *Gobio lingyuanensis*			19	9	17		3	12		7
27. 犬首鮈 *Gobio cynocephalus*			7	21	22		7	9		11
28. 细体鮈 *Gobio tenuicorpus*										11

续表

种类	K	L	M	N	O	P	Q	R	S	T
29. 鲤 *Cyprinus carpio*	41	57	352	238	33	21	45	61	53	290
30. 银鲫 *Carassius auratus gibelio*	139	239	943	571	126	49	89	466	127	4689
31. 鲢 *Hypophthalmichthys molitrix*▲	26	52	209	73	12	12	55	13	37	847
32. 鳙 *Aristichthys nobilis*▲	39	96	206	49	39	27	75	12	14	532
（三）鳅科 Cobitidae										
33. 黑龙江花鳅 *Cobitis lutheri*										73
34. 北方花鳅 *Cobitis granoei*										7
35. 黑龙江泥鳅 *Misgurnus mohoity*	19			13						101
36. 北方泥鳅 *Misgurnus bipartitus*	12			41						52
37. 花斑副沙鳅 *Parabotia fasciata*										
三、鲇形目 Siluriformes										
（四）鲿科 Bagridae										
38. 黄颡鱼 *Pelteobagrus fulvidraco*	42		5	19	24	4	17			34
（五）鲇科 Siluridae										
39. 怀头鲇 *Silurus soldatovi*				2						2
40. 鲇 *Silurus asotus*				125	26	51	9	23		30
四、鲈形目 Perciformes										
（六）鮨科 Serranidae										
41. 鳜 *Siniperca chuatsi*						5				
42. 斑鳜 *Siniperca scherzeri*▲										
（七）塘鳢科 Eleotridae										
43. 葛氏鲈塘鳢 *Perccottus glehni*	98	149	313	169	27	41	262	242		1612
44. 黄黝鱼 *Hypseleotris swinhonis*		37	509					1008		6558
（八）斗鱼科 Belontiidae										
45. 圆尾斗鱼 *Macropodus chinensis*										
（九）鳢科 Channidae										
46. 乌鳢 *Channa argus*			1	9		10				17

注：A. 牛心套保泡，B. 月亮泡，C. 新荒泡，D. 新庙泡，E. 查干湖，F. 大库里泡，G. 花敖泡，H. 哈尔挠泡，I. 扎龙湖，J. 克钦湖，K. 老江身泡，L. 青肯泡，M. 茂兴湖，N. 南山湖，O. 齐家泡，P. 石人沟泡，Q. 喇嘛寺泡，R. 大龙虎泡，S. 小龙虎泡，T. 连环湖，下同。表中数字代表样本个体数

自然分布于新荒泡、查干湖、哈尔挠泡、连环湖的鱼类均为 20 种或超过 20 种，以连环湖为最多（31 种）；小龙虎泡、青肯泡分别为 5 种和 6 种；分布在其余湖泊沼泽的鱼类物种数为 9～19 种。鲤、银鲫、䱗和麦穗鱼为全部湖泊沼泽的共有种；葛氏鲈塘鳢见于除小龙虎泡之外的所有湖泊沼泽；棒花鱼、鲇、黄颡鱼、乌鳢、红鳍原鲌、凌源鮈和犬首鮈在 50%以上的湖泊沼泽中均可见到；鳡、鳊、圆尾斗鱼、真鲂、鳜、贝氏䱗、花斑副沙鳅、细体鮈、北方花鳅、克氏鰁、银鲴和翘嘴鲌所分布的湖泊沼泽数量仅 1～3 个。

（2）种类组成　20 片湖泊沼泽鱼类群落中，鲤形目 36 种，占 78.26%；鲈形目 6 种、

鲇形目 3 种、鲑形目 1 种，分别占 13.04%、6.52%及 2.17%。科级分类单元中，鲤科 31 种，占 67.39%；鳅科 5 种，占 10.87%；鲇科、鲿科和塘鳢科均 2 种，各占 4.35%；银鱼科、鮨科、斗鱼科和鳢科均 1 种，各占 2.17%。

（3）区系生态类群　20 片湖泊沼泽的土著鱼类群落由 5 个区系生态类群构成。

1）江河平原区系生态类群：2 种䱗、红鳍原鲌、鳊、鳡、2 种鲌、花䱻、银鲴、蛇鮈、2 种鳈、棒花鱼、花斑副沙鳅和鱖，占 38.46%。

2）新近纪区系生态类群：鲤、银鲫、麦穗鱼、2 种鳑鲏、大鳍鱊、2 种泥鳅和 2 种鲇，占 25.64%。

3）北方平原区系生态类群：湖鱥、拉氏鱥、3 种鮈、平口鮈和 2 种花鳅，占 20.51%。

4）热带平原区系生态类群：乌鳢、圆尾斗鱼、黄颡鱼、黄黝鱼和葛氏鲈塘鳢，占 12.82%。

5）北方山地区系生态类群：真鱥，占 2.56%。

以上北方区系生态类群 9 种，占 23.08%。

（4）动物地理构成　按照我国淡水鱼类动物地理区划[2, 43]，松嫩湖泊沼泽群地处古北界北方区黑龙江亚区黑龙江分区。但在采集到的 20 片湖泊沼泽鱼类物种中，属于该分区的只有真鱥、拉氏鱥、东北鳈和犬首鮈。湖鱥、克氏鳈、黑龙江花鳅、黑龙江泥鳅和黑龙江鳑鲏为黑龙江亚区之下黑龙江分区与滨海分区的共有种；凌源鮈、怀头鲇、细体鮈、葛氏鲈塘鳢和北方花鳅是黑龙江亚区与华东区之下海辽亚区的共有种；银鲫为北方区之下黑龙江亚区与额尔齐斯河亚区的共有种。可见在我国淡水鱼类动物地理区划的 5 个地理区，即北方区、宁蒙区、华西区、华东区和华南区中，在 20 片湖泊沼泽仅见到北方区的特有种（真鱥、拉氏鱥、东北鳈、犬首鮈、湖鱥、克氏鳈、黑龙江花鳅、黑龙江泥鳅、黑龙江鳑鲏及银鲫），而未见其他区的特有种。本段以上 15 种属于古北界种类，占 38.46%；其余 24 种为北方区与华南区的共有种，占 61.54%。湖鱥、克氏鳈、东北鳈、黑龙江花鳅、黑龙江泥鳅和葛氏鲈塘鳢为东北地区的特有种。尚未发现松嫩湖泊沼泽群的特有物种。

2. 优势度指数与物种优势度

20 片湖泊沼泽鱼类群落的物种优势度指数如表 2-2 所示。可以看出，物种间优势度指数相差悬殊，这与鱼类个体相对较少、优势种数量相对较大的实际情况相符。其中，青鱼、草鱼、团头鲂、斑鳜、鲢、鳙、鲤、鲇和乌鳢 9 种大型鱼类和䱗、银鲴、红鳍原鲌、黑龙江鳑鲏、黑龙江花鳅、麦穗鱼、凌源鮈、银鲫、黄颡鱼、大银鱼、葛氏鲈塘鳢和黄黝鱼 12 种小型鱼类在不同湖泊沼泽的优势度指数均有超过 10 000 的，表明它们在不同湖泊沼泽鱼类群落中相对占有一定的优势。

表 2-2　20 片湖泊沼泽鱼类群落的物种优势度指数（×1000）

湖泊沼泽	大银鱼	青鱼	草鱼	真鱥	湖鱥	拉氏鱥	鳡	䱗	贝氏䱗	翘嘴鲌	蒙古鲌	鳊	团头鲂	红鳍原鲌	银鲴
A		0.20	55.61					30.93					0.14		
B		6.00						32.18						27.61	3.38
C		1.20	9.53			9.70		11.13					1.34		
D		21.34	6.95			3.40		28.40				2.08	6.68	98.34	

续表

湖泊沼泽	大银鱼	青鱼	草鱼	真鱥	湖鱥	拉氏鱥	鳡	鳘	贝氏鳘	翘嘴鲌	蒙古鲌	鳊	团头鲂	红鳍原鲌	银鲴
E		2.90	0.89			0.79	0.16	13.39		0.15	2.87	0.34	2.45	81.08	
F		16.61	11.47	7.50				24.00			5.81	4.28	10.38	18.59	
G															
H		10.35	36.44					19.19	2.89				3.27		14.02
I			10.59		1.67			10.19					1.33	30.08	
J			17.68					37.43					2.54		
K			8.53										3.59		
L			18.69												
M		0.92	1.90					12.49			0.07		0.03	2.90	
N						2.23		0.74							
O			10.39					5.39						52.52	
P		3.93	24.98							2.08		1.79	30.00		
Q			1.95			3.72		5.88					0.63		
R	25.06		0.19					17.96					0.20	1.54	
S			11.78					36.93						63.65	
T	4.24		1.47	1.03				20.61			0.04		0.02	9.87	

湖泊沼泽	大鳍鱊	黑龙江鳑鲏	彩石鳑鲏	花䱻	麦穗鱼	平口鮈	棒花鱼	蛇鮈	东北鳈	克氏鳈	凌源鮈	犬首鮈	鲤	银鲫	鲢
A	3.34		0.37		1.58				3.72				7.90	30.67	0.38
B		4.07			9.01			1.56		3.30			13.81	15.88	24.44
C	3.39		0.90		33.83		5.90		8.12				15.85	21.21	9.15
D		7.57			2.37		0.52						9.33		12.95
E		1.52		0.03	1.44		0.11						9.86	6.25	6.58
F		11.20			7.96		1.79						15.42	27.10	27.64
G					34.26								57.06	55.69	11.99
H		16.36		5.38	10.88		1.73	1.28					4.54	14.03	11.64
I		2.86			17.42		1.22	1.13			10.20	6.89	6.47	51.77	13.81
J				2.32	18.49		2.65						21.19	23.98	36.54
K					18.21								25.75	36.74	28.61
L					16.73								18.68	35.95	24.82
M	0.12				3.77	0.95	0.29						21.94	17.05	12.83
N	1.90		9.16		13.18	0.64	3.67						77.75	63.55	
O						0.19							14.97	25.47	7.22
P													22.38	28.01	12.99
Q	2.44		0.48		21.81	0.77			3.10				2.70	2.90	5.52
R	1.76		1.04		10.44		0.47		4.35				3.85	13.63	1.19
S					3.34								17.20	18.18	33.15
T	0.08		0.06		10.73	2.80	0.62			0.06			4.67	32.55	25.62

续表

湖泊沼泽	鳙	黑龙江花鳅	黑龙江泥鳅	北方泥鳅	花斑副沙鳅	黄颡鱼	怀头鲇	鲇	鳜	斑鳜	葛氏鲈塘鳢	黄黝鱼	圆尾斗鱼	乌鳢
A	19.28		3.24					0.10		13.33	9.36			
B	16.91		3.45		2.23	10.78		4.78			17.24			3.38
C	20.57		4.90			3.75	0.06	0.79	0.72		12.08			26.48
D														
E	18.92					0.07	0.14						0.00	
F	10.27													
G	26.85		3.85								10.30			
H	12.08	6.36	9.35		0.41	4.03		4.11			2.68	4.22		
I	4.63	11.58				2.24		1.52			10.36			3.01
J	26.28					4.74		2.59						3.55
K	52.36										2.62			
L	62.49										40.64			
M	33.44					0.05	0.03	4.51			1.07	1.70		0.04
N			0.52	2.03							16.57			
O	60.45					4.99		18.67						
P	4.54					2.35		8.84	5.20					12.06
Q	62.65					0.57		1.15			7.86			
R	1.26										3.16	13.91		
S	15.77													
T	20.24		0.09	0.03		0.05	0.00	0.11			4.30	25.92		

表 2-2 还显示，同一物种在不同群落中的优势度指数差异也较大，这显然是受放养、捕捞等人为因素的影响。

上述优势度指数超过 10 000 的 9 种大型鱼类中，鳙分布的湖泊沼泽有 15 片，鲢 13 片，鲤 12 片，草鱼 9 片，青鱼 3 片，其余种类均少于 3 片。12 种小型鱼类中，银鲫分布的湖泊沼泽有 16 片，䱗13 片，红鳍原鲌 7 片，银鲴、大银鱼和黄颡鱼均 1 片；另外 6 种小型非经济鱼类分布在 13 片湖泊沼泽中，其中麦穗鱼 11 片，葛氏鲈塘鳢 7 片，黑龙江鳑鲏、黑龙江花鳅和黄黝鱼均 2 片，凌源𬶋1 片。

以上结果表明，草鱼、䱗、鲤、鲢、鳙和银鲫等经济鱼类具有一定优势的湖泊沼泽数量均在 10 片以上；麦穗鱼、葛氏鲈塘鳢、黄黝鱼、黑龙江鳑鲏、黑龙江花鳅、凌源𬶋等经济意义不大的小型鱼类也在部分湖泊沼泽中占据一定优势；自然分布的食鱼性鱼类如鲇、乌鳢、黄颡鱼分别在月亮泡、齐家泡、新荒泡和石人沟泡具有一定优势；移入的食鱼性鱼类如斑鳜、大银鱼也分别在牛心套保泡和大龙虎泡形成一定优势。

3. *群落优势种*

（1）组成　20 片湖泊沼泽鱼类群落的优势种组成情况见表 2-3。可知群落中达到优势种标准的鱼类有 17 种，分别包括 8 种大型鱼类与 9 种小型鱼类，12 种经济鱼类与 5 种非经济鱼类，7 种移入种与 10 种土著种；除了大鳍鱊以外，其他物种的优势度指数均有大于 10 000 的。

表 2-3 20 片湖泊沼泽鱼类群落的优势种组成情况

湖泊沼泽	以不同指标确定的优势种		湖泊沼泽	以不同指标确定的优势种	
	R_{AI}	R_{AB}		R_{AI}	R_{AB}
A	䱗，银鲫，斑鳜	草鱼，银鲫，鳙，斑鳜	K	麦穗鱼，银鲫，葛氏鲈塘鳢	鲢，鳙，鲤
B	葛氏鲈塘鳢，䱗，红鳍原鲌	鲤，鲢，鳙，红鳍原鲌	L	麦穗鱼，鳙，银鲫，葛氏鲈塘鳢	鲢，鳙，鲤，草鱼，葛氏鲈塘鳢
C	麦穗鱼，银鲫	鳙，鲤，乌鳢	M	银鲫，麦穗鱼，䱗，红鳍原鲌	鲢，鳙，鲤
D	䱗，红鳍原鲌	青鱼，鲢，䱗，红鳍原鲌	N	麦穗鱼，鲤，银鲫，葛氏鲈塘鳢	鲤，银鲫
E	䱗，红鳍原鲌	红鳍原鲌，鲢，鳙	O	红鳍原鲌，银鲫	鳙
F	红鳍原鲌，银鲫	青鱼，鲢，银鲫，红鳍原鲌	P	鲤，鳙，银鲫，团头鲂	草鱼，鳙，鲤，团头鲂
G	麦穗鱼，鲤，银鲫	鲢，鳙，鲤，银鲫	Q	麦穗鱼，葛氏鲈塘鳢	草鱼，鳙
H	䱗，麦穗鱼，黑龙江鳑鲏	草鱼，鳙	R	黄黝鱼，大鳍鱊，麦穗鱼，䱗	银鲫，䱗，大银鱼
I	银鲫，麦穗鱼，红鳍原鲌	鲢，银鲫，红鳍原鲌	S	䱗，银鲫，红鳍原鲌	鲤，鲢，鳙，红鳍原鲌
J	麦穗鱼，银鲫，鲢，䱗	鲢，鳙，草鱼	T	黄黝鱼，银鲫，麦穗鱼，䱗	鲢，鳙，银鲫

由不同标准确定的群落优势种组成略有差异。以 R_{AI} 和 R_{AB} 为标准确定的优势种均 13 种。其中，除鲢、鳙、鲤、银鲫、斑鳜、䱗、红鳍原鲌、葛氏鲈塘鳢和团头鲂为共有种以外，由 R_{AB} 确定的优势种中增加了草鱼、大银鱼、乌鳢和青鱼，由 R_{AI} 确定的优势种中增加了黄黝鱼、大鳍鱊、麦穗鱼和黑龙江鳑鲏。由 R_{AI} 确定的优势种大多数为麦穗鱼、大鳍鱊、䱗、鲫、葛氏鲈塘鳢、红鳍原鲌、黑龙江鳑鲏、黄黝鱼等小型鱼类；而由 R_{AB} 确定的优势种则多为鲢、鳙、草鱼、青鱼、鲤和乌鳢等大型鱼类。这些差别主要是个体大小差异和放养等因素所致。同时还显示大鳍鱊、黑龙江鳑鲏和乌鳢作为群落优势种均只出现过一次，这说明它们虽然分布在多个湖泊沼泽，但只在一片湖泊沼泽中形成了优势种。

表 2-3 所列 8 种大型鱼类中，鳙分布的湖泊沼泽有 15 片，鲢 12 片，鲤 9 片，草鱼 6 片，青鱼 2 片，斑鳜、乌鳢和团头鲂各 1 片；9 种小型鱼类中，银鲫、䱗、红鳍原鲌和大银鱼为经济鱼类，其中银鲫分布的湖泊沼泽有 15 片，䱗10 片，红鳍原鲌 8 片，大银鱼 1 片；麦穗鱼、葛氏鲈塘鳢、黄黝鱼、黑龙江鳑鲏和大鳍鱊为非经济鱼类，其中麦穗鱼分布的湖泊沼泽有 12 片，葛氏鲈塘鳢 5 片，黄黝鱼 2 片，黑龙江鳑鲏和大鳍鱊各 1 片。

（2）分布 除鲢、鳙、鲤、银鲫、䱗、红鳍原鲌、斑鳜、团头鲂等经济鱼类外，一些经济意义不大的小型鱼类也在某些湖泊沼泽成为群落优势种。例如，麦穗鱼在哈尔挠泡、新荒泡、花敖泡、克钦湖、南山湖、连环湖、大龙虎泡、喇嘛寺泡、青肯泡、老江身泡、茂兴湖和扎龙湖共 12 处湖泊沼泽中均在个体数量水平上达到优势种；喇嘛寺泡、南山湖、老江身泡、青肯泡和月亮泡的葛氏鲈塘鳢，在个体数量与生物量水平上均达到优势种；在个体数量水平上，黄黝鱼在大龙虎泡和连环湖，大鳍鱊和黑龙江鳑鲏分别在大龙虎泡和哈尔挠泡均达到优势种。

一些分布广泛的食鱼性鱼类也在部分湖泊沼泽中达到优势种水平。例如，黄颡鱼、鲇分别在月亮泡和齐家泡，乌鳢在新荒泡和石人沟泡均达到优势种水平。根据调查结果，在大多数食鱼性鱼类占据一定优势的湖泊沼泽中，经济意义不大的小型鱼类的相对丰度均相对较小；在大多数小型非经济鱼类具有一定优势的水平时，食鱼性鱼类的相对丰度往往较小。这表明这两种类型的湖泊沼泽鱼类群落的种间关系尚不协调，群落的物种结构尚不合理。

2.1.1.4 问题探讨

1. *群落物种组成动态*

比较扎龙湖、茂兴湖和连环湖 1980～1983 年[6]和 2008～2010 年两次调查所采集到的鱼类物种（表 2-4），除扎龙湖的物种数没有变化之外，茂兴湖和连环湖 2008～2010 年分别比 1980～1983 年减少 5 种和 14 种；扎龙湖、茂兴湖和连环湖 1980～1983 年和 2008～2010 年均采集到的物种数分别为 14 种、14 种和 18 种，仅 1980～1983 年采集到的分别为 5 种、10 种和 22 种，仅 2008～2010 年采集到的分别为 5 种、5 种和 8 种；2008～2010 年新采集到的（以往没有记录的）有平口鮈、凌源鮈、犬首鮈、北方泥鳅、怀头鲇、大银鱼、真鲂和彩石鳑鲏 8 种，未采集到的（以往有记录的）有黑斑狗鱼、瓦氏雅罗鱼、湖鲂、马口鱼、鳡、赤眼鳟、鳊、翘嘴鲌、鲂、贝氏䱗、蒙古䱗、兴凯䱗、银鲴、细鳞鲴、兴凯鱊、唇䱻、花䱻、东北鳈、花斑副沙鳅、鳜、圆尾斗鱼和中华青鳉。

表 2-4　扎龙湖、茂兴湖和连环湖不同时期的鱼类物种组成

种类	扎龙湖		茂兴湖		连环湖	
	1980～1983 年	2008～2010 年	1980～1983 年	2008～2010 年	1980～1983 年	2008～2010 年
大银鱼						+
黑斑狗鱼	+		+			
瓦氏雅罗鱼			+		+	
青鱼				+	+	
草鱼	+	+	+	+	+	+
真鲂						+
湖鲂		+			+	
马口鱼					+	
鳡					+	
赤眼鳟					+	
鳊					+	
红鳍原鲌	+	+	+	+	+	+

续表

种类	扎龙湖		茂兴湖		连环湖	
	1980～1983 年	2008～2010 年	1980～1983 年	2008～2010 年	1980～1983 年	2008～2010 年
翘嘴鲌					+	
蒙古鲌			+		+	+
鲂			+		+	
团头鲂		+		+	+	+
贝氏䱗					+	
䱗	+	+	+	+	+	+
蒙古䱗					+	
兴凯䱗					+	
黑龙江鳑鲏		+			+	+
彩石鳑鲏						+
银鲴	+		+		+	
细鳞鲴					+	
大鳍鱊	+		+	+	+	+
兴凯鱊					+	
唇䱻					+	
花䱻	+				+	
麦穗鱼	+	+	+	+	+	+
东北鳈					+	
克氏鳈					+	+
平口鮈				+		+
蛇鮈	+	+	+		+	+
凌源鮈		+		+		+
犬首鮈		+		+		+
棒花鱼	+	+	+		+	+
鲤	+	+	+	+	+	+
银鲫	+	+	+	+	+	+
鲢	+	+	+	+	+	+
鳙	+	+	+	+		
黑龙江泥鳅	+	+	+		+	+
北方泥鳅						+
花斑副沙鳅					+	
鲇	+	+	+	+	+	+
怀头鲇						+
黄颡鱼	+	+	+	+	+	+
鳜	+		+		+	

续表

种类	扎龙湖		茂兴湖		连环湖	
	1980～1983 年	2008～2010 年	1980～1983 年	2008～2010 年	1980～1983 年	2008～2010 年
葛氏鲈塘鳢	+	+	+	+		
黄黝			+	+	+	+
乌鳢			+	+	+	
中华青鳉					+	
圆尾斗鱼			+			
物种数	19	19	24	19	40	26

2008～2010 年新采集到的 8 种鱼类中，怀头鲇和大银鱼均见于连环湖，大银鱼为该湖 2006 年移入的种类[44]；其余均为常见的小型非经济鱼类，且数量较大，是目前扎龙国家级自然保护区鸟类的主要食物来源[45, 46]。这些鱼类在以往的调查中没有采到样本，可能与当时的采样地点、渔具和采样强度等因素有关。2008～2010 年未采集到样本的 22 种鱼类中，有 15 种为经济鱼类，它们没有被采到，并不一定意味着这些鱼类已经消失，可能是因为种群处在濒危状态，数量特别少，或分布范围狭窄，生活习性和生境特殊，以致在渔具种类和数量、采样范围和强度有限的情况下一时难以捕获。

2. *群落优势种的确定*

生态学上的优势种是对群聚结构和机能起主要控制与影响作用、决定群聚主要特征的物种，为群聚生态学研究的重要组成部分。群聚样本中个体数量或生物量最多、出现频率最高的种类，往往就是优势种。如何以客观的标准确定优势种，则是需要优先解决的问题。

鱼类群聚中优势种的确定，目前主要有个体数量-生物量-出现频率法、个体优势度指数法、对群聚多样性的贡献法[24]、生物量指数法[23]和个体相对多度法[35]，尚未统一规范。本书以个体相对多度和生物量相对丰度分别达到群聚样本总量的 10%以上者作为优势种。这两种方法所确定的优势种虽然存在一定差别，但与目前商业性渔获物组成相符。

鉴于鱼类物种个体大小的差异性，以优势度指数作为确定优势种的指标是比较合适的，因为优势度指数综合了个体数量、生物量和出现频率三个因素。建议在今后的研究中，增加采样次数，用优势度指数来确定优势种。至于优势度指数的具体标准要根据不同湖沼的特点，结合渔获物组成情况，综合鱼类的分布、出现频率、个体数量和生物量及其所占比例等各方面因素来确定。本书以优势度指数 10 000 作为判定优势种的标准，其结果包括了由个体相对多度或生物量相对丰度两种方法所确定的全部优势种，并全部覆盖了 20 个湖泊沼泽，也基本同各湖泊沼泽目前的渔获物组成情况相符。所以这一标准对松嫩湖泊沼泽群鱼类群聚优势种判定标准的选择具有一定的参考价值。

3. *群落优势种动态*

综合优势度指数与优势种，一些昔日的优势种类如鲤、银鲫、鲢、鳙、草鱼、䱗、红鳍原鲌等，目前仍具有明显的物种优势。例如，在扎龙湖的商业性渔获物中，银鲫所占比例仍在 60%以上[47]；而另一些优势种类如蒙古鲌、银鲴，目前能够形成一定优势的范围在缩小，其中蒙古鲌已失去物种优势，银鲴也仅在哈尔挠泡尚具一定优势。

相比之下，通过移殖驯化，部分鱼类适应了新的湿地生态环境而生存下来，并在一些湖泊沼泽中逐渐形成一定优势。连环湖和大龙虎泡移殖的大银鱼均已形成优势并获得商业性渔获量[48]。但在 2008～2010 年大龙虎泡渔获物中，小型鱼类（包括小型经济鱼类）的数量明显下降，鱼类群聚结构趋于简单化，这是否与大银鱼大量吞食这些鱼类的仔、幼鱼和鱼卵有关，值得进一步研究。

2.1.2 α-多样性

2.1.2.1 群落样本

采用 2.1.1.1 的样本。

2.1.2.2 α-多样性测度

1. 生态多样性指数

生态多样性指数是以群落中的物种数、全部物种的个体数和每个物种的个体数为基础，综合反映群落中物种的丰富度与均匀程度和群落异质性的数量指标，是一类应用较普遍的群落物种多样性指标，包括物种丰富度（S）、Margalef 物种丰富度指数（d_{Ma}，简称 Margalef 指数）、Simpson 优势度指数（λ，简称 Simpson 指数）、Gini 指数（D_{Gi}）、Shannon-Wiener 信息多样性指数（H，简称 Shannon-Wiener 指数）、Pielou 均匀度指数（J，简称 Pielou 指数）及目、科、属等级多样性指数（$H_{\mathrm{O \cdot F \cdot G}}$）[49-51]。物种丰富度以群落样本的物种数计算，其余多样性指数的计算公式如下。

$$d_{\mathrm{Ma}} = (S_1 - 1) / \ln N$$

$$\lambda = \sum_{i=1}^{s} (n_i / N)^2$$

$$D_{\mathrm{Gi}} = 1 - \sum_{i=1}^{S} (n_i / N)^2$$

$$H = -\sum_{i=1}^{S} (n_i / N) \ln(n_i / N)$$

$$J = H / \ln S$$

$$H_{\mathrm{O \cdot F \cdot G}} = \ln S_2 + \sum_{i=1}^{m} \ln S_m + \sum_{i=1}^{n} \ln S_n - \left[\sum_{i=1}^{m} \sum_{i=1}^{n} S_{mn} \ln S_{mn} \right] \Big/ S_m - \left[\sum_{i=1}^{n} \sum_{i=1}^{j} S_{nj} \ln S_{nj} \right] \Big/ S_n - \sum_{i=1}^{p} S_{pk} \ln S_{pk} / S_2$$

式中，S_1、n_i、N 分别为群落样本物种数、第 i 种个体数和群落样本总个体数；S_2、S_m、S_n 分别为鱼类名录物种数、第 m 目和第 n 科物种数；S_{mn}、S_{nj}、S_{pk} 分别为鱼类名录第 m 目之下第 n 科物种数、第 n 科之下第 j 属物种数和总属数 p 之下第 k 属物种数。

每一片湖泊沼泽所获取的样本总个体数和总生物量作为该群落样本并计算多样性指数。以群落样本的物种数作为该群落的物种丰富度[49, 50]。Margalef 指数、Pielou 指数和 Shannon-Wiener 指数均采用群落样本的个体数和生物量两种方法计算。

2. *群落物种相对多度分布格局*

群落中物种多度组成的比例关系即多度格局，是群落结构的重要特点，不同的群落具有不同的多度格局，与群落物种多样性密切相关[49]。通过对群落土著种相对多度分布格局的测度，可以了解群落的物种变化即物种的多度分布及其与周围环境的关系状况，有助于更全面地认识特定群落的物种多样性特征。这里采用物种相对多度分布模型拟合的方法来测度鱼类群落物种相对多度分布格局。

（1）几何级数分布模型　数学模型为$n_i = Nk(1-k)^{i-1}/[1-(1-k)^S]$。式中，$S$、$N$分别为群落物种数目和总个体数量；$k$为不同多度种的资源分配比例$(0<k<1)$。

采用“迭代法”，通过式$n_{\min}/N = k(1-k)^{S-1}/[1-(1-k)^S]$估计参数$k$值。其中，$n_{\min}$为群落中多度最小的物种个体数。表 2-5 列出了$k$值为 0.1～0.9 时 20 片湖泊沼泽鱼类群落物种数（S）所对应的$n_{\min}/N$值。

表 2-5　k 值为 0.1～0.9 时 20 片湖泊沼泽鱼类群落物种数所对应的 $n_{\min}/N$ 值（$\times10^{-4}$）

k	S												
	5	6	7	8	9	10	11	12	13	14	15	16	17
0.1	1602.16	1260.23	1018.67	839.81	702.71	594.82	508.14	437.32	378.69	329.59	288.08	252.72	22.39
0.2	1218.47	888.19	663.42	503.99	387.56	300.73	234.93	184.48	145.43	115.01	91.17	72.41	57.59
0.3	865.82	571.44	384.62	262.18	180.22	124.58	86.45	60.15	41.93	29.27	20.44	14.29	9.99
0.4	562.11	326.26	192.00	113.89	67.87	40.56	24.27	14.54	8.72	5.23	3.14	1.88	1.13
0.5	322.58	158.73	78.74	39.22	19.57	9.78	4.87	2.44	1.22	0.61	0.31	0.15	0.08
0.6	155.19	61.69	25.28	9.84	3.93	1.57	0.63	0.25	0.10				
0.7	56.84	17.02	5.10	1.53	0.46	0.14							
0.8	12.80	2.56	0.51	0.10									
0.9	0.90	0.09											

k	S												
	18	19	20	21	22	23	24	25	26	27	28	29	30
0.1	196.22	173.54	173.54	136.51	136.51	108.05	96.31	85.94	76.75	68.60	61.36	54.92	49.19
0.2	45.86	36.56	36.56	23.27	23.27	14.85	11.86	9.48	7.58	6.06	4.85	3.87	3.10
0.3	6.99	4.89	4.89	2.40	2.40	1.17	0.85	0.57	0.40	0.28	0.20	0.14	0.10
0.4	0.68	0.41	0.41	0.15	0.15	0.05							

（2）对数级数分布模型　数学模型为$f_n = \alpha x^n / n$。式中，f_n为有n个物种个体的频数；α为 Fisher 多样性指数；x为常数，$0<x<1$。采用式$S=-\alpha \ln(1-x)$及$N=\alpha x/(1-x)$估计参数x和α。其中，x通过“迭代法”求解。表 2-6 为 20 片湖泊沼泽鱼类群落x的主要迭代值与其所对应的N/S值。

表 2-6 20 片湖泊沼泽鱼类群落 x 的主要迭代值与其所对应的 N/S 值

x	N/S	x	N/S	x	N/S	x	N/S	x	N/S	x	N/S
0.980 0	12.53	0.985 0	15.64	0.990 0	21.50	0.995 0	37.56	0.999 1	158.29	0.999 82	644.33
0.980 5	12.77	0.985 5	16.05	0.990 5	22.39	0.995 5	40.94	0.999 2	175.15	0.999 83	677.51
0.981 0	13.03	0.986 0	16.50	0.991 0	23.38	0.996 0	45.10	0.999 3	196.52	0.999 84	714.79
0.981 5	130.97	0.986 5	16.97	0.991 5	24.47	0.996 5	50.35	0.999 4	224.23	0.999 85	757.00
0.982 0	13.58	0.987 0	17.48	0.992 0	25.68	0.997 0	57.21	0.999 5	262.99	0.999 86	804.51
0.982 5	13.88	0.987 5	18.03	0.992 5	27.05	0.997 5	66.60	0.999 6	319.40	0.999 87	859.85
0.983 0	14.19	0.988 0	18.62	0.993 0	28 059	0.998 0	80.30	0.999 7	410.80	0.999 88	923.36
0.983 5	14.52	0.988 5	15.31	0.993 5	30.35	0.998 5	102.37	0.999 8	586.93	0.999 89	997.01
0.984 0	14.87	0.989 0	19.94	0.994 0	32.38	0.999 0	144.62	0.999 81	614.13	0.999 90	1085.63
0.984 5	15.24	0.989 5	20.68	0.994 5	34.75						

（3）对数正态分布模型 数学模型为$S(R)=S_0\exp(-a^2R^2)$。式中，R 为物种多度级（倍程）从小到大排列的顺序，其中，物种数目最多的倍程（模式倍程）的 R 值记为 0，位于模式倍程前、后的倍程的 R 值分别记为−1, −2, −3, …和 1, 2, 3, …；S_0 为模式倍程的物种数；$S(R)$ 为距离模式倍程的第 R 个倍程的物种数；a 为反映物种分布宽度的参数。

分别采用式$a^2R_{\max}^2=\ln[S(0)/S(R_{\max})]$及$S_0=\exp[\overline{\ln S(R)}+a^2\overline{R^2}]$估计参数 a 和 S_0。式中，$S(0)$为模式倍程的物种观测频数；$R_{\max}$ 为距离模式倍程最远的倍程的物种观测频数，若 $R_{\max}$ 有 2 个值（如$R_{\max}=\pm R$），则分别计算其 a 值后取平均值；$\overline{\ln S(R)}$为每个倍程的物种观测频数的对数的平均值；$\overline{R^2}$ 为 R^2 的平均值。

（4）拟合模型的 χ^2 适合性检验 计算公式为$\chi^2=\sum_{i=1}^{m}(O_i-E_i)/E_i$。式中，$O_i$、$E_i$分别为观测值和拟合模型的预测值；$m$ 为物种数目或多度组数。以$\chi^2<\chi_\alpha^2(m-k-1)$，即$P>\alpha$判断为适合，其中，$(m-k-1)$为自由度，$k$ 为估计拟合模型参数的个数；α 为显著水平。

2.1.2.3 群落 α-多样性特征

1. 群落生态多样性指数

为了避免单一指数可能带来的片面性，这里采用样本个体数和生物量并行统计的生态多样性指数，结果见表 2-7。

表 2-7 20 片湖泊沼泽鱼类群落生态多样性指数

湖泊沼泽	d_I	d_B	H_I	H_B	D_I	D_B	J_I	J_B	λ_I	λ_B	$H_{O\cdot F\cdot G}$
A	1.092	2.359	2.132	1.592	0.844	0.755	0.769	0.574	0.156	0.245	7.503
B	2.167	3.068	2.376	2.359	0.875	0.880	0.822	0.816	0.125	0.120	7.274
C	2.685	4.050	2.328	2.332	0.865	0.866	0.765	0.766	0.135	0.134	7.794

续表

湖泊沼泽	d_I	d_B	H_I	H_B	D_I	D_B	J_I	J_B	λ_I	λ_B	$H_{O·F·G}$
D	1.162	2.236	1.012	2.087	0.432	0.849	0.407	0.836	0.568	0.151	6.916
E	2.098	3.372	2.155	2.218	0.502	0.850	0.708	0.729	0.498	0.150	6.802
F	1.915	2.648	2.479	2.287	0.901	0.876	0.915	0.845	0.099	0.124	7.039
G	0.976	1.570	1.472	1.414	0.712	0.700	0.756	0.727	0.288	0.300	6.987
H	3.096	4.182	2.690	2.392	0.910	0.832	0.870	0.774	0.090	0.168	10.888
I	2.130	3.138	2.370	2.352	0.877	0.851	0.791	0.785	0.123	0.149	7.162
J	1.897	2.480	2.026	2.019	0.826	0.834	0.790	0.787	0.174	0.166	6.741
K	1.154	1.568	1.753	1.556	0.794	0.726	0.843	0.748	0.206	0.274	5.904
L	0.908	1.168	1.760	1.437	0.801	0.688	0.905	0.738	0.199	0.312	5.136
M	2.199	2.742	2.280	1.932	0.872	0.791	0.918	0.645	0.128	0.209	7.434
N	1.058	2.653	1.950	1.179	0.788	0.556	0.767	0.474	0.212	0.444	7.160
O	1.423	1.562	1.691	1.525	0.745	0.684	0.734	0.662	0.255	0.316	5.804
P	2.285	2.142	2.168	2.063	0.855	0.831	0.845	0.804	0.145	0.169	6.962
Q	1.984	2.657	2.082	1.435	0.798	0.612	0.751	0.518	0.202	0.388	6.045
R	1.762	2.647	2.129	1.993	0.857	0.813	0.914	0.719	0.143	0.187	3.152
S	1.009	1.542	1.437	1.852	0.690	0.822	0.691	0.891	0.310	0.178	4.159
T	2.236	3.166	2.321	2.282	0.874	0.856	0.730	0.718	0.126	0.144	7.657
平均	1.762	2.548	2.031	1.915	0.791	0.786	0.785	0.726	0.209	0.216	6.726

20片湖泊沼泽鱼类群落中，Margalef指数d_I（采用样本个体数计算，下同）和d_B（采用样本生物量计算，下同）均以哈尔挠泡为最高，青肯泡最低，平均分别为1.762和2.548；Shannon-Wiener指数H_I和H_B均以哈尔挠泡为最高，新庙泡和南山湖最低，平均分别为2.031和1.915；Gini指数D_I和D_B分别以哈尔挠泡和月亮泡为最高，新庙泡和南山湖最低，平均分别为0.791和0.786；Pielou指数J_I和J_B分别以茂兴湖和小龙虎泡为最高，新庙泡和南山湖最低，平均分别为0.785和0.726；Simpson指数λ_I和λ_B分别以新庙泡和南山湖为最高，哈尔挠泡和月亮泡最低，平均分别为0.209和0.216。群落目、科、属等级多样性指数总体平均为6.726，以哈尔挠泡最高（10.888），大龙虎泡最低（3.152）。

对反映群落同一生态特征的多样性指数进行差异性t检验。结果表明，d_I明显小于d_B（$t=-3.397$，$P<0.005$），这显然是鱼类物种的个体大小差异所致（大多数物种个体数量大于其生物量）；其他指标H_I与H_B（$t=0.917$，$P>0.05$）、D_I与D_B（$t=0.208$，$P>0.05$）、J_I与J_B（$t=1.664$，$P>0.05$）、λ_I与λ_B（$t=-0.195$，$P>0.05$）之间均无明显差异。

多样性指数的一致性分析表明（表2-8），d_I与d_B、H_I、H_B和D_B($P<0.01$)，d_B与H_I、H_B（$P<0.01$）和D_B（$P<0.05$），H_I与H_B和D_B（$P<0.05$）、D_I和J_I（$P<0.01$），H_B与D_B和J_B（$P<0.01$），D_I与J_I（$P<0.01$）及D_B与J_B（$P<0.01$）之间均具有明显的一致性；λ_I与H_I、D_I和J_I（$P<0.01$），λ_B与d_I和d_B（$P<0.05$），H_B、D_B和J_B（$P<0.01$）之间均表现出明显的不一致性。

表 2-8　群落生态多样性指数的相关性

d_I	d_B	H_I	H_B	D_I	D_B	J_I	J_B	λ_I	λ_B
d_I	0.850**	0.794**	0.758**	0.426	0.600**	0.283	0.177	−0.430	−0.540*
	d_B	0.735**	0.692**	0.262	0.479*	0.071	−0.012	−0.268	−0.452*
		H_I	0.530*	0.735**	0.473*	0.653**	−0.082	−0.738**	−0.326
			H_B	0.149	0.919**	0.010	0.650**	−0.154	−0.934**
				D_I	0.208	0.798**	−0.111	−0.999**	−0.044
					D_B	0.149	0.739**	−0.211	−0.971**
						J_I	−0.091	−0.795**	0.040
							J_B	0.112	−0.788**
								λ_I	0.048
									λ_B

注：$*P<0.05$，$**P<0.01$

以上结果显示，Margalef 指数较高的湖泊沼泽，Gini 指数和 Shannon-Wiener 指数也都较高，Simpson 指数较低；Shannon-Wiener 指数较高的湖泊沼泽，Gini 指数和 Pielou 指数也都较高，Simpson 指数较低；Gini 指数较高的湖泊沼泽，Pielou 指数也都较高，Simpson 指数仍较低；Pielou 指数较高的湖泊沼泽，Simpson 指数一般都较低。这体现出多样性指数间存在一定的信息联系，它们可从不同侧面反映出湖泊沼泽鱼类群落物种多样性的特征。同时也表明，基于物种数量和物种生物量的多样性指数在数值上并无较大差别，均可较好地反映鱼类群落物种多样性特征[39, 52, 53]。但由于不同鱼类物种和同种间的个体大小差异往往较大，加之渔业调查中生物量资料较容易获取，所以为了消除个体上的差异，著者建议使用基于生物量的多样性指数。

以往对松嫩平原湖泊沼泽区鱼类群落的物种多样性研究较少，缺乏连续监测资料，尚无法了解生态多样性指数的变动情况。长江中下游地区湖泊湿地鱼类群落生态多样性的研究结果表明，淀山湖、洪湖、涨渡湖、西洞庭湖和滆湖 H_I 分别为 1.8996[35]（经著者数据转化处理，下同）、1.5183[54]、1.900[52]、2.85[34]和 2.02[55]；淀山湖、洪湖和滆湖 J_I 分别为 0.6058[35]、0.5442[54]和 0.64[55]；淀山湖、滆湖 d_I 分别为 2.8976[35]和 2.68[55]；滆湖 H_B、λ_B 分别为 2.08 和 0.66[55]；淀山湖 λ_I 为 0.2264[35]。

松嫩平原的 20 片湖泊沼泽与长江中下游地区的湖泊湿地相比，鱼类群落的生态多样性指数虽互有上下，但总体上，d_I 明显低于淀山湖（$t=-9.331$，$P<0.001$）和滆湖（$t=-6.527$，$P<0.001$）；H_I 明显高于洪湖（$t=3.743$，$P<0.005$）而低于西洞庭湖（$t=-10.091$，$P<0.001$），与淀山湖（$t=-0.052$，$P>0.05$）、滆湖（$t=0.121$，$P>0.05$）和涨渡湖（$t=-0.228$，$P>0.05$）的差异不明显；λ_I 与淀山湖无明显差异（$t=-0.179$，$P>0.05$）；J_I 与淀山湖无明显差异（$t=1.023$，$P>0.05$）而明显高于洪湖（$t=9.749$，$P<0.001$）和滆湖（$t=5.688$，$P<0.001$）；H_B 与滆湖无明显差异（$t=-1.579$，$P>0.05$）；λ_B 明显高于滆湖（$t=2.759$，$P<0.05$）。

以上结果显示：群落多样性指数间存在一定的相关性，它们可以从不同侧面反映出湖泊沼泽鱼类群落结构的物种多样性状况。从多样性指数及其相互关系可知，哈尔挠泡、大库里泡、月亮泡、新荒泡、牛心套堡泡、克钦湖、扎龙湖、石人沟泡、青肯泡和老江身泡鱼类群落结构的异质性程度相对较高，群落结构相对较稳定，鱼类组成相对较复杂，但优势种相对不明显。相比之下，新庙泡、花敖泡、茂兴湖和小龙虎泡鱼类群落结构的异质性程度相对较小，稳定性相对较差，鱼类物种组成相对较简单，但优势种相对较明显。总体上，松嫩平原的20片湖泊沼泽鱼类群落结构尚不稳定。

2. 物种相对多度分布模型拟合

20片湖泊沼泽鱼类群落物种相对多度分布模型的拟合结果如表2-9所示。可见除了哈尔挠泡外，其余湖泊沼泽鱼类群落的物种分布均符合对数正态分布模型；新荒泡、连环湖、青肯泡、茂兴湖、查干湖和大库里泡鱼类群落物种分布还符合几何级数分布模型，石人沟泡还符合对数级数分布模型。哈尔挠泡鱼类群落的物种分布符合几何级数分布模型。

表2-9　群落物种相对多度分布模型拟合

湖泊沼泽	参数估计			拟合模型	适合性检验			
	k	x	a		χ^2	χ^2_α	df	P
A	0.313			$n_i = 1217.64 \times 0.687^i$	289.625	36.123	14	<0.001
		0.999 151		$f_n = 2.265 \times 0.999151^n / n$	1426.356	32.909	12	<0.001
			0.298	$S(R) = 2.803\exp(-0.089R^2)$	4.043	9.488	4	>0.05
B	0.238			$n_i = 803.85 \times 0.762^i$	37.694	39.252	16	>0.001
		0.998 977		$f_n = 2.614 \times 0.998977^n / n$	769.047	36.123	14	<0.001
			0.294	$S(R) = 3.154\exp(-0.087R^2)$	0.856	11.070	5	>0.05
C	0.233			$n_i = 523.59 \times 0.767^i$	28.478	30.144	19	>0.05
		0.998 403		$f_n = 3.367 \times 0.998043^n / n$	193.907	39.252	16	<0.001
			0.196	$S(R) = 3.300\exp(-0.039R^2)$	1.392	12.592	6	>0.05
D	0.369			$n_i = 7573.51 \times 0.631^i$	148.968	29.588	10	<0.001
		0.999 898		$f_n = 1.314 \times 0.999898^n / n$	286.924	26.125	8	<0.001
			0.058	$S(R) = 1.506\exp(-0.003R^2)$	6.457	9.448	4	>0.05
E	0.345			$n_i = 7294.71 \times 0.655^i$	39.487	43.820	19	>0.001
		0.999 825		$f_n = 2.419 \times 0.999825^n / n$	769.436	34.528	13	<0.001
			0.139	$S(R) = 2.215\exp(-0.019R^2)$	8.253	14.067	7	>0.05
F	0.204			$n_i = 395.46 \times 0.796^i$	19.950	22.362	14	>0.05
		998 453		$f_n = 2.318 \times 0.998453^n / n$	469.864	31.264	11	<0.001
			0.446	$S(R) = 3.581\exp(-0.199R^2)$	3.059	7.815	3	>0.05

续表

湖泊沼泽	参数估计			拟合模型	适合性检验			
	k	x	a		χ^2	χ^2_α	df	P
G	0.415			$n_i = 402.29 \times 0.485^i$	67.765	20.515	5	<0.001
		0.997 512		$f_n = 1.167 \times 0.997\ 512^n / n$	97.649	18.467	4	<0.001
			0.447	$S(R) = 1.971\exp(-0.199R^2)$	2.386	5.991	2	>0.05
H	0.223			$n_i = 253.40 \times 0.776^i$	42.698	45.315	20	>0.001
		0.995 383		$f_n = 4.091 \times 0.995\ 383^n / n$	307.682	34.528	13	<0.001
			0.094	$S(R) = 2.610\exp(-0.009R^2)$	11.718	9.448	4	<0.05
I	0.199			$n_i = 1878.91 \times 0.801^i$	148.695	42.312	18	<0.001
		0.999 666		$f_n = 2.496 \times 0.999\ 666^n / n$	763.268	40.790	17	<0.001
			0.191	$S(R) = 3.638\exp(-0.037R^2)$	2.380	9.448	4	>0.05
J	0.282			$n_i = 222.51 \times 0.718^i$	269.498	31.264	11	<0.001
		0.995 761		$f_n = 2.380 \times 0.995\ 761^n / n$	372.692	27.877	9	<0.001
			0.262	$S(R) = 2.493\exp(-0.069R^2)$	0.888	9.448	4	>0.05
K	0.378			$n_i = 267.93 \times 0.622^i$	21.089	12.592	6	<0.05
		0.996 775		$f_n = 1.395 \times 0.996\ 775^n / n$	186.791	20.515	50	<0.001
			0.349	$S(R) = 1.984\exp(-0.122R^2)$	1.137	7.815	3	>0.05
L	0.286			$n_i = 327.95 \times 0.714^i$	5.65	11.070	5	>0.05
		0.998 588		$f_n = 1.070 \times 0.998\ 558^n / n$	143.937	18.467	4	<0.001
			0.524	$S(R) = 2.363\exp(-0.275R^2)$	0.605	3.841	1	>0.05
M	0.327			$n_i = 2753.53 \times 0.673^i$	37.694	42.312	18	>0.001
		0.999 541		$f_n = 2.601 \times 0.995\ 410^n / n$	932.797	37.697	15	<0.001
			0.236	$S(R) = 2.666\exp(-0.056R^2)$	6.854	15.507	8	>0.05
N	0.268			$n_i = 551.39 \times 0.732^i$	72.936	29.588	10	<0.01
		0.998 785		$f_n = 1.787 \times 0.998\ 785^n / n$	569.494	27.877	9	<0.001
			0.393	$S(R) = 2.767\exp(-0.154R^2)$	11.537	11.345	3	<0.01
O	0.460			$n_i = 476.91 \times 0.540^i$	49.467	26.125	8	<0.001
		0.996 909		$f_n = 1.730 \times 0.996\ 909^n / n$	249.687	24.322	7	<0.001
			0.268	$S(R) = 1.801\exp(-0.072R^2)$	1.462	11.070	5	>0.05
P	0.229			$n_i = 58.70 \times 0.771^i$	78.946	31.264	11	<0.001
		0.983 746		$f_n = 3.156 \times 0.983\ 746^n / n$	27.396	27.877	9	>0.001
			0.393	$S(R) = 3.222\exp(-0.154R^2)$	1.392	7.185	3	>0.05

续表

湖泊沼泽	参数估计			拟合模型	适合性检验			
	k	x	a		χ^2	χ_α^2	df	P
Q	0.210			$n_i = 524.38 \times 0.790^i$	123.079	36.123	14	<0.001
		0.998 756		$f_n = 2.395 \times 0.998\,756^n / n$	286.734	32.909	12	<0.001
			0.254	$S(R) = 3.131\exp(-0.064R^2)$	3.994	9.448	4	>0.05
R	0.365			$n_i = 2859.92 \times 0.635^i$	1193.69	36.123	14	<0.001
		0.999 587		$f_n = 2.054 \times 0.999\,587^n / n$	936.898	34.528	13	<0.001
			0.160	$S(R) = 2.745\exp(-0.026R^2)$	2.469	14.067	7	>0.05
S	0.452			$n_i = 857.52 \times 0.548^i$	15.688	12.592	6	<0.05
		0.998 858		$f_n = 1.180 \times 0.998\,858^n / n$	238.694	20.515	5	<0.001
			0.349	$S(R) = 1.768\exp(-0.122R^2)$	1.566	7.185	3	>0.05
T	0.119			$n_i = 4142.19 \times 0.881^i$	32.938	33.294	22	>0.05
		0.999 911		$f_n = 2.608 \times 0.999\,911^n / n$	768.694	46.797	21	<0.001
			0.160	$S(R) = 2.026\exp(-0.026R^2)$	14.048	15.507	8	>0.05

3. 群落生态多样性与结构异质性

Shannon-Wiener 指数是生物群落物种丰富度与结构异质性的测度，是表达生物群落物种结构复杂性与分布（数量或生物量）均匀性的指标，其数值一般为 1.5～3.5，很少超过 4.5，且该值越高，或与 Pielou 指数和 Gini 指数的一致性越显著，其群落物种多样性程度越高，物种结构也越复杂，群落异质性与稳定性也越高，群落抵抗外界扰动能力或受到破坏后的恢复能力也就越强[39, 53, 56]。松嫩平原 20 片湖泊沼泽鱼类群落 Shannon-Wiener 指数 H_I 与 H_B 的平均值均在 2.0 左右，表明总体多样性程度相对较高，且与 Pielou 指数和 Gini 指数的一致性也较好，因而群落结构的异质性与稳定性程度也相对较高，这与各湖泊沼泽较完善的渔业经营管理与相对稳定的水环境有关。如前所述，松嫩平原 20 片湖泊沼泽鱼类群落的物种丰富度虽不及长江中下游地区，但从 Shannon-Wiener 指数和 Pielou 指数所反映出的群落物种多样性和结构异质性与稳定性上看，两地区并无较大差别。

在上述松嫩平原的 20 片湖泊沼泽中，哈尔挠泡、连环湖与扎龙湖分别位于莫莫格国家级自然保护区和扎龙国家级自然保护区内或与其相毗邻，它们都是保护区湿地中食鱼鸟类的主要食物供给地，在维系保护区湿地生物多样性与生态功能方面具有重要作用。同时，这些湖泊沼泽鱼类群落 Shannon-Wiener 指数也相对高于其他同类湿地，目前群落结构相对较稳定。因此，一方面应结合鱼类物种多样性保护，对其群落结构的动态变化加强监测；另一方面还应保持湿地生态环境的相对稳定，以维持目前相对稳定的鱼类群落结构。

地处查干湖国家级自然保护区的查干湖和新庙泡，虽然 Shannon-Wiener 指数并不算高，但 Simpson 指数 λ_1 明显高于其他湖沼，同时也显著高于 λ_B。这表达了两个信息：一是目前这两片湖泊沼泽的鱼类群落结构具有不稳定性；二是这两片湖泊沼泽的鱼类群落都以小型物种鳌和红鳍原鲌为优势种，显示物种结构的不合理性。

4. *群落生态多样性指数与若干因素的关系*

表 2-10 为 20 片湖泊沼泽的若干指标因素，表 2-11 为 20 片湖泊沼泽鱼类群落的生态多样性指数与若干因素的相关性。

表 2-10　20 片湖泊沼泽的若干指标因素

湖泊沼泽	面积/km^2	平均水深/m	年平均鱼产量/(kg/hm^2)	主要水化学指标		
				盐度/(g/L)	碱度/(mmol/L)	pH
A	38.2	1.21	197.3	2.91	28.20	9.31
B	206.0	2.37	107.8	0.34	3.44	8.37
C	14.6	0.84	68.6	0.61	7.40	9.28
D	24.2	1.82	73.6	0.38	3.87	8.31
E	347.4	1.56	142.5	1.12	11.36	9.08
F	26.2	1.03	143.7	0.47	2.87	9.07
G	28.7	0.83	98.2	9.01	42.86	9.29
H	29.2	1.39	117.4	0.27	2.89	8.38
I	6.8	0.91	76.4	0.73	8.64	8.97
J	11.4	1.98	128.2	0.53	6.56	8.62
K	12.4	1.27	64.6	2.48	20.86	9.38
L	72.3	0.92	39.6	3.70	35.79	9.17
M	14.7	1.13	195.7	0.24	2.48	8.29
N	26.4	1.07	43.9	0.72	9.11	9.01
O	9.6	1.47	142.7	0.90	9.54	8.93
P	16.7	1.49	156.4	0.57	4.83	8.39
Q	39.2	0.84	83.4	0.39	4.69	8.58
R	56.3	1.87	104.2	0.37	3.91	8.67
S	13.8	1.02	127.4	2.99	31.46	9.18
T	536.8	1.83	102.2	1.06	12.56	8.37

资料来源：扎龙湖和石人沟泡的盐度、碱度和 pH 为著者实测，其余均引自文献[57]

注：地理坐标及其所在地区参见 1.1

表 2-11　20 片湖泊沼泽鱼类群落的生态多样性指数与若干因素的相关性

项目	d_I	d_B	H_I	H_B	D_I
年平均鱼产量/(kg/hm^2)	0.250	0.293	0.552*	0.212	0.664**
物种丰富度/种	0.700**	0.858**	0.636**	0.536*	0.280
样本总数量/尾	0.185	0.303	0.057	0.383	−0.245
样本总生物量/kg	0.284	0.238	0.344	0.246	0.240
碱度/(mmol/L)	−0.619**	−0.630**	−0.536*	−0.490*	−0.223
盐度/(g/L)	−0.524*	−0.536*	−0.484*	−0.448*	−0.204

续表

项目	d_I	d_B	H_I	H_B	D_I
pH	−0.520*	−0.331	−0.211	−0.421	−0.072
纬度	−0.156	−0.114	0.015	−0.298	0.229
经度	−0.282	−0.432	−0.336	−0.113	−0.199

项目	D_B	J_I	J_B	λ_I	λ_B
年平均鱼产量/(kg/hm^2)	0.272	0.450*	−0.012	−0.667**	−0.183
物种丰富度/种	0.331	−0.031	−0.195	−0.288	−0.323
样本总数量/尾	0.281	−0.385	0.038	0.243	−0.345
样本总生物量/kg	0.249	0.081	−0.202	−0.242	0.216
碱度/(mmol/L)	−0.282	−0.030	0.125	−0.230	0.317
盐度/(g/L)	−0.267	−0.025	0.088	0.209	0.292
pH	−0.215	0.077	−0.107	0.076	0.288
纬度	−0.361	0.116	−0.315	−0.228	0.417
经度	−0.047	0.094	0.301	0.209	0.018

注：$*P<0.05$，$**P<0.01$

（1）与鱼产量的关系　由表 2-11 可知，群落的 Shannon-Wiener 指数 H_I、Pielou 指数 J_I（$P<0.05$）和 Gini 指数 D_I（$P<0.01$）与鱼产量均显著正相关，Simpson 指数 λ_I（$P<0.01$）与鱼产量显著负相关，这与青鱼、草鱼、鲢、鳙、鲤等大型鱼类因放养量适宜而生物量增加，小型鱼类个体数量较大而生物量较小的实际情况相符。

文献[58]中，长江中下游地区湖泊放养鱼类产量占鱼类总产量的 60%～90%，放养对群落生态多样性指数具有负影响。松嫩平原的湖泊沼泽放养鱼类产量占鱼类总产量的比例一般低于 50%（实际调查结果），按照目前的放养规模，在一定范围内随着放养量的提高，群落 H_I、J_I 和 D_I 值将均呈现增加的趋势，但其拐点值得进一步研究。

（2）与物种丰富度和个体数量的关系　表 2-11 显示，物种丰富度和个体数量都是与多样性指数密切相联系的参数。d_I 和 d_B（$P<0.01$）、H_I（$P<0.01$）和 H_B（$P<0.05$）与物种丰富度均显著正相关，这显然与它们所表达的生态学信息是一致的。生态多样性指数与样本的物种数量和物种生物量之间都没有明显的相关性（$P>0.05$），表明生态多样性指数的两种统计方法均未受到样本大小的影响，从而反映了群落物种多样性的固有特性；同时也再次表明生态多样性指数是对群落的物种丰富度与物种相对丰度（群落的异质性）的综合表达[23, 50, 51]。

（3）与水环境因子的关系　表 2-11 还显示，d_I、d_B 与碱度（$P<0.01$）、盐度（$P<0.05$）均显著负相关，d_I 与 pH 显著负相关（$P<0.05$），H_I 和 H_B 与碱度、盐度都为显著负相关（$P<0.05$）。这表明目前湖泊沼泽水环境碱度、盐度和 pH 已对鱼类群落的物种多样性指数具有明显的负效应影响；同时也表明，增加水量补给、控制水环境盐碱化将对保护鱼类物种多样性起重要作用。目前松嫩平原湖泊沼泽区的水量补给明显偏少，湿地面积在缩小，这将对湖泊沼泽鱼类群落的物种多样性和结构的异质性与稳定性构成潜在威胁[59]。

尚未发现松嫩平原湖泊沼泽区鱼类群落的生态多样性指数与湖沼所处的地理位置，即经、纬度有显著关系（$P > 0.05$）。

5. *群落物种丰富度与若干因素的关系*

（1）与湿地面积、平均水深、经度和纬度的关系 20 片湖泊沼泽鱼类群落的物种丰富度（S）与湿地面积（A/km^2）、平均水深（h/m）、经度（E）和纬度（N）的相关性及其线性关系如表 2-12 所示。由表 2-12 可见，群落的物种丰富度与经度和纬度均呈不显著负相关（$P > 0.05$）；与湿地面积和平均水深均呈不显著正相关（$P > 0.05$）；与经度存在显著的直线、指数函数曲线和幂函数曲线关系（$P < 0.05$），但以指数函数曲线关系最适合，且均为下降型曲线。

表 2-12 20 片湖泊沼泽鱼类群落的物种丰富度与湿地面积、平均水深、经度和纬度的关系

因素	因素相关系数（r）	线性关系		
		拟合模型	线性相关关系（r）	线性决定系数（r^2）
S-N	−0.141	$S = 20.528 - 0.051N$	−0.101	0.010
		$S = 16.776 + 0.375\ln N$	0.084	7.11×10^{-3}
		$S = 440.562\exp(-0.070N)$	−0.171	0.029
		$S = 15.758N^{0.028}$	0.097	9.35×10^{-3}
S-E	−0.436	$S = 668.473 - 5.232E$	−0.533*	0.284
		$S = 18.329 - 2.666\times10^{-3}\ln E$	−0.015	2.38×10^{-3}
		$S = 1.503\times10^{20}\exp(-0.351E)$	−0.554*	0.307
		$S = 13.101\times10^{92}E^{-43.567}$	−0.553*	0.306
S-A	0.121	$S = 17.189 + 0.015A$	0.435	0.189
		$S = 13.975 + 1.249\ln A$	0.319	0.102
		$S = 16.647\exp(7.600\times10^{-4}A)$	0.348	0.121
		$S = 14.153A^{0.064}$	0.252	0.064
S-h	0.252	$S = 14.962 + 2.524h$	0.253	0.064
		$S = 17.643 + 2.998\ln h$	0.225	0.051
		$S = 1.413\exp(0.168h)$	0.263	0.070
		$S = 16.853h^{0.207}$	0.242	0.058

注：*P<0.05

研究表明，全球范围内湿地鱼类群落的物种丰富度倾向于随着纬度和深度的增加而呈现下降的趋势[24]。松嫩平原的 20 片湖泊沼泽鱼类群落的物种丰富度随着纬度升高也呈现下降趋势，但不明显。例如，44°00′N～45°59′N 区域的 9 片湖泊沼泽与 46°00′N～47°59′N 区域的 11 片湖泊沼泽的群落物种丰富度并无显著差别（$t=1.665$，$P>0.05$），这可能与湖泊沼泽分布较为集中、地理位置非常接近有关。

相对于纬度，松嫩平原的 20 片湖泊沼泽鱼类群落的物种丰富度与经度的负相关性已近于 $P<0.05$ 的显著水平，表明物种丰富度随着经度增加而下降的趋势近于明显。例如，123°00′E～123°59′E 区域的 7 片湖泊沼泽与 124°00′E～125°59′E 区域的 13 片湖泊沼泽，鱼类物种丰富度西部明显高于东部（$t=2.129$，$P<0.05$），这可能与江、湖鱼类种群间的自由交流程度有关。

松嫩平原的湖泊沼泽大多数为外流型河成湖[41]，为平原型浅水湿地，平均水深一般不超过 3m，水体分层不明显，垂直环境梯度的生态位异质性可适应不同习性的鱼类物种栖息，所以在一定深度范围内，随着深度的增加，鱼类生存容量也随之提高；加之江、湖鱼类物种的自然交流和人工放养，这些因素都有可能增加鱼类物种丰富度，以致松嫩平原的 20 片湖泊沼泽鱼类群落物种丰富度与平均水深表现出这种增加趋势，但这种正相关性尚未达到显著水平（$P>0.05$）。

大多数研究表明，湖泊湿地鱼类群落的物种丰富度与水域面积之间大都显著正相关，线性关系通常为幂函数曲线，其数学模型为 $S=CA^Z$。式中，Z 值为物种丰富度随着水域面积增加而提高的速度的下降幅度，其地理变动：全球湖泊为 0.25，北美湖泊为 0.16，南美湖泊为 0.35[24]。

与之不同，松嫩平原的 20 片湖泊沼泽鱼类群落的物种丰富度和湿地面积之间的正相关性并不显著，拟合曲线近似于直线；拟合幂函数曲线中，Z 值也远小于上述地区，表明松嫩平原湖泊沼泽区鱼类群落的物种丰富度随着湿地面积增加而提高的速度下降得远不如其他地区明显，从而再次表达了 S、A 之间不显著的相关关系。这种不显著关系也与平原型浅水湖泊沼泽生境多样性较差的生态特点相符。

另外，物种丰富度与湿地面积、平均水深的偏相关系数分别为 0.013 及 0.223，均不显著（$P>0.05$）；在其回归关系 $S=16.312+0.014A+0.772h$（$r^2=0.439$，$P>0.05$）中，A、H 的偏回归系数显著水平 P 值分别为 0.114 和 0.766，也均不显著（$P>0.05$）。这再次印证了物种丰富度与湿地面积和平均水深的不显著相关性。

（2）与水环境盐度、碱度和 pH 的关系　水环境盐度、碱度和 pH 通常是限制鱼类栖息与分布的生态因子，进而影响物种丰富度。相关性分析表明（表 2-13），20 片湖泊沼泽鱼类群落的物种丰富度与盐度、碱度和 pH 的简单相关性均表现为负相关，其中与盐度（$P<0.05$）、碱度（$P<0.01$）显著相关；在排除盐度和 pH 的影响下，物种丰富度与碱度的偏相关性仍然显著（$P<0.05$）；在物种丰富度与盐度[Sal / (g / L)]、碱度[Alk / (mmol / L)]、pH 的回归关系 $S=16.822+1.435\text{Sal}-0.491\text{Alk}+0.59\text{pH}$（$r^2=0.696$，$P<0.05$）中，盐度、碱度和 pH 的偏回归系数的显著水平 P 值分别为 0.172、0.017 和 0.816，可见只有碱度的偏回归系数显著（$P<0.05$）。以上结果揭示，水环境碱度可能是对鱼类物种丰富度产生负面影响的主导因子。

表 2-13　20 片湖泊沼泽鱼类群落的物种丰富度与水环境盐度、碱度和 pH 的关系

简单相关性	一级偏相关性	二级偏相关性	线性关系		
			拟合模型	显著性（r）	拟合优度（r^2）
$r_{12}=-0.488^{*}$	$r_{12\cdot3}=0.330$	$r_{12\cdot34}=0.332$	$S=18.829-1.104\mathrm{Sal}$	-0.488^{*}	0.238
	$r_{12\cdot4}=-0.389$		$S=17.676-2.809\ln\mathrm{Sal}$	-0.579^{**}	0.336
			$S=12.808\exp(0.020\mathrm{Sal})$	0.046	2.16×10^{-3}
			$S=16.894\mathrm{Sal}-0.194$	-0.620^{**}	0.385
$r_{13}=-0.647^{**}$	$r_{13\cdot2}=-0.566^{*}$	$r_{13\cdot24}=-0.641^{*}$	$S=21.252-0.253\mathrm{Alk}$	-0.647^{**}	0.418
	$r_{13\cdot4}=-0.580^{*}$		$S=24.409-2.944\ln\mathrm{Alk}$	-0.550^{*}	0.302
			$S=21.690\exp(-0.018\mathrm{Alk})$	-0.703^{**}	0.494
			$S=16.894\mathrm{Alk}^{-0.212}$	-0.613^{**}	0.376
$r_{14}=-0.352$	$r_{14\cdot2}=-0.155$	$r_{14\cdot23}=-0.197$	$S=53.878-4.024\mathrm{pH}$	-0.352	0.124
	$r_{14\cdot3}=0.019$		$S=96.059-35.695\ln\mathrm{pH}$	-0.353	0.125
			$S=17.500\exp(1.398\times10^{-4}\mathrm{pH})$	0.099	9.80×10^{-3}
			$S=16.674\mathrm{pH}^{0.023}$	0.082	6.77×10^{-3}

注：1 代表物种丰富度，2 代表盐度（Sal），3 代表碱度（Alk），4 代表 pH；$*P<0.05$，$**P<0.01$

表 2-13 还显示，水环境盐度与鱼类物种丰富度同时存在显著的直线（$P<0.05$）、对数曲线（$P<0.01$）和幂函数曲线（$P<0.01$）关系，且都为下降型曲线，其中幂函数曲线关系最适合。碱度与鱼类物种丰富度同时具有显著的直线（$P<0.01$）、对数曲线（$P<0.05$）、幂函数曲线（$P<0.01$）和指数函数曲线（$P<0.01$）关系，也均为下降型曲线，其中指数函数曲线关系最适宜。pH 与鱼类物种丰富度无明显线性关系。

松嫩平原湖泊沼泽区水质大都为碳酸盐型，水环境盐度虽然很少超过鱼类生存限制指标 5～10g/L[60, 61]，但碱度和 pH 往往较高且较稳定[62]。20 片湖泊沼泽中，随着水量补给的减少和水环境盐碱化的加剧[57, 59]，蒸发浓缩将使盐度、碱度和 pH 不断升高，逐渐演化为高碱度、高 pH 的碳酸盐型湿地。从二级偏相关性可知，在此类湖泊沼泽中，水环境碱度和 pH（尤其是碱度）很可能先于盐度而限制鱼类生存。因此，碱度和 pH（尤其是碱度）将成为松嫩平原湖泊沼泽区鱼类群落物种丰富度的潜在威胁。

还应该指出，由于受渔具的选择性、采样强度、采样方法及某些种类的特殊习性等诸多因素的影响，某些鱼类在短期调查时很难被发现。比如草鱼和银鲫分别是月亮泡和新庙泡的主要经济鱼类，但在两年的采样过程中均未采集到样本。在这 20 片湖泊沼泽中，尚不能排除未获得的其他物种尤其是稀有种类。所以本书也仅根据已获取的样本资料，对这些湖泊沼泽鱼类群落的物种多样性进行较粗略的测定，以期为进一步的深入研究提供参考依据。

2.1.3　β-多样性

相比于群落 α-多样性（即群落内多样性），群落 β-多样性研究的是群落间的多样性。

生物群落相似性是群落β-多样性研究的重要内容之一。本书仍以前文所述的 20 片湖泊沼泽为研究对象，初步探讨松嫩湖泊沼泽群鱼类群落的相似性[42]。

2.1.3.1 群落样本

仍采用 2.1.1.1 的样本。

2.1.3.2 群落相似性测度[24, 49, 51]

采用 Jaccard 指数（C_J）、Sørenson 指数（C_S）、基于个体数的 Morisita-Horn 指数（C_{MHI}）及基于生物量的 Morisita-Horn 指数（C_{MHB}）来测度群落相似性，计算公式如下。

$$C_J = j / (S_a + S_b - j)$$

$$C_S = 2j / (S_a + S_b)$$

$$C_{MHI} = 2\sum_{i=1}^{S} n_{ai} n_{bi} \bigg/ \left[N_{aI} N_{bI} \left(\sum_{i=1}^{S} n_{ai}^2 / N_{aI}^2 + \sum_{i=1}^{S} n_{bi}^2 / N_{bI}^2 \right) \right]$$

$$C_{MHB} = 2\sum_{i=1}^{S} w_{ai} w_{bi} \bigg/ \left[W_{aB} W_{bB} \left(\sum_{i=1}^{S} w_{ai}^2 / W_{aB}^2 + \sum_{i=1}^{S} w_{bi}^2 / W_{bB}^2 \right) \right]$$

式中，S_a、S_b、j 分别为群落 a、b 的物种数和共有物种数；n_{ai} 与 n_{bi}、N_{aI} 与 N_{bI} 分别为群落 a、b 中第 i 种样本个体数和群落样本总个体数；w_{ai} 与 w_{bi}、W_{aB} 与 W_{bB} 分别为群落 a、b 中第 i 种样本生物量和群落样本总生物量。

2.1.3.3 群落相似性分类

采用群落相似性分类法[49]，以 C_J、C_S、C_{MHI}、C_{MHB} 值 0.501 为阈值，对 20 片湖泊沼泽鱼类群落进行分类；以相似指数分别为 0～0.250、0.251～0.500、0.501～0.750 和 0.751～1 为标准，将群落相似性程度划分为极低、较低、较高和极高 4 个等级。

2.1.3.4 群落β-多样性特征

1. 群落相似性状况

20 片湖泊沼泽鱼类群落 190 对组合的相似指数见表 2-14 和表 2-15。

表 2-14 鱼类群落 Jaccard 指数和 Sørenson 指数

湖泊沼泽	A	R	G	Q	C	N	K	T	L	M
A	$C_J \rightarrow$	0.600	0.353	0.684	0.682	0.400	0.500	0.481	0.438	0.500
R	0.750	$\leftarrow C_S$	0.353	0.600	0.542	0.400	0.500	0.600	0.438	0.565
G	0.523	0.523	1	0.353	0.333	0.357	0.667	0.292	0.750	0.286

续表

湖泊沼泽	A	R	G	Q	C	N	K	T	L	M
Q	0.813	0.750	0.522	1	0.682	0.474	0.500	0.481	0.438	0.565
C	0.811	0.703	0.500	0.811	1	0.375	0.381	0.552	0.333	0.640
N	0.571	0.571	0.526	0.634	0.545	1	0.250	0.440	0.267	0.333
K	0.667	0.667	0.800	0.667	0.552	0.400	1	0.333	0.875	0.400
T	0.650	0.750	0.452	0.650	0.711	0.611	0.500	1	0.292	0.692
L	0.609	0.609	0.857	0.609	0.500	0.421	0.933	0.452	1	0.350
M	0.667	0.722	0.444	0.722	0.780	0.500	0.571	0.818	0.512	1
O	0.538	0.538	0.471	0.692	0.516	0.364	0.556	0.588	0.588	0.667
E	0.486	0.541	0.357	0.486	0.619	0.364	0.483	0.533	0.429	0.634
H	0.632	0.579	0.483	0.579	0.651	0.412	0.533	0.609	0.483	0.667
D	0.500	0.571	0.316	0.500	0.545	0.417	0.500	0.444	0.421	0.563
F	0.581	0.645	0.455	0.516	0.556	0.370	0.609	0.615	0.545	0.686
B	0.529	0.412	0.560	0.529	0.564	0.400	0.462	0.524	0.480	0.632
J	0.621	0.621	0.500	0.690	0.706	0.400	0.667	0.595	0.500	0.727
I	0.556	0.611	0.444	0.611	0.634	0.375	0.571	0.591	0.519	0.700
S	0.583	0.667	0.667	0.583	0.483	0.400	0.750	0.500	0.800	0.571
P	0.552	0.414	0.400	0.552	0.647	0.160	0.571	0.432	0.500	0.606

湖泊沼泽	O	E	H	D	F	B	J	I	S	P
A	0.368	0.321	0.461	0.333	0.409	0.360	0.450	0.385	0.412	0.381
R	0.368	0.370	0.407	0.400	0.476	0.259	0.450	0.440	0.500	0.361
G	0.308	0.217	0.318	0.188	0.294	0.389	0.357	0.286	0.500	0.250
Q	0.529	0.321	0.407	0.333	0.348	0.360	0.526	0.407	0.412	0.381
C	0.345	0.448	0.482	0.375	0.385	0.393	0.545	0.464	0.318	0.478
N	0.222	0.222	0.259	0.263	0.227	0.250	0.250	0.231	0.250	0.087
K	0.385	0.318	0.364	0.333	0.438	0.300	0.500	0.400	0.600	0.400
T	0.417	0.364	0.438	0.286	0.444	0.355	0.423	0.419	0.333	0.276
L	0.417	0.273	0.318	0.267	0.375	0.316	0.333	0.350	0.667	0.333
M	0.500	0.464	0.500	0.391	0.522	0.462	0.571	0.538	0.400	0.435
O	1	0.292	0.333	0.294	0.389	0.400	0.533	0.429	0.636	0.438
E	0.452	1	0.650	0.571	0.636	0.345	0.478	0.414	0.381	0.417
H	0.500	0.788	1	0.360	0.423	0.600	0.522	0.556	0.304	0.346
D	0.455	0.727	0.529	1	0.688	0.304	0.389	0.391	0.429	0.316
F	0.560	0.778	0.595	0.815	1	0.375	0.474	0.458	0.533	0.400
B	0.571	0.513	0.750	0.467	0.545	1	0.409	0.520	0.368	0.348
J	0.696	0.647	0.686	0.560	0.643	0.581	1	0.571	0.500	0.529
I	0.600	0.585	0.714	0.563	0.629	0.684	0.727	1	0.400	0.375
S	0.778	0.552	0.467	0.600	0.696	0.538	0.667	0.571	1	0.413
P	0.609	0.588	0.514	0.480	0.571	0.516	0.692	0.545	0.476	1

注：(1)"C_J→"表示"1"斜线右侧为 C_J 值；"←C_S"表示"1"斜线左侧为 C_S 值；(2) A、B、C…分别代表 20 个湖泊（参见表 2-1）

表 2-15　鱼类群落 Morisita-Horn 指数

湖泊沼泽	A	R	G	Q	C	N	K	T	L	M
A	C_{MHI} →	0.497	0.470	0.378	0.545	0.529	0.528	0.562	0.539	0.739
R	0.211	← C_{MHB}	0.436	0.551	0.590	0.369	0.401	0.819	0.391	0.659
G	0.352	0.268	1	0.646	0.644	0.888	0.884	0.519	0.870	0.551
Q	0.711	0.096	0.527	1	0.923	0.419	0.592	0.461	0.570	0.510
C	0.608	0.212	0.536	0.534	1	0.826	0.727	0.856	0.711	0.630
N	0.198	0.274	0.858	0.122	0.308	1	0.888	0.502	0.867	0.502
K	0.565	0.150	0.730	0.869	0.622	0.243	1	0.527	0.989	0.573
T	0.487	0.482	0.548	0.494	0.563	0.270	0.738	1	0.527	0.835
L	0.697	0.121	0.634	0.949	0.600	0.207	0.975	0.822	1	0.574
M	0.563	0.199	0.793	0.821	0.653	0.410	0.960	0.742	0.921	1
O	0.602	0.106	0.583	0.968	0.548	0.166	0.901	0.571	0.950	0.901
E	0.474	0.251	0.592	0.674	0.594	0.224	0.854	0.854	0.823	0.881
H	0.961	0.161	0.276	0.505	0.458	0.129	0.484	0.477	0.553	0.487
D	0.286	0.262	0.220	0.095	0.228	0.169	0.217	0.217	0.174	0.305
F	0.569	0.316	0.454	0.338	0.486	0.082	0.591	0.846	0.521	0.614
B	0.326	0.327	0.585	0.438	0.608	0.312	0.725	0.894	0.620	0.772
J	0.794	0.269	0.645	0.614	0.689	0.336	0.856	0.858	0.793	0.841
I	0.615	0.458	0.429	0.211	0.445	0.393	0.361	0.735	0.323	0.374
S	0.570	0.273	0.540	0.440	0.510	0.287	0.705	0.884	0.653	0.713
P	0.915	0.118	0.583	0.815	0.737	0.248	0.828	0.581	0.851	0.847

湖泊沼泽	O	E	H	D	F	B	J	I	S	P
A	0.306	0.139	0.947	0.034	0.668	0.672	0.776	0.485	0.450	0.427
R	0.180	0.112	0.478	0.091	0.446	0.473	0.565	0.417	0.286	0.182
G	0.374	0.052	0.378	0.012	0.492	0.353	0.574	0.628	0.221	0.567
Q	0.096	0.067	0.442	0.052	0.374	0.475	0.604	0.484	0.187	0.198
C	0.227	0.074	0.542	0.048	0.537	0.537	0.684	0.615	0.228	0.358
N	0.420	0.055	0.329	0.014	0.534	0.378	0.514	0.600	0.221	0.658
K	0.374	0.046	0.354	0.010	0.486	0.453	0.531	0.627	0.205	0.652
T	0.399	0.241	0.528	0.209	0.624	0.584	0.622	0.596	0.441	0.346
L	0.389	0.046	0.358	0.010	0.482	0.440	0.419	0.623	0.207	0.679
M	0.625	0.444	0.608	0.401	0.798	0.898	0.831	0.759	0.720	0.428
O	1	0.821	0.181	0.783	0.466	0.579	0.311	0.712	0.857	0.408
E	0.780	1	0.107	0.996	0.300	0.392	0.159	0.501	0.893	0.046
H	0.442	0.484	1	0.086	0.710	0.623	0.647	0.489	0.295	0.262
D	0.188	0.573	0.420	1	0.263	0.459	0.124	0.458	0.863	0.014
F	0.414	0.825	0.639	0.744	1	0.706	0.763	0.635	0.566	0.550
B	0.561	0.904	0.428	0.638	0.866	1	0.708	0.693	0.727	0.222
J	0.641	0.966	0.718	0.403	0.818	0.837	1	0.534	0.500	0.435

续表

湖泊沼泽	O	E	H	D	F	B	J	I	S	P
I	0.269	0.499	0.490	0.378	0.707	0.600	0.572	1	0.641	0.414
S	0.537	0.845	0.568	0.625	0.855	0.893	0.879	0.601	1	0.184
P	0.826	0.742	0.712	0.254	0.540	0.576	0.786	0.350	0.574	1

注：(1)"C_{MHI}→"表示"1"斜线右侧为 C_{MHI} 值；"←C_{MHB}"表示"1"斜线左侧为 C_{MHB} 值；(2) A、B、C…分别代表20个湖泊（参见表2-1）

以 C_J 为评价指标，相似度极高、较高、较低和极低的组合数分别为2组、44组、137组和7组，其中较高和极高、较低和极低的组合数分别占24.21%和75.79%，显示出群落种类组成的相似度总体较低；以 C_S 为评价指标，相似度极高、较高、较低和极低的组合数分别为18组、132组、39组和1组，较高和极高、较低和极低的组合数分别占78.95%和21.05%，群落种类组成的相似度总体较高（表2-16）。

表2-16 基于Jaccard指数和Sørenson指数的群落相似度

湖泊沼泽	极高		较高		较低		极低	
	C_J	C_S	C_J	C_S	C_J	C_S	C_J	C_S
A	0	RQC	RQMKC	GLFISONTBEJPHD	PIOSGNBETLDFHI	0	0	0
R	0	QCMTKS	QCMTKS	GLFISONEJHDCKM	GFLINBEJPHD	BP	0	0
G	L	KT	KT	QCSNBJ	QCONHBJPMFIT	TMOEHDFIP	DE	0
Q	0	KCMOJ	KCMOJ	LFISONNTBJPHDKM	EHNTILDFBSP	E	0	0
C	0	TMJ	TMJ	KLNOTEJPBHDFI	LFIONBEPHKDS	S	0	0
N	0	0	0	TM	HKTLDBSI	KLMEHDFBSIJ	OEIFP	P
K	L	JS	JS	TFMOHDJPI	OHFDTMBIPE	BE	0	0
T	0	M	M	EJIOHFBS	SOEHFBJILDP	LDP	0	0
L	0	S	S	FJPIMO	OMIPDFJEHB	EHDB	0	0
M	0	0	ORIHJ	FSOEJPBHDI	EBDSP	0	0	0
O	0	S	JS	BHFJPI	EHDBFPI	ED	0	0
E	0	FH	FHD	PDBSJI	BJISP	0	0	0
H	0	B	BJI	JFPD	DFSP	S	0	0
D	0	F	F	SJI	BJISP	BP	0	0
F	0	0	S	PBSJI	BJIP	0	0	0
B	0	0	I	PSJI	JSP	0	0	0
J	0	0	SIP	PSI	0	0	0	0
I	0	0	0	PS	SP	0	0	0
S	0	0	0	0	P	P	0	0

注：A、B、C… 分别代表20个湖泊（参见表2-1）

以 C_{MHI} 为评价指标，相似度极高、较高、较低和极低的组合数分别为24组、69组、59组和38组，其中较高和极高、较低和极低的组合数分别占48.95%和51.05%，二者基本相同；以 C_{MHB} 为评价指标的组合数分别为45组、67组、50组和28组，较高和极高、较低和极低的组合数分别占58.95%和41.05%，显示出群落生物量结构的相似度总体较高（表2-17）。

表 2-17 基于 Morisita-Horn 指数的 20 片湖泊沼泽鱼类群落相似度

湖泊沼泽	极高		较高		较低		极低	
	C_{MHI}	C_{MHB}	C_{MHI}	C_{MHB}	C_{MHI}	C_{MHB}	C_{MHI}	C_{MHB}
A	HJ	HJP	BFMNKLC	QCMKLFISO	PIOSGQR	BGTDE	DE	NR
R	T	0	QCMJ	0	GNKLHFBIS	GNTBDEFSJI	OPDE	QCKLMOHP
G	NKL	MN	QCMJTPI	QCKLSOTBEJP	OHFB	HFI	DES	D
Q	C	KLMOP	KLMP	CEJS	HFIBNT	TBFS	OPDES	DIN
C	NT	0	KLMFBJIH	KLMSOTEJPB	P	HFIN	DEOS	D
N	KL	0	MFJITP	0	OHB	TBSIJM	DES	DEFKLHOP
K	L	LMEJOP	MJITP	TBFS	OHFB	HI	DES	D
T	M	LEFBJS	LFBJIH	MIOP	OPS	H	DE	D
L	0	MEJOP	MIP	FHSB	OBHFJ	I	DES	D
M	BFJI	BFJI	EOS	FS	DEP	DHI	0	0
O	DES	EP	BI	BJS	FJP	FHI	H	D
E	DS	BFJS	I	DP	BF	HI	HJP	0
H	0	0	BFJ	FJPS	IPS	BDI	D	0
D	S	0	0	BFS	BFI	JIP	JP	0
F	J	BJS	BIJS	IP	0	0	0	0
B	0	JS	JSI	IP	0	0	P	0
J	0	PS	IS	I	P	0	0	0
I	0	0	S	S	P	0	0	0
S	0	0	0	P	0	0	P	0

注：A、B、C… 分别代表 20 个湖泊（参见表 2-1）

以 C_J、C_S 为共同评价指标（记作 $C_J \cap C_S$），相似度极高、较高、较低和极低的组合数分别为 2 组、20 组、39 组和 1 组，较高和极高、较低和极低的组合数分别占 11.57%和 21.05%，群落种类组成的相似度总体较低；以 C_{MHI}、C_{MHB} 为共同评价指标（记作 $C_{MHI} \cap C_{MHB}$）的组合数分别为 9 组、26 组、18 组和 10 组，较高和极高、较低和极低的组合数分别占 18.42%和 14.74%，显示出群落数量结构（个体数量与生物量）的相似度总体较高（表 2-18）。

单一的 C_J 或 C_S、C_{MHI} 或 C_{MHB} 都不能全面地反映 20 个湖泊沼泽鱼类群落的种类组成或数量结构的相似性状况。以 $C_J \cap C_S$、$C_{MHI} \cap C_{MHB}$ 为评价指标，可在一定程度上克服单一指标的片面性。因而上述结果揭示了：20 片湖泊沼泽鱼类群落种类组成的相似度总体较低，数量结构相似度总体较高。这与 C_J、C_{MHB} 所反映出的结果相吻合，表明仅通过 C_J、C_{MHB} 也可了解松嫩湖泊沼泽群鱼类群落相似性状况。这一结果也反映出目前松嫩湖泊沼泽群鱼类群落间的共有种较少，群落间种类组成的空间分布关系不大，群落种类组成差异显著；群落间数量结构虽各有其自身的种群分布特征，但相似度较高，群落间种群数量的空间分布关系较为密切。

表 2-18 基于 $C_J \cap C_S$、$C_{MHI} \cap C_{MHB}$ 的群落相似度

湖泊沼泽	极高		较高		较低		极低	
	$C_J \cap C_S$	$C_{MHI} \cap C_{MHB}$	$C_J \cap C_S$	$C_{MHI} \cap C_{MHB}$	$C_J \cap C_S$	$C_{MHI} \cap C_{MHB}$	$C_J \cap C_S$	$C_{MHI} \cap C_{MHB}$
A	0	HJ	M	CFKLM	0	G	0	0
R	0	0	MCKS	0	BP	BGFINS	0	OP
G	L	N	S	QCTJP	FHIMOPT	FHI	0	D
Q	0	0	KJMO	J	E	FB	0	D
C	0	0	0	KLMBI	S	0	0	D
N	0	0	0	0	HKTLDBSI	B	P	DE
K	L	L	KL	T	BE	H	0	D
T	0	0	0	I	LDP	0	0	D
L	0	0	0	0	BDEH	0	0	D
M	0	JB	0	S	FHJIO	D	0	0
O	0	E	J	B	DE	F	0	0
E	0	S	D	0	0	0	0	0
H	0	0	J	JF	S	I	0	0
D	0	0	0	0	BP	I	0	0
F	0	J	S	I	0	0	0	0
B	0	0	I	I	0	0	0	0
J	0	0	SIP	I	0	0	0	0
I	0	0	0	S	0	0	0	0
S	0	0	0	0	P	0	0	0

注：A、B、C… 分别代表 20 个湖泊（参见表 2-1）

以 $C_J \cap C_S$、$C_{MHI} \cap C_{MHB}$ 为共同评价指标，即群落种类组成和数量结构的相似度同步极高、较高、较低和极低的组合数分别为 1 组、6 组、5 组和 0 组。这表明 20 片湖泊沼泽鱼类群落中种类组成和数量结构的相似度同步较高或较低的湖泊沼泽数量都很少，既反映出群落种类组成和数量结构的不稳定性和差异显著性，也说明群落数量结构的变化与种类组成无明显相关性，即某一群落中鱼类生物量或个体数量的增加或减少，并不一定引起鱼类种数的变化。

2. *群落相似性分类*

以 C_{MHI} 为阈值，20 片湖泊沼泽鱼类群落被划分为三类：α_1 = {A, R, Q, C}、β_1 = {T, M, G, K, L, O, J, S, F, I, H, D, B, P, E}和 γ_1 = {N}。其生态学意义：①表明 α_1 类群落的 C_{MHI} 均大于 0.501，β_1 类部分群落的 C_{MHI} 小于 0.501，故 α_1 类群落的同质性高于 β_1 类，α_1 类群落物种结构的相似度总体上高于 β_1 类；②显示 γ_1 类群落与 α_1 类群落、β_1 类群落物种结构的相似度均较低。

以 C_{MHB} 为阈值，20 片湖泊沼泽鱼类群落也被划分为三类：α_2 = {P, S, J, B, F, H, E, O, M, L, T, K, C, G, O, A}、β_2 = {D, I, N}和 γ_2 = {R}。其生态学意义：①表明 α_2 类部分群落的 C_{MHB} 小于 0.501，β_2 类群落的 C_{MHB} 均小于 0.501，故 α_2 类群落的同质性低于 β_2 类，但群落生物

量结构的相似度总体上高于 β_2 类；②显示 γ_2 类群落与 α_2 类群落、β_2 类群落生物量结构的相似度均较低。

上述群落分类结果也反映出目前松嫩湖泊沼泽群鱼类群落的物种结构相似度较低、数量结构相似度较高的总体状况。

2.1.4 鱼类区系的形成及特征

2.1.4.1 松嫩湖泊沼泽群鱼类区系形成于松嫩古大湖

根据地质资料[41, 63]，松嫩平原是在中生代形成的冲积、湖积平原，早更新世发展成为松嫩古大湖。晚更新世以来，嫩江古水文网发生重大变迁，由地壳缓慢下沉区的古河床、河曲地带积水将松嫩古大湖分割成星罗棋布的小湖，这些湖泊经历了漫长的地质环境演化过程，形成现今的松嫩湖泊沼泽群。嫩江自上新世至更新世为辽河的上源，史称“嫩辽河”，向南流入渤海，早更新世和松花江一起流入松嫩古大湖[41, 43]。这说明当时松嫩古大湖的鱼类主要来自“嫩辽河”和松花江，同时东部江河平原和南方热带平原区系复合体的鱼类，可沿“嫩辽河”进入松嫩古大湖，形成现今松嫩湖泊沼泽群乃至黑龙江水系鱼类区系中的江河平原和热带平原区系生态类群。后来松辽分水岭产生，将“嫩辽河”隔断，形成现今的嫩江和辽河，松嫩古大湖中的江河平原和热带平原区系生态类群的鱼类因此保留下来。可见松嫩湖泊沼泽群的鱼类区系形成于松嫩古大湖。

2.1.4.2 南北方物种相互渗透的混合类群特征

20 片湖泊沼泽的鱼类区系成分，以构成世界淡水鱼类主要类群的骨鳔类——鲤形目及鲤科为主体，这与中国南北各地乃至东亚淡水鱼类区系组成相似。与东北地区淡水鱼类区系相比，该湖泊沼泽群中缺少中亚高山、北极淡水和北极海洋区系生态类群的种类。动物地理构成上，既有斗鱼科、鳢科、塘鳢科、鮨科等东洋界暖水性鱼类，同时古北界冷水性类群的种类也占有一定比例（12.82%），呈现地理区（或亚区）间相互重叠、南北方物种相互渗透的混合类群特征，符合古北界与东洋界交汇过渡的黑龙江水系淡水鱼类区系特点。同时这也表明松嫩湖泊沼泽群的鱼类历史上是丰富多样的。

2.1.4.3 鱼类区系与河流水系的关系

通过对 20 片湖泊沼泽鱼类区系的研究，可知松嫩湖泊沼泽群的鱼类区系与其所在的河流水系关系密切。松嫩古大湖也使得嫩江和松花江的鱼类区系早在地质时代就有过广泛交流。现今已记录到的嫩江、松花江土著鱼类的共有种达 69 种[64]，鱼类群落间的 C_J、C_S 分别为 0.767 和 0.868，群落种类组成的相似度极高。区系成分中，松嫩湖泊沼泽群与嫩江、松花江 3 个鱼类群落均以鲤形目和鲤科类群为主体，前者分别有 36 种（78.26%）、54 种（69.23%）和 54 种（66.67%），后者分别为 31 种（67.39%）、47 种（60.26%）和

46 种（56.79%）。江河平原区系生态类群的物种数均相对占优，3 个鱼类群落分别有 15 种（38.46%）、24 种（29.63%）和 25 种（32.05%）；北方区系生态类群的种类也均占有一定比例，3 个鱼类群落分别为 9 种（23.08%）、28 种（35.90%）和 27 种（33.33%）。物种分布上，包括蛇鮈、凌源鮈、犬首鮈等江河流水型种类在内的湖泊沼泽群的 39 种土著鱼类，同时也均见于嫩江和松花江。

松嫩湖泊沼泽群与其所在河流水系鱼类区系成分上的相似性，既显示出湖泊沼泽群与其所在河流水系鱼类区系起源上的地理统一性（同属于北方区黑龙江亚区黑龙江分区），也反映出湖泊沼泽群与其所在河流水系在鱼类区系方面存在着古老的历史渊源；而鱼类的空间分布，则反映出地质时期该湖泊沼泽群乃至整个松嫩湖泊沼泽群与嫩江、松花江鱼类区系之间相互交流的事实。

2.1.4.4 与毗邻湖泊沼泽群的关系

研究结果还显示，松嫩湖泊沼泽群的 20 片湖泊沼泽的鱼类区系与其毗邻湖泊沼泽群尚存在差异。火山堰塞湖泊沼泽群（43°46′N～48°47′N，126°06′E～129°03′E）和兴凯湖泊沼泽群（44°30′N～45°18′N，132°00′E～132°51′E）均为东北地区主要的湖泊沼泽群（分别见下文），已记录到的土著鱼类物种分别为 9 目 16 科 47 属 64 种和 8 目 14 科 44 属 63 种[64, 65]。通过比较可知，3 个湖泊沼泽群的鱼类区系均以鲤形目和鲤科类群为主体，江河平原区系生态类群的物种居多，均呈现南北方物种相互渗透的混合类群特征，符合黑龙江水系淡水鱼类组成的古北界区系特点。不同之处在于，20 片湖泊沼泽的鱼类区系中缺少北方区所特有的九棘刺鱼、江鳕、黑龙江中杜父鱼、乌苏里白鲑、哲罗鲑、黑龙江茴鱼、细鳞鲑、黑斑狗鱼等北方山地、北极淡水和北极海洋区系生态类群的冷水种。原因是火山堰塞湖泊沼泽群的鱼类物种主要源自嫩江上游和牡丹江上游，兴凯湖泊沼泽群的鱼类物种主要源自乌苏里江上游。

上述冷水性鱼类的自然物种在这些江河上游低温溪流环境中均有分布[2, 6]，江-湖物种交流使这些鱼类得以进入湖泊沼泽湿地，经过长期的环境适应性驯化，由原来的江河流水型转变为湖泊沼泽型而定居下来。相比之下，20 片湖泊沼泽均地处嫩江下游与第二松花江下游的汇合地带，为河成湖泊沼泽，直接或间接与江河相通，上述冷水种的自然分布范围原本就未能到达这里，故该湖泊沼泽群中也无此类群。

2.2 火山堰塞湖泊沼泽群

火山堰塞湖泊沼泽群是由火山熔岩堵塞河谷、水流受阻而形成的一种天然湿地。我国火山堰塞湖泊沼泽群主要分布在东北地区[5]。有关东北地区火山堰塞湖泊沼泽群的鱼类多样性研究，仅见个别湖泊沼泽的鱼类物种记载，而缺少整个湖泊沼泽群物种多样性的系统研究。早期的《镜泊湖鱼类小志》中，曾记录镜泊湖鱼类 18 种（经著者重新整理）[66]。1957～1958 年中国和苏联联合进行的黑龙江流域综合考察，分别记录到镜泊湖鱼类 19 种、五大连池 23 种[31]；1980～1983 年全国渔业资源调查与区划，再次分别记录到鱼类 52 种和 39 种[6]。任慕莲[9]于 1981 年记录镜泊湖有鱼类 39 种、五大连池有 32 种，1994 年再次分别记录到鱼类 36 种和 38 种[66]。苏国栋等[8]、金志民等[10, 67]均记录五大连池、镜泊湖鱼类分别为 38 种和 43 种。

镜泊湖和五大连池为典型火山堰塞湖泊沼泽，分别是镜泊湖、五大连池国家级风景名胜区的附属湿地，物种多样性研究颇受关注。以往大都侧重于独立湖泊沼泽的鱼类分类学和渔业资源学方面，缺少对整个火山堰塞湖泊沼泽群的鱼类区系和物种多样性的系统研究。本书根据湿地调查期间所获取的渔获物样本并结合文献资料，初步探讨东北地区火山堰塞湖泊沼泽群的鱼类多样性现状，为进一步研究其群落结构与功能、制定鱼类多样性保护及其动态监测措施提供科学依据[64]。

2.2.1 自然概况

镜泊湖是我国最大的火山堰塞湖泊沼泽，位于黑龙江省东南部的宁安市、松花江一级支流牡丹江的中游，地处张广才岭与老爷岭之间，由第四纪白莲河玄武岩流堵塞牡丹江河道而形成，湖面海拔 351m，平均水深 13.8m，水域面积 90km^2[5, 6, 67]。五大连池是我国第二大火山堰塞湖泊沼泽，位于黑龙江省五大连池市、嫩江二级支流石龙河的上游、松嫩平原与小兴安岭的过渡地带，由 1719～1721 年老黑山和火烧山喷发的熔岩流堵塞石龙河而形成的 5 个串珠状小湖泊沼泽构成，水面海拔 317m，水深 1～12m，总面积 16km^2[5, 6, 8]。

2.2.2 α-多样性

2.2.2.1 群落样本的采集

样本的采集参见 2.1.1.1。累计获取渔获物样本生物量 2515.2kg，个体数 15 811 尾。

2.2.2.2 群落 α-多样性测度

1. 群落土著种相对多度分布格局

用几何级数、对数级数和对数正态分布模型拟合法，测度群落土著种相对多度分布格局，详见 2.1.2.2。

2. 生态多样性指数

采用物种丰富度（S）、Margalef 指数（d_{Ma}）、Shannon-Wiener 指数（H）、Simpson 指数（λ）、Pielou 指数（J）和 Fisher 指数（α）测度群落物种多样性。计算方法参见 2.1.2.2。

2.2.2.3 群落 α-多样性特征

1. 物种结构

(1)物种多样性及其分布　采集到和文献记载的火山堰塞湖泊沼泽群的鱼类物种合计

9 目 17 科 53 属 70 种（表 2-19）。其中，移入种 2 目 2 科 6 属 6 种，包括亚洲公鱼、青鱼、草鱼、鲢、鳙和团头鲂；土著鱼类 9 目 16 科 47 属 64 种，其中包括中国易危种雷氏七鳃鳗、乌苏里白鲑、细鳞鲑、哲罗鲑、黑龙江茴鱼和怀头鲇，冷水种雷氏七鳃鳗、哲罗鲑、细鳞鲑、乌苏里白鲑、黑龙江茴鱼、黑斑狗鱼、瓦氏雅罗鱼、拉氏鲅、拟赤梢鱼、北方须鳅、黑龙江花鳅、北方花鳅、九棘刺鱼、江鳕和黑龙江中杜父鱼（占 23.44%），中国特有种扁体原鲌、达氏鲌、东北颌须鮈和银鮈。

调查采集到火山堰塞湖泊沼泽群的鱼类物种为 5 目 10 科 36 属 41 种（参见 1.1.4.2）。其中，移入种 1 目 1 科 5 属 5 种，包括青鱼、草鱼、鲢、鳙和团头鲂；土著种 5 目 10 科 31 属 36 种。某些种类文献虽有记录但未采集到样本，如中国易危种雷氏七鳃鳗、细鳞鲑、哲罗鲑、乌苏里白鲑和怀头鲇，中国特有种扁体原鲌和东北颌须鮈，冷水种拟赤梢鱼、北方须鳅、北方花鳅、九棘刺鱼和黑龙江中杜父鱼。

调查采集到和文献中记载的镜泊湖、五大连池的土著鱼类分别为 7 目 14 科 44 属 57 种及 7 目 13 科 34 属 47 种。其中，雷氏七鳃鳗、马口鱼、鳡、赤眼鳟、尖头鲅、扁体原鲌、翘嘴鲌、细鳞鲴、东北颌须鮈、突吻鮈、银鮈、北方须鳅、细鳞鲑、乌苏里白鲑、哲罗鲑、黑龙江茴鱼和九棘刺鱼仅分布于镜泊湖；达氏鲌、黑龙江泥鳅、北方泥鳅、光泽黄颡鱼、中华青鳉、黑龙江中杜父鱼和圆尾斗鱼仅见于五大连池；瓦氏雅罗鱼、拟赤梢鱼、湖鲅、拉氏鲅、鲂等 40 种为共有种。

表 2-19　火山堰塞湖泊沼泽群鱼类物种组成

种类	五大连池	镜泊湖	种类	五大连池	镜泊湖
一、七鳃鳗目 Petromyzoniformes			13. 鲂 *Megalobrama skolkovii*	cde	bcdf
（一）七鳃鳗科 Petromyzonidae			14. 䱗 *Hemiculter leucisculus*	abceg	cdg
1. 雷氏七鳃鳗 *Lampetra reissneri*		bcdf	15. 团头鲂 *Megalobrama amblycephala*▲	g	
二、鲤形目 Cypriniformes			16. 贝氏䱗 *Hemiculter bleekeri*	ab	ab
（二）鲤科 Cyprinidae			17. 红鳍原鲌 *Cultrichthys erythropterus*	abceg	abcfg
2. 马口鱼 *Opsariichthys bidens*		bcd	18. 扁体原鲌 *Cultrichthys compressocorpus*		dc
3. 瓦氏雅罗鱼 *Leuciscus waleckii waleckii*	abcdeg	abcdfg	19. 达氏鲌 *Culter dabryi*	bcdeg	
4. 拟赤梢鱼 *Pseudaspius leptocephalus*	ab	abcf	20. 蒙古鲌 *Culter mongolicus mongolicus*	abceg	abcdfg
5. 青鱼 *Mylopharyngodon piceus*▲	cdeg	cdf	21. 翘嘴鲌 *Culter alburnus*		abcfg
6. 草鱼 *Ctenopharyngodon idella*▲	cde g	cdf	22. 大鳍鱊 *Acheilognathus macropterus*	abcdeg	abcdf
7. 鳡 *Elopichthys bambusa*		bc	23. 兴凯鱊 *Acheilognathus chankaensis*	cde	dfc
8. 赤眼鳟 *Squaliobarbus curriculus*		bcfg	24. 黑龙江鳑鲏 *Rhodeus sericeus*	bcg	bcdfg
9. 湖鲅 *Phoxinus percnurus*	abcdeg	bcfg	25. 银鲴 *Xenocypris argentea*	bce	bcfg
10. 拉氏鲅 *Phoxinus lagowskii*	cdg	cd	26. 细鳞鲴 *Xenocypris microleps*		abcdg
11. 尖头鲅 *Phoxinus oxycephalus*		c	27. 唇䱻 *Hemibarbus laboe*	b	bcdfg
12. 鳊 *Parabramis pekinensis*	b	cf	28. 花䱻 *Hemibarbus maculatus*	abdeg	bfc

续表

种类	五大连池	镜泊湖
29. 麦穗鱼 *Pseudorasbora parva*	abcdeg	abcdfg
30. 东北颌须鮈 *Gnathopogon mantschuricus*		bc
31. 棒花鱼 *Abbottina rivularis*	cdeg	bcd
32. 突吻鮈 *Rostrogobio amurensis*		cd
33. 蛇鮈 *Saurogobio dabryi*	bcdeg	abcdfg
34. 兴凯银鮈 *Squalidus chankaensis*	acde	abcdf
35. 银鮈 *Squalidus argentatus*		bcdg
36. 东北鳈 *Sarcocheilichthys lacustris*	abcd	cfg
37. 克氏鳈 *Sarcocheilichthys czerskii*	cde	cd
38. 高体鮈 *Gobio soldatovi*	cde	cd
39. 细体鮈 *Gobio tenuicorpus*	c	cd
40. 鲤 *Cyprinus carpio*	abcdeg	abcdfg
41. 银鲫 *Carassius auratus gibelio*	abcdeg	abcdfg
42. 鲢 *Hypophthalmichthys molitrix*▲	cdeg	cdfg
43. 鳙 *Aristichthys nobilis*▲	deg	f1g
（三）鳅科 Cobitidae		
44. 北方须鳅 *Barbatula barbatula nuda*		cdf
45. 黑龙江花鳅 *Cobitis lutheri*	cdeg	bcdfg
46. 北方花鳅 *Cobitis granoci*	cde	cd
47. 泥鳅 *Misgurnus anguillicaudatus*	b	f
48. 黑龙江泥鳅 *Misgurnus mohoity*	acdeg	
49. 北方泥鳅 *Misgurnus bipartitus*	d	
50. 花斑副沙鳅 *Parabotia fasciata*	b	bcf
三、鲇形目 Siluriformes		
（四）鲿科 Bagridae		
51. 黄颡鱼 *Pelteobagrus fulvidraco*	abcdeg	bcdfg
52. 光泽黄颡鱼 *Pelteobagrus nitidus*	b	
53. 乌苏拟鲿 *Pseudobagrus ussuriensis*	abcde	bcdf
（五）鲇科 Siluridae		
54. 怀头鲇 *Silurus soldatovi*	de	c
55. 鲇 *Silurus asotus*	abcdeg	abcdfg
四、鲑形目 Salmoniformes		
（六）鲑科 Salmonidae		
56. 哲罗鲑 *Hucho taimen*		abcf
57. 细鳞鲑 *Brachymystax lenok*		abcf
58. 乌苏里白鲑 *Coregonus ussuriensis*		c
59. 黑龙江茴鱼 *Thymallus arcticus*		bcfg
（七）胡瓜鱼科 Osmeridae		
60. 亚洲公鱼 *Hypomesus transpacificus nipponensis*▲		f
（八）狗鱼科 Esocidae		
61. 黑斑狗鱼 *Esox reicherti*	abcdeg	bcdfg
五、鳕形目 Gadiformes		
（九）鳕科 Gadidae		
62. 江鳕 *Lota lota*	bde	bcfg
六、鳉形目 Cyprinodontiformes		
（十）青鳉科 Oryziatidae		
63. 中华青鳉 *Oryzias latipes sinensis*	d	
七、刺鱼目 Gasterosteiformes		
（十一）刺鱼科 Gasterosteidae		
64. 九棘刺鱼 *Pungitius pungitius*		cf
八、鲉形目 Scorpaeniformes		
（十二）杜父鱼科 Cottidae		
65. 黑龙江中杜父鱼 *Mesocottus haitej*	d	
九、鲈形目 Perciformes		
（十三）鮨科 Serranidae		
66. 鳜 *Siniperca chuatsi*	abcde	abcdfg
（十四）塘鳢科 Eleotridae		
67. 葛氏鲈塘鳢 *Perccottus glehni*	abcde	acf
（十五）鰕虎鱼科 Gobiidae		
68. 褐吻鰕虎鱼 *Rhinogobius brunneus*	abec	ab
（十六）斗鱼科 Belontiidae		
69. 圆尾斗鱼 *Macropodus chinensis*	cde	
（十七）鳢科 Channidae		
70. 乌鳢 *Channa argus*	bcd	bcfg

注：a. 文献[31]，b. 文献[9]，c. 文献[6]，d. 文献[66]，e. 文献[8]，f. 文献[10]和[67]，g. 采集到的种类

（2）种类组成　火山堰塞湖泊沼泽群鱼类群落中，鲤形目 49 种、鲑形目 6 种，分别占 70%及 8.57%；鲇形目和鲈形目均 5 种，各占 7.14%；七鳃鳗目、鳕形目、鳉形目、刺

鱼目和鲉形目均 1 种，各占 1.43%。科级分类单元中，鲤科 42 种、鳅科 7 种、鲑科 4 种、鲿科 3 种、鲇科 2 种，分别占 60%、10%、5.71%、4.29%和 2.86%；七鳃鳗科、胡瓜鱼科、狗鱼科、鳕科、青鳉科、刺鱼科、杜父鱼科、鮨科、塘鳢科、鳢科、鰕虎鱼科和斗鱼科均 1 种，各占 1.43%。

（3）区系生态类群　火山堰塞湖泊沼泽群的土著鱼类群落由 7 个区系生态类群构成。以马口鱼、餐、鳡、鲂、扁体原鲌等江河平原区系生态类群为主体，包括 24 种，占 37.5%；瓦氏雅罗鱼、湖鲥、拉氏鲥、东北颌须鮈、北方须鳅等北方平原区系生态类群和雷氏七鳃鳗、怀头鲇、赤眼鳟、大鳍鱊、黑龙江鳑鲏等新近纪区系生态类群均为 13 种，合计占 40.63%；热带平原区系生态类群黄颡鱼、光泽黄颡鱼、乌苏拟鲿、中华青鳉、葛氏鲈塘鳢、圆尾斗鱼和乌鳢占 10.94%；北方山地区系生态类群哲罗鲑、细鳞鲑、黑龙江茴鱼和黑龙江中杜父鱼占 6.25%；北极淡水区系生态类群（乌苏里白鲑和江鳕）和北极海洋区系生态类群（九棘刺鱼）合计占 4.69%。北方区系生态类群 20 种，占 31.25%。

（4）动物地理构成　按照我国淡水鱼类动物地理分区[2, 43]，火山堰塞湖泊沼泽群土著鱼类群落中，北方区与华南区，北方区、宁蒙区与华南区，北方区、华东区（海辽亚区）与华南区，北方区、华西区（陇西亚区）与华南区的共有种合计 34 种；细鳞鲑、乌苏里白鲑、银鲫、哲罗鲑、黑斑狗鱼等 21 种为北方区特有种；九棘刺鱼为北方区与宁蒙区的共有种；瓦氏雅罗鱼为北方区与宁蒙区、华西区的共有种；拉氏鲥、高体鮈、细体鮈、北方须鳅、北方花鳅、北方泥鳅和怀头鲇为北方区与华东区的共有种。

在北方区特有种中，乌苏里白鲑、黑龙江中杜父鱼、东北颌须鮈、拟赤梢鱼、兴凯银鮈、突吻鮈、东北鳈、克氏鳈、雷氏七鳃鳗、葛氏鲈塘鳢和扁体原鲌为北方区黑龙江亚区黑龙江分区的特有种；哲罗鲑、细鳞鲑、银鲫和江鳕为北方区之下黑龙江亚区与额尔齐斯河亚区的共有种；黑斑狗鱼、黑龙江茴鱼、黑龙江花鳅、黑龙江泥鳅、黑龙江鳑鲏和湖鲥为黑龙江亚区之下黑龙江分区与滨海分区的共有种[2]。雷氏七鳃鳗、拟赤梢鱼、湖鲥、扁体原鲌、东北颌须鮈、突吻鮈、兴凯银鮈、东北鳈、克氏鳈、黑龙江花鳅、黑龙江泥鳅、乌苏里白鲑、黑龙江茴鱼、黑斑狗鱼、黑龙江中杜父鱼和葛氏鲈塘鳢为东北地区的特有种[2]。

尚未发现火山堰塞湖泊沼泽群的特有种。

2. 土著种相对多度分布格局

群落土著种相对多度分布格局模型拟合与检验的结果表明，火山堰塞湖泊沼泽群、镜泊湖和五大连池鱼群的土著种相对多度分布格局都可以用对数正态分布模型来描述（表 2-20）。

表 2-20　群落土著种相对多度分布格局模型拟合

群落	拟合模型	χ^2 检验		
		χ^2	$\chi^2_{0.05}$	P
A	$n_i = 3092.696 \times 0.773^{i-1}$	2974.441	38.885	＞0.05
	$f_r = 3.383 \times 0.9998^r / r$	399.407	37.652	＞0.05
	$S(R) = 3.716\exp(-0.072R^2)$	12.487	12.592	＜0.05

续表

群落	拟合模型	χ^2 检验		
		χ^2	$\chi^2_{0.05}$	P
B	$n_i = 721.456 \times 0.668^{i-1}$	4537.672	36.415	＞0.05
	$f_r = 4.156 \times 0.998^r / r$	478.761	35.172	＞0.05
	$S(R) = 4.095\exp(-0.078R^2)$	10.939	11.070	＜0.05
C	$n_i = 2728.6166 \times 0.172^{i-1}$	6992.763	22.362	＞0.05
	$f_r = 4.536 \times 0.9997^r / r$	869.864	31.264	＞0.05
	$S(R) = 5.182\exp(-0.054R^2)$	29.013	30.144	＜0.05

注：A. 镜泊湖，B. 五大连池，C. 火山堰塞湖泊沼泽群。下同

尽管如此，拟合模型中模式倍程的物种数估计值（s_0）和反映物种分布宽度的参数（a）也并非都一致。a 以火山堰塞湖泊沼泽群最小（0.233），镜泊湖与五大连池相近（分别为 0.268 和 0.280），火山堰塞湖泊沼泽群与五大连池的差别大于与镜泊湖的差别；s_0 以火山堰塞湖泊沼泽群最大（5.182），镜泊湖与五大连池相近（分别为 3.716 和 4.095），火山堰塞湖泊沼泽群与五大连池的差别小于与镜泊湖的差别。这些参数值的差异可反映出群落间物种多样性所存在的差异。

3. 群落生态多样性指数

通过不同类型的多样性指数，可以从不同侧面较全面地揭示群落多样性特征。由群落 α-多样性指数可以看出（表 2-21），五大连池鱼类群落的物种丰富度虽然赶不上镜泊湖和火山堰塞湖泊沼泽群，其优势种也不明显（体现在 Simpson 指数），但物种结构的复杂性（体现在 Shannon-Wiener 指数）、均匀性与异质性（体现在 Pielou 指数）均高于镜泊湖和火山堰塞湖泊沼泽群；Fisher 指数与 Margalef 指数的大小排序均为火山堰塞湖泊沼泽群＞五大连池＞镜泊湖，这与物种丰富度的排序相似。

表 2-21　群落 α-多样性指数

群落	S	α	H	λ	d_{Ma}	J
A	28	3.383	1.772	0.345	2.836	0.532
B	26	4.156	2.699	0.137	3.254	0.819
C	37	4.536	2.078	0.269	3.723	0.575

由于群落多样性是群落物种丰富度、个体数量及其分布均匀性的综合量度[49, 51]，因而 Shannon-Wiener 指数与 Pielou 指数相结合可反映出群落 α-多样性程度。以此为评价标准，五大连池鱼类群落的 α-多样性程度要相对高于镜泊湖和火山堰塞湖泊沼泽群。

2.2.3 β-多样性

2.2.3.1 群落 β-多样性测度

1. 群落相似性

采用 Bray-Curtis 指数（C_{BC}）和 Morisita-Horn 指数（C_{MH}）来描述群落相似性，计算公式如下[49, 68]。

$$C_{BC} = 2n_0 / (n_a + n_b)$$

$$C_{MH} = 2\sum_{i=1}^{S} n_{ai} n_{bi} / n_a n_b \left(\sum_{i=1}^{S} n_{ai}^2 / n_a^2 + \sum_{i=1}^{S} n_{bi}^2 / n_b^2 \right)$$

式中，n_a、n_b、n_0 分别为群落 a、b 样本个体数与共有种中样本个体数较小者之和；n_{ai}、n_{bi} 分别为群落 a、b 样本中第 i 种个体数。以 C_{BC}、C_{MH} 值 0～0.250、0.251～0.500、0.501～0.750 和 0.751～1 为标准，将群落相似度划分为极不相似、不相似、相似和极相似。

2. 群落间物种组成的分化与隔离程度[49, 68]

用 Whittaker 指数（β_W）来度量群落间物种组成的分化与隔离程度。计算公式为 $\beta_W = S_t / S_m - 1$。式中，S_t、S_m 分别为群落 a、b 样本物种数和平均物种数。以 β_W 值 0～0.250、0.251～0.500、0.501～0.750 和 0.751～1 为标准，将群落间物种组成的分化与隔离程度划分为极低、较低、较高和极高 4 个等级。

3. 群落关联性

采用 Ochiai 指数（I_O）和 Sørensen 指数（I_S）来说明群落关联性[49]。计算公式分别为 $I_O = S_{ab} / \sqrt{S_a S_b}$ 及 $I_S = 2S_{ab} / (S_a + S_b)$。式中，$S_a$、$S_b$、$S_{ab}$ 分别为群落 a、b 鱼类名录物种数和共有种数。以 I_O、I_S 值 0～0.250、0.251～0.500、0.501～0.750 和 0.751～1 为标准，将群落关联性程度划分为极低、较低、较高和极高 4 个等级。

2.2.3.2 群落 β-多样性特征

由群落 β-多样性指数可知（表 2-22），镜泊湖与五大连池群落的物种数量结构极不相似，种类结构的关联性程度较高，物种组成的分化与隔离程度较低；五大连池与火山堰塞湖泊沼泽群鱼类群落的物种数量结构极不相似至相似，镜泊湖与之极相似；五大连池、镜泊湖与火山堰塞湖泊沼泽群鱼类群落种类结构的关联性程度都极高，物种组成的分化与隔离程度都极低。

表 2-22　群落 β-多样性指数

群落	C_{BC}	C_{MH}	I_O	I_S	β_W
A-B	0.213	0.118	0.630	0.629	0.370
B-C	0.210	0.516	0.838	0.825	0.175
A-C	0.820	0.992	0.870	0.862	0.138

以上结果表明，镜泊湖、五大连池和火山堰塞湖泊沼泽群鱼类群落之间物种组成的分化与隔离程度较低，种类组成相似，β-多样性相对较低，但个体数量分布的均匀性存在一定差别，仍反映出群落间物种多样性程度的差异性；火山堰塞湖泊沼泽群鱼类群落的物种多样性程度受镜泊湖的影响相对较大。

2.2.4 群落多样性探讨

2.2.4.1 土著种丰富度及其动态

同一时间段所记录的镜泊湖、五大连池土著鱼类物种数之和，可基本反映出火山堰塞湖泊沼泽群的土著鱼类物种丰富度。自 20 世纪 50 年代以来，这样的记录共有 4 次，但每次所记录的鱼类物种数都有所差别。1957～1958 年首次记录为 27 种[31]；1981 年记录 46 种[9]，其中较前一次新记录 19 种，未记录到的 1 种；1980～1983 年记录 57 种[6]，其中较前两次新记录 13 种，未记录到的 1 种；1994 年报道 42 种[66]，其中较前三次新记录 3 种（没有未记录到的种类）。以上记录到的土著鱼类合计 64 种。可见目前火山堰塞湖泊沼泽群的土著鱼类都是 1994 年及其以前记录到的，之后的历次记录均未见新物种。

1996 年记录到的五大连池土著鱼类为 32 种[8]，比 1994 年及其以前减少 15 种；2010 年记录到的镜泊湖土著鱼类为 38 种[10, 67]，同比减少 19 种；两次记录到的火山堰塞湖泊沼泽群的土著鱼类合计 48 种，同比减少 16 种；调查湖泊期间所采集的五大连池、镜泊湖和火山堰塞湖泊沼泽群的土著鱼类分别为 21 种、30 种和 41 种，同比分别减少 26 种、27 种和 23 种。鳡、尖头鲂、贝氏䱗、东北颌须𬶋、光泽黄颡鱼和乌苏里白鲑仅在 1983 年以前有过记录[6, 9, 31]；尖头鲂、光泽黄颡鱼、乌苏里白鲑、中华青鳉、黑龙江中杜父鱼和北方花鳅迄今只有 1 次记录。这些鱼类是否处在濒危状态尚待研究。鲤、银鲫、鲇、黄颡鱼、黑斑狗鱼、鳜、葛氏鲈塘鳢、麦穗鱼、湖鲂、蒙古鲌、瓦氏雅罗鱼、大鳍鱊、蛇𬶋和花䱻是历次都有记录的共有种，为火山堰塞湖泊沼泽群鱼类区系的稳定成分。

通常，群落土著物种的理论数目可通过 $s_0\sqrt{\pi}/a$ 来估算[69, 70]。采用群落土著种多度对数正态分布格局模型推算的火山堰塞湖泊沼泽群土著鱼类群落的物种数目理论值为 39.49 种，约为 40 种，该值接近于 1981 年和 1994 年记录的物种数目，但明显少于 1980～1983 年的记录和历次记录总和。采用同样的方法推算的镜泊湖、五大连池土著鱼类群落物种数目的理论值分别为 24.60 种和 25.94 种，约为 25 种和 26 种，比湖泊调查所采集到的物种数分别少了 5 种、多了 5 种，但均少于 1980～1983 年所记录的 54 种和 34 种[6]、1981 年记录的 39 种和 31 种[9]、1994 年记录的 32 种和 33 种[66]，也少于 1996 年记录的五大连池 32 种[8]、2010 年记录的镜泊湖 38 种[10, 67]。

湖泊调查所采集到的镜泊湖、五大连池土著鱼类物种数已达到或接近理论值，表明采样调查的程度已近于充分，但所获鱼类物种数目仍和以往所记录的总数有较大差距。若将湖泊调查采集到的 32 种加上五大连池中尚未采集到的 5 种，则火山堰塞湖泊沼泽群土著鱼类物种数目为 37 种，也接近其理论值，即 40 种。以上表明，火山堰塞湖泊沼泽群和镜泊湖、五大连池土著鱼类物种丰富度都呈下降趋势。

还应该指出，历史资料有记载而调查没有采集到的 32 种鱼类，并不一定意味着它们在火山堰塞湖泊沼泽区已经消失，可能是因为种群处在濒危状态，或数量稀少，或分布范围狭窄，生境特殊，以至在渔具、渔法都有限的情况下一时难以捕获。

另外，对泥鳅自然物种分布范围的记载，大多数鱼类学著作都描述为“辽河及其以南各水系”[2, 71-75]，但也有文献记载该物种在黑龙江水系有分布[6, 9, 10, 66, 67]。湿地调查期间尽管采样强度近乎充分，但也未能采集到该鱼类样本。因而对黑龙江水系的湖泊沼泽是否存在泥鳅的自然物种及其自然分布的北界都有待进一步调查。

2.2.4.2 鱼类区系

1. 特征

火山堰塞湖泊沼泽群的鱼类区系是以构成世界淡水鱼类主要类群的骨鳔类——鲤形目及鲤科为主体，这与中国南北各地乃至东亚淡水鱼类区系组成相类似；在我国淡水鱼类 9 个区系生态类群、东北地区淡水鱼类 8 个区系生态类群中[2, 6, 76]，除了中亚高山和南方山地区系生态类群之外，其他区系生态类群的种类在火山堰塞湖泊沼泽群均有分布，这与黑龙江水系鱼类区系生态类群构成成分相同[6]，即既有新近纪广泛分布的原始鲌亚科鱼类的后裔种类如马口鱼，又有斗鱼科、鳢科、塘鳢科、青鳉科、鮠科等东洋界暖水性鱼类，同时古北界冷水性类群的种类也占有一定比例（23.4%）。

在淡水鱼类动物地理区划上，火山堰塞湖泊沼泽群地处北方区黑龙江亚区黑龙江分区[2]，但该分区的特有种数仅占 17.2%；除了 15.6%和 14.1%分别为北方区之下亚区（或分区）、北方区与其他区（或亚区）间的重叠种以外，其余 53.1%则为北方区与华南区的交汇型种类，呈现地理区（或亚区）间相互重叠、南北方物种相互渗透的混合类群特征，也符合古北界与东洋界交汇过渡的黑龙江水系淡水鱼类区系特点[2, 6]。

2. 与所在河流水系密切相关

火山堰塞湖泊沼泽群所在的河流水系包括松花江、嫩江和牡丹江，隶属于松花江水系。已有记录的松花江、嫩江和牡丹江河流水系的土著鱼类物种分别为 81 种、78 种和 61 种，合计 85 种[2, 6, 9, 31, 66, 77]。区系成分中，火山堰塞湖泊沼泽群与松花江、嫩江和牡丹江均以鲤形目和鲤科鱼类为主体；其中，鲤形目鱼类分别有 44 种（68.8%）、54 种（66.7%）、54 种（69.2%）和 41 种（67.2%），鲤科鱼类分别为 37 种（57.8%）、46 种（56.8%）、47 种（60.3%）和 36 种（59.0%）。

火山堰塞湖泊沼泽群与松花江、嫩江均以江河平原区系生态类群相对占优，分别为 24 种（37.5%）、24 种（29.6%）和 25 种（32.1%）。但火山堰塞湖泊沼泽群与牡丹江有所不同，后者以北方平原区系生态类群相对较多，该生态类群的种类火山堰塞湖泊沼泽群与牡丹江分别有 13 种（20.3%）和 19 种（31.1%）。北方区系生态类群的物种数目，火山堰塞湖泊沼泽群与松花江、嫩江和牡丹江均占 1/3 左右，分别有 20 种（31.3%）、27 种（33.3%）、28 种（35.9%）和 27 种（44.3%）。

物种组成上，火山堰塞湖泊沼泽群分别有 95.3%、98.4%和 76.6%的物种与松花江、嫩江和牡丹江相同；群落间 Ochiai 指数分别为 0.847、0.892 和 0.784，Sørensen 指数分别为 0.841、0.887 和 0.784，均呈现出极高的关联性。另外，火山堰塞湖泊沼泽群总物种数的 96.9%与松花江—嫩江—牡丹江河流水系相同，群落间 Ochiai 指数、Sørensen 指数分别为 0.841 和 0.832，也显示出极高的关联性。因此，火山堰塞湖泊沼泽群群落物种多样性的形成和维持与该水系密切相关；保护该水系的鱼类物种多样性，对火山堰塞湖泊沼泽群鱼类区系和物种多样性的可持续发展都具有重要意义。

3. 与所在河流水系尚存差异

火山堰塞湖泊沼泽群与松花江、嫩江和牡丹江在地貌、海拔、气候等自然环境条件方面都不尽相同[2]，而通过以上比较可知其鱼类区系成分较为相似，显示出火山堰塞湖泊沼泽群与其毗邻河系鱼类区系起源的地理统一性（共同属于北方区黑龙江亚区黑龙江分区），这反映了火山堰塞湖泊沼泽群与其所在的河流水系之间鱼类区系上的古老历史渊源；而鱼类群落间极高的关联性，则反映出在一定的历史时期火山堰塞湖泊沼泽群与其所在的河流水系之间鱼类区系上相互交流的事实。

然而，由黑龙江水系鱼类区系形成的地史原因和现代生态环境的变化共同引起的种间分化、隔离，导致黑龙江水系的不少鱼类形成了地方特有种属，这些特有种属的分布呈现明显的区域性[2, 66]。这在一定程度上也限制了鱼类区系间物种的相互交流，再加上所形成的堰塞堤对原河道洄游和半洄游型鱼类的阻隔作用，使得火山堰塞湖泊沼泽群鱼类区系组成与其所在河流水系之间又存在一定差异。例如，火山堰塞湖泊沼泽群中所记录到的泥鳅和扁体原鲌在诸河系中均未见记录；赤眼鳟、鲂、红鳍原鲌、翘嘴鲌、细鳞鲴、北方花鳅、北方泥鳅、银𬶋、怀头鲇、中华青鳉和黑龙江中杜父鱼未见于牡丹江；达氏鲌仅见于嫩江；而火山堰塞湖泊沼泽群中未记录到的纵带鮠、大鳞副泥鳅、东北七鳃鳗、辽宁棒花鱼、方氏鳑鲏和潘氏鳅鮀均生存于松花江；池沼公鱼、白斑红点鲑分别见于嫩江和牡丹江；杂色杜父鱼、波氏吻鰕虎鱼、中华细鲫和凌源𬶋生存于松花江和嫩江；日本七鳃鳗、花江鲂、真鲂、犬首𬶋、条纹似白𬶋、平口𬶋、彩石鳑鲏、黄黝鱼和北鳅则在诸河系均有分布（表 2-23）。这些所存差异的种类，大都具有明显的区域性分布特点。例如，在黑龙江水系，纵带鮠的自然分布范围仅限于松花江哈尔滨段和兴凯湖，大鳞副泥鳅仅限于黑龙江、松花江和乌苏里江，东北七鳃鳗仅存于松花江佳木斯段和吉林省的浑江（松花江支流），辽宁棒花鱼仅分布于松花江支流——拉林河，方氏鳑鲏仅存于松花江，池沼公鱼仅限于黑龙江中游和嫩江上游，中华细鲫仅存于黑龙江和松花江，白斑红点鲑仅见于牡丹江上游（吉林省境内），达氏鲌仅存于嫩江和五大连池，而扁体原鲌则仅存于小兴凯湖和镜泊湖（无江河分布种群）。

表 2-23　火山堰塞湖泊沼泽群与松花江、嫩江、牡丹江鱼类组成的差异

种类	A	松花江	嫩江	牡丹江	种类	A	松花江	嫩江	牡丹江
泥鳅	+				鲂	+	+	+	
纵带鮠		+			红鳍原鲌	+	+	+	

续表

种类	A	松花江	嫩江	牡丹江	种类	A	松花江	嫩江	牡丹江
大鳞副泥鳅		+			扁体原鲌	+			
杂色杜父鱼		+	+		翘嘴鲌	+	+	+	
黑龙江中杜父鱼	+	+	+		细鳞鲴	+	+	+	
波氏吻虾虎鱼		+	+		北方花鳅	+	+	+	
日本七鳃鳗		+	+	+	北方泥鳅	+	+	+	
东北七鳃鳗		+			怀头鲇	+	+	+	
白斑红点鲑				+	银鮈	+	+	+	
池沼公鱼		+	+		中华青鳉	+	+	+	
中华细鲫		+	+		犬首鮈		+	+	+
凌源鮈		+	+		条纹似白鮈		+	+	+
辽宁棒花鱼		+			平口鮈		+	+	+
方氏鳑鲏		+			彩石鳑鲏		+	+	+
潘氏鳅鮀		+			黄黝鱼		+	+	+
赤眼鳟	+	+	+		北鳅		+	+	+
花江鲂		+	+	+	达氏鲌	+	+	+	
真鲂		+	+	+	物种数	14	32	26	10

注：A 代表火山堰塞湖泊沼泽群

以上火山堰塞湖泊沼泽群鱼类区系组成与其所在河流水系相似性与差异性的形成，可能是黑龙江水系鱼类区系形成的地史过程、火山堰塞湖泊沼泽群及其鱼类区系形成与演化的历史过程，以及人与自然、生物与非生物等现代生态过程综合作用的结果。

2.2.4.3 物种多样性与群落结构

在群落物种多样性研究中，除了采用物种多样性指数以外，还可以采用物种相对多度分布格局模型的方法，后者通常是由若干理论分布模型拟合来完成的[49, 50]。火山堰塞湖泊沼泽群、镜泊湖和五大连池鱼类群落的土著种相对多度分布格局都可以用对数正态分布模型来描述，均表现出中间“倍程”的物种数较多，而其他“倍程”的物种数较少的相对多度分布格局，即群落中优势种和稀有种都较少，而对群落物种多样性的形成贡献较大的常见种则相对较多，这和 Simpson 指数所反映出的结果一致。拟合模型中的参数 s_0、a 可反映出群落间物种结构的相似关系，其值越接近，群落间物种组成的相似性就越高，β-多样性就越差。这种由模型反映出的群落物种多样性的变化，是单一物种多样性指数所无法揭示的[49, 50, 70]。

火山堰塞湖泊沼泽群、镜泊湖和五大连池鱼类群落的 s_0、a 值虽然都存在一定差别，但并不明显。例如，模式倍程物种数的估计值（s_0）镜泊湖和五大连池都约为 4 种，稍高的火山堰塞湖泊沼泽群也不过 5 种；反映物种分布宽度的参数（a），镜泊湖和五大连池也基本一致，虽然略高于火山堰塞湖泊沼泽群，但与多数情况下的 a 值 0.2[50]相比，这种差别并不显著（$t = 4.243$，$P > 0.05$）。以上表明，由模型参数 s_0、a 的差异所反映出的群落间物种多样性的差异性并不显著，群落间仍表现出较高的相似性和较低的 β-多样性，这和多样性指数所反映出的结果相吻合。同时也表明，这些群落都属于相同群落类型，群落物种多样性的形成、发展与其生态环境具有相同或相似的关系。

不同环境下所形成的某些特定群落，其物种相对多度分布格局多数情况下只适合于一个最佳的理论分布模型[49, 50, 69, 78]。在环境严峻、种间竞争激烈条件下所形成的少数种占优势且物种数较少的群落，一般适合于几何级数分布模型[49, 50, 78]。随着物种均匀度和数目的增加，逐渐适合于对数级数分布模型[49]。在稳定环境中所形成的成熟群落，多样性程度大都较高，Shannon-Wiener 指数为 1.5～3.5[51, 79]，并与 Pielou 指数呈现一致性，群落结构较稳定，物种相对多度分布格局可用对数正态分布模型来描述[49-51, 78]。火山堰塞湖泊沼泽群、镜泊湖和五大连池鱼类群落土著种相对多度分布格局都能够用对数正态分布模型来描述，因而都属于物种丰富度、多样性程度相对较高的群落；Shannon-Wiener 指数与 Pielou 指数的一致性虽然接近显著（$r = 0.982$，$r_{0.05} = 0.997$），但仍可说明火山堰塞湖泊沼泽群所处的生态环境较好，所形成的鱼类群落结构较稳定，具有一定的抗扰动能力和自我维持与自我调节的生物学功能[78, 79]。

2.3　三江湖泊沼泽群

进入 21 世纪以后，随着自然保护区、生态旅游区及生态农业综合示范区的建设与发展，三江平原湖泊沼泽群的鱼类多样性也不同程度地受到了影响，鱼类多样性动态已引起人们的关注。本节以湿地调查期间所获取的资料为基础，探讨该湖泊沼泽群鱼类群落多样性的特征，为三江平原湿地鱼类多样性可持续发展的研究提供科学依据[65]。

2.3.1　群落物种结构

2.3.1.1　物种组成与分布

1. 物种组成

湿地调查期间获取样本生物量 4246.1kg，个体数量 30 192 尾。调查采集到的和文献[2]、[5]、[6]、[9]、[31]、[77]及[80]～[84]中记载的三江湖泊沼泽群的鱼类物种为 8 目 17 科 51 属 71 种（表 2-24）。其中，移入种 3 目 3 科 7 属 7 种，包括中国放养与移殖的青鱼、草鱼、鲢、鳙、团头鲂及大银鱼和俄罗斯放流于黑龙江、兴凯湖等边界水域后扩散到中国境内的梭鲈；土著鱼类 8 目 15 科 45 属 64 种。土著种中，日本七鳃鳗、施氏鲟、鳇、细鳞鲑、哲罗鲑、乌苏里白鲑和怀头鲇为中国易危种，日本七鳃鳗、哲罗鲑、细鳞鲑、乌苏里白鲑、亚洲公鱼、黑斑狗鱼、真鲅、拉氏鲅、瓦氏雅罗鱼、拟赤梢鱼、北鳅、北方花鳅、黑龙江花鳅、江鳕和九棘刺鱼为冷水种，占 23.44%，扁体原鲌、达氏鲌和凌源鮈为中国特有种。

调查采集到的三江湖泊沼泽群鱼类 5 目 11 科 32 属 38 种，其中土著种 5 目 9 科 27 属 33 种（参见 1.2.2.1）。鲤、银鲫和黄颡鱼在所有湖泊沼泽中均采集到；光泽黄颡鱼、蒙古鲌和梭鲈仅在兴凯湖采集到，扁体原鲌、马口鱼和兴凯鱎仅在东北泡采集到，黑龙江鳑鲏、东北鳈、湖鲂和瓦氏雅罗鱼仅在大力加湖采集到。

2. 分布

采集到的和文献中记载的兴凯湖的鱼类物种为 8 目 15 科 49 属 67 种。其中，移入种 3 目 3 科 7 属 7 种，包括青鱼、草鱼、鲢、鳙、团头鲂、大银鱼和梭鲈；土著鱼类 8 目 13 科 43 属 60 种，其中包括中国易危种日本七鳃鳗、施氏鲟、鳇、细鳞鲑、哲罗鲑、乌苏里白鲑和怀头鲇，冷水种日本七鳃鳗、哲罗鲑、细鳞鲑、乌苏里白鲑、黑斑狗鱼、真鲂、拉氏鲂、瓦氏雅罗鱼、拟赤梢鱼、北鳅、黑龙江花鳅、江鳕和九棘刺鱼（占 21.67%），中国特有种扁体原鲌和凌源鮈。

采集到的和文献中记载的小兴凯湖的鱼类物种为 6 目 11 科 40 属 50 种。其中，移入种 2 目 2 科 5 属 5 种，包括青鱼、草鱼、鲢、鳙和大银鱼；土著鱼类 6 目 10 科 35 属 45 种，其中包括中国易危种日本七鳃鳗和怀头鲇，冷水种日本七鳃鳗、黑斑狗鱼、真鲂、瓦氏雅罗鱼、拟赤梢鱼、北鳅、2 种花鳅、江鳕和九棘刺鱼（占 22.22%），中国特有种扁体原鲌。

东北泡的鱼类物种未见文献记录，均为调查期间采集到的（参见 1.2.3.4）。

文献中记载的大力加湖鱼类物种为 7 目 12 科 34 属 37 种。其中，移入种 1 目 1 科 2 属 2 种，包括鲢和草鱼；土著鱼类 7 目 12 科 32 属 35 种，其中包括冷水种九棘刺鱼、江鳕、亚洲公鱼、黑斑狗鱼、瓦氏雅罗鱼、拟赤梢鱼、拉氏鲂和黑龙江花鳅（占 22.86%），中国易危种施氏鲟。湿地调查期间采集到 22 种，其中土著鱼类 20 种（参见 1.2.3.1）。

表 2-24 三江湖泊沼泽群鱼类群落样本采集与物种组成

种类	兴凯湖	小兴凯湖	东北泡	大力加湖
一、七鳃鳗目 Petromyzoniformes				
（一）七鳃鳗科 Petromyzonidae				
1. 日本七鳃鳗 *Lampetra japonica*	△			
二、鲟形目 Acipenseriformes				
（二）鲟科 Acipenseridae				
2. 施氏鲟 *Acipenser schrenckii*	△			△
3. 鳇 *Huso dauricus*	△			
三、鲑形目 Salmoniformes				
（三）银鱼科 Salangidae				
4. 大银鱼 *Protosalanx hyalocranius* ▲	△324/95.9	△243/65.8	254/64.0	
（四）胡瓜鱼科 Osmeridae				
5. 亚洲公鱼 *Hypomesus transpacificus nipponensis*				△+
（五）鲑科 Salmonidae				
6. 哲罗鲑 *Hucho taimen*	△			

续表

种类	兴凯湖	小兴凯湖	东北泡	大力加湖
7. 细鳞鲑 *Brachymystax lenok*	△			
8. 乌苏里白鲑 *Coregonus ussuriensis*	△			
（六）狗鱼科 Esocidae				
9. 黑斑狗鱼 *Esox reicherti*	△	△13/9.3	28/28.5	△2/1.4
四、鲤形目 Cypriniformes				
（七）鲤科 Cyprinidae				
10. 马口鱼 *Opsariichthys bidens*	△	△	1/0.3	△
11. 瓦氏雅罗鱼 *Leuciscus waleckii waleckii*	△	△		△＋
12. 拟赤梢鱼 *Pseudaspius leptocephalus*	△	△		△
13. 青鱼 *Mylopharyngodon piceus*▲	△	△		
14. 草鱼 *Ctenopharyngodon idella*▲	△	△23/26.0	28/40.4	△7/6.2
15. 鳡 *Elopichthys bambusa*	△			△
16. 拉氏鲹 *Phoxinus lagowskii*	△			△
17. 真鲹 *Phoxinus phoxinus*	△	△		
18. 湖鲹 *Phoxinus percnurus*	△	△		△＋
19. 花江鲹 *Phoxinus czekanowskii*	△			△
20. 鳊 *Parabramis pekinensis*	△	△		△11/5.5
21. 鲂 *Megalobrama skolksovii*	△	△		
22. 团头鲂 *Megalobrama amblycephala*▲	△			
23. 𩷕 *Hemiculter leucisculus*	△	△	577/114.7	△132/25.7
24. 贝氏𩷕 *Hemiculter bleekeri*	△			
25. 兴凯𩷕 *Hemiculter lucidus lucidus*	2684/778.6	501/152.5	46/9.6	
26. 扁体原鲌 *Cultrichthys compressocorpus*		△	22/9.6	
27. 红鳍原鲌 *Cultrichthys erythropterus*	△385/110.1	△	428/151	△98/23.6
28. 尖头鲌 *Culter oxycephalus*	△	△		
29. 兴凯鲌 *Culter dabryi shinkainensis*	△407/163.3	△17/6.8		
30. 蒙古鲌 *Culter mongolicus mongolicus*	△230/78.8	△		
31. 翘嘴鲌 *Culter alburnus*	△232/131.4	△23/9.8		△
32. 银鲴 *Xenocypris argentea*	△266/52.1	△16/4.9	29/8.2	△33/6.0
33. 细鳞鲴 *Xenocypris microleps*	△	△		
34. 大鳍鱊 *Acheilognathus macropterus*	△			
35. 兴凯鱊 *Acheilognathus chankaensis*	△	△		
36. 黑龙江鳑鲏 *Rhodeus sericeus*	△	△	62/9.6	△＋
37. 花䱻 *Hemibarbus maculatus*	△259/86.8	△61/19.5	17/8.8	△
38. 唇䱻 *Hemibarbus laboe*	△6/3.6			△
39. 条纹似白鮈 *Paraleucogobio strigatus*	△	△		

续表

种类	兴凯湖	小兴凯湖	东北泡	大力加湖
40. 麦穗鱼 *Pseudorasbora parva*	△	△1946/235.9	675/83.8	△ +
41. 棒花鱼 *Abbottina rivularis*	△	△467/81.2	19/1.2	△
42. 突吻鮈 *Rostrogobio amurensis*	△			
43. 蛇鮈 *Saurogobio dabryi*	△153/31.1	△		△ +
44. 兴凯银鮈 *Squalidus chankaensis*	△	△		
45. 东北鳈 *Sarcocheilichthys lacustris*	△	△		△ +
46. 克氏鳈 *Sarcocheilichthys czerskii*	△			
47. 凌源鮈 *Gobio lingyuanensis*	△			
48. 犬首鮈 *Gobio cynocephalus*	△	△		△
49. 细体鮈 *Gobio tenuicorpus*	△			
50. 高体鮈 *Gobio soldatovi*	△	△		
51. 鲤 *Cyprinus carpio*	△76/38.5	△59/30.9	61/58.9	△17/11.7
52. 银鲫 *Carassius auratus gibelio*	△570/127.2	△378/106.0	473/161.3	△59/18.3
53. 鲢 *Hypophthalmichthys molitrix*▲	△59/31.4	△143/89.7		△13/9.9
54. 鳙 *Aristichthys nobilis*▲	△67/39.8	△108/66.1		
（八）鳅科 Cobitidae				
55. 北鳅 *Lefua costata*	△	△		
56. 黑龙江花鳅 *Cobitis lutheri*	△	△	122/16.0	△14/1.1
57. 北方花鳅 *Cobitis granoci*		△		
58. 黑龙江泥鳅 *Misgurnus mohoity*	△	△	42/7.4	△22/1.9
五、鲇形目 Siluriformes				
（九）鲿科 Bagridae				
59. 黄颡鱼 *Pelteobagrus fulvidraco*	△175/59.0	△14/8.1	165/57.5	△11/2.3
60. 光泽黄颡鱼 *Pelteobagrus nitidus*	△97/27.0	△		
61. 乌苏拟鲿 *Pseudobagrus ussuriensis*	△14/4.9	△24/10.0	19/8.0	△
62. 纵带鮠 *Leiocassis argentivittatus*	△	△		
（十）鲇科 Siluridae				
63. 鲇 *Silurus asotus*	249/99.4		83/58.5	△9/5.6
64. 怀头鲇 *Silurus soldatovi*	△	△		
六、鲈形目 Perciformes				
（十一）鮨科 Serranidae				
65. 鳜 *Siniperca chuatsi*	△	△		△
（十二）鲈科 Percidae				
66. 梭鲈 *Lucioperca lucioperca*▲	△2/1.3			
（十三）塘鳢科 Eleotridae				
67. 葛氏鲈塘鳢 *Perccottus glehni*	△	△	403/71.0	△27/4.1

续表

种类	兴凯湖	小兴凯湖	东北泡	大力加湖
（十四）鰕虎鱼科 Gobiidae				
68. 褐吻鰕虎鱼 *Rhinogobius brunneus*	△			
（十五）鳢科 Channidae				
69. 乌鳢 *Channa argus*		17/13.9	38/51.1	△2/1.8
七、鳕形目 Gadiformes				
（十六）鳕科 Gadidae				
70. 江鳕 *Lota lota*	△4/2.3	△	20/12.6	△
八、刺鱼目 Gasterosteiformes				
（十七）刺鱼科 Gasterosteidae				
71. 九棘刺鱼 *Pungitius pungitius*	△	△		△

注："△324/95.9"中，"△"代表文献记录种；"324"代表本次调查所采集到的样本个体数；"95.9"代表优势度。"+"代表采集到样本但在抽样时没有被抽到的鱼类

2.3.1.2 种类组成

1. 湖泊沼泽群

三江湖泊沼泽群鱼类群落中，鲤形目 49 种，占 69.01%；鲑形目和鲇形目均 6 种，各占 8.45%；鲈形目 5 种、鲟形目 2 种，分别占 7.04%及 2.82%；七鳃鳗目、鳕形目和刺鱼目均 1 种，各占 1.41%。科级分类单元中，鲤科 45 种，占 63.38%；鳅科和鲿科均 4 种，各占 5.63%；鲑科 3 种，占 4.23%；鲇科和鲟科均 2 种，各占 2.82%；七鳃鳗科、银鱼科、胡瓜鱼科、狗鱼科、鳢科、鰕虎鱼科、塘鳢科、鲈科、鮨科、刺鱼科和鳕科各 1 种，各占 1.41%。

采集到的鱼类中，鲤形目 27 种、鲇形目 4 种，分别占 71.05%及 10.53%；鲑形目、鲈形目均 3 种，各占 7.89%；鳕形目 1 种，占 2.63%。科级分类单元中，鲤科 25 种、鲿科 3 种、鳅科 2 种，分别占 65.79%、7.89%及 5.26%；鲇科、银鱼科、胡瓜鱼科、狗鱼科、鳕科、鲈科、塘鳢科和鳢科均 1 种，各占 2.63%。

2. 兴凯湖

鲤形目 47 种、鲇形目 6 种、鲑形目 5 种、鲈形目 4 种、鲟形目 2 种，分别占 70.15%、8.96%、7.46%、5.97%及 2.99%；鳕形目、刺鱼目、七鳃鳗目均 1 种，各占 1.49%。科级分类单元中，鲤科 44 种、鲿科 4 种，分别占 66.67%及 5.97%；鳅科和鲑科均 3 种，各占 4.48%；鲇科和鲟科均 2 种，各占 2.99%；七鳃鳗科、刺鱼科、鳕科、鰕虎鱼科、塘鳢科、鲈科、鮨科、银鱼科和狗鱼科均 1 种，各占 1.49%。

3. 小兴凯湖

鲤形目 38 种、鲇形目 5 种、鲈形目 3 种、鲑形目 2 种，分别占 76%、10%、6%及 4%；

刺鱼目和鳕形目均 1 种，各占 2%。科级分类单元中，鲤科 34 种，占 68%；鳅科和鲶科均 4 种，各占 8%；刺鱼科、鳕科、鳢科、塘鳢科、鮨科、鲇科、银鱼科和狗鱼科均 1 种，各占 2%。

4. 东北泡

参见 1.2.3.4。

5. 大力加湖

鲤形目 26 种，占 70.27%；鲇形目和鲈形目均 3 种，各占 8.11%；鲑形目 2 种，占 5.41%；刺鱼目、鳕形目和鲟形目均 1 种，各占 2.70%。科级分类单元中，鲤科 24 种，占 64.86%；鲶科和鳅科均 2 种，各占 5.41%；狗鱼科、胡瓜鱼科、鲇科、鮨科、塘鳢科、鳢科、鲟科、鳕科和刺鱼科均 1 种，各占 2.70%。

2.3.1.3 区系生态类群

1. 湖泊沼泽群

三江湖泊沼泽群的土著鱼类群落由 7 个区系生态类群构成。

1）江河平原区系生态类群：鳡、马口鱼、2 种原鲌、4 种鲌、鳊、鲂、3 种鳘、2 种鲴、2 种鳎、蛇鮈、兴凯银鮈、2 种鳈、棒花鱼和鳜，占 35.94%。

2）北方平原区系生态类群：瓦氏雅罗鱼、拟赤梢鱼、3 种鳑（除真鳑外）、4 种鮈、突吻鮈、条纹似白鮈、北鳅、2 种花鳅、黑斑狗鱼和褐吻鰕虎鱼，占 25%。

3）新近纪区系生态类群：日本七鳃鳗、施氏鲟、鳇、鲤、银鲫、麦穗鱼、黑龙江鳑鲏、2 种鱊、黑龙江泥鳅和 2 种鲇，占 18.75%。

4）北方山地区系生态类群：哲罗鲑、细鳞鲑和真鳑，占 4.69%。

5）热带平原区系生态类群：乌鳢、2 种黄颡鱼、乌苏拟鲿、纵带鮠和葛氏鲈塘鳢，占 9.38%。

6）北极淡水区系生态类群：乌苏里白鲑、亚洲公鱼和江鳕，占 4.69%。

7）北极海洋区系生态类群：九棘刺鱼，占 1.56%。

以上北方区系生态类群 23 种，占 35.94%。

2. 兴凯湖

兴凯湖的土著鱼类群落由 7 个区系生态类群构成。

1）江河平原区系生态类群：鳡、马口鱼、红鳍原鲌、4 种鲌、鳊、鲂、3 种鳘、2 种鲴、2 种鳎、蛇鮈、兴凯银鮈、2 种鳈、棒花鱼和鳜，占 36.67%。

2）北方平原区系生态类群：瓦氏雅罗鱼、拟赤梢鱼、3 种鳑（除真鳑外）、4 种鮈、突吻鮈、条纹似白鮈、北鳅、黑龙江花鳅、黑斑狗鱼和褐吻鰕虎鱼，占 25%。

3）新近纪区系生态类群：日本七鳃鳗、施氏鲟、鳇、鲤、银鲫、麦穗鱼、黑龙江鳑鲏、2 种鳑、黑龙江泥鳅和 2 种鲇，占 20%。

4）北方山地区系生态类群：哲罗鲑、细鳞鲑和真鲂，占 5%。

5）热带平原区系生态类群：2 种黄颡鱼、乌苏拟鲿、纵带鮠和葛氏鲈塘鳢，占 8.33%。

6）北极淡水区系生态类群：乌苏里白鲑和江鳕，占 3.33%。

7）北极海洋区系生态类群：九棘刺鱼，占 1.67%。

以上北方区系生态类群 21 种，占 35%。

3. 小兴凯湖

小兴凯湖的土著鱼类群落由 7 个区系生态类群构成。

1）江河平原区系生态类群：马口鱼、2 种原鲌、4 种鲌、鳊、鲂、2 种鳘、2 种鲴、花䱻、蛇鮈、兴凯银鮈、东北鳈、棒花鱼和鳜，占 42.22%。

2）北方平原区系生态类群：瓦氏雅罗鱼、拟赤梢鱼、湖鲂、2 种鮈、条纹似白鮈、北鳅、2 种花鳅和黑斑狗鱼，占 22.22%。

3）新近纪区系生态类群：鲤、银鲫、麦穗鱼、黑龙江鳑鲏、兴凯鳑、黑龙江泥鳅和怀头鲇，占 15.56%。

4）北方山地区系生态类群：真鲂，占 2.22%。

5）热带平原区系生态类群：乌鳢、2 种黄颡鱼、乌苏拟鲿、纵带鮠和葛氏鲈塘鳢，占 13.33%。

6）北极淡水区系生态类群：江鳕，占 2.22%。

7）北极海洋区系生态类群：九棘刺鱼，占 2.22%。

以上北方区系生态类群 13 种，占 28.89%。

4. 东北泡

参见 1.2.3.4。

5. 大力加湖

大力加湖的土著鱼类群落由 6 个区系生态类群构成。

1）江河平原区系生态类群：鳡、马口鱼、红鳍原鲌、翘嘴鲌、鳊、鳘、银鲴、花䱻、唇䱻、蛇鮈、东北鳈、棒花鱼和鳜，占 37.14%。

2）北方平原区系生态类群：瓦氏雅罗鱼、拟赤梢鱼、3 种鲂、犬首鮈、黑龙江花鳅和黑斑狗鱼，占 22.86%。

3）新近纪区系生态类群：施氏鲟、鲤、银鲫、麦穗鱼、黑龙江鳑鲏、黑龙江泥鳅和鲇，占 20%。

4）热带平原区系生态类群：乌鳢、黄颡鱼、乌苏拟鲿和葛氏鲈塘鳢，占 11.43%。

5）北极淡水区系生态类群：江鳕和亚洲公鱼，占 5.71%。

6）北极海洋区系生态类群：九棘刺鱼，占 2.86%。

以上北方区系生态类群 11 种，占 31.43%。

2.3.2 群落生态多样性

2.3.2.1 优势种及其分布

先通过“重要值法”确定每一片湖泊沼泽鱼类群落样本优势种数[49]；再根据“综合生物量指数—优势度法”确定群落样本优势种[23]。计算公式分别为 $A=4N^2W^2/(n_iW+w_iN)^2$ 及 $D_B=\sqrt{n_iw_i}$。式中，A 为群落样本优势种数；D_B 为物种优势度；n_i、w_i 和 N、W 分别为样本中第 i 种个体数、生物量和总个体数与总生物量。将样本中全部物种的 D_B 值从大到小排序，取前 A 个物种即为该湖泊沼泽鱼类群落样本优势种。以样本优势种作为该湖泊沼泽鱼类群落优势种。结果表明，有 20 种鱼类分别在不同湖泊沼泽中成为优势种（表 2-25）。其中，东北泡优势种数最多，为 12 种；大力加湖 9 种、小兴凯湖 7 种、兴凯湖 6 种。鳊和银鲴仅在大力加湖，翘嘴鲌和兴凯鲌仅在兴凯湖，棒花鱼和鳙仅在小兴凯湖，黑斑狗鱼、黄颡鱼、乌鳢和葛氏鲈塘鳢仅在东北泡成为优势种；银鲫为所有湖泊沼泽的优势种。

表 2-25 三江湖泊沼泽群鱼类群落优势种分布

鱼类	兴凯湖	小兴凯湖	东北泡	大力加湖	鱼类	兴凯湖	小兴凯湖	东北泡	大力加湖
鲢		90		10	鳘			115	26
鳙		66			鲇			59	6
草鱼			40	6	大银鱼	96	66	64	
鲤			59	12	乌鳢			51	
银鲫	127	106	161	18	葛氏鲈塘鳢			71	
黄颡鱼			58		麦穗鱼		236	84	
鳊				6	翘嘴鲌	131			
黑斑狗鱼			29		兴凯鲌	163			
红鳍原鲌	110		151	24	兴凯鳘	779	153		
银鲴				6	棒花鱼		81		

注：表中数据为优势度

优势种中，除了银鲫、鲇、黄颡鱼、鲢、鳙、草鱼、鳊、银鲴、翘嘴鲌、兴凯鲌、乌鳢、兴凯鳘、黑斑狗鱼等经济鱼类外，还有一些经济意义不大的小型鱼类，如葛氏鲈塘鳢和麦穗鱼等。麦穗鱼和棒花鱼分别在东北泡和小兴凯湖也成为优势种；食鱼性种类如鲇在东北泡和大力加湖，黄颡鱼、黑斑狗鱼、乌鳢在东北泡成为优势种。移入种大银鱼已在兴凯湖、小兴凯湖和东北泡成为优势种。兴凯鳘在兴凯湖和小兴凯湖的优势都相对较明显。

结果还显示，在乌鳢、葛氏鲈塘鳢、黑斑狗鱼、鲇、黄颡鱼、翘嘴鲌、兴凯鲌、红鳍原鲌等食鱼性种类成为优势种的兴凯湖、大力加湖和东北泡中，作为饵料资源的小型非经济鱼类并未占优势；而在小型非经济鱼类已成为优势种的小兴凯湖，食鱼性种类也未占优势。

2.3.2.2 α-多样性指数

三江湖泊沼泽群鱼类群落 α-多样性指数如表 2-26 所示。α 和 d_{Ma} 均以东北泡最高，小兴凯湖最低，平均值分别为 3.036（±0.777）和 2.527（±0.489）。λ_I 以小兴凯湖最高，东北泡最低；λ_W 以兴凯湖最高，小兴凯湖最低，平均值分别为 0.208（±0.088）和 0.151（±0.059）；U_I、U_W 均以兴凯湖最高，大力加湖最低，平均值分别为 2518（±2863）和 311.4（±392.0）。D_{GiI} 和 H_I 均以东北泡最高，平均值分别为 0.793（±0.088）及 2.789（±0.530）。J_I 和 D_{McI} 以大力加湖最高，平均值分别为 0.748（±0.161）及 0.575（±0.112）。

表 2-26 三江湖泊沼泽群鱼类群落 α-多样性指数

湖泊沼泽	S	α	$H_{O\cdot F\cdot G}$	d_{Ma}	λ	D_{Mc} 1)	U 2)	D_{Gi}	H	J
兴凯湖	20	2.564	6.096	2.173	0.213 3) 0.157 4)	0.546 0.628	2886 261.6	0.787 0.843	2.151 2.334	0.718 0.779
小兴凯湖	17	1.865	6.508	1.926	0.274 0.102	0.484 0.719	2121 102.8	0.726 0.898	1.784 2.467	0.630 0.871
东北泡	23	3.288	9.168	2.686	0.114 0.103	0.673 0.712	1220 146.0	0.886 0.897	3.112 2.377	0.993 0.758
大力加湖	23	2.976	8.978	2.286	0.162 0.112	0.627 0.777	184 16.3	0.838 0.888	2.155 2.332	0.796 0.861

注：1）D_{Mc}、2）U 分别为 McIntosh 群落多样性指数及一致性指数，计算公式为 $D_{Mc}=(N-U)/(N-\sqrt{N})$ 及 $U=\sqrt{\sum_{i=1}^{S}n_i^2}$，群落物种数越多，$U$ 值越小；3）上行为基于个体数量的多样性指数；4）下行为基于生物量的多样性指数。α、$H_{O\cdot F\cdot G}$、d_{Ma}、λ、D_{Gi}、H 及 J 的计算方法参见 2.1.2.2

多样性指数间的相关性分析表明，d_{Ma}、α 均与物种丰富度（S）显著相关（r 值均为 0.873，$P<0.05$）；D_{GiI}、H_I 分别与 $\lambda_I(r=-0.997,\ P<0.01)$、$U_I(r=-0.999,\ P<0.01)$，$D_{GiW}$、$H_W$ 分别与 $\lambda_W(r=-0.875,\ P<0.05)$、$U_W(r=-0.951,\ P<0.01)$，$J_I$、$D_{McI}$ 分别与 $\lambda_I(r=-0.955,\ P<0.01)$、$U_I(r=-0.894,\ P<0.05)$，$J_W$、$D_{McW}$ 分别与 $\lambda_W(r=-0.980,\ P<0.01)$、$U_W(r=-0.949,\ P<0.01)$ 显著不相关；H_I、D_{GiI} 分别与 $J_I(r=-0.905,\ P<0.05)$、$D_{McI}(r=0.968,\ P<0.01)$，$H_W$、$D_{GiW}$ 分别与 $J_W(r=0.890,\ P<0.05)$、$D_{McW}(r=0.922,\ P<0.01)$ 显著相关。

$H_{O\cdot F\cdot G}$ 从目、科、属结构上反映群落多样性程度。如果群落中的全部物种同目、同科、同属，则该群落 $H_{O\cdot F\cdot G}=0$。三江平原湖泊沼泽群 $H_{O\cdot F\cdot G}$ 平均为 7.861（±1.3169），其中东北泡最高，大力加湖次之，兴凯湖最小，而与物种丰富度的关系不明显（$r=0.658,\ P>0.05$）。由表 2-26 可知，东北泡和大力加湖的物种丰富度相同，但 $H_{O\cdot F\cdot G}$ 并不一致，这显然是群落目、科、属结构异质性的差异所致。

以上结果表明，东北泡鱼类群落的异质性程度相对较高，优势种不明显，物种组成相对较复杂，群落结构相对较稳定；大力加湖鱼类群落的物种丰富度虽然较高，但群落的异质性程度相对较差，优势种明显，物种组成相对简单，群落结构的稳定性相对较差。但从多样性指标的一致性上看，4 个湖泊沼泽鱼类群落结构总体上相对较稳定。同时也反映出，基于个体数量和生物量的多样性指标仍存在一定差别。例如，D_{GiI}、H_I 和 J_I 均是东北泡最高，而 D_{GiW}、H_W 和 J_W 均是小兴凯湖最高，D_{McW} 是大力加湖最高，但它们与 λ_I、λ_W 和 U_I、U_W 的一致性都不明显。

2.3.2.3　物种相对多度分布格局

对不同分布模型的拟合结果进行比较，可知 4 个湖泊沼泽鱼类群落的物种相对多度分布格局，都可用对数正态分布模型拟合（表 2-27），表明它们均属于 α-多样性程度较高的群落。尽管如此，拟合模型中倍程数（R）、物种分布宽度参数（a）和模式倍程的物种数目（S_0）并非一致，仍体现出群落间物种多样性程度的差异性。

表 2-27　三江湖泊沼泽群鱼类群落的物种多度分布模型拟合

湖泊沼泽	拟合模型	R 值	参数 a	参数 S_0	适合性（χ^2）	吻合度（P）
兴凯湖	$S(R)=3.343\exp(-0.051R^2)$	10	0.2252	3.343	19.82	＜0.005
小兴凯湖	$S(R)=2.724\exp(-0.047R^2)$	12	0.2176	2.724	22.94	＜0.005
东北泡	$S(R)=3.693\exp(-0.081R^2)$	11	0.2843	3.693	9.39	＜0.250
大力加湖	$S(R)=2.476\exp(-0.079R^2)$	9	0.3172	2.476	16.42	＜0.010

2.3.2.4　群落相似性

由 C_J 和 C_S 所反映出的群落相似性程度分别为不相似和相似。由 C_{BCI} 和 C_{MHI}、C_{BCW} 和 C_{MHW} 所反映出的群落相似性程度均为极不相似至不相似，其中东北泡与小兴凯湖、大力加湖，小兴凯湖与兴凯湖、东北泡、大力加湖，大力加湖与东北泡等少数群落组合表现为相似（表 2-28）。这表明群落间物种结构的相似性程度总体上较差，群落 β-多样性相对较高，这与它们所处的地理环境差别较大有关。

表 2-28　三江湖泊沼泽群鱼类群落相似指数

湖泊沼泽	A	B	C	D	湖泊沼泽	A	B	C	D
	$C_J\rightarrow$	0.480	0.344	0.250		0.512	0.650	$C_J\rightarrow$	0.520
兴凯湖	$C_{BI}\rightarrow$	0.282	0.310	0.071	东北泡	0.300	0.360	$C_{BCI}\rightarrow$	0.211
	$C_{MI}\rightarrow$	0.274	0.191	0.161		0.192	0.420	$C_{MHI}\rightarrow$	0.722

续表

湖泊沼泽	A	B	C	D	湖泊沼泽	A	B	C	D
小兴凯湖	0.649	← C_S	0.481	0.333	大力加湖	0.400	0.500	0.648	← C_S
	0.347	← C_{BW}	0.402	0.056		0.090	0.168	0.153	← C_{BCW}
	0.541	← C_{MW}	0.562	0.065		0.181	0.544	0.635	← C_{MHW}

注：C_J、C_S、C_{BC}、C_{MH} 的计算方法参见 2.1.3.2 和 2.2.3.1

2.3.3 群落结构特征

2.3.3.1 物种丰富度动态

文献中记载的兴凯湖鱼类物种分别为 8 目 13 科 57 种[5, 82]（均未见名录）、3 目 3 科 12 种[31]、4 目 5 科 27 种[6]、4 目 8 科 46 种[77]、3 目 4 科 23 种[9]、4 目 4 科 18 种[66]、5 目 7 科 44 种[2]、7 目 12 科 44 种[81]、4 目 9 科 42 种[82]和 6 目 11 科 41 种[83]。综合这些文献资料和湿地调查期间采集到的鱼类，整理出兴凯湖鱼类合计 8 目 15 科 49 属 67 种（参见 2.3.1.1）。

文献所记载的小兴凯湖鱼类物种分别为 5 目 8 科 23 种[31]、5 目 9 科 31 种[6]、4 目 6 科 25 种[9]、4 目 5 科 21 种[66]和 6 目 8 科 36 种[81]。综合这些文献资料和湿地调查期间采集到的鱼类，整理出小兴凯湖鱼类合计 6 目 11 科 40 属 50 种。其中包括湿地调查期间采集到的 4 目 5 科 16 属 17 种，未采集到的 5 目 8 科 29 属 33 种。

文献中所记载的大力加湖鱼类物种为 7 目 12 科 34 属 37 种[84]。湿地调查期间采集到其中的 22 种，有 13 种土著种没有见到，包括九棘刺鱼、江鳕、鳜、施氏鲟、乌苏拟鲿、犬首鮈、翘嘴鲌、棒花鱼、花江鳑、拉氏鳑、鳡、拟赤梢鱼及马口鱼（表 2-24）。

文献中有记载但调查期间没有采集到的鱼类，兴凯湖有中国特有种凌源鮈，冷水种哲罗鲑、细鳞鲑、乌苏里白鲑、黑斑狗鱼和拉氏鳑，中国易危种哲罗鲑、细鳞鲑、乌苏里白鲑和鳇；兴凯湖和小兴凯湖共有的中国易危种怀头鲇，冷水种北鳅、黑龙江花鳅、真鳑和瓦氏雅罗鱼；兴凯湖和大力加湖共有的中国易危种施氏鲟；小兴凯湖的冷水种北方花鳅；小兴凯湖和大力加湖共有的冷水种江鳕；兴凯湖、小兴凯湖和大力加湖共有的冷水种拟赤梢鱼和九棘刺鱼。

2.3.3.2 物种组成与分布特点

1. 鱼类多样性的形成与维持和所在河流水系息息相关

乌苏里江和黑龙江中游是三江湖泊沼泽群所在的河流水系。大力加湖的鱼类物种均见于黑龙江中游，该湖与黑龙江中游两群落的 Jaccard 指数和 Sørenson 指数分别为 0.295 和

0.455。兴凯湖、小兴凯湖和东北泡的鱼类物种中，除了兴凯鳌、兴凯鲌、扁体原鲌和大银鱼以外的其他种类，均与乌苏里江共有，湖泊沼泽群与乌苏里江河流鱼类群落的 Jaccard 指数、Sørenson 指数分别为 0.389 和 0.560。

2. 某些鱼类的分布范围可能在扩大或在缩小

文献记载的扁体原鲌自然分布于小兴凯湖[6, 31]，但湖泊调查期间并未再见，而只见于东北泡。由于缺少东北泡鱼类的历史资料，尚无法得知该物种是新发现种还是再现种。鳜是黑龙江水系的名贵物种[85]，在东北泡以外的其他湖泊沼泽都有历史记录，但湖泊调查期间均未再现于这些湿地中。东北地区大银鱼的自然物种分布在鸭绿江河口水域[2]，2000 年移入小兴凯湖，2007 年已见于兴凯湖[83]，湖泊调查期间在小兴凯湖的毗邻湿地东北泡也发现了该物种。

3. 冷水种占有一定比例

冷水性鱼类自然分布在高纬度、高海拔的山区溪流型冷水环境，我国有 88 种，其中青藏高原 18 种，新疆 25 种，黄河上游 11 种，长江上游 17 种，黑龙江水系 37 种[3]。三江湖泊沼泽群所处水系均为冷水水域[86]，一些冷水性鱼类通过江-湖交流由山区溪流进入湖泊沼泽，自然驯化为陆封型而定居下来。分布在三江湖泊沼泽群的冷水种数约占我国冷水种数的 17.05%、黑龙江水系的 40.54%。

4. 群落优势种处在动态变化中

昔日的优势种如鲤、银鲫、红鳍原鲌、鳌、鳊、兴凯鳌、兴凯鲌、翘嘴鲌、瓦氏雅罗鱼等自然物种和鲢、鳙、草鱼等放养种类，目前仍具有明显的物种优势。例如，瓦氏雅罗鱼、兴凯鳌、兴凯鲌和翘嘴鲌仍为兴凯湖商业性渔获物的主体；而另一些优势种类如银鲴和扁体原鲌，已不再是小兴凯湖的优势种。曾在多数湖泊沼泽中成为优势种的银鲴和瓦氏雅罗鱼，目前所能形成优势的范围在缩小。以往很少形成优势的食鱼性种类如鲇、黄颡鱼、乌鳢、黑斑狗鱼、葛氏鲈塘鳢、麦穗鱼、棒花鱼等小型非经济种类，在一些湖泊沼泽也形成优势种。大银鱼的分布范围不仅扩大至东北泡和兴凯湖，而且形成了优势种。2010 年以来，为了控制兴凯湖大银鱼种群的进一步扩张，渔业部门逐渐加大了捕捞强度。2014 年以来，大银鱼的渔获量明显减少，表明其种群发展已得到有效遏制。

2.3.3.3 物种多样性与群落结构

通过多角度揭示群落的物种多样性现状，总体上看，三江湖泊沼泽群鱼类群落的物种丰富度和种类组成虽有一定的改变，但群落的物种多样性结构尚处在稳定状态。从渔业经济学角度看，食鱼性种类或小型非经济种类在一些湖泊沼泽已成为优势种，但二者未达到同步，表明这些群落的种间关系尚不协调。

与长江中下游地区相比，三江湖泊沼泽群鱼类群落的物种丰富度明显不如鄱阳湖 136 种[33]、西洞庭湖 111 种[34]、太湖 48 种[38]、涨渡湖 52 种[52]和鄱阳湖湖口水域 50 种[56]

（$t = -3.523$，$P < 0.01$）（数据为著者统计整理，后文同），而与淀山湖 23 种[35]、蠡湖 38 种[37]及滆湖 30 种[55]差别不大（$t = -2.028$，$P > 0.05$）。淀山湖、涨渡湖、西洞庭湖、滆湖和蠡湖的 H_I 分别为 1.8996、1.900、2.85、2.02 和 1.512（数据为著者根据文献资料计算结果得出，后文同）；淀山湖的 J_I、λ_1 和 d_{Ma} 分别为 0.6058、0.2264 和 2.8976。三江湖泊沼泽群与这些多样性指标相比，虽互有上下，但总体上 H_I 较高（$t = 2.419$，$P < 0.05$），J_I 也较高但不明显（$t = 2.163$，$P > 0.05$）；λ_1（$t = -0.152$，$P > 0.05$）和 d_{Ma}（$t = -1.856$，$P > 0.05$）均较低但不明显。

三江湖泊沼泽群鱼类群落的 $H_{O\cdot F\cdot G}$ 均明显低于太湖的 11.538（数据为著者根据文献资料计算结果得出，后文同）、鄱阳湖的 18.239、西洞庭湖的 16.390 和涨渡湖的 15.809（$t = -5.844$，$P < 0.001$），这与物种丰富度的动态趋势一致；东北泡和大力加湖群落的鱼类物种丰富度与淀山湖相同，但 $H_{O\cdot F\cdot G}$ 大于淀山湖（6.654）；东北泡群落的鱼类物种丰富度明显低于蠡湖，而 $H_{O\cdot F\cdot G}$ 值近似等于蠡湖（9.152）；小兴凯湖群落的物种丰富度小于淀山湖，但 $H_{O\cdot F\cdot G}$ 基本一致。总体上看，三江湖泊沼泽群鱼类群落 $H_{O\cdot F\cdot G}$ 与淀山湖、滆湖和蠡湖无明显差别（$t = -0.027$，$P > 0.05$），与物种丰富度动态趋势同步。

以上表明，三江湖泊沼泽群鱼类群落的物种丰富度指数相对低于长江中下游地区，这与物种丰富度相对较低的动态趋势一致，但群落的物种组成相对较复杂（反映在 λ），群落结构的异质性和稳定性程度相对较高（反映在 H 和 J）；对于物种丰富度相同或相近的湖泊沼泽，其群落的目、科、属等级多样性程度与长江中下游地区并无显著差别（反映在 $H_{O\cdot F\cdot G}$）。

2.4 东北地区 38 片湖泊沼泽鱼类群落 α-多样性

东北地区包括黑龙江省、吉林省、辽宁省和内蒙古自治区的呼伦贝尔市、兴安盟、通辽市和赤峰市。本书所述的“东北地区 38 片湖泊沼泽”，包括松嫩湖泊沼泽群中除 2.1 所述的 20 片湖泊沼泽以外的其余 30 片、三江湖泊沼泽群 4 片、呼伦贝尔高原湖泊沼泽群 3 片和锡林郭勒高原的达里湖。其中，渔业湖泊沼泽 23 片，非渔业湖泊沼泽 15 片，自然概况参见第 1 章。

2.4.1 群落物种结构

2.4.1.1 物种组成与分布

调查采集到 38 片湖泊沼泽的鱼类物种合计 5 目 13 科 47 属 68 种（表 2-29）。其中，移入种 3 目 4 科 8 属 8 种，包括大银鱼、亚洲公鱼、团头鲂、青鱼、草鱼、鲢、鳙及梭鲈；土著鱼类 5 目 10 科 39 属 60 种，其中包括中国易危种黑龙江茴鱼，冷水种黑龙江茴鱼、黑斑狗鱼、瓦氏雅罗鱼、拉氏鲅、真鲅、平口鮈、北鳅、黑龙江花鳅、北方花鳅及江鳕（占 16.67%），中国特有种扁体原鲌、达氏鲌、东北颌须鮈、银鮈、达里高原鳅、凌源鮈及黄黝鱼。

鱼类分布上，物种数超过 20 种的湖泊沼泽有 11 片，10～19 种的 14 片，少于 9 种的 13 片。有 26 片湖泊沼泽的鱼类群落全部由单型属种构成。

68种鱼类分布在23片渔业湖泊沼泽，20种鱼类分布在15片非渔业湖泊沼泽。马口鱼、赤眼鳟、花江鲅、达氏鲌、凌源鮈、高体鮈、细体鮈、兴凯银鮈、突吻鮈、北鳅、北方泥鳅、北方花鳅、光泽黄颡鱼、亚洲公鱼和黑龙江茴鱼所分布的湖泊沼泽均只有1片，出现率低于1%；扁体原鲌、蒙古䱗、细鳞鲴、兴凯鱊、达里湖高原鳅和黄黝鱼所分布的湖泊沼泽虽然也只有1片，但其出现率均超过1%。除达里湖以外的所有湖泊沼泽均有银鲫分布，出现率近84%，为最高；其次是麦穗鱼，可见到其踪迹的湖泊沼泽有28片，出现率约为76%；超过50%的湖泊沼泽分布有鲤、鲇、鲢、鳙、草鱼、䱗、黄颡鱼、黑龙江泥鳅、黑龙江花鳅和葛氏鲈塘鳢，出现率大都超过25%。

表2-29 38片湖泊沼泽鱼类物种组成、分布和出现率

种类	分布	出现率/%
一、鲤形目 Cypriniformes		
（一）鲤科 Cyprinidae		
1. 马口鱼 *Opsariichthys bidens*	（34）	0.61
2. 青鱼 *Mylopharyngodon piceus*▲	（4）（8）（12）～（14）（2）	6.14
3. 草鱼 *Ctenopharyngodon idella*▲	（2）（4）（8）（12）～（18）（20）（21）（24）（27）～（29）（33）～（35）	24.35
4. 真鲅 *Phoxinus phoxinus*	（9）（36）	1.56
5. 湖鲅 *Phoxinus percnurus*	（11）～（16）（31）（36）	6.74
6. 拉氏鲅 *Phoxinus lagowskii*	（3）（7）～（12）（16）～（18）（20）（24）（30）（35）（36）（38）	16.06
7. 花江鲅 *Phoxinus czekanowskii*	（14）	0.52
8. 瓦氏雅罗鱼 *Leuciscus waleckii waleckii*	（12）（15）（20）（31）（35）（36）（38）	10.88
9. 赤眼鳟 *Squaliobarbus curriculus*	（31）	0.52
10. 䱗 *Hemiculter leucisculus*	（2）（8）（10）～（17）（20）（24）～（26）（28）～（31）（34）	32.12
11. 蒙古䱗 *Hemiculter lucidus warpachowsky*	（37）	8.29
12. 兴凯䱗 *Hemiculter lucidus lucidus*	（32）～（34）	9.85
13. 红鳍原鲌 *Cultrichthys erythropterus*	（2）（8）（10）（12）（15）（17）（18）（20）（24）（28）（29）（31）（32）（34）（35）（37）（45）（46）	34.71
14. 扁体原鲌 *Cultrichthys compressocorpus*	（34）	1.04
15. 达氏鲌 *Culter dabryi*	（12）	0.52
16. 翘嘴鲌 *Culter alburnus*	（14）（20）（24）（31）～（33）（51）	12.43
17. 蒙古鲌 *Culter mongolicus mongolicus*	（8）（12）（31）（32）（35）（37）	7.26
18. 兴凯鲌 *Culter dabryi shinkainensis*	（32）（33）	8.29
19. 鳊 *Parabramis pekinensis*	（2）（4）（13）～（15）（17）（20）（27）	8.81
20. 团头鲂 *Megalobrama amblycephala*▲	（4）（8）（10）（12）～（14）（17）（20）（24）（27）～（29）（49）	13.99
21. 银鲴 *Xenocypris argentea*	（15）（20）（31）～（34）	5.70
22. 细鳞鲴 *Xenocypris microleps*	（31）	1.04
23. 大鳍鱊 *Acheilognathus macropterus*	（10）～（13）（16）（24）（29）（30）（35）（36）	10.88

续表

种类	分布	出现率/%
24. 兴凯鱊 *Acheilognathus chankaensis*	（34）	1.56
25. 黑龙江鳑鲏 *Rhodeus sericeus*	（9）（12）（15）（20）（30）（31）（35）	8.81
26. 花䱻 *Hemibarbus maculatus*	（8）（12）（20）（32）～（34）	6.74
27. 唇䱻 *Hemibarbus laboe*	（8）（15）（31）（32）（36）	4.67
28. 条纹似白鮈 *Paraleucogobio strigatus*	（8）（35）（36）	3.63
29. 平口鮈 *Ladislavia taczanowskii*	（10）（29）	1.56
30. 麦穗鱼 *Pseudorasbora parva*	（2）（4）～（8）（10）～（18）（20）（21）（24）～（26）（28）（29）（31）（33）～（36）（38）	76.16
31. 东北鳈 *Sarcocheilichthys lacustris*	（1）～（3）（5）（8）（11）（13）（15）（16）（18）（31）（58）	8.81
32. 克氏鳈 *Sarcocheilichthys czerskii*	（6）（22）（24）（35（36）	6.74
33. 棒花鱼 *Abbottina rivularis*	（10）～（12）（16）～（18）（24）（29）（30）（33）（34）（51）	11.91
34. 凌源鮈 *Gobio lingyuanensis*	（36）	0.52
35. 犬首鮈 *Gobio cynocephalus*	（13）（14）（30）	2.56
36. 高体鮈 *Gobio soldatovi*	（35）	0.52
37. 细体鮈 *Gobio tenuicorpus*	（14）	0.52
38. 东北颌须鮈 *Gnathopogon mantschuricus*	（6）（14）（17）	3.63
39. 银鮈 *Squalidus argentatus*	（6）（31）	1.56
40. 兴凯银鮈 *Squalidus chankaensis*	（17）	0.52
41. 突吻鮈 *Rostrogobio amurensis*	（18）	0.52
42. 蛇鮈 *Saurogobio dabryi*	（8）（12）（15）（31）（32）（35）	8.81
43. 鲤 *Cyprinus carpio*	（2）（4）（6）（8）（10）（12）～（18）（20）～（22）（24）（27）～（37）	41.96
44. 鲫 *Carassius auratus*	（38）	2.07
45. 银鲫 *Carassius auratus gibelio*	（1）～（37）	84.46
46. 鲢 *Hypophthalmichthys molitrix*▲	（2）（4）（8）（10）（12）～（15）（17）（18）（20）（21）（24）（27）～（29）（31）～（33）（35）	37.82
47. 鳙 *Aristichthys nobilis*▲	（2）（4）（8）（10）（12）～（14）（21）（27）～（29）	31.61
（二）鳅科 Cobitidae		
48. 北鳅 *Lefua costata*	（38）	0.52
49. 达里湖高原鳅 *Triplophysa dalaica*	（38）	1.56
50. 黑龙江泥鳅 *Misgurnus mohoity*	（1）～（8）（11）～（20）（22）～（26）（30）（34）（35）	45.08
51. 北方泥鳅 *Misgurnus bipartitus*	（17）	0.52
52. 黑龙江花鳅 *Cobitis lutheri*	（2）（5）（6）（8）～（17）（22）（23）（30）（31）（34）～（37）	32.12
53. 北方花鳅 *Cobitis granoci*	（38）	0.52
54. 花斑副沙鳅 *Parabotia fasciata*	（2）（6）（17）（18）（30）	6.74
二、鲇形目 Siluriformes		

续表

种类	分布	出现率/%
（三）鲿科 Bagridae		
55. 黄颡鱼 *Pelteobagrus fulvidraco*	（2）（6）（8）（9）（12）～（16）（18）（24）～（26）（30）～（34）	25.39
56. 光泽黄颡鱼 *Pelteobagrus nitidus*	（32）	0.52
57. 乌苏拟鲿 *Pseudobagrus ussuriensis*	（32）～（34）	2.56
（四）鲇科 Siluridae		
58. 鲇 *Silurus asotus*	（2）（4）（6）（8）（12）～（15）（17）（18）（20）（24）（26）（28）～（32）（34）～（37）	29.54
三、鲑形目 Salmoniformes		
（五）银鱼科 Salangidae		
59. 大银鱼 *Protosalanx hyalocranius*▲	（32）～（34）	5.18
（六）胡瓜鱼科 Osmeridae		
60. 亚洲公鱼 *Hypomesus transpacificus nipponensis*▲	（15）	0.52
（七）鲑科 Salmonidae		
61. 黑龙江茴鱼 *Thymallus arcticus*	（31）	0.52
（八）狗鱼科 Esocidae		
62. 黑斑狗鱼 *Esox reicherti*	（8）（12）（15）（20）（31）（33）～（36）	5.70
四、鳕形目 Gadiformes		
（九）鳕科 Gadidae		
63. 江鳕 *Lota lota*	（31）（32）（34）	2.56
五、鲈形目 Perciformes		
（十）鮨科 Serranidae		
64. 鳜 *Siniperca chuatsi*	（13）（27）	1.56
（十一）鲈科 Percidae		
65. 梭鲈 *Lucioperca lucioperca*▲	（32）	0.52
（十二）塘鳢科 Eleotridae		
66. 葛氏鲈塘鳢 *Perccottus glehni*	（1）～（7）（9）～（13）（15）～（17）（21）～（23）（27）（31）（34）～（36）	37.82
67. 黄黝鱼 *Hypseleotris swinhonis*	（10）	1.04
（十三）鳢科 Channidae		
68. 乌鳢 *Channa argus*	（8）（14）（15）（17）（24）（27）（29）（31）（33）（34）	9.85

注：带括号的数字代表湖泊编号（参见 1.1、1.2 和 1.3）

光泽黄颡鱼、亚洲公鱼、黑龙江茴鱼、扁体原鲌、江鳕、细鳞鲴、乌苏拟鲿、大银鱼、兴凯鲌、兴凯鱟、马口鱼和赤眼鳟仅分布在镜泊湖—三江湖泊沼泽群；蒙古鱟、真鲂、条纹似白鮈、凌源鮈和高体鮈仅见于呼伦贝尔高原湖泊沼泽群；花江鲂、犬首鮈、细体鮈、东北颌须鮈、突吻鮈、兴凯银鮈、北方泥鳅、花斑副沙鳅、黄黝鱼和鳜只出现在松嫩湖泊沼泽群；达氏鲌仅存于五大连池火山堰塞湖泊沼泽群；鲫、北鳅、北方花鳅和达里高原鳅仅见于锡林郭勒高原的达里湖内流水系。

10 种冷水性鱼类分布在八里泡、王花泡、东大海、西大海、三勇湖和八百垧泡以外的湖泊沼泽，而以镜泊湖—三江湖泊沼泽群的出现率相对较高。7 种中国特有种鱼类仅出现在贝尔湖、达里湖、五大连池、茨勒泡、哈什哈泡、涝洲泡、镜泊湖和东北泡。

2.4.1.2 种类组成

38 片湖泊沼泽鱼类群落中，鲤形目 54 种、鲈形目 5 种，分别占 79.41%及 7.35%；鲇形目和鲑形目均 4 种，各占 5.88%；鳕形目 1 种，占 1.47%。科级分类单元中，鲤科 47 种、鳅科 7 种、鲿科 3 种、塘鳢科 2 种，分别占 69.12%、10.29%、4.41%及 2.94%；鲑科、银鱼科、胡瓜鱼科、狗鱼科、鲇科、鳕科、鮨科、鲈科和鳢科均 1 种，各占 1.47%。

2.4.2 α-多样性指数

38 片湖泊沼泽鱼类群落物种丰富度为 2～28 种（参见第 1 章），平均 13（±7）种，α-多样性指数见表 2-30。

表 2-30 38 片湖泊沼泽鱼类群落 α-多样性指数

湖泊沼泽	d_{Ma}	λ	D_{Gi}	H	J	α	U	D_{Mc}	H_O	H_F	H_G	$H_{O\text{-}F\text{-}G}$
张家泡	0.491	0.324	0.676	1.252	0.903	0.606	255	0.452	0	1.099	1.376	2.485
他拉红泡	0.858	0.248	0.752	1.609	0.774	0.978	1746	0.510	0.540	4.094	2.773	7.407
波罗泡	0.594	0.361	0.639	1.280	0.795	0.706	504	0.414	0.562	1.099	1.609	3.270
莫什海泡	1.855	0.183	0.817	1.950	0.785	2.365	161	0.603	0	2.303	2.485	4.788
鹅头泡	0.871	0.298	0.702	1.337	0.746	1.055	170	0.481	0.673	1.792	1.792	4.257
茨勒泡	1.679	0.218	0.782	1.837	0.739	2.059	327	0.554	1.330	2.890	2.485	6.705
洋沙泡	0.640	0.325	0.675	1.291	0.802	0.767	296	0.449	0.562	1.099	1.609	3.270
龙江湖	2.875	0.114	0.886	2.418	0.771	3.611	709	0.678	1.030	3.445	3.075	7.550
鸿雁泡	0.807	0.176	0.824	1.820	0.935	0.932	713	0.595	0.500	1.040	1.748	3.288
月饼泡	1.632	0.172	0.828	2.011	0.743	1.889	2207	0.593	0.271	3.178	2.708	6.157
乌尔塔泡	1.544	0.151	0.849	2.069	0.863	1.881	253	0.636	0.500	2.599	2.272	5.371
五大连池	3.254	0.099	0.901	2.699	0.828	4.152	682	0.701	0.998	3.550	3.151	7.699
跃进泡	2.298	0.160	0.840	2.076	0.787	3.083	114	0.638	1.763	3.332	2.996	8.091
哈什哈泡	1.859	0.209	0.791	1.950	0.813	2.446	99	0.582	1.042	3.292	2.912	7.246
大力加湖	2.286	0.162	0.838	2.155	0.796	2.976	184	0.627	2.442	3.401	3.135	8.978
中内泡	1.507	0.191	0.809	1.911	0.797	1.822	333	0.584	0.451	2.857	2.540	5.848
涝洲泡	2.198	0.188	0.812	2.089	0.792	2.878	160	0.598	1.223	3.679	2.979	7.881
七才泡	1.552	0.142	0.858	2.112	0.881	1.895	237	0.649	1.122	3.091	2.708	6.921
八里泡	0.190	0.822	0.178	0.323	0.466	0.311	174	0.101	0.693	0	0.693	1.386
红旗泡	2.175	0.132	0.868	2.229	0.823	2.765	227	0.663	0.215	2.833	2.996	6.044

续表

湖泊沼泽	d_{Ma}	λ	D_{Gi}	H	J	α	U	D_{Mc}	H_O	H_F	H_G	$H_{O\cdot F\cdot G}$
王花泡	0.955	0.273	0.727	1.528	0.785	1.137	280	0.499	0	1.792	1.946	3.738
库里泡	0.833	0.236	0.764	1.581	0.882	1.000	196	0.541	0.673	1.792	1.792	4.257
鸭木蛋格泡	0.649	0.309	0.691	1.265	0.913	0.830	057	0.492	0.637	0.693	1.386	2.716
新华湖	1.977	0.144	0.856	2.076	0.787	2.502	255	0.646	0.938	2.639	2.890	6.467
东大海	0.664	0.286	0.714	1.353	0.841	0.801	221	0.490	0.562	1.099	1.609	3.270
西大海	0.718	0.371	0.629	1.240	0.692	0.841	643	0.403	1.255	1.099	1.792	4.146
三勇湖	1.409	0.149	0.851	20.27	0.880	1.709	230	0.640	1.099	3.045	2.303	6.447
八百垧泡	1.335	0.172	0.828	1.934	0.840	1.593	351	0.607	0	2.197	2.303	4.500
碧绿泡	2.072	0.155	0.845	2.113	0.801	2.635	209	0.634	0	2.485	2.639	5.124
北二十里泡	1.733	0.200	0.800	1.952	0.761	2.105	454	0.571	1.279	3.178	2.565	7.022
镜泊湖	2.836	0.345	0.655	1.773	0.532	3.372	8013	0.416	2.683	2.871	3.283	8.837
兴凯湖	2.173	0.213	0.787	2.151	0.718	2.565	2886	0.546	1.255	2.841	2.692	6.788
小兴凯湖	1.926	0.274	0.726	1.785	0.630	2.271	2121	0.484	0.693	3.063	2.752	6.508
东北泡	2.686	0.114	0.886	2.449	0.781	3.285	1220	0.673	2.415	3.783	3.015	9.168
呼伦湖	1.136	0.457	0.543	1.102	0.460	1.286	4494	0.328	0.336	3.526	3.045	6.907
贝尔湖	2.011	0.205	0.795	2.171	0.766	2.401	1292	0.557	0.257	2.205	2.558	5.020
乌兰泡	0.850	0.209	0.791	1.741	0.895	0.991	530	0.559	0.451	1.609	1.946	4.006
达里湖	0.741	0.409	0.591	1.236	0.635	0.847	2094	0.367	0.683	2.485	1.946	5.114
平均	1.532	0.242	0.766	1.802	0.775	1.878	924	0.541	0.819	2.448	2.382	5.649

差异性分析表明，渔业湖泊沼泽的鱼类群落物种丰富度明显高于非渔业湖泊沼泽（$t=6.275$，$P<0.001$）；渔业湖泊沼泽的鱼类群落D_{Gi}($t=2.444$，$P<0.05$)、U($t=2.022$，$P<0.05$)、H_G($t=6.617$，$P<0.001$)、H_F($t=5.617$，$P<0.001$)、d_{Ma}($t=4.992$，$P<0.001$)、α($t=4.793$，$P<0.001$)及H($t=4.093$，$P<0.001$)均显著高于非渔业湖泊沼泽；渔业和非渔业湖泊沼泽的鱼类群落λ($t=-1.342$)、J($t=-0.895$)及H_O($t=1.294$)均无显著差别($P>0.05$)。

相关分析表明，38 个湖泊沼泽鱼类群落的物种丰富度（S）与群落样本的个体数（N）显著相关（$r=0.508$，$P<0.01$）。群落多样性指数间，J与D_{Gi}($r=0.663$)、H($r=0.406$)及D_{Mc}($r=0.668$)均显著相关（$P<0.01$），而与λ显著不相关（$r=-0.663$，$P<0.01$），这与D_{Gi}、H所反映出的群落结构异质性、λ所反映出的群落一致性的特点相符。$H_{O\cdot F\cdot G}$与α($r=0.818$)、d_{Ma}($r=0.813$)、H($r=0.710$)、D_{Gi}($r=0.524$)、D_{Mc}($r=0.517$，$P<0.01$)及U($r=0.359$，$P<0.05$)均显著相关，这表明通过群落$H_{O\cdot F\cdot G}$值，可反映出群落的异质性与物种丰富度特征。

偏相关分析表明（表 2-31），当N一定时，d_{Ma}、D_{Gi}、α及D_{Mc}与S均极显著相关（$P<0.01$），λ与S极显著负相关（$P<0.01$）；当S一定时，λ、U与N均极显著相关（$P<0.01$），J、D_{Gi}、α及D_{Mc}与N均极显著负相关（$P<0.01$）。这表明d_{Ma}与物种丰富度有关，J、D_{Gi}受样本大小影响，λ、D_{Gi}及α同时依赖于物种丰富度和样本大小。

表 2-31　38 片湖泊沼泽鱼类群落多样性指数与 *S*、*N* 的相关性

简单相关性		偏相关性		简单相关性		偏相关性		简单相关性		偏相关性	
因子	r	因子	r	因子	r	因子	r	因子	r	因子	r
r_{1S}	0.910**	$r_{1S \cdot N}$	0.908**	$r_{\lambda S}$	−0.498**	$r_{\lambda S \cdot N}$	−0.651**	r_{2S}	0.462*	$r_{2S \cdot N}$	0.612**
r_{1N}	0.341*	$r_{1N \cdot S}$	−0.320	$r_{\lambda N}$	0.122	$r_{\lambda N \cdot S}$	0.495**	r_{2N}	−0.127	$r_{2N \cdot S}$	−0.467**
$r_{H'S}$	0.223	$r_{H'S \cdot N}$	0.199	r_{JS}	−0.163	$r_{JS \cdot N}$	0.180	r_{aS}	0.901**	$r_{aS \cdot N}$	0.916**
$r_{H'N}$	0.122	$r_{H'N \cdot S}$	0.131	r_{JN}	−0.597**	$r_{JN \cdot S}$	−0.582**	r_{aN}	0.278	$r_{aN \cdot S}$	−0.462**
r_{US}	0.442**	$r_{US \cdot N}$	−0.126	r_{3S}	0.460**	$r_{3S \cdot N}$	0.609**	r_{4S}	0.225	$r_{4S \cdot N}$	0.344*
r_{UN}	0.950**	$r_{UN \cdot S}$	0.938**	r_{3N}	−0.126	$r_{3N \cdot S}$	−0.464**	r_{4N}	0.083	$r_{4N \cdot S}$	−0.232
r_{5S}	0.821**	$r_{5S \cdot N}$	0.990**	r_{6S}	0.949**	$r_{6S \cdot N}$	0.942**	r_{7S}	0.910**	$r_{7S \cdot N}$	0.894**
r_{5N}	0.068	$r_{5N \cdot S}$	−0.970**	r_{6N}	0.412*	$r_{6N \cdot S}$	−0.323	r_{7N}	0.405*	$r_{7N \cdot S}$	−0.142
r_{4a}	0.801**	$r_{4a \cdot S}$	0.527**	r_{5b}	0.843**	$r_{5b \cdot S}$	0.467**	r_{6b}	0.959**	$r_{6b \cdot S}$	0.442**
		$r_{4a \cdot N}$	0.922**			$r_{5b \cdot N}$	0.929**			$r_{6b \cdot N}$	0.953**
r_{7a}	0.803**	$r_{7a \cdot S}$	0.274	r_{7b}	0.920**	$r_{7b \cdot S}$	0.330*	r_{7c}	0.709**	$r_{7c \cdot S}$	0.199
		$r_{7a \cdot N}$	0.762**			$r_{7b \cdot N}$	0.909**			$r_{7c \cdot N}$	0.637**

注：1、2、3、4、5、6、7 分别代表 d_{Ma}、D_{Gi}、D_{Mc}、$H_{O \cdot F \cdot G}$、H_O、H_F 和 H_G；a、b、c 分别代表目、科、属的数目；$*P<0.05$，$**P<0.01$，下同

表 2-31 还显示，当 N 一定时，H_O、H_F、H_G、$H_{O \cdot F \cdot G}$ 分别与 S，H_O 与其所隶属的科数，H_F、H_G 与其所隶属的属数，$H_{O \cdot F \cdot G}$ 与其所隶属的目、科、属数均极显著相关（$P<0.01$）；当 S 一定时，H_F 与 N 显著负相关（$P<0.05$），H_O 与其所隶属的科数，H_F、H_G、$H_{O \cdot F \cdot G}$ 分别与其所隶属的属数均极显著相关（$P<0.01$）。这表明群落目、科、属分类单元的等级多样性指数与物种丰富度密切相关，而与样本大小的关系相对较弱；同时也反映了分类单元层次上物种分布的均匀性很大程度上取决于群落中单种属的多寡；而且，分类单元中目之下单种科、科之下单种属，以及名录中单种属的数量越大，H_O、H_F、H_G、$H_{O \cdot F \cdot G}$ 值就越高。

2.4.3　多样性指数与水环境因子的关系

2.4.3.1　与碱度、盐度、pH 和离子系数（*M* / *D*）的关系

表 2-32 为群落多样性指数与水环境碱度、盐度、pH 和离子系数（*M*/*D*）的相关性。

表 2-32　38 片湖泊沼泽鱼类群落多样性指数与碱度、盐度、pH 和离子系数（*M*/*D*）的相关性

简单相关性		一级偏相关性		二级偏相关性		三级偏相关性	
相关因子	r	相关因子	r	相关因子	r	相关因子	r
r_{d1}	−0.619*	$r_{d1 \cdot 2}$	0.405	$r_{d1 \cdot 23}$	−0.138	$r_{d1 \cdot 234}$	−0.163
		$r_{d1 \cdot 3}$	−0.462	$r_{d1 \cdot 24}$	−0.117		
		$r_{d1 \cdot 4}$	−0.201	$r_{d1 \cdot 34}$	−0.177		

续表

简单相关性		一级偏相关性		二级偏相关性		三级偏相关性	
相关因子	r	相关因子	r	相关因子	r	相关因子	r
r_{d2}	−0.524*	$r_{d2\cdot1}$	0.129	$r_{d2\cdot13}$	0.105	$r_{d2\cdot134}$	0.175
		$r_{d2\cdot3}$	−0.369	$r_{d2\cdot14}$	0.236		
		$r_{d2\cdot4}$	0.254	$r_{d2\cdot34}$	0.188		
r_{d3}	−0.520*	$r_{d3\cdot1}$	−0.265	$r_{d3\cdot12}$	−0.254	$r_{d3\cdot124}$	−0.212
		$r_{d3\cdot2}$	−0.361	$r_{d3\cdot14}$	−0.263		
		$r_{d3\cdot4}$	−0.279	$r_{d3\cdot24}$	−0.223		
r_{d4}	−0.598**	$r_{d4\cdot1}$	−0.027	$r_{d4\cdot12}$	−0.200	$r_{d4\cdot123}$	−0.141
		$r_{d4\cdot2}$	−0.414	$r_{d4\cdot13}$	−0.004		
		$r_{d4\cdot3}$	−0.434	$r_{d4\cdot23}$	−0.308		
r_{H1}	−0.460*	$r_{H1\cdot2}$	0.201	$r_{H1\cdot23}$	−0.232	$r_{H1\cdot234}$	−0.187
		$r_{H1\cdot3}$	−0.450	$r_{H1\cdot24}$	−0.117		
		$r_{H1\cdot4}$	−0.173	$r_{H1\cdot34}$	−0.187		
r_{H2}	−0.423	$r_{H2\cdot1}$	−0.007	$r_{H2\cdot13}$	0.007	$r_{H2\cdot134}$	−0.006
		$r_{H2\cdot3}$	−0.397	$r_{H2\cdot14}$	−0.041		
		$r_{H2\cdot4}$	−0.019	$r_{H2\cdot34}$	0.012		
r_{H3}	−0.166	$r_{H3\cdot1}$	0.127	$r_{H3\cdot12}$	0.127	$r_{H3\cdot124}$	0.119
		$r_{H3\cdot2}$	0.046	$r_{H3\cdot14}$	0.126		
		$r_{H3\cdot4}$	0.103	$r_{H3\cdot24}$	0.102		
r_{H4}	−0.434	$r_{H4\cdot1}$	0.025	$r_{H4\cdot12}$	0.047	$r_{H4\cdot123}$	0.013
		$r_{H4\cdot2}$	−0.107	$r_{H4\cdot13}$	0.014		
		$r_{H4\cdot3}$	−0.417	$r_{H4\cdot23}$	−0.140		
r_{D1}	−0.052	$r_{D1\cdot2}$	0.089	$r_{D1\cdot23}$	0.193	$r_{D1\cdot234}$	0.244
		$r_{D1\cdot3}$	0.119	$r_{D1\cdot24}$	−0.218		
		$r_{D1\cdot4}$	0.208	$r_{D1\cdot34}$	0.243		
r_{D2}	−0.052	$r_{D2\cdot1}$	−0.120	$r_{D2\cdot13}$	−0.157	$r_{D2\cdot134}$	0.022
		$r_{D2\cdot3}$	0.033	$r_{D2\cdot14}$	0.095		
		$r_{D2\cdot4}$	0.067	$r_{D2\cdot34}$	−0.002		
r_{D3}	−0.260	$r_{D3\cdot1}$	−0.280	$r_{D3\cdot12}$	−0.296	$r_{D3\cdot124}$	−0.252
		$r_{D3\cdot2}$	−0.245	$r_{D3\cdot14}$	−0.267		
		$r_{D3\cdot4}$	−0.236	$r_{D3\cdot24}$	−0.227		
r_{D4}	−0.117	$r_{D4\cdot1}$	−0.232	$r_{D4\cdot12}$	−0.221	$r_{D4\cdot123}$	−0.152
		$r_{D4\cdot2}$	−0.095	$r_{D4\cdot13}$	−0.217		
		$r_{D4\cdot3}$	0.035	$r_{D4\cdot23}$	0.011		
r_{J1}	0.024	$r_{J1\cdot2}$	0.055	$r_{J1\cdot23}$	0.443	$r_{J1\cdot234}$	−0.189
		$r_{J1\cdot3}$	0.005	$r_{J1\cdot24}$	−0.195		
		$r_{J1\cdot4}$	−0.155	$r_{J1\cdot34}$	−0.155		

续表

简单相关性		一级偏相关性		二级偏相关性		三级偏相关性	
相关因子	r	相关因子	r	相关因子	r	相关因子	r
r_{J2}	0.002	$r_{J2\cdot1}$	−0.050	$r_{J2\cdot13}$	0.474*	$r_{J2\cdot134}$	−0.294
		$r_{J2\cdot3}$	−0.018	$r_{J2\cdot14}$	−0.286		
		$r_{J2\cdot4}$	−0.261	$r_{J2\cdot34}$	−0.275		
r_{J3}	0.036	$r_{J3\cdot1}$	0.027	$r_{J3\cdot12}$	0.022	$r_{J3\cdot124}$	−0.073
		$r_{J3\cdot2}$	0.040	$r_{J3\cdot14}$	0.092		
		$r_{J3\cdot4}$	−0.006	$r_{J3\cdot24}$	−0.088		
r_{J4}	0.072	$r_{J4\cdot1}$	0.169	$r_{J4\cdot12}$	0.235	$r_{J4\cdot123}$	0.332
		$r_{J4\cdot2}$	0.270	$r_{J4\cdot13}$	0.167		
		$r_{J4\cdot3}$	0.063	$r_{J4\cdot23}$	0.281		
$r_{\lambda1}$	0.158	$r_{\lambda1\cdot2}$	0.153	$r_{\lambda1\cdot23}$	−0.278	$r_{\lambda1\cdot234}$	0.413
		$r_{\lambda1\cdot3}$	0.320	$r_{\lambda1\cdot24}$	0.384		
		$r_{\lambda1\cdot4}$	0.351	$r_{\lambda1\cdot34}$	0.396		
$r_{\lambda2}$	0.105	$r_{\lambda2\cdot1}$	−0.098	$r_{\lambda2\cdot13}$	−0.221	$r_{\lambda2\cdot134}$	0.177
		$r_{\lambda2\cdot3}$	0.222	$r_{\lambda2\cdot14}$	0.250		
		$r_{\lambda2\cdot4}$	0.189	$r_{\lambda2\cdot34}$	0.124		
$r_{\lambda3}$	−0.181	$r_{\lambda3\cdot1}$	−0.330	$r_{\lambda3\cdot12}$	−0.345	$r_{\lambda3\cdot124}$	−0.269
		$r_{\lambda3\cdot2}$	−0.264	$r_{\lambda3\cdot14}$	−0.320		
		$r_{\lambda3\cdot4}$	−0.258	$r_{\lambda3\cdot24}$	−0.216		
$r_{\lambda4}$	0.058	$r_{\lambda4\cdot1}$	−0.322	$r_{\lambda4\cdot12}$	−0.389	$r_{\lambda4\cdot123}$	−0.327
		$r_{\lambda4\cdot2}$	−0.168	$r_{\lambda4\cdot13}$	−0.311		
		$r_{\lambda4\cdot3}$	0.195	$r_{\lambda4\cdot23}$	−0.063		
$r_{\alpha1}$	0.104	$r_{\alpha1\cdot2}$	−0.424	$r_{\alpha1\cdot23}$	−0.190	$r_{\alpha1\cdot234}$	−0.406
		$r_{\alpha1\cdot3}$	0.378	$r_{\alpha1.24}$	−0.385		
		$r_{\alpha1\cdot4}$	0.401	$r_{\alpha1\cdot34}$	−0.414		
$r_{\alpha2}$	0.294	$r_{\alpha2\cdot1}$	0.492*	$r_{\alpha2\cdot13}$	−0.214	$r_{\alpha2\cdot134}$	0.131
		$r_{\alpha2\cdot.3}$	0.551*	$r_{\alpha2\cdot14}$	0.264		
		$r_{\alpha2\cdot4}$	0.289	$r_{\alpha2\cdot34}$	0.158		
$r_{\alpha3}$	−0.338	$r_{\alpha3\cdot1}$	−0.482*	$r_{\alpha3\cdot12}$	−0.496*	$r_{\alpha3\cdot124}$	−0.551*
		$r_{\alpha3\cdot2}$	−0.570*	$r_{\alpha3\cdot14}$	−0.584*		
		$r_{\alpha3\cdot4}$	−0.577**	$r_{\alpha3\cdot24}$	−0.539*		
$r_{\alpha4}$	0.228	$r_{\alpha4\cdot1}$	0.443	$r_{\alpha4\cdot12}$	0.114	$r_{\alpha4\cdot123}$	0.298
		$r_{\alpha4\cdot2}$	−0.222	$r_{\alpha4\cdot13}$	0.557*		
		$r_{\alpha4\cdot3}$	−0.535*	$r_{\alpha4\cdot23}$	0.030		

注：d、H、D、J、λ、α 分别代表 Margalef 指数、Shannon-Wiener 指数、Gini 指数、Pielou 指数、Simpson 指数和 Fisher-α 指数；1、2、3、4 分别代表湖泊水环境碱度（mmol/L）、盐度（g/L）、pH 和 M/D

从偏相关系数的显著性可知，与盐度有关的多样性指数包括 Pielou 指数和 Fisher-α 指数。当碱度和 pH 一定时，Pielou 指数与盐度显著正相关($P<0.05$)；但碱度、pH 和 M/D 一定时，Pielou 指数与盐度不显著负相关($P<0.05$)。当碱度和 pH 分别保持不变时，Fisher-α 指数与盐度均显著正相关($P<0.05$)。

与 pH 和 M/D 有关的多样性指数只有 Fisher-α 指数。当碱度和盐度分别保持不变时，Fisher-α 指数与 pH 均显著负相关($P<0.05$)；而当离子系数一定时，则与 pH 极显著负相关($P<0.01$)。当碱度和盐度、碱度和 M/D、盐度和 M/D 均同时保持不变时，Fisher-α 指数与 pH 均显著负相关($P<0.05$)；而当碱度、盐度和 M/D 同时保持不变时，Fisher-α 指数与 pH 显著负相关($P<0.05$)。

从 Fisher-α 指数与 M/D 的相关性上看，在 pH 保持不变的情况下，二者显著正相关($P<0.05$)；在碱度与 pH 同时保持不变时，也为显著正相关($P<0.05$)。

Fisher-α 指数 α 是物种相对多度分布模型中对数级数分布模型的参数，它与群落物种数目和个体总数成正比，不受样方大小的影响。故通常被认为是一个很好的群落多样性指数，α 越大，群落多样性程度就越高。东北地区的湖泊沼泽多为盐碱湿地，水环境盐度、pH 通常相对较高，离子组成复杂多变。从以上结果可以看出，在当前的水环境条件下，Fisher-α 指数与盐度和 M/D 均显著正相关，而与 pH 则显著或极显著负相关。也就是说，pH 是影响鱼类多样性程度的主要水环境因子。这一点从三级偏相关系数显著($r_{\alpha 3\cdot 124}=-0.551$，$P<0.05$)也可得到体现。同时，Fisher-$\alpha$ 指数与碱度的三级偏相关系数($r_{\alpha 1\cdot 234}=-0.406$，$P>0.05$)虽然未达到显著水平，但其负相关性也表现出对群落多样性发展的限制效应。

2.4.3.2 物种丰富度与水环境因子的关系

表 2-33 为群落的物种丰富度与碱度、盐度、pH、M/D、$c(Na^+)/c(K^+)$ 和 $c(1/2Ca^{2+})/c(1/2Mg^{2+})$ 的相关性。与群落生态多样性指数同水环境因子的关系相反（参见 2.4.3.1），群落物种丰富度与 pH 的各级偏相关性虽然均未负相关，但其相关系数均未达到显著水平，表明二者之间的关系并不密切。群落物种丰富度与 $c(Na^+)/c(K^+)$ 和 $c(1/2Ca^{2+})/c(1/2Mg^{2+})$ 的偏相关系数中，只有一、二级偏相关系数出现显著和极显著，即在 $c(1/2Ca^{2+})/c(1/2Mg^{2+})$ 保持不变和 pH、$c(1/2Ca^{2+})/c(1/2Mg^{2+})$ 同时保持不变这两种情况下，物种丰富度与 $c(Na^+)/c(K^+)$ 均显著负相关；而当 $c(Na^+)/c(K^+)$ 保持不变时，物种丰富度与之极显著负相关。

表 2-33 38 片湖泊沼泽鱼类群落物种丰富度与水环境因子的相关性

简单相关性		一级相关性		二级相关性		三级相关性		四级相关性		五级相关性	
相关因子	r	相关因子	r	相关因子	r	相关因子	r	相关因子	r	相关因子	r
r_{S1}	-0.647^*	$r_{S1\cdot 2}$	-0.567^*	$r_{S1\cdot 23}$	-0.554^*	$r_{S1\cdot 234}$	-0.313	$r_{S1\cdot 2345}$	-0.192	$r_{S1\cdot 23456}$	-0.334
		$r_{S1\cdot 3}$	-0.580^{**}	$r_{S1\cdot 24}$	0.301	$r_{S1\cdot 235}$	-0.492^*	$r_{S1\cdot 2346}$	-0.417		
		$r_{S1\cdot 4}$	-0.323	$r_{S1\cdot 25}$	-0.486^*	$r_{S1\cdot 236}$	-0.635^{**}	$r_{S1\cdot 2356}$	-0.585^*		

续表

简单相关性		一级相关性		二级相关性		三级相关性		四级相关性		五级相关性	
相关因子	r	相关因子	r	相关因子	r	相关因子	r	相关因子	r	相关因子	r
r_{S1}		$r_{S1\cdot 5}$	−0.377	$r_{S1\cdot 26}$	−0.631**	$r_{S1\cdot 245}$	−0.189	$r_{S1\cdot 2456}$	−0.241		
		$r_{S1\cdot 6}$	−0.637**	$r_{S1\cdot 34}$	−0.322	$r_{S1\cdot 246}$	−0.409	$r_{S1\cdot 3456}$	−0.469		
				$r_{S1\cdot 35}$	−0.378	$r_{S1\cdot 256}$	−0.570*				
				$r_{S1\cdot 36}$	−0.614**	$r_{S1\cdot 345}$	−0.337				
				$r_{S1\cdot 45}$	−0.333	$r_{S1\cdot 346}$	−0.441				
				$r_{S1\cdot 46}$	−0.399	$r_{S1\cdot 356}$	−0.434				
				$r_{S1\cdot 56}$	−0.419	$r_{S1\cdot 456}$	−0.444				
r_{S2}	−0.448*	$r_{S2\cdot 1}$	0.332	$r_{S2\cdot 13}$	0.336	$r_{S2\cdot 134}$	0.429	$r_{S2\cdot 1345}$	0.521*	$r_{S2\cdot 13456}$	0.517*
		$r_{S2\cdot 3}$	−0.389	$r_{S2\cdot 14}$	0.409	$r_{S2\cdot 135}$	0.345	$r_{S2\cdot 1346}$	0.405		
		$r_{S2\cdot 4}$	0.423	$r_{S2\cdot 15}$	0.336	$r_{S2\cdot 136}$	0.438	$r_{S2\cdot 1356}$	0.439		
		$r_{S2\cdot 5}$	−0.059	$r_{S2\cdot 16}$	0.421	$r_{S2\cdot 145}$	0.523*	$r_{S2\cdot 1456}$	0.458		
		$r_{S2\cdot 6}$	−0.433	$r_{S2\cdot 34}$	0.434	$r_{S2\cdot 146}$	0.443	$r_{S2\cdot 3456}$	0.569*		
				$r_{S2\cdot 35}$	−0.058	$r_{S2\cdot 156}$	0.429				
				$r_{S2\cdot 36}$	−0.395	$r_{S2\cdot 345}$	0.574*				
				$r_{S2\cdot 45}$	0.574*	$r_{S2\cdot 346}$	0.430				
				$r_{S2\cdot 46}$	0.434	$r_{S2\cdot 356}$	−0.064				
				$r_{S2\cdot 56}$	−0.060	$r_{S2\cdot 456}$	0.571*				
r_{S3}	−0.362	$r_{S3\cdot 1}$	0.020	$r_{S3\cdot 12}$	0.059	$r_{S3\cdot 124}$	0.142	$r_{S3\cdot 1245}$	0.033	$r_{S3\cdot 12456}$	−0.108
		$r_{S3\cdot 2}$	−0.155	$r_{S3\cdot 14}$	0.011	$r_{S3\cdot 125}$	0.088	$r_{S3\cdot 1246}$	−0.098		
		$r_{S3\cdot 4}$	−0.026	$r_{S3\cdot 15}$	0.030	$r_{S3\cdot 126}$	−0.191	$r_{S3\cdot 1256}$	−0.165		
		$r_{S3\cdot 5}$	0.017	$r_{S3\cdot 16}$	−0.135	$r_{S3\cdot 145}$	0.058	$r_{S3\cdot 1456}$	−0.180		
		$r_{S3\cdot 6}$	−0.253	$r_{S3\cdot 24}$	0.110	$r_{S3\cdot 146}$	−0.219	$r_{S3\cdot 2456}$	−0.004		
				$r_{S3\cdot 25}$	0.012	$r_{S3\cdot 156}$	−0.130				
				$r_{S3\cdot 26}$	−0.165	$r_{S3\cdot 245}$	−0.002				
				$r_{S3\cdot 45}$	−0.004	$r_{S3\cdot 246}$	0.045				
				$r_{S3\cdot 46}$	−0.079	$r_{S3\cdot 256}$	−0.045				
				$r_{S3\cdot 56}$	−0.038	$r_{S3\cdot 456}$	0.060				
r_{S4}	−0.597*	$r_{S4\cdot 1}$	0.095	$r_{S4\cdot 12}$	−0.268	$r_{S4\cdot 123}$	−0.296	$r_{S4\cdot 1235}$	−0.483	$r_{S4\cdot 12356}$	−0.455
		$r_{S4\cdot 2}$	−0.554*	$r_{S4\cdot 13}$	0.093	$r_{S4\cdot 125}$	−0.444	$r_{S4\cdot 1256}$	−0.165		
		$r_{S4\cdot 3}$	−0.516*	$r_{S4\cdot 15}$	0.139	$r_{S4\cdot 126}$	−0.232	$r_{S4\cdot 1256}$	−0.327		
		$r_{S4\cdot 5}$	−0.233	$r_{S4\cdot 16}$	0.174	$r_{S4\cdot 135}$	0.148	$r_{S4\cdot 1356}$	0.305		
		$r_{S4\cdot 6}$	−0.561*	$r_{S4\cdot 23}$	−0.547*	$r_{S4\cdot 136}$	0.245	$r_{S4\cdot 2356}$	−0.599*		
				$r_{S4\cdot 25}$	−0.603**	$r_{S4\cdot 156}$	0.280				
				$r_{S4\cdot 26}$	−0.562*	$r_{S4\cdot 235}$	−0.603**				
				$r_{S4\cdot 35}$	−0.232	$r_{S4\cdot 236}$	−0.546*				
				$r_{S4\cdot 36}$	−0.522*	$r_{S4\cdot 256}$	−0.600*				
				$r_{S4\cdot 56}$	−0.231	$r_{S4\cdot 356}$	−0.623				

续表

简单相关性		一级相关性		二级相关性		三级相关性		四级相关性		五级相关性	
相关因子	r	相关因子	r	相关因子	r	相关因子	r	相关因子	r	相关因子	r
r_{S5}	−0.568	$r_{S5 \cdot 1}$	−0.022	$r_{S5 \cdot 12}$	−0.058	$r_{S5 \cdot 123}$	−0.087	$r_{S5 \cdot 1234}$	0.347	$r_{S5 \cdot 12346}$	0.295
		$r_{S5 \cdot 2}$	−0.337	$r_{S5 \cdot 13}$	−0.032	$r_{S5 \cdot 124}$	0.370	$r_{S5 \cdot 1236}$	−0.031		
		$r_{S5 \cdot 3}$	−0.476	$r_{S5 \cdot 14}$	−0.105	$r_{S5 \cdot 126}$	−0.103	$r_{S5 \cdot 1246}$	0.258		
		$r_{S5 \cdot 4}$	−0.060	$r_{S5 \cdot 16}$	−0.040	$r_{S5 \cdot 134}$	−0.120	$r_{S5 \cdot 1346}$	−0.188		
		$r_{S5 \cdot 6}$	−0.530*	$r_{S5 \cdot 23}$	−0.304	$r_{S5 \cdot 136}$	0.015	$r_{S5 \cdot 2346}$	0.416		
				$r_{S5 \cdot 24}$	0.432	$r_{S5 \cdot 146}$	−0.226				
				$r_{S5 \cdot 26}$	−0.343	$r_{S5 \cdot 234}$	0.420				
				$r_{S5 \cdot 34}$	−0.054	$r_{S5 \cdot 236}$	−0.308				
				$r_{S5 \cdot 36}$	−0.482*	$r_{S5 \cdot 246}$	0.418				
				$r_{S5 \cdot 46}$	−0.078	$r_{S5 \cdot 346}$	−0.059				
r_{S6}	0.253	$r_{S6 \cdot 1}$	−0.208	$r_{S6 \cdot 12}$	−0.339	$r_{S6 \cdot 123}$	−0.380	$r_{S6 \cdot 1234}$	−0.296	$r_{S5 \cdot 12346}$	−0.202
		$r_{S6 \cdot 2}$	0.047	$r_{S6 \cdot 13}$	−0.246	$r_{S6 \cdot 124}$	−0.312	$r_{S6 \cdot 1235}$	−0.372		
		$r_{S6 \cdot 3}$	−0.008	$r_{S6 \cdot 14}$	−0.253	$r_{S6 \cdot 125}$	−0.349	$r_{S6 \cdot 1245}$	−0.153		
		$r_{S6 \cdot 4}$	−0.055	$r_{S6 \cdot 15}$	−0.211	$r_{S6 \cdot 134}$	−0.330	$r_{S6 \cdot 1345}$	−0.358		
		$r_{S6 \cdot 5}$	−0.598**	$r_{S6 \cdot 23}$	−0.074	$r_{S6 \cdot 135}$	−0.245	$r_{S6 \cdot 2345}$	−0.003		
				$r_{S6 \cdot 24}$	−0.120	$r_{S6 \cdot 145}$	−0.319				
				$r_{S6 \cdot 25}$	−0.080	$r_{S6 \cdot 234}$	−0.065				
				$r_{S6 \cdot 34}$	−0.093	$r_{S6 \cdot 235}$	−0.091				
				$r_{S6 \cdot 35}$	−0.086	$r_{S6 \cdot 245}$	−0.001				
				$r_{S6 \cdot 45}$	−0.074	$r_{S6 \cdot 345}$	−0.095				

注：S 代表群落物种丰富度；1、2、3、4、5、6 分别代表湖沼水环境碱度（mmol/L）、盐度（g/L）、pH、M/D、$c(Na^+)/c(K^+)$ 和 $c(1/2Ca^{2+})/c(1/2Mg^{2+})$

群落物种丰富度与 M/D 的一至四级偏相关系数中均有达到显著或极显著水平的，且均为负相关性，这一点与 Fisher-α 指数不一样（与 M/D 的相关性均负相关）。在盐度、pH、$c(Na^+)/c(K^+)$ 和 $c(1/2Ca^{2+})/c(1/2Mg^{2+})$ 保持不变的条件下，群落物种丰富度与 M/D 显著负相关（$r_{S4 \cdot 2356}=-0.599$，$P<0.05$）；但当碱度因子参与其作用时，这种相关性又变得不显著（$r_{S4 \cdot 12356}=-0.455$，$P>0.05$）。这充分显示出生态因子间相互作用的复杂性。尽管如此，离子系数在一定程度上也表现出限制群落多样性健康发展的生态效应。

如上所述，生态多样性指数与碱度的相关性均不显著，但群落物种丰富度与碱度的一至四级偏相关系数均有达到显著水平的，且均为负相关。这说明湖泊水环境碱度水平在现有情况下继续升高，将有可能影响鱼类的生存与栖息。但从总体情况看，这种影响尚不显著 ($r_{S1 \cdot 23456}=-0.334$，$P>0.05$)。

群落物种丰富度与盐度的二至五级偏相关系数中，均有达到显著水平的，且均为正相关，说明湖泊水环境盐度水平在当前情况下继续升高，将有可能提高鱼类群落多样性。

综合上述结果可见，在当前水环境因子水平下，如果周围环境变化导致水生态因子发生变化时，东北及蒙新高原湖泊水环境盐度升高，将有利于提高湖泊鱼类群落多样性。但pH、碱度和 M/D 继续升高，将不利用于群落多样性的健康发展。

2.4.4 群落多样性的探讨

2.4.4.1 群落多样性指数的选择

研究38片湖泊沼泽鱼类群落 α-多样性所采用的多样性指数，除了常用的物种丰富度指数（d_{Ma}）、概率度量指数（λ 与 D_{Gi}）、信息度量指数（H）和基于 H 的均匀度指数（J）外，还采用了过去较少使用的 Fisher-α 指数（α）和几何度量指数 U 与 D_{Mc}。α 是物种多度对数级数分布模型的参数，可较好地反映群落的物种丰富度，但本书发现它显著地受群落样本大小的影响，这与文献[51]所记载的不同。U 对 N 的依赖性较强，当 N 一定时，与 S 呈不显著负相关（$r=-0.126$，$P>0.05$），可在一定程度上反映群落的一致性，这与 λ 相似，而且 $U=N\sqrt{\lambda}$，但二者的一致性未达显著水平（$r=0.202$，$P>0.05$）。D_{Mc} 是基于 U 的均匀度指数，与 J 显著一致，但二者又存在差别，当 N 一定时，D_{Mc} 与 S 显著相关，而 J 与 S 的相关性不明显。

提供群落异质性信息的 H 不受 S 和 N 的影响，适用于比较不同地区的多样性。例如，与长江中下游地区的湖泊相比，东北地区的 38 个湖泊沼泽鱼类群落 H 值低于滆湖 2.02（$u=-3.118$，$P<0.01$）（为著者统计整理，后文同）、洪湖 2.190（$u=-5.396$，$P<0.001$）和西洞庭湖 2.850（$u=-14.212$，$P<0.001$），高于蠡湖 1.512（$u=3.669$，$P<0.001$），与淀山湖 1.899（$u=-1.509$）和涨渡湖 1.900（$u=-1.514$）无显著差异（$P>0.05$），但和不同月份鄱阳湖湖口水域的 H 值（1.16～2.58）则互有上下。

针对鱼类群落的等级属性，本节还采用了基于物种数目的等级多样性指数，并利用鱼类名录计算群落目、科、属等级多样性指数。结果表明，$H_{O\cdot F\cdot G}$ 是群落物种丰富度和物种在目、科、属不同层次上分布均匀性的反映，而且不受样本大小的影响，也可用于群落间多样性的比较。著者根据文献资料计算上述长江中下游地区 12 个湖泊鱼类群落的 $H_{O\cdot F\cdot G}$ 值，分别为淀山湖 6.654、洪湖 13.84、蠡湖 9.152、滆湖 7.852、涨渡湖 15.809、西洞庭湖 16.390、太湖 11.539、鄱阳湖 18.239、牛山湖 12.403、黄湖 13.000、东汤逊湖 11.776 和龙感湖 15.464。相比之下，东北地区 38 片湖泊沼泽鱼类群落的 $H_{O\cdot F\cdot G}$ 值明显低于长江中下游地区（$u=-4.417$～-55.359，$P<0.001$），这与前者较低的鱼类物种丰富度相一致（$u=-45.310$，$P<0.001$）。

东北地区的一些湖泊沼泽如龙江湖、大力加湖、东北泡与淀山湖，哈什哈泡、涝洲泡与呼伦湖，跃进泡、红旗泡与兴凯湖，王花泡、鸿雁泡、乌兰泡与达里湖等，其鱼类群落的物种丰富度相同，而 $H_{O\cdot F\cdot G}$ 却不同，即使在分类阶元目、科、属的数目分别相同的湖泊沼泽，其 H_O、H_F、H_G 和 $H_{O\cdot F\cdot G}$ 也不尽相同。而在另一些湖泊沼泽如他拉红泡、北二十里泡、跃进泡、哈什哈泡和涝洲泡，其鱼类群落的物种丰富度明显低于淀山湖（$t=-3.012$，$P<0.05$），但 $H_{O\cdot F\cdot G}$ 显著高于淀山湖（$t=4.400$，$P<0.05$）；镜泊湖、东北泡、大力加湖

和跃进泡鱼类群落的物种丰富度明显低于蠡湖（$t = -8.744$，$P < 0.001$），而 $H_{O \cdot F \cdot G}$ 则无显著差别（$t = -1.626$，$P > 0.05$）。这些都反映出群落目、科、属层次上物种分布的不均匀性。群落目、科、属层次上物种分布有不均匀性，这种不均匀性可能也是物种丰富度最高的镜泊湖群落的 $H_{O \cdot F \cdot G}$ 值并非最大的重要原因之一。

以上结果揭示，与 d_{Ma}、H、D_{Gi}、α 等基于个体数的生态多样性指数相比，$H_{O \cdot F \cdot G}$ 是一种在目、科、属层次上反映群落物种结构的异质性的多样性指数，它可以通过名录中的物种数目快速地计算多样性指数；同时又是一种趋于标准化的多样性指数，有利于地区间多样性的比较与评估。

2.4.4.2 群落多样性程度评价

目前，生物群落多样性程度的评价尚无统一标准。根据物种丰富度与异质性相结合的多样性测度标准，本书采用 d_{Ma}、α、H 与 D_{Gi} 之和和 $H_{O \cdot F \cdot G}$ 两种标准评价 38 片湖泊沼泽鱼类群落的 α-多样性程度，其结果如表 2-34 所示。

表 2-34 38 片湖泊沼泽鱼类群落 α-多样性程度评价

以 d_{Ma}、α、H 与 D_{Gi} 之和为评价标准的排序	以 $H_{O \cdot F \cdot G}$ 为评价标准的排序
1. 五大连池，2. 龙江湖，3. 东北泡，4. 镜泊湖，5. 跃进泡，6. 大力加湖，7. 红旗湖，8. 涝洲泡，9. 碧绿泡，10. 兴凯湖，11. 新华湖，12. 贝尔湖，13. 哈什哈湖，14. 莫什海泡，15. 小兴凯湖，16. 北二十里泡，17. 七才泡，18. 月饼泡，19. 茨勒泡，20. 乌尔塔泡，21. 中内泡，22. 三勇湖，23. 八百垧泡，24. 鸿雁泡，25. 乌兰泡，26. 王花泡，27. 他拉红泡，28. 库里泡，29. 呼伦湖，30. 鹅头泡，31. 东大海，32. 鸭木蛋格泡，33. 西大海，34. 达里湖，35. 洋沙泡，36. 波罗泡，37. 张家泡，38. 八里泡	1. 东北泡，2. 大力加湖，3. 中内泡，4. 镜泊湖，5. 跃进泡，6. 涝洲泡，7. 五大连池，8. 龙江湖，9. 他拉红泡，10. 哈什哈湖，11. 北二十里泡，12. 七才泡，13. 呼伦湖，14. 兴凯湖，15. 茨勒泡，16. 小兴凯湖，17. 新华湖，18. 三勇湖，19. 月饼泡，20. 红旗湖，21. 乌尔塔泡，22. 碧绿泡，23. 达里湖，24. 贝尔湖，25. 莫什海泡，26. 八百垧泡，27. 鹅头泡，28. 库里泡，29. 西大海，30. 乌兰泡，31. 王花泡，32. 鸿雁泡，33. 东大海，34. 洋沙泡，35. 波罗泡，36. 鸭木蛋格泡，37. 张家泡，38. 八里泡

由表 2-34 可知，在两种评价结果的前 10 位和前 20 位中，分别有 7 片和 16 片湖泊沼泽共同拥有，后 18 位中的共有湖泊沼泽有 14 片，后 5 位中有 4 片；前 5 位中，物种丰富度相对较低的湖泊沼泽均列于相对最高的镜泊湖之前；群落 α-多样性程度总体上与物种丰富度格局相一致。这表明两种评价标准效果相近，但计算方法以后者更为简捷。

3　河流沼泽鱼类多样性

3.1　大兴安岭水系河流沼泽区

在《中国沼泽志》“沼泽分区”中，大兴安岭水系河流沼泽区隶属于“东北山地落叶松—灌丛—泥炭藓沼泽区”之下“大兴安岭落叶松—偃松—泥炭藓沼泽亚区”。该区有11片河流沼泽列入《中国沼泽志》，本书所研究的河流沼泽包含于绰尔河沼泽（152104-063）、海拉尔河沼泽（152104-064）、诺敏河沼泽（152104-065）、甘河沼泽（152103-066）、额木尔河沼泽（232723-001）及呼玛河沼泽（232721-006）。

该沼泽区包括黑龙江和嫩江两大水系，以大兴安岭和伊勒呼里山为分水岭。东北流向的河流有额木尔河、呼玛河、塔河、古莲河、大林河、老槽河、阿穆尔河、盘古河、倭勒根河等100余条，构成黑龙江水系，长度超过50km的河流总长度约3351km，年均径流量约132亿m^3；东南流向的河流有南瓮河、罕诺河、那都里河、大古里河、小古里河、多布库尔河、甘河等几十条，构成嫩江水系，长度超过50km的河流总长度约1059km，年均径流量约37亿m^3。这些河流10月末开始结冰，翌年5月末开始解冻，冰封期达7个月，冰层厚度1～3m。较小河流冬季水温在2℃左右，夏季6℃左右；夏季黑龙江水温14～16℃，嫩江14℃左右，均属冷水水域，有利于冷水性鱼类栖息与繁衍。

3.1.1　鱼类多样性概况

3.1.1.1　物种多样性

综合文献[2]、[6]、[9]、[31]、[32]及[87]～[96]，得出大兴安岭水系河流沼泽的鱼类物种为9目16科61属86种。其中，移入种1目1科2属2种，包括鳙和团头鲂；土著鱼类9目16科60属84种。

大兴安岭水系河流沼泽的土著鱼类，包括中国易危物种施氏鲟、鳇、日本七鳃鳗、雷氏七鳃鳗、哲罗鲑、乌苏里白鲑、黑龙江茴鱼及怀头鲇；中国特有种彩石鳑鲏、凌源鮈、东北颌须鮈、银鮈、辽宁棒花鱼、黄黝鱼及波氏吻虾虎鱼；冷水种日本七鳃鳗、雷氏七鳃鳗、大麻哈鱼、哲罗鲑、细鳞鲑、乌苏里白鲑、卡达白鲑、黑龙江茴鱼、池沼公鱼、亚洲公鱼、黑斑狗鱼、真鲂、拉氏鲂、瓦氏雅罗鱼、拟赤梢鱼、平口鮈、北鳅、北方须鳅、黑龙江花鳅、北方花鳅、江鳕、九棘刺鱼、黑龙江中杜父鱼及杂色杜父鱼（占28.57%）。

3.1.1.2 种类组成

大兴安岭水系河流沼泽的鱼类群落，鲤形目 57 种、鲑形目 9 种，分别占 66.28%及 10.47%；鲈形目和鲇形目均 6 种，各占 6.98%；七鳃鳗目、鲟形目和鲉形目均 2 种，各占 2.33%；鳕形目和刺鱼目均 1 种，各占 1.16%。科级分类单元中，鲤科 50 种、鳅科 7 种、鲑科 6 种、鲿科 4 种，分别占 58.14%、8.14%、6.98%和 4.65%；七鳃鳗科、鲟科、胡瓜鱼科、鲇科、杜父鱼科、鰕虎鱼科和塘鳢科均 2 种，各占 2.33%；狗鱼科、鮨科、鳢科、鳕科和刺鱼科均 1 种，各占 1.16%。

3.1.1.3 区系生态类群

大兴安岭水系河流沼泽土著鱼类中，除大麻哈鱼外，其余由 7 个区系生态类群构成（表 3-1～表 3-4）。

表 3-1 大兴安岭水系河流沼泽鱼类物种组成（Ⅰ）

种类	哈拉哈河上游[1]	绰尔河中上游[2]	雅鲁河[3]	诺敏河[3]	阿伦河[3]	根河[3]
一、七鳃鳗目 Petromyzoniformes						
（一）七鳃鳗科 Petromyzonidae						
1. 日本七鳃鳗 *Lampetra japonica*			+	+	+	+
2. 雷氏七鳃鳗 *Lampetra reissneri*			+			
二、鲑形目 Salmoniformes						
（二）鲑科 Salmonidae						
3. 哲罗鲑 *Hucho taimen*	+	+	+	+	+	+
4. 细鳞鲑 *Brachymystax lenok*	+		+	+	+	+
5. 乌苏里白鲑 *Coregonus ussuriensis*			+	+		
6. 黑龙江茴鱼 *Thymallus arcticus*	+	+	+	+	+	+
（三）胡瓜鱼科 Osmeridae						
7. 池沼公鱼 *Hypomesus olidus*			+	+		
（四）狗鱼科 Esocidae						
8. 黑斑狗鱼 *Esox reicherti*	+	+	+	+	+	+
三、鲤形目 Cypriniformes						
（五）鲤科 Cyprinidae						
9. 马口鱼 *Opsariichthys bidens*			+	+		
10. 瓦氏雅罗鱼 *Leuciscus waleckii waleckii*	+	+	+	+	+	+
11. 拟赤梢鱼 *Pseudaspius leptocephalus*	+	+	+			
12. 草鱼 *Ctenopharyngodon idella*			+	+	+	
13. 拉氏鲹 *Phoxinus lagowskii*	+		+	+		

续表

种类	哈拉哈河上游[1)]	绰尔河中上游[2)]	雅鲁河[3)]	诺敏河[3)]	阿伦河[3)]	根河[3)]
14. 真鲅 *Phoxinus phoxinus*	+	+	+	+		
15. 湖鲅 *Phoxinus percnurus*			+	+	+	
16. 花江鲅 *Phoxinus czekanowskii*	+	+			+	
17. 尖头鲅 *Phoxinus oxycephalus*			+	+		
18. 鲂 *Megalobrama skolkovii*			+	+		
19. 团头鲂 *Megalobrama amblycephala* ▲			+	+	+	+
20. 䱗 *Hemiculter leucisculus*			+	+	+	
21. 贝氏䱗 *Hemiculter bleekeri*			+			
22. 蒙古䱗 *Hemiculter lucidus warpachowsky*		+				
23. 红鳍原鲌 *Cultrichthys erythropterus*			+	+		
24. 蒙古鲌 *Culter mongolicus mongolicus*		+	+	+		
25. 银鲴 *Xenocypris argentea*			+	+		
26. 大鳍鱊 *Acheilognathus macropterus*		+	+	+		
27. 兴凯鱊 *Acheilognathus chankaensis*			+	+	+	
28. 黑龙江鳑鲏 *Rhodeus sericeus*		+	+	+	+	+
29. 彩石鳑鲏 *Rhodeus lighti*			+	+		+
30. 花䱻 *Hemibarbus maculatus*			+	+		
31. 唇䱻 *Hemibarbus laboe*	+	+	+	+	+	+
32. 条纹似白鮈 *Paraleucogobio strigatus*		+	+	+	+	+
33. 麦穗鱼 *Pseudorasbora parva*		+	+	+	+	+
34. 棒花鱼 *Abbottina rivularis*			+	+		+
35. 突吻鮈 *Rostrogobio amurensis*			+	+	+	
36. 蛇鮈 *Saurogobio dabryi*			+	+	+	+
37. 平口鮈 *Ladislavia taczanowskii*			+	+		+
38. 东北颌须鮈 *Gnathopogon mantschuricus*				+	+	
39. 银鮈 *Squalidus argentatus*				+	+	
40. 兴凯银鮈 *Squalidus chankaensis*			+	+		
41. 东北鳈 *Sarcocheilichthys lacustris*			+			
42. 凌源鮈 *Gobio lingyuanensis*			+	+		
43. 犬首鮈 *Gobio cynocephalus*		+	+	+	+	+
44. 细体鮈 *Gobio tenuicorpus*			+	+	+	+
45. 高体鮈 *Gobio soldatovi*		+	+	+		+
46. 鲤 *Cyprinus carpio*	+	+	+	+	+	+
47. 银鲫 *Carassius auratus gibelio*	+	+	+	+	+	+

续表

种类	哈拉哈河上游1)	绰尔河中上游2)	雅鲁河3)	诺敏河3)	阿伦河3)	根河3)
48. 潘氏鳅鮀 *Gobiobotia pappenheimi*			+	+		
（六）鳅科 Cobitidae						
49. 北方须鳅 *Barbatula barbatula nuda*			+	+		+
50. 北鳅 *Lefua costata*			+			
51. 黑龙江花鳅 *Cobitis lutheri*		+	+	+	+	+
52. 黑龙江泥鳅 *Misgurnus mohoity*		+	+			
53. 北方泥鳅 *Misgurnus bipartitus*			+	+	+	
54. 花斑副沙鳅 *Parabotia fasciata*			+			
四、鲇形目 Siluriformes						
（七）鲿科 Bagridae						
55. 黄颡鱼 *Pelteobagrus fulvidraco*			+	+	+	+
56. 乌苏拟鲿 *Pseudobagrus ussuriensis*			+	+		+
（八）鲇科 Siluridae						
57. 怀头鲇 *Silurus soldatovi*		+	+			
58. 鲇 *Silurus asotus*	+		+	+	+	+
五、鲈形目 Perciformes						
（九）塘鳢科 Eleotridae						
59. 葛氏鲈塘鳢 *Perccottus glehni*		+	+	+	+	+
（十）鳢科 Channidae						
60. 乌鳢 *Channa argus*		+	+	+		+
六、鲉形目 Scorpaeniformes						
（十一）杜父鱼科 Cottidae						
61. 杂色杜父鱼 *Cottus poecilopus*			+			
62. 黑龙江中杜父鱼 *Mesocottus haitej*		+		+	+	+
七、鳕形目 Gadiformes						
（十二）鳕科 Gadidae						
63. 江鳕 *Lota lota*	+	+	+	+	+	+
八、刺鱼目 Gasterosteiformes						
（十三）刺鱼科 Gasterosteidae						
64. 九棘刺鱼 *Pungitius pungitius*			+	+		

资料来源：1）文献[87]；2）文献[88]、[90]、[94]；3）文献[90]和[94]

表 3-2 大兴安岭水系河流沼泽鱼类物种组成（II）

种类	激流河1)	额木尔河1)	甘河1)	黑龙江上游2)	嫩江中上游3)	呼玛河4)
一、七鳃鳗目 Petromyzoniformes						

续表

种类	激流河[1]	额木尔河[1]	甘河[1]	黑龙江上游[2]	嫩江中上游[3]	呼玛河[4]
（一）七鳃鳗科 Petromyzonidae						
1. 日本七鳃鳗 *Lampetra japonica*	+	+	+	+	+	+
2. 雷氏七鳃鳗 *Lampetra reissneri*		+		+	+	+
二、鲟形目 Acipenseriformes						
（二）鲟科 Acipenseridae						
3. 施氏鲟 *Acipenser schrenckii*				+		+
4. 鳇 *Huso dauricus*				+		+
三、鲑形目 Salmoniformes						
（三）鲑科 Salmonidae						
5. 大麻哈鱼 *Oncorhynchus keta*				+		+
6. 哲罗鲑 *Hucho taimen*	+	+	+	+	+	+
7. 细鳞鲑 *Brachymystax lenok*	+	+	+	+	+	+
8. 乌苏里白鲑 *Coregonus ussuriensis*		+	+	+	+	+
9. 卡达白鲑 *Coregonus chadary*		+		+		+
10. 黑龙江茴鱼 *Thymallus arcticus*	+	+	+	+	+	+
（四）胡瓜鱼科 Osmeridae						
11. 池沼公鱼 *Hypomesus olidus*				+	+	+
12. 亚洲公鱼 *Hypomesus transpacificus nipponensis*					+	
（五）狗鱼科 Esocidae						
13. 黑斑狗鱼 *Esox reicherti*	+	+	+	+	+	+
四、鲤形目 Cypriniformes						
（六）鲤科 Cyprinidae						
14. 马口鱼 *Opsariichthys bidens*				+	+	+
15. 中华细鲫 *Aphyocypris chinensis*					+	
16. 瓦氏雅罗鱼 *Leuciscus waleckii waleckii*	+	+	+	+	+	+
17. 拟赤梢鱼 *Pseudaspius leptocephalus*	+	+	+	+	+	+
18. 青鱼 *Mylopharyngodon piceus*			+	+		
19. 草鱼 *Ctenopharyngodon idella*				+	+	+
20. 鳡 *Elopichthys bambusa*			+	+	+	
21. 拉氏鲅 *Phoxinus lagowskii*			+	+	+	+
22. 真鲅 *Phoxinus phoxinus*	+		+	+		+
23. 湖鲅 *Phoxinus percnurus*		+	+	+	+	+
24. 花江鲅 *Phoxinus czekanowskii*			+	+		
25. 尖头鲅 *Phoxinus oxycephalus*			+	+		
26. 赤眼鳟 *Squaliobarbus curriculus*				+		
27. 鳊 *Parabramis pekinensis*			+	+	+	

续表

种类	激流河[1)]	额木尔河[1)]	甘河[1)]	黑龙江上游[2)]	嫩江中上游[3)]	呼玛河[4)]
28. 鲂 *Megalobrama skolkovii*				+		
29. 团头鲂 *Megalobrama amblycephala* ▲	+	+			+	
30. 䱗 *Hemiculter leucisculus*			+	+	+	
31. 贝氏䱗 *Hemiculter bleekeri*	+		+	+		
32. 红鳍原鲌 *Cultrichthys erythropterus*			+	+		
33. 蒙古鲌 *Culter mongolicus mongolicus*	+		+	+	+	
34. 翘嘴鲌 *Culter alburnus*	+		+	+	+	
35. 银鲴 *Xenocypris argentea*				+	+	+
36. 细鳞鲴 *Xenocypris microleps*				+	+	
37. 大鳍鱊 *Acheilognathus macropterus*			+	+	+	
38. 兴凯鱊 *Acheilognathus chankaensis*			+	+	+	
39. 黑龙江鳑鲏 *Rhodeus sericeus*	+	+	+	+	+	+
40. 花䱻 *Hemibarbus maculatus*	+	+	+	+	+	+
41. 唇䱻 *Hemibarbus laboe*	+	+	+	+	+	+
42. 条纹似白鮈 *Paraleucogobio strigatus*	+	+	+	+	+	+
43. 麦穗鱼 *Pseudorasbora parva*	+	+	+	+	+	+
44. 棒花鱼 *Abbottina rivularis*		+		+	+	+
45. 突吻鮈 *Rostrogobio amurensis*		+		+	+	
46. 蛇鮈 *Saurogobio dabryi*	+	+	+	+	+	+
47. 平口鮈 *Ladislavia taczanowskii*	+			+	+	+
48. 东北颌须鮈 *Gnathopogon mantschuricus*		+		+		
49. 银鮈 *Squalidus argentatus*					+	
50. 兴凯银鮈 *Squalidus chankaensis*			+	+	+	
51. 东北鳈 *Sarcocheilichthys lacustris*			+	+	+	+
52. 克氏鳈 *Sarcocheilichthys czerskii*		+		+		+
53. 凌源鮈 *Gobio lingyuanensis*		+		+		
54. 犬首鮈 *Gobio cynocephalus*	+	+	+	+	+	+
55. 细体鮈 *Gobio tenuicorpus*	+	+	+	+	+	+
56. 高体鮈 *Gobio soldatovi*	+	+		+	+	
57. 鲤 *Cyprinus carpio*	+	+	+	+	+	+
58. 银鲫 *Carassius auratus gibelio*	+	+	+	+	+	+
59. 鲢 *Hypophthalmichthys molitrix*			+	+	+	+
60. 鳙 *Aristichthys nobilis* ▲					+	
61. 潘氏鳅鮀 *Gobiobotia pappenheimi*				+		
（七）鳅科 Cobitidae						

续表

种类	激流河 1)	额木尔河 1)	甘河 1)	黑龙江上游 2)	嫩江中上游 3)	呼玛河 4)
62. 北方须鳅 *Barbatula barbatula nuda*	+		+	+	+	+
63. 北鳅 *Lefua costata*	+	+		+	+	+
64. 黑龙江花鳅 *Cobitis lutheri*	+	+	+	+	+	+
65. 北方花鳅 *Cobitis granoci*	+			+	+	+
66. 黑龙江泥鳅 *Misgurnus mohoity*			+		+	
67. 北方泥鳅 *Misgurnus bipartitus*				+	+	+
68. 花斑副沙鳅 *Parabotia fasciata*				+	+	
五、鲇形目 Siluriformes						
（八）鲿科 Bagridae						
69. 黄颡鱼 *Pelteobagrus fulvidraco*	+	+	+	+	+	+
70. 光泽黄颡鱼 *Pelteobagrus nitidus*				+	+	
71. 乌苏拟鲿 *Pseudobagrus ussuriensis*			+	+	+	
72. 纵带鮠 *Leiocassis argentivittatus*	+	+			+	
（九）鲇科 Siluridae						
73. 怀头鲇 *Silurus soldatovi*					+	
74. 鲇 *Silurus asotus*	+	+	+	+	+	+
六、鲈形目 Perciformes						
（十）鮨科 Serranidae						
75. 鳜 *Siniperca chuatsi*	+	+		+	+	
（十一）塘鳢科 Eleotridae						
76. 葛氏鲈塘鳢 *Perccottus glehni*	+	+	+	+	+	+
77. 黄黝鱼 *Hypseleotris swinhonis*					+	
（十二）鰕虎鱼科 Gobiidae						
78. 褐吻鰕虎鱼 *Rhinogobius brunneus*	+	+				+
79. 波氏吻鰕虎鱼 *Rhinogobius cliffordpopei*					+	
（十三）鳢科 Channidae						
80. 乌鳢 *Channa argus*		+	+	+	+	+
七、鲉形目 Scorpaeniformes						
（十四）杜父鱼科 Cottidae						
81. 杂色杜父鱼 *Cottus poecilopus*				+		+
82. 黑龙江中杜父鱼 *Mesocottus haitej*	+	+	+	+	+	+
八、鳕形目 Gadiformes						
（十五）鳕科 Gadidae						
83. 江鳕 *Lota lota*	+	+	+	+	+	+

资料来源：1）文献[31]、[90]、[94]和[95]；2）文献[2]、[6]、[9]、[31]、[66]、[92]和[95]；3）文献[6]、[9]、[66]、[91]和[95]；4）文献[31]、[93]、[96]和[97]

表 3-3 大兴安岭水系河流沼泽鱼类物种组成（III）

种类	多布库尔河[1)]	海拉尔河[1)]	额尔古纳河上游[2)]	额尔古纳河中下游[2)]
一、七鳃鳗目 Petromyzoniformes				
（一）七鳃鳗科 Petromyzonidae				
1. 日本七鳃鳗 *Lampetra japonica*	+	+		
2. 雷氏七鳃鳗 *Lampetra reissneri*				+
二、鲟形目 Acipenseriformes				
（二）鲟科 Acipenseridae				
3. 施氏鲟 *Acipenser schrenckii*			+	+
三、鲑形目 Salmoniformes				
（三）鲑科 Salmonidae				
4. 哲罗鲑 *Hucho taimen*	+	+	+	+
5. 细鳞鲑 *Brachymystax lenok*	+	+	+	+
6. 乌苏里白鲑 *Coregonus ussuriensis*		+		
7. 卡达白鲑 *Coregonus chadary*		+	+	+
8. 黑龙江茴鱼 *Thymallus arcticus*	+	+		+
（四）狗鱼科 Esocidae				
9. 黑斑狗鱼 *Esox reicherti*	+	+	+	+
四、鲤形目 Cypriniformes				
（五）鲤科 Cyprinidae				
10. 瓦氏雅罗鱼 *Leuciscus waleckii waleckii*	+	+	+	+
11. 真鲅 *Phoxinus phoxinus*	+	+	+	+
12. 湖鲅 *Phoxinus percnurus*	+	+	+	
13. 花江鲅 *Phoxinus czekanowskii*		+	+	+
14. 拉氏鲅 *Phoxinus lagowskii*		+	+	+
15. 尖头鲅 *Phoxinus oxycephalus*		+	+	
16. 拟赤梢鱼 *Pseudaspius leptocephalus*	+		+	+
17. 团头鲂 *Megalobrama amblycephala*▲	+	+	+	
18. 𩷏 *Hemiculter leucisculus*	+	+	+	
19. 贝氏𩷏 *Hemiculter bleekeri*	+	+	+	+
20. 蒙古鲌 *Culter mongolicus mongolicus*	+			
21. 翘嘴鲌 *Culter alburnus*	+			
22. 红鳍原鲌 *Cultrichthys erythropterus*	+	+	+	
23. 大鳍鱊 *Acheilognathus macropterus*	+			
24. 黑龙江鳑鲏 *Rhodeus sericeus*	+	+	+	+
25. 唇䱻 *Hemibarbus laboe*	+	+	+	+
26. 条纹似白鮈 *Paraleucogobio strigatus*	+			+
27. 麦穗鱼 *Pseudorasbora parva*	+	+	+	+

续表

种类	多布库尔河[1)]	海拉尔河[1)]	额尔古纳河上游[2)]	额尔古纳河中下游[2)]
28. 棒花鱼 *Abbottina rivularis*				+
29. 突吻鮈 *Rostrogobio amurensis*			+	
30. 蛇鮈 *Saurogobio dabryi*	+	+	+	
31. 平口鮈 *Ladislavia taczanowskii*				+
32. 犬首鮈 *Gobio cynocephalus*	+	+	+	+
33. 细体鮈 *Gobio tenuicorpus*	+	+	+	+
34. 高体鮈 *Gobio soldatovi*		+	+	
35. 鲤 *Cyprinus carpio*	+	+	+	
36. 银鲫 *Carassius auratus gibelio*	+	+	+	+
（六）鳅科 Cobitidae				
37. 北方须鳅 *Barbatula barbatula nuda*		+	+	+
38. 北鳅 *Lefua costata*		+		
39. 黑龙江花鳅 *Cobitis lutheri*	+	+	+	+
五、鲇形目 Siluriformes				
（七）鲿科 Bagridae				
40. 黄颡鱼 *Pelteobagrus fulvidraco*		+	+	
（八）鲇科 Siluridae				
41. 鲇 *Silurus asotus*	+	+		+
六、鳕形目 Gadiformes				
（九）鳕科 Gadidae				
42. 江鳕 *Lota lota*	+	+	+	
七、鲉形目 Scorpaeniformes				
（十）杜父鱼科 Cottidae				
43. 黑龙江中杜父鱼 *Mesocottus haitej*	+	+	+	+
八、鲈形目 Perciformes				
（十一）鮨科 Serranidae				
44. 鳜 *Siniperca chuatsi*	+			
（十二）塘鳢科 Eleotridae				
45. 葛氏鲈塘鳢 *Perccottus glehni*	+	+	+	
（十三）鰕虎鱼科 Gobiidae				
46. 褐吻鰕虎鱼 *Rhinogobius brunneus*			+	
（十四）鳢科 Channidae				
47. 乌鳢 *Channa argus*	+			

资料来源：1）文献[31]、[89]、[90]、[93]和[94]；2）文献[9]、[31]、[89]、[94]和[95]

表 3-4 大兴安岭水系河流沼泽鱼类物种统计

种类	种类
一、七鳃鳗目 Petromyzoniformes	27. 鳘 *Hemiculter leucisculus*
（一）七鳃鳗科 Petromyzonidae	28. 贝氏鳘 *Hemiculter bleekeri*
1. 日本七鳃鳗 *Lampetra japonica*	29. 蒙古鳘 *Hemiculter lucidus warpachowsky*
2. 雷氏七鳃鳗 *Lampetra reissneri*	30. 翘嘴鲌 *Culter alburnus*
二、鲟形目 Acipenseriformes	31. 蒙古鲌 *Culter mongolicus mongolicus*
（二）鲟科 Acipenseridae	32. 鲂 *Megalobrama skolkovii*
3. 施氏鲟 *Acipenser schrenckii*	33. 团头鲂 *Megalobrama amblycephala*▲
4. 鳇 *Huso dauricus*	34. 红鳍原鲌 *Cultrichthys erythropterus*
三、鲑形目 Salmoniformes	35. 鳊 *Parabramis pekinensis*
（三）鲑科 Salmonidae	36. 银鲴 *Xenocypris argentea*
5. 大麻哈鱼 *Oncorhynchus keta*	37. 细鳞鲴 *Xenocypris microleps*
6. 哲罗鲑 *Hucho taimen*	38. 兴凯鱊 *Acheilognathus chankaensis*
7. 细鳞鲑 *Brachymystax lenok*	39. 大鳍鱊 *Acheilognathus macropterus*
8. 乌苏里白鲑 *Coregonus ussuriensis*	40. 黑龙江鳑鲏 *Rhodeus sericeus*
9. 卡达白鲑 *Coregonus chadary*	41. 彩石鳑鲏 *Rhodeus lighti*
10. 黑龙江茴鱼 *Thymallus arcticus*	42. 花鲭 *Hemibarbus maculatus*
（四）胡瓜鱼科 Osmeridae	43. 唇鲭 *Hemibarbus laboe*
11. 池沼公鱼 *Hypomesus olidus*	44. 条纹似白鮈 *Paraleucogobio strigatus*
12. 亚洲公鱼 *Hypomesus transpacificus nipponensis*	45. 麦穗鱼 *Pseudorasbora parva*
（五）狗鱼科 Esocidae	46. 东北颌须鮈 *Gnathopogon mantschuricus*
13. 黑斑狗鱼 *Esox reicherti*	47. 银鮈 *Squalidus argentatus*
四、鲤形目 Cypriniformes	48. 兴凯银鮈 *Squalidus chankaensis*
（六）鲤科 Cyprinidae	49. 东北鳈 *Sarcocheilichthys lacustris*
14. 马口鱼 *Opsariichthys bidens*	50. 克氏鳈 *Sarcocheilichthys czerskii*
15. 中华细鲫 *Aphyocypris chinensis*	51. 高体鮈 *Gobio soldatovi*
16. 瓦氏雅罗鱼 *Leuciscus waleckii waleckii*	52. 凌源鮈 *Gobio lingyuanensis*
17. 青鱼 *Mylopharyngodon piceus*	53. 犬首鮈 *Gobio cynocephalus*
18. 草鱼 *Ctenopharyngodon idella*	54. 细体鮈 *Gobio tenuicorpus*
19. 真鲅 *Phoxinus phoxinus*	55. 平口鮈 *Ladislavia taczanowskii*
20. 湖鲅 *Phoxinus percnurus*	56. 棒花鱼 *Abbottina rivularis*
21. 花江鲅 *Phoxinus czekanowskii*	57. 蛇鮈 *Saurogobio dabryi*
22. 拉氏鲅 *Phoxinus lagowskii*	58. 突吻鮈 *Rostrogobio amurensis*
23. 尖头鲅 *Phoxinus oxycephalus*	59. 鲤 *Cyprinus carpio*
24. 拟赤梢鱼 *Pseudaspius leptocephalus*	60. 银鲫 *Carassius auratus gibelio*
25. 赤眼鳟 *Squaliobarbus curriculus*	61. 鲢 *Hypophthalmichthys molitrix*
26. 鳡 *Elopichthys bambusa*	62. 鳙 *Aristichthys nobilis*▲

续表

种类	种类
63. 潘氏鳅鮀 *Gobiobotia pappenheimi*	77. 江鳕 *Lota lota*
（七）鳅科 Cobitidae	七、刺鱼目 Gasterosteiformes
64. 北鳅 *Lefua costata*	（十一）刺鱼科 Gasterosteidae
65. 北方须鳅 *Barbatula barbatula nuda*	78. 九棘刺鱼 *Pungitius pungitius*
66. 黑龙江花鳅 *Cobitis lutheri*	八、鲉形目 Scorpaeniformes
67. 北方花鳅 *Cobitis granoci*	（十二）杜父鱼科 Cottidae
68. 北方泥鳅 *Misgurnus bipartitus*	79. 黑龙江中杜父鱼 *Mesocottus haitej*
69. 黑龙江泥鳅 *Misgurnus mohoity*	80. 杂色杜父鱼 *Cottus poecilopus*
70. 花斑副沙鳅 *Parabotia fasciata*	九、鲈形目 Perciformes
五、鲇形目 Siluriformes	（十三）鮨科 Serranidae
（八）鲿科 Bagridae	81. 鳜 *Siniperca chuatsi*
71. 黄颡鱼 *Pelteobagrus fulvidraco*	（十四）塘鳢科 Eleotridae
72. 光泽黄颡鱼 *Pelteobagrus nitidus*	82. 葛氏鲈塘鳢 *Perccottus glehni*
73. 纵带鮠 *Leiocassis argentivittatus*	83. 黄黝鱼 *Hypseleotris swinhonis*
74. 乌苏拟鲿 *Pseudobagrus ussuriensis*	（十五）鰕虎鱼科 Gobiidae
（九）鲇科 Siluridae	84. 褐吻鰕虎鱼 *Rhinogobius brunneus*
75. 怀头鲇 *Silurus soldatovi*	85. 波氏吻鰕虎鱼 *Rhinogobius cliffordpopei*
76. 鲇 *Silurus asotus*	（十六）鳢科 Channidae
六、鳕形目 Gadiformes	86. 乌鳢 *Channa argus*
（十）鳕科 Gadidae	

1）江河平原区系生态类群：青鱼、草鱼、鲢、鳡、中华细鲫、马口鱼、红鳍原鲌、2种鲌、鳊、鲂、3种鰲、2种鲴、2种鱊、蛇鮈、2种银鮈、2种鳈、棒花鱼、潘氏鳅鮀、花斑副沙鳅和鳜，占32.53%。

2）北方平原区系生态类群：瓦氏雅罗鱼、拟赤梢鱼、4种鲂（除真鲂外）、4种鮈、突吻鮈、条纹似白鮈、平口鮈、东北颌须鮈、北鳅、北方须鳅、2种花鳅、黑斑狗鱼和2种吻鰕虎鱼，占25.30%。

3）新近纪区系生态类群：2种七鳃鳗、施氏鲟、鳇、鲤、银鲫、赤眼鳟、麦穗鱼、2种鳑鲏、2种鱊、2种泥鳅和2种鲇，占19.28%。

4）北方山地区系生态类群：哲罗鲑、细鳞鲑、黑龙江茴鱼、2种杜父鱼和真鲂，占7.23%。

5）热带平原区系生态类群：乌鳢、2种黄颡鱼、黄黝鱼、乌苏拟鲿、纵带鮠和葛氏鲈塘鳢，占8.43%。

6）北极淡水区系生态类群：2种公鱼、2种白鲑和江鳕，占6.02%。

7）北极海洋区系生态类群：九棘刺鱼，占1.20%。

以上北方区系生态类群33种，占39.76%。

3.1.2 内蒙古大兴安岭水系

内蒙古大兴安岭水系分属嫩江和额尔古纳河两水系。嫩江水系内蒙古大兴安岭境内的主要河流有欧肯河、多布库尔河、勃音那河、诺敏河、阿伦河、甘河、绰尔河、那都里河等。额尔古纳河上游为海拉尔河，发源于大兴安岭西侧乌尔其汉林业局兴安里林场的古利亚山。干流由东向西至牙克石与库都尔河汇合，至海拉尔市附近与伊敏河汇合后转向北方，流入额尔古纳河。额尔古纳河干流为中俄界河，在内蒙古大兴安岭地区较大的支流有恩和哈达河、乌玛河、阿巴河、莫尔道嘎河、激流河、吉拉林河、得尔布尔河等。

3.1.2.1 鱼类学研究简史

内蒙古大兴安岭水系为黑龙江水系的一部分。近代中外学者曾对黑龙江水系鱼类进行了广泛的研究。最早是俄国学者 Паллас 于 1772 年 5～12 月考察了黑龙江支流鄂嫩河（今俄罗斯境内）和中俄界河额尔古纳河，提出了包括 15 种鱼类的名录。此后 Георги 等诸多学者先后对黑龙江水系的鱼类进行了采集和研究，直到 1909 年俄国学者 Берг 对前 100 多年的调查研究结果进行了总结，出版了《黑龙江鱼类》（Рыбыбассеии Амура），该书记载了 72 种鱼类，其中涉及大兴安岭北部河流的鱼类共有 23 种。

1949 年以后，有关科研机构和高等院校的科技人员，对黑龙江水系鱼类组成、鲑鳟鱼类渔业生物学及资源状况、鲟鳇鱼类个体生物学及渔业资源等进行了大量的调查研究，发表了不少论著。1957～1958 年中国和苏联黑龙江渔业考察队中国小分队对中国一侧的黑龙江水系进行了鱼类学和渔业调查，记录了大兴安岭北部鱼类 17 种[31]。1981 年任慕莲依据考察成果并总结了此前黑龙江水系鱼类研究资料，编辑出版了《黑龙江鱼类》[9]，记录了黑龙江水系 97 种（包括亚种）鱼类，其中涉及大兴安岭地区的鱼类有 69 种。1980～1983 年全国农业资源调查和区划研究期间，由中国水产科学研究院黑龙江水产研究所牵头，黑龙江、吉林、辽宁、内蒙古 4 省（自治区）分头进行了黑龙江水系（包括鸭绿江、辽河和内蒙古东四盟内流性水域）渔业资源调查，编辑出版了《黑龙江水系渔业资源》，记录了大兴安岭地区鱼类 73 种[32]。1989 年马逸清在《大兴安岭地区野生动物》一书中，记录了大兴安岭地区鱼类 81 种[89]。20 世纪 90 年代以来，内蒙古自治区水产科学研究所、中国水产科学研究院黑龙江水产研究所、黑龙江省嫩江水产研究所等也曾对大兴安岭地区的鱼类进行过调查研究。

3.1.2.2 物种多样性

文献中记载内蒙古大兴安岭水系河流沼泽的鱼类物种为 7 目 11 科 33 属 42 种（表 3-5），均为土著种，其中包括冷水种哲罗鲑、细鳞鲑、乌苏里白鲑、黑龙江茴鱼、黑斑狗鱼、真鲅、拉氏鲅、瓦氏雅罗鱼、拟赤梢鱼、平口鮈、北方须鳅、黑龙江花鳅、江鳕及黑龙江中杜父鱼（占 33.33%）和中国易危种哲罗鲑、细鳞鲑及黑龙江茴鱼。

表 3-5　内蒙古大兴安岭水系河流沼泽鱼类物种组成[90]

种类	嫩江水系								额尔古纳河水系							
	a	b	c	d	e	f	g	h	i	j	k	l	m	n	o	p
一、鲟形目 Acipenseriformes																
（一）鲟科 Acipenseridae																
1. 鳇 *Huso dauricus*																+
二、鲑形目 Salmoniformes																
（二）鲑科 Salmonidae																
2. 哲罗鲑 *Hucho taimen*	+	+	+	+	+	+	+	+				+	+	+	+	
3. 细鳞鲑 *Brachymystax lenok*	+		+	+	+		+	+		+	+	+	+	+	+	+
4. 乌苏里白鲑 *Coregonus ussuriensis*	+		+	+			+		+							
5. 黑龙江茴鱼 *Thymallus arcticus*									+							+
（三）狗鱼科 Esocidae																
6. 黑斑狗鱼 *Esox reicherti*	+	+	+	+	+	+	+	+	+	+	+	+	+	+	+	+
三、鲤形目 Cypriniformes																
（四）鲤科 Cyprinidae																
7. 瓦氏雅罗鱼 *Leuciscus waleckii waleckii*	+	+	+	+	+	+	+	+	+	+	+	+	+	+	+	+
8. 拟赤梢鱼 *Pseudaspius leptocephalus*	+	+	+	+	+	+	+	+	+	+	+	+	+	+	+	+
9. 湖鲅 *Phoxinus percnurus*				+			+	+	+	+	+			+		
10. 花江鲅 *Phoxinus czekanowskii*									+	+	+					
11. 拉氏鲅 *Phoxinus lagowskii*									+	+	+					
12. 尖头鲅 *Phoxinus oxycephalus*	+			+	+		+									
13. 真鲅 *Phoxinus phoxinus*	+	+	+	+	+	+	+	+								
14. 花䱻 *Hemibarbus maculatus*				+	+		+									+
15. 唇䱻 *Hemibarbus laboe*	+	+	+	+	+	+	+	+	+	+	+	+	+	+	+	+
16. 麦穗鱼 *Pseudorasbora parva*	+	+	+	+	+	+	+	+	+	+	+	+	+	+	+	+
17. 犬首鮈 *Gobio cynocephalus*	+	+	+	+	+	+	+	+	+	+	+	+	+	+	+	+
18. 高体鮈 *Gobio soldatovi*						+	+							+	+	
19. 细体鮈 *Gobio tenuicorpus*				+	+		+		+	+	+	+	+	+	+	+
20. 兴凯银鮈 *Squalidus chankaensis*				+			+									
21. 条纹似白鮈 *Paraleucogobio strigatus*	+	+	+	+	+	+	+	+	+	+	+	+	+	+	+	+
22. 东北鳈 *Sarcocheilichthys lacustris*				+	+		+		+	+	+	+	+	+	+	+
23. 棒花鱼 *Abbottina rivularis*									+	+	+				+	

续表

种类	嫩江水系								额尔古纳河水系							
	a	b	c	d	e	f	g	h	i	j	k	l	m	n	o	p
24. 平口鮈 *Ladislavia taczanowskii*									+	+		+	+		+	+
25. 蛇鮈 *Saurogobio dabryi*				+	+		+									
26. 翘嘴鲌 *Culter alburnus*	+	+	+	+	+	+	+		+	+	+	+				
27. 蒙古鲌 *Culter mongolicus mongolicus*	+	+	+	+	+	+	+		+	+	+	+				
28. 红鳍原鲌 *Cultrichthys erythropterus*	+	+	+	+	+	+	+	+								
29. 䱗 *Hemiculter leucisculus*	+	+	+	+	+	+	+	+								
30. 贝氏䱗 *Hemiculter bleekeri*	+	+	+	+	+	+	+	+	+	+	+	+	+	+	+	+
31. 黑龙江鳑鲏 *Rhodeus sericeus*	+	+	+	+	+	+	+	+								
32. 大鳍鱊 *Acheilognathus macropterus*	+	+	+	+	+	+	+	+	+							
33. 银鲫 *Carassius auratus gibelio*	+	+	+	+	+	+	+	+	+	+	+	+	+	+	+	+
（五）鳅科 Cobitidae																
34. 黑龙江泥鳅 *Misgurnus mohoity*	+	+	+	+	+	+	+	+	+	+	+	+	+	+	+	+
35. 北方须鳅 *Barbatula barbatula nuda*					+		+	+		+	+	+	+			
36. 黑龙江花鳅 *Cobitis lutheri*	+	+	+	+	+	+	+	+	+	+	+	+	+	+	+	+
四、鲇形目 Siluriformes																
（六）鲇科 Siluridae																
37. 鲇 *Silurus asotus*	+	+	+	+	+	+	+	+	+	+	+	+	+	+	+	+
五、鲈形目 Perciformes																
（七）塘鳢科 Eleotridae																
38. 葛氏鲈塘鳢 *Perccottus glehni*	+	+	+	+	+	+	+	+	+	+	+	+	+	+	+	+
（八）鰕虎鱼科 Gobiidae																
39. 褐吻鰕虎鱼 *Rhinogobius brunneus*									+	+		+	+			
（九）鳢科 Channidae																
40. 乌鳢 *Channa argus*	+	+	+	+	+	+	+	+								
六、鲉形目 Scorpaeniformes																
（十）杜父鱼科 Cottidae																
41. 黑龙江中杜父鱼 *Mesocottus haitej*	+	+	+	+	+	+	+	+		+	+	+	+			
七、鳕形目 Gadiformes																
（十一）鳕科 Gadidae																
42. 江鳕 *Lota lota*	+	+	+	+	+	+	+	+	+	+	+	+	+	+	+	+

注：嫩江水系（a. 欧肯河，b. 多布库尔河，c. 勃音那河，d. 诺敏河，e. 阿伦河，f. 绰尔河，g. 甘河，h. 那都里河）；额尔古纳河水系（i. 恩和哈达河，j. 乌玛河，k. 阿巴河，l. 激流河，m. 莫尔道嘎河，n. 吉拉林河，o. 得尔布尔河，p. 额尔古纳河）。引用时经过整理

3.1.2.3 种类组成

内蒙古大兴安岭水系河流沼泽鱼类群落中，鲤形目 30 种、鲑形目 5 种、鲈形目 3 种，分别占 71.43%、11.90%及 7.14%；鲟形目、鳕形目、鲉形目和鲇形目均 1 种，各占 2.38%。科级分类单元中，鲤科 27 种、鲑科 4 种、鳅科 3 种，分别占 64.29%、9.52%及 7.14%；狗鱼科、鲟科、鳕科、杜父鱼科、鳢科、鰕虎鱼科、塘鳢科和鲇科均 1 种，各占 2.38%。

3.1.2.4 区系生态类群

内蒙古大兴安岭水系河流沼泽的土著鱼类群落由 6 个区系生态类群构成。

1）江河平原区系生态类群：红鳍原鲌、2 种鲌、2 种鳘、2 种鳎、蛇鮈、兴凯银鮈、东北鳈和棒花鱼，占 26.19%。

2）北方平原区系生态类群：瓦氏雅罗鱼、拟赤梢鱼、4 种鲹（除真鲹外）、3 种鮈、条纹似白鮈、平口鮈、北方须鳅、黑龙江花鳅、黑斑狗鱼和褐吻鰕虎鱼，占 35.71%。

3）新近纪区系生态类群：鳇、银鲫、麦穗鱼、黑龙江鳑鲏、大鳍鱊、黑龙江泥鳅和鲇，占 16.67%。

4）北方山地区系生态类群：哲罗鲑、细鳞鲑、黑龙江茴鱼、黑龙江中杜父鱼和真鲹，占 11.90%。

5）热带平原区系生态类群：乌鳢和葛氏鲈塘鳢，占 4.76%。

6）北极淡水区系生态类群：乌苏里白鲑和江鳕，占 4.76%。

以上北方区系生态类群 22 种，占 52.38%。

3.1.3 哈拉哈河上游

哈拉哈河上游源自大兴安岭西侧的达尔滨湖，至三角山北努木尔根河口汇入，长约 135km[87]，位于内蒙古兴安盟阿尔山市境内中蒙边境地区，属黑龙江流域额尔古纳河水系。其主要支流包括苏呼河、古尔班河、阿尔善高勒河、阿尔山河等。两岸为山地、丘陵或草地，大部分河段有树木掩遮。河宽 35～50m，水深 1～2m，流速 0.3～1.2m/s，砂石底质，部分平坦河段有水深 4～5m 的深潭。7 月中旬河道水温 12.9～15.6℃，pH 7.1～7.3，水体透明度 50～90cm；河道冷泉区水温稳定在 10.5℃；南泡子水温 22～24.8℃，pH 7.5～7.6，水体透明度 30～50cm。

自努木尔根河河口至贝尔湖为哈拉哈河中下游河段，长约 185km，流经中蒙边境的丘陵草原。贝尔湖是中蒙边界的草原型湖泊，面积约 600km^2，大部分湖区水深 6～8m，夏季敞水区水温 20℃，而湖湾区水温达 30℃，渔业资源较为丰富，20 世纪 60 年代初的年均渔获量达 600t。贝尔湖向下通过乌尔逊河汇入呼伦湖，再由新开河连通海拉尔河，最后流入额尔古纳河。

3.1.3.1 鱼类学研究简史

哈拉哈河下游的贝尔湖是大型渔业湖泊，Mori、Берг、尼科里斯基等曾记述了贝尔湖的部分鱼类和鱼类动物地理学资料[2, 13, 15]。蒙古国蒙古大学的Лдши-иорж А调查了贝尔湖的鱼类和渔业，记述了贝尔湖鱼类29种，其中包括了前述学者记录的鱼类，也包括了哈拉哈河上游的哲罗鲑、细鳞鲑、黑斑狗鱼、瓦氏雅罗鱼、真鲅、拉氏鲅、拟赤梢鱼、唇䱻、银鲫、鲤和鲇。哈拉哈河上游的黑龙江茴鱼、花江鲅、江鳕在贝尔湖没有记录；而贝尔湖有分布的草鱼、鮈亚科8种、鲌亚科5种、鳑亚科2种、鳅科2种则未见于哈拉哈河上游[87, 90]。

3.1.3.2 物种多样性

1991～1992年，在哈拉哈河上游共采集到鱼类物种4目5科12属14种，包括哲罗鲑、细鳞鲑、黑龙江茴鱼、黑斑狗鱼、唇䱻、拉氏鲅、真鲅、花江鲅、瓦氏雅罗鱼、拟赤梢鱼、银鲫、鲤、鲇和江鳕，均为土著种。其中，哲罗鲑、细鳞鲑、黑龙江茴鱼、黑斑狗鱼、江鳕、真鲅、拉氏鲅、拟赤梢鱼和瓦氏雅罗鱼为冷水种，占64.29%；鲤、银鲫、花江鲅、鲇和唇䱻虽为温水型鱼类，但适温范围广泛，也具耐高寒低温的特点，这与河流的生态环境紧密相关。

哈拉哈河上游地处北纬46°以北的大兴安岭山区，大部分河段均有茂密的林木遮掩，水流湍急，地下冷泉丰富，即使在盛夏，河水温度也不超过18℃，为冷水性鱼类栖息提供了良好的生态条件。此外，哈拉哈河上游还分布有中国易危种哲罗鲑、细鳞鲑和黑龙江茴鱼。

3.1.3.3 种类组成

哈拉哈河上游鱼类群落中，鲤形目8种、鲑形目4种，分别占57.14%及28.57%；鲇形目和鳕形目均1种，各占7.14%。科级分类单元中，鲤科8种、鲑科3种，分别占57.14%及21.43%；狗鱼科、鲇科和鳕科均1种，各占7.14%。

3.1.3.4 区系生态类群

哈拉哈河上游的土著鱼类群落由5个区系生态类群构成。

1）江河平原区系生态类群：唇䱻，占7.14%。

2）北方平原区系生态类群：拟赤梢鱼、黑斑狗鱼、拉氏鲅、花江鲅和瓦氏雅罗鱼，占35.71%。

3）新近纪区系生态类群：鲤、银鲫和鲇，占21.43%。

4）北方山地区系生态类群：哲罗鲑、细鳞鲑、黑龙江茴鱼和真鲅，占28.57%。

5）北极淡水区系生态类群：江鳕，占7.14%。

以上北方区系生态类群10种，占71.43%。

可见，哈拉哈河上游的鱼类物种虽然较少，但区系成分复杂。北方区系生态类群的种类构成区系成分的主体，约占 3/4，这是一群适低温、喜清澈流水环境、喜高氧的冷水性鱼类。新近纪区系生态类群的种类约占 1/5，是一群分布范围和适温范围都较广泛的种类。江河平原区系生态类群的种类只有唇䱻，但该鱼适温范围广，喜流水，是北方山区河流中的主要经济鱼类之一。

上述结果表明，哈拉哈河上游虽然属于黑龙江水系，但与黑龙江水系的鱼类区系组成显著不同。黑龙江水系具有数量众多的江河平原和热带平原区系生态类群的种类，鱼类组成具有古北区和东洋界的混合类型特征。

3.1.3.5 渔业资源

哈拉哈河地处中蒙边境地带，历史上没有专业渔业生产，只有当地居民自给性捕鱼。据了解，20 世纪 50 年代鱼类数量多、个体大，较大的哲罗鲑达 30～50kg，黑斑狗鱼可达 16kg。60 年代冰下大拉网渔获物中哲罗鲑尚有一定比例。到 90 年代数量已显著减少，个体也小得多，较大个体也不过 2～3kg。据估算，在哲罗鲑、细鳞鲑产卵繁殖的 5～6 月，一个捕捞点每天可捕获 150～250kg，上下游 100km 河段的年产量为 20～30t。值得注意的是，当地居民多采用炸鱼的捕捞方式，对渔业资源的破坏较大。

哈拉哈河上游多数河段为砂石底质，水流湍急，河岸有林木遮掩，地下冷泉水资源丰富，夏季水温低，部分深水区冬季冰下有不间断的流水，水中溶解氧含量丰富，是冷水性鱼类产卵繁殖、度夏和越冬的理想场所，因此，冷水性鱼类的分布相对较为集中。在我国，这种自然条件下的冷水性鱼类种类、数量较为集中的河系实属罕见，因此，应加强哈拉哈河冷水性鱼类种质资源的保护与生产基地的建设。

3.1.4 绰尔河上游

绰尔河上游包括大兴安岭的绰尔、北千里和松岭河段。河道狭窄，宽 5～20m，水流湍急，流速 1～2m/s，水深 0.5～2m，砂石底质，水质清澈[88]。

3.1.4.1 物种多样性

1991 年采集到绰尔河上游的鱼类物种 5 目 7 科 14 属 15 种，包括哲罗鲑、细鳞鲑、黑龙江茴鱼、黑斑狗鱼、真鲅、花江鲅、麦穗鱼、高体鮈、蒙古䱗、银鲫、鲤、黑龙江花鳅、鲇、江鳕和乌鳢，均为土著种。其中，哲罗鲑、细鳞鲑、黑龙江茴鱼、黑斑狗鱼、真鲅、黑龙江花鳅和江鳕为冷水种，占 46.67%；哲罗鲑和黑龙江茴鱼为中国易危种。

3.1.4.2 种类组成

绰尔河上游鱼类群落中，鲤形目 8 种、鲑形目 4 种，分别占 53.33%及 26.67%；鲇形目、鳕形目和鲈形目均 1 种，各占 6.67%。科级分类单元中，鲤科 7 种、鲑科 3 种，分别占 46.67%及 20%；狗鱼科、鳅科、鲇科、鳕科和鳢科均 1 种，各占 6.67%。

3.1.4.3 区系生态类群

绰尔河上游的土著鱼类群落，由 6 个区系生态类群构成。

1）江河平原区系生态类群：蒙古鲌，占 6.67%。

2）北方平原区系生态类群：高体鮈、花江鲹、黑斑狗鱼和黑龙江花鳅，占 26.67%。

3）新近纪区系生态类群：麦穗鱼、银鲫、鲤和鲇，占 26.67%。

4）北方山地区系生态类群：哲罗鲑、细鳞鲑、黑龙江茴鱼和真鲹，占 26.67%。

5）热带平原区系生态类群：乌鳢，占 6.67%。

6）北极淡水区系生态类群：江鳕，占 6.67%。

以上北方区系生态类群 9 种，占 60%。

绰尔河上游鱼类物种数虽然较少，但区系组成较为复杂，且北方区系生态类群所占比例明显高于其他水系。这显示出绰尔河上游的鱼类构成是以北方低温冷水性鱼类为主体的。

3.1.4.4 渔业资源

绰尔河上游的鱼类优势种为江鳕、哲罗鲑、细鳞鲑、黑斑狗鱼、鲹类和黑龙江花鳅，而有经济价值且可形成捕捞产量的当属前 4 种。据资料记载，哲罗鲑和细鳞鲑曾有较高的捕捞量，其中哲罗鲑的体重可达几十千克。

3.1.5 呼玛河水系

呼玛河水系（51°32′20″N～52°30′16″N，123°20′30″E～126°03′37″E）位于大兴安岭北部，黑龙江省西北部。呼玛河发源于大兴安岭东坡雉鸡场山麓，是黑龙江上游右岸较大的一级支流，流域面积 3.1 万 km^2，是我国纬度较高的冷水水域之一。呼玛河全长 524km，宽 20～50m，水深 0.1～6m，其中十八站附近河段宽 110～180m，水深 2.5m，流经呼玛和塔河两县，穿行于大兴安岭山地，河流弯曲迂回，于呼玛县呼玛镇荣边村流入黑龙江。呼玛河水系包括倭勒根河（136km）、塔河（102km）、绰纳河（100km）、古龙干河（99km）、白银纳河、卡马兰河及亚里河等大小支流 200 余条[86, 97]。

3.1.5.1 物种多样性

综合文献[31]、[89]、[93]及[96]，得出呼玛河水系河流沼泽的鱼类物种为 8 目 14 科 40 属 48 种（表 3-6），均为土著种。其中日本七鳃鳗、雷氏七鳃鳗、大麻哈鱼、哲罗鲑、细鳞鲑、乌苏里白鲑、卡达白鲑、黑龙江茴鱼、池沼公鱼、黑斑狗鱼、真鲹、拉氏鲹、瓦氏雅罗鱼、拟赤梢鱼、平口鮈、北鳅、北方须鳅、黑龙江花鳅、江鳕、黑龙江中杜父鱼和杂色杜父鱼为冷水种，占 43.75%；日本七鳃鳗、雷氏七鳃鳗、施氏鲟、鳇、哲罗鲑、乌苏里白鲑及黑龙江茴鱼为中国易危种。

表 3-6　呼玛河水系河流沼泽鱼类物种组成

种类	1958～1959 年 1)	1989 年 2)	1994～1995 年 3)	2004 年 4)
一、七鳃鳗目 Petromyzoniformes				
（一）七鳃鳗科 Petromyzonidae				
1. 日本七鳃鳗 *Lampetra japonica*				+
2. 雷氏七鳃鳗 *Lampetra reissneri*			+	+
二、鲟形目 Acipenseriformes				
（二）鲟科 Acipenseridae				
3. 施氏鲟 *Acipenser schrenckii*				+
4. 鳇 *Huso dauricus*		+		+
三、鲑形目 Salmoniformes				
（三）鲑科 Salmonidae				
5. 大麻哈鱼 *Oncorhynchus keta*	+	+	+	+
6. 哲罗鲑 *Hucho taimen*	+	+	+	+
7. 细鳞鲑 *Brachymystax lenok*	+	+	+	+
8. 乌苏里白鲑 *Coregonus ussuriensis*		+	+	+
9. 卡达白鲑 *Coregonus chadary*	+	+		+
10. 黑龙江茴鱼 *Thymallus arcticus*	+	+	+	+
（四）胡瓜鱼科 Osmeridae				
11. 池沼公鱼 *Hypomesus olidus*			+	+
（五）狗鱼科 Esocidae				
12. 黑斑狗鱼 *Esox reicherti*	+	+	+	
四、鲤形目 Cypriniformes				
（六）鲤科 Cyprinidae				
13. 马口鱼 *Opsariichthys bidens*				+
14. 瓦氏雅罗鱼 *Leuciscus waleckii waleckii*	+	+	+	+
15. 拟赤梢鱼 *Pseudaspius leptocephalus*	+	+	+	
16. 草鱼 *Ctenopharyngodon idella*				+
17. 拉氏鲅 *Phoxinus lagowskii*	+	+	+	+
18. 真鲅 *Phoxinus phoxinus*	+	+	+	+
19. 湖鲅 *Phoxinus percnurus*	+	+		
20. 银鲴 *Xenocypris argentea*				+
21. 黑龙江鳑鲏 *Rhodeus sericeus*				+
22. 花䱻 *Hemibarbus maculatus*				+
23. 唇䱻 *Hemibarbus laboe*	+	+		+
24. 条纹似白鮈 *Paraleucogobio strigatus*	+	+		

续表

种类	1958～1959 年 1)	1989 年 2)	1994～1995 年 3)	2004 年 4)
25. 麦穗鱼 *Pseudorasbora parva*	+	+		+
26. 棒花鱼 *Abbottina rivularis*				+
27. 蛇鮈 *Saurogobio dabryi*				+
28. 平口鮈 *Ladislavia taczanowskii*	+	+	+	+
29. 东北鳈 *Sarcocheilichthys lacustris*				+
30. 克氏鳈 *Sarcocheilichthys czerskii*				+
31. 犬首鮈 *Gobio cynocephalus*	+	+		+
32. 细体鮈 *Gobio tenuicorpus*		+		
33. 鲤 *Cyprinus carpio*				+
34. 银鲫 *Carassius auratus gibelio*	+	+		+
35. 鲢 *Hypophthalmichthys molitrix*				+
（七）鳅科 Cobitidae				
36. 北方须鳅 *Barbatula barbatula nuda*			+	+
37. 北鳅 *Lefua costata*			+	
38. 黑龙江花鳅 *Cobitis lutheri*	+	+		+
39. 北方花鳅 *Cobitis granoci*			+	+
40. 北方泥鳅 *Misgurnus bipartitus*				+
五、鲇形目 Siluriformes				
（八）鲿科 Bagridae				
41. 黄颡鱼 *Pelteobagrus fulvidraco*				+
（九）鲇科 Siluridae				
42. 鲇 *Silurus asotus*				+
六、鲈形目 Perciformes				
（十）塘鳢科 Eleotridae				
43. 葛氏鲈塘鳢 *Perccottus glehni*				+
（十一）鰕虎鱼科 Gobiidae				
44. 褐吻鰕虎鱼 *Rhinogobius brunneus*				+
（十二）鳢科 Channidae				
45. 乌鳢 *Channa argus*				+
七、鲉形目 Scorpaeniformes				
（十三）杜父鱼科 Cottidae				
46. 杂色杜父鱼 *Cottus poecilopus*				+
47. 黑龙江中杜父鱼 *Mesocottus haitej*	+	+	+	+
八、鳕形目 Gadiformes				
（十四）鳕科 Gadidae				
48. 江鳕 *Lota lota*	+	+	+	+

资料来源：1）文献[31]；2）文献[89]；3）文献[93]；4）文献[96]

3.1.5.2　种类组成

呼玛河水系河流沼泽鱼类群落中，鲤形目 28 种、鲑形目 8 种、鲈形目 3 种，分别占 58.33%、16.67%及 6.25%；七鳃鳗目、鲟形目、鲇形目和鲉形目均 2 种，各占 4.17%；鳕形目 1 种，占 2.08%。科级分类单元中，鲤科 23 种、鲑科 6 种、鳅科 5 种，分别占 47.92%、12.5%及 10.42%；七鳃鳗科、鲟科、杜父鱼科均 2 种，各占 4.17%；狗鱼科、胡瓜鱼科、鲇科、鲿科、塘鳢科、鰕虎鱼科、鳢科、鳕科均 1 种，各占 2.08%。

3.1.5.3　区系生态类群

呼玛河水系河流沼泽的土著鱼类群落，除大麻哈鱼外，其余由 6 个区系生态类群构成。

1）江河平原区系生态类群：草鱼、鲢、马口鱼、银鲴、2 种䱗、蛇鮈、2 种鳈和棒花鱼，占 21.28%。

2）北方平原区系生态类群：瓦氏雅罗鱼、拟赤梢鱼、拉氏鲅、湖鲅、2 种鮈、条纹似白鮈、平口鮈、北鳅、北方须鳅、2 种花鳅、黑斑狗鱼和褐吻鰕虎鱼，占 29.79%。

3）新近纪区系生态类群：2 种七鳃鳗、施氏鲟、鳇、鲤、银鲫、麦穗鱼、黑龙江鳑鲏、北方泥鳅和鲇，占 21.28%。

4）北方山地区系生态类群：哲罗鲑、细鳞鲑、黑龙江茴鱼、2 种杜父鱼和真鲅，占 12.77%。

5）热带平原区系生态类群：乌鳢、黄颡鱼和葛氏鲈塘鳢，占 6.38%。

6）北极淡水区系生态类群：2 种白鲑、池沼公鱼和江鳕，占 8.51%。

以上北方区系生态类群 24 种，占 51.06%。

3.1.5.4　冷水性鱼类群落结构

1. 渔获量

20 世纪 50 年代，呼玛河大麻哈鱼年产量 40t 左右，瓦氏雅罗鱼、细鳞鲑、哲罗鲑等冷水性鱼类产量也在十几吨以上。自 70 年代中期开始，大麻哈鱼已很少见，细鳞鲑、哲罗鲑等其他冷水性鱼类也显著减少[98]。1999 年 9 月 24～28 日，用三层刺网沿呼玛河中下游进行捕捞调查，仅捕获瓦氏雅罗鱼[99]。

1982 年呼玛河省级自然保护区建立以前，捕捞作业渔船 300 余只，网具 4000 余片，冷水性鱼类年捕获量 10t 左右。自然保护区建立之后，呼玛河列为常年禁渔区，取消全部捕捞队，停止一切渔业活动，但仍存在偷捕现象。据统计，私捕渔船 200 余只，小型网具 2000 余片，年捕获量 20t 左右，其中 60%～70%为冷水性鱼类，包括江鳕、细鳞鲑、哲罗鲑、黑龙江茴鱼、黑斑狗鱼、瓦氏雅罗鱼和大麻哈鱼，其中江鳕、细鳞鲑和黑龙江茴鱼数量较大，大麻哈鱼和哲罗鲑仅偶尔见到[93]。

2. 种群结构[93]

1）哲罗鲑：1994～1995 年，哲罗鲑种群体长 14.5～70cm，以 35～40cm 为主体，占 29.2%，其次为 30～35cm，占 16.7%；体重 50～3000g，以 1000～1500g 为主体，占 27.1%，其次为 1500～2000g，占 25%。

2）细鳞鲑：1994～1995 年，细鳞鲑种群体长 16.5～52cm，以 25～30cm 为主体，占 30.7%，其次为 30～35cm，占 21.8%；体重 50～1800g，以 250～500g 为主体，占 33.6%，其次为 500～750g，占 23.8%。

3）黑斑狗鱼：1994～1995 年，黑斑狗鱼种群体长 35～64cm，以 40～45cm 为主体，占 33.3%，其次为 30～35cm，占 23.3%；体重 250～2000g，以 250～500g 为主体，占 46.7%，其次为 500～750g，占 26.7%。

4）江鳕：1994～1995 年，江鳕种群体长 12～55cm，以 25～30cm 为主体，占 29.2%，其次为 20～25cm，占 18.9%；体重 50～2000g，以 250～500g 为主体，占 30.8%，其次为 100～250g，占 25.4%。

5）黑龙江茴鱼：1994～1995 年，黑龙江茴鱼种群体长 8.9～30cm，以 20～25cm 为主体，占 51.5%，其次为 10～15cm，占 25%；体重 8～200g，以 10～50g 为主体，占 38.2%，其次为 50～100g，占 25.4%。

3. 种群特征评价

（1）分布范围在缩小　呼玛河是我国境内大麻哈鱼的主要产卵水域之一。据 1954 年调查，呼玛河大麻哈鱼产卵场主要有高丽套子、白音那拉套子、布拉格罕等 18 处，分布在塔河与呼玛河中间 43km 河段。20 世纪 70 年代以来，呼玛河大麻哈鱼逐渐消失，主要原因：①大兴安岭地区的开发，改变了呼玛河原生态水质，破坏了大麻哈鱼生殖洄游所需水的生态环境；②黑龙江干流呼玛河以下同江、抚远等大麻哈鱼洄游江段捕捞强度过大，致使大麻哈鱼尚未洄游到呼玛河产卵场就被捕获。

20 世纪 60 年代，整个呼玛河都能捕获细鳞鲑、哲罗鲑，至 90 年代在河口水域几天才能捕到一尾，而上游河段则终年不见；呼玛河、塔河县境内马厂、横山河段在 70 年代曾为细鳞鲑的主要产卵场，至 90 年代已无产卵鱼群。60 年代黑龙江茴鱼和江鳕在呼玛河下游结冰时即可捕到，至 90 年代只有在上游才能捕到。上述情况说明呼玛河冷水性鱼类栖息范围自 90 年代就已经在逐渐缩小。

（2）种群数量在减少　调查结果显示，1951 年、1952 年呼玛河大麻哈鱼年产量分别为 9700 尾和 3580 尾，1994 年 5 尾。1994 年呼玛河哲罗鲑产量 600 尾，约 627kg；细鳞鲑 788 尾，约 740kg。

（3）个体小型化、低龄化

1）哲罗鲑：通常性成熟年龄 4^+龄，体长 50cm 以上，体重超过 2.5kg。调查种群体长以 35～40cm 为主体，占 28.3%，35cm 以下的占 26.1%；最大个体 1960 年 36kg，1994 年 5kg。

2）细鳞鲑：通常性成熟年龄 4^+龄，体长 40cm 以上，体重超过 1kg。调查种群体长以 25～30cm 为主体，占 30.7%；最大个体 1960 年 9kg，1994 年 5kg。

3）黑斑狗鱼：通常性成熟年龄 3^+龄，体长 50cm 以上，体重超过 1kg。调查种群体长以 40～45cm 为主体，占 33.3%；最大个体 1982 年 13.5kg，1994 年 8kg。

4）江鳕：通常性成熟年龄 3^+龄，体长 31cm 以上，体重超过 280g。调查种群体长以 25～30cm 为主体，占 25.2%；最大个体 1980 年 2kg，1994 年 1.5kg。

5）黑龙江茴鱼：通常性成熟年龄 2^+龄，体长 20cm 以上，体重超过 55g。调查种群体长以 10～15cm 为主体，占 25%；最大个体 1980 年 750g，1994 年 400g。

3.1.5.5 呼玛河细鳞鲑生物学及种群结构[100]

1. 形态特征

据当地群众反映，呼玛河细鳞鲑有“尖嘴细鳞”和“黄细鳞”之分。从形态特征结果来看，这只是因栖息的水域不同而异，无种类之分。黄细鳞长期栖息于河道里，尖嘴细鳞栖息于支流上游。表 3-7 为呼玛河塔河段细鳞鲑形态特征测量结果。同时列出嫩江县河段的细鳞鲑形态测量结果，以便进行不同水域的比较。

表 3-7 呼玛河与嫩江细鳞鲑形态特征[100]

指标	呼玛河	嫩江	指标	呼玛河		嫩江	
	变化范围或平均值	变化范围或平均值		变化范围	平均值	变化范围	平均值
样本数/尾	15	33	体长/体高	3.9～5.2	4.6±0.40	3.9～5.1	4.8±0.40
体长/cm	33.3～52.2	19.0～43.7	体长/头长	4.4～5.1	4.7±0.21	4.0～4.9	4.6±0.42
背鳍	Ⅱ10～11	Ⅱ9～11	体长/尾柄长	7.0～8.3	8.0±0.32	6.4～9.1	7.4±0.90
臀鳍	Ⅲ9～10	Ⅲ9～10	体长/背吻距	2.1～2.4	2.3±0.12		
胸鳍	Ⅰ13～14	Ⅰ13～14	体长/背尾距	2.4～3.0	2.6±0.35		
腹鳍	Ⅰ9～10	Ⅰ9～10	头长/吻长	3.1～4.5	3.7±0.56	3.2～4.3	3.8±0.32
侧线鳞	127～173	124～160	头长/眼径	4.4～5.8	5.2±0.70	4.2～4.8	4.6±0.26
鳃耙	19～25	17～25	头长/眼间距	2.5～3.6	3.3±0.62	3.0～3.6	3.3±0.23
鳃弧骨	11～13	12～13	尾柄长/尾柄高	1.1～1.7	1.5±0.41	1.2～2.2	1.7±0.31
幽门骨	54～81	91～111					
椎骨	57～59	57～58					

2. 捕捞群体生态学特征

（1）体长、体重组成 渔获物分析显示，捕捞群体体长 15～65cm，以 25～30cm 为主体，占 33.3%；其次为 35～40cm，占 24.5%。捕捞群体体重 250～3500g，以 250～500g 为主体，占 34.8%；其次为 500～750g，占 26.1%。可见呼玛河细鳞鲑捕捞群体呈现仔鱼化趋势。

（2）年龄组成 捕捞群体由 1^+～10^+龄组成，以 2^+龄为主体，占 24.1%；其次为 1^+龄，占 17.2%（表 3-8）。

表 3-8　呼玛河细鳞鲑捕捞群体年龄组成[100]

年龄/龄	样本数/尾	比例/%	体长/cm		体重/g	
			范围	平均值	范围	平均值
1^+	5	17.2	15～20	18..0	95～200	150
2^+	7	24.1	22～25	22.8	98～200	1236
3^+	3	10.3	27～32	28.7	205～450	430
4^+	2	6.9	30～35	32.5	350～450	435
5^+	4	13.8	33～38	35.3	425～800	560
6^+	3	10.3	38.5～40.5	39.2	575～850	725
7^+	3	10.3	42～46	43.4	800～1000	867
8^+	1	3.4		52.5		1500
10^+	1	3.4		80.0		3000

（3）年龄与生长　体长生长速率、体长生长率分别见表 3-9 和表 3-10。表 3-11 为鸭绿江上游和新疆额尔齐斯河细鳞鲑体长生长情况，用于比较。

（4）体长与体重的关系　体长（L/cm）与体重（W/g）的关系为：$W = 2.261\times 10^{-2} L^{2.852}$。其他河流水系，如鸭绿江上游细鳞鲑体长与体重的关系为：$W_{雌} = 4.509\times10^{-3} L^{2.988}$；$W_{雄} = 2.486\times10^{-3} L^{2.915}$。

表 3-9　呼玛河细鳞鲑体长生长速率[100]

年龄/龄	平均体长/cm	平均体重/g	退算体长/cm								样本数/尾
			L_1	L_2	L_3	L_4	L_5	L_6	L_7	L_8	
1^+	18.0	150	9.0								1
2^+	22.8	124	9.2	11.3							7
3^+	28.7	430	8.7	16.6	19.6						3
4^+	32.5	335	9.2	16.6	19.6	26.2					2
5^+	35.3	560	8.8	15.6	21.7	26.1	30.0				4
6^+	39.2	725	8.6	14.6	19.3	25.1	30.9	36.2			3
7^+	44.5	900	8.8	14.5	19.5	26.1	30.6	35.9	39.2		2
8^+	52.5	1500	9.5	14.7	21.0	25.2	31.5	35.7	39.9	44.1	1

表 3-10　呼玛河细鳞鲑体长生长率[100]

年龄/龄	理论体长/cm	年相对增长率/%	生长比速	生长常数	生长指标
1^+	8.9	77.5	0.574	0.861	5.108
2^+	15.8	31.6	0.275	0.687	4.343
3^+	20.8	23.6	0.212	0.740	4.399
4^+	25.7	19.6	0.178	0.800	4.567
5^+	30.7	16.6	0.154	0.845	4.716

续表

年龄/龄	理论体长/cm	年相对增长率/%	生长比速	生长常数	生长指标
6^+	35.8	10.3	0.098	0.639	3.519
7^+	39.5	11.6	0.110	0.826	4.349
8^+	44.1				

表 3-11　鸭绿江上游和新疆额尔齐斯河细鳞鲑体长生长情况

（a）鸭绿江上游支流

年龄/龄	样本数/尾	实测体长/cm	退算体长/cm				
			L_1	L_2	L_3	L_4	L_5
2^+	37	13.1～21.7	13.5	16.8			
3^+	89	17.0～39.0	12.6	17.1	23.3		
4^+	141	19.0～46.5	12.3	16.1	24.0	32.5	
5^+	15	25.0～55.0	13.1	17.1	28.4	35.5	42.2
平均			12.9	16.8	25.2	33.7	42.2

（b）额尔齐斯河

年龄/龄	样本数/尾	平均体长/cm	平均体重/g	退算体长/cm					
				L_1	L_2	L_3	L_4	L_5	L_6
2^+	1	17.0	88	6.3	13.8				
3^+	2	22.3	195	6.3	12.6	19.5			
4^+	4	25.1	265	6.1	11.4	16.7	22.3		
6^+	1	35.0	780	5.9	11.5	16.7	21.5	27.8	32.2
平均				6.2	12.3	17.6	21.8	27.8	32.2

注：本表引自文献[2]

（5）生殖与发育　最小性成熟个体，雄鱼为 3^+龄，体长 19.3cm，体重 201g；雌鱼为 4^+龄，体长 25.4cm，体重 305g；一般为 4^+龄，体长 30cm，体重 400g。通常情况下 4～5 龄，雄性一般早熟 1 年；不同水域性成熟年龄有所差别。最小性成熟规格各水域差别很大。例如，吉林省长白县鸭绿江上游支流十三道沟、十四道沟、十九道沟及二十三道沟雌鱼 4^+龄，体长 30.9cm，体重 450g，雄鱼为 3^+龄，体长 21.4cm，体重 225g；辽宁省宽甸县鸭绿江中游一支流的细鳞鲑明显小型化，3^+龄性成熟，雄鱼体长 14cm、体重 57g，雌鱼为体长 18.2cm、体重 130g。

呼玛河细鳞鲑的绝对繁殖力 678～4350 粒卵，平均 2715 粒卵；相对繁殖力 2.22～4.43 粒卵/g，平均 3.12 粒卵/g。不同水域细鳞鲑的繁殖力有所差别，一般 1500～7000 粒卵，大都随着体长、体重的增长而增加。鸭绿江上游支流水域体长 28.5～43.8cm、体重 315～1098g 的细鳞鲑绝对繁殖力 1629～3119 粒卵，平均 2194 粒卵[101]。额尔齐斯河斋桑泊支流水域平均体长 34.9（31.0～38.0）cm 的细鳞鲑绝对繁殖力平均 1328（551～2684）粒卵，体长 39.3（38.1～42.5）cm 的为 1845（894～3801）粒卵，45.6（38.1～42.5）cm 的为 3450（2048～5059）粒卵[102]。

据统计，呼玛河细鳞鲑雌雄性比例为 1∶1.05。成熟卵呈橘黄色，卵径 3.5～4.1mm，属沉性卵。产卵期为 4～5 月，产卵水温为 5～10.5℃。产卵场多位于水质清澈、砂砾底质、流速 1.0～1.5m/s、水深 50～70cm、两岸植被茂密的河套子水域。产卵前亲鱼摆动尾鳍向四周挖掘砂砾，形成椭圆形产卵坑后，雌鱼产卵于坑中，雄鱼同时排精，形成受精卵。产卵完毕，雌雄鱼摆动尾鳍扇动砂砾将受精卵覆盖。产卵坑长轴 2～3cm，短轴 1～2cm，水深 50～70cm，砂砾直径 8～9mm。水温 5.3～9℃条件下，约经过 7h 胚盘隆起，445h 发眼，625h 孵化出仔鱼[101]。另据报道，水温 4.6～4.9℃条件下，孵化时间 45～49d；水温 9～10℃，为 21～31d，孵化温度日数为 174℃ • 日[102]。

（6）丰满度与成熟度 呼玛河细鳞鲑的丰满度，春季（5 月）最高，平均丰满度系数为 1.376%（0.853%～1.994%）；平均成熟系数雌性为 5.145%（0.886%～12.000%），雄性为 1.734%（0.622%～3.200%）。秋季（10 月）平均丰满度系数为 1.088%（0.822%～1.640%）；平均成熟系数雌性为 2.701%（0.259%～3.466%），雄性为 0.355%（0.253%～0.537%）。

（7）摄食 呼玛河细鳞鲑主要食物可分为昆虫和鱼类两大类。昆虫包括蜉蝣目、双翅目、毛翅目、鳞翅目、脉翅目、鞘翅目及直翅目的成虫及其幼虫；鱼类有麦穗鱼、䱗、鳑鲏、鮈、鲂、公鱼、雅罗鱼、江鳕幼鱼、杜父鱼及条鳅类。它还摄食甲壳动物、钩虾、小型软体动物等。少数个体也发现摄食蛙类、鼠类、植物碎片及砂粒等成分。不同水域细鳞鲑食物对象有很大变化。一年四季均摄食，通常黄昏时摄食活跃。有报道该鱼还吞食大麻哈鱼卵。可见细鳞鲑主要摄食底栖无脊椎动物。细鳞鲑摄食强度较大，春季空肠比例较大，占 45.5%，秋季食物充塞度为 2～4 级的个体占 66.7%，冬季仍不停食。

3. 种群数量

细鳞鲑是黑龙江水系的名贵经济鱼类，其洄游特点和摄食习性使之形成了独特的渔汛。呼玛河塔河段 4 月下旬至 6 月上旬、9 月下旬至 10 月下旬、12 月上旬至翌年 1 月上旬一般采用挂网捕捞，11 月下旬至 12 月下旬采用梁子渔法捕捞；黑龙江上游 12 月中旬至翌年 2 月上旬大都采用钓具捕捞。但细鳞鲑在各地的渔获物中均无分类统计。据初步估计，嫩江县细鳞鲑渔获量 1988 年 2t，1993 年 1t；内蒙古莫力达瓦旗 1992 年 2.5t；20 世纪 90 年代中期黑龙江上游漠河—呼玛河河段 2t，呼玛河 2t，嫩江 2t。另据苏联学者报道，黑龙江下游苏联境内渔获量 1937～1941 年 46～206t，1947～1949 年 54～97t。可以看出细鳞鲑种群数量呈现减少趋势。

3.2 小兴安岭水系河流沼泽区

小兴安岭（46°28′N～49°21′N，127°42′E～130°14′E）海拔 500～1000m，地势呈现东南高、西北低。东南部山脉海拔 800～1000m，个别高峰超过 1000m。周围低山和丘陵区海拔 500m 左右，向西北逐渐降低而成为丘陵台地，至孙吴—黑河一带成为海拔 300m 左右的宽广台地，地势显著降低。

小兴安岭分属于黑龙江中游水系和松花江水系。北坡流入黑龙江的主要河流有逊别拉河、沾河、库尔滨河、乌云河和嘉荫河；流入嫩江而后注入松花江的河流有库伦河、科洛河和讷谟尔河。南坡直接流入松花江的有呼兰河、汤旺河和梧桐河。小兴安岭是松花江水系和黑龙江中游水系的分水岭。

在《中国沼泽志》"沼泽分区"中，小兴安岭水系河流沼泽区隶属于"东北山地落叶松—灌丛—泥炭藓沼泽区"之下"小兴安岭落叶松—细叶杜香—泥炭藓沼泽亚区"。该区有5片河流沼泽列入《中国沼泽志》，本书所研究的河流沼泽包含于科洛河沼泽（231121-008）、汤旺河沼泽（230712-009）、沾河沼泽（231123-010）及逊别拉河沼泽（231123-011）。

3.2.1 逊别拉河

逊别拉河（48°07′N～49°42′N，126°48′E～128°59′E）地处小兴安岭北麓，是黑龙江中游右岸一级支流，发源于小兴安岭主脉大岭段西南岔，在逊克县东陆乡西双河村汇入黑龙江。全长279km，流域面积1.59万km^2，河宽100～200m，水深1.5～2.5m，年流量90～110m^3/s，水温0.2～20℃，冰封期150～160d。主要支流有沾河（261km）、辰清河（105km）、乌底河（88km）、额雨尔河、卧牛河及茅兰河等。河流经过区域属低山丘陵区，平均海拔350m，河道狭窄，坡陡流急，砂砾底质，水质清澈，具有明显的山区河流特点。河源至孙吴县为上游，平均河宽40m，水深1.5m，河道比降1/700，河流两岸多山，森林覆盖良好；孙吴县以下至逊克县双河镇为中游，平均河宽100m，水深2m，河道比降1/1000；双河镇至河口为下游，平均河宽200～300m，水深2m以上，河道比降1/15 000[86, 93, 97]。

3.2.1.1 物种多样性

综合文献[93]及[103]，得出逊别拉河的鱼类物种为8目15科40属45种，包括日本七鳃鳗、雷氏七鳃鳗、施氏鲟、鳇、大麻哈鱼、哲罗鲑、细鳞鲑、乌苏里白鲑、黑龙江茴鱼、池沼公鱼、黑斑狗鱼、马口鱼、瓦氏雅罗鱼、真鲅、拉氏鲅、湖鲅、平口鮈、拟赤梢鱼、麦穗鱼、草鱼、东北鳈、东北颌须鮈、花䱻、唇䱻、银鮈、红鳍原鲌、蒙古鲌、黑龙江鳑鲏、银鲫、鲤、鲢、北鳅、北方须鳅、北方花鳅、黑龙江花鳅、黑龙江泥鳅、鲇、黄颡鱼、乌苏拟鲿、鳜、葛氏鲈塘鳢、褐吻鰕虎鱼、乌鳢、黑龙江中杜父鱼和江鳕。

逊别拉河的鱼类物种均为土著种。其中，日本七鳃鳗和大麻哈鱼为溯河洄游型鱼类；施氏鲟和鳇只是在河水上涨时才偶尔进入河口水域；2种七鳃鳗、大麻哈鱼、哲罗鲑、细鳞鲑、乌苏里白鲑、黑龙江茴鱼、池沼公鱼、黑斑狗鱼、瓦氏雅罗鱼、真鲅、拉氏鲅、拟赤梢鱼、北鳅、北方须鳅、2种花鳅、平口鮈、黑龙江中杜父鱼和江鳕为冷水种，占44.44%；施氏鲟、鳇、日本七鳃鳗、雷氏七鳃鳗、哲罗鲑、细鳞鲑、乌苏里白鲑和黑龙江茴鱼为中国易危种；东北颌须鮈为中国特有种。

3.2.1.2 种类组成

逊别拉河鱼类群落中，鲤形目25种、鲑形目7种、鲈形目4种、鲇形目3种，分别占55.56%、15.56%、8.89%及6.67%；七鳃鳗目和鲟形目均2种，各占4.44%；鲉形目和鳕形目均1种，各占2.22%。科级分类单元中，鲤科20种，占44.44%；鲑科和鳅科均5种，各占11.11%；七鳃鳗科、鲟科和鲿科均2种，各占4.44%；胡瓜鱼科、狗鱼科、鲇科、鲐科、塘鳢科、鰕虎鱼科、鳢科、杜父鱼科和鳕科各 1 种，各占 2.22%。

3.2.1.3　区系生态类群

逊别拉河土著鱼类群落中，除大麻哈鱼外，其余由 6 个区系生态类群构成。

1）江河平原区系生态类群：草鱼、鲢、马口鱼、红鳍原鲌、蒙古鲌、银鲴、2 种鳘、东北鳈和鳜，占 22.73%。

2）北方平原区系生态类群：瓦氏雅罗鱼、拟赤梢鱼、拉氏鳄、湖鳄、平口鮈、东北颌须鮈、北鳅、北方须鳅、2 种花鳅、黑斑狗鱼和褐吻鰕虎鱼，占 27.27%。

3）新近纪区系生态类群：2 种七鳃鳗、施氏鲟、鳇、鲤、银鲫、麦穗鱼、黑龙江鳑鲏、黑龙江泥鳅和鲇，占 22.73%。

4）北方山地区系生态类群：哲罗鲑、细鳞鲑、黑龙江茴鱼、黑龙江中杜父鱼和真鳄，占 11.36%。

5）热带平原区系生态类群：乌鳢、黄颡鱼、乌苏拟鲿和葛氏鲈塘鳢，占 9.09%。

6）北极淡水区系生态类群：池沼公鱼、乌苏里白鲑和江鳕，占 6.82%。

以上北方区系生态类群 20 种，占 45.45%。

3.2.1.4　渔业资源[93]

黑龙江水系的呼玛河和逊别拉河是我国大麻哈鱼的主要产卵场和冷水性鱼类的主要分布区。为了保护珍稀名贵水生动物物种资源和区域生物多样性，黑龙江省于 1982 年建立了以保护大麻哈鱼和其他冷水性鱼类为主的两个省级自然保护区。自然保护区建立之前，沿江渔业捕捞生产主要由当地人民公社副业捕捞队承担。据 1994～1995 年调查统计，逊别拉河的年渔获量为 15t 左右。建立自然保护区后，河流区域虽然被列为常年禁渔区，停止渔业生产，但沿河仍存在私捕现象，其年渔获量超过 10t。

逊别拉河具有经济价值的冷水性鱼类有大麻哈鱼、哲罗鲑、细鳞鲑、黑龙江茴鱼和江鳕。大麻哈鱼在 20 世纪 70 年代末至 80 年代初尚有产卵个体进入沾河；1994～1995 年在逊别拉河松树乡水域每年仍可捕 10 余尾，1998 年仅见 1 尾。哲罗鲑、细鳞鲑和黑龙江茴鱼春季开江时在河口水域可以捕获一定数量，夏季在沾河、乌底河等支流也可捕到。调查结果显示，11 月下旬至翌年 1 月上旬麒麟屯的逊别拉河河段可以捕获一定数量的哲罗鲑和细鳞鲑，1995 年全屯总捕获量 215kg；沾河的义气敏、疙瘩敏河段每年均可见到越冬群体。据捕捞者反映，1988 年元旦捕获哲罗鲑和细鳞鲑 500kg。

上述调查结果表明，截至 20 世纪 90 年代，逊别拉河的冷水性鱼类仍有一定资源量。但调查结果显示捕捞个体在逐渐减小，低龄鱼增多，已出现资源利用过度的征兆。

除冷水种外，逊别拉河的亚冷水种如黑斑狗鱼、瓦氏雅罗鱼、唇䱻，温水型鱼类如鲇、马口鱼、鲤、银鲫等捕捞量也较大，在渔获物中的比例达到 80%以上。但其资源量也呈逐年渐减的趋势。

针对逊别拉河大麻哈鱼产卵场，1954 年调查结果有尹其敏、嘎达敏、歇利根气套子等 7 处河段，1965 年调查有 11 处，1994～1995 年再调查这些产卵场已无大麻哈鱼产卵群体。

逊别拉河大麻哈鱼捕获量，1952 年 2000 尾，1963 年 1590 尾，1964 年 1060 尾，1994 年 10 尾。1994 年哲罗鲑捕获量 47 尾（51kg），细鳞鲑 69 尾（93kg）。

20 世纪 90 年代，逊别拉河冷水性鱼类呈现出栖息范围缩小，种群数量减少，种群小型化、低龄化的资源衰退趋势。对于现今的资源状况应予以关注。

3.2.2 沾河

沾河是逊别拉河最大的一级支流，在逊别拉河自然保护区水系中具有特别重要的地位。沾河位于逊克县境内，全长 262km，呈树枝状，从南向北流经小兴安岭，两岸山体林立，树木遮日，为典型的峡谷型河流，沿河多激流浅哨，呈“U”形，水流湍急，水质清澈见底。1987 年被黑龙江省列为冷水性鱼类自然保护区。

3.2.2.1 物种多样性

文献[104]记载，1989 年采集到沾河鱼类 6 目 12 科 33 属 35 种（经本书著者重新整理），包括大麻哈鱼、哲罗鲑、细鳞鲑、乌苏里白鲑、黑龙江茴鱼、黑斑狗鱼、瓦氏雅罗鱼、草鱼、拟赤梢鱼、拉氏鲅、东北鳈、麦穗鱼、唇䱻、花䱻、平口鮈、马口鱼、细鳞鲴、红鳍原鲌、蒙古鲌、黑龙江鳑鲏、银鲫、鲤、鲢、黑龙江花鳅、黑龙江泥鳅、鲇、怀头鲇、黄颡鱼、乌苏拟鲿、鳜、葛氏鲈塘鳢、褐吻鰕虎鱼、乌鳢、黑龙江中杜父鱼和江鳕。

沾河鱼类群落均由土著种构成。其中，大麻哈鱼、哲罗鲑、细鳞鲑、乌苏里白鲑、黑龙江茴鱼、黑斑狗鱼、瓦氏雅罗鱼、拟赤梢鱼、拉氏鲅、平口鮈、黑龙江花鳅、黑龙江中杜父鱼和江鳕为冷水种，占 37.14%；哲罗鲑、细鳞鲑、乌苏里白鲑、黑龙江茴鱼和怀头鲇为中国易危种。

3.2.2.2 种类组成

沾河鱼类群落中，鲤形目 19 种、鲑形目 6 种，分别占 54.29%及 17.14%；鲇形目和鲈形目均 4 种，各占 11.43%；鲉形目和鳕形目均 1 种，各占 2.86%。科级分类单元中，鲤科 17 种、鲑科 5 种，分别占 48.57%及 14.29%；鳅科、鲇科和鲿科均 2 种，各占 5.71%；鮨科、塘鳢科、鰕虎鱼科、鳢科、杜父鱼科、鳕科和狗鱼科均 1 种，各占 2.86%。

3.2.2.3 区系生态类群

沾河土著鱼类群落中，除大麻哈鱼外，其余由 6 个区系生态类群构成。

1）江河平原区系生态类群：草鱼、鲢、马口鱼、红鳍原鲌、蒙古鲌、银鲴、2 种䱗、东北鳈和鳜，占 29.41%。

2）北方平原区系生态类群：瓦氏雅罗鱼、拟赤梢鱼、拉氏鲅、平口鮈、黑龙江花鳅、黑斑狗鱼和褐吻鰕虎鱼，占 20.59%。

3）新近纪区系生态类群：鲤、银鲫、麦穗鱼、黑龙江鳑鲏、黑龙江泥鳅和 2 种鲇，占 20.59%。

4）北方山地区系生态类群：哲罗鲑、细鳞鲑、黑龙江茴鱼和黑龙江中杜父鱼，占 11.76%。

5）热带平原区系生态类群：乌鳢、黄颡鱼、乌苏拟鲿和葛氏鲈塘鳢，占 11.76%。

6）北极淡水区系生态类群：乌苏里白鲑和江鳕，占 5.88%。

以上北方区系生态类群 13 种，占 38.24%。

3.2.2.4　渔业资源

沾河沿岸植被覆盖优良，森林覆盖率在 70%以上，人烟稀少，只有沾北林场及新鄂乡等 5 处较大的人口聚居区，总人口不超过 2000 人。所以沾河的鱼类资源受人为因素的影响较小，基本上保持了原始状态，具有较高的科学研究价值。根据零星的捕捞者反映，沾河渔获物中，以瓦氏雅罗鱼、唇䱻、拉氏鲅、黑斑狗鱼所占比例最大，约为 50%；其次为哲罗鲑、细鳞鲑、黑龙江茴鱼等冷水性鱼类，约占 30%，特别是在中上游河段，个体较大的高龄鱼分布较多。鲇、鲤、银鲫、马口鱼等约占 20%，主要分布在下游河段。

3.2.3　汤旺河

汤旺河（45°43′N～47°26′N，125°52′E～129°50′E）是松花江左岸的一级支流，发源于小兴安岭南麓，伊春市乌伊岭林业局桔源林场北部的小兴安岭山谷，由北向南横穿伊春市全境的 10 个区、林业局，流经铁力市和汤原县，于汤原县城南约 5km 的竹帘镇新发村流入松花江，全长 509km，流域面积 2.08 万 km^2。主要支流有抗美河、五道库河、大丰河、朱拉比拉河、西汤旺河、红旗河、丽林河、友好河、伊春河、南岔河等。常年水温较低，适合冷水性鱼类生活与繁衍[86, 105, 106]。

3.2.3.1　物种多样性

1. 上甘岭河段

文献[107]记载，汤旺河上甘岭段的鱼类物种为 6 目 10 科 23 属 23 种（经本书著者重新整理），包括日本七鳃鳗、哲罗鲑、细鳞鲑、黑龙江茴鱼、黑斑狗鱼、瓦氏雅罗鱼、拉氏鲅、麦穗鱼、棒花鱼、蛇鮈、鳊、鳘、黑龙江鳑鲏、银鲫、鲤、北方须鳅、北方花鳅、花斑副沙鳅、鲇、黄颡鱼、鳜、葛氏鲈塘鳢和江鳕。

上述鱼类均为土著种。其中，哲罗鲑、鳜和鳊目前在该河段已很难见到；哲罗鲑和江鳕在整个汤旺河流域也已少见；日本七鳃鳗、哲罗鲑、细鳞鲑、黑龙江茴鱼、黑斑狗鱼、瓦氏雅罗鱼、拉氏鲅、北方花鳅和江鳕为冷水种，占 39.13%。该江段分布有中国易危种哲罗鲑、细鳞鲑、黑龙江茴鱼和日本七鳃鳗。

2. 汤原河段

文献[106]记载，该河段的鱼类物种为 8 目 14 科 43 属 46 种（经本书著者重新整理），包括雷氏七鳃鳗、大麻哈鱼、哲罗鲑、细鳞鲑、乌苏里白鲑、黑斑狗鱼、马口鱼、中华细鲫、瓦氏雅罗鱼、真鲅、拉氏鲅、湖鲅、翘嘴鲌、麦穗鱼、棒花鱼、平口鉤、东北鳈、犬首鉤、条纹似白鉤、蛇鉤、大鳍鱊、银鲴、鳌、黑龙江鳑鲏、银鲫、鲤、鲢、鳙、潘氏鳅鮀、北方须鳅、北方花鳅、黑龙江花鳅、北方泥鳅、大鳞副泥鳅、花斑副沙鳅、鲇、光泽黄颡鱼、纵带鮠、鳜、葛氏鲈塘鳢、黄黝鱼、波氏吻鰕虎鱼、乌鳢、江鳕、杂色杜父鱼和九棘刺鱼。其中，大麻哈鱼、乌苏里白鲑、哲罗鲑、细鳞鱼、黑斑狗鱼、乌鳢和鳜为走访调查所确定的种类而实际并未采集到样本。

上述鱼类中，鳙为移入种，土著鱼类 8 目 14 科 42 属 45 种。土著种中，包括冷水种雷氏七鳃鳗、大麻哈鱼、哲罗鲑、细鳞鲑、乌苏里白鲑、黑斑狗鱼、瓦氏雅罗鱼、真鲅、拉氏鲅、北方须鳅、2 种花鳅、杂色杜父鱼、九棘刺鱼和江鳕（占 33.33%）；中国易危种雷氏七鳃鳗、哲罗鲑、细鳞鲑和乌苏里白鲑；中国特有种大鳞副泥鳅、黄黝鱼和波氏吻鰕虎鱼。

3. 汤旺河总况

综合上述结果，整个汤旺河的鱼类物种为 8 目 14 科 45 属 50 种。其中，鳙为移入种；土著鱼类 8 目 14 科 44 属 49 种。

3.2.3.2 种类组成

1. 上甘岭河段

汤旺河上甘岭河段鱼类群落中，鲤形目 13 种、鲑形目 4 种，分别占 56.52%及 17.39%；鲇形目和鲈形目均 2 种，各占 8.70%；鳕形目和七鳃鳗目均 1 种，各占 4.35%。科级分类单元中，鲤科 10 种，占 43.48%；鳅科和鲑科均 3 种，各占 13.04%；七鳃鳗科、狗鱼科、鲇科、鮨科、鮨科、塘鳢科和鳕科均 1 种，各占 4.35%。

2. 汤原河段

汤旺河汤原河段鱼类群落中，鲤形目 29 种，占 63.04%；鲑形目和鲈形目均 5 种，各占 10.87%；鲇形目 3 种，占 6.52%；七鳃鳗目、鳕形目、鲉形目和刺鱼目均 1 种，各占 2.17%。科级分类单元中，鲤科 23 种、鳅科 6 种、鲑科 4 种，分别占 50%、13.04%及 8.70%；鮨科和塘鳢科均 2 种，各占 4.35%；七鳃鳗科、狗鱼科、鲇科、鮨科、鰕虎鱼科、鳢科、鳕科、杜父鱼科和刺鱼科均 1 种，各占 2.17%。

3. 汤旺河总况

综上所述，汤旺河鱼类群落中，鲤形目 30 种、鲑形目 6 种、鲈形目 5 种、鲇形目 4 种、七鳃鳗目 2 种，分别占 60%、12%、10%、8%及 4%；鲉形目、鳕形目和刺鱼目均 1 种，各占 2%。科级分类单元中，鲤科 24 种、鳅科 6 种、鲑科 5 种、鲿科 3 种，分别占 48%、12%、10%及 6%；七鳃鳗科和塘鳢科均 2 种，各占 4%；鰕虎鱼科、狗鱼科、鲇科、杜父鱼科、鳕科、鮨科、鳢科和刺鱼科均 1 种，各占 2%。

3.2.3.3　区系生态类群

1. 上甘岭河段

汤旺河上甘岭河段的土著鱼类群落由 6 个区系生态类群构成。

1）江河平原区系生态类群：鳊、䱗、蛇鮈、棒花鱼、花斑副沙鳅和鳜，占 26.09%。

2）北方平原区系生态类群：瓦氏雅罗鱼、拉氏鲅、北方须鳅、北方花鳅和黑斑狗鱼，占 21.74%。

3）新近纪区系生态类群：日本七鳃鳗、鲤、银鲫、麦穗鱼、黑龙江鳑鲏和鲇，占 26.09%。

4）北方山地区系生态类群：哲罗鲑、细鳞鲑和黑龙江茴鱼，占 13.04%。

5）热带平原区系生态类群：黄颡鱼和葛氏鲈塘鳢，占 8.70%。

6）北极淡水区系生态类群：江鳕，占 4.35%。

以上北方区系生态类群 9 种，占 39.13%。

2. 汤原河段

汤旺河汤原河段的土著鱼类群落，除大麻哈鱼外，其余由 7 个区系生态类群构成。

1）江河平原区系生态类群：鲢、中华细鲫、马口鱼、翘嘴鲌、䱗、银鲴、蛇鮈、东北鳈、棒花鱼、潘氏鳅鮀、花斑副沙鳅和鳜，占 27.27%。

2）北方平原区系生态类群：瓦氏雅罗鱼、拉氏鲅、湖鲅、犬首鮈、条纹似白鮈、平口鮈、北方须鳅、2 种花鳅、黑斑狗鱼和波氏吻鰕虎鱼，占 25%。

3）新近纪区系生态类群：雷氏七鳃鳗、鲤、银鲫、麦穗鱼、黑龙江鳑鲏、大鳍鱊、北方泥鳅、大鳞副泥鳅和鲇，占 20.45%。

4）北方山地区系生态类群：哲罗鲑、细鳞鲑、杂色杜父鱼和真鲅，占 9.09%。

5）热带平原区系生态类群：光泽黄颡鱼、纵带鮠、乌鳢、葛氏鲈塘鳢和黄黝鱼，占 11.36%。

6）北极淡水区系生态类群：乌苏里白鲑和江鳕，占 4.55%。

7）北极海洋区系生态类群：九棘刺鱼，占 2.27%。

以上北方区系生态类群 18 种，占 40.91%。

3. 汤旺河总况

整个汤旺河的土著鱼类群落，除大麻哈鱼外，由 7 个区系生态类群构成。

1）江河平原区系生态类群：鲢、中华细鲫、马口鱼、翘嘴鲌、鳊、䱗、银鲴、蛇鮈、东北鳈、棒花鱼、潘氏鳅鮀、花斑副沙鳅和鳜，占 27.08%。

2）北方平原区系生态类群：瓦氏雅罗鱼、拉氏鲅、湖鲅、犬首鮈、条纹似白鮈、平口鮈、北方须鳅、2 种花鳅、黑斑狗鱼和波氏吻虾虎鱼，占 22.92%。

3）新近纪区系生态类群：日本七鳃鳗、雷氏七鳃鳗、鲤、银鲫、麦穗鱼、黑龙江鳑鲏、大鳍鱊、北方泥鳅、大鳞副泥鳅和鲇，占 20.83%。

4）北方山地区系生态类群：哲罗鲑、细鳞鲑、黑龙江茴鱼、杂色杜父鱼和真鲅，占 10.42%。

5）热带平原区系生态类群：2 种黄颡鱼、纵带鮠、乌鳢、葛氏鲈塘鳢和黄黝鱼，占 12.5%。

6）北极淡水区系生态类群：乌苏里白鲑和江鳕，占 4.17%。

7）北极海洋区系生态类群：九棘刺鱼，占 2.08%。

以上北方区系生态类群 19 种，占 39.58%。

3.2.3.4 渔业资源

水域的自然捕捞量可反映出资源的变化状况。从渔获量上看，汤旺河上甘岭河段的自然捕捞量变化较大。根据初步的调查统计，20 世纪 80 年代的年捕捞量在 8t 左右，90 年代 5t 左右，2000 年以来 2t 左右。总趋势是鱼类捕捞量以每年 10%～60%的速度下降，这在一定程度上也说明资源逐渐呈现下降的趋势。

受汤旺河汤原渠首水利工程的影响，目前汤旺河汤原河段的鱼类群落中，小型鱼类占主体，大型鱼类非常稀少[106]。其主要原因：①大坝在一定程度上阻止了松花江干流鱼类向汤旺河上游洄游扩散，如果发生区域性种群灭绝，则无法从邻近水域得到补充，使区域鱼类群落的稳定性下降；②大坝阻隔作用缩短了花斑副沙鳅等具有生殖洄游习性鱼类的洄游距离，产卵场缩小或消失，繁殖群体数量下降；③由于水位人工调控，某些河段水体过浅，不利于大中型鱼类在不同生境间的栖息活动；④群落中缺少肉食性鱼类，致使某些适合度过高的小型鱼类特别是鮈亚科、鱊亚科的种类大量繁殖；⑤受不合理的捕捞方式和捕捞强度过高的影响。

渔获物组成上，目前汤旺河渔获物组成中，刺网渔获物主要以拉氏鲅、麦穗鱼、蛇鮈、棒花鱼、北方须鳅、花斑副沙鳅、黑龙江鳑鲏和葛氏鲈塘鳢等小型鱼类为主体，所占比例超过 90%；其次为瓦氏雅罗鱼；而哲罗鲑、细鳞鲑、鲤等经济鱼类则很少见。从渔获物中主要经济鱼类的体长、体重、年龄结构的分析结果表明，小型化、低龄化的趋势正逐渐扩大。对今后的鱼类资源动态应予以持续关注。

3.2.4 嫩江县水系

嫩江县地处黑河市西南部，嫩江东岸，小兴安岭西侧。流经该县的嫩江干流长 404km，属小兴安岭山区溪流，平均海拔 250m 以上，水流湍急，河宽 50～100m，水深 1～2m，石砾底质，水质清澈。该江段的主要支流有科洛河、门鲁河、卧都河、固固河等，均发源于小兴安岭西麓。

3.2.4.1 物种多样性

文献[108]记载，嫩江县水系河流沼泽的鱼类物种为7目12科36属43种，包括日本七鳃鳗、雷氏七鳃鳗、哲罗鲑、细鳞鲑、乌苏里白鲑、黑龙江茴鱼、黑斑狗鱼、马口鱼、瓦氏雅罗鱼、青鱼、草鱼、真鲅、拉氏鲅、湖鲅、尖头鲅、花江鲅、拟赤梢鱼、䱗、蒙古鲌、红鳍原鲌、鳡、银鲴、黑龙江鳑鲏、唇䱻、花䱻、麦穗鱼、东北鳈、细体鮈、蛇鮈、银鲫、鲤、黑龙江花鳅、北方泥鳅、黑龙江泥鳅、花斑副沙鳅、黄颡鱼、乌苏拟鲿、鲇、鳜、葛氏鲈塘鳢、乌鳢、江鳕和黑龙江中杜父鱼。

上述鱼类均为土著种，包括冷水种哲罗鲑、细鳞鲑、2种七鳃鳗、乌苏里白鲑、黑龙江茴鱼、黑斑狗鱼、真鲅、拉氏鲅、瓦氏雅罗鱼、拟赤梢鱼、黑龙江花鳅、江鳕和黑龙江中杜父鱼（占32.56%）；中国易危种2种七鳃鳗、哲罗鲑、乌苏里白鲑和黑龙江茴鱼。

3.2.4.2 种类组成

嫩江县水系河流沼泽鱼类群落中，鲤形目28种、鲑形目5种，分别占65.12%及11.63%；鲇形目和鲈形目均3种，各占6.98%；七鳃鳗目2种，占4.65%；鳕形目和鲉形目均1种，各占2.33%。科级分类单元中，鲤科24种，占55.81%；鳅科和鲑科均4种，各占9.30%；鲿科和七鳃鳗科均2种，各占4.65%；狗鱼科、鲇科、鮨科、塘鳢科、鳢科、鳕科和杜父鱼科均1种，各占2.33%。

3.2.4.3 区系生态类群

嫩江县水系河流沼泽的鱼类群落由6个区系生态类群构成。

1）江河平原区系生态类群：草鱼、青鱼、鳡、马口鱼、红鳍原鲌、翘嘴鲌、䱗、银鲴、2种䱻、蛇鮈、东北鳈、花斑副沙鳅和鳜，占32.56%。

2）北方平原区系生态类群：瓦氏雅罗鱼、拟赤梢鱼、4种鲅（除真鲅外）、黑龙江花鳅、细体鮈和和黑斑狗鱼，占20.93%。

3）新近纪区系生态类群：2种七鳃鳗、鲤、银鲫、麦穗鱼、北方泥鳅、黑龙江泥鳅、黑龙江鳑鲏和鲇，占20.93%。

4）北方山地区系生态类群：哲罗鲑、细鳞鲑、黑龙江茴鱼、黑龙江中杜父鱼和真鲅，占11.63%。

5）热带平原区系生态类群：乌鳢、黄颡鱼、乌苏拟鲿和葛氏鲈塘鳢，占9.30%。

6）北极淡水区系生态类群：乌苏里白鲑和江鳕，占4.65%。

以上北方区系生态类群16种，占37.21%。

3.2.4.4 渔业资源

持续发展的沙金业、采砂业，水土流失，江河污染等，使鱼类产卵场、越冬场、洄游通道受到破坏，嫩江县水系河流沼泽中的一些名贵鱼类如黑龙江茴鱼、哲罗鲑、细鳞鲑、唇䱻等已不多见，乌苏里白鲑、鳜等已近乎绝迹。

3.2.5 小兴安岭水系河流沼泽鱼类多样性概况

3.2.5.1 物种多样性

综合文献[93]、[103]、[104]及[106]～[109]，得出小兴安岭水系河流沼泽的鱼类物种为 9 目 16 科 59 属 76 种（表 3-12）。其中，鳙为移入种，土著鱼类 9 目 16 科 58 属 75 种。土著种中，哲罗鲑、细鳞鲑、2 种七鳃鳗、大麻哈鱼、乌苏里白鲑、黑龙江茴鱼、池沼公鱼、黑斑狗鱼、瓦氏雅罗鱼、拟赤梢鱼、拉氏鲅、真鲅、平口鮈、北鳅、北方须鳅、2 种花鳅、江鳕、九棘刺鱼及 2 种杜父鱼为冷水种，占 28.95%；施氏鲟、鳇、2 种七鳃鳗、哲罗鲑、乌苏里白鲑、黑龙江茴鱼及怀头鲇为中国易危种；东北颌须鮈、波氏吻鰕虎鱼、黄黝鱼和大鳞副泥鳅为中国特有种。

表 3-12 小兴安岭水系河流沼泽鱼类物种组成

种类	逊别拉河 1)	沾河 2)	黑龙江中游			汤旺河 4)
			逊克段 3)	嘉荫段 3)	黑河段 2)	
一、七鳃鳗目 Petromyzoniformes						
（一）七鳃鳗科 Petromyzonidae						
1. 雷氏七鳃鳗 *Lampetra reissneri*	+					+
2. 日本七鳃鳗 *Lampetra japonica*	+		+		+	+
二、鲟形目 Acipenseriformes						
（二）鲟科 Acipenseridae						
3. 施氏鲟 *Acipenser schenckii*	+		+	+	+	
4. 鳇 *Huso dauricus*	+				+	
三、鲑形目 Salmoniformes						
（三）鲑科 Salmonidae						
5. 大麻哈鱼 *Oncorhynchus keta*	+	+				+
6. 哲罗鲑 *Hucho taimen*	+	+			+	+
7. 细鳞鲑 *Brachymystax lenok*	+	+			+	+
8. 乌苏里白鲑 *Coregonus ussuriensis*	+	+			+	+
9. 黑龙江茴鱼 *Thymallus arcticus*	+	+			+	+
（四）胡瓜鱼科 Osmeridae						

续表

种类	逊别拉河[1)]	沾河[2)]	黑龙江中游			汤旺河[4)]
			逊克段[3)]	嘉荫段[3)]	黑河段[2)]	
10. 池沼公鱼 *Hypomesus olidus*	+				+	
（五）狗鱼科 Esocidae						
11. 黑斑狗鱼 *Esox reicherti*	+	+			+	+
四、鲤形目 Cypriniformes						
（六）鲤科 Cyprinidae						
12. 马口鱼 *Opsariichthys bidens*	+	+	+		+	+
13. 中华细鲫 *Aphyocypris chinensis*						+
14. 瓦氏雅罗鱼 *Leuciscus waleckii waleckii*	+	+			+	+
15. 拟赤梢鱼 *Pseudaspius leptocephalus*	+	+	+		+	
16. 草鱼 *Ctenopharyngodon idella*	+	+			+	
17. 拉氏鲅 *Phoxinus lagowskii*	+	+	+		+	+
18. 真鲅 *Phoxinus phoxinus*	+		+		+	+
19. 湖鲅 *Phoxinus percnurus*	+	+				+
20. 花江鲅 *Phoxinus czekanowskii*					+	
21. 鳡 *Elopichthys bambusa*					+	
22. 䱗 *Hemiculter leucisculus*			+		+	+
23. 贝氏䱗 *Hemiculter bleekeri*					+	
24. 翘嘴鲌 *Culter alburnus*					+	+
25. 蒙古鲌 *Culter mongolicus mongolicus*	+	+				
26. 鲂 *Megalobrama skolkovii*					+	
27. 红鳍原鲌 *Cultrichthys erythropterus*	+	+			+	
28. 鳊 *Parabramis pekinensis*					+	+
29. 银鲴 *Xenocypris argentea*	+	+	+	+	+	+
30. 细鳞鲴 *Xenocypris microleps*					+	
31. 大鳍鱊 *Acheilognathus macropterus*						+
32. 兴凯鱊 *Acheilognathus chankaensis*			+	+		
33. 黑龙江鳑鲏 *Rhodeus sericeus*	+	+	+	+	+	+
34. 花䱻 *Hemibarbus maculates*	+	+	+	+	+	
35. 唇䱻 *Hemibarbus laboe*	+	+			+	
36. 麦穗鱼 *Pseudorasbora parva*	+	+	+	+	+	+
37. 东北颌须鮈 *Gnathopogon mantschuricus*	+	+				
38. 东北鳈 *Sarcocheilichthys lacustris*	+	+		+	+	+
39. 克氏鳈 *Sarcocheilichthys czerskii*			+	+		
40. 犬首鮈 *Gobio cynocephalus*				+	+	+
41. 细体鮈 *Gobio tenuicorpus*			+			

续表

种类	逊别拉河[1]	沾河[2]	黑龙江中游			汤旺河[4]
			逊克段[3]	嘉荫段[3]	黑河段[2]	
42. 高体鮈 *Gobio soldatovi*			+			
43. 条纹似白鮈 *Paraleucogobio strigatus*		+		+		+
44. 平口鮈 *Ladislavia taczanowskii*	+					+
45. 棒花鱼 *Abbottina rivularis*			+		+	+
46. 蛇鮈 *Saurogobio dabryi*			+	+	+	+
47. 突吻鮈 *Rostrogobio amurensis*					+	
48. 鲤 *Cyprinus carpio*	+	+			+	+
49. 银鲫 *Carassius auratus gibelio*	+	+	+	+	+	+
50. 鲢 *Hypophthalmichthys molitrix*	+		+		+	+
51. 鳙 *Aristichthys nobilis*▲					+	+
52. 潘氏鳅鮀 *Gobiobotia pappenheimi*						+
（七）鳅科 Cobitidae						
53. 北鳅 *Lefua costata*	+					
54. 北方须鳅 *Barbatula barbatula nuda*	+					+
55. 黑龙江花鳅 *Cobitis lutheri*	+	+	+			+
56. 北方花鳅 *Cobitis granoci*	+					+
57. 黑龙江泥鳅 *Misgurnus mohoity*	+	+	+			
58. 北方泥鳅 *Misgurnus bipartitus*						+
59. 花斑副沙鳅 *Parabotia fasciata*					+	+
60. 大鳞副泥鳅 *Paramisgurnus dabryanus*						+
五、鲇形目 Siluriformes						
（八）鲿科 Bagridae						
61. 黄颡鱼 *Pelteobagrus fulvidraco*	+	+			+	+
62. 光泽黄颡鱼 *Pelteobagrus nitidus*			+	+	+	+
63. 乌苏拟鲿 *Pseudobagrus ussuriensis*	+	+		+	+	
64. 纵带鮠 *Leiocassis argentivittatus*			+			+
（九）鲇科 Siluridae						
65. 怀头鲇 *Silurus soldatovi*		+			+	
66. 鲇 *Silurus asotus*	+	+		+	+	+
六、鳕形目 Gadiformes						
（十）鳕科 Gadidae						
67. 江鳕 *Lota lota*	+	+	+	+	+	+
七、鲉形目 Scorpaeniformes						
（十一）杜父鱼科 Cottidae						

续表

种类	逊别拉河[1)]	沾河[2)]	黑龙江中游			汤旺河[4)]
			逊克段[3)]	嘉荫段[3)]	黑河段[2)]	
68. 黑龙江中杜父鱼 *Mesocottus haitej*	+	+			+	
69. 杂色杜父鱼 *Cottus poecilopus*						+
八、鲈形目 Perciformes						
（十二）鮨科 Serranidae						
70. 鳜 *Siniperca chuatsi*	+	+			+	+
（十三）塘鳢科 Eleotridae						
71. 葛氏鲈塘鳢 *Perccottus glehni*	+	+	+		+	+
72. 黄黝鱼 *Hypseleotris swinhonis*						+
（十四）鰕虎鱼科 Gobiidae						
73. 褐吻鰕虎鱼 *Rhinogobius brunneus*	+	+				
74. 波氏吻鰕虎鱼 *Rhinogobius cliffordpopei*			+			+
（十五）鳢科 Channidae						
75. 乌鳢 *Channa argus*	+	+			+	+
九、刺鱼目 Gasterosteiformes						
（十六）刺鱼科 Gasterosteidae						
76. 九棘刺鱼 *Pungitius pungitius*						+

资料来源：1）文献[93]和[103]；2）文献[103]和[104]；3）文献[109]；4）文献[106]和[107]

3.2.5.2 种类组成

小兴安岭水系河流沼泽鱼类群落中，鲤形目 49 种、鲑形目 7 种，分别占 64.47%及 9.21%；鲇形目和鲈形目均 6 种，各占 7.89%；鲟形目、鲉形目和七鳃鳗目均 2 种，各占 2.63%；鳕形目和刺鱼目均 1 种，各占 1.32%。科级分类单元中，鲤科 41 种、鳅科 8 种、鲑科 5 种、鲿科 4 种，分别占 53.95%、10.53%、6.58%及 5.26%；鲟科、鲇科、杜父鱼科、塘鳢科、鰕虎鱼科和七鳃鳗科均 2 种，各占 2.63%；胡瓜鱼科、狗鱼科、鳕科、鮨科、鳢科和刺鱼科均 1 种，各占 1.32%。

3.2.5.3 区系生态类群

小兴安岭水系河流沼泽的土著鱼类群落，除大麻哈鱼外，其余由 7 个区系生态类群构成。

1）北极淡水区系生态类群：池沼公鱼、乌苏里白鲑和江鳕，占 4.05%。

2）江河平原区系生态类群：草鱼、鲢、鳡、中华细鲫、马口鱼、红鳍原鲌、2 种鲌、鳊、鲂、2 种鳘、2 种鲴、2 种䱗、蛇鮈、2 种鳈、棒花鱼、潘氏鳅鮀、花斑副沙鳅和鳜，占 31.08%。

3）北方平原区系生态类群：瓦氏雅罗鱼、拟赤梢鱼、除真鲂外的 3 种鲂、3 种鮈、突吻鮈、条纹似白鮈、平口鮈、东北颌须鮈、北鳅、北方须鳅、2 种花鳅、黑斑狗鱼及 2 种吻鰕虎鱼，占 25.68%。

4）新近纪区系生态类群：2 种七鳃鳗、施氏鲟、鳇、鲤、银鲫、麦穗鱼、黑龙江鳑鲏、2 种鱊、2 种泥鳅、大鳞副泥鳅和 2 种鲇，占 20.27%。

5）北方山地区系生态类群：哲罗鲑、细鳞鲑、黑龙江茴鱼、2 种杜父鱼和真鲂，占 8.11%。

6）热带平原区系生态类群：乌鳢、2 种黄颡鱼、黄黝鱼、乌苏拟鲿、纵带鮠和葛氏鲈塘鳢，占 9.46%。

7）北极海洋区系生态类群：九棘刺鱼，占 1.35%。

以上北方区系生态类群 29 种，占 39.19%。

3.3 长白山区水系河流沼泽区

在《中国沼泽志》"沼泽分区"中，长白山区水系河流沼泽区隶属于"东北山地落叶松—灌丛—泥炭藓沼泽区"之下"长白山脉苔草沼泽和落叶松—笃斯越橘—藓类沼泽亚区"。该区有 13 片河流沼泽列入《中国沼泽志》，本书所研究的河流沼泽涵盖了大山嘴子沼泽（222403-044）、黄泥河沼泽（222403-045）、大石头镇沼泽（222403-046）、寒葱沟沼泽（222403-047）、三道湖沼泽（220622-048）、西北岔沼泽（222426-049）、福兴沼泽（222426-050）、金川沼泽（220523-051）、哈尼沼泽（220524-052）及长白山地区沼泽（220621-054）。

3.3.1 牡丹江中上游水系

牡丹江上游（43°01′N～44°05′N，127°38′E～129°05′E）是指发源地吉林省敦化市南部的牡丹岭至镜泊湖入口处之间的江段，全部位于吉林省境内，干流全长 226km，上下高差 220m，流域面积 8440km^2。该江段自西南向东北穿行于由威虎岭和哈尔巴岭所构成的山间盆地中。该盆地上端海拔 540m，下端海拔 360m。流域内长度超过 50km 的支流有 6 条（大石河、小石河、黄泥河、沙河、珠尔多河和官地河）。牡丹江中游是指镜泊湖以下至五虎林河河口的江段。中游江段流经唐代渤海国古都东京城，穿行于玄武岩的峡谷之中，江面狭窄，两岸悬崖陡壁。东京城以下江段，河谷逐渐扩展，流经结晶片岩、花岗岩等山地间。宁安附近为广阔的冲积平原，岩盘由花岗岩、玄武岩、砂岩、砾岩等构成，河岸一般为缓坡。海浪河注入后，形成冲积平原。

3.3.1.1 物种多样性

综合文献[6]、[10]、[31]、[66]、[67]及[110]～[112]，得出牡丹江中上游水系河流沼泽的鱼类物种为8目16科57属74种（表3-13）。其中，移入种2目2科3属3种，包括虹鳟、鳙和团头鲂；土著鱼类8目16科55属71种。

表3-13 长白山区水系河流沼泽鱼类物种组成

种类	第二松花江丰满坝上水系[1)]	辉发河水系[2)]	牡丹江中上游水系[3)]	第二松花江河源区水系[4)]	第二松花江三湖江段水系[5)]
一、七鳃鳗目 Petromyzoniformes					
（一）七鳃鳗科 Petromyzonidae					
1. 雷氏七鳃鳗 *Lampetra reissneri*	+		+		+
2. 东北七鳃鳗 *Lampetra morii*	+		+		+
3. 日本七鳃鳗 *Lampetra japonica*	+		+	+	+
二、鲑形目 Salmoniformes					
（二）鲑科 Salmonidae					
4. 虹鳟 *Oncorhynchus mykiss*▲			+	+	
5. 大麻哈鱼 *Oncorhynchus keta*			+		
6. 白斑红点鲑 *Salvelinus leucomaenis*			+		
7. 花羔红点鲑 *Salvelinus malma*▲					+
8. 哲罗鲑 *Hucho taimen*	+		+	+	+
9. 细鳞鲑 *Brachymystax lenok*	+		+	+	+
10. 乌苏里白鲑 *Coregonus ussuriensis*	+		+		+
11. 黑龙江茴鱼 *Thymallus arcticus*	+		+	+	+
（三）银鱼科 Salangidae					
12. 大银鱼 *Protosalanx hyalocranius*▲					+
13. 太湖新银鱼 *Neosalanx taihuensis*▲					+
（四）胡瓜鱼科 Osmeridae					
14. 池沼公鱼 *Hypomesus olidus*			+		+
（五）狗鱼科 Esocidae					
15. 黑斑狗鱼 *Esox reicherti*	+		+		+
三、鲤形目 Cypriniformes					
（六）鲤科 Cyprinidae					
16. 宽鳍鱲 *Zacco platypus*					+
17. 马口鱼 *Opsariichthys bidens*	+		+		+
18. 瓦氏雅罗鱼 *Leuciscus waleckii waleckii*	+	+	+		+
19. 拟赤梢鱼 *Pseudaspius leptocephalus*			+		
20. 青鱼 *Mylopharyngodon piceus*	+	+	+		+
21. 草鱼 *Ctenopharyngodon idella*	+	+	+		+
22. 鳡 *Elopichthys bambusa*	+		+		+
23. 拉氏鲹 *Phoxinus lagowskii*	+		+		+
24. 真鲹 *Phoxinus phoxinus*	+		+	+	+

续表

种类	第二松花江丰满坝上水系[1)]	辉发河水系[2)]	牡丹江中上游水系[3)]	第二松花江河源区水系[4)]	第二松花江三湖江段水系[5)]
25. 湖鲅 *Phoxinus percnurus*	+		+		+
26. 花江鲅 *Phoxinus czekanowskii*	+		+		+
27. 尖头鲅 *Phoxinus oxycephalus*	+			+	+
28. 赤眼鳟 *Squaliobarbus curriculus*	+		+		+
29. 鳊 *Parabramis pekinensis*	+		+		+
30. 鲂 *Megalobrama skokovii*		+			
31. 团头鲂 *Megalobrama amblycephala* ▲			+		+
32. 䱗 *Hemiculter leucisculus*	+	+	+		+
33. 贝氏䱗 *Hemiculter bleekeri*	+		+		+
34. 红鳍原鲌 *Cultrichthys erythropterus*	+		+		+
35. 蒙古鲌 *Culter mongolicus mongolicus*	+		+		+
36. 翘嘴鲌 *Culter alburnus*	+		+		+
37. 银鲴 *Xenocypris argentea*	+	+	+		+
38. 细鳞鲴 *Xenocypris microleps*			+		
39. 似鳊 *Pseudobrama simoni* ▲	+	+			+
40. 大鳍鱊 *Acheilognathus macropterus*	+	+	+		+
41. 兴凯鱊 *Acheilognathus chankaensis*	+	+	+		+
42. 黑龙江鳑鲏 *Rhodeus sericeus*	+		+		+
43. 彩石鳑鲏 *Rhodeus lighti*	+	+	+		+
44. 花䱻 *Hemibarbus maculatus*	+		+		+
45. 唇䱻 *Hemibarbus laboe*	+	+	+		+
46. 条纹似白鮈 *Paraleucogobio strigatus*	+		+		+
47. 麦穗鱼 *Pseudorasbora parva*	+		+		+
48. 棒花鱼 *Abbottina rivularis*	+	+	+		+
49. 突吻鮈 *Rostrogobio amurensis*	+	+			+
50. 蛇鮈 *Saurogobio dabryi*	+	+	+		+
51. 平口鮈 *Ladislavia taczanowskii*	+		+		+
52. 东北颌须鮈 *Gnathopogon mantschuricus*			+		
53. 银鮈 *Squalidus argentatus*	+	+			+
54. 兴凯银鮈 *Squalidus chankaensis*	+		+		+
55. 东北鳈 *Sarcocheilichthys lacustris*	+		+		+
56. 克氏鳈 *Sarcocheilichthys czerskii*	+		+		+
57. 凌源鮈 *Gobio lingyuanensis*			+		
58. 犬首鮈 *Gobio cynocephalus*	+		+		+
59. 细体鮈 *Gobio tenuicorpus*	+		+		+

续表

种类	第二松花江丰满坝上水系 1)	辉发河水系 2)	牡丹江中上游水系 3)	第二松花江河源区水系 4)	第二松花江三湖江段水系 5)
60. 高体鮈 *Gobio soldatovi*	+		+		+
61. 大头鮈 *Gobio macrocephalus*					+
62. 鲤 *Cyprinus carpio*	+	+	+		+
63. 银鲫 *Carassius auratus gibelio*	+	+	+		+
64. 鲢 *Hypophthalmichthys molitrix*	+	+	+		+
65. 鳙 *Aristichthys nobilis*▲	+	+	+		+
66. 潘氏鳅鮀 *Gobiobotia pappenheimi*	+		+		+
（七）鳅科 Cobitidae					
67. 北方须鳅 *Barbatula barbatula nuda*	+	+	+	+	+
68. 北鳅 *Lefua costata*	+		+	+	+
69. 黑龙江花鳅 *Cobitis lutheri*	+		+	+	+
70. 黑龙江泥鳅 *Misgurnus mohoity*	+	+	+	+	+
71. 北方泥鳅 *Misgurnus bipartitus*		+	+		
72. 大鳞副泥鳅 *Paramisgurnus dabryanus*		+			
73. 花斑副沙鳅 *Parabotia fasciata*	+	+	+		+
四、鲇形目 Siluriformes					
（八）鲿科 Bagridae					
74. 黄颡鱼 *Pelteobagrus fulvidraco*		+	+		+
75. 光泽黄颡鱼 *Pelteobagrus nitidus*	+	+			+
76. 乌苏拟鲿 *Pseudobagrus ussuriensis*	+	+	+		+
（九）鲇科 Siluridae					
77. 鲇 *Silurus asotus*	+	+	+	+	+
五、鲈形目 Perciformes					
（十）鮨科 Serranidae					
78. 鳜 *Siniperca chuatsi*	+		+		+
（十一）塘鳢科 Eleotridae					
79. 葛氏鲈塘鳢 *Perccottus glehni*	+	+	+	+	+
80. 黄黝鱼 *Hypseleotris swinhonis*	+	+	+		+
（十二）鰕虎鱼科 Gobiidae					
81. 褐吻鰕虎鱼 *Rhinogobius brunneus*	+				+
82. 波氏吻鰕虎鱼 *Rhinogobius cliffordpopei*			+		
（十三）斗鱼科 Belontiidae					
83. 圆尾斗鱼 *Macropodus chinensis*			+		
（十四）鳢科 Channidae					
84. 乌鳢 *Channa argus*	+	+	+		+

续表

种类	第二松花江丰满坝上水系 1)	辉发河水系 2)	牡丹江中上游水系 3)	第二松花江河源区水系 4)	第二松花江三湖江段水系 5)
（十五）太阳鱼科 Centrarchidae					
85. 加州鲈 *Micropterus salmoides*▲					+
六、鲉形目 Scorpaeniformes					
（十六）杜父鱼科 Cottidae					
86. 杂色杜父鱼 *Cottus poecilopus*	+		+	+	+
七、鳕形目 Gadiformes					
（十七）鳕科 Gadidae					
87. 江鳕 *Lota lota*	+		+	+	+
八、刺鱼目 Gasterosteiformes					
（十八）刺鱼科 Gasterosteidae					
88. 九棘刺鱼 *Pungitius pungitius*			+		+

资料来源：1）文献[113]～[115]；2）著者调查；3）文献[6]、[10]、[31]、[66]、[67]和[110]～[112]；4）文献[116]；5）文献[115]、[117]和[118]

牡丹江中上游水系河流沼泽的土著鱼类中，彩石鳑鲏、凌源鮈、东北颌须鮈、黄黝鱼和波氏吻虾虎鱼为中国特有种；日本七鳃鳗、雷氏七鳃鳗、哲罗鲑、乌苏里白鲑、黑龙江茴鱼为中国易危种；日本七鳃鳗、雷氏七鳃鳗、大麻哈鱼、哲罗鲑、细鳞鲑、乌苏里白鲑、黑龙江茴鱼、池沼公鱼、黑斑狗鱼、真鲅、拉氏鲅、瓦氏雅罗鱼、拟赤梢鱼、平口鮈、北鳅、北方须鳅、黑龙江花鳅、江鳕、九棘刺鱼和杂色杜父鱼为冷水种，占 28.17%。

应该提及的是，大麻哈鱼、乌苏里白鲑、白斑红点鲑已有几十年未曾见到，特别是大麻哈鱼已经在牡丹江灭绝。近年来，在牡丹江上游地区实地调查见到的和当地群众反映可能存在的鱼类物种合计 53 种，包括东北七鳃鳗、细鳞鲑、哲罗鲑、黑龙江茴鱼、黑斑狗鱼、青鱼、草鱼、湖鲅、真鲅、拉氏鲅、花江鲅、瓦氏雅罗鱼、马口鱼、䱗、红鳍原鲌、鳊、团头鲂、蒙古鲌、翘嘴鲌、银鲴、细鳞鲴、黑龙江鳑鲏、彩石鳑鲏、兴凯鱊、大鳍鱊、唇䱻、麦穗鱼、平口鮈、东北鳈、克氏鳈、东北颌须鮈、兴凯银鮈、细体鮈、犬首鮈、棒花鱼、蛇鮈、鲤、银鲫、鲢、鳙、鲇、黄颡鱼、乌苏拟鲿、鳜、葛氏鲈塘鳢、波氏吻虾虎鱼、乌鳢、北方须鳅、黑龙江泥鳅、黑龙江花鳅、江鳕、九棘刺鱼和杂色杜父鱼。

根据实地调查采集到的鱼类，以及当地群众反映可能存在的鱼类，并结合文献[119]记载，已记录到的牡丹江中游鱼类物种约 35 种，包括细鳞鲑、池沼公鱼、瓦氏雅罗鱼、鲤、银鲫、马口鱼、鲢、北方须鳅、黑龙江泥鳅、黑龙江花鳅、花斑副沙鳅、麦穗鱼、蛇鮈、䱗、细鳞鲑、日本七鳃鳗、雷氏七鳃鳗、湖鲅、真鲅、拉氏鲅、花江鲅、黑龙江鳑鲏、乌苏拟鲿、草鱼、鲇、黄颡鱼、黑斑狗鱼、鳊、银鲴、细鳞鲴、江鳕、蒙古鲌、唇䱻、花䱻和潘氏鳅鮀。

3.3.1.2 种类组成

牡丹江中上游水系河流沼泽鱼类群落中，鲤形目 50 种、鲑形目 9 种、鲈形目 6 种，分别占 67.57%、12.16%及 8.11%；鲇形目和七鳃鳗目均 3 种，各占 4.05%；鲉形目、鳕形目和刺鱼目均 1 种，各占 1.35%。科级分类单元中，鲤科 44 种、鲑科 7 种、鳅科 6 种、七鳃鳗科 3 种，分别占 59.46%、9.46%、8.11%及 4.05%；鲿科和塘鳢科均 2 种，各占 2.70%；胡瓜鱼科、狗鱼科、鲇科、鮨科、斗鱼科、鰕虎鱼科、鳢科、杜父鱼科、鳕科和刺鱼科均 1 种，各占 1.35%。

3.3.1.3 区系生态类群

牡丹江中上游水系河流沼泽的土著鱼类群落，除大麻哈鱼外，其余由 7 个区系生态类群构成。

1）江河平原区系生态类群：青鱼、草鱼、鲢、鳡、马口鱼、红鳍原鲌、2 种鲌、鳊、2 种鳘、2 种鲴、2 种鲭、蛇鮈、兴凯银鮈、2 种鳈、棒花鱼、潘氏鳅鮀、花斑副沙鳅和鳜，占 32.86%。

2）新近纪区系生态类群：3 种七鳃鳗、鲤、银鲫、赤眼鳟、麦穗鱼、2 种鳑鲏、2 种鱊、2 种泥鳅和鲇，占 20%。

3）北方平原区系生态类群：瓦氏雅罗鱼、拟赤梢鱼、湖鲂、拉氏鲂、花江鲂、4 种鮈、条纹似白鮈、平口鮈、东北颌须鮈、北鳅、北方须鳅、黑龙江花鳅、黑斑狗鱼和波氏吻鰕虎鱼，占 24.29%。

4）北方山地区系生态类群：哲罗鲑、细鳞鲑、黑龙江茴鱼、杂色杜父鱼和真鲂，占 7.14%。

5）热带平原区系生态类群：乌鳢、圆尾斗鱼、黄颡鱼、黄黝鱼、乌苏拟鲿和葛氏鲈塘鳢，占 8.57%。

6）北极淡水区系生态类群：池沼公鱼、白斑红点鲑、乌苏里白鲑和江鳕，占 5.71%。

7）北极海洋区系生态类群：九棘刺鱼，占 1.43%。

以上北方区系生态类群 27 种，占 38.57%。

3.3.1.4 物种分布[119]

在牡丹江上游，江河平原区系生态类群的种类，其活动范围为距河口（牡丹江进入镜泊湖的入口水域）100km 江段的干流及沿岸水域，它们仍然保留着喜氧和适应水位激烈波动这一习性，常常在汛期随着涨水而上溯到此江段，汛后又随着退水而降河。该类群的种类均分布在海拔 500m 以下，7 月平均水温都不低于 20℃，一般为 22℃左右的区域。其中，马口鱼的分布范围相对广泛一些，它可溯河进入靠近源头及支流稍偏冷的水域。

热带平原区系生态类群的种类，其分布区域大都与江河平原区系生态类群的种类相重叠，生活的水域 7 月平均水温略高于 22℃。黄黝鱼的分布范围稍广泛一些，7 月平均水温 20℃左右的水域中均可见到其踪迹。

新近纪区系生态类群的种类对环境的适应能力较强，分布也较为广泛，除了 3 种七鳃鳗数量较少外，其余种类均可在海拔 550m 以下的冷凉气候区的干、支流水域栖息。其中，黑龙江鳑鲏可越过此界线。

北方平原区系生态类群的种类分布区大体上与上述三个区系类群重叠。其中，经济价值较大的黑斑狗鱼和瓦氏雅罗鱼，在早春水温较低季节活动于干流水域；鮈类、鮈类和黑龙江花鳅分布于距河口 100km 以上，7 月平均水温 20℃左右的干流江段和支流稍偏冷的水域。

北方山地区系生态类群的种类均分布于源头及支流 7 月平均水温 15℃左右山涧溪流的冷凉水域。这些水域均位于海拔 550m 以上的高寒林区。

北极淡水区系生态类群的种类夏季多见于源头或多石砾的冷凉山涧溪流中，并常与北方山地区系生态类群的种类栖息于同一水域。分布于靠近镜泊湖干流江段的个体，仅见于冬季冰封期。

北极海洋区系生态类群的九棘刺鱼，其分布范围仅限于距河口 100km 以上的干流江段和支流偏冷的水域。

从目前的养殖对象看，除鲤、银鲫为新近纪区系生态类群的种类外，其余如青鱼、草鱼、鲢、鳙、细鳞鲴及人工移入种团头鲂等均属于江河平原区系生态类群。根据生物与环境一致性原理，鱼类物种具有适应于它们所形成的环境与所栖息的环境的特性，因而江河平原区系生态类群的种类，在其自然分布上与新近纪区系生态类群的种类存在一定程度的重叠。所以凡有江河平原区系生态类群的种类（马口鱼等个别种类除外）栖息繁育的水域，其所在气候区必然适合于发展青鱼、草鱼、鲢、鳙、细鳞鲴、团头鲂的养殖生产。相反，凡有细鳞鲑、黑龙江茴鱼等北方山地区系生态类群的种类栖息繁育的水域，其所在气候区内仅适合于发展冷水性鱼类的增养殖，地处此类气候区内的湖泊、池塘及所建水库、塘坝均不宜放养鲢、鳙等江河平原区系生态类群的种类。鱼类区系自然分布与气候带的这种关系，可作为山区渔业区划指标之一。

3.3.1.5 主要物种生物学特征[119]

（1）瓦氏雅罗鱼　在牡丹江上游，秋后江水封冰前就有少量的瓦氏雅罗鱼个体从镜泊湖上溯进入江中，而大批群体则要等到早春开江解冰前后于冰盖下水体或流冰水体逆水上溯。沿江群众常常在漂流的冰块间隙中利用流刺网拦截捕捞产卵鱼群。4 月上旬至 5 月初，产卵鱼群可上溯到距河口以上 50～70km 江段水域，在水流湍急、砂砾底质的浅滩处产卵。产卵盛期集中在 4 月下旬（农历谷雨前后），产卵持续时间一般不超过一周，大多 3～5d 结束。产卵高峰期常常在阴晦天气的傍晚。据现场观察，产卵场水温 4～5℃，恰好为桃花汛期，水质浑浊，产卵亲鱼一次性产出卵，流水环境下产出的卵即刻黏附在水草或江底的石块上；产卵结束后，鱼群立即散开，零星地降河洄游进入镜泊湖或水温较低的支流。

（2）黑斑狗鱼　牡丹江上游黑斑狗鱼从镜泊湖上溯进入干流水域的时间，大体上和瓦氏雅罗鱼相同，也在尚未解冰时，但产卵时间要比瓦氏雅罗鱼延迟一周左右，4 月底至 5 月上旬为其产卵盛期。与瓦氏雅罗鱼不同，黑斑狗鱼的产卵场一般不在干流，而是大都位于沿江的泡沼、沟岔、草甸等水草密布的静水环境。产卵结束的鱼群，也大都原地分散栖息、觅食，至 8～9 月才陆续降河回到镜泊湖越冬。

（3）银鲫、大鳍鱊及蛇鮈　牡丹江上游的银鲫，4 月末至 5 月初开始上溯进行短距离的生殖洄游，产卵盛期在 5 月中旬左右，个别较早的亲鱼 5 月初即产卵。该鱼属分批产卵的种类，产卵期持续时间较长，一般 1 个月左右。产卵场大都位于沿江水草茂盛的泡沼或有树根、柴枝堆积的浅水处。8～9 月降河回湖。

大鳍鱊是牡丹江上游具有一定种群优势的小型经济鱼类，其上溯及产卵时间均早于银鲫，4 月下游即开始产卵。另一种小型经济鱼类蛇鮈几乎与银鲫同时上溯，但其产卵时间要晚于银鲫，产卵盛期在 5 月下旬左右。

（4）鲤　鲤是牡丹江上游大中型经济鱼类，上溯产卵时间稍晚于银鲫，大约在 5 月上旬，所需产卵场的环境条件及位置均与银鲫相同。产卵盛期在 5 月下旬（农历“小满”前后），持续时间 20～30d。产卵结束后亲鱼陆续降河洄游至镜泊湖。

（5）鲇与黄颡鱼　鲇在牡丹江上游的上溯产卵时间早于鲤，4 月中旬即开始，但产卵期及产卵场常和鲤穿插重叠。黄颡鱼上溯时间与鲤相似，但产卵时间明显较晚，至 6 月底才开始，属筑巢产卵种类。

（6）细鳞鲴　牡丹江上游的细鳞鲴，4 月下旬即可在河口附近水域零星见到，5 月末至 6 月初，以雄鱼在前、雌鱼在后的队形集群上溯。6 月上旬（农历芒种前后）为产卵盛期，持续半个月左右。产卵场位于距河口 80km 的干流江段，多在砾石底质的流水浅滩上。产卵鱼群边上溯边产卵，完成产卵的个体分散降河入湖。整个产卵江段 6 月下旬很少再见到产过卵的细鳞鲴，只有极少数个体在此江段滞留到 7 月末。

（7）银鲴　5 月中旬开始上溯，6 月下旬（农历夏至前后）是产卵盛期，一般可持续到“小暑”，大约半个月。产卵场多位于距河口 60～90km 江段，砾石底质的流水浅滩或岸边草甸沼泽均可成为其产卵场。在江中活动时间要比细鳞鲴稍长一些，“大暑”过后才开始陆续降河回湖，一直持续至 8 月。

（8）鳜　5 月下旬开始上溯，略晚于银鲴，产卵期早于银鲴，6 月中旬为产卵盛期。7 月中下旬仍可看到个别性成熟的临产个体。产卵场多在“石渣汀”或水底石堆处。

（9）蒙古鲌　该鱼恰在细鳞鲴产卵高峰期即 6 月上旬开始溯河产卵。洄游范围为距河口 80km 的干流江段，产卵水温 20℃左右。上溯之初，雌、雄鱼分别群聚上溯，雄鱼群在先，2～3d 后雌鱼群出现。间隔 1～2d 后又见雄鱼群，如此反复。到 6 月中旬，雌雄混合鱼群开始上溯。此时雄鱼头部出现大量追星，雌鱼边上溯边产卵，6 月下旬达到产卵盛期，7 月上旬数量锐减。产卵后的亲鱼零星分散降河入湖，少数个体可滞留到 7 月末至 8 月上旬。

（10）䱗与马口鱼　䱗 5 月上旬开始集群上溯，小型个体在前，大型个体在后。6 月上旬开始产卵，持续 1 个月左右，当地流传有过了“芒种”40d 之说。产卵时间虽然先于蒙古鲌，但结束时间两者大致相同。对产卵场条件要求不严格，涨水时凡流水滩、“汀”

及江边草甸沼泽、河弯等场所均可。产卵水温 19～20℃，傍晚为产卵高峰期。马口鱼上溯时间早于䱗，但二者产卵期大体相同。降河入湖时间差别明显：䱗为 8～9 月，马口鱼 10 月下旬河水结冰前降河，是牡丹江上游降河最晚的。

（11）鲢　6 月到 7 月初涨水时，在坝下江段可见到鲢，大批上溯群体多见于 7 月中旬洪峰下泄时期，从上溯到产卵结束降河入湖一般不超过 20d。距河口 70～80km 水流湍急的“哨口”水域是主要产卵场。人们曾在产卵场捕到过体重达 32kg 的个体。

（12）翘嘴鲌　牡丹江上游的翘嘴鲌上溯产卵时间及产卵场基本和鲢相同，但其洄游距离与产卵场范围要比鲢向上游延伸 10km 左右，可达到黑石滩电站坝下。产卵期及降河洄游进入湖泊的时间也较鲢延迟。

牡丹江上游鱼类生殖洄游规律大体上可概括为以下 4 个集中时段。

1）江鳕入冬时节于冰下上溯洄游，最严寒的 1 月下旬水温接近 0℃时产卵繁殖。

2）瓦氏雅罗鱼、黑斑狗鱼早春顶冰凌上溯，4 月下旬至 5 月上旬水温 5℃左右时产卵。

3）鲤、银鲫、鲇、银鮈、细鳞鮈、蒙古鲌等 5 月中旬水温 10℃以上时上溯洄游，水温 18～20℃时陆续产卵。

4）7 月中下旬最后一次洪峰再现后，鲢、翘嘴鲌开始上溯产卵；8 月上旬洪峰消退后，这些半洄游型鱼类逐渐降河洄游进入镜泊湖，在干流的鱼群数量逐渐减少。

3.3.1.6　渔业资源

1. 牡丹江上游

在距河口约 100km 处的西崴子电站 1974 年建成；下游 10km 处的黑石滩电站拦河大坝 1981 年竣工。这两座电站均未建过鱼设施，所以从鱼类活动范围来看，黑石滩电站以下 90km 江段连同整个镜泊湖，在牡丹江干流形成了上下相对隔离的“独特区域”。90km 的干流江段，除少数定居型鱼类外，主要经济鱼类几乎均在镜泊湖栖息、越冬，只在繁殖期进入河道进行生殖洄游。根据经济鱼类集群洄游的规律，形成了与之同步的捕捞生产。

牡丹江上游水系鱼类资源较为丰富，至今仍保持着干、支流江段有鱼可捕的状态。多年来在资源已遭到破坏的情况下，年平均鱼产量仍可达 100t 左右，相当于延边朝鲜族自治州（简称延边州）渔业总产量（养殖＋捕捞）的 1/4～1/3，以盛产翘嘴鲌、蒙古鲌、银鮈、细鳞鮈、江鳕、黑斑狗鱼等名贵、稀有的经济鱼类而闻名全省；靠近镜泊湖的干流江段，密布多种经济鱼类的天然产卵场[119]。

牡丹江上游水系河源和各支流均发源于高寒林地和冷凉的山涧溪流，多盛产细鳞鲑、哲罗鲑、江鳕、瓦氏雅罗鱼等冷水性鱼类和亚冷水性鱼类。当地群众多用土梁子、须笼、旋网、小抬网及小片挂网等渔具渔法进行捕捞。违法渔具渔法的大量使用，使各支流冷水性鱼类资源持续受到损害。例如，珠尔河的哲罗鲑，大石河、小石河的黑龙江茴鱼几乎已经灭绝。干、支流细鳞鲑也已日渐稀少。

西崴子和黑石滩两座电站的建立，阻挡了部分从镜泊湖上溯产卵繁殖的瓦氏雅罗鱼、银鮈和翘嘴鲌的生殖洄游通道。但电站大坝以上水域的银鲫和瓦氏雅罗鱼可上溯产卵繁殖，因此它们的种群在牡丹江上游仍能保持一定的规模。

西崴子电站至河口江段，是敦化市乃至整个延边州天然经济鱼类的主要产区，根据江段环境条件和渔业生产情况，可分为如下三段[119]。

1）从河口上溯至苗圃的 30km 江段，是鱼类主产区，作业方式以挂网为主，20 世纪 80 年代初，鱼类年产量曾达到 170t，占当时整个上游江段鱼产量的 85%。该江段水面宽阔，一般达 60～70m，砂质底质，水流较平缓，是蒙古鲌和细鳞鲴的产卵场，因而这两种鱼在渔获物中所占比例较大。同时，该江段两岸与河流相通的草甸、泡沼较多，是鲤、银鲫、鲇等产黏性卵经济鱼类的良好产卵繁殖场所。涨水期常有人用刺网截捕溯河而上的鲢、翘嘴鲌等大型产卵繁殖亲鱼。历史上大山嘴子桥头自然形成一个江边鲜鱼市场，人们可以随捕随售。

2）从苗圃再上溯至五道沟的 30km 江段，江面宽 50～60m，大部分江段为砾石底质，两岸多石崖。该江段人烟稀少，河道曲折流急，适合捕捞作业的水域不多，鱼产量较少，仅有几处搬网在作业，有的地方必须事先在网前设置拦河箔才能捕到鱼。搬网渔获物多为银鲴，其次是马口鱼，汛期可用机船到此进行流刺网作业，捕捞上溯的鲢、翘嘴鲌等。该江段鱼产量明显小于下游，一般年产量 2～3t。

3）从五道沟上溯至黑石滩电站的 30km 江段，是 100km 江段中最上的一段。该江段多砾石底质，水流湍急，河道曲折，多“哨”和“汀”，是翘嘴鲌、蒙古鲌、鲢、银鲴、银鲫、细鳞鲴等多种鱼类的产卵场。由于水急浪大，不适合机船捕捞作业，仅有少量撑杆小船或单浆划动小船捕捞作业。该江段主要渔具渔法为“拦江梁子”。梁子渔获物以银鲴为主，其次为细鳞鲴、蒙古鲌等。该江段鲢、翘嘴鲌等大型鱼类捕捞量比下游江段明显增多。

2. 牡丹江中游

1996 年 9 月 10 日，文献[112]记载了牡丹江支流海浪河（位于镜泊湖以下）渔获物种群结构调查的两次捕捞结果（表 3-14）。从表 3-14 可知，牡丹江海浪河江段的渔获物由 14 种鱼类构成，以鲤科种类居多。主要经济鱼类为鲤、瓦氏雅罗鱼、鲇和黄颡鱼，所占渔获物重量的比例合计为 78%，其中鲤、瓦氏雅罗鱼分别为 37.2%和 22.3%。

表 3-14 海浪河渔获物组成[112]

种类	数量/尾	平均体长/cm	平均体重/g	种类	数量/尾	平均体长/cm	平均体重/g
黄颡鱼	29	3.8	22.4	鲤	7	28.0	591.7
瓦氏雅罗鱼	16	20.6	162.5	银鲫	2	7.5	8.5
黑龙江鳑鲏	3	6.3	5.7	鲇	8	26.6	162.5
池沼公鱼	2	6.5	4.5	鲢	37	7.7	34.3
麦穗鱼	1	4.0	4.0	唇䱻	2	12.0	44.0
马口鱼	43	4.8	8.2	花䱻	1	9.0	10.0
蛇鮈	38	2.8	15.5	湖鲂	1	8.0	7.0

与以往张网渔获物组成相比，唇䱻体形变小，数量减少；马口鱼数量有所增加，但其

个体变小；黄颡鱼数量虽未见下降但个体变小；鲇个体较大且呈现上升趋势；池沼公鱼出现在牡丹江干流，是从镜泊湖随着放水逃逸至此的；鲢均为当年鱼，是洪水期从养殖水体逃逸到江河的。

20 世纪 70 年代，牡丹江鱼年产量最高，达 1120t。由于水域污染、过度捕捞等各种不利因素的综合作用，80 年代以后鱼年产量明显下降，最低年份仅 203t。90 年代虽然有所回升，但也仅 400t 左右（表 3-15）。

表 3-15　牡丹江鱼产量统计[112]

年份	产量/t	年份	产量/t	年份	产量/t	年份	产量/t	年份	产量/t
1950	1008	1959	859	1968	512	1977	1120	1986	343
1951	983	1960	970	1969	618	1978	1051	1987	340
1952	880	1961	884	1970	731	1979	710	1988	359
1953	659	1962		1971	568	1980	220	1989	330
1954	627	1963	285	1972	730	1981	248	1990	405
1955	394	1964	543	1973	795	1982	237	1991	600
1956	439	1965	535	1974	646	1983	346	1992	291
1957	794	1966	639	1975	1021	1984	211	1993	393
1958	689	1967	525	1976	1047	1985	203		

3.3.2　第二松花江河源区水系

第二松花江河源区水系是长白山三江源区水系的一部分。长白山是松花江、图们江和鸭绿江的发源地。长白山三江源区水系以长白山山体为中心，向四面辐射，呈现典型的扇状结构，河流纵横交错，水系发达，沼泽分布广泛，是鱼类良好的栖息地。本书所述的第二松花江河源区水系，为吉林长白山国家级自然保护区水系的一部分，其主要河流包括头道白河、二道白河、三道白河、漫江、锦江、槽子河、松江河等。此外，还有多条间歇性河流或溪流。

3.3.2.1　物种多样性

文献[116]记载，长白山保护区水系的鱼类物种为 7 目 8 科 17 属 18 种（经本书著者重新整理）。其中，花羔红点鲑、鳌和蛇鮈仅分布于保护区的鸭绿江河源区水系；其余 7 目 8 科 14 属 15 种均见于第二松花江河源区水系，包括日本七鳃鳗、虹鳟、细鳞鲑、哲罗鲑、黑龙江茴鱼、真鲅、尖头鲅、黑龙江花鳅、黑龙江泥鳅、北鳅、北方须鳅、鲇、葛氏鲈塘鳢、杂色杜父鱼和江鳕（表 3-13）。

第二松花江河源区水系鱼类群落中，除虹鳟为移入种外，其余 7 目 8 科 13 属 14 种为土著鱼类。土著种中，包括中国易危种日本七鳃鳗、哲罗鲑和黑龙江茴鱼；冷水种日本七鳃鳗、哲罗鲑、细鳞鲑、黑龙江茴鱼、真鲅、北鳅、北方须鳅、黑龙江花鳅、江鳕和杂色杜父鱼（占 71.43%）。

3.3.2.2 种类组成

第二松花江河源区水系鱼类群落中，鲤形目 6 种、鲑形目 4 种，分别占 40%及 26.67%；七鳃鳗目、鲇形目、鲈形目、鲉形目和鳕形目均 1 种，各占 6.67%。科级分类单元中，鳅科和鲑科均 4 种，各占 26.67%；鲤科 2 种，占 13.33%；七鳃鳗科、鲇科、塘鳢科、杜父鱼科和鳕科均 1 种，各占 6.67%。

3.3.2.3 区系生态类群

第二松花江河源区水系的土著鱼类群落由 5 个区系生态类群构成。

1）北方平原区系生态类群：尖头鲅、北鳅、北方须鳅和黑龙江花鳅，占 28.57%。

2）新近纪区系生态类群：日本七鳃鳗、黑龙江泥鳅和鲇，占 21.43%。

3）北方山地区系生态类群：细鳞鲑、哲罗鲑、黑龙江茴鱼、杂色杜父鱼和真鲅，占 35.71%。

4）热带平原区系生态类群：葛氏鲈塘鳢，占 7.14%。

5）北极淡水区系生态类群：江鳕，占 7.14%。

以上北方区系生态类群 10 种，占 71.43%。

3.3.2.4 物种分布[116]

第二松花江河源区水系海拔 700～2100m 均有河流分布，且大都有鱼类生存。由于河流形成的历史、水文条件以及所处生态环境不同，鱼类区系组成及生态分布也有所差异。

分布在二道白河的鱼类有日本七鳃鳗、虹鳟、细鳞鲑、黑龙江茴鱼、真鲅、北方须鳅和杂色杜父鱼，栖息范围在海拔 900m 以下。二道白河源于天池，由朝鲜放养的虹鳟，已扩散到距天池 10km 处的二道白河中段，已自然繁殖，形成一定规模的种群，并有逐渐向下游发展的趋势。海拔 1300m 以下的中下游河段，生存有真鲅、细鳞鲑、杂色杜父鱼及鳅科种类。据当地群众反映，过去在该江段曾见到过黑龙江茴鱼。

从区系组成和数量上看，头道白河均比二道白河丰富，几乎整个河段都有鱼类分布。由于各支流河段大都是细鳞鲑、黑龙江茴鱼、北方须鳅等多种鱼类的产卵繁殖场，因而栖息于头道白河的鱼类具有明显的生殖洄游规律。除了虹鳟以外的 14 种鱼类，在头道白河均有分布，历史上黑龙江茴鱼和细鳞鲑曾为优势种。由于当地居民过度捕捞，目前这两种鱼的种群数量已极少。头道白河中的鲇数量极少，为稀有种。

三道白河自源头向下至白山市站河段尚未见到鱼类，但在下游江段曾采集到黑龙江茴鱼幼鱼。这表明三道白河下游江段可能是该鱼的产卵繁殖场。分布在三道白河的鱼类包括日本七鳃鳗、细鳞鲑、黑龙江茴鱼、真鲅、北方须鳅和杂色杜父鱼。

松江河是发源于长白山主脉西侧的主要河流，其中所见到的鱼类包括日本七鳃鳗、细鳞鲑、真鲅、黑龙江茴鱼和杂色杜父鱼，但数量较少。

漫江是长白山西南坡的主要河流，历史上鱼的种类、数量均较丰富。但 1993～1994 年调查时，仅发现日本七鳃鳗、细鳞鲑、黑龙江茴鱼、真鲅、黑龙江花鳅、黑龙江泥鳅、北鳅、北方须鳅和杂色杜父鱼共 9 种鱼类。从源头向下至峰岭站的上游 10km 江段，海拔在 1100m 以上，过去曾有细鳞鲑、黑龙江茴鱼等经济鱼类分布，但到 1993～1994 年就已无鱼类生存。

此外，在锦江发现的鱼类有日本七鳃鳗、细鳞鲑、真鲅、黑龙江茴鱼、北方须鳅和杂色杜父鱼；在槽子河见到的鱼类包括日本七鳃鳗、细鳞鲑、真鲅、黑龙江茴鱼和杂色杜父鱼。但上述鱼类的数量均较少。

第二松花江河源区水系其他河流中较为常见的鱼类还有杂色杜父鱼、鲅类、鳅类等小型种类，但大多数为季节性分布。此外，由于火山运动而形成的许多附属湖泊，多数均处在原始状态。20 世纪 70 年代，朝鲜向天池湖泊投放了大量的虹鳟和江鳕。1992 年夏季，吉林长白山国家级自然保护区对小天池进行了虹鳟、鲤和银鲫的移殖试验。

3.3.2.5　主要物种生物学

（1）细鳞鲑　长白山区冷水性鱼类之一，多生活于水流湍急的河流底层，以蝲蛄、石蛾幼虫、小型鱼类和水生鼠类幼体为食。繁殖期 4 月末至 6 月末，最晚可到 7 月上旬。初次性成熟年龄 5 龄。繁殖结束后，亲鱼大都分散生活在水流较平稳的深水区、倒木下或大石头后面的缓流环境中。9 月以后多成群生活，常聚集在河流深水区。夏季分布区域可达海拔 1000m 以上的河流水域，但海拔 1400m 以上的水域尚未见到其踪迹。冬季分布区域一般为海拔 1000m 以下的河流中下游水域。

（2）黑龙江茴鱼　长白山区冷水性经济鱼类之一，分布较广。开春后，自越冬区域开始沿河上溯，夏季栖息在河流上游的浅滩水域，秋季随着水温的下降而开始降河，进行越冬洄游，至河流中下游的深水区越冬。主要摄食水体中附着在石块上的水生无脊椎动物和落入水面的陆生无脊椎动物。初次性成熟年龄 3^+龄。

（3）北方须鳅　长白山区冷水性鱼类之一，为当地小型食用鱼类。多生活于长白山低山区的石砾底质河流中，头道白河数量较多。在长白山区分布范围相对较广泛，生态环境变化大，区域性栖息，不作长距离洄游。

（4）虹鳟　人工移入的冷水种，分布范围仅限于天池和北侧的二道白河上游。虹鳟原产于太平洋东部及其淡水水域，主要在洛基山脉以西，从墨西哥西北部到阿拉斯加的库斯科威姆河。自然条件下喜栖息于水质清澈、水量充沛的砂砾底质的冷凉水环境中。1874 年人工驯养成功，1880 年移入欧洲，之后移向世界各地。中国境内的虹鳟是 1959 年由朝鲜引进的。近些年来，由于虹鳟养殖面积较广，已发现从养殖水体逃逸到自然水域的个体。例如，松花江下游和牡丹江均已发现这种逃逸个体。如果自然条件适宜，最主要的是夏季水温不能超过 24℃，具有适宜产卵条件的溪流等，虹鳟就有可能回归大自然，成为自然生长种群。

3.3.3 第二松花江三湖江段水系

本书所述的第二松花江三湖江段水系（下文称“三湖水系”），包括 20 世纪 40 年代以来相继建成的松花湖、红石湖和白山湖所在江段以及与三湖相连的第二松花江干支流水系，属第二松花江上游。三湖水系位于吉林省吉林市的桦甸、蛟河及丰满和白山市的抚松、靖宇两县境内，地处长白山低山丘陵区，南北长 196km，东西宽 119km，面积 1.148 万 km^2。区内河流—沼泽丰富，包括第二松花江干流、辉发河、拉法河、金沙河、木箕河、漂河、蛟河、头道松花江、二道松花江、头道砬子河等 460 余条河流，水域总面积 6500km^2。

三湖水系地表水资源量占吉林省地表水总资源量的 38.2%；松花湖、红石湖和白山湖的水域面积合计约 569km^2，占吉林省总水域面积的 8.75%；松花湖、红石湖和白山湖 3 座水电站总装机容量为 242.4 万 kW，其发电量占东北电网水力发电量的一半。该水系是松花江上游地区生产、生活、生态用水的重要水源地，兼有渔业、旅游、运输、工农业用水以及吉林市、长春市、哈尔滨市等城市水源地的功能；是东北地区重要的生态经济区之一；还是东北地区重要的淡水鱼产区之一，渔业历史悠久，松花江水系最早的天然鲑鱼捕捞渔业就源于这里[113, 118]。

3.3.3.1 物种多样性

1. 物种组成

综合文献[115]、[117]及[118]，得出三湖水系河流沼泽的鱼类物种为 8 目 17 科 59 属 76 种（表 3-16）。其中，移入种 3 目 5 科 11 属 11 种，包括青鱼、草鱼、鲢、鳙、团头鲂、似鳊、花羔红点鲑、大银鱼、太湖新银鱼、池沼公鱼和加州鲈；土著种 8 目 14 科 48 属 65 种。

此外，文献[120]所述的松花湖江段 3 种小型鱼类中，除了表 3-16 所列太湖新银鱼和大银鱼外，还有移入种亚洲公鱼。文献[121]曾记载该江段还存在鲂的野生物种。综合这些成果，三湖水系的鱼类物种除了表 3-16 所列之外，还应包括亚洲公鱼及鲂，合计 8 目 17 科 59 属 78 种，其中土著鱼类 8 目 14 科 48 属 66 种。

表 3-16 三湖水系河流沼泽鱼类物种组成

种类	松花湖江段			红石湖江段 3)	白山湖江段 3)
	1975～1982 年 1)	1980～1982 年 2)	2012～2013 年 3)		
一、七鳃鳗目 Petromyzoniformes					
（一）七鳃鳗科 Petromyzonidae					
1. 雷氏七鳃鳗 *Lampetra reissneri*	+	+	+		+
2. 东北七鳃鳗 *Lampetra morii*	+	+			+
3. 日本七鳃鳗 *Lampetra japonica*	+		+		+

续表

种类	松花湖江段			红石湖江段[3)]	白山湖江段[3)]
	1975～1982年[1)]	1980～1982年[2)]	2012～2013年[3)]		
二、鲑形目 Salmoniformes					
（二）鲑科 Salmonidae					
4. 细鳞鲑 *Brachymystax lenok*	+	+			+
5. 哲罗鲑 *Hucho taimen*	+				
6. 乌苏里白鲑 *Coregonus ussuriensis*	+				
7. 花羔红点鲑 *Salvelinus malma* ▲					+
8. 黑龙江茴鱼 *Thymallus arcticus*	+		+		+
（三）银鱼科 Salangidae					
9. 大银鱼 *Protosalanx hyalocranius* ▲			+		+
10. 太湖新银鱼 *Neosalanx taihuensis* ▲			+		
（四）胡瓜鱼科 Osmeridae					
11. 池沼公鱼 *Hypomesus olidus* ▲			+	+	+
（五）狗鱼科 Esocidae					
12. 黑斑狗鱼 *Esox reicherti*	+				
三、鲤形目 Cypriniformes					
（六）鲤科 Cyprinidae					
13. 宽鳍鱲 *Zacco platypus*			+		+
14. 马口鱼 *Opsariichthys bidens*	+	+	+		
15. 瓦氏雅罗鱼 *Leuciscus waleckii waleckii*	+	+			
16. 青鱼 *Mylopharyngodon piceus* ▲	+	+	+		
17. 草鱼 *Ctenopharyngodon idella* ▲	+	+	+	+	+
18. 鳡 *Elopichthys bambusa*	+				
19. 赤眼鳟 *Squaliobarbus curriculus*	+				
20. 拉氏鲅 *Phoxinus lagowskii*	+	+	+		+
21. 真鲅 *Phoxinus phoxinus*	+				
22. 尖头鲅 *Phoxinus oxycephalus*	+				
23. 湖鲅 *Phoxinus percnurus*	+	+			
24. 花江鲅 *Phoxinus czekanowskii*			+		+
25. 鳊 *Parabramis pekinensis*	+	+	+		+
26. 团头鲂 *Megalobrama amblycephala* ▲		+	+		+
27. 𩷶 *Hemiculter leucisculus*	+	+	+	+	+
28. 贝氏𩷶 *Hemiculter bleekeri*	+				
29. 红鳍原鲌 *Cultrichthys erythropterus*	+	+	+		
30. 蒙古鲌 *Culter mongolicus mongolicus*	+	+	+	+	+
31. 翘嘴鲌 *Culter alburnus*	+	+	+	+	+

续表

种类	松花湖江段			红石湖江段[3]	白山湖江段[3]
	1975～1982年[1]	1980～1982年[2]	2012～2013年[3]		
32. 银鲴 *Xenocypris argentea*	+	+	+	+	+
33. 似鳊 *Pseudobrama simoni*▲	+	+			
34. 大鳍鱊 *Acheilognathus macropterus*	+	+			
35. 兴凯鱊 *Acheilognathus chankaensis*	+		+		
36. 黑龙江鳑鲏 *Rhodeus sericeus*	+	+	+	+	+
37. 彩石鳑鲏 *Rhodeus lighti*	+				
38. 花䱻 *Hemibarbus maculatus*	+	+	+	+	+
39. 唇䱻 *Hemibarbus laboe*	+	+	+		+
40. 条纹似白鮈 *Paraleucogobio strigatus*	+				
41. 麦穗鱼 *Pseudorasbora parva*	+	+	+	+	+
42. 棒花鱼 *Abbottina rivularis*	+	+	+	+	+
43. 突吻鮈 *Rostrogobio amurensis*	+	+			
44. 蛇鮈 *Saurogobio dabryi*	+	+	+		+
45. 平口鮈 *Ladislavia taczanowskii*	+	+	+	+	+
46. 银鮈 *Squalidus argentatus*	+	+			
47. 兴凯银鮈 *Squalidus chankaensis*	+	+			
48. 东北鳈 *Sarcocheilichthys lacustris*	+		+		+
49. 克氏鳈 *Sarcocheilichthys czerskii*	+	+			
50. 犬首鮈 *Gobio cynocephalus*	+	+	+		+
51. 细体鮈 *Gobio tenuicorpus*			+		+
52. 高体鮈 *Gobio soldatovi*	+				+
53. 大头鮈 *Gobio macrocephalus*			+		+
54. 鲤 *Cyprinus carpio*	+	+	+	+	+
55. 银鲫 *Carassius auratus gibelio*	+	+	+	+	+
56. 鲢 *Hypophthalmichthys molitrix*▲	+	+	+	+	+
57. 鳙 *Aristichthys nobilis*▲	+	+	+	+	+
58. 潘氏鳅鮀 *Gobiobotia pappenheimi*	+	+			
（七）鳅科 Cobitidae					
59. 北方须鳅 *Barbatula barbatula nuda*	+	+	+	+	+
60. 北鳅 *Lefua costata*	+		+		+
61. 黑龙江花鳅 *Cobitis lutheri*	+		+		+
62. 黑龙江泥鳅 *Misgurnus mohoity*	+		+	+	+
63. 花斑副沙鳅 *Parabotia fasciata*	+	+	+		+
四、鲇形目 Siluriformes					
（八）鲿科 Bagridae					

续表

种类	松花湖江段			红石湖江段[3]	白山湖江段[3]
	1975～1982 年[1]	1980～1982 年[2]	2012～2013 年[3]		
64. 黄颡鱼 *Pelteobagrus fulvidraco*	+	+	+	+	+
65. 光泽黄颡鱼 *Pelteobagrus nitidus*	+	+			+
66. 乌苏拟鲿 *Pseudobagrus ussuriensis*	+	+	+		+
（九）鲇科 Siluridae					
67. 鲇 *Silurus asotus*	+	+	+	+	+
五、鲈形目 Perciformes					
（十）鮨科 Serranidae					
68. 鳜 *Siniperca chuatsi*	+	+	+		
（十一）塘鳢科 Eleotridae					
69. 葛氏鲈塘鳢 *Perccottus glehni*	+	+	+	+	+
70. 黄黝鱼 *Hypseleotris swinhonis*	+	+	+		+
（十二）鰕虎鱼科 Gobiidae					
71. 褐吻鰕虎鱼 *Rhinogobius brunneus*	+		+		+
（十三）鳢科 Channidae					
72. 乌鳢 *Channa argus*	+	+	+	+	+
（十四）太阳鱼科 Centrarchidae					
73. 加州鲈 *Micropterus salmoides* ▲			+		+
六、鲉形目 Scorpaeniformes					
（十五）杜父鱼科 Cottidae					
74. 杂色杜父鱼 *Cottus poecilopus*	+		+		+
七、鳕形目 Gadiformes					
（十六）鳕科 Gadidae					
75. 江鳕 *Lota lota*	+				+
八、刺鱼目 Gasterosteiformes					
（十七）刺鱼科 Gasterosteidae					
76. 九棘刺鱼 *Pungitius pungitius*					+

资料来源：1）文献[115]；2）文献[117]；3）文献[118]

三湖水系河流沼泽的土著鱼类中，包括中国易危种日本七鳃鳗、雷氏七鳃鳗、哲罗鲑、乌苏里白鲑、黑龙江茴鱼；冷水种日本七鳃鳗、雷氏七鳃鳗、黑龙江茴鱼、哲罗鲑、细鳞鲑、乌苏里白鲑、黑斑狗鱼、池沼公鱼、真鲅、拉氏鲅、瓦氏雅罗鱼、平口鮈、北鳅、北方须鳅、黑龙江花鳅、江鳕、九棘刺鱼和杂色杜父鱼（占 27.27%）；中国特有种彩石鳑鲏、银鮈和黄黝鱼。

2. 鱼类分布

文献[115]曾记载松花湖鱼类 67 种，除去同物异名的，实为 66 种。其中，日本七鳃鳗、哲罗鲑、乌苏里白鲑、黑龙江茴鱼、黑斑狗鱼、真鲅、拉氏鲅、鳡、赤眼鳟、贝氏䱗、彩石鳑鲏、条纹似白鮈、东北鳈、高体鮈、北方须鳅、黑龙江花鳅、褐吻鰕虎鱼、杂色杜父鱼和江鳕为前人记录种。文献[117]记载松花湖鱼类48种，归并同物异名后，实为46种。其中，青鱼、草鱼、鲢、鳙和团头鲂为放养鱼类，似鳊为无意带入种，土著鱼类为40种。

2012～2013年李光正[118]对三湖水系的鱼类群落进行了调查。在松花湖江段采集到的鱼类物种为50种，归并同物异名种类后，实际为49种。在红石湖江段采集到鱼类19种。在白山湖江段采集到52种，除去同物异名种类，实为51种。

宽鳍鱲在东北地区分布于鸭绿江，辽河及其支流浑河、太子河，辽西的大凌河、小凌河、六股河、石河，辽东的英那河、碧流河等及长兴岛上的淡水河流[2]。历史资料记载该鱼在吉林省境内最早见于鸭绿江集安段，目前已扩散到松花江上游水系，且数量呈现增加趋势。

大头鮈在中国仅分布于东北地区的图们江、绥芬河，国外见于朝鲜[1]。在松花江水系采集到该物种，尚属首次报道。

东北地区原本没有似鳊的自然物种分布，现已见于嫩江下游、松花江、辽河下游盘山、台安。嫩江、松花江的似鳊是从南方运输鱼苗时带入而繁殖形成的群体（如松花湖江段）；辽河下游的似鳊也是从长江运入鲢、鳙鱼种时带入而定居下来的物种。该物种在中国自然分布于海河、黄河、钱塘江等水系，为中国特有种[2]。

3.3.3.2 种类组成

三湖水系河流沼泽鱼类群落中，鲤形目52种、鲑形目10种、鲈形目6种、鲇形目4种、七鳃鳗目3种，分别占66.67%、12.82%、7.69%、5.13%及3.85%；鲉形目、鳕形目和刺鱼目均1种，各占1.28%。科级分类单元中，鲤科47种，占60.26%；鲑科和鳅科均5种，各占6.41%；七鳃鳗科和鲿科均3种，各占3.85%；银鱼科、胡瓜鱼科和塘鳢科均2种，各占2.56%；狗鱼科、鲇科、鮨科、鰕虎鱼科、鳢科、太阳鱼科、杜父鱼科、鳕科和刺鱼科均1种，各占1.28%。

3.3.3.3 区系生态类群

三湖水系河流沼泽的土著鱼类群落由7个区系生态类群构成。

1）北方山地区系生态类群：哲罗鲑、细鳞鲑、黑龙江茴鱼、真鲅和杂色杜父鱼，占7.58%。

2）江河平原区系生态类群：宽鳍鱲、马口鱼、鳡、红鳍原鲌、蒙古鲌、翘嘴鲌、鳊、鲂、2种䱗、银鲴、2种䱻、蛇鮈、2种银鮈、2种鳈、棒花鱼、潘氏鳅鮀、花斑副沙鳅和鳜，占33.33%。

3）北方平原区系生态类群：瓦氏雅罗鱼、尖头鲅、湖鲅、拉氏鲅、花江鲅、4种鮈、突吻鮈、条纹似白鮈、平口鮈、北鳅、北方须鳅、黑龙江花鳅、黑斑狗鱼和褐吻鰕虎鱼，占25.76%。

4）新近纪区系生态类群：3 种七鳃鳗、鲤、银鲫、赤眼鳟、麦穗鱼、2 种鳑鲏、兴凯鱊、大鳍鱊、黑龙江泥鳅和鲇，占 19.70%。

5）热带平原区系生态类群：乌鳢、黄黝鱼、葛氏鲈塘鳢、黄颡鱼、光泽黄颡鱼和乌苏拟鲿，占 9.09%。

6）北极淡水区系生态类群：乌苏里白鲑和江鳕，占 3.03%。

7）北极海洋区系生态类群：九棘刺鱼，占 1.52%。

以上北方区系生态类群 25 种，占 37.88%。

3.3.3.4 物种空间分布

1. 松花湖江段

松花湖江段水系大多为低山丘陵区，水域宽广，两岸环山，林木茂密，植被良好，水流平缓，水温较高，营养盐丰富。分布的鱼类以定居型为主。人工投放的 2 种公鱼、鲢、鳙为优势种，分布于水体中上层。䱗因缺少捕食者而逐渐形成优势种。蒙古鲌、翘嘴鲌由于栖息条件适宜、饵料充足，近年来数量有所增加。鲤、银鲫、鲇、黄颡鱼等常规的定居型经济鱼类较为丰富。该水系一些传统的经济鱼类，如鳜、鳊等目前数量虽有所减少，但仍保持着一定的种群数量[117, 118]。

松花湖江段的蚂蚁河两岸多丘陵，地势平坦，泥沙底质，水流较缓，适合静水型鱼类栖息。例如，鮈亚科、鳅科、麦穗鱼、黄黝鱼、黑龙江鳑鲏等小型鱼类及黄颡鱼、乌鳢、蒙古鲌等相对较多。蛟河、漂河等河流靠近张广才岭余脉，呈现中山-低山-丘陵-漫岗地貌类型，水流相对较湍急，底质多为砾石。鱼类区系成分中，鮈亚科、杜父鱼科、鲹属、北方须鳅等喜低温急流型生活的小型种类较多。

2. 红石湖江段

红石湖江段水系地处长白山山地向低山丘陵区的过渡地带，其主体水域红石湖由大坝拦截松花江而成，水域狭长，水流较缓。由于周边工矿企业排污较多，水体污染较重，鱼类资源相对退化。目前该水域除了人工投放的池沼公鱼、鲢、鳙等经济鱼类外，杂食性、耐污性较强的种类较多，包括黄颡鱼、鲇、葛氏鲈塘鳢等。小型种类如䱗、棒花鱼、麦穗鱼、黑龙江鳑鲏等也较为丰富。

3. 白山湖江段

白山湖是该江段水系的主体江段，范围包括源头至头道松花江与二道松花江交汇的两江口水域，整个江段位于高山之间。该水系支流众多，如头道砬子河、二道砬子河等。两岸群山连绵，森林茂密，河谷狭窄，河岸陡峭，石砾底质，河床比降大，水流湍急，水质良好。鱼类区系成分中，多冷水种。目前，在该水系江鳕、细鳞鲑、黑龙江茴鱼等已罕见，仅在人迹罕至的深山溪流中有分布。

主体湖区所在江段水面开阔，水流平缓，水温也略高于上游。鱼类区系成分中，温水型静水种相对较多。除了放养的经济鱼类池沼公鱼、鲢、鳙以外，䱗、鲤、银鲫、鲇、2种黄颡鱼、2种鲌等鱼类的产量也较高。

3.3.3.5 三湖水系与第二松花江鱼类区系的关系

三湖水系鱼类区系与第二松花江有着密切关系。以松花湖江段为例，辉发河河口以上的第二松花江江段多为山区峡谷，森林茂密，人烟稀少，除了白山电站以外，基本处在未开发阶段，鱼类区系基本保持着原始状态。辉发河河口至丰满大坝之间的松花湖江段地处第二松花江中上游，由 1943 年修建丰满电站而筑起的拦河大坝所形成。至 20 世纪 70 年代的几十年间，由于生态环境的变迁，加上驯化移殖，松花湖江段的鱼类组成发生了很大变化：一些固有种类消失；一些浮游生物食性、肉食性鱼类大量繁殖；一些外来的小型底栖种类如似鳊种群大量增殖[115]。

1956 年 10 月 27 日，东北师范大学生物系付桐生教授在松花湖江段采集到 1 尾江鳕；1957 年 6～7 月，西南师范学院施白南教授等在松花江干流又采集到 3 尾江鳕[122]。至 20 世纪 80 年代初，第二松花江的乌苏里白鲑、哲罗鲑、细鳞鲑、黑龙江茴鱼、杂色杜父鱼、黑斑狗鱼、江鳕等冷水种及鳡均基本绝迹；其他区系成分在辉发河河口以上江段没有明显变化，但在松花湖江段变化极大[115]。

因农业用水和发电的需要，松花湖江段每年 5～6 月湖区水系水位持续下降，加上沿岸水生植物较少，严重影响鲤、银鲫、鲇等草上产卵鱼类的正常繁殖，致使其资源量在湖内显著减少；翘嘴鲌、蒙古鲌等产浮性卵的肉食性鱼类却因水域变得开阔而改善了其繁殖环境和饵料条件，种群数量显著增加，加上人工大量投放鲢、鳙、草鱼等经济鱼类，使湖区江段中上层鱼类的产量大幅增加，成为 20 世纪 80 年代及其以前第二松花江的主要渔业基地。文献[115]认为只要有效地控制污染，保持一定水位，合理投放大规格经济鱼类苗种，合理捕捞，保持鱼类区系成分相对稳定，就可实现渔业持续高产。

3.3.3.6 三湖水系鱼类区系成分的变化

1. 优势种

种群数量大、分布范围广的种类为群落优势种。文献[118]确定的三湖水系鱼类群落优势种，包括自然分布的鲤、银鲫、鳙、䱗及放养的池沼公鱼。鲤、银鲫及鳙一直是该水系的主要经济鱼类。鲤、银鲫均属杂食性鱼类，对环境具有较强的适应力和耐受性。鳙之所以能够成为优势种，一方面是因为其以浮游生物为食，环境适应性较强；另一方面是因为每年投放苗种作为资源补充，使其维持着较大的种群数量。池沼公鱼是近 10 年来因市场需求不断增加、移殖数量加大而发展起来的优势种。

䱗为小型杂食性鱼类，性成熟较早，繁殖能力强。该水系食鱼性鱼类的种类和数量都在不断减少，这给一些小型饵料鱼的繁殖提供了机会，以䱗为代表的小型鱼类（如鮈类、黑龙江鳑鲏、麦穗鱼等）的种群数量得以扩张，成为群落优势种。

2. 少见种

种群数量少、分布范围狭窄的种类为群落少见种。文献[118]将那些很难采集到样本或调查中未采集到样本，但群众反映近些年曾经见到过的土著鱼类皆归于此类。这些鱼类包括细鳞鲑、黑龙江茴鱼、红鳍原鲌、鳜、乌苏拟鲿、九棘刺鱼和江鳕。青鱼原本是该水系较为常见的土著经济鱼类，但十多年来已十分少见，偶然出现的，也只是人工种群。细鳞鲑、黑龙江茴鱼和江鳕都是冷水性鱼类，对生存环境的水质、水温要求苛刻，适宜的生境范围较为狭窄，种群数量较少。

红鳍原鲌、鳜都为食鱼性种类，种群数量减少的直接后果，就是小型鱼类种群规模的迅速扩张。从渔业经济学角度分析，小型非经济鱼类大量消耗水体中的营养成分和饵料资源，挤占经济鱼类的生存空间，种群数量大幅度增加，不利于未来渔业的发展。从生态学角度考虑，作为高级消费者的食鱼性鱼类种群的大量减少，导致水域中生物食物链的不完整，引起小型鱼类的过度繁殖，种群迅速增长，说明水域生态系统尚未达到理想的平衡状态。

3. 常见种

除了优势种和少见种之外的绝大多数种类属常见种。文献[118]记载蒙古鲌、翘嘴鲌的种群数量较过去已有较大程度的增长。一方面是由于小型鱼类的种群扩大，为其提供了丰富的饵料资源；另一方面也与鳡、黑斑狗鱼等更加凶猛的食鱼性鱼类数量减少，种群竞争压力有所缓解有关。

对整个湖区江段的鱼类群落来说，上述食鱼性鱼类种群的适当扩大，能够控制小型鱼类种群的过度增长，对维持水域生态系统的相对稳定有积极意义。生态系统在自我修复过程中，总是由低营养级向高营养级逐层次进行的。这正如野猪种群数量增加后，才会有老虎的重新出现。𩾌种群数量增加后，捕食者鲌类的种群规模也随之扩大。这是符合捕食曲线和生态演化规律的。同时也由此可以看出，湖区水域生态系统正处在缓慢而有序的恢复过程中。

4. 消失种

文献[118]所使用的“消失种”指的是在特定时间、空间范围和环境条件下未见的物种。而只要环境条件恢复到适宜水平，这些消失的物种有可能还会重新出现。另外，“绝迹”采用“野生绝迹”，是指其野生物种完全不出现，但有可能是放养或饲养种群留存。判断某物种是否绝迹，需要较长时间的、更加深入的研究。“灭绝”是指一特定物种全球性消失的现象，包括其野生和饲养的种群都已消失，这显然在此处不适用。

文献[118]将鳡、黑斑狗鱼、哲罗鲑、乌苏里白鲑和怀头鲇认定为消失种。在20世纪四五十年代的文献资料中，这5种鱼类在当时的松花江水系十分常见[110]，鳡、黑斑狗鱼由于是顶级食鱼性鱼类而被认为对经济鱼类造成较大威胁，建议应控制其数量发展。这5

种鱼类在当时分布之广泛，数量之众，由此可略见一斑。20 世纪 80 年代的文献虽有这些鱼类的记载，但已被认定为少见种。文献[115]曾描述“这几种鱼类 20 世纪 80 年代在第二松花江基本绝迹”。2012～2013 年调查时，不仅没能采集到样本，而且走访的渔民也纷纷表示十多年来从未见其踪迹[118]。

（1）黑斑狗鱼　为冷水种，栖息于水质清澈、水温较低的河流湖泊水域，是典型的食鱼性鱼类，体长 5cm 时就开始捕食小型饵料鱼类。在 20 世纪四五十年代的文献资料中，记载黑斑狗鱼曾广泛分布于包括松花江水系在内的整个黑龙江水系，被称为极具商业捕捞价值的经济鱼类。到了 20 世纪 80 年代，则已成为松花江水系的少见种。究其原因，一是七八十年代松花江水系污染严重，水质恶化，适宜栖息的水生态环境遭受破坏，生境狭窄；二是近几十年河湖两岸植被减少，水位下降，适宜的产卵场缩小，影响了产卵繁殖，这可能是其种群数逐渐衰退的重要原因。

（2）鳡　多生活在大型江河的中下层水体，20 世纪四五十年代广泛分布于松花江水系。直到 60 年代，松花湖水系仍可见到。3～4cm 的鳡就可捕食小型鱼类或经济鱼类的仔幼鱼。成体鳡多在湖泊静水环境中捕食那些生活在水体中上层的小型鱼类如池沼公鱼、䱗等；在江河沿岸及支流则多捕食银鲫、鮈亚科种类。鳡产漂流性卵，受精卵随着水流发育，需要一定的流程和流量。由于其食性单一，当食物匮乏时，其种群数量容易产生较大波动。水库蓄水引起流速降低、流量减少、缓流水域面积增加等水文条件的改变，不利于其产卵繁殖，进而影响种群补充。另外，人类活动导致水土流失，水体透明度下降，影响了鳡凭借视觉追捕猎物的能力。

（3）哲罗鲑　为一种食鱼性冷水种，生存适宜水温在 15℃以下。一年中绝大部分时间栖息在低温、清澈的山涧溪流中，冬季向溪流上游深凹处或大江深处游动越冬。春季开江后向溪流洄游，在水流湍急的石砾底质河段产卵繁殖。该鱼的生存、繁殖对水质、水温的要求较高，人类活动无疑会对其栖息地与产卵环境产生影响。此外，气候变暖，导致山区溪流水体温度上升，也在一定程度上影响其繁殖。所以，适宜生存与繁殖环境的丧失，是导致目前哲罗鲑在三湖水系消失的重要原因。

（4）乌苏里白鲑　也为食鱼性冷水种。在 20 世纪四五十年代的资料中均有记载，当时在松花江水系有一定的产量，并建议在山区湖泊推广养殖。在 80 年代以来所进行的历次渔业资源调查中，已很难再见其踪迹。冷水性鱼类对生境的要求苛刻，分布范围也较狭窄，通常对环境变化难以适应。因此，该物种在三湖水系消失的原因，应与哲罗鲑相似。

（5）怀头鲇　为栖息在江河及其支流缓流处的底层大型肉食性鱼类，主要以鱼类为食，还吞食青蛙和水鸭。20 世纪四五十年代广泛分布于黑龙江水系，是重要的捕捞对象。由于水文状况改变，污染和过度捕捞，资源锐减，目前已在三湖水系消失。

以上被认定为消失的鱼类，都是处在水生生物食物链顶端的肉食性动物。这些捕食者的缺失，使得小型鱼类种群数量激增。大型河道及主要湖泊中，䱗、池沼公鱼、棒花鱼等小型鱼类数量众多，它们都是鳡、黑斑狗鱼和怀头鲇的捕食对象；在一些支流及山涧溪流中，鲹属、鮈亚科的种类居多，这些都是哲罗鲑的捕食对象。捕食者的存在，对于控制被捕食者种群数量、提高其种群质量具有重要意义。

5. 新增种

这里的新增种是指过去松花江水系没有记载而目前发现的鱼类，包括宽鳍鱲、大头鮈、似鳊（如前所述）、花羔红点鲑、加州鲈、池沼公鱼、大银鱼和太湖新银鱼。

（1）花羔红点鲑　为稀有的中小型冷水种，数量少，食用价值不大。但由于它喜食昆虫，作为游钓对象颇具价值，在北美和日本很受欢迎。自然分布于北太平洋沿岸的淡水和盐水水域。在中国仅分布于绥芬河、图们江和鸭绿江上游支流。在国外分布于俄罗斯远东地区、日本、朝鲜及北欧一些国家和地区的淡水水域。北美和日本将其驯化为养殖对象已有几十年的历史，可人工养殖或放流增殖。中国吉林省长白县冷水鱼养殖场也驯养成功，投喂人工配合饲料的生长速率快于野生类群，而且可人工繁育苗种进行规模化商品鱼养殖[2]。在自然水体中发现的个体实为网箱逃逸种群，但其是否已经形成自然种群，尚待进一步研究。

（2）加州鲈　又名“大口黑鲈”，原产于美国加利福尼亚州密西西比河水系，是一种生长迅速、适温广、繁殖力强、性凶猛的肉食性鱼类。其因肉质鲜美、抗病力强、个体大而被作为优良的养殖品种。20 世纪 80 年代引入我国广东省，现在全国各地都有较大规模的养殖，最近几年引入三湖水系进行网箱养殖。文献[118]所记载的个体，也为网箱养殖逃逸者。

加州鲈在野外自然条件下能否自然繁殖目前尚不清楚。但曾有记载在长江水系的乌江上游采集到 2 尾，白山湖江段也有垂钓爱好者钓到数尾。加州鲈凶猛贪食，若能形成较大的自然种群，则将处在整个食物链的顶端，在缺少自然天敌而又能快速繁殖形成种群优势的情况下，将对本地物种产生重大影响。

（3）池沼公鱼　曾用名“公鱼”，在中国自然分布范围仅限于黑龙江中游。国外分布于俄罗斯远东地区、日本、朝鲜、加拿大、美国阿拉斯加。松花江水系的池沼公鱼是 20 世纪 30 年代由日本人池沼引入的，所以称为池沼公鱼。80 年代以来，由于市场需求量逐渐增加，移殖渐渐普及，使其逐渐成为三湖水系的优势种之一。由于该鱼吞食鱼卵，因此对鱼类种群的影响应引起重视。

（4）太湖新银鱼　为中国特产鱼类，自然分布于长江中下游、淮河中游、黄河下游、瓯江中下游及附属湖泊。20 世纪七八十年代云南滇池及江南地区一些湖泊、水库移殖此鱼并繁衍定居。东北地区的长春市净月潭水库曾移入过此鱼，但延续几年后便不见踪迹。而移入松花湖江段的则繁衍成为优势种。

（5）大银鱼　在东北地区自然分布于辽河、鸭绿江河口水域。在中国还分布于黄海、渤海、东海沿岸的海河、淮河、黄河、长江、钱塘江等河口区及附属湖泊。国外见于朝鲜。20 世纪 90 年代起中国出现大银鱼移殖高潮，现在北方及华东地区许多水库、湖泊已有大银鱼定居。嫩江和第二松花江的附属湖泊如茂兴湖、连环湖、松花湖等都曾先后移殖过大银鱼。1998 年嫩江、松花江特大洪水期间，大银鱼随着洪水进入江中，由于繁殖条件适宜而逐渐形成了捕捞种群。2000 年在哈尔滨市区江段渔民的渔获物中出现的大银鱼，即为这类群体。2012～2013 年进行松花江下游富锦段鱼类资源调查时也发现了大银鱼。这表明，松花江出现了大银鱼的踪迹。

3.3.3.7　三湖水系鱼类多样性总体评价

历史上三湖水系鱼类物种繁多，尤其是松花湖江段。据文献[110]记载，丰满大坝建成之前，松花湖江段的鱼类物种约有 56 种。丰满大坝建成后，水域生态的改变，加之网箱养殖、捕捞生产的迅速发展，影响了一些鱼类的繁殖和生长。文献[123]记载半个多世纪以来三湖水系的鱼类区系发生了明显变化：哲罗鲑、江鳕、乌苏里白鲑、黑龙江茴鱼、黑斑狗鱼等冷水种已多年未见，仅在上游河道中偶有发现；20 世纪六七十年代尚可见到鳡的踪迹，近年来也未发现；䱗的种群数量相对较稳定；蒙古鲌、翘嘴鲌由于栖息环境、饵料、产卵繁殖条件等生境因子均较好，种群发展趋势也较稳定；瓦氏雅罗鱼、马口鱼等溪流环境生活型鱼类在湖区江段逐渐减少，仅在上游河道中有所发现。

三湖水系主要经济鱼类约有 20 种，以放养种类草鱼、鲢、鳙及野生鲤、银鲫、䱗和鳊为主。捕捞群体中，红鳍原鲌、蒙古鲌、翘嘴鲌、鲇、乌鳢、黄颡鱼等凶猛鱼类占有一定比例，其中蒙古鲌、翘嘴鲌种群已具一定规模，成为主要捕捞对象。

文献[121]认为松花湖江段鱼类区系成分的变化规律是：哲罗鲑、细鳞鲑、乌苏里白鲑、黑龙江茴鱼、黑斑狗鱼、江鳕等冷水性鱼类已基本绝迹；蒙古鲌、翘嘴鲌等鱼类产卵场环境改变等原因导致种群数量急剧下降，也基本消失；鲤、银鲫等种群数量逐年减少，个体小型化、低龄化；放流增殖的青鱼、草鱼、鲢、鳙等经济鱼类种群衰退；由于环境适宜、饵料资源丰富等因素，放流增殖的池沼公鱼在湖区江段迅速形成相对稳定的优势种，逐渐成为松花湖江段的主要渔获物。

3.3.4　长白山区水系河流沼泽鱼类多样性概况

3.3.4.1　物种多样性

综合上述结果及文献[6]、[10]、[31]、[66]、[67]及[110]～[118]，得出长白山区水系河流沼泽的鱼类物种为 8 目 18 科 64 属 88 种（表 3-13）。其中，不包括文献记载的黑鳍鳈[115]、泥鳅[10, 67, 116]等尚未确定该水系是否存在的物种。

上述鱼类中，移入种 3 目 4 科 8 属 8 种，包括虹鳟、花羔红点鲑、大银鱼、太湖新银鱼、加州鲈、似鳊、团头鲂和鳙；土著鱼类 8 目 15 科 59 属 80 种。土著种中，彩石鳑鲏、凌源鮈、东北颌须鮈、银鮈、黄黝鱼及波氏吻鰕虎鱼为中国特有种；日本七鳃鳗、雷氏七鳃鳗、大麻哈鱼、哲罗鲑、细鳞鲑、乌苏里白鲑、黑龙江茴鱼、池沼公鱼、黑斑狗鱼、真鲅、拉氏鲅、瓦氏雅罗鱼、拟赤梢鱼、平口鮈、北鳅、北方须鳅、黑龙江花鳅、江鳕、九棘刺鱼及杂色杜父鱼为冷水种，占 25%；日本七鳃鳗、哲罗鲑和黑龙江茴鱼为中国易危种。

3.3.4.2　种类组成

长白山区水系河流沼泽鱼类群落中，鲤形目 58 种、鲑形目 12 种、鲈形目 8 种、鲇形目 4 种、七鳃鳗目 3 种，分别占 65.91%、13.64%、9.09%、4.55%及 3.41%；鲉形目、鳕形目和刺鱼目均 1 种，各占 1.14%。科级分类单元中，鲤科 51 种、鲑科 8 种、鳅科 7 种，分别占 57.95%、9.09%及 7.95%；七鳃鳗科和鲿科均 3 种，各占 3.41%；银鱼科、塘鳢科、鰕虎鱼科均 2 种，各占 2.27%；胡瓜鱼科、狗鱼科、鲇科、鮨科、斗鱼科、鳢科、太阳鱼科、杜父鱼科、鳕科和刺鱼科均 1 种，各占 1.14%。

3.3.4.3　区系生态类群

长白山区水系河流沼泽的土著鱼类群落，除大麻哈鱼外，其余由 7 个区系生态类群构成。

1）江河平原区系生态类群：青鱼、草鱼、鲢、鳙、宽鳍鱲、马口鱼、红鳍原鲌、蒙古鲌、翘嘴鲌、鳊、鲂、2 种鳘、2 种鲴、2 种鳘、蛇鮈、2 种银鮈、2 种鳈、棒花鱼、潘氏鳅鮀、花斑副沙鳅和鳜，占 32.91%。

2）北方平原区系生态类群：瓦氏雅罗鱼、拟赤梢鱼、湖鲹、拉氏鲹、花江鲹、尖头鲹、5 种鮈、突吻鮈、条纹似白鮈、平口鮈、东北颌须鮈、北鳅、北方须鳅、黑龙江花鳅、黑斑狗鱼和 2 种吻鰕虎鱼，占 26.58%。

3）新近纪区系生态类群：3 种七鳃鳗、鲤、鲫、赤眼鳟、麦穗鱼、2 种鳑鲏、2 种鱊、2 种泥鳅、大鳞副泥鳅和鲇，占 18.99%。

4）北方山地区系生态类群：哲罗鲑、细鳞鲑、黑龙江茴鱼、杂色杜父鱼和真鲹，占 6.33%。

5）热带平原区系生态类群：乌鳢、圆尾斗鱼、2 种黄颡鱼、黄黝鱼、乌苏拟鲿和葛氏鲈塘鳢，占 8.86%。

6）北极淡水区系生态类群：池沼公鱼、乌苏里白鲑、白斑红点鲑和江鳕，占 5.06%。

7）北极海洋区系生态类群：九棘刺鱼，占 1.27%。

以上北方区系生态类群 31 种，占 39.24%。

3.4　松嫩平原水系河流沼泽区

3.4.1　嫩江吉林省段

嫩江从黑龙江省齐齐哈尔市出省，进入吉林省境内，自白城市的镇赉县白沙滩村至松原市宁江区的三岔河口水域与第二松花江汇合后，共同流入松花江干流。嫩江吉林省段地处嫩江下游，全长约 194km，流域面积约 7.26 万 km^2，主要一级支流有洮儿河和霍林河。

嫩江吉林省段的鱼类物种主要分布在嫩江干流及其支流水域。关于嫩江下游的鱼类资源，笔者曾于 1990～1995 年结合有关科研项目进行过较系统的调查[124]。采集的鱼类标本来自沿江渔民不同季节的渔获物，所用网具包括拉网、张网、刺网、网箔、撒网、花篮、钩具等。调查的水域范围包括嫩江干流白城地区的丹岱镇至下游河口江段及其右岸支流水域。该江段历年自然捕捞产量占整个嫩江流域的 65%～75%，最高年份达 83%。

近几年来，在有关科研项目的支持下，又断续地对该水域的鱼类资源进行了调查，以充实过去的资料。

3.4.1.1 物种多样性

1. 物种组成

总结多年的调查结果得出，嫩江吉林省段河流沼泽的鱼类物种为 7 目 14 科 47 属 63 种，包括日本七鳃鳗、哲罗鲑、细鳞鲑、乌苏里白鲑、黑龙江茴鱼、池沼公鱼、黑斑狗鱼、瓦氏雅罗鱼、湖鲂、拉氏鲂、真鲂、花江鲂、尖头鲂、草鱼、拟赤梢鱼、鳡、银鲴、细鳞鲴、马口鱼、唇䱻、花䱻、东北鳈、凌源鮈、细体鮈、犬首鮈、高体鮈、东北颌须鮈、突吻鮈、兴凯银鮈、麦穗鱼、棒花鱼、蛇鮈、鳊、鲂、团头鲂、䱗、贝氏䱗、红鳍原鲌、蒙古鲌、翘嘴鲌、黑龙江鳑鲏、银鲫、鲤、鲢、鳙、北鳅、北方须鳅、花斑副沙鳅、黑龙江泥鳅、北方泥鳅、黑龙江花鳅、北方花鳅、鲇、怀头鲇、黄颡鱼、光泽黄颡鱼、乌苏拟鲿、鳜、葛氏鲈塘鳢、褐吻鰕虎鱼、乌鳢、江鳕和黑龙江中杜父鱼。

上述鱼类中，鳙和团头鲂为移入种，土著鱼类 7 目 14 科 46 属 61 种。土著种中，包括冷水种日本七鳃鳗、哲罗鲑、细鳞鲑、乌苏里白鲑、黑龙江茴鱼、池沼公鱼、黑斑狗鱼、瓦氏雅罗鱼、拉氏鲂、真鲂、拟赤梢鱼、北鳅、北方须鳅、黑龙江花鳅、北方花鳅、黑龙江中杜父鱼和江鳕（占 27.87%）；中国易危种日本七鳃鳗、哲罗鲑、乌苏里白鲑、黑龙江茴鱼和怀头鲇；中国特有种凌源鮈和东北颌须鮈。

2. 生态类型

洄游生态学上，鲤、银鲫、鲇、红鳍原鲌、黄颡鱼、鳜、鳊、鲂、乌鳢等定居型鱼类 43 种，占 68.25%，构成群落的优势种和天然渔获物的主体。其次是鲢、草鱼、瓦氏雅罗鱼等江-湖半洄游型鱼类 19 种，占 30.16%，它们在湖泊沼泽中生长育肥，江河中产卵繁殖，这种有规律的生态习性对种群的保持和发展十分有利；而且这些鱼类生长较快，食物链短，所以它们在干流水域，尤其是在一些通江湖泊沼泽中，往往可形成较大的种群数量，成为重要的捕捞群体，渔业经济价值较大。洄游型鱼类只有日本七鳃鳗。

摄食生态学上，以鱼、虾为主要食物的鱼类 14 种，如鲑科种类、乌鳢、黄颡鱼等；以底栖动物、水生昆虫为主要食物的鱼类 15 种，如䱻属鱼类、蛇鮈、棒花鱼等；刮食性鱼类 2 种（鲴属种类）；食浮游生物的鱼类 12 种，如鲢、鳙、麦穗鱼等；草食性鱼类 3 种（草鱼、鳊、团头鲂）；杂食性鱼类 23 种，如鲤、银鲫、瓦氏雅罗鱼等。

3.4.1.2 种类组成

嫩江吉林省段河流沼泽鱼类群落中，鲤形目 45 种、鲑形目 6 种、鲇形目 5 种、鲈形目 4 种，分别占 71.43%、9.52%、7.94%及 6.35%；七鳃鳗目、鳕形目和鲉形目均 1 种，各占 1.59%。科级分类单元中，鲤科 38 种、鳅科 7 种、鲑科 4 种、鲿科 3 种、鲇科 2 种，分别占 60.32%、11.11%、6.35%、4.76%及 3.17%；七鳃鳗科、胡瓜鱼科、狗鱼科、鮨科、塘鳢科、鳢科、鰕虎鱼科、鳕科和杜父鱼科均 1 种，各占 1.59%。

3.4.1.3 区系生态类群

嫩江吉林省段河流沼泽的土著鱼类群落由 6 个区系生态类群构成。

1）江河平原区系生态类群：草鱼、鲢、鳡、马口鱼、红鳍原鲌、翘嘴鲌、蒙古鲌、鳊、鲂、2 种鳘、2 种鲴、2 种䱻、棒花鱼、蛇鮈、兴凯银鮈、东北鳈、花斑副沙鳅和鳜，占 34.43%。

2）北方平原区系生态类群：瓦氏雅罗鱼、拟赤梢鱼、湖鳑、拉氏鳑、花江鳑、尖头鳑、凌源鮈、细体鮈、犬首鮈、高体鮈、突吻鮈、东北颌须鮈、北鳅、北方须鳅、2 种花鳅、褐吻鰕虎鱼和黑斑狗鱼，占 29.51%。

3）新近纪区系生态类群：日本七鳃鳗、鲤、银鲫、麦穗鱼、黑龙江鳑鲏、2 种泥鳅和 2 种鲇，占 14.75%。

4）北方山地区系生态类群：哲罗鲑、细鳞鲑、黑龙江茴鱼、黑龙江中杜父鱼和真鳑，占 8.20%。

5）热带平原区系生态类群：乌鳢、2 种黄颡鱼、乌苏拟鲿和葛氏鲈塘鳢，占 8.20%。

6）北极淡水区系生态类群：池沼公鱼、乌苏里白鲑和江鳕，占 4.92%。

以上北方区系生态类群 26 种，占 42.62%。

3.4.1.4 渔业资源

1. 经济鱼类

分析不同季节渔民的拉网、刺网、撒网、网箔及钓鱼具的渔获物，结果表明，1995～2015 年，嫩江中下游江段渔获物的主要成分为银鲫、鲤、花䱻、鲇、瓦氏雅罗鱼、江鳕、细鳞鲴和银鲴，它们在渔获物重量中所占比例均在 2%以上，8 种鱼合计约占 63%（表 3-17）。

表 3-17 嫩江吉林省段河流沼泽渔获物组成

种类	1995～2015 年					1949～1985 年		
	重量/kg	重量比例/%	尾数/尾	尾数比例/%	平均规格/g	重量/kg	重量比例/%	平均规格/g
鲤	1 481	17.84	3 771	2.94	392.7	10 921	14.39	483.5
银鲫	2 197	26.46	26 341	20.50	83.4	16 450	21.68	127.8
黑斑狗鱼	114	1.37	141	0.11	806.5	1 003	1.32	1 127.3
细鳞鲴	225	2.71	608	0.47	370.1	1 486	1.96	526.8
黑龙江茴鱼	136	1.64	809	0.63	168.1	1 195	1.58	322.4
江鳕	235	2.83	1 013	0.79	225.3	1 562	2.06	309.2
鲇	287	3.46	674	0.52	425.8	2 014	2.65	613.2
黄颡鱼	147	1.77	1 864	1.45	78.9	705	0.93	162.3

续表

种类	1995～2015年					1949～1985年		
	重量/kg	重量比例/%	尾数/尾	尾数比例/%	平均规格/g	重量/kg	重量比例/%	平均规格/g
乌苏拟鲿	95	1.14	649	0.51	146.4	1 516	2.00	174.0
花䱻	328	3.95	2 493	1.94	131.6	4 312	5.68	156.0
银鮈	194	2.34	3 044	2.37	63.7	3 584	4.72	77.0
红鳍原鲌	140	1.69	931	0.72	150.4	3 002	3.96	174.0
蒙古鲌	122	1.47	520	0.40	234.6	2 941	3.88	287.0
草鱼	145	1.75	140	0.11	1 035.7	3 768	4.97	1 648.0
鲢	110	1.32	170	0.13	647.1	4 373	5.76	783.2
瓦氏雅罗鱼	277	3.34	1 955	1.52	141.7	2 405	3.17	162.6
䱗	156	1.88	3 333	2.59	46.8	2 772	3.65	68.2
其他种类	605	7.29	3 936	3.06	153.7	4 725	6.23	
杂鱼类	1 309	15.77	76 076	59.22	17.2	7 138	9.41	
合计	8 303		128 468			75 872		

注：“其他种类”包括䱗、鳊、鲂、细鳞鲴、鲌、黄颡鱼、黑斑狗鱼、乌苏里白鲑、池沼公鱼、唇䱻、鲢和草鱼；“杂鱼类”包括鲹、鮈、鳅、鰕虎鱼和葛氏鲈塘鳢

同20世纪80年代相比，银鲫、鲤、鲇、黄颡鱼、江鳕、细鳞鲴在渔获物中的比例有所增加；瓦氏雅罗鱼、黑斑狗鱼及黑龙江茴鱼的比例相对稳定；草鱼、鲢的比例下降明显；䱗、蒙古鲌、红鳍原鲌、银鮈、花䱻、乌苏拟鲿的比例均有显著下降。渔获物中小型成鱼比例显著增加；小杂鱼比例上升，主要经济鱼类渔获物规格减小。

同20世纪50年代相比，主要经济鱼类的种类数减少近40%。同70年代末、80年代初期该江段主要渔获物统计资料相比，定居型经济鱼类如鲤、银鲫、鲇、鳊、乌鳢，以及江-湖半洄游型经济鱼类如鲢、草鱼等均有不同程度的增加，其中，鲤、鲫、鲇增加了21.41%，鳊、乌鳢增加了54.91%，鲢、草鱼增加了23.75%。这一时期的渔获物中还增加了一定数量的鳙，这可能是从人工放养的通江湖泊中逃逸的。

2. 渔获物组成

对嫩江吉林省段渔获物年龄组成的调查结果表明，主要经济鱼类种群由1～7龄构成（表3-18）。各年龄组中，1龄组所占比例较大的有哲罗鲑、江鳕、鲇、黄颡鱼、银鮈、乌苏里白鲑、瓦氏雅罗鱼及草鱼；2龄组所占比例较大的有鲤、银鲫、黑斑狗鱼、黑龙江茴鱼、花䱻、红鳍原鲌及鲢；3龄组所占比例较大的只有细鳞鲑1种；1～3龄组所占比例从高到低排序为银鲫95.99%，银鮈94.79%，鲤82.28%，红鳍原鲌82.23%，瓦氏雅罗鱼80.63%，细鳞鲑78.45%，黑斑狗鱼77.77%，黑龙江茴鱼77.63%，花䱻77.06%，黄颡鱼74.92%，草鱼74.20，鲇74.03%，江鳕73.12%，乌苏里白鲑70.51%，哲罗鲑67.57%，鲢66.67%。

另外，从鱼类的初次性成熟年龄可知，渔获物中有70%～80%的鱼类未达到性成熟，这表明繁殖种群中补充群体多于剩余群体，鱼类资源增殖能力在下降。

表 3-18　嫩江吉林省段河流沼泽渔获物年龄组成

种类	年龄组成/%							初次性成熟年龄	样本数/尾	平均规格/g
	1 龄	2 龄	3 龄	4 龄	5 龄	6 龄	7 龄			
鲤	27.54	48.94	5.80	8.70	1.45	2.90	4.68	3	269	460.2
银鲫	27.38	48.37	20.24	1.90	1.63	1.90	0	3	384	92.3
黑斑狗鱼	15.08	42.77	19.92	7.41	9.08	2.34	3.70	3	92	1072.9
细鳞鲑	21.87	20.51	36.07	3.32	3.03	11.46	3.73	5	233	762.6
哲罗鲑	35.14	24.32	8.11	18.92	8.11	2.70	2.70	5	38	1331.7
黑龙江茴鱼	28.95	36.84	11.84	6.58	10.52	1.32	3.95	3	276	143.7
江鳕	39.78	21.51	11.83	3.23	11.83	4.30	7.53	3	293	197.4
鲇	37.66	22.08	14.29	5.19	6.49	9.09	5.19	4	187	376.7
黄颡鱼	51.94	16.22	6.76	8.58	9.46	4.35	2.70	4	274	92.6
乌苏里白鲑	49.07	15.03	6.41	16.67	2.56	3.85	6.41	5	78	463.5
花鲭	19.27	43.84	13.95	6.32	5.63	4.31	6.68	4	376	133.4
银鮰	63.76	21.72	9.31	4.82	0.37			2	203	53.2
红鳍原鲌	23.29	44.72	14.22	5.48	4.11	4.37	2.44	3	274	82.7
草鱼	41.94	16.13	16.13	3.23	6.45	12.90	3.23	6	131	1392.3
鲢	21.21	36.36	9.09	9.09	15.15	6.06	3.03	5	152	562.7
瓦氏雅罗鱼	50.02	26.53	4.08	8.16	6.12	1.81	3.27	3	249	173.6

2004 年，在大安市的月亮泡、大赉江段收集渔民的刺网、拉网、网箔和撒网渔获物近 300kg，随机抽样 1029 尾，经鉴定分析由 4 个年龄组构成，其中 0～1 龄组占 66.73%，1～2 龄组、2～3 龄组及 3～4 龄组分别占 24.51%、8.36%及 0.40%，高龄鱼很少。这也说明产卵群体中补充群体多于剩余群体。例如，鲤、银鲫、鲭、鳌和银鮰的产卵群体中，补充群体分别占 69.73%、68.68%、52.12%、77.17%及 73.33%。

3. 经济鱼类生长状况

嫩江吉林省段 12 种经济鱼类的生长状况见表 3-19，丰满度、生长比速和生长指标见表 3-20。总体上看，嫩江吉林省段数十年前产量颇丰的经济鱼类，目前产量已明显下降，即使某些种类尚保持一定数量，其个体和种群结构也明显趋于小型化、低龄化，主要经济鱼类规格减小，生长速率缓慢；繁殖种群中补充群体数量明显超过剩余群体。鱼类总体资源量在下降，物种衰减与资源衰退的总趋势正在加剧，鱼类物种多样性程度正在降低，对各种濒危鱼类资源的研究与保护应引起关注。

表 3-19　嫩江吉林省段河流沼泽经济鱼类的生长状况

种类	年龄/龄	样本数/尾	实测体长/cm		年增长/cm	实测体重/g		年增重/g	年增积量/(g·cm)	平均丰满度
			幅度	平均		幅度	平均			
乌苏里白鲑	1	72	8.4～20.7	13.9	13.94	29.6～120.9	42.6	42.62	594.12	1.790
	2	47	18.6～24.8	21.3	7.37	93.4～131.7	107.9	65.26	480.97	1.028

续表

种类	年龄/龄	样本数/尾	实测体长/cm		年增长/cm	实测体重/g		年增重/g	年增积量/(g·cm)	平均丰满度
			幅度	平均		幅度	平均			
乌苏里白鲑	3	62	24.1～35.3	28.7	7.45	123.6～243.0	187.4	79.48	592.13	0.726
	4	46	28.6～37.5	31.4	2.66	240.7～468.8	397.3	109.93	290.99	1.150
	5	25	33.2～40.9	35.7	4.29	453.6～612.2	546.7	149.45	641.14	1.039
	6	51	36.2～43.2	37.9	2.21	520.0～831.5	728.9	182.19	402.64	1.137
	7	32	37.6～46.7	41.6	3.71	789.2～1 209.3	942.7	213.79	793.16	1.081
	8	29	41.2～48.5	45.2	3.55	926.6～1 430.7	1 193.3	889.45	889.45	1.046
黑斑狗鱼	1	26	10.2～18.3	14.6	14.62	11.5～75.5	29.4	29.37	429.39	0.740
	2	49	17.6～31.2	23.8	9.14	80.3～309.5	140.4	111.06	1 015.19	0.828
	3	18	27.4～51.6	45.8	22.07	343.6～1 028.9	674.6	534.21	1 179.01	0.557
	4	21	43.7～68.9	58.7	12.83	525.3～1 287.1	937.6	262.95	3 373.65	0.586
	5	13	64.5～83.7	76.5	17.83	1 393.5～2 148.1	1 486.3	548.68	9 782.96	0.667
鲤	1	72	4.4～13.7	7.4	7.37	3.9～42.7	16.5	16.52	121.75	2.121
	2	163	14.3～20.5	16.3	8.92	89.2～146.6	127.8	111.25	992.35	1.260
	3	187	19.4～26.7	21.5	5.20	236.8～593.2	356.9	229.16	1 191.63	1.441
	4	131	25.4～35.2	27.8	6.35	483.6～1 292.6	687.3	330.34	2 097.66	1.202
	5	194	34.1～42.7	35.7	7.85	1 155.7～1 437.4	1 283.6	596.36	4 681.43	1.006
	6	17	36.7～46.9	41.5	5.78	1 567.6～2 396.3	1 973.0	689.33	3 984.33	0.952
瓦氏雅罗鱼	1	27	4.1～8.9	5.5	5.47	3.7～15.9	12.6	12.63	69.09	4.626
	2	86	7.3～12.5	9.7	4.19	14.6～26.3	24.3	11.66	48.86	1.785
	3	79	11.4～19.7	13.9	4.27	36.5～61.7	52.8	28.48	121.61	1.380
	4	51	12.8～22.6	16.5	2.54	59.6～86.4	71.3	18.56	47.14	1.162
	5	13	17.9～24.3	19.9	3.41	77.4～103.2	83.5	12.16	41.47	0.800
	6	9	19.7～27.2	23.4	1.47	92.1～146.2	118.6	55.23	81.20	0.721
银鲫	1	183	9.2～13.7	11.6	11.62	4.6～86.4	23.8	23.77	276.21	0.612
	2	137	11.4～18.6	14.9	3.26	21.4～92.7	49.4	25.59	83.42	0.615
	3	123	13.3～21.3	17.6	2.67	56.2～168.9	99.7	50.36	134.46	0.766
	4	147	19.1～22.7	21.0	3.41	92.7～287.6	182.6	82.91	282.72	0.834
	5	124	20.6～24.5	23.8	2.83	213.7～372.4	279.4	96.81	273.97	0.880
	6	13	22.4～26.3	25.5	1.69	328.5～578.3	361.3	181.83	307.29	0.931
哲罗鲑	1	16	6.7～12.4	7.4	7.44	80.2～302.7	230.4	230.47	1 714.70	4.367
	2	22	9.8～20.4	16.8	9.33	766.9～1 562.4	1 036.4	805.89	7 518.95	1.265
	3	27	14.7～24.4	21.9	5.20	1 986.2～3 083.4	2 236.7	1 200.33	6 241.72	1.104
	4	12	21.2～33.6	29.7	7.76	2 537.6～4 139.3	3 128.7	891.97	6 921.69	0.556
	5	13	29.4～47.6	42.8	13.09	3 288.1～4 866.4	4 414.2	1 285.56	16 827.98	0.229
	6	12	38.7～62.3	56.5	13.69	3 860.5～5 759.3	5 306.8	892.61	12 219.83	0.903

续表

种类	年龄/龄	样本数/尾	实测体长/cm		年增长/cm	实测体重/g		年增重/g	年增积量/(g·cm)	平均丰满度
			幅度	平均		幅度	平均			
哲罗鲑	7	8	47.6～71.5	67.2	10.72	4 713.8～6 836.3	6 123.7	816.91	8 757.28	0.621
	8	13	63.5～83.2	71.0	3.84	6 813.2～9 641.4	6 927.3	803.53	3 085.56	0.596
细鳞鲑	1	17	8.2～14.8	13.4	13.37	37.2～282.3	102.43	102.43	1 369.49	0.959
	2	21	18.5～22.3	20.0	6.65	231.7～760.1	355.6	253.19	1 683.71	0.938
	3	27	24.8～32.1	27.6	7.62	487.3～1 120.9	543.2	187.55	1 429.13	0.520
	4	13	27.5～36.7	30.5	2.83	972.2～1 437.3	1 037.3	494.20	1 398.50	0.732
	5	10	25.5～38.9	35.5	4.80	1 292.7～1 811.7	1 644.4	607.00	2 913.74	0.733
	6	15	36.7～45.2	41.4	6.15	1 723.2～2 127.6	1 942.8	298.46	1 835.53	0.523
翘嘴鲌	1	11	5.9～10.1	8.7	8.73	4.2～24.7	15.1	15.07	131.56	0.514
	2	19	11.2～14.8	12.9	4.19	26.2～67.5	40.5	25.39	106.38	0.634
	3	34	13.9～18.1	16.5	3.60	51.4～165.6	113.9	73.41	263.31	1.098
	4	11	17.2～21.3	18.6	2.10	128.3～216.7	170.9	57.00	119.68	1.301
	5	8	18.7～22.6	20.4	1.73	144.3～271.5	224.5	53.61	92.75	1.434
	6	21	23.6～27.8	25.7	5.31	316.2～359.4	337.8	601.57	601.57	1.365
黄颡鱼	1	47	6.8～9.2	7.7	7.72	8.5～12.6	11.1	11.1	85.46	1.037
	2	21	7.3～10.7	8.8	1.12	8.6～24.4	17.5	6.40	7.17	1.061
	3	33	9.2～13.5	10.2	1.38	15.3～46.8	27.3	9.82	13.55	1.046
	4	18	10.9～13.9	12.5	2.24	42.7～76.2	64.4	37.08	83.06	1.311
	5	12	13.3～15.8	14.6	2.17	68.4～101.3	82.4	18.07	39.21	1.005
	6	21	15.1～16.5	15.8	1.15	88.3～127.3	98.7	16.24	18.68	0.945
	7	15	15.3～17.9	16.6	0.79	112.3～140.9	114.3	19.66	12.37	0.936
	8	13	16.2～22.3	18.7	2.18	132.3～171.8	147.8	33.45	72.92	0.816
银鲴	1	137	4.3～9.6	8.8	8.76	2.7～15.6	11.5	11.46	100.39	0.652
	2	56	10.2～13.9	11.7	2.98	27.3～73.7	44.7	33.26	99.11	1.130
	3	19	14.7～16.6	15.4	3.63	69.2～92.4	72.5	27.75	100.73	0.867
	4	11	15.7～17.3	16.7	1.37	10.37～112.5	108.6	36.15	49.52	1.026
鲢	1	11	7.5～21.2	8.2	8.2	33.4～78.7	38.2	38.2	313.2	6.235
	2	23	15.7～28.1	19.8	11.6	75.4～362.0	203.6	165.4	1 918.6	2.361
	3	37	24.4～42.0	30.2	10.4	357.3～964.3	592.7	389.1	4 046.6	1.937
	4	31	0.5～47.6	39.4	9.2	866.4～1 563.3	1 163.4	570.7	5 250.4	1.712
	5	9	38.2～64.7	51.7	12.3	1 478.4～3 125.0	2 591.8	1 428.4	17 569.3	1.687
	6	7	48.9～72.3	57.3	5.6	3 092.6～4 762.7	3 252.4	660.6	3 699.4	1.556
	7	4	50.7～78.4	61.5	4.2	3 260.7～5 023.2	3 803.2	550.8	2 313.4	1.472
草鱼	1	9	9.3～16.2	10.2	10.2	52.4～152.7	65.6	65.6	669.1	5.565
	2	27	15.7～35.9	29.3	19.1	150.4～1 352.6	893.7	828.1	15 816.7	3.198

续表

种类	年龄/龄	样本数/尾	实测体长/cm		年增长/cm	实测体重/g		年增重/g	年增积量/(g·cm)	平均丰满度
			幅度	平均		幅度	平均			
草鱼	3	28	29.3～52.3	40.1	10.8	762.3～1 584.7	1 243.6	349.9	3 778.9	1.736
	4	17	37.4～59.8	47.4	7.3	1343.7～3717.2	2 324.2	1 080.6	7 888.4	1.966
	5	5	43.9～67.2	53.8	6.4	2 916.4～4 173.2	3 725.3	1 401.1	8 967.0	2.153
	6	8	47.8～71.7	59.2	5.4	3 844.7～5 460.6	4 648.4	923.1	4 984.7	1.908
	7	3	54.3～78.7	65.4	6.2	4 862.0～6 128.3	5 523.2	874.8	5 423.8	1.580

表 3-20　嫩江吉林省段河流沼泽经济鱼类的丰满度、生长比速和生长指标

种类	年龄/龄	丰满度	生长比速	生长指标	种类	年龄/龄	丰满度	生长比速	生长指标
乌苏里白鲑	1	1.427	0.427	5.934	哲罗鲑	1	44.520	0.814	6.023
	2	1.004	0.298	6.352		2	17.880	0.271	4.526
	3	0.713	0.090	2.577		3	16.980	0.301	6.601
	4	0.832	0.129	4.034		4	9.664	0.366	10.844
	5	1.081	0.060	2.129		5	4.410	0.278	11.887
	6	1.201	0.093	3.534		6	2.367	0.175	9.883
	7	1.179	0.081	3.362		7	1.623	0.091	6.112
	8	1.171	—	—		8	1.612	—	—
黄颡鱼	1	2.191	0.134	1.028	鲢	1	6.235	0.882	7.229
	2	2.311	0.147	1.295		2	2.361	0.422	8.357
	3	2.316	0.227	2.316		3	1.937	0.266	8.032
	4	2.764	0.132	1.685		4	1.712	0.272	10.705
	5	2.383	0.079	1.153		5	1.687	0.103	5.321
	6	2.252	0.049	0.779		6	1.556	0.071	4.050
	7	2.249	0.119	1.977		7	1.472	—	—
	8	2.034	—	—					
草鱼	1	5.565	1.051	10.717	细鳞鲑	1	3.917	0.498	6.621
	2	3.198	0.314	9.189		2	3.131	0.240	5.196
	3	1.736	0.167	6.713		3	2.326	0.097	2.669
	4	1.966	0.127	6.003		4	2.324	0.146	4.451
	5	2.153	0.096	5.143		5	3.393	0.162	5.714
	6	1.908	0.100	5.902		6	2.464	—	—
	7	1.580	—	—					
翘嘴鲌	1	2.064	0.394	3.428	银鱼	1	1.366	0.244	2.826
	2	1.698	0.246	3.175		2	1.369	0.167	2.478
	3	2.282	0.120	1.976		3	1.674	0.178	3.107
	4	2.389	0.115	2.146		4	1.800	0.126	2.628
	5	2.380	0.231	4.711		5	1.890	0.069	1.643
	6	1.791	—	—		6	2.533	—	—

续表

种类	年龄/龄	丰满度	生长比速	生长指标	种类	年龄/龄	丰满度	生长比速	生长指标
鲤	1	3.818	0.797	5.819	瓦氏雅罗鱼	1	7.200	0.575	3.107
	2	2.703	0.278	4.510		2	2.462	0.370	3.552
	3	3.360	0.262	5.599		3	1.766	0.165	2.298
	4	2.879	0.247	6.875		4	1.455	0.189	3.093
	5	2.560	0.151	5.377		5	0.967	0.073	1.445
	6	2.502	—	—		6	1.292	—	—
黑斑狗鱼	1	0.847	0.493	7.204	银鲴	1		0.285	2.506
	2	0.949	0.659	15.618		2		0.268	3.138
	3	0.632	0.246	11.284		3		0.088	1.339
	4	0.419	0.265	15.544					
	5	0.300	—	—					

3.4.2　洮儿河下游

3.4.2.1　物种多样性

采集到洮儿河下游河流沼泽的鱼类物种 4 目 9 科 32 属 37 种（表 3-21）。其中，移入种 1 目 1 科 2 属 2 种，包括鳙和团头鲂；土著鱼类为 4 目 9 科 30 属 35 种。土著种中，黑龙江花鳅及 2 种七鳃鳗为冷水种，占 8.57%；日本七鳃鳗及怀头鲇为中国易危种；凌源鮈为中国特有种。

表 3-21　松嫩平原水系部分河流沼泽鱼类物种组成

种类	嫩江下游 1)	松花江哈尔滨段 2)	第二松花江下游 3)	洮儿河下游 4)	绰尔河下游 5)
一、七鳃鳗目 Petromyzoniformes					
（一）七鳃鳗科 Petromyzonidae					
1. 雷氏七鳃鳗 *Lampetra reissneri*	+		+	+	+
2. 日本七鳃鳗 *Lampetra japonica*	+		+	+	
二、鲑形目 Salmoniformes					
（二）鲑科 Salmonidae					
3. 哲罗鲑 *Hucho taimen*	+				
4. 细鳞鲑 *Brachymystax lenok*	+				
5. 乌苏里白鲑 *Coregonus ussuriensis*	+		+		
6. 黑龙江茴鱼 *Thymallus arcticus*	+				
（三）银鱼科 Salangidae					
7. 大银鱼 *Protosalanx hyalocranius*▲	+	+			

续表

种类	嫩江下游[1]	松花江哈尔滨段[2]	第二松花江下游[3]	洮儿河下游[4]	绰尔河下游[5]
（四）胡瓜鱼科 Osmeridae					
8. 池沼公鱼 *Hypomesus olidus*	+				
9. 亚洲公鱼 *Hypomesus transpacificus nipponensis*	+				
（五）狗鱼科 Esocidae					
10. 黑斑狗鱼 *Esox reicherti*	+	+	+		+
三、鲤形目 Cypriniformes					
（六）鲤科 Cyprinidae					
11. 马口鱼 *Opsariichthys bidens*	+		+	+	+
12. 瓦氏雅罗鱼 *Leuciscus waleckii waleckii*	+		+		
13. 拟赤梢鱼 *Pseudaspius leptocephalus*	+				
14. 青鱼 *Mylopharyngodon piceus*	+		+	+	
15. 草鱼 *Ctenopharyngodon idella*	+	+	+	+	+
16. 湖拟鲤 *Rutilus lacustris*▲	+				
17. 鳡 *Elopichthys bambusa*	+		+	+	
18. 拉氏鲅 *Phoxinus lagowskii*	+	+	+		
19. 湖鲅 *Phoxinus percnurus*	+	+	+		
20. 真鲅 *Phoxinus phoxinus*	+				
21. 花江鲅 *Phoxinus czekanowskii*			+		
22. 尖头鲅 *Phoxinus oxycephalus*			+		
23. 赤眼鳟 *Squaliobarbus curriculus*	+		+	+	
24. 鳊 *Parabramis pekinensis*	+		+	+	+
25. 鲂 *Megalobrama skolkovii*	+		+		
26. 团头鲂 *Megalobrama amblycephala*▲	+			+	
27. 𩾃 *Hemiculter leucisculus*	+	+	+	+	
28. 贝氏𩾃 *Hemiculter bleekeri*	+		+	+	
29. 蒙古𩾃 *Hemiculter lucidus warpachowsky*	+				+
30. 红鳍原鲌 *Cultrichthys erythropterus*	+		+	+	
31. 蒙古鲌 *Culter mongolicus mongolicus*	+		+		+
32. 翘嘴鲌 *Culter alburnus*	+		+	+	
33. 银鲴 *Xenocypris argentea*	+		+	+	+
34. 细鳞鲴 *Xenocypris microleps*	+				
35. 似鳊 *Pseudobrama simoni*▲	+		+		
36. 大鳍鱊 *Acheilognathus macropterus*	+		+	+	
37. 兴凯鱊 *Acheilognathus chankaensis*	+		+	+	+
38. 黑龙江鳑鲏 *Rhodeus sericeus*	+	+	+	+	

续表

种类	嫩江下游[1)]	松花江哈尔滨段[2)]	第二松花江下游[3)]	洮儿河下游[4)]	绰尔河下游[5)]
39. 彩石鳑鲏 *Rhodeus lighti*	+		+		
40. 方氏鳑鲏 *Rhodeus fangi*	+				
41. 花䱻 *Hemibarbus maculatus*	+	+	+	+	+
42. 唇䱻 *Hemibarbus laboe*	+		+		+
43. 条纹似白鮈 *Paraleucogobio strigatus*	+	+	+		+
44. 麦穗鱼 *Pseudorasbora parva*	+	+	+	+	+
45. 棒花鱼 *Abbottina rivularis*	+	+	+	+	+
46. 突吻鮈 *Rostrogobio amurensis*	+		+		
47. 蛇鮈 *Saurogobio dabryi*	+		+	+	+
48. 平口鮈 *Ladislavia taczanowskii*			+		
49. 东北颌须鮈 *Gnathopogon mantschuricus*	+				
50. 银鮈 *Squalidus argentatus*	+		+		
51. 兴凯银鮈 *Squalidus chankaensis*	+		+		
52. 东北鳈 *Sarcocheilichthys lacustris*	+		+	+	+
53. 克氏鳈 *Sarcocheilichthys czerskii*	+		+		+
54. 凌源鮈 *Gobio lingyuanensis*	+		+	+	+
55. 犬首鮈 *Gobio cynocephalus*	+		+	+	
56. 细体鮈 *Gobio tenuicorpus*	+		+		
57. 高体鮈 *Gobio soldatovi*	+				+
58. 鲤 *Cyprinus carpio*	+	+	+	+	+
59. 银鲫 *Carassius auratus gibelio*	+	+	+	+	+
60. 鲢 *Hypophthalmichthys molitrix*	+	+	+	+	+
61. 鳙 *Aristichthys nobilis*▲	+	+	+	+	+
62. 潘氏鳅鮀 *Gobiobotia pappenheimi*	+		+		
（七）鳅科 Cobitidae					
63. 北方须鳅 *Barbatula barbatula nuda*	+		+		+
64. 北鳅 *Lefua costata*	+				
65. 黑龙江花鳅 *Cobitis lutheri*	+	+		+	+
66. 北方花鳅 *Cobitis granoci*	+				
67. 黑龙江泥鳅 *Misgurnus mohoity*	+	+	+		
68. 北方泥鳅 *Misgurnus bipartitus*	+	+			
69. 大鳞副泥鳅 *Paramisgurnus dabryanus*			+		
70. 花斑副沙鳅 *Parabotia fasciata*	+		+	+	
四、鲇形目 Siluriformes					
（八）鲿科 Bagridae					

续表

种类	嫩江下游[1)]	松花江哈尔滨段[2)]	第二松花江下游[3)]	洮儿河下游[4)]	绰尔河下游[5)]
71. 黄颡鱼 *Pelteobagrus fulvidraco*	+		+	+	+
72. 光泽黄颡鱼 *Pelteobagrus nitidus*	+		+		+
73. 纵带鮠 *Leiocassis argentivittatus*	+				
74. 乌苏拟鲿 *Pseudobagrus ussuriensis*	+		+		
（九）鲇科 Siluridae					
75. 怀头鲇 *Silurus soldatovi*	+		+	+	+
76. 鲇 *Silurus asotus*	+	+	+	+	+
五、鲈形目 Perciformes					
（十）鮨科 Serranidae					
77. 鳜 *Siniperca chuatsi*	+		+	+	+
（十一）塘鳢科 Eleotridae					
78. 葛氏鲈塘鳢 *Perccottus glehni*	+	+	+	+	+
79. 黄黝鱼 *Hypseleotris swinhonis*	+				
（十二）鰕虎鱼科 Gobiidae					
80. 褐吻鰕虎鱼 *Rhinogobius brunneus*	+		+		
81. 波氏吻鰕虎鱼 *Rhinogobius cliffordpopei*	+				
（十三）斗鱼科 Belontiidae					
82. 圆尾斗鱼 *Macropodus chinensis*	+		+	+	
（十四）鳢科 Channidae					
83. 乌鳢 *Channa argus*	+	+	+	+	+
六、鲉形目 Scorpaeniformes					
（十五）杜父鱼科 Cottidae					
84. 杂色杜父鱼 *Cottus poecilopus*					+
85. 黑龙江中杜父鱼 *Mesocottus haitej*	+				+
七、鳕形目 Gadiformes					
（十六）鳕科 Gadidae					
86. 江鳕 *Lota lota*	+		+		
八、鳉形目 Cyprinodontiformes					
（十七）青鳉科 Oryziatidae					
87. 中华青鳉 *Oryzias latipes sinensis*	+				
九、刺鱼目 Gasterosteiformes					
（十八）刺鱼科 Gasterosteidae					
88. 九棘刺鱼 *Pungitius pungitius*	+				

资料来源：1）文献[6]、[9]、[66]、[72]、[91]、[109]和[125]；2）文献[91]、[126]和[127]；3）文献[113]～[115]和[124]；4）文献[114]和[124]；5）文献[88]

3.4.2.2 种类组成

洮儿河下游河流沼泽鱼类群落中，鲤形目 28 种、鲈形目 4 种、鲇形目 3 种、七鳃鳗目 2 种，分别占 75.68%、10.81%、8.11%及 5.41%。科级分类单元中，鲤科 26 种，占 70.27%；鳅科、七鳃鳗科和鲇科均 2 种，各占 5.41%；鲿科、鮨科、塘鳢科、斗鱼科和鳢科均 1 种，各占 2.70%。

3.4.2.3 区系生态类群

洮儿河下游河流沼泽鱼类群落的土著种由 4 个区系生态类群构成。

1）江河平原区系生态类群：马口鱼、青鱼、草鱼、鲢、鳡、鳊、2 种䱗、红鳍原鲌、翘嘴鲌、银鲴、花䱻、棒花鱼、蛇鮈、东北鳈、花斑副沙鳅和鳜，占 48.57%。

2）新近纪区系生态类群：2 种七鳃鳗、鲤、银鲫、赤眼鳟、麦穗鱼、黑龙江鳑鲏、大鳍鱊、兴凯鱊和 2 种鲇，占 31.43%。

3）北方平原区系生态类群：凌源鮈、犬首鮈和黑龙江花鳅，占 8.57%。

4）热带平原区系生态类群：乌鳢、圆尾斗鱼、黄颡鱼和葛氏鲈塘鳢，占 11.43%。

以上北方区系生态类群 3 种，占 8.57%。

3.4.2.4 鱼类区系特点及其动态

洮儿河下游河流沼泽的鱼类区系组成较简单，仅包含了江河平原、新近纪、北方平原和热带平原 4 个区系生态类群的种类，其中又以江河平原区系生态类群的种类为主体。据史料记载，1961 年嫩江月亮泡地区冬季鱼类资源调查所采集到的鱼类中，除了上述 4 个区系生态类群的种类外，还包括北方山地和北极淡水区系生态类群的种类。目前洮儿河下游的鱼类区系与半个世纪前相比，已发生了较大的变化。特别明显的是那些典型的冷水性、溪流性和洄游型鱼类见不到了，如大麻哈鱼、乌苏里白鲑、黑斑狗鱼、细鳞鲑、哲罗鲑、黑龙江茴鱼及鰕虎鱼科和杜父鱼科某些种类。

导致鱼类区系变化的主要原因有如下两方面。

1）月亮泡水库的修建：月亮泡水库位于吉林省西北部的大安市与镇赉县的交界处，1976 年建成。建库前此处是一个天然流水型湖泊，面积约 80km^2。水库的上游是洮儿河，下游为嫩江，洮儿河及其附属水系的降水汇集到月亮泡后，经过此处泄入嫩江。据当地群众反映，月亮泡水库大坝建成后，上述的冷水性、溪流性和洄游型鱼类就未再出现。这说明大坝的修建改变了原来的生态环境，鱼类原有生境被破坏，使得这些鱼类无法繁殖后代直到绝迹。

2）水环境污染：历史上第二松花江水体的持续污染，致使一些洄游型鱼类无法逾越污染江段而上溯至嫩江，因而也就无法进入洮儿河。

嫩江是洮儿河鱼类物种的主要来源地。上述两方面的原因导致洮儿河与嫩江之间的鱼类交流受阻，最终使洮儿河特别是其下游鱼类区系发生改变。

3.4.2.5 渔业资源

20 世纪五六十年代，月亮泡的主要渔法是梁子和冰槽子。20 世纪 70 年代以来，随着渔业生产的发展，捕捞工具不断革新，加上大坝建成后，鱼类活动规律发生了较大变化，渔具渔法也相应地改变，传统的梁子和冰槽子逐渐被淘汰，继而发展为现代渔具渔法[128]。

大坝的修建改变了鱼类原有的栖息生境，渔业经营上也由自然捕捞变成资源涵养与投放鱼种并重的复合模式，渔具渔法也随之而变。目前，月亮泡捕捞量主要来自冰下大拉网和春、秋季小眼网（主要渔获物为小型经济成鱼和杂鱼类）。20 世纪 80 年代的单船挂网和机船拖网等渔具的产量所占比例明显减少。

洮儿河下游渔业主要集中在月亮泡湿地[128]。大坝修建以前，月亮泡湿地的主要渔法是梁子。每年雨季，大量畜禽粪便和有机质随地表径流进入湿地水体，水质肥沃，水草茂盛，鱼类天然饵料丰富，整个湿地成为鱼类繁殖、索饵、育肥的优良场所。严冬来临，月亮泡湿地又是洮儿河和嫩江鱼类越冬洄游的必经之地，适合发展梁子渔业。

梁子渔业就是利用鱼类洄游的规律，在其必经的路线上设置网具拦截。该渔法由于受到水体环境的影响，其产量波动较大。历史上鱼产量最低 163t（1969 年），最高 656t（1973 年）。1966～1976 年年平均鱼产量 422t。

1976 年月亮泡大坝建成后，捕捞生产力随着渔具渔法的不断改革而逐渐提升，鱼产量迅速增加。1977 年、1978 年鱼产量均超过 570t，1979 年达 834t。1979 年冬季越冬水位较低，大量鱼类死亡，鱼类资源受到严重损害，1980 年鱼产量约减至 114t，1981 年有所恢复，约为 469t。1977～1981 年年平均鱼产量 412.5t。

大坝建成前，月亮泡湿地渔获物均为天然鱼类。渔获物中鲤、银鲫、鲇等定居型经济鱼类所占比例超过 60%；鲢、草鱼等江湖半洄游型经济鱼类占 10%～15%；鳘、红鳍原鲌、银鮈等小型经济成鱼占 20%～25%；杂鱼类占 3%～5%。大坝建成后，随着鱼种投放量的增加，渔获物中鲢、鳙等人工放养种类所占比例也逐渐提高（表 3-22、表 3-23）。

表 3-22 洮儿河下游月亮泡湿地鱼种投放量和鱼产量[128]

年份	鱼种投放量		鱼产量		年份	鱼种投放量		鱼产量	
	总量/t	单位面积投放量/(kg/hm^2)	总产量/t	单位面积产量/(kg/hm^2)		总量/t	单位面积投放量/(kg/hm^2)	总产量/t	单位面积产量/(kg/hm^2)
1978	10.1	0.63	589	36.81	1986	26.1	1.63	1114	69.63
1979	9.5	0.59	834	52.13	1987	95.0	5.94	1385	86.56
1980	10.8	0.66	114	7.13	1988	227.9	14.24	1345	84.06
1981	8.0	0.50	469	29.31	1989	152.2	9.51	1421	88.81
1982	21.0	1.31	720	45.00	1990	190.0	11.88	792	49.50
1983	27.3	1.71	759	47.44	1991	52.0	3.25	723	49.15
1984	49.0	3.06	758	47.38	1992	360.0	22.50	980	61.25
1985	46.9	2.93	1070	66.88	平均	85.7	5.36	871.5	54.47

表 3-23 洮儿河下游月亮泡湿地渔获物组成[128]

年份	总产量/t	鲤、银鲫		鲢、鳙		草鱼		其他鱼类	
		产量/t	比例/%	产量/t	比例/%	产量/t	比例/%	产量/t	比例/%
1978	588.7	227.6	38.66	37.1	6.30	3.0	0.51	321.0	54.53
1979	834.2	354.9	43.06	72.2	8.76	3.5	0.42	393.6	47.76
1980	113.7	71.7	63.10	8.7	7.66	0.3	0.26	33.0	29.02
1981	468.7	204.9	43.72	18.5	3.95	0.7	0.15	244.6	52.19
1982	733.6	434.9	59.28	124.2	16.93	3.0	0.41	171.5	23.38
1983	759.3	201.0	26.47	245.4	32.32	3.5	0.46	309.4	40.75
1984	830.5	191.7	23.08	215.0	25.89	8.2	0.99	415.6	50.04
1985	1069.6	372.8	34.85	180.0	16.83	19.5	1.82	497.2	46.48
1986	1247.3	490.7	39.34	242.6	19.45	35.0	2.81	479.0	38.40
1987	1384.6	585.5	42.29	353.3	25.52	12.0	0.87	433.8	31.33
1988	1345.0	992.1	73.76	132.3	9.84	29.2	2.17	191.4	14.23
1989	1421.4	525.6	36.98	226.2	15.91	9.2	6.47	577.6	40.64
1990	821.6	134.6	16.38	324.7	39.52	48.3	5.88	314.0	38.22
1991	730.3	174.7	23.92	233.9	32.03	24.2	3.31	297.5	40.74
1992	1021.8	245.8	24.06	446.6	43.71	102.1	9.99	227.3	22.25
平均	891.4	347.9	39.26	190.7	20.31	20.1	2.43	327.0	38.00

注："其他鱼类"包括红鳍原鲌、黄颡鱼、鲇、乌鳢、银鲴、鳌等经济鱼类

3.4.3 绰尔河下游

3.4.3.1 物种多样性

绰尔河松嫩平原河段，即绰尔河下游，位于内蒙古扎赉特旗。综合著者调查和文献[88]记载，绰尔河下游河流沼泽的鱼类物种合计 6 目 10 科 29 属 34 种（表 3-21）。其中，移入种 1 目 1 科 1 属 1 种，即鳙；土著鱼类 6 目 10 科 28 属 33 种。土著种中，雷氏七鳃鳗、黑斑狗鱼、黑龙江花鳅及 2 种杜父鱼为冷水种，占 15.15%；怀头鲇为中国易危种；凌源鮈为中国特有种。

3.4.3.2 种类组成

绰尔河下游河流沼泽鱼类群落中，鲤形目 23 种、鲇形目 4 种、鲈形目 3 种、鲉形目 2 种，分别占 67.65%、11.76%、8.82%及 5.88%；七鳃鳗目和鲑形目均 1 种，各占 2.94%。科级分类单元中，鲤科 21 种，占 61.76%；鳅科、鲿科、鲇科和杜父鱼科均 2 种，各占 5.88%；七鳃鳗科、狗鱼科、鮨科、塘鳢科和鳢科均 1 种，各占 2.94%。

3.4.3.3 区系生态类群

绰尔河下游河流沼泽的土著鱼类群落由 5 个区系生态类群构成。

1）江河平原区系生态类群：草鱼、鲢、马口鱼、蒙古鲌、鳊、蒙古䱗、银鲴、2 种䱻、蛇𬶋、2 种鳈、棒花鱼和鳜，占 42.42%。

2）北方平原区系生态类群：2 种𬶋、条纹似白𬶋、北方须鳅、黑龙江花鳅和黑斑狗鱼，占 18.18%。

3）新近纪区系生态类群：雷氏七鳃鳗、鲤、鲫、麦穗鱼、兴凯鱊和 2 种鲇，占 21.21%。

4）北方山地区系生态类群：2 种杜父鱼，占 6.06%。

5）热带平原区系生态类群：乌鳢、2 种黄颡鱼和葛氏鲈塘鳢，占 12.12%。

以上北方区系生态类群 8 种，占 24.24%。

3.4.3.4 鱼类区系特点

绰尔河的鱼类区系是东部江河平原区系生态类群的种类通过“嫩辽河”（见 2.1.4.1）侵入形成的。绰尔河是嫩江的一级支流，二者相同物种的数目较多，鱼类群落相似度较高。其上游、中游、下游鱼类种类组成既有差异，又有重叠。最明显的差异是北极淡水区系生态类群中的强冷水种如江鳕只分布在上游的绰尔、北千里及松岭河段，中下游则无此鱼；而分布在下游的鲇、黄颡鱼、唇䱻、马口鱼等种类，在上游江段则很少见到，参见 3.1.4 及文献[88]。

3.4.3.5 渔业资源

绰尔河下游河道宽阔，流量大，水温高，鱼的种类多、产量大。优势种类有鲤、黄颡鱼、䱗类、鲢、鳙、草鱼、马口鱼等。捕捞价值较大的是鲢、草鱼、鳙、鲤、银鲫，其中鲢、草鱼繁殖较快，产量也较高。一些小型经济成鱼的产量也很高。例如，每年封冰之后和解冻时，䱗的日产量可达 5t；唇䱻、马口鱼的产量也均较高。目前，许多河岔、河口水域均已开辟为渔场，在捕捞天然鱼类的同时，开展人工驯化养殖，发展前景广阔。

3.4.4 松花江哈尔滨段

松花江，曾被称为“松花江干流”“东流松花江”。松花江哈尔滨段水系位于黑龙江省南部，松嫩平原东端，小兴安岭南麓，张广才岭北麓，主要河流有松花江、牡丹江、呼兰河、拉林河、阿什河、倭肯河、蚂蜒河、泥河等 186 条，总长度约 4950km。松花江哈尔滨段属松花江中游，干流长 420km，水域面积 $210km^2$。

3.4.4.1 物种多样性

文献[126]记载了黑龙江水产研究所资源研究室1975年调查到的松花江哈尔滨段鱼类3目5科11属16种，归并同物异名种类，实为3目5科9属13种，均与文献[91]共有。文献[129]记载松花江哈尔滨段的鱼类物种为11科56种（但未见名录），比《黑龙江省鱼类志》[130]记载的79种少了23种。将文献[91]记载的4目7科17属19种，再加上文献[127]记载的麦穗鱼、花䱻和条纹似白鮈3种鮈亚科鱼类（麦穗鱼为共有种），目前已在该江段发现的鱼类物种合计4目7科19属21种（表3-21）。

上述鱼类中，大银鱼和鳙为移入种，土著鱼类4目6科17属19种。黑龙江花鳅和黑斑狗鱼为冷水种。大银鱼是2000年在松花江哈尔滨公路大桥上游江心岛北侧挂网渔获物中发现的[131]。这可能是1998年嫩江、松花江特大洪水期间，茂兴湖[132]、连环湖[133]等嫩江沿岸大银鱼移殖水域被冲毁，致使大银鱼逃逸到嫩江进而扩散至松花江，在适宜的环境下繁衍了后代并获得了一定的种群数量所致。

3.4.4.2 种类组成

在已发现的21种鱼类中，鲤形目16种，占76.19%；鲑形目和鲈形目均2种，各占9.52%；鲇形目1种，占4.76%。科级分类单元中，鲤科13种、鳅科3种，分别占61.90%及14.29%；银鱼科、狗鱼科、鲇科、塘鳢科和鳢科均1种，各占4.76%。

3.4.4.3 区系生态类群

松花江哈尔滨段鱼类群落的19种土著鱼类由4个区系生态类群构成。

1）江河平原区系生态类群：草鱼、鲢、䱗、花䱻和棒花鱼，占26.32%。

2）北方平原区系生态类群：拉氏鲅、湖鲅、条纹似白鮈、黑龙江花鳅和黑斑狗鱼，占26.32%。

3）新近纪区系生态类群：鲤、银鲫、麦穗鱼、黑龙江鳑鲏、鲇、黑龙江泥鳅和北方泥鳅，占36.84%。

4）热带平原区系生态类群：葛氏鲈塘鳢和乌鳢，占10.53%。

以上北方区系生态类群5种，占26.32%。

3.4.5 三岔河口河流沼泽

3.4.5.1 物种多样性

三岔河口河流沼泽是指嫩江、第二松花江、松花江干流交汇处的河流沼泽。总结多年调查结果，已见到鱼类物种8目16科56属76种，包括日本七鳃鳗、雷氏七鳃鳗、黑斑狗鱼、大银鱼、池沼公鱼、青鱼、草鱼、湖鲅、真鲅、拉氏鲅、花江鲅、瓦氏雅罗鱼、鳡、马口鱼、赤眼鳟、拟赤梢鱼、银鲴、细鳞鲴、花䱻、唇䱻、条纹似白鮈、麦穗鱼、东北鳈、银鮈、兴凯银鮈、高体鮈、细体鮈、犬首鮈、凌源鮈、东北颌须鮈、棒花鱼、平口鮈、蛇鮈、䱗、贝氏䱗、红鳍原鲌、鳊、鲂、团头鲂、蒙古鲌、翘嘴鲌、达氏鲌、黑龙江鳑鲏、彩石鳑鲏、方氏江鳑鲏、兴凯鱊、大鳍鱊、鲤、银鲫、鲢、鳙、潘氏鳅鮀、北鳅、北方须鳅、黑龙江泥鳅、北方泥鳅、黑龙江花鳅、北方花鳅、花斑副沙鳅、大鳞副泥鳅、鲇、怀头鲇、黄颡鱼、光泽黄颡鱼、乌苏拟鲿、鳜、葛氏鲈塘鳢、黄黝鱼、圆尾斗鱼、褐吻鰕虎鱼、波氏吻鰕虎鱼、乌鳢、杂色杜父鱼、黑龙江中杜父鱼、中华青鳉和九棘刺鱼。

上述鱼类中，移入种 2 目 2 科 3 属 3 种，包括鳙、团头鲂和大银鱼；土著鱼类 8 目 15 科 54 属 73 种。土著种中，日本七鳃鳗、雷氏七鳃鳗、池沼公鱼、黑斑狗鱼、真鲅、拉氏鲅、瓦氏雅罗鱼、拟赤梢鱼、平口鮈、北鳅、北方须鳅、北方花鳅、黑龙江花鳅、九棘刺鱼及 2 种杜父鱼为冷水种，占 21.92%；达氏鲌、彩石鳑鲏、方氏鳑鲏、凌源鮈、东北颌须鮈、银鮈、黄黝鱼及波氏吻鰕虎鱼为中国特有种；日本七鳃鳗及怀头鲇为中国易危种。

3.4.5.2 种类组成

三岔河口河流沼泽鱼类群落中，鲤形目 55 种、鲈形目 7 种、鲇形目 5 种、鲑形目 3 种，分别占 72.37%、9.21%、6.58%及 3.95%；鲉形目、七鳃鳗目均 2 种，各占 2.63%；鳉形目、刺鱼目均 1 种，各占 1.32%。科级分类单元中，鲤科 47 种、鳅科 8 种、鲿科 3 种，分别占 61.84%、10.53%及 3.95%；七鳃鳗科、鲇科、塘鳢科、鰕虎鱼科和杜父鱼科均 2 种，各占 2.63%；狗鱼科、银鱼科、胡瓜鱼科、鮨科、斗鱼科、鳢科、青鳉科和刺鱼科均 1 种，各占 1.32%。

3.4.5.3 区系生态类群

三岔河口河流沼泽的土著鱼类群落由 7 个区系生态类群构成。

1）江河平原区系生态类群：青鱼、草鱼、鲢、鳡、马口鱼、红鳍原鲌、3 种鲌、鳊、鲂、2 种䱗、2 种鲴、2 种䱻、蛇鮈、2 种银鮈、东北鳈、棒花鱼、潘氏鳅鮀、花斑副沙鳅和鳜，占 34.25%。

2）北方平原区系生态类群：瓦氏雅罗鱼、拟赤梢鱼、湖鲅、拉氏鲅、花江鲅、4 种鮈、条纹似白鮈、平口鮈、东北颌须鮈、北鳅、北方须鳅、2 种花鳅、黑斑狗鱼和 2 种吻鰕虎鱼，占 26.03%。

3）新近纪区系生态类群：2 种七鳃鳗、鲤、鲫、赤眼鳟、麦穗鱼、3 种鳑鲏、2 种鱊、2 种泥鳅、大鳞副泥鳅和 2 种鲇，占 21.92%。

4）北方山地区系生态类群：2 种杜父鱼和真鲅，占 4.11%。

5）热带平原区系生态类群：中华青鳉、乌鳢、圆尾斗鱼、2 种黄颡鱼、黄黝鱼、乌苏拟鲿和葛氏鲈塘鳢，占 10.96%。

6）北极淡水区系生态类群：池沼公鱼，占 1.37%。

7）北极海洋区系生态类群：九棘刺鱼，占 1.37%。

上述北方区系生态类群 24 种，占 32.88%。

3.4.6 松嫩平原水系河流沼泽鱼类多样性概况

3.4.6.1 物种多样性

综合上述结果和文献[6]、[9]、[66]、[72]、[88]、[91]、[109]、[113]~[115]、[124]及[125]，得出松嫩平原水系河流沼泽的鱼类物种为 9 目 18 科 63 属 88 种（表 3-21）。其中，移入种 2 目 2 科 5 属 5 种，包括大银鱼、湖拟鲤、似鳊、鳙和团头鲂；土著鱼类 9 目 17 科 59 属 83 种。土著种中，日本七鳃鳗、雷氏七鳃鳗、哲罗鲑、细鳞鲑、乌苏里白鲑、黑龙江茴鱼、池沼公鱼、亚洲公鱼、黑斑狗鱼、真鲅、拉氏鲅、瓦氏雅罗鱼、拟赤梢鱼、平口鮈、北鳅、北方须鳅、北方花鳅、黑龙江花鳅、江鳕、九棘刺鱼和 2 种杜父鱼为冷水种，占 26.51%；日本七鳃鳗、哲罗鲑、黑龙江茴鱼及怀头鲇为中国易危种；彩石鳑鲏、方氏鳑鲏、凌源鮈、东北颌须鮈、银鮈、黄黝鱼及波氏吻鰕虎鱼为中国特有种。

3.4.6.2 种类组成

松嫩平原水系河流沼泽鱼类群落中，鲤形目 60 种、鲑形目 8 种、鲈形目 7 种、鲇形目 6 种，分别占 68.18%、9.09%、7.95%及 6.82%；七鳃鳗目和鲉形目均 2 种，各占 2.27%；鳉形目、鳕形目和刺鱼目均 1 种，各占 1.14%。科级分类单元中，鲤科 52 种、鳅科 8 种，分别占 59.09%及 9.09%；鲑科和鲿科均 4 种，各占 4.55%；七鳃鳗科、胡瓜鱼科、鲇科、塘鳢科、鰕虎鱼科及杜父鱼科均 2 种，各占 2.27%；狗鱼科、银鱼科、鮨科、斗鱼科、鳢科、鳕科、青鳉科和刺鱼科均 1 种，各占 1.14%。

3.4.6.3 区系生态类群

松嫩平原水系河流沼泽的土著鱼类群落由 7 个区系生态类群构成。

1）江河平原区系生态类群：青鱼、草鱼、鲢、鳡、马口鱼、红鳍原鲌、2 种鲌、鳊、鲂、3 种鳘、2 种鲴、2 种鳈、蛇鮈、2 种银鮈、2 种鳈、棒花鱼、潘氏鳅鮀、花斑副沙鳅和鳜，占 31.33%。

2）北方平原区系生态类群：瓦氏雅罗鱼、拟赤梢鱼、湖鲅、拉氏鲅、花江鲅、尖头鲅、4 种鮈、突吻鮈、条纹似白鮈、平口鮈、东北颌须鮈、北鳅、北方须鳅、2 种花鳅、黑斑狗鱼和 2 种吻鰕虎鱼，占 25.30%。

3）新近纪区系生态类群：2 种七鳃鳗、鲤、鲫、赤眼鳟、麦穗鱼、3 种鳑鲏、2 种鱊、2 种泥鳅、大鳞副泥鳅和 2 种鲇，占 19.28%。

4）北方山地区系生态类群：细鳞鲑、哲罗鲑、黑龙江茴鱼、2 种杜父鱼和真鲅，占 7.23%。

5）热带平原区系生态类群：中华青鳉、乌鳢、圆尾斗鱼、2 种黄颡鱼、黄黝鱼、乌苏拟鲿、纵带鮠和葛氏鲈塘鳢，占 10.84%。

6）北极淡水区系生态类群：2 种公鱼、乌苏里白鲑和江鳕，占 4.82%。

7）北极海洋区系生态类群：九棘刺鱼，占 1.20%。

以上北方区系生态类群 32 种，占 38.55%。

3.5 三江平原水系河流沼泽区

该沼泽区中，列入《中国沼泽志》的河流沼泽有 13 片。本节所研究的河流沼泽涵盖了抓吉—海青阶地沼泽（230833-013）、鸭绿河沼泽（230833-014）、勤得利阶地沼泽（230881-015）、浓江—沃禄蓝河（洪河）沼泽（230881-016）、前进农场—五七农场沼泽（230881-017）、萝北水城子沼泽（230800-018）、嘟噜河沼泽（230800-019）、梧桐河沼泽（230800-020）、别拉洪河沼泽（230833-021）、外七星河及挠力河沼泽（230882-022）、七星河流域沼泽（230522-023）和七虎林河—阿布沁河沼泽（230524-024）。

3.5.1 黑龙江中游抚远段

3.5.1.1 物种多样性

文献[134]记载黑龙江中游抚远段河流沼泽的鱼类物种为 8 目 14 科 39 属 49 种，包括雷氏七鳃鳗、施氏鲟、大麻哈鱼、哲罗鲑、乌苏里白鲑、池沼公鱼、黑斑狗鱼、瓦氏雅罗鱼、马口鱼、真鲅、湖鲅、拉氏鲅、拟赤梢鱼、鳡、鳊、䱗、红鳍原鲌、蒙古鲌、翘嘴鲌、银鲴、细鳞鲴、黑龙江鳑鲏、大鳍鱊、唇䱻、花䱻、麦穗鱼、棒花鱼、蛇鮈、东北鳈、克氏鳈、犬首鮈、鲤、银鲫、鲢、黑龙江花鳅、北方花鳅、黑龙江泥鳅、北方泥鳅、花斑副沙鳅、鲇、怀头鲇、黄颡鱼、光泽黄颡鱼、乌苏拟鲿、葛氏鲈塘鳢、鳜、乌鳢、江鳕和九棘刺鱼。

上述鱼类均为土著种，其中包括冷水种雷氏七鳃鳗、大麻哈鱼、哲罗鲑、乌苏里白鲑、池沼公鱼、黑斑狗鱼、真鲅、拉氏鲅、瓦氏雅罗鱼、拟赤梢鱼、北方花鳅、黑龙江花鳅、江鳕和九棘刺鱼（占 28.57%）；中国易危种雷氏七鳃鳗、施氏鲟、哲罗鲑、乌苏里白鲑和怀头鲇。

3.5.1.2 种类组成

黑龙江中游抚远段河流沼泽鱼类群落中，鲤形目 32 种，占 65.31%；鲑形目和鲇形目均 5 种，各占 10.20%；鲈形目 3 种，占 6.12%；七鳃鳗目、鲟形目、鳕形目和刺鱼目均 1 种，各占 2.04%。科级分类单元中，鲤科 27 种、鳅科 5 种，分别占 55.10%及 10.20%；鲿科和鲑科均 3 种，各占 6.12%；鲇科 2 种，占 4.08%；七鳃鳗科、鲟科、胡瓜鱼科、狗鱼科、塘鳢科、鮨科、刺鱼科、鳢科和鳕科均 1 种，各占 2.04%。

3.5.1.3　区系生态类群

黑龙江中游抚远段河流沼泽的土著鱼类群落，由 7 个区系生态类群构成。

1）江河平原区系生态类群：鲢、鳙、马口鱼、红鳍原鲌、2 种鲌、鳊、䱗、2 种鲴、2 种䱻、蛇鮈、2 种鳈、棒花鱼、花斑副沙鳅和鳜，占 36.73%。

2）北方平原区系生态类群：瓦氏雅罗鱼、拟赤梢鱼、湖鲂、拉氏鲂、犬首鮈、2 种花鳅和黑斑狗鱼，占 16.33%。

3）新近纪区系生态类群：雷氏七鳃鳗、施氏鲟、鲤、银鲫、麦穗鱼、黑龙江鳑鲏、大鳍鱊、2 种泥鳅和 2 种鲇，占 22.45%。

4）北方山地区系生态类群：哲罗鱼和真鲂，占 4.08%。

5）热带平原区系生态类群：乌鳢、2 种黄颡鱼、乌苏拟鲿、纵带鮠和葛氏鲈塘鳢，占 12.24%。

6）北极淡水区系生态类群：池沼公鱼、乌苏里白鲑和江鳕，占 6.12%。

7）北极海洋区系生态类群：九棘刺鱼，占 2.04%。

以上北方区系生态类群 14 种，占 28.57%。

3.5.1.4　生态多样性指数

文献[134]记载了该江段春、夏、秋季鱼类多样性监测结果（表 3-24）。一般生物群落的多样性指数为 1.5～3.5，抚远段鱼类群落多样性指数虽然处在该范围内，但接近于下限。

表 3-24　黑龙江中游抚远段鱼类多样性监测结果[134]

监测点	多样性指标	监测时间		
		2010-05（春季）	2009-07（夏季）	2009-09（秋季）
抚远镇	物种数/种	43	32	39
	多样性指数（H'）	1.88±0.19	2.11±0.28	1.99±0.20
城山村	物种数/种	45	26	40
	多样性指数（H'）	1.47±0.27	2.20±0.14	1.89±0.32
小河子村	物种数/种	41	31	37
	多样性指数（H'）	1.98±0.17	2.19±0.27	2.01±0.09

3.5.1.5　渔业资源

1. 渔获量变动

黑龙江中游抚远段是黑龙江中国境内的渔业主产区之一。该江段有组织的捕捞渔业始于 20 世纪 60 年代中期。80 年代投入该江段的捕捞渔船，最多时达 300 只，常年从事捕捞作业的超过 100 只。自 1959 年出现捕捞渔业以来，随着作业船只数量的迅速增加，渔获量也大幅度增长。进入七八十年代，作业渔船数量相对稳定，但渔获量起伏不定，最高为 2464t（1976 年），最低仅 313t（1981 年）。其变动趋势大致为连续 5～6 年较高和较低，平均 10～11 年为 1 个周期的特点，低谷分别出现在 1968～1972 年和 1978～1983 年。如以低谷年份加上该低谷前的较高年份作为 1 个周期，则各周期年平均渔获量依次为 1618t、1264t 和 1066t，呈现下降趋势。另外，1981 年渔获量出现低谷后，每只渔船均配备了 4.78～6.24kW 的柴油机，捕捞机械化程度大幅提高，同时网具长度增加，网目规格缩小。由此可以看出捕捞强度的提高与渔获量之间的密切关系。

2. 渔获量变动原因

（1）水文因素　从黑龙江中游抚远段 1982～1988 年的水文资料可以发现，这期间水位波动较大的年份是 1962 年、1972 年和 1984 年，相应的水位分别为 41.82m、42.03m 及 42.34m；水位波动较小年份是 1968 年和 1979 年，相应水位分别为 37.44m 及 37.94m。水位变动趋势与渔获量变动趋势基本一致，也存在平均 10～11 年为 1 个周期的特点，这表明渔获量的周期性变动与水文变动的周期性有关。但二者也并非完全同步：水位与渔获量高峰和低谷所出现的年份不同。这是因为，水位的波动首先决定着该流域中有机质数量的波动和淹没区面积的大小，进而影响以有机质为基础发展起来的饵料资源和鱼类产卵场面积的大小。而水域中饵料资源和产卵场面积的波动则通过食物网链和亲鱼产卵数量首先影响幼鱼数量的波动，进而决定着整个水域的鱼类现存资源量。

（2）捕捞强度　捕捞强度的计算以各年度捕捞作业渔船数量与实际作业天数的乘积来表示。1970～1988 年黑龙江中游抚远段的捕捞强度见表 3-25。可以看出，1970～1988 年黑龙江中游抚远段的捕捞强度，以 1988 年为最高，达 31 330 只・日，1970 年和 1971 年最低，均为 3000 只・日。总体上，捕捞强度变动趋势与渔获量变动趋势大致相似，两者之间虽存在着一定的相关关系，但未达到生物统计学上的显著水平（$P>0.05$）。由此可见捕捞强度不可能是使渔获量产生周期性变动的主要因素。

表 3-25　1970～1988 年黑龙江中游抚远段的捕捞强度

年份	作业渔船/只	单船作业时间/日	捕捞强度/(只・日)	渔获量/t	年份	作业渔船/只	单船作业时间/日	捕捞强度/(只・日)	渔获量/t
1970	20	150	3 000	366	1980	51	150	7 650	546
1971	20	150	3 000	526	1981	32	130	4 160	313
1972	30	150	4 500	1 139	1982	68	133	9 044	620
1973	30	150	4 500	1 680	1983	92	130	11 960	964
1974	30	150	4 500	865	1984	101	130	13 130	1 230
1975	30	150	4 500	1 504	1985	148	130	19 240	1 810
1976	30	150	4 500	2 464	1986	162	130	21 060	2 024
1977	30	150	4 500	1 019	1987	226	130	29 380	1 514
1978	25	150	3 750	852	1988	241	130	31 330	1 587
1979	25	150	3 750	675					

注：表中数据为年平均值

（3）“自然波动” 黑龙江中游抚远段常见的经济鱼类中鲤科种类在历年渔获物种类组成中所占比例平均为 85%，以鲤、银鲫、鲢和草鱼 4 种鱼类为主。20 世纪 60 年代，渔获物中银鲫、鲢所占比例分列第一、第二位，鲤、草鱼分列第三、第四位。70 年代，银鲫、鲢分别退居第二、第三位；草鱼相对稳定，仍居第四位；鲤迅速上升，自 1976 年达到 811t 的最高渔获量后，一直居首位。80 年代，草鱼跃升至第二位；银鲫由第一、第二位降至第四位；鲢仍位居第三位，但渔获量略有上升。

虽然主要捕捞对象的渔获量年际波动较大。例如，银鲫渔获量最高年份为 947t（1963 年），最低年份仅 5t（1988 年），但年度渔获量变动也基本符合连续 5～6 年较高和较低，平均 10～11 年 1 个周期的特点。低谷同样出现在 1968～1972 年和 1978～1983 年。

应该指出，黑龙江中游抚远段银鲫所占渔获物的比例由 20 世纪 60 年代的 37.37% 下降至 80 年代的 4.47%，除了与环境条件、捕捞强度及本身资源的“自然波动”因素有关外，还受到 70 年代后渔具、渔法改革对捕捞对象的选择性及渔民自留食用等因素的影响。

黑龙江中游抚远段是黑龙江省捕捞渔业的重要生产区之一。该江段的主要经济鱼类如鲤、银鲫、鲢、草鱼等，在 20 世纪 60 年代随着捕捞渔业的发展，其渔获量大幅度增加。到了七八十年代，渔获量相对稳定，说明该江段鱼类资源的开发利用已较为充分。进入 21 世纪，渔获物中传统大中型经济鱼类所占比例逐渐下降，种群数量减少，种群年龄结构低龄化、规格小型化，而经济价值较低的小型鱼类比例开始上升，显示出资源衰退迹象。

从整个黑龙江中游中国境内水域的情况看，受持续的过度捕捞、水利工程、水质污染及生态环境条件等因素的共同影响，目前鱼类资源衰退的趋势仍在持续。在三层流刺网渔获物中，施氏鲟、鳇鱼等大型经济鱼类数量减少，大麻哈鱼、鲤、鲢、鳊、翘嘴鲌等主要经济鱼类捕捞规格和渔获量都在持续下降。而且，绝大多数种类尚未达到性成熟，还处在幼鱼阶段就被捕获上市。张网、梁子渔业等某些传统渔具、渔法对幼鱼资源的损害尤其严重。这表明现有的捕捞渔业生产仍然对鱼类资源的可持续发展有较大的负面影响。

一直以来，黑龙江中游的渔船数量在持续增加，捕捞强度持续高位运行，鱼类资源所承受的高强度捕捞压力未见缓解，虽有国家和地方的共同努力，但渔业资源衰退的趋势未见到好转的征兆[135, 136]。

3.5.2 黑龙江中游同江段

3.5.2.1 物种多样性

文献[135]记载黑龙江中游同江段的鱼类物种 8 目 14 科 54 属 72 种，包括日本七鳃鳗、雷氏七鳃鳗、施氏鲟、鳇、大麻哈鱼、哲罗鲑、细鳞鲑、乌苏里白鲑、黑龙江茴鱼、池沼公鱼、亚洲公鱼、黑斑狗鱼、瓦氏雅罗鱼、马口鱼、青鱼、草鱼、真鲅、湖鲅、拉氏鲅、花江鲅、湖拟鲤、拟赤梢鱼、鳡、赤眼鳟、鳊、鲂、䱗、贝氏䱗、红鳍原鲌、蒙古鲌、翘嘴鲌、银鮈、细鳞鲴、黑龙江鳑鲏、兴凯鱊、大鳍鱊、唇䱻、花䱻、麦穗鱼、棒花鱼、条纹似白鮈、东北颌须鮈、突吻鮈、蛇鮈、平口鮈、兴凯银鮈、银鮈、东北鳈、克氏鳈、细体鮈、犬首鮈、高体鮈、凌源鮈、鲤、银鲫、鲢、鳙、潘氏鳅鮀、黑龙江花鳅、北方花鳅、黑龙江泥鳅、北方泥鳅、花斑副沙鳅、鲇、怀头鲇、黄颡鱼、乌苏拟鲿、葛氏鲈塘鳢、鳜、乌鳢、江鳕和黑龙江中杜父鱼。

文献[136]记载该江段的鱼类物种 5 目 4 科 21 属 25 种，其中除了光泽黄颡鱼和纵带鮠以外的 23 种，均与文献[135]记录的相同。

综合以上资料，得出黑龙江中游同江段的鱼类物种合计 8 目 14 科 55 属 74 种。其中，移入种 1 目 1 科 2 属 2 种，包括湖拟鲤和鳙；土著鱼类 8 目 14 科 53 属 72 种。土著鱼类中，日本七鳃鳗、雷氏七鳃鳗、施氏鲟、鳇、哲罗鲑、乌苏里白鲑、黑龙江茴鱼及怀头鲇为中国易危种；大麻哈鱼、哲罗鲑、细鳞鲑、乌苏里白鲑、黑龙江茴鱼、2 种七鳃鳗、2 种公鱼、黑斑狗鱼、真鱥、拉氏鱥、瓦氏雅罗鱼、拟赤梢鱼、平口鮈、2 种花鳅、江鳕和黑龙江中杜父鱼为冷水种，占 26.39%；凌源鮈、东北颌须鮈及银鮈为中国特有种。

3.5.2.2 种类组成

黑龙江中游同江段鱼类群落中，鲤形目 51 种、鲑形目 8 种、鲇形目 6 种、鲈形目 3 种，分别占 68.92%、10.81%、8.11%及 4.05%；七鳃鳗目和鲟形目均 2 种，各占 2.70%；鳕形目和鲉形目均 1 种，各占 1.35%。科级分类单元中，鲤科 46 种，占 62.16%；鳅科和鲑科均 5 种，各占 6.76%；鲿科 4 种，占 5.41%；七鳃鳗科、鲟科、胡瓜鱼科、鲇科均 2 种，各占 2.70%；狗鱼科、塘鳢科、鮨科、鳢科、杜父鱼科和鳕科均 1 种，各占 1.35%。

3.5.2.3 区系生态类群

黑龙江中游同江段的土著鱼类群落，除大麻哈鱼外，其余由 6 个区系生态类群构成。

1）江河平原区系生态类群：青鱼、草鱼、鲢、鳡、马口鱼、红鳍原鲌、2 种鲌、鳊、鲂、2 种䱗、2 种鲴、2 种䱻、蛇鮈、2 种银鮈、2 种鳈、棒花鱼、潘氏鳅鮀、花斑副沙鳅和鳜，占 35.21%。

2）北方平原区系生态类群：瓦氏雅罗鱼、拟赤梢鱼、湖鱥、拉氏鱥、花江鱥、4 种鮈、突吻鮈、条纹似白鮈、平口鮈、东北颌须鮈、2 种花鳅和黑斑狗鱼，占 22.54%。

3）新近纪区系生态类群：2 种七鳃鳗、施氏鲟、鳇、鲤、银鲫、赤眼鳟、麦穗鱼、黑龙江鳑鲏、2 种鱊、2 种泥鳅和 2 种鲇，占 21.13%。

4）北方山地区系生态类群：哲罗鲑、细鳞鲑、黑龙江茴鱼、黑龙江中杜父鱼和真鱥，占 7.04%。

5）热带平原区系生态类群：乌鳢、2 种黄颡鱼、纵带鮠、乌苏拟鲿和葛氏鲈塘鳢，占 8.45%。

6）北极淡水区系生态类群：2 种公鱼、乌苏里白鲑和江鳕，占 5.63%。

以上北方区系生态类群 25 种，占 35.21%。

3.5.3 松花江下游富锦段

结合“松花江下游沿江湿地生态功能与生物多样性恢复技术集成与综合示范课题”，2012 年 5～9 月，著者对富锦及其邻近江段河流沼泽的鱼类多样性现状进行了调查。其间，定点采样、渔船抽样合计 593 次，分析渔获物样本 4766kg，11 227 尾。其中，富锦市市区江段 247 船次，合计 1979kg；和悦陆江段 96 船次，合计 787kg；富民江段 71 船次，合计 463kg；桦川县沿江镇江段 82 船次，合计 826kg；同江市曙光江段 97 船次，合计 711kg。采样调查的捕捞强度 0～46kg/(船 · 日)，平均 10.48kg/(船 · 日)。

3.5.3.1 物种多样性

采集到该江段河流沼泽的鱼类物种 4 目 10 科 37 属 47 种（表 3-26）。其中，团头鲂和鳙为移入种；青鱼、草鱼和鲢为移入种与土著种的混合种群，本书将其作为土著种来分析。这样，所采集到的土著鱼类实为 4 目 10 科 36 属 45 种。土著种中，包括中国易危种怀头鲇；冷水种瓦氏雅罗鱼、拉氏鲅、真鲅、黑龙江花鳅和杂色杜父鱼；中国特有种彩石鳑鲏和凌源鮈。

表 3-26　松花江下游富锦段河流沼泽鱼类物种组成

种类	富锦市市区	和悦陆	富民	沿江镇	曙光
一、鲤形目 Cypriniformes					
（一）鲤科 Cyprinidae					
1. 瓦氏雅罗鱼 *Leuciscus waleckii waleckii*	+	+	+	+	+
2. 真鲅 *Phoxinus phoxinus*	+		+		+
3. 拉氏鲅 *Phoxinus lagowskii*	+	+		+	+
4. 湖鲅 *Phoxinus percnurus*	+		+		
5. 青鱼 *Mylopharyngodon piceus*					+
6. 草鱼 *Ctenopharyngodon idella*			+	+	+
7. 鳡 *Elopichthys bambusa*		+			
8. 䱗 *Hemiculter leucisculus*	+	+	+	+	+
9. 翘嘴鲌 *Culter alburnus*			+		+
10. 蒙古鲌 *Culter mongolicus mongolicus*	+				
11. 鲂 *Megalobrama skolkovii*		+	+		
12. 团头鲂 *Megalobrama amblycephala*▲		+		+	
13. 鳊 *Parabramis pekinensis*	+	+	+	+	+
14. 红鳍原鲌 *Cultrichthys erythropterus*	+	+	+		
15. 花鲳 *Hemibarbus maculatus*	+	+	+	+	+
16. 唇鲳 *Hemibarbus laboe*	+	+	+	+	+

续表

种类	富锦市市区	和悦陆	富民	沿江镇	曙光
17. 麦穗鱼 *Pseudorasbora parva*	+	+	+	+	+
18. 东北鳈 *Sarcocheilichthys lacustris*	+	+	+	+	+
19. 凌源鮈 *Gobio lingyuanensis*	+		+	+	+
20. 犬首鮈 *Gobio cynocephalus*	+		+	+	
21. 细体鮈 *Gobio tenuicorpus*		+			+
22. 平口鮈 *Ladislavia taczanowskii*		+	+	+	
23. 棒花鱼 *Abbottina rivularis*	+	+	+		+
24. 蛇鮈 *Saurogobio dabryi*	+	+	+	+	+
25. 银鲴 *Xenocypris argentea*	+	+	+	+	+
26. 细鳞鲴 *Xenocypris microleps*	+	+	+	+	+
27. 大鳍鱊 *Acheilognathus macropterus*	+	+	+	+	+
28. 黑龙江鳑鲏 *Rhodeus sericeus*	+			+	
29. 彩石鳑鲏 *Rhodeus lighti*	+			+	+
30. 鲤 *Cyprinus carpio*	+	+	+	+	+
31. 银鲫 *Carassius auratus gibelio*	+	+	+	+	+
32. 鲢 *Hypophthalmichthys molitrix*		+	+	+	+
33. 鳙 *Aristichthys nobilis* ▲		+	+	+	+
（二）鳅科 Cobitidae					
34. 黑龙江花鳅 *Cobitis lutheri*	+	+			
35. 黑龙江泥鳅 *Misgurnus mohoity*	+				+
36. 花斑副沙鳅 *Parabotia fasciata*	+	+		+	+
二、鲇形目 Siluriformes					
（三）鲿科 Bagridae					
37. 黄颡鱼 *Pelteobagrus fulvidraco*	+	+	+	+	+
38. 乌苏拟鲿 *Pseudobagrus ussuriensis*	+	+	+	+	+
（四）鲇科 Siluridae					
39. 怀头鲇 *Silurus soldatovi*		+		+	+
40. 鲇 *Silurus asotus*	+	+	+	+	+
三、鲈形目 Perciformes					
（五）鮨科 Serranidae					
41. 鳜 *Siniperca chuatsi*	+	+			+
（六）塘鳢科 Eleotridae					
42. 葛氏鲈塘鳢 *Perccottus glehni*	+	+	+	+	+
43. 黄黝鱼 *Hypseleotris swinhonis*	+	+			+
（七）虾虎鱼科 Gobiidae					
44. 褐吻虾虎鱼 *Rhinogobius brunneus*	+	+	+	+	+

续表

种类	富锦市市区	和悦陆	富民	沿江镇	曙光
（八）斗鱼科 Belontiidae					
45. 圆尾斗鱼 *Macropodus chinensis*		+			+
（九）鳢科 Channidae					
46. 乌鳢 *Channa argus*	+		+		+
四、鲉形目 Scorpaeniformes					
（十）杜父鱼科 Cottidae					
47. 杂色杜父鱼 *Cottus poecilopus*	+	+		+	

3.5.3.2　种类组成

松花江下游富锦段河流沼泽鱼类群落中，鲤形目 36 种、鲈形目 6 种、鲇形目 4 种、鲉形目 1 种，分别占 76.60%、12.77%、8.51%及 2.13%。科级分类单元中，鲤科 33 种、鳅科 3 种，分别占 70.21%及 6.38%；鲿科、塘鳢科和鲇科均 2 种，各占 4.26%；鰕虎鱼科、斗鱼科、鮨科、鳢科和杜父鱼科均 1 种，各占 2.13%。

在中国鲤科鱼类的 12 个亚科中，分布在松花江下游富锦段河流沼泽的有 7 个亚科。其中，鮈亚科最多，为 10 种，占 21.28%；鲌亚科和雅罗鱼亚科均为 7 种，各占 14.89%；鱊亚科 3 种，占 6.38%；鲤亚科、鲴亚科和鲢亚科均为 2 种，各占 4.26%。此外，单型属种的鱼类所占比例较大，共有 29 属种，分别占总属数、总种类数的 78.38%和 61.70%。

3.5.3.3　区系生态类群

松花江下游富锦段河流沼泽的土著鱼类群落由 5 个区系生态类群构成。

1）江河平原区系生态类群：青鱼、草鱼、鲢、鳡、红鳍原鲌、蒙古鲌、翘嘴鲌、鳊、鲂、䱗、2 种鲴、2 种䱻、蛇鮈、东北鳈、棒花鱼、花斑副沙鳅和鳜，占 42.22%。

2）北方平原区系生态类群：瓦氏雅罗鱼、湖鲥、拉氏鲥、3 种鮈、平口鮈、黑龙江花鳅和褐吻鰕虎鱼，占 20%。

3）新近纪区系生态类群：鲤、银鲫、麦穗鱼、2 种鳑鲏、大鳍鱊、黑龙江泥鳅和 2 种鲇，占 20%。

4）北方山地区系生态类群：杂色杜父鱼和真鲥，占 4.44%。

5）热带平原区系生态类群：乌鳢、圆尾斗鱼、黄颡鱼、黄黝鱼、乌苏拟鲿和葛氏鲈塘鳢，占 13.33%。

以上北方区系生态类群 11 种，占 24.44%。

3.5.3.4　渔获物组成

同江市曙光江段，富锦市和悦陆江段、富民江段、市区江段和桦川县沿江镇江段的渔获物种类组成见表 3-27～表 3-31。总体上，松花江下游富锦及其邻近江段的渔获物中，䱗、银鲫、青鱼、草鱼、鲢、鳙、鲇、蒙古鲌、鲤、红鳍原鲌、细鳞鲴、银鲴、乌鳢、花䱻、黄颡鱼、蛇鮈、瓦氏雅罗鱼及鲂渔获物的主要成分，每种鱼所占比例均超过 1%，是目前该江段主要渔业经济种群。同时，葛氏鲈塘鳢、麦穗鱼、棒花鱼、东北鳈、平口鮈、大鳍鱊、拉氏鲅等小型非经济鱼类也在部分江段的渔获物中占有一定比例。

表 3-27 松花江下游同江市曙光江段渔获物组成（2012-06-28～07-02）

种类	重量/kg	尾数/尾	平均体重/g	重量比例/%	尾数比例/%
鲢	5.8	13	446.2	9.30	0.73
鳙	9.4	18	522.2	15.06	1.02
草鱼	4.5	6	750.0	7.21	0.34
黄颡鱼	0.7	17	41.2	1.12	0.96
鲤	7.1	27	263.0	11.38	1.52
银鲫	3.3	89	37.1	5.29	5.03
鳊	1.8	12	150.0	2.88	0.68
鲇	3.1	23	134.8	4.97	1.30
䱗	5.0	192	26.0	8.01	10.84
葛氏鲈塘鳢	5.9	262	22.7	9.46	14.80
拉氏鲅	0.9	137	6.3	1.44	7.74
大鳍鱊	1.0	87	11.7	1.60	4.91
彩石鳑鲏	0.2	17	13.0	0.32	0.96
麦穗鱼	11.1	763	14.6	17.79	43.09
平口鮈	0.8	24	34.1	1.28	1.36
东北鳈	1.8	107	17.2	2.88	6.04
合计	62.4	1771			

表 3-28 松花江富锦市和悦陆江段渔获物组成（2012-08-22～31）

种类	重量/kg	尾数/尾	平均体重/g	重量比例/%	尾数比例/%
䱗	17.2	1536	11.2	16.33	28.88
银鲫	23.4	860	27.2	22.22	16.48
鲤	8.9	48	185.4	8.45	0.90
红鳍原鲌	19.8	500	39.6	18.80	9.40
麦穗鱼	7.9	1076	7.3	7.50	20.23
鲢	3.6	9	400.0	3.42	0.17
鳙	7.8	19	410.5	7.41	0.36
大鳍鱊	0.6	52	11.5	0.57	0.98
葛氏鲈塘鳢	3.7	237	15.6	3.51	4.46
鲂	5.4	44	122.7	5.13	0.83
拉氏鲅	1.3	191	6.8	1.23	3.59

续表

种类	重量/kg	尾数/尾	平均体重/g	重量比例/%	尾数比例/%
黑龙江花鳅	2.1	286	7.3	1.99	5.38
平口鮈	0.1	8	12.5	0.09	0.15
棒花鱼	0.6	26	23.1	0.57	0.49
黄黝鱼	2.9	426	6.8	2.75	8.01
合计	105.3	5318			

表 3-29　松花江富锦市富民江段渔获物组成（2012-09-14～22）

种类	重量/kg	尾数/尾	平均体重/g	重量比例/%	尾数比例/%
银鲫	6.9	74	93.2	5.48	13.94
鲂	1.7	7	242.9	1.35	1.32
鲤	17.9	37	483.8	14.23	6.97
鲇	3.1	9	344.4	2.46	1.69
麦穗鱼	0.5	66	7.6	0.40	12.43
红鳍原鲌	5.5	147	37.4	4.37	27.68
乌鳢	3.3	2	1650.0	2.62	0.38
棒花鱼	0.2	11	18.2	0.16	2.07
平口鮈	0.0	2	0.0	0.00	0.38
大鳍鱊	0.2	13	15.4	0.16	2.45
鲢	55.8	52	1073.1	44.36	9.79
鳙	12.6	13	969.2	10.02	2.45
草鱼	17.1	12	1425.0	13.59	2.26
𩾌	1.0	86	11.6	0.79	16.20
合计	125.8	531			

表 3-30　松花江富锦市市区江段渔获物组成（2012-05-21～28）

种类	重量/kg	尾数/尾	平均体重/g	重量比例/%	尾数比例/%
瓦氏雅罗鱼	3.5	31	112.9	1.81	1.64
红鳍原鲌	17.4	95	183.2	9.02	5.03
蒙古鲌	11.9	73	163.0	6.17	3.86
鲇	10.8	22	490.0	5.74	1.16
黄颡鱼	7.0	92	76.1	3.63	4.87
鲤	76.6	151	507.3	36.96	7.99
银鲫	41.5	496	83.7	21.50	26.24
细鳞鲴	3.3	24	137.5	1.71	1.27
银鲴	1.7	23	73.9	0.88	1.22
黑龙江泥鳅	0.5	63	7.9	0.26	3.44
黑龙江花鳅	0.1	24	4.2	0.05	1.27

续表

种类	重量/kg	尾数/尾	平均体重/g	重量比例/%	尾数比例/%
蛇鮈	3.2	52	61.5	1.66	2.75
拉氏鲅	0.8	129	6.2	0.41	6.83
湖鲅	0.2	11	18.2	0.10	0.58
花鲻	3.3	9	366.7	1.71	0.48
葛氏鲈塘鳢	1.3	94	13.8	0.69	4.97
黑龙江鳑鲏	0.1	17	5.9	0.07	0.90
大鳍鱊	0.5	29	17.2	0.27	1.53
麦穗鱼	0.9	149	6.0	0.47	7.88
䱗	8.1	294	7.6	4.31	15.56
棒花鱼	0.3	12	25.0	0.18	0.63
合计	193.0	1890			

表 3-31 松花江桦川县沿江镇江段渔获物组成（2012-07-24～08-03）

种类	重量/kg	尾数/尾	平均体重/g	重量比例/%	尾数比例/%
鲢	10.9	23	473.9	7.81	1.34
鳙	25.6	38	673.7	18.36	2.21
草鱼	12.4	11	1127.3	8.89	0.64
青鱼	1.5	2	750.0	1.08	0.12
乌鳢	35.4	19	1863.2	25.37	1.11
鳜	0.8	3	266.7	0.57	0.17
黄颡鱼	2.7	31	87.1	1.94	1.81
鲤	16.1	74	217.6	11.54	4.31
银鲫	8.3	262	31.7	5.95	15.26
鳊	1.3	7	185.7	0.93	0.41
鲇	0.7	5	140.0	0.50	0.29
怀头鲇	0.7	2	350.0	0.50	0.12
䱗	3.9	143	27.3	2.80	8.33
葛氏鲈塘鳢	3.7	162	23.1	2.65	9.43
黑龙江泥鳅	0.9	73	11.7	0.65	4.25
拉氏鲅	1.1	153	7.3	0.79	8.91
大鳍鱊	0.9	47	18.2	0.65	2.74
彩石鳑鲏	0.2	13	15.4	0.14	0.76
麦穗鱼	9.1	469	19.4	6.52	27.31
东北鳈	1.0	127	7.5	0.72	7.40
棒花鱼	2.3	73	31.6	1.65	4.25
合计	139.5	1717			

3.5.4 乌苏里江

乌苏里江水系（43°06′N～48°17′N，129°10′E～137°53′E）为中俄边界水系。乌苏里江有东、西两源。东源发源于俄罗斯境内的锡霍特山脉西侧，由刀毕河与乌拉河汇合而成；西源发源于兴凯湖的松阿察河。两源汇合后，由南向北流，在哈巴罗夫斯克（伯力）附近流入黑龙江。全长 890km，其中，从松阿察河河口以下至乌苏里江河口的 492km 为中俄两国边界河流，其余 398km 在俄罗斯境内。沿途自上而下左岸有中国一侧的穆棱河、七虎林河、阿布沁河、挠力河、别拉洪河等长度超过 50km 的 169 条河流注入。这些河流多为沼泽性河流，河道弯曲，多浅滩、牛轭湖[86, 137]。

3.5.4.1 物种多样性

综合文献[2]、[6]、[9]、[31]、[66]及[77]，得出乌苏里江水系河流沼泽的鱼类物种为 9 目 18 科 59 属 78 种（表 3-32）。其中，移入种 3 目 4 科 5 属 5 种，包括大银鱼、虹鳟、鳙、河鲈和梭鲈；土著鱼类 9 目 16 科 55 属 73 种。土著种中，日本七鳃鳗、雷氏七鳃鳗、施氏鲟、鳇、哲罗鲑、乌苏里白鲑、黑龙江茴鱼及怀头鲇为中国易危种；日本七鳃鳗、雷氏七鳃鳗、大麻哈鱼、哲罗鲑、细鳞鲑、乌苏里白鲑、黑龙江茴鱼、池沼公鱼、黑斑狗鱼、真鲅、拉氏鲅、瓦氏雅罗鱼、拟赤梢鱼、北鳅、北方须鳅、黑龙江花鳅、江鳕、九棘刺鱼、杂色杜父鱼和黑龙江中杜父鱼为冷水种，占 27.40%；凌源鮈、东北颌须鮈、银鮈和黄黝鱼为中国特有种。

表 3-32 三江平原水系河流沼泽鱼类物种组成

种类	黑龙江三江平原段 1)	松花江下游 2)	乌苏里江 3)	挠力河 4)	七星河 4)
一、七鳃鳗目 Petromyzoniformes					
（一）七鳃鳗科 Petromyzonidae					
1. 日本七鳃鳗 *Lampetra japonica*	+		+	+	+
2. 雷氏七鳃鳗 *Lampetra reissneri*	+		+	+	
3. 东北七鳃鳗 *Lampetra morii*			+		
二、鲟形目 Acipenseriformes					
（二）鲟科 Acipenseridae					
4. 施氏鲟 *Acipenser schrenckii*	+		+	+	
5. 鳇 *Huso dauricus*	+		+	+	
三、鲑形目 Salmoniformes					
（三）银鱼科 Salangidae					
6. 大银鱼 *Protosalanx hyalocranius* ▲			+		
（四）鲑科 Salmonidae					
7. 虹鳟 *Oncorhynchus mykiss* ▲			+		
8. 大麻哈鱼 *Oncorhynchus keta*	+		+	+	

续表

种类	黑龙江三江平原段[1]	松花江下游[2]	乌苏里江[3]	挠力河[4]	七星河[4]
9. 哲罗鲑 *Hucho taimen*	+		+	+	
10. 细鳞鲑 *Brachymystax lenok*	+		+	+	
11. 乌苏里白鲑 *Coregonus ussuriensis*	+		+	+	+
12. 卡达白鲑 *Coregonus chadary*	+				
13. 黑龙江茴鱼 *Thymallus arcticus*	+			+	
（五）胡瓜鱼科 Osmeridae					
14. 池沼公鱼 *Hypomesus olidus*	+		+		
15. 亚洲公鱼 *Hypomesus transpacificus nipponensis*	+				
（六）狗鱼科 Esocidae					
16. 黑斑狗鱼 *Esox reicherti*	+		+	+	+
四、鲤形目 Cypriniformes					
（七）鲤科 Cyprinidae					
17. 马口鱼 *Opsariichthys bidens*	+		+	+	
18. 瓦氏雅罗鱼 *Leuciscus waleckii waleckii*	+		+	+	
19. 青鱼 *Mylopharyngodon piceus*	+		+	+	+
20. 草鱼 *Ctenopharyngodon idella*	+		+	+	+
21. 真鲅 *Phoxinus phoxinus*	+		+	+	
22. 湖鲅 *Phoxinus percnurus*	+		+	+	+
23. 花江鲅 *Phoxinus czekanowskii*	+			+	
24. 拉氏鲅 *Phoxinus lagowskii*	+		+	+	+
25. 尖头鲅 *Phoxinus oxycephalus*				+	
26. 湖拟鲤 *Rutilus lacustris* ▲	+				
27. 拟赤梢鱼 *Pseudaspius leptocephalus*	+		+	+	+
28. 赤眼鳟 *Squaliobarbus curriculus*	+		+		+
29. 鳡 *Elopichthys bambusa*	+		+	+	
30. 䱗 *Hemiculter leucisculus*	+	+	+	+	+
31. 贝氏䱗 *Hemiculter bleekeri*	+	+	+	+	+
32. 蒙古䱗 *Hemiculter lucidus warpachowsky*			+		
33. 翘嘴鲌 *Culter alburnus*	+	+	+		
34. 蒙古鲌 *Culter mongolicus mongolicus*	+	+	+	+	+
35. 尖头鲌 *Culter oxycephalus*			+		
36. 鲂 *Megalobrama skolkovii*	+	+	+	+	+
37. 团头鲂 *Megalobrama amblycephala* ▲		+		+	+
38. 红鳍原鲌 *Cultrichthys erythropterus*	+	+	+	+	+
39. 鳊 *Parabramis pekinensis*	+	+	+	+	+
40. 银鲴 *Xenocypris argentea*	+	+	+	+	+
41. 细鳞鲴 *Xenocypris microleps*	+	+	+	+	+
42. 兴凯鱊 *Acheilognathus chankaensis*	+	+	+		+
43. 大鳍鱊 *Acheilognathus macropterus*	+	+	+	+	+

续表

种类	黑龙江三江平原段[1]	松花江下游[2]	乌苏里江[3]	挠力河[4]	七星河[4]
44. 黑龙江鳑鲏 *Rhodeus sericeus*	+	+	+	+	+
45. 彩石鳑鲏 *Rhodeus lighti*		+			
46. 唇䱻 *Hemibarbus laboe*	+	+	+	+	+
47. 花䱻 *Hemibarbus maculatus*	+	+	+	+	+
48. 条纹似白𬶋 *Paraleucogobio strigatus*	+	+	+	+	+
49. 棒花鱼 *Abbottina rivularis*	+				
50. 麦穗鱼 *Pseudorasbora parva*	+	+	+	+	+
51. 东北颌须𬶋 *Gnathopogon mantschuricus*	+	+	+	+	+
52. 银𬶋 *Squalidus argentatus*	+	+	+		
53. 兴凯银𬶋 *Squalidus chankaensis*	+		+	+	+
54. 东北鳈 *Sarcocheilichthys lacustris*	+	+	+	+	+
55. 克氏鳈 *Sarcocheilichthys czerskii*	+	+	+		
56. 高体𬶋 *Gobio soldatovi*	+	+	+	+	+
57. 凌源𬶋 *Gobio lingyuanensis*	+	+	+		
58. 犬首𬶋 *Gobio cynocephalus*	+	+	+	+	+
59. 细体𬶋 *Gobio tenuicorpus*	+	+			+
60. 平口𬶋 *Ladislavia taczanowskii*	+	+			
61. 蛇𬶋 *Saurogobio dabryi*	+	+	+	+	+
62. 突吻𬶋 *Rostrogobio amurensis*	+		+		
63. 鲤 *Cyprinus carpio*	+	+	+	+	+
64. 银鲫 *Carassius auratus gibelio*	+	+	+	+	+
65. 鲢 *Hypophthalmichthys molitrix*	+	+	+	+	
66. 鳙 *Aristichthys nobilis* ▲	+	+	+		
67. 潘氏鳅鮀 *Gobiobotia pappenheimi*	+		+		
（八）鳅科 Cobitidae					
68. 北鳅 *Lefua costata*		+	+	+	
69. 北方须鳅 *Barbatula barbatula nuda*		+	+		
70. 黑龙江花鳅 *Cobitis lutheri*	+	+	+	+	+
71. 北方花鳅 *Cobitis granoci*	+	+		+	+
72. 北方泥鳅 *Misgurnus bipartitus*	+	+	+	+	
73. 黑龙江泥鳅 *Misgurnus mohoity*	+	+	+	+	+
74. 花斑副沙鳅 *Parabotia fasciata*	+	+	+	+	+
75. 大鳞副泥鳅 *Paramisgurnus dabryanus*		+			
五、鲇形目 Siluriformes					
（九）鲿科 Bagridae					
76. 黄颡鱼 *Pelteobagrus fulvidraco*	+	+	+	+	+
77. 光泽黄颡鱼 *Pelteobagrus nitidus*	+	+	+	+	+
78. 乌苏拟鲿 *Pseudobagrus ussuriensis*	+	+	+	+	+
79. 纵带鮠 *Leiocassis argentivittatus*	+				

续表

种类	黑龙江三江平原段[1)]	松花江下游[2)]	乌苏里江[3)]	挠力河[4)]	七星河[4)]
（十）鲇科 Siluridae					
80. 怀头鲇 *Silurus soldatovi*	+	+	+	+	+
81. 鲇 *Silurus asotus*	+	+	+	+	+
六、鳕形目 Gadiformes					
（十一）鳕科 Gadidae					
82. 江鳕 *Lota lota*	+	+	+	+	+
七、刺鱼目 Gasterosteiformes					
（十二）刺鱼科 Gasterosteidae					
83. 九棘刺鱼 *Pungitius pungitius*	+	+	+		
八、鲉形目 Scorpaeniformes					
（十三）杜父鱼科 Cottidae					
84. 黑龙江中杜父鱼 *Mesocottus haitej*	+	+	+		
85. 杂色杜父鱼 *Cottus poecilopus*		+	+		
九、鲈形目 Perciformes					
（十四）鮨科 Serranidae					
86. 鳜 *Siniperca chuatsi*	+	+	+	+	
（十五）鲈科 Percidae					
87. 河鲈 *Perca fluviatilis*▲			+		
88. 梭鲈 *Lucioperca lucioperca*▲		+	+		
（十六）塘鳢科 Eleotridae					
89. 葛氏鲈塘鳢 *Perccottus glehni*	+	+	+	+	+
90. 黄黝鱼 *Hypseleotris swinhonis*	+	+	+		
（十七）鰕虎鱼科 Gobiidae					
91. 褐吻鰕虎鱼 *Rhinogobius brunneus*	+	+	+		
92. 波氏吻鰕虎鱼 *Rhinogobius cliffordpopei*	+				
（十八）斗鱼科 Belontiidae					
93. 圆尾斗鱼 *Macropodus chinensis*		+			
（十九）鳢科 Channidae					
94. 乌鳢 *Channa argus*	+	+	+	+	+

资料来源：1）文献[84]、[135]、[136]和[138]；2）文献[139]；3）文献[2]、[6]、[9]、[31]、[66]和[77]；4）文献[140]、[141]及著者调查

3.5.4.2 种类组成

乌苏里江水系河流沼泽鱼类群落中，鲤形目 49 种、鲑形目 8 种、鲈形目 7 种、鲇形目 5 种、七鳃鳗目 3 种，分别占 62.82%、10.26%、8.97%、6.41%及 3.85%；鲟形目和鲉形目均 2 种，各占 2.56%；鳕形目和刺鱼目均 1 种，各占 1.28%。科级分类单元中，鲤科 43 种、鳅科 6 种、鲑科 5 种，分别占 55.13%、7.69%及 6.41%；七鳃鳗科和鲿科均 3 种，

各占 3.85%；鲟科、鲇科、杜父鱼科、塘鳢科和鲈科均 2 种，各占 2.56%；狗鱼科、银鱼科、胡瓜鱼科、鮨科、鳢科、鰕虎鱼科、鳕科和刺鱼科均 1 种，各占 1.28%。

3.5.4.3 区系生态类群

乌苏里江水系河流沼泽的土著鱼类群落，除了大麻哈鱼外，其余由 7 个区系生态类群构成。

1）江河平原区系生态类群：青鱼、草鱼、鲢、鳙、马口鱼、红鳍原鲌、3 种鲌、鳊、鲂、3 种鳘、2 种鲴、2 种鳈、蛇鮈、2 种银鮈、2 种鳈、潘氏鳅鮀、花斑副沙鳅和鳜，占 36.11%。

2）北方山地区系生态类群：哲罗鲑、细鳞鲑、2 种杜父鱼和真鲅，占 6.94%。

3）北方平原区系生态类群：瓦氏雅罗鱼、拟赤梢鱼、湖鲅、拉氏鲅、3 种鮈、突吻鮈、条纹似白鮈、东北颌须鮈、北鳅、北方须鳅、黑龙江花鳅、黑斑狗鱼和褐吻鰕虎鱼，占 20.83%。

4）新近纪区系生态类群：3 种七鳃鳗、施氏鲟、鳇、鲤、银鲫、赤眼鳟、麦穗鱼、黑龙江鳑鲏、2 种鱊、2 种泥鳅和 2 种鲇，占 22.22%。

5）热带平原区系生态类群：乌鳢、2 种黄颡鱼、乌苏拟鲿、黄黝鱼和葛氏鲈塘鳢，占 8.33%。

6）北极淡水区系生态类群：池沼公鱼、乌苏里白鲑和江鳕，占 4.17%。

7）北极海洋区系生态类群：九棘刺鱼，占 1.39%。

以上北方区系生态类群 24 种，占 33.33%。

3.5.4.4 渔业资源

据文献[77]记载，饶河县和虎林市境内乌苏里江水域 2000 年、2001 年捕捞量分别为 500t 和 460t。可见乌苏里江的渔业捕捞量较历史相比呈现下降趋势。

另据饶河县和虎林市的文献资料记载，1949～1958 年两县（市）境内的乌苏里江水域渔业捕捞量年均 972.7t，1959～1968 年 2079.6t，1970～1979 年 459.4t，渔获物主要种类为大麻哈鱼、鲤、银鲫、乌苏里白鲑和 2 种鳈。其中，1959 年 9 月 9 日至 10 月 6 日大麻哈鱼捕捞量为 18 万尾，折合 700t，分别占 1959 年黑龙江省大麻哈鱼总产量的 85.86%和 68.63%（分别为 209 650 尾和 1020t）。

3.5.5 挠力河—七星河水系

挠力河发源于完达山脉，流经黑龙江省七台河市、富锦市、宝清县和饶河县等地区，自西南向东北穿越三江平原，于饶河县流入乌苏里江，全长 596km，流域面积 23 788km^2。挠力河是乌苏里江最大的支流，其主要支流有七星河、蛤蟆通河、七里沁河等 20 余条。

挠力河—七星河水系为典型的沼泽性河流水系，河道宽 50～100m，水深 0.5～5m，河谷开阔，水流平缓，水质肥沃；河汊纵横交错，泡沼较多，以芦苇为优势种的水生植物繁茂，浮游生物、底栖生物等天然饵料资源丰富，为鱼类生长繁殖提供了良好生境。该水系是三江平原乃至黑龙江省的富营养型水系之一。

3.5.5.1 物种多样性

根据著者不连续的调查结果和文献[140]、[141]的记载，得到挠力河水系河流沼泽的鱼类物种 7 目 12 科 46 属 60 种（表 3-32）。包括日本七鳃鳗、雷氏七鳃鳗、施氏鲟、鳇、大麻哈鱼、哲罗鲑、细鳞鲑、乌苏里白鲑、黑龙江茴鱼、黑斑狗鱼、马口鱼、瓦氏雅罗鱼、青鱼、草鱼、鳡、湖鲂、拉氏鲂、真鲂、花江鲂、尖头鲂、拟赤梢鱼、鳊、鲂、团头鲂、𩾃、贝氏𩾃、红鳍原鲌、蒙古鲌、银鲴、细鳞鲴、黑龙江鳑鲏、大鳍鱊、唇䱻、花䱻、麦穗鱼、条纹似白鮈、东北颌须鮈、蛇鮈、兴凯银鮈、东北鳈、犬首鮈、高体鮈、鲤、银鲫、鲢、北鳅、北方花鳅、黑龙江花鳅、黑龙江泥鳅、北方泥鳅、花斑副沙鳅、鲇、怀头鲇、黄颡鱼、光泽黄颡鱼、乌苏拟鲿、葛氏鲈塘鳢、鳜、乌鳢和江鳕。这些鱼类中，除团头鲂为移入种外，其余 7 目 12 科 46 属 59 种均为土著种。

七星河水系河流沼泽的鱼类物种 6 目 10 科 35 属 46 种（表 3-32）。包括日本七鳃鳗、乌苏里白鲑、黑斑狗鱼、青鱼、草鱼、湖鲂、拉氏鲂、拟赤梢鱼、赤眼鳟、鳊、鲂、团头鲂、𩾃、贝氏𩾃、红鳍原鲌、蒙古鲌、银鲴、细鳞鲴、黑龙江鳑鲏、兴凯鱊、大鳍鱊、唇䱻、花䱻、麦穗鱼、条纹似白鮈、东北颌须鮈、蛇鮈、兴凯银鮈、东北鳈、犬首鮈、高体鮈、细体鮈、鲤、银鲫、北方花鳅、黑龙江花鳅、黑龙江泥鳅、花斑副沙鳅、鲇、怀头鲇、黄颡鱼、光泽黄颡鱼、乌苏拟鲿、葛氏鲈塘鳢、乌鳢和江鳕。除团头鲂为移入种外，其余 6 目 10 科 35 属 45 种均为土著种。

综合以上资料，得出挠力河—七星河水系河流沼泽的鱼类物种为 7 目 12 科 47 属 63 种。其中，七星河水系独有的鱼类物种包括兴凯鱊、细体鮈和赤眼鳟；挠力河水系独有的鱼类包括雷氏七鳃鳗、施氏鲟、鳇、大麻哈鱼、哲罗鲑、细鳞鲑、黑龙江茴鱼、马口鱼、瓦氏雅罗鱼、鳡、真鲂、花江鲂、尖头鲂、北鳅、北方泥鳅、鲢和鳜；共有种为 43 种。全部鱼类中，除团头鲂为移入种外，其余 7 目 12 科 47 属 62 种均为土著种。

挠力河—七星河水系河流沼泽的土著鱼类中，包括中国特有种东北颌须鮈；冷水种日本七鳃鳗、雷氏七鳃鳗、大麻哈鱼、哲罗鲑、细鳞鲑、黑龙江茴鱼、瓦氏雅罗鱼、乌苏里白鲑、黑斑狗鱼、拉氏鲂、真鲂、拟赤梢鱼、北鳅、北方花鳅、黑龙江花鳅和江鳕（占 25.81%）；中国易危种日本七鳃鳗、雷氏七鳃鳗、施氏鲟、鳇、哲罗鲑、黑龙江茴鱼、乌苏里白鲑和怀头鲇。

3.5.5.2 种类组成

挠力河—七星河水系河流沼泽鱼类群落中，鲤形目 44 种、鲑形目 6 种、鲇形目 5 种、鲈形目 3 种，分别占 69.84%、9.52%、7.94%及 4.76%；七鳃鳗目和鲟形目均 2 种，各占 3.17%；鳕形目 1 种，占 1.59%。科级分类单元中，鲤科 38 种、鳅科 6 种、鲑科 5 种、鲿科 3 种，分别占 60.32%、9.52%、7.94%及 4.76%；七鳃鳗科、鲟科和鲇科均 2 种，各占 3.17%；狗鱼科、鲐科、鳢科、塘鳢科和鳕科均 1 种，各占 1.59%。

3.5.5.3　区系生态类群

挠力河—七星河水系河流沼泽的土著鱼类群落，除大麻哈鱼外，由 6 个区系生态类群构成。

1）江河平原区系生态类群：青鱼、草鱼、鲢、鳙、马口鱼、红鳍原鲌、蒙古鲌、鳊、鲂、2 种鳘、2 种鲴、2 种鳈、蛇鮈、兴凯银鮈、东北鳈、花斑副沙鳅和鳡，占 32.79%。

2）北方平原区系生态类群：瓦氏雅罗鱼、拟赤梢鱼、4 种鳑（除真鳑外）、3 种鮈、条纹似白鮈、东北颌须鮈、北鳅、2 种花鳅和黑斑狗鱼，占 24.59%。

3）新近纪区系生态类群：2 种七鳃鳗、施氏鲟、鳇、鲤、银鲫、赤眼鳟、麦穗鱼、黑龙江鳑鲏、2 种鱊、2 种泥鳅和 2 种鲇，占 24.59%。

4）热带平原区系生态类群：乌鳢、2 种黄颡鱼、乌苏拟鲿和葛氏鲈塘鳢，占 8.20%。

5）北极淡水区系生态类群：乌苏里白鲑和江鳕，占 3.28%。

6）北方山地区系生态类群：哲罗鲑、细鳞鲑、黑龙江茴鱼和真鳑，占 6.56%。

以上北方区系生态类群 21 种，占 34.43%。

挠力河—七星河水系河流沼泽鱼类区系成分中，北方山地区系生态类群的种类如哲罗鲑、细鳞鲑、黑龙江茴鱼及真鳑主要分布在挠力河河源区；大麻哈鱼、乌苏里白鲑仅见于挠力河与乌苏里江交汇的河口水域。

3.5.5.4　地方名贵物种

挠力河—七星河水系是黑龙江省重要的天然鱼类产区之一。春季江河解冻，乌苏里江鱼类越冬结束，亲鱼集群溯河洄游进入挠力河水系产卵繁殖，在这里完成胚胎发育、仔幼鱼生长和育肥过程，秋季降河洄游回到乌苏里江越冬。挠力河—七星河水系是大自然赋予三江平原的一个大型鱼类产卵繁殖场和仔、幼鱼索饵育肥场。

挠力河红肚鲫鱼属于银鲫的一个品系，腹部呈橘黄色，素以背高、体厚、生长快、个体大而闻名当地。挠力河红肚鲫鱼的丰满度较好，含脂率较高，肉质嫩、味道鲜，曾为清朝贡鱼品种之一，也是“打牲乌拉总管衙门”的主要捕捞对象之一[140]。

表 3-33 是挠力河红肚鲫鱼与另一地方品种——方正银鲫的生物学性状比较。可以看出，挠力河红肚鲫鱼有自己独特的体貌特征，个体越大，这种特征越明显。挠力河红肚鲫鱼生长快、个体大，可能与其性成熟年龄相对较晚有关，因而是一种极具开发潜力的地方优质鱼类。

表 3-33　挠力河红肚鲫鱼与方正银鲫的生物学性状比较[140]

生物学性状		挠力河红肚鲫鱼	方正银鲫	生物学性状		挠力河红肚鲫鱼	方正银鲫
色泽	背部	灰黑色	灰黑色	色泽	腹部	橘黄色	银灰色
	体侧	金黄色	较深的银灰色		胸鳍	微红色	灰白色

续表

生物学性状		挠力河红肚鲫鱼	方正银鲫	生物学性状	挠力河红肚鲫鱼	方正银鲫
色泽	虹膜	略呈金黄色	银白色	种群中雌：雄	8：1	（10～20）：1
	腹膜	银黑色金属光泽	灰黑色或黑色	初次性成熟年龄	2～3 龄	1～2 龄
	鳞片	有微小黑色斑点	银白色	产卵水温	≥14℃	≥16℃
体长/体高		1.85～2.57	2.25～2.48	丰满度系数	4.31（3.72～4.79）	
产地自然水域增重/kg		1 龄 0.034；2 龄 0.3；3 龄 0.5～0.6；4 龄 0.9～1.0；5 龄 1.3	2 龄 0.15	食性	杂食	杂食
				产地捕获最大个体/kg	5.56	
				相对繁殖力/(粒卵/g)	40～170	60～80
鳞式		30（6-7/6-7-V）33	29（6/6）32	腹部形状	平直，臀鳍呈钝角斜切	流线型
鳃耙数		48（42～55）	48（44～54）			

注：引用时经过整理

20 世纪五六十年代，挠力河水系素有“棒打獐子瓢舀鱼，野鸡飞到饭锅里”之说，人们这样赞美当时的自然景象：“挠力河好风光，鲤鱼跳、鲫鱼香，渔船往来歌声扬。”1961 年宝清县国营渔场鲜鱼收购量 2400t，其中挠力河红肚鲫鱼占一半以上，体重 500g 以上的个体数量占 30%～40%。在老渔圈捕鱼点，3 人用抄网连续捕捞 3d，捕捞量达 55t，其中大部分为挠力河红肚鲫鱼。但 80 年代之后，随着整个挠力河水系渔业资源的全面衰退，挠力河红肚鲫鱼的资源量也在持续下降。

为保护与合理利用挠力河红肚鲫鱼资源，在全面加强挠力河水系渔业资源管理的同时，一是应建立挠力河红肚鲫鱼资源保护区，切实保护好这一优良的野生种质资源；二是应加快该区退耕还渔、还草、还湿的步伐，严禁围堤垦荒，截流筑坝，逐步恢复挠力河水系原始的渔业生态环境，促进挠力河红肚鲫鱼资源的自然增殖；三是应加大科技投入，进行挠力河红肚鲫鱼品种纯化选育研究，尽快形成规模化生产。

3.5.5.5 渔业资源

挠力河水系是三江平原的天然鱼仓。据史料记载[140, 141]，历史上挠力河最高渔获量出现在 1960 年，曾达到 3063t，约占三江平原年平均渔获量的 1/5。1955 年挠力河渔获量为 650t，1970 年为 1122t，1980 年为 658t，1986 年为 250t 左右。

挠力河渔获量的变化大致分为三个阶段：20 世纪五六十年代为鱼类正常生长繁殖期，鱼产量较高，属丰产期；70 年代逐渐下降，为资源衰退期；80 年代为酷捕滥捞期，鱼类越捕越少，规格越捕越小，挠力河红肚鲫鱼资源趋近枯竭。

渔获量成分上，20 世纪五六十年代包括青鱼、草鱼、鲤、银鲫、鲢、蒙古鲌、细鳞鲴、花䱻、麦穗鱼、黑龙江鳑鲏、黑斑狗鱼、鲇、怀头鲇、黑龙江泥鳅、黑龙江花鳅、花斑副沙鳅、鳜、葛氏鲈塘鳢、乌鳢和日本七鳃鳗等 8 科 20 余种；80 年代只有鲤、银鲫、细鳞鲴、鲇和黑龙江泥鳅等几种。

3.5.6 三江平原水系河流沼泽鱼类多样性概况

3.5.6.1 物种多样性

在 20 世纪 80 年代初进行的三江平原农业区划期间，中国水产科学研究院黑龙江水产研究所曾对三江平原地区的鱼类资源进行过较为系统的调查，记录鱼类物种 17 科 82 种（著者未见到名录）。1987 年以来，著者多次参加涉及三江平原的科研工作，从而也有了进一步调研该区鱼类物种多样性的机会。总结多年调查结果，并综合文献[2]、[6]、[9]、[31]、[66]、[77]、[84]、[135]、[136]、[138]～[141]，得出三江平原水系河流沼泽的鱼类物种为 9 目 19 科 66 属 94 种（表 3-32）。其中，移入种 3 目 4 科 7 属 7 种，包括大银鱼、虹鳟、湖拟鲤、团头鲂、鳙、河鲈和梭鲈；土著鱼类 9 目 17 科 61 属 87 种。

三江平原水系河流沼泽的土著鱼类群落中，包括冷水种日本七鳃鳗、雷氏七鳃鳗、大麻哈鱼、哲罗鲑、细鳞鲑、2 种白鲑、黑龙江茴鱼、2 种公鱼、黑斑狗鱼、真鲅、拉氏鲅、瓦氏雅罗鱼、拟赤梢鱼、平口鮈、北鳅、北方须鳅、2 种花鳅、江鳕、九棘刺鱼和 2 种杜父鱼（占 27.59%）；中国易危种日本七鳃鳗、雷氏七鳃鳗、施氏鲟、鳇、哲罗鲑、乌苏里白鲑、黑龙江茴鱼和怀头鲇；中国特有种彩石鳑鲏、凌源鮈、东北颌须鮈、银鮈、黄黝鱼和波氏吻鰕虎鱼。

3.5.6.2 种类组成

三江平原水系河流沼泽鱼类群落中，鲤形目 59 种、鲑形目 11 种、鲈形目 9 种、鲇形目 6 种、七鳃鳗目 3 种，分别占 62.77%、11.70%、9.57%、6.38%及 3.19%；鲟形目和鲉形目均 2 种，各占 2.13%；鳕形目和刺鱼目均 1 种，各占 1.06%。科级分类单元中，鲤科 51 种、鳅科 8 种、鲑科 7 种、鲿科 4 种、七鳃鳗科 3 种，分别占 54.26%、8.51%、7.45%、4.26%及 3.19%；鲟科、胡瓜鱼科、鲇科、塘鳢科、鲈科、鰕虎鱼科、杜父鱼科均 2 种，各占 2.13%；银鱼科、狗鱼科、鮨科、斗鱼科、鳢科、鳕科、刺鱼科均 1 种，各占 1.06%。

3.5.6.3 区系生态类群

三江平原水系河流沼泽的土著鱼类群落，除大麻哈鱼外，其余由 7 个区系生态类群构成。

1）江河平原区系生态类群：青鱼、草鱼、鲢、鳡、马口鱼、红鳍原鲌、蒙古鲌、翘嘴鲌、尖头鲌、鳊、鲂、3 种鳘、2 种鲴、2 种鳎、蛇鮈、2 种银鮈、2 种鳈、棒花鱼、潘氏鳅鮀、花斑副沙鳅和鳜，占 31.40%。

2）北方平原区系生态类群：瓦氏雅罗鱼、拟赤梢鱼、4 种鲅（除真鲅外）、4 种鮈、突吻鮈、条纹似白鮈、平口鮈、东北颌须鮈、北鳅、北方须鳅、2 种花鳅、黑斑狗鱼和 2 种吻鰕虎鱼，占 24.42%。

3）新近纪区系生态类群：3 种七鳃鳗、施氏鲟、鳇、鲤、银鲫、赤眼鳟、麦穗鱼、2 种鳑鲏、2 种鱊、2 种泥鳅、大鳞副泥鳅和 2 种鲇，占 20.93%。

4）北方山地区系生态类群：哲罗鲑、细鳞鲑、黑龙江茴鱼、2 种杜父鱼和真鳑，占 6.98%。

5）热带平原区系生态类群：乌鳢、圆尾斗鱼、2 种黄颡鱼、黄黝鱼、乌苏拟鲿、纵带鮠和葛氏鲈塘鳢，占 9.30%。

6）北极淡水区系生态类群：2 种公鱼、2 种白鲑和江鳕，占 5.81%。

7）北极海洋区系生态类群：九棘刺鱼，占 1.16%。

上述北方区系生态类群 33 种，占 38.37%。

4 沼泽湿地国家级自然保护区鱼类多样性

4.1 呼伦湖国家级自然保护区

1986年，内蒙古自治区新巴尔虎右旗人民政府批准建立呼伦湖自然保护区。1990年，内蒙古自治区人民政府批准呼伦湖自然保护区晋升为自治区级自然保护区。1992年，国务院正式批准呼伦湖自然保护区为国家级自然保护区。2002年，呼伦湖国家级自然保护区被列入国际重要湿地名录，并被联合国教育、科学及文化组织批准成为世界生物圈保护区。

内蒙古呼伦湖国家级自然保护区（下称“呼伦湖保护区”），位于中国内蒙古自治区东部满洲里市，呼伦贝尔草原西北部，北邻俄罗斯，南接蒙古国，地处中、蒙、俄三国边境交界处，总面积 7437km^2，地理坐标为 45°45′50″N～49°20′20″N，116°50′10″E～118°10′10″E。保护区由呼伦湖、新呼伦湖、贝尔湖、乌兰泡、乌尔逊河、克鲁伦河、入湖河口湿地及生态景观各异的草原、沙地构成[142]。

4.1.1 鱼类多样性概况

4.1.1.1 生境多样性

呼伦湖保护区水系是额尔古纳河水系的组成部分。呼伦湖历史上曾是额尔古纳河的上源之一，后湖面缩小，导致湖水停止外流。直到20世纪50年代末至60年代初，湖水仍流向额尔古纳河。70年代水面缩小，湖水停止外流。1984～1985年湖水又流向额尔古纳河。

呼伦湖水系包括呼伦湖主体湖区、贝尔湖和乌兰泡3个湖泊沼泽以及哈拉哈河、沙尔勒金河、乌尔逊河、克鲁伦河、达兰鄂罗木河等主要河流沼泽。保护区内大小河流80条，总长2370km，国内部分总流域面积37 214km^2。其中，长度超过100km的河流3条，20～100km的13条，20km以下的64条。

1. *河流沼泽湿地*

（1）哈拉哈河　发源于大兴安岭南部的达尔滨湖，流至额布都格附近，河道分为两支。一支仍然向西北流经沙尔勒金河汇入乌尔逊河；另一支向南流入贝尔湖。河流全长399km，流域面积 8736km^2（左岸蒙古国部分未计入），其中呼伦贝尔市境内 7520km^2，蒙古国境内右岸有 122km^2。

（2）沙尔勒金河　为哈拉哈河流入贝尔湖之前 41km 处分出的一条支流，长 52km，在乌尔逊河由贝尔湖流出 24km 处汇入乌尔逊河。沙尔勒金河流域面积 363km^2，其中中国境内 312km^2，蒙古国 52km^2。

（3）乌尔逊河　乌尔逊河全长223km，流域面积10 528km^2。丰水期河宽60～70m，水深 2～3m，枯水期水深仅 1m 左右。多为砂砾底质，河岸植被丰富，沼柳茂密，是呼伦湖、贝尔湖鱼类产卵繁殖的重要场所和洄游通道。2007 年径流量 1.02 亿 m^3。

（4）克鲁伦河　位于呼伦湖西南部，发源于蒙古国肯特山南麓，自西向东流，在新巴尔虎右旗克尔伦苏木（乡）乌兰恩格日（村）进入我国境内，又东流至呼伦苏木（乡）东庙村东南注入呼伦湖。全长 1264km，在我国境内长 206.4km，河道曲折，河宽 40～90m。2007 年 9 月，该河入呼伦湖的下游河段断流。

（5）达兰鄂罗木河　位于呼伦湖东北部，全长 25km。在 18 世纪中叶以前，是呼伦湖水从湖东北部注入额尔古纳河的故道，是当时呼伦湖的唯一出口。后来呼伦湖地区因受地壳运动的影响，湖面缩小，湖水不能外泄注入额尔古纳河，而三条河流汇合处的海拉尔河水大时，一部分水却通过达兰鄂罗木河流入呼伦湖，这种现象称为倒流。达兰鄂罗木河从 18 世纪中叶至 1958 年成了呼伦湖的新水源。

1958 年，呼伦湖水位上涨到 543m，开始通过达兰鄂罗木河重新流向额尔古纳河。1965 年呼伦湖水位上涨 1.67m，导致扎赉诺尔煤矿矿井的水文地质条件严重恶化，对矿区生产和牧区生产生活构成严重威胁。国家有关部门决定采用修建人工运河的办法使湖水外泄，控制湖水水位上涨。此工程 1965 年 6 月 15 日动工兴建，1971 年 9 月 8 日竣工。新修的这条人工河流即为目前的“新开河”，全长 16km。

新开河从呼伦湖东北绕过扎赉诺尔矿区与火车站，穿越滨洲铁路，向西北至黑山头脚下汇入达兰鄂罗木河故道。

呼伦湖东部沙子山附近的新开河上建了节制闸门，用以控制湖水涨落；滨洲铁路线南侧的新开河上，设有出口挡洪闸，以防止海拉尔河在高水位时倒流入湖。这些设施使呼伦湖水位首次得到了人工控制，达兰鄂罗木河也因此成为调节呼伦湖水位的吞吐性河流。

2. 湖泊沼泽湿地

除了呼伦湖主体湖泊沼泽湿地外，还有贝尔湖和乌兰泡两处湖泊沼泽湿地。

（1）贝尔湖　位于呼伦贝尔高原西南部边缘，是中蒙两国界湖。湖泊呈椭圆形，长 40km，宽 20km，面积 609km^2，大部分在蒙古国境内，只有西北部 40km^2 在中国境内。为淡水湖泊，平均深度 9m 左右，最大水深超过 50m。水质清澈，砂砾底质。

（2）乌兰泡　乌尔逊河北流至呼伦湖南 80km 处，分成两支汇入乌兰泡。乌兰泡面积随着水量多寡而扩大或缩小。水量多时湖面东西长 15～17km，南北宽 2～5km，面积 75km^2，枯水期成为沼泽。乌兰泡水生植物丰富，有大片芦苇沼泽，是草上产卵鱼类的理想产卵场。

3. 时令湿地

呼伦湖水系的时令河流和湖泊分布在呼伦湖周围。因受地形地貌的限制，其中的小型湖泊多分布在呼伦湖西岸的红旗水产捕捞分公司至克鲁伦河水产捕捞分公司一带，大型湖泊则分布在呼伦湖东岸和西南岸。

受降水量的影响，这些时令湖泊随着呼伦湖水位的涨落而发生变化，根据丰水期和枯水期的周期性变化而存在与消失。

时令湖泊分为两种类型：一种是与呼伦湖相连通的较大型湖泊，其水质较好，浮游生物丰富，人工整治后可作为水产养殖场；另一种是不与呼伦湖相连通，但其水面随着呼伦湖水位的变化而变化，一般面积较小，盐碱度较高，不适宜鱼类生存。

（1）时令湖泊沼泽　与呼伦湖相连通的时令湖泊沼泽主要有以下 5 处。

1）新呼伦湖：又称新开湖（蒙古语“哈达乃浩来”），是 1962 年呼伦湖水位上涨到 545.28m 时，湖东岸双子山决口形成的，面积 147km^2。位于呼伦湖东岸新巴尔虎左旗境内，吉布胡郎图苏木（甘珠尔花）东北约 7km 处，西侧距离呼伦湖 5km。

新开湖水位、水质、渔业资源等受呼伦湖影响均较大，似子母湖。新开湖水生植物繁茂，天然饵料丰富，适于鱼类栖息繁衍。20 世纪 60 年代水位下降，水面逐渐缩小，80 年代初全部干涸。1984 年 4 月呼伦湖水位上涨，湖水沿河口故道东流，重新注入新开湖，经过 10d 左右，湖水漫溢 20km，水面不断扩大。1984～1991 年，新呼伦湖水位上升 2.1m，面积接近 1962 年。但从 1992 年开始水位又重新下降，除了 1998 年洪水期面积较大外，以后水位又以较快的速度持续下降，2001 年与呼伦湖之间断流。由于失去了水量补给，加之气候连续干旱，2006 年完全干枯。

2）松哈托湖：俗称明水亮（梁）子，位于呼伦湖西岸五一生产队东侧，水域面积约 2km^2，最大水深 4m。

3）阿楞多尔莫湖：也称乌兰布冷泡，位于乌兰布冷境内，面积约 7km^2，平均水深 3m，北有清泉注入，南有人工河与呼伦湖相连。

4）吉布奇鱼圈湖：位于克鲁伦河渔业分公司北侧 5km 处，水域面积约 36km^2，平均水深 4m，有泉眼补给，南通呼伦湖。

5）乌都鲁泡：位于呼伦湖西南岸，面积约 47km^2，最大水深 6m，平均 4m。

与呼伦湖不连通的湖泊沼泽大都分布于呼伦湖西岸，其中红光分公司东、西两侧各有 1 处，西泡子水面大于东泡子，水体均较浅。“老五号”东、西也各有 1 处，其中西泡子水体较深。呼伦湖东岸和西南岸分布不多，仅乌尔逊河河口北侧有 1 个较大的泡子，沙丘以北还有几个泡子，但这些泡子的水面都不大。呼伦湖西岸的伊贺湖，又称头号泡子，位于头号渔场后面，四周被群山环抱，水体较深。

（2）时令河流沼泽　呼伦湖周围的时令河流沼泽，都是在降雨量较大的季节汇合而形成河流并注入呼伦湖。主要有以下 5 条。

1）呼伦沟：位于呼伦湖东岸，长约 10km，从原呼伦牧场农业队沿着已经干涸的阿尔公河故道流入呼伦湖。

2）水泉沟：位于呼伦湖北部，沿着水泉沟流入呼伦湖。

3）老四号沟：位于呼伦湖北部，从查干陶拉盖山南侧流入呼伦湖。

4）西山沟：位于呼伦湖北部的老四号渔场西，从该渔场的南侧流入呼伦湖。

5）水沙圈小河：位于呼伦湖西部，发源于大沙圈以东的草原，向东注入呼伦湖。

4.1.1.2　物种多样性

1. 物种组成

调查采集到和文献[2]、[9]、[31]、[66]、[126]及[143]～[147]记载的呼伦湖保护区的鱼类物种合计 6 目 9 科 34 属 46 种（表 4-1）。其中，移入种 2 目 2 科 6 属 6 种，包括大银鱼、鲢、鳙、草鱼、团头鲂和细鳞鲴；土著鱼类 6 目 8 科 28 属 40 种。土著种中，哲罗鲑和乌苏里白鲑为中国易危种；哲罗鲑、细鳞鲑、乌苏里白鲑、黑斑狗鱼、真鲅、拉氏鲅、瓦氏雅罗鱼、拟赤梢鱼、北方花鳅、黑龙江花鳅、江鳕及九棘刺鱼为冷水种，占 30%；凌源鮈为中国特有种。

表 4-1 呼伦湖保护区鱼类物种组成及其分布

种类	呼伦湖	贝尔湖	乌兰泡	乌尔逊河	克鲁伦河	达兰鄂罗木河
一、鲑形目 Salmoniformes						
（一）鲑科 Salmonidae						
1. 哲罗鲑 *Hucho taimen*	a（c?）fhkn	fen				
2. 细鳞鲑 *Brachymystax lenok*	a（c?）hkn	fn				
3. 乌苏里白鲑 *Coregonus ussuriensis*	d					
（二）银鱼科 Salangidae						
4. 大银鱼 *Protosalanx hyalocranius* ▲	hkn					
（三）狗鱼科 Esocidae						
5. 黑斑狗鱼 *Esox reicherti*	abcdefghkmn	femn	e	e	e	
二、鲤形目 Cypriniformes						
（四）鲤科 Gyprinidae						
6. 瓦氏雅罗鱼 *Leuciscus waleckii waleckii*	abcdefghkm	femn	e	e	e	
7. 拟赤梢鱼 *Pseudaspius leptocephalus*	abcefgk	fn				
8. 草鱼 *Ctenopharyngodon idella*▲	ekm					
9. 拉氏鲅 *Phoxinus lagowskii*	m	fm				
10. 真鲅 *Phoxinus phoxinus*		m				
11. 湖鲅 *Phoxinus percnurus*		m				
12. 𩾃 *Hemiculter leueisculus*	fg	f		e		
13. 贝氏𩾃 *Hemiculter bleekeri*	abeg	e	e	e	e	e
14. 蒙古𩾃 *Hemiculter lucidus warpachowsky*	abcdehkn	en	em	e	e	e
15. 红鳍原鲌 *Cultrichthys erythropterus*	abcdehkm	fen	em	e	e	e
16. 蒙古鲌 *Culter mongolicus mongolicus*	abcdefghkm	fen	em	e	e	
17. 翘嘴鲌 *Culter alburnus*	af	f				
18. 团头鲂 *Megalobrama amblycephala*▲	ehk	e				
19. 细鳞鲴 *Xenocypris microleps*▲	hk					
20. 大鳍鱊 *Acheilognathus macropterus*	abcefgkm	femn	e	e	e	e
21. 黑龙江鳑鲏 *Rhodeus sericeus*	abcdgm	fn				
22. 唇䱻 *Hemibarbus laboe*	abcefgk	femn		e	e	

续表

种类	呼伦湖	贝尔湖	乌兰泡	乌尔逊河	克鲁伦河	达兰鄂罗木河
23. 花䱻 *Hemibarbus maculatus*	abck	fn				
24. 条纹似白鮈 *Paraleucogobio strigatus*	abcfgkm	fmn				
25. 麦穗鱼 *Pseudorasbora parva*	abcdefghkm	femn				
26. 突吻鮈 *Rostrogobio amurensis*	aek	fen				e
27. 蛇鮈 *Saurogobio dabryi*	abcdefgkm	fen	e			e
28. 兴凯银鮈 *Squalidus chankaensis*	abcefgk	fen				
29. 东北鳈 *Sarcocheilichthys lacustris*	aek	en				e
30. 克氏鳈 *Sarcocheilichthys czerskii*	am	m				
31. 凌源鮈 *Gobio lingyuanensis*		m				
32. 高体鮈 *Gobio soldatovi*	ad					
33. 犬首鮈 *Gobio cynocephalus*	abgk	fn				
34. 细体鮈 *Gobio tenuicorpus*	abcdek	n				
35. 鲤 *Cyprinus carpio*	abcdfghkmn	fmn	em	e	e	e
36. 银鲫 *Carassius auratus gibelio*	abcdfghkmn	fmn	em	e	e	e
37. 鲢 *Hypophthalmichthys molitrix* ▲	adghkm	e		e	e	
38. 鳙 *Aristichthys nobilis* ▲	dghk	e				
（五）鳅科 Cobitidae						
39. 黑龙江花鳅 *Cobitis lutheri*	befkmn	emn	em	e	e	e
40. 北方花鳅 *Cobitis granoci*	a					
41. 黑龙江泥鳅 *Misgurnus mohoity*	ce（f?）kmn	fen	e	e	e	e
42. 北方泥鳅 *Misgurnus bipartitus*	a					
三、鲇形目 Siluriformes						
（六）鲇科 Siluridae						
43. 鲇 *Silurus asotus*	bcefghkmn	femn	em	e	e	
四、鳕形目 Gadiformes						
（七）鳕科 Gadidae						
44. 江鳕 *Lota lota*	abfhkn	n				
五、刺鱼目 Gasterosteiformes						
（八）刺鱼科 Gasterosteidae						
45. 九棘刺鱼 *Pungitius pungitius*	a					
六、鲈形目 Perciformes						
（九）塘鳢科 Eleotridae						
46. 葛氏鲈塘鳢 *Perccottus glehni*	hkmn	m				

资料来源：a. 文献[2]，b. 文献[9]，c. 文献[31]，d. 文献[66]，e. 文献[126]，f. 文献[145]，g. 文献[143]，h. 文献[146]，k. 文献[144]，m. 著者采集，n. 文献[147]。（c?）、（f?）分别代表该物种在文献[31]、[145]中可能存在

2. 种类组成

呼伦湖保护区鱼类群落中，鲤形目 37 种、鲑形目 5 种，分别占 80.43%及 10.87%；

鲇形目、鳕形目、刺鱼目和鲈形目均 1 种，各占 2.17%。科级分类单元中，鲤科 33 种、鳅科 4 种、鲑科 3 种，分别占 71.74%、8.70%及 6.52%；银鱼科、狗鱼科、鲇科、鳕科、刺鱼科和塘鳢科均 1 种，各占 2.17%。

3. 区系生态类群

呼伦湖保护区的土著鱼类群落由 7 个区系生态类群构成。

1）江河平原区系生态类群：红鳍原鲌、蒙古鲌、翘嘴鲌、3 种䱗、2 种鳑、蛇鮈、兴凯银鮈和 2 种鳈，占 30%。

2）北方平原区系生态类群：瓦氏雅罗鱼、拟赤梢鱼、湖鲂、拉氏鲂、4 种鮈、突吻鮈、条纹似白鮈、2 种花鳅和黑斑狗鱼，占 32.5%。

3）新近纪区系生态类群：鲤、银鲫、麦穗鱼、黑龙江鳑鲏、大鳍鱊、2 种泥鳅和鲇，占 20%。

4）北方山地区系生态类群：哲罗鲑、细鳞鲑和真鲂，占 7.5%。

5）热带平原区系生态类群：葛氏鲈塘鳢，占 2.5%。

6）北极淡水区系生态类群：乌苏里白鲑和江鳕，占 5%。

7）北极海洋区系生态类群：九棘刺鱼，占 2.5%。

上述北方区系生态类群 19 种，占 47.5%。

4. 生态分布

呼伦湖保护区的鱼类物种没有明显的分布特征，各种鱼类并非截然分开，而是一个混合群体。但是，由于受水温、饵料等因素的影响，常常会出现短期种群区域分布现象。每年 4 月初，河水解冻，开始有活动水流流入呼伦湖。当水温达到 10～14℃时，黑斑狗鱼、瓦氏雅罗鱼开始上溯洄游，集结到河道和河口水域产卵繁殖。

水草茂盛的浅水区是鲤、银鲫等草上产卵鱼类的良好繁殖场所。每年 5 月底至 6 月初水温升至 18℃时，鲤、银鲫种群洄游到乌尔逊河、克鲁伦河河道及湖湾浅水区进行产卵繁殖。而蒙古䱗、红鳍原鲌、蒙古鲌则主要在湖泊沼泽的上层、中层水体生长、育肥。秋季水温下降，各种鱼类又逐渐洄游到湖泊沼泽的深水区越冬。

4.1.1.3 群落结构

1. 鱼类群落结构的变化

鱼类在天然水体中总是保持着一定的种群密度和种群结构。受人类活动和各种自然因素的共同影响，鱼类种群密度、种群结构也在不断地发生变化。1963 年以前，呼伦湖生态系统相对稳定，鱼类群体构成以鲤、银鲫、鲌类、鲇等大中型经济种类为主体，所占比例在 80%左右。1963 年以后，大中型经济鱼类产量显著下降，小型鱼类蒙古䱗产量则逐年增多，鱼类群体结构很不合理。20 世纪 70 年代后期至 80 年代中期，大中型经济鱼类的产量只占到总产量的 20%～30%。此后，由于鱼类自然繁殖环境遭到破坏，大中型经济鱼类产量所占比例持续下降，1985～1993 年，渔获物中大中型经济鱼类只占总产量的 10%左右。之后，由于强化了渔业管理，大中型经济鱼类所占比例又有所回升，1993～1997 年保持在 15%左右。

渔获物中，蒙古𩾌占绝对优势；其次是鲤鱼；再次是红鳍原鲌；其余依次是银鲫、鲇、蒙古鲌和黑斑狗鱼。1999 年以来，由于水位持续下降，鱼类种群数量全面锐减，大中型经济鱼类数量急剧下降，2000～2007 年所占比例仅在 5%左右。

2. 鱼产量

呼伦湖保护区捕捞渔业主要分为明水期和冰下两种生产方式。据资料记载，呼伦湖水系 1913～1932 年总产量约 90 098t，年产量 1920 年最低，1927 年最高，分别为 103t 及 7535t。1933～1944 年，鱼产量 3250～5151t。1945～1947 年 850～2979t（表 4-2）。

表 4-2　1913～1947 年（不包括 1934～1937 年）**呼伦湖水系天然鱼类产量**[126]

年份	产量/t	年份	产量/t	年份	产量/t	年份	产量/t	年份	产量/t
1913	2400	1920	103	1927	7535	1938	4072	1945	850
1914	4716	1921	637	1928	7000	1939	4485	1946	2250
1915	5823	1922	663	1929	3200	1940	4481	1947	2979
1916	5184	1923	3177	1930	4300	1941	5151		
1917	2845	1924	4460	1931	3500	1942	4901		
1918	1540	1925	3440	1932	300	1943	4759		
1919	1125	1926	4550	1933	3500	1944	3250		

注：引用时经过整理

1948 年，内蒙古自治区渔业公司宣告成立，呼伦湖收归国有。此后，呼伦湖的渔业按其生产规模、发展速度可划分为以下阶段：1948～1957 年，是呼伦湖收归国有、统一经营后的初步发展阶段；1958～1966 年为渔业经济迅猛发展时期；1967～1979 年为缓慢发展时期；1980～1997 年为快速发展、稳步提高时期；1998～2007 年为渔业资源和生态环境剧烈波动时期。1985 年以后，根据主要捕捞水域呼伦湖和贝尔湖的鱼类资源状况，呼伦湖水系开始有计划地实行限额捕捞。1985～1996 年，年产量控制在 7266.3～9230.3t，1997 年呼伦贝尔盟下达的指标为 9900t。1948～1997 年，呼伦湖水系天然鱼类总产量约 32.1 万 t（表 4-3）。

表 4-3　1948～2002 年（不包括 1998 年、1999 年）**呼伦湖水系天然鱼类产量**

年份	总产量/t	主要经济鱼类产量/t							
		鲤	银鲫	鲇	黑斑狗鱼	红鳍原鲌	蒙古鲌	瓦氏雅罗鱼	𩾌
1948	3 068.0								
1949	1 806.9	594.6	59.7	25.3	3.3	1 120.9	3.1		
1950	3 115.1	1 083.1	291.1	368.1	16.7	1 355.3	0.8		
1951	5 202.0	2 508.0	312.0	521.0	18.0	1 843.0			
1952	4 637.3	3 054.9	277.4	86.6	5.5	1 212.9			
1953	4 262.8	2 626.0	253.0	57.2	2.2	1 324.4			

续表

年份	总产量/t	主要经济鱼类产量/t							
		鲤	银鲫	鲇	黑斑狗鱼	红鳍原鲌	蒙古鲌	瓦氏雅罗鱼	鰲
1954	3 558.7	1 866.2	204.3	82.9	24.7	1 380.6			
1955	4 848.0	1 990.0	252.0	826.6	18.8	1 760.6			
1956	4 466.0	1 431.3	237.0	657.1	68.5	2 072.1			
1957	3 191.0	1 435.0	267.0	340.0	41.0	1 108.0			
1958	3 844.2	1 252.2	286.1	454.0	49.8	1 902.1			
1959	7 144.0	890.0	315.0	699.0	78.0	5 064.0			
1960	8 381.0	2 003.0	706.0	1 563.0	92.0	102.0			
1961	9 160.0	1 853.0	685.0	1448.0	84.0	141.0			4 949.0
1962	6 230.0	1 216.0	53.0	643.0	51.0	113.0			4 154.0
1963	4 659.0	1 253.0	518.0	621.0	53.0	144.0			2 070.0
1964	6 720.0	482.0	284.0	192.0	24.0	780.0			4 958.0
1965	7 914.0	752.0	266.0	250.0	5.0	834.0			5 807.0
1966	7 198.0	488.0	321.0	204.0	24.0	819.0			5 342.0
1967	5 937.0	342.0	225.0	143.0	2.0	558.0			4 667.0
1968	3 502.0	332.0	199.0	148.0	2.0	555.0			2 266.0
1969	2 966.0	276.0	174.0	112.0	2.0	459.0			1 943.9
1970	3 520.0	337.0	218.0	144.0	15.0	497.0			2 309.0
1971	4 381.7	757.0	325.1	121.2	21.6	368.8	2.0		2 786.0
1972	4 949.3	1 015.8	387.0	215.7	15.1	637.6			2 678.1
1973	6 909.5	894.2	351.8	181.2	12.2	934.7	548.0		3 987.4
1974	7 077.4	1 232.5	347.5	157.2	29.1	897.0	3.7		4 428.4
1975	8 271.2	1 391.6	400.8	147.7	4.9	1 000.0	0.8		5 325.4
1976	6 901.8	588.4	395.8	67.1	3.1	653.1	3.2		5 191.1
1977	8 909.4	1 223.9	299.6	109.2	4.4	710.8	5.2		6 556.3
1978	8 162.1	631.1	169.0	113.0	6.8	521.1	2.3		6 718.8
1979	7 100.4	1 031.8	230.2	121.9	6.6	607.2	6.1		5 096.6
1980	6 547.7	1 639.3	267.8	233.6	8.8	30.0	709.2		3 659.0
1981	8 166.6	1 574.9	235.0	235.7	25.1	944.7	12.1	1.2	5 137.9
1982	7 009.6	1 485.5	109.0	274.8	28.5	1 021.0	33.9		4 056.9
1983	7 994.2	1 448.7	64.8	163.7	30.0	1 027.0	40.1	13.9	5 206.0
1984	8 049.5	2 637.6	47.5	101.2	15.6	967.2	53.5	3.4	4 223.5
1985	7 266.3	1 338.0	18.7	134.6	40.9	1 083.3	28.3	17.0	4 605.5
1986	8 283.6	788.3	54.3	91.0	219.1	717.9	38.6	72.0	6 302.4
1987	8 586.1	398.6	6.0	147.4	29.2	407.9	13.0	44.7	7 538.3
1988	8 522.7	247.4	4.0	306.5		273.6	20.0	25.3	7 644.9

续表

年份	总产量/t	主要经济鱼类产量/t							
		鲤	银鲫	鲇	黑斑狗鱼	红鳍原鲌	蒙古鲌	瓦氏雅罗鱼	䱗
1989	8 429.8	163.4	21.5	144.0	2.0	397.0	2.0	33.2	7 665.7
1990	8 537.6	85.6	6.0	73.2		248.2		19.4	8 105.2
1991	8 710.8	128.4	29.8	133.1		162.5		19.6	8 237.5
1992	8 600.0	154.4	1.0	325.6		280.7		16.4	7 821.9
1993	8 611.3	501.6	34.6	162.5		237.4		23.9	7 651.2
1994	8 520.9	423.2	28.2	265.0		461.4		20.3	7 322.8
1995	8 908.3	543.2	24.7	274.3		530.1		90.3	7 445.7
1996	9 230.3	598.8	33.2	256.3		546.6		92.9	7 702.5
1997	9 700.0	669.0	6.0	345.0		223.0		133.0	8 324.0
2000	19 030.1	622.4	67.8	488.2	45.7	255.2		1 404.1	11 831.4
2001	18 464.1	310.2	59.0	70.1	6.6	142.5		1 079.7	13 670.1
2002	17 474.2	454.1	31.6	36.9	1.0	76.5		801.1	12 812.2

资料来源：文献[15]、[126]和[146]

4.1.1.4 保护区水系与额尔古纳河鱼类多样性比较

1. 额尔古纳河鱼类多样性概况

（1）物种组成　呼伦湖保护区水系与额尔古纳河鱼类物种组成如表 4-4 所示。文献[2]、[31]、[89]、[147]及[148]记载额尔古纳河的鱼类物种合计 9 目 12 科 39 属 52 种。其中，移入种 1 目 1 科 2 属 2 种，包括青鱼和草鱼；土著鱼类 9 目 12 科 37 属 50 种。哲罗鲑、施氏鲟、鳇、乌苏里白鲑、黑龙江茴鱼和 2 种七鳃鳗为中国易危种；哲罗鲑、细鳞鲑、2 种白鲑、2 种七鳃鳗、黑龙江茴鱼、黑斑狗鱼、真鲅、拉氏鲅、瓦氏雅罗鱼、拟赤梢鱼、平口鮈、北鳅、北方须鳅、2 种花鳅、江鳕、九棘刺鱼和黑龙江中杜父鱼为冷水种，占 40%。

表 4-4　呼伦湖保护区水系与额尔古纳河鱼类物种组成

种类	呼伦湖保护区水系	额尔古纳河上游、海拉尔河	额尔古纳河中下游	额尔古纳河*
一、七鳃鳗目 Petromyzoniformes				
（一）七鳃鳗科 Petromyzonidae				
1. 日本七鳃鳗 *Lampetra japonica*		c	c	
2. 雷氏七鳃鳗 *Lampetra reissneri*			p	q
二、鲟形目 Acipenseriformes				
（二）鲟科 Acipenseridae				
3. 施氏鲟 *Acipenser schrenckii*		cp	cp	qs
4. 鳇 *Huso dauricus*		cp	cp	qs

续表

种类	呼伦湖保护区水系	额尔古纳河上游、海拉尔河	额尔古纳河中下游	额尔古纳河*
三、鲑形目 Salmoniformes				
（三）鲑科 Salmonidae				
5. 哲罗鲑 *Hucho taimen*	a（c?）efhkn	cp	cp	aqs
6. 细鳞鲑 *Brachymystax lenok*	a（c?）fhkn	cp	cp	aqs
7. 乌苏里白鲑 *Coregonus ussuriensis*	d	（c?）		q
8. 卡达白鲑 *Coregonus chadary*		cp	cp	
9. 黑龙江茴鱼 *Thymallus arcticus*		c	p	q
（四）银鱼科 Salangidae				
10. 大银鱼 *Protosalanx hyalocranius* ▲	hkn			
（五）狗鱼科 Esocidae				
11. 黑斑狗鱼 *Esox reicherti*	abcdefghkmn	cp	cp	aqs
四、鲤形目 Cypriniformes				
（六）鲤科 Cyprinidae				
12. 瓦氏雅罗鱼 *Leuciscus waleckii waleckii*	abcdefghkmn	cp	cp	aq
13. 拟赤梢鱼 *Pseudaspius leptocephalus*	abcefgkn	cp	cp	as
14. 青鱼 *Mylopharyngodon piceus*▲				s
15. 草鱼 *Ctenopharyngodon idella*▲	ekm			s
16. 拉氏鲅 *Phoxinus lagowskii*	fm	cp	cp	aq
17. 真鲅 *Phoxinus phoxinus*	m	cp	cp	a
18. 湖鲅 *Phoxinus percnurus*	m	cp	c	
19. 花江鲅 *Phoxinus czekanowskii*		cp	p	a
20. 尖头鲅 *Phoxinus oxycephalus*		cp		
21. 𬶏 *Hemiculter leucisculus*	fg			qs
22. 贝氏𬶏 *Hemiculter bleekeri*	abeg	cp	cp	
23. 蒙古𬶏 *Hemiculter lucidus warpachowsky*	abcdehkn			
24. 红鳍原鲌 *Cultrichthys erythropterus*	abcdefhkmn			qs
25. 蒙古鲌 *Culter mongolicus mongolicus*	abcdefghkmn			qs
26. 翘嘴鲌 *Culter alburnus*	af			qs
27. 鳊 *Parabramis pekinensis*				q
28. 团头鲂 *Megalobrama amblycephala* ▲	ehk			
29. 细鳞鲴 *Xenocypris microleps*▲	hk			
30. 大鳍鱊 *Acheilognathus macropterus*	abcefgkmn			s
31. 黑龙江鳑鲏 *Rhodeus sericeus*	abcdfgmn	cp	cp	s
32. 唇䱻 *Hemibarbus laboe*	abcefgkmn		cp	aqs
33. 花䱻 *Hemibarbus maculatus*	abcfkn			q
34. 条纹似白鮈 *Paraleucogobio strigatus*	abcfgkmn	cp	cp	s
35. 麦穗鱼 *Pseudorasbora parva*	abcdefghkmn	cp	cp	aqs
36. 突吻鮈 *Rostrogobio amurensis*	aefkn			
37. 棒花鱼 *Abbottina rivularis*			p	

续表

种类	呼伦湖保护区水系	额尔古纳河上游、海拉尔河	额尔古纳河中下游	额尔古纳河*
38. 平口鮈 *Ladislavia taczanowskii*			cp	s
39. 蛇鮈 *Saurogobio dabryi*	abcdefgkmn			qs
40. 兴凯银鮈 *Squalidus chankaensis*	abcefgkn			
41. 东北鳈 *Sarcocheilichthys lacustris*	aekn			
42. 克氏鳈 *Sarcocheilichthys czerskii*	am			qs
43. 凌源鮈 *Gobio lingyuanensis*	m			
44. 高体鮈 *Gobio soldatovi*	ad	cp		as
45. 犬首鮈 *Gobio cynocephalus*	abfgkn	cp	cp	
46. 细体鮈 *Gobio tenuicorpus*	abcdekn	cp	（c?）p	
47. 鲤 *Cyprinus carpio*	abcdefghkmn	c	c	aqs
48. 银鲫 *Carassius auratus gibelio*	abcdefghkmn	cp	cp	aqs
49. 鲢 *Hypophthalmichthys molitrix* ▲	adeghkm			
50. 鳙 *Aristichthys nobilis* ▲	deghk			
（七）鳅科 Cobitidae				
51. 北鳅 *Lefua costata*		c		
52. 北方须鳅 *Barbatula barbatula nuda*			cp	
53. 黑龙江花鳅 *Cobitis lutheri*	befkmn	cp	cp	
54. 北方花鳅 *Cobitis granoci*	a			aq
55. 黑龙江泥鳅 *Misgurnus mohoity*	ce（f?）fkmn	cp	cp	
56. 北方泥鳅 *Misgurnus bipartitus*	a			as
五、鲇形目 Siluriformes				
（八）鲿科 Bagridae				
57. 乌苏拟鲿 *Pseudobagrus ussuriensis*				s
（九）鲇科 Siluridae				
58. 鲇 *Silurus asotus*	bcefghkmn	cp	cp	qs
六、鳕形目 Gadiformes				
（十）鳕科 Gadidae				
59. 江鳕 *Lota lota*	abfhkn	cp	cp	aq
七、刺鱼目 Gasterosteiformes				
（十一）刺鱼科 Gasterosteidae				
60. 九棘刺鱼 *Pungitius pungitius*	a			a
八、鲉形目 Scorpaeniformes				
（十二）杜父鱼科 Cottidae				
61. 黑龙江中杜父鱼 *Mesocottus haitej*			cp	
九、鲈形目 Perciformes				
（十三）鳢科 Channidae				
62. 乌鳢 *Channa argus*				qs
（十四）塘鳢科 Eleotridae				
63. 葛氏鲈塘鳢 *Perccottus glehni*	hkmn			

资料来源：a. 文献[2]，b. 文献[9]，c. 文献[31]，d. 文献[66]，e. 文献[126]，f. 文献[145]，g. 文献[143]，h. 文献[146]，k. 文献[15]，m. 著者采集，n. 文献[144]，p. 文献[89]，q. 文献[148]，s. 文献[147]。（c?）、（f?）分别代表该物种在文献[31]、[145]中可能存在。*原文献仅指明“该物种分布于额尔古纳河”，但未给出具体河段

（2）种类组成　额尔古纳河鱼类群落中，鲤形目 36 种、鲑形目 6 种，分别占 69.23%及 11.54%；七鳃鳗目、鲟形目和鲇形目均 2 种，各占 3.85%；鳕形目、刺鱼目、鲈形目和鲉形目均 1 种，各占 1.92%。科级分类单元中，鲤科 30 种、鳅科 6 种、鲑科 5 种，分别占 57.69%、11.54%及 9.62%；七鳃鳗科和鲟科均 2 种，各占 3.85%；鳕科、刺鱼科、鳢科、杜父鱼科、狗鱼科、鲿科和鲇科均 1 种，各占 1.92%。

（3）区系生态类群　额尔古纳河的土著鱼类群落由 7 个区系生态类群构成。

1）江河平原区系生态类群：红鳍原鲌、2 种鲌、鳊、2 种𩾃、2 种鲭、蛇鮈、克氏鳈和棒花鱼，占 22%。

2）北方平原区系生态类群：瓦氏雅罗鱼、拟赤梢鱼、湖鲂、拉氏鲂、尖头鲂、花江鲂、3 种鮈、条纹似白鮈、平口鮈、北鳅、北方须鳅、2 种花鳅和黑斑狗鱼，占 32%。

3）新近纪区系生态类群：2 种七鳃鳗、施氏鲟、鳇、鲤、银鲫、麦穗鱼、黑龙江鳑鲏、大鳍鱊、2 种泥鳅和鲇，占 24%。

4）热带平原区系生态类群：乌苏拟鲿和乌鳢，占 4%。

5）北方山地区系生态类群：哲罗鲑、细鳞鲑、黑龙江茴鱼、黑龙江中杜父鱼和真鲂，占 10%。

6）北极淡水区系生态类群：2 种白鲑和江鳕，占 6%。

7）北极海洋区系生态类群：九棘刺鱼，占 2%。

以上北方区系生态类群 25 种，占 50%。

2. 鱼类多样性比较

（1）物种多样性　呼伦湖保护区水系与额尔古纳河鱼类群落共有种为 5 目 7 科 26 属 35 种。其中，移入种 1 种，即草鱼；土著鱼类 5 目 7 科 25 属 34 种，包括哲罗鲑、细鳞鲑、乌苏里白鲑、黑斑狗鱼、瓦氏雅罗鱼、湖鲂、真鲂、拉氏鲂、拟赤梢鱼、细体鮈、高体鮈、犬体鮈、鲤、银鲫、蛇鮈、克氏鳈、条纹似白鮈、麦穗鱼、黑龙江鳑鲏、2 种鲭、翘嘴鲌、蒙古鲌、红鳍原鲌、𩾃、贝氏𩾃、大鳍鱊、2 种泥鳅、2 种花鳅、鲇、九棘刺鱼和江鳕。

呼伦湖保护区水系独有种 3 目 3 科 11 属 11 种。其中，移入种 2 目 2 科 5 属 5 种，包括大银鱼、团头鲂、鲢、鳙和细鳞鲴；土著鱼类 2 目 2 科 6 属 6 种，包括蒙古𩾃、突吻鮈、兴凯银鮈、东北鳈、凌源鮈和葛氏鲈塘鳢。

额尔古纳河独有种 7 目 8 科 17 属 17 种。其中，移入种 1 目 1 科 1 属 1 种，即青鱼；土著鱼类 7 目 8 科 16 属 16 种，包括日本七鳃鳗、雷氏七鳃鳗、施氏鲟、鳇、卡达白鲑、黑龙江茴鱼、花江鲂、鳊、尖头鲂、棒花鱼、平口鮈、北鳅、北方须鳅、乌苏拟鲿、黑龙江中杜父鱼和乌鳢。

（2）种类组成　鱼类群落中，额尔古纳河较呼伦湖保护区水系增加了七鳃鳗目七鳃鳗科、鲟形目鲟科、鲑形目鲑科、鲤形目鲤科与鳅科、鲇形目鲿科、鲉形目杜父鱼科及鲈形目鳢科的种类；而缺少鲈形目塘鳢科和鲑形目银鱼科的种类。

（3）区系生态类群　呼伦湖保护区水系与额尔古纳河鱼类群落的土著种均由相同的 7 个区系生态类群构成。

1）热带平原区系生态类群：呼伦湖保护区水系只有葛氏鲈塘鳢，额尔古纳河包括乌苏拟鲿和乌鳢，二者没有共有种。所占比例额尔古纳河略高于呼伦湖保护区水系（分别为4%及 2.5%）。类群群落关联系数为 0，显示无关联性。

2）北极淡水区系生态类群：呼伦湖保护区水系由乌苏里白鲑和江鳕构成，且为共有种；额尔古纳河还包括卡达白鲑。所占比例额尔古纳河略高于呼伦湖保护区水系（分别为6%及 5%）。类群群落关联系数为 0.667，显示关联性程度较高。

3）北极海洋区系生态类群：均由九棘刺鱼构成。

4）江河平原区系生态类群：呼伦湖保护区水系和额尔古纳河分别由 12 种和 11 种鱼类构成，䱗、贝氏䱗、2 种鲌、蛇鮈、红鳍原鲌、蒙古鲌、翘嘴鲌和克氏鳈为共有种。除此之外，呼伦湖保护区水系还有蒙古䱗、兴凯银鮈和东北鳈；额尔古纳河还有鳊和棒花鱼。所占比例呼伦湖保护区水系高于额尔古纳河（分别为 30%及 22%）。类群群落关联系数为 0.643，显示关联性程度较高。

5）北方平原区系生态类群：呼伦湖保护区水系和额尔古纳河分别由 13 种和 16 种鱼类构成，瓦氏雅罗鱼、拟赤梢鱼、湖鲅、拉氏鲅、高体鮈、犬首鮈、细体鮈、条纹似白鮈、2 种花鳅和黑斑狗鱼为共有种。此外，呼伦湖保护区水系还有凌源鮈和突吻鮈；额尔古纳河还有尖头鲅、花江鲅、平口鮈、北鳅和北方须鳅。所占比例基本一致（分别为 32.5%及32%）。类群群落关联系数为 0.611，显示关联性程度较高。

6）新近纪区系生态类群：呼伦湖保护区水系和额尔古纳河分别由 8 种和 12 种鱼类构成，呼伦湖保护区水系的 8 种（鲤、银鲫、麦穗鱼、黑龙江鳑鲏、大鳍鱊、2 种泥鳅和鲇）同时也为共有种。此外，额尔古纳河还有 2 种七鳃鳗、施氏鲟和鳇。所占比例额尔古纳河略高于呼伦湖保护区水系（分别为 24%及 20%）。类群群落关联系数为 0.667，显示关联性程度较高。

7）北方山地区系生态类群：呼伦湖保护区水系和额尔古纳河分别由 3 种和 5 种鱼类构成，呼伦湖保护区水系的 3 种（哲罗鲑、细鳞鲑和真鲅）同时也为共有种。此外，额尔古纳河还有黑龙江茴鱼和黑龙江中杜父鱼。所占比例额尔古纳河略高于呼伦湖保护区水系（分别为 10%及 7.5%）。类群群落关联系数为 0.6，显示关联性程度较高。

北方区系生态类群中，额尔古纳河物种数多于呼伦湖保护区水系（分别为 25 种和19 种），所占比例也略高于呼伦湖保护区水系（分别为 50%和 47.5%）。

（4）保护与濒危物种　均包括中国易危种哲罗鲑和乌苏里白鲑。此外，额尔古纳河还有中国易危种施氏鲟、鳇、2 种七鳃鳗和黑龙江茴鱼。可见分布在额尔古纳河的保护与濒危鱼类物种数，明显多于呼伦湖保护区水系。

（5）冷水种　分布在额尔古纳河的冷水种及其所占比例均超过呼伦湖保护区水系，分别为 20 种、41.67%及 12 种、30%。其中，呼伦湖保护区水系的 12 种（细鳞鲑、乌苏里白鲑、黑斑狗鱼、真鲅、拉氏鲅、瓦氏雅罗鱼、拟赤梢鱼、哲罗鲑、2 种花鳅、江鳕和九棘刺鱼）同时也为共有种。此外，额尔古纳河还有卡达白鲑、黑龙江茴鱼、2 种七鳃鳗、平口鮈、北鳅、北方须鳅和黑龙江中杜父鱼。冷水种群落关联系数为 0.6，显示关联性程度较高。

（6）群落关联性　呼伦湖保护区水系与额尔古纳河鱼类群落的关联系数为 0.556，表现为两鱼类群落的总体关联性程度较高。

4.1.2　河流沼泽鱼类多样性

4.1.2.1　物种构成

呼伦湖保护区的主要河流沼泽包括乌尔逊河、克鲁伦河和达兰鄂罗木河，其鱼类物种组成见表 4-1。

（1）概况　呼伦湖保护区主要河流沼泽的鱼类物种为 3 目 4 科 16 属 18 种。其中，鲢为移入种；土著种 3 目 4 科 15 属 17 种，其中包括冷水种黑斑狗鱼、瓦氏雅罗鱼和黑龙江花鳅。

（2）乌尔逊河　鱼类物种 3 目 4 科 13 属 15 种。其中，鲢为移入种；土著种 3 目 4 科 12 属 14 种，其中包括冷水种黑斑狗鱼、瓦氏雅罗鱼和黑龙江花鳅。

（3）克鲁伦河　鱼类物种 3 目 4 科 13 属 14 种。其中，鲢为移入种；土著种 3 目 4 科 12 属 13 种，其中包括冷水种黑斑狗鱼、瓦氏雅罗鱼和黑龙江花鳅。与乌尔逊河相比，克鲁伦河未见䱗（其余种类均相同）。

（4）达兰鄂罗木河　鱼类物种 1 目 2 科 10 属 11 种，均为土著种。冷水种只有黑龙江花鳅。同乌尔逊河、克鲁伦河相比，达兰鄂罗木河未见冷水种黑斑狗鱼及瓦氏雅罗鱼，以及土著种鲇、唇䱻及蒙古鲌和移入种鲢。

4.1.2.2　种类组成

（1）概况　呼伦湖保护区的河流沼泽鱼类群落中，鲤形目 16 种，占 88.89%；鲑形目和鲇形目均 1 种，各占 5.56%。科级分类单元中，鲤科 14 种、鳅科 2 种，分别占 77.78%及 11.11%；狗鱼科和鲇科均 1 种，各占 5.56%。

（2）乌尔逊河　鲤形目 13 种，占 86.67%；鲑形目、鲇形目均 1 种，各占 6.67%。科级分类单元中，鲤科 11 种、鳅科 2 种，分别占 73.33%及 13.33%；狗鱼科、鲇科均 1 种，各占 6.67%。

（3）克鲁伦河　鲤形目 12 种，占 85.71%；鲑形目和鲇形目均 1 种，各占 7.14%。科级分类单元中，鲤科 10 种、鳅科 2 种，分别占 71.43%及 14.29%；狗鱼科、鲇科均 1 种，各占 7.14%。

（4）达兰鄂罗木河　11 种鱼类均隶属鲤形目。其中，鲤科 9 种、鳅科 2 种，分别占 81.82%及 18.18%。

4.1.2.3　区系生态类群

（1）概况　呼伦湖保护区河流沼泽的土著鱼类群落由 3 个区系生态类群构成。

1）江河平原区系生态类群：红鳍原鲌、蒙古鲌、3 种䱗、2 种䱻、蛇鮈和东北鳈，占 52.94%。

2）北方平原区系生态类群：瓦氏雅罗鱼、黑龙江花鳅和黑斑狗鱼，占 17.65%。

3）新近纪区系生态类群：鲤、鲫、大鳍鱊、黑龙江泥鳅和鲇，占 29.41%。

（2）乌尔逊河　由 3 个区系生态类群构成。

1）江河平原区系生态类群：红鳍原鲌、蒙古鲌、3 种䱗和唇䱻，占 42.86%。

2）北方平原区系生态类群：瓦氏雅罗鱼、黑龙江花鳅和黑斑狗鱼，占 21.43%。

3）新近纪区系生态类群：鲤、鲫、大鳍鱊、黑龙江泥鳅和鲇，占 35.71%。

（3）克鲁伦河　由 3 个区系生态类群构成。

1）江河平原区系生态类群：红鳍原鲌、蒙古鲌、2 种䱗和唇䱻，占 38.46%。

2）北方平原区系生态类群：瓦氏雅罗鱼、黑龙江花鳅和黑斑狗鱼，占 23.08%。

3）新近纪区系生态类群：鲤、鲫、大鳍鱊、黑龙江泥鳅和鲇，占 38.46%。

（4）达兰鄂罗木河　由 3 个区系生态类群构成。

1）江河平原区系生态类群：红鳍原鲌、2 种䱗、蛇鮈、银鮈和东北鳈，占 54.55%。

2）北方平原区系生态类群：只有黑龙江花鳅，占 9.09%。

3）新近纪区系生态类群：鲤、鲫、大鳍鱊和黑龙江泥鳅，占 36.36%。

以上结果表明，呼伦湖保护区河流沼泽鱼类群落的土著种均由江河平原、北方平原和新近纪区系生态类群构成。其中，乌尔逊河与克鲁伦河的鱼类区系生态类群成分基本一致；达兰鄂罗木河鱼类区系成分中，北方平原区系生态类群的种类只有黑龙江花鳅。

4.1.2.4　渔业资源

鱼类资源状况很大程度体现在捕捞量上。呼伦湖水系内除了呼伦湖和贝尔湖可进行天然鱼类资源捕捞外，乌尔逊河和克鲁伦河也均有捕捞渔业历史。特别是乌尔逊河，自 20 世纪初就有俄国和中国开设的捕鱼商号。1948 年，内蒙古自治区渔业公司成立以后，采取繁殖保护措施，规定捕捞数量、限制网目规格等增殖保护政策，对几条主要河流进行了综合治理，建立了防逃设施，有效地减少了鱼类外逃，增加了鱼类资源量。有记录的乌尔逊河和克鲁伦河天然鱼类产量见表 4-5 和表 4-6。

表 4-5　乌尔逊河天然鱼类产量

年份	总产量/kg	主要经济鱼类/kg							
		鲤	银鲫	鲇	黑斑狗鱼	红鳍原鲌	蒙古鲌	瓦氏雅罗鱼	䱗
1972	78 106	54 674.2	11 715.9	3 905.3		7 810.6			
1973	145 664.5	101 965.2	21 849.8	7 283.2		14 566.3			
1974	212 944	149 060.8	31 941.6	10 647.2		21 294.4			
1975	76 507	53 554.8	11 476.1	3 825.4		7 650.7			
1976	65 681	45 977	9 852	3 284		6 568			
1977	136 405	95 484	20 459	6 821		13 641			
1978	56 365	39 455	8 535	2 802		5 573			
1979	159 713	111 799	23 958	7 985		15 971			
1980	127 460	92 764	21 490	10 692		2 514			
1981	46 447	22 180	1 990	6 068	165	15 929	115		

续表

年份	总产量/kg	主要经济鱼类/kg							
		鲤	银鲫	鲇	黑斑狗鱼	红鳍原鲌	蒙古鲌	瓦氏雅罗鱼	餐
1982	61 183	2 538	317	786	110	2 279	153		
1983	14 916	4 569	103	2 176	143	7 925			
1984	124 202	102 769	1 277	5 530	241	14 435			
1995	1 214 376	14 035	345	4 930	100	23 323		2 000	1 169 643
1996	1 922 687	5 496	324	1 331		63 050		5 231	1 846 813
1997	1 576 074	14 201	708	19 094		24 349		9 200	1 505 717
1998	1 306 292	16 621	560	4 750		23 341		11 543	1 246 725
1999	1 256 407	7 892	40	9 594		10 190		3 840	1 157 144
2000	1 317 788	68 579	440	17 007		27 977		5 920	1 182 546
2001	1 780 716	5 931	5 160	179		14 973		4 840	1 693 133
2002	1 866 025	33 434	3 653			10 672		4 040	1 783 858
2003	1 013 947	43 924	510			15 325		8 640	927 588
2004	516 304	18 470	1 280	13 511		6 513		125 597	257 003
2005	1 350 045	20 340	4 194	27 115		17 479		99 650	383 286
2006	1 228 982	9 821	760	75 639		9 175		469 989	448 567
2007	446 559	1 528		22 902		5 674		150 656	186 881

资料来源：文献[15]、[126]和[146]

表 4-6　克鲁伦河天然鱼类产量

年份	总产量/kg	主要经济鱼类/kg							
		鲤	银鲫	鲇	黑斑狗鱼	红鳍原鲌	蒙古鲌	瓦氏雅罗鱼	餐
1973	95 270	66 689	9 527	9 527		9 527			
1974	192 149	134 504	28 822	9 608		19 215			
1975	85 350.6	84 197.6	194	698	3	5	253		
1976	28 412	19 888	4 263	1 421		2 840			
1977	128 574	90 002	19 286	6 429		12 857			
1978	11 000	7 700	1 650	550		1 100			
1979	64 340	45 038	9 561	3 217		6 434			
1980	11 400	5 163	5	849	5	1 284	4 094		
1981	18 460	12 225	98	4 558		1 579			
1982	256 750.4	157 682.4	4 476	93 937		645	10		
1983	35 627	14 777	104	20 351		264	131		
1984	324 003.8	284 141.8	41	1 287	122	29 230	9 182		
1985	57 539	40 396	100	9 300	30	5 859	1 560		
1987	2 381 109	72 347	550	17 271	675	100 247	600	3 752	2 185 362

续表

年份	总产量/kg	主要经济鱼类/kg							
		鲤	银鲫	鲇	黑斑狗鱼	红鳍原鲌	蒙古鲌	瓦氏雅罗鱼	鳘
1988	1 382 006	39 299	111	42 968		37 958	2 300	2 579	1 256 141
1989	1 355 060	6 510	250	36 605		46 229		695	1 264 321
1990	1 743 208	2 975	87	20 208	49	32 068		652	1 686 848
1991	1 825 195	48 050		58 900		24 630		11 970	1 681 645
1992	1 812 385	33 375	100	59 030		70 585		5 150	1 644 145
1993	1 440 936	31 035	315	63 254		35 713		2 850	1 293 350
1994	1 801 096	33 255	6 250	15 600		101 160		7 770	1 637 130
1995	1 450 935	80 439	700	68 841	50	65 865		600	1 234 440
1996	2 066 686	139 903	222	40 831		88 323		1 560	1 723 739
1997	1 690 570	61 201	950	39 033		49 874		1 320	1 538 192
1998	1 907 439	76 186	1 090	45 433		89 052		4 354	1 643 651
1999	1 242 956	12 696		5 655		28 055		2 400	1 065 361
2000	1 843 638	69 601		56 174		44 480		160	1 672 578
2001	2 156 030	1 560	5 149	960		25 417		320	2 080 826
2002	1 149 918	41 453	720	195		6 184		3 440	1 040 484
2003	1 503 473	65 354	3 046			23 378		8 605	1 389 250
2004	509 431	39 641	2 700	7 618	563	7 786		192 693	180 941
2005	1 026 377	33 779	2 663	13 814		11 612		61 139	362 488
2006	669 686	7 298	587	28 557	3 822	2 340		302 791	140 936
2007	603 758	1 566	120	15 266	2 738	4 611		225 818	184 599

资料来源：文献[15]、[126]和[146]

4.1.3 湖泊沼泽鱼类多样性

4.1.3.1 物种多样性

1. 湖泊沼泽群

呼伦湖、贝尔湖和乌兰泡构成呼伦湖保护区湖泊沼泽群。该湖泊沼泽群的鱼类物种为6目9科34属46种（表4-1）。其中，移入种2目2科6属6种，包括大银鱼、鲢、鳙、草鱼、团头鲂和细鳞鲴；土著种6目8科28属40种。土著种中，哲罗鲑及乌苏里白鲑为中国易危种；哲罗鲑、细鳞鲑、乌苏里白鲑、黑斑狗鱼、真鲅、拉氏鲅、瓦氏雅罗鱼、拟赤梢鱼、2种花鳅、江鳕及九棘刺鱼为冷水种，占30%；凌源鮈为中国特有种。湖泊沼泽群鱼类物种组成未包括文献[9]记载的尚无法确定其自然物种是否存在于黑龙江水系的泥鳅。

2. 呼伦湖

文献记载的呼伦湖鱼类物种包括：《中国湖泊志》3目6科31种；《东北地区淡水鱼

类》4 目 6 科 30 种；文献[145]4 目 4 科 18 种；文献[31]3 目 4 科 19 种；《黑龙江鱼类》4 目 5 科 23 种；文献[66]2 目 3 科 15 种；文献[126]4 目 5 科 20 种；文献[15]、[146]均为 5 目 8 科 33 种；文献[144] 5 目 8 科 32 种；黑龙江省水产科学研究所资源室 1975 年的调查结果为 4 目 5 科 26 种[143]。

调查期间采集到的鱼类 4 目 5 科 23 属 24 种（参见 1.3.1.3）。文献记载的拟赤梢鱼、江鳕、细鳞鲴、哲罗鲑、细鳞鲑、翘嘴鲌、乌苏里白鲑、大银鱼和九棘刺鱼等 4 目 6 科 17 属 21 种，调查期间没有采集到样本。拉氏鲹为新发现种。

在 1.3.1.3 的基础上，进一步综合上述资料，得出呼伦湖的鱼类物种为 6 目 9 科 34 属 43 种（表 4-1）。其中，移入种 2 目 2 科 6 属 6 种，包括大银鱼、鲢、鳙、草鱼、团头鲂和细鳞鲴；土著鱼类 6 目 8 科 28 属 37 种。上述鱼类中，也未包括泥鳅。

呼伦湖土著鱼类中，包括中国易危种哲罗鲑和乌苏里白鲑，冷水种哲罗鲑、细鳞鲑、乌苏里白鲑、黑斑狗鱼、拉氏鲹、瓦氏雅罗鱼、拟赤梢鱼、2 种花鳅、江鳕和九棘刺鱼（占 29.73%）。

与保护区湖泊沼泽群的鱼类物种组成相比，除了湖泊沼泽群中的凌源鮈、真鲹和湖鲹未见于呼伦湖之外，湖泊沼泽群与呼伦湖的其余种类组成完全相同。

3. 贝尔湖

文献记载的贝尔湖鱼类物种包括：《中国湖泊志》的描述为“贝尔湖主要鱼类有鳌、鲤鱼、鲫鱼、黑斑狗鱼、红鳍鲌、蒙古红鲌、哲罗鱼及鲶鱼等”，而没有鱼类物种数的相关记载；文献[145] 3 目 5 科 24 种；文献[126]为 4 目 6 科 20 种；赵贵民的结果为 4 目 6 科 26 种[144]。此外，Mori、Берг、尼科里斯基（俄）分别记述了贝尔湖部分鱼类和鱼类动物地理学；蒙古国蒙古大学 Лдши-иорж A 博士调查了贝尔湖鱼类和渔业，记述贝尔湖鱼类 4 目 7 科 29 种，其中包括了上述学者记录的鱼类以及哈拉哈河上游的哲罗鲑、细鳞鲑、黑斑狗鱼、瓦氏雅罗鱼、真鲹、拉氏鲹、拟赤梢鱼、唇䱻、银鲫、鲤和鲇[2, 87]。以上所述鱼类物种数合计 38 种。

本书著者在湿地调查期间采集到的贝尔湖鱼类物种 4 目 5 科 14 属 16 种(参见 1.3.1.3)。文献所记载的拟赤梢鱼、江鳕、哲罗鲑、细鳞鲑、翘嘴鲌等 3 目 4 科 17 属 21 种，没有采集到样本。真鲹、湖鲹、凌源鮈和葛氏鲈塘鳢为新发现种。

综合上述资料得出，贝尔湖的鱼类物种为 5 目 7 科 29 属 38 种（表 4-1）。其中，移入种 1 目 1 科 3 属 3 种，包括鲢、鳙和团头鲂；土著鱼类 5 目 7 科 26 属 35 种。上述鱼类中，也未包括泥鳅。

贝尔湖的土著鱼类中，包括中国易危种哲罗鲑，冷水种哲罗鲑、细鳞鲑、黑斑狗鱼、拉氏鲹、瓦氏雅罗鱼、拟赤梢鱼、黑龙江花鳅及江鳕（占 22.86%）。

与呼伦湖相比，贝尔湖的凌源鮈、真鲹和湖鲹未见于呼伦湖，其余种类与呼伦湖共有；呼伦湖的乌苏里白鲑、大银鱼、草鱼、细鳞鲴、高体鮈、北方花鳅、北方泥鳅和九棘刺鱼未见于贝尔湖。

4. 乌兰泡

有关乌兰泡鱼类物种的文献记载包括：《中国湖泊志》的描述为“主要经济鱼类有鲤、

鲫、鳌、红鳍鲌、蒙古红鲌、黑斑狗鱼、鲶鱼 3 目 3 科 7 种”；文献[126]为 1 目 2 科 9 种。《中国湖泊志》和文献[126]所记载的鱼类物种合计 13 种。

调查期间采集到的鱼类物种为 2 目 3 科 7 属 7 种，包括鲤、银鲫、鲇、红鳍原鲌、蒙古鲌、蒙古鳌和黑龙江花鳅（参见 1.3.1.3）；文献记录的 2 目 3 科 6 属 6 种未采集到样本，包括黑斑狗鱼、瓦氏雅罗鱼、黑龙江泥鳅、贝氏鳌、大鳍鱊和蛇鮈。

综合上述资料得出，乌兰泡的鱼类物种为 3 目 4 科 12 属 13 种，均为土著种，其中包括冷水种黑斑狗鱼、瓦氏雅罗鱼和黑龙江花鳅。

与呼伦湖和贝尔湖相比，乌兰泡的鱼类物种要少得多。

4.1.3.2　种类组成

1. 湖泊沼泽群

呼伦湖保护区湖泊沼泽群鱼类群落中，鲤形目 37 种、鲑形目 5 种，分别占 80.43%及 10.87%；鲇形目、鳕形目、刺鱼目和鲈形目均 1 种，各占 2.17%。科级分类单元中，鲤科 33 种、鳅科 4 种、鲑科 3 种，分别占 71.74%、8.70%及 6.52%；银鱼科、狗鱼科、鲇科、鳕科、刺鱼科和塘鳢科均 1 种，各占 2.17%。

2. 呼伦湖

鲤形目 34 种、鲑形目 5 种，分别占 79.07%及 11.63%；鲇形目、鳕形目、刺鱼目和鲈形目均 1 种，各占 2.33%。科级分类单元中，鲤科 30 种、鳅科 4 种、鲑科 3 种，分别占 69.77%、9.30%及 6.98%；银鱼科、狗鱼科、鲇科、鳕科、刺鱼科和塘鳢科均 1 种，各占 2.33%。

3. 贝尔湖

鲤形目 32 种，占 84.21%；鲑形目 3 种，占 7.89%；鲇形目、鳕形目和鲈形目均 1 种，各占 2.63%。科级分类单元中，鲤科 30 种，占 78.95%；鳅科和鲑科均 2 种，各占 5.26%；狗鱼科、鲇科、鳕科和塘鳢科均 1 种，各占 2.63%。

4. 乌兰泡

鲤形目 11 种，占 84.62%；鲑形目和鲇形目均 1 种，各占 7.69%。科级分类单元中，鲤科 9 种、鳅科 2 种，分别占 69.23%及 15.38%；狗鱼科和鲇科均 1 种，各占 7.69%。

4.1.3.3　区系生态类群

（1）湖泊沼泽群　由 7 个区系生态类群构成。

1）江河平原区系生态类群：红鳍原鲌、蒙古鲌、翘嘴鲌、3 种鳌、2 种鳎、蛇鮈、兴凯银鮈和 2 种鳈，占 30%。

2）北方平原区系生态类群：瓦氏雅罗鱼、拟赤梢鱼、湖鲂、拉氏鲂、4 种鮈、突吻鮈、条纹似白鮈、2 种花鳅和黑斑狗鱼，占 32.5%。

3）新近纪区系生态类群：鲤、银鲫、麦穗鱼、黑龙江鳑鲏、大鳍鱊、2 种泥鳅和鲇，占 20%。

4）北方山地区系生态类群：哲罗鲑、细鳞鲑和真鲂，占 7.5%。

5）热带平原区系生态类群：葛氏鲈塘鳢，占 2.5%。

6）北极淡水区系生态类群：乌苏里白鲑和江鳕，占 5%。

7）北极海洋区系生态类群：九棘刺鱼，占 2.5%。

以上北方区系生态类群 19 种，占 47.5%。

（2）呼伦湖　由 7 个区系生态类群构成。

1）江河平原区系生态类群：红鳍原鲌、蒙古鲌、翘嘴鲌、3 种鳘、2 种鲭、蛇鮈、兴凯银鮈和 2 种鳈，占 32.43%。

2）北方平原区系生态类群：瓦氏雅罗鱼、拟赤梢鱼、拉氏鲂、3 种鮈、突吻鮈、条纹似白鮈、2 种花鳅和黑斑狗鱼，占 29.73%。

3）新近纪区系生态类群：鲤、鲫、麦穗鱼、黑龙江鳑鲏、大鳍鱊、2 种泥鳅和鲇，占 21.62%。

4）北方山地区系生态类群：哲罗鲑和细鳞鲑，占 5.41%。

5）热带平原区系生态类群：葛氏鲈塘鳢，占 2.70%。

6）北极淡水区系生态类群：乌苏里白鲑和江鳕，占 5.41%。

7）北极海洋区系生态类群：九棘刺鱼，占 2.70%。

以上北方区系生态类群 16 种，占 43.24%。

（3）贝尔湖　由 7 个区系生态类群构成。

1）江河平原区系生态类群：红鳍原鲌、2 种鲌、3 种鳘、2 种鲭、蛇鮈、兴凯银鮈和东北鳈，占 31.43%。

2）北方平原区系生态类群：瓦氏雅罗鱼、拟赤梢鱼、拉氏鲂、湖鲂、凌源鮈、犬首鮈、细体鮈、突吻鮈、条纹似白鮈、黑龙江花鳅和黑斑狗鱼，占 31.43%。

3）新近纪区系生态类群：鲤、鲫、麦穗鱼、黑龙江鳑鲏、大鳍鱊、黑龙江泥鳅和鲇，占 20%。

4）北方山地区系生态类群：哲罗鲑、细鳞鲑和真鲂，占 8.57%。

5）热带平原区系生态类群：葛氏鲈塘鳢，占 2.86%。

6）北极淡水区系生态类群：江鳕，占 2.86%。

7）北极海洋区系生态类群：九棘刺鱼，占 2.86%。

以上北方区系生态类群 16 种，占 45.71%。

（4）乌兰泡　由 3 个区系生态类群构成。

1）江河平原区系生态类群：红鳍原鲌、蒙古鲌、2 种鳘和蛇鮈，占 38.46%。

2）北方平原区系生态类群：瓦氏雅罗鱼、黑龙江花鳅和黑斑狗鱼，占 23.08%。

3）新近纪区系生态类群：鲤、银鲫、大鳍鱊、黑龙江泥鳅和鲇，占 38.46%。

以上北方区系生态类群 3 种，占 23.08%。

4.1.3.4 群落多样性

1. α-多样性

呼伦湖保护区湖泊沼泽鱼类群落物种丰富度平均 31（13～43）种。根据每个湖泊沼泽渔获物组成（参见 1.3.1），计算出呼伦湖保护区湖泊沼泽鱼类群落 α-多样性指数，结果见表 4-7。其平均值，d_{Ma}为 1.332（0.850～2.011）；λ 为 0.290（0.205～0.457）；D_{Gi}为 0.710（0.543～0.795）；H 为 1.671（1.102～2.171）；J为 0.707（0.460～0.895）；α 为 1.559（0.991～2.401）；U为 2105（530～4494）；D_{Mc}为 0.481（0.328～0.559）。不同分类单元中，目级多样性指数 H_O为 0.378（0.257～0.451）；科级多样性指数 H_F为 2.447（1.609～3.526）；属级多样性指数 H_G为 2.516（1.946～3.045）；目、科、属等级多样性指数 $H_{O\cdot F\cdot G}$为 5.311（4.006～6.907）。

表 4-7 呼伦湖保护区湖泊沼泽鱼类群落 α-多样性指数

湖泊沼泽	d_{Ma}	λ	D_{Gi}	H	J	α	U	D_{Mc}	H_O	H_F	H_G	$H_{O\cdot F\cdot G}$
呼伦湖	1.136	0.457	0.543	1.102	0.460	1.286	4494	0.328	0.336	3.526	3.045	6.907
贝尔湖	2.011	0.205	0.795	2.171	0.766	2.401	1292	0.557	0.257	2.205	2.558	5.020
乌兰泡	0.850	0.209	0.791	1.741	0.895	0.991	530	0.559	0.451	1.609	1.946	4.006

通常认为生物群落的信息多样性指数 H 为 1.5～3.5。呼伦湖保护区湖泊沼泽鱼类群落 H 值平均略高于 1.5，属于多样性水平较低的群落。

2. β-多样性

根据呼伦湖保护区鱼类名录中每个湖泊沼泽鱼类群落的物种数，可计算出呼伦湖与贝尔湖、呼伦湖与乌兰泡及贝尔湖与乌兰泡鱼类群落间 Jaccard 相似指数（C_J）分别为 0.761、0.302 及 0.342，分别表现为极相似、不相似和不相似；Sørenson 相似指数（C_S）分别为 0.864、0.464 及 0.510，群落间分别表现为极相似、不相似和相似。

以上结果显示，呼伦湖保护区湖泊沼泽鱼类群落中，呼伦湖与贝尔湖极相似，呼伦湖与乌兰泡、贝尔湖与乌兰泡均不相似，但后者近似于相似。

4.1.3.5 渔业资源

1. 呼伦湖

呼伦湖是目前内蒙古自治区两个主要渔业水域之一（另一个是达里湖）。该湖是额尔古纳河上游的一个过水性湖泊，是呼伦贝尔高原地区很好的天然渔场。据《呼伦湖志》记载[126]，呼伦湖对天然鱼类资源的利用始于 1912 年，年产量 2400t，当时的主要经济鱼类有鲤、银鲫、黑斑狗鱼、鲇和红鳍原鲌（时称“似鲌”）。天然鱼产量 1923～1926 年波动于 3744～4800t，主要经济鱼类为鲤、红鳍原鲌、银鲫、鲇和黑斑狗鱼，所占比例分别为 30%、35%、15%、12%和 5%。1938～1955 年呼伦湖的渔获量为 805～5298t（最高和最低分别出现在 1945 年和 1951 年），主要经济鱼类与上述几种相同。

1957 年以前呼伦湖鱼产量 4000t 左右；1957 年以后快速上升，1961 年达到最高产量，为 9193t，单位面积产量 39.60kg/hm^2；1965 年后大幅度下降，1969 年仅 2966.9t，单位面积产量 12.9kg/hm^2；之后逐步上升，至 1977 年接近历史最高水平。

1980 年以来，呼伦湖年平均鱼产量 6000～8000t。但鱼的质量较 20 世纪 50 年代有所下降，大个体鱼类数量减少，小型鱼类比例增加。例如，鲤所占渔获物的比例，20 世纪 50 年代为 40%左右，大型经济鱼类占总产量的 70%左右；20 世纪 70 年代，鲤所占比例下降至 17%左右，大型经济鱼类占总产量的 30%左右。2000 年以来，大型经济鱼类所占比例不足 20%，蒙古韰等小型经济价值低的鱼类所占比例达到 80%以上[149]。

根据呼伦湖鱼类资源状况[15]，1998～2003 年，呼伦湖年鱼产量控制在 1 万 t 左右，实际年平均 1.11 万 t，单位面积产量 45.73kg/hm^2。2004～2007 年鱼产量指标控制在 5000t 左右，但由于呼伦湖水位下降，鱼类产卵场大多变为沙滩，产黏性卵鱼类无处产卵繁殖，导致鱼类资源减少，年鱼产量降至 2000～4000t，平均 2814.25t，单位面积产量 11.72kg/hm^2。1998～2007 年年平均鱼产量为 7805.2t，平均单位面积产量 34.43kg/hm^2（表 4-8）。

表 4-8 1998～2007 年呼伦湖天然鱼类产量[15]

年份	总产量/t	主要经济鱼类/t						
		鲤	银鲫	鲇	红鳍原鲌	蒙古鲌	瓦氏雅罗鱼	韰
1998	11 342.2	453.3	7.3	155.3	305.7		30.1	10 390.5
1999	9 004.2	312.6	23.3	78.9	476.3		33.9	8 079.2
2000	11 514.2	565.9	67.7	218.7	255.2		15.3	10 391.4
2001	13 819.4	270.7	51.8	18.2	142.5		7.5	13 328.7
2002	13 393.2	364.0	30.6	2.9	76.5		11.5	12 906.7
2003	7 721.8	411.3	26.6		110.7	28.5	43.4	7 101.3
2004	2 563.5	124.8	14.2		18.2	51.3	20.5	2 334.5
2005	2 662.4	100.6	22.1		47.0	30.1	7.7	2 454.9
2006	2 809.2	45.1	5.0		46.4	15.8	2.2	2 694.7
2007	3 221.9	16.8	0.9	1.2	24.6	27.9	6.3	3 144.2

注：引用时经过整理

2000 年以来，呼伦湖年鱼产量虽然控制在 1 万 t 左右，但 80%以上是经济价值低的鱼类（以蒙古韰为主），经济鱼类不足 20%，而且规格较小[149]。另据《呼伦湖志》（续志二）记载[15]，呼伦湖鱼类资源衰退的趋势从 20 世纪 50 年代就已经开始。1951 年鲤产量 2508t，在当年鱼类总产量中所占比例为 48%；1960 年降至 2003t，占当年鱼类总产量的 24%；1969 年又降至 276t，占当年鱼类总产量的 9.3%；小杂鱼产量所占比例在 80 年代初就已经达到 70%以上。1998～2007 年，鲤产量所占鱼类总产量的比例年平均 3.41%。

2. 乌兰泡

呼伦湖水系除了呼伦湖、贝尔湖、乌尔逊河及克鲁伦河可进行捕捞生产外，新开湖、乌兰泡等几片湿地也都有多年捕捞生产历史。1948 年，内蒙古自治区渔业公司成立后，对呼伦湖水系渔业资源实行统一管理经营。1950～1957 年采取了季节性生产措施，以冬季冰下大拉网作业为主，只进行少量明水期作业。1955 年对乌兰泡实施了改造，经过筑坝提高水位，当年冬季进行捕捞生产，捕获大规格成鱼 525t。

1985 年乌尔逊河实行常年禁渔后，乌兰泡停止捕捞生产。1999 年呼伦贝尔盟水利局在乌尔逊河进入乌兰泡的河道上修桥、筑坝、建拦河闸，以提升乌兰泡水位，将贝尔湖进入乌尔逊河产卵繁殖的鱼类引进乌兰泡水域。乌兰泡的鱼类资源得到有效增殖后，呼伦贝尔盟水利局将水面经营权转包给外来人员，不再归属呼伦湖渔业有限公司。

乌兰泡 1972～1985 年天然鱼类产量见表 4-9。据此可以计算出此期间乌兰泡年平均鱼产量约 92t，平均单位面积产量 12.27kg/hm^2。

表 4-9 乌兰泡 1972～1985 年天然鱼类产量[126]

年份	总产量/kg	主要经济鱼类/kg						
		鲤	银鲫	鲇	黑斑狗鱼	红鳍原鲌	蒙古鲌	䱗
1972	70 000	12 775	23 506	511	1 533	12 775		18 900
1973	55 755	10 220	18 805	409	1 226	10 220		14 875
1974	50 800	5 264	220	1 120	6 568	21 890	228	15 510
1975	78 020	15 365	28 470	485	1 670	15 320		16 710
1976	66 008	40 136	10 283	1 115	1 781	4 602	2 061	6 030
1977	152 306	46 942.5	25 060.5	355	1 399	7 164	2 135	69 250
1978	108 710	18 349	2 414	2 857	750	37 760		46 580
1979	140 721	15 349	16 509	488	1 141	15 644	1 125	90 465
1980	50 503	4 373	480	240		720		44 690
1981	36 970	3 874	1 069	12		880		31 135
1982	57 650		1 050		900	11 050		44 650
1983	123 400	26 655	4 840	1 670	815	7 540		81 880
1984	120 420	45 253.5	22 102.5	5 272	2 764	6 158		38 970
1985	176 679	96 046.5	7 949	56 788	1 944	2 417.5		11 124

注：引用时经过整理

3. 新开湖

新开湖自 1962 年形成之后，天然饵料丰富和良好的繁衍生境为鱼类自然增殖提供了优越条件。呼伦湖渔场 1963 年在新开湖进行捕捞试验，1964 年正式安排捕捞生产并且很快形成了重要的捕捞水域。在捕捞渔具上，增加了专门捕捞蒙古䱗的小目“白鱼网”，增加了条箔和挂网捕捞生产。1967～1971 年以拉网、兜网、柳条箔和挂网捕捞鲤、银鲫、鲇、黑斑狗鱼和红鳍原鲌为主。

1984 年冰融期，哈拉哈河水位上涨，贝尔湖的鱼类大量涌入乌尔逊河、乌兰泡和呼伦湖。7 月末，新开湖乌兰岗拦鱼栅以下水域鱼群密集。例如，拔掉 4 根拦鱼栅上的钢筋（钢筋间空隙 20cm），平均每小时可捕获鱼类 20t。8 月 20 日 14 点，拦鱼栅以下 500～600m 的河段出现鱼群欢腾、跃出水面的壮观场景。在附近的河沟用竹筐扣捕、用木棍打等“土办法”都可以捕获鱼类。8～9 月该处捕获鱼类超过 1000t。

有记录的新开湖天然鱼类产量见表 4-10。年平均鱼产量和平均单位面积产量 1973～1984 年分别为 260.3t 和 17.70kg/hm^2；1987～1997 年分别为 1725.3t（包括呼伦湖的部分产量）和 117.37kg/hm^2。

表 4-10　新开湖天然鱼类产量

年份	总产量/t	主要经济鱼类/t							
		鲤	银鲫	鲇	黑斑狗鱼	瓦氏雅罗鱼	红鳍原鲌	蒙古鲌	䱗
1973	77.76	62.21	7.78	3.89			3.89		
1974	324.85	259.88	32.48	16.24			16.24		
1975	469.98	375.99	47.00	23.50			23.50		
1976	246.12	204.47	20.83	10.42			10.42		
1977	356.08	284.87	35.61	17.80			17.80		
1978	146.56	102.79	22.31	7.30			14.17		
1979	29.14	23.06	2.23	1.48	0.15		2.08	0.15	
1980	586.45	457.70	57.21	2.61			42.93		
1981	9.99	7.91	1.03	0.50			0.55		
1982	5.17	4.14	0.52	0.26			0.23		
1984	610.76	610.76							
1987	1242.91	66.37		63.86	0.09	0.39	89.80		1022.40
1988	1729.12	10.88	0.01	59.53		1.60	61.61		1595.46
1989	1614.48	12.98	0.22	19.27	0.18	3.23	51.27		1527.44
1990	1581.74	18.33	0.45	19.89	0.02	0.40	20.18		1522.45
1991	1909.49	31.17	2.22	21.52		5.10	15.48		1834.00
1992	1612.69	11.40	0.25	72.23		0.10	40.57		1488.14
1993	1360.74	9.29	5.45	13.56		10.24	51.39		1270.45
1994	1789.87	135.92	2.05	23.50		6.25	101.68		1520.47
1995	2042.53	137.52	2.49	20.75		2.70	81.56		1797.51
1996	2233.49	38.46	3.69	10.48		4.80	123.11		2052.95
1997	1861.46	96.45	5.10	21.78		6.67	73.97		1657.50

资料来源：依据文献[126]和[146]整理。1987～1997 年鱼产量包括呼伦湖的部分产量

4. 贝尔湖

有记录的贝尔湖天然鱼类产量见表 4-11。贝尔湖鱼类资源的开发利用始于 1903 年，当时俄国人在贝尔湖东岸设点捕鱼。1917 年以后捕鱼者被迫迁往乌尔逊河和呼伦湖进行捕捞。1932～1945 年，贝尔湖曾设过冰下大拉网生产。20 世纪 50 年代末，中国援蒙工人

同蒙古国渔民在贝尔湖蒙方一侧水域捕捞作业，但鱼产量很低。60 年代末，我国边防部队开始在贝尔湖中国境内水域进行自食性捕捞[126]。

表 4-11　贝尔湖天然鱼类产量

年份	总产量/t	主要经济鱼类/t							
		鲤	银鲫	鲇	黑斑狗鱼	红鳍原鲌	蒙古鲌	瓦氏雅罗鱼	鳘
1973	37.86	8.45	1.15	0.60	0.60	3.96	0.55		22.54
1974	111.97	72.75	8.86	2.25	19.29	5.03	3.71		0.09
1975	96.10	10.46	1.21	0.07	2.61	0.64	0.52		80.51
1976	48.20	10.11	8.77	0.02	0.58	8.74	1.16		18.84
1977	890.43	65.81	24.58	2.49	2.86	51.00	3.04		740.66
1978	1 078.24	60.62	14.85	4.12	5.76	55.73	2.34		932.82
1979	1 231.81	155.81	13.28	9.27	5.17	30.83	4.75		1 012.70
1980	877.01	184.29	15.15	8.41	8.05	28.87	11.61		620.64
1981	590.09	252.34	33.27	14.26	24.55	25.30	8.44		2 310.92
1982	861.12	263.16	22.58	31.53	24.99	36.86	13.29		4 680.74
1983	1 678.92	344.99	13.08	10.64	26.35	19.51	27.85		1 236.50
1984	1 462.44	367.90	5.83	18.27	7.08	11.24	13.19		1 038.94
1985	855.76	137.77	3.50	9.36	5.32	3.70	5.54		691.01
1986	993.54	111.49	12.00	23.10	36.25	26.08	17.39	47.40	720.19
1987	778.83	15.80	1.01	5.99	12.71	20.36	3.32	28.93	690.78
1988	584.45	7.24		22.40	0.79	12.26	0.38	9.84	531.55
1989	725.62	2.46	0.01	4.44	0.28	8.08			710.36
1990	696.03			0.05		0.75		0.40	694.85
1991	1 221.67	3.36	0.37	7.79		8.40		0.35	1 201.40
1992	1 444.50	1.15		2.24		22.60		2.50	1 415.80
1993	1 470.02	44.50	0.78	16.05		15.83		4.09	1 388.78
1994	944.78	21.58	0.34	12.50	0.15	26.63		1.85	881.74
1995	278.56	68.73		18.05	34.82			124.47	32.50
1996	576.97	61.43		35.27				178.83	301.44
1997	735.71	130.75		19.52				104.66	480.78
1998	1 837.99	190.93	0.18	141.43	21.39	945.94	370 752.00		
1999	3 771.41	171.80		216.21	103.22	1 472.67	589 887.00		419.10
2000	2 873.98	56.45	0.03	269.52	45.26	491.84	622 123.00		
2001	2 322.63	39.44	7.18	51.78	6.55	840.09	14 444.00		291.04
2002	1 580.27	89.49	0.87	34.41	0.99	641.02			23.92
2003	2 515.60	31.66	0.30	12.91		808.99	395.00		
2004	2 791.90	93.24	0.11	47.35	2.46			530.37	1 296.60
2005	4 572.17	17.98		89.39	67.14			21.35	4 077.18
2006	3 654.30	4.42		171.75	20.11	234.78		2 340.15	868.32
2007	2 701.09	0.54		87.71	8.07	40.38		95.15	999.63

资料来源：依据文献[15]、[126]和[146]整理

1973 年，呼伦湖渔场在贝尔湖北岸的阿萨尔庙建立了贝尔湖分场。主要生产网具：冬季捕捞的冰下大拉网、冰下挂网；明水期的大拉网、白鱼网、挂网、网箔和钓具等。主要渔获物包括鲤、银鲫、鲇、黑斑狗鱼、蒙古鲌、红鳍原鲌、瓦氏雅罗鱼、蒙古韰、麦穗鱼等。此外，还有江鳕、哲罗鲑、细鳞鲑等冷水性鱼类。

1989～1991 年，贝尔湖封湖育鱼。1992 年恢复生产后，除沿袭使用明水拉网、冰下大拉网生产外，还从外地引进大量网箔生产，鱼产量逐年提高。这一阶段的主要渔获物为鲤、银鲫、鲇、黑斑狗鱼、蒙古鲌和红鳍原鲌，瓦氏雅罗鱼、麦穗鱼、大鳍鱊、黑龙江鳑鲏数量明显增加，蒙古韰数量显著下降，几乎绝迹。1998 年以来，以冰下大拉网、明水期网箔捕捞为主，捕捞水域最宽处 1.74km，全长 23.15km。2004 年以后，冬季鱼产量不足 100t。

多年来，贝尔湖的捕捞渔业，除安排鲤、银鲫、鲇、黑斑狗鱼、蒙古鲌、红鳍原鲌和蒙古韰的捕捞生产外，以捕捞小型成鱼为主。1973～1990 年以捕捞蒙古韰为主，1991 年后蒙古韰基本绝迹，麦穗鱼成了主要捕捞对象，并且产量在不断提高。2004 年麦穗鱼产量急剧下降，瓦氏雅罗鱼占领主要水域，变成了主要经济鱼类。由此可以看出，鱼类种群在不断发生变化。

贝尔湖年平均鱼产量和平均单位面积产量，1973～1986 年分别为 772.2t 和 191.81kg/hm^2，1987～1997 年分别为 859.7t 和 213.55kg/hm^2，1998～2007 年分别为 2862.1t 和 710.91kg/hm^2[85]。

4.1.3.6 蒙古韰的种群调控[150, 151]

1. 繁殖生物学

（1）繁殖习性　呼伦湖的蒙古韰（别名“蒙古油韰”，俗名“油韰条”“小白鱼”）喜欢在水体上层集群活动。6 月下旬表层水温达到 22℃时进入繁殖期，繁殖期持续到 7 月末。在呼伦湖沿岸浅滩静水湾集群产卵，卵具黏性，黏附在岸边水草上或砂砾底质的石块上。所以，其产卵场通常情况下在水草较多或砂砾底质的岸边。

呼伦湖底质 70%为泥质，30%为砂砾质。砂砾底质遍布湖的沿岸，所以呼伦湖沿岸都是蒙古韰的良好产卵场。由于湖的东岸为砂砾底质，湖的西岸为泥质底质，相比之下，蒙古韰更喜欢在水草较多的东岸产卵繁殖。实际观察到的产卵鱼群数量湖东岸也明显多于西岸。

（2）产卵群体结构　蒙古韰初次性成熟的最小规格，体长和体重雌性分别为 8.8cm 和 12.5g；雄性分别为 9.2cm 和 13.3g。繁殖群体中雌、雄所占比例不断变化，产卵期以前的繁殖群体中雌鱼比较多，在随机抽取的 387 尾样本中，雌性 220 尾，雄性 167 尾，雌、雄性别比为 1.32∶1。在繁殖季节，产卵群体中雄鱼相对较多，在产卵场采集的 458 尾样本鱼中，雌性 194 尾，雄性 264 尾，雌、雄性别比为 1∶1.36。

（3）繁殖力　呼伦湖蒙古韰 1 龄即可达到性成熟，绝对繁殖力（F）为 2021～15 470 粒卵，体长相对繁殖力（F_L）为 230～1137 粒卵/cm，体重相对繁殖力（F_W）为 273～700 粒卵/g；体长、体重相对繁殖力分别与体长、体重成二次方、三次方关系（表 4-12）。个体繁殖力随着体长、体重的增加而提高。个体平均绝对繁殖力，体长 9～10cm 的为 3552 粒卵，体长 11～13cm 的为 9860 粒卵，体长 14cm 的为 16 420 粒卵。

表 4-12　呼伦湖蒙古䱗相对繁殖力方程[150]

体长相对繁殖力			体重相对繁殖力		
数学模型	R^2	P	数学模型	R^2	P
$F_L=-10L^2+412L-2659$	0.98	0.000	$F_W=-3W^2+110W-380$	0.95	0.000
$F_L=-0.3L^3+304L-2271$	0.98	0.000	$F_W=-0.01W^3-7W^2+170W-638$	0.98	0.000

2. 蒙古䱗种群快速增长的原因

（1）繁殖特征上的优势　呼伦湖 3 种䱗属鱼类中，蒙古䱗产黏性卵，䱗和贝氏䱗均产漂流性卵；初次性成熟年龄雌性䱗2～3 龄，体长 8～10cm，体重 15g 以上；贝氏䱗2 龄，雌性体长 8.8cm，雄性 9.0cm[2]。可见蒙古䱗性成熟年龄低于䱗和贝氏䱗。

䱗和蒙古䱗繁殖前期雌性多于雄性，繁殖期间雌性少于雄性。这是因为在繁殖前期雌性比雄性性成熟早，使得雌性性成熟个体数量多于雄性；而在繁殖期，较早成熟的雌性个体产卵结束后即离开产卵群体，这导致繁殖期的种群性别比发生变化，即雄性多于雌性。

一般情况下，能够在江河繁殖的鱼类产漂流性卵，如青鱼、草鱼、鲢、鳙等；而能够在静水湖泊中繁殖的鱼类产黏性卵，如鲤、银鲫等。呼伦湖两条补给河流克鲁伦河和乌尔逊河在蒙古䱗繁殖季节有些年份受到干旱的影响会断流，导致产漂流性卵的鱼类不能繁殖（如䱗和贝氏䱗），而蒙古䱗产卵繁殖则不受河水断流的影响，每年都有效地进行正常繁殖，这也是该鱼能够在呼伦湖成为优势种的原因之一。

尽管蒙古䱗相对繁殖能力不如其他种类（如红鳍原鲌、鲌类等），但其性成熟较早，每年 7 月全部鱼类都成为繁殖群体（除了初孵仔鱼），繁殖迅速，这也是蒙古䱗成为呼伦湖优势种的原因之一。

（2）繁殖环境优越　2000 年以来，呼伦湖地区干旱少雨，湖泊水位下降，水深变浅，多西北风，湖面波浪频繁，水体透明度下降，仅表层水体有利于浮游生物繁殖，下层水体缺少光照，浮游植物难以繁殖，使底层水体溶解氧含量极低，不利于底层鱼类的繁殖。而蒙古䱗是中上层鱼类，喜食浮游动物，这就具备了蒙古䱗生存的生态条件，而不利于其他经济鱼类如鲤、银鲫等的生存。

呼伦湖沿岸坡度小、水浅，为水草的生长创造了条件，而且湖沿岸绝大部分为砂砾底质，是蒙古䱗良好的产卵场。

（3）捕捞的影响　由于呼伦湖蒙古䱗1 龄即可达到性成熟，上年繁殖的鱼苗第二年全部成为繁殖群体，种群增长迅速，这是该鱼在呼伦湖成为优势种的基础。

呼伦湖渔业有限公司捕捞蒙古䱗所使用的网具为小眼网，网目规格仅为 3cm，目的是捕捞体长 9～10cm 的蒙古鲌，但那些捕食蒙古鲌的食鱼性鱼类的幼鱼也一同被捕起，使湖中食鱼性鱼类的种群数量减少，蒙古鲌因缺少了天敌，种群得以迅速扩张。

呼伦湖位于我国最北部，水温较低，生长季节短，一些大型经济鱼类和食鱼性鱼类需要几年才能达到性成熟，结果是大型鱼类的繁殖速度远低于蒙古鲌。

3. 种群资源量调控

在呼伦湖的 7 种主要经济鱼类鲤、银鲫、红鳍原鲌、蒙古鲌、黑斑狗鱼、鲇和蒙古鲌中，蒙古鲌所占渔获物的比例 20 世纪 70 年代低于 60%，80 年代上升至 80%左右，90 年代超过 90%。

为了控制其种群数量，呼伦湖渔业有限公司只能使用小网目渔具高强度捕捞，但在捕捞蒙古鲌的同时，也把其他经济鱼类的幼鱼捕捞出水，使这些经济鱼类的资源遭到破坏，数量逐渐减少，而经济价值较低的小型鱼类蒙古鲌的捕捞量逐渐上升。2000 年以来，蒙古鲌年产量超过 3000t，所占比例超过 95%。

4.2 达里诺尔国家级自然保护区

内蒙古达里诺尔国家级自然保护区（下称“达里诺尔保护区”）位于内蒙古自治区赤峰市克什克腾旗，地理坐标 43°11′N～43°27′N，116°22′E～117°00′E，总面积 1194km^2。

4.2.1 生境多样性

4.2.1.1 河流沼泽湿地

1）贡格尔河：又称公格尔河，发源于大兴安岭尾脉阿拉烧哈山，河道弯曲，在达里湖（蒙古语“达里诺尔”）的东北部（当地称“北河口”）注入湖内，全长 120km，流域面积 783km^2，年平均流量 4570 万 m^3。

2）沙里河：发源于克什克腾旗经棚镇西侧，下流 20km 注入岗更湖（蒙古语“岗更诺尔”），从岗更湖流出约 15km 入达里湖，流量仅为贡格尔河的 1/4。

3）亮子河：发源于达里湖沙丘地带，由湖的西南部入湖，水量少于沙里河。

4）耗来河：又称毫里河，发源于达里湖西部丘陵地区，流经鲤鱼湖（蒙古语“多诺诺尔”）后，再注入达里湖，全长 17km。

上述 4 条河流均属内流河，水量小，泥沙含量较少[2]。

4.2.1.2 湖泊沼泽湿地

达里诺尔保护区现有 5 处湖泊沼泽湿地，其中达里湖、岗更湖（43°14′N～43°18′N，116°52′E～116°59′E）、鲤鱼湖（43°14′N～43°15′N，116°24′E～116°25′E）的面积相对较大，分别为 238km^2、21km^2 及 2.2km^2[2]。达里湖为内蒙古高原的封闭性湖泊沼泽湿地，湖面海拔 1226～1228m，水域面积 213km^2，水体盐度 6.46g/L，总碱度 53.57mmol/L，pH 9.65，是典型的内陆苏打型高盐碱湿地[16]。

岗更湖位于达里湖东南部，被称为达里湖的姊妹湖，为碳酸盐型淡水湿地，pH（8.45）、盐度（0.41g/L）、碱度（4.59mmol/L）均低于达里湖。盛产鲤、鲫、鲢、鳙和草鱼等多种经济鱼类，而达里湖中只有鲫和瓦氏雅罗鱼 2 种[152]。因此，岗更湖对达里诺尔保护区鱼类多样性的可持续发展起着重要作用。

4.2.2 物种多样性

4.2.2.1 物种组成及分布

达里诺尔保护区鱼类物种组成参见 1.3.2.3。

由于达里湖水环境盐度、碱度和 pH 均较高，在达里湖主体湖区，仅生存 7 种对盐碱环境适应能力较强的鱼类，即达里湖高原鳅、弓背须鳅、似铜𬶋、九棘刺鱼、麦穗鱼、瓦氏雅罗鱼和鲫鱼。其附属的河流和湖泊沼泽内，除人为移入的鲤、草鱼、鲢、鳙外，还有自然分布的 11 种鱼，其中麦穗鱼、鲫和达里湖高原鳅在达里湖主体湖区也有分布（表 4-13）。

表 4-13 达里诺尔保护区鱼类物种组成与分布

种类	a	b
一、鲤形目 Cypriniformes		
（一）鲤科 Cyprinidae		
1. 草鱼 *Ctenopharyngodon idella* ▲		+
2. 拉氏鲅 *Phoxinus lagowskii*		+
3. 花江鲅 *Phoxinus czekanowskii*		+
4. 瓦氏雅罗鱼 *Leuciscus waleckii waleckii*	+	+
5. 棒花鱼 *Abbottina rivularis*		+
6. 麦穗鱼 *Pseudorasbora parva*	+	+
7. 凌源𬶋 *Gobio lingyuanensis*		+
8. 高体𬶋 *Gobio soldatovi*		+
9. 似铜𬶋 *Gobio coriparoides*	+	
10. 兴凯银𬶋 *Squalidus chankaensis*		+
11. 鲤 *Cyprinus carpio* ▲		+
12. 鲫 *Carassius auratus*	+	+
13. 鲢 *Hypophthalmichthys molitrix* ▲		+
14. 鳙 *Aristichthys nobilis* ▲		+
（二）鳅科 Cobitidae		
15. 泥鳅 *Misgurnus anguillicaudatus*		+
16. 北方泥鳅 *Misgurnus bipartitus*		+
17. 北鳅 *Lefua costata*		+
18. 北方须鳅 *Barbatula barbatula nuda*		+
19. 弓背须鳅 *Barbatula gibba*	+	
20. 达里湖高原鳅 *Triplophysa dalaica*	+	+
21. 北方花鳅 *Cobitis granoci*		+
二、刺鱼目 Gasterosteiformes		
（三）刺鱼科 Gasterosteidae		
22. 九棘刺鱼 *Pungitius pungitius*	+	

注：a. 达里湖主体湖泊沼泽区，b. 达里湖附属河流沼泽及湖泊沼泽

4.2.2.2 种类组成

参见 1.3.2.3。

4.2.2.3 区系生态类群

参见 1.3.2.3。

达里湖的最大附属河流贡格尔河，其上游距离辽河上游西拉木伦河的一条支流的直线距离只有 3km，中间被沙丘所隔。岗更湖距离西拉木伦河的另一支流也只有 20km，中间也被沙丘所阻隔，古代辽河与达里湖可能相连通。通过比较可知，达里诺尔保护区水系与辽河上游水系的鱼类区系具有一致性，表明这些水系的鱼类物种具有同一来源[2]。

4.2.2.4 鱼类多样性的主要影响因子

监测资料显示，达里湖浮游植物、浮游动物及底栖动物生物量分别为 3.236mg/L、1.365mg/L 及 9.91g/m^2，所提供的鱼类生产潜力合计 1691t，但经济鱼类只有鲫和瓦氏雅罗鱼两种杂食性种类，饵料资源并未得到充分利用。主要原因是水质碱度、pH 及钾离子浓度均较高，钙、镁离子浓度过低，导致钙、镁离子对钾离子的拮抗效应太弱而使得湖水对水生动物致毒。同时这也是该湖鱼类区系较为简单的重要原因之一[16, 153]。能否在这样的水体引入更具经济价值的鱼类，一直备受关注。文献[22]根据 1975～1978 年达里湖鱼类驯化养殖试验结果，并参照河北省、内蒙古自治区内几个内陆盐碱湖泊水质变化过程和鱼类放养效果，阐述了梭鱼、鲢、鳙、草鱼、鲤、丁鲹、鲤×鲫杂交种、青海湖裸鲤、鲫、瓦氏雅罗鱼及北方须鳅对湖水的适应能力，为揭示达里湖盐碱环境因子对淡水鱼类多样性的影响，研发既能充分利用湖中天然饵料，又能适应达里湖特殊水质的经济鱼类进行放流增殖提供了科学依据。

（1）对盐度的适应性　一般认为鲤仔鱼适应界限为 6～10g/L，成鱼为 10g/L；对盐度较敏感的鲢，其适应界限仔鱼为 5～6g/L，成鱼为 8～10g/L。至于梭鱼等过河口广盐性鱼类以及曾与海洋有过联系的鲑科鱼类，其当年鱼和成鱼的耐盐性更强。所以达里湖的盐度尚在鲤科鱼类的适应范围。

在内蒙古自治区的几个内陆湖中，黄旗海 1977 年盐度高达 18g/L，其离子成分中，氯离子在阴离子中占优势（7.16g/L），pH（9.42）低于达里湖，碳酸盐碱度（68.1mmol/L）低于查干淖尔（73.0mmol/L），其死鱼原因与高盐度有关。但在 1975 年黄旗海盐度为 11.7g/L 时放养瓦氏雅罗鱼，生长较好，1976 年盐度上升到 12g/L 以上时，还有所捕获。看来盐度低于 12g/L 时，对瓦氏雅罗鱼等的致死因素可不必考虑盐度。因 12g/L 的盐度与鲤科鱼类所适应的盐度界限相差不大。但同时也不能否认在高盐度情况下，可能会降低碱度的致死浓度，而促使鱼类更快死亡。

（2）对碱度的适应　梭鱼、鲢、鳙和草鱼对高碱度水环境最敏感，在达里湖水中，水温 20℃以上，几小时内即死亡。鲤和丁𫚙等比较敏感，在湖水中可生存几天至几十天。1977 年前后，在达里湖捕到 3 尾鲤，但很难排除它们不是从相邻的岗更湖和鲤鱼湖通过沙里河进入的。据老渔工反映，1938 年为大水年份，鲤从鲤鱼湖大量进入达里湖，但此后并未见湖中有鲤，说明湖水已不适合鲤生活。用鲤、鲫正反杂交后代进行试验，结果表明以鲤为母本的杂种后代同母本的耐碱能力差不多；以鲫为母本的杂种后代（除了一部分个体具须外，其外形酷似鲫），其耐碱性则较强。

对高碱度耐受能力较强的有青海湖裸鲤、北方须鳅、麦穗鱼、瓦氏雅罗鱼、鲫、九棘刺鱼、棒花鱼、凌源𬶋、兴凯银𬶋、北鳅、北方花鳅和泥鳅，其中除了青海湖裸鲤外，其余均见于湖中。但除了北方须鳅、麦穗鱼、鲫和九棘刺鱼外，都只停留在入湖河口附近和附属湖泊岗更湖及鲤鱼湖中，其耐碱能力比青海湖裸鲤、北方须鳅、麦穗鱼、瓦氏雅罗鱼、鲫鱼差得多。

（3）耐碱能力比较　在查干淖尔，当鲫死亡殆尽时，瓦氏雅罗鱼尚能生存。当白音查干海子在鲫不能生存时，移入的瓦氏雅罗鱼还可勉强生活。达里湖 1952 年、1973 年和 1977 年春季水质劣变时，每次鲫死亡数量达 50～500t，而瓦氏雅罗鱼则可生存。用浓缩的达里湖水进行试验，结果也与大水面自然状况相符，当碱度增大时，鲫首先死亡，其次是瓦氏雅罗鱼和麦穗鱼。

青海湖 $\rho(Cl^-)$为 5274.7mg/L，$\rho(K^+)$为 3258.2mg/L，盐度为 12～13g/L；但 $\rho(HCO_3^-)$ 只有 525.0mg/L，$\rho(CO_3^{2-})$ 为 419.4mg/L，碳酸盐碱度仅为 22.64mmol/L，远比达里湖的碱度低。在浓缩湖水试验过程中，青海湖裸鲤的死亡时间要比瓦氏雅罗鱼更晚。可见，青海湖裸鲤虽然生活在以氯化物为主的高盐度湖泊，但它具有最强的耐碱性。因而，在达里湖，青海湖裸鲤具有驯化价值。

（4）盐碱湖泊鱼类长期适应的水化学极限　达里湖的盐度并不算高，只有 5.5g/L，浓缩为 1/2，才与青海湖差不多，死鱼的原因是碱度和 pH 过高。在低碱度情况下，由于植物光合作用的结果，pH 仍可升得很高而使鱼死亡。例如，1976 年夏季，在达里湖北河口养殖场蓄养梭鱼试验中，池水中 $c(HCO_3^-)$ 为 2.02mmol/L，$c(1/2CO_3^{2-})$ 为 12.9mmol/L，$\rho(Ca^{2+})$ 仅为 7.36mg/L；缓冲作用较低，因为沉水植物没有被清除，其光合作用使 pH 升高到 10.53（死鱼时可能更高），导致梭鱼死亡。

达里湖北河口小岛附近 $c(HCO_3^-)$ 为 19.2mmol/L，$c(1/2CO_3^{2-})$ 为 13.23mmol/L，$\rho(Ca^{2+})$ 为 12.2mg/L，因水草较多，pH 经常超过 9.8。在这里用网箱养殖鱼类反而不如碱度较大、远离河口的无水草区。历年死鱼都发生在南北河口一带盐碱度较低的浅水多草区。所以不宜用碱度作为死鱼的唯一因素，应同时考虑 pH 变化。

表 4-14 列出了几个内陆盐碱湖泊碱度、盐度、pH 及鱼类存活情况。可以看出，梭鱼在以氯化物为主、碳酸盐碱度只有 22.61mmol/L 的青海湖可以存活 80d 以上。但成活率很低，多数患有水霉病。据当地居民反映，在囫囵淖捕到过小梭鱼和怀卵的大梭鱼。但当 1977 年碳酸盐碱度达到 31.8mmol/L 时，纵然有梭鱼、草鱼和鲢存在，也濒于死亡。这是因为 1972 年黄旗海碱度为 30.2mmol/L 时，已无鲢、鳙存在。由此可见，鲢、草鱼和梭鱼生存的碱度极限应低于 30mmol/L；黄旗海 1972 年盐度为 7.8g/L，这似乎不是草鱼和鲢致死的原因。

表 4-14 几个内陆盐碱湖泊主要水化学特征和鱼类适应状况[22]

湖泊名称	时间	pH	碳酸盐碱度/(mmol/L)	盐度/(g/L)	鱼类存活状况
达里湖	1977 年	9.3～9.56	44.5	5.5	有时春夏间鲫大批死亡
黄旗海	1964 年	9.03	16.49	—	鲢、草鱼、鳙生长良好
黄旗海	1972 年	9.2	30.2	7.8	鲢、鳙开始死亡，产量大降
黄旗海	1973 年	9.4	38.99	8.1	鲢已不存在，鲤皮肤溃疡、瞎眼
黄旗海	1974 年	9.3	45.59	11.7	鲤减少，移入瓦氏雅罗鱼
黄旗海	1975 年	9.3～9.5	45～50	12	捕到少量瓦氏雅罗鱼
黄旗海	1977 年 10 月	9.42	68.1	18	1976 年鲤已不能生存，瓦氏雅罗鱼少见，试养青海湖裸鲤
查干淖尔	1973 年 6 月	9.6	62.61	7.3	1972 年产量下降
查干淖尔	1976 年 6 月	9.61	73.0	9.08	1975 年已无鲫，瓦氏雅罗鱼烂体
白音查干	1964～1965 年	9.1～9.4	41.3～53.0	—	1964 年鲤不能存活，鲫开始死亡
白音查干	1973 年	9.7	136.5	—	1966 年移入瓦氏雅罗鱼，1970 年死亡，1973 年无鱼
其甘诺尔	1976 年	9.7	48.1	5.6	鲫在湖水中存活 10d
青海湖	1964 年	9.2～9.4	22.61	12.5	部分幼梭鱼在大湖中存活 80d 以上
囫囵淖	1977 年 10 月	9.42	31.8	4.6	春季尚有少量梭鱼、鲢等

黄旗海鲤在 pH9.4、碳酸盐碱度 38.99mmol/L 条件下，在盐度为 8.1g/L 时开始死亡；达里湖碳酸盐碱度 44.5mmol/L 时，个别鲤可以偶然存活。黄旗海鲫在 pH9.3、碳酸盐碱度 45.59mmol/L 条件下，在盐度为 11.7g/L 时大量死亡。当其甘诺尔 pH9.7、盐度 5.6g/L、碳酸盐碱度 48.1mmol/L 时，用湖水室内养殖鲫仅能存活 10d。可见达里湖的碱度已接近的适应极限。

瓦氏雅罗鱼的耐碱能力比鲫强，在碳酸盐碱度 68～73mmol/L、pH9.4～9.6 时（黄旗海和查干淖尔）处于烂体、死亡阶段，其适应的碱度极限应低于 68mmol/L。应该指出的是烂鳍、瞎眼、肌肉溃疡和坏疽都是高碱度、高 pH 湖泊鱼类的共同特征，许多内陆湖泊发生慢性死鱼的都无一例外。因而有人把高 pH 所引起的鱼类原纤维腐蚀和坏死称为"碱病"。

青海湖裸鲤的适应性最强，在碳酸盐碱度 68.1mmol/L 条件下可存活 19d 以上。

（5）鲫、瓦氏雅罗鱼和麦穗鱼是盐碱湖泊广泛分布的鱼类 调查结果表明，鲫、瓦氏雅罗鱼和麦穗鱼广泛分布于吉林省西部、内蒙古自治区、河北省张北高原和陕西省北部的一些内陆盐碱湖泊中。这些地区一般属于海拔接近 1000m 或 1000m 以上的高原。许多内陆湖泊因为没有出水口，水环境盐碱度较高。这 3 种鱼对盐碱水环境和较低的水温均有较强的适应性。

从食性上看，它们都摄食一部分浮游生物，瓦氏雅罗鱼和鲫都要摄食一些沉水植物；麦穗鱼和瓦氏雅罗鱼摄食一部分底栖动物；瓦氏雅罗鱼还摄食麦穗鱼和条鳅的幼鱼。这些广泛的食物来源可使它们较充分地利用盐碱湖泊中的天然饵料资源。达里湖的浮游植物生物量全年平均为 1.6mg/L，浮游动物为 1.9mg/L，底栖动物为 4.789g/m^2，多年来鱼产量平均只有 30kg/hm^2，湖中鱼类的饵料竞争并不紧张。

就繁殖来说，鲫在河口区水草上产卵，虽然也上溯河流，但距离河口不远。瓦氏雅罗鱼主要在河道内沙石、水草上产卵，在贡格尔河上游建坝前可上溯 100km，产卵期很早，与鲫不仅在位置上，而且在时间上也不存在较大矛盾。麦穗鱼则在河道各种物体上产卵，产卵时间也比瓦氏雅罗鱼晚得多，争夺产卵场的矛盾也不存在。

从产量上看，瓦氏雅罗鱼和鲫约各占一半，看不出它们在数量上存在着相互消长的关系，也说明这几种鱼在种间竞争中的矛盾不大，是相互适应的。按照已有的研究结果，麦穗鱼属、雅罗鱼属化石在我国中新统地层就已被发现，鲫的出现也较早，这说明它们共同经历了自然条件的变迁，获得了相互适应。

瓦氏雅罗鱼和鲫等对低温和高碱度的适应是有限度的，在我国西部海拔接近 2000m 的高原，特别是在流水中就逐渐被裂腹鱼亚科的鱼类所取代。中国科学院水生生物研究所在海拔 2073m 的新疆赛里木湖移殖鲫，因为 7 月平均水温只有 15.1℃，所以生殖腺退化而不能产卵繁殖。至于瓦氏雅罗鱼，它在解冰后 6～8℃即可产卵。看来该鱼不仅在耐碱性方面超过了鲫，在耐寒方面也是胜过鲫的，可以作为高原湖泊驯化移殖的对象。

鲫、瓦氏雅罗鱼和麦穗鱼是我国起源较早、适应于高程 1000～2000m 的内陆盐碱湖泊的鱼类。

在达里诺尔保护区，岗更湖是一个典型的内陆淡水湖泊，岗更湖水质盐碱度远远低于达里湖，这可能是造成两个湖泊鱼类多样性差异的重要原因。例如，仅生存于达里湖耐盐碱能力较强的 5 种鱼类均见于岗更湖；但岗更湖生存的其他 14 种鱼类则未见于达里湖。

4.2.3　渔业资源

4.2.3.1　捕捞量

体现在捕捞量上的达里湖经济鱼类资源变化，大致分为以下 3 个阶段[16, 154-156]。

1）1949～1979 年自然捕捞阶段：这一时期无任何增殖措施，是在捕捞能力较低的情况下维持的捕捞量。

2）1980～1994 年定额捕捞阶段：1980～1990 年鱼类繁殖条件较好，资源增殖量相对较稳定，捕捞强度也相对较高，年平均捕捞量 584t；1991 年以后鱼类自然繁殖条件日趋恶化，在捕捞强度不变的情况下，1991～1994 年年捕捞量 220～480t，年平均 360t，为历史最低。

3）1995 年以后为人工增殖阶段：为了提高渔业生产力，1994 年开始采取人工增殖措施，补充自然繁殖力的不足，1995 年开始形成增殖种群，捕捞量逐渐回升。1998 年捕捞量达到 961t，为历史最高。1999～2001 年年捕捞量 541～775t，平均 601t；2002～2009 年年捕捞量 401～700t，平均 502t。这一时期由于水质逐渐恶化，水源不足，水面缩小（1998 年 228km^2，2007 年 224km^2，2009 年 190km^2，2010 年 200km^2，2013 年 213km^2），影响了鱼类的栖息生长，再加上捕捞强度过大，导致鱼类资源衰退。由于水质和水源难以控制，为恢复鱼类资源，只能适当降低捕捞强度。

4.2.3.2　鲫和瓦氏雅罗鱼的资源量与合理捕捞量

达里湖因水质盐碱度较高，湖中经济鱼类只有鲫和瓦氏雅罗鱼 2 种。鲫的产量在达里湖总产量中占50%左右，所以鲫在整个达里湖渔业资源中有着举足轻重的地位，但因其中30%的鲫个体患有绦虫病，生长速率最差。瓦氏雅罗鱼要洄游到河道进行产卵繁殖，而近年来由于产卵条件恶化，瓦氏雅罗鱼补充群体数量一直不足，造成湖中成鱼数量下降，资源呈现衰退趋势。

文献[157]曾估算过鲫和瓦氏雅罗鱼捕捞群体的资源量和合理捕捞量。结果表明，鲫可捕群体资源量为600～670t，瓦氏雅罗鱼为450t，合计1050～1120t，基于资源恢复的合理捕捞量为400～450t。

以往达里湖鱼产量下降，都是繁殖条件恶化所致。近几年达里湖水位略有回升，透明度增加，水质发展趋势转好，鲫产卵条件逐步改善。瓦氏雅罗鱼繁殖期间如能保证河道水位不下降，或修建人工产卵场，并控制对亲鱼的捕捞数量，则瓦氏雅罗鱼资源恢复将会更快。因为该鱼性腺指数高达25%，平均繁殖力14 500粒/尾，繁殖力较强，且2龄即可进入产卵群体，3年可见效。所以如果产卵条件得到改善，捕捞规格与数量合理，3年左右鱼产量恢复到20世纪七八十年代水平是有可能的(1974～1990年年平均鱼产量620t)。如果资源恢复后管理得当，保持在1974～1978年的高产水平（年平均鱼产量700t）也是可以实现的，这样高产水平持续了5年，并没有引起随后几年出现资源衰退（1979～1983年年平均鱼产量600t)。所以达里湖年平均鱼产量保持600～700t的高产稳产水平是可以做到的[155, 157]。

文献[156]采用灰色模型预测达里湖2010年、2011年、2012年、2013年和2014年的鱼产量，结果分别为489t、526t、566t、609t和656t。这与文献[157]的预测十分相近。

4.2.4 主要物种个体生物学及种群结构

4.2.4.1 瓦氏雅罗鱼

1. 捕捞群体年龄组成

渔获物分析表明，1994～1995年[157]和2005～2006年[158]的捕捞群体均由2～8龄构成，以3～4龄为主体（表4-15)。

表4-15 瓦氏雅罗鱼渔获物年龄组成[158]

年份	项目	年龄/龄						
		2	3	4	5	6	7	8
2005～2006[158]	样本数/尾	13	97	73	11	5	2	2
	所占比例/%	6.4	47.8	36.0	5.4	2.5	1.0	1.0
	平均体长/cm	11.9	15.1	18.6	20.9	22.7	24.1	25.0
	平均体重/g	34.3	70.2	121.0	168.6	213.0	267.3	303.5
1994～1995[157]	平均体重/g	35.7	64.3	122.9	164.0	219.6	288.0	327.5
	占渔获物比例/%	1.5	27.8	47.9	7.9	9.3	2.6	3.0

2. 生长

文献[158]报道，体长（L/cm）与体重（W/g）的关系为：$W = 2.81\times10^{-2}L^{2.825}$（$r^2 = 0.996$）。式中，$b = 2.825$（$b$ 为鱼类体长、体重关系式 $W = aL^b$ 中的指数），接近于 3，表明瓦氏雅罗鱼等速生长，生长规律符合 von Bertalanffy 生长方程。采用 Ford 方程和 Beverton 法计算 L_∞、k 和 t_0，所得渐近体长 $L_\infty = 28.98\text{cm}$，生长系数 $k = 0.259$，渐近体重 $W_\infty = 366.95\text{g}$，理论上体长或体重等于零时的年龄 $t_0 = -0.324$。瓦氏雅罗鱼的生长模型为

$$L_t = 28.98[1 - \mathrm{e}^{-0.259(t+0.324)}] \tag{4-1}$$

$$W_t = 366.95[1 - \mathrm{e}^{-0.259(t+0.324)}]^{2.825} \tag{4-2}$$

对式（4-1）、式（4-2）中 t 求一阶导数、二阶导数，分别得其生长速率方程和生长加速度方程（著者整理所得）：

$$\mathrm{d}L/\mathrm{d}t = 7.494\mathrm{e}^{-0.259(t+0.324)} \tag{4-3}$$

$$\mathrm{d}W/\mathrm{d}t = 268.092\mathrm{e}^{-0.259(t+0.324)}[1 - \mathrm{e}^{-0.259(t+0.324)}]^{1.825} \tag{4-4}$$

$$\mathrm{d}^2L/\mathrm{d}t^2 = -1.938\mathrm{e}^{-0.259(t+0.324)} \tag{4-5}$$

$$\mathrm{d}^2W/\mathrm{d}t^2 = 69.329\mathrm{e}^{-0.259(t+0.324)}[1 - \mathrm{e}^{-0.259(t+0.324)}]^{0.825}\times[2.825\mathrm{e}^{-0.259(t+0.324)} - 1] \tag{4-6}$$

从上述生长方程中可以看出，瓦氏雅罗鱼的生长在达里湖表现出如下特征。

1）体长生长曲线不具有拐点，随着年龄增大而逐渐趋向渐近体长。体重生长曲线为不对称的 S 形曲线，随着年龄的增大，体重生长呈现慢—快—慢的变化趋势。

2）体长生长速率是一条随着时间的增加而逐渐下降的曲线，表明其生长速率在不断减慢；体长生长加速度曲线上升逐渐趋于平缓，表明随着体长生长速率的下降，其递减速度逐渐趋于缓慢。

3）体重生长速率和生长加速度均为具有拐点的曲线，根据式 $t_r = t_0 + \ln 3/k$ 计算出其拐点年龄 t_r 为 3.925 龄，拐点年龄的体重为 117.15g，体长为 19.35cm。拐点之前（即 $t < 3.925$ 龄）加速度为正值，是体重生长速率递增阶段，但其生长加速度却在下降；当 $t = 3.925$ 龄时生长加速度为 0，生长速率不再递增；拐点之后（即 $t > 3.925$ 龄）生长加速度为负值，体重生长速率进入递减阶段。这表明 3.925 龄以后为体重递减阶段，其生长已进入衰老期。

3. 死亡

（1）自然死亡系数　自然死亡系数是由自然因素所造成的死亡。影响自然死亡的因素较多且较复杂，同时，自然死亡程度的高低又随着不同生命阶段而有所变化，因而要对自然死亡系数进行准确估算是很困难的。通常采用下式计算瓦氏雅罗鱼的自然死亡系数（M）[158]。

$$\lg M_p = 0.654\lg k + 0.463\lg T - 0.279\lg L_\infty - 0.007 \tag{4-7}$$

$$M_z = 2.591/t_\lambda - 2.1\times10^{-3} \tag{4-8}$$

式中，$t_\lambda = t_0 + 3/k$，计算结果为 $t_\lambda = 11.28$ 龄。取 M_p 和 M_z 平均值求得 M。

根据上述 L_∞、k 和 t_0 值，年平均水温取 $T = 8℃$，代入式（4-7）、式（4-8），得 $M_p = 0.417$，

$M_z = 0.228$。由于鱼类的自然死亡率与其寿命及栖息环境都有一定关系，两公式都具有一定意义，因此可采用二者平均值，即 $M = 0.323$。

（2）总死亡系数 由渔获物年龄组成（表 4-15）可知，瓦氏雅罗鱼捕捞群体中自 3 龄开始大部分个体进入渔具选择过程，捕捞群体的最小年龄 $t_c = 3$ 龄，对应的渔获物尾数为 97 尾；渔获物最大年龄值 $t_\lambda = 8$ 龄，对应的渔获物尾数为 2 尾。文献[158]采用两种不同的方法计算出年总死亡系数 $Z_1 = 0.907$，$Z_2 = 0.970$，两种方法计算的年总死亡系数基本一致，取其平均值 $Z = 0.939$。

（3）捕捞死亡系数 根据式 $Z = F + M$，求得捕捞死亡系数 $F = Z - M = 0.616$，种群资源的开发利用率 $E = F / Z = 0.656$。

4. 生活史类型[158]

根据 r-选择和 K-选择理论，鱼类种群生活史类型可以用 7 个生态学参数来表达。这 7 个生态学参数为渐近体长（L_∞）、渐近体重（W_∞）、生长参数（k）、自然死亡系数（M）、初次生殖年龄（T_m）、最大年龄（t_λ）和种群繁殖力（P_F）。对于 T_m 的取值，将渔获物样本中 50%以上个体性成熟的最低年龄作为初次生殖年龄，为 $T_m = 3$ 龄；计算出的 $P_F = 26.74$。通常认为种群繁殖力为 11～100 的鱼类，属于 r-选择型。因此，瓦氏雅罗鱼的生活史类型应为 r-选择型。

5. 资源管理模式

不同生活史类型的鱼类对种群的捕捞强度具有不同的反应。通常采用单位补充量的鱼产量模式，来探讨种群在不同捕捞强度和不同年龄的产量变化情况[158]。其数学模型为

$$\begin{aligned} Y = FN_0 \mathrm{e}^{-M(t_c - t_0)} W_\infty [Z^{-1} - 3\mathrm{e}^{-k(t_c - t_0)} / (Z + k) \\ + 3\mathrm{e}^{-2k(t_c - t_0)} / (Z + 2k) - 3\mathrm{e}^{-3k(t_c - t_0)} / (Z + 3k)] \end{aligned} \tag{4-9}$$

式中，Y 为以重量表示的单位补充量的鱼产量；N_0 为每年达到 t_0 年龄时鱼的个体假设数量；t_c 为进入渔业捕捞群体的最小年龄（又分别称为渔业补充年龄、开捕年龄、最小捕捞年龄）；t_0 为体长为 0 时的假设年龄。

假设年龄为 t_0 时个体数量 $N_0 = 1000$ 尾，在此条件下，t_c 固定在 3 龄时，改变捕捞死亡系数（F）；固定 $F = 1.0$，改变渔业补充年龄（t_c），分别计算出相应的平均鱼产量。通过研究这些产量的变化趋势，可得出如下结果

1）在当前的开捕年龄（$t_c = 3$ 龄）不变的情况下，最初单位补充量的鱼产量随着捕捞死亡系数的增大而提高，在 $F = 0.5$ 以前，产量上升较快，$F = 0.5$～1.0 时，产量上升缓慢，在 $F = 1.0$ 时，单位补充量的鱼产量达到最大值。当 F 超过 1.0 并继续增大时，单位补充量的鱼产量则随着捕捞死亡水平的提高而呈现缓慢下降的趋势。这种单位补充量的鱼产量呈现了典型的 r-选择，表现出捕捞对种群数量变动的影响，在自然变动的掩盖下不明显。因此，不断地加大捕捞强度并非就可以获得更高的产量。

2）在目前的捕捞死亡系数不变的情况下，单位补充量的鱼产量随着开捕年龄的改变而变化。最初单位补充量的鱼产量是随着开捕年龄的增大而提高，当开捕年龄增大到

3 龄时，单位补充量的鱼产量达到最大值，之后随着开捕年龄的继续增大而呈明显下降趋势。在同一世代的群体里，随着年龄的增加，由于自然死亡因素，种群密度大幅度减少，因而导致产量明显下降，这也是典型的 r-选择型鱼类的产量模式。

6. 问题探讨

（1）捕捞强度与产量　达里湖瓦氏雅罗鱼同一世代群体中，随着年龄增加，群体数量下降较快。例如，在 $F = 0.6$ 的捕捞强度下，6 龄时产量约为 3 龄时的 3/4，8 龄时产量不到 3 龄时的 1/2[158]。因此，低龄阶段若提高开捕年龄，可以增加一定的产量，但达到一定产量后继续提高开捕年龄，会导致产量下降。适当的捕捞强度能取得较高的产量，获得最佳的经济效益，超过一定的捕捞水平后，盲目提高捕捞强度，不但不能增加产量，反而会降低鱼产量。

（2）生长拐点　生长拐点是鱼类体重生长由快速生长阶段转为慢速生长阶段的转折点。在渔业利用上，常常从发挥鱼类生长潜能角度考虑，把生长拐点作为捕捞标准，还有的通过求临界年龄来考虑开捕年龄，认为鱼类的生长拐点就是其临界年龄。达里湖瓦氏雅罗鱼的生长拐点年龄为 3.925 龄，若将其生长拐点作为开捕年龄，可以获得较大的渔获物个体（拐点体重为 117.15g）并维持较大的资源量。

（3）生活史类型　鱼类的生活史类型是鱼类在长期进化的过程中与环境相互作用形成的，是组成不同种群动态类型的基础。根据达里湖瓦氏雅罗鱼的生态学参数值和改变瞬时捕捞死亡率、开捕年龄时的产量变化趋势判断，达里湖瓦氏雅罗鱼是 r-选择型的鱼类。该选择型的鱼类，当达到一定的捕捞年龄后，继续提高其开捕年龄则不能增加产量，从而达不到合理利用资源的目的。盲目提高捕捞强度也不能增加其产量，反而会导致产量下降。

（4）开捕年龄　从单位补充量的产量方程计算结果分析，达里湖瓦氏雅罗鱼达到最高产量时的开捕年龄为 3 龄左右。目前达里湖瓦氏雅罗鱼渔获物以 3～4 龄为主体。该鱼的初次性成熟年龄也为 3 龄，基于资源保护和经济效益，作为渔业管理对策，达里湖瓦氏雅罗鱼的开捕年龄应定在 3 龄以上。同时，还应保持目前的捕捞强度和网具规格不变，这样不仅能够保持目前渔获量和鱼类多样性的稳定，而且能够保护和充分利用达里湖瓦氏雅罗鱼的资源。

4.2.4.2　岗更湖鲫

1. 生长

（1）体长与鳞径、体重的关系　渔获物分析表明，岗更湖鲫捕捞种群由 2～7 龄构成，2～4 龄占 90%[152]。体长（L/cm）与鳞径（R/cm）的关系为 $L = 36.67R - 1.737$（$r^2 = 0.960$）；体长与体重的关系为 $W = 3.7 \times 10^{-2} L^{2.922}$（$r^2 = 0.981$，$n = 803$尾）。

从鳞片测得 7 个年龄组的平均鳞径分别为 0.291cm、0.431cm、0.490cm、0.563cm、0.655cm、0.691cm 和 0.740cm，代入体长和鳞径的关系式可求得退算体长，进而通过体长与体重关系式推算出体重（表 4-16）。退算体长可以作为平均体长。

表 4-16 岗更湖鲫各龄退算体长和体重[152]

指标	年龄/龄						
	1	2	3	4	5	6	7
实测体长/cm		16.81	17.22	17.90	23.28	23.57	24.65
退算体长/cm	8.94	14.07	16.23	18.91	22.28	23.61	25.36
体长相对增长率/%		57.38	15.35	16.51	17.82	0.06	0.07
生长指标		4.05	2.02	2.48	3.10	1.29	1.69
实测体重/g		140.69	150.85	183.20	310.5	395.00	442.31
退算体重/g	22.33	83.84	127.42	198.98	321.30	389.77	469.25
体重相对增长率/%		275.46	51.20	56.16	61.47	18.51	23.24

（2）生长阶段 岗更湖鲫初次性成熟年龄为 2 龄，2 龄前为仔鱼生长阶段，2 龄后进入成鱼生长阶段。以相对增长率和生长指标划分生长阶段，更能客观地反映鱼类生长特点。如表 4-16 所示，1～2 龄鱼体长和体重相对增长率及生长指标均大于性成熟后各龄鱼，说明摄取的能量主要用于个体生长，生长较快；进入成鱼生长阶段后，由于摄取的能量部分用于性腺发育和成熟，生长速率相对减慢。3～5 龄体长和体重相对增长率已明显降低，鱼体发育逐渐进入衰老期。

（3）生长模型 岗更湖鲫的生长模型为

$$L_t = 30.79[1 - e^{-0.228(t+0.457)}] \tag{4-10}$$

$$W_t = 826.94[1 - e^{-0.228(t+0.457)}]^{2.922} \tag{4-11}$$

对式（4-10）、式（4-11）中 t 求一阶导数、二阶导数，得其生长速率方程及生长加速度方程（著者整理所得）：

$$dL / dt = 7.005e^{-0.228(t+0.457)} \tag{4-12}$$

$$dW / dt = 549.75e^{-0.228(t+0.457)}[1 - e^{-0.228(t+0.457)}]^{1.922} \tag{4-13}$$

$$d^2L / dt^2 = -1.594e^{-0.228(t+0.457)} \tag{4-14}$$

$$\begin{aligned} d^2W / dt^2 &= 125.068e^{-0.228(t+0.457)}[1 - e^{-0.228(t+0.457)}]^{0.922} \\ &\quad \times [2.922e^{-0.228(t+0.457)} - 1] \end{aligned} \tag{4-15}$$

根据生长方程计算岗更湖鲫生长拐点年龄为 4.4 龄，拐点处体重 247.4g。

2. 生活史类型

根据 r-选择和 K-选择理论，利用渐近体长（L_∞）、渐近体重（W_∞）、生长参数（k）、自然死亡系数（M）、初次生殖年龄（T_m）、最大年龄（t_λ）和种群繁殖力（P_F）7 个生态学参数，来判断岗更湖鲫的生活史类型。经过计算，这 7 个生态学参数值分别为 30.79cm、826.94g、0.228、0.404、3 龄、12.73 龄和 16.18。因此，岗更湖鲫的生活史类型偏向 r-选择型。

3. 资源管理模式

由于岗更湖鲫的生活史类型偏向于 r-选择型，所以其资源管理模式可采用达里湖瓦氏雅罗鱼资源管理模式。从生长阶段来看，岗更湖鲫 1～2 龄生长速率最快，3 龄开始生长速率减缓。从初次性成熟年龄来看，岗更湖鲫为 2～3 龄，因此过多地捕捞低龄鱼不利于种群可持续发展。若将其拐点年龄（4 龄）作为开捕年龄，虽然可以获得较大的渔获物个体（拐点体重 247.4g）和维持较大的资源量但产量将有所下降。综合上述，基于鱼类多样性和渔业资源管理，岗更湖鲫的开捕年龄应为 3 龄，能够体现捕捞强度水平的 F 值不超过 2.0。

4.2.5 主要物种遗传多样性

比较达里湖和岗更湖中瓦氏雅罗鱼和鲫肌肉、肝脏、心肌组织中过氧化物酶、酯酶、乳酸脱氢酶和苹果酸脱氢酶 4 种同工酶的差异[159]。结果显示，达里湖瓦氏雅罗鱼和鲫肝脏中过氧化物酶、酯酶的含量均高于岗更湖，而肌肉中含量相对低些；乳酸脱氢酶和苹果酸脱氢酶在 3 种组织中的含量，达里湖瓦氏雅罗鱼和鲫也高于岗更湖。总体上看，达里湖瓦氏雅罗鱼和鲫的心肌与肝脏的 4 种同工酶含量均高于岗更湖，肌肉的 4 种同工酶含量相对稳定。

通常，硬骨鱼类的同工酶系统具有明显的组织特异性。上述结果表明，达里湖和岗更湖瓦氏雅罗鱼和鲫的 4 种同工酶在同一组织或不同组织间也同样都存在着差异。在同一组织，两个湖泊的瓦氏雅罗鱼和鲫 4 种酶的含量几乎都是达里湖高于岗更湖，其原因可能是两个湖泊水质盐碱度存在差异。长期生活在达里湖中的瓦氏雅罗鱼和鲫，为了适应高盐碱水环境而降低体液浓度，以维持渗透压的稳定，同时中和过多的盐碱离子，从而使体内各组织都会做出相应的调整。

同工酶是参与体内生命活动较为重要的酶系统之一。因此，达里湖瓦氏雅罗鱼和鲫体内各组织同工酶含量的提高，可能是为了抵抗不良环境的影响而做出相应的调整；在不同组织间，4 种酶的活性在心脏和肝脏表现得均较明显，而在肌肉组织中相对稳定，这可能是因为心脏和肝脏在机体内所承担的功能比较复杂，而肌肉的功能相对单一。

达里湖和岗更湖瓦氏雅罗鱼和鲫的 3 种组织、4 种同工酶所存在的上述差异，可能是造成两种鱼类对高盐碱耐受能力有差异的原因之一，从而体现出两种鱼类在达里诺尔保护区的遗传多样性。

4.3 查干湖国家级自然保护区

吉林查干湖国家级自然保护区（下称“查干湖保护区”）于 2007 年建立，地理坐标为 45°05′42″N～45°25′50″N，124°03′28″E～124°30′59″E，位于吉林省西北部霍林河末端与嫩江的交汇处，面积约 507km^2，大部分在前郭尔罗斯蒙古族自治县（简称前郭县）境内，少部分位于大安市和乾安县境内，以半干旱地区湖泊水生生态系统、湿地生态系统和野生珍稀、濒危鸟类为主要保护对象，属温带半湿润大陆性气候，年平均日照时数 2880h，年平均气温 4.5℃，无霜期 141d，年平均降水量 450mm。主要水源为引松花江水、周边湖泊泡沼来水及区内天然降水、前郭县灌区排水、霍林河来水、深重涝区排水等。湖区多年平均来水量为 5.66 亿 m^3[160]。

4.3.1 物种多样性

4.3.1.1 物种组成

查干湖保护区沼泽湿地的鱼类群落是由查干湖主体湖区沼泽和新庙泡、大库里泡沼泽湿地的鱼类物种共同构成的。全国湖泊调查期间，作者调查到和文献[161]、[162]记载的查干湖保护区鱼类物种合计 7 目 14 科 44 属 55 种（表 4-17）。其中，移入种 2 目 2 科 6 属 6 种，包括黑龙江茴鱼、青鱼、草鱼、鲢、鳙和团头鲂；土著鱼类 7 目 13 科 38 属 49 种。土著种中，怀头鲇及 2 种七鳃鳗为中国易危种；瓦氏雅罗鱼、黑斑狗鱼、拉氏鲅、真鲅、黑龙江花鳅、杂色杜父鱼、江鳕及 2 种七鳃鳗为冷水种；凌源鮈、黄黝鱼及彩石鳑鲏为中国特有种。

表 4-17 查干湖保护区鱼类物种组成及生态类型

种类	分布					生态类型			
	查干湖 a	查干湖 b	查干湖 c	新庙泡	大库里泡	区系生态类群	繁殖生态类型	摄食生态类型	栖息生态类型
一、七鳃鳗目 Petromyzoniformes									
（一）七鳃鳗科 Petromyzonidae									
1. 雷氏七鳃鳗 *Lampetra reissneri*	+		+			3	?	4	3
2. 日本七鳃鳗 *Lampetra japonica*			+			3	5	1	4
二、鲑形目 Salmoniformes									
（二）鲑科 Salmonidae									
3. 黑龙江茴鱼 *Thymallus arcticus* ▲			+				5	1	1
（三）狗鱼科 Esocidae									
4. 黑斑狗鱼 *Esox reicherti*			+			2	3	2	3
三、鲤形目 Cypriniformes									
（四）鲤科 Cyprinidae									
5. 马口鱼 *Opsariichthys bidens*			+			1	5	2	3
6. 瓦氏雅罗鱼 *Leuciscus waleckii waleckii*	+	+	+			2	1	4	2
7. 真鲅 *Phoxinus phoxinus*	+	+	+		+	4	1	4	1
8. 拉氏鲅 *Phoxinus lagowskii*	+	+		+		2	1	4	3
9. 湖鲅 *Phoxinus percnurus*	+	+	+			2	1	4	3
10. 青鱼 *Mylopharyngodon piceus* ▲	+	+	+	+	+		2	1	2
11. 草鱼 *Ctenopharyngodon idella* ▲	+	+	+	+	+		2	3	2
12. 鳡 *Elopichthys bambusa*		+	+			1	2	2	2
13. 赤眼鳟 *Squaliobarbus curriculus*			+			3	5	4	3
14. 䱗 *Hemiculter leucisculus*	+	+	+	+	+	1	2	4	3
15. 翘嘴鲌 *Culter alburnus*	+	+	+			1	1	2	2
16. 蒙古鲌 *Culter mongolicus mongolicus*	+	+	+		+	1	1	2	2

续表

种类	分布					生态类型			
	查干湖			新庙泡	大库里泡	区系生态类群	繁殖生态类型	摄食生态类型	栖息生态类型
	a	b	c						
17. 达氏鲌 *Culter dabryi*			+			1	1	4	3
18. 团头鲂 *Megalobrama amblycephala*▲		+	+	+	+		1	3	3
19. 鳊 *Parabramis pekinensis*	+	+	+	+	+	1	2	3	2
20. 红鳍原鲌 *Cultrichthys erythropterus*	+	+	+	+	+	1	1	2	3
21. 银鲴 *Xenocypris argentea*			+			1	5	5	2
22. 唇䱻 *Hemibarbus laboe*			+			1	5	1	1
23. 花䱻 *Hemibarbus maculatus*	+	+	+			1	1	1	2
24. 麦穗鱼 *Pseudorasbora parva*	+	+	+	+	+	3	1	4	2
25. 东北鳈 *Sarcocheilichthys lacustris*	+	+	+			1	2	4	2
26. 凌源鮈 *Gobio lingyuanensis*	+	+				2	1	1	1
27. 犬首鮈 *Gobio cynocephalus*	+	+	+			2	1	1	1
28. 细体鮈 *Gobio tenuicorpus*	+	+				2	1	1	1
29. 平口鮈 *Ladislavia taczanowskii*		+				2	2	4	1
30. 棒花鱼 *Abbottina rivularis*	+	+	+	+	+	1	3	4	2
31. 突吻鮈 *Rostrogobio amurensis*			+			2	2	4	3
32. 蛇鮈 *Saurogobio dabryi*	+	+	+			1	2	4	2
33. 大鳍鱊 *Acheilognathus macropterus*	+	+		+		3	4	3	3
34. 兴凯鱊 *Acheilognathus chankaensis*			+			3	4	4	3
35. 黑龙江鳑鲏 *Rhodeus sericeus*	+	+	+		+	3	4	4	3
36. 彩石鳑鲏 *Rhodeus lighti*	+	+	+			3	4	4	3
37. 鲤 *Cyprinus carpio*	+	+	+	+	+	3	1	4	3
38. 银鲫 *Carassius auratus gibelio*	+	+	+	+	+	3	1	4	3
39. 鲢 *Hypophthalmichthy smolitrix*▲	+	+	+	+	+		2	3	2
40. 鳙 *Aristichthys nobilis*▲	+	+	+	+	+		2	1	2
（五）鳅科 Cobitidae									
41. 黑龙江花鳅 *Cobitis lutheri*	+	+	+			2	1	4	2
42. 黑龙江泥鳅 *Misgurnus mohoity*	+	+	+			3	1	4	1
43. 花斑副沙鳅 *Parabotia fasciata*	+	+	+			1	1	4	2
四、鲇形目 Siluriformes									
（六）鲿科 Bagridae									
44. 黄颡鱼 *Pelteobagrus fulvidraco*	+	+	+	+	+	5	3	2	3
45. 乌苏拟鲿 *Pseudobagrus ussuriensis*	+		+			5	3	1	3
（七）鲇科 Siluridae									

续表

种类	分布					生态类型			
	查干湖			新庙泡	大库里泡	区系生态类群	繁殖生态类型	摄食生态类型	栖息生态类型
	a	b	c						
46. 怀头鲇 *Silurus soldatovi*	+	+	+			3	1	2	3
47. 鲇 *Silurus asotus*	+	+	+	+	+	3	1	2	3
五、鲈形目 Perciformes									
（八）鮨科 Serranidae									
48. 鳜 *Siniperca chuatsi*	+	+	+			1	5	2	3
（九）塘鳢科 Eleotridae									
49. 葛氏鲈塘鳢 *Perccottus glehni*	+	+	+	+	+	5	1	1	3
50. 黄黝鱼 *Hypseleotris swinhonis*		+				5	5	1	3
（十）鰕虎鱼科 Gobiidae									
51. 褐吻鰕虎鱼 *Rhinogobius brunneus*		+	+			2	3	4	3
（十一）斗鱼科 Belontiidae									
52. 圆尾斗鱼 *Macropodus chinensis*		+	+			5	3	4	2
（十二）鳢科 Channidae									
53. 乌鳢 *Channa argus*	+	+	+	+	+	5	3	2	3
六、鳕形目 Gadiformes									
（十三）鳕科 Gadidae									
54. 江鳕 *Lota lota*			+			6	5	2	3
七、鲉形目 Scorpaeniformes									
（十四）杜父鱼科 Cottidae									
55. 杂色杜父鱼 *Cottus poecilopus*		+	+			4	?	1	1

注：a. 1989~1991 年及 1994~1996 年采集，b. 2001~2002 年及 2008~2009 年采集，c. 依据文献[162]。区系生态类群——1. 江河平原，2. 北方平原，3. 新近纪，4. 北方山地，5. 热带平原，6. 北极淡水。繁殖生态类型——1. 草上产卵型，2. 水层产卵型，3. 营巢型，4. 喜贝性产卵型，5. 水底产卵型。摄食生态类型——1. 初级肉食性，2. 次级肉食性，3. 草食性，4. 杂食性，5. 刮食性。栖息生态类型——1. 流水型，2. 江-湖洄游型，3. 湖泊定居型，4. 溯河洄游型。“？”表示尚未确定

4.3.1.2 物种生态类型

1. 栖息生态类型

按照鱼类生活史中各阶段栖息的水域环境条件的差异，查干湖保护区的土著鱼类由 4 个栖息生态类型构成。

1）湖泊定居型：绝大多数种类属于这一类群，它们的繁殖、生长、发育过程都在查干湖中进行，如鲤、银鲫、鲇、乌鳢、鳘、红鳍原鲌、黄颡鱼等 27 种，占 49.09%，构成查干湖保护区渔业的重要基础。

2）江-湖洄游型：如鳡、瓦氏雅罗鱼、翘嘴鲌、蒙古鲌、鳊、麦穗鱼等 18 种，占

32.73%。它们在湖中生长、发育，但必须到江河适宜的流水环境中产卵繁殖，进行江、湖之间的洄游活动，其中瓦氏雅罗鱼、翘嘴鲌、蒙古鲌、鳊等也是查干湖保护区的主要经济鱼类。

3）溯河洄游型：性成熟后由海洋进入内陆水域繁殖的种类，只有日本七鳃鳗 1 种。

4）流水型：如凌源鮈、犬首鮈、细体鮈、平口鮈等 9 种，占 18.37%。它们原本生活在松花江水系河流上游水质清澈的溪流环境，通过“引松”（松花江）渠道进入查干湖水域，经过长期的环境适应性驯化而生存下来。

2. 摄食生态类型

按照成鱼阶段的主要食物组成，查干湖保护区的土著鱼类包含了 5 种摄食生态类型。

1） 次级肉食性：这些鱼类以脊椎动物为食，通常称为凶猛肉食性或次级肉食性鱼类，如鳡、翘嘴鲌、蒙古鲌、红鳍原鲌、黄颡鱼、鲇、怀头鲇、鳜、乌鳢等 12 种，占 24.49%。

2）草食性：以水生维管束植物（水草）为食的鱼类，包括草鱼、鳊 2 种，占 4.08%。

3）刮食性：主要摄食植物类食物，多以下颌角质缘刮食，只有银鲴 1 种。

4）初级肉食性：以浮游动物、底栖动物等无脊椎动物为主要食物的鱼类，包括花䱻、凌源鮈、犬首鮈、细体鮈等 10 种，占 20.41%。

5）杂食性：这部分鱼类兼有动物食性、植物食性和碎屑食性，包括鲤、银鲫、真鱥、拉氏鱥、湖鱥、䱗、麦穗鱼、瓦氏雅罗鱼、雷氏七鳃鳗等 24 种，占 48.98%。

3. 繁殖生态类型

鱼类在长期自然演化过程中，适应各种类型的水域环境和生活方式，其繁殖生态类型也极为多样化。根据受精卵、亲鱼和环境（繁殖场所）三者的联系方式，可将查干湖保护区的土著鱼类划分为 5 种繁殖生态类型。

1）草上产卵型：亲鱼将卵产在专一或非专一的水生植物的茎叶上发育，卵具有黏性。包括鲤、银鲫、花䱻、瓦氏雅罗鱼、真鱥、拉氏鱥、湖鱥等 21 种，占 42.86%。

2）水层产卵型：亲鱼将卵产在水层中，卵呈浮性或半浮性，在水层中随波逐流发育而不受底质类型的影响。包括鳡、䱗、鳊、东北鳈、平口鮈等 7 种，占 14.29%。

3）营巢型：亲鱼在产卵前先筑巢，在巢中完成产卵行为，然后由亲鱼之一守护，并伴随着对巢的修补、通气等。营巢的材料多种多样，石砾、沙土、植物茎叶以及鱼类自己吹成的气泡等均可筑巢。营巢型鱼类包括棒花鱼、乌苏拟鲿、黄颡鱼、黑狗斑鱼、褐吻鰕虎鱼、乌鳢和圆尾斗鱼 7 种，占 14.29%。

4）喜贝性产卵型：亲鱼将卵产在无脊椎动物体内发育，包括大鳍鱊、兴凯鱊、黑龙江鳑鲏和彩石鳑鲏 4 种，占 8.16%。

5）水底产卵型：亲鱼将卵产在水底部，卵沉性或沉黏性，在水底部的岩石、石砾或砂砾上暴露发育，或掩藏在石砾或砂砾内发育，包括黄黝鱼、鳜、江鳕等 8 种，占 16.33%。

另外，还有 2 种尚未查明产卵类型的鱼类，即杂色杜父鱼和雷氏七鳃鳗。

文献[163]记载 1985～1987 年查干湖渔业生态恢复之初发现的鱼类物种为 29 种（未见名录）；文献[164]记载历史上的查干湖鱼类物种曾达到 15 科 68 种（未见名录）。由此可见，随着查干湖渔业生态的逐步恢复，鱼类物种多样性也在恢复，但尚未恢复到历史水平。

4.3.1.3 种类组成

查干湖保护区的鱼类群落中，鲤形目 39 种、鲈形目 6 种、鲇形目 4 种，分别占 70.91%、10.91%及 7.27%；鲑形目和七鳃鳗目均 2 种，各占 3.64%；鳕形目和鲉形目均 1 种，各占 1.82%。科级分类单元中，鲤科 36 种、鳅科 3 种，分别占 65.45%及 5.45%；七鳃鳗科、鲿科、塘鳢科和鲇科均 2 种，各占 3.64%；鲑科、狗鱼科、鰕虎鱼科、斗鱼科、鮨科、鳢科、杜父鱼科和鳕科均 1 种，各占 1.82%。

中国鲤科鱼类的 12 个亚科中，存在于查干湖的有 6 个亚科。其中，𬶋亚科种类最多，有 11 种，占 20%；雅罗鱼亚科 8 种、鲌亚科 7 种、鱊亚科 4 种，分别占 14.55%、12.73%及 7.27%；鲤亚科和鲢亚科均 2 种，各占 3.64%；鲴亚科和鲌亚科均 1 种，各占 1.82%。此外，单型属种，即 1 属 1 种的鱼类所占比例较大，共有 38 属种，分别占总属、总种数的 86.36%及 69.09%。

4.3.1.4 区系生态类群

查干湖保护区的土著鱼类群落由 6 个区系生态类群构成。

1）江河平原区系生态类群：马口鱼、鳡、翘嘴鲌、蒙古鲌、达氏鲌、䱗、2 种鲹、银鲴、东北鳈、棒花鱼、蛇𬶋、红鳍原鲌、鳊、花斑副沙鳅和鳜，占 32.65%。

2）北方平原区系生态类群：瓦氏雅罗鱼、黑斑狗鱼、拉氏鲅、湖鲅、凌源𬶋、犬首𬶋、细体𬶋、平口𬶋、突吻𬶋、褐吻鰕虎鱼和黑龙江花鳅，占 22.45%。

3）新近纪区系生态类群：2 种七鳃鳗、2 种鱊、2 种鳑鲏、鲤、银鲫、赤眼鳟、麦穗鱼、黑龙江泥鳅和 2 种鲇，占 26.53%。

4）北方山地区系生态类群：杂色杜父鱼和真鲅，占 4.08%。

5）热带平原区系生态类群：黄颡鱼、乌苏拟鲿、葛氏鲈塘鳢、黄黝鱼、圆尾斗鱼和乌鳢，占 12.24%。

6）北极淡水区系生态类群：江鳕，占 2.04%。

以上北方区系生态类群 14 种，占 28.57%。

在中国淡水鱼类的 9 个区系类群、东北地区淡水鱼类的 8 个区系类群中，除了南方山地、中亚高山和北极海洋区系生态类群之外，江河平原、北方平原、新近纪、热带平原、北方山地和北极淡水区系生态类群的种类在查干湖保护区均有分布。在这些区系生态类群中，江河平原区系生态类群的种类占主体，其次是新近纪区系生态类群，标志着黑龙江水系淡水鱼类区系特点的北方区系生态类群有 14 种。

4.3.1.5 鱼类动物地理构成

从鱼类动物地理构成上看，查干湖保护区在我国淡水鱼类动物地理区划上属于古北界北方区黑龙江亚区黑龙江分区。在目前已调查到的 49 种土著鱼类中，属于该分区的有东北鳈、犬首鮈、拉氏鲅和真鲅 4 种，占 8.16%。湖鱥、黑龙江花鳅、黑龙江泥鳅、2 种七鳃鳗和 2 种鳑鲏为黑龙江亚区黑龙江分区与滨海分区的共有种；凌源鮈、怀头鲇、细体鮈、2 种鲟和葛氏鲈塘鳢为黑龙江亚区与华东区（海辽亚区）的共有种；银鲫为北方区黑龙江亚区与额尔齐斯河亚区的共有种；瓦氏雅罗鱼为北方区、宁蒙区与华西区（陇西亚区）的共有种。以上 19 种属于古北界区系类型。其余 30 种则分别为北方区与华南区，北方区、宁蒙区与华南区，北方区、华东区与华南区，北方区、华西区与华南区的重叠种，属古北界与东洋界的交汇类型。

由此可见，在我国淡水鱼类动物地理区划的 5 个地理区即北方区、宁蒙区、华西区、华东区和华南区中，在查干湖保护区仅见到北方区的 11 个特有种，而未见其他区的特有种，呈现地理区（或亚区）相互重叠，南北方物种相互渗透的混合类群特征，大体上符合古北界与东洋界交汇过渡的黑龙江水系淡水鱼类区系特点。在查干湖这一特定的鱼类动物地理区域内，古北界与东洋界的共有种所占的比例高于古北界（分别为 60.42%和 39.58%）；而在黑龙江水系的淡水鱼类动物地理构成中，古北界种类所占的比例高于古北界与东洋界的共有种（分别为 54.98%和 45.02%）。这些特点也在一定程度上体现出查干湖保护区独特的鱼类动物地理特征。

4.3.2 群落多样性指数

为便于比较，现将松嫩平原部分渔业湖泊沼泽鱼类群落的生态多样性指数列于表 4-18。在这些湖泊沼泽中，以查干湖的目、科、属等级多样性指数最高，表明该湖泊沼泽的鱼类物种在群落目、科、属分类单元层次上的分布相对较复杂，多样性程度相对较高。查干湖鱼类群落的 Shannon-Wiener 指数最高，表明群落物种数量结构的异质性、复杂性均较高，群落结构的稳定性也较好。

表 4-18　松嫩平原部分渔业湖泊沼泽鱼类群落的生态多样性指数

湖泊沼泽	d_{Ma}	λ	D	PIE	$H_{O\cdot F\cdot G}$	H	J	α
哈尔挠泡	4.182	0.157	0.843	0.917	10.888	2.392	0.774	4.091
月亮泡	3.068	0.120	0.880	0.883	7.274	2.359	0.816	2.614
新荒泡	4.050	0.134	0.866	0.872	7.794	2.332	0.766	3.367
查干湖	3.066	0.178	0.822	0.839	11.555	2.973	0.728	
大库里泡	2.648	0.124	0.876	0.880	7.039	2.287	0.845	2.322
克钦湖	2.480	0.166	0.834	0.841	6.741	2.091	0.787	2.380
南山湖	2.914	0.468	0.532	0.544	7.160	1.140	0.459	
新庙泡	2.236	0.151	0.849	0.855	6.916	2.078	0.836	1.314
扎龙湖	3.138	0.149	0.851	0.853	7.162	2.352	0.785	2.496
小龙虎泡	1.542	0.178	0.822	0.831	6.122	1.852	0.891	
老江身泡	1.568	0.274	0.726	0.734	5.904	1.556	0.748	1.395

续表

湖泊沼泽	d_{Ma}	λ	D	PIE	$H_{O\cdot F\cdot G}$	H	J	α
牛心套保泡	3.718	0.420	0.580	0.593	7.503	1.512	0.558	
大龙虎泡	3.332	0.109	0.891	0.905	6.122	2.421	0.894	
齐家泡	1.562	0.316	0.684	0.686	5.804	1.525	0.662	1.730
喇嘛寺泡	3.629	0.104	0.896	0.911	6.045	2.463	0.888	
青肯泡	1.168	0.312	0.688	0.692	5.136	1.437	0.738	1.070
石人沟泡	2.142	0.169	0.831	0.834	7.657	2.063	0.804	3.156
花敖泡	1.570	0.300	0.700	0.715	6.987	1.414	0.862	1.167
茂兴湖·南湖	0.979	0.319	0.681	0.685		1.398	0.780	
茂兴湖·大庙泡	0.762	0.448	0.552	0.555		0.978	0.608	
茂兴湖·靠山湖	2.242	0.144	0.856	0.860		2.117	0.852	
连环湖·牙门喜泡	2.385	0.125	0.875	0.888		2.189	0.913	
连环湖·霍烧黑泡	3.412	0.165	0.835	0.809		2.093	0.773	
连环湖·西葫芦泡	2.231	0.170	0.830	0.834		2.000	0.780	
连环湖·他拉红泡	0.979	0.220	0.780	0.782		1.689	0.868	
连环湖·二八股泡	1.610	0.314	0.686	0.691		1.324	0.603	
连环湖·阿木塔泡	3.494	0.117	0.883	0.892		2.384	0.841	

注：PIE 为种间相遇概率，也是一种多样性指数

通常，在稳定环境中形成的成熟群落，其多样性程度大都较高，Shannon-Wiener 指数一般为 1.5～3.5。表 4-18 中除了连环湖的二八股泡、茂兴湖的南湖与大庙泡、花敖泡、青肯泡及南山湖鱼类群落 Shannon-Wiener 指数低于 1.5 之外，其余均在 1.5～3.5。查干湖鱼类群落的 Shannon-Wiener 指数已接近 3.0，因而可以认为是多样性较高的成熟群落。

4.3.3 群落结构

4.3.3.1 渔获物组成

查干湖保护区的渔获物主要来自查干湖、新庙泡和大库里泡，组成情况参见 1.1.1。总体上看，青鱼、草鱼、鲢、鳙、团头鲂等放养鱼类在渔获物中所占比例约为 60%；银鲫、鲇、怀头鲇、翘嘴鲌、鲤、红鳍原鲌、黄颡鱼、蒙古鲌等土著鱼类约为 30%；麦穗鱼、鳑类、鮈类等小型非经济鱼类约占 10%。土著经济鱼类中每种鱼在渔获物中所占比例均超过 1%，是渔获物的主要成分，也是目前查干湖保护区渔业主要捕捞的种群。鲤的捕捞种群由自然种群和人工增殖种群构成。

从查干湖保护区土著鱼类渔获物组成上还发现，银鲫、䱗、红鳍原鲌、黄颡鱼等小型种类所占比例相对较高，约为 25%，这是否说明查干湖土著鱼类渔获物小型化正在发展，应进一步监测。

4.3.3.2　种群结构

1. 体长和体重

个体大小是种群资源质量的重要特征。表 4-19 和表 4-20 为不同时期查干湖保护区主要经济鱼类体长和体重的调查结果。同 1991 年调查资料相比，2008 年、2009 年实测青鱼、鲇的体长、体重均有所增加，其他种类变化不明显。总体上，2008 年鱼类实测体长、体重都相对高于或等于 1991 年和 2009 年。上述结果表明，1990 年～2010 年查干湖保护区主要经济鱼类生长状况没有明显变化。同时也表明此期间查干湖保护区水环境质量仍处在适宜鱼类生存与生长的良好状态。

表 4-19　查干湖保护区主要经济鱼类体长组成

种类	1991 年			2008 年			2009 年		
	平均值/cm	范围/cm	样本数/尾	平均值/cm	范围/cm	样本数/尾	平均值/cm	范围/cm	样本数/尾
青鱼	40.2	29～63	41	47.2	31～72	52	47.2	34～71	22
草鱼	34.1	22～57	47	39.7	23～62	71	36.5	19～57	19
鲢	29.9	24～41	40	32.9	29～48	82	29.8	23～41	31
鳙	33.4	27～62	33	41.2	32～49	59	33.6	29～56	52
鲤	27.3	23～49	152	40.6	25～61	112	27.4	23～46	157
银鲫	11.7	8～15	149	13.6	11～19	130	12.2	9～15	149
鲇	24.8	20～61	28	32.1	27～43	19	25.6	21～53	32

表 4-20　查干湖保护区主要经济鱼类体重组成

种类	1991 年			2008 年			2009 年		
	平均值/g	范围/g	样本数/尾	平均值/g	范围/g	样本数/尾/g	平均值/g	范围/g	样本数/尾
青鱼	1664	535～4482	37	1789	613～6511	13	1704	570～4417	49
草鱼	589	157～2964	42	2017	764～6701	22	619	172～2983	52
鲢	460	337～2210	29	1312	472～3144	39	482	346～2437	32
鳙	764	582～4311	37	2307	782～4939	32	784	613～4302	59
鲤	585	317～2937	93	2755	582～4037	71	514	460～3210	91
银鲫	73	13～212	107	92	23～312	103	92	19～217	114
鲇	372	158～2310	47	432	207～673	52	409	214～2764	37

通常湖泊、水库青鱼、草鱼、鳙的捕捞规格为 5～7.5kg/尾，鲢 3～4.5kg/尾，鲤 1.5～2.5kg/尾，银鲫 75g/尾以上，鲇 500g/尾以上。相比之下，查干湖保护区主要经济鱼类捕捞强度已出现过度征兆。

2. 年龄结构

年龄结构是种群的基本属性和重要特征。不同时期查干湖保护区主要经济鱼类种群年龄结构的分析结果见表 4-21。由表 4-21 可知，7 种主要经济鱼类种群中，1 龄、2 龄所占比例 1991 年平均为 93.14%，2008 年和 2009 年为 89.85%；其中，1 龄、2 龄银鲫所占比例分别为 100%和 99.4%。这显示出查干湖保护区主要经济鱼类种群特征：捕捞群体中以性成熟前的低龄鱼为主体，高龄鱼减少，捕捞种群低龄化；繁殖群体中补充群体增加，剩余群体在减少。以上结果表明，自 20 世纪 90 年代初查干湖保护区就已显示出主要经济鱼类种群资源质量下降，种群资源开发过度，直到目前这种趋势仍在持续。

表 4-21　查干湖保护区主要经济鱼类年龄组成（%）

种类	1991 年				2008 年		
	1 龄	2 龄	3 龄	样本数/尾	1 龄	2 龄	3 龄
青鱼	59.4	26.0	14.6	42	50.0	25.0	16.6
草鱼	77.2	16.0	6.8	59	73.3	16.3	10.4
鲢	92.7	5.4	1.9	37	88.8	11.2	0
鳙	77.7	17.1	5.2	64	63.6	18.3	18.1
鲤	89.1	6.7	4.2	102	50.0	27.9	16.6
银鲫	83.6	16.4	0	144	95.6	3.2	1.2
鲇	58.7	25.7	15.6	71	75.0	25.0	0

种类	2008 年		2009 年				
	4 龄	样本数/尾	1 龄	2 龄	3 龄	4 龄	样本数/尾
青鱼	8.4	41	58.3	24.0	16.7	1.0	42
草鱼	0	50	67.0	27.0	6.0	0	53
鲢	0	40	92.1	5.9	2.0	0	43
鳙	0	32	72.7	18.1	5.0	4.9	31
鲤	5.5	143	89.4	5.2	3.4	2.0	176
银鲫	0	55	83.3	16.7	0	0	57
鲇	0	76	58.3	16.7	25.0	0	71

3. 渔获量

（1）实施放流渔业前的鱼产量　作为查干湖保护区的主体湖泊，查干湖有着悠久的渔业历史，早在 20 世纪 40 年代就开始渔业生产。实施放流渔业前，查干湖的渔业生产方式完全是自然捕捞。1959～1964 年，查干湖自然捕捞年产量为 600～5625t；1965 年在使用密眼网（网目规格为 1～2cm）进行高强度捕捞的情况下，捕捞产量也仅为 1400t。1966 年以后停止捕捞生产。

20 世纪 70 年代查干湖干涸，鱼虾绝迹。1984 年“引松”渠道通水后，查干湖渔业生态逐渐恢复，渔业生产也开始恢复，1984～1989 年捕捞产量 350～2500t。由于长期以来只重视自然鱼类资源的开发利用，忽视资源涵养，查干湖自然鱼类资源受到严重破坏，鱼产量大幅度下降，1990～1992 年鱼产量 680～2070t（表 4-22）。

表 4-22　1992 年以前查干湖鱼产量　（单位：t）

年份	1959	1960	1961	1962	1963	1964	1965	1984	1985
鱼产量	3900	3600	5625	2500	1500	600	1400	350	600
年份	1986	1987	1988	1989	1990	1991	1992		
鱼产量	730	800	1945	2500	2070	1800	680		

注：1993 年开始放流；1966 年后停止捕捞，70 年代查干湖干涸

表 4-22 显示，1959～1992 年查干湖鱼产量大幅度波动，主要由三方面因素所致。①重捕捞轻放养，水域资源没有充分发挥。1992 年以前，查干湖渔业生产是以自然捕捞为主，渔获物中红鳍原鲌和银鲫占总产量的 90%以上。这两种自然鱼类繁殖力较高，但生长速率缓慢，种群增殖能力较低，很难保证持续的高产、高效。②过度捕捞，捕捞强度远超过资源增殖能力。明水期捕捞生产所使用的网箔总长度累计达 2 万 m，且绝大多数为浅水型密眼网箔，网目规格均小于 1cm；冬季捕捞时间长，网次多，网目规格也只有 2～3cm，这样大大增加了经济鱼类仔鱼捕获数量。③渔业管理不到位。禁渔区和禁渔期非法捕捞，导致经济鱼类亲鱼和仔鱼资源量下降，后备资源不足；明水期日均数千人在从事非法捕捞，网箔数万张，渔获物中经济鱼类的仔鱼所占比例在 70%以上，远远超过正常渔业生产所允许比例（10%）。

（2）实施放流渔业后的鱼产量　1992 年以后，查干湖开始实施自然资源增殖与放流增殖、资源开发与保护并重的经营模式，加大了放流强度，使湖区渔业资源得到了较好恢复。1992 年查干湖放流鲤、鲢、鳙鱼种 650t，其中鲢、鳙鱼种占 70%。1992 年春季至 1993 年冬季捕捞前，实行封湖管理，放流鱼种得到涵养，自然鱼类顺利繁殖，从而使鱼类资源量大幅度增加。1993 年冬季捕捞产量 510t，放流的鲢、鳙平均体重增长到 1kg。1994 年鱼产量 1500t，鲤、鲢、鳙平均体重 1.5kg。1995 年鱼产量 2500t，鲢、鳙平均体重 2kg。1996 年鱼产量 3000t，鲢、鳙平均体重 2.5kg。1997 年鱼产量 4150t。1998 年在遭受特大洪灾情况下，鱼产量仍达 4000t，渔业产值 1100 万元，利税 187 万元。

1997～2000 年冬季渔获物调查结果表明，鲢、鳙个体规格由 2.5kg 增加到 5kg，最大个体达 20kg，放流取得明显效果。为了解决鱼种放流与捕捞的矛盾，查干湖主要采取了以下 4 项措施，收到了较好效果。

1）加强春季放流：尽量春季放流鱼种，即使秋季放流，也要将鱼种先投放在 1km 长的“引松”渠道中，用网拦截，这样可以避免冬季捕捞作业时被捕捞出水。

2）放流鱼种的暂养：春季强风季节放流鱼种时，尽可能将鱼种放入同一水域的马营泡（查干湖的一个区域），采取网拦暂养，待强风过后再将拦网撤掉，让鱼种自然游入大湖水域，从而提高鱼种成活率，还可减少明水期网箔生产时的裹挟量。

3）减少鱼种捕获量：将明水期网箔捕捞生产中鱼种的捕获量限制在 3%以下，超过比例予以罚款并取缔其生产资格。

4）划定禁渔区：查干湖的北大肚水域是鲢、鳙集中栖息地，冬季捕捞期间将此湖区划定为禁渔区，任何网具不得进入该区从事捕捞作业。

实施放流渔业后查干湖鱼种放流量和渔获量分别见表 4-23 和表 4-24。

表 4-23 实施放流渔业后查干湖鱼种放流量

年份	鱼种放流量/t	年份	鱼种放流量/t	年份	鱼种放流量/t
1992	650	1995	65	1998	250
1993	50	1996	85	1999	280
1994	40	1997	200	2000	250

表 4-24 实施放流渔业后查干湖渔获量、产值和利税

年份	渔获量/t	产值/万元	利税/万元	年份	渔获量/t	产值/万元	利税/万元	年份	渔获量/t	产值/万元	利税/万元
1993	510	264		1996	3000	800	180	1999	4750	1400	238
1994	1500	500	40	1997	4150	1200	200	2000	5040	1860	260
1995	2500	600	65	1998	4000	1100	187	2001	5320	1764	271

（3）近期渔获量 2000 年以来，查干湖更加重视放流与自然增殖的结合，严格执行禁渔期和禁渔区制度。将 5 月 25 日～7 月 5 日定为禁渔期，保证红鳍原鲌、银鲫、䱗、鲇等主要野生鱼类自然增殖，同时也避免了仔鱼被大量捕捞出水以及放流鱼种的“春放冬捕”或“秋放冬捕”。通过冬季捕捞大型成鱼（鲢、鳙、鲤、草鱼等），明水期捕捞小型成鱼（红鳍原鲌、银鲫、䱗）等措施，鱼类种群结构得到优化，鱼类资源得到保护与涵养。2005 年鱼产量达 8000t，2007 年达 7555t。

自 2007 年查干湖晋升为国家级自然保护区以来，查干湖渔业逐步走上以渔为主，养殖、加工、旅游、休闲等多业并举的稳步发展轨道。为了保护查干湖鱼类多样性，实现渔业可持续性，当地渔业部门将年产量控制在 5000t 左右。

4.3.4 盐碱地开发对鱼类多样性的影响

随着人口的增长和农业生产的发展，人们对耕地面积的需求量也不断增长。盐碱土在我国北方分布广泛，吉林西部的盐碱地面积已超过 50 万 hm^2。因此吉林西部盐碱荒地的开发利用对该省实施国家粮食新增战略显得格外重要。近年来，吉林省人民政府实施了西部土地整理工程项目，拟通过松原、大安、镇赉三大灌区工程建设，新增加稻田面积 20 万 hm^2，这将对增加粮食产量做出重大贡献。

然而，工程所产生的生态效应也将给未来查干湖流域的生态安全带来潜在的威胁。查干湖作为重要的承泄区之一，稻田开发中淋洗盐碱的废水有相当一部分要直接排入查干湖，盐分将在湖区水环境中大量积累，对鱼类自然繁殖与生长发育造成一定的影响，这无疑对目前已恢复的渔业生态与功能构成潜在威胁。

科学预测盐碱荒地开发对查干湖渔业生态与功能的影响，可为查干湖流域资源保护与开发、湖泊生态安全调查及湖泊渔业可持续发展提供科学依据。

4.3.4.1 稻田排水盐度的预测

淋洗盐碱是盐碱地开发种稻的关键技术环节之一。试验结果表明，稻田淋洗盐碱排水的盐度随着淋洗次数的增加而下降。但是由于盐碱土壤的返盐作用，稻田排水的盐度短期内很难达到 1kg/m^3 以下的淡水标准。通常，盐碱池塘淋洗盐碱的废水盐度与养鱼的年限之间存在直线相关关系，其数学模型为[161]

$$\mathrm{Sal} = 0.947 + 1.983 / a \tag{4-16}$$

式中，Sal 为淋洗盐碱池塘的排水盐度（kg/m^3）；a 为池塘养鱼年限（年）。据此预测，稻田淋洗盐碱的排水盐度达到 1kg/m^3 以下，至少需要 37 年。其中，第 19 年排水的盐度为 1.05kg/m^3，即达到目前查干湖水体的平均盐度[62]。

4.3.4.2 查干湖水体盐度的预测

影响查干湖水体盐度的主要环境因子包括蓄水量、废水排入查干湖的稻田面积、稻田开发年限、排入查干湖的稻田废水体积及其盐度和当前湖水盐度。

如果查干湖蓄水量按设计水位 130m 时的 6 亿 m^3 计算，每年排入查干湖的稻田废水体积按目前平均 6000m^3/hm^2 计算，排入查干湖的稻田废水盐度平均按 1kg/m^3 计算，当前湖水盐度按 2008～2011 年实测值 1.05kg/m^3 计算，则稻田开发至第 n 年时查干湖水盐度可通过式（4-17）计算。

$$c_n = 1.05 + 0.188n + 0.219A\sum_{i=1}^{n} i^{-0.377} \tag{4-17}$$

式中，c_n 为稻田开发至第 n 年时查干湖水盐度（kg/m^3）；A 为每年废水排入查干湖的稻田面积（万 hm^2）；n 为稻田开发年限（年）；i 为稻田开发的自然年数，$i = 1, 2, 3, \cdots, n$。

式（4-17）表明，未来查干湖水盐度与稻田开发面积、开发年限均正相关，开发年限越长，面积越大，湖水盐度增加速率也越快。

4.3.4.3 盐度对查干湖鱼类生存的影响预测

淡水鱼类只能生活在含适量盐分的水环境中，不同鱼类或同一种鱼类不同生长期所能适应的最高含盐量是不同的，即对盐度的耐受限度不同。同时，鱼类对盐度的耐受限度还跟盐分的组成有关。一般在 HCO_3^-、CO_3^{2-} 浓度较高的水环境中，鱼类对盐度的耐受限度将显著降低。

目前，查干湖水化学类型为 C_{I}^{Na}，盐度成分中 $\rho(HCO_3^-) + \rho(1/2CO_3^{2-})$ 约占 56.08%，鱼类对此类水环境盐度的耐受限度要显著低于氯化钠类水环境。查干湖流域盐碱荒地均为苏打型盐渍土，淋洗盐碱的稻田废水同为 C_{I}^{Na} 型。所以未来查干湖水质类型不会有明显变化。

预测查干湖水环境盐度对鱼类的影响采用如下 3 种指标。

1）土著鱼类胚胎和仔鱼发育对盐度的耐受限度，分别取值 $2kg/m^3$ 及 $3kg/m^3$。

2）鲢、鳙、草鱼鱼种阶段的耐盐限度为 $5kg/m^3$。

3）对盐碱的耐受性较强的银鲫、瓦氏雅罗鱼死亡盐度下限，为 $8kg/m^3$。

如前所述，稻田开发面积越大，湖水盐度达到上述指标时所需时间就越短。针对不同开发面积，未来查干湖水盐度分别达到上述指标所需时间（年限）的预测结果见表 4-25。

表 4-25　盐度对查干湖鱼类影响的预测

A/万 hm^2	受精卵发育受到限制所需时间/年	仔鱼、幼鱼发育受到限制所需时间/年	达到鲢、鳙、草鱼鱼种耐盐限度所需时间/年	达到银鲫、瓦氏雅罗鱼死亡盐度下限所需时间/年
1	2～3	5～6	12～13	23～24
2	1～2	3～4	8～9	16～17
3	1	2～3	5～6	11～12
4	1	2	3～4	9～10

根据目前吉林省西部土地整理工程建设规模，每年实际开发运行的稻田面积在 2 万～3 万 hm^2 的可能性较大。按此规模运营 5 年，查干湖自然鱼类的繁殖、胚胎发育及仔鱼生长都将受到影响，种群资源量将不断减少；运营 10 年，鲢、鳙、草鱼放流渔业将受到影响；运营 20 年，查干湖鱼类多样性将消失，渔业功能将完全丧失。

应该指出，上述预测还未考虑碳酸盐碱度（Alk）和 pH 的协同作用。从盐碱土壤中淋洗出的 HCO_3^-、CO_3^{2-} 也同样会在湖区水环境积累，必然造成碳酸盐碱度升高，对鱼类产生毒性作用。

以上表明，吉林省西部盐碱荒地稻田开发将逐步使查干湖高盐碱化，湖泊鱼类多样性下降，渔业生态与功能逐渐退化，应予以关注。

4.4　莫莫格国家级自然保护区

鱼类是湿地生态系统较活跃的成员之一，在维护湿地生态系统的稳定和物质与能量循环过程中起着重要作用，也是湿地生物多样性的重要组成部分；同时作为湿地鸟类的重要食物组分，鱼类多样性动态也直接影响着鸟类群落结构的稳定与发展。截至目前，涉及莫莫格国家级自然保护区鱼类多样性的研究报道仅限于物种丰富度，鱼类物种为 4 目 11 科 52 种[165-168]；文献[169]中记录了常见鱼类 26 种。上述报道均未见名录。为进一步促进湿地鸟类多样性保护与发展及保护区科学管理，本书基于调查资料，探讨莫莫格国家级自然保护区鱼类群落物种多样性特征。

4.4.1　自然概况

吉林莫莫格国家级自然保护区（下称“莫莫格保护区”）地处 45°12′N～46°18′N，123°27′E～124°05′E，始建于 1981 年，1994 年被列入我国第一批重点湿地名录，1997 年由吉林省省级自然保护区晋升为国家级自然保护区，是以保护白鹤、东方白鹳等珍稀鸟类及其迁徙停歇地为主的湿地类型保护区[169-171]。

莫莫格保护区位于吉林省镇赉县东部，北与黑龙江省泰来县接壤，东至嫩江主航道，与黑龙江省肇源县和杜尔伯特蒙古族自治县隔江相望。该保护区地处松嫩平原西部边缘，为嫩江、洮儿河及呼尔达河的冲积平原，平均海拔 142m，总面积 $1440km^2$，湖泊、河流及沼泽湿地约占 80%。嫩江流经保护区 111.5km，流域面积约 $30km^2$，是保护区的主要水源[168]。

4.4.2　物种多样性

4.4.2.1　物种组成与分布

1. 物种组成

文献[125]记载莫莫格保护区的鱼类物种为 5 目 11 科 43 属 49 种（表 4-26）。其中，移入种 2 目 2 科 6 属 6 种，包括大银鱼、青鱼、鲢、草鱼、鳙和团头鲂；土著鱼类 5 目 10 科 37 属 43 种。土著种中，日本七鳃鳗、哲罗鲑、黑龙江茴鱼及怀头鲇为中国易危种；日本七鳃鳗、哲罗鲑、细鳞鲑、黑龙江茴鱼、黑斑狗鱼、黑龙江花鳅、瓦氏雅罗鱼及拟赤梢鱼为冷水种，占 18.60%；银鮈、凌源鮈、东北颌须鮈及黄黝鱼为中国特有种。

表 4-26　莫莫格保护区鱼类物种组成、分布及生态类型

种类	分布						生态类型					m	n
	a	b	c	d	e	f	g	h	i	j	k		
一、七鳃鳗目 Petromyzoniformes													
（一）七鳃鳗科 Petromyzonidae													
1. 日本七鳃鳗 *Lampetra japonica*						1	3	1	3	4	√	1	1
二、鲑形目 Salmoniformes													
（二）银鱼科 Salangidae													
2. 大银鱼 *Protosalanx hyalocranius*▲						9	2	1	2	3	√	2	1
（三）鲑科 Salmonidae													
3. 哲罗鲑 *Hucho taimen*						1	4	1	2	1	√	1	1
4. 细鳞鲑 *Brachymystax lenok*						1	4	1	2	1	√	1	1
5. 黑龙江茴鱼 *Thymallus arcticus*						1	4	1	1	1	√	1	1
（四）狗鱼科 Esocidae													
6. 黑斑狗鱼 *Esox reicherti*						1	2	1	2	2	√	1	1
三、鲤形目 Cypriniformes													
（五）鲤科 Cyprinidae													
7. 瓦氏雅罗鱼 *Leuciscus waleckii waleckii*						92	2	1	5	2	√	2	2
8. 青鱼 *Mylopharyngodon piceus*▲	7	11		6		1	1	2	1	2		2	

续表

种类	分布						生态类型					m	n
	a	b	c	d	e	f	g	h	i	j	k		
9. 草鱼 *Ctenopharyngodon idella* ▲	31	18		3		2	1	2	4	2		2	1
10. 湖鲅 *Phoxinus percnurus*						43	2	1	5	3		2	2
11. 拟赤梢鱼 *Pseudaspius leptocephalus*						1	1	1	2	2	√	1	1
12. 赤眼鳟 *Squaliobarbus curriculus*						1	1	5	1	1		1	2
13. 䱗 *Hemiculter leucisculus*	461	502				72	1	2	5	3		3	1
14. 贝氏䱗 *Hemiculter bleekeri*	9						1	2	5	3		2	1
15. 蒙古鲌 *Culter mongolicus mongolicus*						49	1	1	2	2		2	1
16. 鳊 *Parabramis pekinensis*				3			1	2	4	2		1	4
17. 团头鲂 *Megalobrama amblycephala* ▲	7	19		6		1	1	1	4	3		2	
18. 红鳍原鲌 *Cultrichthys erythropterus*		93				47	1	1	2	3		2	1
19. 大鳍鱊 *Acheilognathus macropterus*						21	3	4	3	3		2	3
20. 银鲴 *Xenocypris argentea*	56	91				19	1	2	3	3		2	3
21. 黑龙江鳑鲏 *Rhodeus sericeus*	7	31				17	3	4	3	3		2	3
22. 花䱻 *Hemibarbus maculatus*	5					16	1	1	1	2		2	3
23. 唇䱻 *Hemibarbus laboe*						4	1	1	1	1		1	3
24. 条纹似白鮈 *Paraleucogobio strigatus*						1	2	2	5	2		1	3
25. 麦穗鱼 *Pseudorasbora parva*	82	49	22	13	12	51	3	1	5	2		2	3
26. 棒花鱼 *Abbottina rivularis*	9					21	1	3	5	2		2	3
27. 蛇鮈 *Saurogobio dabryi*	2	4				13	1	2	5	2		2	3
28. 东北颌须鮈 *Gnathopogon mantschuricus*			7			10	2	1	1	1		2	1
29. 东北鳈 *Sarcocheilichthys lacustris*					1	6	1	2	5	2		2	3
30. 克氏鳈 *Sarcocheilichthys czerskii*		2	7			5	1	2	5	2		2	1
31. 凌源鮈 *Gobio lingyuanensis*	92	37				29	2	1	1	1		2	1
32. 犬首鮈 *Gobio cynocephalus*	51	22				45	2	1	1	1		2	1
33. 细体鮈 *Gobio tenuicorpus*						1	2	1	1	1		1	1
34. 银鮈 *Squalidus argentatus*			2			7	1	1	1	1		2	1
35. 鲤 *Cyprinus carpio*	42	131	9	45		13	3	1	5	3		2	1
36. 银鲫 *Carassius auratus gibelio*	247	513	91	46	36	362	3	1	5	3		3	1
37. 鲢 *Hypophthalmichthys molitrix* ▲	131	291		189		3	1	2	3	2		3	1
38. 鳙 *Aristichthys nobilis* ▲	51	92		92		1	1	2	3	2		2	
（六）鳅科 Cobitidae													
39. 黑龙江花鳅 *Cobitis lutheri*	59	91	43		131	96	2	1	5	2	√	3	2
40. 黑龙江泥鳅 *Misgurnus mohoity*	22	77	19	13	92	137	3	1	5	1		3	2
41. 花斑副沙鳅 *Parabotia fasciata*	2	15	1			22	1	1	5	2		2	3
四、鲇形目 Siluriformes													
（七）鲿科 Bagridae													

续表

种类	分布						生态类型					m	n
	a	b	c	d	e	f	g	h	i	j	k		
42. 黄颡鱼 *Pelteobagrus fulvidraco*	52	29	7			29	5	3	2	3		2	4
43. 乌苏拟鲿 *Pseudobagrus ussuriensis*						1	5	3	1	3		1	3
（八）鲇科 Siluridae													
44. 怀头鲇 *Silurus soldatovi*						1	3	1	2	3		1	1
45. 鲇 *Silurus asotus*	43	52	7	19		29	3	1	2	3		2	1
五、鲈形目 Perciformes													
（九）塘鳢科 Eleotridae													
46. 葛氏鲈塘鳢 *Perccottus glehni*	207	131	93	22	19	131	5	1	1	3		3	3
47. 黄黝鱼 *Hypseleotris swinhonis*	47					13	5	5	5	3		2	4
（十）斗鱼科 Belontiidae													
48. 圆尾斗鱼 *Macropodus chinensis*						1	5	3	5	2		1	4
（十一）鳢科 Channidae													
49. 乌鳢 *Channa argus*		13				9	5	3	2	3		2	4

注：a. 哈尔挠泡，b. 月亮泡，c. 茨勒泡，d. 莫什海泡，e. 鹅头泡，f. 嫩江。g. 区系生态类群——1. 江河平原，2. 北方平原，3. 新近纪，4. 北方山地，5. 热带平原。h. 繁殖类型——1. 草上产卵型，2. 水层产卵型，3. 营巢型，4. 喜贝性产卵型，5. 水底产卵型。i. 食性类型——1. 初级肉食性，2. 次级肉食性，3. 浮游生物食性，4. 草食性，5. 杂食性。j. 栖息类型——1. 流水型，2. 江-湖洄游型，3. 湖泊定居型，4. 溯河洄游型。k. 冷水种。m. 物种多度级——1. 稀有种，2. 常见种，3. 优势种。n. 动物地理分区——1. 古北界北方区黑龙江亚区黑龙江分区，2. 古北界宁蒙区内蒙古亚区，3. 古北界华东区海辽亚区，4. 东洋界华南区。表中"分布"列下数字为实际采集到的样本个体数

莫莫格保护区的土著鱼类中，瓦氏雅罗鱼、鳌、红鳍原鲌、银鲴、花䱻、唇䱻、鲤、银鲫、鲢、草鱼、黄颡鱼、鲇和乌鳢为保护区的经济鱼类，占 30.23%；麦穗鱼、棒花鱼、东北鳈、克氏鳈、凌源鮈、犬首鮈、黑龙江鳑鲏、黑龙江泥鳅、黑龙江花鳅、葛氏鲈塘鳢和黄黝鱼等小型鱼类虽然经济价值不大，但它们数量大、分布广，是保护区肉食性鱼类和食鱼鸟类的主要食物来源，在生物食物链中占有重要位置。

2. 物种分布

莫莫格保护区中，自然分布于湖泊沼泽群的鱼类物种 3 目 6 科 23 属 26 种，其中包括冷水种黑龙江花鳅和全部中国特有种；自然分布于河流沼泽（主要为嫩江）的鱼类物种 5 目 9 科 36 属 41 种，其中包括全部冷水种和中国特有种。

湖泊沼泽群与河流沼泽鱼类群落的共有种为 3 目 6 科 27 属 29 种；仅见于湖泊沼泽群的鱼类物种只有鳊和贝氏鳌；仅见于河流沼泽的鱼类物种有 5 目 8 科 18 属 18 种；麦穗鱼、银鲫、黑龙江泥鳅和葛氏鲈塘鳢见于所有的湖泊沼泽群及河流沼泽群。

4.4.2.2　种类组成

莫莫格保护区的土著鱼类中，鲤形目 30 种，占 69.77%；鲑形目、鲇形目和鲈形目均 4 种，各占 9.30%；七鳃鳗目 1 种，占 2.33%。科级分类单元中，鲤科 27 种，占 62.79%；

鲑科和鳅科均 3 种，各占 6.98%；鲶科、鲇科和塘鳢科均 2 种，各占 4.65%；七鳃鳗科、狗鱼科、斗鱼科和鳢科均 1 种，各占 2.33%。鲤科中，鮈亚科 13 种、鲌亚科 5 种、雅罗鱼亚科 4 种，分别占鲤科鱼类种数的 48.15%、18.52%及 14.81%；鱊亚科和鲤亚科均 2 种，各占 7.41%；鲴亚科 1 种，占 3.70%。

4.4.2.3 区系生态类群

莫莫格保护区的土著鱼类群落由 5 个区系生态类群构成，包括江河平原区系生态类群 16 种、北方平原区系生态类群 9 种、新近纪区系生态类群 9 种、北方山地区系生态类群 3 种和热带平原区系生态类群 6 种，所占比例分别为 37.21%、20.93%、20.93%、6.98%和 13.95%（表 4-26）。

4.4.2.4 动物地理构成

在鱼类动物地理区划上[2, 43, 172]，莫莫格保护区土著鱼类群落包含了古北界北方区黑龙江亚区黑龙江分区、古北界宁蒙区内蒙古亚区、古北界华东区海辽亚区和东洋界华南区的物种，分别有 20 种、5 种、13 种和 5 种，所占比例分别为 46.51%、11.63%、30.23%和 11.63%（表 4-26）。

4.4.2.5 生态类型

莫莫格保护区的土著鱼类群落的生态类型如下。

1）栖息类型：包括流水型 11 种、江-湖洄游型 15 种、湖泊定居型 16 种和溯河洄游型 1 种，分别占 25.58%、34.88%、37.21%及 2.33%（表 4-26）。

2）繁殖类型：包括草上产卵型、水层产卵型、营巢型、喜贝性产卵型和水底产卵型，分别有 26 种、8 种、5 种、2 种和 2 种，分别占 60.47%、18.60%、11.63%、4.65%及 4.65%。

3）食性类型：包括杂食性、初级肉食性、次级肉食性、浮游生物食性和草食性，分别有 17 种、11 种、10 种、4 种及 1 种，分别占 39.53%、25.58%、23.26%、9.30%及 2.33%。

4.4.3 群落多样性

4.4.3.1 群落多样性测度

1. 物种多度

将采集到的湖泊沼泽与嫩江鱼类群落的标本个体数之和，作为莫莫格保护区鱼类群落（以下简称“保护区群落”）样本；以个体数 1～5 尾、6～300 尾和 301 尾以上为标准，将物种多度划分为稀有种、常见种和优势种三个等级。通过物种相对多度的几何级数、对数级数和对数正态分布模型拟合，来描述保护区鱼类群落物种相对多度分布格局[49, 50]。

2. 生态多样性指数

所采用的 α-多样性指数包括物种丰富度、Margalef 指数、Fisher 指数（α）、Simpson 指数、Gini 指数、Shannon-Wiener 指数、McIntosh 指数（D）、Pielou 指数与目、科、属等级多样性指数；β-多样性指数包括 Jaccard 指数及 Morisita-Horn 指数。计算方法参见 2.1.2、2.1.3、2.2 和 2.3。

4.4.3.2 群落多样性特征

1. α-多样性

（1）物种多度及其分布格局　保护区土著鱼类群落中，银鲫、䱗、鲢、黑龙江花鳅、黑龙江泥鳅和葛氏鲈塘鳢为优势种，占 13.95%；包括中国易危种日本七鳃鳗、哲罗鲑、黑龙江茴鱼和怀头鲇在内的 14 种为稀有种，占 32.56%；其余 23 种为常见种，占 53.49%（表 4-26）。

保护区鱼类群落中土著种相对多度分布格局近似于对数正态分布模型，其数学模型为 $S(R)=4.821\exp(-3.48\times10^{-2}R^2)$。采用该模型估算保护区土著鱼类理论种数为 45.8 种，与本次调查结果基本一致。

（2）多样性指数　表 4-27 为不同鱼类群落 α-多样性指数。由表可知除了 λ 和 J 以外，其他多样性指数均以嫩江、湖泊沼泽群和保护区鱼类群落相对较高；其次是哈尔挠泡和月亮泡；茨勒泡、莫什海泡和鹅头泡相对较低。λ 则与上述结果相反。

表 4-27　莫莫格保护区鱼类群落 α-多样性指数

群落类型	S	d_{Ma}	λ	D_{Gi}	H	J	D_{Mc}	α	$H_{O\cdot F\cdot G}$
湖泊沼泽群	31	3.514	0.106	0.894	2.600	0.757	0.684	4.391	9.246
保护区	49	5.463	0.097	0.903	2.786	0.716	0.697	7.191	13.576
嫩江	47	6.053	0.100	0.900	2.837	0.745	0.702	8.824	12.759
哈尔挠泡	24	3.087	0.125	0.875	2.488	0.783	0.662	3.944	7.988
月亮泡	23	2.840	0.128	0.872	2.448	0.781	0.665	3.548	8.682
茨勒泡	12	1.920	0.210	0.790	1.390	0.559	0.575	2.487	6.705
莫什海泡	12	1.855	0.353	0.647	0.534	0.215	0.429	2.365	6.765
鹅头泡	6	0.881	0.324	0.676	1.311	0.732	0.456	1.069	4.257

相关性分析表明（表 4-28），S、d_{Ma} 分别与 λ、J 以外的其他指数，D_{Gi} 与 H、D_{Mc}、J、α 和 $H_{O\cdot F\cdot G}$，H 与 D_{Mc}、J、α 和 $H_{O\cdot F\cdot G}$，D_{Mc} 与 J、α 和 $H_{O\cdot F\cdot G}$ 以及 α 与 $H_{O\cdot F\cdot G}$ 之间均存在显著（$P<0.05$）的相关性；S、d_{Ma}、α、$H_{O\cdot F\cdot G}$ 与 J 的相关性均不明显（$P>0.05$）；λ 与其他各指数之间均无相关性。

表 4-28 莫莫格保护区鱼类群落 α-多样性指数的相关性

多样性指数	S	d_{Ma}	λ	D_{Gi}	H	J	D_{Mc}	α	$H_{O\cdot F\cdot G}$
S	1								
d_{Ma}	0.982**	1							
λ	−0.810*	−0.782*	1						
D_{Gi}	0.810*	0.782*	−1	1					
H	0.832*	0.796*	−0.961**	0.961**	1				
J	0.423	0.373	−0.717*	0.717*	0.822*	1			
D_{Mc}	0.824*	0.801*	−0.999**	0.999**	0.963**	0.709*	1		
α	0.960**	0.995**	−0.743*	0.743*	0.763*	0.351	0.764*	1	
$H_{O\cdot F\cdot G}$	0.984**	0.980**	−0.773*	0.773*	0.765*	0.312	0.790*	0.961**	1

注：* $P<0.05$，** $P<0.01$

2. β-多样性

从群落 β-多样性指数可以看出，保护区与嫩江鱼类群落间 C_J 和 C_{MH} 分别为 0.918 和 0.838；保护区与湖泊沼泽群鱼类群落间 C_J 和 C_{MH} 分别为 0.633 和 0.996。这表明保护区鱼类群落物种组成及其多样性与嫩江和湖泊沼泽群都有着密切关系，而与嫩江的关联度更大一些（表 4-29）。

表 4-29 莫莫格保护区鱼类群落 β-多样性指数

群落类型	湖泊沼泽群	保护区	嫩江	哈尔挠泡	月亮泡	茨勒泡	莫什海泡	鹅头泡
湖泊沼泽群	C_J→	0.633	0.600	0.774	0.742	0.387	0.387	0.194
保护区	0.996	←C_{MH}	0.918	0.490	0.469	0.245	0.245	0.122
嫩江	0.753	0.838		0.438	0.447	0.267	0.213	0.133
哈尔挠泡	0.944	0.906	0.624		0.741	0.333	0.500	0.200
月亮泡	0.983	0.960	0.727	0.911		0.400	0.522	0.208
茨勒泡	0.622	0.673	0.783	0.537	0.557		0.333	0.289
莫什海泡	0.513	0.456	0.363	0.377	0.517	0.224		0.289
鹅头泡	0.439	0.372	0.467	0.222	0.266	0.295	0.093	

上述结果表明，S、d_{Ma} 和 α 从物种数目方面直观地反映了群落多样性程度；D_{Mc} 和 J 表达了群落中物种多度分布的均匀程度；D_{Gi}、H 和 $H_{O\cdot F\cdot G}$ 综合反映了群落的物种丰富度及其分布均匀性；λ 反映了群落物种优势度水平；而 C_J 和 C_{MH} 则表达了群落间物种组成相似程度。

以上多角度地揭示鱼类群落多样性状况，显示出嫩江、湖泊沼泽群和保护区鱼类群落的优势种均不明显，群落的物种均匀度和异质性程度相对较高，群落结构相对较复杂。同时表明，保护区鱼类群落的物种多样性与结构稳定性取决于湖泊沼泽群和嫩江的鱼类群落；湖泊沼泽群鱼类群落取决于嫩江、哈尔挠泡和月亮泡的鱼类群落；嫩江鱼类群落直接影响哈尔挠泡和月亮泡的鱼类群落。由此可见，在维护与发展莫莫格保护区鱼类群落的物种多样性与结构稳定性方面，嫩江起着关键作用。

4.4.4 问题探讨

4.4.4.1 鱼类区系构成

莫莫格保护区地处松辽分水岭以北和内蒙古东部草原相毗邻地带，鱼类地理区划的构成以北方区为主体，华东区次之，兼有宁蒙区和华南区，基本与所处的地理位置相适应；物种组成上，包括了亚寒带（黑斑狗鱼、瓦氏雅罗鱼、湖鲂、黑龙江花鳅、哲罗鲑、细鳞鲑、黑龙江茴鱼等）、北温带（麦穗鱼、拟赤梢鱼、细体鮈、黑龙江鳑鲏、鲤、银鲫、黑龙江泥鳅、鲇、怀头鱼等）乃至亚热带（花斑副沙鳅、葛氏鲈塘鳢、黄黝鱼、圆尾斗鱼、乌鳢、黄颡鱼等）种类，突显出南北方过渡性的古北界动物区系特点。这既体现出区系结构的复杂性和物种组成的多样性，也表现出以江河平原和北方平原区系生态类群为主体的与黑龙江水系鱼类区系相似性特征[2, 43, 172]。

构成莫莫格保护区鱼类多样性的土著鱼类中，有 95.56%来自嫩江。鱼类区系特征还表现在以下几个方面。

1）鲤科种类为主体：在嫩江、松花江、黑龙江水系和东北地区淡水鱼类中，鲤科鱼类物种数分别为 45 种、50 种、54 种及 86 种[2]。莫莫格保护区鲤科鱼类物种数（27 种）所占其比例分别为 60.00%、54.00%、50.00%和 31.40%。

2）鮈亚科种类相对较多：嫩江、松花江、黑龙江水系、东北地区和中国境内的鮈亚科鱼类物种数分别为 16 种、18 种、19 种、35 种和 90 种[2, 138]。莫莫格保护区鮈亚科鱼类物种数（13 种）所占其比例分别为 81.25%、72.22%、68.42%、37.14%和 14.44%。

3）冷水种相对丰富：嫩江、松花江、东北地区和中国境内的冷水种数分别为 14 种、17 种、37 种和 88 种[3]。莫莫格保护区的冷水种数（8 种）所占其比例分别为 57.14%、47.06%、21.62%和 9.09%。

4）中国特有种也占有一定比例：中国特有鱼类物种分布中，东北地区有 25 种[2]，其中 4 种分布在莫莫格保护区（占 16%）。

4.4.4.2 鱼类物种组成与分布

物种形成过程的历史因素和现代人类活动，使莫莫格保护区的湖泊沼泽与嫩江至今仍保持着密切联系，江-湖鱼类种群之间得以相互交流，使群落物种组成与分布经常处在动态变化中。湿地湖泊调查期间所采集到的嫩江 43 种土著鱼类中，在湖泊沼泽可见到 26 种，占 60.47%；蛇鮈、东北颌须鮈、凌源鮈和犬首鮈等原本为江河流水环境中营底栖生活的小型鱼类，在湖泊沼泽等静水环境中很少见到，但目前已经分布到茨勒泡、哈尔挠泡和月亮泡，这显然是江-湖交流的结果。江-湖交流改变了湖泊沼泽鱼类群落的物种组成，提高了物种丰富度，同时也使得鲤、银鲫、鲇、黄颡鱼、鳌、红鳍原鲌等自然分布的经济鱼类成为湖泊沼泽鱼类群落的稳定成员。

嫩江原本无鳙、团头鲂的自然物种分布，只因湖泊沼泽放养逃逸至嫩江而扩大了分布范围。大银鱼的自然物种分布在东北南部的鸭绿江口水域[2]，在嫩江采集到的大银鱼样本可能是嫩江对岸连环湖移殖的大银鱼逃逸到江中的种群[44]。青鱼、银𬶋和黑龙江鳑鲏在嫩江均无自然物种分布，但存在于毗邻水域松花江[2]，出现在嫩江及其附属湖泊沼泽，可能是从松花江游弋到嫩江并进入湖泊沼泽的种群，也可能是投放经济鱼类时无意带入的。但从自然资源现状及其经济意义上看，嫩江的青鱼可能来自湖泊沼泽放养的逃逸种群；银𬶋和黑龙江鳑鲏为小型非经济鱼类，游弋到此的可能性较大。

由于嫩江是松花江的北源，自然分布在松花江的银𬶋和黑龙江鳑鲏尚有游弋到嫩江的可能性。然而，哲罗鲑在东北地区的自然分布仅限于黑龙江上游、哈拉哈河上游、呼玛河、逊别拉河和乌苏里江[2, 87]，这些江河与嫩江并不相通，哲罗鲑无法通过游弋到达嫩江。在嫩江见到哲罗鲑的原因尚待进一步研究。

“白鹤 GEF 项目成果系列丛书”记载的莫莫格保护区 26 种鱼类[169, 170]，隶属 3 目 5 科 23 属（著者整理)。包括青鱼、草鱼、鳡、马口鱼、赤眼鳟、鲂、团头鲂、鳊、翘嘴鲌、红鳍原鲌、银鲴、黑龙江鳑鲏、鲢、鳙、鲤、银鲫、麦穗鱼、犬首𬶋、棒花鱼、蛇𬶋、潘氏鳅鮀、黑龙江泥鳅、鲇、怀头鲇、葛氏鲈塘鳢和圆尾斗鱼。与之相比，鳡、马口鱼、鲂、翘嘴鲌和潘氏鳅鮀没有采集到样本；日本七鳃鳗、哲罗鲑、细鳞鲑、黑龙江茴鱼、黑斑狗鱼、拟赤梢鱼、赤眼鳟、圆尾斗鱼、乌苏拟鲿、怀头鲇、细体𬶋和条纹似白𬶋12 种，也只在嫩江采集到 1 尾样本。这表明这 17 种鱼类在莫莫格保护区的分布范围可能在缩小。

4.4.4.3　鱼类群落结构与多样性动态

湖泊沼泽和嫩江是莫莫格保护区鱼类多样性之源，它们的群落结构动态直接影响保护区鱼类多样性。相比之下，湖泊沼泽受外界的影响更强烈。莫莫格保护区的湖泊沼泽均属平原型浅水湿地，生态环境简单，异质性程度较差，且经常受到干旱、盐碱化等自然因素的影响，不利于多物种鱼类的生存与种群发展。同时，渔业经营方式均以放养为主，鱼类物种组成、个体数量和生物量都处在不断变化之中。人与自然因素的共同作用，使群落结构经常处于重建与恢复的不稳定状态，进而影响保护区鱼类多样性的稳定。

但调查显示，目前保护区不同鱼类群落的物种结构都相对较稳定，尤其是保护区鱼类群落的物种相对多度分布格局近似于对数正态分布，属于多样性程度较高的群落。究其原因，一是调查期间正值嫩江丰水期，更有利于江-湖交流，湖泊沼泽鱼类自然种群保持相对稳定；二是近年来“引嫩入白”（白城市)、“引嫩入莫”（莫莫格）等水利工程，改善了保护区鱼类生境；三是保护区实施科学管理，建立了“人-鸟-鱼-环境”的协调关系，鱼类资源所承受的压力得到缓解。

以上表明，在嫩江鱼类群落所受压力相对较小、群落结构相对较稳定的情况下，保持并提高湖泊沼泽鱼类群落结构的相对稳定性，是莫莫格保护区鱼类多样性持续健康发展的重要工作之一。另外，湖泊调查期间所采集到的鱼类物种中，只获得 1 尾样本的土著稀有种的有日本七鳃鳗、哲罗鲑、细鳞鲑、黑龙江茴鱼、黑斑狗鱼、拟赤梢鱼、赤眼鳟、条纹似白𬶋、细体𬶋、乌苏拟鲿、怀头鲇及圆尾斗鱼，其中一些种还同为中国易危种和冷水种，它们在保护区土著鱼类群落中尚占有一定比例（27.91%），这无疑增加了保护区鱼类群落结构的脆弱性，也使得保护区鱼类多样性面临着潜在威胁。

4.4.4.4 鱼类多样性评价

生物群落多样性程度，通常采用物种丰富度或者 Gini 指数、Shannon-Wiener 指数、Pielou 指数等生态多样性指数来评价。但因多样性指数往往涉及物种的个体数量或生物量，计算不便，而且需要大量的采样工作，自然保护区往往缺少相关资料。鉴于目前大多数保护区都已获得鱼类名录，通过名录中的物种数可方便地计算等级多样性指数（$H_{O\cdot F\cdot G}$）。根据 $H_{O\cdot F\cdot G}$、S 及其他生态多样性指数的一致性（参见 2.4.4.2），可采用该指数来评估自然保护区的鱼类多样性程度。

表 4-30 为我国不同地区的 10 个国家级自然保护区鱼类群落 S 与 $H_{O\cdot F\cdot G}$ 值，由相关分析可知二者具有极显著的一致性（$r = 0.771$，$P < 0.01$）。分别以 S、$H_{O\cdot F\cdot G}$ 值为标准的评价结果差别不大，且莫莫格保护区都处在中等位置。但后者更符合物种丰富度与均匀度相结合的物种多样性度量原则。

表 4-30　10 个国家级自然保护区鱼类多样性评价

保护区名称	经纬度	以 S 为评价标准		以 $H_{O\cdot F\cdot G}$ 为评价标准	
		S[1)]	排序	$H_{O\cdot F\cdot G}$[2)]	排序
黑龙江三江保护区	47°26′N～48°23′N，133°43′E～134°47′E	76[173]	3	16.072	3
江西官山保护区	28°30′N～28°40′N，114°29′E～114°45′E	7[174]	10	4.184	10
江西鄱阳湖保护区	29°02′N～29°19′N，115°54′E～116°12′E	136[33]	2	18.239	1
江西九岭山保护区	28°49′N～29°03′N，115°03′E～115°24′E	39[175]	6	11.056	7
广西大瑶山保护区	23°40′N～24°22′N，109°50′E～110°27′E	37[176]	7	12.881	6
河北衡水湖保护区	37°33′N～37°40′N，115°30′E～115°40′E	28[177]	8	10.055	8
贵州梵净山保护区	27°50′N～28°02′N，108°46′E～108°49′E	151[178]	1	17.023	2
湖南壶瓶山保护区	29°50′N～30°09′N，110°29′E～110°59′E	51[179]	4	13.902	4
吉林长白山保护区	41°31′N～41°38′N，126°22′E～126°41′E	18[180]	9	7.546	9
吉林莫莫格保护区	45°12′N～46°18′N，123°27′E～124°05′E	49	5	13.576	5

资料来源：1）著者整理；2）著者根据原文献资料计算得出的结果

综上所述，莫莫格保护区的鱼类多样性与嫩江息息相关；保持嫩江鱼类群落结构的相对稳定，对维护与发展莫莫格保护区的鱼类多样性具有特别重要的意义。

还应该指出，受渔具选择性，采样强度、方法与范围及特殊习性等因素的影响，某些鱼类在短期调查时很难被发现，因而尚不能排除未获得的保护区其他稀有鱼类物种。

4.5 扎龙国家级自然保护区

黑龙江扎龙国家级自然保护区（下称“扎龙保护区”）地处 46°52′N～47°32′N，123°47′E～124°37′E，1976 年筹建，1979 年黑龙江省人民政府正式批准建立，范围包括齐齐哈尔境内的湖泊沼泽湿地 420km^2。1983 年黑龙江省人民政府批准成立“黑龙江省人民政府扎龙自然保护区管理局”，统一管理齐齐哈尔市、富裕县、林甸县、杜尔伯特蒙古族自治县以及泰来县境内的湖泊沼泽、河流沼泽湿地合计 2100km^2。1987 年国务院批准为国家级自然保护区。1992 年中国加入《关于特别是作为水禽栖息地的国际重要湿地公约》，扎龙保护区被列入国际重要湿地名录。

扎龙保护区地处松嫩平原黑龙江省西部乌裕尔河下游。乌裕尔河是松嫩平原的一条无尾河，其下游漫散于扎龙保护区的湖泊沼泽中，成为该保护区的重要补给水源，同时也使得保护区内既有微流水的河流沼泽，又有静水的湖泊沼泽。保护区内有包括连环湖、克钦湖、南山湖和扎龙湖在内的大小湖泊沼泽 228 片[46]。

4.5.1 鱼类多样性概况

4.5.1.1 物种组成

采集到和文献[6]、[42]及[181]中记载的扎龙保护区的鱼类物种合计 6 目 11 科 43 属 63 种（表 4-31）。其中，移入种 2 目 2 科 6 属 6 种，包括大银鱼、青鱼、草鱼、团头鲂、鲢和鳙；土著鱼类 6 目 10 科 38 属 57 种。上述鱼类中，未包括文献[6]、[181]有记录但目前尚未确定是否存在于黑龙江水系的黑鳍鳈和泥鳅。

表 4-31 扎龙保护区鱼类物种组成

种类	连环湖			南山湖 3)	克钦湖 3)	乌裕尔河 1)	文献记载 4)
	1982 年 1)	1985 年 2)	2008～2011 年 3)				
一、七鳃鳗目 Petromyzoniformes							
（一）七鳃鳗科 Petromyzonidae							
1. 雷氏七鳃鳗 *Lampetra reissneri*							+
2. 日本七鳃鳗 *Lampetra japonica*							+
二、鲑形目 Salmoniformes							
（二）银鱼科 Salangidae							
3. 大银鱼 *Protosalanx hyalocranius*▲			+				
（三）狗鱼科 Esocidae							
4. 黑斑狗鱼 *Esox reicherti*	+	+				+	+
三、鲤形目 Cypriniformes							
（四）鲤科 Cyprinidae							

续表

种类	连环湖			南山湖[3]	克钦湖[3]	乌裕尔河[1]	文献记载[4]
	1982年[1]	1985年[2]	2008～2011年[3]				
5. 马口鱼 *Opsariichthys bidens*		+				+	+
6. 瓦氏雅罗鱼 *Leuciscus waleckii waleckii*	+	+				+	+
7. 青鱼 *Mylopharyngodon piceus*▲	+		+			+	+
8. 草鱼 *Ctenopharyngodon idella*▲	+	+	+	+	+	+	+
9. 真鲅 *Phoxinus phoxinus*			+				
10. 湖鲅 *Phoxinus percnurus*	+	+				+	+
11. 花江鲅 *Phoxinus czekanowskii*							+
12. 拉氏鲅 *Phoxinus lagowskii*			+	+			+
13. 赤眼鳟 *Squaliobarbus curriculus*	+	+				+	
14. 鳡 *Elopichthys bambusa*						+	+
15. 䱗 *Hemiculter leucisculus*	+	+	+	+	+	+	+
16. 贝氏䱗 *Hemiculter bleekeri*	+	+				+	
17. 蒙古䱗 *Hemiculter lucidus warpachowsky*	+						
18. 兴凯䱗 *Hemiculter lucidus lucidus*		+					
19. 翘嘴鲌 *Culter alburnus*		+					+
20. 蒙古鲌 *Culter mongolicus mongolicus*	+		+			+	+
21. 鲂 *Megalobrama skolkovii*	+	+				+	+
22. 团头鲂 *Megalobrama amblycephala*▲		+	+		+		
23. 红鳍原鲌 *Cultrichthys erythropterus*	+	+	+		+	+	+
24. 鳊 *Parabramis pekinensis*	+		+			+	+
25. 银鲴 *Xenocypris argentea*	+	+				+	+
26. 细磷鲴 *Xenocypris micro lepis*						+	
27. 兴凯鱊 *Acheilognathus chankaensis*	+	+				+	+
28. 大鳍鱊 *Acheilognathus macropterus*	+	+	+	+	+	+	+
29. 黑龙江鳑鲏 *Rhodeus sericeus*	+	+	+			+	
30. 彩石鳑鲏 *Rhodeus lighti*	+		+	+	+	+	
31. 唇䱻 *Hemibarbus laboe*	+	+				+	+
32. 花䱻 *Hemibarbu smaculatus*	+	+	+		+	+	+
33. 麦穗鱼 *Pseudorasbora parva*	+	+	+	+	+	+	+
34. 兴凯银鮈 *Squalidus chankaensis*						+	+
35. 东北鳈 *Sarcocheilichthys lacustris*	+	+	+			+	
36. 克氏鳈 *Sarcocheilichthys czerskii*			+	+		+	
37. 高体鮈 *Gobio soldatovi*						+	
38. 凌源鮈 *Gobio lingyuanensis*			+	+	+		
39. 犬首鮈 *Gobio cynocephalus*			+	+	+		+
40. 细体鮈 *Gobio tenuicorpus*			+				+

续表

种类	连环湖			南山湖[3)]	克钦湖[3)]	乌裕尔河[1)]	文献记载[4)]
	1982年[1)]	1985年[2)]	2008～2011年[3)]				
41. 平口鮈 *Ladislavia taczanowskii*			+	+			+
42. 棒花鱼 *Abbottina rivularis*	+	+	+	+	+	+	
43. 蛇鮈 *Saurogobio dabryi*	+	+	+			+	+
44. 突吻鮈 *Rostrogobio amurensis*		+					+
45. 鲤 *Cyprinus carpio*	+	+	+	+	+	+	+
46. 银鲫 *Carassius auratusgibelio*	+	+	+	+	+	+	+
47. 鲢 *Hypophthalmichthy smolitrix*▲	+	+	+	+	+	+	+
48. 鳙 *Aristichthys nobilis*▲	+	+	+	+	+	+	+
（五）鳅科 Cobitidae							
49. 黑龙江花鳅 *Cobitis lutheri*			+				+
50. 北方花鳅 *Cobitisgranosi*			+				
51. 北方泥鳅 *Misgurnus bipartitus*			+	+	+		
52. 黑龙江泥鳅 *Misgurnus mohoity*		+	+	+		+	
53. 花斑副沙鳅 *Parabotia fasciata*	+	+			+		
四、鲇形目 Siluriformes							
（六）鲿科 Bagridae							
54. 黄颡鱼 *Pelteobagrus fulvidraco*	+	+	+	+	+	+	+
55. 光泽黄颡鱼 *Pelteobagrus nitidus*							+
56. 乌苏拟鲿 *Pseudobagrus ussuriensis*							
（七）鲇科 Siluridae							
57. 怀头鲇 *Silurus soldatovi*			+	+			+
58. 鲇 *Silurus asotus*	+	+	+	+	+	+	+
五、鳉形目 Cyprinodontiformes							
（八）青鳉科 Oryziatidae							
59. 中华青鳉 *Oryzias latipes sinensis*	+	+				+	
六、鲈形目 Perciformes							
（九）鮨科 Serranidae							
60. 鳜 *Siniperca chuatsi*	+	+				+	+
（十）塘鳢科 Eleotridae							
61. 葛氏鲈塘鳢 *Perccottus glehni*	+	+	+	+	+	+	+
62. 黄黝鱼 *Hypseleotris swinhonis*	+	+	+			+	
（十一）鳢科 Channidae							
63. 乌鳢 *Channa argus*	+	+	+	+	+	+	+

资料来源：1）文献[181]，2）文献[6]，3）文献[42]，4）文献[6]和[181]

扎龙保护区的土著鱼类中，包括中国易危种日本七鳃鳗、雷氏七鳃鳗和怀头鲇，冷水种日本七鳃鳗、雷氏七鳃鳗、黑斑狗鱼、瓦氏雅罗鱼、拉氏鲹、真鲹、平口鮈、黑龙江花鳅和北方花鳅（占 15.79%），中国特有种彩石鳑鲏、凌源鮈和黄黝鱼。

4.5.1.2　种类组成

扎龙保护区鱼类群落中，鲤形目 49 种、鲇形目 5 种、鲈形目 4 种，分别占 77.78%、7.94%及 6.35%；七鳃鳗目和鲑形目均 2 种，各占 3.17%；鳉形目 1 种，占 1.59%。科级分类单元中，鲤科 44 种、鳅科 5 种、鲿科 3 种，分别占 69.84%、7.94%及 4.76%；七鳃鳗科、鲇科和塘鳢科均 2 种，各占 3.17%；银鱼科、狗鱼科、鮨科、鳢科和青鳉科均 1 种，各占 1.59%。

4.5.1.3　区系生态类群

扎龙保护区的土著鱼类群落由 5 个区系生态类群构成。

1）江河平原区系生态类群：马口鱼、鳡、鳊、鲂、4 种䱗、红鳍原鲌、2 种鲌、2 种鲴、2 种鲭、棒花鱼、蛇鮈、兴凯银鮈、2 种鳈、花斑副沙鳅和鳜，占 38.60%。

2）北方平原区系生态类群：瓦氏雅罗鱼、拉氏鲹、湖鲹、花江鲹、凌源鮈、犬首鮈、细体鮈、高体鮈、突吻鮈、平口鮈、2 种花鳅和黑斑狗鱼，占 22.81%。

3）新近纪区系生态类群：2 种七鳃鳗、鲤、银鲫、赤眼鳟、麦穗鱼、2 种鳑鲏、2 种鱊、2 种泥鳅和 2 种鲇，占 24.56%。

4）北方山地区系生态类群：真鲹，占 1.75%。

5）热带平原区系生态类群：中华青鳉、葛氏鲈塘鳢、黄黝鱼、乌鳢、2 种黄颡鱼和乌苏拟鲿，占 12.28%。

以上北方区系生态类群 14 种，占 24.56%。

4.5.2　河流沼泽鱼类多样性

乌裕尔河（当地称为五眼河）位于黑龙江省西部，是松嫩平原的主要河流之一，发源于小兴安岭西侧北安市境内柳毛沟，流经北安县、克山县、克东县、依安县、富裕县、林甸县、齐齐哈尔市和杜尔伯特蒙古族自治县，全长约 460km。

乌裕尔河河床宽 10m 左右，河道弯曲，洪水时期极易泛滥，与沿岸的芦苇沼泽连片成为大面积的湿地，其下游并不泄入江河或湖泊，而是无尾河。河流进入林甸县、齐齐哈尔市和杜尔伯特蒙古族自治县，已无河床，在杜尔伯特蒙古族自治县境内经滨（哈尔滨）洲（满洲里）铁路线烟筒屯铁路桥孔下泄，最后汇聚于连环湖。

乌裕尔河上游北安、克东、克山三县境内地势陡峭，河水较浅，冬季大都冻结至干涸。北安、克东、克山、依安和林甸等县在其支流都建有水库。富裕县、林甸县、齐齐哈尔市和杜尔伯特蒙古族自治县境内，均有众多与乌裕尔河相通的湖沼。乌裕尔河流域除了作为黑龙江省渔业基地外，富裕县以下还是重要的芦苇生产基地。

4.5.2.1　物种组成

关于乌裕尔河鱼类物种的系统调查，目前仅见文献[181]，即在乌裕尔河滨洲线北侧水域共发现鱼类 19 种。现按照最新分类系统，将滨州线北侧的乌裕尔问 19 种鱼类进行重新整理，剔除同物异各种类东北湖鲂后，实际发现鱼类 18 种，包括鲤、银鲫、麦穗鱼、湖鲂、黑龙江鳑鲏、马口鱼、高体鮈、棒花鱼、鳘、贝氏鳘、红鳍原鲌、黑龙江泥鳅、鲇、黄颡鱼、乌鳢、葛氏鲈塘鳢、黑斑狗鱼和中华青鳉。

乌裕尔河流经滨洲线以南后，河道消失，河水漫散于连环湖及扎龙湿地，已发现鱼类 44 种[181]。由于连环湖通过人工运河从嫩江引水，嫩江鱼类可通过运河上溯至湖中，加之人工投放鱼种，因而所调查到的鱼类实际上包括了乌裕尔河土著种、来自嫩江的和人工放养的鱼类。对上述滨州线以南的乌裕尔问 44 种鱼类进行重新整理，实际为 40 种，包括黑斑狗鱼、瓦氏雅罗鱼、青鱼、草鱼、湖鲂、麦穗鱼、赤眼鳟、蛇鮈、兴凯银鮈、东北鳈、克氏鳈、棒花鱼、唇䱻、花䱻、银鲴、细鳞鲴、鳊、鲂、蒙古鲌、红鳍原鲌、鳘、贝氏鳘、鳡、马口鱼、黑龙江鳑鲏、彩石鳑鲏、兴凯鱊、大鳍鱊、鲤、银鲫、鲢、鳙、黑龙江泥鳅、花斑副沙鳅、鲇、黄颡鱼、鳜、葛氏鲈塘鳢、黄黝鱼和乌鳢。

综合上述结果，得出乌裕尔河沼泽的鱼类物种 5 目 9 科 36 属 42 种。其中，移入种 1 目 1 科 4 属 4 种，包括青鱼、草鱼、鲢和鳙；土著鱼类 5 目 9 科 32 属 38 种，其中包括中国特有种彩石鳑鲏及黄黝鱼、冷水种黑斑狗鱼及瓦氏雅罗鱼。

4.5.2.2　种类组成

乌裕尔河沼泽鱼类群落中，鲤形目 34 种、鲈形目 4 种、鲇形目 2 种，分别占 80.95%、9.52%及 4.76%；鲑形目和鳉形目均 1 种，各占 2.38%。科级分类单元中，鲤科 32 种，占 76.19%；鳅科和塘鳢科均 2 种，各占 4.76%；鮨科、鳢科、鲇科、鲿科、狗鱼科和青鳉科均 1 种，各占 2.38%。

4.5.2.3　区系生态类群

乌裕尔河沼泽的土著鱼类群落由 4 个区系生态类群构成。

1）江河平原区系生态类群：鳡、马口鱼、红鳍原鲌、蒙古鲌、鳊、鲂、2 种鳘、2 种鲴、2 种䱻、蛇鮈、兴凯银鮈、2 种鳈、棒花鱼、花斑副沙鳅和鳜，占 50.00%。

2）北方平原区系生态类群：瓦氏雅罗鱼、高体鮈、湖鲂和黑斑狗鱼，占 10.53%。

3）新近纪区系生态类群：鲤、银鲫、赤眼鳟、麦穗鱼、2 种鳑鲏、2 种鱊、黑龙江泥鳅和鲇，占 26.32%。

4）热带平原区系生态类群：中华青鳉、乌鳢、黄颡鱼、黄黝鱼和葛氏鲈塘鳢，占 13.16%。

以上北方区系生态类群 4 种，占 10.53%。

从上述结果可以看出，乌裕尔河沼泽鱼类区系较单纯。鲤只在下游富裕县富路乡七道桥河段和齐齐哈尔克钦湖中发现；麦穗鱼、黑龙江鳑鲏、银鲫、乌鳢、湖鲂、鲇、黑龙江泥鳅等分布广泛，在河道或附属湖泊沼泽水体中均可见到；红鳍原鲌仅见于克钦湖和下游河道。鱼类群落中小型鱼类所占比例较大，鲤、乌鳢、鲇、黑斑狗鱼等大中型鱼类数量较少；银鲫数量最多，是主要捕捞对象。

4.5.2.4 群落结构

1. 渔具渔法

乌裕尔河流域的渔具渔法主要有挂网、花篮、河张网、撒网、“迷魂阵”等，还有土梁子、冬季翻冰等捕鱼方法。根据不同江段的具体环境，所使用的渔具渔法也有所差别。总体上看，明水期捕捞作业主要使用河张网，土梁子主要分布在依安和富裕两县，“迷魂阵”则主要在下游的林甸县、齐齐哈尔市和杜尔伯特蒙古族自治县使用，挂网、花篮、撒网的使用较为普遍。冬季捕鱼大都采用翻冰法。此外，当地还发明了一些适合冬季作业的土办法，如撵快箔、鼓动扒、收边网、搅冰眼等。

2. 渔获物物种组成

乌裕尔河渔获物主要包括银鲫、乌鳢、葛氏鲈塘鳢、鳅类、麦穗鱼、鳑鲏类、鲌类、䱗、鲇等 10 余种。其中，银鲫、乌鳢和鲇为主要经济鱼类，尤以银鲫产量最大，是乌裕尔河主要捕捞鱼类；乌鳢和鲇数量不多；小型鱼类在富裕县、依安县捕捞量较多，但经济价值不大。遇到丰水年份，在富裕县闹龙沟附近，乌裕尔河可与嫩江相通，此时在乌裕尔河可捕获从嫩江逆流上溯的鲤、鲢、草鱼等种类。但这些上溯至乌裕尔河的鱼类中只有少数鲤能够越冬，并有少量繁殖，其他几种鱼类都不能在此越冬。

3. 经济鱼类种群特征

文献[181]调查结果显示，不同渔具所捕获的种类、个体大小均有所差异。河张网捕获的银鲫体长 4～18cm，其中 8～14cm 的个体占 97%以上。“迷魂阵”捕获的银鲫体长 4～20cm，其中 92%的个体小于 14cm。黑龙江省境内的银鲫群体中，80%～90%的个体体长 16～35cm。可见乌裕尔河银鲫个体普遍偏小。

乌裕尔河银鲫体长 9～10cm，体重平均 25.2g；体长 13～14cm 的银鲫体重平均 71.7g。而呼伦湖体长 9.5cm 的银鲫体重平均 55g，黑龙江中游体长 13.5～14cm 的银鲫体重平均 80.4g。以上表明乌裕尔河银鲫不但体长小于其他水域，而且相同体长的个体体重也明显偏小。

乌裕尔河银鲫初次性成熟年龄的体形也小于其他水域。例如，雌性最小体长 12cm，大多数为 15cm，而呼伦湖银鲫则分别超过 13cm 及 19cm。

4. 渔业资源动态

乌裕尔河上游因其环境原因，鱼类较少，渔业不及中下游发达。依安、富裕两县的渔业生产主要集中在干流和沿岸的泛水区；林甸县、齐齐哈尔市和杜尔伯特蒙古族自治县则集中在通河的湖泊沼泽。据北安、克东、克山、依安、富裕和林甸 6 县的不完全统计，乌裕尔河鱼产量曾在 1960 年达到最高，为 5000t 左右，占当时全省总鱼产量的 5%。

乌裕尔河鱼业资源自20世纪60年代就呈现下降趋势。依安和克山两县的捕捞渔业完全集中在乌裕尔河，其鱼产量的变化可略见一斑（表4-32）。

表4-32 乌裕尔河依安县和克山县的捕捞产量[181] （单位：t）

年份	依安县	克山县	年份	依安县	克山县	年份	依安县	克山县
1960	1390	185	1967	350	50	1974	136	30
1961	847	110	1968	102	30	1975	124	42
1962	1100	110	1969	102	40	1976	47	26
1963	847	103	1970	157	56	1977	39	43
1964	612	102	1971	111	30	1978	46	30
1965	203	62	1972	123	35	1979	31	33
1966	370	50	1973	228	48			

影响乌裕尔河鱼类多样性的因素主要有如下两方面。

1）水位：6～7月水位低枯，涨水期迟至秋季，对鱼类产卵繁殖不利。乌裕尔河鱼类群落中，绝大多数是银鲫等一些性成熟较早、产黏性卵的小型种类，如果春季水位适合，满足繁殖所需的环境条件，则种群可快速增殖。否则，春季的枯水位如果持续几年，其种群数量会迅速减少。

2）捕捞：滥用非法渔具渔法，如冬季冰下鼓动扒、收边网、撵快箔、搅冰眼、翻冰盖等。特别是翻冰盖，是一种冰下"竭泽而渔"的渔法，可将冰下鱼类捕捞殆尽，对资源破坏程度极大。这些渔具渔法往往在鱼类越冬场联合使用，除了大小鱼一网打尽外，同时也搅浑了冰下水体，那些"漏网之鱼"或被冰下泥水呛死，或逃至冰下边缘浅水区被冻死。

明水期拉网数量多，捕捞强度大也是原因之一。乌裕尔河流经依安、富裕两县境内的长度约159km，20世纪60年代，从事捕捞生产的河张网达170余处，平均不足1km长的河段就设置一处；杜尔伯特蒙古族自治县的"迷魂阵"60年代不足85处，70年代增至158处。此外，面积1200hm^{2}的依安县跃进水库是拦截乌裕尔河而兴建的平原型灌溉水库，致使下游10km河段水位低枯，影响鱼类繁殖。

4.5.3 湖泊沼泽鱼类多样性

4.5.3.1 物种组成

扎龙保护区鱼类中，分布于湖泊沼泽的有5目10科38属54种（表4-31）。其中，移入种2目2科6属6种，包括大银鱼、青鱼、草鱼、团头鲂、鲢和鳙；土著鱼类5目9科33属48种。土著种中，黑斑狗鱼、瓦氏雅罗鱼、拉氏鲅、真鲅、平口鮈、黑龙江花鳅及北方花鳅为冷水种，占14.29%；彩石鳑鲏、凌源鮈及黄黝鱼为中国特有种；怀头鲇为中国易危种。

4.5.3.2 种类组成

扎龙保护区湖泊沼泽鱼类群落中，鲤形目44种、鲈形目4种、鲇形目3种、鲑形目

2 种、鳉形目 1 种，分别占 81.48%、7.41%、5.56%、3.70%及 1.85%。科级分类单元中，鲤科 39 种、鳅科 5 种，分别占 72.22%及 9.26%；鲇科和塘鳢科均 2 种，各占 3.70%；鲿科、银鱼科、狗鱼科、鮨科、鳢科和青鳉科均 1 种，各占 1.85%。

4.5.3.3 区系生态类群

扎龙保护区湖泊沼泽的土著鱼类群落由 5 个区系生态类群构成。

1）江河平原区系生态类群：马口鱼、鳊、鲂、4 种䱗、红鳍原鲌、2 种鲌、银鮈、2 种䱻、棒花鱼、蛇鮈、2 种鳈、花斑副沙鳅和鳜，占 39.58%。

2）北方平原区系生态类群：瓦氏雅罗鱼、拉氏鲅、湖鲅、凌源鮈、犬首鮈、细体鮈、突吻鮈、平口鮈、2 种花鳅和黑斑狗鱼，占 22.92%。

3）新近纪区系生态类群：鲤、银鲫、赤眼鳟、麦穗鱼、2 种鳑鲏、2 种鱊、2 种泥鳅和 2 种鲇，占 25.00%。

4）北方山地区系生态类群：真鲅，占 2.08%。

5）热带平原区系生态类群：中华青鳉、乌鳢、黄颡鱼、葛氏鲈塘鳢和黄黝鱼，占 10.42%。

以上北方区系生态类群 12 种，占 25.00%。

4.5.4 鱼类多样性与鸟类的关系

扎龙保护区的土著鱼类，大部分为小型种类，体长 6～10cm，70%以上未达到性成熟，它们是水鸟不可缺少的食物，更是一些以鱼为主要食物的珍稀濒危鸟类的主要食物来源。因此，扎龙保护区鱼类多样性变动对栖息在该保护区湿地的水禽种群数量有很大影响。

扎龙保护区广阔的湖泊沼泽湿地和丰富的植被，不仅为鸟类栖息提供了良好生境，也给鱼类繁衍提供了优良环境，是鱼类多样性自我维持与发展的物质基础。这些鱼类又为水禽，特别是鹤类提供了充足的食物，成为水禽群落多样性维持与自我发展的物质基础。调查显示，扎龙保护区水禽食物结构中，鱼类成分的出现率近乎 100%。鹤类主要以小型鱼类为食，在其食物组成中鱼类所占比例超过 90%，只在鱼类数量较少，无法满足其摄食需要时，才摄食其他种类的动植物食物。因此，保护鱼类多样性对扎龙保护区湿地生态系统稳定具有特别重要的意义。

4.6 兴凯湖国家级自然保护区

黑龙江兴凯湖国家级自然保护区（下称“兴凯湖保护区”）地处 45°01′N～45°34′N，131°58′E～133°07′E，始建于 1986 年，1994 年晋升为国家级自然保护区，是中俄跨界国际自然保护区。区内湖泊、沼泽、草甸、灌丛、森林等多样的生态系统孕育了丰富的生物多样性。鱼类是其中重要类群之一，对维护保护区生态系统稳定、促进物质与能量良性循环及湿地生态功能的可持续发展都起着重要作用。鱼类多样性发展动态也直接影响保护区食鱼鸟类、兽类等野生动物群落的稳定与发展。

以往涉及兴凯湖保护区鱼类学方面的研究，大都从渔业资源学和鱼类分类学角度，致力于兴凯湖和小兴凯湖（亚群落）鱼类资源调查及其渔业资源学评估[6, 9, 31, 66, 77, 82, 83, 182]，缺少针对整个保护区大群落的鱼类物种多样性与渔业资源学的系统研究。对保护区鱼类资源的全面调查仅见文献[81]。随着中俄双方兴凯湖流域社会经济的迅速发展，兴凯湖保护区的生态环境也受到影响，包括鱼类在内的湿地生物多样性和渔业资源都面临着潜在威胁。

生物多样性范畴的物种资源和可利用的渔业资源是鱼类多样性的两个重要属性。立足于两个属性去研究兴凯湖保护区的鱼类多样性，既可为进一步研究兴凯湖保护区鱼类群落的结构与功能、多样性的形成与维持机制，探讨多样性保护与动态监测措施提供基础资料，还可为保护湿地渔业生态功能和渔业资源，建立健全保护区湿地渔业科学管理体系提供理论依据。

4.6.1 自然概况

兴凯湖保护区位于黑龙江省三江平原南部密山市境内。保护区东起松阿察河，西至白棱河，平均长度约 90km；南至兴凯湖中俄边界，北与虎林市接壤，平均宽度 45km，总面积 2225km^2。保护区内松阿察河、西地河、承子河、小黑河、嘎拉通河、白棱河为主要河流沼泽；兴凯湖、小兴凯湖和东北泡为主要湖泊沼泽，均属乌苏里江水系。兴凯湖为中俄界湖，正常水位时面积 4380km^2，中国境内 1080km^2，平均水深 4m，通过松阿察河与乌苏里江相通。小兴凯湖位于兴凯湖北侧，以湖岗相隔，正常水位时面积 146km^2，平均水深 1.8m，湖水由第二泄洪闸门流入兴凯湖。东北泡位于小兴凯湖东侧并以闸门相通，正常水位时面积 90km^2，平均水深 1.2m。

4.6.2 物种多样性

4.6.2.1 物种组成

2.3.1.1 所述的三江平原湖泊沼泽群鱼类物种中，涉及兴凯湖保护区（包括兴凯湖、小兴凯湖和东北泡）的鱼类物种为 8 目 16 科 50 属 70 种。其中，移入种 3 目 3 科 7 属 7 种（大银鱼、青鱼、草鱼、鲢、鳙、团头鲂和梭鲈）；土著鱼类 8 目 14 科 44 属 63 种。土著种中，包括中国易危种日本七鳃鳗、施氏鲟、鳇、哲罗鲑、乌苏里白鲑及怀头鲇，冷水种日本七鳃鳗、哲罗鲑、细鳞鲑、乌苏里白鲑、黑斑狗鱼、真鲅、拉氏鲅、瓦氏雅罗鱼、拟赤梢鱼、北鳅、北方花鳅、黑龙江花鳅、江鳕及九棘刺鱼（占 22.22%），中国特有种扁体原鲌、达氏鲌及凌源鮈。

调查期间采集到兴凯湖保护区的鱼类物种 5 目 10 科 26 属 32 种，比文献[81]记载的 7 目 13 科 39 属 49 种少 17 种。从分布上看，东北泡的鱼类均见于兴凯湖和小兴凯湖；小兴凯湖的鱼类中，除了北方花鳅以外，其他均与兴凯湖共有。构成兴凯湖保护区鱼类多样性的物种与兴凯湖近乎相同。与整个三江平原湖泊沼泽群的鱼类物种组成相比，兴凯湖保护区鱼类群落中缺少亚洲公鱼。

4.6.2.2 物种生态类型

根据栖息环境特点和洄游方式，兴凯湖保护区的土著鱼类物种包括了4个生态类型的种类。

1）溯河洄游型：只有日本七鳃鳗1种。

2）江-湖洄游型：如瓦氏雅罗鱼、拟赤梢鱼、鳊、翘嘴鲌、蒙古鲌、花䱻、麦穗鱼、棒花鱼、鳡等。

3）流水型：如马口鱼、九棘刺鱼、哲罗鲑、细鳞鲑、乌苏里白鲑、4 种鮈、真鲅、唇䱻、江鳕、褐吻鰕虎鱼等。

4）湖泊定居型：大部分种类如鲤、银鲫、鲇、乌鳢、鳜、黄颡鱼、施氏鲟、鳇、葛氏鲈塘鳢等均属此类。

4.6.2.3 种类组成

兴凯湖保护区鱼类群落中，鲤形目49种、鲇形目6种，分别占70%及8.57%；鲑形目和鲈形目均5种，各占7.14%；鲟形目2种，占2.86%；七鳃鳗目、鳕形目和刺鱼目均1种，各占1.43%。科级分类单元中，鲤科45种，占64.29%；鳅科和鲿科均4种，各占5.71%；鲑科3种，占4.29%；鲟科和鲇科均2种，各占2.86%；七鳃鳗科、刺鱼科、鳕科、鳢科、鰕虎鱼科、塘鳢科、鲈科、鮨科、银鱼科、狗鱼科均1种，各占1.43%。单种目、单种科分别占总目、总科数的37.5%和62.5%。

在我国鲤科鱼类的12个亚科中，分布在兴凯湖保护区的有6个亚科。其中，鮈亚科种类最多，14种，占保护区鱼类物种数的20%；鲌亚科11种、雅罗鱼亚科9种、鱊亚科3种、鲴亚科2种、鲃亚科1种，分别占15.71%、12.86%、4.29%、2.86%及1.43%。

区域性单型属种38属38种，分别占保护区鱼类群落总属、总种数的74.51%和53.52%。单种科、单型属种所占比例越高，表明群落的等级多样性程度就越高。

4.6.2.4 区系生态类群

兴凯湖保护区的土著鱼类群落由7个区系生态类群构成。

1）江河平原区系生态类群：鳡、马口鱼、2种原鲌、4种鲌、鳊、鲂、3种鳘、2种鲴、2种䱻、蛇鮈、兴凯银鮈、2种鳈、棒花鱼和鳜，占36.51%。

2）北方平原区系生态类群：瓦氏雅罗鱼、拟赤梢鱼、3种鲅（除真鲅外）、4种鮈、突吻鮈、条纹似白鮈、北鳅、2种花鳅、黑斑狗鱼和褐吻鰕虎鱼，占25.40%。

3）新近纪区系生态类群：日本七鳃鳗、施氏鲟、鳇、鲤、银鲫、麦穗鱼、黑龙江鳑鲏、2种鱊、黑龙江泥鳅和2种鲇，占19.05%。

4）北方山地区系生态类群：哲罗鲑、细鳞鲑和真鲅，占4.76%。

5）热带平原区系生态类群：乌鳢、2种黄颡鱼、乌苏拟鲿、纵带鮠和葛氏鲈塘鳢，占9.52%。

6）北极淡水区系生态类群：乌苏里白鲑和江鳕，占3.17%。

7）北极海洋区系生态类群：九棘刺鱼，占 1.59%。

以上北方区系生态类群 22 种，占 34.92%。

4.6.2.5 鱼类动物地理构成

在我国淡水鱼类动物地理区划上，兴凯湖保护区属于古北界北方区黑龙江亚区黑龙江分区[2, 43]。63 种土著鱼类中，属于该分区的有乌苏里白鲑、施氏鲟、鳇、拟赤梢鱼、兴凯鳌、兴凯鲌、兴凯银鮈、扁体原鲌、条纹似白鮈、东北鳈、高体鮈、犬首鮈、突吻鮈、真鳑和花江鳑 15 种，占 23.81%。湖鳑、克氏鳈、黑龙江花鳅、黑龙江泥鳅、日本七鳃鳗、黑斑狗鱼和黑龙江鳑鲏为黑龙江亚区之下黑龙江分区与滨海分区所共有；凌源鮈、怀头鲇、细体鮈、葛氏鲈塘鳢、北鳅、北方花鳅和唇䱻是黑龙江亚区与华东区（海辽亚区）的共有种；哲罗鲑、细鳞鲑、银鲫和江鳕为北方区之下黑龙江亚区与额尔齐斯河亚区的共有种；九棘刺鱼为北方区与宁蒙区的共有种；瓦氏雅罗鱼则为北方区、宁蒙区与华西区（陇西亚区）的共有种。可见在我国淡水鱼类动物地理区划的 5 个地理区即北方区、宁蒙区、华西区、华东区和华南区中，兴凯湖保护区仅见到北方区的 26 个特有种，而未见其他区的特有种。以上 35 种属于古北界种类，占总种数的 55.56%；其余 28 种为古北界与东洋界的共有种，占总种数的 44.44%。这表现出该区鱼类区系组成具有典型的古北界区系特征。

兴凯湖保护区的鱼类区系以构成世界淡水鱼类主要类群的骨鳔类——鲤形目和鲇形目为主体，共有 55 种，占 78.57%；具有我国南北各地乃至东亚淡水鱼类区系组成的共同特点，即鲤科物种最丰富；还生存着新近纪广泛分布的原始鲌亚科鱼类的后裔种类——马口鱼。在淡水鱼类动物地理区划上，具有地理区（亚区）间相互重叠，南北方物种相互渗透的混合类群特征，符合黑龙江水系淡水鱼类组成的古北界区系特点。同时也表明该区的鱼类历史上是丰富多样的。

4.6.3 群落多样性特征

4.6.3.1 群落 α-多样性

1. 群落关联性

由群落关联系数可知（表 4-33），兴凯湖保护区鱼类群落（以下简称“保护区鱼类群落”）与兴凯湖、小兴凯湖鱼类群落的关联性极高，与东北泡鱼类群落的关联性较高；与兴凯湖鱼类群落 I_O、I_S 值（计算方法见 2.2.3.1）均在 0.99 以上，都高于与小兴凯湖和东北泡的关联系数，这显示出保护区与兴凯湖之间鱼类群落多样性的密切关系。

表 4-33 兴凯湖保护区鱼类群落关联系数

关联系数	A-B	A-C	A-D	B-C	B-D	C-D
I_S	0.835	0.517	0.992	0.611	0.845	0.511
I_O	0.844	0.590	0.992	0.655	0.855	0.586

注：A. 兴凯湖鱼类群落，B. 小兴凯湖鱼类群落，C. 东北泡鱼类群落，D. 保护区鱼类群落。下同

2. 群落物种相对多度分布格局

应用几何级数、对数级数和对数正态分布模型，分别对保护区、兴凯湖、小兴凯湖和东北泡鱼类群落的物种相对多度分布进行拟合与 χ^2 检验，结果表明，这些群落的物种相对多度分布都可以用对数正态分布模型来描述（表 4-34）。

表 4-34　兴凯湖保护区鱼类群落物种相对多度分布格局模型拟合

群落	拟合模型	χ^2 检验		
		χ^2	$\chi^2_{0.05}$	适合性
A	$S(R)=9.343\exp(-0.051R^2)$	14.027	14.067	适合
	$n_i=1772.40\times0.687^{i-1}$	1289.625	36.123	不适合
	$f_r=2.265\times0.999^r/r$	1426.356	32.909	不适合
B	$S(R)=6.724\exp(-0.047R^2)$	16.791	16.919	适合
	$n_i=4503.81\times0.635^{i-1}$	1193.690	36.123	不适合
	$f_r=2.054\times0.9996^r/r$	936.898	34.528	不适合
C	$S(R)=3.693\exp(-0.081R^2)$	13.142	15.507	适合
	$n_i=878.36\times0.485^{i-1}$	67.765	20.515	不适合
	$f_r=1.167\times0.998^r/r$	97.649	18.467	不适合
D	$S(R)=9.609\exp(-0.041R^2)$	18.229	18.307	适合
	$n_i=664.61\times0.789^{i-1}$	123.079	36.123	不适合
	$f_r=2.395\times0.999^r/r$	286.734	32.909	不适合

3. 群落 α-多样性指数

采用不同的 α-多样性指数，可以较全面地揭示群落多样性特征。从群落多样性指数所显示出的总体结果看（表 4-35），保护区和兴凯湖鱼类群落的物种组成结构相对较复杂（体现在 α），物种丰富度相对较高（体现在 S 和 d_{Ma}），种群优势相对不明显（体现在 λ），群落的均匀性（体现在 J）和复杂性（体现在 H）都相对较高。

表 4-35　兴凯湖保护区鱼类群落 α-多样性指数

多样性指数	A	B	C	D	多样性指数	A	B	C	D
S	70	53	23	71	d_{Ma}	3.254	2.836	2.173	3.255
α	4.512	3.371	2.564	3.924	λ	0.137	0.345	0.213	0.119
H	2.699	1.772	2.151	2.599	J	0.819	0.532	0.718	0.750
$H_{\mathrm{O\cdot F\cdot G}}$	14.651	11.699	9.168	14.540					

多样性指数的相关性分析结果显示（表 4-36），S 与 d_{Ma} 的相关性极显著（$P<0.01$），$H_{O\cdot F\cdot G}$ 分别与 S、α 和 d_{Ma} 的一致性显著（$P<0.05$）；H 与 λ 的不相关性显著（$P<0.05$）；α 分别与 S、d_{Ma} 的相关性，H 与 J 的相关性，λ 与 J 的不相关性都近乎显著（$P\approx 0.05$）。

表 4-36 兴凯湖保护区鱼类群落 α-多样性指数间的相关性

相关因子	r	P	相关因子	r	P	相关因子	r	P
S-α	P	0.051	α-$H_{O\cdot F\cdot G}$	0.963	0.049*	H-J	0.942	0.050
S-H	0.577	0.082	α-d_{Ma}	0.948	0.050	$H_{O\cdot F\cdot G}$-d_{Ma}	0.988	0.048*
S-$H_{O\cdot F\cdot G}$	0.986	0.048*	α-λ	–0.557	0.085	$H_{O\cdot F\cdot G}$-λ	–0.570	0.083
S-d_{Ma}	0.9997	9.903×10^{-3}**	α-J	0.474	0.100	$H_{O\cdot F\cdot G}$-J	0.449	0.106
S-λ	–0.425	0.112	H-$H_{O\cdot F\cdot G}$	0.711	0.067	d_{Ma}-λ	–0.442	0.108
S-J	0.286	0.166	H-d_{Ma}	0.595	0.080	d_{Ma}-J	0.308	0.154
α-H	0.692	0.069	H-λ	–0.970	0.049*	λ-J	–0.945	0.050

注：* $P<0.05$，** $P<0.01$

4.6.3.2 群落 β-多样性指数

采用 Whittaker 指数（β_W）、Cody 指数（β_C）、Routledge 指数（β_R）、Bray-Curtis 指数（C_{BC}）及 Morisita-Horn 指数（C_{MH}）来描述群落 β-多样性[49, 68, 183]。β_W、C_{BC}、C_{MH} 计算方法参见 2.1.3.2 及 2.2.3.1；β_R、β_C 分别采用式 $\beta_R=S_t^2/(2p+S_t)-1$、式 $\beta_C=0.5(g+l)$ 计算（式中 S_t、p 分别为群落 a、b 样本物种数和分布重叠的物种对数；g、l 分别为样本中群落 a 有 b 无、a 无 b 有的物种数）。分别以 β_W、C_{BC}、C_{MH} 值 0～0.250、0.251～0.500、0.501～0.750 和 0.751～1 为标准，通过 β_W 将群落间物种组成的分化与隔离程度划分为极低、较低、较高和极高；通过 C_{BC}、C_{MH} 将群落间的相似性程度划分为极不相似、不相似、相似和极相似。

表 4-37 为兴凯湖保护区鱼类群落 β-多样性指数。由表 4-37 可知，保护区与兴凯湖群落间生境多样性的差异性（体现在 β_C）、物种组成的分化与隔离程度（体现在 β_R 和 β_W）都相对较小，而与小兴凯湖、东北泡群落间的生境多样性差异性都相对增大。保护区与兴凯湖群落间的 C_{BC} 和 C_{MH} 均高于与小兴凯湖、东北泡的；保护区与兴凯湖群落间的相似性为相似或极相似，与小兴凯湖、东北泡群落间的相似性表现为不相似或相似。

表 4-37 兴凯湖保护区鱼类群落 β-多样性指数

群落	C_{BC}	C_{MH}	β_C	β_R	β_W	群落	C_{BC}	C_{MH}	β_C	β_R	β_W
A-B	0.282	0.274	9.50	26.54	0.165	B-C	0.402	0.562	14.00	24.82	0.389
A-C	0.310	0.191	22.00	38.73	0.483	B-D	0.361	0.702	9.00	26.21	0.155
A-D	0.582	0.803	0.50	21.56	0.008	C-D	0.272	0.647	23.00	38.73	0.489

上述结果显示，保护区与兴凯湖鱼类群落间的 β-多样性程度相对低于与小兴凯湖、东北泡的；保护区群落的多样性程度受到兴凯湖的影响相对较大。这些均和保护区与兴凯湖群落间极高的关联性相一致。

4.6.4 鱼类多样性评价

4.6.4.1 群落 α-多样性

生物多样性的评价目前尚缺少统一标准，但通常以 S 或 H 来评价。现以 $H_{O \cdot F \cdot G}$ 为标准来评价兴凯湖保护区群落 α-多样性。结果表明，保护区和兴凯湖群落 α-多样性相对高于小兴凯湖和东北泡的，这与采用 S 或 H 为标准的评价结果一致。

表 4-38 是我国不同地区的 25 个国家级自然保护区鱼类群落多样性评价。采用该指标为评价标准，对这些保护区的鱼类多样性进行评价。结果表明，贵州梵净山保护区、江西鄱阳湖保护区和黑龙江三江保护区分别位于前三位。兴凯湖保护区、三江保护区和洪河保护区均处在黑龙江省三江平原。在 25 个国家级自然保护区的鱼类多样性中，兴凯湖保护区以次于三江保护区、明显高于洪河保护区而居第 4 位。

表 4-38 25 个国家级自然保护区鱼类群落多样性评价

保护区	经纬度	以 S 为评价指标		以 $H_{O \cdot F \cdot G}$ 为评价指标	
		S 1)	排序	$H_{O \cdot F \cdot G}$ 2)	排序
黑龙江三江国家级自然保护区	47°26′N～48°22′N，133°43′E～134°46′E	76[173]	3	16.072	3
黑龙江洪河国家级自然保护区	47°42′N～47°52′N，133°34′E～133°46′E	25[184]	18	8.399	20
吉林长白山国家级自然保护区	41°31′N～41°38′N，126°22′E～126°41′E	18[180]	21	7.546	21
吉林莫莫格国家级自然保护区	45°12′N～46°18′N，123°27′E～124°04′E	49[125]	7	13.576	6
河北衡水湖国家级自然保护区	37°31′N～37°42′N，115°27′E～115°42′E	28[177]	17	10.055	14
宁夏沙坡头国家级自然保护区	37°26′N～37°37′N，104°55′E～105°11′E	18[185]	21	7.524	22
江西官山国家级自然保护区	28°30′N～28°40′N，114°29′E～114°45′E	7[174]	23	4.184	23
江西鄱阳湖国家级自然保护区	29°02′N～29°19′N，115°54′E～116°12′E	136[33]	2	18.239	1
江西九岭山国家级自然保护区	28°49′N～29°03′N，115°03′E～115°24′E	39[175]	9	11.056	12
江西南矶山国家级自然保护区	28°52′N～29°06′N，116°10′E～116°23′E	58[186]	5	11.601	10
江西齐云山国家级自然保护区	25°44′N～25°54′N，113°55′E～114°08′E	20[187]	20	9.137	18
湖南壶瓶山国家级自然保护区	29°50′N～30°09′N，110°29′E～110°59′E	51[179]	6	13.902	5
湖南乌云界国家级自然保护区	28°29′N～28°40′N，111°06′E～111°20′E	32[188]	15	8.607	19
湖南省康龙国家级自然保护区	27°30′N～27°32′N，110°03′E～110°10′E	37[189]	10	9.721	16
湖南南岳衡山国家级自然保护区	27°12′N～27°19′N，112°34′E～112°45′E	36[190]	12	10.984	13
贵州梵净山国家级自然保护区	27°49′N～28°01′N，108°45′E～108°48′E	151[178]	1	17.023	2
贵州雷公山国家级自然保护区	26°15′N～26°32′N，108°05′E～108°24′E	35[191]	14	12.031	9
贵州麻阳河国家级自然保护区	28°37′N～28°54′N，108°03′E～108°19′E	48[192]	8	12.315	8
贵州省斗篷山国家级自然保护区	26°20′N～26°25′N，107°17′E～107°24′E	32[193]	15	11.194	11
四川省勿角国家级自然保护区	32°53′N～33°13′N，103°59′E～107°24′E	6[194]	25	3.871	25
天津八仙山国家级自然保护区	40°07′N～40°13′N，117°07′E～117°36′E	7[195]	23	4.176	24
广西大瑶山国家级自然保护区	23°40′N～24°22′N，109°50′E～110°27′E	37[176]	10	12.881	7
广西猫儿山国家级自然保护区	25°44′N～25°58′N，110°19′E～110°31′E	23[196]	19	9.452	17
广东南岭国家级自然保护区	24°37′N～24°57′N，112°23′E～113°04′E	36[197]	12	9.936	15
黑龙江兴凯湖国家级自然保护区	45°01′N～45°34′N，131°58′E～133°07′E	71	4	14.540	4

资料来源：1）著者整理；2）著者根据原文献资料计算得出的结果

4.6.4.2 鱼类物种多样性

1. 物种组成的变化

和文献资料相比，本次调查在兴凯湖保护区共有 7 目 10 科 27 属 35 种鱼类没有采集到。但这并不表明它们已在保护区灭绝，可能是因为物种濒危，种群数量稀少，或分布范围狭窄，生活习性、栖息环境特殊，或渔具种类与数量、采样范围与强度等都有限致使采样不够充分，而一时未能捕获。20 世纪 50 年代以来所进行的兴凯湖和小兴凯湖鱼类调查中，施氏鲟和鳇仅在 1951 年有过一次记录[182]，细体鮈和褐吻鰕虎鱼仅在 1980～1983 年有过一次记录[6, 31]，细鳞鲑和贝氏䱗仅在 2001～2002 年有过一次记录[77]。本次调查没有采集到的日本七鳃鳗、九棘刺鱼、鳜、纵带鮠、北鳅等 17 种鱼类，则出现在 2007 年和 2010 年的调查中[83, 182]。

受渔业活动的影响，近年来保护区群落鱼类组成也出现了一些新变化。2000 年大银鱼被放流到小兴凯湖，而后又通过闸门进入东北泡和兴凯湖。兴凯湖的梭鲈是俄罗斯的放流物种，游弋到中国境内的数量呈增加趋势[182]。

另据报道，在兴凯湖松阿察河河口水域曾发现大麻哈鱼，是由鄂霍次克海峡经过黑龙江、乌苏里江和松阿察河上溯至兴凯湖的秋季回归种群，这与近年来中俄双方都增加了大麻哈鱼的放流数量和乌苏里江生态环境的变化有关[182]。这些物种的出现对提高保护区群落多样性起到了积极作用。但对大银鱼、梭鲈的引入，其种群繁殖和扩大对保护区群落多样性可能产生影响，形成新的生态平衡，应予以持续关注。

施氏鲟和鳇的自然物种主要分布在黑龙江干流，乌苏里江已多年未见，出现在兴凯湖中也仅在 20 世纪 50 年代初有过记载(如前所述)。80 年代曾有施氏鲟见于兴凯湖的报道[80]，这可能是源于当时的放流增殖，但之后再未见过报道。施氏鲟和鳇的自然物种在兴凯湖是否已濒危或灭绝，尚待进一步研究。

2. 物种丰富度的变化

物种丰富度是生物群落多样性最简单、最古老而又最直接的度量，至今仍在采用[50]。本次调查表明，形成保护区群落多样性的鱼类物种全部来自兴凯湖和小兴凯湖，因此也可将以往不同时期所记录到的兴凯湖与小兴凯湖鱼类的总物种数目作为保护区群落的物种丰富度。截至目前，已记录到的保护区鱼类群落物种丰富度包括：1957～1958 年 27 种[31]；1980～1983 年 43 种[6]，1981 年 39 种[9]；1987～1992 年 49 种[81]；1994 年 33 种[66]；2010 年 56 种[182]；2008～2011 年 32 种（著者调查）。可见不同时期所记录到的保护区鱼类群落物种丰富度都存在差别。

研究还发现，以往兴凯湖和小兴凯湖的每一次鱼类调查，都存在曾记录过的种类未采集到、没有过记录的新种被发现，或某一次调查未采集到的种类却出现在另外的调查中的现象。这可能是导致不同时期所记录的物种丰富度不尽一致的重要原因。同时也说明要彻底查清保护区群落物种丰富度只凭借几次调查是不够的，只有增加调查采样的频率与强度，才有可能获得更接近实际的物种丰富度。综合上述资料，截至目前保护区群落物种丰富度为 71 种，兴凯湖、小兴凯湖分别为 67 种和 50 种。

群落物种丰富度还可通过物种相对多度分布的对数正态分布模型来估计[50]，其数学模型为$S = s_0\sqrt{\pi} / a$（参见 2.2.4.1）。式中，S 为群落物种丰富度；a、s_0 为物种相对多度对数正态分布模型中的参数。

用该模型估测的保护区群落物种丰富度为 84.62 种，比上述调查值多出 13 种；估算出的兴凯湖、小兴凯湖群落物种丰富度分别为 73.55 种和 54.74 种，与上述调查值接近。因此，保护区、兴凯湖和小兴凯湖鱼类群落中，尚不能排除未获得的其他稀有物种。

4.6.4.3 群落多样性现状

物种多度分布模型是生物群落多样性研究的重要方法之一。如果不同群落的物种相对多度分布格局都可用同一理论分布模型来描述，则可通过模型中的参数来体现群落多样性间的差异性[49]。尽管本次所调查的保护区、兴凯湖、小兴凯湖和东北泡群落物种相对多度分布格局都可用对数正态分布模型来描述，但模型中的参数a、s_0并不一样，仍可反映出群落多样性间所存在的差异性。

物种相对多度分布格局与群落多样性密切相关。对群落物种相对多度分布格局的测度，有助于认识特定群落的多样性特征及其与环境的关系[49]。一般在较稳定的环境中所形成的成熟群落，其物种相对多度分布格局大都可用对数正态分布模型来描述，群落 α-多样性较高，结构相对较稳定，群落 Shannon-Wiener 指数大都在 1.5～3.5，并与 Pielou 指数值呈现一致性[49]。本次所调查的保护区、兴凯湖、小兴凯湖和东北泡群落的物种相对多度分布格局也都可用对数正态分布模型来描述，群落 Shannon-Wiener 指数都在 1.7～2.7，且与 Pielou 指数值的一致性近乎显著（$r = 0.942$，$r_{0.05} = 0.950$），表明这些群落所处的生态环境相对较好，所形成的群落结构较稳定，属于 α-多样性较高的群落，具有一定的抗扰动能力和自我维持、自我调节的生物学功能。但是随着中俄兴凯湖流域城市化进程的加快，工业、农业生产的快速发展，旅游、休闲等文化产业的不断扩张，环湖流域所面临的生态压力正在加大，这些昔日在原生态环境下所形成的多样性较高、结构较稳定的自然鱼类群落，如今正面临着过度捕捞、环境污染、生态破坏等潜在威胁[198, 199]，应予以关注。

通过本次调查可知，保护区与兴凯湖群落间的 β-多样性相对较低，而群落间的关联性极高，保护区群落中土著鱼类总物种数目的 98.3%与兴凯湖相同。这表明保护区群落多样性的形成、维持与动态，很大程度上取决于兴凯湖。因此，保持兴凯湖“一湖清水一湖鱼”，对保护区群落多样性的可持续发展具有特别重要的意义。

4.6.5 与邻近湿地鱼类多样性比较

据文献[2]及[77]记载，兴凯湖保护区所在河流水系黑龙江、乌苏里江的土著鱼类分别为 8 目 15 科 54 属 69 种和 10 目 19 科 64 属 96 种，计算得出兴凯湖保护区与乌苏里江、黑龙江鱼类群落间的 Jaccard 指数分别为 0.720 和 0.650，Dice 指数分别为 0.843 和 0.788，Ochiai 指数分别为 0.845 和 0.810，Cody 指数分别为 11.50 和 18.00，Routledge 指数分别为 32.62 和 43.76。比较后发现，兴凯湖保护区群落与两江（乌苏里江、黑龙江）群落之间，保护区群落与小兴凯湖、东北泡群落之间的 β-多样性的差异性程度都基本一致；但保护区与两江之间的鱼类群落关联性表现为较高至极高，保护区群落与小兴凯湖、东北泡群落关联性程度则表现为较低至较高。这表明兴凯湖保护区鱼类区系和物种多样性的形成及其动态与乌苏里江、黑龙江也密切相关。

与兴凯湖保护区一样，三江保护区和洪河保护区也是三江平原重要的湖泊沼泽型湿地保护区，位于三江平原北部的抚远县和同江市。文献[173]记载三江保护区的鱼类区系由 9 目 16 科 58 属 77 种构成，其中 7 目 13 科 59 种与兴凯湖保护区相同；施氏鲟、鳇、赤眼鳟、亚洲公鱼、卡达白鲑、黑龙江茴鱼等 16 种为黑龙江特产或洄游型种类，是兴凯湖保护区所没有的。而兴凯湖保护区的兴凯䱗、兴凯鲌、扁体原鲌、尖头鲌、北鳅和褐吻虾虎鱼则是三江保护区所没有的。文献[184]记载洪河保护区的鱼类区系由 4 目 8 科 19 属 25 种构成，其中 4 目 7 科 23 种与兴凯湖保护区共有，北方须鳅、北方泥鳅是兴凯湖保护区所没有的。以上表明，兴凯湖保护区鱼类区系与三江保护区、洪河保护区都存在一定差别。

兴凯湖保护区与三江保护区、洪河保护区鱼类群落间的 Jaccard 指数分别为 0.694 和 0.333，Dice 指数分别为 0.819 和 0.500，Ochiai 指数分别为 0.825 和 0.549，Cody 指数分别为 13.00 和 33.00，Routledge 指数分别为 34.59 和 40.40。由此可知兴凯湖保护区与三江保护区鱼类群落间的 β-多样性相对低于洪河保护区，但群落间的关联性为较高至极高。可以认为，兴凯湖保护区鱼类群落物种多样性程度与三江保护区相近，与洪河保护区差别较大。

4.6.6 自然保护区鱼类多样性评价方法

生物群落多样性评价是生物多样性研究的重要内容，也是自然保护区建立与管理的基础工作之一。但囿于各种局限，目前缺少统一的评价指标。以往大都是利用群落物种丰富度直接评估，并认为物种丰富度越高，其多样性程度也越高。或采用 Shannon-Wiener 指数来评价。该指数是基于群落物种个体数目的研究方法，所反映的是群落物种间的个体组成信息，它受种群的出生率、死亡率、资源利用度以及种内、种间竞争等因素的影响，只适用于较短时间尺度的群落多样性研究。

$H_{\text{O·F·G}}$ 指数是基于群落物种数目的研究方法，它反映了群落在目、科、属分类阶元上的物种多样性，汇集了一个地区鱼类动物区系的物种组成信息。个体出现与消失是鱼类群落的自然现象，但鱼类物种在一个地区灭绝进而从名录中删除需要相当长的时间。因而 $H_{\text{O·F·G}}$ 反映了较长时间内一个地区鱼类群落多样性。$H_{\text{O·F·G}}$ 还是一种趋于标准化的多样性指数，可以进行不同地区间鱼类群落多样性比较。

表 4-38 所列出的 25 个国家级自然保护区中，S 相同的，其 $H_{\text{O·F·G}}$ 并不一致，分别以二者为评价指标的群落多样性排序也不一样，这显然是群落间目、科、属等级多样性所存在的差异所致，而这种差异是单一 S 值所无法体现的。S 分别与 $H_{\text{O·F·G}}$（$r=0.849$，$P=5.945\times10^{-3}$）和以它们为评价指标的群落多样性排序之间（$r=0.918$，$P=5.502\times10^{-3}$）的一致性均极显著（$P<0.01$），因而可认为两种评价指标是等效的。但 $H_{\text{O·F·G}}$ 更符合“物种丰富度与均匀度相结合”的群落多样性度量原则[49, 51]。

Shannon-Wiener 指数等物种多样性指数与 $H_{\text{O·F·G}}$ 都是物种丰富度与均匀度相结合形成

的多样性指数，只是二者对“均匀度”的体现有所不同：前者是群落中不同物种的个体数（或生物量）分布的均匀性，后者则是群落中目、科、属分类阶元上物种数目分布的均匀性。前者所需资料的取得需要做大量的采样工作，而且计算不便，绝大多数保护区因缺少相关资料而无法进行比较研究。然而，目前许多自然保护区都已进行过生物资源普查，编写了鱼类动物名录，利用名录中目、科、属的物种数目可方便地计算出 $H_{O\cdot F\cdot G}$，进而对不同保护区的鱼类群落多样性程度快速做出评估。

4.6.7 渔业资源

4.6.7.1 渔获物组成

1. 渔获物样本采集

兴凯湖保护区渔获物样本采集地点均设在主要捕捞网点。兴凯湖为长林子（45°21′47″N，132°15′45″E）、白鱼滩（45°20′12″N，132°30′04″E）和六网口（45°16′39″N，132°41′46″E）；小兴凯湖为鲤鱼港（45°18′52″N，132°35′36″E）；东北泡为兴凯湖农场 31 连（45°18′46″N，132°49′28″E）。2009～2011 年每年 5 月 5 日～6 月 5 日、7 月 20 日～10 月 20 日、12 月 20 日～次年 1 月 20 日，每月采样 1 次，每次每个采样点连续采样 3～5d；所使用的网具明水期为三层定置刺网、拖网和网箔，冬季兴凯湖使用三层定置刺网，小兴凯湖用冰下大拉网，东北泡因水草较多而只进行明水期采样，网目规格均为 1cm。每一次采样渔获物不超过 50kg 时，全部作为样本；反之，则随机抽样。

2. 渔获物重量与个体数量组成

兴凯湖保护区渔获物重量与尾数组成如表 4-39 所示。渔获物中土著鱼类、放养鱼类所占重量比例分别为 81.57%和 18.43%。兴凯鳌、银鲫、鲢、鲇、兴凯鲌、草鱼、翘嘴鲌、鲤、红鳍原鲌、鳙、麦穗鱼、乌鳢、大银鱼、花䱻、黄颡鱼、蒙古鲌、黑斑狗鱼、棒花鱼、鳌和银鲴 20 种所占重量比例均超过 1%，是渔获物的主要成分；其中，土著鱼类较以往减少了光泽黄颡鱼、扁体原鲌和蛇鮈，增加了兴凯鳌、乌鳢、黑斑狗鱼和小型非经济鱼类麦穗鱼及棒花鱼[6, 77, 80]。兴凯鳌、银鲫、鲤、鲇、翘嘴鲌和兴凯鲌在渔获物中所占重量比例均超过 5% [合计超过 50%（54.05%）]，为兴凯湖保护区湖泊沼泽的主要捕捞种群。

表 4-39 兴凯湖保护区渔获物重量与尾数组成

鱼类	尾数/尾	尾数比例/%	重量/kg	重量比例/%	平均体重/g	鱼类	尾数/尾	尾数比例/%	重量/kg	重量比例/%	平均体重/g
银鲫	476	7.77	35.8	9.45	75.2	黄颡鱼	91	1.48	9.6	2.53	105.5
鲢	54	0.88	21.4	5.65	396.3	蒙古鲌	68	1.11	7.2	1.90	105.9
鲇	133	2.17	21.2	5.60	159.4	黑斑狗鱼	4	0.07	5.3	1.40	1325.0
兴凯鲌	145	2.37	20.8	5.49	143.4	棒花鱼	172	2.81	5.2	1.37	30.2
草鱼	13	0.21	19.5	5.15	1500.0	翘嘴鲌	81	1.32	19.1	5.04	235.8

续表

鱼类	尾数/尾	尾数比例/%	重量/kg	重量比例/%	平均体重/g	鱼类	尾数/尾	尾数比例/%	重量/kg	重量比例/%	平均体重/g
银鲴	103	0.17	4.4	1.16	42.7	兴凯䱗	1040	16.97	88.7	23.45	85.3
鲤	61	1.00	19.0	5.02	311.5	葛氏鲈塘鳢	122	2.00	3.6	0.95	29.5
江鳕	4	0.07	2.1	0.55	525.0	红鳍原鲌	197	0.30	18.8	4.96	95.4
蛇鮈	47	0.77	2.1	0.55	44.7	光泽黄颡鱼	36	0.59	2.8	0.74	77.8
鳙	46	0.75	17.4	4.59	378.3	乌苏拟鲿	13	0.21	2.6	0.69	200.0
䱗	143	0.23	4.7	1.24	32.9	麦穗鱼	2830	46.17	13.3	3.51	4.7
乌鳢	11	0.18	13.0	3.43	1181.8	大银鱼	141	2.30	11.5	3.04	84.6
花䱻	99	1.62	9.6	2.53	97.0	合计	6130		378.7		

土著鱼类渔获物中，兴凯䱗、银鲫、鲤、鲇、翘嘴鲌、兴凯鲌和红鳍原鲌所占比例合计为59.01%；其中，大中型种类鲤、鲇、翘嘴鲌和兴凯鲌为21.15%，小型鱼类兴凯䱗、银鲫和红鳍原鲌为37.84%。2种小型经济鱼类䱗和兴凯䱗在渔获量中所占的比例，20世纪五六十年代低于1%，80年代初上升到10%～20%[2, 6]，2007年达到72.3%[83]。湖泊调查期间估算出2009年、2010年和2011年䱗和兴凯䱗的渔获量分别在278t、219t和250t左右，分别占当年总渔获量的57.7%、49.9%和52.4%，平均为53.3%，显示出渔获物种类小型化。

3. 渔获物年龄组成

兴凯湖保护区渔获物年龄组成如表4-40所示。土著鱼类渔获物中，1^+龄、2^+龄组和非性成熟年龄组个体数（分别为222尾、286尾及414尾）所占全部样本个体数（824尾）的比例分别为26.94%、34.71%及50.24%；7种主要捕捞鱼类兴凯䱗、银鲫、鲤、鲇、翘嘴鲌、兴凯鲌和红鳍原鲌的1^+龄、2^+龄组和非性成熟年龄组个体数（分别为155尾 209尾及255尾）所占全部样本个数的比例分别为18.81%、25.36%及30.95%。以上结果显示出兴凯湖保护区渔获物的种类具有小型化、个体低龄化的特征。

表4-40 兴凯湖保护区渔获物年龄组成

鱼类	年龄组成/%							最初性成熟年龄/龄	平均体重/g	样本数/尾
	1^+	2^+	3^+	4^+	5^+	6^+	$\geq 7^+$			
兴凯䱗	24.22	67.97	5.47	2.34	0	0	0	2	89.3	128
银鲫	22.38	43.37	15.24	0	7.55	7.55	3.77	2～3	92.3	53
江鳕	37.50	0	33.33	4.17	12.50	12.50	0	2～3	217.6	24
鲇	35.48	22.58	12.90	6.45	0	16.13	6.45	4	376.7	31
兴凯鲌	21.55	20.69	36.21	3.45	3.45	12.07	2.59	3	198.4	116
黑斑狗鱼	0	13.64	50.00	18.18	4.55	4.55	9.09	3～4	373.6	22
翘嘴鲌	41.74	16.50	17.48	1.94	6.80	12.62	2.91	5	243.7	103
鲤	22.54	39.94	0	24.53	5.63	1.41	5.63	3～4	460.2	71

续表

鱼类	年龄组成/%							最初性成熟年龄/龄	平均体重/g	样本数/尾
	1^+	2^+	3^+	4^+	5^+	6^+	$\geq 7^+$			
红鳍原鲌	27.87	37.70	14.75	16.39	3.28	0	0	2～3	117.4	61
花䱻	0	44.83	34.48	6.90	6.90	6.90	0	4～5	133.4	29
黄颡鱼	51.85	14.81	11.11	0	11.11	3.70	7.41	3～4	91.8	27
蒙古鲌	15.07	54.79	16.44	8.22	1.37	4.11	0	4	149.7	73
乌鳢	0	0	52.94	11.76	0	35.29	0	3	892.3	17
银鲴	63.83	21.28	8.51	6.38	0	0	0	3	43.2	47
扁体原鲌	13.21	32.73	49.14	4.55	0	0	0	2～3	137.2	22

从兴凯湖保护区不同时期的渔获物年龄组成可以看出（表 4-41），渔获物中主要经济鱼类种群的非性成熟年龄组所占比例较 20 世纪 80 年代和 90 年代有所增加。例如，翘嘴鲌的捕捞种群中非性成熟年龄组（1^+～4^+龄）所占比例由 1982 年和 1998 年平均值 66.22%增加到 2001～2011 年的 81.67%。

表 4-41　兴凯湖保护区不同时期的渔获物年龄组成（%）

鱼类	年份	1^+	2^+	3^+	4^+	5^+	6^+	$\geq 7^+$	样本数/尾	资料来源
翘嘴鲌	1982	8.25	7.34	5.50	33.04	16.51	6.50	23.85	109	文献[200]
	1998	22.03	19.45	16.52	20.31	3.09	8.78	9.81	581	文献[200]
	2000	6.56	27.05	25.41	23.77	8.20	1.64	7.38	122	文献[77]
	2001	9.86	19.72	19.72	18.31	15.49	12.68	4.23	71	文献[77]
	2007	23.38	23.21	24.73	13.24	10.29	3.68	1.47	136	文献[83]
	2009～2011	41.74	16.50	17.48	1.94	6.80	12.62	2.91	103	著者
兴凯鲌	1982	25.86	12.93	25.86	21.55	12.07	1.72	0	116	文献[6]
	2001	0	4.94	18.52	28.40	32.10	13.58	2.47	81	文献[77]
	2009～2011	21.55	20.69	36.21	3.45	3.45	12.07	2.59	116	著者
扁体原鲌	1982	14.29	32.14	39.29	14.29	0	0	0	28	文献[6]
	2009～2011	13.21	32.73	49.14	4.55	0	0	0	22	著者
红鳍原鲌	1982	0	29.51	26.23	40.98	3.28	0	0	61	文献[6]
	2009～2011	27.87	37.70	14.75	16.39	3.28	0	0	61	著者

4.6.7.2　土著鱼类渔获量及其动态

根据捕捞渔船的日均渔获量、捕捞天数和渔业部门所提供的相关数据，估算采样期间兴凯湖的年渔获量。兴凯湖保护区土著鱼类的渔获量有 90%以上来自兴凯湖。1949～1985 年年平均渔获量 586t[6, 77]；其中，1975 年和 1983 年较高，分别为 1046t 和 1053t，1968

年最低，为 367t；1986 年以来无准确统计结果。根据调查估算，2001 年、2007 年的渔获量分别为 550t[77, 82]和 415t[83]；本次调查估算 2009 年、2010 年和 2011 年的渔获量分别为 482t、439t 和 492t，年平均 471t。这些不连续的数据，也可以显示出兴凯湖渔获量较 20 世纪 80 年代以前呈下降趋势。

翘嘴鲌是决定兴凯湖渔获量的大型名贵鱼类，1953 年单网产量曾达到 118t[80]；1960～1982 年年平均渔获量 570t，翘嘴鲌占 80%以上[6]；1987～1993 年翘嘴鲌年平均渔获量 25t，约占总渔获量的 2%[81]；估算 2001 年、2007 年翘嘴鲌的渔获量分别为 250t[82]和 40t[83]，所占总渔获量的比例分别为 50%[82]和 9.6%[83]；本次调查估算 2009 年、2010 年和 2011 年翘嘴鲌的渔获量分别为 64t、79t 及 58t，分别占总渔获量的 13.3%、18%和 11.8%，平均为 14.4%。这表明翘嘴鲌渔获量及其在总渔获量中的比例较 20 世纪 80 年代以前均呈下降趋势。

4.6.7.3 翘嘴鲌种群结构的变化

为了解兴凯湖翘嘴鲌种群变动的原因和趋势，文献[200]分别于 1982 年、1988 年和 1998 年对其种群年龄结构和个体生长进行了比较研究。

1. 种群生长

（1）体长与体重的关系　翘嘴鲌渔获物平均体长 1998 年比 1982 年下降 11.2cm，平均体重 1998 年比 1982 年减少 857.8g。1～6 龄组个体平均体长与体重 1998 年小于 1982 年，7～11 龄组则无明显差异。体长（L/cm）与体重（W/g）的关系，1982 年、1998 年分别为 $W=1.223\times10^{-2}L^{2.997}$（$P<0.01$）及 $W=7.843\times10^{-3}L^{3.106}$（$P<0.01$），两式存在显著差异。

（2）体长与体重生长　翘嘴鲌体长 L_{t+1} 与 L_t 存在极显著线性关系，其数学模型 1982 年、1998 年分别为 $L_{t+1}=0.889L_t+11.418$（$r=0.995$）及 $L_{t+1}=0.882L_t+12.491$（$r=0.996$）。可用 von Bertalanffy 生长方程描述其体长、体重与年龄的关系，其数学模型见表 4-42。

表 4-42　兴凯湖翘嘴鲌体长、体重生长方程

生长类型方程	1982 年	1998 年
体长生长方程	$L_t=103.157[1-e^{-0.117(t+1.368)}]$	$L_t=105.391[1-e^{-0.126(t+0.597)}]$
体重生长方程	$W_t=13\ 266.125[1-e^{-0.117(t+1.368)}]^{2.922}$	$W_t=15\ 049.856[1-e^{-0.126(t+0.597)}]^{3.106}$
体长生长速率方程	$dL/dt=12.149e^{-0.117(t+1.368)}$	$dL/dt=13.3e^{-0.126(t+0.597)}$
体重生长速率方程	$dW/dt=4\ 664.303e^{-0.117(t+1.368)}\times[1-e^{-0.228(t+0.457)}]^{1.922}$	$dW/dt=5\ 899.39e^{-0.126(t+0.597)}\times[1-e^{-0.126(t+0.597)}]^{2.106}$
体长生长加速度方程	$d^2L/dt^2=-1.425e^{-0.117(t+1.368)}$	$d^2L/dt^2=-1.679e^{-0.126(t+0.597)}$
体重生长加速度方程	$d^2W/dt^2=547.123e^{-0.117(t+1.368)}\times[1-e^{-0.117(t+1.368)}]^{0.922}\times[2.997e^{-0.117(t+1.368)}-1]$	$d^2L/dt^2=-1.679e^{-0.126(t+0.597)}\times[1-e^{-0.126(t+0.597)}]^{1.106}\times[3.106e^{-0.126(t+0.597)}-1]$

注：依据文献[200]归纳整理

表 4-42 显示，翘嘴鲌的拐点年龄在 1982 年、1998 年分别为 7.99 龄及 8.39 龄，在拐点年龄时的体重分别为 3929.75g 和 4502.15g；1998 年生长系数（k）大于 1982 年的，表明生长速率加快，拐点年龄推后。

（3）生长速率　翘嘴鲌 4^+龄性成熟，1^+～5^+龄体长生长较快，表明性成熟前是体长快速生长期，但体长生长加速度处于递减阶段。1^+～8^+龄时体重生长速率随着年龄增加而增长，8^+龄时达到最高，8^+龄以后体重生长速率逐渐递减。体重生长加速度从 2^+～8^+龄递减。1998 年 1^+～3^+龄体长、体重生长速率均小于 1982 年，4^+龄以上则均大于 1982 年。

2. 种群年龄结构

兴凯湖翘嘴鲌捕捞群体中，4^+龄以上性成熟个体 1982 年（339 尾）占 53.90%，1988 年（29 尾）占 23.39%，1998 年（412 尾）占 15.62%；1^+龄个体 1982 年（90 尾）占 14.31%，1988 年（41 尾）占 33.06%，1998 年（1022 尾）占 38.74%。这显示出明显的种群结构低龄化、捕捞群体小型化的特征（表 4-43）。

表 4-43　兴凯湖翘嘴鲌捕获群体年龄构成

时间	样本数/尾	年龄构成比例/%							
		1^+	2^+	3^+	4^+	5^+	6^+	7^+	8^+～11^+
1982-05	109	8.25	7.34	5.50	33.03	16.51	5.50	6.42	17.43
1982-06	204	16.67	18.62	4.90	6.86	9.80	21.56	8.82	12.74
1982-07	112	22.76	25.45	9.37	6.25	14.73	7.14	5.80	8.48
1982-08	108	14.81	21.76	23.61	12.03	6.48	7.87	3.24	10.18
1982-09	96	6.25	19.75	31.77	18.75	6.77	1.56	4.17	11.97
1988-06	124	33.06	38.71	5.37	3.22	4.30	7.53	3.73	4.83
1998-05	581	22.03	19.45	16.52	20.31	3.09	8.78	1.15	8.26
1998-06	627	40.03	46.72	7.81	0.79	0.96	0	0.47	0
1998-07	493	22.92	43.81	16.02	4.86	4.86	1.21	0.81	6.08
1998-08	406	49.51	28.32	16.99	1.72	0	3.45	0	0
1998-09	531	61.95	14.12	15.25	2.82	3.57	0.56	0.75	0.94

6 月下旬至 7 月中旬为繁殖期。1982 年 5～9 月均能捕获性成熟群体，5～6 月性成熟个体在渔获物中所占比例较大；1998 年仅在 5 月能捕获较多性成熟群体，其他时间捕获量很少（表 4-43）。1998～2002 年的繁殖期，中国境内没有发现产卵场，6 月捕不到性成熟个体，仅在 7 月下旬可零星捕获产过卵的个体，但 1^+～3^+龄鱼群体数量稳定，5 年中并无减少的迹象。

3. 种群存活率及死亡系数的变化

翘嘴鲌种群存活率 1982 年、1998 年分别为 0.690 及 0.444；死亡系数 Z、M、F 值 1982 年分别为 0.368、0.344 及 0.023，1998 年分别为 0.811、0.351 及 0.456；种群资源开发率 1982 年、1998 年分别为 0.064 及 0.567。可以看出，1998 年 F 值比 1982 年高出 0.433，种群资源开发率提高 0.503。

据调查，1982 年捕捞渔船 108 只，1998 年增加到 161 只，捕捞网具长度从 1982 年的 13.37 万 m，增加到 1998 年的 49.47 万 m。捕捞强度的增加，导致了种群年龄结构的低龄化。

4. 问题探讨

（1）种群增长速度变化 1998 年 4^+龄以上的个体数量明显少于 1982 年，种内生存竞争减弱，获取食物更容易，索饵成本降低，能够获得较多净能量用于生长，因而生长速率快于 1982 年。低龄个体生长减慢，可能是低龄鱼群体数量增加，种内食物竞争加剧所致。

据报道，占据兴凯湖渔获量 40%的小型经济鱼类兴凯鲌，2001 年生长速率明显低于 1982 年。该鱼主要以虾类为食，与翘嘴鲌低龄个体食物组成有重叠，如果该鱼群体数量增加，引起种间生存竞争，不仅其本身生长速率减慢，也可能导致翘嘴鲌低龄鱼生长速率减慢。

（2）种群年龄结构差异 表 4-43 显示，1982 年和 1998 年不同采样月份，翘嘴鲌种群年龄构成比例变化较大，这种现象可能是采样误差所致。鱼类在天然水域中有生殖洄游、越冬洄游、索饵洄游等各种生态习性，它们在不同季节会聚集在不同区域，而且不同年龄组聚集的区域和时间也有差异。由于中国境内水域面积仅占兴凯湖的 1/4，不同月份聚集在中国境内水域的种群年龄组成有所差异，就会使不同采样月份年龄构成比例出现差别，造成采样误差。但鱼类的洄游习性每年都有一定规律，用两个采样年份的数据进行综合比较，应该具有参考价值。

（3）种群年龄结构变化 1982 年，白鱼滩是翘嘴鲌的主要产卵场之一，6～7 月繁殖群体从其他水域洄游到白鱼滩繁殖，繁殖期鱼群聚集容易捕捞。这个时期在白鱼滩渔获物中，高龄个体所占比例较大。1998 年繁殖期捕不到性成熟个体，导致渔获物中 4 龄以上个体所占比例较小，年龄结构呈现严重低龄化。

据 1999 年黑龙江省密山县派往俄罗斯境内的劳务人员介绍，中国劳务人员参加捕捞翘嘴鲌的渔船约有 30 只，繁殖期单船每天可捕获体重为 2kg（5～6 龄）以上的个体 100～150kg，表明俄罗斯境内该鱼繁殖群体较大。在我国境内捕捞的翘嘴鲌，可能是俄罗斯境内繁殖群体的后代，它们大量进入我国境内索饵育肥，在我国境内能捕获大量低龄鱼，形成捕捞群体中低龄鱼构成比例较高的特点。

（4）种群死亡率与开发率 1998 年和 1982 年翘嘴鲌种群 Z 值变化较大，主要原因是随着捕捞强度的提高，F 值增大进而导致 Z 值变化。由于 M 值变化幅度较小，F 值增大，引起了 E 值大幅度增长，1998 年比 1982 年增长了 9 倍。

应该指出，上述 E 值偏高，可能与采样误差有关。1998 年样本中 4 龄以上个体数量很少，计算过程中把减少的个体认定为捕捞死亡，而实际上是 4 龄以上性成熟个体已进入俄罗斯境内产卵繁殖，无法在中国境内捕获。所以，1982～1998 年，兴凯湖翘嘴鲌种群开发率虽然增长幅度较大，但应比计算数值略低些。

4.7 三江—洪河国家级自然保护区

黑龙江三江国家级自然保护区（下称“三江保护区”）、黑龙江洪河国家级自然保护区（下称“洪河保护区”）分别位于黑龙江省东北部的抚远县和同江市。三江保护区（47°26′0″N～48°22′50″N，133°43′20″E～134°46′40″E）地处三江平原东部边陲[173]。东邻乌苏里江，北隔黑龙江与俄罗斯相邻，总面积 1981km^2，是典型的内陆高寒区淡水湿地，平均海拔 50m。黑龙江、乌苏里江分别流经该保护区 30km 及 115km。三江保护区内河流 40 余条，其中，鸭绿河、浓江、清水河属黑龙江水系，别拉洪河、抓吉河、四合河、胖头亮子河、大黑鱼泡河属乌苏里江水系。

洪河保护区（47°42′16″N～47°52′17″N，133°32′05″E～133°46′48″E）地处三江平原腹地，总面积 252km^2[184]。洪河保护区的主要河流均为典型沼泽性河流。浓江发源于青龙山农场东部湿地，全长 116km，流经洪河保护区 26km；全流域面积 2630km^2，保护区内 284km^2。但浓江河谷最宽处也不过 3～4km，水源不足，经常断流，只有在雨季或丰水年份河流畅通，才最终流入黑龙江。沃绿兰河是保护区核心区的主要水源，全长 7km，常年流水，最终注入浓江。

4.7.1 物种多样性

文献[173]及[184]记载三江保护区的鱼类物种合计 9 目 16 科 58 属 77 种（表 4-44）。其中，日本七鳃鳗和大麻哈鱼为洄游型鱼类；鳙为移入种；河鲈和梭鲈是从俄罗斯上溯至该水系的种类。所以三江保护区的土著鱼类为 9 目 15 科 55 属 74 种。

文献[184]记载洪河保护区的鱼类物种为 3 目 6 科 19 属 24 种（表 4-44）。其中，鳙为移入种，土著鱼类 3 目 6 科 18 属 23 种。由此可见洪河保护区的全部鱼类物种都是与三江保护区的共有种。

表 4-44 三江—洪河保护区鱼类物种组成

种类	a	b	种类	a	b
一、七鳃鳗目 Petromyzoniformes			10. 黑龙江茴鱼 *Thymallus arcticus*	+	
（一）七鳃鳗科 Petromyzonidae			（四）胡瓜鱼科 Osmeridae		
1. 日本七鳃鳗 *Lampetra japonica*	+		11. 池沼公鱼 *Hypomesus olidus*	+	
2. 雷氏七鳃鳗 *Lampetra reissneri*	+		12. 亚洲公鱼 *Hypomesus transpacificus nipponensis*	+	
二、鲟形目 Acipenseriformes			（五）狗鱼科 Esocidae		
（二）鲟科 Acipenseridae			13. 黑斑狗鱼 *Esox reicherti*	+	
3. 施氏鲟 *Acipenser schrenckii*	+		四、鲤形目 Cypriniformes		
4. 鳇 *Huso dauricus*	+		（六）鲤科 Cyprinidae		
三、鲑形目 Salmoniformes			14. 马口鱼 *Opsariichthys bidens*	+	
（三）鲑科 Salmonidae			15. 瓦氏雅罗鱼 *Leuciscus waleckii waleckii*	+	
5. 大麻哈鱼 *Oncorhynchus keta*	+		16. 青鱼 *Mylopharyngodon piceus*	+	
6. 哲罗鲑 *Hucho taimen*	+		17. 草鱼 *Ctenopharyngodon idella*	+	+
7. 细鳞鲑 *Brachymystax lenok*	+		18. 真鲅 *Phoxinus phoxinus*	+	+
8. 乌苏里白鲑 *Coregonus ussuriensis*	+		19. 湖鲅 *Phoxinus percnurus*	+	+
9. 卡达白鲑 *Coregonus chadary*	+		20. 花江鲅 *Phoxinus czekanowskii*	+	

续表

种类	a	b
21. 拉氏鲅 *Phoxinus lagowskii*	+	
22. 拟赤梢鱼 *Pseudaspius leptocephalus*	+	
23. 赤眼鳟 *Squaliobarbus curriculus*	+	
24. 鳡 *Elopichthys bambusa*	+	
25. 䱗 *Hemiculter leucisculus*	+	
26. 贝氏䱗 *Hemiculter bleekeri*	+	
27. 翘嘴鲌 *Culter alburnus*	+	
28. 蒙古鲌 *Culter mongolicus mongolicus*	+	
29. 鲂 *Megalobrama skolkovii*	+	
30. 红鳍原鲌 *Cultrichthys erythropterus*	+	
31. 鳊 *Parabramis pekinensis*	+	+
32. 银鲴 *Xenocypris argentea*	+	+
33. 细鳞鲴 *Xenocypris microleps*	+	
34. 兴凯鱊 *Acheilognathus chankaensis*	+	
35. 大鳍鱊 *Acheilognathus macropterus*	+	
36. 黑龙江鳑鲏 *Rhodeus sericeus*	+	
37. 唇䱻 *Hemibarbus laboe*	+	+
38. 花䱻 *Hemibarbus maculatus*	+	
39. 条纹似白鮈 *Paraleucogobio strigatus*	+	
40. 棒花鱼 *Abbottina rivularis*	+	
41. 麦穗鱼 *Pseudorasbora parva*	+	
42. 东北颌须鮈 *Gnathopogon mantschuricus*	+	
43. 兴凯银鮈 *Squalidus chankaensis*	+	
44. 东北鳈 *Sarcocheilichthys lacustris*	+	+
45. 克氏鳈 *Sarcocheilichthys czerskii*	+	+
46. 高体鮈 *Gobio soldatovi*	+	
47. 凌源鮈 *Gobio lingyuanensis*	+	
48. 犬首鮈 *Gobio cynocephalus*	+	+
49. 细体鮈 *Gobio tenuicorpus*	+	
50. 平口鮈 *Ladislavia taczanowskii*	+	
51. 蛇鮈 *Saurogobio dabryi*	+	+
52. 突吻鮈 *Rostrogobio amurensis*	+	
53. 鲤 *Cyprinus carpio*	+	+
54. 银鲫 *Carassius auratus gibelio*	+	+
55. 鲢 *Hypophthalmichthys molitrix*	+	+
56. 鳙 *Aristichthys nobilis* ▲	+	+
57. 潘氏鳅鮀 *Gobiobotia pappenheimi*	+	
（七）鳅科 Cobitidae		
58. 北方须鳅 *Barbatula barbatula nuda*	+	+
59. 黑龙江花鳅 *Cobitis lutheri*	+	+
60. 北方花鳅 *Cobitis granoci*	+	+
61. 北方泥鳅 *Misgurnus bipartitus*	+	+
62. 黑龙江泥鳅 *Misgurnus mohoity*	+	+
五、鲇形目 Siluriformes		
（八）鲿科 Bagridae		
63. 黄颡鱼 *Pelteobagrus fulvidraco*	+	+
64. 光泽黄颡鱼 *Pelteobagrus nitidus*	+	
65. 乌苏拟鲿 *Pseudobagrus ussuriensis*	+	
66. 纵带鮠 *Leiocassis argentivittatus*	+	
（九）鲇科 Siluridae		
67. 怀头鲇 *Silurus soldatovi*	+	+
68. 鲇 *Silurus asotus*	+	+
六、鳕形目 Gadiformes		
（十）鳕科 Gadidae		
69. 江鳕 *Lota lota*	+	
七、刺鱼目 Gasterosteiformes		
（十一）刺鱼科 Gasterosteidae		
70. 九棘刺鱼 *Pungitius pungitius*	+	
八、鲉形目 Scorpaeniformes		
（十二）杜父鱼科 Cottidae		
71. 黑龙江中杜父鱼 *Mesocottus haitej*	+	
72. 杂色杜父鱼 *Cottus poecilopus*	+	
九、鲈形目 Perciformes		
（十三）鮨科 Serranidae		
73. 鳜 *Siniperca chuatsi*	+	
（十四）鲈科 Percidae		
74. 河鲈 *Perca fluviatilis* ▲	+	
75. 梭鲈 *Lucioperca lucioperca* ▲	+	
（十五）塘鳢科 Eleotridae		
76. 葛氏鲈塘鳢 *Perccottus glehni*	+	+
（十六）鳢科 Channidae		
77. 乌鳢 *Channa argus*	+	+

注：a. 三江保护区，b. 洪河保护区

上述结果显示，三江—洪河保护区的鱼类物种与三江保护区的相同。土著鱼类中，包括冷水种日本七鳃鳗、雷氏七鳃鳗、大麻哈鱼、哲罗鲑、细鳞鲑、乌苏里白鲑、卡达白鲑、黑龙江茴鱼、2 种公鱼、黑斑狗鱼、真鲅、拉氏鲅、瓦氏雅罗鱼、拟赤梢鱼、平口鮈、北方须鳅、2 种花鳅、江鳕、九棘刺鱼和 2 种杜父鱼（占 31.08%），中国易危种日本七鳃鳗、雷氏七鳃鳗、施氏鲟、鳇、哲罗鲑、乌苏里白鲑、黑龙江茴鱼和怀头鲇，中国特有种凌源鮈和东北颌须鮈。

4.7.2 种类组成

三江—洪河保护区与三江保护区鱼类群落的种类组成完全相同。鲤形目 49 种、鲑形目 9 种、鲇形目 6 种、鲈形目 5 种，分别占 63.64%、11.69%、7.79%及 6.49%；七鳃鳗目、鲟形目和鲉形目均 2 种，各占 2.60%；鳕形目和刺鱼目均 1 种，各占 1.30%。科级分类单元中，鲤科 44 种、鲑科 6 种、鳅科 5 种、鲿科 4 种，分别占 57.14%、7.79%、6.49%及 5.19%；七鳃鳗科、鲟科、胡瓜鱼科、鲇科、鲈科和杜父鱼科均 2 种，各占 2.60%；狗鱼科、塘鳢科、鮨科、鳢科、鳕科和刺鱼科均 1 种，各占 1.30%。

洪河保护区的 24 种鱼类中，鲤形目 19 种、鲇形目 3 种、鲈形目 2 种，分别占 79.17%、12.50%及 8.33%。科级分类单元中，鲤科 14 种、鳅科 5 种、鲇科 2 种，分别占 58.33%、20.83%及 8.33%；鲿科、塘鳢科和鳢科均 1 种，各占 4.17%。

4.7.3 区系生态类群

三江—洪河保护区的土著鱼类，除大麻哈鱼外，其余由 7 个区系生态类群构成。

1）江河平原区系生态类群：青鱼、草鱼、鲢、鳡、马口鱼、红鳍原鲌、2 种鲌、鳊、鲂、2 种鳘、2 种鲴、2 种鲭、蛇鮈、兴凯银鮈、2 种鳈、棒花鱼、潘氏鳅鮀和鳜，占 31.51%。

2）北方山地区系生态类群：哲罗鲑、细鳞鲑、黑龙江茴鱼、2 种杜父鱼和真鲅，占 8.22%。

3）北方平原区系生态类群：瓦氏雅罗鱼、拟赤梢鱼、湖鲅、拉氏鲅、花江鲅、4 种鮈、突吻鮈、条纹似白鮈、平口鮈、东北颌须鮈、北方须鳅、2 种花鳅和黑斑狗鱼，占 23.29%。

4）新近纪区系生态类群：2 种七鳃鳗、施氏鲟、鳇、鲤、银鲫、赤眼鳟、麦穗鱼、黑龙江鳑鲏、2 种鱊、2 种泥鳅和 2 种鲇，占 20.55%。

5）热带平原区系生态类群：乌鳢、2 种黄颡鱼、乌苏拟鲿、纵带鮠和葛氏鲈塘鳢，占 8.22%。

6）北极淡水区系生态类群：2 种公鱼、2 种白鲑和江鳕，占 6.85%。

7）北极海洋区系生态类群：九棘刺鱼，占 1.37%。

以上北方区系生态类群 29 种，占 39.73%。

5　鱼类多样性比较

5.1　河 流 沼 泽

5.1.1　兴安岭与长白山区水系

5.1.1.1　兴安岭—长白山区水系鱼类多样性概况

1. 物种多样性

综合 3.1、3.2 及 3.3，得出兴安岭—长白山区水系河流沼泽鱼类物种为 9 目 19 科 69 属 98 种（表 5-1）。其中，移入种 3 目 4 科 8 属 8 种（虹鳟、花羔红点鲑、大银鱼、太湖新银鱼、团头鲂、似鳊、鳙和加州鲈）；土著鱼类 9 目 17 科 64 属 90 种，其中包括中国易危种雷氏七鳃鳗、日本七鳃鳗、施氏鲟、鳇、哲罗鲑、乌苏里白鲑、黑龙江茴鱼和怀头鲇，中国特有种彩石鳑鲏、凌源鮈、东北颌须鮈、银鮈、黄黝鱼和波氏吻鰕虎鱼，冷水种日本七鳃鳗、雷氏七鳃鳗、大麻哈鱼、哲罗鲑、细鳞鲑、乌苏里白鲑、卡达白鲑、黑龙江茴鱼、池沼公鱼、亚洲公鱼、黑斑狗鱼、真鲅、拉氏鲅、瓦氏雅罗鱼、拟赤梢鱼、平口鮈、北鳅、北方须鳅、黑龙江花鳅、北方花鳅、江鳕、九棘刺鱼、黑龙江中杜父鱼和杂色杜父鱼（占 26.67%）。

2. 种类组成

兴安岭—长白山区水系河流沼泽鱼类群落中，鲤形目 61 种、鲑形目 14 种、鲈形目 8 种、鲇形目 6 种、七鳃鳗目 3 种，分别占 62.24%、14.29%、8.16%、6.12%和 3.06%；鲉形目和鲟形目均 2 种，各占 2.04%；鳕形目和刺鱼目均 1 种，各占 1.02%。科级分类单元中，鲤科 53 种、鲑科 9 种、鳅科 8 种、鲿科 4 种、七鳃鳗科 3 种，分别占 54.08%、9.18%、8.16%、4.08%及 3.06%；鲟科、银鱼科、胡瓜鱼科、鲇科、杜父鱼科、塘鳢科和鰕虎鱼科均 2 种，各占 2.04%；狗鱼科、鮨科、斗鱼科、鳢科、太阳鱼科、鳕科和刺鱼科均 1 种，各占 1.02%。

3. 区系生态类群

兴安岭—长白山区水系河流沼泽的土著鱼类，除大麻哈鱼外，其余由 7 个区系生态类群构成。

1）江河平原区系生态类群：青鱼、草鱼、鲢、鳡、中华细鲫、宽鳍鱲、马口鱼、红鳍原鲌、2 种鲌、鳊、鲂、3 种鳌、2 种鲴、2 种鳎、蛇鮈、2 种银鮈、2 种鳈、棒花鱼、潘氏鳅鮀、花斑副沙鳅和鳜，占 31.46%。

2）北方平原区系生态类群：瓦氏雅罗鱼、拟赤梢鱼、4 种鲅（除真鲅外）、5 种鮈、突吻鮈、条纹似白鮈、平口鮈、东北颌须鮈、北鳅、北方须鳅、2 种花鳅、黑斑狗鱼和 2 种吻鰕虎鱼，占 24.72%。

3）新近纪区系生态类群：3 种七鳃鳗、施氏鲟、鳇、鲤、银鲫、赤眼鳟、麦穗鱼、2 种鳑鲏、2 种鱊、2 种泥鳅、大鳞副泥鳅和 2 种鲇，占 20.22%。

4）北方山地区系生态类群：哲罗鲑、细鳞鲑、黑龙江茴鱼、2 种杜父鱼和真鲂，占 6.74%。

5）北极淡水区系生态类群：2 种公鱼、2 种白鲑、白斑红点鲑和江鳕，占 6.74%。

表 5-1　兴安岭—长白山区水系河流沼泽鱼类物种组成

种类	a	b	c
一、七鳃鳗目 Petromyzoniformes			
（一）七鳃鳗科 Petromyzonidae			
1. 雷氏七鳃鳗 *Lampetra reissneri*	+	+	+
2. 日本七鳃鳗 *Lampetra japonica*	+	+	+
3. 东北七鳃鳗 *Lampetra morii*			+
二、鲟形目 Acipenseriformes			
（二）鲟科 Acipenseridae			
4. 施氏鲟 *Acipenser schrenckii*	+	+	
5. 鳇 *Huso dauricus*	+	+	
三、鲑形目 Salmoniformes			
（三）鲑科 Salmonidae			
6. 虹鳟 *Oncorhynchus mykiss* ▲			+
7. 大麻哈鱼 *Oncorhynchus keta*	+	+	+
8. 白斑红点鲑 *Salvelinus leucomaenis*			+
9. 花羔红点鲑 *Salvelinus malma* ▲			+
10. 哲罗鲑 *Hucho taimen*	+	+	+
11. 细鳞鲑 *Brachymystax lenok*	+	+	+
12. 乌苏里白鲑 *Coregonus ussuriensis*	+	+	+
13. 卡达白鲑 *Coregonus chadary*		+	
14. 黑龙江茴鱼 *Thymallus arcticus*	+	+	+
（四）银鱼科 Salangidae			
15. 大银鱼 *Protosalanx hyalocranius* ▲			+
16. 太湖新银鱼 *Neosalanx taihuensis* ▲			+
（五）胡瓜鱼科 Osmeridae			
17. 池沼公鱼 *Hypomesus olidus*	+	+	+
18. 亚洲公鱼 *Hypomesus transpacificus nipponensis*		+	
（六）狗鱼科 Esocidae			
19. 黑斑狗鱼 *Esox reicherti*	+	+	+
四、鲤形目 Cypriniformes			
（七）鲤科 Cyprinidae			
20. 宽鳍鱲 *Zacco platypus*			+
21. 马口鱼 *Opsariichthys bidens*	+	+	+
22. 中华细鲫 *Aphyocypris chinensis*	+	+	
23. 瓦氏雅罗鱼 *Leuciscus waleckii waleckii*	+	+	+
24. 青鱼 *Mylopharyngodon piceus*		+	+
25. 拟赤梢鱼 *Pseudaspius leptocephalus*	+	+	+
26. 草鱼 *Ctenopharyngodon idella*	+	+	+
27. 拉氏鲅 *Phoxinus lagowskii*	+	+	+
28. 真鲅 *Phoxinus phoxinus*	+	+	+
29. 湖鲅 *Phoxinus percnurus*	+	+	+
30. 花江鲅 *Phoxinus czekanowskii*	+	+	+
31. 尖头鲅 *Phoxinus oxycephalus*		+	+
32. 赤眼鳟 *Squaliobarbus curriculus*		+	+
33. 鳡 *Elopichthys bambusa*	+	+	+
34. 䱗 *Hemiculter leucisculus*	+	+	+
35. 贝氏䱗 *Hemiculter bleekeri*	+	+	+
36. 蒙古䱗 *Hemiculter lucidus warpachowsky*		+	
37. 翘嘴鲌 *Culter alburnus*	+	+	+
38. 蒙古鲌 *Culter mongolicus mongolicus*	+	+	+
39. 鲂 *Megalobrama skolkovii*	+	+	+
40. 团头鲂 *Megalobrama amblycephala* ▲		+	+
41. 红鳍原鲌 *Cultrichthys erythropterus*	+	+	+
42. 鳊 *Parabramis pekinensis*	+	+	+
43. 银鲴 *Xenocypris argentea*	+	+	+

续表

种类	a	b	c
44. 细鳞鲴 *Xenocypris microleps*	+	+	+
45. 似鳊 *Pseudobrama simoni* ▲			+
46. 大鳍鱊 *Acheilognathus macropterus*	+	+	+
47. 兴凯鱊 *Acheilognathus chankaensis*	+	+	+
48. 黑龙江鳑鲏 *Rhodeus sericeus*	+	+	+
49. 彩石鳑鲏 *Rhodeus lighti*		+	+
50. 花䱻 *Hemibarbus maculatus*	+	+	+
51. 唇䱻 *Hemibarbus laboe*	+	+	+
52. 麦穗鱼 *Pseudorasbora parva*	+	+	+
53. 东北颌须鮈 *Gnathopogon mantschuricus*	+	+	+
54. 东北鳈 *Sarcocheilichthys lacustris*	+	+	+
55. 克氏鳈 *Sarcocheilichthys czerskii*	+	+	+
56. 银鮈 *Squalidus argentatus*		+	+
57. 兴凯银鮈 *Squalidus chankaensis*		+	+
58. 犬首鮈 *Gobio cynocephalus*	+	+	+
59. 细体鮈 *Gobio tenuicorpus*	+	+	+
60. 高体鮈 *Gobio soldatovi*	+	+	+
61. 凌源鮈 *Gobio lingyuanensis*		+	+
62. 大头鮈 *Gobio macrocephalus*			+
63. 条纹似白鮈 *Paraleucogobio strigatus*	+	+	+
64. 平口鮈 *Ladislavia taczanowskii*	+	+	+
65. 棒花鱼 *Abbottina rivularis*	+	+	+
66. 蛇鮈 *Saurogobio dabryi*	+	+	+
67. 突吻鮈 *Rostrogobio amurensis*	+	+	+
68. 鲤 *Cyprinus carpio*	+	+	+
69. 银鲫 *Carassius auratus gibelio*	+	+	+
70. 鲢 *Hypophthalmichthys molitrix*	+	+	+
71. 鳙 *Aristichthys nobilis* ▲	+	+	+
72. 潘氏鳅鮀*Gobiobotia pappenheimi*	+	+	+
（八）鳅科 Cobitidae			
73. 北鳅 *Lefua costata*	+	+	+
74. 北方须鳅 *Barbatula barbatula nuda*	+	+	+
75. 黑龙江花鳅 *Cobitis lutheri*	+	+	+
76. 北方花鳅 *Cobitis granoci*	+	+	
77. 黑龙江泥鳅 *Misgurnus mohoity*	+	+	+
78. 北方泥鳅 *Misgurnus bipartitus*	+	+	+
79. 大鳞副泥鳅 *Paramisgurnus dabryanus*	+		+
80. 花斑副沙鳅 *Parabotia fasciata*	+	+	+
五、鲇形目 Siluriformes			
（九）鲿科 Bagridae			
81. 黄颡鱼 *Pelteobagrus fulvidraco*	+	+	+
82. 光泽黄颡鱼 *Pelteobagrus nitidus*	+	+	+
83. 乌苏拟鲿 *Pseudobagrus ussuriensis*	+	+	+
84. 纵带鮠 *Leiocassis argentivittatus*	+	+	
（十）鲇科 Siluridae			
85. 怀头鲇 *Silurus soldatovi*	+	+	
86. 鲇 *Silurus asotus*	+	+	+
六、鳕形目 Gadiformes			
（十一）鳕科 Gadidae			
87. 江鳕 *Lota lota*	+	+	+
七、鲉形目 Scorpaeniformes			
（十二）杜父鱼科 Cottidae			
88. 黑龙江中杜父鱼 *Mesocottus haitej*	+	+	
89. 杂色杜父鱼 *Cottus poecilopus*	+	+	+
八、鲈形目 Perciformes			
（十三）鮨科 Serranidae			
90. 鳜 *Siniperca chuatsi*	+	+	+
（十四）塘鳢科 Eleotridae			
91. 葛氏鲈塘鳢 *Perccottus glehni*	+	+	+
92. 黄黝鱼 *Hypseleotris swinhonis*	+	+	+
（十五）鰕虎鱼科 Gobiidae			
93. 褐吻鰕虎鱼 *Rhinogobius brunneus*	+	+	+
94. 波氏吻鰕虎鱼 *Rhinogobius cliffordpopei*	+	+	+
（十六）斗鱼科 Belontiidae			
95. 圆尾斗鱼 *Macropodus chinensis*			+
（十七）鳢科 Channidae			
96. 乌鳢 *Channa argus*	+	+	+
（十八）太阳鱼科 Centrarchidae			
97. 加州鲈 *Micropterus salmoides* ▲			+
九、刺鱼目 Gasterosteiformes			
（十九）刺鱼科 Gasterosteidae			
98. 九棘刺鱼 *Pungitius pungitius*	+	+	+

注：a. 小兴安岭水系，b. 大兴安岭水系，c. 长白山区水系

6）热带平原区系生态类群：乌鳢、圆尾斗鱼、2 种黄颡鱼、乌苏拟鲿、纵带鮠、黄黝鱼和葛氏鲈塘鳢，占 8.99%。

7）北极海洋区系生态类群：九棘刺鱼，占 1.12%。

以上北方区系生态类群 35 种，占 39.33%。

5.1.1.2　鱼类多样性比较

1. 物种多样性

1）大兴安岭与小兴安岭水系河流沼泽区：大兴安岭水系河流沼泽区的独有种包括卡达白鲑、亚洲公鱼、青鱼、赤眼鳟、尖头鲂、彩石鳑鲏、蒙古䱗、团头鲂、2 种银鮈和凌源鮈；小兴安岭水系河流沼泽区的独有种只有大鳞副泥鳅；两沼泽区的共有种为 75 种。

2）小兴安岭与长白山区水系河流沼泽区：小兴安岭水系河流沼泽区的独有种包括 2 种鲟科鱼类、中华细鲫、北方花鳅、纵带鮠、怀头鲇和黑龙江中杜父鱼；长白山区水系河流沼泽区的独有种包括东北七鳃鳗、虹鳟、2 种红点鲑、2 种银鱼、宽鳍鱲、青鱼、尖头鲂、赤眼鳟、团头鲂、似鳊、彩石鳑鲏、2 种银鮈、凌源鮈、大头鮈、圆尾斗鱼和加州鲈；两沼泽区的共有种为 69 种。

3）大兴安岭与长白山区水系河流沼泽区：大兴安岭水系河流沼泽区的独有种包括 2 种鲟科鱼类、卡达白鲑、亚洲公鱼、中华细鲫、蒙古䱗、北方花鳅、纵带鮠、怀头鲇和黑龙江中杜父鱼；长白山区水系河流沼泽区的独有种包括加州鲈、圆尾斗鱼、大鳞副泥鳅、大头鮈、似鳊、宽鳍鱲、2 种银鱼、2 种红点鲑、虹鳟和东北七鳃鳗；两沼泽区的共有种为 76 种。

2. 种类组成

三个沼泽区鱼类群落均以鲤形目种类为主体，所占比例以大兴安岭和长白山区相对略高；居第二位的均为鲑形目种类，所占比例也以大兴安岭和长白山区相对略高。居第三位的，大兴安岭、小兴安岭为鲇形目和鲈形目，长白山区只有鲈形目；所占比例以长白山区略高于大兴安岭、小兴安岭；小兴安岭鲇形目和鲈形目种类所占比例略高于大兴安岭。鲇形目种类所占比例在长白山区居第四位（表 5-2）。

表 5-2　大兴安岭、小兴安岭与长白山区水系河流沼泽鱼类物种分类单元构成（%）

沼泽区	目		科	
	目名	比例	科名	比例
大兴安岭水系	鲤形目	65.48	鲤科	57.14
	鲑形目	10.71	鳅科	8.33
	鲈形目	7.14	鲑科	7.14
	鲇形目	7.14	鲿科	4.76
	七鳃鳗目	2.38	七鳃鳗科	
	鲉形目	2.38	鲟科	
	鲟形目	2.28	胡瓜鱼科	2.38
	其他目		鲇科	
			鰕虎鱼科	
			其他科	1.19
小兴安岭水系	鲤形目	64.47	鲤科	53.95
	鲑形目	9.21	鳅科	10.53
	鲈形目	7.89	鲑科	6.58
	鲇形目	7.89	鲿科	5.26
	七鳃鳗目	2.63	七鳃鳗科	
	鲟形目	2.63	鲟科	
	鲉形目	2.63	杜父鱼科	2.63
	其他目	1.32	鲇科	
			鰕虎鱼科	
			其他科	1.32
长白山区水系	鲤形目	65.91	鲤科	57.95

续表

沼泽区	目		科		沼泽区	目		科	
	目名	比例	科名	比例		目名	比例	科名	比例
长白山区水系	鲑形目	13.64	鲑科	9.09	长白山区水系	鲉形目	1.14	银鱼科	
	鲈形目	9.09	鳅科	7.95		鳕形目	1.14	塘鳢科	2.27
	鲇形目	4.55	鲿科	3.41		刺鱼目	1.14	鰕虎鱼科	
	七鳃鳗目	3.41	七鳃鳗科	3.41				其他科	1.14

科级分类单元中，三个沼泽区均以鲤科鱼类为主体，大兴安岭和长白山区均略高于小兴安岭；居第二位的，大兴安岭和小兴安岭均为鳅科，长白山区为鲑科；居第三位的，大兴安岭和小兴安岭均为鲑科，长白山区为鳅科。

可见在种类组成上，三个沼泽区除鲤形目、鲤科以外，其他分类阶元层次上的种类构成分化程度较大，这体现出物种组成在目、科、属分类阶元层次上的多样性。

3. 区系生态类群

由表 5-3 可知，三个沼泽区的鱼类区系中，均以江河平原区系生态类群为主要成分，且所占比例均在 31%以上，相差不大；居第二位的均为北方平原区系生态类群，所占比例均为 25%以上；居第三位的均为新近纪区系生态类群，所占比例均为 18%以上；居第四位的均为热带平原区系生态类群，所占比例均在 8%以上；北方山地区系生态类群居第五位，所占比例在 7%左右；北极淡水与北极海洋区系生态类群所占比例合计均位居最后，其中大兴安岭相对最高，小兴安岭最低。

表 5-3 大兴安岭、小兴安岭与长白山区水系河流沼泽鱼类区系生态类群构成（%）

沼泽区	区系生态类群							北方区系生态类群
	江河平原	北方平原	新近纪	北方山地	热带平原	北极淡水	北极海洋	
大兴安岭	32.53	25.30	19.28	7.23	8.43	6.02	1.20	39.76
小兴安岭	31.08	25.68	20.27	8.11	9.46	4.05	1.35	39.19
长白山区	32.91	26.58	18.99	6.33	8.86	5.06	1.27	39.24

4. 群落相似性

表 5-4 显示，大兴安岭与小兴安岭水系河流沼泽均由松花江和黑龙江水系构成，相应的鱼类区系成分也均来自松花江和黑龙江的大兴安岭水系和小兴安岭水系，群落 Jaccard 指数和 Sørensen 指数均超过 0.85，鱼类群落的相似性程度最高。

大兴安岭与长白山区水系河流沼泽的鱼类区系成分中，都包含了较大比例的冷水种，且群落物种数目相差不大，Jaccard 指数和 Sørensen 指数均超过 0.75，群落相似性程度较高（仅次于大兴安岭与小兴安岭）。

相比之下，小兴安岭与长白山区水系河流沼泽的鱼类区系成分构成相差较大，群落Jaccard指数和Sørensen指数中，只有Sørensen指数超过0.75，群落的相似性程度相对较低。

表 5-4　大兴安岭、小兴安岭与长白山区水系河流沼泽鱼类群落相似指数

相似指数	大兴安岭与小兴安岭	小兴安岭与长白山区	大兴安岭与长白山区
Jaccard 指数	0.862	0.726	0.776
Sørensen 指数	0.926	0.841	0.874

综合评价鱼类群落相似性程度，大兴安岭与小兴安岭、大兴安岭与长白山区均表现为极相似，群落间鱼类区系成分的关联性程度也极高；小兴安岭与长白山区表现为相似，群落间鱼类区系成分的关联性程度相对较低。总体上，兴安岭—长白山区河流沼泽鱼类群落的物种结构较为相似，群落间鱼类区系成分的关联性程度也相对较高。

5.1.2　松嫩平原水系与三江平原水系

5.1.2.1　东北平原水系河流沼泽鱼类多样性概况

本部分所述的东北平原水系河流沼泽包括松嫩平原水系与三江平原水系河流沼泽。

1. 物种多样性

综合3.4及3.5，得出东北平原水系河流沼泽鱼类物种为10目20科68属99种（表5-5）。其中，移入种3目4科8属8种（大银鱼、虹鳟、湖拟鲤、似鳊、团头鲂、鳙、河鲈和梭鲈）；土著鱼类10目18科62属91种。土著种中，日本七鳃鳗、雷氏七鳃鳗、大麻哈鱼、哲罗鲑、细鳞鲑、乌苏里白鲑、卡达白鲑、黑龙江茴鱼、池沼公鱼、亚洲公鱼、黑斑狗鱼、真鲅、拉氏鲅、瓦氏雅罗鱼、拟赤梢鱼、平口鮈、北鳅、北方须鳅、黑龙江花鳅、北方花鳅、江鳕、九棘刺鱼、黑龙江中杜父鱼和杂色杜父鱼为冷水种，占26.97%；日本七鳃鳗、雷氏七鳃鳗、施氏鲟、鳇、哲罗鲑、细鳞鲑、乌苏里白鲑、黑龙江茴鱼和怀头鲇为中国晚危种；彩石鳑鲏、方氏鳑鲏、凌源鮈、东北颌须鮈、银鮈、辽宁棒花鱼、大鳞副泥鳅、黄黝鱼和波氏吻鰕虎鱼为中国特有种。

2. 种类组成

东北平原水系河流沼泽鱼类群落中，鲤形目63种、鲑形目11种、鲈形目9种、鲇形目6种、七鳃鳗目3种，分别占63.64%、11.11%、9.09%、6.06%及3.03%；鲟形目和鲉形目均2种，各占2.02%；鳕形目、刺鱼目和鳉形目均1种，各占1.01%。科级分类单元中，鲤科55种、鳅科8种、鲑科7种、鲿科4种、七鳃鳗科3种，分别占55.56%、8.08%、7.07%、4.04%及3.03%；鲟科、胡瓜鱼科、鲇科、塘鳢科、鲈科、鰕虎鱼科和杜父鱼科均

2 种，各占 2.02%；银鱼科、狗鱼科、鲐科、斗鱼科、鳢科、鳕科、青鳉科和刺鱼科均 1 种，各占 1.01%。

3. 区系生态类群

东北平原水系河流沼泽的土著鱼类群落，除大麻哈鱼外，其余由 7 个区系生态类群构成。

1）江河平原区系生态类群：青鱼、草鱼、鲢、鳡、马口鱼、红鳍原鲌、4 种鲌、鳊、鲂、3 种䱗、2 种鲴、2 种鳎、蛇鮈、2 种银鮈、2 种鳈、2 种棒花鱼、潘氏鳅鮀、花斑副沙鳅和鳜，占 32.22%。

2）北方平原区系生态类群：瓦氏雅罗鱼、拟赤梢鱼、4 种鲅（真鲅除外）、4 种鮈、突吻鮈、条纹似白鮈、平口鮈、东北颌须鮈、北鳅、北方须鳅、2 种花鳅、黑斑狗鱼和 2 种吻鰕虎鱼，占 23.33%。

3）北方山地区系生态类群：哲罗鲑、细鳞鲑、黑龙江茴鱼、2 种杜父鱼和真鲅，占 6.67%。

4）新近纪区系生态类群：3 种七鳃鳗、施氏鲟、鳇、鲤、银鲫、赤眼鳟、麦穗鱼、3 种鳑鲏、2 种鱊、2 种泥鳅、大鳞副泥鳅和 2 种鲇，占 21.11%。

5）热带平原区系生态类群：中华青鳉、乌鳢、圆尾斗鱼、2 种黄颡鱼、黄黝鱼、乌苏拟鲿、纵带鮠和葛氏鲈塘鳢，占 10%。

6）北极淡水区系生态类群：2 种公鱼、2 种白鲑和江鳕，占 5.56%。

7）北极海洋区系生态类群：九棘刺鱼 1 种，占 1.11%。

上述北方区系生态类群 33 种，占 36.67%。

表 5-5 东北平原水系河流沼泽鱼类物种组成

种类	a	b	种类	a	b
一、七鳃鳗目 Petromyzoniformes			7. 虹鳟 *Oncorhynchus mykiss* ▲	+	
（一）七鳃鳗科 Petromyzonidae			8. 大麻哈鱼 *Oncorhynchus keta*	+	
1. 日本七鳃鳗 *Lampetra japonicua*	+	+	9. 哲罗鲑 *Hucho taimen*	+	+
2. 雷氏七鳃鳗 *Lampetra reissneri*	+	+	10. 细鳞鲑 *Brachymystax lenok*	+	+
3. 东北七鳃鳗 *Lampetra morii*	+		11. 乌苏里白鲑 *Coregonus ussuriensis*	+	+
二、鲟形目 Acipenseriformes			12. 卡达白鲑 *Coregonus chadary*	+	
（二）鲟科 Acipenseridae			13. 黑龙江茴鱼 *Thymallus arcticus*	+	+
4. 施氏鲟 *Acipenser schrenckii*	+		（五）胡瓜鱼科 Osmeridae		
5. 鳇 *Huso dauricus*	+		14. 池沼公鱼 *Hypomesus olidus*	+	+
三、鲑形目 Salmoniformes			15. 亚洲公鱼 *Hypomesus transpacificus nipponensis*	+	+
（三）银鱼科 Salangidae			（六）狗鱼科 Esocidae		
6. 大银鱼 *Protosalanx hyalocranius* ▲	+	+	16. 黑斑狗鱼 *Esox reicherti*	+	+
（四）鲑科 Salmonidae			四、鲤形目 Cypriniformes		

续表

种类	a	b
（七）鲤科 Cyprinidae		
17. 马口鱼 *Opsariichthys bidens*	+	+
18. 瓦氏雅罗鱼 *Leuciscus waleckii waleckii*	+	+
19. 青鱼 *Mylopharyngodon piceus*	+	+
20. 草鱼 *Ctenopharyngodon idella*	+	+
21. 真鲅 *Phoxinus phoxinus*	+	+
22. 湖鲅 *Phoxinus percnurus*	+	+
23. 花江鲅*Phoxinus czekanowskii*	+	+
24. 拉氏鲅 *Phoxinus lagowskii*	+	+
25. 尖头鲅 *Phoxinus oxycephalus*	+	+
26. 湖拟鲤 *Rutilus lacustris*▲	+	+
27. 拟赤梢鱼 *Pseudaspius leptocephalus*	+	+
28. 赤眼鳟 *Squaliobarbus curriculus*	+	+
29. 鳡 *Elopichthys bambusa*	+	+
30. 䱗 *Hemiculter leucisculus*	+	+
31. 贝氏䱗 *Hemiculter bleekeri*	+	+
32. 蒙古䱗 *Hemiculter lucidus warpachowsky*	+	+
33. 翘嘴鲌 *Culter alburnus*	+	+
34. 蒙古鲌 *Culter mongolicus mongolicus*	+	+
35. 尖头鲌 *Culter oxycephalus*	+	
36. 达氏鲌 *Culter dabryi*		+
37. 鲂 *Megalobrama skolkovii*	+	+
38. 团头鲂 *Megalobrama amblycephala* ▲	+	+
39. 红鳍原鲌 *Cultrichthys erythropterus*	+	+
40. 鳊 *Parabramis pekinensis*	+	+
41. 银鲴 *Xenocypris argentea*	+	+
42. 细鳞鲴 *Xenocypris microleps*	+	+
43. 似鳊 *Pseudobrama simoni*▲		+
44. 兴凯鱊 *Acheilognathus chankaensis*	+	+
45. 大鳍鱊 *Acheilognathus macropterus*	+	+
46. 黑龙江鳑鲏 *Rhodeus sericeus*	+	+
47. 彩石鳑鲏 *Rhodeus lighti*	+	+
48. 方氏鳑鲏 *Rhodeus fangi*		+
49. 唇䱻 *Hemibarbus laboe*	+	+
50. 花䱻 *Hemibarbus maculatus*	+	+
51. 条纹似白鮈 *Paraleucogobio strigatus*	+	+
52. 棒花鱼 *Abbottina rivularis*	+	+
53. 辽宁棒花鱼 *Abbottina liaoningensis*		+
54. 麦穗鱼 *Pseudorasbora parva*	+	+
55. 东北颌须鮈 *Gnathopogon mantschuricus*	+	+
56. 银鮈 *Squalidus argentatus*	+	+
57. 兴凯银鮈 *Squalidus chankaensis*	+	+
58. 东北鳈 *Sarcocheilichthys lacustris*	+	+
59. 克氏鳈 *Sarcocheilichthys czerskii*	+	+
60. 高体鮈 *Gobio soldatovi*	+	+
61. 凌源鮈 *Gobio lingyuanensis*	+	+
62. 犬首鮈 *Gobio cynocephalus*	+	+
63. 细体鮈 *Gobio tenuicorpus*	+	+
64. 平口鮈 *Ladislavia taczanowskii*	+	+
65. 蛇鮈 *Saurogobio dabryi*	+	+
66. 突吻鮈 *Rostrogobio amurensis*	+	+
67. 鲤 *Cyprinus carpio*	+	+
68. 银鲫 *Carassius auratus gibelio*	+	+
69. 鲢 *Hypophthalmichthys molitrix*	+	+
70. 鳙 *Aristichthys nobilis* ▲	+	+
71. 潘氏鳅鮀*Gobiobotia pappenheimi*	+	+
（八）鳅科 Cobitidae		
72. 北鳅 *Lefua costata*	+	+
73. 北方须鳅 *Barbatula barbatula nuda*	+	+
74. 黑龙江花鳅 *Cobitis lutheri*	+	+
75. 北方花鳅 *Cobitis granoci*	+	+
76. 北方泥鳅 *Misgurnus bipartitus*	+	+
77. 黑龙江泥鳅 *Misgurnus mohoity*	+	+
78. 花斑副沙鳅 *Parabotia fasciata*	+	+
79. 大鳞副泥鳅 *Paramisgurnus dabryanus*	+	+
五、鲇形目 Siluriformes		
（九）鲿科 Bagridae		
80. 黄颡鱼 *Pelteobagrus fulvidraco*	+	+
81. 光泽黄颡鱼 *Pelteobagrus nitidus*	+	+
82. 乌苏拟鲿 *Pseudobagrus ussuriensis*	+	+
83. 纵带鮠 *Leiocassis argentivittatus*	+	+
（十）鲇科 Siluridae		
84. 怀头鲇 *Silurus soldatovi*	+	+
85. 鲇 *Silurus asotus*	+	+
六、鳕形目 Gadiformes		
（十一）鳕科 Gadidae		
86. 江鳕 *Lota lota*	+	+
七、刺鱼目 Gasterosteiformes		

续表

种类	a	b
（十二）刺鱼科 Gasterosteidae		
87. 九棘刺鱼 *Pungitius pungitius*	+	+
八、鲉形目 Scorpaeniformes		
（十三）杜父鱼科 Cottidae		
88. 黑龙江中杜父鱼 *Mesocottus haitej*	+	+
89. 杂色杜父鱼 *Cottus poecilopus*	+	+
九、鳉形目 Cyprinodontiformes		
（十四）青鳉科 Oryziatidae		
90. 中华青鳉 *Oryzias latipes sinensis*		+
十、鲈形目 Perciformes		
（十五）鮨科 Serranidae		
91. 鳜 *Siniperca chuatsi*	+	+
（十六）鲈科 Percidae		
92. 河鲈 *Perca fluviatilis*▲	+	
93. 梭鲈 *Lucioperca lucioperca*▲	+	
（十七）塘鳢科 Eleotridae		
94. 葛氏鲈塘鳢 *Perccottus glehni*	+	+
95. 黄黝鱼 *Hypseleotris swinhonis*	+	+
（十八）鰕虎鱼科 Gobiidae		
96. 褐吻鰕虎鱼 *Rhinogobius brunneus*	+	+
97. 波氏吻鰕虎鱼 *Rhinogobius cliffordpopei*	+	+
（十九）斗鱼科 Belontiidae		
98. 圆尾斗鱼 *Macropodus chinensis*	+	+
（二十）鳢科 Channidae		
99. 乌鳢 *Channa argus*	+	+

注：a. 三江平原水系，b. 松嫩平原水系

5.1.2.2　鱼类多样性比较

1. 物种多样性

松嫩平原水系河流沼泽区的独有种包括中华青鳉、方氏鳑鲏、似鳊、达氏鲌和辽宁棒花鱼；三江平原水系河流沼泽区的独有种包括东北七鳃鳗、2 种鲟科鱼类、2 种鲈科鱼类、虹鳟、大麻哈鱼、尖头鲌和卡达白鲑；两沼泽区的共有种为 85 种。

2. 种类组成

目级分类单元中，松嫩平原与三江平原均以鲤形目为主体，所占比例松嫩平原相对较高；居第二位的均为鲑形目，所占比例三江平原相对较高；鲈形目在两沼泽区均居第三位，所占比例三江平原相对较高；鲇形目均居第四位，所占比例松嫩平原相对略高（表 5-6）。

科级分类单元中，两沼泽区均以鲤科为主体，所占比例松嫩平原相对较高；居第二位的两沼泽区均为鳅科，所占比例松嫩平原相对较高；鲑科均居第三位，三江平原相对较高；鲿科均居第四位，所占比例相差不大，松嫩平原相对略高。

表 5-6　松嫩平原与三江平原水系河流沼泽鱼类物种分类单元构成（%）

沼泽区	目		科		沼泽区	目		科	
	目名	比例	科名	比例		目名	比例	科名	比例
松嫩平原水系	鲤形目	68.18	鲤科	59.09	松嫩平原水系	七鳃鳗目	2.27	七鳃鳗科	
	鲑形目	9.09	鳅科	9.09		鲉形目	2.27	塘鳢科	
	鲈形目	7.95	鲑科	4.66		其他目	1.14	胡瓜鱼科	2.27
	鲇形目	6.82	鲿科	4.55				鲇科	

续表

沼泽区	目		科	
	目名	比例	科名	比例
松嫩平原水系			鰕虎鱼科	
			其他科	1.14
三江平原水系	鲤形目	62.77	鲤科	54.26
	鲑形目	11.70	鳅科	8.51
	鲈形目	9.57	鲑科	7.45
	鲇形目	6.38	鲿科	4.26
	七鳃鳗目	3.19	七鳃鳗科	3.19
	鲟形目	2.13	胡瓜鱼科	
	鲉形目	2.13	鲟科	
	其他目	1.06	杜父鱼科	2.13
			鲇科	
			鰕虎鱼科	

3. 区系生态类群

两沼泽区均以江河平原区系生态类群为主体，所占比例均在 31%以上；其次为北方平原区系生态类群，所占比例为 25%左右，松嫩平原相对较高；新近纪区系生态类群均居第三位，所占比例为 20%左右，三江平原相对较高；热带平原区系生态类群均居第四位，所占比例为 10%左右，松嫩平原相对较高；北极淡水和北极海洋区系生态群所占比例合计以三江平原相对较高。两沼泽区北方区系生态类群所占比例基本一致（表 5-7）。

表 5-7　松嫩平原与三江平原水系河流沼泽鱼类区系生态类群构成（%）

沼泽区	区系生态类群							北方区系生态类群
	江河平原	北方平原	新近纪	北方山地	热带平原	北极淡水	北极海洋	
松嫩平原水系	31.33	25.30	19.28	7.23	10.84	4.82	1.20	38.55
三江平原水系	31.40	24.42	20.93	6.98	9.30	5.81	1.16	38.37

4. 群落相似性

松嫩平原与三江平原河流沼泽鱼类群落间 Jaccard 指数、Sørensen 指数分别为 0.859 和 0.924，表现为极相似。这表明松嫩平原与三江平原河流沼泽的鱼类物种通过松花江相互交流后，存在较多的共有种，导致鱼类群落的物种结构极其相似。

5.2　湖泊沼泽群

5.2.1　松嫩平原与三江平原

5.2.1.1　松嫩湖泊沼泽群鱼类多样性概况

1. 物种多样性

综合 1.1，得出松嫩湖泊沼泽群的鱼类物种为 5 目 13 科 45 属 62 种（表 5-8）。其中，移入种 3 目 3 科 7 属 7 种（青鱼、草鱼、鲢、鳙、团头鲂、大银鱼和斑鳜）；土著鱼类 5 目 12

科 39 属 55 种。土著种中，黑龙江茴鱼及怀头鲇为中国易危种；细鳞鲑、黑龙江茴鱼、亚洲公鱼、黑斑狗鱼、拉氏𬶮、真𬶮、瓦氏雅罗鱼、平口鮈、黑龙江花鳅和江鳕为冷水种，占 18.18%。

表 5-8 松嫩与三江湖泊沼泽群鱼类物种组成

种类	a	b
一、鲤形目 Cypriniformes		
（一）鲤科 Cyprinidae		
1. 马口鱼 *Opsariichthys bidens*		+
2. 青鱼 *Mylopharyngodon piceus* ▲	+	
3. 草鱼 *Ctenopharyngodon idella* ▲	+	+
4. 真𬶮 *Phoxinus phoxinus*	+	
5. 湖𬶮 *Phoxinus percnurus*	+	+
6. 拉氏𬶮 *Phoxinus lagowskii*	+	
7. 花江𬶮 *Phoxinus czekanowskii*	+	
8. 瓦氏雅罗鱼 *Leuciscus waleckii waleckii*	+	+
9. 赤眼鳟 *Squaliobarbus curriculus*	+	
10. 鳡 *Elopichthys bambusa*	+	
11. 䱗 *Hemiculter leucisculus*	+	+
12. 贝氏䱗 *Hemiculter bleekeri*	+	
13. 兴凯䱗 *Hemiculter lucidus lucidus*		+
14. 红鳍原鲌 *Cultrichthys erythropterus*	+	+
15. 扁体原鲌 *Cultrichthys compressocorpus*		+
16. 达氏鲌 *Culter dabryi*	+	
17. 翘嘴鲌 *Culter alburnus*	+	+
18. 蒙古鲌 *Culter mongolicus mongolicus*	+	+
19. 兴凯鲌 *Culter dabryi shinkainensis*		+
20. 鳊 *Parabramis pekinensis*	+	+
21. 团头鲂 *Megalobrama amblycephala* ▲	+	
22. 银鲴 *Xenocypris argentea*	+	+
23. 细鳞鲴 *Xenocypris microleps*	+	
24. 大鳍鱊 *Acheilognathus macropterus*	+	
25. 兴凯鱊 *Acheilognathus chankaensis*		+
26. 黑龙江鳑鲏 *Rhodeus sericeus*	+	+
27. 彩石鳑鲏 *Rhodeus lighti*	+	
28. 花䱻 *Hemibarbus maculatus*	+	+
29. 唇䱻 *Hemibarbus laboe*	+	+
30. 条纹似白鮈 *Paraleucogobio strigatus*	+	
31. 麦穗鱼 *Pseudorasbora parva*	+	+
32. 平口鮈 *Ladislavia taczanowskii*	+	
33. 东北鳈 *Sarcocheilichthys lacustris*	+	+
34. 克氏鳈 *Sarcocheilichthys czerskii*	+	
35. 凌源鮈 *Gobio lingyuanensis*	+	
36. 犬首鮈 *Gobio cynocephalus*	+	
37. 高体鮈 *Gobio soldatovi*	+	
38. 细体鮈 *Gobio tenuicorpus*	+	
39. 棒花鱼 *Abbottina rivularis*	+	+
40. 东北颌须鮈 *Gnathopogon mantschuricus*	+	
41. 银鮈 *Squalidus argentatus*	+	
42. 兴凯银鮈 *Squalidus chankaensis*	+	
43. 突吻鮈 *Rostrogobio amurensis*	+	
44. 蛇鮈 *Saurogobio dabryi*	+	+
45. 鲤 *Cyprinus carpio*	+	+
46. 银鲫 *Carassius auratus gibelio*	+	+
47. 鲢 *Hypophthalmichthys molitrix* ▲	+	+
48. 鳙 *Aristichthys nobilis* ▲	+	+
（二）鳅科 Cobitidae		
49. 黑龙江泥鳅 *Misgurnus mohoity*	+	+
50. 北方泥鳅 *Misgurnus bipartitus*	+	
51. 黑龙江花鳅 *Cobitis lutheri*	+	+
52. 花斑副沙鳅 *Parabotia fasciata*	+	
二、鲇形目 Siluriformes		
（三）鲿科 Bagridae		
53. 黄颡鱼 *Pelteobagrus fulvidraco*	+	+
54. 光泽黄颡鱼 *Pelteobagrus nitidus*		+
55. 乌苏拟鲿 *Pseudobagrus ussuriensis*		+
（四）鲇科 Siluridae		
56. 鲇 *Silurus asotus*	+	+
57. 怀头鲇 *Silurus soldatovi*	+	
三、鲑形目 Salmoniformes		
（五）银鱼科 Salangidae		
58. 大银鱼 *Protosalanx hyalocranius* ▲	+	+
（六）胡瓜鱼科 Osmeridae		
59. 亚洲公鱼 *Hypomesus transpacificus nipponensis*	+	+
（七）鲑科 Salmonidae		
60. 细鳞鲑 *Brachymystax lenok*	+	
61. 黑龙江茴鱼 *Thymallus arcticus*	+	
（八）狗鱼科 Esocidae		
62. 黑斑狗鱼 *Esox reicherti*	+	+
四、鳕形目 Gadiformes		

续表

种类	a	b	种类	a	b
（九）鳕科 Gadidae			（十二）塘鳢科 Eleotridae		
63. 江鳕 *Lota lota*	+	+	67. 葛氏鲈塘鳢 *Perccottus glehni*	+	+
五、鲈形目 Perciformes			68. 黄黝鱼 *Hypseleotris swinhonis*	+	
（十）鮨科 Serranidae			（十三）斗鱼科 Belontiidae		
64. 鳜 *Siniperca chuatsi*	+		69. 圆尾斗鱼 *Macropodus chinensis*	+	
65. 斑鳜 *Siniperca scherzeri*▲	+		（十四）鳢科 Channidae		
（十一）鲈科 Percidae			70. 乌鳢 *Channa argus*	+	+
66. 梭鲈 *Lucioperca lucioperca*▲		+			

注：a. 松嫩湖泊沼泽群，b. 三江湖泊沼泽群

2. 种类组成

松嫩湖泊沼泽群鱼类群落中，鲤形目 47 种、鲈形目 6 种、鲑形目 5 种、鲇形目 3 种、鳕形目 1 种，分别占 75.81%、9.68%、8.06%、4.84%及 1.61%。科级分类单元中，鲤科 43 种、鳅科 4 种，分别占 69.35%及 6.45%；鲑科、鲇科、鮨科和塘鳢科均 2 种，各占 3.23%；银鱼科、鲿科、狗鱼科、胡瓜鱼科、鳢科、斗鱼科和鳕科均 1 种，各占 1.61%。

3. 区系生态类群

松嫩湖泊沼泽群的土著鱼类群落由 6 个区系生态类群构成。

1）江河平原区系生态类群：鳡、鳊、䱗、贝氏䱗、红鳍原鲌、蒙古鲌、翘嘴鲌、达氏鲌、银鲴、细鳞鲴、花䱻、唇䱻、棒花鱼、蛇鮈、银鮈、兴凯银鮈、东北鳈、克氏鳈、花斑副沙鳅和鳜，占 36.36%。

2）北方平原区系生态类群：黑斑狗鱼、瓦氏雅罗鱼、湖鲂、拉氏鲂、花江鲂、凌源鮈、犬首鮈、细体鮈、高体鮈、突吻鮈、条纹似白鮈、平口鮈、东北颌须鮈和黑龙江花鳅，占 25.45%。

3）新近纪区系生态类群：鲤、银鲫、赤眼鳟、黑龙江鳑鲏、彩石鳑鲏、大鳍鱊、麦穗鱼、黑龙江泥鳅、北方泥鳅、鲇和怀头鲇，占 20%。

4）北方山地区系生态类群：细鳞鲑、黑龙江茴鱼和真鲂，占 5.45%。

5）热带平原区系生态类群：圆尾斗鱼、葛氏鲈塘鳢、黄黝鱼、乌鳢和黄颡鱼，占 9.09%。

6）北极淡水区系生态类群：江鳕和亚洲公鱼，占 3.64%。

以上北方区系生态类群 19 种，占 34.55%。

5.2.1.2　三江湖泊沼泽群鱼类多样性概况

参见 1.2。

5.2.1.3　鱼类多样性比较

1. 物种多样性

松嫩与三江湖泊沼泽群的共有种为 5 目 10 科 28 属 30 种。其中，移入种 2 目 2 科 4

属4种，包括草鱼、鲢、鳙和大银鱼；土著鱼类5目9科24属26种，包括湖鲹、瓦氏雅罗鱼、鳘、红鳍原鲌、蒙古鲌、翘嘴鲌、鳊、银鲴、黑龙江鳑鲏、唇䱻、花䱻、麦穗鱼、东北鳈、棒花鱼、蛇鮈、鲤、银鲫、黑龙江泥鳅、黑龙江花鳅、黄颡鱼、鲇、黑斑狗鱼、亚洲公鱼、江鳕、葛氏鲈塘鳢和乌鳢。

三江湖泊沼泽群独有种为3目3科8属8种。其中，移入种1目1科1属1种，即梭鲈；土著鱼类2目2科7属7种，包括马口鱼、兴凯鳘、扁体原鲌、兴凯鲌、兴凯鱊、光泽黄颡鱼和乌苏拟鲿。

松嫩湖泊沼泽群独有种为4目7科26属32种。其中，移入种2目2科3属3种，包括青鱼、团头鲂和斑鳜；土著鱼类4目7科24属29种，包括真鲹、拉氏鲹、花江鲹、赤眼鳟、鳡、贝氏鳘、达氏鲌、细鳞鲴、大鳍鱊、彩石鳑鲏、条纹似白鮈、平口鮈、克氏鳈、凌源鮈、犬首鮈、高体鮈、细体鮈、东北颌须鮈、银鮈、兴凯银鮈、突吻鮈、北方泥鳅、花斑副沙鳅、怀头鲇、细鳞鲑、黑龙江茴鱼、鳜、圆尾斗鱼和黄黝鱼。

2. 种类组成

松嫩与三江湖泊沼泽群鱼类群落，均以鲤形目为最大类群，所占比例均超过70%，松嫩相对略高。所占比例居第二位的，松嫩为鲈形目（该目在三江位居第三），三江为鲇形目（该目在松嫩位居第四）；居第三位的，松嫩为鲑形目（该目在三江位居第四），三江为鲈形目。科级分类单元中，鲤科均为最大类群，所占比例超过65%，松嫩相对略高。所占比例居第二位的，松嫩为鳅科（该科在三江位居第三），三江为鲿科（该科在松嫩位居第四）。

虽然松嫩与三江湖泊沼泽群同属于黑龙江水系，但松嫩湖泊沼泽群鱼类群落缺少鲈科种类；三江湖泊沼泽群缺少鲑科、鮨科及斗鱼科种类。

3. 区系生态类群

土著鱼类群落中，松嫩和三江湖泊沼泽群均包括江河平原、北方平原、新近纪、热带平原及北极淡水区系生态类群。此外，松嫩湖泊沼泽群还包括北方山地区系生态类群，而三江湖泊沼泽群则缺少该类群的种类。

1）江河平原区系生态类群：鳊、鳘、红鳍原鲌、蒙古鲌、翘嘴鲌、银鲴、花䱻、唇䱻、棒花鱼、蛇鮈和东北鳈为两湖泊沼泽群的共有种；鳡、贝氏鳘、达氏鲌、细鳞鲴、银鮈、兴凯银鮈、克氏鳈、花斑副沙鳅和鳜为松嫩湖泊沼泽群独有种；马口鱼、兴凯鳘、扁体原鲌和兴凯鲌为三江湖泊沼泽群独有种。该区系生态类群所占比例，松嫩湖泊沼泽群低于三江湖泊沼泽群（分别为36.36%及45.45%）。类群群落关联系数为0.458［计算方法见式（5-1）］，表现为两湖泊沼泽群鱼类群落在该区系生态类群上的关联性程度较低。

2）北方平原区系生态类群：三江湖泊沼泽群由黑斑狗鱼、瓦氏雅罗鱼、湖鲹和黑龙江花鳅构成，同时也为两湖泊沼泽群的共有种。除此之外，松嫩湖泊沼泽群还有拉氏鲹、花江鲹、凌源鮈、犬首鮈、细体鮈、高体鮈、突吻鮈、条纹似白鮈、平口鮈和东北颌须鮈。所占比例，松嫩湖泊沼泽群高于三江湖泊沼泽群（分别为25.45%及12.12%）。类群群落关联系数为0.286，显示关联性程度较低。

3）新近纪区系生态类群：鲤、银鲫、黑龙江鳑鲏、麦穗鱼、黑龙江泥鳅和鲇为共有种；兴凯鱊为三江湖泊沼泽群独有种；赤眼鳟、彩石鳑鲏、大鳍鱊、北方泥鳅和怀头鲇为松嫩湖泊沼泽群独有种。所占比例，松嫩与三江基本相同（分别为20%及21.21%）。类群群落关联系数为0.5，显示关联性程度较低。

4）热带平原区系生态类群：两湖泊沼泽群均由5种鱼类构成，葛氏鲈塘鳢、乌鳢和黄颡鱼为共有种；圆尾斗鱼和黄黝鱼、乌苏拟鲿和光泽黄颡鱼分别为松嫩与三江湖泊沼泽群所独有。所占比例，三江高于松嫩（分别为15.15%及9.09%）。类群群落关联系数为0.429，显示关联性程度较低。

5）北极淡水区系生态类群：两湖泊沼泽群均由江鳕和亚洲公鱼构成。

北方区系生态类群中，松嫩湖泊沼泽群物种数多于三江湖泊沼泽群（分别为19种、6种），所占比例前者也明显高于后者（分别为34.55%及18.18%）。

4. 保护物种与濒危物种

松嫩湖泊沼泽群分布有中国易危种黑龙江茴鱼和怀头鲇。三江湖泊沼泽群尚未发现国家级保护与濒危鱼类物种。

5. 冷水种

松嫩与三江湖泊沼泽群均有黑斑狗鱼、瓦氏雅罗鱼、黑龙江花鳅和江鳕分布。此外，松嫩湖泊沼泽群还有细鳞鲑、黑龙江茴鱼、亚洲公鱼、拉氏鲅、真鲅和平口鮈。冷水种群落关联系数为0.4，显示关联性程度较低。

6. 关于鱼类群落的关联性

群落间物种组成的关联性通常用关联系数来测度。常用的关联系数为Jaccard系数[49]，其计算公式为

$$r_{jk} = a / (a + b + c) \tag{5-1}$$

式中，r_{jk}为群落j、k之间的关联系数；a为出现于群落j与群落k的物种数，即共有种数；b为出现于群落j而未出现于群落k的物种数；c为出现于群落k而未出现于群落j的物种数。以关联系数值0～0.250、0.251～0.500、0.501～0.750和0.751～1为标准，将群落间的关联性程度划分为极低、较低、较高和极高。对于松嫩与三江湖泊沼泽群的鱼类群落，a值为30种，b、c分别为32种和8种，计算得$r_{jk} = 0.43$。按照上述关联程度的划分标准，表现为松嫩与三江湖泊沼泽群鱼类群落物种结构的关联性程度较低。

式（5-1）还可变形为

$$r_{jk} = a / (S_j + S_k - a) \tag{5-2}$$

式中，S_j、S_k分别为群落j、群落k的物种数。对于松嫩与三江湖泊沼泽群鱼类群落，S_j、S_k分别为62种和38种，两个湖泊沼泽群群落的共有种（a值）为30种，分别采用式（5-1）、式（5-2）计算r_{jk}，其结果完全相同。

采用式（5-1）、式（5-2）计算松嫩湖泊沼泽群、三江湖泊沼泽群分别与松嫩—三江平原湖泊沼泽群鱼类群落的关联系数，其结果也均相同，分别为0.886和0.514。由关联

性程度的划分标准可知，松嫩—三江平原湖泊沼泽群的鱼类多样性与松嫩湖泊沼泽群的关联性程度极高，而与三江湖泊沼泽群的关联性程度相对低一些。也就是说，松嫩—三江平原湖泊沼泽群的鱼类多样性很大程度上依赖于松嫩湖泊沼泽群。

5.2.2 内蒙古高原

5.2.2.1 呼伦贝尔高原与锡林郭勒高原

1. 物种多样性

鱼类物种组成见 1.3.1、1.3.2。呼伦贝尔高原与锡林郭勒高原湖泊沼泽群的共有种为 1 目 2 科 13 属 14 种。其中，移入种 1 目 1 科 4 属 4 种，包括草鱼、团头鲂、鲢和鳙；土著鱼类 1 目 2 科 9 属 10 种，包括瓦氏雅罗鱼、红鳍原鲌、花江鲅、麦穗鱼、凌源鮈、高体鮈、兴凯银鮈、鲤、鲫和北方花鳅。

呼伦贝尔高原湖泊沼泽群独有种为 5 目 8 科 23 属 27 种，均为土著种，包括哲罗鲑、细鳞鲑、黑斑狗鱼、拟赤梢鱼、真鲅、湖鲅、贝氏䱗、蒙古䱗、鳊、蒙古鲌、黑龙江鳑鲏、大鳍鱊、花䱻、唇䱻、条纹似白鮈、克氏鳈、犬首鮈、细体鮈、突吻鮈、蛇鮈、银鲫、黑龙江泥鳅、黑龙江花鳅、乌苏拟鲿、鲇、葛氏鲈塘鳢和江鳕。

锡林郭勒高原湖泊沼泽群独有种为 2 目 3 科 8 属 10 种，均为土著种，包括拉氏鲅、棒花鱼、似铜鮈、泥鳅、北方泥鳅、北鳅、北方须鳅、弓背须鳅、达里湖高原鳅和九棘刺鱼。

2. 区系生态类群

呼伦贝尔高原与锡林郭勒高原湖泊沼泽群的鱼类区系成分中，均包括江河平原、北方平原和新近纪区系生态类群，但其所占比例存在差别。江河平原区系生态类群所占比例，呼伦贝尔高原（27.03%）明显高于锡林郭勒高原（15%）；北方平原区系生态类群所占比例，锡林郭勒高原（50%）明显高于呼伦贝尔高原（35.14%）；新近纪区系生态类群所占比例，二者相差不大，锡林郭勒高原（25%）相对略高。

锡林郭勒高原湖泊沼泽群中，土著种数虽然只有 20 种，明显少于呼伦贝尔高原（37 种），但包含了 5 个区系生态类群，区系构成相对较复杂；北方区系生态类群的物种相对较多（11 种），与呼伦贝尔高原（14 种）相差无几，但其所占比例（55%）则明显高于呼伦贝尔高原（45.95%）。

呼伦贝尔高原湖泊沼泽群鱼类区系成分中，缺少锡林郭勒高原所拥有的北极海洋和中亚高山区系生态类群的物种；锡林郭勒高原湖泊沼泽群则缺少呼伦贝尔高原所拥有的北方山地、热带平原和北极淡水区系生态类群的物种。

3. 冷水种

拉氏鲅、瓦氏雅罗鱼和北方花鳅为共有种；呼伦贝尔高原湖泊沼泽群的哲罗鲑、细鳞鲑、黑斑狗鱼、真鲅、拟赤梢鱼、黑龙江花鳅和江鳕未见于锡林郭勒高原；而分布于锡林郭勒高原湖泊沼泽群的北鳅、北方须鳅和九棘刺鱼则未见于呼伦贝尔高原。土著鱼类群落中冷水种所占比例相差不大，锡林郭勒高原（30%）相对略高。

4. 保护物种与濒危物种

呼伦贝尔高原湖泊沼泽群分布有中国易危种哲罗鲑。锡林郭勒高原湖泊沼泽群尚未见到保护和濒危鱼类物种。

5. 群落关联性

两湖泊沼泽群鱼类群落的关联系数为0.275，显示关联性程度较低。

5.2.2.2 呼伦贝尔高原与乌兰察布高原

1. 物种多样性

鱼类物种组成见1.3.1、1.3.3。呼伦贝尔高原与乌兰察布高原湖泊沼泽群的共有种为2目3科16属16种。其中，移入种1目1科4属4种，包括草鱼、团头鲂、鲢和鳙；土著种2目3科12属12种，包括瓦氏雅罗鱼、鳊、红鳍原鲌、蒙古鲌、大鳍鱊、黑龙江鳑鲏、花䱻、麦穗鱼、鲫、鲤、北方花鳅和鲇。

呼伦贝尔高原湖泊沼泽群的独有种为5目6科19属25种。其均为土著鱼类，包括哲罗鲑、细鳞鲑、黑斑狗鱼、拟赤梢鱼、真鲅、湖鲅、拉氏鲅、贝氏䱗、蒙古䱗、唇䱻、条纹似白鮈、克氏鳈、凌源鮈、高体鮈、犬首鮈、细体鮈、兴凯银鮈、突吻鮈、蛇鮈、银鲫、黑龙江泥鳅、黑龙江花鳅、乌苏拟鲿、葛氏鲈塘鳢和江鳕。

乌兰察布高原湖泊沼泽群的独有种为6目10科27属28种。其中，移入种3目4科7属7种，包括池沼公鱼、大银鱼、鲂、青鱼、鯮、鳡和鳜；土著鱼类5目7科20属21种，包括赤眼鳟、鳡、䱗、翘嘴鲌、尖头鲌、银鲴、寡鳞飘鱼、高体鳑鲏、华鳈、棒花鱼、极边扁咽齿鱼、多鳞白甲鱼、泥鳅、北方须鳅、达里湖高原鳅、大鳞副泥鳅、兰州鲇、黄黝鱼、波氏吻鰕虎鱼、九棘刺鱼和中华青鳉。

2. 区系生态类群

呼伦贝尔高原和乌兰察布高原湖泊沼泽群的鱼类区系成分中，均包括江河平原、北方平原、新近纪和热带平原区系生态类群；所占比例，呼伦贝尔高原江河平原（27.03%）、新近纪（21.62%）和热带平原（5.14%）区系生态类群均低于乌兰察布高原（分别为36.36%、33.33%及9.09%），只有北方平原区系生态类群高于乌兰察布高原（分别为35.14%及12.12%）。呼伦贝尔高原湖泊沼泽群的北方山地和北极淡水区系生态类群未见于乌兰察布高原；乌兰察布高原的北极海洋和中亚高山区系生态类群则未见于呼伦贝尔高原。

呼伦贝尔高原湖泊沼泽群的鱼类区系成分中，北方区系生态类群的物种数远多于乌兰察布高原（分别为17种和5种），所占比例也远高于后者（分别为45.95%和15.15%）。

另外，两湖泊沼泽群的土著鱼类物种数虽然基本一致（分别为37种和33种），但区系生态类群构成却存在一定差别。呼伦贝尔高原除了缺少中亚高山和北极海洋区系生态类群外，北方区系生态类群的物种数也多于乌兰察布高原（分别为14种和5种），所占比例前者也远高于后者（分别为37.50%和15.15%）。

3. 保护物种与濒危物种

呼伦贝尔高原湖泊沼泽群的中国易危种哲罗鲑，未见于乌兰察布高原；分布于乌兰察布高原湖泊沼泽群的陕西省地方重点保护水生野生动物鳡、翘嘴鲌及尖头鲌，甘肃省地方重点保护水生野生动物赤眼鳟、极边扁咽齿鱼及兰州鲇，以及同为陕西、甘肃两省地方重点保护水生野生动物的多鳞白甲鱼，则都是呼伦贝尔高原湖泊沼泽群所没有的。

4. 冷水种

两湖泊沼泽群的共有种为瓦氏雅罗鱼和北方花鳅。此外，呼伦贝尔高原湖泊沼泽群还有哲罗鲑、细鳞鲑、黑斑狗鱼、真鲂、拉氏鲂、拟赤梢鱼、黑龙江花鳅和江鳕；乌兰察布高原湖泊沼泽群所拥有的北方须鳅和九棘刺鱼未见于呼伦贝尔高原。

5. 群落关联性

两湖泊沼泽群鱼类群落的关联系数为0.271，显示关联性程度较低。

5.2.2.3 呼伦贝尔高原与巴彦淖尔—阿拉善—鄂尔多斯高原

1. 物种多样性

鱼类物种组成见 1.3.1、1.3.4。呼伦贝尔高原与巴彦淖尔—阿拉善—鄂尔多斯高原湖泊沼泽群的共有种为2目3科13属13种。其中，移入种1目1科4属4种，包括草鱼、团头鲂、鲢和鳙；土著鱼类2目3科9属9种，包括瓦氏雅罗鱼、鳊、红鳍原鲌、大鳍鱊、麦穗鱼、鲤、鲫、北方花鳅和鲇。

呼伦贝尔高原湖泊沼泽群的独有种为5目7科21属28种。其均为土著种，包括哲罗鲑、细鳞鲑、黑斑狗鱼、拟赤梢鱼、真鲂、湖鲂、拉氏鲂、贝氏䱗、蒙古䱗、蒙古鲌、黑龙江鳑鲏、花䱻、唇䱻、条纹似白𬶋、克氏𬶍、凌源𬶋、高体𬶋、犬首𬶋、细体𬶋、兴凯银𬶋、突吻𬶋、蛇𬶋、银鲫、黑龙江泥鳅、黑龙江花鳅、乌苏拟鲿、葛氏鲈塘鳢和江鳕。

巴彦淖尔—阿拉善—鄂尔多斯高原湖泊沼泽群独有种为6目10科27属34种。其中，移入种2目3科4属4种，包括池沼公鱼、大银鱼、鲂和青鱼；土著鱼类5目8科23属30种，包括马口鱼、极边扁咽齿鱼、多鳞白甲鱼、似𬶋、华𬶍、棒花鱼、高体鳑鲏、寡鳞飘鱼、䱗、赤眼鳟、尖头鲌、花斑裸鲤、大鳞副泥鳅、中华花鳅、泥鳅、北方须鳅、达里湖高原鳅、梭形高原鳅、酒泉高原鳅、东方高原鳅、河西叶尔羌高原鳅、重穗唇高原鳅、短尾高原鳅、粗壮高原鳅、黄颡鱼、兰州鲇、黄黝鱼、波氏吻鰕虎鱼、九棘刺鱼和中华青鳉。

2. 区系生态类群

呼伦贝尔高原和巴彦淖尔—阿拉善—鄂尔多斯高原湖泊沼泽群土著鱼类物种数基本相同（分别为37种和39种），均由6个区系生态类群的种类构成，且都包含了江河平原、北方平原、新近纪及热带平原区系生态类群的种类。但这些相同区系生态类群的种类所占比例略有差别。江河平原、新近纪和热带平原区系生态类群差别都不大，其中江河平原区系生态类群以呼伦贝尔高原相对较高，新近纪和热带平原区系生态类群均以巴彦淖尔—阿拉善—鄂尔多斯高原略高；北方平原区系生态类群为呼伦贝尔高原明显高于巴彦淖尔—阿拉善—鄂尔多斯高原。

呼伦贝尔高原湖泊沼泽群缺少北极海洋和中亚高山区系生态类群；呼伦贝尔高原湖泊沼泽群的北方山地和北极淡水区系生态类群，同样也是巴彦淖尔—阿拉善—鄂尔多斯高原乃至锡林郭勒高原和乌兰察布高原（如前文所述）所没有的物种。

自然分布于呼伦贝尔高原与巴彦淖尔—阿拉善—鄂尔多斯高原湖泊沼泽群的北方区系生态类群的物种数差异也较大，分别为 17 种和 6 种，所占比例前者显著高于后者（分别为 45.95%及 15.38%）。

3. 保护物种与濒危物种

分布于呼伦贝尔高原湖泊沼泽群的中国易危种哲罗鲑，未见于巴彦淖尔—阿拉善—鄂尔多斯高原；分布于巴彦淖尔—阿拉善—鄂尔多斯高原湖泊沼泽群的甘肃省地方重点保护水生野生动物花斑裸鲤、极边扁咽齿鱼及兰州鲇，陕西省地方重点保护水生野生动物尖头鲌，以及同为陕西、甘肃两省地方重点保护水生野生动物的多鳞白甲鱼，均未见于呼伦贝尔高原湖泊沼泽群。

4. 冷水种

瓦氏雅罗鱼和北方花鳅为两湖泊沼泽群的共有种。此外，呼伦贝尔高原湖泊沼泽群还有哲罗鲑、细鳞鲑、黑斑狗鱼、真鲹、拉氏鲹、拟赤梢鱼、黑龙江花鳅和江鳕；巴彦淖尔—阿拉善—鄂尔多斯高原湖泊沼泽群还有花斑裸鲤、北方须鳅和九棘刺鱼。分布于呼伦贝尔高原的冷水种（10 种）多于巴彦淖尔—阿拉善—鄂尔多斯高原（5 种），所占比例也明显高于后者（分别为 27.03%及 12.82%）。

5. 群落关联性

两湖泊沼泽群鱼类群落的关联系数为 0.173，显示关联性程度极低。

5.2.2.4　锡林郭勒高原与乌兰察布高原

1. 物种多样性

鱼类物种组成见 1.3.2、1.3.3。锡林郭勒高原与乌兰察布高原湖泊沼泽群的共有种为 2 目 3 科 15 属 15 种。其中，移入种 1 目 1 科 4 属 4 种，包括草鱼、团头鲂、鲢和鳙；土著鱼类 2 目 3 科 11 属 11 种，包括瓦氏雅罗鱼、红鳍原鲌、棒花鱼、麦穗鱼、鲫、鲤、泥鳅、北方须鳅、北方花鳅、达里湖高原鳅和九棘刺鱼。

锡林郭勒高原湖泊沼泽群的独有种为 1 目 2 科 6 属 9 种。其均为土著种，包括拉氏鲹、花江鲹、凌源鮈、高体鮈、似铜鮈、兴凯银鮈、北方泥鳅、北鳅和弓背须鳅。

乌兰察布高原湖泊沼泽群的独有种为 5 目 9 科 25 属 29 种。其中，移入种 3 目 4 科 7

属 7 种，包括池沼公鱼、大银鱼、鲂、青鱼、鯮、鳡和鳜；土著鱼类 4 目 6 科 18 属 22 种，包括赤眼鳟、鳡、餐、鳊、蒙古鲌、翘嘴鲌、尖头鲌、银鲴、寡鳞飘鱼、大鳍鱊、高体鳑鲏、黑龙江鳑鲏、花䱻、华鳈、极边扁咽齿鱼、多鳞白甲鱼、大鳞副泥鳅、鲇、兰州鲇、黄黝鱼、波氏吻虾虎鱼和中华青鳉。

2. 区系生态类群

锡林郭勒高原湖泊沼泽群的 5 个区系生态类群均见于乌兰察布高原；乌兰察布高原湖泊沼泽群的热带平原区系生态类群（黄黝鱼、中华青鳉和多鳞白甲鱼）未见于锡林郭勒高原。不同区系生态类群所占比例，江河平原、新近纪及中亚高山区系生态类群均以乌兰察布高原湖泊沼泽群相对较高；北方平原及北极海洋区系生态类群以锡林郭勒高原湖泊沼泽群相对较高，其中北方平原区系生态类群差距明显。北方区系生态类群所占比例，锡林郭勒高原湖泊沼泽群明显高于乌兰察布高原。

3. 保护物种与濒危物种

锡林郭勒高原湖泊沼泽群尚未发现此类物种。乌兰察布高原湖泊沼泽群分布有陕西省地方重点保护水生野生动物鳡、翘嘴鲌和尖头鲌，甘肃省地方重点保护水生野生动物赤眼鳟、极边扁咽齿鱼和兰州鲇，以及同为陕西、甘肃两省地方重点保护水生野生动物的多鳞白甲鱼。

4. 冷水种

乌兰察布高原湖泊沼泽群的 4 种冷水种（瓦氏雅罗鱼、北方花鳅、北方须鳅和九棘刺鱼），同时也是两湖泊沼泽群的共有种。此外，锡林郭勒高原湖泊沼泽群还有拉氏鲹和北鳅。

5. 群落关联性

两湖泊沼泽群鱼类群落的关联系数为 0.283，显示关联性程度较低。

5.2.2.5 锡林郭勒高原与巴彦淖尔—阿拉善—鄂尔多斯高原

1. 物种多样性

鱼类物种组成见 1.3.2、1.3.4。锡林郭勒高原与巴彦淖尔—阿拉善—鄂尔多斯高原湖泊沼泽群的共有种为 2 目 3 科 15 属 15 种。其中，移入种 1 目 1 科 4 属 4 种，包括草鱼、团头鲂、鲢和鳙；土著鱼类 2 目 3 科 11 属 11 种，包括瓦氏雅罗鱼、红鳍原鲌、棒花鱼、麦穗鱼、鲤、鲫、泥鳅、北方须鳅、北方花鳅、达里湖高原鳅和九棘刺鱼。

锡林郭勒高原湖泊沼泽群的独有种为 1 目 2 科 6 属 9 种。其均为土著种，包括拉氏鲹、花江鲹、凌源鮈、高体鮈、似铜鮈、兴凯银鮈、北方泥鳅、北鳅和弓背须鳅。

巴彦淖尔—阿拉善—鄂尔多斯高原湖泊沼泽群的独有种为 5 目 9 科 25 属 32 种。其中，移入种 2 目 3 科 4 属 4 种，包括鲂、青鱼、池沼公鱼和大银鱼；土著鱼类 4 目 7 科 21 属 28

种，包括马口鱼、极边扁咽齿鱼、多鳞白甲鱼、鳊、似鉤、华鳈、大鳍鱊、高体鳑鲏、寡鳞飘鱼、䱗、赤眼鳟、尖头鲌、花斑裸鲤、大鳞副泥鳅、中华花鳅、梭形高原鳅、酒泉高原鳅、东方高原鳅、河西叶尔羌高原鳅、重穗唇高原鳅、短尾高原鳅、粗壮高原鳅、黄颡鱼、鲇、兰州鲇、黄黝鱼、波氏吻鰕虎鱼和中华青鳉。

2. 区系生态类群

锡林郭勒高原湖泊沼泽群的 5 个区系生态类群也均见于巴彦淖尔—阿拉善—鄂尔多斯高原；巴彦淖尔—阿拉善—鄂尔多斯高原的热带平原区系生态类群（黄颡鱼、黄黝鱼、中华青鳉和多鳞白甲鱼）未见于锡林郭勒高原。不同区系生态类群的种类在两湖泊沼泽群中所占比例也有所不同，江河平原和中亚山地区系生态类群锡林郭勒高原均明显低于巴彦淖尔—阿拉善—鄂尔多斯高原；新近纪区系生态类群两湖泊沼泽群基本一致；北方平原和北极海洋区系生态类群锡林郭勒高原高于巴彦淖尔—阿拉善—鄂尔多斯高原，其中北方平原区系生态类群差距明显。北方区系生态类群的种类所占比例锡林郭勒高原显著高于巴彦淖尔—阿拉善—鄂尔多斯高原。

3. 保护物种与濒危物种

巴彦淖尔—阿拉善—鄂尔多斯高原湖泊沼泽群分布有陕西省地方重点保护水生野生动物尖头鲌，甘肃省地方重点保护水生野生动物花斑裸鲤、极边扁咽齿鱼及兰州鲇，以及陕西、甘肃两省地方重点保护水生野生动物多鳞白甲鱼。锡林郭勒高原湖泊沼泽群尚未发现此类物种。

4. 冷水种

瓦氏雅罗鱼、北方须鳅、北方花鳅和九棘刺鱼为两湖泊沼泽群的共有种。此外，巴彦淖尔—阿拉善—鄂尔多斯高原湖泊沼泽群还有花斑裸鲤，锡林郭勒高原还有拉氏鲅和北鳅。

5. 群落关联性

两湖泊沼泽群鱼类群落的关联系数为 0.268，显示关联性程度较低。

5.2.2.6 乌兰察布高原与巴彦淖尔—阿拉善—鄂尔多斯高原

1. 物种多样性

鱼类物种组成见 1.3.3、1.3.4。乌兰察布高原与巴彦淖尔—阿拉善—鄂尔多斯高原湖泊沼泽群的共有种为 6 目 10 科 33 属 35 种。其中，移入种 2 目 3 科 7 属 8 种，包括鲢、鳙、团头鲂、鲂、草鱼、青鱼、池沼公鱼和大银鱼；土著鱼类 5 目 7 科 26 属 27 种，包括瓦氏雅罗鱼、赤眼鳟、䱗、鳊、红鳍原鲌、尖头鲌、寡鳞飘鱼、大鳍鱊、高体鳑鲏、麦穗鱼、棒花鱼、鲫、鲤、极边扁咽齿鱼、多鳞白甲鱼、华鳈、泥鳅、北方须鳅、北方花鳅、达里湖高原鳅、大鳞副泥鳅、鲇、兰州鲇、黄黝鱼、波氏吻鰕虎鱼、九棘刺鱼和中华青鳉。

仅见于乌兰察布高原湖泊沼泽群的鱼类物种为2目2科8属9种。其中，移入种2目2科3属3种，包括鲸、鳍和鳜；土著鱼类1目1科5属6种，包括鳡、蒙古鲌、翘嘴鲌、银鮈、黑龙江鳑鲏和花䱻。

巴彦淖尔—阿拉善—鄂尔多斯高原湖泊沼泽群独有的鱼类物种为2目3科6属12种。其均为土著种，包括马口鱼、似鮈、花斑裸鲤、中华花鳅、梭形高原鳅、酒泉高原鳅、东方高原鳅、河西叶尔羌高原鳅、重穗唇高原鳅、短尾高原鳅、粗壮高原鳅和黄颡鱼。

2. 区系生态类群

乌兰察布高原和巴彦淖尔—阿拉善—鄂尔多斯高原湖泊沼泽群的鱼类物种数(分别有44种和47种）和土著种数（分别有33种和39种）都分别相近，区系生态类群构成也十分相似。两湖泊沼泽群均包括6个完全相同的区系生态类群，只是所占比例略有差异。江河平原区系生态类群中，两群落分别有12种及9种，所占比例前者略高（分别为36.36%及23.08%)；北方平原区系生态类群分别有4种及5种，所占比例基本一致(分别为12.12%及12.82%)；新近纪区系生态类群分别有11种及10种，所占比例前者略高(分别为33.33%及25.64%)；热带平原区系生态类群分别有3种及4种，后者只比前者多黄颡鱼，所占比例也相差不大（分别为9.09%及10.26%）；北极海洋区系生态类群均由九棘刺鱼构成，所占比例分别为3.03%及2.56%。

鱼类区系成分中，两湖泊沼泽群中中亚高山区系生态类群差别相对较大。乌兰察布高原湖泊沼泽群只由极边扁咽齿鱼和达里湖高原鳅构成；巴彦淖尔—阿拉善—鄂尔多斯高原湖泊沼泽群除了这两种鱼外，还包括花斑裸鲤、梭形高原鳅、酒泉高原鳅、东方高原鳅、河西叶尔羌高原鳅、重穗唇高原鳅、短尾高原鳅和粗壮高原鳅8种裂腹鱼亚科与高原鳅属的种类；所占比例后者也明显高于前者（分别为25.63%及6.06%)。

北方区系生态类群中，乌兰察布高原与巴彦淖尔—阿拉善—鄂尔多斯高原湖泊沼泽群分别包括5种及6种，所占比例分别为15.15%及15.38%，均相差不大。

3. 保护物种与濒危物种

两湖泊沼泽群均分布有陕西省地方重点保护水生野生动物尖头鲌，甘肃省地方重点保护水生野生动物极边扁咽齿鱼和兰州鲇，以及同为陕西、甘肃两省地方重点保护水生野生动物的多鳞白甲鱼。此外，乌兰察布高原湖泊沼泽群还有陕西省地方重点保护水生野生动物鳡、翘嘴鲌和甘肃省地方重点保护水生野生动物赤眼鳟及花斑裸鲤。

4. 冷水种

自然分布于乌兰察布高原和巴彦淖尔—阿拉善—鄂尔多斯高原湖泊沼泽群的冷水种分别有4种及5种，所占比例基本相同（分别为12.12%及12.82%)。乌兰察布高原湖泊沼泽群所分布的4种（瓦氏雅罗鱼、北方须鳅、北方花鳅和九棘刺鱼）同时还是两湖泊沼泽群的共有种；分布于巴彦淖尔—阿拉善—鄂尔多斯高原湖泊沼泽群的花斑裸鲤未见于乌兰察布高原湖泊沼泽群。

5. 群落关联性

两湖泊沼泽群鱼类群落的关联系数为 0.625，显示关联性程度较高。

5.2.3 东北平原与内蒙古高原

5.2.3.1 东北平原湖泊沼泽群鱼类多样性概况

本节所述的东北平原湖泊沼泽群包括松嫩平原、三江平原湖泊沼泽群。

1. 物种多样性

综合 1.1、1.2，得出东北平原湖泊沼泽群的鱼类物种为 5 目 14 科 48 属 70 种（表 5-9）。其中，移入种 3 目 4 科 8 属 8 种（青鱼、草鱼、鲢、鳙、团头鲂、大银鱼、斑鳜和梭鲈）；土著鱼类 5 目 12 科 41 属 62 种。土著种中，黑龙江茴鱼及怀头鲇为中国易危种；细鳞鲑、黑龙江茴鱼、亚洲公鱼、黑斑狗鱼、拉氏鲅、真鲅、瓦氏雅罗鱼、平口鮈、黑龙江花鳅及江鳕为冷水种，占 16.13%；扁体原鲌、达氏鲌、彩石鳑鲏、凌源鮈、东北颌须鮈、银鮈及黄黝鱼为中国特有种。

东北平原湖泊沼泽群有黑龙江省地方重点保护野生动物名录所列鱼类物种 4 目 9 科 39 属 52 种，包括细鳞鲑、黑龙江茴鱼、亚洲公鱼、黑斑狗鱼、赤眼鳟、鳊、鳘、贝氏鳘、红鳍原鲌、蒙古鲌、翘嘴鲌、银鲴、细鳞鲴、马口鱼、瓦氏雅罗鱼、大鳍鱊、兴凯鱊、黑龙江鳑鲏、花䱻、唇䱻、条纹似白鮈、棒花鱼、麦穗鱼、突吻鮈、蛇鮈、平口鮈、东北颌须鮈、鳡、拉氏鲅、花江鲅、真鲅、湖鲅、银鮈、兴凯银鮈、东北鳈、凌源鮈、犬首鮈、细体鮈、高体鮈、鲤、银鲫、黑龙江花鳅、黑龙江泥鳅、黄颡鱼、光泽黄颡鱼、乌苏拟鲿、怀头鲇、鲇、鳜、葛氏鲈塘鳢、乌鳢和江鳕。

2. 种类组成

东北平原湖泊沼泽群鱼类群落中，鲤形目 52 种、鲈形目 7 种，分别占 74.29%及 10%；鲑形目和鲇形目均 5 种，各占 7.14%；鳕形目 1 种，占 1.43%。科级分类单元中，鲤科 48 种、鳅科 4 种、鲿科 3 种，分别占 68.57%、5.71%及 4.29%；鲇科、鲑科、塘鳢科和鮨科均 2 种，各占 2.86%；银鱼科、胡瓜鱼科、狗鱼科、鲈科、斗鱼科、鳢科和鳕科均 1 种，各占 1.43%。

3. 区系生态类群

东北平原湖泊沼泽群的土著鱼类由 6 个区系生态类群构成。

1）新近纪区系生态类群：鲤、银鲫、赤眼鳟、黑龙江鳑鲏、彩石鳑鲏、大鳍鱊、兴凯鱊、麦穗鱼、黑龙江泥鳅、北方泥鳅、鲇和怀头鲇，占 19.35%。

2）江河平原区系生态类群：马口鱼、鳡、鳊、鳘、贝氏鳘、兴凯鳘、红鳍原鲌、扁体原鲌、蒙古鲌、翘嘴鲌、达氏鲌、兴凯鲌、银鲴、细鳞鲴、花䱻、唇䱻、棒花鱼、蛇鮈、银鮈、兴凯银鮈、东北鳈、克氏鳈、花斑副沙鳅和鳜，占 38.71%。

3）北方平原区系生态类群：黑斑狗鱼、瓦氏雅罗鱼、湖鲅、拉氏鲅、花江鲅、凌源鮈、犬首鮈、细体鮈、高体鮈、突吻鮈、条纹似白鮈、平口鮈、东北颌须鮈和黑龙江花鳅，占22.58%。

4）北方山地区系生态类群：细鳞鲑、黑龙江茴鱼和真鲅，占4.84%。

5）热带平原区系生态类群：圆尾斗鱼、葛氏鲈塘鳢、黄黝鱼、乌鳢、乌苏拟鲿、黄颡鱼和光泽黄颡鱼，占11.29%。

6）北极淡水区系生态类群：江鳕和亚洲公鱼，占3.23%。

以上北方区系生态类群19种，占30.65%。

表5-9 东北平原湖泊沼泽群鱼类物种组成、分布及出现率

种类	分布	出现率/%
一、鲤形目 Cypriniformes		
（一）鲤科 Cyprinidae		
1. 马口鱼 *Opsariichthys bidens**	（34）	0.61
2. 青鱼 *Mylopharyngodon piceus*▲	（2）（4）（8）（12）～（14）（39）～（42）（44）～（46）（51）（54）	6.95
3. 草鱼 *Ctenopharyngodon idella*▲	（2）（4）（8）（12）～（18）（20）（21）（24）（27）～（29）（33）（34）（39）～（58）	22.25
4. 真鲅 *Phoxinus phoxinus**	（9）（46）（58）	1.67
5. 湖鲅 *Phoxinus percnurus**	（11）～（16）（31）（41）（47）（53）（55）	5.67
6. 拉氏鲅 *Phoxinus lagowskii**	（3）（7）～（12）（16）～（18）（20）（24）（30）（41）（42）（52）（55）	6.69
7. 花江鲅 *Phoxinus czekanowskii**	（14）	0.52
8. 瓦氏雅罗鱼 *Leuciscus waleckii waleckii**	（12）（15）（20）（31）	10.88
9. 赤眼鳟 *Squaliobarbus curriculus**	（31）	0.52
10. 鳡 *Elopichthys bambusa**	（45）	0.33
11. 䱗 *Hemiculter leucisculus**	（2）（8）（10）～（17）（20）（24）～（26）（28）～（31）（34）（39）～（58）	17.37
12. 贝氏䱗 *Hemiculter bleekeri**	（44）（53）	0.67
13. 兴凯䱗 *Hemiculter lucidus lucidus*	（32）～（34）	9.85
14. 红鳍原鲌 *Cultrichthys erythropterus**	（2）（8）（10）（12）（15）（17）（18）（20）（24）（28）（29）（31）（32）（34）（40）（42）（45）～（48）（51）（53）（56）～（58）	26.00
15. 扁体原鲌 *Cultrichthys compressocorpus*	（34）	1.04
16. 达氏鲌 *Culter dabryi*	（12）	0.52
17. 翘嘴鲌 *Culter alburnus**	（14）（20）（24）（31）～（33）（45）（51）（54）（55）	9.06
18. 蒙古鲌 *Culter mongolicus mongolicus**	（8）（12）（31）（32）（45）（46）（58）	5.67
19. 兴凯鲌 *Culter dabryi shinkainensis*	（32）（33）	8.29
20. 鳊 *Parabramis pekinensis**	（2）（4）（13）～（15）（17）（20）（27）（42）（46）（54）	6.67
21. 团头鲂 *Megalobrama amblycephala*▲	（4）（8）（10）（12）～（14）（17）（20）（24）（27）～（29）（39）～（48）（49）（51）（54）～（56）（58）	14.33
22. 银鲴 *Xenocypris argentea**	（15）（20）（31）～（34）（40）（44）（53）	4.67
23. 细鳞鲴 *Xenocypris microleps**	（31）	1.04
24. 大鳍鱊 *Acheilognathus macropterus**	（10）～（13）（16）（24）（29）（30）（39）（41）（42）（48）（51）（52）（55）（56）（58）	10.00
25. 兴凯鱊 *Acheilognathus chankaensis**	（34）	1.56

续表

种类	分布	出现率/%
26. 黑龙江鳑鲏 *Rhodeus sericeus**	（9）（12）（15）（20）（30）（31）（39）（40）（44）（46）（47）	7.33
27. 彩石鳑鲏 *Rhodeus lighti*	（41）（48）（52）（55）（56）（58）	2.00
28. 花䱻 *Hemibarbus maculatus**	（8）（12）（20）（32）～（34）（44）（45）（48）	5.34
29. 唇䱻 *Hemibarbus laboe**	（8）（15）（31）（32）	4.67
30. 条纹似白鮈 *Paraleucogobio strigatus**	（8）	3.63
31. 麦穗鱼 *Pseudorasbora parva**	（2）（4）～（8）（10）～（18）（20）（21）（24）～（26）（28）（29）（31）（33）（34）（39）～（58）	91.33
32. 平口鮈 *Ladislavia taczanowskii**	（10）（29）（45）（51）～（53）（58）	4.00
33. 东北鳈 *Sarcocheilichthys lacustris**	（1）～（3）（5）（8）（11）（13）（15）（16）（18）（31）（39）（41）（56）（58）	6.67
34. 克氏鳈 *Sarcocheilichthys czerskii*	（6）（22）（24）（40）（58）	5.00
35. 凌源鮈 *Gobio lingyuanensis**	（39）～（41）（44）（47）（48）（51）～（53）（55）（56）（58）	4.33
36. 犬首鮈 *Gobio cynocephalus**	（13）（14）（30）（39）～（41）（44）（47）（48）（51）～（53）（55）（56）（58）	5.65
37. 高体鮈 *Gobio saldatovi**	（35）	0.52
38. 细体鮈 *Gobio tenuicorpus**	（14）	0.52
39. 棒花鱼 *Abbottina rivularis**	（10）～（12）（16）～（18）（24）（29）（30）（33）（34）（41）（42）（44）（46）～（48）（51）（52）（56）（58）	11.91
40. 东北颌须鮈 *Gnathopogon mantschuricus**	（6）（14）（17）	3.63
41. 银鮈 *Squalidus argentatus**	（6）（31）	1.56
42. 兴凯银鮈 *Squalidus chankaensis**	（17）	0.52
43. 突吻鮈 *Rostrogobio amurensis**	（18）	0.52
44. 蛇鮈 *Saurogobio dabryi**	（8）（12）（15）（31）（32）（40）（44）（47）（58）	7.00
45. 鲤 *Cyprinus carpio**	（2）（4）（6）（8）（10）（12）～（18）（20）～（22）（24）（27）～（34）（39）～（58）	49.99
46. 银鲫 *Carassius auratus gibelio**	（1）～（34）（39）～（58）	99.69
47. 鳙 *Aristichthys nobilis*▲	（2）（4）（8）（10）（12）～（14）（21）（27）～（34）（39）～（58）	31.61
48. 鲢 *Hypophthalmichthys molitrix*▲	（2）（4）（8）（10）（12）～（15）（17）（18）（20）（21）（24）（27）～（29）（31）～（33）（39）～（58）	37.82
（二）鳅科 Cobitidae		
49. 黑龙江泥鳅 *Misgurnus mohoity**	（1）～（8）（11）～（20）（22）～（26）（30）（34）（41）（43）（44）（47）（49）（52）（58）	31.33
50. 北方泥鳅 *Misgurnus bipartitus*	（17）（41）（43）（48）（49）（52）	2.00
51. 黑龙江花鳅 *Cobitis lutheri**	（2）（5）（6）（8）～（17）（22）（23）（30）（31）（34）（39）（44）	22.33
52. 花斑副沙鳅 *Parabotia fasciata*	（2）（6）（17）（18）（30）（40）（44）	5.00
二、鲇形目 Siluriformes		
（三）鲿科 Bagridae		
53. 黄颡鱼 *Pelteobagrus fulvidraco**	（2）（6）（8）（9）（12）～（16）（18）（24）～（26）（30）～（34）（39）～（49）（51）～（55）（58）	22.00
54. 光泽黄颡鱼 *Pelteobagrus nitidus**	（32）	0.52
55. 乌苏拟鲿 *Pseudobagrus ussuriensis**	（32）～（34）	2.56

续表

种类	分布	出现率/%
（四）鲇科 Siluridae		
56. 鲇 *Silurus asotus**	(2)(4)(6)(8)(12)～(15)(17)(18)(20)(24)(26)(28)～(32)(34)(39)～(49)(51)～(55)(58)	24.67
57. 怀头鲇 *Silurus soldatovi**	(41)(45)(58)	1.00
三、鲑形目 Salmoniformes		
（五）银鱼科 Salangidae		
58. 大银鱼 *Protosalanx hyalocranius*▲	(32)～(34)(56)(58)	4.67
（六）胡瓜鱼科 Osmeridae		
59. 亚洲公鱼 *Hypomesus transpacificus nipponensis**	(15)	0.52
（七）鲑科 Salmonidae		
60. 细鳞鲑 *Brachymystax lenok**	(31)	0.52
61. 黑龙江茴鱼 *Thymallus arcticus**	(31)	0.52
（八）狗鱼科 Esocidae		
62. 黑斑狗鱼 *Esox reicherti**	(8)(12)(15)(20)(31)(33)(34)	5.70
四、鳕形目 Gadiformes		
（九）鳕科 Gadidae		
63. 江鳕 *Lota lota**	(31)(32)(34)	2.56
五、鲈形目 Perciformes		
（十）鮨科 Serranidae		
64. 鳜 *Siniperca chuatsi**	(13)(27)(41)(43)(54)	2.00
65. 斑鳜 *Siniperca scherzeri*▲	(39)	0.33
（十一）鲈科 Percidae		
66. 梭鲈 *Lucioperca lucioperca*▲	(32)	0.52
（十二）塘鳢科 Eleotridae		
67. 葛氏鲈塘鳢 *Perccottus glehni**	(1)～(7)(9)～(13)(15)～(17)(21)～(23)(27)(31)(34)(39)～(56)(58)	30.66
68. 黄黝鱼 *Hypseleotris swinhonis*	(10)(44)(50)(51)(56)(58)	2.34
（十三）斗鱼科 Belontiidae		
69. 圆尾斗鱼 *Macropodus chinensis*	(45)	0.33
（十四）鳢科 Channidae		
70. 乌鳢 *Channa argus**	(8)(14)(15)(17)(24)(27)(29)(31)(33)(34)(39)～(43)(46)～(48)(51)(52)(54)	9.85

注：*代表黑龙江省地方重点保护野生动物名录所列物种。“分布”栏目中括号内数字代表湖泊编号（参见 1.1、1.2）

5.2.3.2 内蒙古高原湖泊沼泽群鱼类多样性概况

1. 物种多样性

综合 1.3，得出内蒙古高原湖泊沼泽群的鱼类物种为 7 目 14 科 57 属 86 种（表 5-10）。其中，移入种 3 目 4 科 10 属 11 种（池沼公鱼、大银鱼、青鱼、草鱼、鯮、鳡、鲂、团头鲂、鲢、鳙和鳜）；土著鱼类 7 目 11 科 47 属 75 种。乌梁素海、哈素海的红鳍原鲌为移入种，查干淖尔、岱海、居延海水系、红碱淖、呼伦湖及乌兰泡的红鳍原鲌为土著种；达里湖、红碱淖的鲤为移入种，其他湖泊的鲤为土著种。

内蒙古高原湖泊沼泽群的土著鱼类中，包括中国易危种哲罗鲑，陕西省地方重点保护水生野生动物鳡、翘嘴鲌和尖头鲌，甘肃省地方重点保护水生野生动物赤眼鳟、极边扁咽齿鱼、花斑裸鲤和兰州鲇，以及同为陕西、甘肃两省地方重点保护水生野生动物的多鳞白甲鱼，冷水种哲罗鲑、细鳞鲑、黑斑狗鱼、真鲅、拉氏鲅、瓦氏雅罗鱼、拟赤梢鱼、花斑裸鲤、北鳅、北方须鳅、北方花鳅、黑龙江花鳅、江鳕和九棘刺鱼（占 18.67%）。

表 5-10 内蒙古高原湖泊沼泽群鱼类物种组成

种类	a	b	c	d	e	f	g	h	i	j
一、鲑形目 Salmoniformes										
（一）鲑科 Salmonidae										
1. 哲罗鲑 *Hucho taimen*								+		
2. 细鳞鲑 *Brachymystax lenok*								+		
（二）胡瓜鱼科 Osmeridae										
3. 池沼公鱼 *Hypomesus olidus* ▲			+			+				
（三）银鱼科 Salangidae										
4. 大银鱼 *Protosalanx hyalocranius* ▲			+				+			
（四）狗鱼科 Esocidae										
5. 黑斑狗鱼 *Esox reicherti*								+	+	
二、鲤形目 Cypriniformes										
（五）鲤科 Cyprinidae										
6. 马口鱼 *Opsariichthys bidens*						+	+			
7. 瓦氏雅罗鱼 *Leuciscus waleckii waleckii*	+	+	+	+	+	+	+	+	+	
8. 青鱼 *Mylopharyngodon piceus* ▲				+	+		+			
9. 草鱼 *Ctenopharyngodon idella* ▲	+	+	+	+	+	+	+	+		
10. 赤眼鳟 *Squaliobarbus curriculus*				+	+					
11. 拟赤梢鱼 *Pseudaspius leptocephalus*								+		
12. 鯮 *Luciobrama macrocephalus* ▲			+							
13. 鳤 *Ochetobius elongatus* ▲			+							
14. 鳡 *Elopichthys bambusa*			+							
15. 真鲅 *Phoxinus phoxinus*									+	
16. 湖鲅 *Phoxinus percnurus*									+	
17. 拉氏鲅 *Phoxinus lagowskii*	+							+	+	
18. 花江鲅 *Phoxinus czekanowskii*	+									
19. 𩷶 *Hemiculter leucisculus*			+	+	+	+	+			
20. 贝氏𩷶 *Hemiculter bleekeri*								+		
21. 蒙古𩷶 *Hemiculter lucidus warpachowsky*								+		+
22. 鳊 *Parabramis pekinensis*			+	+	+		+	+		
23. 鲂 *Megalobrama skolkovii* ▲				+	+		+			

续表

种类	a	b	c	d	e	f	g	h	i	j
24. 团头鲂 *Megalobrama amblycephala* ▲		+		+	+		+	+		
25. 红鳍原鲌 *Cultrichthys erythropterus*		+	+	▲	▲	+	+	+		+
26. 蒙古鲌 *Culter mongolicus mongolicus*			+					+		+
27. 翘嘴鲌 *Culter alburnus*			+							
28. 尖头鲌 *Culter oxycephalus*			+		+		+			
29. 寡鳞飘鱼 *Pseudolaubuca engraulis*				+	+					
30. 银鲴 *Xenocypris argentea*			+							
31. 黑龙江鳑鲏 *Rhodeus sericeus*			+					+		
32. 高体鳑鲏 *Rhodeus ocellatus*				+	+					
33. 大鳍鱊 *Acheilognathus macropterus*				+	+			+	+	
34. 花䱻 *Hemibarbus maculatus*			+					+		
35. 唇䱻 *Hemibarbus laboe*								+	+	
36. 条纹似白鮈 *Paraleucogobio strigatus*								+	+	
37. 棒花鱼 *Abbottina rivularis*	+			+	+	+				
38. 麦穗鱼 *Pseudorasbora parva*	+	+	+	+	+	+	+	+	+	
39. 华鳈 *Sarcocheilichthys sinensis*				+	+		+			
40. 克氏鳈 *Sarcocheilichthys czerskii*								+	+	
41. 似鮈 *Pseudogobio vaillanti*				+						
42. 凌源鮈 *Gobio lingyuanensis*	+								+	
43. 高体鮈 *Gobio soldatovi*	+							+		
44. 犬首鮈 *Gobio cynocephalus*								+		
45. 细体鮈 *Gobio tenuicorpus*								+		
46. 似铜鮈 *Gobio coriparoides*	+									
47. 兴凯银鮈 *Squalidus chankaensis*	+							+		
48. 突吻鮈 *Rostrogobio amurensis*								+		
49. 蛇鮈 *Saurogobio dabryi*								+		
50. 鲤 *Cyprinus carpio*	▲	+	+	+	+	+	▲	+	+	+
51. 鲫 *Carassius auratus*	+	+	+	+	+	+	+	+		
52. 银鲫 *Carassius auratus gibelio*								+	+	+
53. 鲢 *Hypophthalmichthys molitrix* ▲	+	+		+	+	+	+	+		
54. 鳙 *Aristichthys nobilis* ▲	+	+	+	+	+	+	+	+		
55. 多鳞白甲鱼 *Onychostoma macrolepis*				+	+					
56. 极边扁咽齿鱼 *Platypharodon extremus*				+	+					
57. 花斑裸鲤 *Gymnocypris eckloni*						+				
（六）鳅科 Cobitidae										
58. 泥鳅 *Misgurnus anguillicaudatus*	+	+	+	+	+	+	+			
59. 北方泥鳅 *Misgurnus bipartitus*	+									
60. 黑龙江泥鳅 *Misgurnus mohoity*								+		
61. 北鳅 *Lefua costata*	+									
62. 北方须鳅 *Barbatula barbatula nuda*	+			+	+					

续表

种类	a	b	c	d	e	f	g	h	i	j
63. 弓背须鳅 *Barbatula gibba*	+									
64. 北方花鳅 *Cobitis granoci*	+	+		+	+			+		
65. 黑龙江花鳅 *Cobitis lutheri*								+	+	+
66. 中华花鳅 *Cobitis sinensis*							+			
67. 达里湖高原鳅 *Triplophysa dalaica*	+		+	+	+		+			
68. 梭形高原鳅 *Triplophysa leptosoma*						+				
69. 酒泉高原鳅 *Triplophysa hsutschouensis*						+				
70. 东方高原鳅 *Triplophysa orientalis*						+				
71. 河西叶尔羌高原鳅 *Triplophysa yarkandensis*						+				
72. 重穗唇高原鳅 *Triplophysa papillososlabiata*						+				
73. 短尾高原鳅 *Triplophysa brevicauda*						+				
74. 粗壮高原鳅 *Triplophysa robusta*							+			
75. 大鳞副泥鳅 *Paramisgurnus dabryanus*				+	+					
三、鲇形目 Siluriformes										
（七）鲿科 Bagridae										
76. 黄颡鱼 *Pelteobagrus fulvidraco*				+						
77. 乌苏拟鲿 *Pseudobagrus ussuriensis*								+		
（八）鲇科 Siluridae										
78. 鲇 *Silurus asotus*				+	+			+	+	+
79. 兰州鲇 *Silurus lanzhouensis*				+	+					
四、鲈形目 Perciformes										
（九）鮨科 Serranidae										
80. 鳜 *Siniperca chuatsi*▲			+							
（十）塘鳢科 Eleotridae										
81. 葛氏鲈塘鳢 *Perccottus glehni*								+	+	
82. 黄黝鱼 *Hypseleotris swinhonis*				+	+	+				
（十一）鰕虎鱼科 Gobiidae										
83. 波氏吻鰕虎鱼 *Rhinogobius cliffordpopei*				+	+	+	+			
五、刺鱼目 Gasterosteiformes										
（十二）刺鱼科 Gasterosteidae										
84. 九棘刺鱼 *Pungitius pungitius*	+	+		+	+					
六、鳉形目 Cyprinodontiformes										
（十三）青鳉科 Oryziatidae										
85. 中华青鳉 *Oryzias latipes sinensis*				+	+					
七、鳕形目 Gadiformes										
（十四）鳕科 Gadidae										
86. 江鳕 *Lota lota*								+		

注：a. 达里湖，b. 查干淖尔，c. 岱海，d. 乌梁素海，e. 哈素海，f. 居延海水系，g. 红碱淖，h. 呼伦湖，i. 贝尔湖，j. 乌兰泡

2. 种类组成

内蒙古高原湖泊沼泽群鱼类群落中，鲤形目 70 种、鲑形目 5 种，分别占 81.40%及 5.81%；鲇形目和鲈形目均 4 种，各占 4.65%；刺鱼目、鲉形目和鳕形目均 1 种，各占 1.16%。科级分类单元中，鲤科 52 种、鳅科 18 种，分别占 60.47%及 20.93%；鲑科、鲿科、鲇科、塘鳢科均 2 种，各占 2.33%；胡瓜鱼科、银鱼科、狗鱼科、鮨科、鰕虎鱼科、刺鱼科、青鳉科和鳕科均 1 种，各占 1.16%。

3. 区系生态类群

内蒙古高原湖泊沼泽群的土著鱼类群落由 8 个区系生态类群构成。

1）江河平原区系生态类群：鳡、马口鱼、䱗、蒙古䱗、贝氏䱗、鳊、红鳍原鲌、翘嘴鲌、蒙古鲌、尖头鲌、寡鳞飘鱼、银鲴、唇䱻、花䱻、棒花鱼、华鳈、克氏鳈、蛇鮈、似鮈和兴凯银鮈，占 26.67%。

2）北方平原区系生态类群：瓦氏雅罗鱼、拟赤梢鱼、湖鲂、拉氏鲂、花江鲂、凌源鮈、高体鮈、犬首鮈、细体鮈、似铜鮈、条纹似白鮈、突吻鮈、北鳅、北方须鳅、弓背须鳅、北方花鳅、中华花鳅、黑龙江花鳅、黑斑狗鱼和波氏吻鰕虎鱼，占 26.67%。

3）新近纪区系生态类群：鲤、鲫、银鲫、麦穗鱼、赤眼鳟、黑龙江鳑鲏、高体鳑鲏、大鳍鱊、泥鳅、北方泥鳅、黑龙江泥鳅、大鳞副泥鳅、鲇和兰州鲇，占 18.67%。

4）北方山地区系生态类群：哲罗鲑、细鳞鲑和真鲂，占 4%。

5）热带平原区系生态类群：黄颡鱼、乌苏拟鲿、黄黝鱼、葛氏鲈塘鳢、中华青鳉和多鳞白甲鱼，占 8%。

6）北极淡水区系生态类群：江鳕，占 1.33%。

7）北极海洋区系生态类群：九棘刺鱼，占 1.33%。

8）中亚高山区系生态类群：极边扁咽齿鱼、花斑裸鲤、达里湖高原鳅、梭形高原鳅、酒泉高原鳅、东方高原鳅、河西叶尔羌高原鳅、重穗唇高原鳅、短尾高原鳅和粗壮高原鳅，占 13.33%。

以上北方区系生态类群 25 种，占 33.33%。

5.2.3.3 湖泊沼泽群鱼类多样性比较

1. 物种多样性

东北平原与内蒙古高原湖泊沼泽群鱼类群落的共有种为 5 目 9 科 40 属 50 种。其中，移入种 2 目 2 科 6 属 6 种，包括大银鱼、青鱼、草鱼、团头鲂、鲢和鳙；土著鱼类 5 目 8 科 34 属 44 种，包括细鳞鲑、黑斑狗鱼、马口鱼、瓦氏雅罗鱼、鳡、真鲂、湖鲂、拉氏鲂、花江鲂、赤眼鳟、鳊、䱗、贝氏䱗、红鳍原鲌、翘嘴鲌、蒙古鲌、银鲴、大鳍鱊、黑龙江鳑鲏、唇䱻、花䱻、条纹似白鮈、棒花鱼、麦穗鱼、突吻鮈、蛇鮈、兴凯银鮈、克氏鳈、凌源鮈、犬首鮈、高体鮈、细体鮈、鲤、银鲫、黑龙江花鳅、黑龙江泥鳅、北方泥鳅、黄颡鱼、乌苏拟鲿、鲇、鳜、葛氏鲈塘鳢、黄黝鱼和江鳕。内蒙古高原湖泊沼泽群的鳜为移入种。

东北平原湖泊沼泽群的独有种为 4 目 9 科 19 属 20 种。其中，移入种 1 目 2 科 2 属 2 种，包括斑鳜和梭鲈；土著鱼类 4 目 7 科 17 属 18 种，包括黑龙江茴鱼、亚洲公鱼、兴凯䱗、扁体原鲌、达氏鲌、兴凯鲌、细鳞鲴、兴凯鱊、彩石鳑鲏、平口鮈、东北颌须鮈、银鮈、东北鳈、花斑副沙鳅、光泽黄颡鱼、怀头鲇、圆尾斗鱼和乌鳢。

内蒙古高原湖泊沼泽群的独有种为 5 目 8 科 28 属 36 种。其中，移入种 2 目 2 科 4 属 4 种，包括池沼公鱼、鯮、鳡和鲂；土著鱼类 5 目 7 科 24 属 32 种，包括哲罗鲑、拟赤梢鱼、蒙古䱗、尖头鲌、寡鳞飘鱼、高体鳑鲏、华鳈、似鮈、似铜鮈、鲫、多鳞白甲鱼、极边扁咽齿鱼、花斑裸鲤、北鳅、北方须鳅、弓背须鳅、北方花鳅、中华花鳅、泥鳅、达里湖高原鳅、粗壮高原鳅、梭形高原鳅、酒泉高原鳅、东方高原鳅、河西叶尔羌高原鳅、重穗唇高原鳅、短尾高原鳅、大鳞副泥鳅、兰州鲇、波氏吻虾虎鱼、中华青鳉和九棘刺鱼。

2. 区系生态类群

东北平原与内蒙古高原湖泊沼泽群的鱼类区系成分中，均包括江河平原、北方平原、新近纪、北方山地、热带平原和北极淡水区系生态类群。除此之外，内蒙古高原还有北极淡水和中亚高山区系生态类群的种类。

1）江河平原区系生态类群：马口鱼、鳡、鳊、䱗、贝氏䱗、兴凯䱗、红鳍原鲌、翘嘴鲌、蒙古鲌、银鲴、唇䱻、花䱻、棒花鱼、蛇鮈和兴凯银鮈为共有种。此外，东北平原湖泊沼泽群还有扁体原鲌、达氏鲌、兴凯鲌、细鳞鲴、银鮈、东北鳈、克氏鳈、花斑副沙鳅和鳜；内蒙古高原湖泊沼泽群还有尖头鲌、寡鳞飘鱼、华鳈、克氏鳈和似鮈。所占比例以东北平原相对较高（分别为 38.71%及 26.67%）。类群群落关联系数为 0.517，显示关联性程度较高。

2）北方平原区系生态类群：黑斑狗鱼、瓦氏雅罗鱼、湖鳄、拉氏鳄、花江鳄、凌源鮈、犬首鮈、细体鮈、高体鮈、突吻鮈、条纹似白鮈和黑龙江花鳅为共有种。此外，东北平原湖泊沼泽群还有平口鮈和东北颌须鮈；内蒙古高原湖泊沼泽群还有拟赤梢鱼、似铜鮈、北鳅、北方须鳅、弓背须鳅、北方花鳅、中华花鳅和波氏吻虾虎鱼。所占比例相差不大，内蒙古高原相对略高（分别为 26.67%及 22.58%）。类群群落关联系数为 0.545，显示关联性程度较高。

3）新近纪区系生态类群：鲤、银鲫、赤眼鳟、黑龙江鳑鲏、大鳍鱊、麦穗鱼、黑龙江泥鳅、北方泥鳅和鲇为共有种。此外，东北平原湖泊沼泽群还有彩石鳑鲏、兴凯鱊和怀头鲇；内蒙古高原湖泊沼泽群还有鲫、高体鳑鲏、泥鳅、大鳞副泥鳅和兰州鲇。所占比例以东北平原略高（分别为 19.35%及 18.67%）。类群群落关联系数为 0.529，显示关联性程度较高。

4）北方山地区系生态类群：均由 3 种鱼类构成，其中细鳞鲑和真鳄为共有种。此外，东北平原湖泊沼泽群还有黑龙江茴鱼；内蒙古高原湖泊沼泽群还有哲罗鲑。所占比例以东北平原略高（分别为 4.84%及 4%）。类群群落关联系数为 0.5，显示关联性程度较低。

5）热带平原区系生态类群：葛氏鲈塘鳢、黄黝鱼、乌苏拟鲿和黄颡鱼为共有种。此外，东北平原湖泊沼泽群还有圆尾斗鱼、乌鳢和光泽黄颡鱼；内蒙古高原湖泊沼泽群还有中华青鳉和多鳞白甲鱼。所占比例以东北平原略高（分别为 11.29%及 8%）。类群群落关联系数为 0.444，显示关联性程度较低。

6）北极淡水区系生态类群：东北平原湖泊沼泽群由江鳕和亚洲公鱼构成；内蒙古高

原湖泊沼泽群只有江鳕。所占比例以东北平原略高（分别为 3.23%及 1.33%）。类群群落关联系数为 0.5，显示关联性程度较低。

内蒙古高原湖泊沼泽群还有北极海洋（九棘刺鱼）和中亚高山区系成分，这是东北平原湖泊沼泽群所没有的。北方区系生态类群中，内蒙古高原湖泊沼泽群的物种数多于东北平原（分别为 25 种和 19 种），所占比例也略高于东北平原（分别为 33.33%及 30.65%）。

3. 保护物种与濒危物种

东北平原与内蒙古高原湖泊沼泽群无共有种。东北平原湖泊沼泽群包括中国易危种黑龙江茴鱼和怀头鲇，内蒙古高原湖泊沼泽群只有中国易危种哲罗鲑。

东北平原与内蒙古高原湖泊沼泽群均分布有黑龙江省、陕西省和甘肃省地方重点保护水生野生动物鳡、翘嘴鲌和赤眼鳟。东北平原湖泊沼泽群还有黑龙江省地方重点保护野生动物名录所列鱼类物种细鳞鲑、黑龙江茴鱼、花江鱥、鳊、鳘、贝氏鳘、红鳍原鲌、蒙古鲌、银鲴、细鳞鲴、亚洲公鱼、黑斑狗鱼、马口鱼、瓦氏雅罗鱼、青鱼、大鳍鱊、兴凯鱊、黑龙江鳑鲏、花䱻、唇䱻、条纹似白鮈、棒花鱼、麦穗鱼、突吻鮈、蛇鮈、平口鮈、东北颌须鮈、草鱼、拉氏鱥、真鱥、湖鱥、银鮈、兴凯银鮈、东北鳈、凌源鮈、犬首鮈、细体鮈、高体鮈、鲤、银鲫、黑龙江花鳅、黑龙江泥鳅、黄颡鱼、葛氏鲈塘鳢、乌鳢、光泽黄颡鱼、乌苏拟鲿、怀头鲇、鲇、鳜和江鳕；内蒙古高原湖泊沼泽群还有陕西省地方重点保护水生野生动物尖头鲌，甘肃省地方重点保护水生野生动物极边扁咽齿鱼、花斑裸鲤和兰州鲇，以及同为陕西、甘肃两省地方重点保护水生野生动物的多鳞白甲鱼。

4. 冷水种

细鳞鲑、黑斑狗鱼、拉氏鱥、真鱥、瓦氏雅罗鱼、黑龙江花鳅和江鳕为共有种。此外，东北平原湖泊沼泽群还有黑龙江茴鱼、亚洲公鱼和平口鮈；内蒙古高原湖泊沼泽群还有哲罗鲑、拟赤梢鱼、花斑裸鲤、北鳅、北方须鳅、北方花鳅和九棘刺鱼。所占比例以内蒙古高原相对略高（分别为 18.67%及 16.13%）。类群群落关联系数为 0.412，显示关联性程度较低。

5. 群落关联性

东北平原与内蒙古高原湖泊沼泽群鱼类群落关联系数为 0.472，显示关联性程度较低。

5.3 湖泊沼泽群与河流水系

5.3.1 松嫩平原与松花江—嫩江河流水系

5.3.1.1 松花江—嫩江河流水系鱼类多样性概况

1. 物种多样性

综合文献[19]、[130]、[141]及[201]，得出松花江—嫩江河流水系的鱼类物种为 10 目 20 科 70 属 102 种（表 5-11）。其中，移入种 3 目 4 科 8 属 8 种（虹鳟、大银鱼、太湖新银鱼、湖拟鲤、团头鲂、似鳊、鳙和梭鲈）；土著鱼类 10 目 18 科 62 属 94 种。土著种中，雷氏七鳃鳗、日本七鳃鳗、大麻哈鱼、哲罗鲑、细鳞鲑、乌苏里白鲑、黑龙江茴鱼、2 种公鱼、黑斑狗鱼、真鲅、拉氏鲅、瓦氏雅罗鱼、拟赤梢鱼、平口鮈、北鳅、北方须鳅、2 种花鳅、江鳕、九棘刺鱼和 2 种杜父鱼为冷水种，占 24.47%；雷氏七鳃鳗、日本七鳃鳗、施氏鲟、鳇、哲罗鲑、乌苏里白鲑、黑龙江茴鱼和怀头鲇为中国易危种；扁体原鲌、达氏鲌、彩石鳑鲏、方氏鳑鲏、凌源鮈、东北颌须鮈、银鮈、辽宁棒花鱼、拉林棒花鱼、黄黝鱼和波氏吻鰕虎鱼为中国特有种。施氏鲟和鳇还被列入世界自然保护联盟（International Union for Conservation of Nature，IUCN）的濒危物种《红皮书》（1996）和《国际濒危物种贸易公约》（CITES）附录Ⅱ（1997）的濒危物种。

表 5-11　松嫩湖泊沼泽群与松花江—嫩江河流水系鱼类物种组成

种类	a	b	种类	a	b
一、七鳃鳗目 Petromyzoniformes			（七）鲤科 Cyprinidae		
（一）七鳃鳗科 Petromyzonidae			18. 马口鱼 *Opsariichthys bidens*	+	
1. 雷氏七鳃鳗 *Lampetra reissneri*	+		19. 中华细鲫 *Aphyocypris chinensis*	+	
2. 东北七鳃鳗 *Lampetra morii*	+		20. 瓦氏雅罗鱼 *Leuciscus waleckii waleckii*	+	+
3. 日本七鳃鳗 *Lampetra japonica*	+		21. 拟赤梢鱼 *Pseudaspius leptocephalus*	+	
二、鲟形目 Acipenseriformes			22. 青鱼 *Mylopharyngodon piceus*	+	▲
（二）鲟科 Acipenseridae			23. 草鱼 *Ctenopharyngodon idella*	+	▲
4. 施氏鲟 *Acipenser schrenckii*	+		24. 湖拟鲤 *Rutilus lacustris*▲	+	
5. 鳇 *Huso dauricus*	+		25. 鳡 *Elopichthys bambusa*	+	
三、鲑形目 Salmoniformes			26. 拉氏鲅 *Phoxinus lagowskii*	+	+
（三）鲑科 Salmonidae			27. 真鲅 *Phoxinus phoxinus*	+	+
6. 虹鳟 *Oncorhynchus mykiss*▲	+		28. 湖鲅 *Phoxinus percnurus*	+	+
7. 大麻哈鱼 *Oncorhynchus keta*	+		29. 花江鲅 *Phoxinus czekanowskii*	+	+
8. 白斑红点鲑 *Salvelinus leucomaenis*	+		30. 尖头鲅 *Phoxinus oxycephalus*	+	+
9. 哲罗鲑 *Hucho taimen*	+		31. 赤眼鳟 *Squaliobarbus curriculus*	+	+
10. 细鳞鲑 *Brachymystax lenok*	+	+	32. 鳊 *Parabramis pekinensis*	+	+
11. 乌苏里白鲑 *Coregonus ussuriensis*	+		33. 鲂 *Megalobrama skolkovii*	+	
12. 黑龙江茴鱼 *Thymallus arcticus*	+	+	34. 团头鲂 *Megalobrama amblycephala*▲	+	+
（四）银鱼科 Salangidae			35. 𩷶 *Hemiculter leucisculus*	+	+
13. 大银鱼 *Protosalanx hyalocranius*▲	+	+	36. 贝氏𩷶 *Hemiculter bleekeri*	+	
14. 太湖新银鱼 *Neosalanx taihuensis*▲	+		37. 兴凯𩷶 *Hemiculter lucidus lucidus*	+	+
（五）胡瓜鱼科 Osmeridae			38. 蒙古𩷶 *Hemiculter lucidus warpachowsky*	+	
15. 池沼公鱼 *Hypomesus olidus*	+		39. 红鳍原鲌 *Cultrichthys erythropterus*	+	+
16. 亚洲公鱼 *Hypomesus transpacificus nipponensis*	+	+	40. 扁体原鲌 *Cultrichthys compressocorpus*	+	
（六）狗鱼科 Esocidae			41. 蒙古鲌 *Culter mongolicus mongolicus*	+	+
17. 黑斑狗鱼 *Esox reicherti*	+	+	42. 翘嘴鲌 *Culter alburnus*	+	+
四、鲤形目 Cypriniformes			43. 达氏鲌 *Culter dabryi*	+	+

续表

种类	a	b
44. 银鲴 *Xenocypris argentea*	+	+
45. 细鳞鲴 *Xenocypris microleps*	+	+
46. 似鳊 *Pseudobrama simoni*▲	+	
47. 大鳍鱊 *Acheilognathus macropterus*	+	+
48. 兴凯鱊 *Acheilognathus chankaensis*	+	
49. 黑龙江鳑鲏 *Rhodeus sericeus*	+	+
50. 彩石鳑鲏 *Rhodeus lighti*	+	+
51. 方氏鳑鲏 *Rhodeus fangi*	+	
52. 花䱻 *Hemibarbus maculatus*	+	+
53. 唇䱻 *Hemibarbus laboe*	+	+
54. 条纹似白鮈 *Paraleucogobio strigatus*	+	+
55. 麦穗鱼 *Pseudorasbora parva*	+	+
56. 棒花鱼 *Abbottina rivularis*	+	+
57. 拉林棒花鱼 *Abbottina lalinensis*	+	
58. 辽宁棒花鱼 *Abbottina liaoningensis*	+	
59. 突吻鮈 *Rostrogobio amurensis*	+	+
60. 蛇鮈 *Saurogobio dabryi*	+	+
61. 平口鮈 *Ladislavia taczanowskii*	+	+
62. 东北颌须鮈 *Gnathopogon mantschuricus*	+	+
63. 银鮈 *Squalidus argentatus*	+	+
64. 兴凯银鮈 *Squalidus chankaensis*	+	+
65. 东北鳈 *Sarcocheilichthys lacustris*	+	+
66. 克氏鳈 *Sarcocheilichthys czerskii*	+	+
67. 凌源鮈 *Gobio lingyuanensis*	+	+
68. 犬首鮈 *Gobio cynocephalus*	+	+
69. 细体鮈 *Gobio tenuicorpus*	+	+
70. 高体鮈 *Gobio soldatovi*	+	+
71. 鲤 *Cyprinus carpio*	+	+
72. 银鲫 *Carassius auratus gibelio*	+	+
73. 鲢 *Hypophthalmichthys molitrix*	+	▲
74. 鳙 *Aristichthys nobilis*▲	+	+
75. 潘氏鳅鮀 *Gobiobotia pappenheimi*	+	
（八）鳅科 Cobitidae		
76. 北方须鳅 *Barbatula barbatula nuda*	+	
77. 北鳅 *Lefua costata*	+	
78. 黑龙江花鳅 *Cobitis lutheri*	+	+
79. 北方花鳅 *Cobitis granoci*	+	
80. 黑龙江泥鳅 *Misgurnus mohoity*	+	+
81. 北方泥鳅 *Misgurnus bipartitus*	+	+
82. 大鳞副泥鳅 *Paramisgurnus dabryanus*	+	
83. 花斑副沙鳅 *Parabotia fasciata*	+	+
五、鲇形目 Siluriformes		
（九）鲿科 Bagridae		
84. 黄颡鱼 *Pelteobagrus fulvidraco*	+	+
85. 光泽黄颡鱼 *Pelteobagrus nitidus*	+	
86. 乌苏拟鲿 *Pseudobagrus ussuriensis*	+	
87. 纵带鮠 *Leiocassis argentivittatus*	+	
（十）鲇科 Siluridae		
88. 怀头鲇 *Silurus soldatovi*	+	+
89. 鲇 *Silurus asotus*	+	+
六、鲈形目 Perciformes		
（十一）鮨科 Serranidae		
90. 鳜 *Siniperca chuatsi*	+	+
91. 斑鳜 *Siniperca scherzeri*▲		+
（十二）塘鳢科 Eleotridae		
92. 葛氏鲈塘鳢 *Perccottus glehni*	+	+
93. 黄黝鱼 *Hypseleotris swinhonis*	+	+
（十三）鲈科 Percidae		
94. 梭鲈 *Lucioperca lucioperca*▲	+	
（十四）鰕虎鱼科 Gobiidae		
95. 褐吻鰕虎鱼 *Rhinogobius brunneus*	+	
96. 波氏吻鰕虎鱼 *Rhinogobius cliffordpopei*	+	
（十五）斗鱼科 Belontiidae		
97. 圆尾斗鱼 *Macropodus chinensis*	+	+
（十六）鳢科 Channidae		
98. 乌鳢 *Channa argus*	+	+
七、鲉形目 Scorpaeniformes		
（十七）杜父鱼科 Cottidae		
99. 杂色杜父鱼 *Cottus poecilopus*	+	
100. 黑龙江中杜父鱼 *Mesocottus haitej*	+	
八、鳕形目 Gadiformes		
（十八）鳕科 Gadidae		
101. 江鳕 *Lota lota*	+	+
九、鳉形目 Cyprinodontiformes		
（十九）青鳉科 Oryziatidae		
102. 中华青鳉 *Oryzias latipes sinensis*	+	
十、刺鱼目 Gasterosteiformes		
（二十）刺鱼科 Gasterosteidae		
103. 九棘刺鱼 *Pungitius pungitius*	+	

注：a. 松花江—嫩江河流水系，b. 松嫩湖泊沼泽群

2. 种类组成

松花江—嫩江河流水系鱼类群落中，鲤形目 66 种、鲑形目 12 种、鲈形目 8 种、鲇形目 6 种、七鳃鳗目 3 种，分别占 64.71%、11.76%、7.84%、5.88%及 2.94%；鲟形目和鲉形目均 2 种，各占 1.96%；鳕形目、鲻形目和刺鱼目均 1 种，各占 0.98%。科级分类单元中，鲤科 58 种、鳅科 8 种、鲑科 7 种、鲿科 4 种、七鳃鳗科 3 种，分别占 56.86%、7.84%、6.86%、3.92%及 2.94%；鲟科、胡瓜鱼科、银鱼科、鲇科、杜父鱼科、鰕虎鱼科和塘鳢科均 2 种，各占 1.96%；狗鱼科、鮨科、斗鱼科、鳢科、鲈科、青鳉科、鳕科和刺鱼科均 1 种，占 0.98%。

3. 区系生态类群

松花江—嫩江河流水系的土著鱼类群落，除大麻哈鱼外，其余由 7 个区系生态类群构成。

1）江河平原区系生态类群：青鱼、草鱼、鲢、鳡、中华细鲫、马口鱼、红鳍原鲌、3 种鲌、鳊、鲂、4 种鰲、2 种鲴、2 种䱻、蛇鮈、2 种银鮈、2 种鳈、3 种棒花鱼、潘氏鳅鮀、花斑副沙鳅和鳜，占 33.33%。

2）北方平原区系生态类群：瓦氏雅罗鱼、拟赤梢鱼、4 种鲹（除真鲹外）、4 种鮈、突吻鮈、条纹似白鮈、平口鮈、东北颌须鮈、北鳅、北方须鳅、2 种花鳅、扁体原鲌、黑斑狗鱼及 2 种吻鰕虎鱼，占 23.66%。

3）新近纪区系生态类群：3 种七鳃鳗、施氏鲟、鳇、鲤、银鲫、赤眼鳟、麦穗鱼、3 种鳑鲏、2 种鱊、2 种泥鳅、大鳞副泥鳅和 2 种鲇，占 20.43%。

4）北方山地区系生态类群：哲罗鲑、细鳞鲑、黑龙江茴鱼、2 种杜父鱼和真鲹，占 6.45%。

5）热带平原区系生态类群：中华青鳉、乌鳢、圆尾斗鱼、2 种黄颡鱼、黄黝鱼、乌苏拟鲿、纵带鮠和葛氏鲈塘鳢，占 9.68%。

6）北极淡水区系生态类群：2 种公鱼、白斑红点鲑、乌苏里白鲑和江鳕，占 5.38%。

7）北极海洋区系生态类群：九棘刺鱼，占 1.08%。

以上北方区系生态类群 34 种，占 36.56%。

5.3.1.2 鱼类多样性比较

1. 物种多样性

松嫩湖泊沼泽群与松花江—嫩江河流水系鱼类群落的共有种为 5 目 13 科 44 属 61 种。其中，移入种 2 目 2 科 3 属 3 种，包括大银鱼、团头鲂和鳙；土著鱼类 5 目 12 科 41 属 58 种，包括细鳞鲑、黑龙江茴鱼、亚洲公鱼、黑斑狗鱼、瓦氏雅罗鱼、青鱼、草鱼、5 种鲹、赤眼鳟、鳊、鰲、兴凯鰲、红鳍原鲌、蒙古鲌、翘嘴鲌、达氏鲌、银鲴、细鳞鲴、大鳍鱊、彩石鳑鲏、黑龙江鳑鲏、唇䱻、花䱻、麦穗鱼、棒花鱼、条纹似白鮈、平口鮈、突吻鮈、蛇鮈、东北颌须鮈、银鮈、兴凯银鮈、东北鳈、克氏鳈、凌源鮈、犬首鮈、高体鮈、细体鮈、鲤、银鲫、鲢、黑龙江花鳅、黑龙江泥鳅、北方泥鳅、花斑副沙鳅、黄颡鱼、鲇、怀头鲇、鳜、葛氏鲈塘鳢、黄黝鱼、圆尾斗鱼、乌鳢和江鳕。其中，青鱼、草鱼和鲢在湖泊沼泽群种群为移入种，河流种群为土著种。

松花江—嫩江河流水系的独有种9目13科36属41种。其中，移入种3目3科4属4种，包括虹鳟、似鳊、湖拟鲤和梭鲈；土著鱼类9目13科32属37种，包括3种七鳃鳗、施氏鲟、鳇、大麻哈鱼、白斑红点鲑、哲罗鲑、乌苏里白鲑、太湖新银鱼、池沼公鱼、马口鱼、中华细鲫、拟赤梢鱼、尖头鲹、鲂、兴凯鲌、蒙古鲌、扁体原鲌、兴凯鱊、方氏鳑鲏、拉林棒花鱼、辽宁棒花鱼、潘氏鳅鮀、北方须鳅、北鳅、北方花鳅、大鳞副泥鳅、光泽黄颡鱼、乌苏拟鲿、纵带鮠、褐吻鰕虎鱼、波氏吻鰕虎鱼、杂色杜父鱼、黑龙江中杜父鱼、中华青鳉和九棘刺鱼。

松嫩湖泊沼泽群的独有种仅斑鳜1种，且为移入种。

2. 种类组成

松嫩湖泊沼泽群与松花江—嫩江河流水系鱼类群落中，鲤形目均为最大类群，所占比例湖泊沼泽群高于河流水系（分别为75.81%及64.71%）；居于第二位的，湖泊沼泽群为鲈形目（该目在河流水系居第三位），河流水系为鲑形目（该目在湖泊沼泽群居第三位），所占比例分别为9.68%及11.76%，略高于河流水系（7.84%）和湖泊沼泽群（8.06%）。松嫩湖泊沼泽群鱼类群落缺少松花江—嫩江河流水系所拥有的七鳃鳗目、鲟形目、鲉形目、鳉形目和刺鱼目的物种。

科级分类单元中，鲤科均为最大类群，所占比例松嫩湖泊沼泽群高于松花江—嫩江河流水系（分别为69.35%及56.86%）；鳅科均居第二位，所占比例河流水系略高于湖泊沼泽群（分别为7.84%及6.45%）。松嫩湖泊沼泽群缺少七鳃鳗科、鲟科、杜父鱼科、鰕虎鱼科、鲈科、青鳉科和刺鱼科的物种。

3. 区系生态类群

松嫩湖泊沼泽群与松花江—嫩江河流水系鱼类区系成分中，都包括江河平原、北方平原、新近纪、北方山地、热带平原和北极淡水区系生态类群；河流水系还有北极海洋区系生态类群（九棘刺鱼）。

1）江河平原区系生态类群：松嫩湖泊沼泽群的20种与松花江—嫩江河流水系共有；河流水系的青鱼、草鱼、鲢、中华细鲫、马口鱼、鲂、兴凯鲌、蒙古鲌、辽宁棒花鱼、拉林棒花鱼和潘氏鳅鮀未见于湖泊沼泽群。所占比例相差不大，以松嫩湖泊沼泽群相对略高（分别为36.36%及33.33%）。类群群落关联系数为0.645，显示关联性程度较高。

2）北方平原区系生态类群：松嫩湖泊沼泽群的14种与松花江—嫩江河流水系共有；河流水系的拟赤梢鱼、尖头鲹、北鳅、北方须鳅、北方花鳅、扁体原鲌和2种吻鰕虎鱼未见于湖泊沼泽群。所占比例相差不大，湖泊沼泽群略高于河流水系（分别为25.45%及23.66%）。类群群落关联系数为0.636，显示关联性程度较高。

3）新近纪区系生态类群：松嫩湖泊沼泽群的11种与松花江—嫩江河流水系共有；河流水系的3种七鳃鳗、施氏鲟、鳇、方氏鳑鲏、兴凯鱊和大鳞副泥鳅未见于湖泊沼泽群。所占比例基本一致（分别为20%及20.43%）。类群群落关联系数为0.579，显示关联性程度较高。

4）北方山地区系生态类群：细鳞鲑、黑龙江茴鱼和真鲅为共有种；松花江—嫩江河流水系还有哲罗鲑和 2 种杜父鱼。所占比例相差不大，河流水系略高于松嫩湖泊沼泽群（分别为 6.45%及 5.45%）。类群群落关联系数为 0.5，显示关联性程度较低。

5）热带平原区系生态类群：松嫩湖泊沼泽群的 5 种与松花江—嫩江河流水系共有；河流水系还有中华青鳉、光泽黄颡鱼、乌苏拟鲿和纵带鮠。所占比例基本一致（分别为 9.09%及 9.68%）。类群群落关联系数为 0.556，显示关联性程度较高。

6）北极淡水区系生态类群：松嫩湖泊沼泽群由江鳕和亚洲公鱼构成，且与松花江—嫩江河流水系共有；河流水系还有池沼公鱼、白斑红点鲑和乌苏里白鲑。所占比例松花江—嫩江河流水系略高于松嫩湖泊沼泽群（分别为 5.38%及 3.64%）。类群群落关联系数为 0.4，显示关联性程度较低。

北方区系生态类群物种数松花江—嫩江河流水系明显多于松嫩湖泊沼泽群（分别为 34 种和 19 种），但所占比例却差别不大（分别为 36.56%及 34.55%）。

4. 保护物种与濒危物种

中国易危种黑龙江茴鱼和怀头鲇为松嫩湖泊沼泽群和松花江—嫩江河流水系的共有种。松花江—嫩江河流水系还有中国易危种雷氏七鳃鳗、日本七鳃鳗、施氏鲟、鳇、哲罗鲑和乌苏里白鲑。

5. 冷水种

松嫩湖泊沼泽群的 10 种与松花江—嫩江河流水系共有。此外，松花江—嫩江河流水系还有雷氏七鳃鳗、日本七鳃鳗、大麻哈鱼、哲罗鲑、乌苏里白鲑、池沼公鱼、拟赤梢鱼、北鳅、北方须鳅、北方花鳅、九棘刺鱼和 2 种杜父鱼。所占比例松花江—嫩江河流水系高于松嫩湖泊沼泽群（分别为 24.47%及 18.18%）。冷水种群落关联系数为 0.434，显示关联性程度较低。

6. 群落关联性

松嫩湖泊沼泽群与松花江—嫩江河流水系鱼类群落关联系数为 0.592，显示关联性程度较高。这表明松嫩湖泊沼泽群的鱼类多样性与所在的松花江—嫩江河流水系密切相关。

5.3.2 三江平原与黑龙江—乌苏里江河流水系

5.3.2.1 黑龙江—乌苏里江河流水系鱼类多样性概况

1. 物种多样性

综合文献[19]、[130]、[141]及[201]，得出黑龙江—乌苏里江河流水系的鱼类物种为 9 目 19 科 66 属 95 种（表 5-12）。其中，移入种 3 目 4 科 7 属 7 种（大银鱼、虹鳟、湖拟鲤、团头鲂、鳙、河鲈和梭鲈）；土著鱼类 9 目 17 科 61 属 88 种。土著种中，日本七鳃鳗、雷氏七鳃鳗、施氏鲟、鳇、哲罗鲑、乌苏里白鲑、黑龙江茴鱼和怀头鲇为中国易危种；日本七鳃鳗、雷氏七鳃鳗、大麻哈鱼、哲罗鲑、细鳞鲑、乌苏里白鲑、卡达白鲑、2 种黑龙江茴鱼、池沼公鱼、亚洲公鱼、黑斑狗鱼、真鲅、拉氏鲅、瓦氏雅罗鱼、拟赤梢鱼、平口鮈、北鳅、北方须鳅、北方花鳅、黑龙江花鳅、江鳕、九棘刺鱼、杂色杜父鱼和黑龙江中杜父鱼为冷水种，占 28.41%；彩石鳑鲏、凌源鮈、东北颌须鮈、银鮈、黄黝鱼和波氏吻鰕虎鱼为中国特有种。

2. 种类组成

黑龙江—乌苏里江河流水系鱼类群落中，鲤形目 59 种、鲑形目 12 种、鲈形目 9 种、鲇形目 6 种、七鳃鳗目 3 种，分别占 62.11%、12.63%、9.47%、6.32%及 3.16%；鲟形目和鲉形目均 2 种，各占 2.11%；鳕形目和刺鱼目均 1 种，各占 1.05%。科级分类单元中，鲤科 51 种，占 53.68%；鲑科和鳅科均 8 种，各占 8.42%；鲿科 4 种、七鳃鳗科 3 种，分别占 4.21%及 3.16%；鲟科、胡瓜鱼科、鲇科、塘鳢科、鲈科、鰕虎鱼科、杜父鱼科均 2 种，各占 2.11%；银鱼科、狗鱼科、鮨科、斗鱼科、鳢科、鳕科、刺鱼科均 1 种，各占 1.05%。

表 5-12　三江湖泊沼泽群与黑龙江—乌苏里江河流水系鱼类物种组成

种类	a	b
一、七鳃鳗目 Petromyzoniformes		
（一）七鳃鳗科 Petromyzonidae		
1. 日本七鳃鳗 *Lampetra japonica*	+	
2. 雷氏七鳃鳗 *Lampetra reissneri*	+	
3. 东北七鳃鳗 *Lampetra morii*	+	
二、鲟形目 Acipenseriformes		
（二）鲟科 Acipenseridae		
4. 施氏鲟 *Acipenser schrenckii*	+	
5. 鳇 *Huso dauricus*	+	
三、鲑形目 Salmoniformes		
（三）银鱼科 Salangidae		
6. 大银鱼 *Protosalanx hyalocranius*▲	+	+
（四）鲑科 Salmonidae		
7. 虹鳟 *Oncorhynchus mykiss*▲	+	
8. 大麻哈鱼 *Oncorhynchus keta*	+	
9. 哲罗鲑 *Hucho taimen*	+	
10. 细鳞鲑 *Brachymystax lenok*	+	
11. 乌苏里白鲑 *Coregonus ussuriensis*	+	
12. 卡达白鲑 *Coregonus chadary*	+	
13. 黑龙江茴鱼 *Thymallus arcticus*	+	
14. 下游黑龙江茴鱼 *Thymallus tugarinae*	+	
（五）胡瓜鱼科 Osmeridac		
15. 池沼公鱼 *Hypomesus olidus*	+	
16. 亚洲公鱼 *Hypomesus transpacificus nipponensis*	+	+
（六）狗鱼科 Esocidae		
17. 黑斑狗鱼 *Esox reicherti*	+	+
四、鲤形目 Cypriniformes		
（七）鲤科 Cyprinidae		
18. 马口鱼 *Opsariichthys bidens*	+	+
19. 瓦氏雅罗鱼 *Leuciscus waleckii waleckii*	+	+
20. 青鱼 *Mylopharyngodon piceus*	+	
21. 草鱼 *Ctenopharyngodon idella*	+	▲
22. 真鲅 *Phoxinus phoxinus*	+	
23. 湖鲅 *Phoxinus percnurus*	+	+
24. 花江鲅 *Phoxinus czekanowskii*	+	
25. 拉氏鲅 *Phoxinus lagowskii*	+	
26. 尖头鲅*Phoxinus oxycephalus*	+	
27. 湖拟鲤 *Rutilus lacustris*▲	+	
28. 拟赤梢鱼 *Pseudaspius leptocephalus*	+	
29. 赤眼鳟 *Squaliobarbus curriculus*	+	
30. 鳡 *Elopichthys bambusa*	+	
31. 䱗 *Hemiculter leucisculus*	+	+
32. 贝氏䱗 *Hemiculter bleekeri*	+	

续表

种类	a	b	种类	a	b
33. 蒙古𩷶 *Hemiculter lucidus warpachowsky*	+		69. 鲢 *Hypophthalmichthys molitrix*	+	▲
34. 兴凯𩷶 *Hemiculter lucidus lucidus*		+	70. 鳙 *Aristichthys nobilis*▲	+	+
35. 翘嘴鲌 *Culter alburnus*	+	+	71. 潘氏鳅鮀 *Gobiobotia pappenheimi*	+	
36. 蒙古鲌 *Culter mongolicus mongolicus*	+	+	（八）鳅科 Cobitidae		
37. 兴凯鲌 *Culter dabryi shinkainensis*		+	72. 北鳅 *Lefua costata*	+	
38. 尖头鲌 *Culter oxycephalus*	+		73. 北方须鳅 *Barbatula barbatula nuda*	+	
39. 鲂 *Megalobrama skolkovii*	+		74. 黑龙江花鳅 *Cobitis lutheri*	+	+
40. 团头鲂 *Megalobrama amblycephala*▲	+		75. 北方花鳅 *Cobitis granoci*	+	
41. 红鳍原鲌 *Cultrichthys erythropterus*	+	+	76. 北方泥鳅 *Misgurnus bipartitus*	+	
42. 扁体原鲌 *Cultrichthys compressocorpus*		+	77. 黑龙江泥鳅 *Misgurnus mohoity*	+	+
43. 鳊 *Parabramis pekinensis*	+	+	78. 花斑副沙鳅 *Parabotia fasciata*	+	
44. 银鲴 *Xenocypris argentea*	+	+	79. 大鳞副泥鳅 *Paramisgurnus dabryanus*	+	
45. 细鳞鲴 *Xenocypris microleps*	+		五、鲇形目 Siluriformes		
46. 兴凯鱊 *Acheilognathus chankaensis*	+	+	（九）鲿科 Bagridae		
47. 大鳍鱊 *Acheilognathus macropterus*	+		80. 黄颡鱼 *Pelteobagrus fulvidraco*	+	+
48. 黑龙江鳑鲏 *Rhodeus sericeus*	+	+	81. 光泽黄颡鱼 *Pelteobagrus nitidus*	+	+
49. 彩石鳑鲏 *Rhodeus lighti*	+		82. 乌苏拟鲿 *Pseudobagrus ussuriensis*	+	+
50. 唇䱻 *Hemibarbus laboe*	+	+	83. 纵带鮠 *Leiocassis argentivittatus*	+	
51. 花䱻 *Hemibarbus maculates*	+	+	（十）鲇科 Siluridae		
52. 条纹似白鮈 *Paraleucogobio strigatus*	+		84. 怀头鲇 *Silurus soldatovi*	+	
53. 棒花鱼 *Abbottina rivularis*	+	+	85. 鲇 *Silurus asotus*	+	+
54. 麦穗鱼 *Pseudorasbora parva*	+	+	六、鳕形目 Gadiformes		
55. 东北颌须鮈 *Gnathopogon mantschuricus*	+		（十一）鳕科 Gadidae		
56. 银鮈 *Squalidus argentatus*	+		86. 江鳕 *Lota lota*	+	+
57. 兴凯银鮈*Squalidus chankaensis*	+		七、刺鱼目 Gasterosteiformes		
58. 东北鳈 *Sarcocheilichthys lacustris*	+	+	（十二）刺鱼科 Gasterosteidae		
59. 克氏鳈 *Sarcocheilichthys czerskii*	+		87. 九棘刺鱼 *Pungitius pungitius*	+	
60. 高体鮈 *Gobio soldatovi*	+		八、鲉形目 Scorpaeniformes		
61. 凌源鮈 *Gobio lingyuanensis*	+		（十三）杜父鱼科 Cottidae		
62. 犬首鮈 *Gobio cynocephalus*	+		88. 黑龙江中杜父鱼 *Mesocottus haitej*	+	
63. 细体鮈 *Gobio tenuicorpus*	+		89. 杂色杜父鱼 *Cottus poecilopus*	+	
64. 平口鮈 *Ladislavia taczanowskii*	+		九、鲈形目 Perciformes		
65. 蛇鮈 *Saurogobio dabryi*	+	+	（十四）鮨科 Serranidae		
66. 突吻鮈 *Rostrogobio amurensis*	+		90. 鳜 *Siniperca chuatsi*	+	
67. 鲤 *Cyprinus carpio*	+	+	（十五）鲈科 Percidae		
68. 银鲫 *Carassius auratus gibelio*	+	+	91. 河鲈 *Perca fluviatilis*▲	+	

续表

种类	a	b	种类	a	b
92. 梭鲈 *Lucioperca lucioperca*▲	+	+	96. 波氏吻鰕虎鱼 *Rhinogobius cliffordpopei*	+	
（十六）塘鳢科 Eleotridae			（十八）斗鱼科 Belontiidae		
93. 葛氏鲈塘鳢 *Perccottus glehni*	+	+	97. 圆尾斗鱼 *Macropodus chinensis*	+	
94. 黄黝鱼 *Hypseleotris swinhonis*	+		（十九）鳢科 Channidae		
（十七）鰕虎鱼科 Gobiidae			98. 乌鳢 *Channa argus*	+	+
95. 褐吻鰕虎鱼 *Rhinogobius brunneus*	+				

注：a. 黑龙江—乌苏里江河流水系，b. 三江湖泊沼泽群

3. 区系生态类群

黑龙江—乌苏里江河流水系的土著鱼类，除大麻哈鱼外，其余由 7 个区系生态类群构成。

1）北极淡水区系生态类群：2 种公鱼、2 种白鲑和江鳕，占 5.75%。

2）新近纪区系生态类群：3 种七鳃鳗、施氏鲟、鳇、鲤、银鲫、赤眼鳟、麦穗鱼、2 种鳑鲏、2 种鱊、2 种泥鳅、大鳞副泥鳅和 2 种鲇，占 20.69%。

3）江河平原区系生态类群：青鱼、草鱼、鲢、鳡、马口鱼、红鳍原鲌、蒙古鲌、翘嘴鲌、尖头鲌、鳊、鲂、3 种鳘、2 种鲴、2 种䱻、蛇鮈、2 种银鮈、2 种鳈、棒花鱼、潘氏鳅鮀、花斑副沙鳅和鳜，占 31.03%。

4）北方平原区系生态类群：瓦氏雅罗鱼、拟赤梢鱼、4 种鳑（除真鳑外）、4 种鮈、突吻鮈、条纹似白鮈、平口鮈、东北颌须鮈、北鳅、北方须鳅、2 种花鳅、黑斑狗鱼和 2 种吻鰕虎鱼，占 24.14%。

5）北方山地区系生态类群：哲罗鲑、细鳞鲑、2 种黑龙江茴鱼、2 种杜父鱼和真鳑，占 8.05%。

6）热带平原区系生态类群：乌鳢、圆尾斗鱼、2 种黄颡鱼、黄黝鱼、乌苏拟鲿、纵带鮠和葛氏鲈塘鳢，占 9.20%。

7）北极海洋区系生态类群：九棘刺鱼，占 1.15%。

以上北方区系生态类群 34 种，占 39.08%。

5.3.2.2　鱼类多样性比较

1. 物种多样性

三江湖泊沼泽群与黑龙江—乌苏里江河流水系鱼类群落的共有种为 5 目 11 科 32 属 35 种。其中，移入种 3 目 3 科 3 属 3 种，包括鳙、大银鱼和梭鲈；土著鱼类 5 目 9 科 29 属 32 种，包括亚洲公鱼、黑斑狗鱼、马口鱼、湖鳑、瓦氏雅罗鱼、鳘、红鳍原鲌、蒙古鲌、翘嘴鲌、鳊、银鲴、唇䱻、花䱻、东北鳈、麦穗鱼、棒花鱼、蛇鮈、鲤、银鲫、草鱼、鲢、黑龙江鳑鲏、兴凯鱊、黑龙江泥鳅、黑龙江花鳅、2 种黄颡鱼、乌苏拟鲿、鲇、葛氏鲈塘鳢、乌鳢和江鳕。三江湖泊沼泽群的草鱼、鲢为移入种，黑龙江—乌苏里江河流水系的为土著种。

三江湖泊沼泽群的独有种为 1 目 1 科 3 属 3 种，包括兴凯鲌、兴凯鳘和扁体原鲌，均为土著种。

黑龙江—乌苏里江河流水系的独有种 8 目 15 科 45 属 60 种。其中，移入种 3 目 3 科 4 属 4 种，包括虹鳟、湖拟鲤、团头鲂和河鲈；土著鱼类 8 目 14 科 41 属 56 种，包括 3 种七鳃鳗、施氏鲟、鳇、大麻哈鱼、哲罗鲑、细鳞鲑、2 种黑龙江茴鱼、2 种白鲑、池沼公鱼、鲂、青鱼、鳡、尖头鲌、赤眼鳟、彩石鳑鲏、大鳍鱊、贝氏鳘、蒙古鳘、细鳞鲴、2 种银鮈、克氏鳈、潘氏鳅鮀、拟赤梢鱼、真鲅、花江鲅、拉氏鲅、尖头鲅、4 种鮈、突吻鮈、条纹似白鮈、平口鮈、东北颌须鮈、北鳅、北方须鳅、北方花鳅、北方泥鳅、大鳞副泥鳅、花斑副沙鳅、纵带鮠、怀头鲇、鳜、2 种吻鰕虎鱼、圆尾斗鱼、黄黝鱼、2 种杜父鱼和九棘刺鱼。

2. 种类组成

三江湖泊沼泽群与黑龙江—乌苏里江河流水系鱼类群落均以鲤形目为最大类群，所占比例湖泊沼泽群高于河流水系（分别为 72.22%及 62.11%）。居第二位的，三江湖泊沼泽群为鲇形目（该目在河流水系居第四位），黑龙江—乌苏里江河流水系为鲑形目（该目在湖泊沼泽群居第四位），所占比例分别为湖泊沼泽群高于河流水系（分别为 11.11%及 6.32%）、河流水系高于湖泊沼泽群（分别为 12.63%及 5.56%）。居第三位的，三江湖泊沼泽群与黑龙江—乌苏里江河流水系均为鲈形目，所占比例也相差不大（分别为 8.33%及 9.47%）。三江湖泊沼泽群缺少七鳃鳗目、鲟形目、鲉形目和刺鱼目的物种。

科级分类单元中，三江湖泊沼泽群与黑龙江—乌苏里江河流水系均以鲤科为最大类群，所占比例前者高于后者（分别为 66.67%及 53.68%）。居第二位的，三江湖泊沼泽群为鲿科（该科在黑龙江—乌苏里江河流水系居第四位），河流水系为鲑科与鳅科；在湖泊沼泽群中鲿科所占比例高于在河流水系中所占的比例（分别为 8.33%及 4.21%）。三江湖泊沼泽群缺少七鳃鳗科、鲟科、鲑科、胡瓜鱼科、鮨科、斗鱼科、鰕虎鱼科、刺鱼科和杜父鱼科的物种。

3. 区系生态类群

区系成分中，三江湖泊沼泽群与黑龙江—乌苏里江河流水系均包括江河平原、北方平原、新近纪、热带平原和北极淡水区系生态类群。此外，黑龙江—乌苏里江河流水系还有北方山地（哲罗鲑、细鳞鲑、2 种黑龙江茴鱼、2 种杜父鱼和真鲅）和北极海洋（九棘刺鱼）区系生态类群。

1）江河平原区系生态类群：马口鱼、鳊、鳘、红鳍原鲌、蒙古鲌、翘嘴鲌、银鲴、花䱻、唇䱻、棒花鱼、蛇鮈和东北鳈为三江湖泊沼泽群与黑龙江—乌苏里江河流水系所共有；河流水系的青鱼、草鱼、鲢、鳡、尖头鲌、鲂、贝氏鳘、蒙古鳘、细鳞鲴、2 种银鮈、克氏鳈、潘氏鳅鮀、花斑副沙鳅和鳜未见于湖泊沼泽群；湖泊沼泽群的兴凯鳘、扁体原鲌和兴凯鲌则未见于河流水系。所占比例三江湖泊沼泽群高于黑龙江—乌苏里江河流水系（分别为 45.45%及 31.03%）。类群群落关联系数为 0.4，显示关联性程度较低。

2）北方平原区系生态类群：三江湖泊沼泽群的 4 种鱼类（黑斑狗鱼、瓦氏雅罗鱼、湖鲅和黑龙江花鳅）全部与黑龙江—乌苏里江河流水系共有；河流水系的拟赤梢鱼、真鲅、拉氏鲅、花江鲅、尖头鲅、4 种鮈、突吻鮈、条纹似白鮈、平口鮈、东北颌须鮈、北鳅、北方须鳅、北方花鳅和 2 种吻鰕虎鱼未见于湖泊沼泽群。所占比例黑龙江—乌苏里江河流水系高于三江湖泊沼泽群（分别为 24.14%及 12.12%）。类群群落关联系数为 0.154，显示关联性程度极低。

3）新近纪区系生态类群：三江湖泊沼泽群的 7 种鱼类（鲤、银鲫、黑龙江鳑鲏、兴凯鱊、麦穗鱼、黑龙江泥鳅和鲇）全部与黑龙江—乌苏里江河流水系共有；河流水系还包括 3 种七鳃鳗、施氏鲟、鳇、赤眼鳟、彩石鳑鲏、大鳍鱊、北方泥鳅、大鳞副泥鳅和怀头鲇。所占比例三江湖泊沼泽群与黑龙江—乌苏里江河流水系相差不大，前者相对略高（分别为 21.21%及 20.69%）。类群群落关联系数为 0.389，显示关联性程度较低。

4）热带平原区系生态类群：三江湖泊沼泽群的 5 种鱼类（葛氏鲈塘鳢、乌鳢、乌苏拟鲿和 2 种黄颡鱼）全部与黑龙江—乌苏里江河流水系共有；河流水系还有圆尾斗鱼、黄黝鱼和纵带鮠。所占比例湖泊沼泽群高于河流水系（分别为 15.15%及 9.20%）。类群群落关联系数为 0.625，显示关联性程度较高。

5）北极淡水区系生态类群：三江湖泊沼泽群由江鳕和亚洲公鱼构成，黑龙江—乌苏里江河流水系还包括池沼公鱼和 2 种白鲑。所占比例后者高于前者（分别为 5.75%及 6.06%）。类群群落关联系数为 0.571，显示关联性程度较高。

北方区系生态类群的物种数黑龙江—乌苏里江河流水系远多于三江湖泊沼泽群（分别有 34 种和 6 种），所占比例前者也明显高于后者（分别为 39.08%及 18.18%）。

4. 保护物种与濒危物种

黑龙江—乌苏里江河流水系包括中国易危种日本七鳃鳗、雷氏七鳃鳗、施氏鲟、鳇、哲罗鲑、乌苏里白鲑、黑龙江茴鱼及怀头鲇。在三江湖泊沼泽群中尚未发现此类物种。

5. 冷水种

三江湖泊沼泽群包括黑斑狗鱼、瓦氏雅罗鱼、黑龙江花鳅和江鳕，并与黑龙江—乌苏里江河流水系共有。黑龙江—乌苏里江河流水系还有日本七鳃鳗、雷氏七鳃鳗、大麻哈鱼、哲罗鲑、细鳞鲑、乌苏里白鲑、卡达白鲑、2 种黑龙江茴鱼、池沼公鱼、亚洲公鱼、真鲅、拉氏鲅、拟赤梢鱼、平口鮈、北鳅、北方须鳅、北方花鳅、九棘刺鱼和 2 种杜父鱼。冷水种群落关联系数为 0.16，显示关联性程度极低。

6. 群落关联性

三江湖泊沼泽群与黑龙江—乌苏里江河流水系鱼类群落的关联系数为 0.357，显示关联性程度较低。这表明三江湖泊沼泽群的鱼类物种多样性对其所在的黑龙江—乌苏里江河流水系的依赖程度较低。

5.3.3 东北平原与黑龙江水系河流

5.3.3.1 黑龙江水系河流鱼类多样性概况

1. 物种多样性

东北平原湖泊沼泽群所在的河流水系，包括松花江—嫩江—黑龙江—乌苏里江，以下简称黑龙江水系河流。综合文献[19]、[130]、[141]及[201]，得出黑龙江水系河流（中国侧）鱼类物种 10 目 20 科 71 属 106 种（表 5-13）。其中，移入种 3 目 4 科 9 属 9 种（虹鳟、大银鱼、太湖新银鱼、湖拟鲤、团头鲂、似鳊、鳙、河鲈和梭鲈）；土著鱼类 10 目 18 科 64 属 97 种。土著种中，日本七鳃鳗、雷氏七鳃鳗、施氏鲟、鳇、哲罗鲑、乌苏里白鲑、黑龙江茴鱼和怀头鲇为中国易危种；日本七鳃鳗、雷氏七鳃鳗、大麻哈鱼、哲罗鲑、细鳞鲑、乌苏里白鲑、卡达白鲑、黑龙江茴鱼、下游黑龙江茴鱼、池沼公鱼、亚洲公鱼、黑斑狗鱼、真鳑、拉氏鳑、瓦氏雅罗鱼、拟赤梢鱼、平口鮈、北鳅、北方须鳅、黑龙江花鳅、北方花鳅、江鳕、九棘刺鱼、黑龙江中杜父鱼和杂色杜父鱼为冷水种，占 25.77%；彩石鳑鲏、方氏鳑鲏、凌源鮈、辽宁棒花鱼、拉林棒花鱼、大鳞副泥鳅、东北颌须鮈、银鮈、黄黝鱼和波氏吻鰕虎鱼为中国特有种。此外，黑龙江省地方重点保护野生动物名录所列鱼类有 71 种。

2. 种类组成

黑龙江水系河流鱼类群落中，鲤形目 67 种、鲑形目 14 种、鲈形目 9 种、鲇形目 6 种、七鳃鳗目 3 种，分别占 63.21%、13.21%、8.49%、5.66%及 2.83%；鲟形目和鲉形目均 2 种，各占 1.89%；鳉形目、鳕形目和刺鱼目均 1 种，各占 0.94%。科级分类单元中，鲤科 59 种、鲑科 9 种、鳅科 8 种、鲿科 4 种、七鳃鳗科 3 种，分别占 55.66%、8.49%、7.55%、3.77%及 2.83%；鲟科、银鱼科、胡瓜鱼科、鲇科、塘鳢科、鲈科、鰕虎鱼科和杜父鱼科均 2 种，各占 1.89%；狗鱼科、鮨科、斗鱼科、鳢科、鳕科、青鳉科和刺鱼科均 1 种，各占 0.94%。

3. 区系生态类群

黑龙江水系河流土著鱼类群落，除大麻哈鱼外，其余由 7 个区系生态类群构成。

1）江河平原区系生态类群：中华细鲫、青鱼、草鱼、鲢、鳡、马口鱼、2 种原鲌、4 种鲌、鳊、鲂、4 种鳌、2 种鲴、2 种鳎、蛇鮈、2 种银鮈、2 种鳈、3 种棒花鱼、潘氏鳅鮀、花斑副沙鳅和鳜，占 34.38%。

2）北方平原区系生态类群：瓦氏雅罗鱼、拟赤梢鱼、湖鳑、拉氏鳑、花江鳑、尖头鳑、4 种鮈、突吻鮈、条纹似白鮈、平口鮈、东北颌须鮈、北鳅、北方须鳅、2 种花鳅、黑斑狗鱼和 2 种吻鰕虎鱼，占 21.88%。

3）新近纪区系生态类群：3 种七鳃鳗、施氏鲟、鳇、鲤、银鲫、赤眼鳟、麦穗鱼、3 种鳑鲏、2 种鱊、2 种泥鳅、大鳞副泥鳅和 2 种鲇，占 19.79%。

4）北方山地区系生态类群：哲罗鲑、细鳞鲑、2 种黑龙江茴鱼、2 种杜父鱼和真鱥，占 7.29%。

5）热带平原区系生态类群：中华青鳉、乌鳢、圆尾斗鱼、2 种黄颡鱼、黄黝鱼、乌苏拟鲿、纵带鮠和葛氏鲈塘鳢，占 9.38%。

6）北极淡水区系生态类群：白斑红点鲑、2 种公鱼、2 种白鲑和江鳕，占 6.25%。

7）北极海洋区系生态类群：九棘刺鱼，占 1.04%。

以上北方区系生态类群 35 种，占 36.46%。

表 5-13　东北平原湖泊沼泽群与黑龙江水系河流鱼类物种组成

种类	a	b
一、七鳃鳗目 Petromyzoniformes		
（一）七鳃鳗科 Petromyzonidae		
1. 雷氏七鳃鳗 *Lampetra reissneri**	+	
2. 东北七鳃鳗 *Lampetra morii*	+	
3. 日本七鳃鳗 *Lampetra japonica**	+	
二、鲟形目 Acipenseriformes		
（二）鲟科 Acipenseridae		
4. 施氏鲟 *Acipenser schrenckii**	+	
5. 鳇 *Huso dauricus**	+	
三、鲑形目 Salmoniformes		
（三）鲑科 Salmonidae		
6. 虹鳟 *Oncorhynchus mykiss*▲	+	
7. 大麻哈鱼 *Oncorhynchus keta**	+	
8. 白斑红点鲑 *Salvelinus leucomaenis*	+	
9. 哲罗鲑 *Hucho taimen**	+	
10. 细鳞鲑 *Brachymystax lenok**	+	+
11. 乌苏里白鲑 *Coregonus ussuriensis**	+	
12. 卡达白鲑 *Coregonus chadary**	+	
13. 黑龙江茴鱼 *Thymallus arcticus**	+	+
14. 下游黑龙江茴鱼 *Thymallus tugarinae*	+	
（四）银鱼科 Salangidae		
15. 大银鱼 *Protosalanx hyalocranius*▲	+	+
16. 太湖新银鱼 *Neosalanx taihuensis*▲	+	
（五）胡瓜鱼科 Osmeridae		
17. 池沼公鱼 *Hypomesus olidus**	+	
18. 亚洲公鱼 *Hypomesus transpacificus nipponensis**	+	+
（六）狗鱼科 Esocidae		
19. 黑斑狗鱼 *Esox reicherti**	+	+
四、鲤形目 Cypriniformes		
（七）鲤科 Cyprinidae		
20. 马口鱼 *Opsariichthys bidens**	+	+
21. 中华细鲫 *Aphyocypris chinensis*	+	
22. 瓦氏雅罗鱼 *Leuciscus waleckii waleckii*	+	+
23. 拟赤梢鱼 *Pseudaspius leptocephalus**	+	
24. 青鱼 *Mylopharyngodon piceus**	+	▲
25. 草鱼 *Ctenopharyngodon idella**	+	▲
26. 湖拟鲤 *Rutilus lacustris*▲	+	
27. 鳡 *Elopichthys bambusa**	+	+
28. 拉氏鱥 *Phoxinus lagowskii**	+	+
29. 真鱥 *Phoxinus phoxinus**	+	+
30. 湖鱥 *Phoxinus percnurus**	+	+
31. 花江鱥 *Phoxinus czekanowskii**	+	+
32. 尖头鱥 *Phoxinus oxycephalus*	+	
33. 赤眼鳟 *Squaliobarbus curriculus**	+	+
34. 鳊 *Parabramis pekinensis**	+	+
35. 鲂 *Megalobrama skolkovii**	+	

续表

种类	a	b	种类	a	b
36. 团头鲂 *Megalobrama amblycephala*▲	+	+	72. 犬首𬶋 *Gobio cynocephalus**	+	+
37. 䱗 *Hemiculter leucisculus**	+	+	73. 细体𬶋 *Gobio tenuicorpus**	+	+
38. 贝氏䱗 *Hemiculter bleekeri**	+	+	74. 高体𬶋 *Gobio soldatovi**	+	+
39. 兴凯䱗 *Hemiculter lucidus lucidus*	+	+	75. 鲤 *Cyprinus carpio**	+	+
40. 蒙古䱗 *Hemiculter lucidus warpachowsky*	+		76. 银鲫 *Carassius auratus gibelio**	+	+
41. 红鳍原鲌 *Cultrichthys erythropterus**	+	+	77. 鲢 *Hypophthalmichthys molitrix**	+	▲
42. 扁体原鲌 *Cultrichthys compressocorpus*	+	+	78. 鳙 *Aristichthys nobilis*▲	+	+
43. 蒙古鲌 *Culter mongolicus mongolicus**	+	+	79. 潘氏鳅鮀 *Gobiobotia pappenheimi**	+	
44. 翘嘴鲌 *Culter alburnus**	+	+	（八）鳅科 Cobitidae		
45. 达氏鲌 *Culter dabryi*	+	+	80. 北方须鳅 *Barbatula barbatula nuda**	+	
46. 尖头鲌 *Culter oxycephalus*	+		81. 北鳅 *Lefua costata*	+	
47. 兴凯鲌 *Culter dabryi shinkainensis*		+	82. 黑龙江花鳅 *Cobitis lutheri**	+	+
48. 银鲴 *Xenocypris argentea**	+	+	83. 北方花鳅 *Cobitis granoci**	+	
49. 细鳞鲴 *Xenocypris microleps**	+	+	84. 黑龙江泥鳅 *Misgurnus mohoity**	+	+
50. 似鳊 *Pseudobrama simoni*▲	+		85. 北方泥鳅 *Misgurnus bipartitus*	+	+
51. 大鳍鱊 *Acheilognathus macropterus**	+	+	86. 大鳞副泥鳅 *Paramisgurnus dabryanus*	+	
52. 兴凯鱊 *Acheilognathus chankaensis**	+	+	87. 花斑副沙鳅 *Parabotia fasciata*	+	+
53. 黑龙江鳑鲏 *Rhodeus sericeus**	+	+	五、鲇形目 Siluriformes		
54. 彩石鳑鲏 *Rhodeus lighti*	+	+	（九）鲿科 Bagridae		
55. 方氏鳑鲏 *Rhodeus fangi*	+		88. 黄颡鱼 *Pelteobagrus fulvidraco**	+	+
56. 花䱻 *Hemibarbus maculatus**	+	+	89. 光泽黄颡鱼 *Pelteobagrus nitidus**	+	+
57. 唇䱻 *Hemibarbus laboe**	+	+	90. 乌苏拟鲿 *Pseudobagrus ussuriensis**	+	+
58. 条纹似白𬶋 *Paraleucogobio strigatus**	+	+	91. 纵带鮠 *Leiocassis argentivittatus**	+	
59. 麦穗鱼 *Pseudorasbora parva**	+	+	（十）鲇科 Siluridae		
60. 棒花鱼 *Abbottina rivularis**	+	+	92. 怀头鲇 *Silurus soldatovi**	+	+
61. 辽宁棒花鱼 *Abbottina liaoningensis*	+		93. 鲇 *Silurus asotus**	+	+
62. 拉林棒花鱼 *Abbottina lalinensis*	+		六、鲈形目 Perciformes		
63. 突吻𬶋 *Rostrogobio amurensis**	+	+	（十一）鮨科 Serranidae		
64. 蛇𬶋 *Saurogobio dabryi**	+	+	94. 鳜 *Siniperca chuatsi**	+	+
65. 平口𬶋 *Ladislavia taczanowskii**	+	+	95. 斑鳜 *Siniperca Scherzeri*		▲
66. 东北颌须𬶋 *Gnathopogon mantschuricus**	+	+	（十二）塘鳢科 Eleotridae		
67. 银𬶋 *Squalidus argentatus**	+	+	96. 葛氏鲈塘鳢 *Perccottus glehni**	+	+
68. 兴凯银𬶋 *Squalidus chankaensis**	+	+	97. 黄黝鱼 *Hypseleotris swinhonis*	+	+
69. 东北鳈 *Sarcocheilichthys lacustris**	+	+	（十三）鲈科 Percidae		
70. 克氏鳈 *Sarcocheilichthys czerskii*	+	+	98. 梭鲈 *Lucioperca lucioperca*▲	+	+
71. 凌源𬶋 *Gobio lingyuanensis**	+	+	99. 河鲈 *Perca fluviatilis*▲	+	

续表

种类	a	b	种类	a	b
（十四）鰕虎鱼科 Gobiidae			105. 黑龙江中杜父鱼 *Mesocottus haitej**	+	
100. 褐吻鰕虎鱼 *Rhinogobius brunneus*	+		八、鳕形目 Gadiformes		
101. 波氏吻鰕虎鱼 *Rhinogobius cliffordpopei*	+		（十八）鳕科 Gadidae		
（十五）斗鱼科 Belontiidae			106. 江鳕 *Lota lota**	+	+
102. 圆尾斗鱼 *Macropodus chinensis*	+	+	九、鳉形目 Cyprinodontiformes		
（十六）鳢科 Channidae			（十九）青鳉科 Oryziatidae		
103. 乌鳢 *Channa argus**	+	+	107. 中华青鳉 *Oryzias latipes sinensis*	+	
七、鲉形目 Scorpaeniformes			十、刺鱼目 Gasterosteiformes		
（十七）杜父鱼科 Cottidae			（二十）刺鱼科 Gasterosteidae		
104. 杂色杜父鱼 *Cottus poecilopus*	+		108. 九棘刺鱼 *Pungitius pungitius**	+	

注：a. 黑龙江水系河流，b. 东北平原湖泊沼泽群。＊代表黑龙江省地方重点保护野生动物名录所列物种

5.3.3.2 鱼类多样性比较

东北平原湖泊沼泽群鱼类物种组成参见 5.2.3.1，并将其列入表 5-13 以便于比较。

1. 物种多样性

东北平原湖泊沼泽群与黑龙江水系河流鱼类群落的共有种为 5 目 14 科 48 属 68 种。其中，移入种 3 目 3 科 4 属 4 种（鳙、团头鲂、大银鱼和梭鲈）；土著种 5 目 12 科 44 属 64 种，包括马口鱼、瓦氏雅罗鱼、青鱼、草鱼、鲢、赤眼鳟、真鲅、湖鲅、拉氏鲅、花江鲅、凌源鮈、犬首鮈、细体鮈、高体鮈、鳡、鳊、䱗、贝氏䱗、兴凯䱗、红鳍原鲌、扁体原鲌、蒙古鲌、翘嘴鲌、达氏鲌、银鲴、细鳞鲴、黑龙江鳑鲏、彩石鳑鲏、大鳍鱊、兴凯鱊、花䱻、唇䱻、棒花鱼、麦穗鱼、突吻鮈、蛇鮈、银鮈、兴凯银鮈、条纹似白鮈、平口鮈、东北颌须鮈、东北鳈、克氏鳈、鲤、银鲫、花斑副沙鳅、黑龙江花鳅、黑龙江泥鳅、北方泥鳅、细鳞鲑、黑龙江茴鱼、黑斑狗鱼、亚洲公鱼、鳜、圆尾斗鱼、葛氏鲈塘鳢、黄黝鱼、乌鳢、乌苏拟鲿、黄颡鱼、光泽黄颡鱼、鲇、怀头鲇和江鳕。其中，东北平原湖泊沼泽群的青鱼、草鱼和鲢为移入种。

黑龙江水系河流鱼类群落的独有种为 9 目 13 科 32 属 38 种。其中，移入种 3 目 4 科 5 属 5 种，包括虹鳟、太湖新银鱼、似鳊、河鲈和湖拟鲤；土著鱼类 9 目 11 科 28 属 33 种，包括 3 种七鳃鳗、施氏鲟、鳇、大麻哈鱼、白斑红点鲑、哲罗鲑、2 种白鲑、下游黑龙江茴鱼、池沼公鱼、中华细鲫、拟赤梢鱼、尖头鲅、鲂、蒙古䱗、尖头鲌、方氏鳑鲏、辽宁棒花鱼、拉林棒花鱼、潘氏鳅鮀、北鳅、北方须鳅、北方花鳅、大鳞副泥鳅、纵带鮠、2 种鰕虎鱼、2 种杜父鱼、中华青鳉和九棘刺鱼。

仅见于东北平原湖泊沼泽群的鱼类物种包括土著种兴凯鲌和移入种斑鳜。

2. 种类组成

东北平原湖泊沼泽群与黑龙江水系河流鱼类群落中，鲤形目均为最大类群，所占比例湖泊沼泽群高于黑龙江水系河流（分别为 74.29%及 63.21%）。居第二位的，东北平原湖

泊沼泽群为鲈形目，所占比例高于黑龙江水系河流（分别为 10%及 8.49%）；黑龙江水系河流为鲑形目，所占比例高于东北平原湖泊沼泽群（分别为 13.21%及 7.14%）。东北平原湖泊沼泽群鱼类群落缺少七鳃鳗目、鲟形目、鲉形目、鳉形目和刺鱼目的物种。

科级分类单元中，东北平原湖泊沼泽群与黑龙江水系河流均以鲤科为最大类群，所占比例前者高于后者（分别为 68.57%及 56.66%）。居第二位的，东北平原湖泊沼泽群为鳅科，所占比例略低于黑龙江水系河流（分别为 5.71%及 7.55%）；黑龙江水系河流为鲑科，所占比例高于东北平原湖泊沼泽群（分别为 8.49%及 2.83%）。东北平原湖泊沼泽群缺少七鳃鳗科、鲟科、鰕虎鱼科、杜父鱼科、青鳉科和刺鱼科的物种。

3. 区系生态类群

东北平原湖泊沼泽群与黑龙江水系河流鱼类区系成分中，都包括江河平原、北方平原、新近纪、北方山地、热带平原和北极淡水区系生态类群；黑龙江水系河流还有北极海洋区系生态类群（九棘刺鱼）。

1）江河平原区系生态类群：马口鱼、鳡、鳊、䱗、贝氏䱗、兴凯䱗、2 种原鲌、蒙古鲌、翘嘴鲌、达氏鲌、银鲴、细鳞鲴、花䱻、唇䱻、棒花鱼、蛇𬶋、2 种银𬶋、2 种鳈、花斑副沙鳅和鳜为共有种。除此之外，东北平原湖泊沼泽群还有兴凯鲌；黑龙江水系河流还有中华细鲫、青鱼、草鱼、鲢、尖头鲌、鲂、蒙古䱗、辽宁棒花鱼、拉林棒花鱼和潘氏鳅鮀。所占比例东北平原湖泊沼泽群略高于黑龙江水系河流（分别为 38.71%及 34.38%）。类群群落关联系数为 0.676，显示关联性程度较高。

2）北方平原区系生态类群：东北平原湖泊沼泽群的 14 种（黑斑狗鱼、瓦氏雅罗鱼、湖鲹、拉氏鲹、花江鲹、凌源𬶋、犬首𬶋、细体𬶋、高体𬶋、突吻𬶋、条纹似白𬶋、平口𬶋、东北颌须𬶋和黑龙江花鳅）全部为共有种。黑龙江水系河流还有拟赤梢鱼、尖头鲹、北鳅、北方须鳅、北方花鳅和 2 种吻鰕虎鱼。所占比例相差不大，东北平原湖泊沼泽群略高于黑龙江水系河流（分别为 22.58%及 21.88%）。类群群落关联系数为 0.667，显示关联性程度较高。

3）新近纪区系生态类群：东北平原湖泊沼泽群的 12 种（鲤、银鲫、赤眼鳟、黑龙江鳑鲏、彩石鳑鲏、大鳍鱊、兴凯鱊、麦穗鱼、黑龙江泥鳅、北方泥鳅、鲇和怀头鲇）全部为共有种。此外，黑龙江水系河流还有 3 种七鳃鳗、施氏鲟、鳇、方氏鳑鲏和大鳞副泥鳅。所占比例东北平原湖泊沼泽群与黑龙江水系河流基本一致（分别为 19.79%及 19.35%）。类群群落关联系数为 0.632，显示关联性程度较高。

4）北方山地区系生态类群：东北平原湖泊沼泽群的 3 种（细鳞鲑、黑龙江茴鱼和真鲹）全部为共有种；黑龙江水系河流还有哲罗鲑、下游黑龙江茴鱼和 2 种杜父鱼。所占比例黑龙江水系河流高于东北平原湖泊沼泽群（分别为 7.29%及 4.84%）。类群群落关联系数为 0.429，显示关联性程度较低。

5）热带平原区系生态类群：东北平原湖泊沼泽群的 7 种（圆尾斗鱼、葛氏鲈塘鳢、黄黝鱼、乌鳢、乌苏拟鲿和 2 种黄颡鱼）全部为共有种；黑龙江水系河流还有中华青鳉和纵带鮠。所占比例东北平原湖泊沼泽群高于黑龙江水系河流（分别为 11.29%及 9.38%）。类群群落关联系数为 0.778，显示关联性程度极高。

6）北极淡水区系生态类群：东北平原湖泊沼泽群由江鳕和亚洲公鱼构成，且为共有种；黑龙江水系河流还有白斑红点鲑、池沼公鱼、乌苏里白鲑和卡达白鲑。所占比例黑龙江水系河流高于东北平原湖泊沼泽群（分别为 6.25%及 3.23%）。类群群落关联系数为 0.333，显示关联性程度较低。

北方区系生态类群物种数，黑龙江水系河流远多于东北平原湖泊沼泽群（分别为 35 种和 19 种），所占比例前者也高于后者（分别为 36.46%及 30.65%）。

4. 保护物种与濒危物种

中国易危种黑龙江茴鱼和怀头鲇为东北平原湖泊沼泽群和黑龙江水系河流的共有种。此外，黑龙江水系河流还有中国易危种日本七鳃鳗、雷氏七鳃鳗、施氏鲟、鳇、哲罗鲑和乌苏里白鲑。

东北平原湖泊沼泽群与黑龙江水系河流均分布有黑龙江省地方重点保护野生动物名录所列土著鱼类物种 5 目 11 科 37 属 51 种（参见 5.3.3.2）；仅分布于黑龙江水系河流的有 8 目 9 科 18 属 20 种，包括雷氏七鳃鳗、日本七鳃鳗、施氏鲟、鳇、大麻哈鱼、哲罗鲑、乌苏里白鲑、卡达白鲑、池沼公鱼、鲂、拟赤梢鱼、青鱼、草鱼、鲢、潘氏鳅鮀、北方须鳅、北方花鳅、纵带鮠、黑龙江中杜父鱼和九棘刺鱼。尚未发现东北平原湖泊沼泽群独有的地方保护物种。

5. 冷水种

黑龙江水系河流冷水种数远多于东北平原湖泊沼泽群（分别为 25 种和 10 种）；东北平原湖泊沼泽群的 10 种（细鳞鲑、黑龙江茴鱼、亚洲公鱼、黑斑狗鱼、拉氏鲅、真鲅、瓦氏雅罗鱼、平口鮈、黑龙江花鳅和江鳕）全部为共有种；黑龙江水系河流的日本七鳃鳗、雷氏七鳃鳗、大麻哈鱼、哲罗鲑、2 种白鲑、下游黑龙江茴鱼、池沼公鱼、拟赤梢鱼、北鳅、北方须鳅、北方花鳅、九棘刺鱼和 2 种杜父鱼未见于湖泊沼泽群。冷水种所占比例黑龙江水系河流明显高于东北平原湖泊沼泽群（分别为 25.77%及 16.13%）。冷水种群落的关联系数为 0.4，显示关联性程度较低。

6. 群落关联性

东北平原湖泊沼泽群与黑龙江水系河流鱼类群落的关联系数为 0.630，显示关联性程度较高。这表明东北平原湖泊沼泽群的鱼类多样性与黑龙江水系河流密切相关。

5.3.4 东北平原与毗邻河流水系

5.3.4.1 与辽河水系的比较

1. 辽河水系河流鱼类多样性概况

（1）物种多样性　辽河水系的主要河流包括辽河干流中下游、东辽河、西辽河、支流浑河、太子河及清河等。综合文献[2]、[19]、[202]～[204]，得出辽河水系河流鱼类物种 13 目 30 科 85 属 117 种，包括纯淡水鱼类、洄游型鱼类（溯河洄游与降海洄游）、河口型鱼类及偶尔进入河口的海洋性鱼类 4 个生态类型。其中，内陆鱼类物种（内陆水域鱼类、洄游型鱼类、陆封种和引入种[19]）9 目 17 科 64 属 87 种，包括移入种 3 目 3 科 10 属 11 种（虹鳟、青鱼、草鱼、鳡、团头鲂、翘嘴鲌、达氏鲌、细鳞鲴、似鳊、鳙及鳜）和土著鱼类 9 目 16 科 58 属 76 种（表 5-14）。

辽河水系河流内陆土著鱼类中，包括冷水种细鳞鲑、大银鱼、雷氏七鳃鳗、拉氏鲅、瓦氏雅罗鱼、北鳅、北方须鳅、北方花鳅、杂色杜父鱼和九棘刺鱼（占 13.16%），中国易危种雷氏七鳃鳗和怀头鲇，中国特有种达氏鲌、彩石鳑鲏、似刺鳊鮈、黑鳍鳈、抚顺鮈、银鮈、亮银鮈、清徐胡鮈、辽宁棒花鱼、辽宁突吻鮈、长蛇鮈、大鳞副泥鳅、鸭绿沙塘鳢、黄黝鱼和波氏吻鰕虎鱼（占东北地区中国特有种数的 62.5%）。

（2）种类组成　辽河水系河流内陆鱼类群落中，鲤形目 62 种、鲈形目 10 种、鲇形目 5 种、鲑形目 3 种，分别占 71.26%、11.49%、5.75%及 3.45%；七鳃鳗目和合鳃鱼目均 2 种，各占 2.30%；鲉形目、鳉形目和刺鱼目均 1 种，各占 1.15%。科级分类单元中，鲤科 55 种、鳅科 7 种，分别占 63.22%及 8.05%；鲿科、塘鳢科和鰕虎鱼科均 3 种，各占 3.45%；七鳃鳗科、鲑科、鲇科和鮨科均 2 种，各占 2.30%；银鱼科、斗鱼科、鳢科、杜父鱼科、青鳉科、刺鱼科、合鳃鱼科和刺鳅科均 1 种，各占 1.15%。

（3）区系生态类群　辽河水系河流内陆土著鱼类群落中，除河口型鱼类大银鱼以外，其余由 6 个区系生态类群构成。

1）江河平原区系生态类群：鲢、中华细鲫、宽鳍鱲、马口鱼、红鳍原鲌、鳊、鲂、银飘鱼、似稣、2 种䱗、银鲴、3 种䱻、似鮈、2 种蛇鮈、3 种银鮈、黑鳍鳈、清徐胡鮈、2 种棒花鱼、似刺鳊鮈、潘氏鳅鮀、花斑副沙鳅和斑鳜，占 38.67%。

2）北方平原区系生态类群：瓦氏雅罗鱼、拉氏鲅、尖头鲅、细体鮈、抚顺鮈、2 种突吻鮈、条纹似白鮈、北鳅、北方须鳅、北方花鳅和 3 种吻鰕虎鱼，占 18.67%。

3）新近纪区系生态类群：2 种七鳃鳗、鲤、鲫、赤眼鳟、麦穗鱼、3 种鳑鲏、4 种鱊、2 种泥鳅、大鳞副泥鳅和 2 种鲇，占 24%。

4）北方山地区系生态类群：细鳞鲑和杂色杜父鱼，占 2.67%。

5）热带平原区系生态类群：中华青鳉、乌鳢、圆尾斗鱼、3 种鲿科鱼类、3 种塘鳢科鱼类、黄鳝和刺鳅，占 14.67%。

6）北极海洋区系生态类群：九棘刺鱼，占 1.33%。

以上北方区系生态类群 17 种，占 22.67%。

2. 鱼类多样性比较

（1）物种多样性　东北平原湖泊沼泽群与辽河水系河流内陆鱼类群落的共有种为 4 目 10 科 37 属 47 种。其中，移入种 1 目 1 科 4 属 4 种，包括青鱼、草鱼、团头鲂和鳙；土著种 4 目 10 科 33 属 43 种，包括细鳞鲑、大银鱼、马口鱼、瓦氏雅罗鱼、鳡、拉氏鲅、赤眼鳟、鳊、䱗、贝氏䱗、红鳍原鲌、翘嘴鲌、达氏鲌、银鲴、细鳞鲴、大鳍鱊、兴凯鱊、黑龙江鳑鲏、彩石鳑鲏、花䱻、唇䱻、条纹似白鮈、麦穗鱼、棒花鱼、蛇鮈、银鮈、兴凯银鮈、细体鮈、鲤、鲢、北方泥鳅、花斑副沙鳅、黄颡鱼、光泽黄颡鱼、乌苏拟鲿、鲇、怀头鲇、鳜、斑鳜、葛氏鲈塘鳢、黄黝鱼、圆尾斗鱼和乌鳢。东北平原湖泊沼泽群的大银鱼、鲢和斑鳜，辽河水系河流的鳡、翘嘴鲌、达氏鲌、细鳞鲴和鳜为移入种。

表 5-14 东北平原湖泊沼泽群与毗邻河流水系鱼类物种组成

种类	东北平原湖泊沼泽群	辽河水系	图们江水系	鸭绿江水系	绥芬河水系
一、七鳃鳗目 Petromyzoniformes					
（一）七鳃鳗科 Petromyzonidae					
1. 雷氏七鳃鳗 *Lampetra reissneri*		+			+
2. 东北七鳃鳗 *Lampetra morii*		+		+	
3. 日本七鳃鳗 *Lampetra japonica*			+		+
二、鲑形目 Salmoniformes					
（二）鲑科 Salmonidae					
4. 虹鳟 *Oncorhynchus mykiss*▲		+			
5. 大麻哈鱼 *Oncorhynchus keta*			+		+
6. 马苏大麻哈鱼 *Oncorhynchus masou*			+		+
7. 陆封型马苏大麻哈鱼 *Oncorhynchus masou masou*			+		+
8. 驼背大麻哈鱼 *Oncorhynchus gorbuscha*			+		+
9. 花羔红点鲑 *Salvelinus malma*			+	+	+
10. 白斑红点鲑 *Salvelinus leucomaenis*			+		
11. 哲罗鲑 *Hucho taimen*					+
12. 石川哲罗鲑 *Hucho ishikawae*				+	
13. 细鳞鲑 *Brachymystax lenok*	+	+	+	+	+
14. 图们江细鳞鲑 *Brachymystax tumensis*			+		
15. 鸭绿江茴鱼 *Thymallus yaluensis*				+	
16. 黑龙江茴鱼 *Thymallus arcticus*	+				+
（三）银鱼科 Salangidae					
17. 大银鱼 *Protosalanx hyalocranius*	▲	+		+	
（四）胡瓜鱼科 Osmeridae					
18. 池沼公鱼 *Hypomesus olidus*					+
19. 亚洲公鱼 *Hypomesus transpacificus nipponensis*	+		+	+	
20. 胡瓜鱼 *Osmerus mordax*			+		
（五）香鱼科 Plecoglossidae					
21. 香鱼 *Plecoglossus altivelis*				+	
（六）狗鱼科 Esocidae					
22. 黑斑狗鱼 *Esox reicherti*	+				+
三、鲤形目 Cypriniformes					
（七）鲤科 Cyprinidae					
23. 宽鳍鱲 *Zacco platypus*		+		+	
24. 马口鱼 *Opsariichthys bidens*	+	+		+	
25. 中华细鲫 *Aphyocypris chinensis*		+		+	

续表

种类	东北平原湖泊沼泽群	辽河水系	图们江水系	鸭绿江水系	绥芬河水系
26. 瓦氏雅罗鱼 *Leuciscus waleckii waleckii*	+	+		+	+
27. 图们雅罗鱼 *Leuciscus waleckii tumensis*			+		+
28. 珠星三块鱼 *Tribolodon hakonensis*			+		+
29. 三块鱼 *Tribolodon brandti*			+		+
30. 青鱼 *Mylopharyngodon piceus*▲	+	+		+	
31. 草鱼 *Ctenopharyngodon idella*▲	+	+		+	+
32. 鳡 *Elopichthys bambusa*	+	▲			
33. 拉氏鲅 *Phoxinus lagowskii*	+	+	+		+
34. 真鲅 *Phoxinus phoxinus*	+		+		+
35. 图们鲅 *Phoxinus phoxinus tumensis*			+		
36. 湖鲅 *Phoxinus percnurus*	+		+	+	+
37. 斑鳍鲅 *Phoxinus kumkang*				+	
38. 花江鲅 *Phoxinus czekanowskii*	+			+	+
39. 尖头鲅 *Phoxinus oxycephalus*		+	+		
40. 赤眼鳟 *Squaliobarbus curriculus*	+	+		▲	
41. 鳊 *Parabramis pekinensis*	+	+		+	
42. 鲂 *Megalobrama skolkovii*		+		+	
43. 团头鲂 *Megalobrama amblycephala*▲	+	+			
44. 银飘鱼 *Pseudolaubuca sinensis*		+			
45. 似鲚 *Toxabramis swinhonis*		+			
46. 𩾃 *Hemiculter leucisculus*	+	+	+	+	
47. 贝氏𩾃 *Hemiculter bleekeri*	+	+			
48. 兴凯𩾃 *Hemiculter lucidus lucidus*	+				
49. 红鳍原鲌 *Cultrichthys erythropterus*	+	+			
50. 扁体原鲌 *Cultrichthys compressocorpus*	+				
51. 蒙古鲌 *Culter mongolicus mongolicus*	+				
52. 翘嘴鲌 *Culter alburnus*	+	▲			
53. 达氏鲌 *Culter dabryi*	+	▲			
54. 兴凯鲌 *Culter dabryi shinkainensis*	+				
55. 银鲴 *Xenocypris argentea*	+	+			
56. 细鳞鲴 *Xenocypris microleps*	+	▲			
57. 似鳊 *Pseudobrama simoni*▲		+			
58. 大鳍鱊 *Acheilognathus macropterus*	+	+	+	+	
59. 短须鱊 *Acheilognathus barbatulus*		+			
60. 越南鱊 *Acheilognathus tonkinensis*		+			

续表

种类	东北平原湖泊沼泽群	辽河水系	图们江水系	鸭绿江水系	绥芬河水系
61. 兴凯鱊 *Acheilognathus chankaensis*	+	+			+
62. 革条副鱊 *Paracheilognathus himantegus*				+	
63. 高体鳑鲏 *Rhodeus ocellatus*		+			
64. 黑龙江鳑鲏 *Rhodeus sericeus*	+	+	+	+	+
65. 彩石鳑鲏 *Rhodeus lighti*	+	+			
66. 花䱻 *Hemibarbus maculates*	+	+		+	
67. 唇䱻 *Hemibarbus laboe*	+	+		+	
68. 长吻䱻 *Hemibarbus longirostris*		+		+	
69. 似刺鳊鮈 *Paracanthobrama guichenoti*		+			
70. 扁吻鮈 *Pungtungia herzi*				+	
71. 条纹似白鮈 *Paraleucogobio strigatus*	+	+		+	
72. 麦穗鱼 *Pseudorasbora parva*	+	+	+	+	+
73. 清徐胡鮈 *Huigobio chinssuensis*		+			
74. 棒花鱼 *Abbottina rivularis*	+	+	+	+	+
75. 辽宁棒花鱼 *Abbottina liaoningensis*		+		+	
76. 鸭绿小鳔鮈 *Microphysogobio yalunensis*				+	
77. 凌河小鳔鮈 *Microphysogobio lingheensis*		+			
78. 突吻鮈 *Rostrogobio amurensis*	+			+	
79. 辽河突吻鮈 *Rostrogobio liaoheensis*		+			
80. 似鮈 *Pseudogobio vaillanti*		+		+	
81. 长蛇鮈 *Saurogobio dumerili*		+			
82. 蛇鮈 *Saurogobio dabryi*	+	+			+
83. 平口鮈 *Ladislavia taczanowskii*	+			+	
84. 东北颌须鮈 *Gnathopogon mantschuricus*	+				
85. 银鮈 *Squalidus argentatus*	+	+			
86. 兴凯银鮈 *Squalidus chankaensis*	+	+			
87. 亮银鮈 *Squalidus nitens*		+			
88. 黑鳍鳈 *Sarcocheilichthys nigripinnis*		+		+	
89. 东北鳈 *Sarcocheilichthys lacustris*	+				
90. 克氏鳈 *Sarcocheilichthys czerskii*	+				+
91. 中鮈 *Mesogobio lachneri*				+	
92. 图们江中鮈 *Mesogobio tumenensis*			+		
93. 大头鮈 *Gobio macrocephalus*			+		+
94. 凌源鮈 *Gobio lingyuanensis*	+				
95. 犬首鮈 *Gobio cynocephalus*	+				

续表

种类	东北平原湖泊沼泽群	辽河水系	图们江水系	鸭绿江水系	绥芬河水系
96. 细体鮈 *Gobio tenuicorpus*	+	+			
97. 高体鮈 *Gobio soldatovi*	+			+	+
98. 抚顺鮈 *Gobio fushunensis*		+			
99. 鲤 *Cyprinus carpio*	+	+	+	+	+
100. 鲫 *Carassius auratus*		+		+	
101. 银鲫 *Carassius auratus gibelio*	+		+		+
102. 鲢 *Hypophthalmichthys molitrix*	▲	+		▲	▲
103. 鳙 *Aristichthys nobilis*▲	+	+		+	+
104. 潘氏鳅鮀 *Gobiobotia pappenheimi*		+		+	
（八）鳅科 Cobitidae					
105. 北方须鳅 *Barbatula barbatula nuda*		+	+	+	+
106. 北鳅 *Lefua costata*		+	+	+	+
107. 黑龙江花鳅 *Cobitis lutheri*	+		+		+
108. 北方花鳅 *Cobitis granoci*		+		+	+
109. 泥鳅 *Misgurnus anguillicaudatus*		+	+		
110. 黑龙江泥鳅 *Misgurnus mohoity*	+				+
111. 北方泥鳅 *Misgurnus bipartitus*	+	+			+
112. 大鳞副泥鳅 *Paramisgurnus dabryanus*		+			
113. 花斑副沙鳅 *Parabotia fasciata*	+	+			+
四、鲇形目 Siluriformes					
（九）鲿科 Bagridae					
114. 黄颡鱼 *Pelteobagrus fulvidraco*	+	+		+	+
115. 光泽黄颡鱼 *Pelteobagrus nitidus*	+	+			+
116. 乌苏拟鲿 *Pseudobagrus ussuriensis*	+	+		+	
（十）鲇科 Siluridae					
117. 怀头鲇 *Silurus soldatovi*	+	+			
118. 小背鳍鲇 *Silurus microdorsalis*				+	
119. 鲇 *Silurus asotus*	+	+		+	+
五、鲈形目 Perciformes					
（十一）鮨科 Serranidae					
120. 鳜 *Siniperca chuatsi*	+	▲			
121. 斑鳜 *Siniperca scherzeri*	▲	+		+	
（十二）塘鳢科 Eleotridae					
122. 葛氏鲈塘鳢 *Perccottus glehni*	+	+	+		+
123. 鸭绿沙塘鳢 *Odontobutis yaluensis*		+		+	
124. 黄黝鱼 *Hypseleotris swinhonis*	+	+		+	+

续表

种类	东北平原湖泊沼泽群	辽河水系	图们江水系	鸭绿江水系	绥芬河水系
（十三）鰕虎鱼科 Gobiidae					
125. 褐吻鰕虎鱼 *Rhinogobius brunneus*		+		+	+
126. 波氏吻鰕虎鱼 *Rhinogobius cliffordpopei*		+		+	
127. 子陵吻鰕虎鱼 *Rhinogobius giurinus*		+	+	+	
（十四）鲈科 Percidae					
128. 梭鲈 *Lucioperca lucioperca*▲	+				
（十五）斗鱼科 Belontiidae					
129. 圆尾斗鱼 *Macropodus chinensis*	+	+			
（十六）鳢科 Channidae					
130. 乌鳢 *Channa argus*	+	+		+	+
六、鲉形目 Scorpaeniformes					
（十七）杜父鱼科 Cottidae					
131. 杂色杜父鱼 *Cottus poecilopus*		+	+	+	
132. 克氏杜父鱼 *Cottus czerskii*			+		+
133. 图们江杜父鱼 *Cottus hangiongensis*			+		
134. 黑龙江中杜父鱼 *Mesocottus haitej*				+	
135. 松江鲈 *Trachidermus fasciatus*				+	
七、鳕形目 Gadiformes					
（十八）鳕科 Gadidae					
136. 江鳕 *Lota lota*	+				
八、鳉形目 Cyprinodontiformes					
（十九）青鳉科 Oryziatidae					
137. 中华青鳉 *Oryzias latipes sinensis*		+		+	
九、刺鱼目 Gasterosteiformes					
（二十）刺鱼科 Gasterosteidae					
138. 三刺鱼 *Gasterosteus aculeatus*			+		
139. 九棘刺鱼 *Pungitius pungitius*		+	+		+
十、合鳃鱼目 Synbranchiformes					
（二十一）合鳃鱼科 Synbranchidae					
140. 黄鳝 *Monopterus albus*		+		+	
（二十二）刺鳅科 Mastacembelidae					
141. 中华刺鳅 *Sinobdella sinensis*		+			

东北平原湖泊沼泽群的独有种为 4 目 7 科 17 属 23 种。其中，移入种 1 目 1 科 1 属 1 种，即梭鲈；土著种 3 目 6 科 16 属 22 种，包括黑龙江茴鱼、亚洲公鱼、黑斑狗鱼、真鳑、湖鳑、花江鳑、兴凯鱊、扁体原鲌、蒙古鲌、兴凯鲌、突吻鮈、平口鮈、东北颌须鮈、东北鳈、克氏鳈、凌源鮈、犬首鮈、高体鮈、银鲫、黑龙江花鳅、黑龙江泥鳅和江鳕。

辽河水系河流的独有种为 8 目 11 科 36 属 40 种。其中，移入种 2 目 2 科 2 属 2 种，包括似鳊和虹鳟；土著种 7 目 10 科 34 属 38 种，包括雷氏七鳃鳗、东北七鳃鳗、宽鳍鱲、中华细鲫、尖头鲹、鲂、银飘鱼、似鲚、短须鱊、越南鱊、高体鳑鲏、长吻䱻、似刺鳊鮈、清徐胡鮈、凌河小鳔鮈、辽宁棒花鱼、辽河突吻鮈、似鮈、长蛇鮈、亮银鮈、黑鳍鳈、抚顺鮈、鲫、潘氏鳅鮀、北方须鳅、北鳅、北方花鳅、泥鳅、大鳞副泥鳅、褐吻鰕虎鱼、波氏吻鰕虎鱼、子陵吻鰕虎鱼、鸭绿沙塘鳢、杂色杜父鱼、中华青鳉、九棘刺鱼、黄鳝和中华刺鳅。

（2）区系生态类群　东北平原湖泊沼泽群与辽河水系河流内陆鱼类群落的区系成分中，均包括江河平原、北方平原、新近纪、北方山地和热带平原区系生态类群。此外，前者还有北极淡水区系生态类群（江鳕和亚洲公鱼），后者还包括北极海洋区系生态类群（九棘刺鱼）。

（3）群落关联性　东北平原湖泊沼泽群与辽河水系河流内陆鱼类群落关联系数为 0.427，显示关联性程度较低。土著鱼类群落关联系数为 0.333，也表现为关联性程度较低。这表明东北平原湖泊沼泽群的鱼类多样性与辽河水系河流并无密切联系。

5.3.4.2　与图们江水系的比较

1. 图们江水系河流鱼类多样性概况

（1）物种多样性　综合文献[2]、[19]及[141]，得出图们江水系（中国侧）河流鱼类物种 8 目 12 科 34 属 44 种，包括纯淡水鱼类、河口型鱼类、洄游型鱼类和陆封型洄游型鱼类 4 个生态类型，其中内陆鱼类物种 6 目 9 科 28 属 39 种（表 5-14）。

图们江水系河流内陆鱼类物种均为土著种。其中包括中国易危种日本七鳃鳗，冷水种日本七鳃鳗、大麻哈鱼、马苏大麻哈鱼、陆封型马苏大麻哈鱼、驼背大麻哈鱼、花羔红点鲑、白斑红点鲑、细鳞鲑、图们江细鳞鲑、亚洲公鱼、胡瓜鱼、拉氏鲹、真鲹、珠星三块鱼、北方须鳅、北鳅、黑龙江花鳅、三刺鱼、九棘刺鱼、杂色杜父鱼、克氏杜父鱼及图们江杜父鱼（占 56.41%）。

（2）种类组成　图们江水系河流内陆鱼类群落中，鲤形目 21 种、鲑形目 10 种，分别占 53.85%及 25.64%；鲇形目 3 种，占 7.69%；鲈形目和刺鱼目均 2 种，各占 5.13%；七鳃鳗目 1 种，占 2.56%。科级分类单元中，鲤科 17 种、鲑科 8 种、鳅科 4 种、杜父鱼科 3 种，分别占 43.59%、20.51%、10.26%及 7.69%；胡瓜鱼科和刺鱼科均 2 种，各占 5.13%；七鳃鳗科、塘鳢科和鰕虎鱼科均 1 种，各占 2.56%。

（3）区系生态类群　图们江水系河流内陆鱼类群落中，除了 4 种大麻哈鱼外，其余由 7 个区系生态类群构成。

1）江河平原区系生态类群：䱗和棒花鱼，占 5.71%。

2）北方平原区系生态类群：图们雅罗鱼、2 种三块鱼、拉氏鲹、图们鲹、湖鲹、尖头鲹、图们中鮈、大头鮈、北鳅、北方须鳅、黑龙江花鳅和子陵吻鰕虎鱼，占 37.14%。

3）新近纪区系生态类群：日本七鳃鳗、鲤、银鲫、麦穗鱼、黑龙江鳑鲏、大鳍鱊和泥鳅，占 20%。

4）北方山地区系生态类群：2 种细鳞鲑、3 种杜父鱼和真鲹，占 17.14%。

5）热带平原区系生态类群：葛氏鲈塘鳢，占 2.86%。

6）北极淡水区系生态类群：2 种红点鲑和亚洲公鱼，占 8.57%。

7）北极海洋区系生态类群：2 种刺鱼和胡瓜鱼，占 8.57%。

以上北方区系生态类群 25 种，占 71.43%。

2. 鱼类多样性比较

（1）物种多样性 东北平原湖泊沼泽群与图们江水系河流内陆鱼类群落的共有种为 3 目 5 科 12 属 14 种。其均为土著种，包括细鳞鲑、亚洲公鱼、拉氏鲹、真鲹、湖鲹、鳘、大鳍鱊、黑龙江鳑鲏、麦穗鱼、棒花鱼、鲤、银鲫、黑龙江花鳅和葛氏鲈塘鳢。

东北平原湖泊沼泽群的独有种为 5 目 13 科 40 属 56 种。其中，移入种 3 目 4 科 8 属 8 种，包括大银鱼、青鱼、草鱼、团头鲂、鲢、鳙、斑鳜和梭鲈；土著种 5 目 11 科 33 属 48 种，包括黑龙江茴鱼、黑斑狗鱼、马口鱼、瓦氏雅罗鱼、鳡、花江鲹、赤眼鳟、鳊、贝氏鳘、兴凯鳘、红鳍原鲌、扁体原鲌、蒙古鲌、翘嘴鲌、达氏鲌、兴凯鲌、银鲴、细鳞鲴、兴凯鱊、彩石鳑鲏、花䱻、唇䱻、条纹似白鮈、突吻鮈、蛇鮈、银鮈、兴凯银鮈、平口鮈、东北颌须鮈、东北鳈、克氏鳈、凌源鮈、犬首鮈、细体鮈、高体鮈、黑龙江泥鳅、北方泥鳅、花斑副沙鳅、黄颡鱼、光泽黄颡鱼、乌苏拟鲿、鲇、怀头鲇、鳜、黄黝鱼、圆尾斗鱼、乌鳢和江鳕。

图们江水系河流的独有种为 6 目 8 科 16 属 25 种，包括日本七鳃鳗、大麻哈鱼、马苏大麻哈鱼、陆封型马苏大麻哈鱼、驼背大麻哈鱼、图们江细鳞鲑、花羔红点鲑、白斑红点鲑、胡瓜鱼、图们雅罗鱼、珠星三块鱼、三块鱼、图们鲹、尖头鲹、图们中鮈、大头鮈、北方须鳅、北鳅、泥鳅、子陵吻鰕虎鱼、杂色杜父鱼、克氏杜父鱼、图们江杜父鱼、三刺鱼和九棘刺鱼。

（2）区系生态类群 构成东北平原湖泊沼泽群土著鱼类群落的 6 个区系生态类群（江河平原、北方平原、新近纪、北方山地、热带平原和北极淡水区系生态类群），同时也见于图们江水系河流内陆鱼类群落。但图们江水系河流的北极海洋区系生态类群（2 种刺鱼和胡瓜鱼），则是东北平原湖泊沼泽群所没有的物种。

（3）群落关联性 东北平原湖泊沼泽群与图们江水系河流内陆鱼类群落的关联系数为 0.147，表现为关联性程度极低。其中，土著鱼类群落关联系数为 0.221，表现为关联性程度极低。这表明东北平原湖泊沼泽群的鱼类多样性与图们江水系河流的鱼类组成关系不大。

5.3.4.3 与鸭绿江水系的比较

1. 鸭绿江水系河流鱼类多样性概况

（1）物种多样性 综合文献[2]、[19]及[141]，得出鸭绿江水系（中国侧）河流鱼类物种 13 目 31 科 86 属 106 种，包括纯淡水鱼类、洄游型鱼类、陆封型洄游型鱼类、河口型鱼类及偶然进入河口的海洋性鱼类 5 个生态类型。其中，内陆鱼类物种 8 目 16 科 55 属 63 种，包括移入种 1 目 1 科 5 属 5 种（青鱼、草鱼、赤眼鳟、鲢及鳙）和土著鱼类 8 目 16 科 50 属 58 种（表 5-14）。

鸭绿江水系河流内陆土著鱼类中，淞江鲈同为国家Ⅱ级重点保护水生野生动物松江鲈和《中国濒危动物红皮书·鱼类》所列濒危物种（下称“中国濒危种”）；香鱼为中国易危种；花羔红点鲑、鸭绿江茴鱼、石川哲罗鲑、细鳞鲑、亚洲公鱼、瓦氏雅罗鱼、北鳅、北方须鳅、北方花鳅、杂色杜父鱼、黑龙江中杜父鱼和松江鲈为冷水种，占 20.69%；革条副鱊、黑鳍鳈、辽宁棒花鱼、鸭绿沙塘鳢、黄黝鱼和波氏吻虾虎鱼为中国特有种。

（2）种类组成　鸭绿江水系河流内陆鱼类群落中，鲤形目 39 种，占 61.90%；鲑形目和鲈形目均 7 种，各占 11.11%；鲇形目 4 种、鲉形目 3 种，分别占 6.35%及 4.76%；七鳃鳗目、鳉形目和合鳃鱼目均 1 种，各占 1.59%。科级分类单元中，鲤科 36 种、鲑科 4 种，分别占 57.14%及 6.35%；鳅科、虾虎鱼科和杜父鱼科均 3 种，各占 4.76%；鮠科、鲇科和塘鳢科均 2 种，各占 3.17%；七鳃鳗科、银鱼科、胡瓜鱼科、香鱼科、鮨科、鳢科、青鳉科和合鳃鱼科均 1 种，各占 1.59%。

（3）区系生态类群　鸭绿江水系河流内陆土著鱼类群落中，除了陆封型洄游型香鱼和洄游型松江鲈、大银鱼以外，其余由 6 个区系生态类群构成。

1）江河平原区系生态类群：中华细鲫、宽鳍鱲、马口鱼、鳊、鲂、鳘、3 种䱻、似鮈、黑鳍鳈、2 种棒花鱼、潘氏鳅鮀和斑鳜，占 27.27%。

2）北方平原区系生态类群：瓦氏雅罗鱼、3 种鳑、中鮈、高体鮈、突吻鮈、条纹似白鮈、平口鮈、扁吻鮈、鸭绿小鳔鮈、北鳅、北方须鳅、北方花鳅、小背鳍鲇和 3 种吻虾虎鱼，占 32.73%。

3）新近纪区系生态类群：东北七鳃鳗、鲤、鲫、麦穗鱼、黑龙江鳑鲏、大鳍鱊、革条副鱊和鲇，占 14.55%。

4）北方山地区系生态类群：鸭绿江茴鱼、石川哲罗鲑、细鳞鲑和 2 种杜父鱼，占 9.09%。

5）热带平原区系生态类群：中华青鳉、乌鳢、黄黝鱼、鸭绿沙塘鳢、黄颡鱼、乌苏拟鲿和黄鳝，占 12.73%。

6）北极淡水区系生态类群：花羔红点鲑和亚洲公鱼，占 3.64%。

以上北方区系生态类群 25 种，占 45.45%。

2. 鱼类多样性比较

（1）物种多样性　东北平原湖泊沼泽群与鸭绿江水系河流内陆鱼类群落的共有种为 4 目 9 科 29 属 31 种。其中，移入种 1 目 1 科 4 属 4 种，包括青鱼、草鱼、鲢和鳙；土著种 4 目 9 科 25 属 27 种，包括细鳞鲑、亚洲公鱼、大银鱼、马口鱼、瓦氏雅罗鱼、湖鳑、花江鳑、赤眼鳟、鳊、鳘、大鳍鱊、黑龙江鳑鲏、花䱻、唇䱻、条纹似白鮈、麦穗鱼、棒花鱼、突吻鮈、平口鮈、高体鮈、鲤、黄颡鱼、乌苏拟鲿、鲇、斑鳜、黄黝鱼、乌鳢。东北平原湖泊沼泽群的斑鳜和大银鱼，鸭绿江水系河流的赤眼鳟为移入种。

东北平原湖泊沼泽群的独有种为 5 目 11 科 27 属 39 种。其中，移入种 2 目 2 科 2 属 2 种，包括团头鲂和梭鲈；土著鱼类 5 目 10 科 25 属 37 种，包括黑龙江茴鱼、黑斑狗鱼、鳡、拉氏鳑、真鳑、贝氏鳘、兴凯鳘、红鳍原鲌、扁体原鲌、蒙古鲌、翘嘴鲌、达氏鲌、兴凯鲌、银鲴、细鳞鲴、兴凯鱊、彩石鳑鲏、蛇鮈、银鮈、兴凯银鮈、东北颌须鮈、东北鳈、克氏鳈、凌源鮈、犬首鮈、细体鮈、银鲫、黑龙江花鳅、黑龙江泥鳅、北方泥鳅、花斑副沙鳅、光泽黄颡鱼、怀头鲇、鳜、葛氏鲈塘鳢、圆尾斗鱼和江鳕。

鸭绿江水系河流的独有种为 8 目 11 科 30 属 32 种。均为土著种，包括东北七鳃鳗、花羔红点鲑、石川哲罗鲑、鸭绿江茴鱼、香鱼、宽鳍鱲、中华细鲫、斑鳍鳑、鲂、革条副鱊、长吻䱗、扁吻鮈、辽宁棒花鱼、鸭绿小鳔鮈、似鮈、黑鳍鳈、中鮈、鲫、潘氏鳅鮀、北方须鳅、北鳅、北方花鳅、小背鳍鲇、鸭绿沙塘鳢、褐吻鰕虎鱼、波氏吻鰕虎鱼、子陵吻鰕虎鱼、杂色杜父鱼、黑龙江中杜父鱼、松江鲈、中华青鳉和黄鳝。

（2）区系生态类群　东北平原湖泊沼泽群与鸭绿江水系河流内陆鱼类均由 6 个相同的区系生态类群（江河平原、北方平原、新近纪、北方山地、热带平原和北极淡水区系生态类群）构成。

（3）群落关联性　东北平原湖泊沼泽群与鸭绿江水系河流内陆鱼类群落关联系数为 0.304，表现为关联性程度较低。其中，土著鱼类群落关联系数为 0.258，表现为关联性程度较低。这表明东北平原湖泊沼泽群的鱼类多样性与鸭绿江水系河流的鱼类组成关系不大。

5.3.4.4　与绥芬河水系的比较

1. 绥芬河水系河流鱼类多样性概况

（1）物种多样性　综合文献[2]、[19]及[141]，得出绥芬河水系（中国侧）河流鱼类物种 7 目 14 科 37 属 50 种，包括纯淡水鱼类、河口型鱼类、洄游型鱼类及陆封型洄游型鱼类 4 个生态类型。其中，内陆鱼类物种 7 目 13 科 36 属 49 种，包括移入种 1 目 1 科 3 属 3 种（鲢、鳙及草鱼）和土著种 7 目 12 科 33 属 46 种（表 5-14）。

绥芬河水系河流内陆土著鱼类中，包括中国易危种日本七鳃鳗、雷氏七鳃鳗、哲罗鲑和黑龙江茴鱼，冷水种 2 种七鳃鳗、4 种大麻哈鱼、花羔红点鲑、黑龙江茴鱼、哲罗鲑、细鳞鲑、池沼公鱼、黑斑狗鱼、瓦氏雅罗鱼、珠星三块鱼、真鳑、拉氏鳑、北鳅、北方须鳅、2 种花鳅、克氏杜父鱼和九棘刺鱼（占 47.83%），中国特有种黄黝鱼。

（2）种类组成　绥芬河水系河流内陆鱼类群落中，鲤形目 28 种、鲑形目 10 种、鲈形目 4 种、鲇形目 3 种、七鳃鳗目 2 种，分别占 57.14%、20.41%、8.16%、6.12%及 4.08%；鲉形目和刺鱼目均 1 种，各占 2.04%。科级分类单元中，鲤科 21 种、鲑科 8 种、鳅科 7 种，分别占 42.86%、16.33%及 14.29%；七鳃鳗科、鲿科和塘鳢科均 2 种，各占 4.08%；狗鱼科、胡瓜鱼科、鲇科、鳢科、鰕虎鱼科、杜父鱼科和刺鱼科均 1 种，各占 2.04%。

（3）区系生态类群　绥芬河水系河流内陆土著鱼类中，除了 4 种大麻哈鱼外，其余由 7 个区系生态类群构成。

1）江河平原区系生态类群：花斑副沙鳅、棒花鱼、蛇鮈和克氏鳈，占 9.52%。

2）北方平原区系生态类群：2 种雅罗鱼、2 种三块鱼、湖鳑、拉氏鳑、花江鳑、高体鮈、大头鮈、北鳅、北方须鳅、2 种花鳅、黑斑狗鱼和褐吻鰕虎鱼，占 35.71%。

3）新近纪区系生态类群：2 种七鳃鳗、鲤、银鲫、麦穗鱼、黑龙江鳑鲏、兴凯鱊、2 种泥鳅和鲇，占 23.81%。

4）北方山地区系生态类群：黑龙江茴鱼、哲罗鲑、细鳞鲑、克氏杜父鱼和真鲅，占11.90%。

5）热带平原区系生态类群：乌鳢、葛氏鲈塘鳢、黄黝鱼、黄颡鱼和光泽黄颡鱼，占11.90%。

6）北极淡水区系生态类群：花羔红点鲑和池沼公鱼，占4.76%。

7）北极海洋区系生态类群：九棘刺鱼，占2.38%。

以上北方区系生态类群23种，占54.76%。

2. 鱼类多样性比较

（1）物种多样性　东北平原湖泊沼泽群与绥芬河水系河流内陆鱼类群落的共有种为4目8科25属30种。其中，移入种1目1科3属3种，包括鲢、鳙和草鱼；土著种为4目8科22属27种，包括细鳞鲑、黑龙江茴鱼、黑斑狗鱼、瓦氏雅罗鱼、拉氏鲅、真鲅、湖鲅、花江鲅、兴凯鱊、黑龙江鳑鲏、麦穗鱼、棒花鱼、蛇鮈、克氏鳈、高体鮈、鲤、银鲫、黑龙江花鳅、黑龙江泥鳅、北方泥鳅、花斑副沙鳅、黄颡鱼、光泽黄颡鱼、鲇、葛氏鲈塘鳢、黄黝鱼和乌鳢。

东北平原湖泊沼泽群的独有种为5目9科28属40种。其中，移入种3目4科5属5种，包括大银鱼、青鱼、团头鲂、斑鳜和梭鲈；土著种5目7科23属35种，包括亚洲公鱼、马口鱼、鳡、赤眼鳟、鳊、䱗、贝氏䱗、兴凯䱗、红鳍原鲌、扁体原鲌、蒙古鲌、翘嘴鲌、达氏鲌、兴凯鲌、银鲴、细鳞鲴、大鳍鱊、彩石鳑鲏、花䱻、唇䱻、条纹似白鮈、突吻鮈、平口鮈、银鮈、兴凯银鮈、东北颌须鮈、东北鳈、凌源鮈、犬首鮈、细体鮈、乌苏拟鲿、怀头鲇、鳜、圆尾斗鱼和江鳕。

绥芬河水系河流的独有种为6目8科14属19种。其均为土著种，包括雷氏七鳃鳗、日本七鳃鳗、大麻哈鱼、马苏大麻哈鱼、陆封型马苏大麻哈鱼、驼背大麻哈鱼、花羔红点鲑、哲罗鲑、池沼公鱼、图们雅罗鱼、珠星三块鱼、三块鱼、大头鮈、北方须鳅、北鳅、北方花鳅、褐吻鰕虎鱼、克氏杜父鱼和九棘刺鱼。

（2）区系生态类群　构成东北平原湖泊沼泽群土著鱼类群落的江河平原、北方平原、新近纪、北方山地、热带平原和北极淡水6个区系生态类群，同时也见于绥芬河水系河流；而绥芬河水系河流的北极海洋区系生态类群（九棘刺鱼），则未见于东北平原湖泊沼泽群。

（3）群落关联性　东北平原湖泊沼泽群与绥芬河水系河流内陆鱼类群落的关联系数为0.337，表现为关联性程度较低。土著鱼类群落关联系数为0.333，表现为关联性程度较低。这表明东北平原湖泊沼泽群鱼类多样性与绥芬河水系河流的鱼类组成关系不大。

5.3.4.5　总体比较

1. 物种多样性

综上所述，从内陆土著鱼类群落的物种组成上看，东北平原湖泊沼泽群与辽河水系河流的共有种数最多，与鸭绿江水系和绥芬河水系河流的共有种数相差不大，而与图们江水系河流的共有种数最少。这表明东北平原湖泊沼泽群的土著种组成与辽河水系河流鱼类组成的关系相对较为密切。

内陆土著鱼类群落中，东北平原湖泊沼泽群与辽河水系河流、鸭绿江水系河流的共有种为4目6科17属18种，包括细鳞鲑、马口鱼、瓦氏雅罗鱼、鳊、鳘、大鳍鱊、黑龙江鳑鲏、花䱻、唇䱻、条纹似白鮈、麦穗鱼、棒花鱼、鲤、黄颡鱼、乌苏拟鲿、鲇、黄黝鱼和乌鳢；湖泊沼泽群分别与两水系河流之间的共有种类群群落的关联系数为0.439。东北平原湖泊沼泽群与图们江水系河流、绥芬河水系河流的共有种为3目4科9属11种，包括细鳞鲑、拉氏鲅、真鲅、湖鲅、黑龙江鳑鲏、麦穗鱼、棒花鱼、鲤、银鲫、黑龙江花鳅和葛氏鲈塘鳢；湖泊沼泽群分别与两水系河流之间的共有种类群群落的关联系数为0.367。以上表明东北平原湖泊沼泽群的土著鱼类组成与辽河水系河流、鸭绿江水系河流鱼类组成的关系相对较密切，而与图们江和绥芬河水系河流关系不大。

2. 区系生态类群

东北平原湖泊沼泽群与四水系河流内陆鱼类区系成分中，均有江河平原、北方平原、新近纪、北方山地和热带平原区系生态类群，并与鸭绿江水系河流鱼类区系成分完全相同，而缺少辽河水系河流、图们江水系河流和绥芬河水系河流所拥有的北极海洋区系生态类群。

地史学家的研究认为现今的辽河、鸭绿江等黄海、渤海水系河流，都属古黄河水系，这些河流水系的鱼类物种应当有同一来源。辽河与嫩江古代相通，史上称为“嫩辽河”。嫩江原是辽河的上游，后因松辽分水岭隆起，辽河与嫩江分离；分离之初嫩江为一盆地，后黑龙江向上袭夺，致使嫩江流入黑龙江。早在新近纪上新世就已广泛分布于中国江河平原区的江河平原和热带平原区系生态类群的鱼类，便通过古黄河水系扩散到辽河、鸭绿江和黑龙江[2]。

东北平原湖泊沼泽群主要由松嫩湖泊沼泽群构成，而松嫩湖泊沼泽群及其鱼类区系又都形成于松嫩古大湖（参见 2.1.4.1），再加上地史上东北地区地貌变迁，河流相互袭夺[205-207]，导致黑龙江水系河流（松花江、嫩江、乌苏里江等）鱼类物种组成与区系成分均与辽河水系河流、鸭绿江水系河流、图们江水系河流及绥芬河水系河流形成一定的联系，水系间鱼类物种和区系成分呈现“间歇性”分布特征[141, 206]。由于东北平原湖泊沼泽群的鱼类多样性与黑龙江水系河流的鱼类物种组成存在着密切关系（如前所述），所以，通过黑龙江水系河流，东北平原湖泊沼泽群与辽河水系河流、鸭绿江水系河流、图们江水系河流及绥芬河水系河流鱼类群落之间具有了千丝万缕的联系。

5.3.5 东北地区湖泊沼泽群与其所在河流水系

5.3.5.1 东北地区湖泊沼泽群鱼类多样性概况

东北地区的湖泊沼泽主要分布在黑龙江水系和西辽河水系的达里湖内流水系。这里所述的“东北地区湖泊沼泽群”，仅限于湿地调查期间采集过样本的湖泊沼泽。包括前文所述的东北平原湖泊沼泽群、呼伦贝尔高原湖泊沼泽群及锡林郭勒高原湖泊沼泽群中的达里湖，合计 58 片（参见 1.3 及 5.3.3）。

1. 物种多样性

采集到东北地区湖泊沼泽群的鱼类物种 5 目 14 科 50 属 75 种（表 5-15）。其中，移入种 3 目 4 科 8 属 8 种（青鱼、草鱼、鲢、鳙、团头鲂、大银鱼、斑鳜及梭鲈）；土著鱼类 5 目 12 科 42 属 67 种。

东北地区湖泊沼泽群的土著鱼类中，包括中国易危种黑龙江茴鱼和怀头鲇，冷水种细鳞鲑、黑龙江茴鱼、亚洲公鱼、黑斑狗鱼、拉氏鲅、真鲅、瓦氏雅罗鱼、平口鮈、北鳅、黑龙江花鳅、北方花鳅和江鳕（占 17.91%），中国特有种扁体原鲌、达氏鲌、彩石鳑鲏、凌源鮈、东北颌须鮈、银鮈、达里高原鳅和黄黝鱼。此外，黑龙江省地方重点保护野生动物名录所列鱼类有 5 目 11 科 38 属 53 种（细鳞鲑、黑龙江茴鱼、亚洲公鱼、黑斑狗鱼、赤眼鳟、鳊、𩾃、贝氏𩾃、红鳍原鲌、蒙古鲌、翘嘴鲌、银鲴、细鳞鲴、马口鱼、瓦氏雅罗鱼、大鳍鱊、兴凯鱊、黑龙江鳑鲏、花䱻、唇䱻、条纹似白鮈、棒花鱼、麦穗鱼、突吻鮈、蛇鮈、平口鮈、东北颌须鮈、鳡、拉氏鲅、花江鲅、真鲅、湖鲅、银鮈、兴凯银鮈、东北鳈、凌源鮈、犬首鮈、细体鮈、高体鮈、鲤、银鲫、黑龙江花鳅、北方花鳅、黑龙江泥鳅、黄颡鱼、光泽黄颡鱼、乌苏拟鲿、怀头鲇、鲇、鳜、葛氏鲈塘鳢、乌鳢和江鳕）。

表 5-15　东北地区湖泊沼泽群鱼类物种组成、分布及出现率

种类	分布	出现率/%
一、鲤形目 Cypriniformes		
（一）鲤科 Cyprinidae		
1. 马口鱼 *Opsariichthys bidens*	（34）	0.61
2. 青鱼 *Mylopharyngodon piceus*▲	（4）（8）（12）～（14）（2）（39）～（42）（44）～（46）（51）（54）	6.95
3. 草鱼 *Ctenopharyngodon idella*▲	（2）（4）（8）（12）～（18）（20）（21）（24）（27）～（29）（33）～（35）（39）～（58）	22.25
4. 真鲅 *Phoxinus phoxinus*	（9）（36）（46）（58）	1.67
5. 湖鲅 *Phoxinus percnurus*	（11）～（16）（31）（36）（41）（47）（53）（55）	5.67
6. 拉氏鲅 *Phoxinus lagowskii*	（3）（7）～（12）（16）～（18）（20）（24）（30）（35）（36）（38）（41）（42）（52）（55）	6.69
7. 花江鲅 *Phoxinus czekanowskii*	（14）	0.52
8. 瓦氏雅罗鱼 *Leuciscus waleckii waleckii*	（12）（15）（20）（31）（35）（36）（38）	10.88
9. 赤眼鳟 *Squaliobarbus curriculus*	（31）	0.52
10. 鳡 *Elopichthys bambusa*	（45）	0.33
11. 𩾃 *Hemiculter leucisculus*	（2）（8）（10）～（17）（20）（24）～（26）（28）～（31）（34）（39）～（58）	17.37
12. 贝氏𩾃 *Hemiculter bleekeri*	（44）（53）	0.67
13. 蒙古𩾃 *Hemiculter lucidus warpachowsky*	（37）	8.29

续表

种类	分布	出现率/%
14. 兴凯鲌 *Hemiculter lucidus lucidus*	（32）～（34）	9.85
15. 红鳍原鲌 *Cultrichthys erythropterus*	（2）（8）（10）（12）（15）（17）（18）（20）（24）（28）（29）（31）（32）（34）（35）（37）（40）（42）（45）～（48）（51）（53）（56）～（58）	26.00
16. 扁体原鲌 *Cultrichthys compressocorpus*	（34）	1.04
17. 达氏鲌 *Culter dabryi*	（12）	0.52
18. 翘嘴鲌 *Culter alburnus*	（14）（20）（24）（31）～（33）（45）（51）（54）（55）	9.06
19. 蒙古鲌 *Culter mongolicus mongolicus*	（8）（12）（31）（32）（35）（37）（45）（46）（58）	5.67
20. 兴凯鲌 *Culter dabryi shinkainensis*	（32）（33）	8.29
21. 鳊 *Parabramis pekinensis*	（2）（4）（13）～（15）（17）（20）（27）（42）（46）（54）	6.67
22. 团头鲂 *Megalobrama amblycephala*▲	（4）（8）（10）（12）～（14）（17）（20）（24）（27）～（29）（39）～（48）（49）（51）（54）～（56）（58）	14.33
23. 银鲴 *Xenocypris argentea*	（15）（20）（31）～（34）（40）（44）（53）	4.67
24. 细鳞鲴 *Xenocypris microleps*	（31）	1.04
25. 大鳍鱊 *Acheilognathus macropterus*	（10）～（13）（16）（24）（29）（30）（35）（36）（39）（41）（42）（48）（51）（52）（55）（56）（58）	10.00
26. 兴凯鱊 *Acheilognathus chankaensis*	（34）	1.56
27. 黑龙江鳑鲏 *Rhodeus sericeus*	（9）（12）（15）（20）（30）（31）（35）（39）（40）（44）（46）（47）	7.33
28. 彩石鳑鲏 *Rhodeus lighti*	（41）（48）（52）（55）（56）（58）	2.00
29. 花䱻 *Hemibarbus maculatus*	（8）（12）（20）（32）～（34）（44）（45）（48）	5.34
30. 唇䱻 *Hemibarbus laboe*	（8）（15）（31）（32）（36）	4.67
31. 条纹似白鮈 *Paraleucogobio strigatus*	（8）（35）（36）	3.63
32. 麦穗鱼 *Pseudorasbora parva*	（2）（4）～（8）（10）～（18）（20）（21）（24）～（26）（28）（29）（31）（33）～（36）（38）～（58）	91.33
33. 平口鮈 *Ladislavia taczanowskii*	（10）（29）（45）（51）～（53）（58）	4.00
34. 东北鳈 *Sarcocheilichthys lacustris*	（1）～（3）（5）（8）（11）（13）（15）（16）（18）（31）（39）（41）（56）（58）	6.67
35. 克氏鳈 *Sarcocheilichthys czerskii*	（6）（22）（24）（35）（36）（40）（58）	5.00
36. 凌源鮈 *Gobio lingyuanensis*	（36）（39）～（41）（44）（47）（48）（51）～（53）（55）（56）（58）	4.33
37. 犬首鮈 *Gobio cynocephalus*	（13）（14）（30）（39）～（41）（44）（47）（48）（51）～（53）（55）（56）（58）	5.65
38. 高体鮈 *Gobio soldatovi*	（35）	0.52
39. 细体鮈 *Gobio tenuicorpus*	（14）	0.52
40. 棒花鱼 *Abbottina rivularis*	（10）～（12）（16）～（18）（24）（29）（30）（33）（34）（41）（42）（44）（46）～（48）（51）（52）（56）（58）	11.91
41. 东北颌须鮈 *Gnathopogon mantschuricus*	（6）（14）（17）	3.63
42. 银鮈 *Squalidus argentatus*	（6）（31）	1.56

续表

种类	分布	出现率/%
43. 兴凯银鮈 *Squalidus chankaensis*	（17）	0.52
44. 突吻鮈 *Rostrogobio amurensis*	（18）	0.52
45. 蛇鮈 *Saurogobio dabryi*	（8）（12）（15）（31）（32）（35）（40）（44）（47）（58）	7.00
46. 鲤 *Cyprinus carpio*	（2）（4）（6）（8）（10）（12）～（18）（20）～（22）（24）（27）～（37）（39）～（58）	49.99
47. 鲫 *Carassius auratus*	（38）	0.33
48. 银鲫 *Carassius auratus gibelio*	（1）～（37）（39）～（58）	99.69
49. 鲢 *Hypophthalmichthys molitrix*▲	（2）（4）（8）（10）（12）～（15）（17）（18）（20）（21）（24）（27）～（29）（31）～（33）（35）（39）～（58）	37.82
50. 鳙 *Aristichthys nobilis*▲	（2）（4）（8）（10）（12）～（14）（21）（27）～（29）（39）～（58）	31.61
（二）鳅科 Cobitidae		
51. 北鳅 *Lefua costata*	（38）	0.52
52. 达里湖高原鳅 *Triplophysa dalaica*	（38）	1.56
53. 黑龙江泥鳅 *Misgurnus mohoity*	（1）～（8）（11）～（20）（22）～（26）（30）（34）（35）（41）（43）（44）（47）（49）（52）（58）	31.33
54. 北方泥鳅 *Misgurnus bipartitus*	（17）（41）（43）（48）（49）（52）	2.00
55. 黑龙江花鳅 *Cobitis lutheri*	（2）（5）（6）（8）～（17）（22）（23）（30）（31）（34）～（37）（39）（44）	22.33
56. 北方花鳅 *Cobitis granoci*	（38）	0.52
57. 花斑副沙鳅 *Parabotia fasciata*	（2）（6）（17）（18）（30）（40）（44）	5.00
二、鲇形目 Siluriformes		
（三）鲿科 Bagridae		
58. 黄颡鱼 *Pelteobagrus fulvidraco*	（2）（6）（8）（9）（12）～（16）（18）（24）～（26）（30）～（34）（39）～（49）（51）～（55）（58）	22.00
59. 光泽黄颡鱼 *Pelteobagrus nitidus*	（32）	0.52
60. 乌苏拟鲿 *Pseudobagrus ussuriensis*	（32）～（34）	2.56
（四）鲇科 Siluridae		
61. 鲇 *Silurus asotus*	（2）（4）（6）（8）（12）～（15）（17）（18）（20）（24）（26）（28）～（32）（34）～（37）（39）～（49）（51）～（55）（58）	24.67
62. 怀头鲇 *Silurus soldatovi*	（41）（45）（58）	1.00
三、鲑形目 Salmoniformes		
（五）银鱼科 Salangidae		
63. 大银鱼 *Protosalanx hyalocranius*▲	（32）～（34）（56）（58）	4.67
（六）胡瓜鱼科 Osmeridae		
64. 亚洲公鱼 *Hypomesus transpacificus nipponensis*	（15）	0.52
（七）鲑科 Salmonidae		
65. 细鳞鲑 *Brachymystax lenok*	（31）	0.52

续表

种类	分布	出现率/%
66. 黑龙江茴鱼 *Thymallus arcticus*	（31）	0.52
（八）狗鱼科 Esocidae		
67. 黑斑狗鱼 *Esox reicherti*	（8）（12）（15）（20）（31）（33）～（36）	5.70
四、鳕形目 Gadiformes		
（九）鳕科 Gadidae		
68. 江鳕 *Lota lota*	（31）（32）（34）	2.56
五、鲈形目 Perciformes		
（十）鮨科 Serranidae		
69. 鳜 *Siniperca chuatsi*	（13）（27）（41）（43）（54）	2.00
70. 斑鳜 *Siniperca scherzeri*▲	（39）	0.33
（十一）鲈科 Percidae		
71. 梭鲈 *Lucioperca lucioperca*▲	（32）	0.52
（十二）塘鳢科 Eleotridae		
72. 葛氏鲈塘鳢 *Perccottus glehni*	（1）～（7）（9）～（13）（15）～（17）（21）～（23）（27）（31）（34）～（36）（39）～（56）（58）	30.66
73. 黄黝鱼 *Hypseleotris swinhonis*	（10）（44）（50）（51）（56）（58）	2.34
（十三）斗鱼科 Belontiidae		
74. 圆尾斗鱼 *Macropodus chinensis*	（45）	0.33
（十四）鳢科 Channidae		
75. 乌鳢 *Channa argus*	（8）（14）（15）（17）（24）（27）（29）（31）（33）（34）（39）～（43）（46）～（48）（51）（52）（54）	9.85

注："分布"栏下括号内数字代表湖泊编号，参见第 1 章

2. 种类组成

东北地区湖泊沼泽群鱼类群落中，鲤形目 57 种、鲈形目 7 种，分别占 76%及 9.33%；鲑形目和鲇形目均 5 种，各占 6.67%；鳕形目 1 种，占 1.33%。科级分类单元中，鲤科 50 种、鳅科 7 种、鲿科 3 种，分别占 66.67%、9.33%及 4%；鲇科、鲑科、塘鳢科和鮨科均 2 种，各占 2.67%；银鱼科、胡瓜鱼科、狗鱼科、鲈科、斗鱼科、鳢科和鳕科均 1 种，各占 1.33%。

3. 区系生态类群

东北地区湖泊沼泽群的土著鱼类由 7 个区系生态类群构成。

1）江河平原区系生态类群：马口鱼、鳡、鳊、䱗、贝氏䱗、兴凯䱗、蒙古䱗、红鳍原鲌、扁体原鲌、蒙古鲌、翘嘴鲌、达氏鲌、兴凯鲌、银鲴、细鳞鲴、花䱻、唇䱻、棒花鱼、蛇鮈、银鮈、兴凯银鮈、东北鳈、克氏鳈、花斑副沙鳅和鳜，占 37.31%。

2）北方平原区系生态类群：黑斑狗鱼、瓦氏雅罗鱼、湖鲅、拉氏鲅、花江鲅、凌源鮈、犬首鮈、细体鮈、高体鮈、突吻鮈、条纹似白鮈、平口鮈、东北颌须鮈、北鳅、黑龙江花鳅和北方花鳅，占 23.88%。

3）北方山地区系生态类群：细鳞鲑、黑龙江茴鱼和真鲅，占 4.48%。

4）新近纪区系生态类群：鲤、鲫、银鲫、赤眼鳟、黑龙江鳑鲏、彩石鳑鲏、大鳍鱊、兴凯鱊、麦穗鱼、黑龙江泥鳅、北方泥鳅、鲇和怀头鲇，占 19.40%。

5）热带平原区系生态类群：圆尾斗鱼、葛氏鲈塘鳢、黄黝鱼、乌鳢、乌苏拟鲿、黄颡鱼和光泽黄颡鱼，占 10.45%。

6）北极淡水区系生态类群：江鳕和亚洲公鱼，占 2.99%。

7）中亚高山区系生态类群：达里湖高原鳅，占 1.49%。

以上北方区系生态类群 21 种，占 31.34%。

5.3.5.2　东北地区湖泊沼泽群与所在河流水系鱼类多样性概况

1. 物种多样性

东北地区湖泊沼泽群所在河流水系，包括松花江—嫩江—黑龙江—乌苏里江—额尔古纳河—西辽河水系。综合上述资料，得出该河流水系的鱼类物种为 10 目 20 科 72 属 112 种（表 5-16）。其中，移入种 3 目 4 科 9 属 9 种（虹鳟、大银鱼、太湖新银鱼、湖拟鲤、团头鲂、似鳊、鳙、河鲈和梭鲈）；土著鱼类 10 目 18 科 65 属 103 种。土著种中，日本七鳃鳗、雷氏七鳃鳗、施氏鲟、鳇、哲罗鲑、乌苏里白鲑、黑龙江茴鱼和怀头鲇为中国易危种；日本七鳃鳗、雷氏七鳃鳗、大麻哈鱼、哲罗鲑、细鳞鲑、2 种白鲑、2 种黑龙江茴鱼、池沼公鱼、亚洲公鱼、黑斑狗鱼、真鲅、拉氏鲅、瓦氏雅罗鱼、拟赤梢鱼、平口鮈、北鳅、北方须鳅、2 种花鳅、江鳕、九棘刺鱼和 2 种杜父鱼为冷水种，占 28.41%；彩石鳑鲏、方氏鳑鲏、凌源鮈、辽宁棒花鱼、拉林棒花鱼、大鳞副泥鳅、达里湖高原鳅、东北颌须鮈、银鮈、黄黝鱼和波氏吻虾虎鱼为中国特有种。

2. 种类组成

东北地区湖泊沼泽群所在河流水系鱼类群落中，鲤形目 73 种，占 65.18%；鲑形目 14 种，占 12.50%；鲈形目 9 种、鲇形目 6 种、七鳃鳗目 3 种，分别占 8.04%、5.36%及 2.68%；鲟形目、鲉形目均 2 种，各占 1.79%；鲻形目、鳕形目和刺鱼目均 1 种，各占 0.89%。科级分类单元中，鲤科 64 种，占 57.14%；鳅科、鲑科均 9 种，各占 8.04%；鲿科 4 种、七鳃鳗科 3 种，分别占 3.57%及 2.68%；鲟科、银鱼科、胡瓜鱼科、鲇科、塘鳢科、鲈科、鰕虎鱼科和杜父鱼科均 2 种，各占 1.79%；狗鱼科、鮨科、斗鱼科、鳢科、鳕科、青鳉科和刺鱼科均 1 种，各占 0.89%。

表 5-16　东北地区湖泊沼泽群及其所在河流水系鱼类物种组成

种类	a	b	种类	a	b
一、七鳃鳗目 Petromyzoniformes			3. 日本七鳃鳗 *Lampetra japonica*	+	
（一）七鳃鳗科 Petromyzonidae			二、鲟形目 Acipenseriformes		
1. 雷氏七鳃鳗 *Lampetra reissneri*	+		（二）鲟科 Acipenseridae		
2. 东北七鳃鳗 *Lampetra morii*	+		4. 施氏鲟 *Acipenser schrenckii*	+	

续表

种类	a	b
5. 鳇 *Huso dauricus*	+	
三、鲑形目 Salmoniformes		
（三）鲑科 Salmonidae		
6. 虹鳟 *Oncorhynchus mykiss*▲	+	
7. 大麻哈鱼 *Oncorhynchus keta*	+	
8. 白斑红点鲑 *Salvelinus leucomaenis*	+	
9. 哲罗鲑 *Hucho taimen*	+	
10. 细鳞鲑 *Brachymystax lenok*	+	+
11. 乌苏里白鲑 *Coregonus ussuriensis*	+	
12. 卡达白鲑 *Coregonus chadary*	+	
13. 黑龙江茴鱼 *Thymallus arcticus*	+	+
14. 下游黑龙江茴鱼 *Thymallus tugarinae*	+	
（四）银鱼科 Salangidae		
15. 大银鱼 *Protosalanx hyalocranius*▲	+	+
16. 太湖新银鱼 *Neosalanx taihuensis*▲	+	
（五）胡瓜鱼科 Osmeridae		
17. 池沼公鱼 *Hypomesus olidus*	+	
18. 亚洲公鱼 *Hypomesus transpacificus nipponensis*	+	+
（六）狗鱼科 Esocidae		
19. 黑斑狗鱼 *Esox reicherti*	+	+
四、鲤形目 Cypriniformes		
（七）鲤科 Cyprinidae		
20. 马口鱼 *Opsariichthys bidens*	+	+
21. 中华细鲫 *Aphyocypris chinensis*	+	
22. 瓦氏雅罗鱼 *Leuciscus waleckii waleckii*	+	+
23. 拟赤梢鱼 *Pseudaspius leptocephalus*	+	
24. 青鱼 *Mylopharyngodon piceus*	+	▲
25. 草鱼 *Ctenopharyngodon idella*	+	▲
26. 湖拟鲤 *Rutilus lacustris*▲	+	
27. 鳡 *Elopichthys bambusa*	+	+
28. 拉氏鲅 *Phoxinus lagowskii*	+	+
29. 真鲅 *Phoxinus phoxinus*	+	+
30. 湖鲅 *Phoxinus percnurus*	+	+
31. 花江鲅 *Phoxinus czekanowskii*	+	+
32. 尖头鲅 *Phoxinus oxycephalus*	+	
33. 赤眼鳟 *Squaliobarbus curriculus*	+	+
34. 鳊 *Parabramis pekinensis*	+	+
35. 鲂 *Megalobrama skolkovii*	+	
36. 团头鲂 *Megalobrama amblycephala*▲	+	+
37. 䱗 *Hemicultr leucisculus*	+	+
38. 贝氏䱗 *Hemiculter bleekeri*	+	+
39. 兴凯䱗 *Hemiculter lucidus lucidus*	+	+
40. 蒙古䱗 *Hemiculter lucidus warpachowsky*	+	+
41. 红鳍原鲌 *Cultrichthys erythropterus*	+	+
42. 扁体原鲌 *Cultrichthys compressocorpus*	+	+
43. 蒙古鲌 *Culter mongolicus mongolicus*	+	+
44. 翘嘴鲌 *Culter alburnus*	+	+
45. 达氏鲌 *Culter dabryi*	+	+
46. 尖头鲌 *Culter oxycephalus*	+	
47. 兴凯鲌 *Culter dabryi shinkainensis*		+
48. 银鲴 *Xenocypris argentea*	+	+
49. 细鳞鲴 *Xenocypris microleps*	+	+
50. 似鳊 *Pseudobrama simoni*▲	+	
51. 大鳍鱊 *Acheilognathus macropterus*	+	+
52. 兴凯鱊 *Acheilognathus chankaensis*	+	+
53. 黑龙江鳑鲏 *Rhodeus sericeus*	+	+
54. 彩石鳑鲏 *Rhodeus lighti*	+	+
55. 方氏鳑鲏 *Rhodeus fangi*	+	
56. 高体鳑鲏 *Rhodeus ocellatus*	+	
57. 花䱻 *Hemibarbus maculatus*	+	+
58. 唇䱻 *Hemibarbus laboe*	+	+
59. 条纹似白鮈 *Paraleucogobio strigatus*	+	+
60. 麦穗鱼 *Pseudorasbora parva*	+	+
61. 棒花鱼 *Abbottina rivularis*	+	+
62. 辽宁棒花鱼 *Abbottina liaoningensis*	+	
63. 拉林棒花鱼 *Abbottina lalinensis*	+	
64. 突吻鮈 *Rostrogobio amurensis*	+	+
65. 蛇鮈 *Saurogobio dabryi*	+	+
66. 平口鮈 *Ladislavia taczanowskii*	+	+
67. 东北颌须鮈 *Gnathopogon mantschuricus*	+	+

续表

种类	a	b
68. 银鮈 *Squalidus argentatus*	+	+
69. 兴凯银鮈 *Squalidus chankaensis*	+	+
70. 东北鳈 *Sarcocheilichthys lacustris*	+	+
71. 克氏鳈 *Sarcocheilichthys czerskii*	+	+
72. 华鳈 *Sarcocheilichthys sinensis*	+	
73. 凌源鮈 *Gobio lingyuanensis*	+	+
74. 犬首鮈 *Gobio cynocephalus*	+	+
75. 细体鮈 *Gobio tenuicorpus*	+	+
76. 高体鮈 *Gobio soldatovi*	+	+
77. 棒花鮈 *Gobio rivuloides*	+	
78. 尖鳍鮈 *Gobio acutipinnatus*	+	
79. 鲤 *Cyprinus carpio*	+	+
80. 鲫 *Carassius auratus*	+	+
81. 银鲫 *Carassius auratus gibelio*	+	+
82. 鲢 *Hypophthalmichthys molitrix*	+	▲
83. 鳙 *Aristichthys nobilis*▲	+	+
84. 潘氏鳅鮀 *Gobiobotia pappenheimi*	+	
（八）鳅科 Cobitidae		
85. 北方须鳅 *Barbatula barbatula nuda*	+	
86. 北鳅 *Lefua costata*	+	+
87. 黑龙江花鳅 *Cobitis lutheri*	+	+
88. 北方花鳅 *Cobitis granoci*	+	+
89. 泥鳅 *Misgurnus anguillicaudatus*	+	
90. 黑龙江泥鳅 *Misgurnus mohoity*	+	+
91. 北方泥鳅 *Misgurnus bipartitus*	+	+
92. 大鳞副泥鳅 *Paramisgurnus dabryanus*	+	
93. 花斑副沙鳅 *Parabotia fasciata*	+	+
94. 达里湖高原鳅 *Triplophysa dalaica*		+
五、鲇形目 Siluriformes		
（九）鲿科 Bagridae		
95. 黄颡鱼 *Pelteobagrus fulvidraco*	+	+
96. 光泽黄颡鱼 *Pelteobagrus nitidus*	+	+
97. 乌苏拟鲿 *Pseudobagrus ussuriensis*	+	+
98. 纵带鮠 *Leiocassis argentivittatus*	+	
（十）鲇科 Siluridae		
99. 怀头鲇 *Silurus soldatovi*	+	+
100. 鲇 *Silurus asotus*	+	+
六、鲈形目 Perciformes		
（十一）鮨科 Serranidae		
101. 鳜 *Siniperca chuatsi*	+	+
102. 斑鳜 *Siniperca scherzeri*▲		+
（十二）塘鳢科 Eleotridae		
103. 葛氏鲈塘鳢 *Perccottus glehni*	+	+
104. 黄黝鱼 *Hypseleotris swinhonis*	+	+
（十三）鲈科 Percidae		
105. 梭鲈 *Lucioperca lucioperca*▲	+	+
106. 河鲈 *Perca fluviatilis*▲	+	
（十四）鰕虎鱼科 Gobiidae		
107. 褐吻鰕虎鱼 *Rhinogobius brunneus*	+	
108. 波氏吻鰕虎鱼 *Rhinogobius cliffordpopei*	+	
（十五）斗鱼科 Belontiidae		
109. 圆尾斗鱼 *Macropodus chinensis*	+	+
（十六）鳢科 Channidae		
110. 乌鳢 *Channa argus*	+	+
七、鲉形目 Scorpaeniformes		
（十七）杜父鱼科 Cottidae		
111. 杂色杜父鱼 *Cottus poecilopus*	+	
112. 黑龙江中杜父鱼 *Mesocottus haitej*	+	
八、鳕形目 Gadiformes		
（十八）鳕科 Gadidae		
113. 江鳕 *Lota lota*	+	+
九、鳉形目 Cyprinodontiformes		
（十九）青鳉科 Oryziatidae		
114. 中华青鳉 *Oryzias latipes sinensis*	+	
十、刺鱼目 Gasterosteiformes		
（二十）刺鱼科 Gasterosteidae		
115. 九棘刺鱼 *Pungitius pungitius*	+	

注：a. 河流水系，b. 湖泊沼泽群

3. 区系生态类群

东北地区湖泊沼泽群所在河流水系的土著鱼类，除大麻哈鱼外，其余由 7 个区系生态类群构成。

1）江河平原区系生态类群：中华细鲫、青鱼、草鱼、鲢、鳡、马口鱼、2 种原鲌、4 种鲌、鳊、鲂、4 种䱗、2 种鲴、2 种鲭、蛇鮈、2 种银鮈、3 种鳈、3 种棒花鱼、潘氏鳅鮀、花斑副沙鳅和鳜，占 33.33%。

2）北方平原区系生态类群：瓦氏雅罗鱼、拟赤梢鱼、湖鲅、拉氏鲅、花江鲅、尖头鲅、6 种鮈、突吻鮈、条纹似白鮈、平口鮈、东北颌须鮈、北鳅、北方须鳅、2 种花鳅、黑斑狗鱼和 2 种吻鰕虎鱼，占 22.55%。

3）新近纪区系生态类群：3 种七鳃鳗、施氏鲟、鳇、鲤、鲫、银鲫、赤眼鳟、麦穗鱼、4 种鳑鲏、2 种鱊、3 种泥鳅、大鳞副泥鳅和 2 种鲇，占 21.57%。

4）北方山地区系生态类群：哲罗鲑、细鳞鲑、2 种黑龙江茴鱼、2 种杜父鱼和真鲅，占 6.86%。

5）热带平原区系生态类群：中华青鳉、乌鳢、圆尾斗鱼、2 种黄颡鱼、黄黝鱼、乌苏拟鲿、纵带鮠和葛氏鲈塘鳢，占 8.82%。

6）北极淡水区系生态类群：白斑红点鲑、2 种公鱼、2 种白鲑和江鳕，占 5.88%。

7）北极海洋区系生态类群：九棘刺鱼，占 0.98%。

以上北方区系生态类群 37 种，占 36.27%。

5.3.5.3 东北地区湖泊沼泽群与所在河流水系鱼类多样性比较

1. 物种多样性

东北地区湖泊沼泽群与其所在河流水系鱼类群落的共有种为 5 目 14 科 48 属 72 种。其中，移入种 3 目 3 科 4 属 4 种（团头鲂、鳙、大银鱼和梭鲈）；土著鱼类 5 目 12 科 44 属 68 种，包括细鳞鲑、黑龙江茴鱼、亚洲公鱼、黑斑狗鱼、马口鱼、瓦氏雅罗鱼、青鱼、草鱼、鳡、拉氏鲅、真鲅、湖鲅、花江鲅、赤眼鳟、鳊、4 种䱗、2 种原鲌、蒙古鲌、翘嘴鲌、达氏鲌、2 种鲴、2 种鱊、黑龙江鳑鲏、彩石鳑鲏、2 种鲭、条纹似白鮈、麦穗鱼、棒花鱼、突吻鮈、蛇鮈、平口鮈、东北颌须鮈、2 种银鮈、东北鳈、克氏鳈、凌源鮈、犬首鮈、细体鮈、高体鮈、鲤、鲫、银鲫、鲢、北鳅、2 种花鳅、北方泥鳅、黑龙江泥鳅、花斑副沙鳅、2 种黄颡鱼、乌苏拟鲿、2 种鲇、鳜、葛氏鲈塘鳢、黄黝鱼、圆尾斗鱼、乌鳢和江鳕。青鱼、草鱼、鲢在东北地区湖泊沼泽群为移入种，在东北地区湖泊沼泽群所在河流水系为土著种。

东北地区湖泊沼泽群所在河流水系的独有种为 9 目 13 科 33 属 40 种。其中，移入种 3 目 3 科 5 属 5 种，包括虹鳟、太湖新银鱼、似鳊、湖拟鲤和河鲈；土著种 9 目 11 科 28 属 35 种，包括 3 种七鳃鳗、施氏鲟、鳇、大麻哈鱼、白斑白点鲑、哲罗鲑、2 种白鲑、下游黑龙江茴鱼、池沼公鱼、中华细鲫、拟赤梢鱼、尖头鲅、鲂、尖头鲌、方氏鳑鲏、高体鳑鲏、辽宁棒花鱼、拉林棒花鱼、华鳈、棒花鮈、尖鳍鮈、潘氏鳅鮀、北方须鳅、泥鳅、大鳞副泥鳅、纵带鮠、褐吻鰕虎鱼、波氏吻鰕虎鱼、杂色杜父鱼、黑龙江中杜父鱼、中华青鳉和九棘刺鱼。

东北地区湖泊沼泽群的独有种为2目3科3属3种，包括土著种兴凯鲌、达里湖高原鳅和移入种斑鳜。

2. 种类组成

东北地区湖泊沼泽群与其所在河流水系鱼类群落，均以鲤形目为最大类群，所占比例超过 65%，湖泊沼泽群相对略高。所占比例居第二位的，东北地区湖泊沼泽群为鲈形目（该目在河流水系居第三位），所占比例略高于东北地区湖泊沼泽群所在河流水系（分别为9.33%及 8.04%）；河流水系为鲑形目（该目在湖泊沼泽群与鲇形目同居第三位），所占比例明显高于湖泊沼泽群（分别为12.50%及6.67%）。东北地区湖泊沼泽群缺少七鳃鳗目、鲟形目、鲉形目、鳉形目和刺鱼目的种类。

科级分类单元中，均以鲤科为最大类群，所占比例超过56%，东北地区湖泊沼泽群相对略高。所占比例居第二位的，均为鳅科，东北地区湖泊沼泽群相对略高。所占比例居第三位的，东北地区湖泊沼泽群为鮨科（该科在河流水系居第四位），所占比例差距不大，湖泊沼泽群略高（分别为4%及3.57%）；东北地区湖泊沼泽群所在河流水系为鲑科（该科在湖泊沼泽群与塘鳢科、鲇科同居第四位），所占比例明显高于湖泊沼泽群（分别为8.04%及 2.67%）。东北地区湖泊沼泽群缺少七鳃鳗科、鲟科、鰕虎鱼科、杜父鱼科、青鳉科和刺鱼科的种类。

3. 区系生态类群

东北地区湖泊沼泽群与其所在河流水系鱼类区系成分中，均包含江河平原、北方平原、新近纪、北方山地、热带平原、北极淡水区系生态类群。除此之外，东北地区湖泊沼泽群还有中亚高山区系生态类群（达里湖高原鳅），其所在河流水系还有北极海洋区系生态类群（九棘刺鱼）的种类。

1）江河平原区系生态类群：马口鱼、鳡、鳊、4种鲌、蒙古鲌、翘嘴鲌、达氏鲌、2种原鲌、2种鲴、2种鲭、2种银鮈、东北鳈、克氏鳈、棒花鱼、蛇鮈、花斑副沙鳅和鳜为共有种。东北地区湖泊沼泽群还有兴凯鲌；东北地区湖泊沼泽群所在河流水系还包括中华细鲫、青鱼、草鱼、尖头鲌、鲢、鲂、华鳈、辽宁棒花鱼、拉林棒花鱼和潘氏鳅鮀。所占比例东北地区湖泊沼泽群略高于东北地区湖泊沼泽群所在河流水系。类群群落关联系数为0.686，显示关联性程度较高。

2）北方平原区系生态类群：黑斑狗鱼、瓦氏雅罗鱼、湖鲂、拉氏鲂、花江鲂、凌源鮈、犬首鮈、细体鮈、高体鮈、突吻鮈、条纹似白鮈、平口鮈、东北颌须鮈、北鳅和2种花鳅为共有种。此外，东北地区湖泊沼泽群所在河流水系还有拟赤梢鱼、尖头鲂、棒花鮈、尖鳍鮈、北方须鳅和2种吻鰕虎鱼。所占比例基本一致。类群群落关联系数为0.696，显示关联性程度较高。

3）新近纪区系生态类群：鲤、鲫、银鲫、赤眼鳟、2种鳎、2种鲇、麦穗鱼、黑龙江鳑鲏、彩石鳑鲏、黑龙江泥鳅和北方泥鳅为共有种。此外，东北地区湖泊沼泽群所在河流水系还包括 3 种七鳃鳗、施氏鲟、鳇、方氏鳑鲏、高体鳑鲏、泥鳅和大鳞副泥鳅。所占比例东北地区湖泊沼泽群所在河流水系略高于东北地区湖泊沼泽群。类群群落关联系数为 0.591，显示关联性程度较高。

4）北方山地区系生态类群：细鳞鲑、黑龙江茴鱼和真鲅为共有种。此外，东北地区湖泊沼泽群所在河流水系还包括哲罗鲑、下游黑龙江茴鱼和 2 种杜父鱼。所占比例东北地区湖泊沼泽群所在河流水系略高于东北地区湖泊沼泽群。类群群落关联系数为 0.429，显示关联性程度较低。

5）热带平原区系生态类群：圆尾斗鱼、葛氏鲈塘鳢、黄黝鱼、乌鳢、乌苏拟鲿和 2 种黄颡鱼为共有种。东北地区湖泊沼泽群所在河流水系还包括中华青鳉和纵带鮠。所占比例东北地区湖泊沼泽群略高于东北地区湖泊沼泽群所在河流水系。类群群落关联系数为 0.778，显示关联性程度极高。

6）北极淡水区系生态类群：江鳕和亚洲公鱼为共有种。东北地区湖泊沼泽群所在河流水系还包括白斑红点鲑、池沼公鱼和 2 种白鲑。所占比例东北地区湖泊沼泽群所在河流水系明显高于东北地区湖泊沼泽群。类群群落关联系数为 0.333，显示关联性程度较低。

北方区系生态类群中，东北地区湖泊沼泽群所在河流水系物种数明显多于东北地区湖泊沼泽群（分别为 37 种和 21 种），但所占比例相差不大，以河流水系略高（分别为 36.27% 及 31.34%）。类群群落关联系数为 0.634，显示关联性程度较高。

4. 保护物种与濒危物种

东北地区湖泊沼泽群与其所在河流水系均包括中国易危种黑龙江茴鱼和怀头鲇。此外，东北地区湖泊沼泽群所在河流水系还有中国易危种日本七鳃鳗、雷氏七鳃鳗、施氏鲟、鳇、哲罗鲑和乌苏里白鲑。

5. 冷水种

东北地区湖泊沼泽群与其所在河流水系均包括细鳞鲑、黑龙江茴鱼、亚洲公鱼、黑斑狗鱼、拉氏鲅、真鲅、瓦氏雅罗鱼、平口鮈、北鳅、2 种花鳅和江鳕。此外，东北地区湖泊沼泽群所在河流水系还有日本七鳃鳗、雷氏七鳃鳗、大麻哈鱼、哲罗鲑、2 种白鲑、下游黑龙江茴鱼、池沼公鱼、拟赤梢鱼、北方须鳅、九棘刺鱼和 2 种杜父鱼。所占比例东北地区湖泊沼泽群所在河流水系明显高于东北地区湖泊沼泽群（分别为 24.72%及 17.91%）。冷水种群落关联系数为 0.48，显示关联性程度较低。

6. 群落关联性

东北地区湖泊沼泽群与其所在河流水系鱼类群落的关联系数为 0.626，显示两群落总体关联性程度较高。这表明东北地区湖泊沼泽群的鱼类多样性很大程度上依赖于所在河流水系的鱼类组成。事实上，自然分布于东北地区湖泊沼泽群的 67 种鱼类中，除了兴凯鲌以外，其余 66 种均与其所在的河流水系共有（如上所述）。

5.3.6 内蒙古高原湖泊沼泽群与其所在河流水系

5.3.6.1 内蒙古高原河流水系鱼类多样性概况

1. 物种多样性

综合渔业部门的资料和文献[13]、[19]、[147]及[148]，得出内蒙古高原河流水系鱼类物种为10目19科70属108种（表5-17）。其中，移入种3目4科5属5种（池沼公鱼、大银鱼、团头鲂、鳙和圆尾斗鱼）；土著鱼类10目16科65属103种，其中包括中国易危种雷氏七鳃鳗、日本七鳃鳗、施氏鲟、鳇、哲罗鲑、乌苏里白鲑、黑龙江茴鱼、怀头鲇及长薄鳅，中国濒危种北方铜鱼及平鳍鳅鮀，冷水种日本七鳃鳗、雷氏七鳃鳗、哲罗鲑、细鳞鲑、乌苏里白鲑、卡达白鲑、黑龙江茴鱼、黑斑狗鱼、真鲅、拉氏鲅、瓦氏雅罗鱼、拟赤梢鱼、平口鮈、北鳅、北方须鳅、北方花鳅、黑龙江花鳅、江鳕、黑龙江中杜父鱼、杂色杜父鱼及九棘刺鱼（占20.39%），甘肃省地方重点保护水生野生动物赤眼鳟、兰州鲇、黄河雅罗鱼、圆筒吻鮈及黄河高原鳅，陕西省地方重点保护水生野生动物鳡及翘嘴鲌，同为陕西、甘肃两省地方重点保护水生野生动物北方铜鱼和大鼻吻鮈。额尔古纳河、西辽河和黄河内蒙古段的草鱼为移入种，嫩江的草鱼为土著种。

2. 种类组成

内蒙古高原河流水系鱼类群落中，鲤形目80种、鲑形目8种、鲈形目6种、鲇形目5种，分别占74.07%、7.41%、5.56%及4.63%；七鳃鳗目、鲟形目和鲉形目均2种，各占1.85%；刺鱼目、鳉形目和鳕形目均1种，各占0.93%。科级分类单元中，鲤科64种、鳅科16种、鲑科5种、鲇科3种，分别占59.26%、14.81%、4.63%及2.78%；七鳃鳗科、鲟科、鲿科、塘鳢科和杜父鱼科均2种，各占1.85%；胡瓜鱼科、银鱼科、狗鱼科、鮨科、鰕虎鱼科、鳢科、斗鱼科、刺鱼科、青鳉科和鳕科均1种，各占0.93%。

表5-17 内蒙古高原河流水系鱼类物种组成

种类	额尔古纳河	嫩江	西辽河	滦河及永定河	艾不盖河	黄河内蒙古段	乌拉盖盆地水系
一、七鳃鳗目 Petromyzoniformes							
（一）七鳃鳗科 Petromyzonidae							
1. 雷氏七鳃鳗 *Lampetra reissneri*	+	+					
2. 日本七鳃鳗 *Lampetra japonica*		+					
二、鲟形目 Acipenseriformes							
（二）鲟科 Acipenseridae							
3. 施氏鲟 *Acipenser schrenckii*	+						
4. 鳇 *Huso dauricus*	+						
三、鲑形目 Salmoniformes							

续表

种类	额尔古纳河	嫩江	西辽河	滦河及永定河	艾不盖河	黄河内蒙古段	乌拉盖盆地水系
（三）鲑科 Salmonidae							
5. 哲罗鲑 *Hucho taimen*	+	+					
6. 细鳞鲑 *Brachymystax lenok*	+	+		+			
7. 乌苏里白鲑 *Coregonus ussuriensis*		+					
8. 卡达白鲑 *Coregonus chadary*	+						
9. 黑龙江茴鱼 *Thymallus arcticus*	+	+					
（四）胡瓜鱼科 Osmeridae							
10. 池沼公鱼 *Hypomesus olidus*▲		+	+	+			
（五）银鱼科 Salangidae							
11. 大银鱼 *Protosalanx hyalocranius*▲		+	+	+			
（六）狗鱼科 Esocidae							
12. 黑斑狗鱼 *Esox reicherti*	+	+					
四、鲤形目 Cypriniformes							
（七）鲤科 Cyprinidae							
13. 马口鱼 *Opsariichthys bidens*		+	+	+			
14. 中华细鲫 *Aphyocypris chinensis*		+	+				
15. 瓦氏雅罗鱼 *Leuciscus waleckii waleckii*	+	+	+	+		+	+
16. 黄河雅罗鱼 *Leuciscus chuanchicus*						+	
17. 拟赤梢鱼 *Pseudaspius leptocephalus*	+	+					
18. 青鱼 *Mylopharyngodon piceus*	+	+	+			+	
19. 草鱼 *Ctenopharyngodon idella*	▲	+	▲			▲	
20. 赤眼鳟 *Squaliobarbus curriculus*	+	+	+			+	
21. 鳡 *Elopichthys bambusa*		+					
22. 真鲅 *Phoxinus phoxinus*	+	+					
23. 湖鲅 *Phoxinus percnurus*	+	+					
24. 拉氏鲅 *Phoxinus lagowskii*	+	+	+		+	+	
25. 花江鲅 *Phoxinus czekanowskii*	+						+
26. 䱗 *Hemiculter leucisculus*	+	+	+			+	
27. 贝氏䱗 *Hemiculter bleekeri*		+	+				
28. 鳊 *Parabramis pekinensis*		+				+	
29. 鲂 *Megalobrama skolkovii*		+					
30. 团头鲂 *Megalobrama amblycephala*▲		+	+			+	
31. 红鳍原鲌 *Cultrichthys erythropterus*	+	+	+				
32. 蒙古鲌 *Culter mongolicus mongolicus*	+	+				+	
33. 翘嘴鲌 *Culter alburnus*	+	+					

续表

种类	额尔古纳河	嫩江	西辽河	滦河及永定河	艾不盖河	黄河内蒙古段	乌拉盖盆地水系
34. 寡鳞飘鱼 *Pseudolaubuca engraulis*						+	
35. 似鲚 *Toxabramis swinhonis*						+	
36. 银鲴 *Xenocypris argentea*		+					
37. 细鳞鲴 *Xenocypris microleps*		+	+				
38. 黑龙江鳑鲏 *Rhodeus sericeus*	+	+	+				
39. 高体鳑鲏 *Rhodeus ocellatus*		+				+	
40. 大鳍鱊 *Acheilognathus macropterus*	+	+				+	
41. 兴凯鱊 *Acheilognathus chankaensis*		+					
42. 唇䱻 *Hemibarbus laboe*	+	+					
43. 花䱻 *Hemibarbus maculatus*	+	+				+	
44. 长吻䱻 *Hemibarbus longirostris*			+				
45. 条纹似白鮈 *Paraleucogobio strigatus*		+					
46. 棒花鱼 *Abbottina rivularis*		+	+			+	
47. 麦穗鱼 *Pseudorasbora parva*	+	+	+	+	+	+	
48. 平口鮈 *Ladislavia taczanowskii*	+						
49. 东北鳈 *Sarcocheilichthys lacustris*		+					
50. 克氏鳈 *Sarcocheilichthys czerskii*	+	+					
51. 华鳈 *Sarcocheilichthys sinensis*		+					
52. 似鮈 *Pseudogobio vaillanti*				+		+	
53. 凌源鮈 *Gobio lingyuanensis*			+	+			+
54. 高体鮈 *Gobio soldatovi*	+		+	+			
55. 细体鮈 *Gobio tenuicorpus*	+		+	+		+	
56. 棒花鮈 *Gobio rivuloides*			+	+		+	
57. 南方鮈 *Gobio meridionalis*						+	
58. 似铜鮈 *Gobio coriparoides*						+	
59. 尖鳍鮈 *Gobio acutipinnatus*	+					+	
60. 东北颌须鮈 *Gnathopogon mantschuricus*	+						
61. 银鮈 *Squalidus argentatus*		+					
62. 兴凯银鮈 *Squalidus chankaensis*		+					
63. 铜鱼 *Coreius heterodon*						+	
64. 北方铜鱼 *Coreius septentrionalis*						+	
65. 吻鮈 *Rhinogobio typus*						+	
66. 圆筒吻鮈 *Rhinogobio cylindricus*						+	
67. 大鼻吻鮈 *Rhinogobio nasutus*						+	
68. 突吻鮈 *Rostrogobio amurensis*	+	+					

续表

种类	额尔古纳河	嫩江	西辽河	滦河及永定河	艾不盖河	黄河内蒙古段	乌拉盖盆地水系
69. 蛇鮈 *Saurogobio dabryi*	+						
70. 鲤 *Cyprinus carpio*	+	+	+	+		+	+
71. 鲫 *Carassius auratus*	+	+	+	+		+	+
72. 银鲫 *Carassius auratus gibelio*		+	+				
73. 鲢 *Hypophthalmichthys molitrix*		+				+	
74. 鳙 *Aristichthys nobilis*▲		+				+	
75. 潘氏鳅鮀 *Gobiobotia pappenheimi*	+	+					
76. 平鳍鳅鮀 *Gobiobotia homalopteroidea*						+	
（八）鳅科 Cobitidae							
77. 泥鳅 *Misgurnus anguillicaudatus*		+	+			+	
78. 北方泥鳅 *Misgurnus bipartitus*	+	+	+	+	+		+
79. 北鳅 *Lefua costata*	+	+	+		+	+	+
80. 北方须鳅 *Barbatula barbatula nuda*	+	+	+				+
81. 花斑副沙鳅 *Parabotia fasciata*		+					
82. 长薄鳅 *Leptobotia elongate*						+	
83. 红唇薄鳅 *Leptobotia rubrilabris*						+	
84. 柏氏薄鳅 *Leptobotia pratti*						+	
85. 大鳞副泥鳅 *Paramisgurnus dabryanus*			+			+	
86. 北方花鳅 *Cobitis granoci*	+	+	+	+	+	+	+
87. 黑龙江花鳅 *Cobitis lutheri*	+						
88. 达里湖高原鳅 *Triplophysa dalaica*			+			+	+
89. 忽吉图高原鳅 *Triplophysa hutjertjuensis*					+		
90. 斜颌背斑高原鳅 *Triplophysa dorsonotatus plagiognathus*					+	+	
91. 粗壮高原鳅 *Triplophysa robusta*						+	
92. 黄河高原鳅 *Triplophysa pappenheimi*						+	
五、鲇形目 Siluriformes							
（九）鲿科 Bagridae							
93. 黄颡鱼 *Pelteobagrus fulvidraco*		+	+			+	
94. 乌苏拟鲿 *Pseudobagrus ussuriensis*	+						
（十）鲇科 Siluridae							
95. 鲇 *Silurus asotus*	+	+	+			+	
96. 怀头鲇 *Silurus soldatovi*		+					
97. 兰州鲇 *Silurus lanzhouensis*						+	
六、鲈形目 Perciformes							

续表

种类	额尔古纳河	嫩江	西辽河	滦河及永定河	艾不盖河	黄河内蒙古段	乌拉盖盆地水系
（十一）鮨科 Serranidae							
98. 鳜 *Siniperca chuatsi*		+	+				
（十二）塘鳢科 Eleotridae							
99. 葛氏鲈塘鳢 *Perccottus glehni*	+	+	+				
100. 黄黝鱼 *Hypseleotris swinhonis*	+	+	+			+	
（十三）鰕虎鱼科 Gobiidae							
101. 波氏吻鰕虎鱼 *Rhinogobius cliffordpopei*						+	
（十四）斗鱼科 Belontiidae							
102. 圆尾斗鱼 *Macropodus chinensis*▲						+	
（十五）鳢科 Channidae							
103. 乌鳢 *Channa argus*	+	+					
七、鲉形目 Scorpaeniformes							
（十六）杜父鱼科 Cottidae							
104. 黑龙江中杜父鱼 *Mesocottus haitej*	+	+					
105. 杂色杜父鱼 *Cottus poecilopus*		+					
八、刺鱼目 Gasterosteiformes							
（十七）刺鱼科 Gasterosteidae							
106. 九棘刺鱼 *Pungitius pungitius*		+	+			+	+
九、鳉形目 Cyprinodontiformes							
（十八）青鳉科 Oryziatidae							
107. 中华青鳉 *Oryzias latipes sinensis*		+				+	
十、鳕形目 Gadiformes							
（十九）鳕科 Gadidae							
108. 江鳕 *Lota lota*	+	+					

3. 区系生态类群

内蒙古高原河流水系的土著鱼类由 8 个区系生态类群构成。

1）江河平原区系生态类群：青鱼、草鱼、鳡、马口鱼、中华细鲫、𩽾、贝氏𩽾、鳊、鲂、红鳍原鲌、翘嘴鲌、蒙古鲌、鲢、潘氏鳅鮀、平鳍鳅鮀、似鱎、细鳞鲴、银鲴、寡鳞飘鱼、花䱻、唇䱻、长吻䱻、棒花鱼、华鳈、东北鳈、克氏鳈、似鮈、银鮈、兴凯银鮈、蛇鮈、花斑副沙鳅、鳜、铜鱼和北方铜鱼，占 33.01%。

2）北方平原区系生态类群：瓦氏雅罗鱼、黄河雅罗鱼、拟赤梢鱼、湖鲂、拉氏鲂、花江鲅、平口鮈、凌源鮈、高体鮈、细体鮈、棒花鮈、南方鮈、似铜鮈、尖鳍鮈、东北颌须鮈、条纹似白鮈、吻鮈、圆筒吻鮈、大鼻吻鮈、突吻鮈、北鳅、北方须鳅、长薄鳅、红唇薄鳅、柏氏薄鳅、北方花鳅、黑龙江花鳅、黑斑狗鱼和波氏吻鰕虎鱼，占 28.16%。

3）新近纪区系生态类群：雷氏七鳃鳗、日本七鳃鳗、施氏鲟、鳇、鲤、鲫、银鲫、麦穗鱼、赤眼鳟、黑龙江鳑鲏、高体鳑鲏、大鳍鱊、兴凯鱊、泥鳅、北方泥鳅、大鳞副泥鳅、鲇、怀头鱼和兰州鲇，占 18.45%。

4）北方山地区系生态类群：哲罗鲑、细鳞鲑、黑龙江茴鱼、黑龙江中杜父鱼、杂色杜父鱼和真鲅，占 5.83%。

5）热带平原区系生态类群：黄颡鱼、乌苏拟鲿、黄黝鱼、葛氏鲈塘鳢、乌鳢和中华青鳉，占 5.83%。

6）北极淡水区系生态类群：乌苏里白鲑、卡达白鲑和江鳕，占 2.91%。

7）北极海洋区系生态类群：九棘刺鱼，占 0.97%。

8）中亚高山区系生态类群：达里湖高原鳅、忽吉图高原鳅、斜颌背斑高原鳅、粗壮高原鳅和黄河高原鳅，占 4.85%。

以上北方区系生态类群 39 种，占 37.86%。

5.3.6.2 内蒙古高原湖泊沼泽群与所在河流水系鱼类多样性比较

1. 物种多样性

内蒙古高原湖泊沼泽群与河流水系的鱼类物种组成见表 5-18。内蒙古高原湖泊沼泽群与河流水系鱼类群落共有种为 7 目 14 科 51 属 69 种。其中，同为湖泊沼泽与河流水系的移入种有 2 目 3 科 5 尾 5 种（池沼公鱼、大银鱼、团头鲂、草鱼和鳙）；作为湖泊沼泽移入种、河流水系土著种的鱼类有 2 目 2 科 4 尾 4 种（鲂、青鱼、鳜和鲢）；土著鱼类 7 目 11 科 43 属 60 种（哲罗鲑、细鳞鲑、黑斑狗鱼、九棘刺鱼、中华青鳉、江鳕、波氏吻鰕虎鱼、葛氏鲈塘鳢、黄黝鱼、鲇、兰州鲇、黄颡鱼、乌苏拟鲿、马口鱼、瓦氏雅罗鱼、赤眼鳟、鳡、鳊、拟赤梢鱼、真鲅、湖鲅、拉氏鲅、花江鲅、䱗、贝氏䱗、红鳍原鲌、翘嘴鲌、蒙古鲌、寡鳞飘鱼、银鲴、黑龙江鳑鲏、高体鳑鲏、大鳍鱊、唇䱻、花䱻、条纹似白鮈、棒花鱼、麦穗鱼、华鳈、克氏鳈、似鮈、凌源鮈、高体鮈、细体鮈、似铜鮈、突吻鮈、蛇鮈、兴凯银鮈、鲤、鲫、银鲫、泥鳅、北方泥鳅、北鳅、北方须鳅、北方花鳅、黑龙江花鳅、大鳞副泥鳅、达里湖高原鳅和粗壮高原鳅）。

内蒙古高原湖泊沼泽群的独有种为 1 目 2 科 12 属 16 种。其中，移入种 1 目 1 科 2 属 2 种，包括鯮和鳤；土著鱼类 1 目 2 科 10 属 14 种，包括蒙古䱗、尖头鲌、犬首鮈、多鳞白甲鱼、花斑裸鲤、极边扁咽齿鱼、黑龙江泥鳅、弓背须鳅、中华花鳅、梭形高原鳅、酒泉高原鳅、东方高原鳅、河西叶尔羌高原鳅和重穗唇高原鳅。

河流水系的独有种为 7 目 9 科 27 属 37 种。其中，移入种 1 目 1 科 1 属 1 种，即圆尾斗鱼；土著鱼类 7 目 8 科 26 属 36 种，包括雷氏七鳃鳗、日本七鳃鳗、施氏鲟、鳇、乌苏里白鲑、卡达白鲑、黑龙江茴鱼、中华细鲫、黄河雅罗鱼、似鱎、细鳞鲴、兴凯鱊、长吻䱻、平口鮈、东北鳈、棒花鮈、南方鮈、尖鳍鮈、东北颌须鮈、银鮈、铜鱼、北方铜鱼、吻鮈、圆筒吻鮈、大鼻吻鮈、潘氏鳅鮀、平鳍鳅鮀、花斑副沙鳅、长薄鳅、红唇薄鳅、柏氏薄鳅、黄河高原鳅、怀头鲇、乌鳢、黑龙江中杜父鱼和杂色杜父鱼。

表 5-18　内蒙古高原湖泊沼泽群与河流水系鱼类物种组成

种类	a	b	种类	a	b
一、七鳃鳗目 Petromyzoniformes			23. 鳡 *Elopichthys bambusa*	+	+
（一）七鳃鳗科 Petromyzonidae			24. 真鲂 *Phoxinus phoxinus*	+	+
1. 雷氏七鳃鳗 *Lampetra reissneri*	+		25. 湖鲂 *Phoxinus percnurus*	+	+
2. 日本七鳃鳗 *Lampetra japonica*	+		26. 拉氏鲂 *Phoxinus lagowskii*	+	+
二、鲟形目 Acipenseriformes			27. 花江鲂 *Phoxinus czekanowskii*	+	+
（二）鲟科 Acipenseridae			28. 䱗 *Hemiculter leucisculus*	+	+
3. 施氏鲟 *Acipenser schrenckii*	+		29. 贝氏䱗 *Hemiculter bleekeri*	+	+
4. 鳇 *Huso dauricus*	+		30. 蒙古䱗 *Hemiculter lucidus warpachowsky*		+
三、鲑形目 Salmoniformes			31. 鳊 *Parabramis pekinensis*	+	+
（三）鲑科 Salmonidae			32. 鲂 *Megalobrama skolkovii*	+	▲
5. 哲罗鲑 *Hucho taimen*	+	+	33. 团头鲂 *Megalobrama amblycephala*▲	+	+
6. 细鳞鲑 *Brachymystax lenok*	+	+	34. 红鳍原鲌 *Cultrichthys erythropterus*	+	+
7. 乌苏里白鲑 *Coregonus ussuriensis*	+		35. 蒙古鲌 *Culter mongolicus mongolicus*	+	+
8. 卡达白鲑 *Coregonus chadary*	+		36. 翘嘴鲌 *Culter alburnus*	+	+
9. 黑龙江茴鱼 *Thymallus arcticus*	+		37. 尖头鲌 *Culter oxycephalus*		+
（四）胡瓜鱼科 Osmeridae			38. 寡鳞飘鱼 *Pseudolaubuca engraulis*	+	+
10. 池沼公鱼 *Hypomesus olidus*▲	+	+	39. 似鲚 *Toxabramis swinhonis*	+	
（五）银鱼科 Salangidae			40. 银鲴 *Xenocypris argentea*	+	+
11. 大银鱼 *Protosalanx hyalocranius*▲	+	+	41. 细鳞鲴 *Xenocypris microlepis*	+	
（六）狗鱼科 Esocidae			42. 黑龙江鳑鲏 *Rhodeus sericeus*	+	+
12. 黑斑狗鱼 *Esox reicherti*	+	+	43. 高体鳑鲏 *Rhodeus ocellatus*	+	+
四、鲤形目 Cypriniformes			44. 大鳍鱊 *Acheilognathus macropterus*	+	+
（七）鲤科 Cyprinidae			45. 兴凯鱊 *Acheilognathus chankaensis*	+	
13. 马口鱼 *Opsariichthys bidens*	+	+	46. 唇䱻 *Hemibarbus laboe*	+	+
14. 中华细鲫 *Aphyocypris chinensis*	+		47. 花䱻 *Hemibarbus maculatus*	+	+
15. 瓦氏雅罗鱼 *Leuciscus waleckii waleckii*	+	+	48. 长吻䱻 *Hemibarbus longirostris*	+	
16. 黄河雅罗鱼 *Leuciscus chuanchicus*	+		49. 条纹似白鮈 *Paraleucogobio strigatus*	+	+
17. 拟赤梢鱼 *Pseudaspius leptocephalus*	+	+	50. 棒花鱼 *Abbottina rivularis*	+	+
18. 青鱼 *Mylopharyngodon piceus*	+	▲	51. 麦穗鱼 *Pseudorasbora parva*	+	+
19. 草鱼 *Ctenopharyngodon idella*▲	+	+	52. 平口鮈 *Ladislavia taczanowski*	+	
20. 赤眼鳟 *Squaliobarbus curriculus*	+	+	53. 东北鳈 *Sarcocheilichthys lacustris*	+	
21. 鯮 *Luciobrama macrocephalus*▲		+	54. 克氏鳈 *Sarcocheilichthys czerskii*	+	+
22. 鳤 *Ochetobius elongatus*▲		+	55. 华鳈 *Sarcocheilichthys sinensis*	+	+

续表

种类	a	b
56. 似鮈 *Pseudogobio vaillanti*	+	+
57. 凌源鮈 *Gobio lingyuanensis*	+	+
58. 高体鮈 *Gobio saldatovi*	+	+
59. 犬首鮈 *Gobio cynocephalus*		+
60. 细体鮈 *Gobio tenuicorpus*	+	+
61. 棒花鮈 *Gobio rivuloides*	+	
62. 南方鮈 *Gobio meridionalis*	+	
63. 似铜鮈 *Gobio coriparoides*	+	+
64. 尖鳍鮈 *Gobio acutipinnatus*	+	
65. 东北颌须鮈 *Gnathopogon mantschuricus*	+	
66. 银鮈 *Squalidus argentatus*	+	
67. 兴凯银鮈 *Squalidus chankaensis*	+	+
68. 铜鱼 *Coreius heterodon*	+	
69. 北方铜鱼 *Coreius septentrionalis*	+	
70. 吻鮈 *Rhinogobio typus*	+	
71. 圆筒吻鮈 *Rhinogobio cylindricus*	+	
72. 大鼻吻鮈 *Rhinogobio nasutus*	+	
73. 突吻鮈 *Rostrogobio amurensis*	+	+
74. 蛇鮈 *Saurogobio dabry*	+	+
75. 鲤 *Cyprinus carpio*	+	+
76. 鲫 *Carassius auratus*	+	+
77. 银鲫 *Carassius auratus gibelio*	+	+
78. 鲢 *Hypophthalmichthys molitrix*	+	▲
79. 鳙 *Aristichthys nobilis*▲	+	+
80. 多鳞白甲鱼 *Onychostoma macrolepis*		+
81. 极边扁咽齿鱼 *Platypharodon extremus*		+
82. 花斑裸鲤 *Gymnocypris eckloni*		+
83. 潘氏鳅鮀 *Gobiobotia pappenheimi*	+	
84. 平鳍鳅鮀*Gobiobotia homalopteroidea*	+	
（八）鳅科 Cobitidae		
85. 泥鳅 *Misgurnus anguillicaudatus*	+	+
86. 北方泥鳅 *Misgurnus bipartitus*	+	+
87. 黑龙江泥鳅 *Misgurnus mohoity*		+
88. 北鳅 *Lefua costata*	+	+
89. 北方须鳅 *Barbatula barbatula nuda*	+	+
90. 弓背须鳅 *Barbatula gibba*		+
91. 花斑副沙鳅 *Parabotia fasciata*	+	
92. 长薄鳅 *Leptobotia elongate*	+	
93. 红唇薄鳅 *Leptobotia rubrilabris*	+	
94. 柏氏薄鳅 *Leptobotia pratti*	+	
95. 大鳞副泥鳅 *Paramisgurnus dabryanus*	+	+
96. 北方花鳅 *Cobitis granoci*	+	+
97. 黑龙江花鳅 *Cobitis lutheri*	+	+
98. 中华花鳅 *Cobitis sinensis*		+
99. 河西叶尔羌高原鳅 *Triplophysa yarkandensis*		+
100. 达里湖高原鳅 *Triplophysa dalaica*	+	+
101. 梭形高原鳅 *Triplophysa leptosoma*		+
102. 重穗唇高原鳅 *Triplophysa papillososlabiata*		+
103. 酒泉高原鳅 *Triplophysa hsutschouensis*		+
104. 东方高原鳅 *Triplophysa orientalis*		+
105. 粗壮高原鳅 *Triplophysa robusta*	+	+
106. 黄河高原鳅 *Triplophysa pappenheimi*	+	
五、鲇形目 Siluriformes		
（九）鲿科 Bagridae		
107. 黄颡鱼 *Pelteobagrus fulvidraco*	+	+
108. 乌苏拟鲿 *Pseudobagrus ussuriensis*	+	+
（十）鲇科 Siluridae		
109. 鲇 *Silurus asotus*	+	+
110. 怀头鲇 *Silurus soldatovi*	+	
111. 兰州鲇 *Silurus lanzhouensis*	+	+
六、鲈形目 Perciformes		
（十一）鮨科 Serranidae		
112. 鳜 *Siniperca chuatsi*	+	▲
（十二）塘鳢科 Eleotridae		
113. 葛氏鲈塘鳢 *Perccottus glehni*	+	+
114. 黄黝鱼 *Hypseleotris swinhonis*	+	+
（十三）鰕虎鱼科 Gobiidae		
115. 波氏吻鰕虎鱼 *Rhinogobius cliffordpopei*	+	+
（十四）斗鱼科 Belontiidae		
116. 圆尾斗鱼 *Macropodus chinensis*▲	+	
（十五）鳢科 Channidae		
117. 乌鳢 *Channa argus*	+	

续表

种类	a	b	种类	a	b
七、鲉形目 Scorpaeniformes			九、鳉形目 Cyprinodontiformes		
（十六）杜父鱼科 Cottidae			（十八）青鳉科 Oryziatidae		
118. 黑龙江中杜父鱼 *Mesocottus haitej*	+		121. 中华青鳉 *Oryzias latipes sinensis*	+	+
119. 杂色杜父鱼 *Cottus poecilopus*	+		十、鳕形目 Gadiformes		
八、刺鱼目 Gasterosteiformes			（十九）鳕科 Gadidae		
（十七）刺鱼科 Gasterosteidae			122. 江鳕 *Lota lota*	+	+
120. 九棘刺鱼 *Pungitius pungitius*	+	+			

注：a. 河流水系，b. 湖泊沼泽群

2. 区系生态类群

内蒙古高原湖泊沼泽群与河流水系鱼类群落的土著种均由 8 个区系生态类群构成。北极海洋区系生态类群均由九棘刺鱼构成。北极淡水区系生态类群，内蒙古高原湖泊沼泽群只有江鳕，河流水系还包括乌苏里白鲑和卡达白鲑。热带平原区系生态类群均由 6 种鱼类构成，黄颡鱼、乌苏拟鲿、黄黝鱼、葛氏鲈塘鳢和中华青鳉为共有种，此外，内蒙古高原湖泊沼泽群还包括多鳞白甲鱼，河流水系还有乌鳢。北方山地区系生态类群，内蒙古高原湖泊沼泽群只由哲罗鲑、细鳞鲑和真鲅构成且为共有种，河流水系还包括黑龙江茴鱼、黑龙江中杜父鱼和杂色杜父鱼。中亚高山区系生态类群，达里湖高原鳅和粗壮高原鳅为共有种，内蒙古高原湖泊沼泽群还包括极边扁咽齿鱼、花斑裸鲤、梭形高原鳅、酒泉高原鳅、东方高原鳅、河西叶尔羌高原鳅和重穗唇高原鳅，河流水系还有黄河高原鳅。

在不同区系生态类群的种类所占的比例中，江河平原、北方平原、北方山地和北极淡水区系生态类群均以河流水系相对略高；热带平原、北极海洋和中亚高山区系生态类群均以内蒙古高原湖泊沼泽群相对略高；新近纪区系生态类群构成湖泊沼泽群与河流水系的比例基本一致。北方区系生态类群以河流水系相对略高。

3. 保护物种与濒危物种

内蒙古高原湖泊沼泽群与河流水系均分布有中国易危种哲罗鲑，陕西省地方重点保护水生野生动物鳡、翘嘴鲌，以及甘肃省地方重点保护水生野生动物赤眼鳟和兰州鲇。此外，内蒙古高原湖泊沼泽群还有陕西省地方重点保护水生野生动物尖头鲌，甘肃省地方重点保护水生野生动物黄河雅罗鱼、圆筒吻鮈、黄河高原鳅、极边扁咽齿鱼和花斑裸鲤，同为陕西、甘肃两省地方重点保护水生野生动物多鳞白甲鱼、北方铜鱼和大鼻吻鮈；河流水系还有中国易危种雷氏七鳃鳗、日本七鳃鳗、施氏鲟、鳇、哲罗鲑、乌苏里白鲑、黑龙江茴鱼、怀头鲇和长薄鳅，中国濒危种北方铜鱼和平鳍鳅鮀。

4. 冷水种

河流水系的冷水种数及其所占比例均高于湖泊沼泽群（分别为 21 种及 14 种、20.39%

及 18.92%），哲罗鲑、细鳞鲑、黑斑狗鱼、真鳄、拉氏鳄、瓦氏雅罗鱼、拟赤梢鱼、北鳅、北方须鳅、北方花鳅、黑龙江花鳅、江鳕和九棘刺鱼为共有种。另外，内蒙古高原湖泊沼泽群的花斑裸鲤是河流水系所没有的；河流水系的日本七鳃鳗、雷氏七鳃鳗、乌苏里白鲑、卡达白鲑、黑龙江茴鱼、平口鮈、黑龙江中杜父鱼和杂色杜父鱼则未见于湖泊沼泽群。冷水种的群落关联系数为 0.591，表现为关联性程度较高。

5. *群落关联性*

内蒙古高原湖泊沼泽群与河流水系鱼类的群落关联系数为 0.566，显示关联性程度较高。

5.3.6.3 关于内蒙古高原鱼类区系的形成

在内蒙古高原，江河平原区系生态类群的种类几乎都分布在黑龙江水系（额尔古纳河与嫩江）和西辽河水系，且绝大多数为鲤科种类。该区系生态类群发生在全球气温下降、青藏高原初步隆升、东南季风气候已经形成的上新世[13]。其间亚洲东部平原上的大江大河在季节性水量变化的作用下，贯通了沼泽、湖泊，形成了江、湖交错的地貌环境。在上述广阔水域的新环境中，原有的鱼类区系发生了变化，出现了雅罗鱼亚科的东亚类群（青鱼、草鱼、鳍、鳡）及鲌亚科、鲴亚科、鲢亚科、鮈亚科、鲤亚科等江河平原区系生态类群的主要成员。上述鱼类能分布到黑龙江水系，是通过古代黄河、辽河扩散过来的。在渤海尚未形成之前，古辽河携辽西、冀、鲁诸水与古黄河汇流后进入黄海，生活在中国东部江河平原区系生态类群的鱼类，沿古辽河北移的通道扩展到北方各地。嫩江在上新世至更新世时原本是古辽河的上源（称为嫩辽河），这使得该类群的鱼类又能进一步北扩至嫩江流域，至第四纪早更新世，长春附近地势升高，松辽分水岭形成，将两河分开，嫩江北流与松花江汇合，后又被张广才岭以东的三江水系向上袭夺而形成了黑龙江水系，中国江河平原区系生态类群的种类也就分布到了黑龙江水系，成为现今内蒙古自治区境内的额尔古纳河与嫩江水系鱼类群落的主体成分。同一原因，热带平原区系生态类群的种类也分布到了上述地区。地处黄河上游的河套盆地，目前除发现有鳌、蒙古鲌两种江河平原区系生态类群的种类外，再没有发现该区系生态类群的其他种类，其原因是在该区系生态类群产生之前的渐新世至中新世所发生的喜马拉雅造山运动，使得鄂尔多斯盆地已抬高成为高原，现今山西、陕西的河曲、保德一带已成为高山，黄河至此向南落差甚大，下游平原地区的鱼类无力上溯至河套地区，故此，河套地区的现生鱼类都是产生于中新世甚至渐新世以前的古老种类，或是它们的后裔。鳌、蒙古鲌两种鱼类之所以能出现在河套地区，可能与 20 世纪 50 年代初该地区大量放养长江野生鱼类有关。

分布在内蒙古高原的新近纪区系生态类群种类，是一群发生很早，在气候炎热、水域较小、水浅草多、混浊少氧的水环境中形成的鱼类。它们在中新世甚至渐新世以前就分布到亚欧北部的各个水域中。现今在内蒙古自治区全境均有分布。古新世至渐新世内蒙古地势低平，气候暖湿（阴山以北为暖温带，阴山以南为亚热带）。在河套地区的始新世地层中，出现过鲤科鱼类的脊椎骨及亚口鱼属（*Catostomus* sp.）等的化石，可以说明原始的鲤科及鲇形目鱼类在新近纪就已经在河套地区存在了。

北方平原与北方山地区系生态类群的种类，是一群起源于中亚以北的寒冷平原与山麓地区，耐寒力较强、喜清澈多氧水环境的鱼类。北方平原区系生态类群中，雅罗鱼形成于渐新世，条鳅类的北鳅、北方须鳅是中新世就有的种类，之所以能分布到河套盆地和阴山以北的内蒙古中西部高原，应是喜马拉雅造山运动以前当地就已有分布，其他种类可能是在嫩江与辽河没有分开之前，扩散到内蒙古高原的东半部及其邻近地区的。北方平原区系生态类群的种类在内蒙古各水系均有分布。北方山地区系生态类群中，除细鳞鲑在闪电河（滦河上游）也有分布外，其余全部分布在额尔古纳河及嫩江（即黑龙江水系）。

中亚高山区系生态类群中，除大部分种类分布在额济纳河水系外，内蒙古中部高原也有零星分布。第四纪更新世青藏高原再次迅速上升，青藏地区的气候更加寒冷干燥，日光辐射增强，高山峡谷型河流增多，淡水湖泊减少或消失，鱼类中只有那些适应水文变化剧烈的河流生境的种类幸存下来。适应这种环境条件特别是繁殖条件的鲃亚科鱼类的一支，臀鳞扩大演化成有鳞的原始裂腹鱼类；条鳅类一支出现了一系列形态变化，适应了溪流石砾缝隙生活，并在繁殖期出现副性征，进化成为现今的高原鳅类。在青藏高原持续上升的过程中，石羊河、疏勒河与额济纳河（又称弱水），疏勒河与罗布泊水系都有过相通和分离的过程。产生或生存在上述特殊生境中的各种特化了的裂腹鱼类和高原鳅类产生了交流，从而使额济纳河自然分布了一些适应于当地环境的鱼类。

北极淡水和北极海洋区系生态类群的来源，应是北极海水系的河流常因下游冰块阻塞而溢水相通（因大部分海拔均很低），从而使江鳕、白鲑类、九棘刺鱼等种类可分布到内蒙古高原东北部的黑龙江水系。

5.4　东北—内蒙古高原沼泽湿地与该区河流水系

5.4.1　鱼类物种多样性

这里所述的“东北—内蒙古高原沼泽湿地”，包括前文已介绍过的湖泊沼泽、河流沼泽和沼泽湿地国家级自然保护区，这里并称为沼泽湿地。所述的“东北—内蒙古高原河流水系”，包括黑龙江省和吉林省境内的黑龙江、松花江、嫩江及乌苏里江，内蒙古自治区境内的额尔古纳河、嫩江、西辽河、滦河、永定河、艾不盖河、黄河内蒙古段及锡林郭勒盟的乌拉盖盆地河流水系，这里并称为河流水系。

5.4.1.1　沼泽湿地

1. 物种组成

综合上述湖泊沼泽、河流沼泽及沼泽湿地国家级自然保护区的鱼类学资料，得出东北—内蒙古高原沼泽湿地的鱼类物种 10 目 21 科 80 属 132 种（表 5-19）。其中，移入种 3

目 6 科 17 属 17 种（鯮、鳡、青鱼、草鱼、湖拟鲤、团头鲂、似鳊、鲢、鳙、大银鱼、太湖新银鱼、虹鳟、花羔红点鲑、斑鳜、梭鲈、河鲈和加州鲈）；土著鱼类 10 目 18 科 67 属 115 种。

上述土著鱼类中，包括中国易危种雷氏七鳃鳗、日本七鳃鳗、施氏鲟、鳇、哲罗鲑、乌苏里白鲑、黑龙江茴鱼和怀头鲇；中国特有种扁体原鲌、达氏鲌、彩石鳑鲏、方氏鳑鲏、凌源鮈、东北颌须鮈、银鮈、辽宁棒花鱼、大鳞副泥鳅、黄黝鱼和波氏吻鰕虎鱼；冷水种日本七鳃鳗、雷氏七鳃鳗、大麻哈鱼、哲罗鲑、细鳞鲑、乌苏里白鲑、卡达白鲑、黑龙江茴鱼、池沼公鱼、亚洲公鱼、黑斑狗鱼、真鲅、拉氏鲅、瓦氏雅罗鱼、拟赤梢鱼、平口鮈、花斑裸鲤、北鳅、北方须鳅、黑龙江花鳅、北方花鳅、江鳕、九棘刺鱼、黑龙江中杜父鱼和杂色杜父鱼（占 21.74%）。

2. 种类组成

东北—内蒙古高原沼泽湿地鱼类群落中，鲤形目 90 种、鲑形目 14 种、鲈形目 11 种、鲇形目 7 种、七鳃鳗目 3 种，分别占 68.18%、10.61%、8.33%、5.30%及 2.27%；鲟形目和鲉形目均 2 种，各占 1.52%；鳕形目、鳉形目和刺鱼目均 1 种，各占 0.76%。科级分类单元中，鲤科 71 种、鳅科 19 种、鲑科 9 种、鮨科 4 种，分别占 53.79%、14.39%、6.82%及 3.03%；七鳃鳗科和鲇科均 3 种，各占 2.27%；鲟科、银鱼科、胡瓜鱼科、杜父鱼科、鮨科、鲈科、塘鳢科和鰕虎鱼科均 2 种，各占 1.52%；狗鱼科、鳕科、青鳉科、斗鱼科、鳢科、太阳鱼科和刺鱼科均 1 种，各占 0.76%。

表 5-19 东北—内蒙古高原沼泽湿地与该区河流水系鱼类物种组成

种类	a	b	种类	a	b
一、七鳃鳗目 Petromyzoniformes			11. 真鲅 *Phoxinus phoxinus*	+	+
（一）七鳃鳗科 Petromyzonidae			12. 湖鲅 *Phoxinus percnurus*	+	+
1. 雷氏七鳃鳗 *Lampetra reissneri*	+	+	13. 拉氏鲅 *Phoxinus lagowskii*	+	+
2. 日本七鳃鳗 *Lampetra japonica*	+	+	14. 花江鲅 *Phoxinus czekanowskii*	+	+
3. 东北七鳃鳗 *Lampetra morii*	+	+	15. 尖头鲅 *Phoxinus oxycephalus*	+	+
二、鲟形目 Acipenseriformes			16. 湖拟鲤 *Rutilus lacustris* ▲	+	+
（二）鲟科 Acipenseridae			17. 瓦氏雅罗鱼 *Leuciscus waleckii waleckii*	+	+
4. 施氏鲟 *Acipenser schrenckii*	+	+	18. 黄河雅罗鱼 *Leuciscus chuanchicus*		+
5. 鳇 *Huso dauricus*	+	+	19. 拟赤梢鱼 *Pseudaspius leptocephalus*	+	+
三、鲤形目 Cypriniformes			20. 赤眼鳟 *Squaliobarbus curriculus*	+	+
（三）鲤科 Cyprinidae			21. 鯮 *Luciobrama macrocephalus* ▲	+	
6. 宽鳍鱲 *Zacco platypus*	+		22. 鳤 *Ochetobius elongatus* ▲	+	
7. 马口鱼 *Opsariichthys bidens*	+	+	23. 鳡 *Elopichthys bambusa*	+	+
8. 中华细鲫 *Aphyocypris chinensis*	+	+	24. 𩾌 *Hemiculter leucisculus*	+	+
9. 青鱼 *Mylopharyngodon piceus*	▲	+	25. 贝氏𩾌 *Hemiculter bleekeri*	+	+
10. 草鱼 *Ctenopharyngodon idella*	▲	+	26. 蒙古𩾌 *Hemiculter lucidus warpachowsky*	+	+

续表

种类	a	b
27. 兴凯鳘 *Hemiculter lucidus lucidus*	+	+
28. 红鳍原鲌 *Cultrichthys erythropterus*	+	+
29. 扁体原鲌 *Cultrichthys compressocorpus*	+	+
30. 达氏鲌 *Culter dabryi*	+	+
31. 尖头鲌 *Culter oxycephalus*	+	+
32. 翘嘴鲌 *Culter alburnus*	+	+
33. 蒙古鲌 *Culter mongolicus mongolicus*	+	+
34. 兴凯鲌 *Culter dabryi shinkainensis*	+	
35. 寡鳞飘鱼 *Pseudolaubuca engraulis*	+	+
36. 似鲚 *Toxabramis swinhonis*		+
37. 鳊 *Parabramis pekinensis*	+	+
38. 鲂 *Megalobrama skolkovii*	+	+
39. 团头鲂 *Megalobrama amblycephala*▲	+	+
40. 银鲴 *Xenocypris argentea*	+	+
41. 细鳞鲴 *Xenocypris microleps*	+	+
42. 似鳊 *Pseudobrama simoni* ▲	+	+
43. 大鳍鱊 *Acheilognathus macropterus*	+	+
44. 兴凯鱊 *Acheilognathus chankaensis*	+	+
45. 黑龙江鳑鲏 *Rhodeus sericeus*	+	+
46. 彩石鳑鲏 *Rhodeus lighti*	+	+
47. 高体鳑鲏 *Rhodeus ocellatus*	+	+
48. 方氏鳑鲏 *Rhodeus fangi*		+
49. 花䱻 *Hemibarbus maculatus*	+	+
50. 唇䱻 *Hemibarbus laboe*	+	+
51. 长吻䱻 *Hemibarbus longirostris*		+
52. 似鮈 *Pseudogobio vaillanti*	+	+
53. 似铜鮈 *Gobio coriparoides*	+	+
54. 犬首鮈 *Gobio cynocephalus*	+	+
55. 凌源鮈 *Gobio lingyuanensis*	+	+
56. 细体鮈 *Gobio tenuicorpus*	+	+
57. 高体鮈 *Gobio soldatovi*	+	+
58. 棒花鮈 *Gobio rivuloides*		+
59. 南方鮈 *Gobio meridionalis*		+
60. 尖鳍鮈 *Gobio acutipinnatus*		+
61. 大头鮈 *Gobio macrocephalus*	+	
62. 条纹似白鮈 *Paraleucogobio strigatus*	+	+
63. 麦穗鱼 *Pseudorasbora parva*	+	+
64. 东北颌须鮈 *Gnathopogon mantschuricus*	+	+
65. 平口鮈 *Ladislavia taczanowskii*	+	+
66. 棒花鱼 *Abbottina rivularis*	+	+
67. 辽宁棒花鱼 *Abbottina liaoningensis*	+	+
68. 拉林棒花鱼 *Abbottina lalinensis*		+
69. 东北鳈 *Sarcocheilichthys lacustris*	+	+
70. 克氏鳈 *Sarcocheilichthys czerskii*	+	+
71. 华鳈 *Sarcocheilichthys sinensis*	+	+
72. 银鮈 *Squalidus argentatus*	+	+
73. 兴凯银鮈 *Squalidus chankaensis*	+	+
74. 铜鱼 *Coreius heterodon*		+
75. 北方铜鱼 *Coreius septentrionalis*		+
76. 吻鮈 *Rhinogobio typus*		+
77. 圆筒吻鮈 *Rhinogobio cylindricus*		+
78. 大鼻吻鮈 *Rhinogobio nasutus*		+
79. 突吻鮈 *Rostrogobio amurensis*	+	+
80. 蛇鮈 *Saurogobio dabryi*	+	+
81. 鲤 *Cyprinus carpio*	+	+
82. 鲫 *Carassius auratus*	+	+
83. 银鲫 *Carassius auratus gibelio*	+	+
84. 鲢 *Hypophthalmichthys molitrix*	▲	+
85. 鳙 *Aristichthys nobilis* ▲	+	+
86. 多鳞白甲鱼 *Onychostoma macrolepis*	+	
87. 极边扁咽齿鱼 *Platypharodon extremus*	+	
88. 花斑裸鲤 *Gymnocypris eckloni*	+	
89. 潘氏鳅鮀 *Gobiobotia pappenheimi*	+	+
90. 平鳍鳅鮀 *Gobiobotia homalopteroidea*		+
（四）鳅科 Cobitidae		
91. 北鳅 *Lefua costata*	+	+
92. 北方须鳅 *Barbatula barbatula nuda*	+	+
93. 弓背须鳅 *Barbatula gibba*	+	
94. 达里湖高原鳅 *Triplophysa dalaica*	+	+
95. 梭形高原鳅 *Triplophysa leptosoma*	+	

续表

种类	a	b
96. 酒泉高原鳅 *Triplophysa hsutschouensis*	+	
97. 东方高原鳅 *Triplophysa orientalis*	+	
98. 河西叶尔羌高原鳅 *Triplophysa yarkandensis*	+	
99. 重穗唇高原鳅 *Triplophysa papillososlabiata*	+	
100. 短尾高原鳅 *Triplophysa brevicauda*	+	
101. 粗壮高原鳅 *Triplophysa robusta*	+	+
102. 忽吉图高原鳅 *Triplophysa hutjertjuensis*		+
103. 斜颌背斑高原鳅 *Triplophysa dorsonotatus plagiognathus*		+
104. 黄河高原鳅 *Triplophysa pappenheimi*		+
105. 泥鳅 *Misgurnus anguillicaudatus*	+	+
106. 黑龙江泥鳅 *Misgurnus mohoity*	+	+
107. 北方泥鳅 *Misgurnus bipartitus*	+	+
108. 黑龙江花鳅 *Cobitis lutheri*	+	+
109. 北方花鳅 *Cobitis granoci*	+	+
110. 花鳅 *Cobitis taenia*		+
111. 中华花鳅 *Cobitis sinensis*	+	
112. 花斑副沙鳅 *Parabotia fasciata*	+	+
113. 长薄鳅 *Leptobotia elongate*		+
114. 红唇薄鳅 *Leptobotia rubrilabris*		+
115. 柏氏薄鳅 *Leptobotia pratti*		+
116. 大鳞副泥鳅 *Paramisgurnus dabryanus*	+	+
四、鲇形目 Siluriformes		
（五）鲿科 Bagridae		
117. 黄颡鱼 *Pelteobagrus fulvidraco*	+	+
118. 光泽黄颡鱼 *Pelteobagrus nitidus*	+	+
119. 乌苏拟鲿 *Pseudobagrus ussuriensis*	+	+
120. 纵带鮠 *Leiocassis argentivittatus*	+	+
（六）鲇科 Siluridae		
121. 鲇 *Silurus asotus*	+	+
122. 怀头鲇 *Silurus soldatovi*	+	+
123. 兰州鲇 *Silurus lanzhouensis*	+	+
五、鲑形目 Salmoniformes		
（七）银鱼科 Salangidae		
124. 大银鱼 *Protosalanx hyalocranius*▲	+	+
125. 太湖新银鱼 *Neosalanx taihuensis*▲	+	+
（八）胡瓜鱼科 Osmeridae		
126. 池沼公鱼 *Hypomesus olidus*	+	+
127. 亚洲公鱼 *Hypomesus transpacificus nipponensis*	+	+
（九）鲑科 Salmonidae		
128. 虹鳟 *Oncorhynchus mykiss* ▲	+	+
129. 大麻哈鱼 *Oncorhynchus keta*	+	+
130. 白斑红点鲑 *Salvelinus leucomaenis*	+	+
131. 花羔红点鲑 *Salvelinus malma*▲	+	+
132. 哲罗鲑 *Hucho taimen*	+	+
133. 细鳞鲑 *Brachymystax lenok*	+	+
134. 乌苏里白鲑 *Coregonus ussuriensis*	+	+
135. 卡达白鲑 *Coregonus chadary*	+	+
136. 黑龙江茴鱼 *Thymallus arcticus*	+	+
137. 下游黑龙江茴鱼 *Thymallus tugarinae*		+
（十）狗鱼科 Esocidae		
138. 黑斑狗鱼 *Esox reicherti*	+	+
六、鳕形目 Gadiformes		
（十一）鳕科 Gadidae		
139. 江鳕 *Lota lota*	+	+
七、鲉形目 Scorpaeniformes		
（十二）杜父鱼科 Cottidae		
140. 黑龙江中杜父鱼 *Mesocottus haitej*	+	+
141. 杂色杜父鱼 *Cottus poecilopus*	+	+
八、鳉形目 Cyprinodontiformes		
（十三）青鳉科 Oryziatidae		
142. 中华青鳉 *Oryzias latipes sinensis*	+	+
九、鲈形目 Perciformes		
（十四）鮨科 Serranidae		
143. 鳜 *Siniperca chuatsi*	+	+
144. 斑鳜 *Siniperca scherzeri* ▲	+	
（十五）鲈科 Percidae		
145. 梭鲈 *Lucioperca lucioperca* ▲	+	+
146. 河鲈 *Perca fluviatilis* ▲	+	+
（十六）塘鳢科 Eleotridae		
147. 葛氏鲈塘鳢 *Perccottus glehni*	+	+

续表

种类	a	b	种类	a	b
148. 黄黝鱼 *Hypseleotris swinhonis*	+	+	152. 乌鳢 *Channa argus*	+	+
（十七）鰕虎鱼科 Gobiidae			（二十）太阳鱼科 Centrarchidae		
149. 褐吻鰕虎鱼 *Rhinogobius brunneus*	+	+	153. 加州鲈 *Micropterus salmoides* ▲	+	
150. 波氏吻鰕虎鱼 *Rhinogobius cliffordpopei*	+	+	十、刺鱼目 Gasterosteiformes		
（十八）斗鱼科 Belontiidae			（二十一）刺鱼科 Gasterosteidae		
151. 圆尾斗鱼 *Macropodus chinensis*	+	+	154. 九棘刺鱼 *Pungitius pungitius*	+	+
（十九）鳢科 Channidae					

注：a. 东北—内蒙古高原沼泽湿地，b. 东北—内蒙古高原河流水系

3. 区系生态类群

东北—内蒙古高原沼泽湿地的土著鱼类群落，除大麻哈鱼外，其余由 8 个区系生态类群构成。

1）江河平原区系生态类群：宽鳍鱲、中华细鲫、鳡、马口鱼、2 种原鲌、兴凯鲌、蒙古鲌、翘嘴鲌、达氏鲌、尖头鲌、鳊、鲂、4 种鳘、2 种鲴、寡鳞飘鱼、花䱻、唇䱻、蛇鮈、2 种银鮈、似鮈、3 种鳈、棒花鱼、辽宁棒花鱼、潘氏鳅鮀、花斑副沙鳅和鳜，占 29.82%。

2）北方山地区系生态类群：哲罗鲑、细鳞鲑、黑龙江茴鱼、2 种杜父鱼和真鲹，占 5.26%。

3）热带平原区系生态类群：多鳞白甲鱼、中华青鳉、乌鳢、圆尾斗鱼、2 种黄颡鱼、黄黝鱼、乌苏拟鲿、纵带鮠和葛氏鲈塘鳢，占 8.77%。

4）新近纪区系生态类群：3 种七鳃鳗、施氏鲟、鳇、鲤、2 种鲫、赤眼鳟、麦穗鱼、黑龙江鳑鲏、彩石鳑鲏、高体鳑鲏、2 种鱊、3 种泥鳅、大鳞副泥鳅和 3 种鲇，占 19.30%。

5）北方平原区系生态类群：瓦氏雅罗鱼、拟赤梢鱼、湖鲹、拉氏鲹、花江鲹、尖头鲹、大头鮈、似铜鮈、凌源鮈、犬首鮈、细体鮈、高体鮈、突吻鮈、条纹似白鮈、平口鮈、东北颌须鮈、北鳅、北方须鳅、弓背须鳅、3 种花鳅、黑斑狗鱼和 2 种吻鰕虎鱼，占 21.93%。

6）北极淡水区系生态类群：白斑红点鲑、2 种公鱼、2 种白鲑和江鳕，占 5.26%。

7）北极海洋区系生态类群：九棘刺鱼，占 0.88%。

8）中亚高山区系生态类群：极边扁咽齿鱼、花斑裸鲤、梭形高原鳅、酒泉高原鳅、东方高原鳅、河西叶尔羌高原鳅、重穗唇高原鳅、短尾高原鳅、达里湖高原鳅和粗壮高原鳅，占 8.77%。

以上北方区系生态类群 38 种，占 33.33%。

5.4.1.2 河流水系

1. 物种组成

综合文献[13]、[19]、[130]及[141]，得出东北—内蒙古高原河流水系的鱼类物种 10 目 20 科 78 属 136 种（表 5-19）。其中，移入种 3 目 4 科 10 属 10 种（湖拟鲤、团头鲂、似鳊、鳙、大银鱼、太湖新银鱼、虹鳟、花羔红点鲑、梭鲈和河鲈）；土著鱼类 10 目 18 科 71 属 126 种。

上述土著鱼类中，包括中国易危种雷氏七鳃鳗、日本七鳃鳗、施氏鲟、鳇、哲罗鲑、乌苏里白鲑、黑龙江茴鱼、怀头鲇及长薄鳅；中国濒危种北方铜鱼及平鳍鳅鮀；冷水种日本七鳃鳗、雷氏七鳃鳗、大麻哈鱼、哲罗鲑、细鳞鲑、乌苏里白鲑、卡达白鲑、2种黑龙江茴鱼、2种公鱼、黑斑狗鱼、真鱥、拉氏鱥、瓦氏雅罗鱼、拟赤梢鱼、平口鮈、北鳅、北方须鳅、北方花鳅、黑龙江花鳅、江鳕、黑龙江中杜父鱼、杂色杜父鱼及九棘刺鱼（占19.84%）；中国特有种扁体原鲌、达氏鲌、彩石鳑鲏、方氏鳑鲏、凌源鮈、东北颌须鮈、银鮈、大鳞副泥鳅、达里湖高原鳅、辽宁棒花鱼、拉林棒花鱼、黄黝鱼和波氏吻鰕虎鱼。

2. 种类组成

东北—内蒙古高原河流水系鱼类群落中，鲤形目95种、鲑形目15种、鲈形目9种、鲇形目7种、七鳃鳗目3种，分别占69.85%、11.03%、6.62%、5.15%及2.21%；鲟形目和鲉形目均2种，各占1.47%；鳕形目、鲻形目和刺鱼目均1种，各占0.74%。科级分类单元中，鲤科77种、鳅科18种、鲑科10种、鲿科4种，分别占56.62%、13.24%、7.35%及2.94%；七鳃鳗科和鲇科均3种，各占2.21%；鲟科、银鱼科、胡瓜鱼科、杜父鱼科、鲈科、塘鳢科和鰕虎鱼科均2种，各占1.47%；狗鱼科、鲐科、鳕科、青鳉科、斗鱼科、鳢科和刺鱼科均1种，各占0.74%。

3. 区系生态类群

东北—内蒙古高原河流水系的土著鱼类，除大麻哈鱼外，其余由8个区系生态类群构成。

1）江河平原区系生态类群：中华细鲫、青鱼、草鱼、鲢、鳡、马口鱼、2种原鲌、蒙古鲌、翘嘴鲌、达氏鲌、尖头鲌、鳊、鲂、4种鳘、2种鲴、似鱎、寡鳞飘鱼、3种鳎、蛇鮈、2种银鮈、似鮈、2种铜鱼、3种鳈、3种棒花鱼、2种鳅鮀、花斑副沙鳅和鳜，占32.8%。

2）北方平原区系生态类群：瓦氏雅罗鱼、黄河雅罗鱼、拟赤梢鱼、湖鱥、拉氏鱥、花江鱥、尖头鱥、似铜鮈、凌源鮈、犬首鮈、细体鮈、高体鮈、南方鮈、棒花鮈、尖鳍鮈、突吻鮈、条纹似白鮈、平口鮈、东北颌须鮈、北鳅、北方须鳅、3种花鳅、3种吻鮈、3种薄鳅、黑斑狗鱼和2种吻鰕虎鱼，占26.4%。

3）新近纪区系生态类群：3种七鳃鳗、施氏鲟、鳇、鲤、2种鲫、赤眼鳟、麦穗鱼、黑龙江鳑鲏、彩石鳑鲏、高体鳑鲏、方氏鳑鲏、2种鱊、3种泥鳅、大鳞副泥鳅和3种鲇，占18.4%。

4）北方山地区系生态类群：哲罗鲑、细鳞鲑、2种黑龙江茴鱼、2种杜父鱼和真鱥，占5.6%。

5）热带平原区系生态类群：中华青鳉、乌鳢、圆尾斗鱼、2种黄颡鱼、黄黝鱼、乌苏拟鲿、纵带鮠和葛氏鲈塘鳢，占7.2%。

6）北极淡水区系生态类群：白斑红点鲑、2种公鱼、2种白鲑和江鳕，占4.8%。

7）北极海洋区系生态类群：九棘刺鱼，占0.8%。

8）中亚高山区系生态类群：达里湖高原鳅、粗壮高原鳅、忽吉图高原鳅、斜颌背斑高原鳅和黄河高原鳅，占 4%。

以上北方区系生态类群 47 种，占 37.60%。

5.4.2 物种多样性比较

1. 物种多样性

东北—内蒙古高原沼泽湿地与该区河流水系鱼类群落的共有种为10目20科73属114种。其中，移入种 3 目 4 科 13 属 13 种，包括青鱼、草鱼、湖拟鲤、团头鲂、似鳊、鲢、鳙、大银鱼、太湖新银鱼、虹鳟、梭鲈、河鲈和花羔红点鲑；土著鱼类 10 目 18 科 63 属 101 种，包括 3 种七鳃鳗、施氏鲟、鳇、马口鱼、中华细鲫、5 种鳑、瓦氏雅罗鱼、拟赤梢鱼、赤眼鳟、鳡、4 种鲝、2 种原鲌、蒙古鲌、翘嘴鲌、达氏鲌、尖头鲌、寡鳞飘鱼、鳊、鲂、2 种鲴、2 种鱊、黑龙江鳑鲏、彩石鳑鲏、高体鳑鲏、花䱻、唇䱻、似鮈、似铜鮈、凌源鮈、犬首鮈、细体鮈、高体鮈、条纹似白鮈、麦穗鱼、东北颌须鮈、平口鮈、棒花鱼、辽宁棒花鱼、3 种鳈、2 种银鮈、突吻鮈、蛇鮈、鲤、鲫、银鲫、潘氏鳅鮀、北鳅、北方须鳅、达里湖高原鳅、粗壮高原鳅、3 种泥鳅、黑龙江花鳅、北方花鳅、花斑副沙鳅、大鳞副泥鳅、2 种黄颡鱼、乌苏拟鲿、纵带鮠、3 种鲇、2 种公鱼、大麻哈鱼、白斑红点鲑、哲罗鲑、细鳞鲑、2 种白鲑、黑龙江茴鱼、黑斑狗鱼、江鳕、2 种杜父鱼、中华青鳉、鳜、葛氏鲈塘鳢、黄黝鱼、2 种鰕虎鱼、圆尾斗鱼、乌鳢和九棘刺鱼。

沼泽湿地的独有种为 2 目 4 科 13 属 18 种。其中，移入种 2 目 3 科 4 属 4 种，包括鲸、鳍、斑鳜和加州鲈；土著鱼类 1 目 2 科 9 属 14 种，包括宽鳍鱲、大头鮈、兴凯鲌、极边扁咽齿鱼、多鳞白甲鱼、花斑裸鲤、弓背须鳅、梭形高原鳅、酒泉高原鳅、东方高原鳅、河西叶尔羌高原鳅、重穗唇高原鳅、短尾高原鳅和中华花鳅。

河流水系的独有种为 2 目 2 科 13 属 22 种。其均为土著种，包括方氏鳑鲏、长吻䱻、棒花鮈、南方鮈、尖鳍鮈、黄河雅罗鱼、铜鱼、北方铜鱼、吻鮈、圆筒吻鮈、大鼻吻鮈、似鲚、拉林棒花鱼、平鳍鳅鮀、忽吉图高原鳅、斜颌背斑高原鳅、黄河高原鳅、花鳅、长薄鳅、红唇薄鳅、柏氏薄鳅和下游黑龙江茴鱼。

2. 区系生态类群

东北—内蒙古高原沼泽湿地与该区河流水系的土著鱼类群落均由相同的 8 个区系生态类群构成。

1）江河平原区系生态类群：中华细鲫、鳡、马口鱼、2 种原鲌、蒙古鲌、翘嘴鲌、达氏鲌、尖头鲌、鳊、鲂、4 种鲝、2 种鲴、寡鳞飘鱼、花䱻、唇䱻、蛇鮈、2 种银鮈、似鮈、3 种鳈、棒花鱼、辽宁棒花鱼、潘氏鳅鮀、花斑副沙鳅和鳜为共有种。沼泽湿地还有宽鳍鱲和兴凯鲌；河流水系还有青鱼、草鱼、鲢、似鲚、长吻䱻、2 种铜鱼、拉林棒花鱼和平鳍鳅鮀。在土著鱼类群落中所占比例相近，河流水系略高于沼泽湿地（分别为 32.8% 及 29.82%）。类群群落关联系数为 0.744，表现为关联性程度较高。

2）北方平原区系生态类群：瓦氏雅罗鱼、拟赤梢鱼、湖鳑、拉氏鳑、花江鳑、尖头鳑、似铜𬶮、凌源𬶮、犬首𬶮、细体𬶮、高体𬶮、突吻𬶮、条纹似白𬶮、平口𬶮、东北颌须𬶮、北鳅、北方须鳅、3 种花鳅、黑斑狗鱼和 2 种吻虾虎鱼为共有种。除此之外，沼泽湿地还包括大头𬶮和弓背须鳅；河流水系还有黄河雅罗鱼、南方𬶮、棒花𬶮、尖鳍𬶮、3 种吻𬶮和 3 种薄鳅。在土著种群落中所占比例相近，河流水系略高于沼泽湿地（分别为 26.4%及 21.93%）。类群群落关联系数为 0.657，表现为关联性程度较高。

3）新近纪区系生态类群：除了河流水系的方氏鳑鲏之外，沼泽湿地的 22 种均为共有种。在土著种群落中所占比例近乎一致，沼泽湿地略高于河流水系（分别为 19.30%及 18.4%）。类群群落关联系数为 0.957，表现为关联性程度极高。

4）北方山地区系生态类群：除了河流水系的下游黑龙江茴鱼之外，沼泽湿地的 6 种均为共有种。在土著种群落中所占比例近乎一致，河流水系略高于沼泽湿地（分别为 5.6%及 5.26%）。类群群落关联系数为 0.857，表现为关联性程度极高。

5）热带平原区系生态类群：除了沼泽湿地的多鳞白甲鱼之外，河流水系的 9 种均为共有种。在土著种群落中所占比例相近，沼泽湿地略高于河流水系（分别为 8.77%及 7.2%）。类群群落关联系数为 0.900，表现为关联性程度极高。

6）北极淡水区系生态类群：沼泽湿地与河流水系的物种构成和物种数均相同。在土著种群落中所占比例也近乎一致，沼泽湿地略高于河流水系（分别为 5.26%及 4.8%）。类群群落关联系数为 1，表现为两类群群落完全相同。

7）北极海洋区系生态类群：沼泽湿地与河流水系均由九棘刺鱼构成。在土著种群落中所占比例近乎一致，沼泽湿地略高于河流水系（分别为 0.88%及 0.8%）。类群群落关联系数为 1，表现为两类群群落完全相同。

8）中亚高山区系生态类群：相比于其他区系生态类群，沼泽湿地与河流水系在该区系生态类群构成上的差别较大，其共有种只有达里湖高原鳅和粗壮高原鳅。除此之外，河流水系还有忽吉图高原鳅、斜颌背斑高原鳅和黄河高原鳅；沼泽湿地还包括极边扁咽齿鱼、花斑裸鲤、梭形高原鳅、酒泉高原鳅、东方高原鳅、河西叶尔羌高原鳅、重穗唇高原鳅和短尾高原鳅。在土著种群落中所占比例，河流水系明显低于沼泽湿地（分别为 4%及 8.77%）。类群群落关联系数为 0.154，表现为关联性程度极低。

3. 保护物种与濒危物种及特有种

总体上，自然分布于沼泽湿地中的保护物种与濒危物种数少于河流水系。

1）中国易危种：雷氏七鳃鳗、日本七鳃鳗、施氏鲟、鳇、哲罗鲑、乌苏里白鲑、黑龙江茴鱼和怀头鲇为共有种。除此之外，河流水系还有长薄鳅。

2）中国濒危种：河流水系有北方铜鱼及平鳍鳅鮀，沼泽湿地尚未见到中国濒危种。

3）中国特有种：分布在沼泽湿地的中国特有种扁体原鲌、达氏鲌、彩石鳑鲏、方氏鳑鲏、凌源𬶮、东北颌须𬶮、银𬶮、辽宁棒花鱼、大鳞副泥鳅、黄黝鱼和波氏吻虾虎鱼也均见于河流水系。此外，河流水系还有达里湖高原鳅和拉林棒花鱼。

4. 冷水种

自然分布于沼泽湿地和河流水系的冷水种均为 25 种。其中，日本七鳃鳗、雷氏七鳃鳗、大麻哈鱼、哲罗鲑、细鳞鲑、2 种白鲑、黑龙江茴鱼、2 种公鱼、黑斑狗鱼、真鲅、拉氏鲅、瓦氏雅罗鱼、拟赤梢鱼、平口鉤、北鳅、北方须鳅、北方花鳅、黑龙江花鳅、江鳕、九棘刺鱼和 2 种杜父鱼为共有种。此外，沼泽湿地还包括花斑裸鲤；河流水系还有下游黑龙江茴鱼。在土著鱼类群落中所占比例接近，沼泽湿地略高于河流水系（分别为 21.74%及 19.84%）。类群群落关联系数为 0.923，表现为关联性程度极高。

5. 群落关联性

沼泽湿地与河流水系两群落关联系数为 0.740，表现为关联性程度较高。

6 鱼类多样性持续健康发展

6.1 鱼类多样性下降的驱动因素

6.1.1 湿地萎缩

6.1.1.1 鱼类多样性与湿地面积的关系

作者在研究松嫩湖泊沼泽群鱼类群落相似性时发现，群落相似性与湿地面积和栖息生境的多样性有关[42]。鱼类群落相似性取决于群落本身的种类组成、数量结构和群落间共有种组分。一个特定湿地鱼类群落的物种组成是由该湿地的形成及其演化的自然过程和物种形成的生物过程共同决定的，且大都和湿地面积、鱼类栖息生境多样性及复杂性正相关[24]。相关分析表明[42]，松嫩湖泊沼泽群鱼类群落土著种数与湿地面积极显著正相关，其数学模型为 $y_1 = 13.565 + 0.019x_1$（$r^2 = 0.356$，$P = 0.006$）。式中，y_1 为群落土著种数（种）；x_1 为湿地面积（km^2）。

长江中下游地区湖泊鱼类群落土著种数通常超过 50 种[38]。例如，江汉湖群牛山湖（64 种）、东汤逊湖（53 种）、鄱阳湖群龙感湖（80 种）与黄湖（76 种）4 个湖泊土著种数平均 68 种[208]，明显多于松嫩湖泊沼泽群（15 种）；4 个湖泊间土著鱼类群落共有种平均 52 种，松嫩湖泊沼泽群土著鱼类群落间共有种平均 4 种，共有种所占土著鱼类群落总物种数的比例前者远高于后者（分别为 76.47%和 26.67%）。4 个湖泊鱼类群落间 C_S 值为 0.797～0.974，显示出极高的相似度；而以 C_S 值为评价指标的松嫩湖泊沼泽群中相似度达到极高水平的组合数仅占 9.47%（参见 2.1.3）。由此可见，松嫩湖泊沼泽群鱼类群落物种丰富度、物种组成相似度均远不及长江中下游地区湖泊。这显然与松嫩平原的湖泊沼泽均为平原型浅水湿地、水域面积较小、生态环境简单、异质性程度较差、不利于多物种鱼类的生存与发展有关。

6.1.1.2 湖泊沼泽湿地萎缩现状

据文献[209]记载，包括内蒙古高原湖泊沼泽群在内的蒙新高原湖泊面积已累计减少了 6989km^2，约占全国湖泊面积减少总量的 56%。20 世纪 50 年代初，内蒙古高原超过 1km^2 的湖泊总面积 5261km^2（不包括中蒙界湖贝尔湖），到了 80 年代下降至 4244km^2，减少了近 1/5。1999～2006 年呼伦湖水面累计缩减 373.6km^2，年均缩减 53.37km^2；湖泊水位下降 2.9m，年均下降 41.4cm；湖泊水量减少 54 亿 m^3。

文献[210]研究表明，2000 年、2005 年和 2010 年东北地区湖泊总面积分别为

12 234km^2、11 890km^{2}及 11 308km^2，10 年间减少 926km^2；湿地数量分别为 21 030 片、22 583 片和 16 938 片，10 年间减少 4092 片，其中面积大于 1km^{2}的湿地数量分别为 1043 片、950 片和 882 片，10 年间减少 161 片。文献[211]记载，1986 年、1995 年和 200 年吉林省湖泊总面积分别为 3442km^2、3020km^{2}和 2622km^2，23 年间缩小 820km^2；湿地数量分别为 3134 片、3494 片和 2718 片，23 年间缩减 416 片。湿地萎缩，导致鱼类产卵场、索饵场、越冬场和洄游通道（通常称为"三场一道"）丧失或缩小，影响鱼类自然增殖。而湿地消亡对鱼类多样性所造成的损失则是永久性的，甚至可导致物种灭绝。

6.1.2 生境稳定性下降

保持栖息生境稳定与物种间交流也是有利于物种形成和多样性维持的重要条件[24]。近几十年来，干旱与洪水、农业垦殖、水利工程等诸多因素的叠加效应，使松嫩湖泊沼泽群湿地生态环境持续受到不利影响[40, 125, 212]，鱼类群落结构经常处在退化、恢复与重建之中，包括"三场一道"的鱼类生境稳定性降低。江-湖隔绝破坏了原始江-湖复合生态系统间的有机联系，鱼类种群间的相互交流受阻，那些不能在湖泊沼泽湿地繁殖的江-湖洄游型鱼类也因种群得不到补充而在湖泊沼泽中日益衰退，分布范围缩小乃至消失，降低了鱼类物种空间分布的均衡性。其结果，群落本身的物种数和群落间共有种数均在减少，群落种类组成相似性下降[42]。

扎龙湖、茂兴湖和连环湖 1980～1983 年[6]、查干湖 1989～1990 年[161]分别进行过鱼类资源调查。本次调查以上 4 湖新采集到的（没有记载过而本次采集到）鱼类物种分别为 7 种、3 种、10 种和 7 种，未采集到的（曾有记载而本次没有采集到）分别为 5 种、10 种、20 种和 13 种，分别比历史记载的增加 2 种、减少 7 种、减少 10 种和减少 6 种；4 个湖泊新采集到鱼类物种合计 8 种，未采集到 19 种，总物种数比历史记载减少 11 种。

扎龙湖、茂兴湖和连环湖鱼类群落共有种，1980～1983 年为 20 种（黑斑狗鱼、湖鲂、红鳍原鲌、䱗、银鲴、大鳍鱊、麦穗鱼、棒花鱼、蛇鮈、鲤、银鲫、鲇、黄颡鱼、黄黝鱼、翘嘴鲌、克氏鳈、高体鮈、黑龙江泥鳅、鳜和葛氏鲈塘鳢[6]）；2008～2010 年调查只采集到其中的 9 种（鲤、银鲫、鲇、黄颡鱼、䱗、红鳍原鲌、麦穗鱼、蛇鮈和葛氏鲈塘鳢），减少了 55%。

2008～2010 年调查还发现，昔日广泛分布的鳡、鳊、圆尾斗鱼、贝氏䱗、花斑副沙鳅、真鲂、克氏鳈、银鲴、翘嘴鲌等[124]，仅在 1～3 个湖泊沼泽中再现。江-湖洄游型鱼类鲢、草鱼、鳡、鳊和赤眼鳟原本为嫩江、松花江的自然物种，20 世纪 70 年代以前在扎龙湖、茂兴湖、连环湖均有一定产量，后因江-湖隔绝，湖泊沼泽的鲢、草鱼自然种群逐渐衰退，目前已完全演变为人工种群；鳡、鳊则变成了偶见种。

6.1.3 湿地盐碱化

水环境盐碱化对鱼类的不利影响是有目共睹的。文献[42]研究表明，松嫩湖泊沼泽群中盐碱湖泊沼泽鱼类群落的土著种数与水环境碱度具有显著的负相关关系，其数学模型为

$y_2 = 18.339 - 0.239x_2$（$r^2 = 0.250$，$P = 0.025$）。式中，y_2为群落土著种数；x_2为水环境碱度（mmol/L）。由此可见湖泊沼泽盐碱化对鱼类物种组成的影响较为明显。由于湿地盐碱化的同时，还经常伴随着湿地面积的缩小，因而湿地盐碱化与湿地萎缩对鱼类多样性的影响往往具有协同效应。

文献[42]的研究结果还表明，松嫩湖泊沼泽群中盐碱湖泊沼泽鱼类群落的土著种数与湿地面积、水环境碱度呈极显著相关，其数学模型为$y_3 = 16.27 + 0.018x_1 - 0.225x_2$（$r^2 = 0.576$）。式中，$y_3$为群落土著种数；$x_1$为湿地面积；$x_2$为水环境碱度。$x_1$、$x_2$的偏回归系数的$P$值分别为0.002和0.009。

湿地面积减少，导致鱼类栖息地大量丧失（如前所述），而过高的碱度则可直接导致鱼类死亡。这些因素将协同影响鱼类多样性维持机制。查干湖曾于20世纪六七十年代几度浓缩成高盐碱时令湖，湖中鱼类只有鲤、银鲫、红鳍原鲌、麦穗鱼等耐碱能力较强的种类，渔业功能丧失。1984年从第二松花江引水重建湿地生态系统，土著鱼类物种逐渐恢复，1989～1990年达到26种[161]。1992～1994年湖泊再度盐碱化，鱼类群落再次受损。而后湖泊湿地生态系统虽经多年恢复与重建，但土著鱼类物种组成再也没有恢复到从前的水平。同为冷水种和中国易危种的雷氏七鳃鳗，1989～1990年曾见于查干湖，而今已多年未见。

6.1.4 水环境污染

松嫩湖泊沼泽群湿地的石油类污染较为明显，黑龙江省大庆地区和吉林省莫莫格湖泊沼泽群湿地中，大部分均已超标。实际考察中发现，吉林莫莫格英台采油厂和黑龙江大庆市龙凤区、让胡路区、红岗区及大同区部分湖泊沼泽湿地，已经变成了鱼虾绝迹的“油泡子”。

2003～2006年，文献[213]报道了内蒙古高原22个湖泊（含水库）水体氟化物含量，结果均超过《渔业水质标准》（GB 11607—1989）所规定的标准。湖泊沼泽水体氟化物含量，呼伦湖2.30mg/L，岱海2.42mg/L，达里湖3.32mg/L，哈塔图渔场3.52mg/L，沟心庙海子3.02mg/L，南海湖4.30mg/L，四方台子4.81mg/L，柒盖淖海子5.87mg/L，巴嘎淖海子5.34mg/L，牛海渔场10.8mg/L。文献[214]曾记载氟化铵、氟化钾和氟化钠的鱼类生存安全浓度分别为1.6mg/L、9.3mg/L及11.8mg/L，可知几乎全部湖泊沼泽水体氟化物含量都超过了鱼类生存的最低安全浓度1.6mg/L。

在呼伦湖水环境质量监测过程中，20世纪70年代仅检测出挥发酚。1991年6月检测出挥发酚、氰化物、砷、汞、铅、镉、铬，但尚未超标[215]。2009年检测非离子氨、氟化物分别超过《渔业水质标准》（GB 11067—1989）所规定标准的9.6倍及4.6倍；汞、铜个别采样点超标；挥发酚、硫化物、有机氯农药、砷、锌、铅、铬等均未超标[216]。2011年检测非离子氨、氟化物和汞分别超过《渔业水质标准》（GB 11067—1989）所规定标准的9.5倍、4.6倍及0.2倍，其中氟化物和汞也分别超过《地表水环境质量标准》（III类）（GB 3838—2002）中水质标准的4.6倍及5.0倍；其他污染物均有检出，只不过未超标[216]。以上结果显示呼伦湖水质污染呈发展趋势。

6.1.5 兴凯湖鱼类多样性下降的原因

调查结果表明，对兴凯湖保护区鱼类资源动态起决定性作用的兴凯湖，自20世纪50年代开发利用至今，鱼类资源结构发生了明显变化。主要表现为：大中型优质种群（如翘嘴鲌、兴凯鲌等）逐渐被小型低质种群（如鳌、兴凯鳌等）取代，渔获物种类小型化；种群年龄结构偏低，渔获物个体低龄化；种群数量减少，渔获量下降，资源呈衰退趋势。综合文献[6]、[9]、[12]、[65]、[80]、[83]及[198]～[200]可知，兴凯湖鱼类资源衰退的驱动因素主要来自以下4个方面

（1）过度捕捞　据统计，在兴凯湖从事捕捞作业的渔船，20世纪五六十年代只有30多只，全部为手摇船；七八十年代发展到100余只，其中相当一部分已改装成机动船；2000年以来达到220余只，全部为机动船，捕捞能力进一步增强。主要渔具三层刺网由2001年3400片增加到目前4400片，捕捞水面的网片密度由2～3片/km^{2}增加到4片/km^2；网目规格由20世纪80年代以前25～150mm缩小到6～100mm。高强度捕捞使产卵亲鱼、幼鱼进入捕捞群体，仔鱼、稚鱼被裹携带入渔获物中，导致种群补充量不断减少，渔获物个体低龄化，那些数量原本就不多的种类也可能进一步稀有、致危，以至于采样调查时不易被捕获；翘嘴鲌、兴凯鲌、鲤、鲇等大中型鱼类都以非性成熟的小型个体大量出现在渔获物中，种群数量不断减少，逐渐被鳌、兴凯鳌、红鳍原鲌等小型种群代替，导致渔获物种类小型化。

（2）环境污染　水环境污染对鱼类资源发生和发展的影响是持续地、分散地、隐蔽地和逐渐地起作用。兴凯湖水体中有机氯杀虫剂的浓度在不断增加，鳙、翘嘴鲌、黑斑狗鱼、鲤、乌鳢、黄颡鱼等鱼类均已检测出六六六、滴滴涕（DDT）等成分，2005年在兴凯湖—松阿察河所发生的7起有机氯农药污染事件中，有5起是急性中毒。小兴凯湖流域的857农场和“百米闸”水域经常出现劣Ⅴ类农田退水入湖毒死鱼的现象。每年约有5.4t总磷、7.6t总氮及7.4t SO_2排入兴凯湖，7481t化学耗氧量（COD）、2295t生物化学耗氧量（BOD）及179t硝酸盐氮排入东北泡，至少7.5万t旅游业废水夹杂着大量垃圾直接排入兴凯湖和小兴凯湖。兴凯湖和小兴凯湖水质均已降低到中国国家地表水Ⅲ、Ⅳ类标准，已不符合鱼、虾类产卵场所需Ⅱ类水质的要求。上述污染直接影响鱼类性腺发育、受精卵孵化以及仔鱼、稚鱼和幼鱼的正常发育与存活，可导致鱼类苗种资源衰退。

（3）生态保护不够　东北泡和穆棱河湿地植被受到破坏，导致每年有27.9万t泥沙进入小兴凯湖，湖底较20世纪七八十年代淤高28～36cm，鱼类生活水体减少，破坏了产卵场和仔鱼栖息与索饵场生境，在过度捕捞等其他因素的共同影响下，该湖已不再是20世纪80年代以前生存着50多种土著鱼类的天然渔场。兴凯湖与小兴凯湖之间的湖岗植被遭到破坏后，兴凯湖北岸白鱼滩水域原有的砂砾质湖盆不断淤积，导致翘嘴鲌、兴凯鲌的原有产卵场功能逐渐丧失。垦殖与竭泽而渔，导致1990年以来小兴凯湖—东北泡—松阿察河湿地累计减少了260km^2，约占保护区总面积的11.69%，鱼类生境空间减少、多样性下降，产卵场、索饵场、育肥场、短距离索饵与繁殖洄游通道大量丧失。不利于环境保护的农业用水方式，每年从兴凯湖提水26.09亿m^3，约占年均入湖水量的46.86%，鱼类受精卵、鱼苗、仔鱼被大量从湖中带出，减少了鱼类资源补充量。

（4）疏于管理　兴凯湖捕捞水面由 8510 农场、兴凯湖农场、白泡子乡和兴凯湖水产养殖公司共同经营，黑龙江省密山市水产总站、黑龙江省牡丹江农垦分局兴凯湖农场和黑龙江兴凯湖国家级自然保护区管理委员会三家渔政部门共同管理。这种“政出多门”式的管理方式造成捕捞秩序混乱，特别是禁渔期仍有大量渔船（包括部分非法船只）夜间使用网目规格小于 1cm 的网箔捕捞产卵亲鱼，给鱼类资源补充亲体带来巨大损害。监管不到位所导致的过度捕捞，也是目前小兴凯湖和东北泡土著鱼类资源近乎枯竭的主要原因之一。

6.2 提高鱼类多样性的途径

6.2.1 生境改良

6.2.1.1 栖息环境改良

鱼类栖息环境的改良多用于通江的大型湖泊。此类湖泊中，由于通湖河道淤积，湖水来源入不敷出，湖泊会逐渐变浅而使气体状况不良，尤其在寒冷地带，会造成冬季鱼大量死亡。除鲫、葛氏鲈塘鳢等少数耐缺氧的鱼类外，其他鱼类往往不能度过漫长的冬天，因而生产单位不得不采取春放秋捕的办法来发展湖泊渔业。

东北及内蒙古高原地处高纬度地带，夏季短促，大规格鱼种难以解决，放养小规格鱼种秋季又达不到商品规格。另外鱼种越冬，经济上不合算，而且较大的水域要想把不能安全越冬的鱼类全部或大部分捕出是很困难的，留下的鱼类在冬季死亡也是不小的损失。还有，湖水的入不敷出，会使湖泊水体逐渐浓缩以至干涸，盐碱地带的湖泊水质盐碱化，使水质恶化以至鱼类难以生存。

为了解决这一问题，在有条件的地方可以疏通注水河道，虽然工程浩大，但对大型湖泊来说，如能一劳永逸地解决，还是合算的。呼伦湖有这样的工程，历史上连环湖也多次为养鱼增水而开挖人工运河。月亮泡原本是嫩江南岸的一个湖泊，素以产鱼著称，后来江湖之间的河道淤积，鱼产量大减，20 世纪六七十年代，通过河道疏浚和围堤蓄水工程，使该湖焕然一新，重新成为重要的渔业基地[76]。

6.2.1.2 繁殖环境改良

鱼类繁殖环境改良对于大型湖泊沼泽和河流沼泽都可应用。鱼类性腺的发育与成熟要求在一系列综合条件下进行，某一条件的短缺，则会导致性腺成熟过程受到抑制或遭到破坏。这些综合条件包括水温、氧气、水流、底质、光照、产卵附着物等，纵使具备大部分必需条件，但缺少产卵基质（水草、石砾等）时，鱼类也难以产卵。在河流中产漂流性卵的鱼类，除要求必要的水温条件外，流速增加与水位上涨也是必不可少的条件。

用人工方法创造自然界尚不具备的某些条件，促使鱼类在天然条件下能自行产卵、孵化和育苗，是改善鱼类自然繁殖条件的有效措施之一[76]。

1. 产卵环境的适宜性建设

国内外已有不少地区在鱼类自然繁殖条件遭到破坏的水域模仿天然条件，进行产卵环境的适宜性建设，提高产卵场的鱼类繁殖适合度，并取得了可喜成绩。

2. 建造人工产卵场

在水位低的年份或者在缺少产卵基质的水域内建造人工产卵场，补充自然产卵基质的不足尤为必要。自然，对草上产卵鱼类来说，如果陆地植被良好，并且能被水体淹没，也就没有必要再去建造人工产卵场了。

建造人工产卵场的方法早被我国渔法所证实。渔民将陆生植物扎成草把，使其漂浮在水面上，诱捕鲤、鲫、花䱻等草上产卵的鱼类，既起到了人工产卵巢的作用，又能诱捕鱼类。目前，对草上产卵鱼类的人工鱼巢研究比较成熟，并已广泛应用。通常，在繁殖季节只要提供产卵附着物，有规则地布置在产卵场上，就形成了人工产卵场。

（1）人工鱼巢的材料　人工鱼巢的材料为棕榈皮、柳树根、人造纤维、陆生植物、水草（苦草、穗状狐尾藻、竹叶眼子菜、金鱼藻等），把上述材料捆扎成一定形状，如带状、梅花状、三角形和圆形等，然后定置在产卵场上，就是人工鱼巢。

（2）人工鱼巢的形式　人工鱼巢有浮式和固定式两种。浮式人工鱼巢又可分为框架式和绳索式两种。框架式鱼巢的主要部分是用竹或木做成漂浮框子，在框上每隔 30cm 左右系 1 根下垂的绳子，长 50～70cm，绳上每隔 30cm 左右系 1 只鱼巢，并于末端系一沉石。绳索式鱼巢，即每根绳索上隔 1～1.5m 结扎 1 只鱼巢。

固定式人工鱼巢又可分为沉水固定鱼巢和打桩固定鱼巢。沉水固定鱼巢，即将结扎好的鱼巢绳索，依水深留适当长度，末端扎上石块，沉于一定位置上，使人工鱼巢漂浮于水面，但不会被水流带走。打桩固定鱼巢，即通过打桩，将鱼巢连成一定形状，桩与桩之间拉绳，绳上每间隔一定距离，悬挂 1 只鱼巢。

（3）人工鱼巢的设置时间　在鲤、鲫、花䱻等产卵鱼群聚集前 1～2d 设置人工鱼巢，效果最佳。设置过早会被产卵的野杂鱼所占用，或因风浪冲击、淤泥附着过多而影响集卵效果。反之，设置迟了会失去集卵机会。为了准确掌握产卵时间，可根据水温、涨水、亲鱼在水域中的跳跃情况和解剖性腺、观察成熟度等办法来判断。

（4）人工鱼巢的设置地点　应在草上产卵鱼类自然形成的产卵场及洄游通道上、河口水域、船只较少、离岸 100m 以内、水深 20～70cm 的浅水区设置鱼巢。鱼巢排列以单行排列方式效果较好，这样从不同方向游来的亲鱼都极易找到鱼巢。

（5）鱼卵孵化方式　人工鱼巢上的鱼卵孵化方式有原地自然孵化、转移到网箱内孵化、围栏天然水域孵化、池塘孵化、室内淋水孵化等方式，视具体条件而定。

采用人工鱼巢营造产卵场时，需注意两个问题。第一，鱼巢要设置在确定有大量亲鱼集结的地方。如果选择地方不当致使亲鱼集群不大或没有亲鱼，则会影响亲鱼产卵与受精率。第二，尽可能提高鱼卵孵化率。为此，应做到：选择草上产卵鱼类喜欢的产卵附着物（例如，有些地方的鲤喜欢将卵产在穗状狐尾藻上而不喜欢产在竹叶眼子菜上）；制作鱼巢的水草要新鲜、清洁；将已附着鱼卵的鱼巢及时转移至室内或能够清除野杂鱼的天然水域孵化；遇到阴天，水温下降时要用漂白粉消毒，防止水霉病的发生；室外天然水域孵化时，应防止风浪吹打鱼巢，以免鱼巢上的鱼卵脱落或附着泥沙，或鱼巢被风刮到岸上致使附着的鱼卵死亡。

6.2.2 放流增殖

6.2.2.1 放流增殖及其实施的条件

放流增殖是恢复和提高退化湖泊鱼类多样性，保证渔业可持续发展的有效途径之一。对野生鱼类进行人工繁殖、养殖或捕捞天然苗种经人工培育后，再释放到天然水域中，使其自然种群得以恢复，这个过程通常称为渔业资源放流增殖。我国内陆水域大规模放流增殖起步较晚，基础理论研究还很欠缺，尤其在品种选择上缺乏系统的科学指导，有些湖泊放流增殖工作还带有一定的盲目性，严重影响了放流增殖所应有的经济、社会和生态效益，甚至还给湖泊生态系统造成了危害。

鱼类自然繁殖不足或自然和人为原因使其生殖条件遭到破坏而不能正常繁殖时，进行人工繁殖放流就成为资源增殖的一种重要措施。但是，不是在任何情况下都适于采用人工繁殖和放流，而是必须分析有关条件。对于湖泊水域，这些条件包括三个方面：第一，某种鱼类种群数量锐减，是由于其生殖条件恶化，如产卵场淤积、沼泽化、盐碱化。通常的解决办法是人工清理，加深沟渠，增加淡水储存量，防止挺水植物蔓延等。只有在上述措施实施较为困难时，才以人工繁殖作为辅助措施。第二，产卵场干涸或被围垦时，进行人工繁殖是必要的。第三，为移殖某种新的种类，苗种来源又较困难，进行人工繁殖是很重要的[76, 217]。

6.2.2.2 放流增殖苗种的繁育

1. 达里湖瓦氏雅罗鱼[218]

（1）营造人工产卵环境

1）制作人工鱼巢：材料选用陆生草本植物和棕榈皮。将选择好的材料捆扎成直径 2cm 的草捆，然后用 6m 长的捆绳将这些草捆以每隔 20cm 的距离串联在一起，余下的杂草可捆成直径 3cm 的草捆备用。将扎好的鱼巢放在遮阳避风处保存。

2）准备孵化池：先注水 5～10cm，然后用 2.25t/hm^2 生石灰消毒。消毒 1d 后再注水 1.0～1.5m。在 4 月 20 日前鱼群尚未洄游之际，以堆肥方式施有机肥 2.25t/hm^2。

（2）鱼卵采集与运输

1）观察鱼群洄游：4 月 20 日以后，河口全部解冻，水温 0℃以上，开始观察鱼群洄游情况，同时做好附卵（将鱼巢布设于河道中，使鱼卵黏附在鱼巢上的过程称为附卵）准备工作。

2）布设鱼巢：当发现河道内出现大批洄游鱼群时，即可选择适当时机和地点布设鱼巢。鱼巢间距 30cm，便于产卵鱼群活动。

3）附卵：观察鱼群产卵和鱼巢附卵的数量与分布情况，保证鱼巢上的卵分布密集、不出现堆积即可，此时卵粒数量在2000粒左右。

4）起巢：鱼巢入水2d后即可起出。起巢时注意保护卵粒，同一批鱼巢同时起出，以利孵化。起巢时要轻拿轻放，防止卵粒脱落。鱼巢起出后若不能及时运走，应将其浸没在水中，不得随意堆放、暴露于空气中。

5）运输：运输鱼巢的车辆用苫布铺垫车厢。装车要轻快，以免鱼卵从鱼巢脱落。鱼巢捆绑在竹竿上，每5个捆一竿，串联排列，放在运输车辆的竹竿要排列有序，不能堆积；装车过程要不断淋水，防止鱼巢脱水变干。装车结束后，用苫布盖好、扎实，使其密不透风。

（3）受精卵孵化

1）搭架：鱼巢入池前用竹竿搭起长10～15m、宽3m的架子，每间隔1.5～2.0m用短竹竿做支撑。长竹竿没入水中10cm，架子处水深为1m左右。

2）消毒：鱼巢运到后马上卸车并浸没于池水中，然后放入0.5～1.0mg/L漂白粉溶液中消毒3～10min。

3）鱼巢上架：鱼巢消毒后立刻上架。架上鱼巢间距20～30cm，伸展开并没入水体但不触底。

4）孵化管理：①清洗鱼巢，孵化期间每隔2d清洗1次鱼巢；②鱼巢消毒，孵化期间如发生水霉病，用0.1mg/L孔雀石绿溶液泼洒，每天清晨和傍晚各泼洒1次，连续泼洒3d；③捞取杂物，孵化期间及时清除青蛙、蛙卵、杂物等；④取出鱼巢，鱼苗孵出3d后，选择晴朗无风天气捞出鱼巢，洗净后保存待用。

5）出苗率测算：将规格1m×1m×5m的网箱架放在孵化池中，在受精卵上架孵化的同时，选择5～10捆受精卵数量经过准确计算后的鱼巢放入网箱内孵化，出苗后取出鱼巢，统计鱼苗数量，测算出苗率。

（4）苗种培育

1）利用天然饵料培育：孵化出鱼苗后，观察水质变化情况，适时、适量地施加有机肥或化肥，以培养天然饵料。

2）利用人工饲料培育：鱼苗孵化出3d后，泼洒鲜黄豆汁投喂。每天上午、下午全池均匀泼洒1次，每次用干黄豆15.0～22.5kg/hm^2。

3）培育管理：培育期间，应注意池水缺氧及鱼苗“跑马病”，及时捞出杂物、清除敌害。

（5）苗种放流　鱼苗培育10d后，根据池塘内天然饵料利用情况和鱼苗体质情况，选择无风天气适时放流，放流时要缓流慢放。放流时及放流后，沿河观察鱼苗活动情况，注意岸边水洼处是否有鱼苗聚积，同时注意驱逐鸟类。

2. 达里湖高原鳅[219]

达里湖高原鳅是中国特有物种，自然分布于黄河自兰州以下的干支流和内蒙古自治区的黄旗海、岱海、达里湖及达尔罕茂明安联合旗、克什克腾旗和西乌珠穆沁旗等地的闭流水系及海河水系。分布在达里湖的达里湖高原鳅主要以桡足类为食，其次是硅藻类和植物碎屑等，个体较大，数量较多，是达里湖的主要捕捞对象之一。研究发现，达里湖高原鳅具有抗寒、耐盐碱、抗逆性强等优良性状，是盐碱水湖泊放流增殖的优良鱼类品种。

2015 年 5 月，中国水产科学研究院黑龙江水产研究所从达里湖运进 2～4 龄、体长 10.8～13.5cm、体重 17.6～34.5g 的野生高原鳅 3000 多尾，暂养在 1000m^2 的池塘中，5 月底水温 18℃以上时，进行人工催产、授精、孵化及苗种培育。从受精卵到仔鱼孵出约 70h，刚出膜的仔鱼全长（3.47±0.06）mm，3d 后卵黄囊消失，鱼苗开始平游、摄食。投喂蛋黄、酵母、丰年虫培育 5～7d 后，全长 1cm 以上时转到苗种池中饲养。自然水温 16～25℃条件下养殖 30d，鱼苗平均全长 2.89cm。

东北及内蒙古高原乃至整个北方地区分布着许多盐碱水湖泊，由于水质盐碱度偏高，离子组成比例失调，限制了普通淡水鱼类移入与栖息，很多水域都处于荒芜状态，渔业生产力较低。开发利用盐碱湖泊土著鱼类资源，筛选和培育适应于不同类型盐碱水环境增殖与养殖的鱼类新品种，是促进盐碱水渔业发展的有效途径。达里湖是典型的内陆碳酸盐型高盐碱水湖泊，耐盐碱能力较强的达里湖高原鳅人工繁殖与苗种培育的成功，为该鱼苗种的规模化繁育提供了技术支持，也为内陆盐碱水湖泊进行放流增殖、增加鱼类多样性与渔业产量提供了一个优良的新品种。

6.2.3 鱼类区系改造

鱼类区系单调，是内陆湖泊特别是盐碱湖泊沼泽的共有特点。因此，鱼类区系改造是恢复和提高此类湖泊沼泽鱼类多样性的一项重要措施。岱海 1953 年只有 1 种鱼类，1960 年增加到 13 种，1974～1975 年达到 21 种，1985～1986 年采集到 27 种，这些新增加的鱼类均为有意或无意引入的[220]。20 世纪 70 年代苏联巴尔喀什湖生存的 14 种鱼类，其中一半是人工移殖的[2]。2000～2001 年在新疆乌伦古湖采集到的 22 种鱼类中，有 14 种是 20 世纪 70 年代以来人工移入的[221]。

6.2.3.1 呼伦湖

1. 饵料基础

据调查，呼伦湖天然饵料的年平均生产量，浮游植物 4.5t/hm^2，浮游动物 2.25t/hm^2，底栖动物 20.25kg/hm^2，有机碎屑 8.25t/hm^2[222]。

2. 鱼类生产潜力评估

1）浮游植物鱼类增产潜力：3 种鲝属鱼类是呼伦湖主要的植食性鱼类，年平均产量为 19.5kg/hm^2，按其摄食浮游植物的饵料系数 40 计算，被利用的浮游植物数量为 780kg/hm^2。浮游动物对浮游植物的直接利用率按 20%计算，浮游动物利用的浮游植物数量为 900kg/hm^2。呼伦湖被鱼类和浮游动物利用的浮游植物数量合计 1680kg/hm^2，还有 2 820kg/hm^2 没被利用。如果这些未被利用的浮游植物饵料被鲢利用，按其利用率 20%、饵料系数 30 计算，则可提供给鲢的生产潜力为 18.8kg/hm^2。也就是说在目前呼伦湖未被利用的浮游植物饵料中，尚有 18.8kg/hm^2 的鱼类增产潜力。目前，经济价值较低的䱗属鱼类占到呼伦湖渔获物总量的 90%以上，严重影响了该湖的渔业经济效益。呼伦湖鲢生长较快，丰满度较高，应增加其放养量，以替代部分䱗属鱼类的产量，改善现有的鱼类区系构成。

2）浮游动物鱼类增产潜力：目前，呼伦湖中还没有以浮游动物为主要食物的鱼类。鲤、银鲫、䱗属鱼类虽然也摄食一定数量的浮游动物，如按它们对浮游动物的直接利用率 10%计算，也只利用了 225kg/hm^2，还有 2025kg/hm^2 未被利用。如果这些未被利用的浮游动物被鳙摄食，按其利用率 50%、饵料系数 10 计算，可提供鳙的生产潜力为 101.25kg/hm^2。所以在该湖中应大量放养鳙。

3）底栖动物鱼类增产潜力：按直接利用率 30%、饵料系数为 5 计算，呼伦湖中由底栖动物所提供的鲤、银鲫生产潜力约为 1.22kg/hm^2。呼伦湖鲤、银鲫的实际产量平均为 5.25kg/hm^2，已远远超出了其生产潜力。目前湖中的鲤、银鲫因饵料不足已出现了个体小、丰满度差的趋势。因而应适当控制底栖动物食性鱼类（如鲤、银鲫等）的繁殖与种群数量。

4）有机碎屑鱼类增产潜力：有机碎屑是呼伦湖潜在的饵料资源，这部分饵料绝大部分尚未被利用。目前该湖缺少食有机碎屑的鱼类，应移殖鲴亚科鱼类以充分利用这部分饵料基础，这也是改造呼伦湖鱼类区系构成的一项重要措施。

3. 种群结构调控

经济价值较低的䱗属鱼类长期占据着呼伦湖的基础饵料和水体空间，使该湖的鱼类区系向着不合理的方向发展，出现了鱼类产品质量低、经济效益差的局面。为了减少䱗属鱼类的数量，应适当增殖黑斑狗鱼、鲇类、鲌类等食鱼性鱼类，使其种群数量保持一定水平，并适当提高䱗属鱼类的捕捞强度，控制其种群的过快增长。

以上从饵料基础和鱼类种群构成可以看出，目前呼伦湖鱼类区系尚不够合理。现有经济鱼类不能充分利用现成的饵料资源；有些鱼类虽然可以利用现有饵料，但这些鱼类经济价值不高。不仅鱼产量低于所提供的鱼类生产潜力，而且鱼的商品价值不高，达不到应有的经济效果。改造现有的鱼类区系构成势在必行。

6.2.3.2 扎龙湖

1. 鱼类生产潜力估算

1）鲢：浮游植物生物量 2.89mg/L，年平均生产量 2312kg/hm^2，按其利用率 20%、饵料系数 30 计算，则可提供鲢的生产潜力为 15.41kg/hm^2[223]。

2）鳙：浮游动物生物量 0.376mg/L，年平均生产量 120.32kg/hm^2，按其利用率 50%、饵料系数 10 计算，则可提供鳙的生产潜力为 6.02kg/hm^2。

3）草食性鱼类：水生维管束植物生物量 37 935kg/hm^2，年平均生产量 47 419kg/hm^2，按其利用率 40%、饵料系数 120 计算，则可提供草食性鱼类的生产潜力为 158.06kg/hm^2。

4）鲤和银鲫：底栖动物生物量 178.2kg/hm^2，年平均生产量 1069.2kg/hm^2，按其利用率 50%、饵料系数 5 计算，则可提供鲤、银鲫的生产潜力为 106.92kg/hm^2。

以上扎龙湖鱼类的生产潜力合计为 286.41kg/hm^2。

2. 适宜放养量的确定

1）鲢、鳙：适宜放养量（尾/hm^2）= 鱼类生产潜力/（捕捞体重×回捕率）。鲢、鳙的平均捕捞规格分别为 1kg/尾和 1.5kg/尾，平均回捕率分别为 30%和 25%。所计算的合理放养量分别为鲢 51 尾/hm^2、鳙 16 尾/hm^2，二者合计 67 尾/hm^2。

2）草食性鱼类：适宜放养量（尾/hm^2）= 鱼类生产潜力/（1 年后鱼体增重×回捕率）。草食性鱼类放养种类包括草鱼、团头鲂和鳊。如果所投鱼种 1 年后的增重平均按 0.5kg/尾、回捕率 50%计算，则草食性鱼类的合理放养量为 632 尾/hm^2。

3）鲤和银鲫：鲤、银鲫的平均捕捞规格分别为 0.45kg/尾及 0.1kg/尾，平均回捕率 20%。由于放养时，一般均只投放鲤鱼种，所以只计算鲤的适宜放养量，为 1188 尾/hm^2。

以上扎龙湖的总放养量为 1887 尾/hm^2。

3. 投足鱼种

多年来扎龙湖夏花鱼种的年平均投放量，鲢、鳙合计 143 尾/hm^2，草鱼 857 尾/hm^2，团头鲂 143 尾/hm^2，鲤 286 尾/hm^2。按平均成活率 30%计算，扎龙湖鱼种的适宜投放量，夏花鲢、鳙合计 223 尾/hm^2，草食性鱼类 2107 尾/hm^2，鲤 3960 尾/hm^2。可见实际投放量远未达到其适宜投放量，饵料资源尚未得到充分利用，仍有较大增产潜力，需要进一步加大鱼种投放量。

4. 调整鱼种规格

从成鱼捕捞情况看，渔获物中当年投放的鱼种仅占 5%左右，由此推算夏花鱼种的成活率大约为 30%，属较低水平。其可能的原因，一是鱼种密度过大，饵料生物不能满足需要；二是投放时天气状况不佳，如刮大风、湖面浪大等原因导致苗种死亡较多。今后在投放鱼种时，应利用湖区沼泽沟渠进行集约强化培育，待其长至一定规格后再放入水体，可提高成活率。

5. 增加草食性鱼类投放量

扎龙湖 2/3 的水域布满水生植物，不仅捕捞困难，而且水草腐败后会消耗大量溶解氧，导致水质恶化，对鱼类生存与安全越冬构成威胁。应加大草食性鱼类投放量，不仅可将湖中丰富的水草资源转换成鱼类经济产品，还可改善湖泊生态环境。当然，草食性鱼类也不能放养过量。例如，泰来县平洋泡就是因为草食性鱼类投放量过大，3 年后水生植物已不见踪迹，水生态环境遭到破坏，难以恢复。

6.2.4　盐碱湿地生境改良-放流增殖

松嫩平原的盐碱湖泊沼泽中，水环境碱度超过 20mmol/L、pH 9.0 以上的碱水湿地面积超过 2 万 hm^2，其余湿地的水体碱度也大都在 5～17mmol/L。这些盐碱湖泊沼泽均为平原型浅水湿地，水质混浊度大，鱼类物种组成单一，多样性退化。鱼类多样性退化也影响了此类湿地的渔业利用率，目前已利用的碱水湿地鱼产量普遍较低，一般不超过 100kg/hm^2 [61]。

6.2.4.1　平洋泡和敖包泡

1. 自然条件

平洋泡和敖包泡湿地地处黑龙江省西部嫩江平原盐碱化地带，原本为低洼盐碱沼泽，后经人工改造成为可利用的盐碱湖泊湿地。该区平均海拔 150m，年均气温 3.2℃，年均≥10℃的积温 2753℃，年均太阳总辐射量 4965MJ/m^2，年均降水量 440mm，年均蒸发量 1600mm，年均日照时数 2800h，无霜期 142d，鱼类生长期 115d。平洋泡位于齐齐哈尔市泰来县境内，面积 140hm^2，平均水深 2m，明水期平均 pH 8.9，水源为绰尔河。敖包泡位于大庆市杜尔伯特蒙古族自治县境内，面积 847hm^2，平均水深 2.5m，明水期平均 pH 9.8，水源为连环湖[224]。

实施改造之前，平洋泡和敖包泡土壤重度盐碱化（表 6-1），地面覆盖白色碱皮，厚度 5～8cm，大风天气，盐碱粉尘漫天飞扬。注水后，水质呈现混浊灰白色，透明度 10cm 左右，生态环境恶劣，无法正常进行鱼类养殖。

表 6-1　实施改造前平洋泡和敖包泡土壤化学状况[224]

水域	pH	含盐量/(g/kg)	碱度/(mmol/kg)	主要离子含量/(g/kg)						
				Cl^-	SO_4^{2-}	HCO_3^-	CO_3^{2-}	Ca^{2+}	Mg^{2+}	Na^++K^+
平洋泡	9.1	4.74	50.93	0.15	0.38	2.43	0.34	0.16	1.09	1.16
敖包泡	9.9	8.14	105.90	0.51	0.58	2.46	1.97	0.80	0.24	1.59

2. 技术措施

1）生态环境改良：主要采取引淡水洗碱、施有机肥和化肥等措施。具体为：先将湖中的盐碱水排掉 50%，然后注满江河淡水，使原来的高盐碱水质逐渐淡化，进而降低水环境 pH、盐度和碱度；在周边以堆积的方法施入畜禽粪便等有机肥 6～7.5t/hm^2；施硫酸铵、氯化铵等生理酸性肥料 45～60kg/hm^2。

2）调整鱼类种群结构：提高鲤放流比例；鲢、鳙投放比例控制在 1∶3，以控制浮游生物的大量繁殖；新增梭鱼和鲇。

3. 试验结果

1）水化学环境改善：通过生态治理，盐碱水环境盐度、碱度、pH 及主要离子含量均明显下降，水化学状况得到显著改善，渔业生态逐渐恢复（表 6-2）。

表 6-2 治理前后平洋泡和敖包泡的水化学状况[224]

水域	时间	pH	碱度/(mmol/L)	硬度/(mmol/L)	盐度/(g/L)	主要离子含量/(mg/L)						
						Cl^-	SO_4^{2-}	HCO_3^-	CO_3^{2-}	Ca^{2+}	Mg^{2+}	Na^++K^+
平洋泡	治理前	8.9	14.02	7.70	1.64	88.10	44.67	196.10	224.50	67.10	52.10	962.90
	治理后	7.1	5.33	3.04	0.82	46.20	29.78	122.00	100.10	32.67	16.90	466.40
敖包泡	治理前	9.8	12.83	14.05	2.03	90.30	88.20	262.10	256.10	124.10	94.20	1113.70
	治理后	8.7	6.50	8.47	1.08	62.70	47.60	166.10	113.40	58.20	66.70	564.80

2）浮游生物环境优化：水化学环境的改善，为浮游生物的繁殖创造了有利条件。测定结果表明，治理后平洋泡和敖包泡水体浮游植物年平均生物量分别为 9.55mg/L 及 6.21mg/L，分别为治理前的 2.35 倍和 2.46 倍；浮游动物年平均生物量分别为 7.00mg/L 及 3.98mg/L，分别为治理前的 5.38 倍和 6.22 倍（表 6-3）。浮游生物的适量繁殖，为鲢、鳙提供了丰富的饵料资源。

表 6-3 治理前后平洋泡和敖包泡内浮游生物的生物量[221] （单位：mg/L）

水域	时间	浮游植物								浮游动物				
		蓝藻	绿藻	硅藻	裸藻	金藻	黄藻	隐藻	合计	原生动物	轮虫	枝角类	桡足类	合计
平洋泡	治理前	1.11	1.20	0.12	1.50	0.13	—	—	4.06	0.01	0.50	0.40	0.39	1.30
	治理后	2.10	3.10	0.15	4.00	—	0.20	—	9.55	0.20	1.20	1.50	4.10	7.00
敖包泡	治理前	0.61	1.06	0.41	0.40	—	0.04	—	2.52	0.11	0.28	0.15	0.10	0.64
	治理后	1.41	2.29	1.61	0.58	0.02	—	0.30	6.21	0.31	1.17	1.10	1.40	3.98

3）鱼类多样性增加：试验期间，鱼类放养品种由过去单一的鲤、鲢、鳙，调整为鲤、鲢、鳙、草鱼、银鲫、梭鱼和鲇等多品种合理搭配。其中，鲤投放比例由治理前的 20%～30%提高到 40%～60%。

4）鱼类生物量提高：综合治理前，鲢、鳙体质瘦弱，生长缓慢，2 龄个体体重只有 300～400g，且丰满度较差，成活率较低。通过生态治理，相同放流密度下鱼类生长速率加快，规格提高，2 龄个体体重 600g 以上，少数 1000g。梭鱼从鱼苗到 1 龄鱼种的成活率为 63.1%，从夏花鱼种到 1 龄鱼种的成活率为 83.5%；鲇成活率达到 96%。平洋泡、敖包泡年平均鱼产量分别由治理前的 83.3kg/hm^2 及 72.2kg/hm^2，提高到治理后的 122kg/hm^2 及 95kg/hm^2，分别增加了 46.5%和 31.6%。

4. 问题探讨

1）换水洗碱、辅施有机肥和化肥，是盐碱湿地渔业利用，提高鱼类多样性的有效措施。有机肥可产生腐殖酸，直接参与水质化学反应，中和碱性物质进而改善盐碱水环境；

化肥在直接提供营养盐类的同时，又释放出大量的酸根离子中和碱性离子，从而达到降碱效应。

2）驯化引入某些耐碱能力较强的鱼类，如梭鱼、银鲫、鲇等，也是提高湖泊沼泽鱼类多样性的较好途径。

3）通过生态治理，可使水环境得到明显改善，浮游生物数量增加；通过放流鱼类、优化区系结构，可增加鱼类多样性，鱼产量也迅速得到提升。

4）本试验表明高盐碱湿地经过生态治理后，发展放流增殖，恢复鱼类多样性是可行的，因而为提高盐碱湿地的鱼类多样性提供了成功的范例。

6.2.4.2 龙江湖

1. 自然条件

龙江湖位于黑龙江省龙江县南部（参见 1.1.2），由苏打盐碱洼地积水而成，为嫩江水系的一个封闭型湖泊。由大、小两个湖组成，水深 2.5m 以上的水面约 1000hm^2，水深低于 2.5m 的水面约 200hm^2，总蓄水量 2400 万 m^3。由于大量盐碱离子进入湖中，湖水盐碱度逐渐升高，鲢、鳙类不能存活，鱼类组成只有银鲫、葛氏鲈塘鳢及少量凶猛鱼类，生物多样性简单，平均鱼产量 9kg/hm^2。随着湖水大量蒸发，水质浓缩，盐碱度升高，导致 1982 年 8 月放流的鱼苗、鱼种全部死亡。

鲤、草鱼、鲢、鳙等鱼类对盐度的适应幅度可达 7～8g/L，而龙江湖 1982 年水环境盐度为 1.62g/L，这说明鲢、鳙不能存活的主要原因不是盐度，而是碱度[61, 225]。

2. 生境改良

鉴于龙江湖渔业功能的逐渐丧失，1983 年龙江湖水产养殖场等单位开始实施生境改良工程。主要是在龙江湖外缘修建长 1.65km、宽 15m、高 2.5m 的拦河坝，引绰尔河水入湖，同时通过溢洪道将原湖水排放到湖区外的沼泽湿地，使湖水得到更新，促进生境改良，恢复鱼类多样性。

1983 年完成了“引淖入龙”和防逃工程，换掉龙江湖湖水 10 万 m^3，相当于蓄水量的 50%。1985 年和 1988 年又分别进行了换水，龙江湖鱼类生境进一步优化。据 1991 年 8 月测定，生境改良工程后湖水清新，水色呈现黄绿色，水质碱度、pH、主要离子含量趋于下降，饵料生物数量明显增加，为鱼类多样性恢复和渔业发展提供了良好的生境和饵料基础（表 6-4、表 6-5）。

表 6-4　龙江湖生境改良前后主要水化学指标的变化[61]

测定时间	盐度/(g/L)	pH	碱度/(mmol/L)	总硬度/(mmol/L)	透明度/m	$\rho(Cl^-)$/(mg/L)	$\rho(SO_4^{2-})$/(mg/L)	$\rho(HCO_3^-)$/(mg/L)	$\rho(Na^+ + K^+)$/(mg/L)
1982-08	1.62	9.42	18.10	2.04	15	43.40	29.78	1034.29	447.50
1991-08	0.79	8.30	8.60	2.92	36	30.90	25.93	497.92	178.25

表 6-5 龙江湖生境改良前后浮游生物生物量的变化[225] （单位：mg/L）

测定时间	浮游植物								浮游动物				
	蓝藻	绿藻	硅藻	裸藻	金藻	黄藻	隐藻	合计	原生动物	轮虫	枝角类	桡足类	合计
1982-08-02	0.25	3.64	0.81	0.65	0.17	—	0.03	4.92	0.003	0.81	0.51	0.62	2.02
1991-08-28	2.50	3.25	0.24	6.00	—	0.39	—	12.29	0.29	0.72	1.92	7.20	10.13

1984 年龙江湖开始放流鲢、鳙鱼种，截至 1990 年共放流 23t，约占总放流量（74t）的 31%。据 1991 年 8 月测定，5^+～6^+龄鲢、鳙个体体长 62～74cm，体重 4.75～7.2kg；5^+～6^+龄鲤个体体长 39～40cm，体重 1.2～1.95kg，丰满度较高，表明鱼类生长良好（表 6-6）。在黑龙江省其他淡水水域，6 龄鲢、鳙个体体长 62～62.5cm，体重 4.87～5.00kg。由此可见，生境改良后龙江湖鲢、鳙生长速率已不亚于非盐碱湿地。

表 6-6 龙江湖生境改良后鱼类生长情况[225]

鱼类年龄	鲢、鳙			鲤			银鲫		
	体长/cm	体重/g	丰满度	体长/cm	体重/g	丰满度	体长/cm	体重/g	丰满度
2^+	21	260	1.9	25	400	2.9	12.0	25	3.1
3^+	37	900	1.8	30	900	2.7	13.5	125	3.0
4^+	49	2400	2.0	33	1000	2.7	14.5	135	3.2
5^+	62	4750	2.0	39	1200	2.0	16.0	175	3.3
6^+	74	7200	1.8	40	1950	2.6	17.0	190	3.2

随着鱼类持续放流，龙江湖鱼类多样性也在提升，鱼产量、经济效益也逐年递增。例如，总产量由 1983 年的 10t 提高到 1991 年的 75t；产值由 1983 年的 3.5 万元提高到 1991 年的 37.5 万元；鲢、鳙所占总产量比例由 1983 年的 10%提高到 1991 年的 60%，个体大都超过 4kg/尾。1991 年龙江湖平均鱼产量 75kg/hm^2，比 1982 年增长了 7.3 倍。

6.2.5 经济鱼类繁殖保护

6.2.5.1 亲鱼保护

有些鱼类如鲤、鲫等平时栖息于水体底层，不易捕捞，只有繁殖时才从底层洄游至中上层，捕捞产卵亲鱼至今还是捕捞鲤、鲫的主要方法。如果不加限制，势必会影响鲤、鲫的资源增殖。其他鱼类虽然不一定在产卵季节捕捞，但繁殖时亲鱼都集群利于捕捞，也往往以捕捞产卵群体作为主要生产方式。例如，繁殖季节的瓦氏雅罗鱼在入湖河道中高度集中，这时只需要 1 只筐（不用其他网具），3h 就可捕获 1t 左右[76, 226]。

对产卵亲鱼的保护，要视种类定措施。洄游型种类除了在产卵场划定禁渔区和禁渔期外，还要在洄游通道上限制捕捞，淘汰不法渔具；定居型种类则要在区域性范围内采取相应的措施。亲鱼保护工作通常应包括以下 5 个方面的内容。

1）宣教工作：建立相应管理机构，组织和培训渔民，宣传自觉遵守与维护相关的繁殖保护法规、条例。例如，新疆乌伦古湖渔政管理部门，一方面组织当地渔民进行培训，通过学习让渔民懂得保护与合理开发鱼类资源的法律与科学意义；另一方面大力宣传渔业法规，依法严格执行该湖禁渔制度，为渔业资源可持续利用提供法律保障。

2）确定禁渔区和禁渔期：在禁渔区周围竖立明显标志，采用绘有红白双色的禁牌、标杆或禁旗，并派人巡逻监督。例如，乌伦古湖将中海子、七十三公里小海子、莫合台后泡子、骆驼脖子等水域划定为禁渔区，4 月 1 日～7 月 31 日是禁渔期，但实际调查发现在禁渔区、禁渔期仍有捕鱼活动。

3）奖惩制度：公布、宣传违章捕鱼的惩治制度，对积极保护者要给予奖励。

4）渔具限制：限定网目大小，改造或淘汰酷渔具。例如，乌伦古湖规定捕捞贝加尔雅罗鱼（*Leuciscus baicalensis*）的挂网网目规格不得小于 5cm，捕捞其他鱼类的网目规格不得小于 9cm。

5）强化科研工作：组织科研力量，加强繁殖保护对象的生物学研究，制定有科学依据的繁殖保护措施。

6.2.5.2　仔鱼救护

仔鱼是提高鱼类生物多样性、扩大渔业生产的物质基础，保护仔鱼，使其生长、成熟、繁殖后代，合理利用，是鱼类多样性持续发展及其资源再生的重要环节。禁止捕捞未达到捕捞规格的经济鱼类仔鱼。

虽然损害仔鱼的现象非常普遍，但并未引起人们的重视。人们将这些仔鱼或作为肉食性动物的饲料，或将其炒食，造成了江湖鱼源的大幅度减少。因此，要取缔梁子渔业、堑湖、网簖等严重损害仔鱼资源的渔具渔法。20 世纪 60～80 年代，乌伦古湖捕捞渔船从 60 只增加到 200 多只，单船网具数量由 10～30 片增加到 60～80 片，挂网网目规格由 8cm 缩小到 4.5cm，冰下大拉网从 5 趟增加到 18 趟，围网高度从 8m 增加到 24m。其结果，大量仔鱼被捕捞出水，当作商品鱼出售；1984 年乌伦古湖湖区养貂场用于喂养貂的仔鱼就达 500t，约占湖区全年鱼产量的 1/4[76, 226, 227]。

造成仔鱼损失的另外一个重要原因是搁浅、干涸所引起的死亡。仔鱼对水位变动反应迟钝，常常随着水流进入浅水区索饵，不能及时退出而被搁浅在隔离水域，后因水分蒸发耗尽而死，或被“竭泽而渔”。例如，新疆博斯腾湖常因搁浅造成大量鲫、鲤和贝加尔雅罗鱼仔鱼死亡。避免仔鱼被搁浅在隔离水域的办法，或挖掘深沟、及时放水，或捕捞放回原水域。

救护鱼类的规格大小要根据其生物学特点与经济需要决定，有时因经济上需要，常把救护对象规定在生长最迅速的阶段之前。但是在天然水域里，常常以达到第一次性成熟个体大小为最小尺寸。因为最小捕捞尺寸是从鱼类生长特点出发，把捕捞尺寸定在鱼类生长强度发生转折附近，这样既保证了鱼类在快速生长阶段不被捕出，又保证了鱼类起码有一次生殖机会，使鱼类种群能正常补充。

乌伦古湖采用捕捞量低于鱼类资源增殖量的原则，将湖区捕捞网具和捕捞地点的数量均控制在现有的1/3；将挂网网目规格扩大到6cm以上，其中捕捞白斑狗鱼（*Esox lucius*）和鲤的网目规格均为8cm；捕捞个体体重增加到250g，其中白斑狗鱼和鲤为1kg以上；捕捞年龄为4^{+}龄以上。采取这些措施可以为幼龄鱼提供繁殖的机会，以便及时补充捕捞群体，经过几年之后可将鱼产量增加1～2倍。

6.2.5.3 保护天然产卵场

保护产卵场的目的是确保亲鱼正常繁殖，受精卵正常孵化，仔鱼正常生长[76, 226, 227]。

1. 产卵场位置的确定与评价

湖泊天然产卵场保护，首先要确定各种鱼类产卵场地点，评价产卵场的规模与作用，制定常年性与季节性禁渔区和禁渔期。产卵场保护范围依据亲鱼数量、水文条件与繁殖条件的优劣、仔鱼活动范围及移动路线等条件而划定。对上述条件进行调查研究、分析判断，据此确定禁渔区和禁渔期。通常情况下，小型湖泊可规定一定时间内，实行全湖禁渔，即季节性封湖；大型湖泊一般只规定区域性禁渔期。

2. 确定保护时间

禁渔期的长短，要根据保护对象的生殖特点、产卵水温、当年当地水文条件来决定。多数鱼类产卵时间与发洪水、水位上涨、流速增加、水色变浑联系在一起。对于石砾上产卵鱼类和草上产卵鱼类既要考虑产卵持续时间，同时也要考虑受精卵发育孵化、仔鱼活动及降河洄游期间（对于有降河习性的种类）的状况而加以保护，通常保护期较长，如鲤要求50～60d。

3. 不利因素的控制

（1）人为不利因素的控制　包括限制捕捞、建立禁渔区和禁渔期、防止污染，以及严禁在产卵场上堆积木材、挖掘石砾、割取水草等。

（2）自然不利因素的控制　不利的自然因素有很多，这里主要是防止产卵场干涸，保持稳定水位。要保持湖泊稳定的水位，往往不是单独的水产部门所能决定的，必须有其他部门协助才能解决。东北地区为单季稻区，每年5月各湖泊同时放水，水位都持续下降，而5～6月也正是鲤、鲫产卵繁殖盛期，因水位下降而停产，对其资源影响很大。如能统筹安排，每年轮流留少部分湖泊少放水，就可使湖泊鲤、鲫每隔几年有一次繁殖机会，有利于资源增殖。

（3）生物敌害的控制　在保护对象的繁殖期之前，凡在有条件的地方，应组织捕捞力量高强度捕捞食鱼及吞食鱼卵的鱼类；或通过围栏营造无害鱼区蓄养亲鱼，让其在无害鱼水域自然繁殖。

6.2.6 特定湿地提高鱼类多样性的综合措施

6.2.6.1 呼伦湖渔业生态恢复

1. 渔业生态现状

内蒙古自治区水产技术推广站的调查资料显示，近几十年来，呼伦湖水域生态环境在不断恶化，水环境盐度、碱度和 pH 呈现上升趋势[14]。20 世纪 60 年代初，水体盐度 0.99g/L，80 年代初 1.15g/L，2002 年 1.30g/L，2010 年 2.10g/L；80 年代初 pH 最高为 8.8，2010 年平均为 9.18；湖水 COD、氮、磷、氟化物和汞含量也在逐年增加，水体富营养化日趋严重。同时，经济鱼类小型化、经济价值低值化、单一化不断发展，鱼类多样性持续下降，渔业资源也在持续衰退。

呼伦湖鱼类多样性、渔业及渔业生态所面临的主要问题：①水位下降，水域面积由原来的 2340km^2 减少到目前的 1770km^2，水质盐碱度在不断上升，影响鱼类繁衍与生长；②鱼类洄游通道被切断，鱼类有效产卵场规模在缩减，补充群体数量不足，经济鱼类资源量减少；③经济鱼类捕捞规格偏小，中小型经济价值较低的种类所占渔获物比例过高，鱼类多样性下降，影响渔业生产的可持续发展。

2. 鱼类多样性恢复的基本构想

在目前的技术水平下，提高鱼类多样性和渔业产量的途径主要有两种：①通过改良水域生态环境，为鱼类繁衍与生长创造条件；②要有合理的鱼类区系和种群结构，以充分利用水体中的饵料资源。针对呼伦湖生态环境状况，基于生物操纵理论的下行生物操纵技术原理[14]，提出“立体综合营养级串联效应技术模式”，并应用于治理呼伦湖富营养化，调整鱼类区系和种群结构，提高呼伦湖鱼类多样性。该模式具有以下生态效应。

1）改善鱼类区系：通过建设良种繁育设施，持续地进行人工繁育并放流增殖呼伦湖的土著鱼类——中上层的顶级消费者红鳍原鲌和中层顶级消费者细鳞鲑。这不仅能够避免引种风险和抗逆问题，还可在不同的水体层面上不断扩大顶级肉食性鱼类的种群规模，从而大量捕食䱗、小虾及其他经济价值较低的杂鱼，将其转化为高品质的红鳍原鲌和细鳞鲑等肉食性鱼类。

2）改善水生态：由于摄食浮游动物的鱼类被红鳍原鲌、细鳞鲑等肉食性鱼类大量捕食，浮游动物数量增加，进而浮游植物和细菌被大量摄食，由此可提高水体初级生产力的利用率，形成“红鳍原鲌、细鳞鲑→䱗、虾及其他经济价值较低的杂鱼→浮游动物和有机碎屑→浮游植物和细菌”这种稳定的良性食物链关系，有效抑制水华的形成，改善呼伦湖水质，达到生态修复呼伦湖水生态环境的目的。

3）提高渔获物品质：有研究表明，在富营养化的湖泊中，肉食性鱼类与浮游生物食性鱼类的生物量比例达到 1∶（2.5～8.3）时，对富营养化的治理效果最好。为了防止因浮游动物和底栖动物食性的鱼类被肉食鱼类大量捕食而造成的浮游动物数量失控，可移殖中下层顶级消费者——高白鲑。该鱼在呼伦湖人工繁育和在小水面养殖均已获得成功，具备移殖条件。高白鲑的引入，一方面把浮游动物和底栖动物种群规模控制在合理范围，另一方面把“鳌和经济价值较低的杂鱼→浮游动物和有机碎屑→浮游植物和细菌”的食物链模式转变为“高白鲑等高质鱼类、鳌、虾→浮游动物和有机碎屑→浮游植物和细菌”的食物链模式。高白鲑为杂食性鱼类且摄食能力很强，可以有效地提高饵料转化效率，进而提升渔获物品质。

通过实施“立体综合营养级串联效应技术模式”，可构建稳定、高效的金字塔形食物网，形成以红鳍原鲌、细鳞鲑、高白鲑、鳌、虾等经济种类为主体的渔业资源结构，提高呼伦湖以鱼类物种为主的生物多样性；创建以移殖、繁殖、放流增殖、捕捞协同并重的渔业经营模式，有效地提高呼伦湖渔业的附加值，再通过捕捞成鱼的方式将水体过剩的营养盐类移出湖区，实现用生物操纵技术治理呼伦湖富营养化，提高鱼类多样性，改善渔业生态环境的宗旨。

此外，呼伦湖目前所采用的捕捞网具，网目尺寸较小，极易将放流增殖的鱼类苗种过早捕捞出水。因此，在实施上述修复模式过程中，除了需要设置相应面积的隔离修复试验区外，还应采取划定自然繁殖保护区和禁渔期等措施。在条件较好，适宜红鳍原鲌、细鳞鲑产卵孵化的水域，有必要设置一定面积的永久性禁渔区，以保证鱼类能够不受干扰地产卵孵化。

2010～2012 年，内蒙古自治区水产技术推广站开展了渔业生态修复工作，小范围试验取得了良好效果。实施内容包括：苗种孵化繁育设施建设，生态修复试验区和自然繁殖场设置，红鳍原鲌、细鳞鲑、高白鲑人工繁殖、孵化、培育和放流增殖，生态修复试验区监测等。

3. 渔业资源现状调查

（1）水质调查与评估　结果表明，明水期呼伦湖水体平均总碱度为 18.57mmol/L，总硬度 7.84mmol/L，盐度 2.4g/L（冰封期 3.08g/L），pH 9.18，溶解氧 12.06mg/L，总氮 4.57mg/L，总磷 0.37mg/L，氮/磷为 12.35。主要阳离子组成中，ρ（$1/2Mg^{2+}$）为 78.47mg/L，ρ（$1/2Ca^{2+}$）为 12.10mg/L，ρ（$Na^+ + K^+$）为 603.73mg/L（表 6-7）。碱度、硬度、盐度及营养盐含量春季最低，冬季最高。水质类型为 C_I^{Na} 型半咸水。水体营养盐含量较高，氮、磷比例也较合理，能够满足藻类繁衍需要。

表 6-7　呼伦湖水质调查结果[14]

年份	总碱度/(mmol/L)	总硬度/(mmol/L)	pH	主要阳离子/(mg/L)			
				$1/2Ca^{2+}$	$1/2Mg^{2+}$	$Na^+ + K^+$	合计
2006	12.56	5.16	9.13	0.8～16.3	4.4～52.7	14.8～370.6	19.8～439.6
2007	21.83	9.50	8.93	0.9～17.2	8.6～105.0	23.3～581.4	32.8～703.6
2008	22.28	9.18	9.05	1.0～19.8	8.2～99.0	23.6～589.8	32.8～708.7
2009	21.63	8.64	9.13	12.0～23.3	69.4～98.4	523.6～790.8	605.0～912.5
2010	18.57	7.84	9.18	6.0～18.2	39.2～153.1	276.2～931.2	321.5～1102.6

续表

年份	主要阴离子/(mg/L)					NH_4^+-N /(mg/L)	盐度 /(mg/L)
	$1/2CO_3^{2-}$	HCO_3^-	Cl^-	$1/2SO_4^{2-}$	合计		
2006	1.9～61.3	10.3～631.1	6.2～219.5	1.4～102.8	19.8～1014.6	0.14	1454.2
2007	2.7～80.3	19.2～1168.7	8.6～305.6	2.3～112.2	32.8～1641.9	0.20	2345.4
2008	5.0～124.6	17.7～1079.2	8.8～313.2	2.0～95.9	32.8～1612.8	0.38	2321.5
2009	34.5～90.9	835.1～1243.8	220.8～324.5	72.0～132.0	1162.4～1791.2	0.61	2303.0
2010	29.4～140.1	395.3～1560.4	119.3～513.3	52.8～150.0	596.8～2363.8	0.76	2102.5

注：引用时经过整理

水体氮、磷、COD、pH 均超过富营养化湖泊标准（氮<0.3mg/L，磷<0.02mg/L，COD<7.1mg/L，pH 7～8），呈现富营养化（表 6-8）。总体上，水质符合《渔业水质标准》（GB 11607—1989）和《地表水环境质量标准》（Ⅲ类）（GB 3838—2002）的水质要求，适宜渔业生态修复和鱼类放流。

表 6-8　呼伦湖水质评价[23]

指标	a	b	c	d	e	f	g	h	i
pH	6.5～8.5	6～9	9.08	0.068	0.009	9.32	0.096	0.036	9.29
溶解氧	≥5	≥5	11.10	符合	符合	13.63	符合	符合	11.57
氨氮	≤0.05	≤1.0	0.81	15.200	符合	0.64	11.800	符合	0.795
总氮		≤1.0	3.01	无标准	2.010	3.14	无标准	2.140	2.83
总磷		≤0.05	0.44	无标准	7.800	0.394	无标准	6.880	0.393
非离子氨	≤0.02		0.201	9.050	无标准	0.294	13.700	无标准	0.280
$KMnO_4$ 指数		≤6	14.80	无标准	1.467	22.74	无标准	2.790	20.93
COD		≤20	131.4	无标准	5.570	186.37	无标准	8.319	174.2
挥发酚	≤0.05	≤0.005	未检出	符合	符合	未检出	符合	符合	未检出
氟化物	≤1.0	≤1.0	5.543	4.543	4.543	4.86	3.860	3.860	4.486
硫化物	≤0.2	≤0.05	0.148	符合	1.960	0.169	符合	2.380	0.118
铜	≤0.01	≤1.0	0.009	符合	符合	0.008	符合	符合	0.008
锌	≤0.1	≤1.0	0.020	符合	符合	0.028	符合	符合	0.017
铅	≤0.05	≤0.05	0.001	符合	符合	0.006	符合	符合	0.010
镉	≤0.005	≤0.005	未检出	符合	符合	未检出	符合	符合	未检出
铬	≤0.01	≤0.05	未检出		符合	未检出	符合	符合	0.003
汞	≤0.0005	≤0.0001	0.0016	2.200	15.000	0.0003	符合	2.000	0.0006
砷	≤0.05	≤0.05	0.039	符合	符合	0.046	符合	符合	0.034

指标	j	k	l	m	n	o	p	q
pH	0.093	0.032	8.89	0.459	符合	9.15	0.076	0.017
溶解氧	符合	符合	11.94	符合	符合	12.06	符合	符合
氨氮	14.900	符合	0.81	15.200	符合	0.76	14.200	符合

续表

指标	j	k	l	m	n	o	p	q
总氮	无标准	1.830	9.28	无标准	8.280	4.57	无标准	3.570
总磷	无标准	6.860	0.32	无标准	5.400	0.37	无标准	6.400
非离子氨	13.000	无标准	0.074	2.700	无标准	0.21	9.500	无标准
$KMnO_4$ 指数	无标准	2.488	13.52	无标准	1.253	18.00	无标准	2.000
COD	无标准	7.710	未检出	164.00	无标准	7.200		
挥发酚	符合	符合	未检出	符合	符合	未检出	符合	符合
氟化物	3.486	3.486	7.47	6.470	6.470	5.59	4.590	4.590
硫化物	符合	1.360	0.064	符合	0.280	0.12	符合	1.400
铜	符合	符合	<0.01	符合	符合	0.008	符合	符合
锌	符合	符合	<0.01	符合	符合	0.022	符合	符合
铅	符合	符合	<0.01	符合	符合	0.006	符合	符合
镉	符合	符合	<0.005	符合	符合	未检出	符合	符合
铬	符合	符合	<0.01	符合	符合	0.003	符合	符合
汞	0.200	5.000	0.0001	符合	符合	0.0006	0.200	5.000
砷	符合	符合	0.009	符合	符合	0.030	符合	符合

注：a. 渔业水质标准，b. 地表水环境质量标准，c. 春季平均值，d. 春季超过渔业水质标准的倍数，e. 春季超过地表水环境质量标准的倍数，f. 夏季平均值，g. 夏季超过渔业水质标准的倍数，h. 夏季超过地表水环境质量标准的倍数，i. 秋季平均值，j. 秋季超过渔业水质标准的倍数，k. 秋季超过地表水环境质量标准的倍数，l. 冬季平均值，m. 冬季超过渔业水质标准的倍数，n. 冬季超过地表水环境质量标准的倍数，o. 全年平均值，p. 全年超过渔业水质标准的倍数，q. 全年超过地表水环境质量标准的倍数。引用时经过整理。除 pH 外，其他数据单位均为 mg/L

（2）饵料生物状况调查与评估

1）浮游植物：年平均生物量 8.89mg/L（表 6-9）。按浮游植物水平划分，呼伦湖为超富营养型湖泊，浮游植物资源可以充分满足浮游动物的摄食需要。生长期初级生产力约为 4.5t/hm^2，总量 79.65 万 t（水域面积以目前 1770km^2 计算，下同）。

表 6-9 呼伦湖浮游植物调查结果[14]

年份	蓝藻门		绿藻门		硅藻门		甲藻门	
	生物量/(mg/L)	所占比例/%	生物量/(mg/L)	所占比例/%	生物量/(mg/L)	所占比例/%	生物量/(mg/L)	所占比例/%
2005	3.05	51.06	1.46	24.46	1.38	23.12	0.06	1.01
2006	4.52	56.01	2.33	28.82	0.94	11.59	0.22	2.66
2007	6.08	68.48	1.31	14.75	1.22	13.74	0	0
2008	6.75	72.19	1.53	16.36	1.03	11.01	0.03	0.32
2009	0.89	10.53	1.98	23.39	1.03	12.10	1.49	17.58
2010	4.88	38.71	5.62	44.63	0.71	5.63	0.06	0.48

续表

年份	黄藻门		金藻门		裸藻门		合计	
	生物量/(mg/L)	所占比例/%	生物量/(mg/L)	所占比例/%	生物量/(mg/L)	所占比例/%	生物量/(mg/L)	所占比例/%
2005	0	0	0.02	0.34	0	0	5.97	100
2006	0.07	0.92	0	0	0	0	8.07	100
2007	0.22	2.48	0.04	0.45	0.01	0.10	8.88	100
2008	0.01	0.12	0	0	0	0	9.35	100
2009	0.03	0.35	0.03	0.35	3.03	35.70	8.48	100
2010	0	0	0.09	0.67	1.24	9.87	12.60	100

2）浮游动物：年平均生物量 4.36mg/L（表 6-10）。按浮游动物水平划分，呼伦湖水质介于中营养型和富营养型之间。浮游动物年产量为 18.4 万 t，其中绝大多数种类均可被鱼类利用。若食物链能量传递效率以 10%计，则每年可生产鱼类 1.84 万 t。

表 6-10　呼伦湖浮游动物调查结果[14]

年份	桡足类		枝角类		轮虫		原生动物		合计	
	生物量/(mg/L)	所占比例/%	生物量/(mg/L)	所占比例/%	生物量/(mg/L)	所占比例/%	生物量/(mg/L)	所占比例/%	生物量/(mg/L)	所占比例/%
2005	2.80	68.96	0.90	22.17	0.22	5.42	0.14	3.45	4.06	100
2006	2.52	63.96	1.02	25.87	0.25	6.35	0.15	3.80	3.94	100
2007	2.90	61.97	1.12	23.93	0.45	9.62	0.21	4.48	4.68	100
2008	3.01	55.33	1.52	27.94	0.49	9.01	0.42	7.72	5.44	100
2009	3.75	90.36	0.02	0.48	0.08	1.93	0.30	7.23	4.15	100
2010	3.14	81.35	0.13	3.37	0.37	9.59	0.22	5.70	3.86	100

3）底栖动物：平均密度 568 个/m^2，其中摇蚊幼虫占 25.35%，软体动物占 22.54%（表 6-11）。年平均生物量 59.084g/m^2，其中甲壳动物占 68.18%，石蚕占 14.12%。底栖动物年平均产量 31.37 万 t。尽管底栖动物资源较为丰富，但不能被鲤、银鲫等鱼类利用的甲壳动物生物量所占比例较高，而摇蚊幼虫、寡毛类等适合鲤、银鲫摄食的饵料生物量所占比例相对较小，因此不应再增加鲤、银鲫等鱼类的放流增殖数量。此外，呼伦湖还有大量的腐屑和细菌，年产量 132 万 t 左右，可为浮游动物和滤食性鱼类提供部分饵料。

表 6-11　呼伦湖底栖动物调查结果[23]

指标	摇蚊幼虫	软体动物	寡毛类	水蛭	石蚕	甲壳动物	其他	合计
密度/(个/m^2)	144	128	48	80	80	40	48	568
所占比例/%	25.35	22.54	8.45	14.08	14.08	7.04	8.45	100
生物量/(g/m^2)	0.391	2.552	0.090	3.684	8.342	40.872	3.152	59.084
所占比例/%	0.66	4.32	0.15	6.24	14.12	68.18	5.34	100

（3）渔获物　呼伦湖渔业利用价值虽然较大，但湖中主要经济鱼类只有 6 种。近些年来，渔获物中小型经济鱼类𩽾类所占比例持续在 90%以上，肉食性经济鱼类红鳍原鲌和鲇所占比例合计 0.70%～3.34%，平均仅 1.98%，渔获物小型化、经济价值低值化、单一化十分突出（表 6-12）。这也突显出呼伦湖鱼类种群结构不合理，不能有效利用现成的饵料资源，严重制约着渔业经济效益。但目前的饵料基础构成，也为放流增殖红鳍原鲌、细鳞鲑等高值的肉食性鱼类提供了丰富的饵料资源。总体上看，呼伦湖天然饵料资源丰富，具有较大的渔业发展潜力，也为湖泊渔业生态修复提供了良好的物质基础。

表 6-12　呼伦湖的鱼产量构成[23]

种类	指标	年份											平均
		2000	2001	2002	2003	2004	2005	2006	2007	2008	2009	2010	
鲤	产量/t	443	232	142	405	124	100	45	38	110	53	61	
	比例/%	3.49	1.64	1.09	5.25	4.85	3.75	1.53	1.16	3.34	1.70	2.05	2.71
红鳍原鲌	产量/t	255	143	77	139	68	77	63	53	108	61	73	
	比例/%	2.01	1.01	0.59	1.80	2.66	2.89	2.15	1.61	3.28	1.96	2.45	2.04
𩽾	产量/t	11 831	13 670	12 812	7 101	2 350	2 465	2 814	3 184	3 052	2 982	2 831	
	比例/%	93.30	96.79	97.91	92.05	91.83	92.39	95.94	96.95	92.71	95.79	95.03	94.61
鲫	产量/t	67	59	32	26	12	21	5	1	6	4	5	
	比例/%	0.53	0.42	0.24	0.34	0.47	0.79	0.17	0.03	0.18	0.13	0.17	0.32
鲇	产量/t	71	13	14	6	2	2	1	6	2	1.9	0.9	
	比例/%	0.56	0.09	0.11	0.00	0.00	0.00	0.00	0.18	0.06	0.06	0.03	0.10
瓦氏雅罗鱼	产量/t	13	7	9	43	5	5	6	2	14	11	8	
	比例/%	0.10	0.05	0.07	0.56	0.20	0.19	0.20	0.06	0.43	0.35	0.27	0.23
合计		12 680	14 124	13 086	7 714	2 559	2 668	2 933	3 284	3 292	3 113	2 979	

4. 生态恢复试验区建设

选择水草繁茂的区域 20hm^2，作为生态修复试验区。试验区内，依据孵化培育出的苗种数量与规格，每年设置相应面积、相应网目规格的围栏，与周围水域分隔开，在网片上开设 10～20 个外大内小的喇叭口，鱼类只能进入而不能游出，让经济价值较低的杂鱼进围栏，而放流在围栏的鱼类则不能游出。将培育好的苗种放入试验区，养殖 2～3 年。当监测到少量鱼类达到性成熟后，即可拆除拦网，让这些鱼类进入大湖水域中进行自然生长繁殖。

5. 自然产卵孵化区建设

选择湖区水草繁茂、条件良好、适宜红鳍原鲌和细鳞鲑自然产卵繁殖的水域作为永久性禁渔区，面积为 20hm^2。设置禁渔区标志，派遣渔政人员配置渔政船进行管理，确保红鳍原鲌、细鳞鲑、高白鲑等鱼类的自然繁殖。

6. 人工繁育与放流

（1）红鳍原鲌　2011 年 5 月中旬至 6 月中旬，选育和购买红鳍原鲌亲鱼合计 1t，全部投放到新改造的池塘中。按照“红鳍原鲌人工繁殖技术”要求，于 6 月 20 日至 7 月 10 日分 5 批进行人工催产孵化，经过 3 个月养殖，共培育出红鳍原鲌鱼苗 300 万尾。繁育成活率达到 75%，全部放流到生态恢复试验区内。2012 年 6 月 17 日至 7 月 7 日，分 5 批进行人工催产孵化，经过 3 个月的养殖，共培育出红鳍原鲌鱼苗 323 万尾。繁育成活率达到 74.1%，全部放流到生态恢复试验区内。

（2）细鳞鲑　2011 年 5 月购置细鳞鲑亲鱼 300kg（平均规格 1.5kg/尾）、受精卵 50 万粒。按照“细鳞鲑人工繁殖技术”要求，分 3 批进行人工催产孵化，获得有效卵 149 万粒，与购买的受精卵一起放入事先准备好的 2 个平列槽内进行流水孵化，经过 60d 的孵化，获得鱼苗 150 万尾，孵化率 75%。将其中的 120 万尾投放到生态恢复试验区，剩下的 30 万尾留在鱼池中作为后备亲鱼和成鱼养殖。2012 年 5 月 3 日，对亲鱼进行人工催产孵化，共生产有效卵 161 万粒。将受精卵放入事先准备好的 2 个平列槽内进行流水孵化，经过 60d 的孵化，获得鱼苗 117 万尾，孵化率 72.7%，全部投放到生态恢复试验区。

（3）高白鲑　2011 年 4 月购置高白鲑受精卵 500 万粒，按照“高白鲑人工繁殖技术”要求，经过 30d 的孵化，获得鱼苗 400 万尾，孵化率 80%。将其中的 380 万尾放流到生态恢复试验区，20 万尾投放到池塘中培育作为后备亲鱼和成鱼养殖。

7. 效果评估

（1）苗种放流增殖情况　监测过程中，可以见到放流鱼类集群游动，红鳍原鲌、细鳞鲑吞食小鱼的摄食活动，表明它们已经完全适应了湖泊水环境。通过监测放流鱼类的生长情况、食物组成、肠道充塞度等方法，可间接了解生态调控效果。

监测结果表明，放流的红鳍原鲌、细鳞鲑、高白鲑苗种各项生长指标正常，其中高白鲑的生长速率快于其他鱼类；1 龄红鳍原鲌、细鳞鲑食物构成中，鰲、虾类为主要成分，并有少量昆虫和浮游动物，表明小型杂鱼和虾类已得到转化利用；高白鲑肠道内发现较多的浮游动物，其中大型桡足类为主要成分，也发现了少量底栖动物，表明高白鲑已能够利用浮游动物资源（表 6-13）。放流鱼类食物构成、摄食强度符合其生长规律，且能安全越冬，达到了预期目的。

表 6-13　生态恢复区放流鱼类生长情况监测结果[14]

种类	时间	平均全长/cm	平均体长/cm	平均体重/g	食物组成	放流时间
红鳍原鲌	2012-05-05	10.3	8.8	21.2	浮游动物，小虾	2011 年
	2012-10-10	15.7	13.3	67.5	浮游动物，鰲，小虾，昆虫幼虫	2011 年
	2013-05-09	16.5	14.1	83.4	鰲，小虾，少量昆虫幼虫	2011 年
细鳞鲑	2011-10-08	7.9	6.1	5.1	浮游动物，小虾	2011 年
	2012-05-06	8.9	7.2	6.2	浮游动物，小虾	2011 年
	2012-10-08	17.3	15.1	92.2	鰲，小虾，昆虫	2011 年

续表

种类	时间	平均全长/cm	平均体长/cm	平均体重/g	食物组成	放流时间
细鳞鲑	2012-10-09	7.7	6.0	5.2	浮游动物，小虾	2012 年
	2013-05-05	21.2	18.9	112.6	䱗，小虾，昆虫	2011 年
	2013-05-06	8.6	6.9	6.0	浮游动物，小虾	2012 年
高白鲑	2011-10-07	13.4	11.2	21.9	摇蚊幼虫，无节幼体，枝角类	
	2012-05-07	21.7	19.0	98.7	枝角类，桡足类，小虾	
	2012-10-11	28.4	24.3	175.2	桡足类，小虾，小鱼	
	2013-05-07	29.8	25.9	253.4	桡足类，小虾，小鱼	

注：引用时经过整理

（2）效益预测

1）经济效益：红鳍原鲌和高白鲑 3 龄、细鳞鲑 4～5 龄可达到商品鱼规格，若以 2011 年放流量计算，红鳍原鲌预计可产生经济效益：300 万尾×30%（成活率）×0.1kg/尾（平均规格）×30%（回捕率）×40 元/kg（平均售价）= 108 万元。细鳞鲑预计可产生经济效益：120 万尾×30%（成活率）×1.0kg/尾（平均规格）×30%（回捕率）×200 元/kg（平均售价）= 2160 万元。高白鲑预计可产生经济效益：380 万尾×30%（成活率）×1.0kg/尾（平均规格）×30%（回捕率）×60 元/kg（平均售价）= 2052 万元。以上合计 4320 万元。

2）生态效益：据测定，鱼体内氮、磷含量分别为 151kg/t 及 5.55kg/t。生态恢复区每年捕捞成鱼 441t，可分别移除水体中的氮 66.591t、磷 2.448t，从而可缓解呼伦湖富营养化进程，对生态修复具有重要意义。食浮游动物的经济价值较低的小型杂鱼被肉食性鱼类捕食，可增加浮游动物数量，浮游植物利用率将由此得到显著提高，从而大幅度提高呼伦湖水体次级生产力水平，有利于消除以往经常出现的“蓝靛”，并进一步提高优质鱼产量，形成良性循环的湖泊生态渔业发展模式。

（3）存在的问题　以上监测结果表明，实施生态修复的两年来，试验区水域均形成了良好的食物网链关系，放流鱼类的生长符合其自身生长规律，在小范围内形成了“利用立体综合营养级串联效应技术模式治理富营养化湖泊”的生态修复模式的雏形，对未来呼伦湖渔业生态修复工作的开展起到良好的示范作用。但在实施过程中也存在两个问题。第一，由于放流增殖的鱼类都是经济价值较高的种类，极易成为偷捕对象，因而管理工作难度相对较大。第二，大中型湖泊渔业生态修复是一个长期的过程，经济效益和生态效益的显现也需要很长的时间，而苗种繁育和放流增殖所需要的费用却较高，短期内需要较高的投入。

6.2.6.2 兴凯湖保护区[65, 200]

鱼类生物多样性保护与发展应以资源保护与恢复为前提，无论是否具有经济价值都应保护与恢复。长期以来，多种影响因素的叠加作用，使兴凯湖保护区的鱼类资源长期处在受损害状态，其中过度捕捞是最直接、最重要的因素。随着兴凯湖流域经济社会的发展，所承受的生态压力也在增加，对鱼类资源的潜在威胁也在加剧，鱼类资源恢复也逐渐被提到日程上来。为此，提出如下建议。

1. 综合防控

构建水环境污染综合防控体系，确保兴凯湖“一湖清水一湖鱼”。应实施河湖周边退耕还林、还草、还湿，恢复植被；排污企业加快污水处理设施建设，达标排放，废水资源化利用；推广有机农业，减少农药化肥施用；推广节水技术，控制农田废水回湖；恢复传统“手摇船”捕捞方式，减少渔船直接排污，发展环境友好型捕捞渔业；旅游业废水无害化处理，固体垃圾集中收集、运出湖区。

2. 控制捕捞强度

进一步全面加强渔政管理，严禁无限制捕捞，最大限度地控制捕捞强度。为此，应设立兴凯湖保护区渔业资源管理中心，重点对兴凯湖捕捞渔业实施统一管理。例如，限定经济鱼类的捕捞规格，将网目规格控制在10cm以上；通过限制捕捞许可证发放、渔船的数量、网具的数量来实施限额捕捞，征收“限额超捕税”和“渔获量燃料消耗税”，将全年总渔获量控制在200～300t；将6月5日至7月20日的现行禁渔期延长至7月31日，确保翘嘴鲌、兴凯鲌顺利繁殖。

3. 放流增殖

在小兴凯湖和东北泡放流经济鱼种；6～7月翘嘴鲌、兴凯鲌繁殖期间，从兴凯湖捞取自然繁殖的鱼苗，放养在事先培育有大量浮游动物的鱼池中，饲养至幼鱼后再放回大湖，以避免这些自然繁殖的鱼苗在大湖中因缺乏适口的食物而降低存活率；跟踪研究资源增殖情况，建立鱼类资源动态监测机制。

4. 禁捕饲料鱼

保护区周边人工饲养肉食性经济鱼类（包括观赏鱼）和毛皮动物所用的饲料鱼，都是靠网目规格在5～10mm以下的密眼网箔捕获的小型杂鱼，每年用量超过20t，其中一半以上是体长10～30mm、体重10g以下的经济鱼类仔鱼。为保护水生态系统肉食性鱼类的饮料资源，维护水生态系统平衡，同时又保护经济鱼类幼鱼，应禁止网目规格在10mm以下的密眼网具作业；渔获物中小型杂鱼比例控制在总渔获量的50%～10%。

5. 恢复翘嘴鲌资源

（1）恢复白鱼滩产卵场繁殖种群　白鱼滩是兴凯湖翘嘴鲌的主要产卵场之一，每年6～7月，大量的繁殖群体从俄罗斯境内洄游到白鱼滩产卵繁殖。同时，白鱼滩也是兴凯湖翘嘴鲌的主要捕捞水域，是重要的渔汛场，曾在1956年6月一网就捕获115t。由于多年的掠夺性捕捞，白鱼滩的渔汛场在20世纪90年代初就已经消失了。恢复白鱼滩产卵场的繁殖群体，是恢复中国境内兴凯湖翘嘴鲌资源的重要措施。

虽然兴凯湖翘嘴鲌繁殖群体在白鱼滩产卵场消失的原因很多，但其中一个重要原因是，1975～1992年，在距离该产卵场7～8km处的洄游线路上，持续设置了长达8.5km的拦湖定置刺网，用以捕捞产卵的繁殖洄游群体。这种捕捞方法严重破坏了种群的可持续发展，并最终导致该鱼的繁殖种群在白鱼滩产卵场消失。

（2）强化管理　1992年拦湖定置刺网取消后，白鱼滩的渔汛场也一直没有得到恢复，这可能是受到捕捞渔船经常在这一水域从事捕捞活动的影响。因而建议将这一水域划定为禁渔区，直到产卵场恢复后，再进行科学的捕捞作业。渔业管理部门应该根据兴凯湖各种鱼类的资源现状、种群结构特征和各个捕捞点的渔业生产实际，科学制定渔业资源利用方案。

（3）合理捕捞　计算最大持续渔获量和最适捕捞努力量[24]。限制捕捞努力量，计算最小捕捞规格，并作为渔获物监测指标；严格控制网具类型和网目大小，使之相匹配，以遵守兴凯湖保护区鱼类资源合理开发与物种多样性保护并重的宗旨。

6.2.6.3 达里湖

1. 建立人工产卵场

（1）人工产卵场设计的依据　利用达里湖两种经济鱼类鲫和瓦氏雅罗鱼的溯河产卵习性，在入湖河口区人工围建产卵场，创造良好的产卵条件，有丰富的产卵附着物，控制适于产卵的水深，把入湖的河水引灌至产卵场，而后从产卵场排水入湖，引诱产卵鱼群进入产卵场，促进大量亲鱼产卵繁殖[16, 22, 228]。

（2）产卵场的修建　产卵场位于沙里河口牧场上，用土坝围成，长约 2400m、宽约 550m，内有小土坝纵横交错，分隔成水平方格田。格田之间有水渠相互沟通，便于注水、排水和鱼群洄游。产卵场的水源引自沙里河，沙里河上游是淡水湖泊岗更湖。岗更湖和沙里河之间有闸门控制流量。产卵场通过的排水渠宽 1.5m，长 200m，通到沙里河，汇流入湖。

（3）产卵场的管理　产卵季节，把沙里河的水引灌至产卵场。由于产卵场修建时没有测量平整，所以整个产卵场不能全部淹没。从实际使用情况来看，最大灌水面积不超过 67hm^2，有效利用面积为 26～33hm^2；水深 5～60cm，大部分水深为 15～30cm。产卵场原为草原牧场，有丰富的枯萎牧草，放水淹没后可作为产卵附着物。产卵季节，将产卵场的排水渠与沙里河的连通处用竹箔截断，使沙里河断流，产卵场排出的水流把上溯产卵的鱼群引入产卵场。排水渠一般流速为 0.12～0.4m/s，流量 0.1m^3/s 左右，即可引诱大批产卵亲鱼游入产卵场。产卵场排水口设有竹箔，控制鱼群进出。产卵后 20d，一般到 7 月上旬，在产卵场内孵化出的仔鱼经过这段时间的生长，已经具备一定的游泳和摄食能力，便可选择晴朗的天气，将产卵场的水排入湖内，幼鱼随着水流进入湖内摄食生长，排干水之后产卵场便于牧草生长，为提供第二年的产卵附着物创造条件。如果产卵场延迟至 8 月底排水，使孵化出的鱼苗在 7～8 月水温高、水质肥的有利条件下摄食生长，无疑会大大提高增殖效果。

（4）增殖效果　上述人工产卵场每年可获得鲫和瓦氏雅罗鱼苗 16 亿～21 亿尾。

（5）人工产卵场存在的问题及其改进方法

1）淹没面积不够。修建产卵场时，场地没有平整好，淹没面积没有达到设计要求。产卵场内，应根据地形高低修建成“水田”式格田，格田之间采用沟渠连通，便于鱼类洄游。

2）无法持续使用。由于长期浸泡，使用一两年后，产卵场原有的牧草均已死掉，无法再为下一年提供产卵附着物。解决的办法：①在 6 月底或 7 月初，把产卵场的水排入湖内，仔鱼随水入湖，使产卵场重新萌发植物为下年提供产卵附着物。但从实践来看，此办法存在两个缺点，一是牧草虽能萌发，但生长稀疏，不能提供理想的产卵附着物；二是 7～8 月正是产卵场内鱼苗生长的旺季，早排水会显著地影响鱼苗的生长和成活，直接影响增殖效果。②把产卵场修建成两大片，采取来年轮休的方法，以保证产卵场内有丰富的植物作为产卵附着物。③在产卵场内种植耐盐碱的挺水植物如芦苇等，把提供产卵附着物与改善水土结合起来。④在产卵场内设置人工鱼巢。

3）入湖水量不够。上溯鱼群的大小与入湖河流的河道水深、流量有直接的关系。所以在产卵盛期，应进一步加大入湖河水的流量，并疏通入湖的河道，使其水深保持在 30cm 以上，这是引诱大批亲鱼进入达里湖的重要措施。

4）鸟害严重。鱼类产卵期间，有成千上万只害鸟逗留在入湖河口和产卵场附近，待上溯鱼群在浅水处侧身游动或在产卵场浅滩处产卵时，这些害鸟会大量侵害鱼群，致死的产卵亲鱼每天最多可达上万尾。解决的办法：一是人工驱逐；二是捣毁其产在湖岛上的鸟蛋，以减少其种群数量。

2. 繁殖保护

1）设置防逃设施。达里湖鲫和瓦氏雅罗鱼都具有上溯产卵的习性，特别是瓦氏雅罗鱼可上溯百余公里。这些上溯的鱼群基本上不能再返回湖内，资源损失很大。同时，这样上溯的鱼群，产卵分散，资源的增殖效果也不好。为此，在最大的入湖河流——贡格尔河河口上游 15km 处修建过水坝，坝高约 2m，这样溯河产卵的鱼群就可控制在坝下 15km 的河段范围内。其余 3 条入湖河流（沙里河、亮子河和耗来河），有的设置竹箔，有的设闸门防逃，把产卵鱼群控制在一定的河段范围内，便于集中管理，增殖效果较好。

2）保护产卵鱼群。早在 20 世纪 60 年代，达里湖就开始在产卵洄游的河道上设置旋箔捕捞产卵鱼群，这是最经济、最省力、收效最好的捕鱼方式，但对资源的破坏力极大，如不加以控制，鱼类资源很快就会遭到破坏（后来的渔业资源衰退也证实了这一点）。20 世纪 80 年代以来，达里湖在总结历史经验的基础上，采取捕捞产过卵向湖中洄游的鱼群，即捕捞“回头鱼”的措施，既保护了主要产卵鱼群的正常繁殖，又经济、高效地完成了预期生产任务，实现了繁殖与捕捞结合的计划。其具体做法是：鱼群上溯洄游时，将旋箔中间的孔门打开，让鱼群通过竹箔上溯繁殖。待产卵结束鱼群返回、向湖中洄游时，利用倒旋（顺着水流方向）捕捞成鱼。实测南、北河口的渔获物中，鲫和瓦氏雅罗鱼捕捞群体分别有 40%和 60%以上的雌性个体已产过卵。从而有效地保护了主要产卵鱼群的正常繁殖。

3）繁殖期禁渔。5～6 月是达里湖鲫和瓦氏雅罗鱼产卵繁殖季节。该时段实行停捕，有效地保证了瓦氏雅罗鱼正常的产卵洄游活动，同时还保障了部分鲫在湖边浅滩处繁殖。另外，5～6 月也是达里湖的多风季节，停止捕捞在经济上也是适合的。

3. 鱼类区系改造

达里湖现有的两种经济鱼类，不仅造成该湖鱼类种群结构单一，而且都是杂食性的，不能充分利用现有的浮游动物和底栖动物饵料基础。20 世纪 70 年代曾发生鲫大批死亡的事件，近些年来虽然采取了诸多措施降低湖水的盐碱度，但主要水化学指标仍接近鲫的耐受限度。瓦氏雅罗鱼因受产卵条件的影响，补充群体数量偏少，资源受到很大影响。

相比于其他内陆盐碱湖泊，达里湖水质有其独特之处，即水环境中碱度、盐度、pH 和 K^+浓度显著偏高，属内陆碳酸盐型高盐碱湖泊，对一般淡水鱼类显示出一定的毒害作用。因此，对该湖单调的鱼类区系改造，不能按一般淡水湖泊鱼类区系改造的原则进行，而首先要根据水质的环境适应性情况来选择适宜的对象。20 世纪 70 年代以来多次进行过移殖驯化试验，结果表明，以达里湖鲫和其附属淡水湖泊里的鲤为亲本的正反交后代，可适应达里湖的高盐碱水环境。1976～1977 年曾培育出体长 6.7～13.0cm 的该杂交种 40 万尾投放达里湖，但此后没有连续投放，至今该杂交种类并未在达里湖形成商业性捕捞群体。

进行鲤、鲫杂交种放流的同时，1976～1977 年还向湖区移入青海湖裸鲤 1 龄鱼和当年鱼合计 3000 尾，同时还蓄养了 40 尾亲鱼，以便繁殖苗种，达到持续放流的目的。通过观察发现，青海湖裸鲤对达里湖的碳酸盐型高盐碱水环境的适应能力很强，从改造内陆盐碱湖泊鱼类区系、提高鱼类多样性的角度考虑，该鱼是很有发展前途的移殖驯化对象。青海湖裸鲤食性广泛，能充分利用湖中现有的饵料资源。该鱼繁殖时虽然也要进入河道中，但不需要将卵产在水草上，而是产在水底，因而受河道水位变化的影响较小，故应继续进行该鱼的驯化移殖。

6.3 鱼类多样性合理利用

6.3.1 鱼类多样性与渔业利用的关系

6.3.1.1 与鱼类放养的关系

研究结果表明，松嫩湖泊沼泽群鱼类群落间的相似性与渔业经营方式有关。通过放养，可提高群落相似性。松嫩湖泊沼泽群的渔业经营方式均以放养为主，放养鱼类产量占总产量的 60%～70%。群落结构中，鲢、鳙、草鱼、青鱼、团头鲂等大型放养鱼类的生物量大于个体数量；银鲫、黄颡鱼、䱗、红鳍原鲌、麦穗鱼等小型土著种类个体数量大于生物量。显然，放养鱼类生物量对群落生物量结构的影响大于土著种；个体数量的影响则相反。目前松嫩湖泊沼泽群鱼类群落生物量结构的相似度总体较高，个体数量结构相似度高低不明显，但数量结构相似度总体较高，这可能和放养鱼类与土著种种群数量特征有关。松嫩湖泊沼泽群原本无鲢、鳙、草鱼、青鱼、团头鲂的自然物种，通过放养不仅改变了群落本身种类组成和数量结构，而且增加了群落间的共有种，这无疑也有利于提高群落种类组成相似性[42]。

6.3.1.2 与驯化移殖的关系

驯化移殖增加了群落间异种组成，降低了群落种类组成相似性。大银鱼吞食其他鱼类的受精卵及其仔鱼，导致银鲫、黄颡鱼、麦穗鱼、䱗、红鳍原鲌、大鳍鱊、鮈类、鳑类、银鮈、葛氏鲈塘鳢等小型鱼类在大龙虎泡 2010 年渔获量中所占比例明显低于 2008 年和 2009 年，群落结构趋于单纯化。该湖泊鱼类群落生物量结构与其他湖泊的相似度都较低，这可能和大银鱼驯化移殖所产生的次生效应改变了群落数量结构有关[42]。

6.3.1.3　与过度利用土著鱼类的关系

过度利用土著鱼类，可提高鱼类群落相似性。放养鱼类种群数量变动取决于放养量，不能反映湖泊鱼类种群自身的消长规律。过度捕捞土著鱼类如鲤、鲇、黄颡鱼、乌鳢、蒙古鲌和翘嘴鲌，不仅使群落中捕食者种群衰退，被捕食的小型鱼类种群得以发展乃至形成优势种，同时鲤、鲇、乌鳢、蒙古鲌、翘嘴鲌等大中型经济鱼类的仔鱼种群数量增加，导致群落种类组成小型化、单纯化，个体结构小型化、低龄化。大中型土著鱼类的过度捕捞，加上小型鱼类较大中型鱼类具有较强的种群补偿调节能力，环境变化和捕捞对其种群产生的伤害较小，使群落内大中型土著鱼类种群发展弱化，小型鱼类种群发展强化，以致采样调查过程中所采集到的样本中中小型鱼类个体数量占到 83.71%。上述种类组成小型化、单纯化，个体结构小型化、低龄化的群落“四化”持续发展，也是松嫩湖泊沼泽群鱼类群落数量结构相似度总体较高的原因之一[42]。

6.3.2　鱼类资源量估算

鱼类资源量是指特定水域中的一切种类和一切年龄的鱼类群体的数量。鱼类资源作为一种可更新的生物资源，只要利用得当，就可取之不尽，经久不衰，但如果酷捕滥捞，也可能产生资源枯竭或经济鱼类减少、个体变小、质量降低的现象。合理捕捞并不是一个消极因素，它还有稀疏多余群体、增加产量的积极作用，是全部湖泊（当然也包括其他大水面）渔业生产的一个有机组成部分。在湖泊捕捞生产中，没有资源的准确材料，就不能对捕捞量做出合理的计划。正确估计现存资源量，不仅对指导生产是必需的，也是预报适宜渔获量、制定维持和增殖鱼类资源措施的重要依据[76]。

种群资源量的估算方法应根据鱼类的生物学特点、栖息场所条件及资源状况来选择，没有统一的方法，往往要经过调查研究之后才能决定方法的取舍。本书介绍 2012 年松花江下游鱼类资源状况评估时所采用的“捕捞死亡率法”[139]和 20 世纪 90 年代估算达里湖鲫和瓦氏雅罗鱼捕捞群体资源量与合理捕捞量时所采用的“ P/B 系数-残存率法”[157]，仅供湖泊沼泽湿地鱼类资源评估时参考。

6.3.2.1　捕捞死亡率法

1. 评估对象的选择

选择松花江的主要经济鱼类银鲫、鲤、鳘、细鳞鲴、银鲴、鲢、草鱼、瓦氏雅罗鱼、红鳍原鲌、蒙古鲌、花䱻和黄颡鱼作为评估对象。其中，鳘、银鲴和红鳍原鲌为短生命周期（2～4 龄）种类，其余为长生命周期（5 龄或以上）种类，代表松花江经济鱼类的生命周期特征。

2. 种群结构分析

采样渔船所用网具均为三层流刺网、小三层流刺网、定置刺网和张网，每只船 2～6

片，总长度 140～210m，网目尺寸 2～12cm，年均作业时间 117～129d，日均作业 2～3 网次。采样时间与当地捕捞生产同步进行。

每只采样船准确记录每一船次渔获物的种类、生物量和数量。统计全年渔获物样本中每种鱼的生物量、数量及其所占比例。从不同捕捞地点、不同网具的春季（5 月）、夏季（7～8 月）、秋季（9～10 月）渔获物中，随机抽取评估种样本，作为全年的平均样本进行生物学测定，取背鳍下方鳞片（黄颡鱼取胸鳍棘）进行年龄鉴定，分析渔获物和种群的年龄结构。

3. 种群现存资源量估算

用于松花江下游种群资源量估算的数学模型包括[24, 229, 230]：$F_i = Z_i - M_i$、$C_i = n_i C / w$、$Z_i = k_i$（$L_{\infty i} - l_{1i}$）/（$l_{1i} - l_{2i}$）、$M_i = 2.1\times10^{-3} + 2.591k_i$/（$3 + k_i t_{0i}$）及 $N_i = C_i Z_i / F_i$（$1-\mathrm{e}^{-Z_i}$）。式中，N_i、C_i 分别为评估种中以尾数计的第 i 种种群资源量及其年渔获量，其重量 W_i 及 W_{ci}（kg）均由渔获物的平均体重计算；C 为 2012 年松花江下游总渔获物生物量（kg），通过实地调查渔船与网具数量及作业天数等指标获得；w、n_i 分别为全年渔获物样本总生物量及评估种中第 i 种渔获物样本尾数；M_i、F_i、Z_i 分别为评估种中第 i 种种群年均自然死亡系数、捕捞死亡系数和总死亡系数；l_{1i}、l_{2i} 分别为评估种中第 i 种种群平均体长（各年龄组平均体长与样本尾数的加权平均值）和最小年龄组平均体长（cm）；$L_{\infty i}$、k_i、t_{0i} 为评估种中第 i 种体长生长参数，由 von Bertalanffy 生长方程 $l_{ti} = L_{\infty i}[1-\exp(t_{0i} - t_i)k_i]$ 求得。

2012 年松花江下游鱼类群落总现存资源量由式 $N = n\sum_{i=1}^{S} N_i / \sum_{i=1}^{S} n_i$ 及 $W = w\sum_{i=1}^{S} W_i / \sum_{i=1}^{S} w_i$ 计算。式中，S 为 12 种评估鱼类（$i = 1, 2, 3, \cdots, 12$）；N、W 分别为以尾数和重量计算的总现存资源量；n、w 与 n_i、w_i 分别为全年渔获物样本总尾数及总生物量和评估种中第 i 种渔获物样本尾数与生物量。

4. 评估结果

（1）种群渔获物种类与生物量构成　2012 年共获取样本渔获物生物量 111 406kg，数量 1 787 492 尾，由 34 种鱼类构成（表 6-14）。其中，评估种样本渔获物生物量 88 936kg，数量 972 552 尾，所占渔获物比例分别为 79.83%和 54.41%；鲇、乌鳢、鳊、鲂、青鱼、蛇鮈、怀头鲇、鳜、鳙等经济鱼类渔获物生物量 16 496kg、数量 37 951 尾，所占比例分别为 14.81%和 2.12%；麦穗鱼、葛氏鲈塘鳢、鮈类、鳑类、鳅类等非经济鱼类渔获物生物量 5974kg、数量 776 989 尾，所占比例分别为 5.36%和 43.47%。

表 6-14　2012 年松花江富锦段渔获物种类与生物量组成[139]

种类	重量/kg	重量比例/%	数量/尾	数量比例/%	平均体重/g	种类	重量/kg	重量比例/%	数量/尾	数量比例/%	平均体重/g
银鲫	21 701	19.48	170 204	9.52	127.5	鲇	3 790	3.40	9 805	0.54	386.5
鲤	23 862	21.42	29 275	1.64	815.1	蛇鮈	362	0.32	5 629	0.31	64.3
䱗	4 662	4.18	81 503	4.56	57.2	鳙	6 200	5.57	9 624	0.54	644.2

续表

种类	重量/kg	重量比例/%	数量/尾	数量比例/%	平均体重/g	种类	重量/kg	重量比例/%	数量/尾	数量比例/%	平均体重/g
细鳞鲴	2 252	2.02	15 639	0.87	144.0	鲂	1 120	1.01	7 808	0.44	143.4
银鲴	1 641	1.47	55 067	3.08	29.8	乌鳢	4 333	3.89	2 361	0.13	1 835.2
鲢	8 511	7.64	8 435	0.47	1 009.0	鳊	351	0.32	1 997	0.11	175.8
草鱼	3 802	3.41	2 058	0.12	1 847.2	鳜	91	0.08	363	0.02	250.7
瓦氏雅罗鱼	5 465	4.91	116 774	6.53	46.8	青鱼	170	0.15	182	0.01	934.1
红鳍原鲌	10 059	9.03	435 455	24.36	23.1	怀头鲇	79	0.07	182	0.01	434.1
蒙古鲌	3 609	3.24	11 817	0.66	305.4	其他	5 974	5.36	776 989	43.47	7.7
花鲋	1 177	1.06	9 924	0.56	118.6	合计	111 406	100	1 787 492	100	62.3
黄颡鱼	2 195	1.97	36 401	2.04	60.3						

注：“其他”包括黑龙江泥鳅、黑龙江花鳅、拉氏鲅、湖鲅、麦穗鱼、葛氏鲈塘鳢、黑龙江鳑鲏、彩石鳑鲏、大鳍鱊、平口鮈、东北鳈、黄黝鱼和棒花鱼

（2）种群渔获物年龄组成　在 3239 尾样本中，评估种的渔获物年龄结构由 8 个年龄组构成（表 6-15）。所占比例，1～4 龄组 84.04%，5～6 龄组 15.04%，7～8 龄组 0.93%。𩽾、银鲴和红鳍原鲌的初次性成熟年龄均为 2 龄，渔获物只由 1～4 龄组成，各龄组所占比例分别为 6.73%、8.89%、2.16%和 0.93%。其余 9 种鱼类的初次性成熟年龄都在 3～5 龄，渔获物年龄结构相对较复杂，其中，1 龄、2 龄群体所占比例分别为 12.53%和 20.10%，3～5 龄群体分别为 19.11%、13.58%和 12.69%，6～8 龄群体分别为 2.35%、0.74%和 0.19%；1～3 龄群体共占 51.74%。

表 6-15　2012 年松花江富锦段渔获物年龄结构[139]

种类	1 龄				2 龄				3 龄			
	体长/cm	体重/g	数量/尾	比例/%	体长/cm	体重/g	数量/尾	比例/%	体长/cm	体重/g	数量/尾	比例/%
银鲫	9.8	23.8	183	24.80	11.3	49.4	137	18.56	14.5	99.7	123	16.67
鲤	14.6	127.8	72	9.40	22.6	356.9	163	21.28	27.1	687.3	187	24.41
𩽾	15.5	43.4	17	17.35	16.9	58.6	65	66.33	17.4	65.7	12	12.24
细鳞鲴	15.8	62.7	72	21.43	20.3	142.7	165	49.11	26.6	179.5	52	15.48
银鲴	8.8	11.5	137	61.43	11.7	44.7	56	25.11	15.4	72.5	19	8.52
鲢	8.2	38.2	11	9.02	19.8	203.6	23	18.85	30.2	592.7	37	30.33
草鱼	10.2	65.6	9	9.28	29.3	893.7	27	27.84	40.1	1243.6	28	28.87
瓦氏雅罗鱼	5.5	12.6	27	10.19	9.7	24.3	86	32.45	13.9	52.8	79	29.81
红鳍原鲌	8.3	9.8	64	22.46	11.6	22.3	167	58.60	14.0	36.8	39	13.68
蒙古鲌	21.4	117.9	6	5.22	26.7	197.2	13	11.30	28.0	211.2	53	46.09
花鲋	9.5	16.2	13	13.98	14.4	56.7	21	22.58	18.4	127.6	37	39.78
黄颡鱼	6.4	11.2	13	12.87	7.6	20.4	16	15.84	11.2	29.4	23	22.77

续表

种类	4龄				5龄				6龄			
	体长/cm	体重/g	数量/尾	比例/%	体长/cm	体重/g	数量/尾	比例/%	体长/cm	体重/g	数量/尾	比例/%
银鲫	17.2	182.6	147	19.92	18.4	279.4	124	16.80	19.4	361.3	13	1.76
鲤	30.6	1083.6	131	17.10	38.2	1283.6	194	25.33	45.3	1493.2	17	2.22
䱗	18.8	68.2	4	4.08	0	0	0	0	0	0	0	0
细鳞鲴	29.5	205.4	24	7.14	32.2	247.2	21	6.25	34.2	288.3	2	0.60
银鲴	16.7	108.6	11	4.93	0	0	0	0	0	0	0	0
鲢	39.4	1163.4	31	25.41	51.7	2591.8	9	7.38	54.2	3078.2	7	5.74
草鱼	45.9	2324.2	17	17.53	51.7	3725.4	5	5.15	59.3	4648.4	8	8.25
瓦氏雅罗鱼	16.5	71.3	51	19.25	19.9	83.5	13	4.91	23.4	118.6	9	3.40
红鳍原鲌	16.0	55.4	15	5.26	0	0	0	0	0	0	0	0
蒙古鲌	29.5	313.4	17	14.78	35.4	584.9	21	18.26	38.7	596.4	3	2.61
花鲭	20.4	186.7	13	13.98	22.5	247.6	7	7.53	28.3	372.9	2	2.15
黄颡鱼	14.3	71.5	9	8.91	16.4	93.7	17	16.83	17.3	107.2	15	14.85

种类	7龄				8龄				其他指标			
	体长/cm	体重/g	数量/尾	比例/%	体长/cm	体重/g	数量/尾	比例/%	a	b	c	d
银鲫	20.9	389.4	7	0.95	21.8	457.4	4	0.54	3	14.12	738	22.78
鲤	48.3	1973.0	2	0.26	0	0	0	0	4	29.07	766	23.65
䱗	0	0	0	0	0	0	0	0	2	16.80	98	3.03
细鳞鲴	0	0	0	0	0	0	0	0	4	21.92	336	10.37
银鲴	0	0	0	0	0	0	0	0	2	10.48	223	6.88
鲢	59.2	3782.1	4	3.28	0	0	0	0	4	32.51	122	3.77
草鱼	63.7	5023.7	3	3.09	0	0	0	0	5	40.33	97	2.99
瓦氏雅罗鱼	0	0	0	0	0	0	0	0	3	12.80	265	8.18
红鳍原鲌	0	0	0	0	0	0	0	0	2	11.38	285	8.80
蒙古鲌	41.2	625.7	2	1.74	0	0	0	0	4	29.61	115	3.55
花鲭	0	0	0	0	0	0	0	0	4	17.07	93	2.87
黄颡鱼	18.4	127.8	6	5.94	20.7	163.2	2	1.98	4	12.69	101	3.12

注：a. 最初性成熟年龄（龄），b. 种群平均体长（cm），c. 样本数（尾），d. 占总样本数的比例（%）

（3）种群中补充群体与剩余群体构成　由以上结果得出，在3239尾样本中，评估种种群中补充群体（初次性成熟的所有个体）和剩余群体（重复性成熟的所有个体）所占比例分别为22.23%和25.01%。䱗、银鲴和红鳍原鲌补充群体（分别为2.01%、1.73%及6.16%）多于剩余群体（分别为0.49%、0.93%及1.67%）；银鲫、鲤、草鱼、蒙古鲌和黄颡鱼的补充群体（分别为3.80%、4.04%、0.15%、0.52%及0.28%）少于剩余群体（分别为9.11%、6.58%、0.40%、0.80%及1.23%）；细鳞鲴、鲢、瓦氏雅罗鱼和花鲭的补充群体（分别为

0.74%、0.96%、2.44%及 0.40%）略多于剩余群体（分别为 0.71%、0.62%、2.25%及 0.28%）。总体上，短生命周期的鱼类种群补充群体多于剩余群体，比例分别为 8.89%和 3.09%；长生命周期的鱼类种群剩余群体多于补充群体，比例分别为 21.92%和 13.34%。

（4）种群的预备群体　预备群体，即未性成熟的所有个体，是种群结构的另一重要成分。在 3239 尾样本中，评估种种群中预备群体的比例平均为 52.76%。其中，除了䱗、红鳍原鲌的预备群体（分别为 0.52%和 1.98%）与补充群体、剩余群体之间互有上下以外，其他种群的预备群体均多于补充群体和剩余群体，分别为银鲫 9.88%、鲤 13.03%、细鳞鲴 8.92%、银鲴 4.23%、鲢 2.19%、草鱼 0.34%、瓦氏雅罗鱼 3.49%、蒙古鲌 2.22%、花䱻 2.19%和黄颡鱼 1.61%。总体上，短生命周期的鱼类种群中预备群体（占比 6.73%）少于补充群体、多于剩余群体；长生命周期的鱼类种群中预备群体（占比 46.03%）多于剩余群体和补充群体。

（5）种群现存资源量　2012 年松花江下游作业渔船 846 只，作业地点 72 处，单船年均作业时间 122d，日均捕捞 2 网次，每一网次渔获量平均为 6.41kg，据此计算出全年渔获量为 132.32 万 kg。由 von Bertalanffy 体长生长方程参数 $L_{\infty i}$、k_i、t_{0i} 计算 Z_i、M_i 和 F_i 值，进而估算出 2012 年松花江下游评估种的种群现存资源量（表 6-16、表 6-17）。表 6-17 显示，2012 年松花江下游评估种现存资源量以生物量计为 415.44 万 kg，尾数 2686.75 万尾。以生物量计的现存资源量居前五位的鲤、银鲫、草鱼、鲢和瓦氏雅罗鱼共占 84.44%；以尾数计的现存资源量居前五位的红鳍原鲌、银鲫、瓦氏雅罗鱼、黄颡鱼和䱗共占 83.98%。估算的 2012 年松花江下游鱼类总现存资源量以生物量计为 520.41 万 kg，尾数 4937.97 万尾。

表 6-16　2012 年松花江下游评估种鱼类的体长生长方程[139]

种类	von Bertalanffy 体长生长方程	种类	von Bertalanffy 体长生长方程
银鲫	$l_t = 28.68[1-\exp(-0.253-0.144t)]$	草鱼	$l_t = 70.38[1-\exp(0.221-0.340t)]$
鲤	$l_t = 98.71[1-\exp(-0.067-0.788t)]$	瓦氏雅罗鱼	$l_t = 65.31[1-\exp(-0.192-0.071t)]$
䱗	$l_t = 25.50[1-\exp(-0.964-0.150t)]$	红鳍原鲌	$l_t = 25.59[1-\exp(-0.383-0.498t)]$
细鳞鲴	$l_t = 42.62[1-\exp(-0.218-0.233t)]$	蒙古鲌	$l_t = 104.77[1-\exp(-0.242-0.059t)]$
银鲴	$l_t = 22.07[1-\exp(-0.172-0.302t)]$	花䱻	$l_t = 83.27[1-\exp(-0.081-0.059t)]$
鲢	$l_t = 86.07[1-\exp(0.091-0.178t)]$	黄颡鱼	$l_t = 36.35[1-\exp(-0.088-0.089t)]$

注：t 为鱼的年龄，l_t 为鱼类在 t 龄时的体长（cm）

表 6-17　2012 年松花江下游评估种现存资源量[139]

种类	Z_i	M_i	F_i	C_i /万尾	W_{ci} / 万 kg	N_i / 万尾	W_i / 万 kg
银鲫	0.487	0.138	0.348	202.16	25.78	732.79	93.45
鲤	0.409	0.077	0.332	34.76	28.34	127.77	104.14
䱗	1.003	0.193	0.810	96.80	5.54	189.25	10.83

续表

种类	Z_i	M_i	F_i	C_i /万尾	W_{ci} / 万 kg	N_i / 万尾	W_i / 万 kg
细鳞鲴	0.786	0.219	0.568	18.58	2.67	47.25	6.79
银鲴	2.084	0.279	1.805	65.41	1.95	86.25	2.57
鲢	0.392	0.151	0.241	10.01	10.11	50.25	50.71
草鱼	0.339	0.275	0.063	2.44	4.50	45.37	83.79
瓦氏雅罗鱼	0.511	0.068	0.443	138.69	6.49	399.74	18.71
红鳍原鲌	2.295	0.495	1.801	516.85	11.95	733.14	16.93
蒙古鲌	0.538	0.057	0.481	14.04	4.29	37.75	11.53
花䱻	0.512	0.054	0.458	11.78	1.40	35.93	3.90
黄颡鱼	0.334	0.081	0.252	43.23	2.61	201.26	12.09
合计				1154.75	105.63	2686.75	415.44

按照河流生态学的基本规律，鱼类的物种数及生物量沿着自上游至下游的梯度逐渐增加。文献[231]在估算赤水河（长江上游支流）鱼类资源时发现，中游鱼类资源现存量比下游减少 54.93%，上游比下游减少 92.96%（本书著者整理）。如果以此推测，目前松花江中游鱼类资源现存量以生物量计为 187.24 万 kg、尾数 1210.99 万尾，上游为 29.25 万 kg、189.16 万尾。本书暂将第二松花江作为上游，三岔河口水域至佳木斯段为中游，佳木斯以下至三江口段为下游，长度分别为 958km、712km 及 227km，则松花江鱼类现存资源量的密度分布为：上游 305kg/km、1975 尾/km；中游 2630kg/km、17 008 尾/km；下游 18 301kg/km、118 359 尾/km。

6.3.2.2 *P*/*B* 系数-残存率法

1. 估算捕捞群体资源量

以渔获量和 P/B 系数估算捕捞群体资源量。从表 6-18 可以看出，达里湖渔获量 1942～1953 年逐年上升；1978 年以前有 4 个高产期。1949 年以前捕捞强度较低，鱼类资源得以储存，为 1952～1953 年和 1956～1960 年两个高产期打下物质基础。1961～1964 年和 1971～1973 年两个低产期为 1970 年和 1974～1978 年的两个高产期做了资源储备。1974～1978 年高产期是在捕捞能力和捕捞强度都大为提高的情况下获得的，但其渔获量也尚未达到 1960 年的历史最高水平，说明这期间的捕捞量已经接近捕捞群体增长量的上限。

表 6-18 达里湖鲫和瓦氏雅罗鱼产量与总产量[157] （单位：t）

年份	总产量	鲫	瓦氏雅罗鱼	年份	总产量	鲫	瓦氏雅罗鱼
1942	70			1946	190		
1943	75			1947	200		
1944	90			1948	225		
1945	145			1949	250		

续表

年份	总产量	鲫	瓦氏雅罗鱼	年份	总产量	鲫	瓦氏雅罗鱼
1950	325			1973	61.693	23.176	38.293
1951	400			1974	704.712	72.194	632.263
1952	600			1975	633.928	158.465	475.325
1953	800			1976	648.033	303.293	343.007
1954	467			1977	688.21	166.537	518.097
1955	382			1978	815	448.436	365.359
1956	750			1979	615.642	340.546	275.097
1957	640			1980	609.73	318.252	291.478
1958	700			1981	570.052	363.601	206.451
1959	607			1982	646.092	496.408	149.684
1960	876			1983	581.52	331.505	250.015
1961	224.695	163.389	61.306	1984	474.911	262.532	212.389
1962	165.71	130.509	35.202	1985	482.489	158.838	323.651
1963	155			1986	494.729	233.926	260.802
1964	306.024	209.425	96.599	1987	660.954	399.013	261.94
1965	378.2	209.425	98.599	1988	657.456	356.807	300.659
1966	440.55	173.389	267.126	1989	695.211	377.021	318.19
1967	384.394	293.781	90.613	1990	558.924	311.4	247.524
1968	449.581	278.489	169.843	1991	449.908	152.122	297.787
1969	568.442	267.155	281.287	1992	277.752	111.559	166.193
1970	612.121	445.93	166.191	1993	221.804	44.36	177.444
1971	313.795	166.371	147.322	1994	483.125	298.667	184.459
1972	383.405	212.689	170.716				

1979 年以后，达里湖调整了渔业经营方式，实行捕捞定额制。1979～1990 年年产量 400～700t，平均 587t，其中鲫 329t，瓦氏雅罗鱼 258t。这些数据可以作为繁殖条件恶化前，两种鱼的年生产能力，也就是其生产量（P）。

1991～1994 年年产量 220～490t，平均 358t，其中鲫 152t，瓦氏雅罗鱼 206t。这些数值相当于繁殖条件变化后，两种鱼的年生产能力。根据 1994 年两种鱼的年龄生长材料（表 6-19，表 6-20），可推算出各年龄组的 P/B 系数；再根据各年龄组鱼所占渔获物的重量比例，可求得 1991～1994 年各年龄组的平均生产量（P）和各年龄组相应的生物量（B），将各年龄组的生物量相加，即为捕捞群体的总生物量，也就是资源量。由此求得瓦氏雅罗鱼捕捞群体资源量为 450t，鲫 670t，合计 1120t。

表 6-19　达里湖鲫各年龄组的 P/B 系数[157]

年龄组/龄	平均体重/g	P	B	P/B	在渔获物中所占重量比例/%
3	113				7.5
3～4		56	141	0.40	
4	169				18.6

续表

年龄组/龄	平均体重/g	P	B	P/B	在渔获物中所占重量比例/%
4～5		52	195	0.27	
5	221				14.3
5～6		68	255	0.27	
6	289				11.9
6～7		54	316	0.17	
7	343				12.3
7～8		49	368	0.13	
8	392				8.4
8～9		51	418	0.12	
9	443				6.1
9～10		65	478	0.14	
10	508				3.5
10～11		50	533	0.09	
11	558				4.8
11～12		46	581	0.08	
12	604				2.6

表 6-20　达里湖瓦氏雅罗鱼各年龄组的 *P* / *B* 系数[157]

年龄组/龄	平均体重/g	P	B	P / B	在渔获物中所占重量比例/%
2	35.7				1.5
2～3		28.6	50	0.572	
3	64.3				27.8
3～4		58.6	93.6	0.625	
4	122.9				47.9
4～5		41.1	143.5	0.286	
5	164.0				7.9
5～6		55.6	191.8	0.290	
6	219.6				9.3
6～7		68.4	253.8	0.270	
7	288.0				2.6
7～8		39.5	307.8	0.128	
8	327.5				3.0

2. 估算可捕群体资源量

一般由种群的残存率可以估算出可捕群体资源量。根据渔获物中两种鱼的各世代年龄组所占的比例，由式 $S=\sum_{i=1}^{t}iN_i/\sum_{i=0}^{t}N_i+\sum_{i=1}^{t}iN_i-1$ 可估算出捕捞群体中各年龄组的残存率，然后计算出每一年龄组的现存资源量。式中，t 为鱼的年龄；N_0, N_1, N_2, …为渔获物中可充分捕捞的最低年龄组鱼的数量和高于其 1, 2, …龄的年龄组鱼的数量。由渔获物年龄结构的分析结果可知，瓦氏雅罗鱼的可充分捕捞年龄为 3 龄，鲫为 4 龄。按上式计算出的瓦氏雅罗鱼 3～7 龄的残存率分别为 0.433、0.284、0.453、0.321 和 0.375；鲫 4～17 龄的残存率分别为 0.685、0.698、0.700、0.690、0.707、0.733、0.713、0.677、0.672、0.619、0.600、0.500、0.500 和 0.500。

渔获物中瓦氏雅罗鱼的最高年龄组为 8 龄，鲫为 18 龄，可以将它们的渔获物尾数视为其现存量。8 龄组的瓦氏雅罗鱼在渔获物中所占重量比例为 3.0%，将其乘以 1991～1994 年该鱼的年平均渔获量 206.47t，再除以其平均体重 327.5g，求得其年平均渔获尾数为 18 913 尾。同理可求得 18 龄组鲫的年平均渔获尾数为 1174 尾。假设某一世代原初尾数为 N_0，则瓦氏雅罗鱼 8 龄组的现存量 18 913 尾$=N_0\times S_1\times S_2\times\cdots\times S_7$。将 8 龄组的现存量除以 7 龄组的残存率 S_7，即为 7 龄组的现存量；将 7 龄组的现存量除以 6 龄组的残存率 S_6，即为 6 龄组的现存量；余者类推。将各龄组的现存量再乘以其相应的平均体重即为现存生物量。鲫资源量的计算方法与此相同。瓦氏雅罗鱼和鲫捕捞群体资源量计算结果分别见表 6-21 和表 6-22。可知瓦氏雅罗鱼捕捞群体资源量约为 460 万尾（450t），鲫为 210 万尾（600t）。二者合计 670 万尾（1050t），与以渔获量和 P/B 系数估算的结果十分接近。

表 6-21　达里湖瓦氏雅罗鱼捕捞群体资源量[157]

资源量	3 龄组	4 龄组	5 龄组	6 龄组	7 龄组	8 龄组	合计
数量/尾	2 849 260	1 220 338	346 332	156 923	50 435	18 913	4 642 201
生物量/t	183.207	149.979	56.798	34.46	14.525	6.194	445.163

表 6-22　达里湖鲫捕捞群体资源量[157]

资源量	4 龄组	5 龄组	6 龄组	7 龄组	8 龄组	9 龄组	10 龄组	11 龄组
数量/尾	645 550	442 202	308 569	217 912	150 403	106 335	77 944	55 590
生物量/t	109.098	97.726	89.176	74.743	58.958	47.106	39.596	31.019
资源量	12 龄组	13 龄组	14 龄组	15 龄组	16 龄组	17 龄组	18 龄组	合计
数量/尾	37 640	25 287	15 653	9 392	4 696	2 348	1 174	2 100 695
生物量/t	22.735	15.450	8.155	5.954	3.273	1 500	0.91	605.399

6.3.3　鱼类资源利用程度评估

通常以种群资源开发率 E_i 来评估某种鱼类当前种群资源的利用程度，并由式 $E_i=F_i/Z_i$ 计算[115]。式中，F_i、Z_i 所代表的意义同 6.3.2.1。计算出松花江下游 12 种评估

鱼类 E_i 值分别为银鲫 0.716、鲤 0.811、鳌 0.808、细鳞鲴 0.722、银鲴 0.866、鲢 0.614、草鱼 0.187、瓦氏雅罗鱼 0.868、红鳍原鲌 0.795、蒙古鲌 0.795、花䱻0.894 及黄颡鱼 0.757。显示当前草鱼种群资源开发率最低，不足 0.2；其余种类均超过 0.6，其中的红鳍原鲌、银鲫、蒙古鲌、细鳞鲴和黄颡鱼种群资源开发率均超过 0.7，鲤、瓦氏雅罗鱼、鳌、银鲴和花䱻均超过 0.8。除草鱼外，其他鱼类种群资源开发率平均为 0.795，资源利用程度总体上已属较高水平[139]。

6.3.4 合理捕捞

6.3.4.1 合理捕捞的生物学指标

1. 捕捞强度

捕捞强度就是捕捞量占资源量的百分数，即渔获率（catching rate），也就是限制渔获量变动的意思。在充分了解渔业生物学基础上所确定的合理生产规模，也可称为捕捞强度。合理的捕捞强度应该与鱼类的增长量相适应，即在不降低鱼类增殖能力的前提下，获取最大捕捞量[76]。

2. 捕捞年龄和规格

在一般情况下，捕捞年龄和捕捞规格指的是同一问题，因为多数情况下年龄增加和体长、体重的增长是相关的，有一定规律。鱼类生长规律如 von Bertalanffy 生长方程所描述的那样，低龄鱼或小规格鱼生长强度大，在性成熟后对饵料的利用率显著降低，生长也延缓下来，最后趋于停滞，所以养殖过老的鱼是不合算的。对于自然死亡率较低、鱼类密度又较大的湖泊，如多数放养鲢、鳙的湖泊，其捕捞规格的确定应考虑饵料利用率、生长速率、商品价格和鱼种培育费用等多方面因素。幼龄鱼虽然饵料利用率和渔获量均较高，但丰满度往往不够，商品价格低，同时，从鱼种费用方面考虑，过早地捕捞也不一定合理。具体的捕捞年龄或规格应根据具体条件而定。鲢、鳙在黑龙江水系的湖泊一般养殖 2～3 年，捕捞年龄为 3～4 龄。对于鲢、鳙放养较少或自然死亡率较高（如凶猛鱼类危害较严重）的湖泊，捕捞规格和强度的制定将在下面的方法中介绍。

6.3.4.2 合理捕捞的生物学参数估计

如何正确地确定捕捞规格（年龄）和捕捞强度（渔获量）是合理捕捞的中心问题。对鱼类现存资源量做出评估之后，就可以结合鱼类生物学的变化和渔业生产的具体情况制定捕捞强度和捕捞规格（年龄）[24, 76, 139, 229, 231]。

1. 经验法

这种方法适用于资源量较大、生物量或密度已影响鱼类生长的湖泊。理论上，对于放养充足或鱼类资源足够多的湖泊，也就是其资源量接近最大负载量的湖泊，最佳渔获量应使其资源量减少至最大负载量的 1/2，使得鱼类种群保持最大的生长速率。但实践中，用初级生产力来估算鱼类生产潜力的各种方法还不完善，而且每年的鱼类生产潜力变化很大，获得较准确的天然负载力相当困难，最佳渔获量也很难算出，所以用来指导捕捞生产还有相当的距离。目前，对这类湖泊还应凭借经验对捕捞量进行逐步调整，最后接近最大持续渔获量。

在大型湖泊渔业经营中，如发现鱼类生长速率减缓、性成熟推迟、鱼类的食谱变宽及单位渔获量较高，就表明渔获量偏低了，此时就应该适当加强保护。这种情况在技术水平较低、地处偏远、人烟稀少地区的湖泊较为常见。但应注意，在干旱的年份，湖泊由于得不到集水区内冲刷来的营养物质，也会造成生长迟缓、性成熟推迟、食谱扩展等现象的发生。只要得到充足的降水补给，就会恢复应有的生长速率，因而必须把这种情况与真正的放养密度过高、资源量过大区分开来。如捕捞强度过大，会使种群规模变小，年龄与规格降低、渔获量下降，这在渔业上称为“滥捕现象”。这种现象在面积小或资源薄弱的湖泊更容易发生。20 世纪 50 年代镜泊湖大规模开发初期，年均渔获量达 1000t。后来由于捕捞过度，年均渔获量很快就降到 300t。应把这类现象与最初群体过剩时出现的生长缓慢、个体变小分开，还应与环境条件变差造成的生长停滞区别开来。

对于捕捞不充分的湖泊，其特征是所有年龄组都具有较高的存活率但生长迟缓，达到捕捞规格的只有少数高龄鱼。在按照计划捕捞或有较高的凶猛鱼类压力和水位波动较大的湖泊中产生的鱼类群体，其全体成员迅速达到较大的规格。在捕捞过度的湖泊，饵料资源较为充分，幼鱼数量较多，幼鱼在食性转变为成鱼食性之前生长缓慢，大多数个体达不到捕捞规格。

2. 捕捞死亡率法

（1）最佳开捕年龄　仍以上述松花江下游鱼类资源评估为例。以评估种的年渔获量达到最大时种群补充年龄 t_{ci} 作为当前种群最佳开捕年龄。其计算公式为

$$Y_i / R_i = F_i W_{\infty i} \exp(t_{ri} - t_{ci}) M_i \times \sum_{i=1}^{S} \Omega_n \exp(t_{0i} - t_{ci}) nk_i$$

$$\times [1 - \exp(Z_i + nk_i)(t_{ci} - t_{\lambda i})] / (Z_i + nk_i)$$

式中，Y_i、R_i 分别为评估种的年渔获量和种群年均补充量，Y_i / R_i 为评估种相对年渔获量；$W_{\infty i}$、k_i、t_{0i} 为评估种体重生长参数，由 von Bertalanffy 体重生长方程 $W_{ti} = W_{\infty i} \times [1 - \exp(t_{0i} - t_i)k_i]^3$（表 6-23）求得；$\Omega_n$ 为体重生长方程展开的系数符号，当 $n = 0$、1、2、3 时，$\Omega_n = 1$、-3、3、-1；$t_{\lambda i}$ 为评估种进入捕捞群体的最大年龄（以渔获物的最高年龄计算）；t_{ri} 为评估种的最小补充年龄（以渔获物的最低年龄计算）。以渔获物各年龄组年龄为 t_{ci} 值，计算相应的 Y_i / R_i 值，以 Y_i / R_i 值最大时所对应的 t_{ci} 值作为当前评估种种群的最佳开捕年龄。

依据 t_{ci}、Z_i、M_i、F_i、$W_{\infty i}$、k_i 及 t_{0i} 计算出评估种的 Y_i / R_i 值（表 6-24）。由表 6-24 可知，除了红鳍原鲌以外，其他评估种的年渔获量均随着开捕年龄的推迟而逐渐增加。当 t_{ci} 达到一定值时，渔获量又开始下降，其拐点所对应的 t_{ci} 值即为当前的最佳开捕年龄，此时的渔获量最高。除了瓦氏雅罗鱼以外，其他评估种的最佳开捕年龄均等于或低于其初次性成熟年龄。

表 6-23　2012 年松花江下游评估种鱼类的体重生长方程[139]

种类	von Bertalanffy 体重生长方程	种类	von Bertalanffy 体重生长方程
银鲫	$W_t=1030.26[1-\exp(-0.252-0.170t)]^3$	草鱼	$W_t=7068.99[1-\exp(0.241-0.321t)]^3$
鲤	$W_t=3723.42[1-\exp(-0.073-0.188t)]^3$	瓦氏雅罗鱼	$W_t=1210.20[1-\exp(-0.017-0.041t)]^3$
䱗	$W_t=151.75[1-\exp(-6.470-0.926t)]^3$	红鳍原鲌	$W_t=280.39[1-\exp(-0.173-0.149t)]^3$
花䱻	$W_t=1078.36[1-\exp(-0.111-0.183t)]^3$	蒙古鲌	$W_t=975.52[1-\exp(-0.258-0.207t)]^3$
银鲴	$W_t=272.86[1-\exp(-0.360-0.523t)]^3$	细鳞鲴	$W_t=317.08[1-\exp(-0.007-0.431t)]^3$
鲢	$W_t=18076.13[1-\exp(-0.052-0.108t)]^3$	黄颡鱼	$W_t=689.77[1-\exp(-0.110-0.081t)]^3$

注：t 为鱼的年龄，W_t 为鱼类在 t 龄时的体重（g）

表 6-24　2012 年松花江下游评估种的 Y_i/R_i 值[139]

种类	t_{ci} 值						
	1 龄	2 龄	3 龄	4 龄	5 龄	6 龄	7 龄
银鲫	105.78	124.81	135.89	136.30	124.66	99.57	59.11
鲤	310.18	393.78	454.28	466.31	409.48	261.58	
鲢	216.77	266.81	310.43	324.11	286.00	182.51	
草鱼	214.09	222.81	211.36	126.17	122.02	61.27	
蒙古鲌	145.24	188.48	219.83	229.407	206.99	137.77	
黄颡鱼	17.30	20.60	23.21	24.04	23.44	18.69	12.14
䱗	77.51	87.45	52.77				
银鲴	72.75	91.45	79.95				
红鳍原鲌	0.15	0.83	1.58				
瓦氏雅罗鱼	2.04	2.86	3.70	3.98	2.98		
花䱻	84.23	113.70	133.33	131.69	31.77		
细鳞鲴	50.37	67.87	69.46	61.87	38.41		

（2）最大持续渔获量　2012 年松花江下游评估种种群最大持续渔获量由式 $Y_{\max i}=0.5(C_i+M_iN_i)$ 估算；下游江段总最大持续渔获量分别由式 $Y_{\max}=n\sum_{i=1}^{S}Y_{\max i}/\sum_{i=1}^{S}n_i$、式 $W_{\max}=w\sum_{i=1}^{S}W_{\max i}/\sum_{i=1}^{S}w_i$ 估算。式中，$Y_{\max i}$ 为评估种以尾数计的最大持续渔获量，其生物量 $W_{\max i}$ 由渔获物平均体重计算；$Y_{\max}$、$W_{\max}$ 为总最大持续渔获量；n、w、n_i、w_i、C_i、M_i、N_i 所代表的意义同 6.3.2.1。

结果表明，估算的 2012 年松花江下游评估种的最大持续渔获量，以生物量计为 86.56 万 kg，以尾数计为 883.24 万尾。以生物量计的最大持续渔获量居前五位的银鲫、鲤、草鱼、红鳍原鲌和鲢共占 81.32%；以尾数计的居前五位的红鳍原鲌、银鲫、瓦氏雅罗鱼、䱗和银鲴共占 88.97%。除草鱼外，其他评估种的全年渔获量均超过了最大持续渔获量，幅度分别为银鲫 33.23%、鲤 55.89%、𩽾45.41%、细鳞鲴 28.37%、银鲴 46.62%、鲢 13.72%、瓦氏雅罗鱼 67.27%、红鳍原鲌 17.50%、蒙古鲌 73.66%、花鲭75%和黄颡鱼 45%（表 6-25）。

表 6-25 2012 年松花江下游评估种的最大持续渔获量[139]

指标	银鲫	鲤	𩽾	细鳞鲴	银鲴	鲢	草鱼
Y_{maxi} / 万尾	151.76	22.30	66.64	14.47	44.73	8.81	7.47
W_{maxi} / 万 kg	19.35	18.18	3.81	2.08	1.33	8.89	13.80
指标	瓦氏雅罗鱼	红鳍原鲌	蒙古鲌	花鲭	黄颡鱼	合计	
Y_{maxi} / 万尾	82.77	439.94	8.10	6.77	29.48	883.24	
W_{maxi} / 万 kg	3.88	10.17	2.47	0.80	1.80	86.56	

估算的 2012 年松花江下游鱼类群落总最大持续渔获量，以生物量计为 108.43 万 kg，以尾数计为 1623.34 万尾。可知 2012 年松花江下游年渔获量已超过其最大持续渔获量 22.03%。

6.3.4.3 捕捞方式合理性的评价

捕捞方式指的是捕捞力量和渔网网目尺寸的搭配。从以上结果不难看出，松花江下游目前的捕捞方式尚不够合理。当前的最佳开捕年龄较小（体现在 t_{ci}），预备群体和补充群体被大量利用，导致捕捞死亡系数增大（体现在 F_i），资源开发率较高（体现在 E_i）。这表明当前的捕捞力量较大，渔网网目尺寸过小，二者不匹配，属不合理的捕捞方式。而且年产量也已超出最大持续产量的 1/5，这种不合理的捕捞方式正在破坏种群资源[139, 229]。

捕捞努力量较大，单位捕捞努力量渔获量下降（如单船年均渔获量、每一网次的平均渔获量等），渔获物中小型个体增多的情况，称为生长型捕捞过度。可见松花江下游正处在生长型捕捞过度状态。在不合理的捕捞方式下过度利用幼龄群体，这也正是当前松花江下游某些年份的渔获量即使超过最大持续渔获量仍能维持其相对稳定的重要原因。

种群中亲体数量短缺，种群补充量不断减少的捕捞方式，称为补充型捕捞过度。当前松花江下游评估种种群中亲体数量所占的比例为 46%（补充群体与剩余群体的总量），预备群体为 54%，已经出现补充型捕捞过度的征兆。如果为了维持渔业生产，捕捞力量继续加强，生长型捕捞过度将完全发展为补充型捕捞过度，最终危及种群数量。

6.3.4.4 大银鱼合理捕捞量的确定

经过长期的驯化移殖，大银鱼已在我国北方地区的许多湖泊中形成了商业性渔获量，如何持续地利用种群资源已显得尤其重要。确定合理的捕捞量，是实现资源合理利用的关键因素之一。现介绍太湖新银鱼合理捕捞量的确定方法[232]，供参考。

1. 测算资源量

以大银鱼和太湖新银鱼为主的湖泊银鱼移殖工作自20世纪70年代开始以来，已在全国普遍获得成功，取得了明显的渔业经济与生态效益。由于银鱼为一年生的鱼类，种群结构由单一世代组成，种群数量受人类捕捞强度及环境因素影响颇大，波动剧烈。在移殖初期，水域中的饵料生物资源被银鱼充分利用，潜在的渔业生产力被充分发掘，因此银鱼产量在移殖的初期阶段，一般都能得到骤然增长，即通常所说的暴发性增长，并获得显著的经济效益。但此时往往也容易忽视对银鱼资源量的正确评估，在高额的经济效益驱动下过度捕捞，致使有些湖泊（包括水库）的银鱼高产年份持续时间很短。

目前评估银鱼种群资源量的方法较多，大体上可以归为两大类：一类是用历年渔业统计数字资料进行测算；另一类是用实际调查资料进行换算。由于目前移殖银鱼的水域大多移殖时间较短，银鱼在水域中刚刚形成种群，渔业统计资料一般都很短缺且不系统，因此利用渔业统计资料分析测算的方法比较适用于渔业生产时间较长且多年生的鱼类，对于移殖成功的水域，则应采用实际调查资料法。

（1）利用拖网单位面积渔获量估算资源量　拖网是捕捞银鱼的一种较好的渔具渔法，在水域宽阔、底质平坦的湖泊效果更佳。利用拖网渔获物测算资源量的数学模型为 $N = A \times M \times K \times K_1 / a$ 。式中，N 为水域中银鱼资源量；A 为水域总面积；M 为单位时间平均渔获量；K 为拖网垂直捕捞系数；K_1 为拖网水平捕捞系数；a 为拖网单位时间所通过的水域面积。该公式中，K 及 K_1 两个系数受银鱼种群、水体深度、捕捞时间及气候条件等因素制约。因此应根据水面具体条件，经多次测捕，得出较为准确的系数。在正常条件下，K 可为水深与网口高度的倍数，K_1 可为拖网两端绠绳最大距离与网口长度的倍数。

（2）利用围网单位面积渔获量估算资源量　这种方法适用于岸边较为平缓、水深不大的水域。围网作业范围可覆盖整个水层，故可以删除垂直修正系数。所采用的数学模型为 $M = A \times C / aK$ 。式中，M 为水域中银鱼资源量；A 为水域面积；a 为围网作业所包围的水域面积；C 为每网次的平均捕捞量；K 为修正系数。采用该方法时，应注意作业时间。夜间银鱼有趋向岸边觅食习性，渔获量较白天高；又因银鱼有趋光性，夜间捕捞时若用灯光诱捕则效果更佳。应注意调整 K 值，一般 $K < 1$。

（3）根据摄食率测算银鱼资源量　根据银鱼对饵料摄食率来测算资源量，也是一种较为实际的方法。太湖新银鱼终生以桡足类、枝角类大型浮游动物为食，据此可以通过测定单位时间内水域中浮游动物减少量，并求出单位时间太湖新银鱼每尾的摄食量换算出其资源量；大银鱼长至 8cm 以后，以虾类、小型鱼类为食，可通过单位时间这些鱼虾类的消耗及大银鱼的单位时间摄食量，测算出大银鱼资源量。其计算公式为 $N = R / r$ 。式中，N 为银鱼资源量；R 为单位时间内整个银鱼群体消耗的饵料量；r 为每尾银鱼的摄食量。该法只适合于鱼类区系组成简单的水域或新开发水域，尤其不应有与银鱼食性相同的鱼类。例如，测算太湖新银鱼资源量的水域，不应有过多的鳙；测算大银鱼资源量的水域，不应有过多的凶猛鱼类，否则将使测算变得困难并降低准确率。

2. 确定合理捕捞量

留有足够的产卵群体数量后，用资源量减去产卵群体数量，即得出合理捕捞量。

（1）确定产卵群体数量　保留的产卵群体数量，要依据如下因素来确定。

1）产卵群体的平均体重，以“尾/kg”为单位。

2）产卵群体的平均绝对繁殖力、产卵率及每组产卵鱼的雌雄比例，合计尾数。

3）水域面积及翌年总产量、单产量的预定指数。

4）水域生态环境条件及饵料生物状况。

太湖新银鱼的绝对繁殖力1000～3000粒卵/尾，平均1500粒卵/尾；大银鱼的绝对繁殖力3000～35 000粒卵/尾，平均1万粒卵/尾左右。从绝对繁殖力到长至成鱼的过程，会受到银鱼的产卵率、自然受精率、孵化率及形成仔鱼后的成活率等诸多因素的影响而削减。从以往移殖成功的水域分析测算，该数值在1%～3%。具体测算步骤如下。

1）先测定银鱼规格，以“尾/kg”计，然后确定水域以个体数量计的产量指标。

2）将银鱼个体数量按受精率、孵化率、成活率测算出要得到该银鱼数量（产量）所需要的总受精卵数。

3）按每尾产卵银鱼可产出的平均卵数，经系数修正后，得出总受精卵数需用的产卵银鱼数量，并将雄鱼按1～2倍于雌鱼的数量，一起计入产卵银鱼的总数量。

4）将产卵银鱼的总数量，换算成产卵群体银鱼的重量。

5）用综合因素的修正系数，乘以上述产卵群体银鱼的总数量，即得出最后的银鱼产卵群体数量。

（2）合理捕捞量的确定　在测算资源量及产卵群体应存留的数量之后，两者之差即可定为合理捕捞量。当然还应当将此数值进行多方因素的修正，根据实际情况，最后得出一个较为准确的合理捕捞量。例如，水域的实际生产状况、渔政管理状况、银鱼饵料生物变化状况、水质变化状况等都是应当考虑的因素，切不可只凭着某一方面的因素而简单确定。

6.3.5　特定湿地鱼类资源合理利用综合措施

6.3.5.1　达里湖

1. 确定合理捕捞量

6.3.2.2中采用残存率公式分别对20世纪90年代达里湖鲫和瓦氏雅罗鱼的捕捞群体资源量和可捕群体资源量进行了估算，两种方法的估算结果十分接近。在此基础上，可进一步探讨达里湖两种鱼类的合理捕捞量问题[157]。

达里湖捕捞群体资源量中，瓦氏雅罗鱼约450t，鲫600t，1991～1994年两种鱼的平均捕捞量分别为210t及150t，经过冬季和春季捕捞后则分别剩余240t及450t。这部分鱼生长至翌年，其增长量可由式$P=(\ln W_{t+1}-\ln W_t)\times B_0$求出（著者整理）。式中，$B_0$为相邻两年的平均生物量；$W_t$、$W_{t+1}$为相邻两年的体重。

计算出瓦氏雅罗鱼和鲫捕捞群体 1 年的生产量分别为 82t 及 74t，合计 156t。假设下一年新形成的捕捞群体中最低可捕年龄数量与目前最低可捕年龄数量相等，即 3 龄瓦氏雅罗鱼 180t，4 龄鲫 110t，合计 290t，再加上去年捕捞剩余群体增长量 156t（已如前叙），总计 446t，此为下一年捕捞群体新增加数量。由于偷捕和漏报的产量没有加上，所以计算的结果略有偏低。如考虑上述两个原因，估计每年新增加量可达 500t。所以目前捕捞量保持在 400～450t，对资源恢复较为合适。

20 世纪 90 年代以来达里湖捕捞量下降的原因，主要是繁殖生境恶化而非捕捞过度。1994 年以来湖水水位略有回升，鲫的产卵条件有初步改善，1990 年以后出生的个体将陆续成为渔获物的主体。对资源的恢复将有很大帮助。另外，如能在瓦氏雅罗鱼产卵期保证河道水位不下降，或修建人工产卵场，并控制亲鱼的捕捞数量，瓦氏雅罗鱼的资源恢复将会更快。因为该鱼性腺指数高达 25%，繁殖力平均为 14 500 粒卵/尾，繁殖力较强，且 2^+ 龄即可进入产卵群体，3 年就可见效。所以，如果产卵条件得到改善，捕捞规格、数量合理，3 年左右恢复到 1970～1990 年水平是可能的（平均年产量为 557t）。如果资源恢复后管理得当，保持在 1974～1978 年的高产水平也是可以做到的。1974～1978 年年产量 630～810t，年均 700t，这样高的产量持续了 5 年，而且在随后几年，资源并没有明显衰退（1979～1983 年年均产量为 600t）。所以将来保持在 600～700t 的高产、稳产水平在达里湖是可以做到的。另根据饵料基础估算，达里湖鱼类生产潜力为 22.5～37.5kg/hm^2[233]，折合年产量相当于 550～900t。由此可见，鲫和瓦氏雅罗鱼可捕群体的年增长量处在生产潜力的低限。

2. 确定合理捕捞规格

2000 年以来，达里湖鲫的捕捞规格、捕捞年龄比 20 世纪 80 年代均有所下降[154]。20 世纪 80 年代以 4～7 龄为主，平均规格超过 200g/尾；1995 年以 2～4 龄为主，平均规格 102.7g/尾；2002～2003 年以 2～4 龄为主，平均规格 71.4g/尾；2005 年以来以 2～5 龄为主，规格 150g/尾。达里湖鲫的性成熟年龄为 3～4 龄，体重生长拐点年龄为 5.5 龄。据此，达里湖鲫渔获物应以 4～6 龄，规格 200g/尾以上较为合理。

由于产卵繁殖条件恶化，近些年来达里湖瓦氏雅罗鱼虽然人工增殖幅度很大，但补充群体仍然不足。目前冬季捕捞的开捕年龄为 2 龄，平均规格 70g/尾左右。该鱼的性成熟年龄为 3～4 龄，其体重生长拐点年龄为 4 龄。因此，冬季捕捞的开捕年龄应定为 4 龄，规格 100g/尾为宜。这不仅能够提高上市规格，而且它们作为亲鱼至少有一次繁殖机会。

3. 资源保护与增殖

（1）保持水位稳定　达里湖鲫和瓦氏雅罗鱼都产黏性卵，产出的卵需要水草、石砾等附着物，因而其繁殖效果受水位的影响较大。特别是瓦氏雅罗鱼产卵时需要洄游到河道中，将卵产于岸边的植物、石块等基质上，即需要有一个条件适宜的产卵场所。由于该鱼卵的孵化期较长（一般 10d 以上），水位的变化对孵化效果影响很大。另外，每年鱼类产卵繁殖季节也正是农牧业用水高峰期，经常会遇到鱼类产卵结束后，水位下降，鱼卵暴露于水面之外，导致大多数鱼卵死亡的情况。为此，应协调好鱼类资源增殖与农牧业用水的关系，在鱼类产卵高峰期，尽可能保持水位的稳定[16, 154, 234-237]。

（2）繁殖保护　在加大人工增殖力度的同时，还要保护好产卵群体、产卵场。一是停止明水期捕捞作业——即使春季捕捞的是那些已经完成产卵繁殖过程的“回头鱼”，也应该为亲鱼提供二次繁殖的机会。二是严格限定冬季捕捞的规格：鲫鱼 200g/尾，瓦氏雅罗鱼 100g/尾以上。三是设置禁渔区：在湖区的泉眼、河流进水口处，水环境盐碱度相对较低，水质较好，幼鱼也相对较为集中，每年冬季捕捞期间容易出现“红网”，此类水域应设置为“禁渔区”，以免把小规格鱼带出水体。

（3）限额捕捞　为实现达里湖鱼类多样性及渔业可持续发展，2000 年以来，达里湖渔场对鲫和瓦氏雅罗鱼的人工增殖力度逐年增强，但其补充群体仍显不足。由于湖水的盐碱度逐渐升高，鱼类的生长、发育、繁殖均受到抑制，受鱼卵受精率和孵化率、鱼苗成活率及其生长对盐碱水环境的适应性等因素的限制，2000 年以来自然与人工增殖的鱼苗总量，也只相当于 20 世纪 90 年代初的自然繁殖水平。某些年份鱼产量的增长，实际上是以牺牲资源量为前提的。如不实行限额捕捞，限制捕捞规格，将导致鱼产量逐年下降，直到资源枯竭。

针对达里湖的具体情况，实施限额捕捞，就是将连续 2 年的产量限定在 300t 左右（具体限额还要根据上年的捕捞规格、捕捞量和湖区的资源量进行调整）。通过 2 年的过渡性捕捞生产，使湖中鱼类资源量得以恢复，之后再进行正常捕捞生产。但 5 年内最大捕捞量不应超过 600t，这样有利于鱼类资源的全面恢复。

那么，限额捕捞是否会影响渔业经济效益呢？按目前年均捕捞量 500t，售价 10 元/kg，核算产值为 500 万元。实施限额捕捞后，捕捞规格提高 30%以上，针对目前市场供不应求的局面，通过提高包装档次，进行产品的精加工、深加工，售价可提高到 15 元/kg 左右，按此价核算 300t 鱼的产值为 450 万元，相当于限额前的 90%。虽然鱼产量降低了，但质量有所提高，渔业经济效益变化不大，对渔场的正常经营不会产生太大影响。

6.3.5.2　松嫩湖泊沼泽群[42]

松嫩湖泊沼泽群的渔业发展应以保护鱼类多样性为前提，无论是否具有经济价值都应保护。如前所述，松嫩湖泊沼泽群鱼类群落的健康发展面临着两个主要问题：一是自然与人为因素导致的湿地生态环境变化；二是过度捕捞导致的鱼类群落“四化”（参见 6.3.1）。两者的叠加效应使鱼类群落长期处于受损状态，群落结构处在动态变化之中，种间关系的协调性、种群结构的合理性和群落结构的稳定性均在下降。

针对上述情况，未来一定时期内，松嫩湖泊沼泽群的渔业发展方向应确定为：合理利用土著鱼类资源，优化调整鱼类群落结构，发展多种群湿地渔业。为此，以下方面应重点实施。

1）实施松嫩湖泊沼泽群常态化补水，以保持湖泊水域面积、鱼类栖息地、繁殖环境、索饵场等鱼类栖息生境的稳定，并遏制湖泊盐碱化。

2）通过控制网目规格、限额捕捞来降低土著鱼类的捕捞强度，遏制鱼类群落“四化”的发展势头。

3）发展湖泊沼泽群渔业。①分别将查干湖、新庙泡和大库里泡纳入吉林查干湖国家级自然保护区，扎龙湖、克钦湖和南山湖纳入黑龙江扎龙国家级自然保护区的建设与管理范畴。按照生态优先、兼顾渔业、持续利用的原则，发展鲢、鳙湖群渔业，防止水体富营养化。②群落数量结构相似度较低的大龙虎泡、小龙虎泡、齐家泡和连环湖，增加团头鲂放养量，以确保湖中有足够的剩余群体，利用该鱼能在湖中自然繁殖的特点，使其逐渐形成内源性种群。对大龙虎泡、连环湖中的大银鱼要加大捕捞强度，控制外源性种群的发展。③群落种类组成和数量结构的相似度同步较高或较低的老江身泡、青肯泡、茂兴湖、喇嘛寺泡、石人沟泡和花敖泡，大量放养经济价值高、以底栖动物为食的青鱼、花䱻，适当投放蒙古鲌、翘嘴鲌等食鱼性经济鱼类。④水草和小型鱼类资源均较丰富的月亮泡、新荒泡、牛心套保泡和哈尔挠泡，分别投放食底栖动物与水草的河蟹，食小型鱼、虾的鳜（或鲇、乌鳢、翘嘴鲌）和以周丛生物、有机碎屑为食的细鳞鲴，发展蟹—鳜—鲴优质高效渔业。

6.4 鱼类多样性科学管理

6.4.1 鱼类多样性监测

近年来，人类活动的影响造成了生物多样性的丧失，特别是水生生态系统中鱼类物种的濒危与灭绝，物种多样性下降，鱼类小型化，生态系统结构、功能发生变化，遗传多样性减少等。为了保护生物多样性，遏制其下降的趋势，许多国际组织和各国政府采取了诸多措施，特别是建立观测网络，监测生物多样性的多项指标，评估生物多样性的状况[238, 239]。当前，被广泛关注的一项工作是在地球观测组织（Global Earth Observation，GEO）框架内，联合 IUCN 等多个国际组织建立了生物多样性观测网络（Biodiversity Observation Network，BON）。GEO 致力于建立一个全球性的科学框架，以观测生物多样性的变化，包括收集生物多样性的资料，从事长时间的连续观测，进行预测和相关分析。BON 的框架建议被提出以后，得到了世界各国政府和非政府组织的响应，并提出了多个地区性的观测网络，如亚太观测网络（Asia-Pacific BON，APBON），以及多个国家的观测网络，如日本的 J-BON、法国的 French BON 等。这些观测网络期望通过整体的合作，切实地了解和保护生物多样性。2014 年，在中国科学院知识创新工程项目的支持下，建立了中国生物多样性监测与研究网络（Biodiversity Observation Network of China，Sino BON），以期对中国的生物多样性进行全面的监测和研究。

鱼类是生物多样性的重要组成部分。据 Fish Baser 的统计，全世界的鱼类物种数目已达 3 万多种，它们在全球生态系统中起着极其重要的作用。中国生物多样性监测与研究网络，即中国内陆水体鱼类多样性监测网（Sino Bon-Inland Water Fish）中也包含对鱼类的监测。

6.4.1.1 鱼类多样性监测的理论与方法

1. 鱼类多样性监测的指标体系

在 GEO BON 的框架建议被提出以后，为配合相关的工作，又有人提出了配套的生物多样性核心变量（essential biodiversity variables，EBV），期望从遗传、物种、群落、生态系统结构、功能等多尺度反映生物多样性的变化（表 6-26）。在这一体系中，既包括我们常规使用的遗传多样性、物种数目、群落物种多样性等内容，也包含了物种的特征，如植物叶子的颜色变化时间，鱼类的生长、繁殖状况等。这一体系将会对 BON 的监测工作起到重要的理论指导作用。

表 6-26　生物多样性的核心变量说明[238]

EBV 类别	EBV 举例	度量与尺度	时间敏感性
遗传组成	基因型多样性	选定的物种（濒危或家养物种）在代表性分布区的基因型	世代时间
物种种群	丰度或分布	进行计数或出现与否调查，主要针对大范围网络尺度上容易监测的物种、生物系统服务重要的物种等	1～10 年或以上
物种特征	形态学	遥感监测植物叶子颜色变化的时间，需要现场核实。在鱼类可以采用生长、繁殖等特征	1 年
群落组成	分类单元多样性	多个分类单元的调查及选定区域的宏基因组研究	5～10 年或以上
生态系统结构	生境结构	全球或区域尺度的生物量或覆盖度遥感	1～5 年
生态系统功能	营养物质保留	选定区域的营养物质输出/输入测量	1 年

在很多情况下，为了反映某一地区生物多样性的总体状况，生物多样性的监测非常强调群落层次物种多样性的监测。传统的群落物种多样性衡量方法是计算各种生物多样性指数，如 Shannon-Wiener 指数、Simpson 指数等。但是，有学者认为单纯计算笼统的生物多样性指数仅能反映物种的总体状况，而忽略了群落中物种的生态类型和生态功能的变化。因此有人提出了生物完整性指数（index of biological integrity，IBI）的指标体系（表 6-27）。该指标体系强调不同物种的生态功能，其内容包括总的物种数目、不同生态类型鱼类物种数及受影响的物种数量等。因此 IBI 可以综合反映群落结构和功能的变化。该指标体系提出以后，立刻得到积极响应，并得到各种修正和改进，不仅适用于鱼类的监测分析，也被用于底栖动物等类群的分析。目前，许多地区和单位在进行河流的监测时，均以 IBI 作为基本的指标，使得该指标体系成为当前使用最广泛的指标体系。

表 6-27　基于生物完整性指数评价鱼类群落生物完整性的指标及评分级别[238]

评价指标	评分级别		
	5	3	1
A. 物种组成与丰富度			
1. 鱼类物种总数（土著物种）	根据调查河流的大小或区域特征设定评价指标 1～5 的期望值，大型河流鱼类物种期望值高；中国的河流鲤科鱼类物种多		
2. 鲈类物种单元与数量（底栖物种）			
3. 太阳鱼科物种单元与数量（中层鱼类）			
4. 亚口鱼科物种单元与数量（长寿命鱼类）			
5. 非耐受型鱼类物种单元与数量			
6. 蓝绿鳞鳃太阳鱼个体组成百分比/%（耐受型鱼类）	＜5	5～20	＞20

续表

评价指标	评分级别		
	5	3	1
B. 营养类型组成			
7. 杂食性鱼类个体组成百分比	<20	20～45	>45
8. 昆虫食性鲤科鱼类个体组成百分比	>45	20～45	<20
9. 凶猛肉食性鱼类个体组成百分比（顶级捕食者）	>5	1～5	<1
C. 鱼类丰度与状况			
10. 采集到的样本个体数	指标 10 随河流大小等因子变化		
11. 杂交个体百分比	0	>0 且≤1	>1
12. 带病、肿瘤、鳍条损伤或骨骼畸形的个体百分比	0～2	>2 且≤5	>5

注：引用时有改动

实际监测工作中，不同的人类活动产生的影响是不一样的，监测的指标内容也需要进行适当的调整。例如，大坝的修建、鱼类栖息地的改变等会导致鱼类群落结构的变化，应该选择合适的 IBI；捕捞压力过大会造成鱼类的小型化，因此监测的内容应该增加物种特征，如个体的生长情况等；近亲繁殖可能造成遗传多样性丧失，不同分子标记的遗传多样性监测与分析就是必不可少的内容。

2. 鱼类多样性监测的采样方法

目前鱼类监测中比较系统的工作有美国陆军工程兵团（United States Army Corps of Engineers，USACE）、美国地质调查局（United States Geological Survey，USGS）、美国鱼类及野生动物管理局（United States Fish and Wildlife Service，USFWS）及相关单位开展的密西西比河干流及主要支流的监测工作。在加拿大、澳大利亚、欧洲等国家和地区，也有很多的鱼类监测系统。在进行这些监测工作时，许多部门提出了非常具体的监测方法或手册，特别是《生物多样性工作手册》（*Handbook of Biodiversity Methods*）中对鱼类监测方法有详细的描述（表 6-28）。这些方法有传统的渔具，如刺网、拖网、各种诱捕网具（定置网、地笼、虾笼）等，也有现代的鱼探仪等水声学设备，在不同的水环境（如河流、溪流、湖泊）条件下及服务于不同目的（物种识别、种群估算）时，可分别参考使用。此外，国家生态环境部也发布实施了中华人民共和国国家环境保护标准《生物多样性观测技术导则 内陆水域鱼类》（HJ 710.7—2014）[239]，也可供参考。

表 6-28 鱼类调查方法及其适用水体[238]

调查方法	适用水环境	调查方法	适用水环境
目测调查	小型水体或清澈的溪流	刺网	缓流或静水水体
渔获物调查	流水或静水水体	围网	缓流或静水水体
定置网等诱捕型	流水或静水水体	拖网	缓流或静水水体

续表

调查方法	适用水环境	调查方法	适用水环境
网具		水声学计数	缓流或静水水体
撒网等网具	流水或静水水体	电子计数	流水水体
电鱼	流水或静水水体		

3. 多样性监测数据的分析方法

在获得大量的监测数据之后，如何分析、评价这些数据，并对未来的工作进行指导，是生物监测需要解决的重要问题。最简单的办法是对获得的评价结果进行直接对比。例如，有人对美国加利福尼亚州 Freson 河 Hidden 大坝下游某点 1970～1985 年的调查数据进行 IBI 评分，比较结果发现该地的评分级别由 1970 年的良好变成 1985 年的一般。从评分内容也可以看出，土著鱼类百分比变化尤其大，反映出土著鱼类受到了极大的影响。

由于生物多样性不是孤立存在的，而是存在于生态系统之中的，生态系统的稳态转换也可以用来分析生物多样性的变化情况。生物多样性监测的目的是发现和评价监测指标的变化。如果相关指标发生了稳态转换，则意味着生物多样性的大格局发生了变化。如果是群落特征发生了变化，说明群落结构功能进入了新的格局；如果是物种特征发生了变化，说明物种的生活史过程进入了新的格局。在这种情况下，相关的研究和管理需要采取不同的措施。

文献[239]针对多样性监测所获得的鱼类早期资源数据、渔获物数据、标记重捕数据及声呐探测数据，分别给出了处理和分析方法。其中的渔获物数据分析方法如下。

1）种类组成：统计所有样品的种数，并确定各分类阶元中的物种数和分布特征，按式 $F_i = 100\% \times s_i / S$ 计算。式中，F_i 为第 i 科鱼类的种类数百分比；s_i 为第 i 科鱼类的种类数；S 为总物种数。

2）群落结构：统计不同物种的渔获物数量，计算其相对种群数量，按式 $C_i = 100\% \times n_i / N$ 计算。式中，C_i 为第 i 种鱼类的尾数百分比或重量百分比；n_i 为第 i 种鱼类的尾数或重量；N 为渔获物的总尾数或总重量。

3）多样性指数：采用 Shannon-Wiener 指数（H）、Simpson 指数（D）和 Pielou 指数（J_{sw} 和 J_{si}）。计算公式分别为 $J_{sw} = -\sum P_i \ln P_i / \ln S$、$J_{si} = (1 - \sum P_i^2)(1 - 1/S)$、$H = -\sum (P_i \ln P_i)$ 及 $D = 1 - \sum P_i^2$。式中，P_i 为渔获物中第 i 种鱼的尾数百分比；S 为总物种数；$i = 1, 2, 3, \cdots, S$。

6.4.1.2　中国内陆水体鱼类多样性监测专项网

1. 总体设计

中国内陆水体鱼类多样性监测专项网在长江等八大水系中选择 25 个重要地区，对鱼类多样性的总体变化情况进行监测，并选择 24 个区域代表性物种（类群），监测它们的主要生物学特征状况。具体的重要地区、重点物种及主要承担单位的信息如表 6-29 所示。

表 6-29 中国内陆水体鱼类多样性监测专项网重要地区、重点物种及主要承担单位[238]

水系	重要地区	重点物种	主要承担单位
长江	长江上游珍稀特有鱼类保护区（四川合江）、三峡库尾（重庆）、三峡大坝坝下（湖北宜昌）、中游湖泊区（江西湖口）	洄游型鱼类（鲟鱼类）、长江上游特有鱼类（圆口铜鱼）、长江重要经济鱼类（四大家鱼）	中国科学院水生生物研究所
黄河	上游（巴彦淖尔）、中游（三门峡）、下游（东营）	马口鱼或宽鳍鱲、裂腹鱼类、鲇类	中国科学院动物研究所
黑龙江	上游（呼玛）、中游（萝北）、下游（抚远）	施氏鲟或鳇、鲑科鱼类	中国水产科学研究院黑龙江水产研究所
珠江	上游（合山）、中游（桂平）、下游（肇庆）	广东鲂、野鲮亚科的代表种、鳅类代表种	中国水产科学研究院珠江水产研究所
澜沧江	上游（维西）、中游（大理）、下游（景洪）	裂腹鱼类、鲱类、鲃类代表种	中国科学院昆明动物研究所
怒江	上游（贡山）、中游（六库）、下游（永德）	裂腹鱼类、鲱类、鳅类代表种	中国科学院昆明动物研究所
塔里木河	上游（阿拉尔）、中游（沙雅）、下游（尉犁）	裂腹鱼类、鳅科鱼类代表种	中国科学院西北高原生物研究所
青海湖	湖西北岸（刚察）、湖北岸（海晏）、湖西南岸（共和）	裂腹鱼类、鳅科鱼类代表种	中国科学院西北高原生物研究所

八大河流选择的依据是：它们代表了我国不同的河流类型、不同的水环境条件，它们纵横交错，拥有丰富的鱼类多样性及渔业资源，形成了我国流域范围内的核心网络。除长江流域有 4 个重要地区外，其他流域均为 3 个，合计 25 个重要地区。每一水系 3 个重点物种（类群），合计 24 个重点物种（类群）。重点类群的选择依据是：它们为其分布水系的代表性类群，同时考虑优势类群和生态功能代表性。例如，长江流域选择了洄游型鱼类（鲟鱼类）、长江上游特有鱼类［圆口铜鱼（*Coreius guichenoti*）］、长江重要经济鱼类（四大家鱼）。监测包括群落、物种、遗传等不同层次的内容（表 6-30）。监测内容在生物多样性核心变量的框架下，结合 IBI 的理论及鱼类生物学特征进行了具体化，在群落层次上强调了物种数目、不同的生态功能类群；在物种层次上，强调了个体生长、繁殖等特征。对这些特征的分析应该可以全面反映鱼类多样性的现状、发生的变化，并寻找导致变化的原因。

表 6-30 中国内陆水体鱼类多样性监测专项网的监测类别、方法和主要指标[238]

监测类别	监测方法	监测指标
重要区域鱼类资源监测（群落水平）：流域内鱼类种类组成、不同分类单元和功能类群组成比例、优势种成分变化、早期资源状况、鱼类生存的水环境因子	鱼类资源调查、渔获物调查、鱼类早期资源调查、水下声呐探测、水下机器人视频跟踪、水环境因子调查	鱼类群落特征：鱼类名录、鱼类多样性指数、不同物种的数量组成、种组成、优势种类、不同分类单元、功能类群的成分变化等 早期资源的种类组成与资源量。鱼类生存环境：水温、流速、水深、河面宽度、底质特征、溶解氧、pH、透明度、电导率、水文站的水位、径流量等

续表

监测类别	监测方法	监测指标
重点物种生物学特征监测（物种水平）：重点鱼类物种（类群）的种群动态、个体生物学特征	渔获物调查、鱼探仪、水下机器人视频跟踪、声学信标	鱼类种群特征：种群数量、年龄结构、性比组成、体长和体重频数分布等。鱼类个体生物学特征：鱼类的年龄与生长、鱼类的食物组成、性腺发育、繁殖力等。鱼类行为特征：鱼类洄游时间、线路；鱼类繁殖、摄食等行为表现
重点物种遗传多样性监测：种群遗传多样性现状	线粒体 DNA 基因和微卫星分子标记	线粒体 DNA 的单倍型数目、单倍型多样性、核苷酸多样性；微卫星标记反映的等位基因频率、杂合度与近交状态、有效种群大小等

2. 科学目标

中国内陆水体鱼类多样性监测专项网将通过多家单位的合作，进行长期监测，实现其科学目标。

第一，获取重要区域鱼类资源状况的第一手资料。在长江、黄河、黑龙江、珠江、澜沧江、怒江、塔里木河及青海湖八大流域选取代表性区域，建立鱼类监测和研究平台，运用渔获物调查、水环境监测等方法，结合水下机器人视频追踪、鱼探仪探测、声学信标监测等技术，获取各流域鱼类生物多样性总体概况的基本数据，包括总体的物种组成、总体的资源量状况、优势种的组成、不同分类单元和功能类群的组成、外来种的组成等及其相关的环境因子参数。

第二，分析重点监测对象的生物学特征。代表性物种的状况可以反映生态系统的健康状况，是生物多样性监测的重要内容。内陆水体鱼类专项网将重点监测各流域代表性物种，获取大量第一手资料，分析它们的种群数量、年龄结构、个体大小、繁殖时间、繁殖群体组成、早期资源量（即繁殖的后代数量）等特征，并将采用线粒体 DNA、微卫星标记等分析其遗传多样性现状。

第三，实现资源共享，推动公众参与，服务国家建设。为更好地发挥专项网的公益性，内陆水体鱼类专项网将整理各流域监测数据及影像资料等并通过网络共享，带动公众参与到环境保护、鱼类多样性保护、资料收集的各项进程中来。同时深入研究鱼类多样性的维持机制，提高我国生物多样性科学研究水平，为我国鱼类多样性保护、涉水工程开发的决策提供依据。

目前有关我国内陆水体鱼类多样性的监测工作在不同的水系、不同的区域均有一定程度的开展，如珠江水系对鱼类早期资源的监测，长江流域“三峡工程生态与环境监测系统”中水生动物和渔业资源的监测，农业部“渔业资源与环境监测”等。已有的这些监测工作服务于不同的目的，积累了大量的资料。但是，目前还缺乏全国性的综合监测网络。中国内陆水体鱼类多样性监测网是在中国生物多样性监测与研究网络的框架内搭建内陆水体鱼类多样性监测平台，期望现有的区域性监测网络能够相互合作，通过数据共享，形成全国性的监测网络，为我国生物多样性的研究与保护做出贡献。

6.4.2　鱼类多样性评估

文献[139]对松花江下游河流沼泽鱼类多样性现状进行了评估，以供参考。

6.4.2.1 鱼类物种多样性

1. 松花江下游河流沼泽中土著种多于中游、少于上游，种类组成存在差异

松花江鱼类物种为 10 目 20 科 68 属 98 种，其中移入种 3 目 4 科 7 属 7 种，土著种 10 目 18 科 62 属 91 种。松花江上游鱼类 9 目 17 科 63 属 89 种，包括移入种 2 目 3 科 6 属 6 种，土著种 9 目 16 科 58 属 83 种。松花江中游鱼类 8 目 16 科 44 属 56 种，包括移入种 2 目 3 科 4 属 4 种，土著种 8 目 15 科 40 属 52 种。松花江下游鳇、施氏鲟、大麻哈鱼、哲罗鲑、细鳞鲑、乌苏里白鲑、拟赤梢鱼、细体鮈、马口鱼、花斑副沙鳅、东北七鳃鳗、赤眼鳟和银鮈未见于松花江中游；松花江中游兴凯鱎、波氏吻鰕虎鱼、纵带鮠和方氏鳑鲏未见于松花江下游；松花江下游鳇、施氏鲟、拟赤梢鱼和九棘刺鱼未见于松花江上游；松花江上游黑龙江茴鱼、中华细鲫、尖头鲹、似鳊、辽宁棒花鱼、中华青鳉等未见于松花江下游。

2. 土著种组成与黑龙江关系密切

黑龙江是松花江的主要鱼源地，每年来自黑龙江中游的上溯种群于 5 月上旬可在富锦市江段捕到，5 月下旬至 7 月上旬可上溯至中游。黑龙江中游鱼类 9 目 17 科 53 属 72 种，其中土著种 9 目 16 科 50 属 69 种；土著种中，除卡达白鲑以外的 68 种在松花江下游均有记录。但松花江下游杂色杜父鱼、东北七鳃鳗、黄黝鱼、褐吻鰕虎鱼、圆尾斗鱼、花斑副沙鳅、北鳅等未见于黑龙江中游。松花江下游与黑龙江中游土著鱼类群落 Sørenson 指数高达 0.944，显示出两群落极相似。

3. 多样性指数高于毗邻江段

多样性指数是鱼类物种数及其数量丰富程度的综合反映。松花江下游鱼类群落 Shannon-Wiener 指数为 2.642，高于毗邻的黑龙江中游抚远江段（1.97），接近一般生物群落多样性指数 1.5～3.5 的高限。松花江下游鱼类群落目、科、属等级多样性指数为 17.013，均高于松花江上游（16.550，为著者计算所得，下同）、松花江中游（16.232）、黑龙江中游（14.559）及其抚远江段（12.512），仅次于松花江全江（18.686）。这表明松花江下游鱼类物种多样性不仅表现在物种数多于松花江中游、黑龙江中游及其抚远江段，而且物种在群落目、科、属结构层次上的多样性程度也高于这些江段。同时还显示出松花江下游鱼类物种丰富度虽然不如松花江上游，但物种在目、科、属结构层次上的多样性程度高于松花江上游。

4. 物种多样性呈下降趋势

1980～1983 年调查松花江中下游的鱼类物种合计 8 目 16 科 60 属 78 种，其中土著种 8 目 16 科 56 属 74 种，目、科、属等级多样性指数为 17.237（著者计算结果，下同）；2010 年调查该江段的鱼类物种为 8 目 18 科 55 属 68 种，其中土著种 8 目 17 科 52 属 64 种，目、

科、属等级多样性指数为 16.218。土著种数和多样性指数分别下降了 13.51%及 5.91%。松花江中游肇东江段 20 世纪 50 年代记载鱼类 77 种，1988 年采集到 53 种，2000 年只采集到 34 种。2010 年在松花江下游同江段采集到土著鱼类 56 种，2012 年在整个下游江段采集到的土著鱼类也不过 60 种。以上反映出 20 世纪 80 年代以来松花江中下游的鱼类物种多样性呈现下降趋势。

5. 特有、珍稀物种在减少

20 世纪五六十年代，黑龙江大麻哈鱼在黑龙江中上游及呼玛河等支流都有分布，每年还有部分种群从黑龙江中游同江市上溯至松花江中游汤旺河、牡丹江、蚂蜒河等支流。但目前黑龙江大麻哈鱼分布范围仅限于抚远县江段（位于同江市以下），同江市江段已多年未见，更无上溯至松花江的种群。实际上汤旺河、牡丹江、蚂蜒河等松花江支流早在 20 世纪 80 年代初就已不见大麻哈鱼上溯种群。

20 世纪 80 年代，黑龙江施氏鲟、鳇主要产区位于黑龙江中游萝北县（位于同江市以上）至抚远县江段，每年也有部分种群从同江市进入松花江下游。但目前施氏鲟、鳇主要分布在抚远县江段，同江市江段已极其罕见。20 世纪 60 年代遍布黑龙江，80 年代初松花江中下游尚有记录的冷水种细鳞鲑、哲罗鲑和乌苏里白鲑，目前主要分布于黑龙江上游呼玛县以上江段。据当地渔民反映，在松花江下游已有十多年未见到施氏鲟、鳇、细鳞鲑、哲罗鲑和乌苏里白鲑。当然，这并不意味着它们（也包括未采到样本的其他鱼类）已经在该水域消失，可能是受种群数量稀少、物种濒危及捕捞网具、捕捞强度等因素所限而一时难以捕获。

6.4.2.2 渔业资源现状

1. 渔获量、现存资源量较历史仍在下降

富锦市江段是松花江下游鱼类主产区。据该市水产局统计，2007～2013 年渔获量为 200～280t，年均（226±29）t，变异系数 12.83%，表明年渔获量相对较稳定。但和该江段 1994～2000 年年均渔获量 301t 相比，年递减率 10.41%。单船年均渔获量 1994～2000 年、2007～2013 年分别为 1348kg 及 1064kg，年递减率 8.68%。每一网次的平均渔获量 1963 年为 26.5kg，1994～2000 年、2007～2013 年分别为 11.7kg 及 8.3kg，分别下降了 55.85%和 68.68%。一般鱼类资源量与年渔获量正相关，在捕捞力量与捕捞技术全面提升的今天，年渔获量的持续下降，也可反映出松花江下游鱼类资源量仍在下降的趋势。

2. 渔获物小型化、低龄化在持续

渔获物小型化具有双重含义：一是种类小型化，即鲤、鲢、草鱼、蒙古鲌等大中型鱼类被小型种类如银鲫、银鮈、䱗、红鳍原鲌等所取代；二是个体小型化，即大中型鱼类以仔鱼（未性成熟个体）出现在渔获物里，造成渔获物低龄化。富锦市江段三层刺网渔获物中，鲤平均体长小于 35cm 的个体数所占比例 1963 年为 0.4%，1982 年为 60.7%，2012 年为 73.15%；鲢体长 50～60cm 的个体数所占比例 1963 年为 73.4%，1982 年为 57.2%，2012 年为 16.39%；大中型鱼类重量比例 1963 年为 93.6%，2012 年为 44.98%。在 2012 年的渔获物中，小型鱼类重量比例为 42.72%，与大中型鱼类相当；大中型鱼类仔鱼个体数所占比例高达 77.22%。

渔获物年龄组成中，短生命周期种类以 1、2 龄群体为主，尚处于正常状态。长生命周期种类以 2、3 龄群体为主，1～3 龄群体所占比例高达 70.20%，而初次性成熟年龄以上的高龄群体所占比例低于 5%，显示出渔获物年龄结构简单化、低龄化。

3. 种群处在增长阶段，现存资源量相对丰富，但资源结构并不合理

从评估种种群年龄结构看，长生命周期、短生命周期鱼类种群中预备群体和补充群体总量（分别为 77.75%和 83.66%）都明显多于剩余群体，显示种群生产潜力较大，是正在增长着的种群。估算 2012 年鱼类以重量计的总现存资源量分别为年产量的 3.93 倍、最大持续产量的 4.8 倍，表明种群现存资源量相对丰富。同时还估算出预备群体总现存资源量为 311.92 万 kg（2819.16 万尾），在鱼类总现存资源量中所占比例为 59.94%（57.09%）。这一方面体现了种群资源量尚具增长潜力，另一方面也表明种群资源是以仔鱼群体为主，从渔业利用角度评价，其结构并不合理。

4. 捕捞方式不合理

参见 6.3.4.3。

5. 生长型捕捞过度正向补充型捕捞过度发展

参见 6.3.4.3。

从以上松花江下游的鱼类资源现状可见松花江之一斑。在损害松花江鱼类多样性的各种因素中，过度捕捞最直接、危害性最大。建议松花江休渔 8～10 年，使鱼类能有多个世代的繁衍，增加种群数量与个体尺寸。休渔结束，采用合理捕捞方式捕捞经济鱼类；对那些原本数量稀少的物种，也可避免其变为濒危物种。

6.4.3 渔业限制

1. 制定渔业法规

通常都是国家制定一个适用于全国的总渔业法规（或条例），规定国家在渔业限制和资源保护方面总的方针和基本要求。目前，我国在渔业法规建设方面，有《中华人民共和国渔业法》《中华人民共和国水生野生动物保护条例》等法规。各地区和各大渔业水域再根据国家法规的规定，结合该地区和该水域的具体情况，制定实施细则，如具体的规格、指标、措施等。国家总的法规应当是比较稳定的，而地方和各水域的法规则比较灵活、机

动，根据资源的变动情况，将有关项目诸如禁渔区、禁渔期、捕捞规格、幼鱼合法捕捞百分数等加以适当的调整[76]。

一般渔业法规中有关捕捞限制的基本内容包括以下几方面：①应当保护的渔业对象及其捕捞规格、合法的幼鱼捕捞百分数及渔获量限制；②应限制的渔具渔法及限制的细则；③关于某一水域或某一种鱼类的禁渔区及禁渔期；④关于渔业管理制度，包括渔船渔具登记、渔场分布、作业规则等。

2. 设立禁渔期和禁渔区

随着捕捞工具和技术的不断改进，人们的捕捞能力提升很快，现在世界上没有一种鱼类的增殖能力可和人类的捕捞能力相抗衡。因此，为了保护湖泊鱼类资源，维持湖泊鱼类多样性持续健康发展，除了对网具的数量和规格加以限制、改革渔具渔法外，还要根据所保护鱼类的生物学特点设置禁渔区和禁渔期。

禁渔期、禁渔区的设置主要是保护鱼类生活史中薄弱的、易被捕捞的时期和地点，特别是对亲鱼和仔鱼的保护。多数禁渔期、禁渔区的设置是为了在鱼类繁殖季节保护产卵场和亲鱼。对于产卵期、产卵场易于集中的鱼类，在其资源量不足的情况下，都应在产卵期对产卵场和亲鱼洄游通道予以保护，至少对亲鱼捕捞数量予以限制。除了对亲鱼本身进行保护外，还应对产卵场基质进行保护，如水草、砂砾等。保护期一般为几个月，对仔鱼的保护时间可以长一些。在资源严重不足时可以考虑封湖 1 年以上。实践证明，禁渔期、禁渔区的设置对渔业增殖有十分明显的效果，是确保鱼类多样性持续健康发展，实现资源可持续利用的重要措施之一[76]。

6.4.4 鱼类资源群体的管理

6.4.4.1 经济鱼类群体

鱼类作为一种可更新的水产资源，其生产、均衡、调节和更新受到环境因子，特别是捕捞和其他人类生产活动的影响。对于平衡的自然种群，其补充和生长与自然死亡相抵消；渔业开发后，由于捕捞稀疏了群体密度，提高了补充率和生长率，减少了自然死亡率，从而建立起新的平衡。因而，渔业在一定限度内是一种创造产量并促进种群更新的积极生产活动。但是，当环境变迁或捕捞强度超过种群自身调节能力时，种群自然平衡则要遭受破坏，导致资源衰竭，甚至濒临灭绝。因而对鱼类资源的不充分利用或过度捕捞，不加管理和保护都不符合人类的根本利益[24, 76, 229]。

1. 剩余渔获量模式

合理利用鱼类资源，就是希望持久地利用某一鱼类种群，在不危害种群资源再生产的前提下，获得稳定的最大渔获量（俗称最大产量），即寻求最大持续渔获量（maximum sustainable yield，MSY），人们通过对资源的科学管理，达到最适持续渔获量（optimum sustainable yield，OSY）[24]。对某一种群的合理利用要达到这一要求，关键在于控制捕捞强度。如果任何一年，从某一种群中捕捞出水的鱼类数量等于其自然增长量，种群大小基本维持不变，这一年的渔获量就是剩余渔获量（surplus yield，Y_s）或平衡渔获量（equilibrium yield，Y_e）。显然，所谓剩余渔获量，是指可以从种群中捕捞出水而又不致影响种群平衡的那部分渔获量。

剩余渔获量模式（surplus yield model，SYM）（又称剩余产量模式）的数学模型为 $Y_s = rB - (r / B_\infty)B^2$ 。式中，Y_s 为剩余渔获量，即种群处于平衡状态下的自然增长量；B 为种群生物量；B_∞ 为水域环境所能容纳的种群最大生物量（相当于环境负载量）；r 为种群密度接近于 0 时的瞬时增长率（相当于种群的内禀增长率）。

上式显示，种群处于平衡状态下 Y_s 与 B 之间呈现抛物线关系。由于 $Y_s = FB = qfB$（q 为可捕系数；f 为捕捞努力量），Y_s 随捕捞努力量 f 而增加，其最大值在 $B_\infty / 2$ 处，这时的渔获量即为最大持续渔获量。因此，可将 $B_\infty / 2$ 作为种群在自然增长量最大时的生物量。由该式得出最大持续渔获量 $Y_{\text{MSY}} = rB_\infty / 4$ 。进而由 $Y = qfB$ 得出最大持续渔获量时的最佳捕捞努力量 $f_{\text{MSY}} = r / 2q$ 。

剩余渔获量模式尚有另一表达方式：$Y = af - bf^2$ 或 $Y / f = a - bf$ 。式中，$a = qB_\infty$；$b = q^2 B_\infty / r$ 。由该式得出 $Y_{\text{MSY}} = a^2 / 4b$，$f_{\text{MSY}} = a / 2b$ 。

捕捞努力量一般可通俗地认为是全部捕捞作业量，也表示人们在某一水域、在一定时期内（年、月或渔汛等）为捕捞某些鱼类所投入的捕捞规模大小或数量，它反映了被捕捞的资源群体捕捞死亡水平的高低。可根据不同水域的捕捞手段来确定，如“每日每船每千瓦（或马力）卸鱼千克数”“吨、网次”等。应力求捕捞努力量统计的标准化，因为从捕捞现场统计的捕捞努力量数据往往不够准确。更关键的是假设的平衡渔获量是否真正处在平衡状态，如果估算的平衡渔获量与真正的种群平衡状态下的渔获量偏差较大，将会造成较大的误差甚至会得出错误的结论。因此，剩余渔获量模式的应用，只有在某一种群研究的初期，无法取得其他生物学资料或积累的资料不多，而只有渔获量和捕捞努力量的资料时，才可以谨慎地运用。

应用剩余渔获量模式，著者对不同时期松花江下游富锦市江段 12 种主要经济鱼类银鲫、鲤、鳘、细鳞鲴、银鲴、鲢、草鱼、瓦氏雅罗鱼、红鳍原鲌、蒙古鲌、花䱻和黄颡鱼种群合理利用的相关参数进行了估算。

（1）估算方法　表 6-31 为不同时期该江段捕捞作业情况的相关数据，对此进行回归分析，得到不同时期的 $Y \to f$ 关系式。通过式 $Y = af - bf^2$ 估算 12 种鱼类种群在富锦市江段的最大持续渔获量 Y_{MSY}、最大持续渔获量时的年捕捞努力量 f_{MSY}、单位捕捞努力量渔获量 $Y_{\text{MSY}} / f_{\text{MSY}}$ 和年渔获量等于 0 时的年捕捞努力量 $f_{y=0}$ 。其中，$Y_{\text{MSY}} / f_{\text{MSY}} = a / 2b$，$f_{y=0} = a / b$ 。

通过式 $F' = qf'$、$f_{\text{MSY}} = a / 2b = r / 2q$、$Y_{\text{MSY}} = a^2 / 4b = rB_\infty / 4b$ 及 $X_{\text{MSY}} = B_\infty / 2$，估算 12 种鱼类种群在富锦市江段的总环境负载量 B_∞、种群平均内禀增长率 r 和最大持续渔获量时的种群资源量 X_{MSY}，其数学模型分别为 $B_\infty = af' / F'$、$r = aF' / bf'$ 及 $X_{\text{MSY}} = af' / 2F'$。式中，$q$、$F'$、$f'$ 分别为 12 种鱼类种群的平均可捕系数、捕捞死亡系数的加权平均值和年平均捕捞努力量。

表 6-31 松花江下游富锦市江段不同时期的捕捞作业情况

年份	*A*	*B*	*f*	*Y*	*Y/f*	年份	*A*	*B*	*f*	*Y*	*Y/f*
1970	19	147	2 793	328 066	117.46	1987	229	129	29 541	1 540 859	52.16
1971	21	139	2 919	503 302	172.33	1988	242	130	31 460	1 634 032	51.94
1972	31	146	4 526	1130 323	249.74	2000	21	119	2 499	188 025	75.24
1973	27	145	3 915	102 471	261.71	2001	19	128	2 432	166 738	68.56
1974	33	146	4 818	917 492	190.43	2002	22	119	2 618	211 011	80.60
1975	28	148	4 144	1366 733	329.81	2003	23	124	2 852	267 176	93.68
1976	29	147	4 263	2317 580	543.64	2004	23	123	2 829	266 124	94.07
1977	32	148	4 736	1065 458	224.97	2005	27	120	3 240	311 396	96.11
1978	26	151	3 926	889 200	226.49	2006	27	128	3 456	178 088	51.53
1979	27	152	4 104	725 628	176.81	2007	26	114	2 964	150 127	50.65
1980	52	147	7 644	538 826	70.49	2008	32	117	3 744	195 849	52.31
1981	35	132	4 620	334 349	72.37	2009	23	124	2 852	120 953	42.41
1982	71	136	9 656	642 703	66.56	2010	29	124	3 596	145 242	40.39
1983	93	129	11 997	979 195	81.62	2011	28	122	3 416	110 713	32.41
1984	103	132	13 596	1 261 573	92.79	2012	25	119	2 975	112 098	37.68
1985	148	133	19 684	1 848 721	93.92	2013	29	123	3 567	113 145	31.72
1986	164	131	21 484	2 097 483	97.63						

注：*A*、*B* 分别为该江段全年从事捕捞作业的渔船数量（只）和平均作业时间（日）；*Y* 为该江段 12 种鱼的全年渔获量（kg），根据 2013 年在渔获物中所占比例 78.6%，从当地水产部门提供的总渔获量中分离获得；*f* 为该江段全年捕捞努力量（只・日）；*Y/f* 为该江段全年单位捕捞努力量渔获量[kg/（只・日）]

根据 2013 年总渔获量中 12 种鱼类所占比例（78.6%），推算该江段全部鱼类种群的最大持续渔获量、年最大持续渔获量时的单位捕捞努力量渔获量、最大持续渔获量时的种群资源量和环境负载量。

（2）估算结果

1）1970～1988 年：这一时期的 $Y \rightarrow f$ 关系数学模型为 $Y = 169.773f - 4.5\times10^{-3}f^2$ $(r^2 = 0.27)$。由该式估算结果为 $Y_{\mathrm{MSY}} = 1\,601\,271\mathrm{kg}$，$f_{\mathrm{MSY}} = 18\,864$(只・日)，$Y_{\mathrm{MSY}}/f_{\mathrm{MSY}} = 84.89\mathrm{kg}$/(只・日)，$f_{y=0} = 37\,727$(只・日)，$q = 5.755\times10^{-5}$，$r = 2.171$，$B_{\infty} = 2\,949\,917\mathrm{kg}$，$X_{\mathrm{MSY}} = 1\,474\,958\mathrm{kg}$；年最大持续渔获量 2 037 220kg，相应的单位捕捞努力量渔获量 108.00kg/(只・日)，种群资源量 1 876 537kg，环境负载量 2 753 075kg。

2）2000～2013 年：这一时期的 $Y \rightarrow f$ 关系数学模型为 $Y = 114.573f - 2.145\times10^{-2}f^2$ $(r^2 = 0.28)$。由该式估算结果为 $Y_{\mathrm{MSY}} = 152\,995\mathrm{kg}$，$f_{\mathrm{MSY}} = 2671$（只・日），$Y_{\mathrm{MSY}}/f_{\mathrm{MSY}} = 57.28\mathrm{kg}$/(只・日)，$f_{y=0} = 5341$（只・日），$q = 1.871\times10^{-4}$，$r = 0.999$，$B_{\infty} = 612\,517\mathrm{kg}$，$X_{\mathrm{MSY}} = 306\,259\mathrm{kg}$；年最大持续渔获量 194 650kg，相应的单位捕捞努力量渔获量 72.88kg/(只・日)，种群资源量 389 642kg，环境负载量 779 284kg。

以上结果显示，2000 年以来松花江下游鱼类种群最大持续渔获量、年最大持续渔获量时的单位捕捞努力量渔获量、最大持续渔获量时的种群资源量和环境负载量，同 20 世纪七八十年代相比，都呈现下降趋势。

2. Beverton-Holt 模式

Beverton-Holt 模式（Beverton-Holt's model）的数学模型为

$$Y/R = FW_{\infty}\exp\ (t_0 - t_c)\ M \times \sum_{n=0}^{3} \Omega_n \exp\ (t_r - t_c)\ nk$$
$$\times \left[1 - \exp(F + M + nk)\ \ (t_c - t_\lambda)\right] / (F + M + nk)$$

式中，Y、R、Y/R、Ω_n、M、F、t_λ、t_r、t_c、k、t_0、W_∞ 所代表的意义及 Ω_n 的取值均同 6.3.4.2。通过“迭代法”计算 t_c 与 Y/R 的关系，可知二者近似为抛物线关系。随着开捕年龄推迟，渔获量逐渐上升，但当 t_c 达到一定值时渔获量开始下降，抛物线拐点所对应的 t_c 即为最佳开捕年龄，此时的渔获量最高[24]。

同样，F 与 Y/R 的关系也为近似的抛物线关系。在 F 值较小时，随着 F 的增加，渔获量上升；F 达到一定值之后，渔获量又开始下降。不同的 t_c 有各自的渔获量峰值，峰值所对应的 F 即为最适捕捞强度。因此，用 Beverton-Holt 模式可讨论捕捞强度（决定 F 的大小）和网目尺寸（决定 t_c 的大小）变化对种群捕捞量的影响，为制定各项具体管理措施，如禁渔期、禁渔区、最小捕捞规格、网目尺寸的规定及限制捕捞力量、限额捕捞等提供理论依据。

从上述松花江下游鱼类资源量的评估结果可以看出，当前松花江下游的经济鱼类种群以预备群体为主体，种群增长潜力较大，鱼类现存资源量相对丰富，且有进一步增长的潜力。但不合理的捕捞方式使资源开发率较高，正由生长型捕捞过度向补充型捕捞过度发展，资源数量与质量较历史仍在下降。

因此，建议将当前的最佳开捕年龄（t_c）推迟到高于初次性成熟年龄 1 龄。在此条件下以最大持续产量作为年捕捞产量（Y_i），以预备群体与补充群体的现存资源量作为种群的年均补充量（R_i），采用合理捕捞模式下评估种的 F_i 值，从而达到捕捞努力量（决定 F_i 的大小）和渔网网目尺寸（决定 t_c 的大小）匹配适当、年捕捞产量合理的最佳渔业状态。结果表明，在调整后的合理捕捞模式下，银鲫、鲤、䱗、银鲴、鲢、蒙古鲌、花䱻和黄颡鱼的 F_i 值分别为 0.038、0.091、0.241、0.178、0.133、0.105、0.254 和 0.073，均低于当前值；草鱼、细鳞鲴、瓦氏雅罗鱼和红鳍原鲌分别为 0.363、0.700、2.000 和 4.010，则均高于当前值（表 6-32）。这表明在提高捕捞年龄和网目尺寸的条件下，减小银鲫、鲤、䱗、银鲴、鲢、蒙古鲌、花䱻和黄颡鱼的捕捞强度及加大草鱼、细鳞鲴、瓦氏雅罗鱼和红鳍原鲌的捕捞强度，可充分利用剩余群体资源获得最大持续产量，从而实现种群资源保护与渔业可持续发展的双赢目的。

表 6-32 合理捕捞模式下主要经济鱼类的最佳开捕年龄与捕捞死亡系数

鱼类	t_c/龄	数学模型	F	F/R 最大值
鲤	5	$Y/R = 2735.299F \times \sum\left[\frac{\Omega_n(0.363^n - 0.857 \times 0.135^F \times 0.249^n)}{F + 0.188n + 0.077}\right]$	0.091	142.266

续表

鱼类	t_c/ 龄	数学模型	F	F/R 最大值
草鱼	6	$Y/R=1920.01F\times\sum\left[\frac{\Omega_n(0.185^n-0.759\times0.368^F\times0.135^n)}{F+0.321n+0.275}\right]$	0.363	304.280
银鲴	3	$Y/R=256.203F\times\sum\left[\frac{\Omega_n(0.145^n-0.757\times0.368^F\times0.086^n)}{F+0.523n+0.279}\right]$	0.178	15.443
鲢	5	$Y/R=9872.887F\times\sum\left[\frac{\Omega_n(0.614^n-0.739\times0.135^F\times0.459^n)}{F+0.108n+0.151}\right]$	0.133	176.780
花鲳	5	$Y/R=868.873F\times\sum\left[\frac{\Omega_n(0.359^n-1.056\times0.368^F\times0.299^n)}{F+0.183n+0.054}\right]$	0.254	24.420
黄颡鱼	5	$Y/R=498.876F\times\sum\left[\frac{\Omega_n(0.598^n-0.784\times0.050^F\times0.469^n)}{F+0.081n+0.081}\right]$	0.073	8.940
银鲫	3	$Y/R=680.390F\times\sum\left[\frac{\Omega_n(0.394^n-0.575\times0.018^F\times0.199^n)}{F+0.170n+0.138}\right]$	0.038	26.395
蒙古鲌	5	$Y/R=775.394F\times\sum\left[\frac{\Omega_n(0.274^n-0.892\times0.135^F\times0.181^n)}{F+0.207n+0.057}\right]$	0.105	65.446
鳘	3	$Y/R=103.176F\times\sum\left[\frac{\Omega_n(9.643^n-0.825\times0.365^F\times3.821^n)}{F+0.926n+0.193}\right]$	0.241	20.145
细鳞鲴	5	$Y/R=132.205F\times\sum\left[\frac{\Omega_n(0.115^n-0.804\times0.368^F\times0.075^n)}{F+0.431n+0.219}\right]$	0.700	44.105
红鳍原鲌	3	$Y/R=104.249F\times\sum\left[\frac{\Omega_n(0.761^n-0.610\times0.368^F\times0.655^n)}{F+0.149n+0.495}\right]$	4.010	13.867
瓦氏雅罗鱼	4	$Y/R=988.058F\times\sum\left[\frac{\Omega_n(0.837^n-0.874\times0.135^F\times0.771^n)}{F+0.041n+0.068}\right]$	2.000	96.895

需要指出的是，在一般淡水湖泊中，某一鱼类种群只是处于复杂食物网当中的一个环节，它的数量消长必然导致整个食物网的各种量的变化。因此，在当前状态与模型计算的理想状态相距较远时，应该充分考虑 t_c 变大或变小而使该种群数量激增所产生的影响，特别是饵料保障程度的变化。此时不应把计算的最大渔获量看得很重，重要的是捕捞规格和捕捞强度应该调整的方向。

另外，我国淡水渔业中鱼类的自然死亡系数 M 没有很好地解决，多数情况下是利用国外一些经验公式计算，特别是利用国外海洋鱼类研究中所获得的经验公式计算。我国湖泊多以鲤科鱼类为主要渔业对象，很多湖泊还放养大量的滤食性鱼类（如鲢、鳙等），这些鱼类与国外内陆水域的鱼类及海洋里的一些鱼类在种群生物学上的差别需要认真研究。

3. 生物经济模式

利用生物经济模式（bio-economic model），可从渔业经济学角度对种群实施经济管理。

主要数学模型为$U = P(af - bf^2) - Cf$、$f_{ECO} = a/2b - C/2bP$、$Y_{MEY} = a^2/4b - C^2/4bP^2$及$U_{MER} = (Pa - C)^2/4bP$[24]。式中，$U$为捕捞利润；$P$为鱼的单价；$C$为单位捕捞成本；$Y_{MEY}$为最大经济渔获量（maximum economic yield，MEY）；U_{MER}为最大经济利润（maximum economic rent，MER）；a、b所代表的意义同6.4.4.1所述。

通过比较发现，$f_{ECO} < f_{MSY}$，$Y_{MEY} < Y_{MSY}$。进一步研究总成本$T_C \to f$曲线（$T_C = Cf$）和总收益$T_R \to Y$曲线（$T_R = PY$），结果表明，虽然MSY出现在$T_R \to Y$曲线的最高点，但这时的利润并非最大，而Y_{MEY}尽管低于Y_{MSY}，但利润最大。

综上所述，当把成本和收益考虑在内时，MSY理论就不再是指导种群经营管理的唯一理论了。因为，若以MSY为管理目标，就需要投入较多的捕捞努力量，以获取MSY，其代价是增加成本、降低经济利润。然而，如果以MER为管理标准，就需要把捕捞努力量压缩到获取MEY的水平，使成本降低到最低水平。生物经济模式中MER所获取的MEY < MSY，对种群所起到的生态保护作用比MSY更加保险，是显而易见的，因而也更适用于指导种群的合理利用。

6.4.4.2　害鱼种群的管理

1. 渔业利用

相对而言，害鱼是指对渔业生产有害的鱼类，包括以鱼类为食的凶猛鱼类和经济价值低劣而又与经济鱼类竞争饵料的小型杂鱼。湖泊中的凶猛鱼类对经济鱼类的危害程度有限，且能明显抑制小型杂鱼，这对降低湖泊鱼类种群密度（尤其是被捕食者），避免经济鱼类密度过大起到一定作用，同时，对阻止湖泊鱼类“小型化”，优化鱼类群落结构，提高渔业经济效益也具有显著作用。凶猛鱼类大多数均是高值经济鱼类，其价格远高于常规食用鱼。因此，应适当地、有限度地在湖泊中保存一定数量的凶猛鱼类；还应就地养殖开发，并结合旅游业的开发，发展游钓业[76]。

凶猛鱼类有时又的确给人们带来有益的影响。例如，在新疆，把梭鲈引入有河鲈生存的湖泊，由于梭鲈喜欢捕食河鲈，而不食鲤，对东方欧鳊也只有在大量繁殖时才捕食。在这些湖泊引入梭鲈，可帮助其他经济鱼类增长。在俄罗斯的一些湖泊（包括水库）中，鲤、东方欧鳊产量占70%，梭鲈占14%，其他杂鱼占3%，比未引入梭鲈的湖泊（鲤、东方欧鳊18%，杂鱼36%）具有更大的经济效益。在我国一些湖泊中，既然对凶猛鱼类束手无策，就引入另一些凶猛鱼类，特别是投放一些在湖泊中无条件繁殖的凶猛鱼类，采取“以毒攻毒”的策略也是一个办法。

湖泊小型杂鱼资源均具有一定的开发潜力，可通过适度控制凶猛鱼类捕捞规格，调节鱼类种群结构，使一部分难以捕捞的小型杂鱼转变成能够上市的大中型经济鱼类，增加湖泊渔业产量和经济效益。也可以把小型杂鱼加工成鱼粉作为饲料添加剂，提高配合饲料中蛋白质的含量，从而探索出新的饲料动物蛋白源。此外，还可将小型杂鱼加工成食品，可促进人类尤其是儿童对钙的吸收。

2. 因地制宜，区别管理

湖泊小型杂鱼大都个体较小，生长较慢，既是低效率的生产者，又是低经济价值的水产品。但它们又都是食谱较广、食物链较短且繁殖能力极强的鱼类，在某些条件下，对于发挥湖泊生产性能、增加鱼产量可以起到一定作用。对于它们在湖泊渔业中的实际价值，应结合湖泊经营方式及经营水平，区别不同种类，具体分析。

如果一个湖泊的渔业是以经营肉食性鱼类为主的(我国目前这样的湖泊渔业水域尚不多见)，则小型杂鱼理所当然是该湖泊鱼类区系组成的重要成分，应适当地加以保护。即便是以温和性鱼类为主的放养型湖泊，如果放养量严重不足，则这些小型杂鱼（特别是䱗类）的存在对于提高湖泊渔业总产量也有积极意义，就应当有选择、有限度地加以保护。而在合理经营的放养型湖泊渔业中，为追求尽可能高的饵资源利用效率、鱼类产量和产值，应将小型杂鱼作为养殖鱼类的竞争者而加以大力压制，将其种群控制在最低水平之下。

红鳍原鲌食鱼卵，对小型杂鱼的抑制作用不甚明显，而且其肉质较差、生长缓慢、经济价值不高，因此应尽可能对其种群数量加以限制。还有一些湖泊虾类资源较丰富，其产量在渔业总产量中占有相当的比例，对湖泊经济效益的贡献率也较高，这类湖泊应将䱗类作为敌害而大力清除。

3. 种群控制

东北地区的渔业型湖泊沼泽湿地大多数为放养型，存在大量的害鱼，往往对经济鱼类构成一定的危害。凶猛鱼类的主要危害表现在以下几个方面。

1）延长食物链，降低水域鱼产力：凶猛鱼类捕食其他经济鱼类，根据能量传递规律，食物链每增长一级，鱼产量就将减少 90%。

2）降低放养效果：人工放养的鲢、鳙喜欢集群，在规格小、数量多的情况下（如刚刚投放的一段时间)，很容易被肉食性鱼类大量摄食，从而使其放养成活率降低，直接影响成鱼产量，造成经济损失。

3）影响自然增殖：鲤、鲫等能在湖泊自然繁殖的经济鱼类，由于凶猛鱼类的大量吞食，其生存与种群发展受到影响。这往往是鱼产量下降的重要原因之一。

小型杂鱼食性广泛，环境适应能力、争饵能力和繁殖力均较强，在毫无控制的情况下，种群数量往往会迅速发展，大量吞食经济鱼类的卵，与经济鱼类争夺饵料、溶解氧及生存空间。随着湖泊渔业的发展，放养量的逐年增加，害鱼种群若不加以控制，势必会影响放养鱼类的增长和自然鱼类的增殖。

6.4.4.3 通江湖泊沼泽的鱼类资源管理

1. 通江湖泊沼泽与松嫩平原江-湖复合生态系统

东北地区的通江湖泊沼泽主要分布在松嫩平原水网区。嫩江上游流经大兴安岭，中下游进入广阔的松嫩低平原后，开始穿行于松嫩平原湖泊沼泽区，河道迂回、江湖连通、水网纵横、水流平缓。追溯到中生代松嫩平原在断陷盆地的基础上发展起来，至早更新世松嫩古大湖形成以来，古东辽河、古西辽河、洮儿河、嫩江、松花江干流、第二松花江等河流流向该湖盆，形成向心状古松嫩水系。湖盆的唯一出口位于东北方向流向三江平原的古松花江干流。自晚更新世以来，松嫩古水文网发生了重大变迁，河道多次迂回游荡，在新构造运动下沉地区遗留下来的古河床、河曲带不断积水，水面逐渐扩大进而形成湖泊沼泽[6, 41, 42, 240]。

现今松嫩平原的湖泊沼泽大都是外流型河成湿地，直接或间接与松花江和嫩江相通，仍保持着与河流的水力联系，习称通江湖泊。这些湖泊与松花江和嫩江中下游干、支流共同构成一个完整的松嫩平原江-湖复合生态系统。在江-湖复合生态系统中，河道与其通江湖泊作为不同生态类型的环境单元，发挥着各自的生态功能，两者是密不可分的。河道的流水环境通常具有较高的溶解氧浓度，但营养物质和饵料生物资源贫乏；湖泊则通常具有较高的初级生产力，支撑着水生态环境食物网的各个环节。松嫩平原具有东亚季风气候特征，6～8 月降雨集中，占全年降水量的 70%～80%，江河呈现季节性泛滥。松嫩平原湖沼即为汛期洪水入海（通过松花江干流注入黑龙江中游而最终流入鄂霍次克海）前的滞留场所，是典型的季节性泛滥平原。晚更新世以来古松嫩平原的湖泊面积大大缩小，分割成星罗棋布的小湖泊，但代之以河流不断发育。进入全新世后，河流发育仍在持续。河流发育的同时，也对沼泽发育提供了有利条件。这期间由于没有发生大的地质构造运动，松嫩平原的河流发育基本仍以冲淤为主。目前松嫩平原的湖泊绝大多数是在河流发育过程中，泥沙淤积和水流冲刷交互作用而形成的河成湖。这些湖泊的寿命都很短暂，形成之后在数百至数千年甚至几十年内因泥沙淤积而消亡。旧的湖泊消亡的同时，往往伴随着新的湖泊形成，嫩江干、支流本身也因冲淤而不断改道，留下九曲十八弯的古河道特征。因此，在自然历史上，松嫩平原河流、湖泊与地貌环境虽然处在不断变化之中，但并未改变泛滥平原的基本特征[240, 241]。

入人类历史后，这种自然形成的河湖演化变迁状况，随人类干预自然能力的加强而被不断削弱，松嫩平原的湖沼泛滥区域也被人类修建的堤坝约束在有限的范围之内。长期以来，人类活动对江-湖复合生态系统的不利影响主要表现在对湖泊及其肥沃的季节性淹没区的围垦蚕食，这种围湖造田的做法在现代社会尤为剧烈。此外，沿江水利工程建设，目前除嫩江下游附属湖泊茂兴湖群中的几个湖泊外，其余湖泊原有的通江河道上均已建节制闸，并将湖泊原来的洪泛区通过围堤建坝改造成为人工放养场。从渔业的角度，江-湖之间建闸阻隔了鱼类的洄游通道，故称这些湖泊为阻隔湖泊。但从水力学的角度，闸坝并没有完全隔断江湖之间水的交换，这些湖泊仍可称为通江湖泊。

和长江中下游地区的通江湖泊一样，人类活动造成的江-湖复合生态系统环境结构的变化，相对于漫长的自然历史，只是极为短暂的瞬间。这个变化对于与环境共同演化，并产生了适应性的生物群落会有多大的影响，以及如何恢复江湖复合生态系统的结构和功能，是我们应当高度关注的问题[241]。

2. 通江湖泊沼泽湿地的渔业意义

（1）与种群结构的关系　松嫩平原江-湖复合生态系统的鱼类群落结构包含有河海洄游型鱼类、江-湖洄游型鱼类、河流型鱼类和定居型鱼类 4 个生态类群。河海洄游型鱼类只有日本七鳃鳗，为降河洄游型种类。江-湖洄游型鱼类以青鱼、草鱼、鲢、瓦氏雅罗鱼、拉氏鲅、尖头鲅、花江鲅、拟赤梢鱼、翘嘴鲌、蒙古鲌、鳊、花䱻、鳡、东北鳈、克氏鳈、黑龙江花鳅、花斑副沙鳅、圆尾斗鱼等为典型代表，这些物种形成了在湖泊生长育肥、在江河流水环境繁殖的习性，对江-湖复合生态环境具有良好的适应性，是主要的渔业对象。河流型鱼类是指主要在江河干、支流的流水环境中生活，极少进入湖泊的种类，如哲罗鲑、细鳞鲑、黑龙江茴鱼、真鲅、东北颌须鮈、凌源鮈、犬首鮈、细体鮈、高体鮈、银鮈、兴凯银鮈等物种。定居型鱼类是指能够在局部水域完成生活史的鱼类，如鲤、银鲫、黄颡鱼、乌苏拟鲿、鲇、怀头鲇、乌鳢、葛氏鲈塘鳢、黄黝鱼、银鲴、湖鲅、鳘、贝氏鳘、红鳍原鲌、大鳍鱊、黑龙江鳑鲏等，由于其对环境的适应能力强，分布较广泛，种群数量也较丰富，常成为商业性渔获量的重要成分。

（2）与种群发展的关系　在江-湖复合生态系统中，河道为流水环境繁殖的鱼类提供了繁殖场所和必要的水文条件，但由于缺乏饵料，不可能单独维持较大的鱼类种群生物量，鱼苗孵化后需要进入通江湖泊索饵育肥。为了适应江河的季节性泛滥，松嫩平原的鱼类主要在六七月份繁殖，这样可以保证后代适时进入通江湖泊，并摄取到足够的食物生长至秋季，确保长至足够规格以备越冬。由于洪水的季节性泛滥，通江湖泊具有大面积植被覆盖良好的季节性淹没区，不仅支持了水生态系统食物网，也为产黏性卵的鱼类提供了产卵基质，并为幼鱼提供了躲避敌害的庇护生境。因此，除了河流性鱼类之外的其他鱼类，也都与湖泊环境有着较为密切的联系[241]。

（3）与种群数量的关系　鱼类种群在演化过程中为保持繁荣发展，适合于不同的栖息环境，在生活史策略方面，必然是采取两种生态对策：一种是朝着增大 r 值（种群中每一个体的增长率——内禀增长率）的方向进化；另一种是朝着增大 K 值（种群数量在环境允许下所达到的饱和数量——环境承载量）的方向进化。这就是 r-型和 K-型对策理论。这两种不同生活史对策的选择，适应于不同的栖息环境，具有一系列不同的生物学特性，在种群动态方面也构成了两类互不相同的模型。硬骨鱼类在生态学类型上一般属于 r-对策者，其特点是：个体小、寿命短；栖息环境往往多变、不稳定；它们通过提早性成熟、缩短世代时间和提高净繁殖率来提高 r 值；死亡率通常是非密度制约、突发性的，种群数量经常处在激烈变动之中。但是在种群遭受过度死亡之后，由于 r 值较大，通常会很快恢复到较高的密度[241]。

松嫩平原通江湖泊的鱼类在生态学类型上也都属于 r-对策者，其生存策略是通过大量繁殖后代来保证种群持续发展，当环境条件不利时，仔鱼具有极高的死亡率。食物缺乏往往是仔鱼死亡的重要原因。通江湖泊作为松嫩平原鱼类的主要索饵场所，其环境容纳量的大小，往往也是鱼类种群资源量大小的主要限制因素。因此，通江湖泊对维持松嫩平原鱼类物种多样性和渔业资源种群丰度具有特别重要的意义。

3. 鱼类资源管理对策

（1）控制捕捞　一直以来，松嫩平原江、湖渔业捕捞强度有增无减，说明在执法力度与措施和公众教育方面还有待加强。禁渔区全面禁捕是一个最为有效的措施，但不同鱼类所要求的禁捕时间和地点是不同的。目前除了少数自然保护区外，沿江（湖）各地的禁捕仅在繁殖季节进行，过了繁殖季节即全面开捕。有时为了弥补禁捕期间所影响的产量，开捕后实行新一轮的狂捕，这使得禁捕成效大打折扣。这种措施对生活史较短的鱼类，或洄游型鱼类可能有较好的效果。但对生命周期较长的种类，由于没有性成熟群体补充的机会，则保护效果较差。松嫩平原鱼类（包括经济鱼类和非经济鱼类）的性成熟年龄大都在 3～5 龄，为了切实保护这些鱼类物种资源，应在它们经常集群的水域划定常年的禁渔区。

限制最小捕捞规格的主要目的是保护经济鱼类仔鱼，但松嫩平原鱼类群落结构复杂，不同种类的仔鱼大小规格差异很大，又没有针对性的渔具渔法，故实际操作较困难。此外，江河鱼类资源越来越少，渔民追求捕捞效益，导致网眼越捕越密、鱼越捕越小的恶性循环。对此要禁止有害渔具使用，控制渔具数量，花大气力提高渔民素质，使他们产生保护资源的自觉性。

（2）生态环境建设与资源增殖

1）研究退田还湖措施：和长江中下游地区的通江湖泊一样，松嫩平原江-湖复合生态系统的衰退和景观破碎化，其主要原因是围垦和江湖阻隔。因此，应认真研究有条件的退田还湖措施，改善江湖与河道之间的鱼类交流途径，恢复江-湖复合生态系统的完整性，发挥其生态功能。这不仅是为了鱼类，也是为了人类自己的利益。实际上，湖区洪涝灾害频发，就是由于湖泊的调蓄功能被削弱了[241]。

2）研究切实可行的方法缓解阻隔湖泊的沼泽化进程。

3）加强人工繁殖放流：目前每年放流松花江和嫩江的主要经济鱼类和珍稀濒危鱼类幼鱼数量超过 1 亿尾，包括野生鲤、银鲫、鳊、鳜、花䱻等，对改善松嫩平原鱼类资源状况起到了一定的作用。

4）进一步加强与繁殖放流有关的基础工作：繁殖放流的同时也发现与人工繁殖放流有关的工作，如鱼类的繁殖生物学、人工繁殖技术研究等尚存在一定的问题，也需要进一步加强这方面的基础工作。

5）应加强鱼类资源动态监测，以便及时制定和调整资源利用和增殖保护对策。

（3）协调渔业发展与湿地保护的关系　湿地保护与社会经济协调发展广受关注。1998 年特大洪灾之后，国务院提出的“封山植树；退耕还林；平垸行洪；退田还湖；以工代赈；移民建镇；加固干堤；疏浚河湖”方针，就是建立在生态保护基础上的湿地恢复、保护和经济建设协调发展的总体框架。

江-湖复合生态系统曾孕育了松嫩平原丰富的湿地资源环境和鱼类多样性，而该区历史悠久的渔业也得益于江-湖复合生态系统中的渔业生态资源。而今，这一切正随着以牺牲湿地为代价的渔业的发展而逐渐衰退。

近些年的调查结果表明，松嫩平原发展养殖渔业具有“天时、地利、人和”的综合优势，是遏制江-湖复合系统退化、鱼类资源衰退、实施“退田还湖、平垸行洪”等湿地恢复过程中经济建设的首选替代产业。因此，建议建立以养殖为主体的“松嫩湿地养殖渔业产业带”，以促进通江湖泊渔业持续健康的发展并恢复江-湖复合生态系统的协调局面。

参 考 文 献

[1] 赵魁义. 中国沼泽志. 北京：科学出版社，1999.

[2] 解玉浩. 东北地区淡水鱼类. 沈阳：辽宁科学技术出版社，2007.

[3] 董崇智，李怀明，牟振波，等. 中国淡水冷水性鱼类. 哈尔滨：黑龙江科学技术出版社，2001.

[4] 乐佩琦，陈宜瑜. 中国濒危动物红皮书·鱼类. 北京：科学出版社，1998.

[5] 王苏民，窦鸿身. 中国湖泊志. 北京：科学出版社，1998.

[6] 中国水产科学研究院黑龙江水产研究所，黑龙江省水产总公司. 黑龙江省渔业资源. 牡丹江：黑龙江朝鲜民族出版社，1985.

[7] 夏重志，姜作发. 镜泊湖蒙古红鲌的种群特征及其对放养鱼种的影响. 淡水渔业，1993，23（3）：13-16.

[8] 苏国栋，于保群，任东升. 五大连池渔业资源现状及开发利用. 水产学杂志，1996，9（2）：85-88.

[9] 任慕莲. 黑龙江鱼类. 哈尔滨：黑龙江人民出版社，1981.

[10] 金志民，杨春文，刘铸，等. 牡丹江鱼类资源调查. 安徽农业科学，2010，38（3）：1289-1290，1316.

[11] 任慕莲，任波. 镜泊湖细鳞斜颌鲴生长的研究. 水产学杂志，1995，8（1）：13-17.

[12] 赵吉伟，战培荣，刘永，等. 兴凯湖兴凯鲌渔业生物学研究. 水产学杂志，2002，15（2）：21-25.

[13] 旭日干. 内蒙古动物志（第1卷 圆口纲 鱼纲）. 呼和浩特：内蒙古大学出版社，2011.

[14] 缪丽梅，张笑晨，张利，等. 呼伦湖渔业资源调查评估及生态修复技术. 内蒙古农业大学学报（自然科学版），2014，35（4）：1-9.

[15] 呼伦湖渔业有限公司. 呼伦湖志（续志二）. 海拉尔：内蒙古文化出版社，2008.

[16] 缪丽梅，刘鹏斌，张笑晨，等. 达里湖水质和生物资源量监测及评价. 内蒙古农业科技，2013，（6）：53-55.

[17] 郑水平，彭本初，新建，等. 查干淖尔鱼类组成及区系分析. 内蒙古农业科技，2002，（1）：31-32.

[18] 张建华，新建，郑水平，等. 锡盟小查干淖尔水质现状及变化情况研究. 内蒙古农业科技，2001，（5）：30-31.

[19] 张春光，赵亚辉，邢迎春，等. 中国内陆鱼类物种与分布. 北京：科学出版社，2016.

[20] 关玉明. 内蒙古锡林郭勒高原东半部内陆水系的鱼类. 内蒙古师范大学学报（自然科学汉文版），1992，（4）：45-49.

[21] 解玉浩，唐作鹏，朴笑平. 达里湖瓦氏雅罗鱼的生物学. 动物学研究，1982，3（3）：235-244.

[22] 史为良. 我国某些鱼类对达里湖碳酸盐型半咸水的适应能力. 水生生物学集刊，1981，7（3）：359-369.

[23] 陈大刚. 渔业资源生物学. 北京：中国农业出版社，1997.

[24] 殷名称. 鱼类生态学. 北京：中国农业出版社，1995.

[25] 刘建康. 高级水生生物学. 北京：科学出版社，1999.

[26] 杜金瑞. 梁子湖乌鳢的生物学. 水生生物学集刊，1962，（2）：54-66.

[27] 曹文宣. 梁子湖的团头鲂与三角鲂. 水生生物学集刊，1960，（1）：57-67.

[28] 刘建康. 梁子湖的自然环境及其渔业资源问题//太平洋西部渔业研究委员会. 太平洋西部渔业研究委员会第六次全体会议论文集. 北京：科学出版社，1966.

[29] 刘建康. 东湖生态学研究（一）. 北京：科学出版社，1990.

[30] 刘建康. 东湖生态学研究（二）. 北京：科学出版社，1995.
[31] 易伯鲁，章宗涉，张觉民. 黑龙江流域水产资源的现状和黑龙江中上游径流调节后的渔业利用. 水生生物学集刊，1959，(2)：97-118.
[32] 张觉民. 黑龙江水系渔业资源. 哈尔滨：黑龙江人民出版社，1986.
[33] 张堂林，李钟杰. 鄱阳湖鱼类资源及渔业利用. 湖泊科学，2007，19（4）：434-444.
[34] 胡军华，胡慧建. 西洞庭湖鱼类物种多样性及其时空变化. 长江流域资源与环境，2006，15（4）：434-441.
[35] 孙菁煜，戴小杰，朱江峰，等. 淀山湖鱼类多样性分析. 上海海洋大学学报，2007，16（5）：454-459.
[36] 李立银，倪朝辉，李云峰，等. 涨渡湖渔业资源及鱼类多样性状况研究. 淡水渔业，2006，36（2）：18-23.
[37] 尹学伟. 蠡湖鱼类群落结构及物种多样性的空间特征. 云南农业大学学报（自然科学版），2010，25（1）：22-28.
[38] 朱松泉. 2002～2003 年太湖鱼类学调查. 湖泊科学，2004，16（2）：120-124.
[39] 施炜刚，刘凯，张敏莹，等. 春季禁渔期间长江下游鱼虾蟹类物种多样性变动（2001～2004 年）. 湖泊科学，2005，17（2）：169-175.
[40] 吕金福，李志民，冷雪天，等. 松嫩平原湖泊的分类与分区. 地理科学，1998，18（6）：524-530.
[41] 裘善文. 中国东北地貌第四纪研究与应用. 长春：吉林科学技术出版社，2008.
[42] 杨富亿，吕宪国，娄彦景，等. 松嫩湖群鱼类群落多样性. 生态学报，2015，35（4）：1022-1036.
[43] 李思忠. 中国淡水鱼类的分布区划. 北京：科学出版社，1981.
[44] 王玲. 连环湖水域大银鱼移殖、增殖方式及技术措施. 黑龙江水产，2009，(4)：35-36.
[45] 宫慧鼎，李瑞艳，赵忠琦，等. 扎龙湖渔业资源现状及其利用的探讨. 中国水产，2000，292（3）：22-23.
[46] 张卓，史玉洁，梁秀芹，等. 扎龙自然保护区渔业资源状况及渔业环境保护. 黑龙江水产，2006，(1)：37-39.
[47] 朱世龙，孙贵江，宫会顶. 扎龙湖饵料生物组成鱼产力及其渔业利用的探讨. 黑龙江水产，2000，(2)：27-28.
[48] 杨富亿，吕宪国，娄彦景，等. 松嫩平原湖泊鱼类群聚结构. 湖泊科学，2010，22（6）：842-851.
[49] 覃林. 统计生态学. 北京：中国林业出版社，2009.
[50] 马克平. 生物群落多样性的测度方法 I α 多样性的测度方法(上). 生物多样性，1994，2(3)：162-168.
[51] 马克平，刘玉明. 生物群落多样性的测度方法 I α 多样性的测度方法（下）. 生物多样性，1994，2（4）：231-239.
[52] 王利民，胡慧建，王丁. 江湖阻隔对涨渡湖区鱼类资源的生态影响. 长江流域资源与环境，2005，14（3）：287-292.
[53] 刘凯，张敏莹，徐东坡，等. 长江春季禁渔对崇明北滩渔业群落的影响. 中国水产科学，2006，13（5）：834-840.
[54] 宋天祥，张国华，常剑波，等. 洪湖鱼类多样性研究. 应用生态学报，1999，10（1）：86-90.
[55] 唐晟凯，张彤晴，孔优佳，等. 滆湖鱼类学调查及渔获物分析. 水生态学杂志，2009，2（6）：20-24.
[56] 胡茂林，吴志强，刘引兰. 鄱阳湖湖口水域鱼类群落结构及种类多样性. 湖泊科学，2011，23（2）：246-250.
[57] 姚书春，薛滨，吕宪国，等. 松嫩平原湖泊水化学特征研究. 湿地科学，2010，8（2）：169-175.
[58] 张堂林，谢松光，李钟杰. 中、小型湖泊的资源环境特征 • 鱼类与渔业//崔奕波，李钟杰. 长江流域湖泊的渔业资源与环境保护. 北京：科学出版社，2005.
[59] 佟守正，吕宪国，苏立英，等. 扎龙湿地生态系统变化过程及影响因子分析. 湿地科学，2008，

6（2）：179-184.
[60] 何志辉，赵文. 三北地区内陆盐水生物资源及其渔业利用. 大连水产学院学报，2002，17（3）：157-166.
[61] 秦克静，姜志强，何志辉. 中国北方内陆盐水水域鱼类的种类和多样性. 大连水产学院学报，2002，17（3）：167-175.
[62] 梁秀琴，王福玲. 关于碱性水域水化学因子与渔业利用问题的探讨. 大连水产学院学报，1993，8（4）：67-72.
[63] 裘善文，王锡魁，张淑芹，等. 松辽平原古大湖演变及其平原的形成. 第四纪研究，2012，35（5）：1011-1021.
[64] 杨富亿，吕宪国，娄彦景，等. 东北地区火山堰塞湖鱼类区系与群落多样性. 应用生态学报，2012，23（12）：3449-3457.
[65] 杨富亿，吕宪国，娄彦景，等. 黑龙江兴凯湖国家级自然保护区的鱼类资源. 动物学杂志，2012，47（6）：44-53.
[66] 任慕莲. 黑龙江的鱼类区系. 水产学杂志，1994，7（1）：1-14.
[67] 金志民，杨春文，刘铸，等. 镜泊湖鱼类资源调查. 国土与自然资源研究，2010，（2）：72-73.
[68] 马克平，刘灿然，刘玉明. 生物群落多样性的测度方法Ⅱβ多样性的测度方法. 生物多样性，1995，3（1）：38-43.
[69] 吴承祯，洪伟，闫淑君，等. 珍稀濒危植物长苞铁杉群落物种多度分布模式研究. 中国生态农业学报，2004，12（4）：167-169.
[70] 吴承祯，洪伟，何东进. 物种多度对数正态分布模式的一种数值计算方法. 应用与环境生物学报，1998，4（4）：409-413.
[71] 中国科学院中国动物志编辑委员会. 中国动物志·硬骨鱼纲·鲤形目（中卷）. 北京：科学出版社，1998.
[72] 中国科学院中国动物志编辑委员会. 中国动物志·硬骨鱼纲·鲤形目（下卷）. 北京：科学出版社，2000.
[73] 中国科学院中国动物志编辑委员会. 中国动物志·硬骨鱼纲·鲇形目. 北京：科学出版社，1999.
[74] 朱松泉. 中国淡水鱼类检索. 南京：江苏科学技术出版社，1995.
[75] 孟庆闻，苏锦祥，缪学祖. 鱼类分类学. 北京：中国农业出版社，1995.
[76] 史为良. 内陆水域鱼类增殖与养殖学. 北京：中国农业出版社，1996.
[77] 董崇智，姜作发. 黑龙江·绥芬河·兴凯湖渔业资源. 哈尔滨：黑龙江科学技术出版社，2004.
[78] 叶少文，李钟杰，曹文宣. 牛山湖两种不同生境小型鱼类的种类组成、多样性和密度. 应用生态学报，2007，18（7）：1589-1595.
[79] 姬兰柱，董百丽，魏春艳，等. 长白山阔叶松林昆虫多样性研究. 应用生态学报，2004，15（9）：1527-1530.
[80] 周锦明. 对大兴凯湖渔业增殖的意见. 黑龙江水产，1987，（2）：13-15.
[81] 李文发，赵和生，陈世平，等. 兴凯湖自然保护区鱼类两栖爬行动物资源. 黑龙江八一农垦大学学报，1993，7（2）：119-122.
[82] 战培荣，赵吉伟，刘永，等. 兴凯湖鱼类与捕捞现状调查. 黑龙江水产，2003，（6）：45-46.
[83] 寻明华，于洪贤，聂文龙，等. 中国兴凯湖鱼类资源调查及保护策略研究. 野生动物杂志，2009，30（1）：30-33.
[84] 周长海，董崇智，唐富江. 大力加湖鲟鱼放养场鱼类区系组成. 水产学杂志，2006，19（2）：23-27.
[85] 任慕莲. 黑龙江的鳜鱼. 水产学杂志，1994，7（2）：17-26.
[86] 陆九韶，夏重志，董崇智. 我国内陆冷水水域及其资源利用调查研究Ⅰ——黑龙江省冷水水域分布及其资源现状调查. 水产学杂志，2004，17（2）：1-10.
[87] 解涵，解玉浩. 哈拉哈河上游的鱼类区系和资源现状. 动物学杂志，1998，33（1）：16-18.

[88] 李蘅，于洪茹，李晓民. 绰尔河流域鱼类区系组成及分布区域的初步调查. 国土与自然资源研究，1991，（1）：51-54.
[89] 马逸清. 大兴安岭地区野生动物. 哈尔滨：东北林业大学出版社，1989.
[90] 印瑞学，张敬，李东亮. 内蒙古大兴安岭鱼类. 内蒙古林业调查设计，2001，24（1）：36-38.
[91] 赵帅，赵文阁，刘鹏. 松花江干流嫩江至同江段鱼类物种资源调查. 农学学报，2011，1（6）：53-57.
[92] 董崇智，夏重志，姜作发，等. 黑龙江上游漠河江段的鱼类组成特征. 黑龙江水产，1996，（4）：19-22.
[93] 董崇智，夏重志，姜作发，等. 呼玛河、逊别拉河自然保护区珍稀名贵冷水性鱼类资源现状及其保护. 黑龙江水产，1997，（2）：27-30.
[94] 杨富亿. 大兴安岭北部鱼类资源现状. 国土与自然资源研究，1998，（4）：49-53.
[95] 杨富亿，杨永兴，孙广友. 黑龙江水电梯级开发对中上游主要经济鱼类资源的影响与对策. 自然资源，1995，（3）：63-67.
[96] 徐柱林，王天才，董崇智，等. 呼玛河自然保护区主要冷水性鱼类资源现状. 黑龙江水产，2004，（5）：38-40.
[97] 陆九韶，夏重志. 我国内陆重点冷水水域调查报告Ⅱ内蒙古自治区冷水水域分布及其资源现状调查. 水产学杂志，2005，18（2）：47-52.
[98] 关克志，王维国. 黑龙江省呼玛河自然保护区现状及鱼类减少原因浅析. 国土与自然资源研究，1990，（3）：53-55.
[99] 赵彩霞，卢玲，战培荣，等. 呼玛河大麻哈鱼产卵场生态环境的监测初报. 水产学杂志，2000，13（2）：54-57.
[100] 董崇智，夏重志，姜作发，等. 呼玛河细鳞鱼种群生态学特征及资源保护. 水产学杂志，1997，10（1）：77-81.
[101] 黄浩明，张德龙，庄龙杰，等. 鸭绿江细鳞鱼的生物学. 水生生物学报，1989，13（2）：160-169.
[102] 任慕莲，郭焱，张人铭，等. 我国额尔齐斯河的鱼类及鱼类区系组成. 干旱区研究，2002，19（2）：62-66.
[103] 李反修，郑萍. 逊别拉河自然保护区渔业资源状况及对策. 黑龙江水产，1999，（3）：43-45.
[104] 李明全，李多元，王伟华. 沾河鱼类资源状况及水库建成后对鱼类影响的预测. 东北师范大学学报（自然科学版），1990，（4）：93-96.
[105] 李金楠. 2014 年汤旺河流域概况调查分析. 科技创新与应用，2015，（22）：166.
[106] 应承. 汤旺河汤原段鱼类多样性调查. 上海：上海海洋大学硕士学位论文，2014.
[107] 刘晓兰. 汤旺河干流伊春红山水电站建设对鱼类资源的影响. 环境科学与管理，2011，36（7）：160-162.
[108] 刘和平，魏立波. 嫩江县水域概况及鱼类分布调查. 黑龙江水产，2004，（4）：35-37.
[109] 霍堂斌. 嫩江下游水生生物多样性及生态系统健康评价. 哈尔滨：东北林业大学博士学位论文，2013.
[110] 王岐山，施白南，郭治之，等. 松花江流域鱼类初步研究. 吉林师范大学学报，1959，（3）：1-99.
[111] 傅桐生. 东北习见淡水鱼类. 东北师范大学科学研究通报，1955，（1）：110-132.
[112] 蔺玉华，丁沛芬，王丽华，等. 牡丹江中下游主要江段污染对鱼类资源的影响调查与监测. 水产学杂志，1997，10（1）：68-73.
[113] 杨富亿，宋凤斌，邵庆春. 松花江上游地区渔业资源特征与合理利用. 农业现代化研究，2003，24（4）：257-259.
[114] 杨富亿，杨永兴，胡国宏，等. 第二松花江流域水产资源的开发利用. 自然资源，1994，（4）：20-25.
[115] 于常荣，张耀明. 第二松花江鱼类区系分布特征的调查研究. 长春地质学院学报，1984，24（1）：102-109.

[116] 朴正吉，郑仁玖，邱宝鸿，等. 长白山鱼类资源. 长白山自然保护，2002，(1)：28-31.
[117] 松花湖渔业资源调查协作组. 松花湖水产资源调查报告//黑龙江水系渔业资源调查协作组，吉林省水产科学研究所. 黑龙江水系（包括辽河水系及鸭绿江水系）渔业资源调查报告 • 附件之二，1985.
[118] 李光正. 吉林松花江三湖国家级自然保护区鱼类群落调查. 长春：东北师范大学硕士学位论文，2014.
[119] 延边朝鲜族自治州水利局水产站. 牡丹江上游（镜泊湖入水口以上）鱼类资源调查报告//黑龙江水系渔业资源调查协作组，吉林省水产科学研究所. 黑龙江水系（包括辽河水系及鸭绿江水系）渔业资源调查报告 • 附件之二，1985.
[120] 解涵，解玉浩，金广海，等. 松花湖移入的小型经济鱼类种群发展的生态学分析. 水产学杂志，2010，23（1）：51-54.
[121] 柴俊海，李刚，李改娟，等. 松花湖渔业综合开发技术研究. 吉林水利，2010，(6)：50-52，55.
[122] 施白南，高岫. 在松花湖内采到的江鳕. 生物学通报，1958，(1)：13-16.
[123] 刘景哲，苏保健. 松花江三湖保护区水生环境现状评价及保护对策. 东北水利水电，2001，19（9）：46-48.
[124] 杨富亿. 第二松花江下游与嫩江下游经济鱼类资源及其增殖途径. 自然资源，1993，(1)：64-67.
[125] 杨富亿，吕宪国，娄彦景，等. 莫莫格国家级自然保护区的鱼类多样性. 湿地科学，2012，10（2）：214-222.
[126] 内蒙古呼伦贝尔盟达赉湖渔场. 呼伦湖志. 长春：吉林文史出版社，1989.
[127] 李晓雪，刘伟，唐富江，等. 松花江哈尔滨段三种鮈亚科鱼类的食性与营养级分析. 水产学杂志，2013，26（3）：29-33.
[128] 月亮泡水库水产资源调查组. 月亮泡水库水产资源调查报告//黑龙江水系渔业资源调查协作组，吉林省水产科学研究所. 黑龙江水系（包括辽河水系及鸭绿江水系）渔业资源调查报告 • 附件之二，1985.
[129] 李龙，刘念军. 哈尔滨市鱼类生态现状及对策的研究. 黑龙江水产，2001，(4)：1-6.
[130] 张觉民. 黑龙江省鱼类志. 哈尔滨：黑龙江科学技术出版社，1995.
[131] 于清海. 松花江发现大银鱼. 黑龙江水产，2000，(4)：18.
[132] 单余恒，卢振民，何登伟. 茂兴湖大银鱼移殖与资源保护技术措施. 黑龙江水产，2004，(3)：9-10，12.
[133] 张树文，袁龙福. 连环湖那什代泡大银鱼移植增殖试验初报. 黑龙江水产，1997，(1)：27-28.
[134] 夏玉国，李勇，孙辉，等. 黑龙江抚远江段鱼类多样性的初步研究. 中国农学通报，2012，28（14）：120-125.
[135] 董崇智，刘永，王金，等. 黑龙江渔业资源调查报告. 水产学杂志，2002，15（1）：12-18.
[136] 霍堂斌，姜作发，马波，等. 黑龙江中游底层鱼类群落结构及多样性. 生态学杂志，2012，31（10）：2591-2598.
[137] 曲春晖，李长友，朱丹. 乌苏里江流域水文概况. 黑龙江大学工程学报，1999，26（2）：31-33.
[138] 刘建康，何碧梧. 中国淡水鱼类养殖学. 3 版. 北京：科学出版社，1992.
[139] 杨富亿，阎百兴，王强，等. 松花江下游鱼类资源评估. 湿地科学，2015，13（1）：87-97.
[140] 谢卫华. 挠力河红肚鲫鱼与方正银鲫鱼的性状比较浅析. 渔业经济研究，2005，(5)：42-43.
[141] 杨富亿，阎百兴，王强，等. 松花江—黑龙江（中国侧）水系河流鱼类多样性. 长春：吉林科学技术出版社，2016.
[142] 闫敏华，刘松涛，张伟，等. 呼伦湖地区气候变化及其对生态环境的影响. 北京：科学出版社，2012.
[143] 黑龙江省水产科学研究所资源室，呼伦贝尔盟达赉湖渔场. 达赉湖水产资源状况和渔业发展问题的初步调查报告//内蒙古呼伦贝尔盟达赉湖渔场. 呼伦湖志. 长春：吉林文史出版社，1989.
[144] 赵贵民. 2003 年呼伦湖、贝尔湖水域的基本情况//呼伦湖渔业集团有限公司. 呼伦湖志(续志二). 海拉尔：内蒙古文化出版社，2008.

[145] 波鲁茨基，斯维托维多娃，刘正琮. 与黑龙江流域水利建设有关的呼伦池水生生物和鱼类学调查//内蒙古呼伦贝尔盟达赉湖渔场. 呼伦湖志. 长春：吉林文史出版社，1989.
[146] 呼伦湖渔业集团有限公司. 呼伦湖志（续志一）. 海拉尔：内蒙古文化出版社，1998.
[147] 赵肯堂，阿古拉. 有关内蒙古淡水鱼类区划问题的一些新资料. 动物学杂志，1964，(5)：216-220.
[148] 孙晓文，刘海涛. 内蒙古水生经济动植物原色图文集. 呼和浩特：内蒙古教育出版社，2005.
[149] 贾跃峰，刘魏. 内蒙古自治区渔业生态环境与资源保护. 中国渔业经济，2002，(5)：42-43.
[150] 李树国，张全诚，高庆全，等. 呼伦湖蒙古鲌繁殖生物学研究. 淡水渔业，2008，38（5）：51-54.
[151] 李宝林，王玉亭. 达赉湖的鲌鱼生物学. 淡水渔业，1995，38（5）：51-54.
[152] 安晓萍，刘景伟，乌兰，等. 岗更湖鲫的生长和生活史对策研究. 水生态学杂志，2009，2（4）：71-74.
[153] 李志明，安明. 达里湖浮游植物调查. 内蒙古农业科技，2007，(7)：210，212.
[154] 韩一平. 达里湖渔业资源现状调查分析. 内蒙古水利，2007，(1)：45-46.
[155] 刘伟，李俊有. 达里湖水域生态状况评价报告. 内蒙古农业科技，2010，(4)：84.
[156] 李文阁，刘群. 内蒙古赤峰市达里湖渔业产量的灰色预测与分析. 中国海洋大学学报，2011，41(6)：30-34.
[157] 姜志强，刘秀锦，毕凤山. 达里湖鲫和东北雅罗鱼捕捞群体资源量和合理捕捞量的估算. 大连水产学院学报，1995，10（4）：44-50.
[158] 安晓萍，孟和平，杜昭宏，等. 达里湖东北雅罗鱼的生长、死亡和生活史类型的研究. 淡水渔业，2008，38（6）：3-7.
[159] 李志明，刘海涛，冯伟业，等. 达里湖和岗根湖东北雅罗鱼和鲫四种同工酶的比较研究. 淡水渔业，2008，38（5）：26-29.
[160] 章光新，张蕾，冯夏清，等. 湿地生态水文与水资源管理. 北京：科学出版社，2014.
[161] 杨富亿. 盐碱湿地及沼泽渔业利用. 北京：科学出版社，2000.
[162]《查干湖渔场志》编纂委员会. 查干湖渔场志（1960～2009）. 长春：吉林大学出版社，2010.
[163] 刘翠英，杜秀华，岳金妹，等. 查干湖渔业资源调研结果. 河北渔业，1992，(5)：26-29.
[164] 李凤龙. 充分借鉴查干湖大水面开发的经验，推动大中型水面深度开发的步伐//中国水产学会. 中国水产学会学术年会论文集. 北京：海洋出版社，2002.
[165] 许清涛，顾冬梅. 莫莫格国家级自然保护区的湿地环境资源及其发展对策. 延边大学农学学报，2003，25（1）：48-49.
[166] 王秀梅，杨连俊. 莫莫格国家级自然保护区水环境问题和措施. 吉林水利，2010，(9)：39-41.
[167] 胥名楼，孙晓梅. 莫莫格湿地水资源现状及可持续开发利用研究. 吉林水利，2002，(7)：7-8.
[168] 于国海，胥铭兴，孙孝维，等. 莫莫格保护区水资源管理计划. 澳门：读图时代出版社，2009.
[169] 卜楠龙，于国海，孙孝维，等. 吉林莫莫格国家级自然保护区春季水鸟多样性分析. 安徽农业科学，2010，38（25）：13734-13738.
[170] 于国海，孙孝维，邹畅林. 莫莫格保护区野生动植物及水文本底调查报告. 澳门：读图时代出版社，2009.
[171] 杨兵兵，于国海，孙孝维，等. 吉林莫莫格国家级自然保护区的鸟类资源. 动物学杂志，2006，41（6）：82-91.
[172] 叶富良. 鱼类学. 北京：高等教育出版社，1993.
[173] 张喜祥，冯文义，李传宝，等. 黑龙江三江国家级自然保护区鱼类资源调查. 高师理科学刊，2003，23（2）：54-58.
[174] 胡茂林，吴志强，刘引兰，等. 赣西北官山自然保护区鱼类资源研究. 水生生物学报，2008，32（4）：598-601.
[175] 黄亮亮，吴志强. 江西省九岭山自然保护区鱼类资源概况. 四川动物，2010，29（2）：307-310.

[176] 李红敬，赵宏霞，林小涛，等. 大瑶山国家级自然保护区鱼类群落研究. 河南师范大学学报（自然科学版），2010，38（4）：123-127.

[177] 曹玉萍，袁杰，马丹丹. 衡水湖鱼类资源现状及其保护利用与发展. 河北大学学报（自然科学版），2003，23（3）：293-297.

[178] 代应贵，李敏. 梵净山及邻近地区鱼资源的现状. 生物多样性，2006，14（1）：55-64.

[179] 康祖杰，张国珍，黄健，等. 湖南壶瓶山国家级自然保护区鱼类资源变化趋势及保护对策. 野生动物，2010，31（5）：293-297.

[180] 朴正吉，郑仁玖，邱宝鸿，等. 长白山鱼类资源. 长白山自然保护，2002，（1）：28-31.

[181] 张觉民. 乌裕尔河的鱼类资源与渔业利用问题. 自然资源研究，1982，（1）：48-56.

[182] 唐富江，刘伟，王继隆，等. 兴凯湖与小兴凯湖鱼类组成及差异分析. 水产学杂志，2011，24（3）：40-47.

[183] 王珍，姬兰柱，张悦，等. 长白山三种林型对蛾类群落结构和多样性的影响. 生态学杂志，2012，31（5）：1214-1220.

[184] 吕宪国. 三江平原湿地生物多样性变化及可持续利用. 北京：科学出版社，2009.

[185] 黄族豪，刘乃发，刘荣国，等. 宁夏沙坡头自然保护区鱼类多样性. 四川动物，2006，25（3）：499-501.

[186] 胡茂林，吴志强，周辉明，等. 鄱阳湖南矶山自然保护区渔业特点及资源现状. 长江流域资源与环境，2005，14（5）：561-565.

[187] 李晴，吴志强，黄亮亮，等. 江西齐云山自然保护区鱼类资源. 动物分类学报，2008，33（2）：324-329.

[188] 郭克疾，邓学建，李自君，等. 湖南省乌云界自然保护区鱼类资源研究. 生命科学研究，2004，8（1）：82-85.

[189] 牛艳东，邓学建，李锡泉，等. 湖南康龙自然保护区鱼类资源调查. 湖南林业科技，2012，39（1）：61-63，104.

[190] 王星，周毅，刘汀，等. 南岳衡山自然保护区鱼类资源调查. 生命科学研究，2011，15（4）：311-316.

[191] 陈继军，张旋，谢镇国，等. 贵州雷公山国家级自然保护区鱼类物种多样性及其资源保护. 动物学杂志，2009，44（3）：57-62.

[192] 吴本寿，王有辉. 麻阳河自然保护区鱼类资源调查初报. 贵州科学，1994，12（3）：45-49.

[193] 冉景丞. 斗篷山自然保护区鱼类资源初步调查. 贵州师范大学学报（自然科学版），2001，19（4）：4-6.

[194] 曾燏，马永红，陈建武. 勿角自然保护区及邻近水域鱼类区系特征和资源现状. 淡水渔业，2012，42（3）：19-22.

[195] 郭旗. 八仙山自然保护区鱼类资源现状及保护对策. 河北渔业，2012，（4）：46-48.

[196] 李红敬. 猫儿山自然保护区淡水鱼类资源. 信阳师范学院学报（自然科学版），2003，16（4）：449-450，491.

[197] 李红敬. 广东南岭国家级自然保护区鱼类多样性及保护. 四川动物，2007，26（3）：597-599.

[198] 朴德雄，王凤昆. 兴凯湖水环境状况及其保护对策. 湖泊科学，2011，23（2）：196-202.

[199] 朴德雄，王凤昆. 兴凯湖湿地生物多样性保护调查报告. 鸡西大学学报，2011，11（9）：151-152.

[200] 尹家胜，夏重志，徐伟，等. 兴凯湖翘嘴鲌种群结构的变化. 水生生物学报，2004，28（5）：490-494.

[201] 马波，霍堂斌，姜作发. 中国黑龙江水系茴鱼属一新纪录种（鲑形目，茴鱼科）. 动物分类学学报，2007，32（4）：986-988.

[202] 刘斌，张远，渠晓东，等. 辽河干流自然保护区鱼类群落结构及其多样性变化. 淡水渔业，2013，43（3）：49-55.

[203] 裴雪姣，牛翠娟，高欣，等. 应用鱼类完整性评价体系评价辽河流域健康. 生态学报，2010，30（21）：5736-5746.

[204] 史玉强，李开国，王汉东，等. 抚顺地区的鱼类区系及生态学评价. 环境科技，1995，12（3）：65-69，100.
[205] 裘善文，王锡魁. 中国东北平原及毗邻地区古水文网变迁研究综述. 地理学报，2014，69（11）：1604-1613.
[206] 于常荣，张耀明. 第二松花江鱼类区系分布特征的调查研究. 海洋湖沼通报，1984，（1）：57-63.
[207] 杨秉赓，孙肇春，吕金福. 松辽水系的变迁. 地理学报，1983，2（1）：48-56.
[208] 张堂林，李钟杰，郭青松. 长江中下游四个湖泊鱼类与渔业研究. 水生生物学报，2008，32（2）：167.
[209] 张亚丽，许秋瑾，席北斗，等. 中国蒙新高原湖区水环境主要问题及控制对策. 湖泊科学，2011，23（6）：828-836.
[210] 李宁，刘吉平，王宗明. 2000～2010 年东北地区湖泊动态变化及驱动力分析. 湖泊科学，2014，26（4）：545-551.
[211] 许诗，刘志明，王宗明，等. 1986～2008 年吉林省湖泊变化及驱动力分析. 湖泊科学，2010，22（6）：901-909.
[212] 桂智凡，薛滨，姚书春，等. 东北松嫩平原区湖泊对气候变化响应的初步研究. 湖泊科学，2010，22（6）：852-861.
[213] 杜昭宏，安晓萍，孟和平，等. 内蒙渔业水体及其经济鱼类氟含量的分布特征. 淡水渔业，2008，38（1）：11-15.
[214] 张瑞涛，张曙光. 氟化物对鱼类的毒性及致畸的研究. 环境科学，1982，3（4）：1-5.
[215] 嘎日迪. 达赉湖水质调查分析. 内蒙古师范大学学报（自然科学版），1995，（1）：41-43.
[216] 王俊，冯伟业，张利，等. 呼伦湖水质和生物资源量监测及分析. 水生态学杂志，2011，32（5）：64-68.
[217] 张胜宇. 湖泊人工增殖放流品种选择与放流技术. 现代渔业信息，2006，21（3）：20-23.
[218] 孟和平，王保文，韩国苍，等. 达里湖瓦氏雅罗鱼（华子鱼）增殖技术. 内蒙古农业科技，2006，（7）：242-243.
[219] 耿龙武，姜海峰，佟广香，等. 达里湖高原鳅人工繁殖技术初步研究. 水产学杂志，2015，28（6）：15-18.
[220] 李玉和，张可为. 岱海鱼类区系和渔业资源现状的分析研究. 淡水渔业，1987，（2）：24-27.
[221] 霍堂斌，姜作发，阿达克白克·可尔江，等. 额尔齐斯河流域（中国境内）鱼类分布及物种多样性现状研究. 水生态学杂志，2010，3（4）：16-22.
[222] 李宝林. 达赉湖饵料现状及鱼类区系改造. 淡水渔业，1990，（6）：35-36.
[223] 张卓，史玉洁，梁秀芹，等. 扎龙自然保护区渔业资源状况及渔业环境保护. 黑龙江水产，2006，（1）：37-39.
[224] 李瑞艳，孙贵江. 嫩江平原盐碱水域开发养鱼试验. 黑龙江水产，2003，（3）：19-21.
[225] 齐荣斌，王冯粤. 龙江湖洗碱改水见成效. 黑龙江水产，1994，（3）：37-38.
[226] 阿达可白克·可尔江，苏德学，杨艳，等. 乌伦古湖鱼类资源现状及保护与开发对策. 上海水产大学学报，2006，15（3）：308-314.
[227] 皇振纲，朱积勤，施培询. 布伦托海渔业资源及增殖意见. 淡水渔业，1986，（3）：31-34.
[228] 解玉浩，付平，朴笑平. 达里湖鱼类资源增殖的初步总结. 淡水渔业，1979，（8）：17-20.
[229] 邓景耀，叶昌臣. 渔业资源学. 重庆：重庆出版社，2001.
[230] 冷永智，何立太，魏清和. 葛洲坝水利枢纽截流后长江上游铜鱼的种群生物学及资源量估算. 淡水渔业，1984，（3）：21-25.
[231] 吴金明，娄必云，赵海涛，等. 赤水河鱼类资源量的初步估算. 水生态学杂志，2011，32（3）：99-103.
[232] 梁守仁，施美华. 银鱼资源量的评估及合理捕捞. 水利渔业，1997，（5）：36-37.

[233] 何志辉，谢祚浑，雷衍之. 达里湖水化学和水生生物学研究. 水生生物学集刊，1981，7（3）：341-357.
[234] 张玉，王洪滨，何江，等. 内蒙古达里诺尔湖水质现状调查. 水产科学，2008，27（12）：671-673.
[235] 张建华，孟和平，彭本初，等. 达里湖鲫鱼受精卵孵化及鱼苗成活对比试验. 内蒙古农业科技，2007，（3）：70-71.
[236] 赵丽囡，陈子红，韩力峰. 达里诺尔湿地水化学特征与发展态势. 内蒙古环境保护，2000，12（4）：27-28.
[237] 王俊，安晓萍，刘宇霞，等. 达里湖水体营养状况探索性分析. 内蒙古农业科技，2009，（1）：48-50.
[238] 刘焕章，杨君兴，刘淑伟，等. 鱼类多样性监测的理论方法及中国内陆水体鱼类多样性监测. 生物多样性，2016，24（11）：1227-1233.
[239] 中华人民共和国环境保护部. 生物多样性观测技术导则 内陆水域鱼类：HJ 710.7—2014. 北京：中国环境科学出版社，2014.
[240] 吕金福，肖荣寰，介冬梅，等. 莫莫格湖泊群近 50 年来的环境变化. 地理科学，2000，20（3）：279-283.
[241] 常剑波，曹文宣. 通江湖泊的渔业意义及其资源管理对策. 长江流域资源与环境，1999，8（2）：153-157.

附录　东北—内蒙古高原沼泽湿地鱼类物种名录

种类	分布		
	河流沼泽	湖泊沼泽	沼泽湿地国家级自然保护区
一、七鳃鳗目 Petromyzoniformes			
（一）七鳃鳗科 Petromyzonidae			
1. 雷氏七鳃鳗 *Lampetra reissneri*◆	+		+
2. 日本七鳃鳗 *Lampetra japonica*◆	+		+
3. 东北七鳃鳗 *Lampetra morii*	+		
二、鲟形目 Acipenseriformes			
（二）鲟科 Acipenseridae			
4. 施氏鲟 *Acipenser schrenckii*◆	+		+
5. 鳇 *Huso dauricus*◆	+		+
三、鲤形目 Cypriniformes			
（三）鲤科 Cyprinidae			
6. 宽鳍鱲 *Zacco platypus*	+		
7. 马口鱼 *Opsariichthys bidens*	+	+	+
8. 中华细鲫 *Aphyocypris chinensis*	+		
9. 青鱼 *Mylopharyngodon piceus* ▲	+	+	+
10. 草鱼 *Ctenopharyngodon idella* ▲	+	+	+
11. 真鲅 *Phoxinus phoxinus*	+	+	+
12. 湖鲅 *Phoxinus percnurus*	+	+	+
13. 拉氏鲅 *Phoxinus lagowskii*	+	+	+
14. 花江鲅 *Phoxinus czekanowskii*	+	+	+
15. 尖头鲅 *Phoxinus oxycephalus*	+		
16. 图们鲅 *Phoxinus phoxinus tumensis*	+		
17. 斑鳍鲅 *Phoxinus kumkang*	+		
18. 湖拟鲤 *Rutilus lacustris*▲	+		
19. 瓦氏雅罗鱼 *Leuciscus waleckii waleckii*	+	+	+
20. 黄河雅罗鱼 *Leuciscus chuanchicus*	+		
21. 图们雅罗鱼 *Leuciscus waleckii tumensis*	+		
22. 珠星三块鱼 *Tribolodon hakonensis*	+		
23. 三块鱼 *Tribolodon brandti*	+		
24. 拟赤梢鱼 *Pseudaspius leptocephalus*	+	+	+

续表

种类	分布		
	河流沼泽	湖泊沼泽	沼泽湿地国家级自然保护区
25. 赤眼鳟 *Squaliobarbus curriculus*	+	+	+
26. 鯮 *Luciobrama macrocephalus* ▲		+	
27. 鳤 *Ochetobius elongatus* ▲		+	
28. 鳡 *Elopichthys bambusa*	+	+	+
29. 𩷶 *Hemiculter leucisculus*	+	+	+
30. 贝氏𩷶 *Hemiculter bleekeri*	+	+	+
31. 蒙古𩷶 *Hemiculter lucidus warpachowsky*	+	+	+
32. 兴凯𩷶 *Hemiculter lucidus lucidus*		+	+
33. 红鳍原鲌 *Cultrichthys erythropterus*	+	+	+
34. 扁体原鲌 *Cultrichthys compressocorpus*		+	+
35. 达氏鲌 *Culter dabryi*		+	+
36. 尖头鲌 *Culter oxycephalus*	+	+	+
37. 翘嘴鲌 *Culter alburnus*	+	+	+
38. 蒙古鲌 *Culter mongolicus mongolicus*	+	+	+
39. 兴凯鲌 *Culter dabryi shinkainensis*		+	+
40. 寡鳞飘鱼 *Pseudolaubuca engraulis*		+	
41. 银飘鱼 *Pseudolaubuca sinensis*	+		
42. 似鲚 *Toxabramis swinhonis*	+		
43. 鳊 *Parabramis pekinensis*	+	+	+
44. 鲂 *Megalobrama skolkovii*	+	+	+
45. 团头鲂 *Megalobrama amblycephala* ▲	+	+	+
46. 银鲴 *Xenocypris argentea*	+	+	+
47. 细鳞鲴 *Xenocypris microleps*	+	+	+
48. 似鳊 *Pseudobrama simoni* ▲	+		
49. 大鳍鱊 *Acheilognathus macropterus*	+	+	+
50. 兴凯鱊 *Acheilognathus chankaensis*	+	+	+
51. 短须鱊 *Acheilognathus barbatulus*	+		
52. 越南鱊 *Acheilognathus tonkinensis*	+		
53. 革条副鱊 *Paracheilognathus himategas*	+		
54. 黑龙江鳑鲏 *Rhodeus sericeus*	+	+	+
55. 彩石鳑鲏 *Rhodeus lighti*	+	+	+
56. 高体鳑鲏 *Rhodeus ocellatus*		+	
57. 花䱻 *Hemibarbus maculatus*	+	+	+
58. 唇䱻 *Hemibarbus laboe*	+	+	+
59. 长吻䱻 *Hemibarbus longirostris*	+		

续表

种类	分布		
	河流沼泽	湖泊沼泽	沼泽湿地国家级自然保护区
60. 似刺鳊鮈 *Paracanthobrama guiochenoti*	+		
61. 扁吻鮈 *Pungtungia herzi*	+		
62. 中鮈 *Mesogobio lachneri*	+		
63. 图们江中鮈 *Mesogobio tumenensis*	+		
64. 似鮈 *Pseudogobio vaillanti*		+	
65. 似铜鮈 *Gobio coriparoides*		+	+
66. 犬首鮈 *Gobio cynocephalus*	+	+	+
67. 凌源鮈 *Gobio lingyuanensis*	+	+	+
68. 细体鮈 *Gobio tenuicorpus*	+	+	+
69. 高体鮈 *Gobio soldatovi*	+	+	+
70. 大头鮈 *Gobio macrocephalus*	+		
71. 棒花鮈 *Gobio rivuloides*	+		
72. 南方鮈 *Gobio meridionalis*	+		
73. 尖鳍鮈 *Gobio acutipinnatus*	+		
74. 抚顺鮈 *Gobio fushunensis*	+		
75. 铜鱼 *Coreius heterodon*	+		
76. 北方铜鱼 *Coreius septentrionalis*	+		
77. 吻鮈 *Rhinogobio typus*	+		
78. 圆筒吻鮈 *Rhinogobio cylindricus*	+		
79. 大鼻吻鮈 *Rhinogobio nasutus*	+		
80. 清徐胡鮈 *Huigobio chinssuensis*	+		
81. 条纹似白鮈 *Paraleucogobio strigatus*	+	+	+
82. 麦穗鱼 *Pseudorasbora parva*	+	+	+
83. 东北颌须鮈 *Gnathopogon mantschuricus*	+	+	+
84. 平口鮈 *Ladislavia taczanowskii*	+	+	+
85. 棒花鱼 *Abbottina rivularis*	+	+	+
86. 辽宁棒花鱼 *Abbottina liaoningensis*	+		
87. 拉林棒花鱼 *Abbottina lalinensis*	+		
88. 鸭绿小鳔鮈 *Microphysogobio yalunensis*	+		
89. 凌河小鳔鮈 *Microphysogobio linghensis*	+		
90. 东北鳈 *Sarcocheilichthys lacustris*	+	+	+
91. 克氏鳈 *Sarcocheilichthys czerskii*	+	+	+
92. 华鳈 *Sarcocheilichthys sinensis*		+	
93. 黑鳍鳈 *Sarcocheilichthys nigripinnis*	+		
94. 亮银鮈 *Squalidus nitens*	+		

续表

种类	分布		
	河流沼泽	湖泊沼泽	沼泽湿地国家级自然保护区
95. 银鮈 *Squalidus argentatus*	+	+	+
96. 兴凯银鮈 *Squalidus chankaensis*	+	+	+
97. 突吻鮈 *Rostrogobio amurensis*	+	+	+
98. 辽河突吻鮈 *Rostrogobio liaohensis*	+		
99. 长蛇鮈 *Saurogobio dumerili*	+		
100. 蛇鮈 *Saurogobio dabryi*	+	+	+
101. 鲤 *Cyprinus carpio*	+	+	+
102. 鲫 *Carassius auratus*		+	+
103. 银鲫 *Carassius auratus gibelio*	+	+	+
104. 鲢 *Hypophthalmichthys molitrix* ▲	+	+	+
105. 鳙 *Aristichthys nobilis* ▲	+	+	+
106. 多鳞白甲鱼 *Onychostoma macrolepis*		+	
107. 极边扁咽齿鱼 *Platypharodon extremus*		+	
108. 花斑裸鲤 *Gymnocypris eckloni*		+	
109. 潘氏鳅鮀 *Gobiobotia pappenheimi*	+		+
110. 平鳍鳅鮀 *Gobiobotia homalopteroidea*	+		
（四）鳅科 Cobitidae			
111. 北鳅 *Lefua costata*	+	+	+
112. 北方须鳅 *Barbatula barbatula nuda*	+		+
113. 弓背须鳅 *Barbatula gibba*		+	+
114. 达里湖高原鳅 *Triplophysa dalaica*		+	+
115. 梭形高原鳅 *Triplophysa leptosoma*		+	
116. 酒泉高原鳅 *Triplophysa hsutschouensis*		+	
117. 东方高原鳅 *Triplophysa orientalis*		+	
118. 河西叶尔羌高原鳅 *Triplophysa macroptera yarkandensis*		+	
119. 重穗唇高原鳅 *Triplophysa papillososlabiata*		+	
120. 短尾高原鳅 *Triplophysa brevicauda*		+	
121. 粗壮高原鳅 *Triplophysa robusta*		+	
122. 忽吉图高原鳅 *Triplophysa hutjertjuensis*	+		
123. 斜颌背斑高原鳅 *Triplophysa dorsonotatus plagiognathus*	+		
124. 黄河高原鳅 *Triplophysa pappenheimi*	+		
125. 泥鳅 *Misgurnus anguillicaudatus*		+	+
126. 黑龙江泥鳅 *Misgurnus mohoity*	+	+	+
127. 北方泥鳅 *Misgurnus bipartitus*	+	+	+

续表

种类	分布		
	河流沼泽	湖泊沼泽	沼泽湿地国家级自然保护区
128. 黑龙江花鳅 *Cobitis lutheri*	+	+	+
129. 北方花鳅 *Cobitis granoci*	+	+	+
130. 中华花鳅 *Cobitis sinensis*		+	
131. 花斑副沙鳅 *Parabotia fasciata*	+	+	+
132. 大鳞副泥鳅 *Paramisgurnus dabryanus*	+	+	
133. 长薄鳅 *Leptobotia elongate*	+		
134. 红唇薄鳅 *Leptobotia rubrilabris*	+		
135. 柏氏薄鳅 *Leptobotia pratti*	+		
四、鲇形目 Siluriformes			
（五）鲿科 Bagridae			
136. 黄颡鱼 *Pelteobagrus fulvidraco*	+	+	+
137. 光泽黄颡鱼 *Pelteobagrus nitidus*	+	+	+
138. 乌苏拟鲿 *Pseudobagrus ussuriensis*	+	+	+
139. 纵带鮠 *Leiocassis argentivittatus*	+		+
（六）鲇科 Siluridae			
140. 小背鳍鲇 *Silurus microdorsalis*	+		
141. 鲇 *Silurus asotus*	+	+	+
142. 怀头鲇 *Silurus soldatovi* ◆	+	+	+
143. 兰州鲇 *Silurus lanzhouensis*		+	
五、鲑形目 Salmoniformes			
（七）银鱼科 Salangidae			
144. 大银鱼 *Protosalanx hyalocranius* ▲	+	+	+
145. 太湖新银鱼 *Neosalanx taihuensis* ▲	+		
（八）胡瓜鱼科 Osmeridae			
146. 池沼公鱼 *Hypomesus olidus*	+	▲	+
147. 亚洲公鱼 *Hypomesus transpacificus nipponensis*	+	▲	+
148. 胡瓜鱼 *Osmerus mordax*	+		
（九）香鱼科 Plecoglossidae			
149. 香鱼 *Plecoglossus altivelis altivelis* ◆	+		
（十）鲑科 Salmonidae			
150. 虹鳟 *Oncorhynchus mykiss* ▲	+		
151. 大麻哈鱼 *Oncorhynchus keta*	+		+
152. 马苏大麻哈鱼 *Oncorhynchus masou masou*	+		
153. 陆封型马苏大麻哈鱼 *Oncorhynchus masou masou*	+		
154. 驼背大麻哈鱼 *Oncorhynchus gorbuscha*	+		

续表

种类	分布		
	河流沼泽	湖泊沼泽	沼泽湿地国家级自然保护区
155. 白斑红点鲑 *Salvelinus leucomaenis*	+		
156. 花羔红点鲑 *Salvelinus malma* ▲	+		
157. 哲罗鲑 *Hucho taimen* ◆	+	+	+
158. 石川哲罗鲑 *Hucho issikawa*	+		
159. 细鳞鲑 *Brachymystax lenok*	+	+	+
160. 图们江细鳞鲑 *Brachymystax tumensis*	+		
161. 乌苏里白鲑 *Coregonus ussuriensis* ◆	+		+
162. 卡达白鲑 *Coregonus chadary*	+		+
163. 黑龙江茴鱼 *Thymallus arcticus* ◆	+	+	▲
164. 下游黑龙江茴鱼 *Thymallus tugarinae*	+		
165. 鸭绿江茴鱼 *Thymallus jaluensis*	+		
（十一）狗鱼科 Esocidae			
166. 黑斑狗鱼 *Esox reicherti*	+	+	+
六、鳕形目 Gadiformes			
（十二）鳕科 Gadidae			
167. 江鳕 *Lota lota*	+	+	+
七、鲉形目 Scorpaeniformes			
（十三）杜父鱼科 Cottidae			
168. 黑龙江中杜父鱼 *Mesocottus haitej*	+		+
169. 杂色杜父鱼 *Cottus poecilopus*	+		+
170. 克氏杜父鱼 *Cottus czerskii*	+		
171. 图们江杜父鱼 *Cottus hangionensis*	+		
172. 淞江鲈 *Trachidermus fasciatus* ★●	+		
八、鳉形目 Cyprinodontiformes			
（十四）青鳉科 Oryziatidae			
173. 中华青鳉 *Oryzias latipes sinensis*	+		+
九、鲈形目 Perciformes			
（十五）鮨科 Serranidae			
174. 鳜 *Siniperca chuatsi*	+	▲	+
175. 斑鳜 *Siniperca scherzeri* ▲		+	
（十六）鲈科 Percidae			
176. 梭鲈 *Lucioperca lucioperca* ▲		+	+
177. 河鲈 *Perca fluviatilis* ▲	+		+
（十七）塘鳢科 Eleotridae			
178. 葛氏鲈塘鳢 *Perccottus glehni*	+	+	+

续表

种类	分布		
	河流沼泽	湖泊沼泽	沼泽湿地国家级自然保护区
179. 鸭绿沙塘鳢 *Odontobutis yaluensis*	+		
180. 黄黝鱼 *Hypseleotris swinhonis*	+	+	+
（十八）鰕虎鱼科 Gobiidae			
181. 褐吻鰕虎鱼 *Rhinogobius brunneus*	+		+
182. 波氏吻鰕虎鱼 *Rhinogobius cliffordpopei*	+		
183. 子陵吻鰕虎鱼 *Rhinogobius giurinus*	+		
（十九）斗鱼科 Belontiidae			
184. 圆尾斗鱼 *Macropodus chinensis*	+	+	+
（二十）鳢科 Channidae			
185. 乌鳢 *Channa argus*	+	+	+
（二十一）太阳鱼科 Centrarchidae			
186. 加州鲈 *Micropterus salmoides* ▲	+		
十、刺鱼目 Gasterosteiformes			
（二十二）刺鱼科 Gasterosteidae			
187. 三刺鱼 *Gasterosteus aculeatus*	+		
188. 九棘刺鱼 *Pungitius pungitius*	+		+
十一、合鳃鱼目 Synbranchiformes			
（二十三）合鳃鱼科 Synbranchidae			
189. 黄鳝 *Monopterus albus*	+		
（二十四）刺鳅科 Mastacembelidae			
190. 中华刺鳅 *Sinobdella sinensis*	+		

注：★代表国家重点保护水生野生动物（II级），●代表中国濒危种，◆代表中国易危种，▲代表移入种

索　引

B

补充群体　/475
补充型捕捞过度　/501
捕捞方式　/484
捕捞努力量　/484
捕捞强度　/481
捕捞死亡系数　/303

C

产卵群体　/293
长白山区水系　/204
垂直环境梯度　/120

D

大兴安岭水系　/166
单位补充量　/303
淡水湖泊沼泽　/17
淡水鱼类动物地理　/102
等级多样性　/109
低山丘陵区　/51
多度格局　/110

F

放流增殖　/449

H

河流沼泽　/166
湖泊沼泽　/1
环境负载量　/501
火山堰塞湖泊沼泽　/130

J

结构异质性　/116

K

开捕年龄　/303

L

冷水种　/4

N

内蒙古高原　/81
年龄结构　/315

P

偏相关性　/120

Q

区系生态类群　/4
群落多样性　/96
群落关联性　/135
群落结构　/96
群落相似性　/122
群落异质性　/109

S

三江平原　/72
三江平原水系　/266
生活史　/303
生境多样性　/268
生态多样性指数　/109
生态分布　/273

生物操纵 /460
生物量指数 /108
生物学 /59
生长拐点 /304
生长加速度 /302
生长模型 /302
生长曲线 /302
生长速率 /302
生长型捕捞过度 /501
生殖力 /293
剩余群体 /475
剩余渔获量 /499
松嫩古大湖 /128
松嫩平原 /1
松嫩平原水系 /246

W

物种多度 /110
物种多样性 /2
物种丰富度 /109
物种组成的分化与隔离 /135

X

现存资源量 /476
相对多度分布模型 /110
相对丰度 /97
小兴安岭水系 /192

Y

盐碱湖泊沼泽 /17
遗传多样性 /306
优势度 /97
优势度指数 /102
优势种 /97
鱼类多样性比较 /279
鱼类多样性监测 /489
鱼类多样性评估 /494
鱼类区系改造 /451
鱼类区系形成 /128
鱼类物种 /1
渔获物 /473
渔获物组成 /10
渔业补充年龄 /303
预备群体 /476

Z

中国濒危种 /410
中国特有种 /4
中国易危种 /4
种类组成 /4
种群结构 /59
种群数量 /295
种群资源量 /472
资源管理模式 /305
自然保护区 /268
自然死亡系数 /302
总死亡系数 /303
最大持续渔获量 /483
最佳开捕年龄 /482

其他

K-选择理论 /303
r-选择 /303
α-多样性 /96
β-多样性 /96